Springer-Lehrbuch

Hans Joachim Eichler · Heinz-Detlef Kronfeldt
Jürgen Sahm

Das neue Physikalische Grundpraktikum

52 Themenkreise mit über 500 Vorschlägen für
Experimente, 612 meist zweifarbigen Bildern
und 56 Tabellen

3., ergänzte und aktualisierte Auflage 2016

Hans Joachim Eichler
Technische Universität Berlin
Berlin, Deutschland

Heinz-Detlef Kronfeldt
Technische Universität Berlin
Berlin, Deutschland

Jürgen Sahm
Technische Universität Berlin
Berlin, Deutschland

ISSN 0937-7433
Springer-Lehrbuch
ISBN 978-3-662-49022-8   ISBN 978-3-662-49023-5 (eBook)
DOI 10.1007/978-3-662-49023-5

Die Deutsche Nationalbibliothek verzeichnet diese Publikation in der Deutschen Nationalbibliografie; detaillierte
bibliografische Daten sind im Internet über http://dnb.d-nb.de abrufbar.

Springer Spektrum

Planung: Margit Maly

Gedruckt auf säurefreiem und chlorfrei gebleichtem Papier

Springer Spektrum ist Teil von Springer Nature
Die eingetragene Gesellschaft ist Springer-Verlag GmbH Berlin Heidelberg

Vorwort

Die Physik ist eine grundlegende Naturwissenschaft und Basis der meisten technischen Disziplinen; sie bezieht ihre Erkenntnisse aus der befruchtenden Wechselbeziehung zwischen Experiment und Theorie. Die *persönliche Begegnung* mit dem physikalischen Experiment im Rahmen eines Grundpraktikums ist daher ein wesentliches Ausbildungselement für alle angehenden Physiker, Naturwissenschaftler und Ingenieure. Kennzeichnend für das physikalische Grundpraktikum ist das Lernen durch *eigenes Tun*, das eine notwendige Ergänzung zu dem rezeptiven Lernen aus Vorlesungen und Büchern darstellt. Im besten Falle kommt es zum Verstehen durch *Begreifen*.

Hieraus lassen sich als wichtigste **Ausbildungsziele** eines Physikalischen Grundpraktikums formulieren:

- Einführung in die *Physik als Erfahrungswissenschaft* durch die experimentierende Beschäftigung mit den Grundphänomenen der Physik, wozu im Praktikum vor allem auch die Messung physikalischer Größen und die Überprüfung physikalischer Gesetzmäßigkeiten zählt.

- Kennenlernen und Vertrautwerden mit wichtigen *Messverfahren* und *−geräten* sowie deren Eigenschaften einschließlich rechnergestützter Messwerterfassung und -verarbeitung.

- Einführung in die *Methodik wissenschaftlicher experimenteller Arbeit*. Hierzu gehören insbesondere Versuchsplanung und -aufbau, Durchführung und Protokollierung der Messungen, eine geeignete Auswertung der Messwerte sowie schließlich eine kritische Bewertung mit Fehlerbetrachtungen und die Diskussion der Messergebnisse.

Damit diese Ziele erreicht werden und das Experimentieren sich nicht in einem bloßen Probieren erschöpft, muss ein Experimentator sowohl die physikalischen Zusammenhänge als auch die messtechnischen Bedingungen überschauen. Für beides will dieses Praktikumsbuch eine Hilfe sein. Es ist entstanden aus den schriftlichen Anleitungen für das Physikalische Grundpraktikum an der Technischen Universität Berlin und wendet sich an **Studierende der Physik, der Natur- und Ingenieurwissenschaften** an Universitäten und Fachhochschulen. Für Physikstudierende erstreckt sich das Praktikum über drei Semester, während zukünftige Mathematiker, Informatiker, Mediziner und Naturwissenschaftler (wie Chemiker, Biologen und Geowissenschaftler) sowie Ingenieure (wie z. B. Bau-, Elektro-, Maschinenbau- und Wirtschaftsingenieure) eine ihrer Fachrichtung angepasste Aufgabenauswahl für einen ein- oder zweisemestrigen Kurs treffen können.

Die experimentellen Aufgaben aus **52 Themenkreisen** sind zu **12 Kapiteln** zusammengefasst. Jeder Themenkreis enthält mehrere **Aufgaben**, aus denen für einen Experimentiertermin eine Auswahl zusammengestellt werden kann. Für jede dieser experimentellen Aufgaben ist eine Gewichtung (z. B. 1/3, 1/2, 2/3, 1/1) angegeben, die den ungefähren Zeitbedarf widerspiegelt. Während eines Praktikumstermins mit typisch 4 Stunden experimenteller Arbeit sollen Aufgaben im Umfang von 1/1 bearbeitet werden. Studierende von Fachrichtungen, in denen wöchentlich weniger Praktikumsstunden zur Verfügung stehen, bearbeiten Aufgaben mit einer entsprechend geringeren Gewichtung. Die möglichen Kombinationen verschiedener Aufgaben erlauben den Praktikumsveranstaltern eine **Differenzierung** für die verschiedenen Fachrichtungen und schaffen zugleich auch ein wünschenswertes Auswahlangebot für die Studierenden.

Ziel
Wichtigste Lernziele der
Aufgaben oder Aufgaben-
teile.

Literatur
Hinweise auf einführende
oder weiterführende Lite-
raturquellen.

Grundlagen
Physikalisches Grundwis-
sen zur Aufgabe.

Zubehör
Benötigte Geräte und
Material.

Messaufgabe
Vorschläge zur Durchfüh-
rung von Experimenten
und Messungen.

Teilmessaufgabe

Auswertung
Vorschläge zur Auswertung
einer Messaufgabe.

Teilauswertung

**Formel in rotem Rahmen
gehört zum Grundwissen.**

**Formel in grauem
Rahmen ist wichtig.**

Die Darstellung der 52 Themenkreise in diesem Buch ist stets in der gleichen Weise strukturiert. Diese Struktur wird durch **Logos** visuell unterstützt. Der Formulierung des allgemeinen *Lernziels* folgen zunächst Hinweise auf die *Literatur* , die zur ergänzenden Vorbereitung auf die Aufgabe herangezogen werden kann. Zur Erleichterung der Suche in Standardlehrbüchern sind jeweils *thematische Stichworte* angegeben. Zusätzlich werden spezielle Quellen genannt. Die anschließende Darstellung der *physikalischen Grundlagen* enthält sowohl die für das Verständnis der zu untersuchenden Phänomene benötigten Grundlagen als auch die der verwendeten Messverfahren. Dabei sind zum Grundwissen gehörende *Formeln* rot unterlegt, andere für die Aufgabe wichtige Formeln sind grau unterlegt. Besonders wichtiger Text ist als Merksatz rot gekennzeichnet. *Fett gedruckte* Worte bezeichnen Schlüsselbegriffe, die für den behandelten Stoff von grundlegender Bedeutung sind. *Kursiv gedruckte* Worte bezeichnen andere wichtige Fachtermini, die oft an anderer Stelle ausführlich erläutert sind – siehe dazu das **Stichwortverzeichnis**.

Bei den experimentellen Aufgaben ist das jeweilige *Lernziel* formuliert, gefolgt von Angaben zum Messverfahren und zu *Geräten mit Zubehör* . Die eigentlichen *Messaufgaben* werden jeweils durch eine Stoppuhr eingeführt. Schließlich gibt es noch Hinweise zur *Auswertung der Versuche* . Eine tabellarische Übersicht über die verwendeten Logos und deren Bedeutung zeigt die nebenstehende Tabelle.

Erfahrungen aus dem Einsatz dieses Buches in den zwei Auflagen seit seinem ersten Erscheinen im Jahr 2001 sowie fachliche und methodische Weiterentwicklungen waren erneut Anlass für eine Überarbeitung für die nunmehr vorgelegte 3. Auflage. So wurden Fehler beseitigt, das Aufgabenspektrum insbesondere in der Optik (Polarisation, Flüssigkristalle, Mikrowellen) und in der Kernphysik (α- und γ-Spektroskopie) erweitert, die Messverfahren weitgehend auf die heute gängige digitale Messtechnik umgestellt und schließlich nicht mehr zeitgemäße Aufgaben gestrichen. Die bewährte grafische Gestaltung mit den Piktogrammen, der Hervorhebung der wichtigen Formeln und der durchgehenden Zweifarbigkeit wurde beibehalten. Die Autoren hoffen, dass das Buch den sich wandelnden Ansprüchen eines zeitgemäßen Physikalischen Grundpraktikums gerecht wird.

Dieses Lehrbuch ist aus der Arbeit der Autoren als Praktikumsveranstalter erwachsen. Es stützt sich dabei auch auf die langjährigen Arbeiten von Kollegen, die das Physikalische Grundpraktikum in zurückliegenden Jahrzehnten mit großem Engagement mit dem Ziel weiterentwickelt haben, den Studierenden eine inhaltlich und methodisch stets moderne experimentelle Einführung in die Physik zu geben. Ihnen allen gilt unser Dank. Wir danken ferner mehreren Generationen engagierter wissenschaftlicher Mitarbeiter, die durch ihre neuen Ideen bei der Weiterentwicklung der Praktikumsaufgaben und der zugehörigen Skripten Grundlagen für dieses Buch gelegt haben. In diesen Dank beziehen wir auch die vielen studentischen Mitarbeiter mit ein, die in der täglichen Arbeit bei der Betreuung der Praktikumsstudierenden für eine Fülle von Anregungen gesorgt haben. Besondere Beiträge und Anregungen bei der Vorbereitung der 3. Auflage verdanken wir vor allem Dr. Oliver Schöps, ebenso PTA Chris Scharfenorth, Dr. Frank Kallmeyer, Dipl.-Phys. Yücel Kaptan und Dr. Oliver Lux sowie den studentischen Mitarbeitern Andrej Bokov, Simon Kubitza, Sebastian Praetz und Janik Wolters. Wertvolle Hinweise zu einzelnen Themen erhielten wir von Dr. Monika Korte und Prof. Hans Koch.

Bei der Herstellung des Buches hat sich ganz besondere Anerkennung B.Sc. Alexandra Haack verdient, die die Vorarbeiten aus den ersten Auflagen kreativ fortgeführt und mit vielen – auch inhaltlichen – Ideen zum Gelingen des Projekts beigetragen hat. Schließlich sei den Mitarbeitern des Springer Verlages Margit Maly und Barbara Luehker gedankt, die diese Aufgabe von ihren Vorgängern übernommen und das Buchprojekt anhaltend und konstruktiv gefördert haben.

Wir wünschen uns, dass auch die künftigen Praktikumsstudierenden dieses Buch gerne und mit gutem Erfolg nutzen werden.

Berlin, Herbst 2015   *H. J. Eichler, H.-D. Kronfeldt, J. Sahm*

Inhaltsverzeichnis

Kapitel I.
Grundbegriffe der Messtechnik

Kapitel II.
Bewegungen und Kräfte

Kapitel III.
Deformierbare Körper und Akustik

Kapitel V.
Gleich- und Wechselstromkreise

Kapitel VI.
Elektrische und magnetische Felder

Kapitel VII.
Halbleiterelektronik

Kapitel VIII.
Linsen und optische Instrumente

**Kapitel IX.
Licht- und Mikrowellen**

Kapitel X.
Photonen, Elektronen und Atome

Kapitel XI.
Radioaktivität und Strahlenschutz

Kapitel XII.
Digitalelektronik und Computer

Kapitel I

Grundbegriffe der Messtechnik

1. Messen und Auswerten

Erwerben von Kompetenzen in Protokollführung; Auswertung von Messungen mit verschiedenen Methoden der Fehlerabschätzung; grafische Darstellungen und deren Auswertung.

Praktikumslehrbücher (Stichworte: Physikalische Größen und deren Einheiten, systematische und Streufehler, Mittelwert, Standardabweichung, Vertrauensbereich),
Physikalisch Technische Bundesanstalt (PTB): Das System der Einheiten.

Physikalische Größen und ihre Einheiten

Physikalische Größen sind *messbare Eigenschaften* von Körpern oder von Erscheinungen und Vorgängen im Bereich der unbelebten Natur: z.B. die Länge ℓ eines Stabes, die Stromstärke I in einem Draht oder die Magnetfeldstärke H im Raum zwischen den Polen eines Hufeisenmagneten.

Messen bedeutet: *Vergleich* der zu messenden Größe mit einer gleichartigen Größe, die zuvor (willkürlich) als *Einheit* festgelegt wurde: z.B. wird die Stablänge ℓ mit der Längenangabe 1 m auf einem Maßstab verglichen. Der *Messvorgang* besteht in der Feststellung, wie oft die gewählte Einheit in der zu messenden Größe enthalten ist. Der so gewonnene *Zahlenwert* (Maßzahl) braucht dabei keine ganze Zahl zu sein.

Tabelle 1.1. Die sieben SI-Basiseinheiten und ihre Definitionen Quelle: Physikalisch-Technische Bundesanstalt

Basiseinheit	Größe	Definition
Meter m	Länge ℓ	Länge der Strecke, die Licht im Vakuum während der Dauer von (1 / 299 792 458) Sekunden durchläuft.
Kilogramm kg	Masse m	Masse des Internationalen Kilogrammprototyps.
Sekunde s	Zeit t	9 192 631 770-faches der Periodendauer der dem Übergang zwischen den beiden Hyperfeinstrukturniveaus des Grundzustandes von Atomen des Nuklids ^{133}Cs entsprechenden Strahlung.
Ampere A	elektrische Stromstärke I	Stärke eines konstanten elektrischen Stromes, der, durch zwei parallele, geradlinige, unendlich lange und im Vakuum im Abstand von einem Meter voneinander angeordnete Leiter von vernachlässigbar kleinem, kreisförmigem Querschnitt fließend, zwischen diesen Leitern je einem Meter Leiterlänge die Kraft $2 \cdot 10^{-7}$ Newton hervorrufen würde.
Kelvin K	thermodynamische Temperatur T	273,16ter Teil der thermodynamischen Temperatur des Tripelpunktes des Wassers.
Mol mol	Stoffmenge n	Stoffmenge eines Systems, das aus ebensoviel Einzelteilchen besteht, wie Atome in 0,012 Kilogramm des Kohlenstoffnuklids ^{12}C enthalten sind. Bei Benutzung des Mol müssen die Einzelteilchen spezifiziert sein und könnten Atome, Moleküle, Ionen, Elektronen sowie andere Teilchen oder Gruppen solcher Teilchen genau angegebener Zusammensetzung sein.
Candela cd	Lichtstärke I_V	Lichtstärke in einer bestimmten Richtung einer Strahlungsquelle, die monochromatische Strahlung der Frequenz $540 \cdot 10^{-12}$ Hertz aussendet und deren Strahlstärke in dieser Richtung (1 / 683) Watt durch Steradiant beträgt.

Tabelle 1.2. Einige abgeleitete Einheiten im Internationalen Einheitensystem (SI)

Größe	Definitionsgleichung	SI - Einheit	Name
Geschwindigkeit (velocity) v	$v = \Delta\ell / \Delta t = \mathrm{d}\ell / \mathrm{d}t$	m s^{-1}	–
Kraft (force) F	$F = m\,\mathrm{d}^2\ell / \mathrm{d}t^2$	kg m s^{-2} = N	Newton
Frequenz f	$f = 1 / t$	s^{-1} = Hz	Hertz
elektrische Ladung Q	$Q = I\,t$	A s = C	Coulomb

Zur Durchführung des Messvorganges bedarf es eines geeigneten **Messverfahrens**, das auf der Anwendung bekannter physikalischer Vorgänge und Gesetze beruht: z. B. Messung einer Kraft durch die Dehnung einer Feder, beschrieben durch das Hookesche Gesetz.

Zur Durchführung der Messungen werden gewöhnlich **Messgeräte** verwendet, die in Einheiten (oder deren Bruchteile) der zu untersuchenden physikalischen Größe kalibriert sind: z. B. Metermaßstab, elektrische Digital-Messinstrumente usw.

Das *Ergebnis* einer Einzelmessung, d. h. der Messwert, ist stets das Produkt zweier Faktoren, des Zahlenwerts und der verwendeten Einheit:

$$\text{Physikalische Größe} = \text{Zahlenwert} \cdot \text{Einheit} \quad .$$

Nach einer internationalen Übereinkunft sind weltweit sieben Einheiten als **Basiseinheiten** festgelegt worden, die in Tabelle 1.1 zusammen mit ihren Definitionen gegeben sind. Die Definitionen dieser sieben Einheiten sind durch die *Generalkonferenz für Maß und Gewicht* festgelegt worden.

Neben diesen sieben Basiseinheiten werden aufgrund physikalischer Gesetzmäßigkeiten **abgeleitete Einheiten** definiert, die sich aus den Basiseinheiten aus algebraischen Beziehungen ermitteln lassen. Tabelle 1.2 zeigt einige Beispiele. Diese Definitionen führen zu einem kohärenten Einheitensystem, d. h. sie bilden ein System von Einheiten, die untereinander durch mathematische Regeln (Multiplikation, Division) verbunden sind, ausschließlich mit dem numerischen Faktor 1. Dieses System heißt **SI-System** (Système Internationale d'Unités $\hat{=}$ Internationales Einheitensystem). Viele abgeleitete Einheiten tragen einen eigenen Namen.

Ein physikalisches Gesetz kann also jeweils als Verknüpfungsgleichung zur Definition einer abgeleiteten Einheit benutzt werden. Als Beispiel sei hier die *Newtonsche Grundgleichung* gegeben:

$$F = ma$$

mit F = Kraft, m = Masse und a = Beschleunigung. Mit den SI-Einheiten gilt:

$$[m] = 1\,\mathrm{kg} \quad , \quad [a] = 1\,\mathrm{m\,s}^{-2} \quad ; \quad \text{also}$$

$$[F] = [m][a] = 1\,\mathrm{kg\,m\,s}^{-2} = 1\,\text{Newton} = 1\,\mathrm{N} \quad .$$

Da bei physikalischen Größen oft viele Zehnerpotenzen überstrichen werden, hat man für die Zehnerpotenzen Vorsätze laut Tabelle 1.3 eingeführt.

Tabelle 1.3. Vorsätze für Zehnerpotenzen von Einheiten

Zehner-potenz	Bezeich-nung	Kurz-zeichen
10^{15}	Peta	P
10^{12}	Tera	T
10^{9}	Giga	G
10^{6}	Mega	M
10^{3}	Kilo	k
10^{-1}	Dezi	d
10^{-2}	Zenti	c
10^{-3}	Milli	m
10^{-6}	Mikro	μ
10^{-9}	Nano	n
10^{-12}	Piko	p
10^{-15}	Femto	f
10^{-18}	Atto	a

Fehler einer Messung

Bild 1.1. (a) Messwerte einer physikalischen Größe x bei einer Messung mit relativ großer Standardabweichung s bzw. großem Fehler Δx des Mittelwertes $\bar{x}$, (b) Beispiel einer genaueren Messung der physikalischen Größe x

Jede Messung ist ungenau. Wenn man z. B. eine physikalische Größe x mehrfach misst, so wird man in der Regel eine Streuung der Messwerte x_i feststellen, Bild 1.1 a. Bei einer sorgfältigeren Messung oder bei Verwendung eines genaueren Messinstrumentes kann die Streuung der Messergebnisse unter Umständen kleiner werden, Bild 1.1 b. In jedem Falle verbleiben jedoch gewisse Messfehler, und der *wahre* Wert x_{w} der zu messenden physikalischen Größe bleibt grundsätzlich unbekannt. In den meisten Fällen darf man aber annehmen, dass die Messwerte um den wahren Wert statistisch streuen, d. h. dass die Abweichungen im Betrag schwanken und im Mittel gleich oft positiv wie negativ sind wie z. B. bei einfachen Ablesefehlern. Dann ist der beste Wert, den man aufgrund der n-mal wiederholten Messung angeben kann, gleich dem

Mittelwert	$\bar{x} = \dfrac{1}{n} \displaystyle\sum_{i=1}^{n} x_i$.

Außer den genannten **Streufehlern**, die man auch *zufällige Fehler* oder *statistische Fehler* nennt, treten aber gewöhnlich auch sog. **systematische Fehler** auf. Beispiel: Ein Messinstrument wird immer etwas zu große Werte anzeigen, wenn es einen entsprechenden Kalibrierfehler besitzt.

Um eine Aussage über die Zuverlässigkeit des Messergebnisses machen zu können, muss die Größe dieser beiden Fehlereinflüsse quantitativ abgeschätzt werden. Die Aufgabe der **Fehlerrechnung** ist also die Bestimmung des Fehlers $\Delta x = \Delta x_{\mathrm{syst}} + \Delta x_{\mathrm{Streu}}$. Das Ergebnis einer Messung lautet dann:

Messergebnis mit Fehlerangabe	$\bar{x} \pm \Delta x$.

Diese Angabe bedeutet: Man erwartet den wahren Wert x_{w} im Bereich $\bar{x} - \Delta x$ bis $\bar{x} + \Delta x$.

Δx heißt der *absolute Fehler* von x. Häufig ist aber auch die Angabe des *relativen Fehlers* sinnvoll:

relativer Fehler	$\dfrac{\Delta x}{\bar{x}}$.

Beispiel: Wenn man die Schwingungszeit $T = 2\,\mathrm{s}$ eines Pendels auf $\Delta T = 0{,}1\,\mathrm{s}$ genau stoppt, dann ist der relative Fehler $0{,}1/2 = 0{,}05 = 5\,\%$. Wenn dagegen eine Uhr pro Tag 10 s vorgeht, dann ist das ein relativer Fehler von $10/86400 \approx 10^{-4} = 0{,}01\,\%$. Zweckmäßigerweise gibt man im Ergebnis den absoluten *und* den relativen Fehler an:

Endangabe des Messergebnisses
$x = \bar{x} \pm \Delta x$ und $x = \bar{x} \pm \dfrac{\Delta x}{\bar{x}} \cdot 100\,\%$.

Da jede gemessene physikalische Größe mit einem Fehler behaftet ist, macht es keinen Sinn, als Messergebnis eine Zahl mit vielen Ziffern anzugeben. Die Zahl der Ziffern oder Stellenzahl sollte dem Fehler entsprechen, d. h. Messergebnisse sind zu runden.

Die Fehlerangabe ist nur eine Wahrscheinlichkeitsaussage und auch selbst mit einer gewissen Unsicherheit behaftet. Es genügt daher in der Regel die Angabe nur einer gültigen Stelle für den Fehler. Den Mittelwert der Messung rundet man dann so, dass die letzte angegebene Stelle der letzten Dezimalstelle des Fehlers entspricht.

Systematische Fehler

Systematische Fehler bei Messungen im Praktikum rühren hauptsächlich von Ungenauigkeiten der Messgeräte oder des Messverfahrens her. Abweichungen der Messbedingungen wie z. B. der Temperatur von einem Normwert spielen dagegen in der Regel eine untergeordnete Rolle. Beispiele für systematische Fehler:

- eine Stoppuhr geht stets (ein wenig) vor oder nach

- ein Spannungsmesser zeigt wegen unvermeidlicher Kalibrierfehler stets einen zu großen oder zu kleinen Wert an

- der wahre Wert des Ohmschen Widerstandes in einer elektrischen Schaltung weicht von dem angegebenen Nominalwert ab.

Systematische Fehler haben stets einen festen Betrag und ein eindeutiges Vorzeichen. Sie ändern sich auch nicht, wenn man die Messung in der gleichen Anordnung mit den gleichen Messgeräten wiederholt. Da jedoch das *Vorzeichen* eines solchen Fehlers in der Regel unbekannt ist, muss er in der Fehlerrechnung ebenso wie der Streufehler mit dem unbestimmten Vorzeichen $\pm$ angesetzt werden. Für eine Abschätzung des *Betrages* gelten die folgenden Hinweise.

Für Messgeräte sind die maximal erlaubten Abweichungen Δx_{syst} eines angezeigten Wertes x vom wahren Wert x_{w} in der Regel durch nationale bzw. internationale Herstellungsnormen festgelegt. Wenn sich keine Angabe dazu in der Gerätebeschreibung befindet, kann im Praktikum mit folgenden, z. T. vereinfachenden Werten gerechnet werden.

Bei *Längenmessgeräten* beträgt der mögliche systematische Fehler Δx_{syst} selten mehr als wenige Promille vom Messwert x und ist daher gegenüber den Streufehlern in den meisten Fällen zu vernachlässigen. Für eine quantitative Abschätzung kann die Beziehung

$$\frac{\Delta x_{\mathrm{syst}}}{x} = \frac{1 \text{ Skalenteil der Messskala}}{\text{Skalenteile bei Vollausschlag}}$$

benutzt werden.

Stoppuhren sind noch genauer. Hier kann für Δx_{syst} angesetzt werden:

$$\Delta x_{\mathrm{syst}} = \text{kleinster Skalenwert} + 0{,}5 \text{ Promille vom Messwert.}$$

Bei der Messung von Temperaturdifferenzen mit einem Flüssigkeitsthermometer entspricht der erlaubte Gerätefehler etwa dem Wert von 1 Skalenstrichabstand.

Für elektrische Zeigerinstrumente ist der Begriff der **Güteklasse** eingeführt worden. Diese gibt den erlaubten systematischen Fehler als Prozentwert vom Vollausschlag x_{voll} an. So bedeutet z. B. die Güteklasse 1,5

$$\frac{\Delta x_{\mathrm{syst}}}{x_{\mathrm{voll}}} = 1{,}5\,\% = 0{,}015 \quad .$$

Im Praktikum rechnet man mit diesem relativen Fehler nicht nur für den Vollausschlag, sondern für den ganzen Messbereich. Eine Ablesung $U = 20{,}0\,\mathrm{V}$ auf einem Spannungsmesser der Güteklasse 1,5 bedeutet dann: $\pm \Delta U_{\mathrm{syst}} = \pm 0{,}3\,\mathrm{V}$.

Entsprechende prozentuale Fehlerangaben gelten auch für Oszilloskope (typisch 3 % für x und für y) und für xt- bzw. xy- Schreiber (häufig kleiner als 1 %). Die entsprechenden Angaben müssen der Gerätebeschreibung entnommen werden.

Besondere Beachtung verdienen *digital anzeigende Messgeräte*, weil es für den Messenden aus psychologischen Gründen schwerer ist, eine Anzeige in Ziffern als fehlerhaft zu betrachten als einen Zeigerausschlag. Bei solchen Digitalinstrumenten setzt sich der erlaubte systematische Fehler stets aus zwei Anteilen zusammen:

- einer Prozentangabe wie bei der o. g. Güteklasse sowie

- einer Anzahl ≥ 1 der Einheit der letzten angezeigten Ziffernstelle (digit).

Bei Digitalmultimetern sind diese möglichen systematischen Fehler in der Regel für unterschiedliche Messbereiche verschieden.

Zufällige Fehler

Ursachen für die zufälligen oder Streufehler sind z. B. Schwankungen der Messbedingungen während der Messung oder auch Ungenauigkeiten bei der Ablesung von Zeigerinstrumenten. Um den Betrag des Streufehlers bei der Messung einer Größe x abschätzen zu können, wird die Messung mehrfach wiederholt.

Für das Maß der Streuung benutzt man eine von Gauß definierte Größe, die sog.

Standardabweichung $$s = \sqrt{\frac{1}{n-1} \sum_{i=1}^{n} (x_i - \bar{x})^2} \ .$$

Die Größe s charakterisiert die *Genauigkeit* einer *einzelnen Messung* und damit die Genauigkeit des Messverfahrens. Deshalb wird s auch als *mittlerer quadratischer Fehler der Einzelmessung* bezeichnet. In Bild 1.1 a und b sind die Standardabweichungen als Balken eingezeichnet.

Je mehr Einzelmessungen vorliegen, um so genauer wird der Mittelwert sein. Die Fehlertheorie zeigt, dass der statistische Fehler des Mittelwertes Δx_{Streu} um den Faktor $1/\sqrt{n}$ kleiner als die Standardabweichung s ist:

Statistischer Fehler des Mittelwertes $$\Delta x_{\text{Streu}} = \frac{s}{\sqrt{n}} \ .$$

Die Fehlerstatistik erlaubt die folgende Aussage (unter der Voraussetzung, dass der statistische Fehler Δx_{Streu} die systematischen Fehler deutlich überwiegt):

Mit einer Wahrscheinlichkeit P_s von etwa 68 % liegt der wahre Wert innerhalb des Intervalls $\bar{x} \pm \Delta x_{\text{Streu}}$.

Daher heißt der entsprechende Bereich

Vertrauensbereich $$\bar{x} - \frac{s}{\sqrt{n}} \leq x_{\text{w}} \leq \bar{x} + \frac{s}{\sqrt{n}} \ .$$

Der Fehler Δx_{Streu} des Mittelwertes nimmt mit der Anzahl n der Einzelmessungen ab, und zwar umgekehrt proportional zu $\sqrt{n}$, Bild 1.2. Die Genauigkeit des Endergebnisses $\bar{x}$ steigt also jeweils um den Faktor 2, wenn man die Zahl der Einzelmessungen von $n = 1$ auf 4 bzw. von 16 auf 64 erhöht. Bereits durch wenige Wiederholungen einer einzelnen Messung erhält man also ein erheblich genaueres Ergebnis. Eine wesentliche Steigerung der Genauigkeit wird allerdings für $n > 10$ sehr mühsam. Es ist dann meistens sinnvoller, die Messmethode zu verbessern, anstatt die Zahl der Wiederholungsmessungen zu erhöhen.

Beispiel einer Fehlerrechnung für den Streufehler: In Tabelle 1.4 ist als Beispiel die Fehlerrechnung für eine Messreihe mit $n = 8$ Werten ausgeführt: Bestimmung der Brennweite f einer Linse.

- *Mittelwert*: $\bar{f} = 1322\,\text{mm}/8 = 165{,}25\,\text{mm}$; für die Fehlerrechnung gerundet: $\bar{f} = 165{,}3\,\text{mm}$.

- *Standardabweichung*: $s = \sqrt{23{,}6/(8-1)} = \sqrt{3{,}38} = 1{,}84\,\text{mm}$.

- *Fehler des Mittelwertes*: $\Delta f_{\text{Streu}} = s/\sqrt{n} = 1{,}84/\sqrt{8} = 0{,}65\,\text{mm}$; aufgerundet: $\Delta_{\text{Streu}} f = 0{,}7\,\text{mm}$.

- *Relativer Fehler des Mittelwertes*: $\Delta f_{\text{Streu}}/f = 0{,}65/165{,}3 = 0{,}0039$ oder 0,4 %.

- *Endangabe des Messergebnisses*:

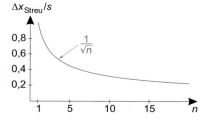

Bild 1.2. Der Quotient aus statistischem Fehler des Mittelwertes Δx_{Streu} und der Standardabweichung s in Abhängigkeit von der Anzahl der Einzelmessungen n

Tabelle 1.4. Beispiel einer Fehlerrechnung für eine Messreihe mit $n = 8$ Werten der Brennweite f einer Linse

	f_i in mm	$v_i = f_i - \bar{f}$ in mm	v_i^2 in mm^2
Messwerte ($n=8$)	165	−0,3	0,1
	168	+2,7	7,3
	165	−0,3	0,1
	164	−1,3	1,7
	166	+0,7	0,5
	165	−0,3	0,1
	167	+1,7	2,9
	162	−3,3	10,9

$$\bar{f} = \sum_{i=1}^{8} f_i = 1322\,\text{mm} \qquad \sum_i v_i^2 = 23{,}6\,\text{mm}^2$$

$$f = (165{,}3 \pm 0{,}7)\,\text{mm} \quad ; \quad f = 165{,}3\,\text{mm} \pm 0{,}4\,\% \quad .$$

Der Taschenrechner liefert, z. B. bei Division durch 3, oft sehr viele Dezimalen, von denen die meisten keine reale, d. h. sinnvoll physikalische Bedeutung haben. Die überflüssigen Stellen sind abzustreichen bzw. zu runden. Beispiele:

- Runden beim relativen Fehler (ähnlich beim absoluten Fehler):
  $0{,}538\,\% \to 0{,}5\,\%$; $0{,}078\,\% \to 0{,}08\,\%$; $1{,}67\,\% \to 1{,}7\,\%$.

- Ergebnis-Rundung:
  Genügende Zahl von Dezimalstellen angeben, z. B. $a = \frac{1}{3} \cdot 8 \pm 0{,}05 \to 2{,}66\bar{6} \pm 0{,}05 \to 2{,}67 \pm 0{,}05$ (nicht richtig ist: $a = 2{,}7 \pm 0{,}05$).

- Ergebniswert und absoluter Fehler müssen in gleichen Einheiten und in gleiche Zehnerpotenzen umgerechnet werden:
  $a = 8{,}524\,\text{m}$; $\Delta a = \pm 50\,\text{cm} \to a = (852{,}4 \pm 50)\,\text{cm} \approx (850 \pm 50)\,\text{cm}$; $g = 9{,}812\,\text{m/s}^2$; $\Delta g = \pm 14 \cdot 10^{-2}\,\text{m/s}^2 \to g = (9{,}81 \pm 0{,}14)\,\text{m/s}^2$.

Anstelle einer *Fehlerrechnung* kann oft eine *Fehlerabschätzung* treten: Bei einer Mehrfachmessung ist die Streubreite, d. h. die Differenz von größtem und kleinstem Messwert einer Messreihe $x_{\max} - x_{\min}$, größer als die doppelte Standardabweichung s, da $x_{\max} > \bar{x} + s$ und $x_{\min} < \bar{x} - s$. Wir können also für die Abschätzung eines Größtfehlers ansetzen:

Fehlerabschätzung $\Delta x_{\text{Streu}} \overset{<}{\approx} \frac{1}{2}\left(x_{\max} - x_{\min}\right)/\sqrt{n} \quad .$

Mit den Werten aus Tabelle 1.4 ist z. B. $f_{\max} - f_{\min} = 168 - 162 = 6\,\text{mm}$, also $\Delta f_{\text{Streu}} \approx 3/\sqrt{8} = 1{,}1\,\text{mm}$, während sich nach der exakten Fehlerrechnung $\Delta f_{\text{Streu}} = 0{,}7\,\text{mm}$ ergibt. Man gelangt also schon auf diese einfache Weise zu einer vernünftigen, d. h. größenordnungsmäßig richtigen Fehlerangabe.

Fehlerfortpflanzung

Eine *gesuchte Größe* z, d. h. das Versuchsergebnis, hängt oft von mehreren Messgrößen ab. Die im Versuch *direkt gemessenen Größen* seien: $a, b, c, \ldots$ Aus der *Theorie* sei der *Zusammenhang* bekannt:

$$z = \text{f}(a, b, c, \ldots) \quad .$$

Die Messwerte der direkt gemessenen Größen sind stets mit einem Fehler behaftet!

Es seien die *Mittelwerte* $\bar{a}, \bar{b}, \bar{c}, \ldots$ und die *Messfehler* $\Delta a, \Delta b, \Delta c, \ldots$. Alle diese Größen lassen sich aus den Messwerten für $a, b, c, \ldots$ und dem Schätzwert für den systematischen Fehler ausrechnen. Der Bestwert des Ergebnisses ist:

$$\bar{z} = \text{f}(\bar{a}, \bar{b}, \bar{c}, \ldots) \quad .$$

Der Fehler des Ergebnisses Δz hängt von den Fehlern der einzelnen Messgrößen ($\Delta a, \Delta b, \Delta b, \ldots$) und von den partiellen Ableitungen ($\delta z/\delta a, \delta z/\delta b, \delta z/\delta c, \ldots$) ab. Aus der Fehlerstatistik ergibt sich

$$\Delta z = \sqrt{\left(\frac{\partial z}{\partial a}\right)^2 \Delta a^2 + \left(\frac{\partial z}{\partial b}\right)^2 \Delta b^2 + \left(\frac{\partial z}{\partial c}\right)^2 \Delta c^2 + \ldots}$$

bzw. die vereinfachte Abschätzung für den

Größtfehler $\Delta z \approx \left|\frac{\partial z}{\partial a}\right| \Delta a + \left|\frac{\partial z}{\partial b}\right| \Delta b + \left|\frac{\partial z}{\partial c}\right| \Delta c + \ldots \quad .$

Dabei ist $\partial z / \partial a$ der *partielle Differentialquotient*, d. h. die Ableitung von z nach a, wobei alle anderen Variablen $(b, c, \ldots)$ als Konstanten betrachtet werden.

Zwei Spezialfälle als Beispiele: Es seien a und b die Messgrößen und K eine Konstante

$$z = \mathrm{f}(a, b) = Ka - b \quad .$$

Dann ist nach den Gesetzen der Differentiation

$$\frac{\partial \mathrm{f}}{\partial a} = K \quad \text{und} \quad \frac{\partial \mathrm{f}}{\partial b} = -1 \quad .$$

Also erhält man $\Delta z \approx |K| \Delta a + |-1| \Delta b$, d. h.

$$\Delta z \approx |K| \Delta a + \Delta b \quad .$$

Es gilt also speziell:

Für Summen (oder Differenzen) von Messgrößen addieren sich deren absolute Fehler, multipliziert mit ihren konstanten Faktoren, zum absoluten Gesamtfehler.

Als weiterer Spezialfall sei

$$z = \mathrm{f}(a, b) = K a^m b^{-n} \quad .$$

Man erhält für die beiden partiellen Ableitungen:

$$\frac{\partial z}{\partial a} = K m a^{m-1} b^{-n} = m \frac{z}{a} \quad \text{bzw.}$$

$$\frac{\partial z}{\partial b} = K a^m (-n) b^{-n-1} = (-n) \frac{z}{b} \quad .$$

Damit ergibt sich:

$$\Delta z \approx \left| \frac{\partial z}{\partial a} \right| \Delta a + \left| \frac{\partial z}{\partial b} \right| \Delta b \quad \Longrightarrow \quad \Delta z \approx \left| \frac{mz}{a} \right| \Delta a + \left| \frac{-nz}{b} \right| \Delta b$$

$$\frac{\Delta z}{z} \approx m \frac{\Delta a}{a} + n \frac{\Delta b}{b} \quad .$$

Es gilt also:

Für Produkte von Potenzen addieren sich die relativen Fehler, multipliziert mit den Beträgen der Exponenten, zum relativen Gesamtfehler.

Als ein Anwendungsbeispiel wird ein Experiment betrachtet, bei dem der Elastizitätsmodul E eines Drahtes (Länge ℓ, Radius R) aus seiner Verlängerung λ bei Belastung mit Gewichtskörpern der Masse m bestimmt werden soll, Bild 1.3. Für λ gilt:

$$\lambda = \frac{\ell}{E \pi R^2} F \quad \text{bzw.} \qquad E = \frac{\ell}{\lambda \pi R^2} F \quad .$$

Hierbei ist $F = mg$ die Gewichtskraft und g die Erdbeschleunigung ($g = 9{,}81 \, \mathrm{ms}^{-2}$). E ist der zu bestimmende Elastizitätsmodul, dessen relativer Fehler sich aus

$$\frac{\Delta E}{E} = \frac{\Delta \ell}{\ell} + 2 \frac{\Delta R}{R} + \frac{\Delta \lambda}{\lambda} + \frac{\Delta F}{F}$$

bestimmen lässt.

Bild 1.3. Aufbau zur Drahtdehnung, *Themenkreis 9*

Grafische Darstellungen

Die nachfolgenden Hinweise gelten auch für die Auswertung und Darstellung mit Computerprogrammen!

Bei der Veranschaulichung größerer Datenmengen besitzt die grafische Darstellung gegenüber einer numerischen Tabellen-Darstellung meistens wesentliche Vorteile. Das beruht darauf, dass das menschliche Auge mit dem angeschlossenen neuronalen Netzwerk des Gehirns zur hochgradigen Parallelverarbeitung von sehr großen Datenmengen in der Lage ist und dabei sehr schnell die wesentlichen Informationen aus Bildern extrahieren kann. Ein gerastertes Zeitungsbild $5 \times 10\,\mathrm{cm}$ enthält eine Gesamtinformation von ca. 10^5 bit und ist doch in Bruchteilen einer Sekunde zu überschauen. Die Zahlen in Tabellen müssen dagegen nacheinander gelesen und vom Gehirn seriell, einen Wert nach dem anderen vergleichend, verarbeitet werden, was sehr viel länger dauert und sehr bald auf Gedächtnis-Kapazitätsgrenzen stößt.

Regeln und Hinweise zur Herstellung von Diagrammen

Für die *Zeichnung* von Diagrammen sollte man nur *Millimeter-Papier* oder Papier mit entsprechenden Spezialteilungen verwenden; nicht einfach kariertes Papier benutzen, die Auswertegenauigkeit wäre um eine Größenordnung schlechter. Meistens ist ein mm-Papier-Format DIN A4 angemessen. Den *Maßstab* wählt man zweckmäßigerweise so, dass sich die Messpunkte über mehr als 3/4 der Diagramm-Breite und -Höhe verteilen, ggf. unterdrückten Nullpunkt verwenden. Am günstigsten wird ein *Diagramm-Format* ausgenutzt, wenn Ordinate und Abszisse etwa gleich lang sind (oder etwa 2 : 3) und die Kurve in grober Näherung unter 30 bis 60 Grad Steigung verläuft (Bild 1.4 c, Maßstab für y-Achse zu klein, Nullpunkts-Unterdrückung und größeren y-Maßstab verwenden).

Durch die streuenden Messpunkte wird eine *glatte, ausgleichende Kurve* gelegt (Bild 1.4 a). Oft genügt eine Ausgleichskurve *nach Augenmaß*. Die Messpunkte statt dessen mit einer Zickzacklinie zu verbinden (Bild 1.4 d), ist selten physikalisch sinnvoll, denn weitere, neu gemessene Zwischenwerte werden in der Regel nicht auf den geradlinigen Verbindungslinien liegen, sondern ebenfalls um die mittlere Kurve streuen.

Für eine zum Vergleich eingezeichnete *gerechnete Kurve* könnte man beliebig dicht liegende Punkte ausrechnen, zweckmäßigerweise sollte man daher überhaupt keine Rechenpunkte angeben. Natürlich muss man einige Punkte zunächst auftragen, um die theoretische Kurve zeichnen zu können. Die *Messpunkte* für die *experimentellen Kurven* müssen dagegen immer eingezeichnet werden, denn sie geben Auskunft über Streuung, systematische Abweichungen, Ausreißer usw. Experimentell *registrierte Kurven* werden immer ein gewisses *Rauschen* zeigen, das der statistischen Messwert-Streuung entspricht.

Beschriftung von Diagrammen

Für einen erfolgreich arbeitenden Naturwissenschaftler oder Ingenieur ergibt sich oft die Notwendigkeit, druckfertige Diagramme für Veröffentlichungen, Berichte usw. herzustellen und einzureichen.

Üblicherweise verwendet man dafür heutzutage kommerzielle Programme für PCs, seltener eigenentwickelte Computerprogramme. Bevor man allerdings solche Programme oder gar automatisch gesteuerte Mess- und Zeichenapparaturen sinnvoll einsetzen kann, muss man die Grundlagen des „Zu-Fuß-Messens und -Auswertens" sehr genau gelernt haben. Üblicherweise trägt man die *unabhängige Veränderliche*, d. h. die vom Experimentator eingestellte Größe x, längs der *horizontalen Achse*, der **Abszisse**, auf. Die *abhängige Variable*, d. h. die abgelesene Größe y, wird längs der *vertikalen Achse*, der **Ordinate** aufgetragen. Die *Wirkung y* wird also als Funktion der *Ursache x* aufgezeichnet, Bild 1.5.

Die beiden Achsen werden beschriftet. Dazu gehören:

a) (richtig)

b) (zu klein)

c) (Maßstab von y zu klein)

d) (nicht sinnvoll)

Bild 1.4a-d. Diagramme und häufige Fehler

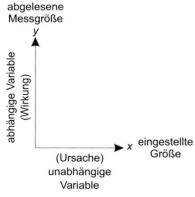

Bild 1.5. Übliche Diagrammauftragung: Wirkung y als Funktion der Ursache x

- *Bezeichnungen* der aufgetragenen physikalischen Größen oder meistens kurz ihre Symbole.

- Einige wenige runde *Maßstabszahlen*: ca. 4 - 6 Zahlen genügen, die Benennung weiterer Teilstriche des Millimeterpapiers lässt sich nämlich leicht *interpolieren*, auch für die Eintragung der Messpunkte. Die *Maßstabseinheiten* sollen in einfacher Beziehung zur mm-Teilung stehen; z. B. 1 Einheit $\stackrel{\wedge}{=}$ 1 cm oder 2 cm oder 5 cm, eventuell auch 2,5 cm; aber nicht 3 cm, da eine Interpolation unnötig schwierig wird. Am *Koordinaten-Ursprung* sollte für *beide* Skalen eine Null angeschrieben werden, wenn kein unterdrückter Nullpunkt vorliegt. *Zehnerpotenzen* werden oft mit den Einheiten zusammengefasst, Bild 1.6.

- Die benutzten *Einheiten* (Abkürzungen verwenden). Häufig werden *zwei Messskalen* für zwei physikalische Größen, die einander proportional sind, an die gleiche Koordinatenachse angetragen, Bild 1.6. Eine der Skalen wird dann i. Allg. nicht mehr mit der mm-Teilung korrespondieren; am besten Teilstriche für runde Maßstabszahlen markieren und ganzzahlige Ziffern anschreiben.

Bild 1.6. Darstellung eines experimentell gefundenen Zusammenhanges, mit zwei Ordinatenskalen, *Themenkreis 10*

Jedes Diagramm sollte außerdem möglichst eine kurze *Unterschrift* erhalten oder eine kurze *Erläuterung*; diese können bei Labor-Protokollen in freie Teile des Diagramms (z. B. oben) eingeschrieben werden. Ein sachkundiger Leser kann sich dann oft durch schnelle Betrachtung der Diagramme sowie der Figuren (Skizzen), der Überschriften und der Ergebnis-Zusammenfassung einen *Überblick* über den wesentlichen Inhalt eines Messberichtes verschaffen.

Diagramme mit speziellen Teilungen

Normalerweise verwendet man *rechtwinklige Koordinaten* mit linearer Teilung: **Millimeter-Papier**. Gelegentlich wird auch **Polarkoordinaten-Papier** benutzt, wenn nämlich Winkelabhängigkeiten verdeutlicht werden sollen. Beispiele: Abstrahl-Charakteristiken von Antennen oder Lautsprechern oder Empfindlichkeit von Richtmikrophonen, Bild 1.7.

Oft werden auch Diagramme mit *logarithmischen Teilungen*, **Logarithmen-Papier**, verwendet, was z. B. die Darstellung von Größen, die über mehrere Zehnerpotenzen variieren, ermöglicht. Hierbei ist zu unterscheiden zwischen (*einfach-* oder *halb-*)*logarithmischer Darstellung* (eine Achse log, die andere Achse linear, Bild 1.8) und einer *doppelt-logarithmischen Darstellung* (beide Achsen log, Bild 1.9).

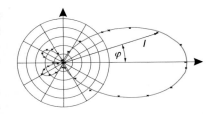

Bild 1.7. Richtstrahl-Charakteristik $I\varphi$ in Polarkoordinaten-Darstellung

In *halb-logarithmischen* Diagrammen liefern *exponentielle* und *logarithmische* *Abhängigkeiten Geraden* mit einem Geraden-Anstieg $k \lg e$:

$$y = Ae^{kx} \quad \lg y = \lg A + xk \lg e; \quad (\lg y) = \mathrm{f}(x) \to \text{Gerade} \quad .$$

In log-log *Diagrammen* liefern dagegen *Potenzfunktionen Geraden*, deren Anstieg durch den Exponenten p gegeben ist:

$$y = Ax^p \quad \log y = \log A + p \log x \quad (\lg y) = \mathrm{f}(\lg x) \to \text{Gerade} \quad .$$

Es gibt eine Reihe verschiedener *logarithmischer Papiere*, bei denen auf einer A4-Seite in x- und y-Richtung 1, 2 oder 3 Dekaden (Zehnerpotenzen) untergebracht sind. Die Auswahl eines geeigneten log-Papiers muss dem Variationsbereich der vorliegenden Daten angepasst werden.

Bild 1.8. Einfach-logarithmische Darstellung, *Themenkreis 47*

Dichte der Messpunkte in einer Messreihe

Bei *linearen Zusammenhängen* oder bei schwach gekrümmten Kurven wird man der üblichen Regel folgen: Die unabhängige Variable (Einstellgröße) x wird in gleichen Schritten geändert. Es genügen dann i. Allg. bereits ca. 10 Messpunkte zum Zeichnen einer guten grafischen Darstellung.

Bei stärker *gekrümmten Kurven* ist es aber nicht mehr sinnvoll, x mit gleicher Schrittweite zu ändern. Die Dichte der Messpunkte in den steileren Kurven-

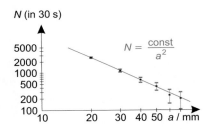

Bild 1.9. Doppelt-logarithmische Darstellung, *Themenkreis 47*

Bild 1.10. Kurve mit stark gekrümmten Bereichen (Röntgenspektrum); Messpunkte (a) mit gleicher Schrittweite Δx, (b) mit etwa gleichen Abständen Δs längs der Kurve, *Themenkreis 45*

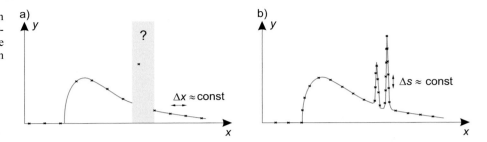

Bereichen ist vielmehr zu erhöhen, da sich die Abstände in y-Richtung sonst entsprechend stark vergrößern, Bild 1.10. Allgemeine Regel:

> Zweckmäßigerweise ist die Dichte der Messpunkte so zu wählen, dass ihr *Abstand längs der Kurve* etwa *konstant* bleibt.

Bei komplizierten Kurvenformen erfordert die ungefähre Einhaltung dieser Regel schon einige Erfahrung. Am besten, man erkundet in einem *Vorversuch* den ungefähren Kurvenverlauf: Die Messpunkte werden mit verringerter Genauigkeit in grobem Raster aufgenommen und in einer Diagramm-Skizze, eventuell auf kariertem Papier, sofort aufgezeichnet. Für die Hauptmessung lässt sich daraus eine geeignet veränderte Schrittweite Δx abschätzen.

Fehlerangabe für die einzelnen Messpunkte

Die grafische Darstellung eines Messergebnisses x, y als Messpunkt ist eine Idealisierung. Jedes Messergebnis ist mit einem *Messfehler* $\pm\Delta x$ und $\pm\Delta y$ behaftet; deshalb müsste man eigentlich entsprechend große Messkleckse zeichnen. Zweckmäßigerweise gibt man den *Fehlerbereich* durch ein *Balkenkreuz* an. Oft ist aber die im Experiment eingestellte Größe (unabhängige Variable x) sehr viel genauer bekannt als die gemessene Größe (abhängige Variable y), dann genügt für die Fehlerangabe ein *vertikaler Balken* der Länge $2\Delta y$, Bild 1.11.

Der *Aussagewert* einer Messung hängt oft entscheidend vom Messfehler ab. Im Falle des Bildes 1.11 b zeigt das Experiment, dass mit Sicherheit keine lineare Beziehung vorliegt; im Falle des Bildes 1.11 c ist dagegen hierüber keine Entscheidung möglich, weil die Messgenauigkeit zu gering ist. Ist der *absolute Fehler* Δy konstant und für alle Messpunkte gleich, dann ist natürlich die Länge der Fehlerbalken in der normalen linearen Darstellung konstant. In der logarithmischen Darstellung nehmen in diesem Fall dagegen die Fehlerbalkenlängen mit abnehmender Messgröße stark zu, Bild 1.11 d.

Erhöhung der Genauigkeit grafischer Darstellungen

Oft ist die Verwendung eines *unterdrückten Nullpunktes* angebracht; der Diagramm-Maßstab kann dann entsprechend größer gewählt werden. So könnte man zum Beispiel in Bild 1.12 a mit einem unterdrückten Nullpunkt bei gleichem Diagramm-Format die Maßstäbe für die x- und y-Achsen verdoppeln. Beispiel: Messung der

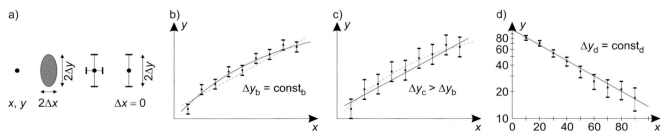

Bild 1.11. (a) Zur Balken-Darstellung von Messfehlern Δx, Δy in Diagrammen. (b)-(d) Messungen mit konstantem absoluten Fehler Δy: (b), (c) in linearer und (d) in einfacher logarithmischer Darstellung

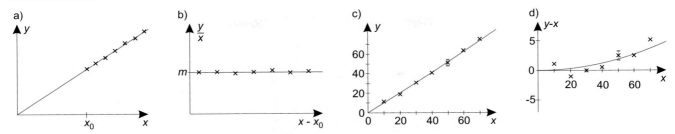

Bild 1.12. Erhöhung der Genauigkeit einer grafischen Darstellung (a), einer Proportionalität $y \approx mx$ durch Berechnung der Steigungen und Unterdrückung des Nullpunkts (b). Bei einer Kalibrierkurve (c) kann die Abweichung $y - x$ als Funktion von x dargestellt werden (d)

Temperatur des Wasserbades als Funktion der Zeit. Man misst bei etwa $20\,°C - 30\,°C$, also weit oberhalb von $0\,°C$. Bei Verwendung der absoluten Temperatur-Skala, bei Messungen um $T = 290\,K$ wäre ein Diagramm ohne Nullpunkts-Unterdrückung sogar völlig sinnlos. Ist eine solche *Proportionalität* $y \approx mx$ zu prüfen, wobei nur Messpunkte in größerer Entfernung vom Nullpunkt vorliegen, Bild 1.12 a, dann zeichnet man besser $y/x = \mathrm{fkt}(x - x_0)$ auf, Bild 1.12 b.

Liegt nur eine sehr *geringe Abweichung* von der Gleichung $y \approx x$ vor, wie oft bei Kalibrierkurven, Bild 1.12 c, dann trägt man in stark vergrößertem Maßstab besser auf: $(y - x) = \mathrm{fkt}(x)$. Streuungen und systematische Abweichungen sind hier viel besser zu erkennen, Bild 1.12 d. Entsprechendes gilt für kleine Abweichungen der Messpunkte von komplizierten Funktionen, z. B. von der theoretischen Formel $y \approx \varphi(x)$. Man benutzt das Diagramm: $y - \varphi(x) = \mathrm{fkt}(x)$. Auf diese Weise lässt sich auch bei hochgenauen Messergebnissen eine Fehlerabschätzung aus einer grafischen Darstellung gewinnen.

Auswertung linearer Zusammenhänge

Es seien x_i, y_i eine größere Anzahl von Messwertepaaren ($i = 1, 2, \ldots$), die nach der Theorie linear zusammenhängen sollten

$$y = A + Bx \quad .$$

Wegen der zufälligen Messfehler streuen jedoch die Messpunkte. Zur Bestimmung der Größen A und B sowie zur Abschätzung der zugehörigen Fehler gibt es zwei verschiedene Wege.

Grafische Auswertung

Die Messpunkte werden grafisch aufgetragen. Nach Augenmaß wird eine ausgleichende Gerade durch die Punkte gezeichnet, Bild 1.13. Es ist dann A = Achsenabschnitt; B = Steigung der Geraden.

Ein grobes Verfahren zur Ermittlung der Streufehler $\Delta A_{\mathrm{Streu}}$ und $\Delta B_{\mathrm{Streu}}$ soll an einem anderen fiktiven Messbeispiel mit größeren Streufehlern erläutert werden, Bild 1.14. Außer der optimal mittelnden Geraden werden noch zwei weitere parallele Geraden (z. B. als dünne Bleistiftstriche) so eingezeichnet, dass sie nach oben und unten verschoben sind, aber doch den größten Teil der Messpunkte (ca. 70 %) einschließen. Der Bereich, in dem sich die Messpunkte finden, wird so abgegrenzt, dass ein Streubereichs-Rechteck entsteht, wie in Bild 1.14 zu sehen. Die Diagonalen in diesem Rechteck liefern dann etwa die Fehler $\pm \Delta A_{\mathrm{Streu}}$ und $\pm \Delta B_{\mathrm{Streu}}$.

In vielen Fällen genügt die Einzeichnung der diagonalen Grenzgeraden durch die streuenden Messpunkte nach Augenmaß.

Rechnerische Auswertung nach Punktepaar-Methode

Im Falle geringer Streuung liefert eine Auswertung nach der **Methode der Punkt-paare** verlässlichere Ergebnisse als die grafische Auswertung. Dabei werden *Differenzen* gebildet: diff $x = x_{m+i} - x_i$ sowie diff $y = y_{m+i} - y_i$, und zwar am günstigsten nicht zwischen den direkt benachbarten, sondern den etwa um die Hälfte des Messbereiches auseinanderliegenden Werten ($m \approx n/2$). Als Beispiel ist in

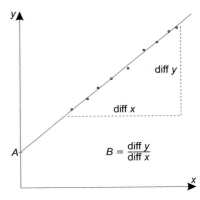

Bild 1.13. Grafische Darstellung von Messgrößen, die einer Geradenglei-chung mit dem Achsenabschnitt A und der Steigung der Geraden B genügen

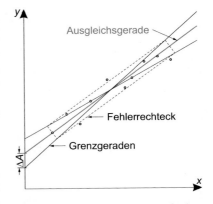

Bild 1.14. Prinzip einer grafischen Auswertung mit Streubereichen, **Ausgleichsgerade**

Tabelle 1.5. Rechnerische Auswertung nach der Methode der Punktpaare, *Themenkreis 8*

x_i	y_i	diff x	diff y	$B_i = \dfrac{\text{diff } y}{\text{diff } x}$	v_{iB}	$v_{iB}^2\,/\,10^4$	$\bar{B}\,x_i$	A_i	v_{iA}	$v_{iA}^2\,/\,10^4$
0,00	1,4	1,80	3,6	2,00	−0,09	81	0,00	1,40	+0,14	196
1,00	3,3	1,75	3,8	2,17	+0,08	64	2,09	1,21	−0,05	25
1,30	3,9	1,90	4,0	2,10	−0,01	1	2,72	1,18	−0,08	64
1,80	5,0	2,35	4,9	2,08	+0,01	1	3,76	1,24	−0,02	4
2,75	7,1						5,75	1,35	+0,09	81
3,20	7,9						6,69	1,21	−0,05	25
4,15	9,9						8,68	1,22	−0,04	16

$$\bar{B} = \sum_i B_i = 8{,}35 \qquad \sum v_{iB}^2 = 147 \cdot 10^{-4} \qquad \bar{A} = \sum_i A_i = 8{,}81 \qquad \sum v_{iA}^2 = 411 \cdot 10^{-4}$$

Tabelle 1.5 eine solche Auswertung dargestellt. Der Quotient $B = \mathrm{diff}\,y/\mathrm{diff}\,x$ sollte konstant sein; man kann also *mitteln*:

$$\bar{B} = \frac{1}{m} \sum_{i=1}^{m} B_i \quad .$$

Der *Vertrauensbereich des Mittelwertes* $\bar{B}$ errechnet sich aus den Abweichungen $v_{iB} = \left(B_i - \bar{B}\right)$, wobei man v_{iB}, v_{iB}^2 und schließlich die Summe $\sum v_{iB}^2$ zu bilden hat:

$$\Delta B_{\mathrm{Streu}} = \sqrt{\frac{\sum v_{iB}^2}{m(m-1)}} \quad .$$

Als Ergebnis erhält man zusammenfassend:

$$B = \bar{B} \pm \Delta B_{\mathrm{Streu}} \quad .$$

Mit Hilfe des Mittelwertes $\bar{B}$ wird nun der Parameter A für jedes Wertepaar x_i, y_i nach $A_i = y_i - \bar{B}x_i$ berechnet und der Mittelwert $\bar{A}$ gebildet. Der Fehler des Mittelwertes $\bar{A}$ ergibt sich wieder aus den Abweichungen $v_{iA} = A_i - \bar{A}$, also durch Berechnung von v_{iA}, v_{iA}^2 und $\sum v_{iA}^2$:

$$\Delta A_{\mathrm{Streu}} = \sqrt{\frac{\sum v_{i,A}^2}{n(n-1)}} \quad .$$

Als Ergebnis erhält man zusammenfassend:

$$A = \bar{A} \pm \Delta A_{\mathrm{Streu}} \quad .$$

Die Auswertung der in Tabelle 1.5 dargestellten Messung ergibt: $\bar{B} = 2{,}088$ und $\bar{A} = 1{,}259$, also gerundet: $\bar{B} \approx 2{,}09$ und $\bar{A} \approx 1{,}26$. Weiter berechnet man

$$\Delta B_{\mathrm{Streu}} = \sqrt{\frac{\sum v_B^2}{m(m-1)}} = \sqrt{\frac{147 \cdot 10^{-4}}{4 \cdot 3}} = 3{,}5 \cdot 10^{-2} \approx 0{,}04 \quad ,$$

$$\Delta A_{\mathrm{Streu}} = \sqrt{\frac{\sum v_A^2}{n(n-1)}} = \sqrt{\frac{411 \cdot 10^{-4}}{7 \cdot 6}} = 3{,}1 \cdot 10^{-2} \approx 0{,}03 \quad .$$

Als Ergebnis der Messung erhält man für: $B = 2{,}09 \pm 0{,}04$, $\Delta B/B = 2\,\%$ und $A = 1{,}26 \pm 0{,}03, \Delta A/A = 2{,}5\,\%$.

Methode der kleinsten Quadrate

International üblich ist die Bestimmung der **Ausgleichsgerade** nach der Gaußschen *Methode der kleinsten Fehlerquadrate* .

Angenommen, die beiden Größen A und B, die von allen n Messpunktepaaren x_i, y_i abhängig sind, wären schon bekannt. Es ließ sich dann jeweils eine Größe $y(x_i) = A + Bx_i$ berechnen und mit den Messwerten y_i vergleichen. Dabei werden sich im allgemeinen Abweichungen

$$v_i = y_i - y(x_i)$$

ergeben. Die Gaußsche Forderung ist nun, dass die Summe der Quadrate aller dieser Abweichungen,

$$\sum_{i=l}^{n} v_i^2 = \sum v_i^2 = f(A, B)$$

minimal wird. Nach Anwendung der Regeln der Differentialrechnung für Funktionen von mehreren Veränderlichen können diejenigen Werte von A und B bestimmt werden, für die $f(A, B)$ minimal wird:

$$B = \frac{\sum x_i y_i - n\bar{x}\bar{y}}{\sum x_i^2 - n\bar{x}^2}$$

$$A = \bar{y} - B\bar{x} \quad .$$

Dabei sind $\bar{x}$ und $\bar{y}$ die Mittelwerte von x_i und y_i. Die dazugehörigen Standardabweichungen werden mit s_x und s_y bezeichnet.

Der **Korrelationskoeffizient** r ist ein Maß für die gegenseitige Abhängigkeit von zwei Variablen

$$r = B\frac{s_x}{s_y} \quad .$$

Zur Veranschaulichung von r betrachte man Messpunkte y_i, x_i mit $\bar{y} = 0$, $\bar{x} = 0$. Liegen die Messpunkte auf einer Geraden $y = Bx$ mit $B > 0$, so ist $s_y = Bs_x$ und es ergibt sich $r = 1$, ist $B < 0$ so ist $r = -1$. Liegen dagegen die Messwerte statistisch verteilt in der x-y-Ebene, so kommen positive und negative Werte von x_i, y_i gleich häufig vor und die Summe ergibt $B = 0$ und $r = 0$.

Die Größen A und B sowie der Korrelationskoeffizient r können mit einem Computerprogramm nach Eingabe der numerischen Wertepaare einer Messreihe bestimmt werden. Es ergibt sich z. B. für die im Bild 1.13 dargestellten Messpunkte $r = 0,99$. Für Bild 1.14 ist der Korrelationskoeffizient $r = 0,94$ kleiner, da die Streuung der Messwerte größer ist.

Diese Berechnung einer Ausgleichs- oder Regressionsgeraden durch Minimierung des Fehlerquadrates wird als **Regression** bezeichnet. Das Verfahren lässt sich auch zur Berechnung von Ausgleichskurven verallgemeinern, die sich als nichtlineare Funktionen, z. B. $y = A + Bx + Cx^2$ darstellen lassen.

Linearisierung

Da lineare physikalische Zusammenhänge relativ bequem ausgewertet werden können, werden auch nichtlineare Zusammenhänge oft linearisiert, d. h. in Form einer Geraden dargestellt. Dies ist häufig auch möglich, wie folgende Beispiele zeigen.

- Die Schwingungszeit T eines Drehtisches mit Feder, auf dem eine verschiebbare Scheibe der Masse m liegt, hängt vom Abstand ℓ des Scheibenschwerpunkts von der Achse des Drehtisches ab (näheres siehe *Themenkreis 8*):

$$T = 2\pi\sqrt{\frac{1}{D^*}\left(I_0 + \ell^2 m\right)} \quad .$$

Die Winkelrichtgröße der Feder D^* sowie das Trägheitsmoment I_0 der Anordnung mit der Scheibe in der Mitte sind unbekannt. Quadriert man die Gleichung, so kann man $y = T^2$ als Funktion von $x = \ell^2$ ansehen, also eine lineare Abhängigkeit herstellen:

$$\underbrace{T^2}_{y} = \underbrace{\left(\frac{4\pi^2}{D^*}I_0\right)}_{A} + \underbrace{\left(\frac{4\pi^2}{D^*}m\right)}_{B}\underbrace{\ell^2}_{x}$$

$$y = A + Bx \quad .$$

Das heißt, die etwas umständlich aussehende Ausgangsformel ist zur Gleichung einer einfachen Geraden umgeformt worden.

- Bei der Messung der Brennweite f gilt nach der einfachen Abbildungsgleichung (näheres siehe *Themenkreis 33*): $1/f = 1/a + 1/a'$. Hierbei bedeuten a und a' die Gegenstands- und die Bildweite. Setzt man $y = 1/a$ und $x = 1/a'$, so liefert dies $y = (1/f) - x$, d. h. wieder eine Geradengleichung.

Protokollführung

Ein Versuchsprotokoll soll außer den Messdaten auch eine kurze Beschreibung des Versuches sowie die Auswertung, das Ergebnis und dessen Bewertung enthalten. Ein gutes Protokoll sollte so angelegt sein, dass ein fachkundiger Leser in der Lage ist, den Versuchsablauf zu rekonstruieren. Insbesondere muss aber der Verfasser selbst (auch noch nach einigen Jahren) auf Grund seiner Aufzeichnungen den Versuch im Einzelnen verstehen und rekonstruieren können.

Protokollgliederung

Die hier angegebene Reihenfolge zur Gliederung eines Protokolls ist ein bewährter Vorschlag. Andere Gliederungen sind denkbar.

- Der Kopf
  Datum und *Ort*, *Name* des Experimentators (gegebenenfalls auch der Partner), *Thema* des Versuches.

- Grundlagen des Versuchs
  Aufgabenstellung und gewählte *Messmethode* (Stichworte), Zusammenstellung der grundlegenden *Formeln*; *Definitionen* der benutzten Symbole (Buchstaben).

- Beschreibung der Versuchsanordnung
  Prinzip-Skizze mit ergänzenden Bemerkungen (mechanischer Aufbau, elektrische Schaltung, optischer Strahlengang o.ä.), denn „ein Bild sagt mehr als 1000 Worte". Liste der verwendeten Messgeräte mit Angabe der Güteklasse.

- Messungen und Beobachtungen
  Messwerte immer mit Angabe der *Einheiten* notieren! Messwerte in übersichtlicher Tabellenform aufnehmen. Bei der Messung von Einzelgrößen werden die *geschätzten* Fehler notiert (Fehler der Instrumente oder des Messverfahrens). Auch Vorversuche und Fehlmessungen werden ins Protokoll geschrieben.

- Auswertung
  Berechnung des Endergebnisses aus den einzelnen Messergebnissen, gegebenenfalls Ermittlung aus einer *grafischen Darstellung* oder Veranschaulichung der Ergebnisse in grafischer Form. Berücksichtigung von Korrekturen. *Fehlerrechnung* für zufällige und systematische Fehler und deren Angaben in der Grafik in Form von Fehlerbalken. Eine statistische Fehlerrechnung braucht nur ausgeführt zu werden, wenn es sich lohnt, d. h. wenn genügend viele Einzelmessungen vorliegen und ihre Streuung mindestens von gleicher Größenordnung ist wie die der abgeschätzten systematischen Fehler, sonst genügt eine *Fehlerabschätzung*.

- Zusammenfassung der Ergebnisse
  Angabe der sinnvoll *gerundeten* numerischen *Ergebnisse* mit *Fehlergrenzen* (Messunsicherheit, Vertrauensbereich), sowie der verwendeten *Einheiten*. Bewertung bzw. Diskussion der Ergebnisse (z.B. Vergleich mit Literaturwerten).

Hinweise zur Protokollführung

Protokolle gelten in der Forschung als Urkunden, wichtig z.B. bei Patent- oder Prioritätsstreitigkeiten. Daher *niemals radieren* oder überschreiben, sondern Falsches *durchstreichen*, notfalls ganze Absätze. Die Lesbarkeit soll dabei erhalten bleiben und der Grund für das Streichen an den Rand geschrieben werden, später könnte sich eine Streichung als ungerechtfertigt erweisen! Nachträge in das Protokoll müssen als solche gekennzeichnet werden, z. B. andersfarbig.

In einem Protokollbuch sollen die Seiten numeriert sein, und es sollte vorn oder hinten ein *Inhaltsverzeichnis* eingefügt werden.

Hinweise zum Protokollieren von Messungen

Die Messergebnisse werden *sofort* in das Protokoll geschrieben, keine Zettelwirtschaft! Gründe: Zeitverschwendung, Übertragungsfehler, Versuchung subjektiver Auswahl „guter" Werte.

In jedem Fall die *direkt abgelesenen Messwerte* notieren: zur Vermeidung von später nicht mehr korrigierbaren Fehlern beim Kopfrechnen, die auch bei einfachsten Rechnungen wie Nullpunktskorrektionen oder Skalenumrechnungen, insbesondere bei ermüdenden Messungen, leicht möglich sind. Zweckmäßige *Reihenfolge* bei der Aufnahme von Messreihen (zur Vermeidung grober Irrtümer, wie Schreibfehler, Kommafehler usw.): Messwert ablesen, aufschreiben, Ablesung kontrollieren, Übergang zur nächsten Messung.

Messdaten werden heutzutage oft, insbesondere bei Serienmessungen direkt mit dem Computer aufgenommen und mit Auswerteroutinen weiter verarbeitet. Im Grundpraktikum kann z. B. ein Ausdruck von Orginalmessdaten ins Protokoll eingeklebt werden und durch Unterschrift die Orginalität bestätigt werden – dies gilt ebenso für Auswertungen und Grafiken. Im *Themenkreis 52* werden Grundlagen zur Datenerfassung behandelt. Dabei tritt eine Reihe prinzipieller Fragen auf wie Sicherung von Orginalmessdaten, Sicherung der Datenauthentizität, Schutz von Datenmanipulation u. v. m.

2. Messunsicherheit und Statistik

 Einführung in die Fehlerrechnung und Statistik zur Auswertung experimenteller Untersuchungen.

 Lehrbücher zu Fehlerstatistik (Stichworte: Fehlerrechnung, Statistik, Gaußverteilung, Normalverteilung, Mittelwert, Standardabweichung),
Kreyszig: Statistische Methoden und ihre Anwendungen.

Statistik

Die Theorie der zufälligen Messfehler ist eine Anwendung der allgemeinen **mathematischen Statistik**. Statistische Betrachtungen spielen in verschiedenen Gebieten der Physik eine wichtige Rolle, z. B. bei der Theorie der Wärme, bei der Radioaktivität oder in der Quantenmechanik.

Die mathematische Statistik befasst sich mit Massenerscheinungen, die eine große Zahl von Individuen oder von Einzelprozessen betreffen und bei denen der „Zufall" eine Rolle spielt. Oft zeigen die Massenerscheinungen statistische Gesetzmäßigkeiten, während die Einzelerscheinungen dagegen *zufällige Unregelmäßigkeiten* aufweisen. Beispiele:

- Für jeden einzelnen Wurf einer Münze ist das Ergebnis ungewiss; bei einer großen Zahl von Würfen wird etwa die Hälfte Zahl oder Wappen zeigen.

- Für eine bestimmte Person ist das Lebensalter ungewiss; für eine große definierte Personengruppe sind jedoch recht genaue Voraussagen möglich (Sterbetafeln).

- In einer Produktionsserie wird die Länge von Werkstücken gemessen; die Ergebnisse streuen um einen Mittelwert (Ausschuss-Statistik).

- Nach dem gleichen Messverfahren wird eine Naturkonstante (z. B. die Gravitationsbeschleunigung der Erde g) wiederholt gemessen; die Messergebnisse zeigen ebenfalls eine Streuung (zufällige Fehler, Fehlerstatistik).

- Die Atome eines Gases bewegen sich mit der mittleren Geschwindigkeit $\bar{v}$ und legen zwischen zwei Zusammenstößen die Strecke $\bar{\lambda}$ zurück; die Werte v und λ für die einzelnen Atome zeigen eine bestimmte Häufigkeitsverteilung um diese Mittelwerte.

Trotz der Verschiedenheit der Erscheinungen und Objekte der Statistik ist eine theoretische Behandlung mit den gleichen mathematischen Methoden möglich.

Um eine vollkommen zuverlässige statistische Aussage zu ermöglichen, müssten *alle* Individuen oder Erscheinungen der betrachteten Art, d. h. die vollständige Grundgesamtheit, untersucht werden. Näherungsaussagen, die dann nur mit einer gewissen Wahrscheinlichkeit zutreffen, lassen sich jedoch folgendermaßen gewinnen:

Aus der Grundgesamtheit entnimmt man eine *Stichprobe*, untersucht sie und schließt aus den Eigenschaften der Stichprobe auf die Eigenschaften der Grundgesamtheit. Die Stichprobe muss dabei so ausgewählt sein, dass sie die Eigenschaften der Grundgesamtheit repräsentiert.

In der Fehlerstatistik umfasst die Grundgesamtheit alle möglichen, (d. h. eigentlich unendlich viele) denkbaren Messergebnisse des betrachteten Experimentes, die Stichprobe dagegen nur die tatsächlich beobachteten n Messwerte.

Die wichtigsten statistischen Maßzahlen sind der *Mittelwert* (*Bestwert*), die *Standardabweichung* und der *statistische Fehler des Mittelwerts* (*Vertrauensbereich*) als Maß für die Streuung (vgl. *Themenkreis 1*).

Gegeben sei eine Messreihe mit n Einzelmesswerten $x_1, x_2, \ldots x_n$ (Beobachtungswerte, Stichprobenelemente). Aus dieser Stichprobe lassen sich berechnen:

- Mittelwert $\bar{x} = \dfrac{1}{n} \sum\limits_{i=1}^{n} x_i$

- Abweichung der Messwerte vom Mittelwert $v_i = x_i - \bar{x}$

- Standardabweichung $s = \sqrt{\dfrac{1}{n-1} \sum\limits_{i=1}^{n} (x_i - \bar{x})^2}$

- mittlerer quadratischer Fehler $s_\mathrm{M} = \dfrac{s}{\sqrt{n}}$.

Nicht bekannte Größen sind:

- wahrer Wert (Mittelwert der Grundgesamtheit) μ, dabei gilt: $\mu \approx \bar{x}$
- wahrer Fehler der Einzelmessung $(x_i - \mu)$
- wahrer Fehler des Mittelwertes $(\bar{x} - \mu)$
- **Standardabweichung der Grundgesamtheit** σ:

$$\sigma = \lim_{n \to \infty} \sqrt{\frac{1}{n-1} \sum_{i=1}^{n} (x_i - \mu)^2} \ \text{mit}\ \sigma \approx s$$

- Vertrauensbereich für den Mittelwert der Grundgesamtheit aus n Einzelmessungen (Wahrscheinlichkeit P = 68 %):

$$\left(\mu \pm \frac{\sigma}{\sqrt{n}} \right) \approx \left(\bar{x} \pm \frac{s}{\sqrt{n}} \right) \ .$$

Histogramm und Wahrscheinlichkeit

Die ermittelten Messwerte lassen sich in einem **Histogramm** (Säulendiagramm) darstellen, Bild 2.1. Dabei sind w die Klassenbreite, $j = 1, 2, \ldots k$ die Klassennummer, x_j die Klassenmitte, $x_j \pm w/2$ die Klassengrenzen, n_j die Besetzungszahl in der Klasse j und $h_j = n_j/n$ die Häufigkeit (relative Besetzungszahl). Ferner gilt:

$$\sum_{j=1}^{k} n_j = n \quad \text{sowie} \quad \sum_{j=1}^{k} h_j = 1 \quad \text{und}$$

näherungsweise für den Mittelwert:

$$\bar{x} = \frac{1}{n} \sum_{j=1}^{k} n_j x_j$$

Bild 2.1. Häufigkeitsverteilung einer Messreihe, Histogramm

sowie für die Standardabweichung:

$$s = \sqrt{\frac{1}{n-1} \sum_{j=1}^{k} n_j (x_j - \bar{x})^2} \quad .$$

P_{ab} ist die **Wahrscheinlichkeit**, dass eine Einzelbeobachtung zwischen $x_a < x < x_b$ liegt. Aus dem Histogramm folgt

$$P_{ab} \approx \frac{\text{Fläche im Intervall } [x_a, x_b]}{\text{Gesamtfläche}} \quad .$$

a)

b)

c)

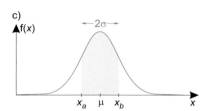

Bild 2.2a-c. Übergang vom Histogramm für eine Messreihe (mit endlichen Einzelmesswerten n) zu einer kontinuierlichen Häufigkeitsverteilung der Grundgesamtheit. Wahrscheinlichkeitsdichteverteilung f(x) für $n \to \infty$

Bild 2.3. Wahrscheinlichkeitsdichte der Normalverteilung, Gaußkurve

Geht man vom Histogramm zur kontinuierlichen Häufigkeitsverteilung über, Bild 2.2, so erhält man eine *Wahrscheinlichkeitsdichteverteilung* f(x). Die Wahrscheinlichkeit dafür, dass eine Beobachtung zwischen x_a und x_b liegt, ist dann

$$P_{ab} = \int_{x_a}^{x_b} \mathrm{f}(x)\mathrm{d}x$$

mit der Normierungsbedingung:

$$\int_{-\infty}^{+\infty} \mathrm{f}(x)\mathrm{d}x = 1 \quad .$$

Die Gauß- oder Normalverteilung

In der Fehlerrechnung und auch für viele Zwecke der Statistik wird für die Verteilungsfunktion die sog. *Gauß-* oder *Normalverteilung* angenommen:

$$\mathrm{f}(x) = \frac{1}{\sqrt{2\pi}\sigma}\mathrm{e}^{-(x-\mu)^2/2\sigma^2} \quad .$$

Eine solche Verteilung ist in Bild 2.3 aufgezeichnet. Sie hat eine symmetrische Glockenform, besitzt das Maximum an der Stelle des Mittelwertes μ und fällt im Bereich $|x - \mu| \gg \sigma$ auf sehr kleine Werte ab. Bei $x - \mu = \pm\sigma$ besitzt die Gaußkurve ihre Wendepunkte, und es ist dort f(x) um den Faktor $1/\sqrt{e} = 0{,}61$ kleiner als im Maximum $\mathrm{f}_{\max} = 1/\left(\sqrt{2\pi}\sigma\right)$. Dieser Parameter σ bestimmt die Breite der Verteilung, Bild 2.4. Er entspricht der an einer Stichprobe experimentell ermittelten Standardabweichung s

Die Wahrscheinlichkeit P_a, den Wert x zwischen den Grenzen $\mu - a < x < \mu + a$ anzutreffen, ist nach

$$P_a = \int_{-a}^{a} \mathrm{f}(x)\mathrm{d}x$$

zu berechnen. Das auftretende Integral vom Typ

$$\phi(z) = \sqrt{\frac{2}{\pi}} \int_0^z \mathrm{e}^{-t^2/2} \, \mathrm{d}t \quad \mathrm{mit} \quad z = \frac{a}{\sigma}$$

heißt das *Gaußsche Fehlerintegral*. Dieses Integral ist nicht mehr elementar lösbar; die Funktion lässt sich aber numerisch berechnen und ist tabelliert.

Messunsicherheit des Endergebnisses

In der Physik ist es üblich, bei der Berücksichtigung von Streufehlern mit der Standardabweichung $s \approx \sigma$ zu rechnen, d. h. eine statistische Sicherheit $P = 68\,\%$ für den Vertrauensbereich zu verwenden. Nach $s_\mathrm{M} = s/\sqrt{n} \approx \sigma/\sqrt{n}$ gilt dann

$$\bar{x} \pm \Delta x = \bar{x} \pm \sigma/\sqrt{n} \quad .$$

Das bedeutet, dass wir den wahren Wert μ mit einer Wahrscheinlichkeit von 68\,% innerhalb unseres Fehlerbereiches erwarten dürfen. Mit 32\,% Wahrscheinlichkeit liegt er aber außerhalb! Wenn man nun den Vertrauensbereich breiter wählt, erhält man eine höhere statistische Sicherheit. So ist z. B. bei $\bar{x} \pm 2\sigma/\sqrt{n}$ der Wert für $P = 95\,\%$, bzw. $P = 99{,}7\,\%$ bei $\bar{x} \pm 3\sigma/\sqrt{n}$.

Wie bereits erwähnt, ist für ein gegebenes Messverfahren σ eine Konstante und errechnet sich näherungsweise aus $\sigma \approx s$. Es gibt mehrere Möglichkeiten zur Ermittlung der Größe σ:

Bild 2.4. Gaußverteilungen für $\sigma = 1$, 1/2, 1/4. Der Flächeninhalt unter den drei Kurven ist gleich groß

- Aus der Standardabweichung s der Stichprobe: Die beste Näherung, die aufgrund der n Beobachtungswerte für die Standardabweichung der Grundgesamtheit σ gegeben werden kann, ist $\sigma \approx s$.

- Aus dem Histogramm: Liegt die Häufigkeitsverteilung explizit als Histogramm vor, so kann man eine Glockenkurve f(x) grob anpassen und die Breite 2σ aus dem Abfall auf $0{,}6\,\mathrm{f_{max}}$ für $\Delta x = \pm\sigma$ ablesen.

- Aus der Streuung der Messwerte: Der Bereich, der 70 % (bzw. 95 %) der Beobachtungswerte enthält, sollte etwa die Breite 2σ (bzw. 4σ) besitzen. Aus dieser Tatsache lässt sich σ (im Falle einer kleineren Zahl von Beobachtungswerten $n \leq 20$) „auf den ersten Blick" abschätzen.

- Aus dem Durchschnittsfehler r: Auch der Mittelwert der Absolutbeträge der Abweichungen $|v_i| = |x_i - \bar{x}|$ liefert ein Maß für die Standardabweichung σ. Näherungsweise gilt

$$r = \frac{1}{n}\sum_{i=1}^{n}|v_i| \qquad \text{und} \qquad \sigma \approx \frac{5}{4}r \quad .$$

Es wurden bisher nur die zufälligen Fehler der Messungen betrachtet. Außerdem ist aber auch mit **systematischen Fehlern** zu rechnen. Soweit diese zu erfassbaren Korrekturen führen (Nullpunktskorrektur, Kalibrierfaktoren u. a.), sind sie im Endergebnis leicht zu berücksichtigen:

$$\bar{x}_{\mathrm{korr}} = \bar{x} + (\text{Korrektur}) \quad .$$

Die nach Vorzeichen und Betrag nicht erfassbaren systematischen Fehler $\pm\Delta x_{syst}$ müssen abgeschätzt werden (z. B. aus der Güte der Messinstrumente) und zum statistischen Fehler (also zu dem Vertrauensbereich $\pm\sigma/\sqrt{n}$) addiert werden, um so die gesamte **Messunsicherheit** darzustellen. Das Endergebnis lautet dann:

$$x = \bar{x}_{\mathrm{korr}} \pm \left(\frac{\sigma}{\sqrt{n}} + \Delta x_{syst} \right) \quad ,$$

mit x: Messergebnis; $\bar{x}_{\mathrm{korr}}$: (korrigierter) Mittelwert der Messreihe; $\sigma/\sqrt{n}$: Vertrauensbereich (statistischer Fehler); Δx_{syst}: geschätzter systematischer Fehler.

2.1 Grundversuche mit dem Galton-Fallbrett (1/2)

Anwendung elementarer statistischer Begriffe und Veranschaulichung des Begriffes „statistischer Messfehler". Kennenlernen von Methoden zur Bestimmung und Abschätzung statistischer Fehler.

Zufallsapparat nach Galton (Fallbrett), Gesamtzahl der Kugeln $n_0 \approx 2000$, Kugeldurchmesser z. B. 2,5 mm, Transparentpapierbögen als Messblätter.

Das Galton-Brett stellt ein einfaches Beispiel für ein *chaotisches System* dar. Dieses Brett ist mit einem Raster von Stiften bestückt, Bild 2.5. Eine von oben durch das Raster fallende Kugel stößt immer wieder auf diese Stifte und wird bei jedem Stift nach rechts oder links abgelenkt. Jede Kugel nimmt daher einen anderen Weg durch das Brett. Abhängig von kleinen Unterschieden der Startposition und -richtung (den Anfangsbedingungen) sind Richtungen und Geschwindigkeiten der Kugeln beim Auftreffen auf die einzelnen Stifte unterschiedlich, so dass sie verschieden weit von der Senkrechten abgelenkt werden. So ergeben sich schließlich verschiedene Gesamtablenkungen nach rechts und links, und die Kugeln ordnen sich in verschiedene Fächer ein. Die Gesamtablenkung ist also eine statistisch schwankende Messgröße.

Mit dem Zufallsapparat, Bild 2.5, lassen sich sehr viele Messungen in sehr kurzer Zeit durchführen und bequem statistisch auswerten. Unter stark idealisierenden Voraussetzungen sagt die Theorie des Galton-Fallbrettes die Erzeugung von Gauß-Verteilungen voraus.

Praktische Hinweise: Die Abfüllung kleiner Stichprobenmengen (z. B. von $n = 10$ Kugeln) erfolgt am besten in nahezu horizontaler Lage des Brettes. Dabei sind fast alle Kugeln im Oberfach; Unterfach und Fallraum zur Abtrennung der n Kugeln benutzen. Die Transparentpapierbögen sofort nach dem Versuch beschriften: kurze Kennzeichnung, Angabe von Parametern. Die Messblätter werden in das Protokoll

Bild 2.5. Zufallsapparat nach Galton

eingeklebt. Die Ablese- und Zeichengenauigkeit der Kugelsäulenhöhen beträgt etwa $\pm 1\,\text{mm}$. Eine grafische Freihand-Auswertung ist daher im allgemeinen angemessen.

Die ersten Versuche sollen mehr qualitativ einige Grundbegriffe der Statistik veranschaulichen. Die grafische Auswertung der Versuche erfolgt hier sofort und freihändig.

Reproduzierbarkeit von Zufallsverteilungen

Senkrechter Fall: Gesamtheit der Kugeln ($n \approx 2000$) etwa dreimal senkrecht fallen lassen und jeweils die Säulenhöhen auf einem Messblatt markieren, z. B. in drei Farben.

Mittelwerte der Säulenhöhen nach Augenmaß auf den Klassenmitten einzeichnen. Gaußkurve als ausgleichende Kurve anpassen. Obwohl der Fall jeder einzelnen Kugel nicht vorhergesagt werden kann, ist die Häufigkeitsverteilung im Falle sehr vieler Kugeln recht gut reproduzierbar.

Verteilung für kleine Stichproben

Senkrechter Fall: Im Unterfach etwa $n \approx 10$ Kugeln abtrennen und senkrecht fallen lassen. Besetzungszahlen n_j in den einzelnen Klassen auszählen und notieren. Versuch etwa dreimal wiederholen.

Ein Histogramm mit allen vier Versuchen erstellen (verschiedene Farben benutzen). Aus einzelnen Stichproben-Untersuchungen mit kleiner Anzahl von Beobachtungen lassen sich die Eigenschaften der Verteilung der untersuchten Grundgesamtheit nur unsicher ablesen, weil die statistischen Schwankungen sehr groß sind.

Stichproben großen Umfanges

Senkrechter Fall zur Untersuchung der Gaußverteilung: Gesamtheit der Kugeln ($n \approx 2000$) senkrecht fallen lassen. Säulenhöhen auf einem neuen Messblatt in den Klassenmitten markieren.

Auf dem Messblatt eine ausgleichende Glockenkurve (freihändig) eintragen. Abschätzung der Lage des Mittelwertes $\bar{x} \approx \mu$ (Pfeil nach Augenmaß eintragen).

Im Messblatt wird das Histogramm als Säulendiagramm eingezeichnet. Die Fläche, die etwa 70 % der Messwerte umfasst, grob abschätzen und schraffieren. Die Breite des entsprechenden Bereiches ist dann etwa gleich der doppelten Standardabweichung 2σ.

2.2 Standardabweichung und Vertrauensbereich (1/2)

Quantitative Nachprüfung statistischer Gesetze.

Galton-Fallbrett mit Rührdraht, Plexiglasmaßstab, Kugellagerkugeln (Durchmesser z. B. 2,5 mm), Unterlegklötzchen.

Die quantitative Nachprüfung statistischer Gesetze lässt sich mit dem Galton-Fallbrett durch langsames Abrollen der Kugeln über eine schiefe Ebene mit kleinerem Fehler als bei senkrechtem Kugelfall durchführen. Das Fallbrett wird deshalb geneigt aufgestellt, Bild 2.6. Zur übersichtlichen Erfassung und Auswertung der anfallenden Daten ist eine Organisation in Tabellen zu empfehlen, als Muster siehe Tabelle 2.1.

Messungen mit 10 Kugeln

Genau 10 Kugeln werden im Unterfach abgetrennt, $n = 10$ erleichtert die Rechnung. Man lässt sie abrollen und notiert für jede Kugel das Fach j. Der Versuch oder „Wurf", wird dreimal wiederholt. Die 4 mal 10 Werte werden in eine Tabelle eingetragen.

Die i-Kugel im Fach -3 z. B. bedeutet einen Messwert $x_i = -3$, denn die betreffende Kugel fiel etwa $x = -3w$ vom Nullpunkt entfernt nieder ($w = $ Klassenbreite); zwecks Vereinfachung wird der Faktor w weggelassen, d. h. die Entfernung in Einheiten von w gemessen. Zwei Kugeln im Fach -1 bedeuten dann zweimal den Messwert $x_i = -1$ usw., siehe numerisches Beispiel in Tabelle 2.1.

Bild 2.6. Geneigtes Fallbrett

Tabelle 2.1. Beispielmesswerte und Mustertabelle zur Auswertung von vier Würfen mit je 10 Kugeln. Zur Berechnung des Fehlers wird näherungsweise $v_i^2 = (x_i - \bar{x})^2 \approx x_i^2$ gebildet

i $\backslash$ ℓ	Messwerte x_i				x_i^2			
	1	2	3	4	1	2	3	4
1	−3				9			
2	−1				1			
3	−1				1			
4	0				0			
5	0				0			
6	+1				1			
7	+1				1			
8	+2				4			
9	+3				9			
10	+4				16			
$\bar{x}_\ell$	+0,6				s_ℓ	2,2			

$$\bar{x} = \frac{1}{4}\sum_{\ell=1}^{4}\bar{x}_\ell \qquad \bar{s} = \frac{1}{4}\sum_{\ell=1}^{4}s_\ell$$

Praktischer Hinweis: Bei Stauung der Kugeln oder Hängenbleiben am Nagel wird seitlich leicht gegen das Fallbrett geklopft.

✎   Aus den 4 mal $n = 10$ Einzelwerten werden 4 Mittelwerte $\bar{x} = \frac{1}{n}\sum x_i$ und die Standardabweichungen s berechnet. Außerdem wird der Mittelwert $\bar{\bar{x}} = \frac{1}{4}\sum_{\ell=1}^{4}\bar{x}_\ell$ aus den 4 Einzelmessungen berechnet, ebenso der Mittelwert der Standardabweichungen $\bar{s} = \frac{1}{4}\sum_{\ell=1}^{4}s_\ell$.

✎   *Zur Unsicherheit des Messwertes:* Die 4 Messreihen mit jeweils 10 Beobachtungswerten ergeben also 4 Mittelwerte $\bar{x}_\ell$, die in der Regel nicht gleich sind. Man sieht also, dass nicht nur die Einzelmesswerte einer Messreihe um einen Mittelwert streuen; auch die Mittelwerte verschiedener Messreihen zeigen eine Streuung. Der „wahre Wert" μ in unserem Beispiel liegt bei $x = 0$. Diesen würden wir jedoch erst als Mittelwert aus $n = \infty$ vielen Messungen erhalten: $\bar{x} \to \mu$. $\bar{x}$ ist der experimentelle Bestwert, d. h. der beste Wert, den man aufgrund einer Messreihe mit z. B. 10 Einzelmessungen angeben kann.

✎   *Zur Unsicherheit der Fehlerangabe:* Die 4 Messreihen mit jeweils 10 Beobachtungswerten ergeben 4 Werte für die Standardabweichung s, die ebenfalls erheblich streuen. Es gilt:

> Die Standardabweichung, die man aus Reihen von 5 bis 20 Messwerten berechnet, hängt von der zufällig vorliegenden Stichprobe ab und ist selbst mit einem erheblichen statistischen Fehler behaftet.

Den „wahren Wert" σ für die Standardabweichung würde man erst wieder aus $n = \infty$ vielen Messungen erhalten: $s \to \sigma$.

Der Wert $s \approx \sigma$ macht eine Aussage über die Streuung der Einzelmessungen. Das bedeutet: Nach Fallen einer weiteren Kugel wird diese sich mit der Wahrscheinlichkeit $P = 68\,\%$ innerhalb und mit $32\,\%$ außerhalb dieses Streubereichs befinden.

✎   *Fehler des Mittelwertes:* Es wird der mittlere quadratische Fehler des Mittelwertes $\bar{x}$ für die $n = 10$ Messungen berechnet:

$$\Delta x = s_{\mathrm{M}} = \bar{s}/\sqrt{n} \quad .$$

Man kann nun voraussagen: Bei einer Wiederholung der Messreihe mit 10 Einzelmessungen wird der Mittelwert $\bar{x}$ mit der Wahrscheinlichkeit $P = 68\,\%$ innerhalb der Fehlergrenzen $\pm\Delta x$ liegen.

✎   *Vertrauensbereiche:* Man gebe für die 4 Mittelwerte $\bar{x}_\ell$ die Vertrauensbereichsgrenzen $\bar{x}_\ell \pm \Delta x$ an ($P = 68\,\%$). Liegt der an sich zu erwartende „wahre Wert" $x = 0$ immer innerhalb der Vertrauensbereiche?

Anmerkung: Nach der Theorie wäre zu erwarten, dass im Mittel nur etwa in 2 von 3 Fällen der „wahre Wert" im Vertrauensbereich liegt. Bei nur 4 Werten ist die Statistik jedoch noch sehr unsicher.

Messungen mit ca. 70 Kugeln

Geneigtes Brett: Im Unterfach werden ca. 70 Kugeln abgetrennt und im geneigt aufgestellten Fallbrett 1-2 mal abgerollt (Bild 2.6). Die Besetzungszahlen n_j in den einzelnen Klassen $x_j = -6 \ldots +6$ auszählen und notieren (Tabelle 2.2).

✎   In diesem Versuch wird bereits eine Klasseneinteilung der Messwerte vorgenommen, und es ist daher die vereinfachte Mittelwertbildung und Fehlerberechnung möglich:

$$\bar{x} = \frac{1}{n}\sum_{j=-6}^{+6} n_j x_j \quad .$$

Zur Fehlerberechnung kann ein aufgerundeter Wert von $\bar{x}$ benutzt werden. Die für 10 Kugeln verwendete Näherung $\bar{x} \approx 0$ ist jedoch hier nicht mehr genau genug. Wieder gilt:

$$v_j = x_j - \bar{x} \quad \text{und} \quad s = \sqrt{\sum \frac{n_j v_j^2}{n-1}} \quad .$$

Tabelle 2.2. Wurf mit ca. 70 Kugeln

x_j	n_j	$n_j x_j$	$v_j = x_j - \bar{x}$	v_j^2	$n_j v_j^2$
−6					
−5					
−4					
−3					
−2					
−1					
0					
1					
2					
3					
4					
5					
6					
$n = \Sigma\, n_j$		$\bar{x} = \frac{1}{n}\sum_{j=-6}^{+6} n_j x_j$			$\Sigma\, n_j v_j^2$

Es werden $\bar{x}$ und s berechnet, wobei die Werte angemessen abzurunden sind. Stimmt die hier aus 70 Kugelfallversuchen ermittelte *Standardabweichung* s mit der aus je 10 Fallversuchen ermittelten überein?

Anmerkung: Wenn sich die experimentellen Bedingungen bei $n = 10$ und bei $n = 70$ nicht unterscheiden, so sollte im Rahmen einer gewissen statistischen Unsicherheit eine Übereinstimmung vorliegen. Denn s charakterisiert die Genauigkeit des Messverfahrens und sollte unabhängig von der Größe der Stichprobe sein.

✎   Man berechne den mittleren quadratischen Fehler des Mittelwertes $\bar{x}$ aus den $n \approx 70$ Messungen: $\Delta x = s_{M,70} = s/\sqrt{70}$. Ist der Fehler des Mittelwertes Δx für $n = 70$ Messungen deutlich kleiner als der Fehler Δx für $n = 10$ Messungen?

✎   Liegt der zu erwartende „wahre Wert" $x = 0$ auch hier noch innerhalb der Vertrauensgrenzen ($P = 68\,\%$)? Kurze Diskussion.

⏱ (03:42) Messungen mit ca. 2000 Kugeln

Geneigtes Brett: Alle Kugeln im geneigt aufgestellten Fallbrett, Bild 2.1, abrollen lassen. Die Säulenhöhen h_j in den einzelnen Fächern $x_j = -6 \ldots +6$ werden bei senkrechter Aufstellung in der Halterung mit dem Plexiglasmaßstab gemessen und notiert, als Beispiel siehe Tabelle 2.3.

Praktische Hinweise: Um Stauungen aufzulösen, wird im Oberfach mit einem Drahtstück etwas gerührt oder gestochert. Zunächst sammeln sich die Kugeln in den Klassenfächern in einer Monolage; bevor die Fächer voll werden, müssen der Schieber geschlossen, das Fallbrett aufgerichtet und wieder hingelegt werden; erst dann soll der Versuch fortgesetzt werden.

    Die gemessenen Kugelsäulenhöhen h_j werden in die Besetzungszahlen n_j umgerechnet: dazu ist in einem Vorversuch die Kugelsäulenhöhe für 100 Kugeln zu bestimmen. Die weitere Auswertung erfolgt wie im letzten Versuchsteil.

Man vergleiche die *Standardabweichung* s, die hier aus 2000 Fallversuchen ermittelt wurde, mit der aus 10 und aus 70 Versuchen ermittelten. Gilt $s_{2000} \approx s_{70} \approx s_{10}$?

✎   Man berechne den mittleren quadratischen Fehler des Mittelwertes $\bar{x}$ aus $n = 2000$ Messungen: $\Delta x = s_{M,2000} = s/\sqrt{2000}$.

✎   Man berechne die Grenzen der *Vertrauensbereiche* mit den verschiedenen statistischen Wahrscheinlichkeiten $P = 68\,\%$, $P = 95\,\%$ und $P = 99,7\,\%$. Welcher dieser Bereiche schließt den „wahren Wert" $x = 0$ ein?

Anmerkung: Systematische Fehler wie z.B. eine kleine Neigung der Fallbrett-Unterkante gegen die Horizontale oder auch eine kleine Asymmetrie im Fallbrett-Aufbau können Abweichungen verursachen, die größer sind als die wegen der großen Zahl der Messwerte relativ geringen statistischen Fehler. Die Genauigkeit der Messung wird dann durch die systematischen Fehler bestimmt.

> Es ist ganz allgemein sinnvoll, die Anzahl n der Messungen nur so groß zu wählen, dass der statistische Fehler $\pm s/\sqrt{n}$ kleiner wird als der systematische Fehler $\pm \Delta x_{syst}$, den man allerdings nur grob schätzen kann.

Tabelle 2.3. Wurf mit ca. 2000 Kugeln

x_j	h_j in mm	n_j	$n_j x_j$	v_j	v_j^2	$n_j v_j^2$
-6						
-5						
-4						
-3						
-2						
-1						
0						
1						
2						
3						
4						
5						
6						
		n	$\bar{x}$			$\sum n_j v_j^2$

Kapitel II
Bewegungen und Kräfte

3. Translation und Rotation

 Beobachtung und Analyse des freien Falls. Untersuchung der Grundgesetze für die gleichmäßig beschleunigte translatorische Bewegung und für die Rotationsbewegung. Analogien zwischen Translation und Rotation. Bestimmung der Fallbeschleunigung.

 Standardlehrbücher (Stichworte: Masse, Kraft, Translation, Rotation, Fallbeschleunigung).

Bewegungen von Massenpunkten

Die Bewegung eines Körpers, hier zunächst als Massenpunkt angenommen, wird durch die Angabe des Ortes s, an dem sich der Körper zur Zeit t befindet, beschrieben:

$$s = s(t) \quad .$$

Die Bewegung wird auch durch die

Geschwindigkeit	(engl. <u>v</u>elocity)	$v = \dfrac{\mathrm{d}s}{\mathrm{d}t} = \lim\limits_{\Delta t \to 0} \dfrac{\Delta s}{\Delta t}$

und die

Beschleunigung	(engl. <u>a</u>cceleration)	$a = \dfrac{\mathrm{d}v}{\mathrm{d}t} = \lim\limits_{\Delta t \to 0} \dfrac{\Delta v}{\Delta t}$

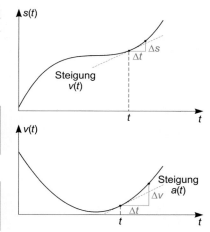

Bild 3.1. Zusammenhang zwischen Ort, Geschwindigkeit und Beschleunigung bei einer willkürlich angenommenen Bewegung eines Massenpunktes

charakterisiert, Bild 3.1. Ort, Geschwindigkeit und Beschleunigung sind im allgemeinen Vektoren und deshalb hier in Fettdruck dargestellt. Für geradlinige Bewegungen reicht es aus, die Beträge der Vektoren anzugeben, die in normaler Schriftstärke und kursiv gedruckt sind, z.B. $|s| = s$.

Kraft

Der Bewegungszustand, genauer die Geschwindigkeit und Bewegungsrichtung, eines Körpers lassen sich dadurch ändern, dass eine **Kraft** auf den Körper ausgeübt wird. Kräfte werden durch verschiedene *Wechselwirkungen* zwischen Körpern hervorgerufen. Es gibt im Wesentlichen folgende Arten von Kräften:

- *Gravitationskraft*, auch Massenanziehungskraft; Spezialfälle: Erdanziehungskraft, Schwerkraft;
- *Elektromagnetische Kräfte,* Coulombkraft; Folgen: elastische Kräfte, chemische Bindungskräfte, Reibungskräfte;
- *Kernkräfte*: schwache und starke Wechselwirkung.

Eine Kraft (engl. <u>f</u>orce) wird mit dem Buchstaben F bezeichnet. Außer dem Betrag der Kraft muss zur vollständigen Beschreibung auch noch ihre Richtung angegeben werden. Die Kraft ist also eine vektorielle Größe.

Masse

Jeder Körper besitzt eine *Trägheit*, d.h. er verharrt in seinem Bewegungszustand, wenn keine äußeren Kräfte auf ihn wirken. Wirken Kräfte auf den Körper, so macht sich die Trägheit als Widerstand gegen die Beschleunigung bemerkbar. Für die Beschreibung der Trägheit der Körper verwendet man den Begriff **träge Masse**. Zwischen jeweils zwei Körpern besteht eine Massenanziehung nach dem Gravitationsgesetz. Für die Beschreibung der Massenanziehung der Körper verwendet man den Begriff **schwere Masse**. Obwohl beide Massenbegriffe voneinander unabhängig sind, hat die Erfahrung gezeigt, dass träge und schwere Masse gleich sind. Deshalb muss man diese nicht unterscheiden und spricht allgemein von der **Masse** als einer Eigenschaft der Körper.

Zur Bestimmung einer Masse wird diese mit einem Massennormal verglichen und damit gemessen. Der Vergleich erfolgt meist direkt oder indirekt mit einer Waage unter Ausnutzung der Erdanziehungskraft.

Innerhalb der klassischen Mechanik, also für Geschwindigkeiten, die klein sind gegen die Lichtgeschwindigkeit, ist die Masse von der Geschwindigkeit unabhängig. Für sehr große Geschwindigkeiten, wie sie z.B. in der Elementarteilchenphysik erreicht werden, nimmt nach der **Relativitätstheorie** die Masse zu:

$$m = m(v) = \frac{m_0}{\sqrt{1 - \frac{v^2}{c^2}}} \quad,$$

wobei $m_0 = m(0)$ die Ruhemasse, und c die Vakuumlichtgeschwindigkeit bedeuten. Bei den im folgenden beschriebenen Experimenten und auch sonst bei alltäglichen Bewegungen ist jedoch $v \ll c$, so dass man mit $m = m_0 = \text{const.}$ rechnen kann.

Newtonsche Bewegungsgleichung und Impuls

Die Änderung des Bewegungszustandes eines Körpers durch Wirkung einer Kraft ist gegeben durch die **Newtonsche Grundgleichung** oder

> **Newtonsche Bewegungsgleichung** $\quad \boldsymbol{F} = \dfrac{\mathrm{d}}{\mathrm{d}t}(m\boldsymbol{v}) \quad.$

Das Produkt $m\boldsymbol{v}$ nennt man **Impuls p** oder **Bewegungsgröße**. Die Kraft ist also die Ursache für die zeitliche Änderung des Impulses. Besonders einfach ist die Newtonsche Bewegungsgleichung bei konstanter Masse:

> $\boldsymbol{F} = m\dfrac{\mathrm{d}\boldsymbol{v}}{\mathrm{d}t} = m\boldsymbol{a} \quad \text{bei} \quad m = \text{const.}$

Die Kraft ist dann direkt proportional zur Beschleunigung $\boldsymbol{a}$, der Proportionalitätsfaktor ist die Masse m. Wirken keine Kräfte, so ändert sich der Impuls mit der Zeit nicht, und es gilt der **Erhaltungssatz des Impulses**. Ist zusätzlich die Masse konstant, so bewegt sich der Körper mit konstanter Geschwindigkeit.

In einem System von Körpern, auf das keine äußeren Kräfte wirken, bleibt der Gesamtimpuls, also die Summe der Einzelimpulse, erhalten. Der Erhaltungssatz dieses Gesamtimpulses ist eine Voraussetzung für die Beschreibung von Stoßvorgängen (siehe auch *Themenkreis 4*).

Gleichmäßig beschleunigte Bewegung

Ein wichtiger Spezialfall ist die Bewegung unter Einwirkung einer konstanten Kraft, die gleichmäßig beschleunigte Bewegung; Beispiele siehe Bild 3.2. Da die Kraft konstant ist, ist auch die Beschleunigung konstant:

$$\boldsymbol{F} = \text{const.}, \quad \text{also auch} \quad \boldsymbol{a} = \frac{\boldsymbol{F}}{m} = \text{const.}$$

Eine zweimalige Integration liefert dann die Gleichungen für die Bewegung bei konstanter Beschleunigung:

$$\frac{\mathrm{d}\boldsymbol{v}}{\mathrm{d}t} = \boldsymbol{a}$$
$$\boldsymbol{v} = \boldsymbol{a}\,t + \boldsymbol{v}_0$$

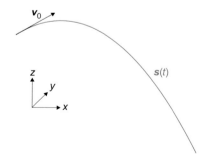

Bild 3.2. Parabolische Bahnkurve $\boldsymbol{s}(t)$ eines Körpers, der mit einer Geschwindigkeit $\boldsymbol{v}_0$ gestartet wird und sich unter dem Einfluss der Erdanziehungskraft weiterbewegt

$$\frac{\mathrm{d}\boldsymbol{s}}{\mathrm{d}t} = \boldsymbol{v}$$

$$\boldsymbol{s} = \frac{\boldsymbol{a}}{2}t^2 + \boldsymbol{v}_0 t + \boldsymbol{s}_0 \quad .$$

Dabei ist $\boldsymbol{s}_0$ der Ort zur Zeit $t = 0$ und $\boldsymbol{v}_0$ die Geschwindigkeit zur Zeit $t = 0$. Bei der Untersuchung des freien Falls eines Körpers im Schwerefeld der Erde oder anderen Experimenten kann man $\boldsymbol{s}_0$ und $\boldsymbol{v}_0$ zu Null wählen, so dass die Gleichungen für Geschwindigkeit, Weg und Zeit die einfachste Form erhalten, Bild 3.3:

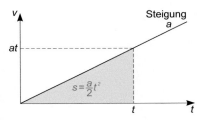

Bild 3.3. Geschwindigkeit v und zurückgelegter Weg s bei einer Bewegung mit konstanter Beschleunigung a

> **Weg-Zeit-Gesetz**
>
> $$\boldsymbol{v} = \boldsymbol{a}t$$
>
> $$\boldsymbol{s} = \frac{\boldsymbol{a}}{2}t^2 \quad \text{bei} \quad \boldsymbol{a} = \text{const.} \quad \text{sowie} \quad \boldsymbol{s}_0 = 0 \quad \text{und} \quad \boldsymbol{v}_0 = 0 \quad .$$

Die Geschwindigkeit $\boldsymbol{v}$ und der zurückgelegte Weg $\boldsymbol{s}$ haben hier die gleiche Richtung wie die Beschleunigung $\boldsymbol{a}$. Der Betrag v der Geschwindigkeit lässt sich auch aus dem zurückgelegten Weg berechnen:

$$v = \sqrt{2as} \quad .$$

Bei der Bewegung im Schwerefeld der Erde ist der Betrag a der Beschleunigung gegeben durch die Erdbeschleunigung g. Die Erdbeschleunigung hat den mittleren Wert $g = 9{,}81\,\mathrm{ms}^{-2}$. Der genaue Wert von g hängt allerdings von der geographischen Breite ab (s.a. Tab. 5.2), wie ist das erklärbar?

Arbeit und Energie

Will man an einem mechanischen System eine Veränderung vornehmen, z. B. einen Körper verschieben, so muss man dazu in der Regel eine **Arbeit** aufwenden. Arbeit bei einer kleinen Verschiebung $\mathrm{d}s$ ist definiert als das (skalare) Produkt aus der am Körper angreifenden Kraft $\boldsymbol{F}$ und dem Element $\mathrm{d}\boldsymbol{s}$ des Verschiebungsweges s. Das Integral längs des Weges s ergibt die gesamte

> **Arbeit** $\quad A = \int (\boldsymbol{F} \cdot \mathrm{d}\boldsymbol{s}) \quad .$

Schließen Kraft und Wegrichtung den Winkel α ein, so gilt:

$$A = \int (F \cos \alpha) \mathrm{d}s \quad .$$

Hebt man einen Körper gegen die Gewichtskraft $F_{\mathrm{G}} = mg$ auf die Höhe h über ein willkürlich gewähltes Nullniveau, so wendet man wegen $\cos \alpha = 1$ dazu die Arbeit $A = mg(s - s_0) = mgh$ auf. Dieser Körper kann dann beim Herunterfallen einen Körper mit einer gleich großen Masse auf dieselbe Höhe heben, z. B. über eine Wippe. Diese Fähigkeit eines Körpers, Arbeit zu verrichten, wird als **Energie** bezeichnet.

Die **Energie** eines gehobenen Körpers der Masse m nennt man

> **potentielle Energie im Schwerefeld** $\quad E_{\mathrm{pot}} = mgh$

oder Lageenergie, weil der gehobene Körper die Energie seiner speziellen Lage relativ zu einem Nullniveau verdankt.

Ein Körper besitzt aber auch dadurch Energie, dass er eine Geschwindigkeit hat. Diese Energie heißt **Bewegungsenergie** oder **kinetische Energie** E_{kin}. Der Wert von E_{kin} errechnet sich am einfachsten am Beispiel des freien Falles, Bild 3.4. Beim Herabfallen des Körpers aus der Höhe h nimmt die potentielle Energie laufend ab und ist am Boden Null. Hier besitzt der Körper dafür seine größte Geschwindigkeit

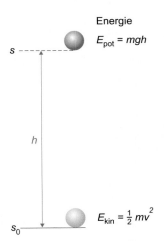

Bild 3.4. Umwandlung von potentieller in kinetische Energie beim freien Fall

$v = \sqrt{2gh}$ und Bewegungsenergie. Die ursprünglich vorhandene Energie E_pot ist in kinetische Energie E_kin umgewandelt worden. Mit Hilfe dieser Energie ist der Körper nun in der Lage (wenn man von Verlusten durch Reibung absieht), über einen Hebel ein gleich großes Gewicht wieder bis zur Höhe h zu heben, also eine Arbeit von der Größe

$$E_\mathrm{pot} = mgh = mg\frac{v^2}{2g} = \frac{m}{2}v^2$$

zu liefern. Deshalb wird einem Körper mit der Geschwindigkeit v eine

kinetische Energie $\qquad E_\mathrm{kin} = \dfrac{m}{2}v^2$

zugeordnet.

Im oben beschriebenen Beispiel ist zu jedem Zeitpunkt die Summe aus potentieller Energie und kinetischer Energie, d. h. die Gesamtenergie konstant:

mechanischer Energieerhaltungssatz $\qquad E_\mathrm{pot} + E_\mathrm{kin} = \mathrm{const.}$

Dieser Energieerhaltungssatz gilt auch für andere reibungsfreie, mechanische Systeme, z. B. für eine springende Stahlkugel oder ein schwingendes Pendel. Bei allen mechanischen Geräten tritt jedoch als weitere Energieart immer die Reibungswärme auf, so dass der Satz in der oben angegebenen Form bei realen Systemen nicht exakt gilt. Berücksichtigt man aber alle auftretenden Energiearten, z. B. Wärme E_therm oder chemische Bindungsenergien E_chem, so gilt:

allgemeiner Energiesatz $\qquad E_\mathrm{pot} + E_\mathrm{kin} + E_\mathrm{therm} + E_\mathrm{chem} + \ldots = \mathrm{const.}$

Drehbewegungen starrer Körper

Im allgemeinen bewirken Kräfte, die an einem starren Körper angreifen, nicht nur eine beschleunigte Verschiebung (**Translation**), sondern auch eine beschleunigte *Drehbewegung* (**Rotation**). Zur Beschreibung der Drehbewegung werden Winkelgrößen eingeführt, Bild 3.5 a:

Winkel	φ
Winkelgeschwindigkeit	$\omega = \lvert\boldsymbol{\omega}\rvert = \mathrm{d}\varphi/\mathrm{d}t = \dot\varphi$
Winkelbeschleunigung	$\alpha = \lvert\boldsymbol{\alpha}\rvert = \mathrm{d}\omega/\mathrm{d}t = \dot\omega = \ddot\varphi$,

weil diese bei einer Drehung für alle Teile des starren Körpers gleich sind, während deren Translationsgrößen wie Weg s, Bahngeschwindigkeit v oder Bahnbeschleunigung a mit dem Abstand von der Drehachse zunehmen.

Drehmoment

Um einen Körper in eine Drehung um eine feste Achse A zu versetzen, muss eine Kraft $\boldsymbol{F}$ über einen *Hebelarm* r angreifen (Bild 3.5 b). Der Hebelarm ist der Abstand r zwischen der Drehachse A und dem Angriffspunkt der Kraft. Als sinnvolle Beschreibungsgröße für die Drehbewegung erweist sich das vektorielle Produkt aus angreifender Kraft $\boldsymbol{F}$ und dem Hebelarm r, das

Drehmoment $\qquad \boldsymbol{M} = \boldsymbol{r} \times \boldsymbol{F}$.

Der Betrag des Drehmoments ist $M = rF\sin\beta$, wenn Kraft und Hebelarm den Winkel β einschließen.

a)

b)

Bild 3.5. (a) Zur Definition der Winkelgeschwindigkeit $\mathrm{d}\varphi/\mathrm{d}t$ und (b) des Drehmoments $\boldsymbol{M}$

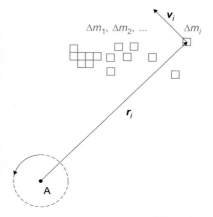

Trägheitsmoment

Um den Zusammenhang zwischen dem Drehmoment M und der dadurch verursachten Winkelbeschleunigung ω herzuleiten, betrachten wir eine beschleunigte Kreisbewegung des Körpers, bei dem also Hebelarm r und Kraft F den Winkel $\beta = 90°$ einschließen, d. h. $\sin\beta = 1$ ist. Weiter denken wir uns den starren Körper zerlegt in lauter Massenelemente mit der Masse Δm_i (Bild 3.6). Für den Betrag des Drehmoments M_i auf dieses Massenelement lässt sich dann unter Verwendung der Newtonschen Bewegungsgleichung $F = \frac{\mathrm{d}}{\mathrm{d}t}mv$ schreiben:

$$M_i = r_i F_i = r_i(\Delta m_i \dot{v}_i) = r_i \Delta m_i r_i \dot{\omega} = \Delta m_i r_i^2 \dot{\omega}$$

$$M_i = I_i \dot{\omega} = I_{\mathrm{ui}}\alpha \quad .$$

Die Größe $I_i = \Delta m_i r_i^2$ wird als das **Trägheitsmoment** des i-ten Massenelementes bei der Rotation um die Achse A definiert. Für den gesamten starren Körper summieren sich die Beiträge der einzelnen Massenelemente (Bild 3.6)

Trägheitsmoment bei diskreten Massenelementen Δm_i	$I = \sum\limits_i \Delta m_i r_i^2 \quad .$

Bei einer kontinuierlichen Verteilung dieser Massenelemente in einem starren Körper geht die Summe in ein Integral über:

Trägheitsmoment	$I = \int r^2 \mathrm{d}m \quad .$

Das Trägheitsmoment eines starren Körpers hängt von der Lage der Drehachse ab (siehe *Themenkreis 8, Satz von Steiner*).

Drehimpuls

Mit dem Trägheitsmoment erhält man die Bewegungsgleichung für die Rotation:

Grundgleichung für Drehbewegungen
$M = \dfrac{\mathrm{d}}{\mathrm{d}t}(I\omega) \quad \text{oder} \quad M = I\ddot{\varphi} \quad \text{bei} \quad I = const. \quad .$

Das Produkt aus Trägheitsmoment und Winkelgeschwindigkeit nennt man

Drehimpuls	$L = I\omega \quad ,$

so dass sich die Grundgleichung der Drehbewegung schreiben lässt als $M = \mathrm{d}L/\mathrm{d}t$. Bei Abwesenheit von äußeren Drehmomenten gilt dann der **Erhaltungssatz für den Drehimpuls**, der Drehimpuls bleibt zeitlich konstant.

Die bisher behandelten Zusammenhänge zeigen, dass sich die Rotation formal nach gleichen Gesetzen wie die Translation beschreiben lässt, wenn man die jeweils analogen Beschreibungsgrößen verwendet. Diese analogen Größen der Translation und der Rotation sind in Tabelle 3.1 gegenübergestellt.

Gleichmäßig beschleunigte Drehbewegung

Ein wichtiger Spezialfall ist die Drehbewegung unter Einwirkung eines konstanten Drehmomentes, die gleichmäßig beschleunigte Drehbewegung. Falls zusätzlich das Trägheitsmoment konstant ist, ist auch die Winkelbeschleunigung konstant:

$$\alpha = \frac{M}{I} = const.$$

Eine zweimalige Integration liefert dann die Gleichungen für die Drehbewegung bei konstanter Winkelbeschleunigung:

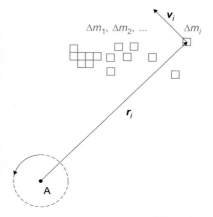

Bild 3.6. Zerlegung eines rotierenden Körpers in Massenelemente Δm_i

Tabelle 3.1. Gegenüberstellung der Betragsgrößen der Translations- und Rotationsbewegung

Translation		Rotation	
Ort	s	Winkel	φ
Geschwindigkeit	$v = \dfrac{ds}{dt}$	Winkelgeschwindigkeit	$\omega = \dfrac{d\varphi}{dt}$
Beschleunigung	$a = \dfrac{dv}{dt}$	Winkelbeschleunigung	$\alpha = \dfrac{d\omega}{dt}$
Masse	m	Trägheitsmoment	I
Kraft	F	Drehmoment	M
Impuls	$p = mv$	Drehimpuls	$L = I\,\omega$
kinetische Energie	$E_{kin} = \dfrac{1}{2}mv^2$	Rotationsenergie	$E_{kin} = \dfrac{1}{2}I\,\omega^2$

$$\omega = \alpha t + \omega_0$$
$$\varphi = \frac{\alpha}{2}t^2 + \omega_0 t + \varphi_0 \quad,$$

siehe hierzu auch Bild 3.5. Dabei ist φ_0 der Winkel zur Zeit $t = 0$ und ω_0 die Winkelgeschwindigkeit zur Zeit $t = 0$. Wenn man im Experiment φ_0 und ω_0 zu Null wählt, so vereinfachen sich diese Gleichungen ähnlich wie bei der Translation:

$$\omega = \alpha t \quad \text{und} \quad \varphi = \frac{\alpha}{2}t^2, \quad \text{falls} \quad \alpha = \text{const.}.$$

3.1 Weg-Zeit-Verlauf beim freien Fall (1/3)

Mit einer frei fallenden Stahlkugel soll die Fallzeit als Funktion des zurückgelegten Weges gemessen werden. Aus dem gemessenen Zusammenhang sollen Geschwindigkeit und Beschleunigung grafisch bestimmt werden.

Stahlkugel mit Halterung und Auslöser zur Freigabe der Kugel. Fangschalter zum Auffangen der Kugel. Stativfuß zur Montage von Auslöser und Fangschalter. Elektronische Uhr. Alternativ zu einem Fanghalter zur Messung der Fallzeit kann auch eine Lichtschranke eingesetzt werden.

Die Stahlkugel wird in die Halterung eingespannt und schließt dabei den elektrischen Kontakt. Beim Auslösen der Kugel wird der elektrische Kontakt geöffnet, und die Zeitmessung beginnt. Die Kugel trifft einen Fangschalter, der die Zeitmessung beendet. Der Kontakt im Fangschalter wird dabei durch die Abwärtsbewegung des Fangtellers geschlossen, Bild 3.7. Dieser muss vor der Messung in seine obere Position (Fangschalterkontakt geöffnet) gezogen werden. In dieser Stellung wird die Höhe s (Abstand zwischen den Kugelmittelpunkten in Auslöser und Fangschalter bei Schließen des Kontaktes) gemessen. Die Fallzeit z. B. für 10 verschiedene Höhen wird jeweils dreimal gemessen (auf genügend viele Messpunkte bei kleinen Höhen achten).

Zu jeder Höhe s wird aus den gemessenen Zeiten der Zeitmittelwert t berechnet. In einem Diagramm wird der Weg s in Abhängigkeit von der Zeit aufgetragen.

Um zu prüfen, ob der erwartete Zusammenhang $s = (g/2)t^2$ (*Weg-Zeit-Gesetz*) zwischen dem Weg s und der Zeit t besteht, werden die Werte des Weges s/cm in doppelt logarithmischem Papier über der Zeit t/s aufgezeichnet. Man kann auch den Logarithmus des jeweiligen Zahlenwertes von s und t ausrechnen und linear auftragen. Es handelt sich um ein Gesetz der Form $s = ct^n$ oder

$$\log(s/\text{cm}) = n\log(t/\text{s}) + \log c \quad \text{(Geradengleichung)}\quad.$$

Aus dem Diagramm kann daher die erwartete Steigung $n = 2$ und aus $\log(s/\text{cm})$ bei $\log(t/\text{s})$ die Erdbeschleunigung bestimmt werden. Man untersuche und diskutiere Fehlerquellen, die z. B. bei der Auslösung des Fangschalterkontaktes auftreten.

Bild 3.7. Fallversuch

In einem zweiten Diagramm soll aus dem ersten Diagramm durch grafische Differentiation die Geschwindigkeit über der Zeit aufgetragen werden. Es sollte sich ein linearer Zusammenhang nach

$$v = gt \quad ,$$

d.h. eine Gerade mit der Steigung g, der Erdbeschleunigung, ergeben. Aus dem Diagramm wird nochmals g bestimmt.

3.2 Bestimmung der Erdbeschleunigung (1/3)

 Die Erdbeschleunigung g soll durch einen Kugelfallversuch bei fester Fallhöhe bestimmt werden.

 Es werden die gleichen Geräte wie in der vorhergehenden Aufgabe 3.1 verwendet.

 Es soll die Erdbeschleunigung g möglichst genau bestimmt werden. Für eine Höhe s wird dazu die Fallzeit t mindestens fünfmal gemessen. Die Höhe s wird dabei möglichst groß gewählt. (Warum?)

 Aus den gemessenen Zeiten wird der Mittelwert $\bar{t}$ bestimmt und mit Hilfe des Gesetzes für den freien Fall die Erdbeschleunigung berechnet. Es soll eine Fehlerrechnung durchgeführt werden und ein Vergleich mit dem Literaturwert erfolgen (siehe auch *Themenkreis 5*).

3.3 Energieerhaltungssatz (1/3)

Es soll gezeigt werden, dass die kinetische Energie $E_{\mathrm{kin}} = \frac{1}{2}mv^2$ nach einer Fallstrecke h gleich der potentiellen Energie $E_{\mathrm{pot}} = mgh$ ist.

Die Messungen sind die gleichen wie in Aufgabe 3.1; wurde diese durchgeführt, können die Messwerte verwendet werden. Die Masse der Stahlkugel wird durch Wägung oder Rechnung aus Radius und Dichte bestimmt.

Für die verschiedenen Fallhöhen werden die potentielle und kinetische Energie berechnet und miteinander verglichen. Die Fehler werden abgeschätzt.

3.4 Drehung unter Einwirkung eines Drehmomentes (1/3)

An einer um eine horizontale Achse drehbaren Scheibe (Wellrad) mit dem Trägheitsmoment I soll ein konstantes Drehmoment M angreifen. Der Drehwinkel wird als Funktion der Zeit gemessen. Die Winkelgeschwindigkeit und -beschleunigung sollen grafisch bestimmt werden.

Wellrad nach Bild 3.8. Gewichtsstück mit Faden. Stoppuhr.

Das konstante Drehmoment wird erzeugt durch ein Gewichtsstück mit der Gewichtskraft F, das an einem Faden hängt, der um eine Stufe des Wellrades gewickelt ist, Bild 3.9: Das Wellrad erhält dadurch eine Winkelbeschleunigung α. Die Zeit soll für mindestens 8 verschiedene Winkel (z.B. π, 2π, 3π, ...) jeweils dreimal gemessen werden. Auf eine ausreichende Zahl von Messpunkten bei kleinen Winkeln achten.

Die lineare Abhängigkeit der Winkelgeschwindigkeit von der Zeit sowie die zeitliche Konstanz der Winkelbeschleunigung sollen durch grafische Auswertung gezeigt werden.

3.5 Drehmoment und Winkelbeschleunigung (1/3)

Es soll der Zusammenhang zwischen dem Drehmoment als Ursache der Drehbewegung und den kinematischen Größen der Drehbewegung, speziell der Winkelbeschleunigung, hergestellt werden.

Wellrad nach Bild 3.8. Gewichtsstücke mit Faden. Stoppuhr. Plexiglasmaßstab oder Schiebelehre.

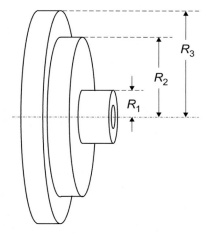

Bild 3.8. Wellrad mit drei Stufen

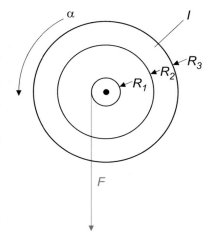

Bild 3.9. Das Wellrad erfährt durch ein Drehmoment, verursacht durch die Gewichtskraft F, eine Winkelbeschleunigung α

Die verschiedenen Drehmomente können realisiert werden entweder durch verschiedene Gewichtstücke oder durch Veränderung des Hebelarmes, indem man den Faden um verschiedene Stufen des Wellrades (R_1, R_2, R_3) legt. Aus der Messung von Drehwinkel φ und Zeit t wird nach der Beziehung

$$\alpha = \frac{2\varphi}{t^2}$$

die Winkelbeschleunigung α bestimmt. Es sollen mindestens sechs verschiedene Drehmomente eingestellt werden.

In einem Diagramm wird die Winkelbeschleunigung in Abhängigkeit vom Drehmoment M dargestellt. Aus der Steigung lässt sich wegen

$$M = I\alpha \quad \text{oder} \quad \alpha = \frac{1}{I}M$$

das Trägheitsmoment I des Wellrades bestimmen.

Die geometrischen Größen des Wellrades sind auszumessen.

Der experimentell bestimmte Wert für I soll mit dem aus den Abmessungen des Wellrades berechneten verglichen werden. Für die Berechnung des Trägheitsmomentes $I = \int r^2 \mathrm{d}m$ eines *Vollzylinders* bzw. einer Kreisscheibe, Bild 3.10, mit dem Radius R und der Höhe h kann als Massenelement $\mathrm{d}m$ angesetzt werden:

$$\mathrm{d}m = \rho\,\mathrm{d}V = \rho\,\mathrm{d}r\,r\mathrm{d}\varphi\,h \quad .$$

ρ ist die Dichte des Materials und beträgt z. B. für Aluminium $\rho_{\mathrm{Al}} = 2{,}70\,\mathrm{g\,cm^{-3}}$. Für die Rotation um die Zylinderachse ist also

$$
\begin{aligned}
I &= \int\limits_{r=0}^{R_\mathrm{Z}} \int\limits_{\varphi=0}^{2\pi} r^2 \rho\,\mathrm{d}r\,r\mathrm{d}\varphi\,h \\
&= \rho h \int\limits_{r=0}^{R_\mathrm{Z}} r^3 \mathrm{d}r \int\limits_{\varphi=0}^{2\pi} \mathrm{d}\varphi \\
&= \rho h \frac{R_\mathrm{Z}^4}{4} 2\pi \\
&= \frac{\pi}{2} \rho h R_\mathrm{Z}^4 \quad .
\end{aligned}
$$

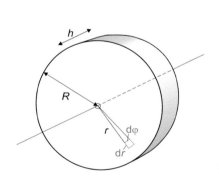

Bild 3.10. Zur Berechnung des Trägheitsmomentes eines Vollzylinders

Das Trägheitsmoment des gesamten Wellrades wird als Summe der Trägheitsmomente der einzelnen Stufenscheiben abzüglich des Trägheitsmomentes der Innenbohrung berechnet.

4. Stoßprozesse

 Wiederholung der wichtigsten Grundbegriffe und Erhaltungssätze der Mechanik der Massenpunkte. Beschreibung von elastischen und inelastischen Stoßvorgängen.

 Standardlehrbücher (Stichworte: Impulserhaltungssatz, Energieerhaltungssatz, Stoßprozesse).

 ## Impuls- und Energieerhaltungssatz

Für ein System aufeinander stoßender Körper mit den Massen m_1, $m_2, \ldots m_n$ gilt der

---

Impulserhaltungssatz

$$m_1 u_1 + m_2 u_2 + \ldots + m_n u_n = m_1 v_1 + m_2 v_2 + \ldots + m_n v_n$$

$$\sum_i m_i u_i = \sum_i m_i v_i \quad ,$$

---

wobei $u_1, u_2, \ldots$ bzw. $v_1, v_2, \ldots$ die Geschwindigkeiten der Körper *vor* bzw. *nach* dem Stoß sind. Dabei wird vorausgesetzt, dass sich die Körper nur in einer Dimension bewegen.

Bei einem vollkommen **elastischen Stoß** bleibt außerdem die Summe der kinetischen Energien konstant:

Energieerhaltungssatz für kinetische Energien

$$\tfrac{1}{2} m_1 u_1^2 + \tfrac{1}{2} m_2 u_2^2 + \ldots + \tfrac{1}{2} m_n u_n^2 = \tfrac{1}{2} m_1 v_1^2 + \tfrac{1}{2} m_2 v_2^2 + \ldots + \tfrac{1}{2} m_n v_n^2$$

$$\sum_i \tfrac{1}{2} m_i u_i^2 = \sum_i \tfrac{1}{2} m_i v_i^2 \quad .$$

Speziell für den *elastischen Stoß* zweier Körper *gleicher* Masse $m_1 = m_2$ folgt aus Impuls- und Energieerhaltungssatz:

$$u_1 + u_2 = v_1 + v_2 \quad \text{und} \quad u_1^2 + u_2^2 = v_1^2 + v_2^2 \quad .$$

Dieses quadratische Gleichungssystem hat zwei Lösungen, die man am einfachsten durch Einsetzen überprüft. Die erste Lösung ist $v_1 = u_1$ und $v_2 = u_2$. Dies bedeutet, dass beide Kugeln nach dem Stoß mit unveränderter Geschwindigkeit weiterfliegen, es hätte also gar keine Wechselwirkung stattgefunden, was physikalisch uninteressant ist. Die zweite Lösung ist $v_1 = u_2$ und $v_2 = u_1$, d. h. die beiden Kugeln haben beim Stoß ihre Geschwindigkeiten ausgetauscht. Ist z. B. der Körper 2 vor dem Stoß in Ruhe, $u_2 = 0$, so besitzt er nach dem Stoß die Geschwindigkeit des stoßenden Körpers 1, während dieser zur Ruhe kommt, $v_1 = 0$, Bild 4.1.

Bei einem **inelastischen Stoß** gilt zwar der Impuls-, aber nicht der Erhaltungssatz der mechanischen Energien, da ein Teilchen außer der kinetischen Energie noch andere Energien aufnehmen kann, z. B. Verformungsenergie. Bei Stößen vollkommen inelastischer Körper werden diese unter Erwärmung solange verformt, bis sie die gleiche Geschwindigkeit besitzen $v_1 = v_2 = \ldots = v$; dann hört die Wechselwirkung auf. Nach dem Impulserhaltungssatz gilt in diesem Fall

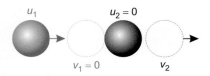

Bild 4.1. Elastischer Stoß zweier Kugeln, wobei eine Kugel in Ruhe ist

Bild 4.2. Inelastischer Stoß zweier Kugeln mit entgegengesetzten gleichgroßen Geschwindigkeiten

$$m_1 u_1 + m_2 u_2 + \ldots + m_n u_n = (m_1 + m_2 + \ldots + m_n)v \quad .$$

Speziell für den *inelastischen Stoß* zweier Körper gleicher Masse folgt daher

$$v = \frac{1}{2}(u_1 + u_2) \quad .$$

Haben beide Körper vor dem Stoß entgegengesetzt gleich große Geschwindigkeiten, also $u_2 = -u_1$, so ist nach dem inelastischen Stoß $v_1 = v_2 = 0$, Bild 4.2, und beide kinetischen Energien verwandeln sich in Wärmeenergie.

In der Realität erfolgen nun allerdings praktisch alle Stöße weder voll elastisch noch vollkommen inelastisch. Wegen des geringeren mathematischen Aufwandes wollen wir uns im Folgenden auf die Betrachtung der Idealfälle beschränken.

📖 Kugelpendelkette

Bei einer Kugelpendelkette sind n gleich große Stahlkugeln in einer Reihe so aufgehängt, dass sie sich gerade berühren und nur zentrale Stöße ausführen können, Bild 4.3. Stöße zwischen gehärteten und polierten Stahlkugeln erfolgen in guter Näherung elastisch. Die Geschwindigkeit der stoßenden oder gestoßenen Pendelkugel kann aus dem maximalen Ausschlagswinkel α abgeschätzt werden, denn hier ist die kinetische Energie vollständig in potentielle Energie umgewandelt:

$$E_{\text{pot,max}} = mgh \quad \text{und} \quad E_{\text{kin}} = 0 \quad ,$$

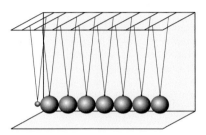

Bild 4.3. Kugelpendelkette

Bild 4.4 oben. $g = 9{,}81\,\text{m/s}^2$ ist die Erdbeschleunigung. Beim Nulldurchgang besitzt die Kugel ihre maximale kinetische Energie, d. h. auch ihre maximale Geschwindigkeit. Es gilt:

$$E_{\text{pot}} = 0 \quad \text{und} \quad E_{\text{kin,max}} = \frac{1}{2}mv_{\text{max}}^2 \quad ,$$

Bild 4.4 unten. Die potentielle Energie wandelt sich während der Schwingung vollständig in kinetische um und umgekehrt:

$$E_{\text{pot,max}} = E_{\text{kin,max}} \quad , \quad \text{also} \quad mgh = \frac{1}{2}mv_{\text{max}}^2 \quad .$$

Daher folgt:

$$v_{\text{max}} = \sqrt{2gh} \quad .$$

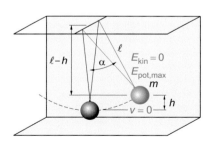

Aus Bild 4.4 oben folgt ferner $\cos \alpha = \frac{\ell - h}{\ell}$. Für nicht zu große Ausschlagswinkel α gilt näherungsweise $\cos \alpha \approx 1 - \frac{\alpha^2}{2} + \ldots$ und somit $h = \ell(1 - \cos \alpha) \approx \ell\alpha^2/2$ und damit ist die

Geschwindigkeit eines Fadenpendels beim Nulldurchgang	$v_{\text{max}} \approx \alpha\sqrt{\ell g} \quad .$

4.1 Stöße zweier Kugeln (1/3)

Bild 4.4. Bestimmung der Geschwindigkeit eines Fadenpendels beim Nulldurchgang

🏁 Energie- und Impulserhaltungssatz experimentell bei Stößen von zwei Kugeln überprüfen. Die Versuchsteile können variiert und erweitert werden.

 Pendelgestell mit $5 - 7$ Kugelpendeln (einzeln herausnehmbar) und einer weiteren kleineren Kugel (ca. 1/8 der Masse der Standardkugel), Stahlblock (z. B. $4 \times 4 \times 10\,\text{cm}^3$), Bleiblechstück.

Elastische Stöße zwischen zwei Kugeln gleicher Masse

Hierfür werden nur zwei Kugeln der Pendelkette verwendet. Eine der beiden Kugeln wird um einen Winkel α ausgelenkt, Bild 4.5 a, und stößt dann auf die andere ruhende Kugel. Man beobachte den maximalen Ausschlag nach dem Stoß.

Man lenke beide Kugeln um entgegengesetzt gleiche Winkel aus, Bild 4.5 b, und gebe sie gleichzeitig frei. Wie sieht der Maximalausschlag nach dem Stoß aus?

Man lenke beide Kugeln um verschiedene Winkel aus, Bild 4.5 c.

Die Situationen vor und nach den Stößen sind nach jedem Versuchsteil zu skizzieren. Wird bei allen diesen Versuchen der Austausch der Geschwindigkeiten entsprechend den abgeleiteten Gleichungen näherungsweise erfüllt?

Elastische Stöße zwischen zwei Kugeln ungleicher Masse

Man hänge eine kleine Zusatzkugel neben die letzte Kugel am Ende der Kugelpendelkette und entferne alle übrigen Kugeln. Dann lenke man die kleine Kugel aus, Bild 4.6 a, lasse sie auf die große Kugel stoßen und beobachte die maximalen Ausschläge beider Kugeln nach dem ersten Stoß. Man wiederhole den Versuch und beobachte die Ausschläge nach dem zweiten Stoß.

Die große Kugel wird ausgelenkt. Man lässt sie auf die ruhende kleine Kugel stoßen, Bild 4.6 b. Wieder soll die Situation nach dem zweiten Stoß beobachtet werden.

Die Situationen vor und nach den Stößen werden für jeden Versuchsteil skizziert. Die Ergebnisse der Beobachtungen sollen begründet werden.

Elastische Stöße zwischen Kugel und fester Wand

Als *feste Wand* dient ein Stahlblock, der zunächst ganz dicht an die Ruhelage der kleinen Kugel herangeschoben wird. Die Reflexion der kleinen Kugel an der festen Wand wird untersucht, Bild 4.7. Nach dem Stoß ist die Geschwindigkeit der Kugel $v_K = -u_K$.

Die Amplitude der mehrfach reflektierten kleinen Kugel nimmt allmählich ab. Wieviele Stöße kann man etwa zählen? Wieviele Stöße zählt man bei der Reflexion der größeren Kugel?

Wie groß ist der an die Wand abgegebene Impuls? Null, mu oder $2mu$? Begründen Sie Ihre Aussage!

Wie groß ist die an die Wand abgegebene Energie? Null, $\frac{1}{2}mu^2$ oder $2\frac{1}{2}mu^2$? Begründen Sie Ihre Aussage!

Wodurch ist der Unterschied der Anzahl der Stöße bei kleiner und bei großer Kugel bedingt?

Inelastischer und teilelastischer Stoß zwischen zwei Kugeln

Es werden zwei gleiche Kugeln benutzt. Über die eine Kugel wird ein Stück Bleiblech gehängt. Der Stoß erfolgt angenähert inelastisch, weil sich das Bleiblech etwas verformt.

Man lenke eine Kugel aus, Bild 4.8 a, lasse sie auf die andere, ruhende Kugel stoßen und beobachte die maximalen Ausschläge.

Man lenke beide Kugeln etwa gleich weit aus, Bild 4.8 b, und beobachte die Ausschläge nach dem Stoß.

In die Skizze der experimentell beobachteten Ausschläge sollen auch die nach der Theorie des vollständig inelastischen Stoßes zu erwartenden Ausschläge eingezeichnet werden.

4.2 Kugelpendelkette (2/3)

Energie- und Impulserhaltungssatz bei Stößen zwischen mehreren verschiedenen Körpern werden experimentell mit der Kugelpendelkette überprüft. Die vorgeschlagenen Versuchsteile können variiert werden.

Pendelgestell mit 5 − 7 Kugelpendeln, Stahlblock (z. B. $4 \times 4 \times 10\,\text{cm}^3$), kleiner Hammer, Gummistreifen.

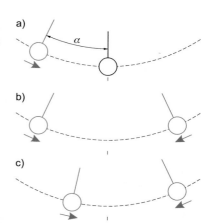

Bild 4.5a-c. Elastische Stöße zwischen zwei Kugeln gleicher Masse

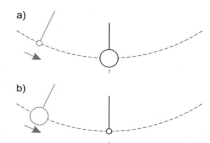

Bild 4.6a-b. Elastische Stöße zwischen zwei Kugeln ungleicher Masse

Bild 4.7. Elastische Stöße zwischen Kugel und fester Wand

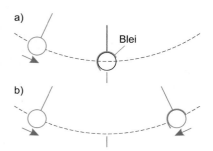

Bild 4.8. Inelastische bzw. teilelastische Stöße zwischen zwei Kugeln mit unterschiedlichen Anfangsauslenkungen (a) und (b)

Bild 4.9a-b. Fortpflanzung von Impuls und Energie in einer Kugelpendelkette

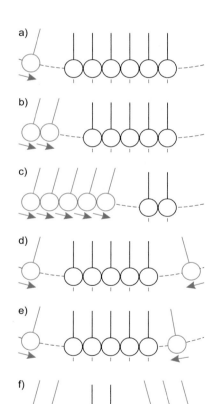

Bild 4.10a-f. Stoßversuche mit einer freien Kugelpendelreihe

Fortpflanzung von Impuls und Energie in einer Kugelpendelkette

Beim zentralen Stoß werden innerhalb einer Reihe gleich großer, elastischer Kugeln der Impuls und die Stoßenergie ohne Verluste von einer Kugel zur benachbarten weitergegeben. Für die folgenden Versuche benutze man alle Kugeln (Standardgröße) der Pendelkette.

Zunächst soll die Reflexion von Impuls und Energie an einer starren Wand untersucht werden. Als starre Wand wird ein Stahlblock so aufgestellt, dass er die letzte Kugel der Reihe gerade berührt, Bild 4.9 a. Auf die andere Seite der Reihe lassen wir eine Kugel fallen. Impuls und Energie durchlaufen innerhalb der sehr kurzen Stoßzeit die Reihe, werden an der Wand reflektiert und laufen zurück. Die erste Kugel wird so zurückgeschleudert, als ob sie direkt von der elastischen Wand reflektiert worden wäre; von Reibungsverlusten sei abgesehen.

Der Versuch wird mit zwei und mit n stoßenden Kugeln wiederholt.

Zur Demonstration des inelastischen Stoßes hält man die letzte Kugel zwischen zwei Fingern fest, Bild 4.9 b, und lenkt die erste Kugel aus. Es erfolgt dann ein inelastischer Stoß. Impuls und Energie werden von den Fingern praktisch vollständig aufgenommen.

Die beobachteten Situationen nach den Stößen werden skizziert.

Stoßversuche mit einer freien Kugelpendelreihe

Man lenkt die erste Kugel der Pendelkette aus, Bild 4.10 a, und beobachtet die Kugelauslenkungen nach dem Stoß.

Danach werden zwei bis n Kugeln ausgelenkt, Bild 4.10 b, c.

Man lässt auf beiden Seiten je eine Kugel gleichzeitig und mit gleicher Geschwindigkeit aufstoßen, Bild 4.10 d. Danach je zwei, usw. .

Auf den beiden Seiten soll je eine Kugel gleichzeitig, aber mit unterschiedlicher Geschwindigkeit stoßen, Bild 4.10 e. Die Ausschläge nach dem ersten Stoß werden beobachtet.

Man lässt auf der einen Seite zwei und auf der anderen Seite drei Kugeln gleichzeitig stoßen, Bild 4.10 f.

Die Maximalauslenkungen der Kugeln nach jedem der Stöße werden skizziert. Die Versuchsergebnisse sollen aufgrund des Energie- und Impulserhaltungssatzes gedeutet werden.

Zur Beachtung: Beim elastischen Stoß z.B. im ersten Versuchsteil stößt eine Kugel mit der Geschwindigkeit u_1 auf die restlichen Kugeln der Pendelkette, Bild 4.10 a. Der Impulssatz allein wäre auch erfüllt, wenn nach dem Stoß auf der rechten Seite zwei Kugeln mit der halben Geschwindigkeit fortfliegen würden ($v_1 = v_2 = \frac{1}{2}u_1$):

$$mu_1 = mv_1 + mv_2 = m\left(\frac{1}{2}u_1 + \frac{1}{2}u_1\right) \quad .$$

Der Energiesatz würde dann jedoch verletzt werden, weil nach dem Stoß nur noch die Hälfte der Energie vorhanden wäre:

$$\frac{1}{2}mu_1^2 = \frac{1}{2}mv_1^2 + \frac{1}{2}mv_2^2 \neq \frac{1}{2}m\left(\frac{u_1^2}{4} + \frac{u_1^2}{4}\right) \quad \text{bzw.} \quad u_1^2 \neq \frac{u_1^2}{2} \quad .$$

Anregung der Pendelreihe durch äußeren Stoß

Die ruhende Pendelreihe wird mit einem kleinen Hammer, dessen Kopf etwa die Masse einer Kugel hat, leicht angeschlagen, Bild 4.11 a. Man beobachte die Maximalausschläge der Pendel.

Die Kugelpendelkette wird mit dem sehr viel schwereren Stahlblock leicht angeschlagen, Bild 4.11 b.

Die Pendelreihe wird mit dem Hammerstiel angeschlagen, Bild 4.11 c.

Die ruhende Pendelreihe wird mit dem kleinen Hammer unter Zwischenschaltung eines Gummistreifens angeschlagen, Bild 4.11 d.

Die jeweiligen Maximalausschläge nach dem Stoß werden skizziert.

Zur Deutung: Die Verteilung der Geschwindigkeiten auf die einzelnen Kugeln nach dem Stoß hängt von der Stoßanregung ab, d. h. von der elastischen Eigenschaften, die die zeitliche und örtliche Abhängigkeit der Stoßkraft $F(s(t))$ bestimmen. Entscheidend sind der übertragene Impuls $p = \int F\,\mathrm{d}t$ und die Energie $E = \int F\,\mathrm{d}s$.

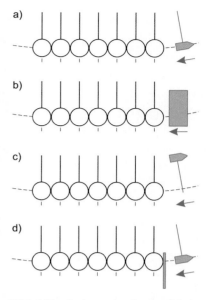

4.3 Kugelpendelkette mit Störungen (2/3)

Es soll überprüft werden, inwieweit Stoßvorgänge einer Kugelpendelkette durch Störungen bei der Stoßübertragung, durch eine kleine Zusatzmasse und durch Reibung beeinflusst werden.

Pendelgestell mit 5 – 7 Kugelpendeln (einzeln herrausnehmbar) und einer weiteren kleineren Kugel (ca. 1/8 der Masse der Standardkugel), Bleiblechstück, Gummistreifen, Zeichenkartonstreifen.

Bild 4.11a-d. Anregung der Pendelreihe durch äußeren Stoß

Beeinflussung der Stoßübertragung in der Pendelkette

Während des ersten Stoßes wird ein Stück Gummi oder Zeichenkarton zwischen zwei Kugeln der Pendelkette gehalten. Dadurch wird der zeitliche Verlauf der Stoßkraft $F(s(t))$ auf die Nachbarkugeln und damit auch der übertragene Impuls p und die Energie E verändert. Es ergeben sich daher nicht mehr die einfachen, leicht durchschaubaren Stoßvorgänge. Trotzdem bleiben natürlich der Impulssatz und bei elastischen Stößen auch der Energiesatz gültig.

Nur für den ersten Stoß wird ein elastisches Gummistück vor die zweite Kugel gehalten, Bild 4.12 a. Bleibt die stoßende Kugel nach dem Stoß in Ruhe?

Man hält den Gummistreifen während des ersten Stoßes irgendwo zwischen zwei Kugeln, Bild 4.12 b, und lässt wieder eine Kugel stoßen.

Man hält einen Streifen dünnen Kartons vor die erste gestoßene Kugel, Bild 4.12 c, oder auch zwischen zwei Kugeln. Der Stoß wird jetzt teilweise inelastisch, und es wird ein komplizierter Schwingungsvorgang angeregt.

Zur Deutung: Bei den veränderten Stoßvorgängen wird der Impuls so verteilt, dass die stoßende Kugel nicht zur Ruhe kommt, sondern zurückprallt. So ergeben sich z. B. im ersten Versuchsteil eine Kugel, die mit v_1 (negativ) reflektiert wird, und 6 Kugeln, die mit gleicher Geschwindigkeit v in Vorwärtsrichtung fliegen. Aus Impuls- und Energiesatz folgt für einen solchen elastischen Stoß:

$$m u_1 = m v_1 + 6 m v \quad \text{und} \quad \frac{1}{2} m u_1^2 = \frac{1}{2} m v_1^2 + 6\,\frac{1}{2} m v^2 \quad .$$

Daraus folgt:

$$v_1 = -\frac{5}{7} u_1 \quad \text{und} \quad v = +\frac{2}{7} u_1 \quad .$$

Stimmt das Ergebnis des Versuches in etwa mit dem Ergebnis dieser Rechnung überein?

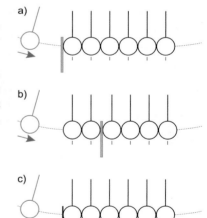

Bild 4.12a-c. Beeinflussung der Stoßübertragung in der Pendelkette

Pendelkette mit Störungen

Schon das Einbringen einer kleinen Störung verändert das Schwingungsverhalten der Pendelkette wesentlich.

Die kleine Pendelkugel mit nur 1/8 Masse der Standardkugeln wird der Pendelreihe angefügt. Auf der anderen Seite werden z. B. eine oder zwei Kugeln ausgelenkt, Bild 4.13 a. Es ergibt sich nun ein kompliziertes, nicht periodisches Schwingungsbild, da die Kugeln der Pendelkette jetzt nicht mehr alle die gleiche Masse besitzen. Es gilt daher auch nicht mehr der einfache Satz, dass zwei stoßende Kugeln jeweils ihre Geschwindigkeiten austauschen. Die kleine Kugel zeigt übrigens etwa periodisch größere und kleinere Ausschläge.

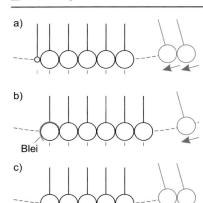

a)

b)

Blei

c)

Bild 4.13. Pendelkette mit Störungen

Als kleine Störung wird ein Bleiblechstück auf die letzte Kugel als Zusatzgewicht so aufgehängt, dass es den Stoßvorgang nicht verändert, Bild 4.13 b. Bei Stoßanregung mit einer Kugel wird zwar zunächst im Wesentlichen nur die eine Kugel am anderen Ende der Reihe ausgelenkt. Nach einigen Stößen werden jedoch auch die anderen Kugeln der Pendelreihe zu Schwingungen angeregt. Es entstehen wieder komplizierte Schwingungsformen, die sich laufend verändern.

Für die ungestörte Pendelkette wirken die Reibungsvorgänge ebenfalls als schwache Störungen. Man lässt z. B. zwei Kugeln auf die anderen fünf ruhenden Kugeln stoßen, Bild 4.13 c. Nach einigen Stößen beginnen auch die ruhenden Kugeln etwas zu schwingen, und schließlich verbleibt eine gleichgerichtete synchrone Bewegung aller Kugeln, wie sie beim vollkommen inelastischen Stoß schon nach dem ersten Stoß entstehen würde.

5. Harmonische Schwingungen

🏁 Einführung von Grundbegriffen der Schwingungslehre am Beispiel des Feder- und des Fadenpendels. Überprüfung der Gesetze für schwingungsfähige Systeme wie Physikalisches Pendel und Reversionspendel. Vereinfachte Beschreibung realer physikalischer Systeme durch Näherungen. Hochgenaue Bestimmung der Gravitationsbeschleunigung der Erde.

📖 *Standardlehrbücher* (Stichworte: Schwingungen, Pendel, Reversionspendel, Gravitationsbeschleunigung),
Magnus/Popp/Sextro: Schwingungen.

📖 Schwingungen eines Federpendels

Lenkt man einen Körper der Masse m eines schwingungsfähigen Systems aus seiner stabilen Ruhelage aus und lässt ihn dann los, so vollführt er periodische Bewegungen um diese Ruhelage. Eine solche Schwingung ist charakterisiert durch die **Schwingungsdauer** T und die maximale Auslenkung des Körpers, die **Amplitude** A. Für die quantitative Beschreibung der Schwingungsbewegung bei nicht zu großen Auslenkungen x betrachten wir zunächst die von der Feder, Bild 5.1, auf den Körper ausgeübte

Bild 5.1. Federpendel

rücktreibende Kraft	$F_\mathrm{r} = -Dx$.

Die Konstante D wird als **Federkonstante**, **Richtgröße** oder **Direktionskonstante** bezeichnet.

Lässt man nun bei einer Auslenkung oder Amplitude $x = A$ den Körper los, so beginnt dieser eine beschleunigte Bewegung in Richtung auf die Gleichgewichtslage $x = 0$. Hier angelangt, besitzt er seine maximale *kinetische Energie* $E_\mathrm{kin} = mv^2/2$ und damit die Fähigkeit, gegen die rücktreibende Kraft Arbeit zu leisten. Demzufolge durchläuft der Körper die Ruhelage, wird dann aber zunehmend abgebremst, erreicht im reibungsfreien Fall den Umkehrpunkt bei $x = -A$. Hier ist seine kinetische Energie Null, aber die *potentielle Energie* maximal, und der Körper kehrt seine Bewegungsrichtung wieder um. *Der Körper schwingt dann um seine Gleichgewichtslage* . Nach der

Newtonschen Grundgleichung oder Bewegungsgleichung	$F = ma$

mit der beschleunigenden Kraft F und der Beschleunigung $a = \dot{v} = \ddot{x}$ (wobei $\dot{v} = \mathrm{d}v/\mathrm{d}t$ und $\ddot{x} = \mathrm{d}^2x/\mathrm{d}t^2$ bedeuten) muss in jedem Augenblick diese Beschleunigungskraft $F = m\ddot{x}$ gleich der rücktreibenden Kraft $F_\mathrm{r} = -Dx$ sein. Damit lautet die Bewegungsgleichung für die Schwingung eines Pendels

$$m\ddot{x} = -Dx \quad .$$

Nach Umformung zu $\ddot{x} + (D/m)x = 0$ ergibt sich eine spezielle Form einer Differentialgleichung, die als

> **Schwingungsgleichung eines Federpendels**
>
> $\ddot{x} + \omega^2 x = 0$　mit　$\omega = \sqrt{D/m}$

bezeichnet wird. Diese Bewegungsgleichung einer freien, harmonischen, ungedämpften Schwingung stellt eine *homogene Differentialgleichung 2. Ordnung mit konstanten Koeffizienten* (m, D) dar. Die Größe ω ist dabei eine Konstante, die vom jeweiligen schwingungsfähigen System abhängt. Die Lösung dieser Schwingungsgleichung ist im einfachsten Fall eine Sinusschwingung:

$$x(t) = A \sin \omega t \qquad \text{mit} \qquad A = \text{konstant}.$$

Dass diese Lösung die Schwingungsgleichung erfüllt, lässt sich durch Differenzieren leicht zeigen:

$$\dot{x} = \omega A \cos \omega t \quad \text{und} \quad \ddot{x} = -\omega^2 A \sin \omega t = -\omega^2 x \quad,$$

woraus die Schwingungsgleichung $\ddot{x} + \omega^2 x = 0$ folgt.

Sinusfunktionen sind bekanntlich periodisch, daher findet man nach der Dauer einer Schwingung $T = 2\pi/\omega$ den gleichen Schwingungszustand wieder vor, denn für $t = t_0 + T$ gilt:

$$x(t) = A \sin \omega \left(t_0 + \frac{2\pi}{\omega} \right) = A \sin(\omega t_0 + 2\pi) = A \sin \omega t_0 = x(t_0).$$

Die reziproke Schwingungsdauer wird als

> **Frequenz**　　$f = \dfrac{1}{T} = \dfrac{\omega}{2\pi}$

bezeichnet. $\omega = 2\pi f$ heißt die **Kreisfrequenz** der Schwingung. Für unseren Fall einer Sinusschwingung gilt für die

> **Schwingungungsdauer eines Federpendels**　　$T = \dfrac{2\pi}{\omega} = 2\pi \sqrt{\dfrac{m}{D}}$　.

Man sieht: *Die Schwingungsdauer T ist unabhängig von der Schwingungsamplitude A.* Auch wenn A mit der Zeit abnimmt, bleibt die Schwingungszeit T konstant. Die Schwingungszeit ist auch praktisch unabhängig von einer Dämpfung, sofern diese nicht extrem groß wird.

Eine allgemeinere Lösung der Schwingungsgleichung lautet:

$$x = A \sin(\omega t + \alpha),$$

wie man durch Differenzieren und Einsetzen leicht nachprüfen kann. A und α sind beliebig wählbare Parameter, während $\omega = \sqrt{D/m}$ durch das jeweilige schwingungsfähige System festgelegt ist. Das Argument ($\omega t + \alpha$) der Sinusfunktion bestimmt den augenblicklichen Wert der Auslenkung und wird als *Phase* bezeichnet. Die Größe α bestimmt die Auslenkung zur Zeit $t = 0$. Speziell für $\alpha = \pi/2$ ergibt sich $x = A \sin(\omega t + \pi/2) = A \cos \omega t$. Die Größe α wird *Phasenkonstante* genannt.

Fadenpendel (Mathematisches Pendel)

Ein Fadenpendel besteht aus einem kugelförmigen Körper der Masse m, der an einem Faden der Länge ℓ hängt, Bild 5.2. Nach einer Auslenkung um den Winkel φ vollführt dieses Pendel Schwingungen um seine Ruhelage. Zur Beschreibung dieser Bewegung wird idealisierend angenommen, die Masse sei im Schwerpunkt der Kugel vereint („Massenpunktmodell") und der Faden sei gewichtslos. Auf den Körper wirkt die Gewichtskraft $F = mg$ ($g \approx 9{,}81\,\text{m/s}^2$ ist die ortsabhängige **Gravitationsbeschleunigung**, auch *Fall-* oder *Erdbeschleunigung* genannt: s.a. Tabelle 5.2). Bei einer Auslenkung um den Winkel φ kann man die Kraft F zerlegen in eine in

Richtung des Fadens wirkende, von diesem aufgefangene Kraft und in eine hierzu senkrechte, rücktreibende Kraft $F_r = -mg \sin \varphi$. Diese erzeugt die Beschleunigung $\ddot{x} = \ell \ddot{\varphi}$ längs der kreisförmigen Pendelbahn, da $x = \ell \varphi$ ist. Mit der Newtonschen Grundgleichung $F = m\ddot{x}$ ergibt sich aus $F = F_r$:

$$m\ell\ddot{\varphi} = -mg \sin \varphi \quad \text{bzw.} \quad \ddot{\varphi} + \omega^2 \sin \varphi = 0 \quad .$$

Für *kleine Amplituden* (kleine Auslenkwinkel) gilt näherungsweise $\sin \varphi \approx \varphi$, und man erhält die

Schwingungsgleichung eines mathematischen Pendels

$$\ddot{\varphi} + \omega^2 \varphi = 0 \quad \text{mit} \quad \omega = \sqrt{\frac{g}{\ell}} \quad .$$

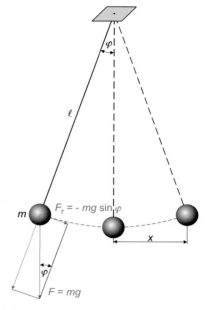

Diese Differentialgleichung ist vom gleichen Typ wie eben diskutiert, lediglich ist statt des Ortes x beim Federpendel hier der Winkel φ die variable Größe. Mit $T = 2\pi/\omega$ ergibt sich die

Schwingungsdauer eines Faden-pendels bei *kleinen* Amplituden $\qquad T_0 = 2\pi \sqrt{\dfrac{\ell}{g}} \quad .$

Bild 5.2. Fadenpendel

Daraus folgt:

Die **Schwingungsdauer** eines Fadenpendels ist unabhängig von der **Pendelmasse** m und bei kleinen Amplituden auch unabhängig von der *Schwingungsweite* φ.

Für *große Amplituden* hat man dagegen die exakte Gleichung

$$\ddot{\varphi} + \omega^2 \sin \varphi = 0$$

zu lösen, was auf nicht mehr elementar lösbare sog. elliptische Integrale führt. Man kann jedoch folgende Reihenentwicklung als Näherung ansetzen:

Schwingungsdauer eines Fadenpendels bei *großen* Amplituden

$$T = T_0 \left(1 + \frac{1}{4} \sin^2 \frac{\varphi}{2} + \frac{9}{64} \sin^4 \frac{\varphi}{2} + \cdots \right) \text{ mit } T_0 = 2\pi \sqrt{\frac{\ell}{g}} \quad .$$

Physikalisches (physisches) Pendel

Das mathematische Pendel stellt eine Idealisierung eines schwingungsfähigen Systemes dar, bei der die Masse punktförmig lokalisiert ist und der Faden gewichtslos angenommen wird. Bei einem beliebig geformten **starren Körper** der Masse m, der um eine Achse A drehbar aufgehängt ist und schwingt, Bild 5.3, muss dagegen dessen

Trägheitsmoment $\qquad I_A = \displaystyle\int r^2 \, dm$

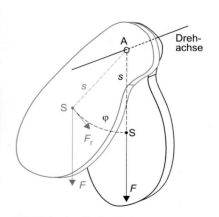

bezüglich der Drehachse A mit berücksichtigt werden (s. *Themenkreis 8*).

Der **Schwerpunkt** S des Körpers liegt im Abstand s von der Drehachse A. Bei Auslenkung um den Winkel φ aus der Ruhelage greift am Schwerpunkt wieder – wie beim Fadenpendel – die in Bahnrichtung wirkende rücktreibende Kraft $F_r = -mg \sin \varphi$ an. Diese erzeugt ein

Bild 5.3. Physikalisches Pendel

| **rücktreibendes Drehmoment** | $M_\mathrm{r} = -sF_\mathrm{r} = -smg\sin\varphi$. |

Für *kleine Winkel* ist wieder näherungsweise $\sin\varphi \approx \varphi$ und somit

$$M_\mathrm{r} = -D^*\varphi$$

mit der Winkelrichtgröße $D^* = smg$.

Für diese beschleunigte Drehbewegung gilt mit dem Trägheitsmoment I_A, völlig analog zur Newtonschen Grundgleichung für die Translation, die

| **Grundgleichung für Drehbewegungen** | $M_\mathrm{r} = I_\mathrm{A}\ddot{\varphi}$. |

So erhält man analog zum Fadenpendel die *Schwingungsgleichung eines physikalischen Pendels*

$$\ddot{\varphi} + \omega^2\varphi = 0 \qquad \text{mit} \quad \omega = \sqrt{\frac{D^*}{I_\mathrm{A}}} \quad \text{mit der}$$

> **Schwingungsdauer eines physikalischen Pendels**
>
> $$T = 2\pi\sqrt{\frac{I_\mathrm{A}}{D^*}} = 2\pi\sqrt{\frac{I_\mathrm{A}}{smg}} \quad .$$

Diese einfachen Beziehungen gelten allerdings nur für kleine Auslenkungswinkel. Für *große* Amplituden, die beim physischen Pendel bis zu 180° betragen können, muss man wieder von der exakten Schwingungsgleichung $\ddot{\varphi} + \omega^2\sin\varphi = 0$ ausgehen und für die Schwingungsdauer die Näherungsformel für größere Amplituden benutzen.

Man definiert ferner eine **reduzierte Pendellänge** ℓ_r eines physischen Pendels, die gleich der Länge eines mathematischen Pendels ist, welches die gleiche Schwingungszeit T besitzt:

$$T = 2\pi\sqrt{\frac{\ell_\mathrm{r}}{g}} \equiv 2\pi\sqrt{\frac{I}{smg}} \quad .$$

Damit ergibt sich die

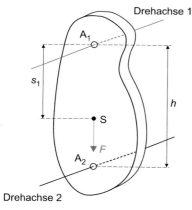

| **reduzierte Pendellänge** | $\ell_\mathrm{r} = \dfrac{T^2}{4\pi^2}\,g = \dfrac{I}{sm}$. |

Bild 5.4. Reversionspendel

📖 Reversionspendel

Ein Reversionspendel ist ein spezielles *physikalisches Pendel*, das *zwei* zueinander parallele Drehachsen A_1 und A_2 besitzt, an denen das Pendel aufgehängt und zu Schwingungen angeregt werden kann, Bild 5.4. Im allgemeinen werden die Schwingungszeiten T_1 um die Drehachse A_1 und T_2 um A_2 nach Umkehrung des Pendels verschieden sein, da sich sowohl die Trägheitsmomente I_1 und I_2 als auch die Winkelrichtgrößen $D_1^* = s_1mg$ und $D_2^* = s_2mg$ für die beiden Schwingungsmöglichkeiten unterscheiden. Für die Schwingungsdauern gilt:

$$T_{1,2} = 2\pi\sqrt{\frac{I_{1,2}}{D_{1,2}^*}} = 2\pi\sqrt{\frac{I_{1,2}}{s_{1,2}mg}}$$

mit m: Masse des Pendels, $s_{1,2}$: Abstände des Pendelschwerpunktes S von den Drehachsen A_1 bzw. A_2 und g: Gravitationsbeschleunigung.

Die reduzierten Pendellängen ℓ_{r1} und ℓ_{r2} für Schwingungen um die beiden Achsen A_1 und A_2, Bild 5.4, sind im allgemeinen verschieden. Durch geeignetes Verschieben der Drehachsen bei gleichbleibender Massenverteilung bzw. durch Veränderung der Massenverteilung des Pendels bei festbleibenden Drehachsen wie bei dem Experiment 5.4 lässt sich jedoch erreichen, dass die Schwingungszeiten T_1 und T_2 gleich werden. Es gilt dann: Die reduzierte Pendellänge $\ell_r = \ell_{r1} = \ell_{r2}$ eines *abgeglichenen Reversionspendels* mit $T_1 = T_2$ ist gleich dem Abstand $h = s_1 + s_2$ der beiden Drehachsen, Bild 5.4, und man erhält die

Schwingungsdauer eines abgeglichenen Reversionspendels	$T_1 = T_2 = 2\pi\sqrt{\dfrac{h}{g}}$.

Herleitung dieser Beziehung: Das Trägheitsmoment des Pendels für die Drehachse durch den Schwerpunkt S sei I_S. Für die Schwingung um die Achse A_1 ist dann nach dem *Steinerschen Satz* $I_1 = I_S + m_1 s_1^2$ und daher nach Definition der reduzierten Pendellänge

$$\ell_{r1} = \frac{I_1}{ms_1} = \frac{I_S}{ms_1} + s_1 \quad .$$

Analog ergibt sich:

$$\ell_{r2} = \frac{I_S}{ms_2} + s_2 \quad .$$

Angenommen, es sei $\ell_{r1} = s_1 + s_2$, so ist $s_2 = \ell_{r1} - s_1 = I_S/ms_1$, und man erhält

$$\ell_{r2} = \frac{I_S ms_1}{mI_S} + \frac{I_S}{ms_1} = s_1 + \frac{I_S}{ms_1} = \ell_{r1} \quad ,$$

d. h. $T_1 = T_2$.

Mit Reversionspendeln können Präzisionsmessungen der *Erd-* oder *Gravitationsbeschleunigung* g durchgeführt werden. Denn außer der Schwingungszeit T braucht nur der Schneidenabstand h gemessen zu werden, was mit hoher Genauigkeit möglich ist.

5.1 Federpendel (1/1)

 Nachprüfung der Gesetze für die harmonische Schwingung des Federpendels. Statische und dynamische Bestimmung der Federkonstanten D. Überprüfung des Einflusses der Federmasse, der Schwingungsweite und der *Dämpfung* auf die Schwingungszeit. Bestimmung der Richtgröße.

Stoppuhr, Schraubenfeder, Halter zur Gewichtsauflage mit Bleigewichtsscheiben, Metermaßstab mit verschiebbarer Marke, Stativmaterial. Gewindestab mit Dämpfungsscheiben, Becherglas mit Wasser.

Statische Messung von D (1/3)

Zunächst werden die Feder (m_F) und die Gewichtehalterung (m_H) gewogen. Dann bestimmt man die Auslenkung der Feder aufgrund der Gewichtehalterung x_0. Zwecks Ausschaltung der Parallaxe wird z. B. an der Unterseite des Auflagetellers entlang visiert und die Marke am Maßstab auf die entsprechende Höhe eingestellt, Bild 5.5. Man belastet die Feder nun nacheinander mit unterschiedlichen Kombinationen der Gewichtsscheiben und bestimmt die Auslenkungen $\Delta x_i = x_i - x_0$.

Es werden die Auslenkungen Δx_i über den zugehörigen Werten der Masse m_i aufgetragen und aus dem Geradenanstieg D_{stat} bestimmt, Bild 5.6.

Bild 5.5. Aufbau des Federpendels

Bild 5.6. Diagramm zur statischen Messung der Federkonstante

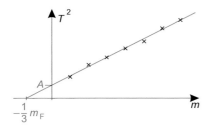

Bild 5.7. Diagramm zur dynamischen Messung

Dynamische Messung von D (1/3)

Man belaste die Feder nacheinander mit den Gewichtsscheiben, bringt die Feder jeweils zum Schwingen und bestimmt die Schwingungsdauern T_i. Die Zeitmessung erfolgt dabei wegen des kleineren Messfehlers bei den Nulldurchgängen des Schwingers und nicht bei den Umkehrpunkten. Dabei wird die Zeit jeweils für z. B. 10 Schwingungen gemessen. Jede Zeitmessung wird dreimal durchgeführt.

Mit dem Ziel einer Linearisierung der Ergebnisse wird T^2 als Funktion von m aufgetragen, Bild 5.7. Für die Schwingungszeit T gilt bei Berücksichtigung der Federmasse m_F die erweiterte Formel

$$T = 2\pi\sqrt{(m + m_F/3)/D} \quad .$$

Aus dem Anstieg und dem Achsenabschnitt A der mittelnden Geraden werden D und m_F bestimmt:

$$T^2 = \frac{4\pi^2}{D}m + \frac{4\pi^2 m_F}{3D} = Bm + A \quad .$$

Die Fehler bei der statischen und bei der dynamischen Messung werden abgeschätzt und die gewonnenen Werte für D verglichen.

Einfluss von Federmasse, Schwingungsweite, Dämpfung (1/3)

Man messe die Dehnung x_0 und die Schwingungszeit der Feder T bei Belastung mit dem Halter (m_H) allein. Die Messung wird für eine größere Belastung wiederholt.

Die gemessenen Schwingungszeiten werden mit den mit Hilfe von D und m berechneten verglichen. Welchen Einfluss hat dabei die Berücksichtigung der Federmasse m_F in der Rechnung?

Bei einer mittleren Belastung m soll geprüft werden, ob sich für sehr kleine, kleine und mittlere Schwingungsweiten x_m die gleichen Schwingungszeiten ergeben. Da der erwartete Unterschied klein ist, muss T jeweils genau gemessen werden. Zur Verringerung der Streufehlereinflüsse soll T daher aus jeweils 20 bis 50 Messungen ermittelt werden.

Die Schwingungszeiten bei unterschiedlichen Schwingungsweiten werden vergleichend diskutiert.

Ein dünner Stab, der unten eine Scheibe trägt, wird in den Gewichtehalter eingeschraubt. Die Höhe des Querstabes wird so eingestellt, dass die Dämpfungsscheibe in ein mit Wasser gefülltes Becherglas eintaucht und während der Schwingungen auch unter Wasser bleibt. Für eine mittlere Belastung m soll die Schwingungsdauer T_D bei Wasserdämpfung gemessen werden. Wie viele Schwingungen lassen sich messen?

Die Schwingungszeiten der ungedämpften Schwingung werden mit denen für gedämpfte Schwingungen verglichen.

5.2 Fadenpendel (Mathematisches Pendel) (1/1)

Präzisionsbestimmung der *Erd-* oder *Gravitationsbeschleunigung* g aus der Länge und der Schwingungsdauer eines Fadenpendels unter Berücksichtigung von Korrekturen. Amplitudenabhängigkeit der Schwingungszeit.

Fadenpendel, Stoppuhr. Für die exakte Bestimmung von g: fotoelektrische Zähleinrichtung, Kathetometer zur Messung der Fadenlänge.

Das Pendel besteht aus einer Kugel (z. B. Messing, Durchmesser $2r$), die über einen dünnen Draht (z. B. Stahl, Durchmesser d) an einer Schneide (Rasierklinge) drehbar aufgehängt ist. Dieses System verhält sich in erster Näherung wie ein mathematisches Pendel, dessen Länge ℓ gleich dem Abstand Kugelmitte/Schneide ist.

Messung der Gravitationsbeschleunigung (2/3)

Die *Pendellänge* wird mit einem Kathetometer gemessen, das aus einem an einem vertikalen Präzisionsmaßstab verschiebbaren, genau horizontal auszurichtenden Fernrohr besteht. Man stellt das Fadenkreuz nacheinander auf die Schneidenkante,

Bild 5.8. Aufbau des Fadenpendels

sowie auf die obere und untere Tangentialebene der Kugel ein und ermittelt so $\ell - r$ und $\ell + r$, Bild 5.8. Die Messungen werden zweimal wiederholt.

Die Gravitationsbeschleunigung g soll mit einem Fehler $< 1\,\%$ bestimmt werden. Zu der hierfür notwendigen *sehr genauen Ermittlung der Schwingungszeit* ist es sinnvoll, die Zeit für eine große Zahl N von Schwingungen (z.B. 1000) zu messen, wobei die Zählung der $2N$ Nulldurchgänge fotoelektrisch erfolgt, Bild 5.9. Eine Lichtquelle und eine Fotodiode werden dazu so aufgestellt, dass die Pendelkugel beim Nulldurchgang das Licht abschattet und der Zähler anspricht. Das Pendel wird nur wenig ausgelenkt, d.h. maximal 5°, damit die Bedingung $\sin\varphi \approx \varphi$ hinreichend genau erfüllt ist. Anfangs- und Endamplitude werden notiert.

Ergänzende Grundlagen: Wegen der angestrebten hohen Genauigkeit bei der g-Bestimmung von unter einem Prozent muss bei der Auswertung eine Reihe von *Korrekturen* berücksichtigt werden, um systematische Fehler, die das Messergebnis verfälschen, auszuschließen.

Bild 5.9. Fotoelektrischer Zähler

- *Trägheitsmoment von Kugel und Aufhängedraht:* Da die Pendelmasse nicht punktförmig und der Faden nicht gewichtslos ist, muss man anstelle der Formel für die Schwingungsdauer eines idealen mathematischen Pendels die Gleichung für ein physikalisches Pendel verwenden:

$$T = 2\pi\sqrt{\frac{I}{D^*}} \quad .$$

Das Trägheitsmoment einer Kugel der Masse m für eine Achse durch den Schwerpunkt ist $I_S = (2/5)mr^2$ und für Drehungen um eine Achse A im Abstand ℓ nach dem *Steinerschen Satz* $I_A = I_S + m\ell^2$. Das Trägheitsmoment des Drahtes der Masse μ und der Länge ℓ, also eines sehr dünnen Stabes, ist bei Drehung um eine senkrechte Achse durch den Schwerpunkt $I'_S = (1/12)\mu\ell^2$, bei Drehung um die Achse A im Abstand $\ell/2$ vom Schwerpunkt $I'_A = I'_S + \mu\ell^2/4$. Das gesamte Trägheitsmoment des Pendels ist daher:

$$I = m\ell^2\left(1 + \frac{2}{5}\left(\frac{r}{\ell}\right)^2\right) + \mu\ell^2\left(\frac{1}{12} + \frac{1}{4}\right)$$

$$= m\ell^2\left(1 + \frac{2}{5}\left(\frac{r}{\ell}\right)^2 + \frac{1}{3}\frac{\mu}{m}\right) \quad .$$

Die Masse der Kugel ($m = V\rho_{\text{Kugel}} = (4/3)\pi r^3\rho_{\text{Kugel}}$) wird aus dem Radius r und der Dichte ρ_{Kugel} bestimmt, die Masse des Drahtes ($\mu = \pi d^2\ell\rho_{\text{Draht}}/4$) aus Länge ℓ, Durchmesser d und Dichte ρ_{Draht} des Drahtes. Die Dichten verschiedener Materialien sind in Tabelle 5.1 angegeben.

- *Der Auftrieb in Luft:* Die Schwerkraft $F_G = mg$, die an der Pendelkugel angreift, ist noch um die Auftriebskraft $F_a = V\rho_L g$ zu vermindern ($V = m/\rho_{\text{Kugel}}$; Dichte der Luft ρ_L s. Tabelle 5.1). Die resultierende Kraft ist daher

$$F = mg - V\rho_L g = mg\left(1 - \frac{\rho_L}{\rho_{\text{Kugel}}}\right) \quad .$$

Tabelle 5.1. Dichten verschiedener Materialien bei 20°C

Material	Dichte / g cm^{-3}
Luft	0,0012
Stahl	7,7
Messing	8,4
Blei	11,3

- *Winkelrichtgröße:* Die resultierende Winkelrichtgröße D^* ergibt sich aus dem am Kugelmittelpunkt angreifenden Drehmoment

$$mg\ell\varphi(1 - \rho_L/\rho_{\text{Kugel}})$$

und dem im Drahtschwerpunkt angreifenden Moment $\mu g\varphi\ell/2$:

$$D^* = mg\ell\left(1 - \frac{\rho_L}{\rho_{\text{Kugel}}} + \frac{1}{2}\frac{\mu}{m}\right) \quad .$$

- *Umrechnung auf unendlich kleine Ausschläge:* Ist φ_m (Angabe im Bogenmaß!) die mittlere Schwingungsweite, dann gilt nach der angegebenen Näherungsformel, wenn man nach dem quadratischen Glied abbricht:

$$T = 2\pi\sqrt{\frac{I}{D^*}}\left(1 + \frac{1}{4}\sin^2\frac{\varphi_m}{2} + \cdots\right) \approx 2\pi\sqrt{\frac{I}{D^*}}\left(1 + \frac{1}{16}\varphi_m^2\right) .$$

Tabelle 5.2. Experimentelle Bestwerte für die ortsabhängige Gravitationsbeschleunigung g

Ort	g in m/s²
Berlin	9,812669
München	9,809232

Quelle: Physikalisch-Technische Bundesanstalt Braunschweig (Das europäische Gravitationszonenkonzept nach WELMEC)

Bild 5.10. Bestimmung der Amplitudenabhängigkeit beim Fadenpendel

● *Zusammenfassung der Korrekturen:* Aus den vorstehenden vier Korrekturen ergibt sich, wenn man die Näherung $(1+\varepsilon)/(1+\delta) \approx 1+\varepsilon-\delta$ für $\varepsilon, \delta \ll 1$ verwendet,

$$g = \frac{4\pi^2 \ell}{T^2}\left(1 + \frac{2}{5}\left(\frac{r}{\ell}\right)^2 + \frac{\rho_{\mathrm{L}}}{\rho_{\mathrm{Kugel}}} - \frac{1}{6}\frac{\mu}{m} + \frac{1}{8}\varphi_{\mathrm{m}}^2\right) \quad .$$

Aus den Messungen von ℓ und T wird unter Berücksichtigung der Korrekturen der Wert für g berechnet. Bei der Fehlerabschätzung können Fehler der Korrekturgrößen wegen Geringfügigkeit unberücksichtigt bleiben. Vergleich des Ergebnisses mit dem Literaturwert, s.a. Tab. 5.2. *Weitere kleinere, deshalb hier nicht berücksichtigte Korrekturen sind unter anderen:*

● Die Pendelmasse bewegt auch die umgebende Luft teilweise mit, d. h. die schwingende Masse ist etwas größer als m.

● Das Pendelstativ schwingt geringfügig mit.

● Infolge der Elastizität dreht sich der Pendelfaden periodisch während der Schwingung, d. h. diese andere Schwingungsform nimmt Energie auf.

● Die Drehung um eine Schneide entspricht nicht genau einer Drehung um eine raumfeste Achse.

Die Vorzeichen der durch diese systematischen Fehler verursachten Abweichungen des Messwertes vom wahren Wert sollen diskutiert werden. Kennen Sie weitere systematische Fehler?

Amplitudenabhängigkeit der Schwingungsdauer (1/3)
Zur Messung der Abhängigkeit $T = f(\varphi_{\mathrm{m}})$ werden für etwa 6 Auslenkwinkel jeweils $100\,T$ gemessen. Die mittlere Schwingungsweite φ_{m}, d. h. das Mittel aus Anfangs- und Endwert des Winkels, soll zwischen $3°$ und $20°$ eingestellt werden.

Nach der Näherungsformel für die Schwingungsdauer eines Fadenpendels für große Winkel folgt mit $\sin(\varphi/2) \approx \varphi/2$ und unter Berücksichtigung des quadratischen Korrekturgliedes die Schwingungsdauer

$$T = T_0\left(1 + \frac{1}{16}\varphi_{\mathrm{m}}^2\right) \quad .$$

T wird als Funktion von φ_{m}, Bild 5.10, oder φ_{m}^2 aufgezeichnet. T_0 wird aus der Extrapolation für $\varphi_{\mathrm{m}} = 0$ und daraus die Gravitationsbeschleunigung g bestimmt. Das Ergebnis wird unter Einbeziehung der Fehlerrechnung mit dem Wert aus der Präzisionsmessung verglichen.

5.3 Physikalisches Pendel (1/1)

Untersuchung der Schwingung eines Pendels mit ausgedehnter Massenverteilung. Überprüfung des Steinerschen Satzes. Messung der Amplitudenabhängigkeit der Schwingungszeit, Nachprüfung der Gültigkeit der Näherungsformel für die Schwingungsdauer bei großen Amplituden.

Stoppuhr, Pendelstab mit Zusatzgewichten und Winkelteilkreis (physikalisches Pendel), Aufstellmarke.

Ein Pendelstab, an welchem zusätzliche Gewichtsstücke angebracht werden können, ist um eine horizontale Achse drehbar gelagert, Bild 5.11. An einem feststehenden $360°$-Winkel-Teilkreis lassen sich die Schwingungsweiten φ ablesen.

Physikalisches Pendel bei kleinen Amplituden (1/3)
Bei kleinen Auslenkungen ($< 5°$) werden die Zeiten für z. B. $10\,T$ je dreimal gemessen:

● für den Pendelstab alleine,

● mit einem kleinen, zylindrischen Zusatzgewicht an dem langen Ende des Stabes,

● mit einem Scheibengewicht an der gleichen Stelle und

● mit dem Scheibengewicht am langen und dem anderen Gewichtsstück am kurzen Ende des Stabes.

Alle vier Anordnungen werden skizziert. Um die Schwingungszeiten des physikalischen Pendels berechnen zu können, bestimme man die vom Drehpunkt A gemessenen Längen h_1 und h_2 des Stabes und den Abstand s_1 zum Schwerpunkt S_1 des Zusatzgewichtes, Bild 5.11, und notiere dessen Masse m_1.

Aus den gemessenen Schwingungszeiten T werden für die vier Anordnungen aus $T = 2\pi\sqrt{\ell_r/g}$ mit $g = 9{,}81\,\mathrm{m/s^2}$ die reduzierten Pendellängen ℓ_r berechnet. Ergebnis diskutieren. Aus welchem Grunde ist für die letztgenannte Anordnung mit zwei Zusatzgewichten ℓ_r am größten?

Für den Pendelstab allein sowie die Messung mit dem kleinen Zusatzgewicht werden die zu erwartenden Schwingungsdauern näherungsweise mit $T = 2\pi\sqrt{I/D^*}$ berechnet und mit den gemessenen Werten verglichen.

Die Gültigkeit des *Steinerschen Satzes* wird für fünf Positionen der Zusatzmassen überprüft.

Die Messergebnisse einschließlich einer Fehlerabschätzung werden mit den aus dem Steinerschen Satz berechneten Werten verglichen.

Physikalisches Pendel bei großen Auslenkungen (1/3)

In einer Messreihe werden die Schwingungszeiten T des physikalischen Pendels mit einem kleinen, zylindrischen Zusatzgewicht am langen Ende des Stabes, Bild 5.11, als Funktion der Schwingungsweiten φ gemessen. Da infolge der Reibung die Weiten während der Messung abnehmen, beginnt man mit einer größeren Auslenkung, liest Anfangs- und Endamplitude ab und benutzt einen Mittelwert φ_m.

Praktisch bestimmt man $10\,T$ für etwa 6 Werte von φ_m im Bereich zwischen $10°$ und $100°$; für weitere 3 bis 4 Werte im Bereich von $100°$ bis etwa $150°$ misst man jeweils nur $5\,T$, da hier die Amplitude infolge starker Dämpfung schnell abnimmt. Alle Messungen werden zur Verringerung des Streufehlers dreimal durchgeführt.

Es wird jeweils $(T - T_0)/T_0$ berechnet, wobei T_0 die Zeit für die Amplitude $\varphi_m \approx 0$ ist. Die Messergebnisse werden mit der als Näherung zu erwartenden Abhängigkeit der Schwingungsdauer eines Fadenpendels bei großen Amplituden

$$\frac{(T - T_0)}{T_0} = \frac{1}{4}\sin^2\left(\frac{\varphi_m}{2}\right)$$

verglichen. Man berücksichtige ferner das zweite Korrekturglied der Näherungsformel, das für $\varphi_m \geq 50°$ einen wesentlichen Beitrag liefert. *Hinweis:* Im Bereich sehr großer Amplituden $\varphi_m \geq 90°$ wird auch diese Näherung nicht ausreichen.

Theoretische Abschätzung der Schwingungszeit eines physikalischen Pendels (1/3)

Vereinfachend wird zunächst angenommen, dass das Pendel nur aus einem dünnen Stab der Masse m_0 und der Länge $h = h_1 + h_2$ besteht, an dem eine punktförmige Masse m_1 im Abstand s_1 von der Drehachse A befestigt werden kann, Bild 5.11.

Der Schwerpunkt S_0 des Stabes allein liegt in der Entfernung $s_0 = (h_2 - h_1)/2$ von der Drehachse; die Winkelrichtgröße ist daher $D_0^* = m_0 g s_0$ und das Trägheitsmoment beträgt $I_{A_0} = m_0(s_0^2 + h^2/12)$.

Für einen Massenpunkt m_1 im Abstand s_1 von der Drehachse ist $I_{A_1} = m_1 s_1^2$ und $D_1^* = m_1 g s_1$.

Beim Zusammensetzen zweier Pendelkörper zu einem fest verbundenen System addieren sich einfach die Trägheitsmomente und Winkelrichtgrößen: $I_A = I_{A_0} + I_{A_1}$ und $D^* = D_0^* + D_1^*$. Damit lässt sich die Schwingungszeit $T = 2\pi\sqrt{I_A/D^*}$ auch für das System ausrechnen.

Für die durchgeführten Versuche zum physikalischen Pendel bei kleinen Amplituden vergleiche man die berechneten Schwingungszeiten mit den gemessenen Werten von T und diskutiere die Ergebnisse für alle vier Anordnungen.

Man kann die Näherung verbessern, indem man die Zusatzmasse nicht mehr als punktförmig, sondern als zylinderförmig annimmt.

Bild 5.11. Aufbau des physikalischen Pendels

5.4 Reversionspendel (1/1)

 Untersuchung der Eigenschaften eines physikalischen Pendels mit zwei Drehachsen. Präzisionsbestimmung der Gravitationsbeschleunigung g.

 Reversionspendel mit Winkelteilung (z. B. Pendelstab mit zwei Schneiden und Scheibengewichte), Aufstellmarke, Messschieber, Stoppuhr.

Für die Messungen bei dieser Aufgabe wird eine Anordnung entsprechend Bild 5.12 benutzt. Ein Stab, an welchem zusätzliche Körper angebracht werden können, lässt sich an zwei Stahlschneiden (A_1, A_2) schwingungsfähig aufhängen. Die Pendelschwingungen sind sehr wenig gedämpft; die Auslenkung braucht nur wenige Grad zu betragen (d. h. einige cm bei etwa 50 cm Pendellänge). Um die Nulldurchgänge möglichst genau messen zu können, wird die Ruhelage des Pendels mit einer auf den Tisch gestellten Marke gekennzeichnet.

Der bei einem Reversionspendel notwendige Feinabgleich für die Gleichheit von T_1 und T_2 ist justieraufwendig. Es lässt sich zeigen, dass die Schwingungszeit T eines abgeglichenen Reversionspendels mit der reduzierten Pendellänge $h = s_1 + s_2$, in guter Näherung gegeben ist durch

$$T = \frac{T_1 + T_2}{2} + \frac{T_1 - T_2}{2}\frac{s_1 + s_2}{s_1 - s_2} \quad \text{mit} \quad T = 2\pi\sqrt{\frac{h}{g}} \quad ,$$

wenn $T_1 - T_2 \ll T_1$ gilt. Zur Berechnung des Korrekturgliedes muss $(s_1 - s_2)$ und hierfür die Lage des Pendelschwerpunktes bekannt sein. Wegen des kleinen Faktors $T_1 - T_2$ darf die Messung von s_1 und s_2 im Prinzip relativ ungenau sein. Allerdings würden für nahezu symmetrische Reversionspendel ($s_1 \approx s_2$) die Korrekturen wegen des Auftretens von $s_1 - s_2$ im Nenner wieder groß werden. Aus diesem Grunde verwendet man zur g-Bestimmung asymmetrische Pendel.

Bei Präzisionsmessungen hat man wie beim Fadenpendel eine Reihe weiterer Korrektionen zu berücksichtigen. Insbesondere ist die Reduktion auf unendlich kleine Schwingungsamplituden auszuführen:

$$T_0 = T\left(1 - \frac{1}{16}\varphi_{\mathrm{m}}^2\right) \quad .$$

Ferner hat man darauf zu achten, dass die Schneiden parallel zueinander und senkrecht zur Pendelachse stehen sowie horizontal aufgehängt werden, und dass der Schwerpunkt in der Ebene der Schneiden liegt.

 Abgleich des Reversionspendels (1/2)

Messung der Schwingungszeiten T_1 und T_2 des Stabes ohne Zusatzkörper um die beiden etwas asymmetrisch liegenden Schneiden (z. B. $10\,T$ je dreimal messen). Abmessungen des Stabes bestimmen (h_1, h_2, h; Bild 5.12).

Anbringen der Scheibe außerhalb der Schneide bei A_2 am kurz überstehenden Ende des Stabes. Scheibe dabei zunächst dicht an der Schneide A_2 befestigen. Messung der Schwingungszeiten ($5\,T$ oder $10\,T$) um die beiden Achsen: T_1 und T_2 unterscheiden sich stark. Verschiebt man die Scheibe an das Stabende, so wird die Schwingungszeit T_2 sehr groß.

Scheibe zwischen die beiden Schneiden einsetzen und etwa in der Mitte befestigen; $10\,T_1$ und $10\,T_2$ messen. Es ist $T_1 \approx T_2$, was wegen der weitgehenden Symmetrie der Anordnung auch verständlich ist.

Um eine Asymmetrie zu erzeugen, wird die Scheibe bis ganz dicht an eine der beiden Schneiden verschoben, wie in Bild 5.12 dargestellt; wieder $10\,T_1$ und $10\,T_2$ messen. Trotz Asymmetrie des Pendels ist auch hier $T_1 \approx T_2$.

Einen noch besseren Abgleich der Schwingungszeiten erhält man durch zusätzliches Anbringen des kleinen zylindrischen Körpers an einem der Stabenden, Bild 5.12. Um die optimale Lage zu ermitteln, kann man zunächst die Schwingungszeiten T_1 und T_2 messen, wenn sich das Zusatzgewicht einmal am äußersten Ende des Stabes und das andere Mal dicht an der Schneide befindet: Messungen von z. B. $20\,T$ je ein- bis zweimal wiederholen. Durch Interpolation kann dann die optimale Stellung des kleinen Körpers abgeschätzt und ungefähr eingestellt werden.

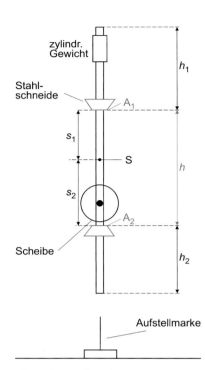

Bild 5.12. Aufbau des Reversionspendels

Messung der Gravitationsbeschleunigung (1/2)

Mit dem abgeglichenen Reversionspendel wird eine Bestimmung der *Gravitationsbeschleunigung g* durchgeführt. Die Zeiten z. B. $30\,T_1$ und $30\,T_2$ werden mehrmals gemessen (z. B. je dreimal), wobei auch die ungefähre Größe der Schwingungsamplitude notiert werden muss. Man skizziere die Pendel-Anordnung, wobei auf die richtige Indizierung von A_1, A_2 und T_1, T_2 zu achten ist.

Der Schneidenabstand h wird mit dem Messschieber auf beiden Seiten des Pendelstabes möglichst genau gemessen. Durch Balancieren wird die ungefähre Lage des Pendelschwerpunktes abgeschätzt. Das zylindrische Gewichtsstück in Bild 5.12 wird dabei solange verschoben, bis das Pendel sich etwa im Gleichgewicht befindet. Die Abstände s_1 bzw. s_2 des Schwerpunktes von den Schneiden werden gemessen und in die Skizze eingetragen.

Die Messungen werden mit

$$T = \frac{T_1 + T_2}{2} + \frac{T_1 - T_2}{2}\frac{s_1 + s_2}{s_1 - s_2} \quad ,$$

ausgewertet. Ferner soll eine Reduktion auf unendlich kleine Schwingungsamplituden nach

$$T_0 = T\left(1 - \frac{1}{16}\,\varphi_{\mathrm{m}}^2\right)$$

durchgeführt werden. Aus T_0 wird mit der Beziehung

$$T_0 = 2\pi\sqrt{\frac{h}{g}}$$

die Gravitationsbeschleunigung g ermittelt.

Bei der Fehlerrechnung bleiben Fehler der Korrekturterme unberücksichtigt. Vergleich des Ergebnisses mit dem Literaturwert, s. a. Tab. 5.2. Systematische Fehler der Messung sind zu diskutieren.

6. Gekoppelte Schwingungen

> Vertiefung der Schwingungslehre: Schwingungen gekoppelter mechanischer Systeme, Fundamentalschwingungen und ihre Zusammensetzung zu Kopplungsschwingungen.

> *Standardlehrbücher* (Stichworte: gekoppelte Pendel, Fundamentalschwingungen).
> *Magnus/Popp/Sextro*: Schwingungen,
> *Vogel*: Dämpfung von Wolkenkratzerschwingungen.

Gekoppelte Pendel

Bild 6.1. Einzelpendel, idealisiert

Gekoppelte Schwingungen treten in vielen physikalischen und technischen Systemen auf, z. B. in gekoppelten elektrischen Schwingkreisen oder als Oszillationen von Atomen in Molekülen bzw. in einem Kristallgitter. Derartige *gekoppelte Oszillatoren* sollen hier am Beispiel eines einfachen mechanischen Systems von zwei gekoppelten Pendeln betrachtet werden.

Die im folgenden beschriebenen gekoppelten Pendel sind nicht zu verwechseln mit dem sog. *Doppelpendel*, das aus einem einfachen Pendel besteht, an dessen Achse etwa in der Mitte ein weiteres Pendel hängt. Ein derartiges Doppelpendel wird z. B. zur Demonstration *chaotischer Schwingungen* benutzt.

Ein Pendel, Bild 6.1, ist ein um eine Achse oder einen Punkt reibungsfrei drehbarer Körper mit dem Trägheitsmoment I, der unter dem Einfluss eines Drehmomentes M, das ihn in eine Ruhelage zieht, nach Auslenkung φ aus dieser Ruhelage eine periodische Bewegung ausführt. Die Bewegung eines **Einzelpendels** wird nach *Themenkreis 3* und *Themenkreis 5* beschrieben durch die

> **Grundgleichung für Drehbewegungen** $\quad M = I\ddot{\varphi}$.

Man beachte die Analogie zur Newtonschen Grundgleichung.

Ein idealisiertes Fadenpendel, das aus einem punktförmigen Körper der Masse m an einem dünnen Faden der Länge ℓ besteht, hat das Trägheitsmoment $I = m\ell^2$. Das der Auslenkung entgegenwirkende Drehmoment ist bei kleinen Winkeln gegeben durch $M \approx -mg\ell\varphi$, so dass sich die Schwingungsgleichung für ein *mathematisches Pendel* ergibt:

> **Schwingungsgleichung** $\quad \ddot{\varphi} + \dfrac{g}{\ell}\varphi = 0$.

Die allgemeine Lösung dieser Differentialgleichung ist:

> $$\varphi(t) = a\cos\omega t + b\sin\omega t \quad \text{mit} \quad \omega = \sqrt{\dfrac{g}{\ell}} \quad \text{als Eigenkreisfrequenz.}$$

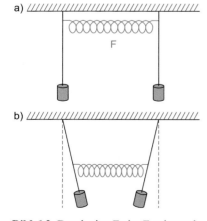

Bild 6.2. Durch eine Feder F gekoppelte Pendel. (a) Der Hebelarm, an dem die Feder F angreift, ist kurz, so dass die Ruhelagen der beiden Pendel nahezu vertikal sind. (b) Die Kopplung durch die Feder ist stärker, so dass die Ruhelagen deutlich nicht vertikal sind

Die Konstante a bedeutet die Anfangsauslenkung $\varphi(0)$ und $b\omega$ die Anfangsgeschwindigkeit $\dot{\varphi}(0)$.

Verbindet man nun zwei gleiche, aber unabhängige Pendel z. B. durch eine Feder zu einem gekoppelten System, Bild 6.2, so wirken außer der Schwerkraft zusätzliche Kräfte, die durch zusätzliche Drehmomente die Bewegungen der Pendel ändern.

Je nach den verschiedenen Anfangsbedingungen ergeben sich drei charakteristische Arten von Schwingungen:

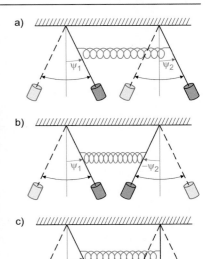

- **Gleichsinnige Schwingung**, Bild 6.3 a: In diesem Fall werden beide Pendel um gleiche Anfangswinkel $\psi_1(0) = \psi_2(0)$ ausgelenkt. Die Pendel schwingen dann gleichsinnig nebeneinander her, ohne dass sich die Länge der Feder und damit ihre Spannung ändert. Wenn die Feder leicht ist, beeinflusst sie die Pendel und ihre Bewegung kaum, so dass diese weiterhin mit der Kreisfrequenz $\omega_{\mathrm{gl}} \approx \omega$ schwingen.

- **Gegensinnige Schwingung**, Bild 6.3 b: Lenkt man die beiden Pendel um gleiche Winkelbeträge in entgegengesetzte Richtungen aus, $\psi_1(0) = -\psi_2(0)$, so übt die Feder während der Schwingung auf beide Pendel gleich große, aber einander entgegengerichtete Kräfte und Drehmomente aus. Es ergibt sich eine symmetrische Schwingung der beiden Pendel. Wenn z. B. beide Pendel nach außen schwingen, dann überträgt die Feder auf die Pendel zusätzlich rücktreibende Momente. Folglich wird die Eigenfrequenz ω_{geg} der gegensinnig schwingenden Pendel größer sein als ω_{gl}.

- **Kopplungsschwingung**, Bild 6.3 c: Lenkt man eines der Pendel um den Winkel $\psi_1(0)$ aus und hält das andere in seiner Ruhelage fest, so wird bei der Schwingung die Feder periodisch an dem ursprünglich ruhenden Pendel ziehen und dieses in eine Schwingung mit ständig größer werdender Amplitude versetzen. Die Amplitude wird so lange größer, bis die gesamte Energie vom ursprünglich schwingenden auf das ursprünglich ruhende Pendel übergegangen ist. Dann kehrt sich der Vorgang um, bis der Anfangszustand wieder erreicht ist. Bei dieser Schwingungsart, die auch als *Schwebungsschwingung* oder kurz *Schwebung* bezeichnet wird, kann man zwei Kreisfrequenzen definieren:

  - Die Frequenz ω_+, mit der die beiden Pendel schwingen, allerdings mit veränderlicher Amplitude. Diese Frequenz unterscheidet sich nicht sehr stark von ω_{gl} oder ω_{geg}.
  - Eine Frequenz ω_-, die für die Amplitudenänderung, d. h. die Schwebung der Pendelschwingungen charakteristisch ist, siehe Bild 6.7.

Bild 6.3. (a) Gleichsinnige Schwingung, (b) gegensinnige Schwingung und (c) Kopplungsschwingung: das linke Pendel ist ausgelenkt, das rechte zunächst in seiner Ruhelage. Die Anfangslagen sind durch dunkle Pendel dargestellt

 ## Bewegungsgleichungen der gekoppelten Pendel

Auf jedes der beiden gleichartigen Pendel in Bild 6.4 wirken zwei Drehmomente ein. Jeweils ein Drehmoment wird von der Schwerkraft bewirkt und hat bei kleinen Winkeln $\varphi_{1,2} \approx \sin\varphi_{1,2}$ die Größe $-mgl\varphi_1$ bzw. $-mgl\varphi_2$. Das jeweils andere Drehmoment M_1^{F} und M_2^{F} wird von der Kopplungsfeder bewirkt.

Werden beide Pendel in die vertikale Lage $\varphi_1 = \varphi_2 = 0$ gebracht, die wegen einer Vorspannung der Feder nicht die Ruhelage ist, so ist wegen dieser Vorspannung das Drehmoment für das linke Pendel $+M_0$ und für das rechte Pendel $-M_0$. Erteilt man jetzt bei festgehaltenem linken Pendel dem rechten Pendel einen Ausschlag φ_2, so erhöht sich das von der Feder bewirkte Drehmoment um einen Betrag, der der Längenänderung der Feder ($= \rho\varphi_2$) proportional ist, so dass sich die Drehmomente $M_0 + D_{\mathrm{F}}\rho^2\varphi_2$ bzw. $-M_0 - D_{\mathrm{F}}\rho^2\varphi_2$ ergeben. Hierbei ist D_{F} die Federkonstante der Feder F. Lenkt man zusätzlich das linke Pendel um φ_1 aus, so ergibt sich:

$$M_1^{\mathrm{F}} = M_0 + D_{\mathrm{F}}\rho^2(\varphi_2 - \varphi_1)$$

$$M_2^{\mathrm{F}} = -M_0 - D_{\mathrm{F}}\rho^2(\varphi_2 - \varphi_1)\quad.$$

Damit ergeben sich die Gesamtdrehmomente, welche auf die beiden Pendel wirken, zu

$$M_1 = -mgl\varphi_1 + M_0 + D_{\mathrm{F}}\rho^2(\varphi_2 - \varphi_1) \qquad \text{für Pendel 1,}$$

$$M_2 = -mgl\varphi_2 - M_0 - D_{\mathrm{F}}\rho^2(\varphi_2 - \varphi_1) \qquad \text{für Pendel 2.}$$

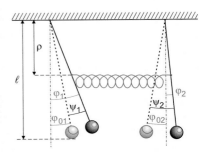

Bild 6.4. Beliebiger Schwingungszustand gekoppelter Pendel: φ_1 und φ_2 sind die Auslenkungswinkel, bezogen auf die Vertikale; ψ_1 und ψ_2 sind die Auslenkungswinkel, bezogen auf die Ruhelage der beiden Einzelpendel, die sich unter Einwirkung der Kopplungsfeder ergibt; φ_{01} und φ_{02} sind die Auslenkungswinkel der Ruhelage, bezogen auf die Vertikale

Die Ruhelage der beiden Pendel ist dadurch charakterisiert, dass die beiden Drehmomente verschwinden. Man erhält aus den beiden obigen Gleichungen für $M_1 = M_2 = 0$:

$$\varphi_{01} = -\varphi_{02} = \varphi_0 = \frac{M_0}{mg\ell + 2D_\mathrm{F}\rho^2} \quad .$$

Bezeichnet man jetzt die Auslenkungen aus den *Ruhelagen* durch

$$\psi_1 = \varphi_1 - \varphi_0 \quad \text{und} \quad \psi_2 = \varphi_2 + \varphi_0 \quad ,$$

so erhält man durch Einsetzen von M_0 in die Gleichungen für M_1 und M_2:

$$M_1 = -mg\ell\psi_1 + D_\mathrm{F}\rho^2(\psi_2 - \psi_1)$$

$$M_2 = -mg\ell\psi_2 - D_\mathrm{F}\rho^2(\psi_2 - \psi_1) \quad .$$

In diesen Drehmomenten treten die konstanten Drehmomente $+M_0$ und $-M_0$ nicht mehr auf, da diese nur die Ruhelage bestimmen und bei Bewegungen um die Ruhelage keine Rolle spielen.

Für beide Pendel gilt die Grundgleichung für Drehbewegungen:

$$M_1 = I_1\ddot{\psi}_1 \quad \text{und} \quad M_2 = I_2\ddot{\psi}_2 \quad .$$

Für zwei gleichartige mathematische Pendel gilt $I_1 = I_2 = m\ell^2$. So erhält man ein System aus zwei *gekoppelten Differentialgleichungen*, das das dynamische Verhalten der gekoppelten Pendel beschreibt:

$$\ddot{\psi}_1 = -\frac{g}{\ell}\psi_1 + \frac{D_\mathrm{F}\rho^2}{m\ell^2}(\psi_2 - \psi_1)$$

$$\ddot{\psi}_2 = -\frac{g}{\ell}\psi_2 - \frac{D_\mathrm{F}\rho^2}{m\ell^2}(\psi_2 - \psi_1) \quad .$$

Mit den Abkürzungen $\omega_{\mathrm{gl}}^2 \approx \omega^2 = g/\ell$ und $k^2 = D_\mathrm{F}\rho^2/m\ell^2$ ergibt sich:

$$\ddot{\psi}_1 + \omega_{\mathrm{gl}}^2\psi_1 = +k^2(\psi_2 - \psi_1)$$

$$\ddot{\psi}_2 + \omega_{\mathrm{gl}}^2\psi_2 = -k^2(\psi_2 - \psi_1) \quad .$$

Auf den linken Seiten dieser Schwingungsgleichungen stehen Differentialausdrücke ungekoppelter Pendel. Auf den rechten Seiten stehen Zusatzglieder, die von der Winkeldifferenz der Pendelauslenkungen abhängen und die Kopplung beschreiben. Eine Dämpfung soll bei dieser Betrachtung vernachlässigt werden.

Lösung der gekoppelten Differentialgleichungen

Das gekoppelte Gleichungssystem für ψ_1 und ψ_2 wird nun durch Transformationen derart verändert, dass sich eine Lösung leicht finden lässt.

1. Schritt: Addition der beiden Schwingungsgleichungen, um das Kopplungsglied mit $\psi_1 - \psi_2$ zu eliminieren:

$$\frac{\mathrm{d}^2}{\mathrm{d}t^2}(\psi_2 + \psi_1) + \omega_{\mathrm{gl}}^2(\psi_2 + \psi_1) = 0 \quad .$$

2. Schritt: Subtraktion der beiden eingerahmten Gleichungen:

$$\frac{\mathrm{d}^2}{\mathrm{d}t^2}(\psi_2 - \psi_1) + \omega_{\mathrm{gl}}^2(\psi_2 - \psi_1) = -2k^2(\psi_2 - \psi_1) \quad .$$

3. Schritt: Nach Einführung der Hilfsgrößen $X = \psi_2 + \psi_1$ und $Y = \psi_2 - \psi_1$ lassen sich obige Gleichungen umschreiben zu:

$$\ddot{X} + \omega_{\text{gl}}^2 X = 0$$

$$\ddot{Y} + \omega_{\text{geg}}^2 Y = 0 \quad , \quad \text{wobei} \quad \omega_{\text{geg}}^2 = \omega_{\text{gl}}^2 + 2k^2 \quad .$$

Unter der Annahme, dass beide Pendel keine Anfangsgeschwindigkeit besitzen, sind die Lösungen dieser Gleichungen:

$$X(t) = a \cos \omega_{\text{gl}} t$$

$$Y(t) = b \cos \omega_{\text{geg}} t \quad .$$

4. Schritt: Rücktransformation der allgemeinen Lösung auf die Größen ψ_1 und ψ_2:

$$\psi_1 = \frac{X - Y}{2} \quad , \qquad \psi_2 = \frac{X + Y}{2} \quad ,$$

$$\psi_1(t) = \frac{1}{2} (a \cos \omega_{\text{gl}} t - b \cos \omega_{\text{geg}} t)$$

$$\psi_2(t) = \frac{1}{2} (a \cos \omega_{\text{gl}} t + b \cos \omega_{\text{geg}} t) \quad .$$

Diese Gleichungen zeigen, dass sich eine allgemeine Schwingung der zwei gekoppelten Pendel als Überlagerung der zwei **Fundamentalschwingungen** mit den *Kreisfrequenzen* ω_{gl} und ω_{geg} darstellen lässt.

In ähnlicher Weise wird die Bewegung von N gekoppelten Oszillatoren durch N Fundamentalschwingungen eines solchen Systems beschrieben.

Lösungen mit speziellen Anfangsbedingungen

In der allgemeinen Lösung sind die Konstanten a und b noch unbekannt. Sie werden durch die Anfangsbedingungen bestimmt.

- *Gleichsinnige Schwingung*, Bild 6.3 a:

Anfangsbedingungen: $\psi_1(0) = \psi_2(0)$. Damit erhält man als Lösung:

$$\psi_1(0) = \frac{1}{2}(a - b)$$

$$\psi_2(0) = \frac{1}{2}(a + b) = \psi_1(0) \quad .$$

Daraus ergibt sich $a = 2\psi_1(0)$ und $b = 0$, und es folgt für jedes Pendel:

$$\psi_1^{\text{gl}}(t) = \psi_1(0) \cos \omega_{\text{gl}} t$$

$$\psi_2^{\text{gl}}(t) = \psi_1(0) \cos \omega_{\text{gl}} t \quad .$$

Beide Pendel schwingen also mit der gleichen Kreisfrequenz, Bild 6.5,

$$\omega_{\text{gl}} = \sqrt{g/\ell} \quad ,$$

die wegen der Vernachlässigung der Federmasse mit der Eigenkreisfrequenz ω der ungekoppelten Pendel übereinstimmt.

Bild 6.5. Gleichsinnige Fundamentalschwingung

Bild 6.6. Gegensinnige Fundamental-schwingung

- *Gegensinnige Schwingung*, Bild 6.3 b:

Hier werden beide Pendel in entgegengesetzter Richtung ausgelenkt, d. h. die Anfangsbedingungen lauten: $\psi_1(0) = -\psi_2(0)$. Daraus folgt jetzt:

$$\psi_1(0) = \tfrac{1}{2}(a - b)$$

$$\psi_2(0) = \tfrac{1}{2}(a + b) = -\psi_1(0) \quad ,$$

$$a = 0 \quad , \quad b = -2\psi_1(0) \quad ,$$

$$\psi_1^{\mathrm{geg}}(t) = \psi_1(0) \cos \omega_{\mathrm{geg}} t$$

$$\psi_2^{\mathrm{geg}}(t) = -\psi_1(0) \cos \omega_{\mathrm{geg}} t \quad .$$

Die Pendel schwingen entgegengesetzt mit gleicher Amplitude $\psi_1(0) = -\psi_2(0)$ und gleicher Kreisfrequenz ω_{geg}, die stark von der Kopplung abhängig ist, Bild 6.6. Es besteht ein linearer Zusammenhang zwischen ω_{geg}^2 und dem Quadrat der Kopplungslänge ρ^2:

$$\omega_{\mathrm{geg}}^2 = \frac{2 D_{\mathrm{F}} \rho^2}{m \ell^2} + \omega_{\mathrm{gl}}^2 \quad .$$

Wie zu erwarten, geht ω_{geg} für $\rho = 0$ in ω_{gl} über.

- *Kopplungsschwingung*, Bild 6.3 c:

Nur ein Pendel wird zu Beginn ausgelenkt, das andere wird in seiner Ruhelage festgehalten, die Anfangsbedingungen sind also:

$$\psi_1(0) = \frac{1}{2}(a - b)$$

$$\psi_2(0) = \frac{1}{2}(a + b) = 0 \quad .$$

Daraus folgt $a = -b = \psi_1(0)$ und:

$$\psi_1^{\mathrm{K}}(t) = \frac{1}{2}\psi_1(0)(\cos \omega_{\mathrm{gl}} t + \cos \omega_{\mathrm{geg}} t)$$

$$\psi_2^{\mathrm{K}}(t) = \frac{1}{2}\psi_1(0)(\cos \omega_{\mathrm{gl}} t - \cos \omega_{\mathrm{geg}} t) \quad .$$

Die Gleichungen kann man mit Hilfe trigonometrischer Formeln umschreiben in:

$$\psi_1^{\mathrm{K}}(t) \quad = \psi_1(0) \cos\left(\frac{\omega_{\mathrm{geg}} - \omega_{\mathrm{gl}}}{2} t\right) \cos\left(\frac{\omega_{\mathrm{geg}} + \omega_{\mathrm{gl}}}{2} t\right)$$

$$= \psi_1(0) \cos \omega_- t \cos \omega_+ t \quad und$$

$$\psi_2^{\mathrm{K}}(t) \quad = \psi_1(0) \sin\left(\frac{\omega_{\mathrm{geg}} - \omega_{\mathrm{gl}}}{2} t\right) \sin\left(\frac{\omega_{\mathrm{geg}} + \omega_{\mathrm{gl}}}{2} t\right)$$

$$= \psi_1(0) \sin \omega_- t \sin \omega_+ t \quad ,$$

$$wobei \quad \omega_- = \frac{\omega_{\mathrm{geg}} - \omega_{\mathrm{gl}}}{2} \quad und \quad \omega_+ = \frac{\omega_{\mathrm{geg}} + \omega_{\mathrm{gl}}}{2} \quad .$$

Für den Fall schwacher Kopplung (d. h. $\omega_{\mathrm{gl}} \approx \omega_{\mathrm{geg}}$) sind die Faktoren $\sin \omega_- t$ und $\cos \omega_- t$ langsam mit der Zeit t veränderlich, da die Kreisfrequenz ω_- klein ist; dagegen sind die Faktoren $\sin \omega_+ t$ und $\cos \omega_+ t$ wesentlich schneller mit der Zeit t veränderlich. Man kann deshalb $\psi_1^{\mathrm{K}}(t)$ und $\psi_2^{\mathrm{K}}(t)$ als zeitlich schnell ablaufende Schwingungen betrachten, deren Amplituden $\psi_1(0) \sin \omega_- t$ und $\psi_1(0) \cos \omega_- t$

zeitlich langsam veränderlich sind und auch negativ werden! Diese langsame *Amplitudenmodulation* oder *Schwebung* entsteht durch Überlagerung der beiden Fundamentalschwingungen, ähnlich wie die Schwebung in der resultierenden Lautstärke von zwei Stimmgabeln leicht unterschiedlicher Frequenz, Bild 6.7.

Die Gesamtdauer einer Kopplungsschwingung (Periodendauer der Amplitudenfunktion) ergibt sich zu:

$$T_- = \frac{2\pi}{\omega_-} = \frac{4\pi}{\omega_{\text{geg}} - \omega_{\text{gl}}} \quad .$$

Entsprechend ist die Schwingungsdauer des schnell veränderlichen Anteils:

$$T_+ = \frac{2\pi}{\omega_+} = \frac{4\pi}{\omega_{\text{geg}} + \omega_{\text{gl}}} \quad .$$

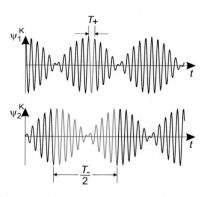

Bild 6.7. Schwingung der Einzelpendel bei Kopplung

6.1 Gekoppelte Pendel mit Federkopplung (1/1)

Untersuchung der Fundamentalschwingungen und der Kopplungsschwingung zweier Pendel. Die charakteristischen Schwingungsdauern $T_{\text{gl}}, T_{\text{geg}}, T_+, T_-$ sollen gemessen werden. Die Zusammenhänge zwischen den verschiedenen Schwingungsdauern sollen experimentell überprüft werden.

Gekoppelte Pendel, Stoppuhr. Die gekoppelten Pendel werden z. B. durch zwei zylindrische Metallkörper realisiert, die jeweils auf eine schneidengelagerte Metallstange der Gesamtlänge ℓ aufgesteckt sind. Die Kopplung erfolgt durch eine Koppelfeder, die in verschiedenen Abständen ρ von der Drehachse befestigt werden kann.

Statt die Schwingungsdauer mit einer Stoppuhr zu messen, kann bei Verfügbarkeit jeweils der gesamte, zeitliche Schwingungsverlauf $\Phi_1(t)$ oder $\Phi_2(t)$ mit einem Hall-Sensor gemessen und mit einem Oszilloskop dargestellt werden. Aus den Oszillogramm lassen sich die Schwingungsdauern ablesen.

Zum Abgleich der Pendel wird die Koppelfeder entfernt und die Schwingungsdauer T der beiden Einzelpendel gemessen. Durch Verschieben eines der Metallkörper erreicht man gleiche Schwingungsdauern T für beide Pendel. Im allgemeinen ist es für die weiteren Versuche ausreichend, wenn sich während 50-100 Schwingungen die Phase der beiden Pendel um weniger als π gegeneinander verändert.

Für die gleichsinnige und die gegensinnige Fundamentalschwingung sowie für die Kopplungsschwingung werden die Schwingungsdauern der Pendel $T_{\text{gl}}, T_{\text{geg}}, T_+$ und T_- für verschiedene Kopplungslängen ρ gemessen.

Man vergleiche die Schwingungsdauer T des ungekoppelten Pendels mit der Schwingungsdauer T_{gl} der gekoppelten Pendel. Man trage ω_{geg}^2 als Funktion von ρ^2 auf und vergleiche mit der theoretischen Vorhersage. Man drücke T_+ und T_- durch T_{gl} und T_{geg} aus und überprüfe, ob die Messergebnisse im Rahmen der Fehlergrenzen mit den berechneten Werten übereinstimmen.

6.2 Gekoppelte Pendel mit Gewichtskopplung (1/1)

Untersuchung der Eigenschaften gekoppelter Pendel bei Gewichtskopplung,

Es wird die gleiche Anordnung wie in Aufgabe 6.1 verwendet, allerdings wird die Kopplungsfeder zwischen den beiden Pendeln durch einen dünnen, nahezu masselosen Faden ersetzt, in dessen Mitte ein kleines Gewichtsstück hängt, Bild 6.8.

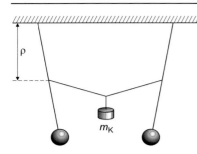

Bild 6.8. Gewichtskopplung bei gekoppelten Pendelschwingungen

Bild 6.9. Schraubenfeder mit angehängtem Massestück zur Demonstration der Kopplung von Dehnungs- und Drehschwingung

Für die gleichsinnige und gegensinnige Fundamentalschwingung sowie die Kopplungsschwingung werden die Schwingungsdauern T_{gl}, T_{geg}, T_+ und T_- der Pendel für verschiedene Massen m_{K} und Kopplungslängen ρ gemessen.

Man erweitere die oben skizzierte Theorie für den Fall der Gewichtskopplung und nehme analoge Auswertungen wie bei der Federkopplung vor. Es ergeben sich für die Auslenkungen $\psi_1(t)$ und $\psi_2(t)$ die gleichen Formeln, wie oben dargestellt, jedoch ist k anders definiert als bei den Bewegungsgleichungen für die Federkopplung.

6.3 Kopplungsschwingungen einer Schraubenfeder (1/3)

Man zeige, dass zwischen der Dehnungs- und der Drehschwingung einer zylindrischen Schraubenfeder Kopplung auftritt. Die Fundamentalschwingungen des gekoppelten Systems sollen nachgewiesen werden.

Zylindrische, einsinnig gewickelte Schraubenfeder, Massestück, Stoppuhr.

Es wird ein Massestück an der Schraubenfeder aufgehängt, Bild 6.9, wobei die Masse so groß gewählt wird, dass deutliche Kopplungseffekte auftreten. Durch Dehnung der Feder bzw. nach Längsauslenkung des Massestückes wird eine Kopplungsschwingung angeregt. Dabei wechseln sich periodisch Translations- und Rotationsschwingungen der Kugel ab. Die Schwingungszeit der Feder mit dem Massestück und die Schwebungsdauer sind zu bestimmen.

Durch gleichzeitige Dehnung und Drehung der Feder mit zwei unterschiedlichen Drehrichtungen können die beiden Fundamentalschwingungen mit gleicher Frequenz und konstanter Amplitude angeregt und gemessen werden.

Beide Versuchsteile sind qualitativ auszuwerten und zu diskutieren. Zu einer quantitativen Auswertung kann man die leicht unterschiedlichen Frequenzen der beiden Fundamentalschwingungen messen und daraus die Schwebungsfrequenz der Kopplungsfrequenz berechnen. Das Ergebnis wird mit dem experimentell bestimmten Wert verglichen.

7. Gedämpfte und erzwungene Schwingungen

Vertiefung der Schwingungslehre. Drehschwingungen mit unterschiedlichen Dämpfungen: Schwingfall, aperiodischer Grenzfall, Kriechfall. Erzwungene Schwingungen: Amplitude und Phasenwinkel als Funktion der Frequenz, Resonanz, Einfluss der Dämpfung.

Standardlehrbücher (Stichworte: Drehpendel, Drehschwingungen, gedämpfte Schwingungen, erzwungene Schwingungen, Resonanz),
Magnus/Popp/Sextro: Schwingungen.

Pohlsches Rad

Erzwungene Schwingungen spielen in vielen Teilgebieten der Physik sowie in ihren Anwendungen in der Technik eine wichtige Rolle. Beispiele sind die Schallübertragung durch elektromagnetische Systeme (Lautsprecher, Mikrofon), elektrische Schwingkreise und die Vorgänge bei Absorption und Dispersion von Licht. Bei all diesen scheinbar so verschiedenartigen Problemen tritt stets die Frage auf: Wie hängen Amplitude und Phase eines schwingenden Systems, auch *Oszillator* oder *Resonator* genannt, bei gegebener Eigenfrequenz von der Frequenz des Erregers und von der Dämpfung des Resonators ab?

Die mathematischen Beschreibungen dieser verschiedenartigen Schwingungssysteme sind weitgehend analog, so dass man Erkenntnisse aus einem Bereich auch auf andere übertragen kann. Ein mechanischer Resonator, wie z. B. das Pohlsche Rad, Bild 7.1, bietet gegenüber anderen, z. B. dem elektrischen Schwingkreis, den Vorteil größerer Anschaulichkeit und soll deshalb in dieser Aufgabe behandelt werden.

Das Pohlsche Rad ist um die Achse drehbar und wird durch eine Spiralfeder in der Ruhelage gehalten. Die Feder ist an einem Ende am Rad befestigt und am anderen Ende an einem Hebel. Wird das Rad aus der Ruhelage ausgelenkt und dann losgelassen, so kehrt es in Form einer gedämpften Schwingung in die Ruhelage zurück. Das Rad läuft dabei zwischen den Polschuhen eines Elektromagneten, der bei Bewegung des Rades in diesem Wirbelströme induziert, die zu einer Abbremsung führen. Die Dämpfungszeitkonstante kann über die Stromstärke im Magneten eingestellt werden.

Bild 7.1. Pohlsches Rad zur Untersuchung von Drehschwingungen (von R. W. Pohl zu Demonstrationszwecken entwickelt)

Durch einen Motor mit Exzenter und Schubstange kann der Hebel hin- und herbewegt werden. Durch das mitbewegte obere Ende der Spiralfeder wirkt ein periodisches Drehmoment auf das Rad, das auf diese Weise zu erzwungenen Schwingungen angeregt wird.

Mit dem Pohlschen Rad können folgende Arten von Schwingungen beobachtet werden:

- Nach einmaligem Anstoßen schwingt das Pohlsche Rad ohne bzw. mit geringer Dämpfung. Dabei wird eine Schwingungsdauer T_0 bzw. Frequenz $f_0 = 1/T_0$ bzw. Kreisfrequenz $\omega_0 = 2\pi f_0$ beobachtet, die sog. **Eigenkreisfrequenz** der **freien ungedämpften Schwingung**.

- Mit Hilfe der Stromstärke im Dämpfungsmagneten können verschieden starke Dämpfungen eingestellt werden. Die Schwingungsamplituden A nehmen dann schneller ab, es liegt eine **gedämpfte Schwingung** vor. Die Eigenkreisfrequenz ω_e ändert sich aber kaum messbar gegenüber ω_0. Die genaue Rechnung zeigt aber, dass sie etwas kleiner geworden ist.

- Durch periodische Erregung mit dem Motor, der sich mit der Kreisfrequenz ω dreht, werden **erzwungene Schwingungen** erzeugt. Bei Variation der Erregerkreisfrequenz ω beobachtet man:
  - Im Bereich der Eigenkreisfrequenz ω_0 des Pendels wird die Amplitude A sehr groß, was als **Resonanz** bezeichnet wird, s. a. Bild 7.6.
  - Zwischen Erreger und Pendel besteht eine Phasenverschiebung. Das Pendel läuft gegenüber dem Erreger nach. Die Erscheinung ist besonders deutlich bei hohen Erregerkreisfrequenzen ($\omega > \omega_0$), bei denen die Bewegung fast gegenphasig wird, s. a. Bild 7.6.

Um die Bewegung des Drehpendels analytisch zu beschreiben, betrachtet man die folgenden Größen. Die drehbare Scheibe des Pohlschen Rades besitzt ein Trägheitsmoment I, auf das durch die Spiralfeder das Rückstellmoment $-D^*\varphi$ einwirkt, wobei D^* die Winkelrichtgröße der Feder und φ der Auslenkwinkel sind. Das bremsende Moment $-\rho\dot{\varphi}$, das durch die Wirbelstrombremse erzeugt wird, setzt man proportional zur Winkelgeschwindigkeit $\dot{\varphi} = \mathrm{d}\varphi/\mathrm{d}t$ an, wobei die Proportionalitätskonstante ρ als *Reibungs-* oder *Bremskoeffizient* bezeichnet wird. Schließlich wirkt von außen ein periodisches *Erregermoment* $M\cos\omega t$ mittels Elektromotor und Verbindungsstange ein, wobei ω als Erregerkreisfrequenz bezeichnet wird. Damit ergibt sich die

---

Bewegungsgleichung einer erzwungenen Drehschwingung mit Dämpfung

$$I\ddot{\varphi} = -D^*\varphi - \rho\dot{\varphi} + M\cos\omega t$$

---

bzw. $\quad \ddot{\varphi} + 2\delta\dot{\varphi} + \omega_0^2\varphi = N\cos\omega t$

mit $\quad 2\delta = \dfrac{\rho}{I} \quad , \quad \omega_0^2 = \dfrac{D^*}{I} \quad$ und $\quad N = \dfrac{M}{I} \quad .$

Diese Schwingungsgleichung ist eine inhomogene lineare Differentialgleichung 2. Ordnung mit konstanten Koeffizienten. Ihre allgemeine Lösung $\varphi_\mathrm{allg}(t)$ kann man gewinnen, wenn man die Summe aus der *allgemeinen Lösung* $\psi(t)$ der zugehörigen, homogenen Differentialgleichung und einer *partikulären Lösung* $\varphi(t)$ der inhomogenen Gleichung selbst bildet. Zuerst soll die zugehörige homogene Differentialgleichung behandelt werden, dann die inhomogene.

Freie, gedämpfte Schwingung

Die zugehörige, homogene Differentialgleichung

$$\ddot{\psi} + 2\delta\dot{\psi} + \omega_0^2\psi = 0$$

ist die Schwingungsgleichung für eine freie gedämpfte Schwingung. Differential-gleichungen dieses Typs lassen sich durch einen Exponentialansatz lösen, der bei imaginärem Argument λ auch Sinus- und Kosinusfunktionen ergibt:

$$\psi \sim e^{\lambda t} \quad ,$$

wobei λ zu bestimmen ist. Dazu wird der Ansatz in die Differentialgleichung einge-setzt ($\dot{\psi} \sim \lambda e^{\lambda t}$, $\ddot{\psi} \sim \lambda^2 e^{\lambda t}$):

$$\lambda^2 e^{\lambda t} + 2\delta\lambda e^{\lambda t} + \omega_0^2 e^{\lambda t} = 0 \quad .$$

Die Multiplikation mit $e^{-\lambda t}$ ergibt:

$$\lambda^2 + 2\delta\lambda + \omega_0^2 = 0 \quad .$$

Die Lösung dieser quadratischen Gleichung lautet:

$$\lambda_{1,2} = -\delta \pm \sqrt{\delta^2 - \omega_0^2} \quad .$$

Setzt man $\lambda_{1,2}$ wieder in den Ansatz ein, dann erhält man zwei Lösungen:

$$\psi_1 \sim e^{-\delta t + \Gamma t} \quad \text{und} \quad \psi_2 \sim e^{-\delta t - \Gamma t} \quad \text{mit} \quad \Gamma = \sqrt{\delta^2 - \omega_0^2} \quad .$$

Die *allgemeine Lösung* ergibt sich durch Linearkombination, also:

$$\psi = a e^{-\delta t + \Gamma t} + b e^{-\delta t - \Gamma t} \quad .$$

Dazu folgende Fallunterscheidungen:

Schwingfall: $\delta^2 < \omega_0^2$

Bei geringer Dämpfung ist der Wurzelausdruck $\Gamma = \sqrt{\delta^2 - \omega_0^2} = i\sqrt{\omega_0^2 - \delta^2} = i\omega_e$ imaginär. Umformung mittels *Eulerscher Formel* $e^{i\alpha} = \cos\alpha + i\sin\alpha$ liefert:

$$\psi = a e^{-\delta t}(\cos\omega_e t + i\sin\omega_e t) + b e^{-\delta t}(\cos\omega_e t - i\sin\omega_e t) \quad .$$

Dabei wird

$$\omega_e = \sqrt{\omega_0^2 - \delta^2}$$

als Eigenkreisfrequenz des gedämpften Oszillators bezeichnet. Durch Einführung neuer Konstanten A und B, die reell gewählt werden, ergibt sich:

$$\psi = e^{-\delta t}(A\cos\omega_e t + B\sin\omega_e t) \quad .$$

Das ist die allgemeine Gleichung einer gedämpften Schwingung. Aus der Anfangs-bedingung $\psi(0) = \psi_0$ ergibt sich $A = \psi_0$. Zur Festlegung der anderen Konstanten B ist eine zweite Anfangsbedingung notwendig. Wird der Drehschwinger am Anfang um ψ_0 ausgelenkt und dann losgelassen, so gilt:

$$\frac{\mathrm{d}\psi}{\mathrm{d}t}\bigg|_{t=0} = 0 \quad .$$

Durch Differentiation des Ansatzes folgt:

$$\begin{aligned}
\frac{\mathrm{d}\psi}{\mathrm{d}t} &= -\delta e^{-\delta t}(A\cos\omega_e t + B\sin\omega_e t) \\
&\quad + e^{-\delta t}(-A\omega_e \sin\omega_e t + B\omega_e \cos\omega_e t) \quad .
\end{aligned}$$

Mit der zweiten Anfangsbedingung ergibt sich

$$\frac{\mathrm{d}\psi}{\mathrm{d}t}\bigg|_{t=0} = -\delta A + B\omega_{\mathrm{e}} = -\delta\psi_0 + B\omega_{\mathrm{e}} = 0 \quad .$$

Damit ist $B = \delta\psi_0/\omega_{\mathrm{e}}$, und es ergibt sich der zeitliche Verlauf für eine *gedämpfte Schwingung*:

Schwingfall $\psi_{\mathrm{S}} = \psi_0 e^{-\delta t}(\cos\omega_{\mathrm{e}}t + \dfrac{\delta}{\omega_{\mathrm{e}}}\sin\omega_{\mathrm{e}}t)$.

Die Einhüllende der Amplituden dieser Schwingung ist nicht konstant, sondern eine exponentiell abklingende Funktion, Bild 7.2. Das Verhältnis zweier aufeinander folgender Maxima mit dem Abstand der Schwingungsdauer T ist aber konstant und nur von der Dämpfung abhängig:

$$\frac{\psi(t)}{\psi(t+T)} = e^{+\delta T} \quad .$$

Der Logarithmus davon heißt **logarithmisches Dämpfungsdekrement** Λ:

$$\Lambda = \ln\left(\frac{\psi(t)}{\psi(t+T)}\right) = \delta T \quad .$$

und kann zur Bestimmung von δ herangezogen werden.

Kriechfall: $\delta^2 > \omega_0^2$

Bei starker Dämpfung erfolgt keine Schwingung des Drehpendels mehr. Nach einer anfänglichen Auslenkung kriecht es in seine Ruhelage zurück. Eine Rechnung ähnlich wie beim Schwingfall ergibt:

Kriechfall $\begin{aligned}\psi_{\mathrm{K}} &= \frac{\psi_0}{2\Gamma}e^{-\delta t}\left((\Gamma+\delta)e^{\Gamma t} + (\Gamma-\delta)e^{-\Gamma t}\right)\\ &= \psi_0 e^{-\delta t}\left(\cosh\Gamma t + \frac{\delta}{\Gamma}\sinh\Gamma t\right) \quad .\end{aligned}$

Je größer der Reibungskoeffizient ρ und damit δ, desto flacher fällt die Kurve $\psi(t)$ ab, Bild 7.3.

Aperiodischer Grenzfall: $\delta^2 = \omega_0^2$

Für diesen Grenzfall $\delta^2 = \omega_0^2$ erhält man den schnellsten Kriechfall. Mathematisch ergibt sich durch den Grenzübergang $\Gamma \to 0$:

aperiodischer Grenzfall $\psi_{\mathrm{G}} = \psi_0 e^{-\delta t}(1 + \delta t)$.

Dies kann durch direktes Einsetzen in die homogene Differentialgleichung überprüft werden. Diese Grenzsituation veranschaulicht Bild 7.4. Die Einstellung des aperiodischen Grenzfalls ist wichtig für technische Systeme, die nach einer Auslenkung aus der Ruhelage möglichst schnell in diese ohne Schwingung zurückkehren sollen, z. B. Autofederung mit Stoßdämpfer, elektrische Zeigermessinstrumente.

📖 Erzwungene Schwingungen

Um das Verhalten des erzwungen schwingenden Drehpendels zu beschreiben, muss die Lösung der oben genannten inhomogenen Differentialgleichung gesucht werden. Dazu muss neben der eben behandelten Lösung der homogenen Gleichung noch eine partikuläre Lösung der inhomogenen Gleichung gesucht werden. Hierzu wird der Ansatz $\varphi = A\cos(\omega t - \alpha)$ gemacht, der berücksichtigt, dass das Pendel im stationären Fall mit der gleichen Kreisfrequenz ω wie der Erreger schwingt. A und α sind noch zu bestimmende Größen. Um das umständliche Rechnen mit trigonometrischen Ausdrücken zu umgehen, rechnet man vorteilhafter nach der Eulerschen Formel mit

$$\varphi = \frac{A}{2}e^{i(\omega t - \alpha)} + c.c. \quad ,$$

Bild 7.2. Gedämpfter Schwingfall oder periodischer Fall ($\delta/\omega_0 = 1/16$)

Bild 7.3. Kriechfall mit unterschiedlicher Dämpfung, aperiodischer Fall

Bild 7.4. Aperiodischer Grenzfall

wobei *c.c.* den konjugiert komplexen Wert des davorstehenden Ausdrucks bezeichnet. Einsetzen des Ansatzes in die inhomogene Differentialgleichung ergibt:

$$Ae^{i(\omega t-\alpha)}(-\omega^2 + 2i\delta\omega + \omega_0^2) = Ne^{i\omega t} \quad .$$

Der Faktor $e^{i\omega t}$ kann auf beiden Seiten der Gleichung gekürzt werden. Multiplikation mit der konjugiert komplexen Gleichung und Wurzelziehen ergibt:

$$A = \frac{N}{\sqrt{(\omega_0^2 - \omega^2)^2 + 4\delta^2\omega^2}} \quad .$$

Mit $e^{-i\alpha} = \cos\alpha - i\sin\alpha$ ergibt sich:

$$\tan\alpha = \frac{2\delta\omega}{\omega_0^2 - \omega^2} \quad .$$

Eine partikuläre Lösung lautet damit:

$$\varphi = \frac{N}{\sqrt{(\omega_0^2 - \omega^2)^2 + 4\delta^2\omega^2}} \cos\left(\omega t - \arctan\left(\frac{2\delta\omega}{\omega_0^2 - \omega^2}\right)\right) \quad .$$

Die allgemeine Lösung der inhomogenen Differentialgleichung für das erzwungene schwingende Drehpendel ergibt sich nun aus:

$$\varphi_{\text{allg}} = \psi + \varphi \quad .$$

Betrachtet man φ_{allg} für genügend lange Zeiten oder genügend große Dämpfung, dann wird ψ aufgrund des exponentiellen Gliedes rasch gegen Null streben und φ allein die weitere Bewegung des Pohlschen Rades beschreiben. Die Zeitspanne bis zum Abklingen von ψ stellt den *Einschwingvorgang* dar. Danach schwingt das Pohlsche Rad mit derselben Kreisfrequenz wie der Erreger, Bild 7.5. Für diesen Schwingungsvorgang zeigt φ folgendes Verhalten:
- Im hypothetischen, dämpfungsfreien Fall mit $\delta = 0$ wächst bei Annäherung der Erregerkreisfrequenz ω an die *Resonatorkreisfrequenz* ω_0 die Amplitude des Resonators über alle Grenzen: **Resonanz**.
- Die Amplitudenfunktion $A = f(\omega)$ hat für $\delta \neq 0$ ein Maximum. In einem Maximum gilt:

$$\frac{\mathrm{d}A}{\mathrm{d}\omega} \overset{!}{=} 0 \quad .$$

Daraus folgt:

$$\omega_{\text{r}} = \sqrt{\omega_0^2 - 2\delta^2} \quad ,$$

d. h. die Resonanzkreisfrequenz ω_{r} für die erzwungene, gedämpfte Schwingung liegt etwas unterhalb der Eigenkreisfrequenz ω_0 des freien, ungedämpften Oszillators.
- Der erzwungene Oszillator schwingt mit einer Phasenverschiebung

$$\alpha = \arctan\frac{2\delta\omega}{\omega_0^2 - \omega^2}$$

zum Erreger. Es gelten folgende Spezialfälle:

$$\begin{aligned}
\omega = 0 \quad &\alpha = 0 \\
\omega \to \omega_0 \quad &\alpha \to +\pi/2 \\
\omega \to \infty \quad &\alpha \to +\pi \quad .
\end{aligned}$$

Für verschiedene Dämpfungen δ sind die *Phasenverschiebungs-* und *Resonanzkurven* im Bild 7.6 dargestellt. Bei geringen Dämpfungen bleibt die vom Erregermotor geleistete Arbeit weitgehend erhalten, was zu einer großen Amplitude der Schwingung führt. Bei großen Dämpfungen wird die Arbeit des Motors in Wärmeenergie umgewandelt, so dass die Schwingungsamplitude und Schwingungsenergie klein sind.

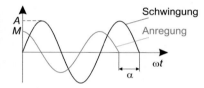

Bild 7.5. Drehmoment $M(t)$ des Erregers sowie die Auslenkung des Schwingers $\varphi = A\sin\omega t$. α: Phasenverschiebung zwischen beiden

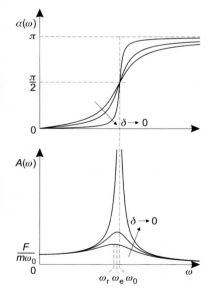

Bild 7.6. Phasenverschiebungs- und Amplituden-Resonanzkurven für verschiedene Dämpfungen δ

7.1 Gedämpfte Schwingung (1/2)

Beobachtung von freien Schwingungen bei verschiedenen Dämpfungen: Schwingfall, aperiodischer Grenzfall, Kriechfall.

 Pohlsches Rad mit Dämpfungseinrichtung, Bild 7.1, regelbares Netzgerät, Stoppuhr, Vielfachmessinstrument. Zur Bestimmung der Auslenkwinkel von Schwinger und Erreger können auch elektrische (Potentiometer auf den Achsen) oder magnetische (Magnet plus Hallsensor) Winkelmesseinrichtungen genutzt werden. Deren i. d. Regel elektronisch bearbeiteten Daten erlauben die Darstellung des vollständigen Zeitverlaufs der Schwingungen.

Messung von Eigenkreisfrequenz und Dämpfung
Durch Änderung der Stromstärke im Elektromagneten lässt sich die Dämpfung kontinuierlich regeln. Die Spulen für die Dämpfung können kurzzeitig z. B. bis max. 2 A belastet werden.
Vorsicht! Hohe Ströme für Dämpfungsmagneten sind nur kurzzeitig erlaubt, um Erwärmung der Spulen zu vermeiden.

Die Schwingungsamplituden werden an einer das Rad umgebenden feststehenden Skala abgelesen. Die Zeitmessungen werden mit einer Stoppuhr durchgeführt. Periodendauern im Schwingfall werden als Abstände gleichsinniger Nulldurchgänge gestoppt. Bei automatischer Winkelmessung können diese Werte dem Zeitverlauf der Winkel entnommen werden.

Bestimmung der Eigenkreisfrequenz ω_0 des nahezu ungedämpften Oszillators durch Messung der Periodendauer. Es tritt nur eine geringe Dämpfung durch Lager- und Luftreibung sowie Verformungsarbeit der Feder auf.

Bestimmung der Eigenkreisfrequenz ω_e des gedämpften Oszillators für verschiedene Dämpfungen, d. h. Spulenströme.

Messung der Amplitude aufeinanderfolgender Schwingungen zur Berechnung des logarithmischen Dekrements bei verschiedenen Spulenströmen.

Einstellung des aperiodischen Grenzfalls: Durch Einstellung einer passenden Dämpfung kehrt das Drehpendel nach einem Ausschlag schnell in die Ruhelage zurück, ohne weitere Schwingungen auszuführen.

Berechnung von δ für jeden Spulenstrom sowohl aus der Eigenkreisfrequenz ($\omega_e = \sqrt{\omega_0^2 - \delta^2}$) als auch aus der Amplitudenabnahme (logarithmisches Dekrement). Vergleich!

7.2 Erzwungene Schwingung (1/2)

Durch periodische Erregung des Pohlschen Rades mit einem Elektromotor soll das Resonanzverhalten der erzwungenen Schwingung überprüft werden.

 Pohlsches Rad mit Dämpfungseinrichtung, Bild 7.1, und Elektromotor einschließlich Steuereinheit zur Erzeugung einer periodischen Erregung, Stoppuhr, Vielfachmessinstrument, u. U. eine automatische Winkelmesseinrichtung.

Als Erreger der erzwungenen Schwingung dient ein Elektromotor, am besten ein Schrittmotor, der in kleinen Stufen geschaltet wird und sich so fast gleichmäßig mit konstanter aber einstellbarer Periodendauer T_{err} bzw. Kreisfrequenz oder Winkelgeschwindigkeit $\omega_{err} = 2\pi/T_{err}$ dreht. Der Motor drückt über einen Exzenter mit Schubstange und Hebel die Spiralfeder in periodischer Folge zusammen oder dehnt diese. Die Schwingungen des Hebels werden dadurch dem Resonator aufgezwungen. Auf diese Weise kann man an der Achse des Drehpendels sinusförmig verlaufende Drehmomente mit konstanter Amplitude, aber einstellbarer Frequenz, angreifen lassen.

Der Motor wird über eine zugehörige Steuereinheit betrieben, an der auch die Periodendauern des Erregers und des Schwingers sowie die Zeitdifferenz des Nulldurchgangs abgelesen werden können.

Will man die Amplitude des Erregers verstellen, so wird nach Lösen der Verschraubung die Schubstange in der Führung des Hebels verschoben.

Resonanzkurven

Aufnahme der Amplitude des Resonators als Funktion der Erregerkreisfrequenz ω für drei verschiedene Dämpfungen. Die Amplitude wird mit dem an der Drehscheibe angebrachten Zeiger (in Bild 7.1 hell gezeichnet) an der runden Skala als Maximalausschlag abgelesen bzw. mit der Winkelmesseinrichtung bestimmt.

Bestimmung der Phasenverschiebung α als Funktion der Erregerkreisfrequenz ω für die zuvor eingestellten Dämpfungen. Diese Aufgabe kann gleich bei den oben eingestellten Erregerkreisfrequenzen mitgemessen werden. Die Phasenverschiebung wird mit dem hellen Zeiger in Bild 7.1 auf der Skala abgelesen, wenn der rote Zeiger, an dem die Spiralfeder befestigt ist, gerade durch die Vertikale geht. Bei automatischer Winkelmessung lässt sich α aus der Phasenverschiebung in den Winkel-Zeitverläufen bestimmen.

Vergleichen der experimentellen Beobachtungen mit den oben dargestellten theoretischen Resonanzkurven nach Bild 7.6.

8. Trägheitsmoment

 Vertieftes Verständnis von Drehbewegungen. Bestimmung von Trägheitsmomenten. Steinerscher Satz.

Kalibrierung einer Messanordnung mit einer aus der Theorie bekannten Größe. Grafische und numerische Auswertung im Falle nichtlinearer Abhängigkeiten.

 Standardlehrbücher (Stichworte: Drehbewegung, Trägheitsmoment, Drehschwingung, Steinerscher Satz),
Themenkreis 3: Translation und Rotation.

 ## Drehbewegungen und Trägheitsmomente

Die **Drehbewegung** und insbesondere die **Drehschwingung** eines starren Körpers können weitgehend analog zu linearen Bewegungen eines Massenpunktes beschrieben werden, wenn statt der Masse m das Trägheitsmoment I, statt der geradlinigen Strecke x der Winkel φ und statt der Kraft F das Drehmoment M benutzt werden, Tabellen 3.1 S. 32 und Tabelle 8.1.

Wie in *Themenkreis 3* aufgeführt, ist das **Trägheitsmoment** I definiert durch

$$I = \int r^2 \mathrm{d}m = \lim_{\Delta m_i \to 0} \left(\sum_i \Delta m_i r_i^2 \right) \quad ,$$

Bild 8.1. Zur Definition des Trägheitsmomentes

wobei Δm_i ein Massenelement im senkrechten Abstand r_i von der Drehachse A des rotierenden Körpers bedeutet, Bild 8.1. Ersetzt man Δm_i durch $\rho \Delta V_i$ mit ρ = Dichte und V = Volumen des Körpers, lässt sich I aus einer Volumenintegration berechnen. Als Ergebnis einer solchen Integration erhält man bei der Rotation um die Zylinderachse für das

Trägheitsmoment eines Vollzylinders $\quad I_{\mathrm{Z}} = \dfrac{1}{2} m_{\mathrm{Z}} R_{\mathrm{Z}}^2 \quad .$

Für einen *Hohlzylinder* mit den Radien R_1 und R_2 ergibt sich bei Rotation um die Körperachse:

Tabelle 8.1. Vergleichende Beschreibung von Translations- und Rotationsbewegungen

	Translation	Rotation
Allgemeine Bewegungsgleichung	$F = ma$	$M = I\,\alpha$
Schwingungsgleichung	$m\ddot{x} = -Dx$	$I\,\ddot{\varphi} = -D^*\varphi$
Schwingung	$x = x_0 \sin \omega_t t$	$\varphi = \varphi_0 \sin \omega t$
Kreisfrequenz	$\omega_t = \sqrt{D/m}$	$\omega = \sqrt{D^*/I}$
Schwingungsdauer	$T = 2\pi \sqrt{m/D}$	$T = 2\pi \sqrt{I/D^*}$
Bewegung mit konstanter Beschleunigung	$x = \dfrac{a}{2} t^2 + v_0 t + x_0$	$\varphi = \dfrac{\alpha}{2} t^2 + \omega_0 t + \varphi_0$

Trägheitsmoment eines Hohlzylinders $\qquad I_{\mathrm{H}} = \dfrac{m}{2}(R_1^2 + R_2^2)$.

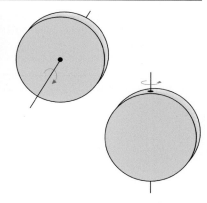

Für die Rotation eines *Vollzylinders*, Bild 8.2, mit dem Radius R_{Z}, der Höhe h und der Masse m_{Z} um eine zur Zylinderachse senkrechte Drehachse durch den Schwerpunkt ergibt sich das Trägheitsmoment zu

$$I_{\mathrm{Z}}' = m_{\mathrm{Z}}\left(\frac{1}{4}R_{\mathrm{Z}}^2 + \frac{1}{12}h^2\right) \quad .$$

Für das Trägheitsmoment eines **dünnen Stabes** der Länge h (Drehachse durch den Schwerpunkt senkrecht zur Längsachse) ergibt sich:

$$I_{\mathrm{St}} = \frac{1}{12}mh^2 \quad ;$$

für eine **Kugel** (Achse durch den Mittelpunkt, Radius R_{K}) erhält man:

$$I_{\mathrm{K}} = \frac{2}{5}mR_{\mathrm{K}}^2 \quad .$$

Bild 8.2. Rotationen eines Vollzylinders um die Zylinderachse und senkrecht dazu ergeben unterschiedliche Trägheitsmomente

Trägheitsmomente bei parallelen Drehachsen

Das Trägheitsmoment eines Körpers hängt von der Drehachse ab. Drehachsen durch den **Schwerpunkt** des Körpers spielen jedoch eine ausgezeichnete Rolle. Aus den Trägheitsmomenten für Schwerpunktachsen lassen sich nach dem **Steinerschen Satz** die Trägheitsmomente für beliebige parallele Achsen berechnen. Dieser Satz wird im folgenden abgeleitet:

Bei Aufhängung eines Körpers an einer horizontalen Achse S, die durch den Schwerpunkt geht, halten sich die durch die Gewichtskräfte der einzelnen Massenelemente Δm_i hervorgerufenen Drehmomente das Gleichgewicht, d. h. der Körper kann auf jeden beliebigen Drehwinkel um diese Achse eingestellt werden und bewegt sich dann nicht weiter. Für das Massenelement Δm_i in Bild 8.3 ist der Beitrag ΔM_i zum Gesamtdrehmoment ΔM_{S} bezüglich der Achse S:

$$\Delta M_i = g\Delta m_i x_i = g\Delta m_i \rho_i \cos\gamma_i \qquad \text{mit} \qquad g = 9{,}81\,\mathrm{m/s}^2 \quad ,$$

wobei x_i die Horizontalkomponente des Abstandes ρ_i des Massenelementes Δm_i von der Drehachse S ist. Da $M_{\mathrm{S}} = \sum \Delta M_i = 0$ ist, ergibt sich die

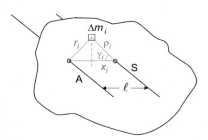

Schwerpunktsbedingung $\qquad \sum \Delta m_i x_i = 0 \qquad \text{oder} \qquad \int x\,\mathrm{d}m = 0$.

Bild 8.3. Körper mit Schwerpunktachse S und weiterer, dazu paralleler Achse A

Bei Rotation eines Körpers um eine Achse, die durch den Schwerpunkt geht, heben sich die Zentrifugalkräfte auf. Deshalb müssen schnell drehende Maschinenteile, z. B. Autoräder oder Compact Discs, ausgewuchtet sein.

Das Trägheitsmoment I_{S}, bezogen auf die Achse S durch den Schwerpunkt, ist

$$I_{\mathrm{S}} = \sum \Delta m_i \rho_i^2 \quad .$$

Das Trägheitsmoment I_{A}, bezogen auf eine zur Schwerpunktsachse S parallele Achse A im Abstand ℓ, ist

$$I_{\mathrm{A}} = \sum r_i^2 \Delta m_i \quad ,$$

wobei nach dem Kosinussatz gilt: $r_i^2 = \ell^2 + \rho_i^2 - 2\ell\rho_i \cos\gamma_i$. Damit ist:

$$I_{\mathrm{A}} = \ell^2 \sum \Delta m_i + \sum \Delta m_i \rho_i^2 - 2\ell \sum \Delta m_i x_i \quad .$$

Der erste Term ergibt $m\ell^2$ nach Summation über alle Massenelemente, der zweite Term stellt das Trägheitsmoment I_{S}, bezogen auf den Schwerpunkt, dar, und der dritte Term ist Null wegen der o. a. Schwerpunktsbedingung. Damit erhält man den

> **Steinerschen Satz** $\quad I_\mathrm{A} = I_\mathrm{S} + ml^2 \quad$.

Das Trägheitsmoment I_A eines starren Körpers um eine Achse A im Abstand ℓ vom Schwerpunkt S ist also gleich dem Trägheitsmoment I_S für die dazu parallele, durch den Schwerpunkt laufende Achse, vermehrt um $m\ell^2$, den sog. *Steiner-Anteil*.

Trägheitstensor

Wie bereits am Beispiel der Kreisscheibe gesehen, hängt das Trägheitsmoment eines Körpers für eine Drehachse durch den Schwerpunkt noch von deren Richtung ab. Dies lässt sich durch einen Trägheitstensor beschreiben, der in einem Hauptachsensystem drei Diagonalelemente, die Hauptträgheitsmomente, besitzt.

Man kann einen Körper auch ohne eine festgelegte Achse rotieren lassen, Beispiel: **Kreisel**. Es sind jedoch nur Rotationen um zwei der Hauptachsen des Körpers stabil. Für andere Drehachsenrichtungen bleibt die Figurenachse nicht raumfest stehen, sondern bewegt sich auf einem Kegelmantel: „Nutations-Bewegung" eines Kreisels.

8.1 Trägheitsmomente aus Drehschwingungen (1/1)

 Untersuchung von Drehschwingungen; Bestimmung des Trägheitsmomentes und der Winkelrichtgröße des **Drehtisches** als Beispiel für einen Drehschwinger; Bestimmung des unbekannten Trägheitsmomentes eines Körpers mit dem Drehtisch; Anwendung des Steinerschen Satzes.

Drehtisch, Kreisscheibe, Probekörper, Messschieber, Federkraftmesser, Waage, Stoppuhr.

Der Drehtisch, Bild 8.4, besteht aus einer waagerecht gelagerten runden Tischplatte, die sich um eine senkrechte Achse drehen kann. Die Drehachse ist über eine Spiralfeder mit einem festen Rahmen verbunden; bei Auslenkung aus der Ruhelage sorgt diese Feder für eine Rückkehr des Tisches in die Ruhelage in Form einer schwach gedämpften Schwingung. Auf die Tischplatte des Drehtisches kann ein Probekörper in verschiedenen Abständen a von der Drehachse aufgesteckt werden. Dadurch ändert sich der Abstand ℓ seines Schwerpunktes von der Drehachse und damit sein Trägheitsmoment.

Bild 8.4. Drehtisch

Trägheitsmomentes I_T und der Winkelrichtgröße D^* des Drehtisches
Es wird eine Kreisscheibe der Masse m_Z nacheinander an allen Positionen aufgesteckt und jeweils die Schwingungsdauer bestimmt.

Anstelle der Dauer T einer Einzelschwingung werden z. B. $10\,T$ gemessen. Für verschiedene Abstände des Aufsteckloches von der Tischachse $a = 0, 1, 2, \ldots, 7\,\mathrm{cm}$ wird die Messung von $10\,T$ sinnvollerweise jeweils 3-mal vorgenommen und dann gemittelt. Außerdem ist der Kreisscheiben-Durchmesser $2R$ zu messen (Messschieber) und m_Z zu bestimmen (Messfehler abschätzen).

Vor der Messung den Drehtisch genau horizontal stellen: Beim Auflegen eines Zusatzkörpers an einer beliebigen Stelle des Randes darf sich die Tischplatte nicht zu drehen beginnen. Anfangsauslenkung $90°$ bis $180°$. Beim Zählen der Schwingungen werden gleichsinnige Nulldurchgänge („0"„1"„2"…„n") gezählt und zwischen „0" und „n" gestoppt. *Verständnisfragen zur Messung:*

- Warum misst man besser $10\,T$ als nur $1\,T$?

- Warum stoppt man bei langsamen Schwingungen besser den Zeitpunkt des Nulldurchganges als den der Umkehrung?

- Warum ist es sinnvoll, die Zeiten $10\,T$ etwa 3-mal (und nicht nur einmal oder 10- oder 100-mal) zu messen?

 Aus den Messwerten sollen Trägheitsmoment I_T und Winkelrichtgröße D^* des leeren Tisches auf grafischem Wege bestimmt werden. Legt man die

Kreisscheibe (I_Z, m_Z) in verschiedenen Abständen $\ell = a$ von der Drehachse auf den Tisch, so ergeben sich die Schwingungszeiten

$$T = 2\pi\sqrt{\frac{1}{D^*}(I_T + I_Z + \ell^2 m_Z)} \quad .$$

Um eine leicht auswertbare lineare Abhängigkeit zu erhalten, wird diese Gleichung quadriert:

$$T^2 = \frac{4\pi^2}{D^*}(I_T + I_Z) + \frac{4\pi^2}{D^*}m_Z\ell^2 \quad .$$

Mit $y = T^2$ und $x = \ell^2$ ergibt sich eine Geradengleichung:

$$y = T^2 = A + B\ell^2 = A + Bx \quad .$$

Aus dem Achsenabschnitt A und dem Anstieg B einer durch die Messpunkte gelegten ausgleichenden Geraden, Bild 8.5, erhält man

$$D^* = \frac{4\pi^2}{B}m_Z \quad \text{und} \quad I_T = \frac{1}{4\pi^2}AD^* - I_Z = \frac{A}{B}m_Z - I_Z \quad .$$

Eine rechnerische Auswertung erfolgt zweckmäßigerweise nach der sog. *Methode der Punktpaare*, siehe auch *Themenkreis 1* (Tab. 1.5).

Das Trägheitsmoment I_Z der Kreisscheibe wird aus der oben angegebenen Formel berechnet. Damit sind alle Größen zur Berechnung des Trägheitsmomentes des Tisches bekannt.

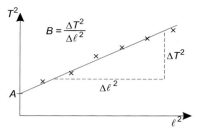

Bild 8.5. Achsenabschnit A und Steigung B der Ausgleichsgeraden

 Trägheitsmomentes I_K eines unregelmäßig geformten Probekörpers

Es werden wieder je $10\,T$ bei verschiedenen Abständen a gemessen, wobei jedoch über den Nullpunkt hinaus auch $a = -1\,\text{cm}, -2\,\text{cm}, \ldots$ usw. eingestellt werden. Der unregelmäßig geformte Körper ist so gearbeitet, dass bei Variation von a der Schwerpunkt des Körpers über die Drehachse des Tisches wandert. Dabei ist der Schwerpunktsabstand ℓ jedoch nicht gleich dem Abstand a des Aufsteckbodens von der Drehachse.

 Die Schwingungszeit des Probekörpers

$$T = 2\pi\sqrt{\frac{1}{D^*}(I_T + I_K + \ell^2 m_K)}$$

hängt nicht linear von ℓ ab und durchläuft für $\ell = 0$ ein Minimum, Bild 8.6. Aus $T_{\min}$ wird mit Hilfe der aus dem vorhergehenden Versuch bekannten Werten I_T und D^* das gesuchte Trägheitsmoment I_K ermittelt:

$$I_K = T_{\min}^2 \frac{D^*}{4\pi^2} - I_T \quad .$$

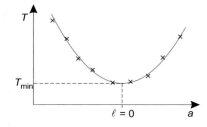

Bild 8.6. Bestimmung eines unbekannten Trägheitsmoments

 Fehlerbetrachtungen

Welche der Größen $T_{\min}^2$, D^*, I bzw. m_Z, A, B, I_Z liefern den Hauptanteil des Fehlers des Ergebnisses? Fehler welcher Größen können vernachlässigt werden? Welche systematischen Fehler treten auf, wenn der Drehtisch vor der Messung nicht genau horizontal gestellt wird? Welchen Einfluss hat die durch die Lagerreibung bedingte Dämpfung auf die Messung der Schwingungszeit?

8.2 Gleichmäßig beschleunigte Drehbewegungen (1/1)

 Messung von Trägheitsmomenten durch Untersuchung von beschleunigten Drehbewegungen mit einem *Schwungrad*. Anwendung und Überprüfung des Steinerschen Satzes.

Schwungradscheibe mit Zusatzmassen, Gewichtsstücke, Stoppuhr, Messschieber, Waage.

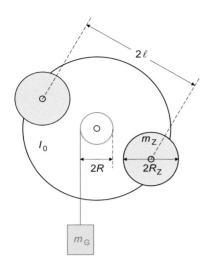

Bild 8.7. Schwungrad mit zwei Zusatz-massen m_Z, z. B. aus Messing (Dichte $\rho = 8{,}5\,\mathrm{g/cm^3}$)

Eine Schwungradscheibe, Bild 8.7, wird durch ein konstantes Drehmoment in eine *gleichmäßig beschleunigte Drehbewegung* versetzt. Das Drehmoment M_G wird erzeugt durch Gewichtstücke mit unterschiedlichen Massen m_G, die an einem auf eine Rolle, Radius R, aufgewickelten Faden hängen:

$$M_G \approx m_G g R \qquad \text{mit} \quad g = 9{,}81\,\frac{\mathrm{m}}{\mathrm{s^2}} \quad .$$

Der beschleunigt fallende Körper der Masse m_G wirkt nicht mit der vollen Gewichtskraft $m_G g$ auf die Fadenrolle. Man gebe die vollständige Newtonsche Bewegungsgleichung für m_G an und schätze die tatsächlich auf den Faden wirkende Kraft ab.

Durch die Wirkung der Lagerreibung vermindert sich das angreifende Moment M_G um das Reibungsmoment M_R, so dass nur das Moment

$$M = M_G - M_R$$

beschleunigungswirksam ist. Das Trägheitsmoment des Schwungrades einschließlich Achse, Lager und Fadenrolle, aber ohne die Zusatzscheiben, sei I_0.

Werden an das Schwungrad im Abstand ℓ von der Drehachse noch zwei Zusatz-scheiben angeschraubt, dann vergrößert sich das Trägheitsmoment auf $I = I_0 + 2 I_Z'$.

Nach dem Steinerschen Satz ist $I_Z' = I_Z + m_Z \ell^2$, wobei m_Z die Masse einer der Kreisscheiben mit dem Radius R_Z und I_Z das Trägheitsmoment bezüglich seiner Schwerpunktsachse ist:

$$I_Z = \frac{m_Z}{2} R_Z^2 \quad .$$

In den Experimenten wird die Bewegung immer aus der Ruhelage $\varphi_0 = 0$ und mit $\dot{\varphi}_0 = 0$ begonnen. Mit einer Stoppuhr werden die Zeiten t_n gemessen, die für n ganze Umläufe, d. h. für die Drehwinkel $\varphi_n = n 2\pi$, benötigt werden. Mit der konstanten Winkelbeschleunigung α gilt:

$$\varphi_n = \frac{\alpha}{2} t_n^2 = \frac{1}{2} \frac{M_G - M_R}{I} t_n^2 \quad .$$

Um Störungen durch eine mögliche kleine Asymmetrie des Schwungrades erkennen und eliminieren zu können, werden jeweils die Zeiten $t_{n,\mathrm{hin}}$ und $t_{n,\mathrm{rück}}$ für die Drehrichtung im und entgegen dem Uhrzeigersinn gemessen und gemittelt.

Quadratische Abhängigkeit des Drehwinkels von der Zeit

Es wird das Schwungrad ohne Zusatzscheiben, aber einschließlich der beiden Befestigungsschrauben in den äußersten Löchern verwendet. Gemessen werden die Zeiten $t_{n,\mathrm{hin}}$ und $t_{n,\mathrm{rück}}$ für $n = 1, 2, \ldots$ Umdrehungen für eines der Gewichtsstücke mit der Masse m_G. Die Messung wird etwa bei $n = 7$ bis $n = 10$ abgebrochen, weil die Drehbewegung der Scheibe sonst zu schnell wird.

Das Gewichtsstück soll beim Start dicht unterhalb des Schwungrades hängen. Die Scheibe soll zur Zeit $t = 0$ wirklich stehen ($\dot{\varphi}_0 = 0$; kein Anstoß beim Loslassen; besonders kritisch bei kleinen Gewichtsstücken). Drehrichtung notieren; ergeben sich für $t_{n,\mathrm{hin}}$ und $t_{n,\mathrm{rück}}$ starke Abweichungen, die nicht nur durch den Unwuchtfehler, sondern auch durch Stoppfehler oder grobe Zählfehler bedingt sein könnten, so sollte man diese Messungen wiederholen: „Reproduzierbarkeit" prüfen.

Man trägt φ_n über t_n^2 auf und prüft die Güte der Linearität durch Einzeichnen der ausgleichenden Geraden. Der Anstieg dieser Geraden liefert die Winkelbeschleunigung α:

$$\frac{\Delta \varphi}{\Delta t^2} = \frac{M_G - M_R}{2 I_0} = \frac{\alpha}{2} \quad .$$

Messung von Reibungsmoment und Trägheitsmomenten

Die Massen der Zusatzscheiben m_Z und der etwa 4 Gewichtstücke m_G werden durch Wägung bestimmt. Der Radius R der Seilrolle wird mit einem Messschieber bestimmt. Um den wirksamen Hebelarm für die Formel $M_G = r m_G g$ zu erhalten, muss die halbe Fadendicke noch addiert werden. Schließlich wird der Durchmesser der Zusatzscheiben ($2R_Z$) und der Abstand ℓ der Achsen der Befestigungsschrauben in den äußersten Löchern von der Schwungradachse mit dem Messschieber gemessen. Die beiden Zusatzscheiben werden danach außen an das Schwungrad angeschraubt.

Für das größte Gewichtstück wird nun die Zeit $t_{n,\text{hin}}$ und $t_{n,\text{rück}}$ für eine feste Anzahl n (z. B. zwischen 7 und 10) von Umdrehungen gemessen. Der Versuch wird für die drei anderen Gewichtstücke wiederholt.

 Trägt man das berechnete Drehmoment $M_G = m_G g R$ über $1/t_n^2$ auf, so sollte man eine Gerade erhalten, die die Ordinate bei $M_G = M_R$ schneidet und den Anstieg

$$\frac{\Delta M}{\Delta(1/t_n^2)} = 2\varphi_n I = 4\pi n I$$

besitzt. Es lässt sich also das Reibungsmoment M_R und das Trägheitsmoment der gesamten Anordnung I experimentell ermitteln. Mit dem aus dem ersten Teil der Aufgabe bekannten Wert für $(M_G - M_R)/2I_0$ lässt sich nun auch das Trägheitsmoment I_0 des Schwungrades ohne Zusatzscheiben ermitteln.

Es werden die Trägheitsmomente I_Z und I_Z' berechnet und mit dem experimentell bestimmten Wert $I_Z' = 1/2(I - I_0)$ verglichen.

Wie groß ist der Steiner-Anteil $m_Z \ell^2$ im Vergleich zum Hauptträgheitsmoment I_Z der Scheibe?

Bei Beschränkung auf die grafische Auswertung genügt eine Fehlerabschätzung aus der Streuung der Messpunkte in den Diagrammen.

Steinerscher Satz

 Nachprüfung des Steinerschen Satzes durch Variation des Abstandes ℓ der Zusatzscheiben.

 Die Ergebnisse sind zu diskutieren.

Untersuchung der Reibung im Schwungradsystem

Die Messungen werden ohne die Zusatzmassen wiederholt und M_R bestimmt (gleicher Wert wie oben?). Dazu lässt man den Faden voll abrollen und dann das Schwungrad weiterdrehen, so dass sich der Faden wieder aufrollt. Damit wird ein vollständiger Zyklus $E_{\text{pot}} \rightarrow E_{\text{kin}} \rightarrow E_{\text{pot}}$ beobachtet.

Man bestimmt den Energieverlust E_{verl} aus den Höhen des Gewichtstückes vor dem Abrollen und nach dem Wiederaufrollen des Fadens. Stimmt die Beziehung: $E_{\text{verl}} \approx M_R n 2\pi$?

Zum Vergleich misst man die Zunahme der Umdrehungszeit des freilaufenden Schwungrades ($M_G = 0$; Faden ab- oder aufgewickelt) und berechnet mit dem bekannten I_0 den Energieverlust E_{verl} pro Umdrehung.

Kapitel III
Deformierbare Körper und Akustik

9. Elastizität und plastische Verformung

 Anwendung und Vertiefung elementarer Kenntnisse der Mechanik deformierbarer Medien. Bestimmung des Elastizitäts-Moduls nach verschiedenen Verfahren. Bestimmung des Torsionsmoduls. Darstellung und grafische Auswertung empirischer Ergebnisse.

 Standardlehrbücher (Stichworte: Elastizität, Hookesches Gesetz, Dehnung, Torsion, Biegung, Plastizität).

Elastizität und Hookesches Gesetz

Unter Einwirkung äußerer Kräfte verändern feste Körper ihre Gestalt. Nimmt der Körper nach dem Verschwinden der Kräfte wieder die ursprüngliche Form an, so handelt es sich um eine **elastische Verformung**. Bleibt eine Deformation zurück, so spricht man von **plastischer Verformung**.

Auf den Quader in Bild 9.1 mit der Länge ℓ und der Grundfläche A wirke senkrecht zur Fläche A eine Zug- (oder Druck-) Kraft F_n, die gleichmäßig über den ganzen Querschnitt wirksam sei. Die Kraft pro Fläche heißt je nach Richtung

Zug- bzw. Druckspannung $\qquad \sigma = \dfrac{F_n}{A}$.

Bild 9.1. Quader, auf den eine Zugkraft F_n senkrecht zur Fläche A (Normalenrichtung), wirkt

Unter dem Einfluss dieser mechanischen Spannung erleidet der Quader eine Längenänderung $\Delta\ell$, die als relative Größe mit

Dehnung bzw. Stauchung $\qquad \varepsilon = \dfrac{\Delta\ell}{\ell}$

bezeichnet wird.

Für nicht zu große Verformungen sind Spannung und Dehnung einander proportional:

Hookesches Gesetz $\qquad \sigma = E\varepsilon$.

Die Proportionalitätskonstante E heißt **Elastizitätsmodul**.

Wirkt auf die Fläche A des Quaders statt der normal gerichteten Kraft F_n eine tangentiale Kraft, die Schubkraft F_t, d.h. tritt eine

Schubspannung $\qquad \tau = \dfrac{F_t}{A}$

auf, so bewirkt diese eine Gestaltsänderung des Quaders entsprechend Bild 9.2. Der Verformungs- oder Scherungswinkel δ ist der Schubspannung proportional:

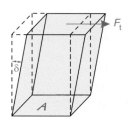

Bild 9.2. Quader, auf den eine tangentiale Kraft F_t wirkt

$\tau = G\delta$.

Bild 9.3. Bausteine eines Kristalls unter der Einwirkung einer Kraft, schematisch

Bild 9.4. Biegung eines Stabes

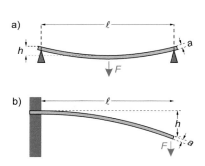

Bild 9.5. Durchbiegung von Stäben; (a) beidseitig aufliegend; (b) einseitig eingespannt

Bild 9.6. Verdrillter Draht, einseitig eingespannt

Die Proportionalitätskonstante G heißt **Torsions-** oder **Schubmodul**, auch Gleitmodul genannt.

Die Dimension von E und von G sind die einer (mechanischen) Spannung = Kraft pro Querschnitt, also in SI-Einheiten: Newton/m^2. Früher wurde vor allem in der Technik für E die Einheit kp/mm^2 verwendet. Für die Umrechnung gilt: $1\,\mathrm{kp/mm^2} = 9{,}81 \cdot 10^6\,\mathrm{N/m^2}$.

Die elastischen Eigenschaften eines Körpers beruhen auf der Wirkung von Bindungskräften zwischen den atomaren Bausteinen. In einem Kristall besitzen z. B. die Atome (Moleküle oder Ionen) eine regelmäßige Anordnung in einem *Raumgitter*. Im ungestörten Fall befindet sich jeder Baustein in einer Gleichgewichtslage, d. h. die anziehenden und abstoßenden Kräfte zu allen Nachbarbausteinen heben sich gerade auf. Wirkt eine äußere Kraft auf den Körper, so werden zunächst die Atome an der Oberfläche aus ihrer Gleichgewichtslage verschoben; dabei üben sie auf die benachbarten Atome Kräfte aus, die auch zu deren Verschiebung führt, Bild 9.3. Bei nicht zu großen Deformationen ist diese proportional zur wirkenden Kraft (**Hookesches Gesetz**). Bei einer Entlastung des Körpers gehen die Volumen- und Formänderungen wieder zurück. Bei starken Verformungen können allerdings die Atome in eine neue Gleichgewichtslage übergehen, und es verbleibt nach dem Entlasten eine plastische Verformung.

Durchbiegung von Stäben

Die Durchbiegung von Stäben, Balken, Blechen u. ä. hängt außer von Länge und Querschnitt nur vom Elastizitätsmodul E des Materials ab. Innerhalb eines gebogenen Stabes werden dabei die verschiedenen Schichten auf der konvexen Seite gedehnt und auf der konkaven Seite gestaucht, Bild 9.4. In der Mitte liegt eine zwar gebogene, aber spannungsfreie und ungedehnte Schicht, die sogenannte *neutrale Faser*.

Für Stäbe mit rechteckigem Querschnitt $A = ab$ und der Länge ℓ lässt sich die Größe der Durchbiegung h infolge einer Kraft F bei beidseitiger Auflage, Bild 9.5 a, berechnen zu

$$h = \frac{\ell^3}{4a^3 b\, E}\, F \quad .$$

Für einseitig eingespannte Stäbe, Bild 9.5 b, gilt:

$$h = \frac{4\ell^3}{a^3 b\, E}\, F \quad .$$

Verdrillung von Stäben und Drähten

Ein einseitig eingespannter zylinderförmiger Stab oder Draht, Bild 9.6, wird bei Einwirkung eines *Drehmomentes* $M = rF$ verdrillt. Der Verdrillungswinkel φ hängt von Radius R und Länge ℓ des Drahtes, dem Drehmoment M und dem Schubmodul G ab.

Um einen quantitativen Zusammenhang zwischen M und φ herzuleiten, denkt man sich den zylindrischen Draht oder Stab in eine Reihe konzentrischer Hohlzylinder mit den Radien r und $r + \mathrm{d}r$ zerlegt, Bild 9.7, und diese jeweils in quaderförmige Volumenelemente mit den Grundflächen $\mathrm{d}A = \mathrm{d}r\,r\,\mathrm{d}\varphi$ und der Länge ℓ aufgeteilt. Greift an den Grundflächen dieser Volumenelemente jeweils eine Kraft $\mathrm{d}F$ tangential an, so wird der Hohlzylinder um einen Winkel φ verdrillt. Ein bestimmter Quader, in Bild 9.7 rechts noch einmal getrennt gezeichnet, erleidet dabei im Wesentlichen eine Scherung, siehe auch Bild 9.2. Der Verformungswinkel δ hängt nach $\sigma = G\delta$ vom Schubmodul G und der Tangentialspannung $\sigma = \mathrm{d}F/\mathrm{d}A$ ab:

$$\mathrm{d}F/\mathrm{d}A = G\delta \quad .$$

Andererseits ist δ mit dem Verdrillungswinkel φ verknüpft:

$$\ell\delta = r\varphi \quad .$$

Wenn $r/\ell \ll 1$, ist δ immer klein, auch wenn der Winkel φ groß ist.

Die Kraft $\mathrm{d}F$ liefert für das quaderförmige Volumenelement ein Drehmoment $r\mathrm{d}F = rG\delta\mathrm{d}A$ bezüglich der Zylinderachse. An der gesamten Grundfläche des Hohlzylinders $\mathrm{d}A_\mathrm{H} = 2\pi r\mathrm{d}r$ greift daher das Drehmoment $\mathrm{d}M$ an:

$$\mathrm{d}M = rG\delta\mathrm{d}A_\mathrm{H} = 2\pi G\delta r^2\mathrm{d}r \quad,$$

wobei $\delta = \varphi r/\ell$ ist. Die Summation der Drehmomente, die in allen Hohlzylindern angreifen, welche den Draht aufbauen, liefert für das am verdrillten Draht angreifende Drehmoment:

$$M = \int_{r=0}^{R} 2\pi\frac{G}{\ell}\varphi r^3\mathrm{d}r = \frac{\pi G}{2\ell}R^4\varphi \quad.$$

Daraus folgt die

Bild 9.7. Zylindrischer Draht wird in konzentrische Hohlzylinder unterteilt

Winkelrichtgröße des verdrillten Stabes oder Drahtes	$D^* = \dfrac{M}{\varphi} = G\dfrac{\pi R^4}{2\ell}$.

Hängt man an das freie Ende eines oben befestigten Drahtes eine Scheibe mit dem Trägheitsmoment I, so kann das System Drehschwingungen ausführen, Bild 9.8. Wird die Scheibe um den Winkel φ aus der Ruhelage ausgelenkt, entsteht ein rücktreibendes Drehmoment $M = -D^*\varphi$. Lässt man die Scheibe los, führt dieses Drehmoment zu einer beschleunigten Bewegung, für die nach der Grundgleichung der Drehbewegungen gilt (*Themenkreis 3*):

$$M = -D^*\varphi = I\ddot{\varphi} \quad.$$

Hieraus erhält man die

Bild 9.8. Draht mit Scheibe zur Ausführung von Drehschwingungen

Schwingungsgleichung	$\ddot{\varphi} + \omega^2\varphi = 0$	mit	$\omega^2 = D^*/I$.

Die Größen D^* und I beschreiben Eigenschaften des schwingungsfähigen Systems; daher ist ω eine Systemkonstante. Eine Lösung der Schwingungsgleichung ist

$$\varphi = \varphi_0 \sin\omega t \quad,$$

wie man durch Differenzieren und Einsetzen bestätigen kann. Aus der Kreisfrequenz ω ergibt sich die

Schwingungszeit bei Torsionsschwingungen	$T = \dfrac{2\pi}{\omega} = 2\pi\sqrt{\dfrac{I}{D^*}}$.

📖 Querkontraktion, Poissonsche Zahl

Greift an einem Quader eine Zugkraft an, Bild 9.9, so tritt nicht nur eine Dehnung $\Delta\ell/\ell$ ein, sondern senkrecht zur Zugkraft auch eine Verringerung des Querschnittes $\Delta d/d$, **Querkontraktion**. Es zeigt sich, dass das Verhältnis dieser beiden Größen eine Materialkonstante ist:

Poissonsche Zahl	$\mu = \dfrac{\Delta d}{d} : \dfrac{\Delta\ell}{\ell}$.

Unter Einwirkung einer Zugkraft wird dabei das Volumen V des Quaders etwas vergrößert. Es gilt folgender Zusammehang:

$$\frac{\Delta V}{V} \approx \varepsilon(1 - 2\mu) \quad.$$

Für μ erhält man experimentelle Werte zwischen 0,2 und 0,4.

Bild 9.9. Querkontraktion am Quader

📖 Inhomogene und anisotrope Körper

Inhomogene Körper sind Körper, die im Innern nicht an allen Stellen die gleichen Eigenschaften besitzen; sie setzen sich aus mehreren einfachen, homogenen Körpern zusammen. Beispiele: porige Schaumstoffe, Holzspanplatten, glasfaser-verstärkte Kunststoffe, Stahlbeton u. a. Die elastischen Eigenschaften solcher Körper hängen von ihrem Aufbau ab und unterscheiden sich natürlich von denen der einzelnen Komponenten.

Elastische **anisotrope Körper** besitzen bei Belastung in verschiedenen Richtungen unterschiedliche elastische Eigenschaften. Es genügt dann nicht mehr die Angabe eines einzigen E-Moduls, um das Spannungs- und Dehnungsverhalten des Materials zu beschreiben.

So besitzen z. B. Kristalle, in denen benachbarte Atome in zwei oder drei Raumrichtungen durch unterschiedliche Kräfte gebunden sind, anisotrope elastische Eigenschaften. In unserem mechanischen Kristall-Gittermodell, Bild 9.10, habe man sich in den verschiedenen Richtungen unterschiedliche Federn, d. h. Federn mit unterschiedlichen Federkonstanten, eingesetzt zu denken.

Eine mechanische Spannung σ_x in Richtung der weichen Federn wird dann zu einer stärkeren Deformation ε_x führen als eine gleich große Spannung σ_z in Richtung der harten Federn (ε_z). Entsprechendes gilt für die dritte Raumrichtung y. Solange das Verhalten des Körpers elastisch ist, gilt weiter das

| **Hookesche Gesetz** | $\sigma_x = E_x \varepsilon_x$, $\sigma_y = E_y \varepsilon_y$, $\sigma_z = E_z \varepsilon_z$. |

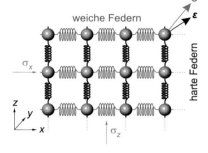

Bild 9.10. Makroskopisches Federmodell für einen zweidimensionalen anisotropen Körper, Schnitt durch x-z-Ebene

Die E-Module können jedoch verschieden sein: $E_x \neq E_y \neq E_z$.

Setzt man einen Würfel einem allseitig wirkenden Druck p aus, z. B. innerhalb einer Flüssigkeit, dann verformt sich der Würfel zu einem Quader mit ungleichen Kantenlängen. Fertigt man dagegen eine Kugel aus diesem Material und setzt sie einem allseitigen Druck aus, so wird die Kugel zu einem Ellipsoid verformt mit den drei Hauptachsen in Richtung der Kristallachsen x, y und z: *Deformationsellipsoid*.

Verformungen in Richtung einer der Kristallachsen lassen sich noch relativ einfach berechnen. Greift jedoch an dem Gittermodell, Bild 9.10, ein Spannungsvektor $\boldsymbol{\sigma}$ in beliebiger Richtung an, dann werden die weichen Federn stärker nachgeben als die harten Federn. Die Auslenkung $\boldsymbol{\varepsilon}$ wird daher *nicht* mehr die gleiche Richtung besitzen wie die angreifende Spannung $\boldsymbol{\sigma}$ (wie das beim isotropen Körper der Fall ist). Die exakte Abhängigkeit wird komplizierter und ist nur mit Hilfe von *Tensoren* zu beschreiben.

📖 Grenzen des Hookeschen Gesetzes

Bisher sind wir von der Gültigkeit des Hookeschen Gesetzes $\sigma \sim \varepsilon$ ausgegangen. Wird die mechanische Belastung jedoch zu groß, wächst die Dehnung stärker als die Spannung: Der Linearitätsbereich wird überschritten, auch wenn die Verformung zunächst noch elastisch bleibt, Bild 9.11, Strecke $\overline{PF}$. Bei noch weiterer Dehnung beginnt dann das Material zu fließen, d.h. nach der Entlastung bleibt eine dauerhafte Formänderung zurück. Überschreitet die Spannung schließlich einen weiteren Grenzwert Z, zerreißt oder bricht das Material: **Zerreiß-** oder **Bruchgrenze**

Bei vielen Materialien beobachtet man auch schon unterhalb von Punkt F eine elastische **Hysterese**: Bei einer periodischen Belastung, bei der auch das Vorzeichen wechselt, werden dann im Spannungs-Dehnungsdiagramm bei Be- und Entlastung verschiedene Kurvenzüge durchlaufen, und es entsteht eine **Hysteresekurve** ähnlich wie bei der Magnetisierung ferromagnetischer Stoffe (*Themenkreis 28*). Da bei der in dieser Aufgabe benutzten Versuchsanordnung das Vorzeichen der Belastung nicht umgekehrt werden kann, lässt sich auch nur ein Teil der elastischen Hysterese-Kurve ausmessen, nämlich die Neukurve und der obere Ast im ersten Quadranten.

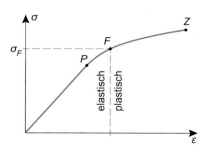

Bild 9.11. Typische Spannungs-Dehnungskurve eines Drahtes, schematisch

Schon lange bevor die eigentliche *Fließgrenze* oder die Zerreißspannung erreicht wird, zeigt eine Reihe von Stoffen ein langsames Fließen oder Kriechen: Unter dem Einfluss einer konstanten Spannung erfolgt eine zeitlich zunehmende Formänderung. Dabei ist die Formänderungsgeschwindigkeit nicht konstant; kurz nach Beginn der Belastung ist sie besonders groß und nimmt dann immer mehr ab: Die Materialform verfestigt sich.

9.1 Drahtdehnung (1/2)

 Überprüfung des Hookeschen Gesetzes. Bestimmung des Elastizitätsmoduls eines Metalldrahtes.

 Metalldraht, zylinderförmige Gewichtskörper, Schraubenmikrometer, Wasserwaage mit Mikrometerschraube, Waage, Maßstab.

 Durch Anhängen von Gewichtskörpern mit den Massen m wird der an der Decke befestigte Draht elastisch gedehnt, Bild 9.12, und dadurch die empfindliche Wasserwaage aus dem Gleichgewicht gebracht. Durch Nachstellen der Mikrometerschraube wird die Wasserwaage wieder horizontal eingestellt und die relativ kleine Verlängerung λ des Messdrahtes an der Mikrometerschraube abgelesen.

Die Massen der Gewichtsstücke und die Länge des Drahtes ℓ sind angegeben oder zu bestimmen. Der Durchmesser $2R$ des Drahtes wird an verschiedenen Stellen möglichst genau mit einem Schraubenmikrometer gemessen. Die Messfehler sind abzuschätzen.

Die Dehnungsmessung wird schrittweise zunächst bei zunehmender und dann bei abnehmender Belastung durchgeführt. Für die Auswertung werden die Werte gemittelt. Welche Ursachen haben die eventuell auftretenden Unterschiede? Während der Messung werden die aufgelegten Einzelgewichte notiert und die jeweilige Gewichtskraft F später ausgerechnet. Ebenso notiert man auch die Anzeige y der Mikrometerschraube. Die Verlängerung des Drahtes ist dann $\Delta\ell = y - y_0$ (y_0 ist die Schraubenstellung für $F = 0$). Für die Auswertung werden hier jedoch nur die Differenzen von y benötigt.

 Die bei Auflegen der Gewichtskörper auftretende schrittweise Dehnung sollte nach dem *Hookeschen Gesetz* eine lineare Abhängigkeit ergeben:

$$\Delta\ell = \frac{\ell}{E\pi R^2}\,F \quad \text{mit} \quad F = mg \qquad (g = 9{,}81\,\text{ms}^{-2}) \quad .$$

Aus einer grafischen Darstellung $\Delta\ell(F)$ kann der Elastizitätsmodul bestimmt werden. Wegen der sehr guten Linearität soll die Proportionalitätskonstante $\ell/E\pi R^2$ darüber hinaus auch rechnerisch durch Differenzen- und Quotientenbildung aus den gemessenen Werten für $\Delta\ell$ und F bestimmt werden; Fehlerdiskussion.

 Warum weichen bei der Drahtdehnung gewöhnlich die Messwerte gerade bei geringer Belastung von der Proportionalität ab?

9.2 Biegung beidseitig aufliegender Stäbe (1/2)

 Untersuchung der Durchbiegung von Stäben bzw. Balken. Bestimmung der Elastizitätsmoduln verschiedener Materialien.

Beidseitig aufliegende Stäbe: unterschiedliches Material (z. B. Metallbleche, Holz) sowie unterschiedliche Dicke, hängende Skala, Mikroskop mit Fadenkreuz, Maßstab, Schiebelehre, Schraubenmikrometer, Waage.

Die Durchbiegung h eines auf zwei Seiten aufliegenden flachen Stabes (Bleches) unter dem Einfluss einer in der Mitte angreifenden Kraft F wird aus der Absenkung einer in der Stabmitte hängenden Skala ermittelt, Bild 9.13. Diese in $1/10\,\text{mm}$ geteilte Skala wird durch ein feststehendes Mikroskop beobachtet, in dessen Okular ein Fadenkreuz eingesetzt ist.

Der Abstand ℓ der Auflageschneiden wird mit einem Maßstab und die Dicke a der Stäbe mit einem Schraubenmikrometer mehrfach gemessen. Für die Messung der Stabbreite b genügt eine Schiebelehre. Die Messfehler sind abzuschätzen.

Bild 9.12. Aufbau zur Drahtdehnung

Bild 9.13. Versuchsanordnung zur Biegung beidseitig aufliegender bzw. einseitig eingespannter Stäbe

Zunächst wird mit schrittweise zunehmender, dann mit wieder abnehmender Belastung gemessen. Es werden die Einzelgewichtsstücke und die Ablesung y der Skala notiert, wobei Skalenbruchteile abgeschätzt werden.

Die Messung wird mit einem Stab gleicher Abmessungen, aber aus einem anderen Material wiederholt. Alternativ kann auch das gleiche Material, aber ein Stab mit anderen Abmessungen gewählt werden. Ziel dieser Messung ist zu prüfen, ob die Ergebnisse für die Elastizitätsmodul innerhalb der Fehlergrenzen übereinstimmen.

Aus dem linearen Zusammenhang

$$h = \frac{\ell^3}{4a^3 b\, E}\, F$$

kann E grafisch bzw. rechnerisch ermittelt werden, da die geometrischen Abmessungen bekannt sind.

Anstelle der Aufnahme von zwei Messreihen für die Durchbiegung als Funktion der Belastung kann auch eine größere Zahl (3 - 4) verschiedener Stäbe untersucht werden. Dabei wird die Durchbiegung jeweils nur für zwei Belastungen gemessen, und die Elastizitätsmodul werden aus diesen Wertepaaren rechnerisch ermittelt. Messfehler abschätzen.

9.3 Elastizitätsmodule anisotroper oder inhomogener Stoffe (1/2)

 Messung der Spannungs-Dehnungsabhängigkeit für Proben aus elastisch anisotropen oder inhomogenen Stoffen in Biegungsversuchen. Rückschlüsse auf die Elastizitätsmoduln.

Versuchsanordnung entsprechend Bild 9.13.
Anisotrope Proben in mehreren Exemplaren, z. B.

- Kiefernholzbrettchen (unterschiedlicher Dicke), die senkrecht und parallel zur Faserrichtung geschnitten sind,

- Hartpapier-Streifen (Pertinax) mit gleichen Abmessungen und gleicher Dicke, aber verschiedener Orientierung der Papierschichten, senkrecht zur Brettdicke bzw. senkrecht zur Brettseite,

- Messingbleche, halbhart, kaltgewalzt, mit gleichen Abmessungen, parallel und senkrecht zur Walzrichtung geschnitten. Walzrichtung durch Pfeile markiert.

Inhomogene Proben, die z. T. gleichzeitig anisotrop sind, z. B.:

- Sperrholzbrettchen mit verschiedener Orientierung der Faserrichtung in den Deckschichten,

- Kunststoff-Streifen, z. B. Epoxydharz, mit Glasfaser-Einlage,

- Messingbleche, 0,5 mm dick, die mit Araldit (Uhu-Plus) bzw. Kontaktkleber (Pattex) aufeinander geklebt sind,

- geklebte Messingbleche mit 2 x 0,5 mm Dicke; die Messergebnisse daran sollen verglichen werden mit denen eines homogenen Messingbleches von 1 mm Dicke und der Durchbiegung zweier Bleche von 0,5 mm, die ohne Klebung übereinander gelegt werden.

 Die Durchbiegung h beidseitig aufliegender flacher Stäbe (Proben) wird gemessen. Proben bei zunehmender und abnehmender Belastung F messen.

Bei einigen der vorgeschlagenen Materialien treten Kriech- oder Fließvorgänge auf. Um hierdurch bedingte Störungen während der Messung klein zu halten, sollte man bei der schrittweise geänderten Belastung kurze und etwa konstante Messzeiten verwenden und insbesondere die Messreihe nicht unterbrechen.

Aus den entsprechenden Diagrammen $h = f(F)$ wird der Elastizitätsmodul für die jeweilige untersuchte Dehnungsrichtung des Materials bestimmt. Zur Erinnerung: Bei einer Durchbiegung wird das Material an der Oberseite gedehnt und an der Unterseite gestaucht, also nur in der Richtung parallel zu den Oberflächen elastisch beansprucht.

Hinweis: Für inhomogene Stoffe kann man keinen materialspezifischen E-Modul angeben. Auf Grund der Biegungsmessungen kann man nur aussagen: Die Probe verhält sich wie ein homogener Körper gleicher Abmessungen mit einem effektiven E-Modul E_{eff}.

Die Ergebnisse sind zu diskutieren und Fehler abzuschätzen.

9.4 Elastische Hysterese und Fließvorgänge (1/2)

 Messung der elastischen Hysteresekurve beim schrittweisen Be- und Entlasten eines beidseitig aufliegenden flachen Stabes. Messung von Kriech- oder Fließvorgängen bei konstanter Belastung.

 Versuchsaufbau entsprechend Bild 9.13. Kiefernholzbrettchen mit Querfaserung, Plexiglas, Nylon (Polyamid) o. ä., Stoppuhr.

Es wird die Durchbiegung beidseitig aufliegender flacher Stäbe in der Anordnung nach Bild 9.13 gemessen.

Um die Messung der Hysterese-Kurve durch Fließvorgänge möglichst wenig zu beeinflussen, sollte man die Gewichtsstücke in etwa äquidistanten Zeitabständen auflegen bzw. abnehmen und die Messzeiten kurz halten.

Nylon zeigt ein extrem starkes Fließen und eine große Hysterese. Die Belastung soll daher nicht zu groß werden. Bei Metallproben liegt der Hysterese-Effekt unterhalb der Messgenauigkeit. Auch bei Kunststoff (PVC) und bei Hartpapier (Pertinax) ist der Effekt gering.

Kriech- und Fließvorgänge werden in der gleichen Anordnung untersucht: Zu einer Zeit $t = 0$ wird das Brettchen mit einer mittleren Anzahl von Gewichtsstücken belastet (Gesamtgewicht notieren). Gemessen wird die Änderung der Durchbiegung als Funktion der Zeit, zunächst in kurzen (z. B. 1 min), später in größeren Zeitabständen (ca. 3 min, nach 15 min: ca. 5 min). Nach etwa einer 1/2 Stunde kann der Versuch abgebrochen werden.

Nylon fließt extrem schnell; die vorgeschlagenen Zeiten sind daher entsprechend kürzer zu wählen.

Zur Auswertung wird die Durchbiegung y als Funktion der Zeit t aufgezeichnet. Als Ergänzung kann die Verformungsgeschwindigkeit (dy/dt) durch grafisches Differenzieren gewonnen und ebenfalls als Funktion von t gezeichnet werden. Kurven qualitativ diskutieren.

9.5 Biegung einseitig eingespannter Stäbe (1/2)

 Untersuchung der Dickenabhängigkeit der Biegung einseitig eingespannter Stäbe. Bestimmung von Elastizitätsmoduln.

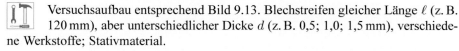 Versuchsaufbau entsprechend Bild 9.13. Blechstreifen gleicher Länge ℓ (z. B. 120 mm), aber unterschiedlicher Dicke d (z. B. 0,5; 1,0; 1,5 mm), verschiedene Werkstoffe; Stativmaterial.

Bei der Versuchsanordnung nach Bild 9.13 lassen sich mit Hilfe zweier Kreuzmuffen, einem Stab und einem Klötzchen die kurzen Blechstreifen an einem der beiden Seitenträger anklemmen, wie in Bild 9.13 angedeutet. Die Schneide des Skalenhalters wird in den Schlitz der Schraube am Biegeblech eingesetzt. Die wirksame Länge ℓ des Biegebleches rechnet vom Rand der Klemm-Muffe bis zur Schneide.

Die Messungen werden für verschiedene Werkstoffe durchgeführt.

Mit den Messingblechen verschiedener Dicke lässt sich außer dem Elastizitätsmodul auch die Dickenabhängigkeit der Durchbiegung messen.

 Aus dem linearen Zusammenhang

$$h = \frac{4\ell^3}{a^3 b\,E}\,F$$

kann E grafisch oder rechnerisch ermittelt werden.

Die Messungen zur Dickenabhängigkeit werden ausgewertet und diskutiert.

Bild 9.14. Versuchsanordnung zur Messung der Torsionsschwingungen und zur Bestimmung des Schubmoduls

9.6 Torsionsschwingungen und Schubmodul (1/2)

 Untersuchung von Torsionsschwingungen zur Bestimmung des Schubmoduls.

 Hängender Draht rotationssymmetrischem Körper, (Trägheitsmoment I_0 einschließlich Schraube), Schraubenmikrometer, Schiebelehre, Stoppuhr.

 Das System Bild 9.14 kann Drehschwingungen ausführen mit der Schwingungsdauer $T_0 = 2\pi\sqrt{I_0/D^*}$, wobei I_0 und D^* zunächst unbekannt sind. An den Körper kann zusätzlich eine durchbohrte Kreisscheibe mit den Radien R_1 und R_2 angeschraubt werden, deren Trägheitsmoment I_H berechenbar ist:

$$I_H = \frac{1}{2}m_H\left(R_1^2 + R_2^2\right) \quad .$$

Mit dem Gesamtträgheitsmoment $I = I_0 + I_H$ besitzt das System die Schwingungsdauer $T = 2\pi\sqrt{(I_H + I_0)/D^*}$. Die Winkelrichtgröße des Drahtes ergibt sich daher aus der Messung der Schwingungsdauern T_0 und T:

$$D^* = \frac{4\pi^2 I_H}{(T^2 - T_0^2)} \quad .$$

Der Drahtdurchmesser $2R$ wird mit dem Schraubenmikrometer mehrmals gemessen. $2R_1$ und $2R_2$ der Kreisscheibe werden mit der Schiebelehre bestimmt und die Schwingungszeiten T_0 und T mit einer Stoppuhr ermittelt. Schließlich müssen auch die Drahtlänge ℓ und die Scheibenmasse m_H gemessen werden. Wegen der geringen Dämpfung der Torsionsschwingungen lassen sich die Schwingungsdauern aus einer großen Zahl von Schwingungen sehr genau bestimmen (z. B. 4 mal je 50 T).
Die Messfehler sind abzuschätzen.

 Die Winkelrichtgröße D^* und der Schubmodul G des Drahtmaterials werden ausgerechnet, wobei $D^* = G\pi R^4/2\ell$ ist.
Für die Bestimmung der Messfehler gelten folgende Beziehungen:

$$G = \frac{2\ell}{\pi R^4}D^* \quad , \quad \text{also} \quad \frac{\Delta G}{G} = \frac{\Delta\ell}{\ell} + 4\frac{\Delta R}{R} + \frac{\Delta D^*}{D^*} \quad ;$$

$$\frac{\Delta D^*}{D^*} = \frac{\Delta I_H}{I_H} + \frac{\Delta\left(T^2 - T_0^2\right)}{T^2 - T_0^2} \quad \text{mit}$$

$$\left|\Delta\left(T^2 - T_0^2\right)\right| = \left|\Delta T^2\right| + \left|\Delta T_0^2\right| = 2T\Delta T + 2T_0\Delta T_0 \quad \text{und}$$

$$\frac{\Delta I_H}{I_H} = \frac{\Delta m_H}{m_H} + \frac{\Delta\left(R_1^2 + R_2^2\right)}{R_1^2 + R_2^2} = \frac{\Delta m_H}{m_H} + \frac{2R_1\Delta R_1 + 2R_2\Delta R_2}{R_1^2 + R_2^2} \quad .$$

10. Zähe Flüssigkeiten

Einführung in die Mechanik von Flüssigkeiten. Phänomen der Flüssigkeitsreibung. Beschreibung der inneren Reibung durch die Zähigkeit. Temperaturabhängigkeit der Zähigkeit. Absolut- und Relativmessung der Zähigkeit von Ölen.

Standardlehrbücher (Stichworte: Zähigkeit, Viskosität, Strömungen),
Lüders/Pohl: Pohls Einführung in die Physik.

Flüssigkeiten

Feste Körper besitzen eine feste Form – eine Flüssigkeit besitzt dagegen nur ein festes Volumen, das jede durch ein Gefäß vorgegebene Gestalt annehmen kann. Ein Gas dehnt sich auf den ganzen zur Verfügung stehenden Raum aus.

Im festen Körper befinden sich die Atome oder Moleküle in festen Gleichgewichtslagen, oft periodisch geordnet im sog. Kristall-Gitter. In Flüssigkeiten sind die Moleküle hingegen ungeordnet und können sich gegeneinander verschieben. Hierbei treten allerdings Reibungskräfte auf, die proportional zur Geschwindigkeit der Verschiebung sind.

Viskosität oder Zähigkeit

Die innere Reibung in Flüssigkeiten führt zur sog. **Zähigkeit**. Um eine Platte, Bild 10.1, in einem mit einer zähen Flüssigkeit gefüllten Trog parallel zur Plattenebene zu bewegen, ist eine Kraft F erforderlich (dies merkt man z.B. beim Verschieben eines Messers im Honig). Die Kraft hängt von der Größe der gesamten Plattenoberfläche A (Fläche der beiden Plattenseiten je $A/2$), der Geschwindigkeit v und dem Abstand z zwischen Platte und Trogwand ab. Bei geringer Trogbreite $2z$ und großer Fläche A gilt:

$$F = \eta A \frac{v}{z} \; ,$$

wobei η eine vom Material abhängige Proportionalitätskonstante ist, die *Koeffizient der inneren Reibung* oder kurz **Zähigkeit** oder **Viskosität** der Flüssigkeit genannt wird. Die Einheit von η ergibt sich aus der Definitions-Gleichung $[\eta] = $ [Kraft][Zeit]/[Länge]^2. Im SI-Maßsystem ist also

$$[\eta] = \mathrm{Ns/m^2} = \mathrm{kg\, m^{-1} s^{-1}}$$

mit $1\,\mathrm{N} = 1\,\mathrm{Newton} = 1\,\mathrm{kg\, m\, s^{-2}}$ als Einheit der Kraft oder

$$[\eta] = \mathrm{Pa\, s}$$

mit $1\,\mathrm{Pa} = 1\,\mathrm{Pascal} = 1\,\mathrm{N\, m^{-2}}$ als Einheit für Druck oder mechanische Spannung. Früher wurde η in cgs-Einheiten gemessen und als Einheit $1\,\mathrm{Poise} = 1\,\mathrm{g\, cm^{-1} s^{-1}}$ definiert. Es gilt $1\,\mathrm{Pa\, s} = 1\,\mathrm{kg\, m^{-1} s^{-1}} = 10\,\mathrm{Poise}$.

Die Zähigkeit beruht auf innerer Reibung zwischen benachbarten Flüssigkeitsschichten, die sich mit unterschiedlicher Geschwindigkeit bewegen, wobei die Flüssigkeitsteilchen direkt an der Trogwand in Ruhe bleiben. Dagegen bewegen sich in Bild 10.2 die dicht an der Platte befindlichen Flüssigkeitsteilchen mit der Plattengeschwindigkeit v. In den Zwischenbereichen werden die Flüssigkeitsschichten nur

Bild 10.1. Bewegung einer Platte in einer Flüssigkeit unter Wirkung der inneren Reibung

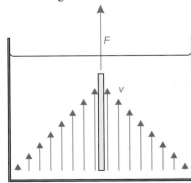

Bild 10.2. Bewegung einer Platte in einer Flüssigkeit und das lineare Geschwindigkeitsprofil der Flüssigkeitsschichten

teilweise mitbewegt, wobei im einfachsten Fall ein lineares Geschwindigkeits-Gefälle entsteht. Zwischen benachbarten Flüssigkeitsschichten tritt dabei eine tangentiale *Schubspannung* $\tau = $ Kraft/Fläche $= F/A$ auf, die proportional zum Geschwindigkeitsgefälle v/z ist, wie sich bereits aus der Eingangsformel ergibt. In anderen Anordnungen können auch nicht lineare Geschwindigkeits-Gefälle auftreten. Es gilt:

$$\tau = \frac{F}{A} = \eta \frac{dv}{dz} \quad .$$

Misst man die Zähigkeit einer Flüssigkeit bei verschiedenen Temperaturen, so stellt man fest, dass η mit steigender Temperatur stark abnimmt. Technisches Beispiel: Motorenöl – im Winter lässt sich ein PKW-Motor häufig schlechter starten als im Sommer! Für viele Flüssigkeiten gilt näherungsweise:

$$\eta = Be^{b/T} \quad ,$$

wobei B und b empirische Konstanten und T die *absolute Temperatur* sind. Für Flüssigkeiten liegt η größenordnungsmäßig zwischen $10^{-3}\,\mathrm{Pa\,s}$ (Wasser) und $10\,\mathrm{Pa\,s}$ (Schweröl). Auch Glas und andere amorphe Stoffe können als unterkühlte Flüssigkeiten angesehen werden, die allerdings nur außerordentlich wenig fließen; alte Kirchenfenster sind z.B. daher unten dicker. Die Zähigkeit von Glas liegt bei Zimmertemperatur in der Größenordnung $10^{15}\,\mathrm{Pa\,s}$, bei $400\,°\mathrm{C}$ dagegen nur noch bei $10\,\mathrm{Pa\,s}$. Anwendung: Glasblasen. Übrigens besitzen auch Gase eine gewisse, jedoch sehr kleine *Zähigkeit*: $\eta \approx 10^{-5}\,\mathrm{Pa\,s}$.

Strömung in engen Röhren; Kapillaren

Durch Zähigkeit bedingte Reibungskräfte treten auf, wenn eine Flüssigkeit durch ein enges Rohr fließt (Durchmesser $2r$, Länge ℓ). Auch hier haftet eine dünne Flüssigkeitsschicht an der Rohrwandung, und es bildet sich ein parabolisches Geschwindigkeitsprofil aus, Bild 10.3. Um einen konstanten Flüssigkeitsstrom mit der mittleren Geschwindigkeit $\bar{v}$ durch die Kapillare fließen zu lassen, muss eine Reibungskraft F_R überwunden werden, die sich berechnen lässt zu

$$F_\mathrm{R} = 8\pi\eta\ell\bar{v} \quad .$$

Das Flüssigkeitsvolumen ΔV, das in der Zeit Δt durch den Kapillarenquerschnitt $A = \pi r^2$ fließt, ist $\Delta V = A\bar{v}\Delta t$. Die Kraft zur Überwindung der Reibungskraft kann z.B. durch eine Druckdifferenz $p_1 - p_2$ zwischen den Kapillaren-Enden erzeugt werden: $F = A(p_1 - p_2)$. Damit ergibt sich für die *Flüssigkeits-Stromstärke I* das

Hagen-Poiseuillesche Gesetz $\quad I = \dfrac{\Delta V}{\Delta t} = \dfrac{r^4\pi\,(p_1 - p_2)}{8\eta\ell} \quad .$

Für eine Kapillare hängt also die Stromstärke der Flüssigkeit vom Kapillarenradius r in vierter Potenz ab. Das hat z.B. wichtige Auswirkungen auf den Blutkreislauf (Arterienverkalkung, Herzinfarkt). Eine kleine Verengung der Adern erfordert eine große Steigerung der Druckdifferenz und damit der Herz-Leistung, wenn die transportierte Blutmenge konstant gehalten werden soll, Tabelle 10.1.

Die in Bild 10.3 skizzierte **laminare Strömung** bildet sich nur dann aus, wenn die Strömungsgeschwindigkeiten nicht zu groß sind. Oberhalb einer Grenzgeschwindigkeit v_gr geht die laminare in die sog. **turbulente Strömung** über, in der unregelmäßig wirbelnde Bewegung und dadurch stark erhöhte Reibungswiderstände auftreten. Dann verlieren die hier angegebenen Formeln ihre Gültigkeit. Der Übergang von der einen in die andere Strömungsform erfolgt unstetig, wenn die sog. **Reynoldszahl** Re einen Grenzwert Re_gr überschreitet, der von der Strömungsgeometrie abhängt. Es gilt die allgemeine Definition:

$$\mathrm{Re} = \frac{\text{Beschleunigungsarbeit}}{\text{Reibungsarbeit}} \quad ,$$

Bild 10.3. Parabolisches Geschwindigkeitsprofil in einer Flüssigkeit, die durch ein Rohr strömt

Tabelle 10.1. Drastische Verringerung des Flüssigkeitsstroms $\Delta V/\Delta t$ (medizinisch: Blut/Durchfluss) durch eine Röhre bei nur gering abnehmendem Radius r

r / mm	r^4 / mm^4	$\dfrac{\Delta V}{\Delta t}$
4	256	100 %
3	81	32 %
2	16	6 %
1	1	0,4 %

die im Falle der Rohrströmung zu der Beziehung

$$\mathrm{Re} = \frac{\rho r \bar{v}}{\eta}$$

führt, wobei ρ die Dichte der Flüssigkeit, η deren *Zähigkeit* und r der Kapillaren-radius sind. Re ist eine dimensionslose Zahl. Für Strömungen in Rohren liegt der Grenzwert etwa bei $\mathrm{Re_{gr}} = 1200$.

> *Laminare Strömung* für $\mathrm{Re} < \mathrm{Re_{gr}}$;
> *turbulente Strömung* für $\mathrm{Re} > \mathrm{Re_{gr}}$.

 ## Strömung um eine Kugel

Wird eine Kugel von einer zähen Flüssigkeit laminar umströmt, so ergibt sich das in Bild 10.4 skizzierte **Stromlinienbild**. Die innere Reibung der Flüssigkeit überträgt eine Kraft F auf die Kugel, die proportional zur Zähigkeit η, zum Kugelradius r und zur Strömungsgeschwindigkeit v ist

$$F = 6\pi \eta r v \quad .$$

Die Ableitung dieser Formel stellt erhebliche mathematische Anforderungen da die Stromlinien im Raum gekrümmt verlaufen. Die Kraft F tritt natürlich auch auf, wenn die Kugel mit konstanter Geschwindigkeit v durch die ruhende Flüssigkeit bewegt wird. Das geschieht z. B. wenn die Kugel unter dem Einfluss ihrer Gewichtskraft in einer zähen Flüssigkeit herabsinkt, Bild 10.5. Auf die Kugel wirken dann drei Kräfte:

- Die *Gewichtskraft* $F_G = mg$, wobei m die Masse der Kugel und $g = 9,81\,\mathrm{m/s^2}$ die Erdbeschleunigung sind.
- Die *Auftriebskraft* $F_A = \rho_{Fl} V g$, die nach dem *Archimedischen Prinzip* gleich der Gewichtskraft der verdrängten Flüssigkeitsmenge $m = \rho_{Fl} V$ ist. $V = (4/3)\,\pi r^3$ ist das Kugelvolumen und ρ_{Fl} die Dichte der Flüssigkeit.
- Die *Reibungskraft* $F_R = 6\pi \eta r v$, die der Kugelgeschwindigkeit entgegengesetzt ist.

Für die Richtung der drei Kräfte gilt: Die Gewichtskraft F_G ist nach unten, der Auftrieb F_A und die Reibungskraft F_R dagegen sind nach oben gerichtet. Im Falle des Kräftegleichgewichtes gilt daher die Beziehung:

$$F_G - F_A - F_R = 0 \quad .$$

In diesem Falle ist keine beschleunigende Kraft vorhanden: Die Kugel gleitet daher mit konstanter Geschwindigkeit. Man erhält die Beziehung:

$$\eta = \frac{(m - V \rho_{Fl})\,g}{6\pi r v} \quad .$$

Konstante Sinkgeschwindigkeiten, d. h. kein weiteres Anwachsen der Geschwindig-keit wie beim freien Fall, beobachtet man z. B. auch bei Regentropfen, Nebeltröpf-chen in Wolken, Rauch- oder Staubteilchen, Fallschirmen. Kohlensäurebläschen in Mineralwasser oder Sekt steigen mit konstanter Geschwindigkeit auf, da hier $F_A > F_G$ ist.

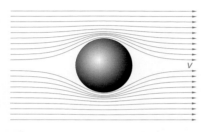

Bild 10.4. Laminare Strömung um eine Kugel

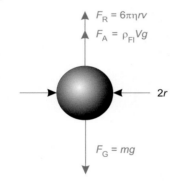

Bild 10.5. Kräfte, die auf eine Kugel in einer zähen Flüssigkeit wirken. Es sei angenommen, dass die umgebende Flüssigkeit seitlich unendlich ausge-dehnt ist

10.1 Zähigkeit nach der Kugelfallmethode (1/2)

Bestimmung der Zähigkeit eines Öles mit der Kugelfallmethode.

Rohre mit verschiedenen ungiftigen Ölsorten, Probestandgläser mit diesen Ölsorten, Maßstab, Aräometer zur Dichtebestimmung der Öle, Thermometer, Mikrometerschraube, Pinzette, Kugeln (Durchmesser: z. B. 0,8 und 1,0 mm), Stoppuhr, kleiner Magnet zum Zurückholen der Kugeln aus dem Rohr.

Die zu untersuchende Flüssigkeit unbekannter Zähigkeit befindet sich in einem senkrecht stehenden Rohr, Bild 10.6. Lässt man eine kleine Stahlkugel mit dem Radius r etwa in der Rohrmitte in das Öl fallen, so erreicht sie nach wenigen Zentimetern Fallstrecke eine konstante *Sinkgeschwindigkeit v*. Aus der Messung der Fallzeit t zwischen zwei Ringmarken M_1 und M_2, die im Abstand ℓ am Rohr angebracht sind, ergibt sich diese Geschwindigkeit als $v = \ell/t$. Hieraus kann die Zähigkeit mit der o. a. Gleichung berechnet werden.

Der Abstand der Messmarken M_1 und M_2 sowie der Rohrradius R werden mit dem Maßstab bestimmt. Temperatur ϑ_Z und Dichte ρ_{Fl} des Öls werden im Probestandglas gemessen. Der Kugeldurchmesser wird mit einer Mikrometerschraube gemessen, Messung 3-mal wiederholen.

Zur Messung der Sinkgeschwindigkeit v lässt man mit einer Pinzette jeweils eine Stahlkugel in die Messflüssigkeit fallen und bestimmt mit einer Stoppuhr die zum Durchfallen der Messstrecke ℓ benötigte Zeit t. Um Messunsicherheiten auszugleichen, wird der Versuch mindestens 6-mal wiederholt.

Die Messung wird für eine Kugelsorte mit anderem Radius wiederholt.

Für beide Kugelsorten wird die Zähigkeit η des untersuchten Öles für Zimmertemperatur ϑ_Z berechnet. Hierbei ist allerdings noch eine Korrektur der o. a. Gleichung notwendig; denn bei nicht unendlichem Wandabstand strömt die von der Kugel verdrängte Flüssigkeit mit endlicher Geschwindigkeit seitlich der Kugel nach oben. Damit vergrößert sich die reibungswirksame Relativgeschwindigkeit der Kugel gegen die benachbarten Flüssigkeitsschichten.

Nach Ladenburg kann dieser Einfluss näherungsweise durch einen Korrekturfaktor $(1 + 2{,}1\,r/R)$ berücksichtigt werden. Es gilt dann:

$$\eta = \frac{(m - V\,\rho_{Fl})\,g}{6\pi r v \left(1 + 2{,}1\frac{r}{R}\right)} \quad .$$

V und m lassen sich substituieren. Das Volumen der Kugel ist $V = (4/3)\pi r^3$ und die Masse $m = V\rho_{Kugel}$. Damit ergibt sich:

$$\eta = \frac{2}{9}\,\frac{r^2\,(\rho_{Kugel} - \rho_{Fl})\,g}{v\left(1 + 2{,}1\frac{r}{R}\right)} \quad .$$

Bei der Bestimmung des Messfehlers kann der Einfluss des Korrekturgliedes $2{,}1\,r/R \ll 1$ vernachlässigt werden und man erhält:

$$\frac{\Delta\eta}{\eta} = \frac{2\Delta r}{r} + \frac{\Delta v}{v} + \frac{\Delta(\rho_{Kugel} - \rho_{Fl})}{\rho_{Kugel} - \rho_{Fl}} \quad \text{mit}$$

$$\frac{\Delta v}{v} = \frac{\Delta t}{t} + \frac{\Delta\ell}{\ell} \quad \text{und} \quad \Delta(\rho_{Kugel} - \rho_{Fl}) \approx \Delta\rho_{Kugel} + \Delta\rho_{Fl} \quad .$$

Liegt die Abweichung zwischen den mit den Kugeln r_1 und r_2 ermittelten Werten η_1 und η_2 im Rahmen der Fehlergrenzen? Größere Abweichungen würden auf Abweichungen vom Stokesschen Gesetz hindeuten.

Liegt der Einfluss des Korrekturfaktors $(1 + 2{,}1\,r/R)$ außerhalb der Fehlergrenzen?

Man berechne die Reynoldszahl und prüfe, ob die Bedingung für laminare Strömung erfüllt ist.

Bild 10.6. Versuchsaufbau zur Kugelfallmethode

10.2 Temperaturabhängigkeit der Zähigkeit (1/2)

Bestimmung der Temperaturabhängigkeit der Zähigkeit.

Viskosimeter nach Ostwald mit verschiedenen Ölsorten, Thermometer, Wasserbad, Rührstab, Stoppuhr. Mit dem *Viskosimeter* nach Ostwald, Bild 10.7, im Wasserbad, werden bei verschiedenen Temperaturen ϑ Relativmessungen der Zähigkeit eines Öles ausgeführt. Das Viskosimeter besteht aus einem U-förmig gebogenen Glasrohr mit angeschmolzener Kapillare K und zwei kugelförmigen Erweiterungen. Mit dem Gummiballon B wird die zu untersuchende Flüssigkeit aus dem unteren Vorratsgefäß V_{g1} durch die Kapillare K in den anderen Rohrschenkel hochgedrückt. Nach Entfernen des Gummiballons strömt die Flüssigkeit unter dem Einfluss der Schwerkraft durch die Kapillare, bis die Flüssigkeit in beiden Schenkeln wieder gleich hoch steht. Durch zwei Marken M_1 und M_2 oberhalb und unterhalb des oberen Vorratsgefäßes V_{g2} ist ein Volumen V festgelegt. Die Durchlaufzeit t des Flüssigkeitsmeniskus zwischen den Messmarken M_1 und M_2 ist durch die Zähigkeit bestimmt. Die Apparatur kann durch das Wasserbad auf Temperaturen ϑ zwischen z. B. 0 °C (Eisbad) und 50 °C eingestellt werden.

Bild 10.7. Viskosimeter nach Ostwald zur Bestimmung der Temperaturabhängigkeit von Flüssigkeiten im Wasserbad

Während des Ablaufens ändert sich allerdings die Höhe h der Flüssigkeitssäule kontinuierlich. Es ist daher nicht möglich, aus diesem Versuch den Absolutwert für die Zähigkeit η z. B. durch das Hagen-Poiseuillesche Gesetz zu bestimmen. Vergleicht man jedoch den Strömungsvorgang für die gleiche Flüssigkeit bei zwei verschiedenen Temperaturen ϑ_1, ϑ_2, so zeigt die Formel, dass bei jeweils gleicher Höhe h die Stromstärken dV/dt proportional zu $1/\eta$ sind. Die sehr geringe Temperaturabhängigkeit der Flüssigkeitsdichte ρ_{Fl} kann man vernachlässigen. Da nun alle Phasen des Strömungsvorganges gleichartig durchlaufen werden, müssen auch die insgesamt gemittelten Stromstärken dV/dt proportional zu $1/\eta$ sein. Für ein gegebenes Volumen V sind daher die Gesamtdurchflusszeiten direkt proportional zu η, und es gilt

$$t_1 : t_2 = \eta_1 : \eta_2 \qquad \text{bzw.} \qquad \eta = \beta t \quad,$$

wobei β eine Proportionalitätskonstante, der Kalibrierfaktor, ist.

Mit dem Viskosimeter nach Ostwald werden die Durchflusszeiten t für z. B. 7 verschiedene Temperaturen zwischen 0 °C und 50 °C (mit ungefähr gleichen Temperaturabständen) je 3-mal gemessen. Die Temperaturen im Wasserbad werden durch Zusetzen von Eis oder heißem Wasser eingestellt. Das Umrühren erfolgt dabei nur mit dem Glasstab, nicht mit dem Thermometer (Bruchgefahr!). Das Viskosimeter wird bis oberhalb der Messmarke M_1 in das Wasserbad gesenkt, Bild 10.7. Der Temperaturausgleich zwischen Wasserbad und Öl erfordert einige Minuten. Die Temperatur wird kurz vor oder kurz nach der Messung der Durchflusszeiten abgelesen.

Die gemessenen Durchflusszeiten t werden als Funktion der Temperatur ϑ in einem Diagramm aufgetragen und eine ausgleichende Kurve durch die Messpunkte gezeichnet. Nach obiger Gleichung ist η proportional zu t. Für Zimmertemperatur ϑ_Z kennt man aus dem Ergebnis des ersten Aufgabenteils auch den Absolutwert der Zähigkeit η_Z. Aus dem Diagramm lässt sich damit die zugehörige Durchlaufzeit t_Z und damit der Kalibrierfaktor β bestimmen. Im Diagramm kann daher für die Ordinate außer der Zeitskala (in s) auch eine Skala für Zähigkeitswerte η (in Pa s) eingezeichnet werden, Bild 10.8.

Auf eine Fehlerrechnung wird verzichtet, da schwer abschätzbare systematische Fehler einen entscheidenden Beitrag liefern können.

Bild 10.8. Gemessene Durchflusszeiten t sowie Zähigkeit η als Funktion der Temperatur ϑ

11. Oberflächenspannung und Kapillarität

 Einführung in die Grundlagen der Grenzflächenphysik. Messung der Oberflächenspannung von Wasser und anderen Flüssigkeiten nach verschiedenen Methoden.

 Standardlehrbücher (Stichworte: Oberflächenspannung, Kapillarität, Kohäsion, Adhäsion).

Spezifische Oberflächenenergie und Oberflächenspannung

Ein Molekül innerhalb einer Flüssigkeit unterliegt allseitig den gleichen anziehenden Kräften seiner Nachbarmoleküle, Bild 11.1. Der hierdurch bedingte *Kohäsionsdruck* (von der Größenordnung 10^4 Atmosphären) ist jedoch nicht direkt beobachtbar. Die Reichweite der Molekularkräfte beträgt nur 10^{-7} bis 10^{-6} cm; dies ist der Radius der *Wirkungssphäre*. Für ein Molekül in der Nähe der Oberfläche ragt ein Teil seiner Wirkungssphäre in den Gasraum, in dem die Dichte der Nachbarmoleküle sehr viel geringer ist. Es resultiert daher für dieses Molekül eine Kraft, die in das Innere der Flüssigkeit gerichtet ist.

Flüssigkeitsteilchen in der Oberfläche besitzen daher zusätzliche potentielle Energie, die sog. *Oberflächenenergie*: Will man eine Oberfläche um den Betrag ΔA vergrößern, so muss man eine Energie ΔE aufbringen, um die entsprechende Flüssigkeitsmenge aus dem Inneren an die Oberfläche zu bringen.

Der Quotient $\Delta E / \Delta A = \varepsilon$ ist konstant und heißt

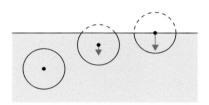

Bild 11.1. Moleküle in einer Flüssigkeit und auf sie wirkende Kräfte

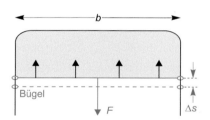

Bild 11.2. Flüssigkeitslamelle in einem U-förmigen Draht mit Bügel

$$\text{spezifische Oberflächenenergie} \quad \varepsilon = \frac{\text{Energiezunahme} \quad \Delta E}{\text{Oberflächenzunahme} \quad \Delta A} \, ,$$

SI-Einheit: $\mathrm{N\,m/m^2} = \mathrm{N/m}$. Jede freie Flüssigkeitsoberfläche versucht ihren Flächeninhalt zu verringern und den Zustand minimaler potentieller Energie anzunehmen. So zieht sich eine kleine Flüssigkeitsmenge zu einem (nahezu) kugelförmigen Tropfen zusammen, da eine Kugel bei gegebenem Volumen die kleinstmögliche Oberfläche besitzt. In Bild 11.2 hat sich eine *Flüssigkeitslamelle*, ein Seifenhäutchen zwischen einem U-förmig gebogenen Draht und einem beweglichen Bügel der Länge b ausgebildet. Es treten dann tangential zur Oberfläche Kräfte auf, die diese zu verkleinern suchen. Es zeigt sich, dass diese Kräfte nicht von der Größe A der bereits vorhandenen Oberfläche abhängen. Eine an dem Bügel angreifende äußere Kraft F halte den Oberflächenkräften gerade das Gleichgewicht.

Wird nun der Bügel unter dem Einfluss dieser Kraft um Δs verschoben und damit die Flüssigkeitsoberfläche um $\Delta A = 2\Delta s b$ vergrößert, so wird dabei die Arbeit $\Delta E = F \Delta s$ verrichtet. Es ist $\varepsilon = \Delta E / \Delta A = F \Delta s / 2\Delta s b = F/2b$. Es wird nun eine neue Größe definiert, die

Tabelle 11.1. Oberflächenspannungen σ einiger Flüssigkeiten bei $20\,^\circ\mathrm{C}$

Flüssigkeit	chem. Formel	σ / 10^{-3} N/m
Isopropylalkohol	C_3H_8O	21,4
Ethylalkohol*	C_2H_6O	22,3
Essigsäure	$C_2H_4O_2$	27,4
Glycerin	$C_3H_8O_3$	65,7
Wasser	H_2O	72,8
Quecksilber**	Hg	465

* Achtung! Brennbar!
** Achtung! Beim Experimentieren unbedingt besondere Sicherheitsvorkehrungen treffen!

Oberflächenspannung

$$\sigma = \frac{\text{Tangentialkraft}}{\text{Länge der Oberflächenberandung}} = \frac{F}{2b} \; .$$

Da die Lamelle zwei Oberflächen hat, geht die Länge b des Bügels doppelt ein. Der Vergleich zeigt, dass die spezifische Oberflächenarbeit und die Oberflächenspannung zahlen- und dimensionsmäßig gleich sind: $\varepsilon = \sigma$. Sie stellen eine Materialkonstante der Flüssigkeit dar, siehe Tabelle 11.1. Allerdings ist diese Materialkonstante von der Temperatur abhängig. Ferner kann die Oberflächenspannung durch kleine Fremdstoffzusätze stark beeinflusst werden, z.B. führt Seife in Wasser zu sog. „entspanntem" Wasser mit deutlich verringerter Oberflächenspannung.

 ## Oberflächenspannung an gekrümmten Oberflächen

In einer freien, ebenen Flüssigkeitsoberfläche heben sich die tangentialen Kräfte auf, Bild 11.3 a. Bei einer konvex gekrümmten Oberfläche dagegen liefern die an einem Oberflächenmolekül angreifenden Kräfte eine nach innen gerichtete Komponente, die den im vorigen Abschnitt behandelten *Kohäsionsdruck* noch um den Druck p_σ vergrößert, Bild 11.3 b. Dieser

Kapillardruck	$p_\sigma = \dfrac{2\sigma}{r}$

hängt nur vom Krümmungsradius r der Oberfläche und von der Oberflächenspannung σ ab.

Für eine konkave Oberfläche ergibt sich ein Druck p_σ in der entgegengesetzten Richtung, Bild 11.3 c. Die Oberflächenspannung bestimmt auch den Durchmesser von Gasblasen in Flüssigkeiten und von Seifenblasen in Luft. Es entstehe z.B. in einer Flüssigkeit der Dichte ρ in der Tiefe h unter der Oberfläche ein Gasbläschen vom Radius r, Bild 11.4. Der Innendruck p_i der Blase muss dann im Gleichgewicht zum *hydrostatischem Druck* $p_h = \rho g h$ und *Kapillardruck* $p_\sigma = 2\sigma/r$ sein:

$$p_i = p_h + p_\sigma = \rho g h + \frac{2\sigma}{r} \quad .$$

In einer Seifenblase, Bild 11.5, hält der Innendruck p_i des eingeschlossenen Gases dem *Oberflächenspannungsdruck* $p_\sigma = 2 \cdot 2\sigma/r$ das Gleichgewicht; die Seifenhaut hat wieder zwei Oberflächen.

 ## Kapillarität

An der Grenzfläche zwischen verschiedenen Medien üben auch die verschiedenartigen Moleküle Anziehungskräfte aufeinander aus. Dabei bezeichnet man die Anziehungskraft zwischen Molekülen desselben Stoffes als **Kohäsion** und die Anziehungskraft zwischen Molekülen verschiedener Stoffe als **Adhäsion**. Ein fester Körper wird von einer Flüssigkeit benetzt, wenn die Adhäsion größer als die Kohäsion innerhalb der Flüssigkeit ist. Die Flüssigkeit versucht sich dann möglichst weit über die Wand auszubreiten, und ihre Oberfläche wölbt sich daher in Wandnähe konkav nach oben, z.B. Wasser an einer Glaswand, Bild 11.6 a.

Ist dagegen die Adhäsion kleiner als die Kohäsion, so tritt in Wandnähe eine konvexe Wölbung nach unten ein, die sog. *Kapillar-Depression*. Dies tritt z.B. bei Quecksilber an Glas auf, Bild 11.6 b.

Taucht ein enges Rohr vom Durchmesser $2r$ in eine (vollständig) benetzende Flüssigkeit der Dichte ρ, Bild 11.7, so steigt diese in der **Kapillare** bis zur Höhe h hoch:

Steighöhe in einer Kapillaren	$h = \dfrac{2\sigma}{r\rho g}$

mit der Erdbeschleunigung $g = 9{,}81\,\mathrm{m/s^2}$ und Oberflächenspannung σ. *Herleitung:* Die Flüssigkeitsoberfläche bildet in der Kapillaren einen Meniskus, der an der Wand tangential endet. An dieser Benetzungsgrenze führt die Oberflächenspannung längs

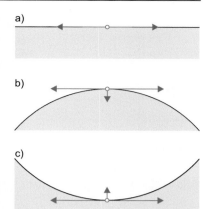
Bild 11.3 a-c. Kräfte durch Oberflächenspannungen und Drucke bei unterschiedlichen Formen der Flüssigkeitsoberfläche

Bild 11.4. Gasblase in einer Flüssigkeit

Bild 11.5. Seifenblasenquerschnitt, schematisch

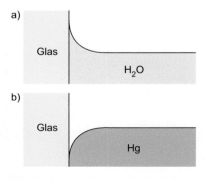
Bild 11.6. (a) Adhäsion > Kohäsion; (b) Adhäsion < Kohäsion

Bild 11.7. Kapillare mit Flüssigkeit

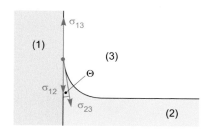

Bild 11.8. Veranschaulichung des Kapillaritätsgesetzes

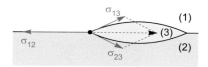

Bild 11.9. Tropfen einer unlöslichen Flüssigkeit auf einer Wasseroberfläche

Bild 11.10. Lamellen-Abreißverfahren

des Umfangs $2\pi r$ zu einer Zugkraft $F_\sigma = 2\pi r\sigma$, die in der Lage ist, das Gewicht einer Flüssigkeitssäule $F_\mathrm{G} = \pi r^2 h\rho g$ zu tragen. Aus $F_\sigma = F_\mathrm{G}$ folgt obige Gleichung.

Grenzflächenspannungen und Randwinkel

Nicht nur an den Grenzflächen Flüssigkeit/Glas, sondern auch an allen anderen Grenzflächen zwischen verschiedenen Medien oder Phasen treten *Grenzflächenspannungen* auf; z.B. zwischen zwei nicht mischbaren Flüssigkeiten sowie zwischen einem festen Körper und einer Flüssigkeit oder einem Gas. An einer vertikalen Gefäßwand bildet im allgemeinen die Flüssigkeit einen Randwinkel Θ, der von 0° oder von 90° verschieden ist, Bild 11.8. An der Benetzungsgrenze stoßen drei Medien zusammen: feste Wand/Flüssigkeit/Dampf. Die entsprechenden drei Grenzflächenspannungen müssen dort im Gleichgewicht stehen, wobei zu beachten ist, dass die starre Wand die horizontalen Kraftkomponenten ohne Verformung aufnimmt. Es gilt daher das

| **Kapillaritätsgesetz** $\sigma_{13} - \sigma_{12} = \sigma_{23}\cos\Theta$. |

Wird innerhalb einer Kapillaren die Wand nicht vollständig benetzt, so dass sich ein von 0° verschiedener Randwinkel Θ einstellt, so trägt nur die zur Wand parallele Komponente der Oberflächenspannung $\sigma\cos\Theta$ die Flüssigkeitssäule, und es ist daher

$$h = \frac{2\sigma\cos\Theta}{r\rho g} \quad .$$

Bringt man einen Tropfen einer unlöslichen Flüssigkeit auf eine Wasseroberfläche, so bildet sich in der Regel eine schwimmende Linse aus. Auf ein Teilchen am Linsenrand wirken wieder drei Oberflächenspannungen, Bild 11.9, und die Randwinkel der Linse stellen sich so ein, dass sich die Oberflächenspannungen als Vektoren das Gleichgewicht halten. Ist nun $|\sigma_{12}| > |\sigma_{13}| + |\sigma_{23}|$, so ist ein Gleichgewicht unmöglich, und der Tropfen wird zu einer die ganze Oberfläche bedeckenden Schicht, im Grenzfall bis zu monomolekularer Dicke, auseinandergezogen. Dies ist z. B. bei Öl auf Wasser der Fall, was im Falle einer Öltankerleckage zu den bekannten verheerenden Umweltverschmutzungen der Meere führt.

11.1 Lamellen-Abreißverfahren (1/2)

Bestimmung der Oberflächenspannung σ von Wasser und Lösungen z.B. NaCl oder Spülmittel in Wasser, nach der Lamellen-Abreißmethode.

Aluminiumring, Federkraftmesser (z. B. 0,1 N), Gefäß mit Hahn, Schale, Flüssigkeit (z. B. destilliertes Wasser), Lineal, Isopropylalkohol, Zellstoff, Thermometer.

Ein Aluminium-Ring (Radius R) mit einer scharfen Schneide wird in einer Dreipunktaufhängung an eine Federwaage als Kraftmesser gehängt und in die zu untersuchende, vollständig benetzende Flüssigkeit, z. B. Wasser, eingetaucht, Bild 11.10. Mit Hilfe eines Wasserhahnes wird die Flüssigkeit langsam abgelassen, so dass sich der Flüssigkeitsspiegel kontinuierlich und erschütterungsfrei senkt. Taucht der Ring aus der Flüssigkeit auf, so bildet sich an seiner Schneide eine zylindrische, mit der Flüssigkeitsoberfläche zusammenhängende Lamelle. Die an der Federwaage angezeigte Kraft F_w wächst, bis die Lamelle schließlich reißt: $F_\mathrm{w,max}$. Dann hat die an der Lamelle angreifende Kraft gerade die durch die Oberflächenspannung erzeugte Kraft F_σ überschritten:

$$F_\sigma = 2(2\pi R)\sigma \quad ;$$

die Lamelle enthält zwei Grenzschichten der Länge $2\pi R$. Der Kraftmesser zeigt die Summe der *Oberflächenspannungskraft* F_σ und des Gewichtes des Aluminiumringes F_G an: $F_\mathrm{w,max} = F_\sigma + F_\mathrm{G}$.

Der Ringdurchmesser $2R$ wird vor dem Abreißexperiment über verschiedene Diagonalen mit einem Lineal gemessen. Dann wird er durch Abreiben mit in Isopropylalkohol getränktem Zellstoff gereinigt, wobei die Schneide nicht beschädigt werden darf.

Vor der Messung soll der Ring wenigstens einige Minuten in der zu untersuchenden Flüssigkeit, z. B. destilliertem Wasser, liegen. Benetzungskontrolle: Die Flüssigkeit muss nach dem Herausziehen des Ringes ganz gleichmäßig ablaufen.

Ring vollständig in die Flüssigkeit eintauchen. Um Randstörungen zu vermeiden, wird der Ring in der Gefäßmitte getaucht. Abreißkraft $F_{\mathrm{w,max}}$ messen und anschließend jeweils das Gewicht F_{G} des Ringes ablesen. In der Nähe des Abreißpunktes sollte der Flüssigkeitsspiegel nur sehr langsam abgesenkt werden. Erschütterungen vermeiden. Der Versuch wird einige Male wiederholt; hierbei kann die Höhe des Federkraftmessers so eingestellt werden, dass die Abreißkraft schon zu Beginn der Messung erreicht wird.

Die Flüssigkeitstemperatur muss gemessen werden.

Oberflächenspannung σ des Wassers ausrechnen und mit Fehlergrenzen angeben, Vergleich mit Literaturangaben. Messtemperatur nennen. Oberflächenspannung der Lösung angeben (ggf. Konzentrationsabhängigkeiten bestimmen).

11.2 Kapillaren-Steighöhenmethode (1/2)

Bestimmung der Oberflächenspannung σ von Wasser und Lösungen z.B. NaCl oder Spülmittel in Wasser, aus der Steighöhe in Kapillaren.

Satz von Kapillaren mit unterschiedlichen Durchmessern, konische Lochlehre, Schale, Flüssigkeit (z. B. destilliertes Wasser), Lineal.

Ein Satz von 3-5 Kapillaren mit unterschiedlichen Durchmessern $2r$, Bild 11.11, wird, nach Größe geordnet, so aufgehängt, dass sie in die Versuchsflüssigkeit unten eintauchen. Ein teilweise eingetauchtes Lineal wird dicht hinter die Kapillare gebracht und die Höhe $h_1 - h_0$ des Meniskusscheitels abgelesen; die Höhe des Flüssigkeitsniveaus h_0 kann bestimmt werden, indem man von der Seite unterhalb der Wasseroberfläche entlang visiert: parallaxenfreie Ablesung. Die Steighöhe ist dann $h = h_1 - h_0$. Extreme Reinheit der Kapillaren-Innenwände ist Voraussetzung für zuverlässige Ergebnisse. Die Kapillaren werden deshalb in destilliertem Wasser aufbewahrt. Vor der Ablesung der Steighöhen wird der Halter mit den Kapillaren erst etwas nach oben verschoben, damit sich der Meniskus an einer schon vorher benetzten Stelle ausbildet. Ablesung der Höhen h_n nach nochmaliger Verschiebung des Halters mehrmals wiederholen (schon um Fehlablesungen zu vermeiden). Unter der Voraussetzung, dass die Flüssigkeit die Kapillarenwände vollständig benetzt, ist, wie gezeigt, die Steighöhe in einer Kapillaren $h = 2\sigma/r\rho g$ und damit die Oberflächenspannung $\sigma = \frac{1}{2}hr\rho g$. Die Dichte ρ wird aus Tabellen entnommen, z. B. $\rho_{\mathrm{wasser}} = 1\,\mathrm{g/cm^3}$. Der Kapillarendurchmesser $2r$ wird mit einer konischen Lochlehre gemessen. Der Messkonus ist eventuell nicht rostfrei, daher unbedingt nach Gebrauch mit Zellstoff abtrocknen. Der Konus wird am besten in die oberen Öffnungen der im Halter hängenden Kapillaren bis zum Anschlag eingeführt und abgelesen. Die Messung ist zu wiederholen, um Ablesefehler zu vermeiden.

Bild 11.11. Kapillaren mit verschiedenen Durchmessern und Steighöhen h_n ($n = 1,2,3$) einer Flüssigkeit

Grafische Darstellung der Steighöhen h als Funktion von $(1/r)$ und Ermittlung von σ. Fehler abschätzen. Bei der Auswertung ist zu beachten, dass bei den weiten Kapillaren noch eine Korrektur notwendig ist, die das Gewicht der Flüssigkeitsmenge innerhalb des Meniskus oberhalb des Scheitels berücksichtigt. Anstelle der gemessenen Steighöhe h ist zu setzen: $h' = h + (r/3)$.

11.3 Luftblasenmethode (1/2)

Bestimmung der Oberflächenspannung σ nach der Luftblasenmethode.

U-förmiges Wassermanometer, Schlauch, Kapillare, Becherglas, destilliertes Wasser, Lösungen z.B. NaCl oder Isopropylalkohol in Wasser, Lineal.

Es wird der Druck p_i gemessen, der zur Erzeugung eines Bläschens vom Radius r innerhalb der zu untersuchenden Flüssigkeit (Dichte ρ) in der Tiefe h benötigt wird.

Nach der o. a. Gleichung für die Druckbilanz an der Oberfläche eines Bläschen errechnet sich die Oberflächenspannung σ aus, Bild 11.12 a

$$\sigma = \frac{1}{2} r \left(p_i - \rho g h \right) \quad .$$

a)

b)

Bild 11.12. Luftblasenmethode

Die Apparatur besteht aus dem U-förmigen Wassermanometer, an das auf der einen Seite über ein Schlauchstück eine dünnwandige Kapillare angesetzt ist, die in die Flüssigkeit eintaucht (h mindestens $10\,\text{mm}$), Bild 11.12 b. Durch den vorsichtig und nur wenig geöffneten Verbindungshahn V läuft aus dem Vorratsgefäß langsam weiteres Wasser in das U-Manometer. Dadurch wird die Luft zwischen dem linken Manometerschenkel und der Kapillarenöffnung zunehmend komprimiert. Der Überdruck p wird vom Manometer angezeigt:

$$p = \rho' g H$$

mit der Höhendifferenz der Wassersäulen H; $\rho' = 1\,\text{g/cm}^3$. Unmittelbar vor dem Entweichen der ersten Blase aus der Kapillaren, Bild 11.12 a, entspricht der Druck p dem Gasdruck p_i in der Blase mit dem Radius r.

Während der Messung von p_i ändert sich im Wesentlichen nur die Lage des höherstehenden Flüssigkeitsspiegels im Manometer. Man liest also zuerst den tieferen Spiegel ab und beobachtet dann das Steigen des höheren Spiegels, der beim Ablösen der ersten Blase ruckartig um einige mm fällt. Aus dem Maximalwert der Höhendifferenz H errechnet man p_i. Die Tauchtiefe h der Kapillaren kann von außen mit dem Lineal gemessen werden, wobei das Becherglas bis an die Kapillare herangeschoben wird (Parallaxe möglichst vermeiden).

Es ist öfter notwendig, über den Hahn A das Wasser aus dem Manometer abzulassen. Vorher ist die Messflüssigkeit von der Kapillaren zu entfernen, da diese sonst eingesaugt wird.

Zuverlässige Messungen erhält man nur mit gut gereinigten Kapillaren, die deshalb unter destilliertem Wasser aufbewahrt werden.

Nach dem Aufbau des Versuches wird der Druck p_i für die Ablösung von Luftblasen mehrmals gemessen. Der Kapillaren-Durchmesser $2r$ ist angegeben. Die Dichte ρ der Flüssigkeit wird Tabellen entnommen. Die Eintauchtiefe h ist zu messen und die Temperatur ist anzugeben.

Mit dem gemittelten Ergebnis wird die Oberflächenspannung von Wasser bzw. der untersuchten Lösung berechnet. Stimmt das Ergebnis für Wasser innerhalb der Fehlergrenzen mit dem Literaturwert überein?

11.4 Stoff- und Temperaturabhängigkeit (1/2)

Bestimmung der Oberflächenspannung σ von weiteren Flüssigkeiten, Gemischen und Lösungen. Untersuchung der Temperaturabhängigkeit.

Aufbauten für Lamellen-Abreißverfahren, Kapillaren-Steighöhenmethode und Luftblasenmethode, Thermometer, Flüssigkeiten.

Mit den bereits oben getesteten Methoden sollen orientierende Messungen der Oberflächenspannung für weitere Flüssigkeiten durchgeführt werden. Der Einfluss von Benetzungsmitteln und gelösten Salzen sowie der Temperatur kann nachgewiesen werden.

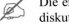

Bestimmung von σ für andere Flüssigkeiten, z. B. Isopropylalkohol – zum Vergleich siehe Tabelle 11.1.

Änderung von σ für Wasser durch Zusatz einer kleinen Menge Benetzungsmittel. Die Abhängigkeit von der Konzentration überprüfen; verdünnte Lösung tropfenweise zugeben.

σ für Lösungen, z. B. NaCl in Wasser oder Flüssigkeitsgemische, z. B. Isopropylalkohol und Wasser in Abhängigkeit von der Konzentration bestimmen .

Messung der Temperaturabhängigkeit von σ für Wasser. Hier ist eine genaue Messung erforderlich, da die Temperaturabhängigkeit nur gering ist. Das Verfahren der Kapillaren-Steighöhenmethode ist dazu ungeeignet.

Die ermittelten Oberflächenspannungen werden angegeben und vergleichend diskutiert.

12. Schallwellen und Akustik

 Grundlagen der Wellenlehre und der Akustik. Eigenschwingungen und stehende Wellen in der Mechanik. Adiabatische Zustandsänderungen von Gasen.

Standardlehrbücher (Stichworte: Akustik, Schall, Wellen, stehende Wellen, mechanische Schwingungen),
Bergmann/Schäfer: Experimentalphysik – Band 1.

Wellen und Schall

Die Akustik ist ein Teilgebiet der Mechanik und beschäftigt sich mit Schwingungen elastischer Körper sowie der räumlichen Ausbreitung dieser Schwingungen in Form der Schallwellen.

Wird ein Teilchen in einem elastischen Medium aus der Ruhelage ausgelenkt, so überträgt sich die Bewegung durch elastische Kopplung mit einer zeitlichen Verzögerung auch auf die benachbarten Teilchen: Der Bewegungszustand pflanzt sich als **Welle** mit einer chakteristischen *Ausbreitungsgeschwindigkeit v* fort. Anschauliche Beispiele für die Ausbreitung von Wellen sind z. B.

Bild 12.1. Wellen auf einem gespannten Seil, Momentaufnahmen

- Wasserwellen, erregt durch einen einmalig oder periodisch eintauchenden Körper;
- Wellen auf einem gespannten Seil, Bild 12.1, als Einzelwellenberg oder als Sinuswelle;
- Wellen quer oder längs einer Kette aus gleichartigen Federn und Massenelementen, Bild 12.2.

Für Wellen ist charakteristisch, dass sie Energie und Impuls transportieren, ohne dass im Zeitmittel ein Materietransport vorliegt. Man unterscheidet grundsätzlich

Transversalwellen (Querwellen): Teilchen schwingen senkrecht zur Fortpflanzungsrichtung, Bild 12.2 b, und

Longitudinalwellen (Längswellen): Teilchen schwingen in Fortpflanzungsrichtung, Bild 12.2 c, es entstehen Dichteschwankungen.

Transversalwellen sind z. B. elektromagnetische Wellen, Lichtwellen. Longitudinalwellen sind z. B. Schallwellen, die sich in Gasen oder Flüssigkeiten ausbreiten. In Festkörpern sind Schallwellen in beiden Wellenformen möglich. In einer Schallwelle schwingen die Atome des Materials um ihre jeweilige Ruhelage.

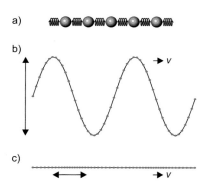

Bild 12.2. (a) Kette aus gleichartigen Federn und Massenelementen, (b) Transversal- und (c) Longitudinalwellen (Momentbilder)

In einfachen Fällen lassen sich Schallwellen durch Sinusfunktionen beschreiben. Dabei stellt man sich vor, dass jedes Teilchen des Mediums in der Ausbreitungsrichtung x als Funktion der Zeit t eine sinusförmige Schwingung ausführt (Bild 12.3 a):

Schwingung $\quad a = A \sin\left(2\pi \dfrac{t}{T} + \varphi'\right); \quad \varphi' \text{ und } x \text{ konstant}$.

Hier sind a die Auslenkung des Teilchens aus der Ruhelage, A die **Schwingungsweite** oder **Amplitude** und T die **Schwingungszeit**. Benachbarte Teilchen schwingen dabei allerdings mit einer zeitlichen Verzögerung; d. h. die Phasenkonstante φ' ist von der Ortskoordinate x abhängig. Ein Momentbild (t = konst.) der Auslenkungen a aller Teilchen zeigt nun eine auch räumlich sinusförmige Verteilung (Bild 12.3 b):

Momentbild einer Welle

$$a = A \sin\left(2\pi \frac{x}{\lambda} + \varphi''\right); \quad \varphi'' \text{ und } t \text{ konstant} \quad .$$

λ ist die **Wellenlänge**, d. h. die Länge der räumlichen Periode. Die von Zeit und Ort abhängige Wellenbewegung, Bild 12.3 c, wird allgemein beschrieben durch:

Wellenbewegung $\quad a = A \sin(\omega t - kx + \varphi) \quad ,$

mit der

Kreisfrequenz $\quad \omega = \dfrac{2\pi}{T}$

und dem **Wellenvektor k**, für dessen Betrag gilt:

Wellenvektorbetrag $\quad k = |\boldsymbol{k}| = \dfrac{2\pi}{\lambda} \quad .$

Nach der Zeit $t = T$ hat jedes Teilchen eine vollständige Schwingung durchlaufen und befindet sich dann in der gleichen Lage wie zur Zeit $t = 0$. Gleichzeitig verschiebt sich der ganze Wellenzug räumlich um die Strecke $x = \lambda$. Die *Ausbreitungsgeschwindigkeit v* der Welle ist daher

$$v = \frac{\text{Weg der Welle}}{\text{Zeit}} = \frac{\lambda}{T}$$

oder

Ausbreitungsgeschwindigkeit $\quad v = \lambda f \quad .$

Bild 12.3. (a) Schwingung an festem Ort x, (b) Momentbild einer Welle und (c) Wellenbewegung (3 aufeinander folgende Momentbilder)

Dabei ist $f = 1/T$ die Frequenz mit der Einheit $1\,\text{s}^{-1} = 1\,\text{Hz}$.

Die Fortpflanzungsgeschwindigkeit der Wellen v hängt vom Medium ab. Sie ist gewöhnlich unabhängig von der Amplitude A und nur in erster Näherung auch unabhängig von der Frequenz f bzw. der Wellenlänge λ. Beim Übergang einer Welle von einem Medium in ein anderes bleibt die Frequenz konstant, allerdings ändert sich die Wellenlänge, und es gilt:

$$\frac{\lambda_1}{\lambda_2} = \frac{v_1}{v_2} \quad .$$

📖 Stehende Wellen und Eigenschwingungen

Bei der Überlagerung zweier einander *entgegenlaufender* Wellen gleicher Frequenz und gleicher Amplitude ergibt sich eine *stehende Welle*, Bild 12.4. An bestimmten Stellen des Wellenfeldes ist die Auslenkung immer Null, **Schwingungsknoten**; dazwischen liegen Bereiche mit maximalen Auslenkungen, **Schwingungsbäuche**. Der Abstand der Knoten (bzw. der Bäuche) beträgt $\lambda/2$. Am einfachsten erzeugt man ein Stehwellenfeld durch Überlagerung einer einfallenden und einer reflektierten Welle, wobei an der reflektierenden festen Wand immer ein Knoten liegt, Bild 12.4.

Betrachtet man z. B. ein Seil, das zwischen zwei festen Punkten im Abstand L aufgespannt ist, Bild 12.5, so lassen sich auch hier stehende Wellen anregen, die wieder als Überlagerung einer nach links und einer nach rechts laufenden Welle aufgefasst werden können, welche an beiden Enden reflektiert werden. Auf diesem zweiseitig eingespannten Seil (z. B. eine Gitarren-Saite) lassen sich nun aber nicht mehr Wellen beliebiger Wellenlänge λ erzeugen, sondern nur solche, die an den Halterungen gerade Knoten besitzen. Die Länge L muss also gleich einem ganzzahligen

Bild 12.4. Örtliche Verteilung der Schwingungsauslenkungen in einer stehenden Welle zu verschiedenen Zeiten

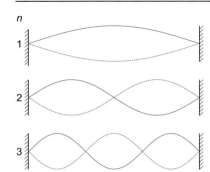

Bild 12.5. Eigenschwingungen eines gespannten Seiles

Bild 12.6. Longitudinale Eigenschwingungen eines eingespannten Stabes

Vielfachen von $\lambda/2$ sein; dies definiert einen **Resonator**, der hier als akustisches Beispiel vorliegt, aber z. B. auch im optischen Bereich mit zwei Spiegeln funktioniert: *Laserresonator*, hier spricht man von *longitudinalen Moden*. Allgemein gilt:

Stehende Welle im Resonator　　$L = n\dfrac{\lambda_n}{2}$　　mit　$n = 1, 2, 3, \ldots$　.

Für $n = 1$ erhält man die Grundwelle, für $n = 2$ die erste Oberwelle und für $n = 3$ die zweite Oberwelle usw., Bild 12.5.

Zu den diskreten Wellenlängen λ_n der Saiten-Eigenschwingungen gehören diskrete Frequenzen

$$f_n = \frac{c}{\lambda_n} = n\frac{c}{2L}　\text{ mit }　n = 1, 2, 3, \ldots　.$$

Diese **Eigenfrequenzen** der Saite bilden eine harmonische Folge. Oft werden übrigens mehrere Eigenschwingungen der Saite gleichzeitig angeregt, deren Schwingungsverteilungen, z. B. beim Anzupfen, sich überlagern. Dies hat Einfluss auf die Klangfarbe eines Musikinstrumentes.

Ein elastischer Stab der Länge ℓ sei bei $1/4$ und $3/4$ seiner Länge eingespannt. Der Stab lässt sich zu longitudinalen Eigenschwingungen anregen, wobei an den Einspannstellen Schwingungsknoten liegen. Im Falle der Grundschwingung, Bild 12.6 unten, finden wir an den Enden und in der Mitte maximale Amplitude: Die Strecke zwischen den Einspannungsstellen ist damit wie in Bild 12.5 gleich $\frac{\lambda}{2}$, für die gesamte Stablänge ergibt sich dann aber $\ell = \lambda$. Für die erste Oberwelle ist $\ell = 2\lambda$, und es liegen an den Stabenden Knoten; für die zweite Oberwelle ist $\ell = 3\lambda$, usw.

Auch in vielen anderen Anordnungen lassen sich Eigenschwingungen anregen. Jede Eigenschwingung eines Systems besitzt eine feste Frequenz und eine charakteristische Stehwellenverteilung mit bestimmten Knotenbereichen. Beispiele für solche Resonatoren sind: Stimmgabeln, Glocken, luftgefüllte Hohlräume (z. B. Orgel, Flöte) u. a. Der Begriff der Eigenschwingung spielt in vielen Bereichen der modernen Physik und auch in der Technik eine entscheidende Rolle (Laser, Quantenmechanik, Theorie der chemischen Bindungen, Supraleitung u. a.)

📖 Schallwellen und adiabatische Vorgänge

Ein Lautsprecher erzeugt durch seine schwingende Membran Dichteschwankungen in der Luft mit einer bestimmten Amplitude (Lautstärke) und Frequenz (Tonhöhe). Diese Dichteschwankungen im Schallfeld verlaufen so schnell, dass zwischen den gerade komprimierten und dabei erwärmten Bereichen und den durch Ausdehnung abgekühlten Bereichen kein Wärmeaustausch stattfindet. Dies bezeichnet man als **adiabatischen Vorgang**.

Für ein *ideales Gas* gilt für **adiabatische Zustandsänderungen** die

Poisson-Gleichung　　$pV^\kappa = \text{konst.}$　mit　$\kappa = \dfrac{c_p}{c_V}$　,

mit dem Druck p und dem Volumen V. c_p und c_V sind die spezifischen Wärmekapazitäten des Gases bei konstantem Druck bzw. konstantem Volumen, siehe dazu auch *Themenkreis 17*.

Die *Schallgeschwindigkeit* in einem (idealen) Gas ist

$$v_{\text{gas}} = \sqrt{\kappa\frac{p}{\rho}}　.$$

Für Luft von $0\,°\text{C}$ und $p = 1013\,\text{hPa}$ ergibt sich mit $\kappa = 1{,}40$ und $\rho = 0{,}001293\,\text{g/cm}^3$ die

a) sinusförmige Schwingung

b) Klang

c) Rauschen

Bild 12.7. Schwingungsauslenkung a in Abhängigkeit von der Zeit t und Amplitude A in Abhängigkeit von der Frequenz (a) für eine reine Sinusschwingung, (b) für mehrere harmonische Teiltöne, d. h. einen Klang und (c) für statistisches Rauschen

| **Schallgeschwindigkeit in Luft** | $v_{0\mathrm{L}} \approx 330\,\dfrac{\mathrm{m}}{\mathrm{s}}$. |

Anwendungsbeispiel: Bei einem Gewitter sieht man es zunächst in der Ferne blitzen, schätzt dann die Zeit (durch langsames Zählen) bis zum Einsatz des Donnergeräuschs z.B. 4 s: Der Ort der Blitzentstehung ist dann ca. 1,5 km entfernt.

Da der Druck von *idealen Gasen* bei konstantem Volumen proportional zur Temperatur ist, $p \sim T$, ist auch die Schallgeschwindigkeit v_{gas} von der Temperatur abhängig:

$$v_{\mathrm{gas}}(T) = v_{\mathrm{gas}}(T_0) \cdot \sqrt{T/T_0} \quad .$$

📖 Grundbegriffe der Akustik

Frequenz oder Tonhöhe

Das menschliche Gehör kann Frequenzen im Bereich des sog. **Hörschalls** von etwa 16 Hz bis 20 kHz wahrnehmen. Ein reiner **Ton** wird hervorgerufen durch eine Sinusschwingung im Hörbereich, gekennzeichnet durch eine einzige Frequenz f und eine Amplitude a, Bild 12.7 a. Als harmonischen **Klang** bezeichnet man die Überlagerung von *Grundton* und *Obertönen* mit den Frequenzen $f_n = nf_1$ und den Amplituden $A_n (n = 1, 2, 3, \ldots)$, Bild 12.7 b.

Ein Ton eines Musikinstruments ist in diesem Sinne ein Klang. Seine Klangfarbe wird durch die Amplitudenverhältnisse der Teiltöne bestimmt ($A_1 : A_2 : A_3 \ldots$). Die *Tonhöhe* richtet sich nach der Frequenz f_1 des Grundtones. Der Klangeindruck ist dabei unabhängig von der Phasenlage der Teiltöne. Zur Kennzeichnung eines Klanges (oder Schallsignals) genügt daher die Angabe des Spektrums, d. h. die Auftragung der Amplituden der Teiltöne als Funktion der Frequenz, Bild 12.7 rechts.

Eine Überlagerung mehrerer Töne oder Klänge (z. B. Akkord, Terz) bezeichnet man als Klang- oder Tongemisch. Eine *Konsonanz*, d. h. ein wohlklingender Zusammenklang von zwei Tönen entsteht bei kleinen ganzzahligen Frequenzverhältnissen $f_1 : f_2 = m : n$ für m und n kleiner als 8; z. B. für Oktave 2 : 1, Quint 3 : 2 oder kleine Terz 6 : 5. Andernfalls entsteht eine *Dissonanz*.

Unregelmäßige statistische Schwingungen führen zu einem Geräusch (Bild 12.7 c, **Rauschen**). Das Spektrum ist dabei kontinuierlich entsprechend sehr vielen, sehr dicht liegenden Teiltönen. Die üblicherweise benutzte Tonleiter besitzt eine Einteilung des Tonfrequenzbereiches 1 : 2 (Oktave) in 12 gleich große Halbtonschritte,

Tabelle 12.1. Tonumfang (Frequenzbereiche) verschiedener Schallquellen

		Grundtöne f / Hz
Sprache	Mann	100 – 300
	Frau	200 – 600
Klavier		30 – 3400
Violine		200 – 3800
Orgel		16 – 4100
elektrische Wiedergabe von Lautsprechern		20 – 20000

d. h. in Frequenzstufen, die sich jeweils um den Faktor $^{12}\sqrt{2} = 1,0595$ unterscheiden; einem Ganzton entspricht also eine Frequenzänderung von ca. 12 %.

In Tabelle 12.1 ist der Tonumfang für verschiedene Schallquellen zusammengestellt.

Schallfeldgrößen

Die **Lautstärke** eines Schallfeldes ist eine physiologische Beschreibungsgröße. Sie ist von der maximalen Druckamplitude A am Ort des Trommelfells abhängig. Ein physikalisches Maß für die Lautstärke ist die **Schallintensität I**. Das ist die Schallenergie, die pro Zeit- und Flächeneinheit auf eine senkrecht zur Fortpflanzungsrichtung stehende Fläche, z.B. des Trommelfells auftrifft:

$$\text{Intensität} = \text{Energiestromdichte} = \frac{\text{Energie}}{\text{Zeit} \cdot \text{Fläche}}$$

mit der Einheit: $1\,\text{Watt}/\text{m}^2 = 1\,\text{W}/\text{m}^2$. Die Intensität ist dabei proportional zum Quadrat der Amplitude, also $I \sim A^2$.

Das menschliche Ohr kann sehr große Lautstärkenunterschiede wahrnehmen. Zwischen der Hörschwelle und der Schmerzgrenze liegen etwa 13 Zehnerpotenzen der Schallintensität. Es ist daher zweckmäßig, eine logarithmische Skala zu verwenden, ein sog. Pegelmaß: den **Schallpegel x_I**. Die Einheit ist 1 Dezibel = 1 dB:

$$\textbf{Schallpegel} \qquad x_I = 10 \log \frac{I}{I_0}\,\text{dB} \qquad .$$

I ist die zu messende und I_0 eine Bezugsintensität.

Beim Hörschall ist die Bezugsschallintensität I_0 auf den Wert $I_0 = 10^{-12}\,\text{W}/\text{m}^2$ festgelegt. Das entspricht etwa der Schallintensität an der Hörschwelle für die Frequenz $f = 1000\,\text{Hz}$. Auf diese Weise können beliebige Schallintensitäten als *Schallpegel* in der Einheit dB angegeben werden.

Da die Intensitäten (Leistungen) I proportional zum Amplitudenquadrat A^2 sind, gilt für das Amplitudenpegelmaß

$$x_A = 10 \log \frac{A^2}{A_0^2}\,\text{dB} = 20 \log \frac{A}{A_0}\,\text{dB} \qquad .$$

Bei hintereinander geschalteten Abschwächern bzw. Verstärkern multiplizieren sich die Schwächungsfaktoren I/I_0, entsprechend addieren sich einfach die Pegelmaße. Ein solches Pegelmaß wird in der Messtechnik oft auch als Maß für eine Leistungs- oder Amplituden-Verstärkung oder -Schwächung (Dämpfung) benutzt, wobei die Eingangs-Leistung bzw. -Intensität als Bezugsgröße I_0 bezeichnet wird. Beispiel zur Berechnung von Zwischenwerten, siehe Tabelle 12.2:

$$-16\,\text{dB} = -(10\,\text{dB} + 6\,\text{dB}) \,\hat{=}\, 0,1 \cdot 0,25 = 0,025 \equiv 2,5\% \qquad .$$

Merke: $-3\,\text{dB}$ entspricht ziemlich genau $I/I_0 = 50\%$.

Subjektive Bewertung von Schallintensitäten

Zwei Töne gleicher Intensität, also gleicher Schallenergiestromdichte, aber verschiedener Frequenz empfindet das Ohr nicht als gleich laut. Sehr hohe und sehr tiefe Töne erscheinen vielmehr beim gleichen Schallpegel dem Ohr viel leiser als Töne im mittleren Bereich von 500 bis 5000 Hz.

Auch hier hat man ein logarithmisches Pegelmaß eingeführt, die Lautstärkeskala mit der Einheit 1 Phon. Bei $f = 1000\,\text{Hz}$ erzeugt ein Schallpegel x_I in dB einen

Tabelle 12.2. Umrechnung von Intensitätsverhältnissen in Dezibel

I/I_0 (%)	100	79	63	**~50**	40	25	16	10	1	0,1	0,01	···
dB	0	-1	-2	**-3**	-4	-6	-8	-10	-20	-30	-40	···

Tabelle 12.3. Beispiele für die Lautstärke L_S verschiedener Schallquellen

L_S (Phon)	0	10	20	30	40	50	60	70	80	90	100	110	120	130
Schall-quellen		Blätter-säuseln	leises Flüstern	Rascheln von Papier	Zerreißen Sprechen	Lautsprecherwiedergabe lautes Rufen			hoher Konzertpegel			Flugzeug in 5 m Entfernung		
Musik-bereich				ppp	pp	p			f	ff	fff			

(Hörschwelle) p : piano (leise) f : forte (laut) (Schmerzgrenze)

Lautstärkepegel L_S in Phon. Die Bezugsschallintensität hierbei ist diejenige der Hörschwelle bei 1000 Hz ($I_0 = 10^{-12}$ W/m^2), bei der $L_S = 0$ ist. Der Lautstärkepegel bei anderen Frequenzen wird dadurch festgelegt, dass der entsprechende Ton die gleiche subjektive Lautstärkeempfindung hervorruft wie ein Ton bei 1000 Hz.

Die Phonskala liefert also ein Maß für die Lautstärke von Tönen beliebiger Frequenzen oder auch von Geräuschen. Eine Steigerung der Lautstärke um 10 Phon entspricht etwa einer Verdopplung der subjektiv empfundenen Lautheit, wie Experimente zeigen: eine Folge des logarithmischen Empfindlichkeitsverlaufs des Ohres. Beispiele sind in Tabelle 12.3 gegeben.

Die Schallintensität muss einen Mindestwert überschreiten, bevor man einen Ton gerade hört; die Lautstärke beträgt dann definitionsgemäß 0 Phon. Für verschiedene Frequenzen ist der Schallpegel an der Hörschwelle jedoch unterschiedlich. Erreicht die Lautstärke etwa 130 Phon, so tritt eine Schmerzempfindung ein, Tabelle 12.3.

12.1 Bestimmung der Schallgeschwindigkeit (1/3)

Bestimmung der Schallgeschwindigkeit in Luft durch Laufzeitmessung und mittels Stehwellenfeld vor einer festen Wand; Berechnung der Schallgeschwindigkeit und des Adiabatenkoeffizienten κ.

2 Mikrofone, Zähler, 2 Metallstäbe, Maßstab, elektronischer Zeitmesser, Frequenzgenerator mit Lautsprecher, Mikrofon mit Mikroamperemeter, optische Bank.

Laufzeitmessung

Durch den Schlag zweier Metallstäbe aneinander wird ein kurzzeitiger Klang, ein akustisches Wellenpaket, erzeugt, Bild 12.8. Der Schlag muss in der verlängerten Linie d, die die zwei Mikrofone bilden, erfolgen. Die z. B. auf einer optischen Bank befestigten Mikrofone liefern das Start- und Stop-Signal für das Zählgerät (Start-Stop-Zeit-Einstellung auf $\approx 0{,}1$ ms). Der Abstand d der Mikrofone werden zwischen deren Spitzen gemessen. Messung der Laufzeit t (z. B. 3-mal 10 t). Lufttemperatur bestimmen.

Bild 12.8. Aufbau zur Bestimmung der Schallgeschwindigkeit durch Laufzeitmessung

Aus dem Mittelwert der Laufzeit $\bar{t}$ werden die Schallgeschwindigkeit $v_L = d/\bar{t}$ und der *Adiabatenexponent* κ_L in Luft berechnet. Temperatur angeben.

Stehwellenfeld

In einer Anordnung nach Bild 12.9 wird durch Verschieben des Mikrofons auf einer optischen Bank das Stehwellenfeld vor einer festen Wand abgetastet. Eine exakte Ausrichtung von Lautsprecher und Mikrofon ist für ein gutes Ergebnis wichtig. Die Messungen erfolgen bei hohen Frequenzen (ca. 20 kHz), da diese zu keiner subjektiv wahrnehmbaren Lautstärke führen (Lärmschutz). Das Mikrofon liefert einen zur Schallintensität proportionalen Strom, der mit einem Mikroamperemeter gemessen wird. Den Positionen der Schwingungsbäuche bzw. -knoten entsprechen Minima bzw. Maxima des Mikrofonstroms.

Es wird der Abstand über 10 bis 15 Maxima, d. h. 10- bis 15-mal $\lambda/2$ gemessen. Da sich die Frequenz während der Messung geringfügig ändern könnte, wird deren Mittelwert aus den Messungen am Anfang (f_A) und am Ende (f_E) bestimmt. Lufttemperatur notieren.

Bild 12.9. Aufbau zur Bestimmung der Schallgeschwindigkeit im Stehwellenfeld

✍ Aus den Abstandsmessungen werden die Schallwellenlänge in Luft und daraus die Schallgeschwindigkeit $v_L = \lambda_L f$ bei der Messtemperatur bestimmt. Berechnung der Schallgeschwindigkeit für 0 °C und des Adiabatenexponenten κ_L. Fehlerabschätzung.

✍ Schallgeschwindigkeit und Adiabatenexponent aus beiden Versuchsteilen werden untereinander und mit dem Literaturwert verglichen.

12.2 Kundtsches Rohr (2/3)

 Bestimmung der Schallgeschwindigkeiten in Luft und Kohlendioxid im Kundtschen Rohr; Berechnung der Schallgeschwindigkeiten und der Adiabatenkoeffizienten κ.

 Maßstab, Frequenzgenerator mit Lautsprecher, Mikrofon mit Mikroamperemeter, Kundtsches Rohr mit Stempel.

🕐 In dem einseitig mit einem Stempel abgeschlossenen gasgefüllten Glasrohr werden mit einem Piezoelement bei hohen Frequenzen (ca. 20 kHz: Lärmschutz!) stehende Wellen erzeugt, Bild 12.10. Mit dem Mikrofon wird der Schallpegel am Abzweig des seitlich angesetzten Glasrohres gemessen. Durch Verschieben des Stempels wird das Stehwellenfeld gleichsam am Mikrofon vorbeigeschoben. Auf diese Weise kann der Abstand zwischen benachbarten Maxima bzw. Minima des Schallpegels bestimmt werden. Vor Beginn der Messung muss die Anordnung zunächst auf hinreichend große Empfindlichkeiten eingestellt werden. Dazu wird durch Verschieben des Stempels oder Veränderung der Frequenz des Schallsenders eine Einstellung mit maximalem Schallpegel am Ort des seitlichen Rohransatzes gesucht und dann das Mikrofon in eine Position mit maximalem Mikrofonsignal gebracht.

🕐 Bei der eigentlichen Versuchsdurchführung werden durch Verschieben des Stempels im luftgefüllten Glasrohr diejenigen Stempel-Positionen d_i als Maxima des Mikrofonsignals gemessen, bei denen sich stehende Wellen maximaler Amplitude im Glasrohr ergeben.

🕐 Zur Messung an Kohlendioxid lässt man das Gas zunächst bei herausgezogenem Stempel durch den seitlich angebrachten Stutzen strömen und wartet den Gasaustausch (ca. 30 s) ab. Nach dem Stoppen der CO_2-Zufuhr und Schließen des Stempels muss das Mikrofon zunächst, wie oben beschrieben, auf ein Maximum des Mikrofonsignals eingestellt werden. Nach nochmaligem kurzen Füllen mit Kohlendioxid erfolgt die Messung wie bei Luft. Da die Maxima und Minima nicht so ausgeprägt sind und unvermeidbares Einströmen von Luft die Messung verfälschen kann, muss die Messung zügig durchgeführt werden. Aus dem gleichen Grund darf bei dieser Messung der Stempel nur in das Glasrohr hineingeschoben und nicht herausgezogen werden.

🕐 Bei den eigentlichen Messungen wird der Abstand über 8 bis 10 Schallpegelmaxima gemessen. Die Frequenz wird wieder als Mittelwert aus Anfangs- (f_A) und Endablesung (f_E) ermittelt. Schließlich muss die Gastemperatur gemessen werden.

Jeder Versuch sollte mehrmals wiederholt werden.

✍ Aus den gemessenen Abständen wird die Wellenlänge λ und mit Hilfe der Frequenz f die Schallgeschwindigkeit $v = \lambda f$ bei der Messtemperatur bestimmt. Reduktion auf Normalbedingungen für Luft und CO_2, d. h. Berechnung von $v(0\,°C)$. Fehlerabschätzung. Aus dem Ergebnis werden die Adiabatenexponenten für Luft κ_{Luft} und CO_2 κ_{CO_2} bestimmt. Die Ergebnisse werden mit den Literaturwerten verglichen.

Bild 12.10. Aufbau zur Bestimmung der Schallgeschwindigkeit mit dem Kundtschen Rohr

12.3 Physiologische Akustik (1/3)

 Qualitative und quantitative Eigenschaften des eigenen Gehörsinns sollen in Selbstversuchen ermittelt werden.

 Tonfrequenz-Generator (Sinus-, Rechteck- und Dreieckspannungen) mit Verstärker und Kopfhörer.

Mit dem Frequenzgenerator können Sinusschwingungen im Frequenzbereich von etwa 15 Hz bis über 20 kHz erzeugt, elektronisch verstärkt und über einen Kopfhörer in Schallschwingungen umgesetzt werden.

Die Amplitude des Schallsignals muss einstellbar sein, z. B. durch Änderung des Verstärkungsfaktors um bis zu 10^5. Dabei entsprechen die Abschwächungsfaktoren für die Schallleistung von $10^0, 10^{-1}, \ldots 10^{-5}$ den Stufen $0, -20, -40, \ldots -100$ dB für den Spannungspegel. Die elektrische und damit auch die akustische Ausgangsleistung ist proportional zu U_A^2.

Für die Versuche wird vereinfachend angenommen, dass die Kopfhörer im ganzen Frequenz- und Intensitätsbereich linear arbeiten, so dass jeweils ein reiner Sinuston entsteht und die Schallleistung der elektrischen Ausgangsleistung proportional ist. Die folgenden Versuche werden zunächst mit Sinustönen durchgeführt und mit beiden Ohren abgehört.

Für die Untersuchung des Einflusses von Obertönen soll der Frequenzgenerator außer dem üblicherweise verwendeten Sinus-Ton auch einen Rechteck- und einen Dreieck-Ton mit jeweils gleicher effektiver Leistung erzeugen können.

Überblick über den Umfang des Lautstärke-Hörbereiches

Es wird eine konstante Frequenz, z. B. $f = 1$ kHz eingestellt und dann, von der kleinsten noch wahrnehmbaren Schallleistung (Hörschwelle) ausgehend, der Pegel um jeweils 20 dB ($\equiv$ 20 Phon), die Leistung also um jeweils einen Faktor 100 und damit die Ausgangsspannung U_A jeweils um einen Faktor 10 heraufgeschaltet. Vorsicht beim Einschalten des lautesten Tones.

 Kontrolliere, ob der Gehörsinn tatsächlich über einen Intensitätsbereich von mehr als 12 Zehnerpotenzen arbeitet!

Überblick über den Tonhöhen-Hörbereich

Es wird eine mittlere Lautstärke eingestellt. Vom Ultraschallbereich beginnend ($f \approx 20$ kHz), wird die Frequenz kontinuierlich erniedrigt, bis ein Ton hörbar wird. Wo liegt die individuelle Grenzfrequenz bei der gewählten Schallleistung?

Nun verändere man die Frequenz jeweils um den Faktor 2 und höre die Töne in einer Oktavfolge, z. B. 8000, 4000, 2000, 1000, 500, 250, 125, 64, 32, 16 Hz. Unterhalb 100 Hz muss die Leistung erhöht werden.

 Der Hörbereich umfasst etwa 10 Oktaven, besitzt also einen Frequenzumfang $1 : 2^{10} \approx 1 : 1000$. Wieviel Oktaven umfasst der Frequenz- bzw. Wellenlängenbereich des sichtbaren Lichtes?

Einfluss von Oberwellen auf die Klangfarbe eines Tones

Bei der Frequenz von 500 Hz wird eine mittlere Lautstärke eingestellt. Man schalte nun zwischen Sinus-, Dreieck- und Rechteck-Ton um und achte auf die Klangfarbe: Rechteck- und Dreieck-Ton enthalten eine große Zahl von Obertönen! Wiederholung des Versuchs bei 5 kHz.

 Wo hört man Unterschiede in der Klangfarbe? Wie ist der Befund zu deuten?

Zur oberen Frequenzgrenze des Hörbereiches

Es wird die größte Schallleistung eingestellt. Die Frequenz wird, beginnend bei etwa 20 kHz, kontinuierlich verringert, bis ein Ton gerade hörbar wird; Messungen einige Male wiederholen.

 Man prüfe die obere Frequenzgrenze für das rechte und linke Ohr getrennt. Achtung: Zwecks Vermeidung systematischer Fehler Kopfhörer vertauschen, da beide Systeme nie genau gleich sind.

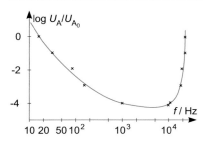

Bild 12.11. Beispielmessung zur Frequenzabhängigkeit der Hörschwelle

Frequenzabhängigkeit der Hörschwelle

Die Empfindlichkeit des Ohres fällt bei Annäherung an die obere und untere Hörfrequenzgrenze stark ab; d. h. es werden immer größere Schallintensitäten gebraucht, um einen gerade hörbaren Ton (0 Phon) zu erzeugen, bis schließlich an den äußersten Grenzen des Hörbereiches Hörschwelle und Schmerzgrenze zusammenfallen.

Um die Frequenzabhängigkeit der Hörschwelle zu messen, stellt man eine beliebige Schallleistung ein und sucht dann die Frequenz f_o (bzw. f_u) in der Nachbarschaft der oberen (bzw. unteren) Frequenzgrenze auf, für die der Ton gerade hörbar wird. Die Messungen werden für verschiedene Lautstärken wiederholt.

✎   Die Intensität I bei der größten vom Frequenzgenerator abgegebenen Leistung wird willkürlich gleich 1 gesetzt. Die Messwerte können in doppelt-logarithmischer Darstellung aufgetragen werden, Bild 12.11.

Äquidistante Lautstärkenschritte

Bei einer Erhöhung der Lautstärke um 10 Phon soll sich die subjektiv empfundene Lautheit eines Schalles etwa verdoppeln. Für einen Ton mittlerer Lautstärke (z. B. 1 kHz) vergleiche man die Lautheit bei den Einstellungen, die jeweils etwa Stufen von 10 Phon entsprechen. Es ist ein mittlerer Schallpegel nach Gehör einzustellen, der einer Verdopplung bzw. einer Halbierung der subjektiv empfundenen Lautheit entspricht. Sind dies mehr oder weniger als 10 Phon?

Tonhöhen-Unterscheidungsschwelle

Für Tonhöhenänderungen ist das Gehör besonders im mittleren Frequenzbereich außerordentlich empfindlich. Einen 2 kHz-Ton mittlerer Lautstärke einstellen. Ton ca. 1 s anhören, dann etwa 1 s abschalten, die Frequenzskala verstellen und wieder einschalten; ursprünglichen Ton mit geschlossenen Augen wieder aufsuchen. Wie gut ist die Reproduzierbarkeit (Angabe von Δf und $\Delta f/f$)?

13. Ultraschall

Einführung in die physikalischen Grundlagen und die technische Anwendung des Ultraschalls: Erzeugung, Ausbreitungseigenschaften und Wirkungen, Lichtbeugung an stehenden Schallwellen.

Standardlehrbücher (Stichworte: Ultraschall, Schallgeschwindigkeit, Schallleistung, Schallstrahlungsdruck),
Themenkreis 12: Schallwellen und Akustik,
Bergmann/Schäfer: Experimentalphysik – Band 1.

Erzeugung und Nachweis von Ultraschall

Schallwellen sind elastische Wellen in Gasen, Flüssigkeiten und Festkörpern. Eine Einteilung ist durch die Eigenschaft des menschlichen Ohres gegeben, hohe Schallfrequenzen über 20 kHz nicht wahrnehmen zu können. Als **Hörschall** bezeichnet man Schallwellen im Frequenzbereich von $f = 16\,\text{Hz}$ bis 20 kHz. In Luft, mit einer Schallausbreitungsgeschwindigkeit von $v \approx 330\,\text{m/s}$ bei $0\,^\circ\text{C}$, ergeben sich dabei wegen $v = f\lambda$ Schallwellenlängen von $\lambda = 20{,}6\,\text{m}$ bis 1,65 cm.

Als **Ultraschall** bezeichnet man Schallwellen im Frequenzbereich oberhalb von $f = 20\,\text{kHz}$ bis zu einigen GHz. In Luft ergeben sich damit Schallwellenlängen von 1,65 cm bis 0,1 μm, d. h. Schallwellenlängen bis herab zur Größenordnung der Lichtwellenlängen.

Zur Erzeugung von Ultraschall nutzt man überwiegend magnetostriktive oder piezoelektrische Effekte, weil die dafür erforderlichen magnetischen und elektrischen Wechselfelder genügend hoher Frequenz technisch leicht zu erzeugen sind. Diese Effekte sind auch zum *Nachweis* von Ultraschall geeignet.

Magnetostriktion

Als **magnetostriktiven Effekt** bezeichnet man die Längenänderung eines ferromagnetischen Körpers durch ein Magnetfeld, Bild 13.1. Feldrichtung und Längenänderung verlaufen dabei meist parallel. Die Größe der Längenänderung hängt von der Stärke des Magnetfeldes und den Eigenschaften des Materials ab, wobei vorwiegend Nickellegierungen Verwendung finden. Arbeitet man mit einem magnetischen Wechselfeld, so führt der Körper zeitlich periodische Längenänderungen aus: Er wird periodisch elastisch deformiert und kann diese elastische Deformation als Schallwelle auf das umgebende Medium übertragen.

Einen guten Wirkungsgrad erhält man, wenn die Frequenz des magnetischen Wechselfeldes gleich einer Eigenfrequenz einer mechanischen Körperschwingung ist. Man erreicht mit magnetostriktiven Schallgebern Frequenzen bis ca. 60 kHz in der Grundschwingung und bis ca. 500 kHz bei Anregung der Oberschwingungen. Ihre Hauptanwendung finden solche magnetostriktiven Schallgeber im Frequenzbereich bis ca. 50 kHz in Ultraschallreinigungsanlagen.

Piezoeffekt

Als **piezoelektrischen Effekt** bezeichnet man die Erscheinung, dass bei einigen Kristallen durch Druck oder Dehnung in geeigneten kristallographischen Richtungen Ladungen an den Oberflächen auftreten. Ursache: Bei piezoelektrischen Materialien fallen der positive und negative Ladungsschwerpunkt der Ionen einer Elementarzelle

Bild 13.1. Magnetostriktion: ein Magnetfeld der Stärke H führt bei Nickel zu einer Stabverkürzung

a) Deformation → Spannung

b) Spannung → Deformation

U

Bild 13.2. Schallfeldgrößen

nicht mehr zusammen, wenn diese deformiert wird. Bei der Deformation entstehen daher Dipole, die das Auftreten von Ladungen auf den Kristalloberflächen bewirken. Die damit verbundene Spannung eignet sich auch zum Nachweis von Deformationen, die durch Ultraschall hervorgerufen werden, Bild 13.2 a.

Durch Anlegen einer elektrischen Spannung an geeignete Kristallflächen erhält man umgekehrt eine Deformation des Kristalls. So kann eine Wechselspannung in Ultraschallschwingungen umgesetzt werden, Bild 13.2 b.

Als Piezomaterialien werden Quarz-Einkristalle oder auch polykristalline Oxide benutzt, meist in Form von Scheiben oder Plättchen. Deren Eigenfrequenzen sind umgekehrt proportional zu ihrer Dicke. Da bei sehr hohen Frequenzen ($f > 50\,\text{MHz}$) die Quarzplättchen zu dünn werden, verwendet man dann dickere Quarze, die in Oberschwingungen angeregt werden.

Das elektrische Schaltbild eines **Ultraschallquarzes** entspricht dem eines Schwingungskreises aus Spule und Kondensator, siehe auch *Themenkreis 24*. Man kann also den Schwingquarz auch in den Rückkopplungsweg eines Verstärkers einbauen und erhält dann einen Oszillator, der mit der Eigenfrequenz des Quarzes schwingt. Angewendet wird dieses Verfahren z. B. bei den Quarzuhren und den Frequenznormalen in elektronischen Zählschaltungen.

Die breite Anwendung des Quarzes als Ultraschallgeber, Empfänger und als Oszillator beruht auf der sehr geringen Temperaturabhängigkeit des Piezoeffektes und der hohen mechanischen Stabilität des Quarzes.

Elastische Wellen in deformierbaren Materialien

In einer *Schallwelle* schwingen die Massenpunkte im Material (z. B. Atome oder Moleküle) um ihre Ruhelage. In einer longitudinalen Welle, die sich in x-Richtung ausbreitet, erfolgt auch die Schwingung in x-Richtung. Die zeitliche und räumliche Verteilung der Auslenkung $a = a(x,t)$ der Massenpunkte aus ihrer Ruhelage ist:

$$a = a_0 \sin 2\pi \left(\frac{t}{T} - \frac{x}{\lambda} \right) = a_0 \sin \omega \left(t - \frac{x}{v} \right)$$

mit der Schwingungsdauer T, der Wellenlänge $\lambda = vT$, der Frequenz $f = 1/T$ und der Kreisfrequenz $\omega = 2\pi f$. Bei Flüssigkeiten und Gasen gilt für die

Schallgeschwindigkeit $\qquad v = \sqrt{\dfrac{K}{\rho}}$

mit Dichte ρ (Tabelle 13.1) und adiabatischer Kompressibilität $1/K$, die für Flüssigkeiten sehr viel kleiner als für Gase ist.

Die Geschwindigkeit der Massenpunkte in der Schallwelle ist

$$\frac{\mathrm{d}a(x,t)}{\mathrm{d}t} = u(x,t) = \omega a_0 \cos \omega \left(t - \frac{x}{v} \right) = u_0 \cos \omega \left(t - \frac{x}{v} \right) \quad .$$

Darin ist der Faktor $u_0 = \omega a_0$ die maximale Geschwindigkeit der Massenpunkte. Man bezeichnet u_0 als *Geschwindigkeitsamplitude* oder *Schallschnelle*, was nicht mit der Schallgeschwindigkeit v verwechselt werden darf.

Die Beschleunigung der Mediumteilchen ist

$$b(x,t) = \frac{\mathrm{d}^2 a(x,t)}{\mathrm{d}t^2} = -\omega u_0 \sin \omega \left(t - \frac{x}{v} \right) = -b_0 \sin \omega \left(t - \frac{x}{v} \right) \quad ,$$

worin

$$b_0 = \omega u_0 = \omega^2 a_0$$

die *Beschleunigungsamplitude* ist.

Tabelle 13.1. Zahlenwerte der Dichte und der Schallgeschwindigkeit für verschiedene Stoffe, nach *Handbook of Chemistry and Physics*

	$\rho\,/\,\text{kg m}^{-3}$	$v\,/\,\text{m s}^{-1}$
Luft (0°C)	1,2929	331,45
Wasser (20°C)	998,23	1482,9
Quarz	2200	5900
Aluminium	2700	6420
Stahl (1% C)	7840	5940
Messing	8530	4700
Kronglas	2240	5100
Plexiglas	1180	2680

Schallwechsel- und Schallstrahlungsdruck, Energiedichte

Zur Berechnung der Druckänderungen, die bei der Schallausbreitung in einem Medium auftreten, betrachtet man ein Massenelement $dm = \rho\,dV = \rho\,dx\,dy\,dz$. Dieses Massenelement hat bei der Schallausbreitung die Geschwindigkeit u und Beschleunigung b. Dann wirkt das Massenelement dm mit der Kraft $dF = dm\,b(x,t)$ auf seine Umgebung. Für den Druck in Ausbreitungsrichtung (x-Richtung) ergibt sich dann:

$$\frac{dF}{dy\,dz} = dp = \rho\,dx\left(-\omega^2 a_0 \sin\omega\left(t - \frac{x}{v}\right)\right)$$

und

$$\frac{dp}{dx} = \rho\,b(x,t) = -\rho\omega^2 a_0 \sin\omega\left(t - \frac{x}{v}\right) \quad .$$

Besteht ohne Schallwelle der Druck p_0, so erhält man durch Integration die Druckverteilung in der Schallwelle:

$$p(x,t) = p_0 + \rho\,v\,\omega a_0 \cos\omega\left(t - \frac{x}{v}\right) \quad .$$

Bildet man den zeitlichen Mittelwert des Druckes, so ergibt sich p_0, d.h. durch den **Schallwechseldruck** wird im zeitlichen Mittel kein zusätzlicher statischer Druck auf eine gedachte Wand innerhalb des Mediums ausgeübt.

Bei Experimenten mit Ultraschall kann man jedoch leicht nachweisen, dass auf jede Grenzfläche senkrecht zur Ausbreitungsrichtung ein Druck ausgeübt wird, der auch im zeitlichen Mittel von Null verschieden ist. Dieser Druck wird **Schallstrahlungsdruck** S genannt und hängt mit der im folgenden zu besprechenden Energiedichte E in der Schallwelle zusammen.

Die kinetische Energie eines Masseteilchens der Masse dm in einer Schallwelle ist:

$$e_{\text{kin}} = \frac{1}{2}dm\,[u(x,t)]^2 = \frac{1}{2}dm\,u_0^2 \cos^2\omega\left(t - \frac{x}{v}\right) \quad .$$

Betrachtet man die *Energiedichte*, d.h. die Energie pro Volumeneinheit, so muss man dm durch die Dichte $\rho = dm/dV$ ersetzen:

$$\frac{E_{\text{kin}}}{V} = \frac{e_{\text{kin}}}{dV} = \frac{1}{2}\rho\,u_0^2 \cos^2\omega\left(t - \frac{x}{v}\right) \quad .$$

Für den zeitlichen Mittelwert der (kinetischen) Energiedichte erhält man, da das Integral der Kosinusquadratfunktion über eine Periodendauer gleich 1/2 ist:

$$\overline{E_{\text{kin}}}^t = \frac{1}{4}\rho\,u_0^2 \quad .$$

Die potentielle Energiedichte hat im zeitlichen Mittel den gleichen Wert, so dass die (Gesamt-)Energiedichte in einer Schallwelle gegeben ist durch:

$$E = \overline{E_{\text{kin}}}^t + \overline{E_{\text{pot}}}^t = \frac{1}{2}\rho\,u_0^2 = \frac{1}{2}\rho\,\omega^2 a_0^2 \quad .$$

Theoretische Überlegungen zeigen, dass der *Schallstrahlungsdruck S* mit der Energiedichte verknüpft ist, siehe dazu *Bergmann/Schäfer*: Experimentalphysik – Band 1. Für den Fall vollständiger Schallabsorption am Hindernis gilt einfach

$$S = E \quad .$$

In den meisten Fällen wird man jedoch ein Hindernis haben, das teilweise reflektiert und teilweise durchlässig ist: Ist R der Intensitätsreflexionsgrad, so hat man vor dem Hindernis die Energiedichte $E_{\text{v}} = (1 + R)E$. Die durchgelassene Energiedichte E_{h} hinter dem Hindernis bewirkt einen Schallstrahlungsdruck mit entgegengesetztem Vorzeichen. Damit gilt für den gesamten Schallstrahlungsdruck:

$$S = E_{\text{v}} - E_{\text{h}} = (1 + R)E - E_{\text{h}}$$

Nach der Quantentheorie wird die Energie eines Schallfeldes durch Energiequanten $\hbar\omega$, sog. **Phononen** beschrieben. Dabei ergibt sich der Schallstrahlungsdruck aus dem Impuls $\hbar\omega/v$ der Phononen.

📖 Schallintensität

Die Energie, die pro Zeiteinheit durch eine Flächeneinheit senkrecht zur Ausbreitungsrichtung transportiert wird, bezeichnet man als

Schallintensität $\qquad I = Ev = \dfrac{1}{2}\rho v u_0^2$.

Gemessen wird die Schallintensität I in W/m^2.

Für die gesamte von einer Schallquelle an die Umgebung abgegebene Schallleistung L erhält man damit

$$L = \oint_A I\,\mathrm{d}A$$

Tabelle 13.2. Schallfeldgrößen

Schallfeldgröße	Definition
Schallintensität	$I = L/A$
Energiedichte	$E = I/v$
Schallschnelle	$u = \sqrt{2E/\rho}$
	$= \sqrt{2I/v\rho}$
Beschleunigungs-amplitude	$b_0 = \omega u_0$
Bewegungs-amplitude	$a_0 = u_0/\omega$
	$= (\sqrt{2E/\rho})/\omega$
Schallwechseldruck-amplitude	$p = \sqrt{2I\rho v}$

mit $\mathrm{d}A$ = Flächenelement einer die Schallquelle umgebenden Fläche. Die Schallleistung wird in Watt gemessen.

Sind die Schallleistung L, die Schallfrequenz ω und die Fläche A einer Schallquelle bekannt, so kann man sich alle anderen Schallfeldgrößen aus diesen Angaben berechnen, wenn man die Dichte und die Schallgeschwindigkeit des Mediums kennt, in dem sich der Schall ausbreitet, Tabelle 13.2.

Von einer im Versuch benutzten Schallquelle seien z. B. bekannt: Schallleistung $L = 16$ W, Abstrahlfläche $A = 4\,\text{cm}^2$, Schallfrequenz $f = 800$ kHz. Bei der Ausbreitung des Schalls im Wasser (mit $\rho = 1\,\text{g/cm}^3$ und $v = 1480$ m/s) ergeben sich dann folgende Werte für die Schallfeldgrößen:

Schallintensität $I = 4 \cdot 10^4$ W/m^2, Energiedichte $E = 27$ Ws/m^3 = Schallstrahlungsdruck $s = 27$ N/m^2, Schallschnelle $u_0 = 23$ cm/s, Bewegungsamplitude $a_0 = 0{,}046\,\mu\text{m}$.

📖 Schallreflexion, Schalldurchlässigkeit

Das Verhältnis der Schallgeschwindigkeit in einem Medium 1 zur Schallgeschwindigkeit in einem Medium 2 wird in völliger Analogie zum Licht als Brechzahl oder Brechungsindex des Mediums 2 gegenüber dem Medium 1 bezeichnet. Beim Übergang vom Medium 1 zum Medium 2 gilt das Reflexions- und Brechungsgesetz, wie es aus der Optik bekannt ist.

Die allgemeine Berechnung der reflektierten und gebrochenen bzw. durchgelassenen Schallintensität ist recht kompliziert. Es sei hier nur das Ergebnis für den Fall des senkrechten Schalleinfalls und fehlender Schallabsorption angegeben. Für den Reflexionsgrad R, auch Reflexionsvermögen genannt, das ist das Verhältnis von reflektierter zu einfallender Intensität, ergibt sich:

$$R = \left(\frac{m-1}{m+1}\right)^2 \qquad \text{mit} \qquad m = \frac{\rho_1 v_1}{\rho_2 v_2} \quad .$$

Das Produkt ρv, das auch schon in der Gleichung für die Schallwechseldruckamplitude und die Schallintensität auftrat, wird als **Schallwellenwiderstand** oder Impedanz bezeichnet. Für die Grenzfläche zwischen Wasser und Aluminium gilt $R = 0{,}72$.

Für die Grenzfläche zwischen Wasser und Luft ist $R = 0{,}998 \approx 1$. Daraus ist zu ersehen, dass Schallwellen beim Übergang von Luft in Wasser fast vollständig reflektiert werden und umgekehrt. Ähnlich hohe Reflexionsgrade treten an den Grenzflächen zwischen Festkörpern und Luft auf.

Aus diesen Reflexionsgraden wird deutlich, dass es bei der Übertragung von Ultraschall zwischen Festkörpern keinen Luftspalt geben sollte. Um eine effiziente Übertragung zu erreichen, bringt man zwischen die beiden Körper eine dünne

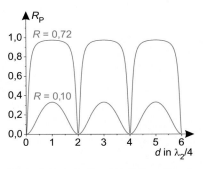

Wasser- oder Fettschicht, wie z. B. bei medizinischen Ultraschalluntersuchungen, der Sonografie.

Schallreflexion von Schichten

Für den Reflexionskoeffizienten einer Schicht, z. B. einer Metallplatte in einer Flüssigkeit oder einer Luftschicht im Festkörper, ergibt sich wegen Vielfachreflexion der Schallwelle an den Schichtoberflächen und Interferenz der Teilwellen:

$$R_{\mathrm{P}} = \frac{4R \sin^2 \left(\frac{2\pi d}{\lambda_2} \right)}{(1-R)^2 + 4R \left(m - \frac{1}{m} \right)^2 \sin^2 \left(\frac{2\pi d}{\lambda_2} \right)}$$

mit d Plattendicke, λ_2 Schallwellenlänge im Plattenmaterial. Der Reflexionskoeffizient als Funktion der Plattendicke d ist in Bild 13.3 dargestellt.

Aus dieser Gleichung ist ersichtlich, dass der Reflexionsgrad nicht nur vom Verhältnis m der Schallwellenwiderstände, sondern auch von der Plattendicke abhängig ist. Die minimale Reflexion ergibt sich für:

$$d_{\mathrm{min}} = n \frac{\lambda_2}{2} \qquad \text{mit} \quad n = 1, 2, 3 \ldots \quad .$$

Eine Schicht oder Platte der Dicke d_{min} ist also unabhängig vom Verhältnis der Schallwiderstände vollkommen schalldurchlässig. Ein Maximum der Reflexion oder ein Minimum der Schalldurchlässigkeit ergibt sich für

$$d_{\mathrm{max}} = \left(n - \frac{1}{2} \right) \frac{\lambda_2}{2} \quad .$$

Eine Schicht oder Platte mit der Dicke $\lambda_2/4$ oder $3\lambda_2/4$ usw. reflektiert also Ultraschall optimal, jedoch in einem Maß, das vom Verhältnis der Schallwellenwiderstände der beiden Medien abhängig ist.

Bei schrägem Einfall einer Ultraschallwelle auf eine Platte ist die wirksame Dicke vom Einfallswinkel abhängig. Deshalb ergibt sich durch Interferenz eine winkelabhängige Reflexion und Transmission.

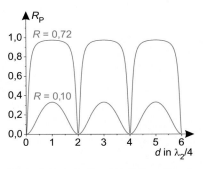

Bild 13.3. Reflexionskoeffizient R_{P} einer planparallelen Platte für verschiedene Reflexionsgrade der Grenzflächen $R = 0{,}1$ und $0{,}72$

Wirkungen von Ultraschall hoher Leistung

Bei großen Intensitäten kann die Schallwechseldruckamplitude den gleichen Wert wie der Normaldruck p_0 erreichen. Es treten dann Druckschwankungen zwischen $p = 2p_0$ und $p = 0$ auf. Speziell für Flüssigkeiten und Festkörper ändert sich aber für $p \to 0$ der Aggregatzustand; z. B. können dabei Flüssigkeiten schon bei Zimmertemperatur verdampfen. Die Entstehung dieser „kalten" Dampfblasen bezeichnet man als **Kavitation**.

Durch das gleichzeitige Auftreten von Schallstrahlungsdruck, Kavitation, Schallwechseldruck und Erwärmung des Mediums infolge von Schallabsorption lässt sich eine Reihe von Wirkungen des Ultraschalls hoher Leistung verstehen. So z. B. die *Emulgierung* und *Koagulation* kolloider Systeme, ebenso die disperse Verteilung fester Stoffe in Flüssigkeiten und Gasen und schließlich auch das Mischen von unter gewöhnlichen Bedingungen nicht mischbaren Flüssigkeiten. Auch biologische, chemische und medizinische Wirkungen und Anwendungen des Ultraschalls beruhen auf den erwähnten Erscheinungen.

Breitet sich eine Schallwelle in einem Medium aus, so ergeben sich innerhalb des Mediums periodische Druck- und Dichteänderungen. Eine senkrecht zur Schallausbreitungsrichtung auf das Medium auftreffende Lichtwelle trifft dann auf ein Medium mit örtlich periodisch sich änderndem optischen Brechungsindex, da dieser bei Flüssigkeiten und Gasen druck- bzw. dichteabhängig ist. Man sagt, in dem Medium existiere ein *Schallwellengitter*. Die Gitterkonstante dieses Gitters entspricht der Schallwellenlänge im Medium.

Das Schallwellengitter hat prinzipiell die gleiche Wirkung auf die Lichtausbreitung wie die in der Optik benutzten Strichgitter. Dies führt zur Beugung von Licht an Ultraschallwellen. Die darauf beruhende Abbildung des Ultraschallfeldes mit Licht wurde zuerst von Debye und Sears experimentell nachgewiesen: **Debye-Sears-Effekt.**

13.1 Schallwellenlänge und -geschwindigkeit in Wasser (1/3)

Lichtoptische Abbildung einer Ultraschallwelle. Messung der Wellenlänge einer Schallwelle bei gegebener Frequenz. Bestimmung der Schallgeschwindigkeit und Kompressibilität von Wasser.

Schallkopf mit Netzgerät zur Erzeugung des Ultraschalls, Quarzplatte, Oszilloskop, Küvetten, Lampe, Plexiglasmaßstab, Schirm.

Das Netzanschlussgerät erzeugt eine elektrische Wechselspannung, deren Amplitude mit Hilfe eines Drehschalters stufenweise geändert werden kann. Ein Anschlusskabel führt die hochfrequente Spannung dem Schallkopf zu, der einen abgestimmten Schwingquarz enthält. Dieser überträgt seine Schwingung auf eine Metallmembran, die den Schallkopf dicht abschließt. Der Schallkopf kann unbedenklich in Medien (z. B. Luft) schwingen, die ihm wenig Energie entziehen. Der Bau des Schallkopfes verhütet, dass die nicht abgestrahlte Energie zur Zerstörung des Schwingquarzes durch übermäßige Erwärmung führt. Trotzdem soll der Drehschalter am Ultraschallgenerator vor Inbetriebnahme des Schallkopfes auf den Kleinstwert eingestellt sein.

Durch die hochfrequente Strahlung des Ultraschallgenerators kann sich dessen Gehäuse elektrisch aufladen ähnlich einem Kondensator! Daher muss dieses vor dem Einschalten über die Erdungsbuchse geerdet werden, um unangenehme Stromschläge bei der Berührung des Gehäuses zu vermeiden.

Wegen Fertigungstoleranzen kann die Resonanzfrequenz des Schallkopfes (bzw. Schwingquarzes) von der Anregungsfrequenz des Netzgerätes abweichen. Das verwendete Gerät kann aber mit Hilfe einer Abstimmvorrichtung auf den jeweiligen Schallkopf eingestellt werden.

Messung der Schallfrequenz

Der Schallkopf wird mit der Abstrahlfläche nach oben eingespannt. Diese wird zur besseren Kopplung mit Wasser benetzt und eine Piezo-Quarzplatte aufgelegt.

Die Spannung zwischen Ober- und Unterseite der Quarzplatte wird mit zwei freien Kabelenden abgegriffen und auf dem Oszilloskopschirm sichtbar gemacht. Mit Hilfe der kalibrierten Zeitbasis des Oszilloskops lässt sich nun die Frequenz bestimmen. (Oszilloskop im kalibrierten Zustand benutzen)

Messung der Wellenlänge

Zur Wellenlängenmessung wird eine stehende Ultraschallwelle in einer mit Wasser gefüllten Küvette erzeugt, Bild 13.4. Durch diese stehende Welle wird in der Flüssigkeit eine periodische Druckverteilung erzeugt (Schwingungsbäuche und Schwingungsknoten) und damit auch Unterschiede in der Brechzahl. Wenn die Küvette mit Licht durchstrahlt wird, sind auf einem Schirm verschiedene helle Streifen zu sehen.

Um ein möglichst kontrastreiches Bild zu erhalten, wird der Schallkopf in der Höhe und im Neigungswinkel justiert. Der Aufbau ist sehr empfindlich, so dass das Bild bei Erschütterungen unscharf werden oder verschwinden kann.

Ist der Aufbau justiert, wird ein Bogen Papier auf dem Schirm befestigt, um darauf möglichst viele der beobachtbaren Streifen zu markieren. Dann wird an Stelle der stehenden Welle ein Plexiglas-Maßstab eingesetzt und dessen Einteilung ebenfalls auf dem Schirm markiert. Die Messung wird für verschiedene Abstände Schirm/Küvette wiederholt.

Bild 13.4. Aufbau zur Messung der Ultraschallwellenlänge in Wasser

Aus dem direkten Größenvergleich der Streifen von Ultraschallwellen und Maßstab lässt sich die Wellenlänge bestimmen.

 Schallgeschwindigkeit und Kompressibilität von Wasser
Da die Frequenz f und die Wellenlänge λ gemessen wurden, kann nach $v = \lambda f$ die Schallgeschwindigkeit im Wasser bestimmt werden. Die Kompressibilität ergibt sich zu $1/K = 1/\rho v^2$. Der reziproke Wert K wird als Kompressionsmodul bezeichnet.

Zum Vergleich überschlage man, welche Kraft auf den Kolben einer Pumpe (Kolbendurchmesser z. B. 1 cm) wirken müsste, um eine Wassersäule vorgegebener Länge messbar zusammenzudrücken. Das Ergebnis soll zeigen, dass eine Messung der Kompressibilität auf einem solchen Wege schwierig ist.

13.2 Schallstrahlungsdruck (2/3)

Messung des Schallstrahlungsdrucks einer Ultraschallwelle.

Ultraschallkopf mit Netzgerät, Lampe, Linse, Torsionswaage, Kalibriergewichte, Wasserbad.

Von einem Schallsender wird an der Oberfläche einer Messplatte ein Schallstrahlungsdruck erzeugt. Die dadurch hervorgerufene Kraft F auf die Messplatte wird mit Hilfe einer empfindlichen Torsionswaage bestimmt, Bild 13.5. Die Messung erfolgt dabei in einem Kompensationsverfahren, d.h. die Kraft F wird durch eine entsprechende Gegenkraft kompensiert. Diese Gegenkraft kann auf zwei Arten erzeugt werden: Durch Gewichtsstücke in der Waagschale oder durch Torsion des Drahtes der Drehwaage. Da jedoch das Übersetzungsverhältnis des Waagebalkens und die durch Torsion erzeugbare Kraft unbekannt sind, muss die Anordnung vor der Messung zunächst kalibriert werden: Durch Ausbalancieren der Waage mit Gewichtsstücken der Masse m_1 auf der Messplatte und m_2 in der Waagschale wird das Übersetzungsverhältnis m_1/m_2 bestimmt. Nun wird zur Kalibrierung der Torsionsskala eine Gewichtskraft $m_3 g$ in der Waagschale durch Torsion des Drahtes um einen zugehörigen Winkel δ_{m_3} kompensiert. Bei der eigentlichen Messung wird dann F durch Gewichtskräfte $m_F g$ und/oder durch Torsion des Drahtes um einen Winkel δ_F kompensiert. Dann gilt:

$$F = \frac{m_1}{m_2}\left(m_F + \frac{m_3}{\delta_{m_3}}\delta_F\right)g \qquad \text{mit} \qquad g = 9{,}81\,\text{m/s}^2 \quad .$$

Der beim Eintauchen der Messplatte in das Wasserbad entstehende Auftrieb darf nur durch Verstellen der Gegengewichte ausgeglichen werden, da sich das Übersetzungsverhältnis sonst wieder ändert. Taucht man die Messplatte schon während der Kalibrierung der Torsionsskala ein, so kann die Dämpfung des Wassers schon dabei ausgenutzt werden. Warum nicht schon während der Bestimmung des Übersetzungsverhältnisses?

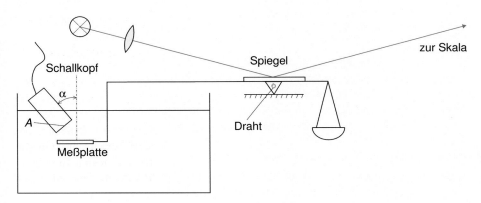

Bild 13.5. Torsionswaage zur Energiedichtebestimmung. Der Spiegel wird durch einen gespannten Draht in der Ruhelage gehalten

Mit der in Bild 13.5 angegebenen Anordnung wird die Kraft $F \approx SA$ gemessen, die der resultierende Strahlungsdruck S auf die wirksame Fläche A der Messplatte ausübt. A ist bei ebenen Wellen gleich der aktiven Fläche des Schallkopfes. Da die Messplatte eine winkelabhängige Reflexion R_P besitzt, wird der Eintrittswinkel α so gewählt, dass die durch Interferenz modulierte Reflexion R_P maximal wird. Dann ist auch die Kraft F und Auslenkung der Torsionswaage maximal.

Aus der gemessenen Kraft F ist der Schallstrahlungsdruck zu bestimmen. Wie ist dabei α zu berücksichtigen? Aus dem Druck S folgt die Energiedichte $E \approx S/2$, wobei der Reflexionskoeffizient der Messplatte $R \approx 1$ gesetzt wird (Warum?). Man Vergleiche die Energiedichte mit dem Wert, der sich aus der angegebenen abgestrahlten Leistung des Schallkopfes und dessen Fläche ergibt. Man berechne die Auslenkung, Geschwindigkeit und Beschleunigungsamplitude der Wasserteilchen in der Ultraschallwelle und vergleiche z.B. letztgenannte mit der Erdbeschleunigung.

13.3 Qualitative Experimente mit Ultraschall (2/3)

Kennenlernen weiterer Wirkungen von Ultraschallwellen und deren Ausbreitung. Analogien zu Lichtwellen.

Ultraschallgeber, Küvette, Papier, Faden, Metallstreifen, Wasser, Öl, Lykopodiumpulver, Plexiglas-Prisma und -Linse, Glimmlampe (Spannungssensor).

Schallstrahlungsdruck in Luft
Vor dem horizontal angeordneten Schallkopf wird ein Stück dünnes Papier an einem dünnen, langen Faden (Seidenfaden) aufgehängt. Wird die vom Schallkopf abgegebene Leistung durch Betätigen des Drehschalters vergrößert, so wird das Papier zunehmend vom Schallkopf weg ausgelenkt.

Man versuche, aus dem Ablenkwinkel des Papierpendels die Größenordnung der Energiedichte in Luft abzuschätzen.

Schallstrahlungsdruck in Flüssigkeiten
Die Küvette wird mit Wasser (Höhe 1 cm) gefüllt, mit dem senkrecht gehaltenen Schallkopf vom Boden her in Berührung gebracht und nach Zugabe einiger Tropfen Wasser zwischen Schallkopf und Boden (Bildung einer energieübertragenden Wasserschicht!) mit Ultraschall beschickt. Die freie Oberfläche des Wassers über dem Schallkopf wird zu einem Sprudel verformt.

Nachweis von Ultraschall durch Piezoeffekt
Auf die Membran des Schallkopfes wird ein großer Tropfen Wasser gebracht und darauf der Ultraschallquarz gelegt. Seine Dicke ist auf die Resonanzfrequenz abgestimmt. Nach Einstellen auf volle Schallleistung wird die Quarzoberfläche mit einer Neonglimmlampe berührt. Das Aufleuchten beider Elektroden der Neonglimmlampe zeigt an, dass der schwingende Quarz Quelle einer Wechselspannung ist (*piezoelektrischer Effekt*). Die Amplitude dieser Spannung kann mit Hilfe eines Oszilloskops bestimmt werden.

Man bestimme die Größenordnung der Kraftamplitude F in der Wasserschicht auf die Oberfläche des Quarzes aus den obigen Angaben und setze sie zur daraus entstehenden Spannung U am Piezokristall ins Verhältnis.

Reflexion
Die Küvette wird bis etwa 3 cm unter den Rand mit Wasser gefüllt, mit dem waagerecht gehaltenen Schallkopf in Berührung gebracht und nach Zugabe einiger Tropfen Wasser zwischen Wand und Schallkopf mit Ultraschall beschickt. Wird der Metallstreifen nach Bild 13.6 in die Küvette gebracht, so wird infolge Reflexion der Ultraschallstrahlung am Metallstreifen auf der Wasseroberfläche eine kegelförmige Aufwölbung der Wasseroberfläche sichtbar, die bei Drehung des Metallstreifens um die schmale Kante an eine andere Stelle wandert.

Welche Änderungen ergeben sich bzw. sind theoretisch zu erwarten, wenn verschieden dicke Streifen verwendet werden?

Bild 13.6. Reflexion von Ultraschall an Metallstreifen

Ultraschalldurchlässigkeit von Metallplatten

Auf die Membran des Schallkopfes werden einige Tropfen Wasser gebracht. Nun werden nacheinander zwei Aluminiumplatten aufgelegt und nach Aufbringen eines Tropfens Wasser mit Quarzplatte und Neonglimmlampe wie oben auf Ultraschall geprüft. Frage: Wann leuchtet das Glimmlämpchen und warum? Man beachte die Ergebnisse aus dem Reflexionsversuch.

Anmerkung: Ebene Metallplatten gleichen Materials und gleicher Dicke haben rechnerisch gleich große Ultraschalldurchlässigkeit. Abweichungen von den Sollwerten lassen auf Fehler im Material (Lunker, Risse, Fremdkörper) schließen. Anwendung: Materialprüfung mit Ultraschall.

Brechung durch Prismen

In die Küvette wird nach Bild 13.7 das Plexiglas-Prisma gelegt. Zwischen dieses und die Seitenwand der Küvette wird der Metallstreifen gestellt. Er dient hier zum Verschieben des Plexiglas-Prismas.

Die Küvette wird bis etwa 3 cm unter den Rand mit Wasser gefüllt, mit dem senkrecht gehaltenen Schallkopf vom Boden her in Berührung gebracht und nach Zugabe einiger Tropfen Wasser zwischen Schallkopf und Boden mit Ultraschall beschickt. Senkrecht über dem Schallkopf wird auf der freien Oberfläche des Wassers ein ringartiger, unterteilter Kegel sichtbar.

Wird das Plexiglas-Prisma so weit nach links verschoben, dass es den Schallkopf abdeckt, so wird an der Verschiebung des Kegels nach links die Brechung des Ultraschalls durch das Prisma zur brechenden Kante hin erkannt.

Bild 13.7. Brechung von Ultraschall am Prisma

Welche vergleichende Aussage kann über die Schallwellenlänge und -geschwindigkeit in Wasser und Plexiglas gemacht werden? Man denke an die Analogie zur Lichtbrechung.

Brechung durch Linsen

Die Küvette wird 3 bis 4 cm hoch mit Wasser gefüllt, mit dem senkrecht gehaltenen Schallkopf vom Boden her in Berührung gebracht und nach Zugabe einiger Tropfen Wasser zwischen Schallkopf und Boden mit Ultraschall beschickt. Die freie Oberfläche des Wassers senkrecht über dem Schallkopf wird zu einem breiten Kegel verformt. Wird eine Plexiglas-Linse in den „Strahlengang" geschoben, so tritt anstelle des breiten ein schmaler, hoher Wasserkegel auf.

Man deute das Ergebnis. Zeichnung des Strahlenganges.

Zerstäuben von Flüssigkeiten

Vor Einschalten des Ultraschallgenerators werden einige Tropfen Wasser auf den Schallkopf gebracht. Bei Einwirkung des Ultraschalls wird das Wasser in feintröpfigen Nebel zerstäubt.

Wird das Wasser zum Sieden gebracht? Man mache eine Berührungsprobe (Messung, ob 100 °C erreicht werden) und gebe eine Erklärung.

Emulgierung und Koagulierung durch Ultraschall

In ein zu etwa 3/4 mit Wasser gefülltes Reagenzglas werden einige Tropfen Öl gegeben. Beide Flüssigkeiten sind unter normalen Bedingungen weder mischbar noch emulgierbar. Der Glasboden berührt den Schallkopf, auf den vorher wieder einige Tropfen Wasser gegeben worden sind. Nach Einschalten des Ultraschallgenerators wird Trübung und Grautönung des Wassers beobachtet: das Öl ist in feinste Teilchen dispergiert worden. Es entsteht eine Öl-Wasser-Emulsion.

Man wiederhole den Versuch mit einem zu etwa 1/3 mit Wasser gefüllten Reagenzglas, in das eine Messerspitze Lykopodium gegeben wurde. Man schüttelt gut durch und bringt das Reagenzglas mit dem Schallkopf in Berührung. Kurz nach Einschalten des Ultraschallgenerators ballt sich das vorher fein verteilte Lykopodium zu größeren Flocken zusammen, es koaguliert.

14. Thermische Grundversuche

🏁 Anwendung und Vertiefung elementarer Kenntnisse der Wärmelehre. Bestimmung der spezifischen Wärmekapazität von Metallen sowie der Schmelz- und Verdampfungswärme von Wasser durch kalorische Messungen. Thermische Ausdehnung von festen Stoffen und Flüssigkeiten. Untersuchung der Wärmeleitung.

📚 *Standardlehrbücher* (Stichworte: Temperatur und Wärmeenergie, spezifische Wärmekapazität, Schmelz- und Verdampfungswärme, kinetische Gastheorie, Hauptsätze der Wärmelehre, Temperaturmessung, Thermoelement, Wärmeleitung).

📖 Temperatur und thermische Ausdehnung

Der thermische Zustand eines Körpers wird durch seine **Temperatur** t charakterisiert. Für deren Messung mittels Thermometer nutzt man temperaturabhängige Eigenschaften von Thermometersubstanzen wie z. B. die Ausdehnung von Flüssigkeiten und Gasen bei Erwärmung oder auch die Änderung des elektrischen Widerstandes von elektrischen Leitern bzw. Halbleitern.

Historisch bedingt gibt es verschiedene **Temperaturskalen** (Grad Celsius: °C, Grad Fahrenheit: °F, absolute Temperaturskala in Kelvin: K), deren Werte ineinander umrechenbar sind. Zur Festlegung der Celsius-Skala wurde – willkürlich – die Temperatur des schmelzenden Eises als 0 °C, die des siedenden Wassers als 100 °C bezeichnet, beides bei *Normaldruck*, d.h. 1013 hPa.

Für die *Längenausdehnung* $\Delta\ell$ eines Stabes oder auch einer Flüssigkeitssäule gilt bei nicht zu großen Temperaturdifferenzen Δt in guter Näherung:

$$\Delta\ell \sim \Delta t \quad \widehat{=} \quad \frac{\Delta\ell}{\ell} = \alpha\Delta t$$

mit $\alpha =$ **linearer Ausdehnungskoeffizient**. Geht man von einer Bezugstemperatur t_0 aus, so lässt sich dann schreiben:

$$\ell_t = \ell_0[1 + \alpha(t - t_0)] \quad .$$

Für die *Volumenausdehnung* von Stoffen gilt entsprechend:

$$V_t = V_0[1 + \beta(t - t_0)]$$

mit $\beta =$ **Volumen-Ausdehnungskoeffizient**. In vielen Fällen gilt, dass für das gleiche Material $\beta \approx 3\alpha$ ist. Für alle idealen Gase erhält man für β den jeweils gleichen Wert $\beta \approx (273\,°C)^{-1}$, sofern der Druck $p = p_0$ konstant gehalten wird. Wird umgekehrt das Volumen $V = V_0$ konstant gehalten, ändert sich der Gasdruck mit der Temperatur:

$$p_t = p_0[1 + \beta(t - t_0)] \quad .$$

Diese Abhängigkeit wird in Bild 14.1 veranschaulicht. Die Extrapolation der Geraden führt zu einer hypothetischen Temperatur, bei der der Gasdruck Null werden müsste, sofern das Gas bis dahin gasförmig bliebe. Diese tiefstmögliche Temperatur $t = -273,15\,°C$ nennt man den **absoluten Nullpunkt**. Man hat ihn zum Bezugspunkt der absoluten Temperaturskala gewählt, in der die Temperatur mit T bezeichnet und in Kelvin (K) gemessen wird. Es gilt:

Bild 14.1. Messkurve für die Temperaturabhängigkeit des Gasdruckes bei $V_0 = $ const.

$$t_0 = 0\,°\text{C} \;\;\widehat{=}\;\; T_0 = 273{,}15\,\text{K} \quad \text{und}$$

$$\Delta t = 1\,°\text{C} = 1\,\text{K} = \Delta T \quad.$$

Kalorische Grundgleichung, Wärmekapazitäten

Erwärmt man einen festen, gasförmigen oder flüssigen Stoff, z. B. Wasser mit einer geeigneten Wärmequelle, so steigt dessen Temperatur T in erster Näherung linear mit der zugeführten Wärmemenge Q, es gilt die

> **Kalorische Grundgleichung** $Q = cm\Delta T$.

Hierin bedeuten m die Masse des erwärmten Stoffes und c seine **spezifische Wärmekapazität**. Die SI-Einheit von c ist

$$[c] = 1\,\frac{\text{J}}{\text{kg}\,\text{K}} \quad .$$

Die spezifische Wärmekapazität (*spezifisch* bedeutet hier: auf die Masse bezogen) ist dabei nicht nur stoffabhängig, sondern auch für die verschiedenen **Aggregatzustände** (fest, flüssig, gasförmig) *eines* Stoffes unterschiedlich. Tabelle 14.1 enthält einige Beispiele. Häufig wird die Wärmekapazität nicht auf die Masse eines Stoffes, sondern auf die Stoffmenge bezogen. Deren Einheit **1 Mol** ist diejenige Menge eines Stoffes, die ebenso viele Teilchen (Atome, Moleküle, Ionen) enthält wie $12\,\text{g}$ des Kohlenstoff-Isotops ^{12}C. Diese Teilchenzahl nennt man **Avogadro-Konstante**, ihr experimenteller Bestwert beträgt gerundet:

> **Avogadro-Konstante** $N_\text{A} = 6{,}022 \cdot 10^{23}\,\text{mol}^{-1}$.

Tabelle 14.1. Spezifische Wärmekapazität verschiedener Stoffe bei konstantem Druck

Stoff	c in J / kg K
Wasser (20 °C)	$4{,}18 \cdot 10^3$
Eis (0 °C)	$2{,}09 \cdot 10^3$
Wasserdampf (100 °C)	$1{,}94 \cdot 10^3$
Aluminium	$0{,}896 \cdot 10^3$
Blei	$0{,}129 \cdot 10^3$
Eisen	$0{,}450 \cdot 10^3$
Kupfer	$0{,}383 \cdot 10^3$
Messing	$0{,}385 \cdot 10^3$

Für die Stoffmenge von 1 Mol (Molmasse M) gilt:

> **Molare Wärmekapazität** $C_\text{mol} = cM;\quad [C_\text{mol}] = 1\,\dfrac{\text{J}}{\text{mol}\,\text{K}}$.

Wärmemengen und Energiesatz

Wärme ist eine der Erscheinungsformen der Energie. Wärmeenergie kann in andere Energieformen gewandelt werden und umgekehrt. So entsteht durch Reibung aus **mechanischer Energie** E_mech Wärme oder **thermische Energie** E_therm, die sog. Reibungswärme. Umgekehrt kann z. B. der Energieinhalt E_therm von heißen Gasen oder Dampf (teilweise) in mechanische Energie umgesetzt werden, z. B. in einem Benzinmotor. **Elektrische Energie** E_elektr kann durch einen Elektromotor in mechanische Energie oder in einer Elektroheizung in Wärme gewandelt werden. Für alle Energieumwandlungen gilt der empirische **Energie-Erhaltungssatz**

> **Energie-Erhaltungssatz:**
> **In einem abgeschlossenen System ist die Summe aller Energien konstant.**
>
> $E_\text{mech} + E_\text{therm} + E_\text{elektr} + E_\text{sonstige} = E_\text{gesamt} = \text{const}$.

Hat man es nur mit thermisch-mechanischen Energieumwandlungen zu tun, so nennt man den Energiesatz aus historischen Gründen den *1. Hauptsatz der Wärmelehre*.

Als Beispiel einer Anwendung des Energiesatzes sollen die Änderungen der Wärmeenergien berechnet werden, die auftreten, wenn ein Körper 1 mit der Temperatur t_1 mit einem Körper 2 mit der Temperatur t_2 in Kontakt gebracht wird. Es erfolgt dann ein Temperaturausgleich: Nach einiger Zeit besitzen beide Körper die gleiche

Temperatur $\bar{t}$, die zwischen t_1 und t_2 liegen wird. Bei diesem Vorgang gibt der wärmere Körper 1 die Wärmeenergie $E_{\text{therm}} = Q_1$ ab und der kältere Körper 2 nimmt die Wärmeenergie Q_2 auf, Bild 14.2. Unter der Voraussetzung, dass keine Wärmeverluste nach außen auftreten, d. h. in einem abgeschlossenen System, gilt als Spezialfall des allgemeinen Energie-Erhaltungssatzes der

Wärmemengen-Erhaltungssatz $Q_1 = Q_2$.

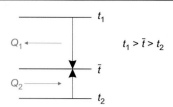

Bild 14.2. Durch Austausch von Wärmemengen Q_1 und Q_2 zwischen zwei Körpern unterschiedlicher Temperaturen t_1 und t_2 stellt sich eine Ausgleichstemperatur $\bar{t}$ ein

Atomistische Betrachtung

Um ein tieferes Verständnis für den Wärmezustand eines Körpers zu erhalten, kann man zunächst einen gasförmigen Stoff betrachten. Er besteht aus Atomen bzw. Molekülen, die sich in ungeordneter Bewegung befinden; dabei sind die Geschwindigkeiten nach Betrag und Raumrichtung statistisch verteilt. Die Teilchen besitzen also kinetische Energie, und zwar sowohl für die Translations- als auch für Rotationsbewegungen. Mit Hilfe der **kinetischen Gastheorie** kann man zeigen, dass die *absolute Temperatur T* des Gases ein Maß für die *mittlere kinetische Energie* $\overline{E}_{\text{kin}}$ des einzelnen Moleküls ist. Je heißer der Körper, desto größer die mittlere kinetische Energie seiner Teilchen, d. h. umso schneller ist die Translations- bzw. Rotationsbewegung. Nimmt man nun an, dass diese Energie auf alle *Bewegungsfreiheitsgrade f* des Moleküls (Translation, Rotation) mit gleichem Betrag verteilt ist (**Gleichverteilungssatz**), so erhält man quantitativ:

$$\overline{E}_{\text{kin}} = \frac{f}{2}kT \quad \text{mit der}$$

Boltzmann-Konstante $k = 1{,}38 \cdot 10^{-23}\,\text{J/K}$.

Betrachtet man nun diese mittlere kinetische Energie nicht nur für 1 Molekül, sondern für die Stoffmenge von 1 Mol des Gases, so gilt mit der Avogadro-Konstante:

$$\overline{E}_{\text{mol}} = N_A \overline{E}_{\text{kin}} = \frac{f}{2}N_A kT = \frac{f}{2}RT \quad .$$

Hierbei heißt R die

universelle Gaskonstante $R = N_A k = 8{,}31\,\dfrac{\text{J}}{\text{mol}\,\text{K}}$.

Eine entsprechende Betrachtung lässt sich auch für Festkörper anstellen. Auch diese bestehen aus Teilchen, die jedoch nicht frei beweglich, sondern an feste Kristallgitterplätze gebunden sind. Hier ist die Temperatur ein Maß für die *mittlere Schwingungsenergie* der um ihre ortsfeste Ruhelage schwingenden Teilchen. Wegen der drei möglichen Raumrichtungen (x, y, z) hat diese Bewegung $f = 6$ Freiheitsgrade (je 3 von kinetischer und potentieller Energie). So ergibt sich für 1 Mol:

$$E_{\text{mol}} = 3RT \quad .$$

Hieraus folgt für die molare Wärmekapazität $C_{\text{mol}} = \Delta \overline{E}_{\text{mol}}/\Delta T$ die

Regel von Dulong und Petit $C_{\text{mol}} = 3R \approx 25\,\dfrac{\text{J}}{\text{mol}\,\text{K}}$,

ein Ergebnis, das sich für viele feste Körper experimentell bestätigen lässt. Einige Beispiele sind in Tabelle 14.2 aufgeführt.

Tabelle 14.2. Molare Wärmekapazitäten verschiedener Stoffe

Stoff	C_{mol} in J / mol K
Aluminium	24,2
Blei	26,7
Eisen	25,1
Kupfer	24,3
Messing	24,7

Schmelz- und Verdampfungswärmen

Die Moleküle besitzen im Kristall eine bestimmte Bindungsenergie. Um einen Kristall zu schmelzen, muss daher eine entsprechende Energie zugeführt werden. Die gleiche Energiemenge wird beim Erstarren der Schmelze natürlich wieder frei. Entsprechendes gilt beim Verdampfen einer Flüssigkeitsmenge und beim Kondensieren des Dampfes.

Während des Schmelzens oder Verdampfens bleibt die Temperatur t auch bei andauernder Energie-Zufuhr konstant, bis die gesamte Stoffmenge geschmolzen oder verdampft ist, Bild 14.3. Für **Phasenübergänge** gilt allgemein: Die Änderung des Aggregatzustandes eines reinen Stoffes (**Schmelzen, Verdampfen, Sublimieren**: Modifikations-Umwandlung) erfolgt bei einer konstanten Umwandlungstemperatur unter Zufuhr oder Abgabe von Wärmeenergie. Die spezifischen Umwandlungswärmen sind wie folgt definiert:

Bild 14.3. Temperatur-Verlauf beim stetigen Erwärmen einer festen Stoffmenge einer Substanz (z. B. Eis, Wasser, Wasserdampf)

> **spezifische Schmelzwärme** $\qquad \Lambda_\mathrm{S} = \dfrac{Q_\mathrm{S}}{m}$,

> **spezifische Verdampfungswärme** $\qquad \Lambda_\mathrm{V} = \dfrac{Q_\mathrm{V}}{m}$.

Hierbei sind Q_S und Q_V die Wärmemengen, die zum Schmelzen bzw. Verdampfen eines Stoffes der Masse m am Schmelzpunkt t_S bzw. am Verdampfungs- oder Siedepunkt t_V benötigt werden. Statt der *spezifischen* (d. h. auf die Masse bezogenen) werden häufig die *molaren* Größen angegeben, die sich auf die Stoffmenge 1 Mol beziehen.

Die Angaben für die Verdampfungswärme enthalten zwei Anteile: Zum einen muss die Energie aufgebracht werden, um die Bindungskräfte zwischen den Molekülen in der Flüssigkeit zu überwinden, zum anderen muss Energie für die Ausdehnung des entstehenden Dampfes gegen den Außendruck aufgebracht werden. In der Thermodynamik spricht man deshalb auch präziser von der *Verdampfungsenthalpie* anstatt von der *Verdampfungswärme*. Bei siedendem Wasser z. B. beträgt der Anteil der Ausdehnungsarbeit 7,5 %.

Für reine Stoffe ist die Schmelzwärme gleich der Erstarrungswärme und die Verdampfungswärme gleich der Kondensationswärme. Ferner sind Schmelztemperatur gleich Erstarrungstemperatur sowie Siedetemperatur gleich Kondensationstemperatur. Für Legierungen und Lösungen sowie für amorphe Körper ergeben sich dagegen Schmelztemperatur-Intervalle. Flüssigkeitsgemische haben darüber hinaus im allgemeinen auch keinen definierten Siedepunkt. Anwendung: fraktionierte Destillation.

Wärmeleitung, Thermohaus

Der **Wärmeenergiefluss** oder **Wärmestrom**, d. h. die durch eine Wand der Dicke d und der Fläche A tretende Wärmeleistung P ist gegeben durch die Temperaturdifferenz der Luft auf beiden Seiten der Wand:

$$\frac{P_\mathrm{ges}}{A} = K(T_\mathrm{i} - T_\mathrm{a}) \quad ,$$

mit T_i: Lufttemperatur innen und T_a: Lufttemperatur außen.

Der *Wärmedämmungskoeffizient* K beschreibt die Dämmeigenschaften des Materials, d. h. je kleiner der K-Wert, desto besser ist die Wärmeisolation. Voraussetzung für die Gültigkeit der Gleichung ist, dass die Innentemperatur T_i konstant bleibt, d. h. Energieverluste im Innern müssen durch eine Heizquelle nachgeliefert werden. Das gleiche gilt für die Außenlufttemperatur T_a. Hier muss Wärme abgeführt werden, um eine Temperaturkonstanz zu erreichen. Der lineare Zusammenhang zwischen

Wärmestrom und Temperaturdifferenz entspricht dem *Ohmschen Gesetz* der Elektrizitätslehre. Die Temperaturdifferenz ist dabei analog zur elektrischen Spannung. Zur genauen Betrachtung wird nun die gesamte Temperaturdifferenz in Bild 14.4, die der Wärmefluss P durchströmt, in drei Bereiche aufgeteilt:

$$T_i - T_a = (T_i - T_{Wi}) + (T_{Wi} - T_{Wa}) + (T_{Wa} - T_a) \quad .$$

Im ersten Bereich geht es um den Wärmeübergang zwischen der Innenraumluft und der Innenseite der Wand:

$$P = \alpha_i A (T_i - T_{Wi}) \quad ,$$

im zweiten Bereich geht es um die Wärmeleitung innerhalb der Wand der Dicke d mit der Wärmeleitfähigkeit λ:

$$P = \frac{\lambda}{d} A (T_{Wi} - T_{Wa}) \quad \text{und}$$

im dritten Bereich um den Übergang Außenwand-Außenluft:

$$P = \alpha_a A (T_{Wa} - T_a) \quad .$$

Der Wärmestrom P ist im stationären Fall in allen drei Bereichen der gleiche. Der Wärmeübergangskoeffizient α für ruhende Luft beträgt für viele vorkommende Wandmaterialien:

$$\alpha_i = \alpha_a = (8{,}1 \pm 0{,}1) \, \frac{W}{m^2 K} \quad .$$

Allerdings ist α_i wegen der innen auftretenden *Konvektionen* i. Allg. größer als α_a. Die Wärmeleitfähigkeit λ ist dagegen stark vom Material abhängig. Aus den obigen Gleichungen folgt für den K-Wert:

$$(T_i - T_a) = \frac{1}{K}\frac{P}{A} = \left(\frac{1}{\alpha_i} + \frac{d}{\lambda} + \frac{1}{\alpha_a}\right)\frac{P}{A} \quad .$$

In Anlehnung an das Ohmsche Gesetz der Elektrizitätslehre nennt man $1/K$ auch den spezifischen (d. h. auf die Fläche bezogenen) **Wärmeübergangswiderstand**, für den bei Reihen- oder Parallelschaltung die entsprechenden Regeln für elektrische Stromkeise gelten.

Bild 14.4. Energiefluss durch eine Wand. In diesem Beispiel ist $T_i > T_a$

14.1 Spezifische Wärmekapazität fester Körper (1/2)

 Relativbestimmung der *spezifischen Wärmekapazität* eines Metalls, Nachprüfung der *Regel von Dulong und Petit*.

 Kalorimeter, diverse Probekörper (z. B. Fe, Ms, Al, Pb, Cu), Rührstab, Thermometer, Bunsenbrenner, Barometer, Waage.

Ein in siedendem Wasser auf $100\,°C$ erwärmter Probekörper (m_P, c_P, $t_P = 100\,°C$) wird in ein Kalorimeter gebracht, das mit kaltem Wasser gefüllt ist (m_W, $c_W = 4{,}19\,J/g\,°C$, t_W), Bild 14.5. Man beachte, dass c_P die spezifische Wärmekapazität des Probekörpers ist; nicht zu verwechseln mit c_p, der spezifischen Wärmekapazität von Gasen bei konstantem Druck. Das Innenteil des Kalorimeters kann z. B. von einem Aluminium-Becher gebildet werden (m_K, $t_K = t_W$); die spezifische Wärmekapazität von Al sei bekannt, siehe Tabelle 14.1. Die Massen m_W, m_K und m_P werden mit einer Waage bestimmt.

Nach dem Wärmemengen-Erhaltungssatz berechnet sich die spezifische Wärmekapazität c_P des Probekörpers im vorliegenden Experiment aus der Gleichung:

$$c_P m_P (100\,°C - \bar{t}) = (c_W m_W + c_K m_K)(\bar{t} - t_W) \quad .$$

Zur Korrektur der Siedetemperatur $t_S \approx 100\,°C$ kann der Luftdruck mit dem Barometer abgelesen werden.

Zur Bestimmung der Mischtemperatur $\bar{t}$ wird die Temperatur im Kalorimeter während einer längeren Zeit alle 1/2 Minuten gemessen, beginnend etwa 5 Minuten

Bild 14.5. Zubehör zur Bestimmung der Wärmekapazität fester Körper

Bild 14.6. Temperatur-Zeit-Diagramm zur Bestimmung der Wärmekapazität fester Körper

Bild 14.7. Aufbau zur Bestimmung der Wärmekapazität eines Kalorimeters

Bild 14.8. Aufbau zur Bestimmung der Verdampfungswärme von Wasser

bevor und endend etwa 5 bis 8 Minuten, nachdem der heiße Probekörper in das Kalorimeter gebracht wurde.

Durch eine grafische Extrapolation auf einen idealisierten momentanen Wärmeausgleich kann der Fehler durch den Wärmeaustausch mit der Umgebung weitgehend vermieden werden. In dem Temperatur-Zeitdiagramm werden die Vor- und die Nachkurve extrapoliert und so durch eine Senkrechte verbunden, dass flächengleiche Abschnitte entstehen, Bild 14.6. Daraus werden t_W und $\bar{t}$ bestimmt. Dann kann c_P berechnet werden.

Da die Wägefehler hier vernachlässigbar sind, gilt:

$$\frac{\Delta c_P}{c_P} = \frac{\Delta(\bar{t} - t_W)}{(\bar{t} - t_W)} + \frac{\Delta(100^\circ - \bar{t})}{(100^\circ - \bar{t})} \quad \text{mit} \quad \Delta(100^\circ - \bar{t}) = \Delta\bar{t} \quad .$$

Die Werte für $\Delta(\bar{t} - t_W)$ und $\Delta\bar{t}$ bestehen aus zwei Anteilen: einem Streufehler, der aus dem Diagramm abzuschätzen ist, sowie einem möglichen systematischen Fehler der benutzten Thermometer (ca. ±1 Skt.).

Als Ergebnisse werden c_P und C_{mol} für den untersuchten Metallkörper mit Fehlergrenzen in den Einheiten $J/g\,K$ bzw. $J/\text{mol}\,K$ angegeben und mit dem Literaturwert verglichen.

Die Gültigkeit der *Regel von Dulong und Petit* soll nachgeprüft werden.

14.2 Schmelz- und Verdampfungswärme von Wasser (1/2)

Bestimmung der *Verdampfungswärme* des Wassers und Messung der *Schmelzwärme* des Eises.

Dewargefäß (Kalorimeter), Erlenmeyerkolben, Heizquelle, Doppelmantelvakuumrohr, Thermometer, Waage, Barometer.

Zunächst wird die Wärmekapazität des Kalorimeters, Bild 14.7, bestimmt. Dazu wird vor dem Versuch die Temperatur des leeren Kalorimeters gemessen, d. h. die Zimmertemperatur t_Z. Danach wird so viel heißes Wasser mit der Temperatur t_W in das Kalorimeter geschüttet, dass dieses etwa so hoch gefüllt ist wie bei den beiden nachfolgenden Versuchen (2/3 bis 3/4 voll). Die Masse m_W des eingefüllten Wassers sowie die Mischungstemperatur $\bar{t}$ werden gemessen. Die Wärmekapazität C_K des Kalorimeters ergibt sich dann aus

$$c_W m_W (t_W - \bar{t}) = C_K(\bar{t} - t_Z) \quad .$$

Die Masse m_W des eingefüllten heißen Wassers wird aus der Differenz der Massen des Kalorimeters mit Wasser $(m_K + m_W)$ und des leeren Kalorimeters (m_K) bestimmt. Die Ungenauigkeiten bei der Temperaturmessung und der Wägung werden abgeschätzt.

Verdampfungswärme: Das Kalorimeter wird zu 2/3 mit kaltem Wasser gefüllt (t_A) und gewogen $(m_K + m_W)$. Dann wird Dampf in das Wasser geleitet, Bild 14.8, bis die Temperatur etwa 60 °C erreicht ist (t_E), und das Kalorimeter noch einmal gewogen $(m_K + m_W + m_D)$. Die Größen sind: m_W = Masse des Wassers vor dem Versuch, m_D = Masse des kondensierten Dampfes, t_A = Anfangstemperatur des Wassers, t_D = Dampf-Temperatur (ca. 100 °C), t_E = Endtemperatur des Wassers. Aus der Energiebilanz erhält man die *Verdampfungswärme* Λ_V:

$$m_D \Lambda_V + m_D c_W(t_D - t_E) = (m_W c_W + C_K)(t_E - t_A) \quad .$$

Eine Luftdruckkorrektur der Siedetemperatur kann ergänzend vorgenommen werden.

Schmelzwärme des Eises: Zwecks Einsparung von Wägungen wird diese Messung gleich an die vorgehende angeschlossen, ohne das Wasser im Kalorimeter zu wechseln. Es wird nochmals die Temperatur (t'_A) des heißen Wassers im Dewar-Gefäß gemessen, dann werden einige abgetrocknete Eisstücke hineingetan, bis das Kalorimeter gut 3/4 voll ist. Die Temperatur (t'_E) nach dem Schmelzen des Eises wird gemessen und das Kalorimeter abschließend gewogen $(m_K + m_W + m_D + m_E)$, um die Masse des Eises m_E zu ermitteln. Die Temperatur am Schmelzpunkt ist

$t_S = 0\,°C$. Die Energiebilanz liefert die *Schmelzwärme* Λ_S:

$$m_E \Lambda_S + m_E c_W (t'_E - t_S) = (c_W(m_W + m_D) + C_K)(t'_A - t'_E) \quad .$$

Eine streng durchgeführte Fehlerrechnung wird hier kompliziert, da in den Formeln Summen und Produkte zahlreicher Variabler auftreten. Setzt man jedoch in die Energiebilanzgleichungen die im Experiment ermittelten Werte ein, so erkennt man, dass einige Summanden nur relativ kleine Beiträge liefern; diese tragen wenig zum Gesamtfehler des Ergebnisses bei. Für die Fehlerabschätzung kann man sich auf die folgenden Formeln beschränken:

$$\Lambda_V \approx \frac{1}{m_D} m_W c_W (t_E - t_A) \quad ; \quad \frac{\Delta \Lambda_V}{\Lambda_V} \approx \frac{\Delta m_D}{m_D} + \frac{\Delta t_E + \Delta t_A}{t_E - t_A} \quad ;$$

$$\Lambda_S \approx \frac{1}{m_E} c_W (m_W + m_D)(t'_A - t'_E) \quad ; \quad \frac{\Delta \Lambda_S}{\Lambda_S} \approx \frac{\Delta t'_A + \Delta t'_E}{t'_A - t'_E} \quad .$$

Hierbei wird berücksichtigt, dass der relative Fehler der Wägungen nur bei der relativ kleinen Masse des Dampfes m_D eine Rolle spielt.

Als Ergebnisse sind C_K in J/K sowie Λ_V und Λ_S in J/g mit geschätztem Fehler anzugeben. Wie groß sind die auf ein Mol bezogenen Umwandlungswärmen $\Lambda_{V,mol}$ bzw. $\Lambda_{S,mol}$? Die Ergebnisse sind mit den Literaturwerten zu vergleichen.

14.3 Wärmeausdehnung fester Stoffe (1/2)

Die thermische Ausdehnung von verschiedenen festen Stoffen soll quantitativ bestimmt werden.

Dilatometer nach Bild 14.9 mit verschiedenen Proberohren, (z. B. Kupfer, Eisen, Messing, Aluminium, Glas, Polyäthylen), kleine und große Reibrolle, Kochflasche zur Dampferzeugung, Thermometer, Bandmaß, Lineal, Schiebelehre, Mikrometerschraube.

Ein Rohr, dessen thermische Ausdehnung gemessen werden soll, wird auf der einen Seite fest gelagert und liegt auf der anderen Seite auf einer Rolle mit dem Radius r auf, an der ein Zeiger der Länge R befestigt ist, Bild 14.9. Bei einer Ausdehnung des Rohrteiles der Länge ℓ_Z bei Zimmertemperatur t_Z um die Strecke $\Delta \ell$ wird die Reibrolle gedreht, und das Zeigerende bewegt sich um den Bogen

$$\Delta x = \Delta \ell R / r \quad .$$

Das Rohr wird bei Zimmertemperatur t_Z eingespannt, der Schlauch angeschlossen und der Zeiger auf den Skalenanfang eingestellt. Dann wird Dampf von $t_D = 100\,°C$ durch das Rohr geleitet und der dazugehörige Zeigerausschlag Δx abgelesen. Es werden t_Z, Δx, R (Lineal), r (Schiebelehre) und ℓ_Z als Abstand der Kerben auf dem Rohr (Bandmaß) bestimmt. Für Materialien mit sehr großem linearen Ausdehnungskoeffizient α wie z. B. Polyäthylen wird eine größere Reibrolle verwendet.

Der Versuch wird für weitere Materialien wiederholt.

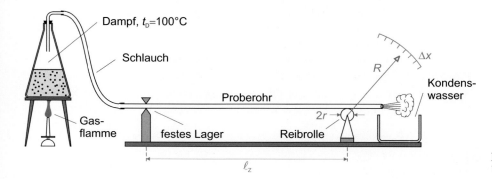

Bild 14.9. Aufbau zur Bestimmung der Wärmeausdehnung fester Stoffe

Die Ausdehnungskoeffizienten α für die untersuchten Materialien lassen sich berechnen aus:

$$\alpha = \frac{\Delta \ell}{\ell_Z(t_D - t_Z)} \quad .$$

Die Fehler sind abzuschätzen. Welche Größen liefern dabei den Hauptbeitrag? Die Ergebnisse sollen mit Literaturwerten verglichen werden.

 Für Metalle (mit einer dichtesten Kugelpackung der Atome im Kristallgitter) gilt die

Regel von Grüneisen $\alpha \approx 0{,}02/T_S$,

mit T_S = absolute Temperatur am Schmelzpunkt. Die Regel von Grüneisen soll für die untersuchten Metalle überprüft werden. Für die Schmelzpunkte von Metallen: siehe Tabelle 14.3.

Hinweis: Setzt man in die Gleichung $\alpha = \Delta \ell / \ell_0 (T - T_0)$ die absoluten Temperaturen $T_0 = 0\,\mathrm{K}$ und $T = T_S$ ein, dann erhält man mit $\alpha \approx 0{,}02/T_S$

$$\Delta \ell / \ell_0 \approx 0{,}02 \quad .$$

Das bedeutet: Nach einer Längenänderung von etwa 2 % durch thermische Ausdehnung sind durch Vergrößerung der Abstände der Atome im Kristallgitter die Bindungskräfte so weit gelockert, dass das Gitter zusammenbricht und der Kristall schmilzt. Diese Aussage gilt unabhängig von der Art des Metalles.

Tabelle 14.3. Schmelztemperaturen für einige reine Metalle

Metall	Schmelzpunkt
Blei	327 °C
Aluminium	660 °C
Kupfer	1083 °C
Eisen	1535 °C

14.4 Volumenausdehnung von Flüssigkeiten (1/2)

Die thermische Ausdehnung von Flüssigkeiten soll quantitativ untersucht werden.

Ausdehnungsgefäß, Becherglas mit Glaseinsatz, Rührstab, Gasbrenner, Dreifuß und Ceranplatte, Spritze mit Schlauchansatz, konische Lochlehre, Thermometer 0 °C bis 100 °C. Als Flüssigkeiten können z. B. Wasser, Methylalkohol, Isopropylalkohol, u. a. untersucht werden.

Das Ausdehnungsgefäß, Bild 14.10, besteht aus einem kugelförmigen Glasgefäß mit ca. 50 cm³ Inhalt und einer über einen Schliff ansetzbaren Glaskapillare mit mm-Teilung. Dieses Gefäß wird bis zum Schliff mit der zu untersuchenden Flüssigkeit gefüllt und der Stopfen so aufgesetzt, dass der Flüssigkeitsspiegel in der Kapillare unten steht. Mit der Spritze kann etwas Flüssigkeit abgesaugt oder zugegeben werden, ohne dass Luftblasen im Gefäß auftreten. Aus dem Anstieg der Flüssigkeitssäule in der Kapillare bei Erwärmung des Glasgefäßes kann die Volumenausdehnung der Flüssigkeit berechnet werden.

Bild 14.10. Ausdehnungsgefäß

Zunächst wird das leere und dann das mit Wasser gefüllte Ausdehnungsgefäß gewogen und das Volumen V_0 aus $V_0 = m/\rho_0$ bestimmt. Der Durchmesser $2R$ der Kapillare wird mit einer konischen Lochlehre gemessen.

Das gefüllte Gefäß wird bis zur Schliffhöhe in ein Wasserbad getaucht, welches in kleinen Schritten vorsichtig aufgeheizt wird: Temperaturschritte zwischen 0 °C und 10 °C kleiner als 2 °C wählen, sonst ca. 5 °C. Hierbei Gasflamme nur kurz wirken lassen; dann ca. 3 bis 5 min unter Rühren den Temperaturausgleich zwischen Wasserbad und Messflüssigkeit abwarten, bevor die Höhe h des Flüssigkeitsspiegels in der Kapillare und die Temperatur t im Wasserbad gemessen werden. Typischerweise lassen sich Temperaturen zwischen 0 °C (Eis/Wasserbad) bis ca. 50 °C realisieren.

 Aus dem Anstieg Δh des Flüssigkeitsspiegels in der Kapillare kann man zunächst nur die *scheinbare* Volumenvergrößerung $\Delta V'$ ermitteln:

$$\Delta V' = \pi R^2 \Delta h \quad .$$

Diese muss noch korrigiert werden, weil die gleichzeitige Volumenvergrößerung $\Delta V''$ des Glasgefäßes

$$\Delta V'' = 3\alpha_{\mathrm{Glas}} V_0 \Delta t$$

mit $\alpha_{\mathrm{Glas}} = 9{,}3 \cdot 10^{-6}\,\mathrm{grad}^{-1}$ den Wert für Δh zu klein ausfallen lässt. Die *wirkliche* Volumenzunahme der Flüssigkeit ist also

$$\Delta V = \Delta V' + \Delta V'' \quad \text{und damit der}$$

Volumenausdehnungskoeffizient

$$\beta = \frac{\Delta V}{V_0 \Delta t} = \frac{\Delta V' + \Delta V''}{V_0 \Delta t} = \frac{\Delta V'}{V_0 \Delta t} + 3\alpha_{\mathrm{Glas}} \quad .$$

Für die meisten Flüssigkeiten ist der Koeffizient β innerhalb größerer Temperaturbereiche nicht konstant und daher die Kurve $\Delta V = f(t)$ keine Gerade.

✐ Zur Auswertung werden die korrigierten Werte für $\Delta V/V_0$ berechnet und als Funktion der Wasserbadtemperatur t grafisch dargestellt, $\Delta V = \Delta V' + \Delta V''$. Aus dem Anstieg der (nicht linearen) Kurve wird der Ausdehnungskoeffizient β für zwei Temperaturen bestimmt, z. B. für 20 °C und 40 °C. Wo liegt das Dichtemaximum?

✐ Die Auswertung für verschiedene Flüssigkeiten durchführen.

14.5 Wärmeleitung (Thermohaus) (1/2)

Experimentelle Bestimmung der *Wärmeleitfähigkeit* verschiedener Materialien, Einfluss der Dicke des Materials, Bestimmung der Übergangskoeffizienten verschiedener Materialien, Temperaturmessungen mit zugehörigen Messfühlern, Thermosäule.

Thermohaus mit vier Öffnungen (Fenster) und eingebauter regelbarer Heizung, verschiedene Materialien (z. B. Holz, Styropor, Einfachglas, Isolierglas), Materialien verschiedener Wanddicke (z. B. Holz: $d = 1; 2; 3; 4\,\mathrm{cm}$), Temperaturfühler mit Messgerät, Flüssigkeitsthermometer.

In ein Thermohaus mit vier Öffnungen (Fenstern) können verschiedene Materialien eingesetzt werden. Die Heizung im Innern erfolgt über eine regelbare Glühlampe, die nach einer Heizzeit von ca. 90 min eine Innentemperatur zwischen ca. 35 °C und ca. 70 °C einzustellen gestattet. Die Wärmeabstrahlung erfolgt über ein schwarzes Heizblech. Um eine annähernd stationäre Temperatur zu erreichen, soll das Thermohaus mindestens 2 Stunden vor Beginn der Messungen aufgeheizt werden (Innenraumtemperatur $T_{\mathrm{i}} \approx 55\,°\mathrm{C}$). Die Innenlufttemperatur wird mit einem Tauchelement gemessen, welches durch Schaumstoffabdichtungen hindurch in das Thermohaus eingeführt werden kann, ohne dieses zu öffnen.

Die Vorbereitung der Messung umfasst die folgenden vier Teilschritte:

- Die Thermohausheizungen werden eingeschaltet.

- Alle benutzten Temperaturfühler müssen kalibriert werden (z. B. mit Hilfe eines Wasserbades).

- Die Temperaturfühler werden an den Außenwänden des Thermohauses jeweils in der Mitte befestigt.

- Das Tauchelement zur Messung der Lufttemperatur T_{i} wird eingeführt, aber nicht zu nahe am Heizblech positioniert.

Nach ca. 2 Stunden Heizzeit, wenn die Temperaturen sich kaum noch ändern, werden die Außenwandtemperaturen T_{Wa} sowie die Innenraumtemperatur T_{i} abgelesen, siehe auch Bild 14.4

Der Thermohausdeckel wird für möglichst kurze Zeit abgenommen, um die Temperaturfühler für Glas und Styropor innen zu befestigen (auf gute Befestigung achten, durch Schaumstoffdichtung führen, sehr schnell arbeiten!). Danach wird der Deckel wieder aufgesetzt.

Nach ca. 30 min Relaxationszeit wird eine Messung von T_{Wi} (Glas) und T_{Wi} (Styropor) durchgeführt. Die Luft-Außentemperatur T_a wird mit dem Thermometer bestimmt.

Zur Bestimmung des Einflusses der Wanddicke auf die Dämmeigenschaften einer Wand stehen Holzwände verschiedener Dicke zur Verfügung. Hierfür sollte ein zweites Thermohaus benutzt werden, da wieder 2 Stunden Heizzeit benötigt werden und daher besser parallel gearbeitet wird: Die Werte T_i, T_{Wi}, T_{Wa}, T_a werden für verschiedene Wanddicken gemessen.

Für die verschiedenen Materialien wird die gesamte Wärmestromdichte P/A durch die Wand und der Wärmedämmkoeffizient K angegeben, wobei α_a als bekannt vorausgesetzt wird.

Für die Materialien Glas und Styropor werden die Wärmeleitfähigkeit λ und der Wärmeübergangskoeffizient α_i bestimmt.

Für die Holzproben werden die gesamte Wärmestromdichte P/A und die Wärmedämmungsgrößen K bzw. $R = 1/K$ bestimmt.
Da nach

$$\frac{1}{K} = \frac{1}{\alpha_i} + \frac{d}{\lambda} + \frac{1}{\alpha_a} = \text{const.} + \frac{1}{\lambda} d$$

zwischen $1/K$ und der Materialdicke d eine lineare Abhängigkeit besteht, folgt aus der Steigung von $R = f(d)$ die Wärmeleitfähigkeit λ von Holz. Aus dem Achsenabschnitt für $d = 0$ erhält man die Summe der Übergangswiderstände innen und außen:

$$\frac{1}{\alpha_i} + \frac{1}{\alpha_a} \quad .$$

Bei bekannten α_a lässt sich damit α_i angeben.

Man vergleiche die so bestimmten Werte für α_i und λ für Holz mit Werten, die sich aus den zugehörigen Temperaturdifferenzen ergeben.

15. Statistische Mechanik auf einem Luftkissentisch

 Untersuchung statistischer Eigenschaften von Vielteilchensystemen am Beispiel des Modells eines idealen Gases.

 Standardlehrbücher (Stichworte: ideales Gas, barometrische Höhenformel, Boltzmann-Verteilung, Maxwell-Verteilung, Gleichverteilungssatz, thermisches Gleichgewicht, Rutherford-Streuung).

 ## Vielteilchensysteme

Alle Objekte unserer *makroskopischen* Welt bestehen aus einer riesigen Zahl *(sub)-mikroskopischer* Teilchen wie Atomen, Molekülen, Elektronen usw. Deren Verhalten bzw. deren Wechselwirkung untereinander bestimmt die messbaren Eigenschaften der makroskopischen Objekte. Da die atomaren Teilchen in der Regel nicht direkt beobachtbar sind, kann man für sie und ihr Verhalten nur geeignete Modellvorstellungen entwickeln. Geeignet sind diese Modelle dann, wenn die daraus ableitbaren Aussagen über Eigenschaften der makroskopischen Objekte mit den wirklich gemessenen übereinstimmen. Zwei Beispiele hierfür sind:

- *Elektrizitätsleitung in Metallen und Halbleitern:*
  Gemessene Größe: Elektrische Leitfähigkeit, auch temperaturabhängig.
  Modellvorstellung: Elektronengasmodell nach Drude.

- *Eigenschaften von Gasen:*
  Gemessene Größen: Druck, Temperatur u. a.
  Modellvorstellung: Kinetische Gastheorie.

Für die Beschreibung solcher Vielteilchensysteme benutzt man statistische Methoden.

In diesem Themenkreis werden verschiedene Eigenschaften von Gasen betrachtet, die aus dem wechselseitigen Verhalten der großen Zahl von Gasmolekülen abgeleitet werden können. Um dieses (sub)mikroskopische System experimentell zugänglich zu machen, wird als Modellgas ein System aus makroskopischen Scheiben benutzt, die sich auf einem Luftkissentisch praktisch reibungsfrei bewegen und denen durch einen bewegbaren Rahmen zusätzliche Bewegungsenergie zugeführt werden kann.

 ## Barometrische Höhenformel

Der Druck p in der Atmosphäre hängt von der Höhe über dem Erdboden ab. Er nimmt mit zunehmender Höhe ab, weil eine entsprechende Luftschicht immer weniger das über ihr befindliche Gas zu tragen hat.

Zur Berechnung der Abnahme des Druckes mit zunehmender Höhe werden einige Vereinfachungen gemacht: Diese Modell-Atmosphäre habe eine konstante Temperatur $T = \mathrm{const.}$ und soll nur aus *einer* Sorte von Teilchen mit der Masse m bestehen. Auf die Teilchenmenge sei die **ideale Gasgleichung** anwendbar, das heißt einerseits soll die Teilchengröße sehr klein gegenüber den gegenseitigen Abständen sein, andererseits sollen die Teilchen aufeinander keine Kräfte ausüben. Dann gilt die

Ideale Gasgleichung	$pV = \nu RT$

mit der *universellen Gaskonstanten* $R = 8{,}314\,\mathrm{J\,mol^{-1}K^{-1}}$, dem Volumen V und der Anzahl der Mole ν.

Im Schwerefeld der Erde wirkt auf jedes Teilchen die **Schwerkraft**

$$F_g = mg \quad .$$

Die Gewichtskraft $\mathrm{d}G$ auf alle Teilchen, die sich in einem Volumen zwischen den Höhen h und $h + \mathrm{d}h$ befinden, ist

$$\mathrm{d}G = mgnA\,\mathrm{d}h \quad ,$$

wobei A eine Fläche parallel zum Erdboden und n die Teilchenzahldichte in der jeweiligen Höhe h ist:

$$n = \frac{N}{V} = \frac{\text{Gesamtzahl der Teilchen im Volumen } V}{\text{Volumen des Gases}} \quad .$$

Die Druckänderung $\mathrm{d}p$ bei Zunahme der Höhe h auf $h + \mathrm{d}h$ beträgt

$$\mathrm{d}p = -\frac{\mathrm{d}G}{A} = -mgn\,\mathrm{d}h \quad .$$

Das Vorzeichen ist negativ, weil der Druck mit zunehmender Höhe ($\mathrm{d}h$ positiv) abnimmt. Damit ist schon eine Abhängigkeit von Druck p und Höhe h gegeben, aber es muss noch die Abhängigkeit der auch vom Druck abhängigen Teilchenzahldichte berücksichtigt werden. Diese Abhängigkeit kann man mit der idealen Gasgleichung ableiten.

Durch Einsetzen von $R = kN_\mathrm{A}$ und $\nu = N/N_\mathrm{A}$, wobei $k = R/N_\mathrm{A} = 1{,}38 \cdot 10^{-23}\,\mathrm{J\,K^{-1}}$ die **Boltzmannkonstante** und $N_\mathrm{A} = 6{,}022 \cdot 10^{23}\,\mathrm{mol^{-1}}$ die **Avogadrokonstante** (Teilchenanzahl in einem Mol) sind, erhält man $pV = NkT$ und schließlich mit $n = N/V$:

$$p = nkT \quad .$$

Damit ergibt sich

$$\mathrm{d}p = -mg\frac{p}{kT}\,\mathrm{d}h \quad , \quad \frac{\mathrm{d}p}{p} = -\frac{mg}{kT}\,\mathrm{d}h \quad \text{und} \quad \ln p = -\frac{mg}{kT}h + C$$

nach der Integration. Die Integrationskonstante C lässt sich durch Vorgabe von Randbedingungen bestimmen, z. B. soll am Erdboden, d. h. bei $h = 0$, der Druck $p = p_0$ sein, also $\ln p_0 = 0 + C$. Man erhält daraus

$$\ln p - \ln p_0 = \ln \frac{p}{p_0} = -\frac{mg}{kT}h$$

und damit die

barometrische Höhenformel $\qquad p = p_0\,e^{-mgh/(kT)} \quad .$

Diese Beziehung für p lässt sich mit $p = nkT$ auch für die Teilchenzahldichte schreiben, Bild 15.1,

Teilchenzahldichte $\qquad n = n_0\,e^{-mgh/(kT)} \quad .$

Der Druck oder die Teilchenzahldichte dieser Modell-Atmosphäre fällt demnach exponentiell mit der Höhe ab und hat damit auch keine scharfe Grenze. Bei einer Messung der Höhe nach dieser barometrischen Höhenformel mit einem Druckmesser muss man jedoch berücksichtigen, dass die Druckverteilung der realen Atmosphäre durch ihre Bewegungen und ihre oft sehr ungleichmäßige Temperatur stark von dem durch die Formel gegebenen Zusammenhang abweicht. Die Formel ist daher meist nur für Schichten von einigen hundert Metern anwendbar.

Man sieht an der Formel, dass sich für Teilchen verschiedener Masse m auch verschiedene Verteilungen ergeben: Der Anteil der schweren Teilchen müsste bei abnehmender Höhe größer werden und umgekehrt. Dieser Effekt ist aber in der Nähe

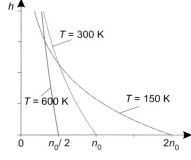

Bild 15.1. Barometrische Höhenformel für verschiedene Temperaturen. Die Gesamtzahl der Teilchen ist als konstant angenommen. Eine Höheneinheit (Teilstrichabstand) entspricht etwa 2000 m bei einer Stickstoffatmosphäre

der Erdoberfläche wegen der Durchmischung der Atmosphäre infolge Konvektion kaum zu beobachten. Er zeigt sich aber deutlich bei der Verteilung von Staubteilchen, die wegen ihrer relativ großen Massen nur geringe Höhen erreichen. Umgekehrt besteht die Atmosphäre in großen Höhen fast ausschließlich aus den in niedriger Höhe nur gering vertretenen Stoffen He und H_2.

Boltzmann-Verteilung

Die gefundene Abhängigkeit der Teilchendichte nach einem Exponentialgesetz ergibt sich nicht nur bei einem Schwerefeld. Die gleiche Gesetzmäßigkeit ergibt sich auch, wenn z. B. einer großen Zahl von Teilchen in thermischer Bewegung bei konstanter Temperatur ein magnetisches oder elektrisches Feld überlagert ist. Für die Teilchenzahldichte n in einem Gebiet, in dem die potentielle oder kinetische Energie $= E$ ist, in Beziehung zu der Teilchenzahldichte n_0 an der Stelle, wo diese Energie Null ist, gilt die

Boltzmann-Verteilung $n = n_0 \, e^{-E/(kT)}$.

Je größer die Energie der Teilchen ist, um so geringer ist deren Zahl.

Maxwellsche Geschwindigkeitsverteilung

Die Teilchen in einem Gas wechselwirken durch elastische Stöße. Dabei tauschen sie kinetische Energie aus, so dass die Geschwindigkeiten der Teilchen dadurch in jedem Augenblick über einen weiten Bereich streuen und sich für ein einzelnes Teilchen nach Betrag und Richtung im Laufe der Zeit statistisch ändern.

Betrachtet man zunächst nur eine Komponente v_x der Geschwindigkeit v, so ist die Zahl dN der Teilchen, die eine x-Komponente der Geschwindigkeit im Intervall von v_x bis $v_x + dv_x$ besitzen, proportional zur Gesamtzahl N der Teilchen des betrachteten Gasvolumens und zur Breite dv_x des Geschwindigkeitsintervalls:

$$dN \sim N dv_x \quad \text{bzw.} \quad dN = N f(v_x) \, dv_x \quad .$$

Der Proportionalitätsfaktor ist die *Verteilungsfunktion* $f(v_x)$ oder *Wahrscheinlichkeitsdichte*. Der Wert der Funktion $f(v_x)$ multipliziert mit dv_x gibt an, mit welcher Wahrscheinlichkeit Teilchen mit einer Geschwindigkeit zwischen v_x und $v_x + dv_x$ vorkommen. Die schraffierte Fläche, Bild 15.2, kennzeichnet diese Wahrscheinlichkeit

$$f(v_x) \, dv_x = \frac{dN}{N} \quad .$$

Analog zur Boltzmann-Verteilung ergibt sich mit $E = mv_x^2/2$ die

Bild 15.2. Maxwellsche Verteilungsfunktion $f(v_x)$ bzw. Wahrscheinlichkeitsdichte

eindimensionale Maxwellsche Geschwindigkeitsverteilung

$$f(v_x) dv_x = \sqrt{\frac{m}{2\pi kT}} \, e^{-mv_x^2/(2kT)} dv_x \quad .$$

Die Kurve ist symmetrisch zur Achse $v_x = 0$.

Nimmt man die ganze Fläche unter der Kurve, d. h. integriert man die Verteilungsfunktion über alle vorkommenden Geschwindigkeiten, erhält man:

$$\int_{-\infty}^{+\infty} f(v_x) dv_x = 1 \quad ,$$

d. h. die Wahrscheinlichkeit dafür, dass ein Teilchen irgendeine Geschwindigkeit besitzt, ist 1.

Die drei Komponenten der Geschwindigkeit, v_x, v_y und v_z sind gleichwertig und durch gleichartige Verteilungsfunktionen $f(v_x)$, $f(v_y)$, $f(v_z)$ gegeben.

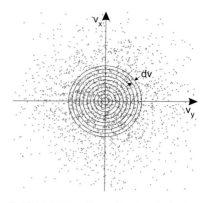

Bild 15.3. Verteilung der Geschwindigkeiten v mit den Komponenten v_x, v_y, v_z im Geschwindigkeitsraum. Die Verteilung ist kugelsymmetrisch. Innerhalb einer Kugelschale mit dem Radius v ist die Teilchendichte konstant (hier nur zweidimensionale Darstellung)

Bild 15.4. Maxwellsche Verteilungsfunktion $F(v)$ für verschiedene Temperaturen T_1, T_2

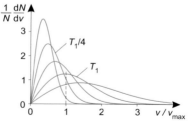

Bild 15.5. 2-dimensionale Maxwell-Verteilung für verschiedene Temperaturen. Die Geschwindigkeiten sind auf die Geschwindigkeit v_{max} im Maximum der Kurve für die Temperatur T_1 bezogen

Die Wahrscheinlichkeit, dass der Betrag der gesamten Teilchengeschwindigkeit $v = \sqrt{v_x^2 + v_y^2 + v_z^2}$ zwischen v und $v + \mathrm{d}v$ liegt, ist gleich dem Produkt der Einzelwahrscheinlichkeiten:

$$f(v_x)f(v_y)f(v_z) \sim e^{-mv^2/(2kT)} \quad .$$

Diese Dichte ist also innerhalb einer Kugelschale der Dicke $\mathrm{d}v$ im Geschwindigkeitsraum konstant, Bild 15.3. Multipliziert man die Dichte mit dem Volumen $4\pi v^2 \mathrm{d}v$ der Kugelschale, so erhält man die Teilchenzahl mit Geschwindigkeiten im Intervall von v bis $v + \mathrm{d}v$, Bild 15.4:

dreidimensionale Maxwellsche Geschwindigkeitsverteilung

$$F(v)\mathrm{d}v = 4\pi \left(\frac{m}{2\pi kT}\right)^{\frac{3}{2}} v^2\, e^{-mv^2/2kT}\mathrm{d}v \quad .$$

Die mittlere Geschwindigkeit $\bar{v}$ ist etwas größer als die wahrscheinlichste v_m, Bild 15.4. Die Verteilung der Geschwindigkeitsbeträge ist asymmetrisch, während man für die Komponenten der Geschwindigkeiten symmetrische Kurven erhält. Zur Veranschaulichung ist in Bild 15.3 eine mögliche Verteilung der Geschwindigkeitsvektoren dargestellt. Die Punkte kennzeichnen die Endpunkte der vom Ursprung aus abgetragenen Geschwindigkeitsvektoren. Geht man z. B. in x-Richtung vor und zählt die auftretenden Punkte $n f(v_x)\mathrm{d}x$ in gleichen Intervallen von $\mathrm{d}v_x$, so ergibt sich eine symmetrische Kurve. Zählt man aber die Punkte in zum Ursprung konzentrischen Kreisringen der Breite $\mathrm{d}v$, so nimmt ihre Zahl vom Zentrum aus zunächst zu und nimmt erst nach einem Maximum wieder ab.

Bei der statistischen Bewegung von Gasteilchen in einer Fläche ist die Zahl der Teilchen im Intervall von v bis $v + \mathrm{d}v$ gegeben durch die

zweidimensionale Maxwellsche Geschwindigkeitsverteilung

$$\mathrm{d}N = N\frac{m}{kT}v\, e^{-mv^2/2kT}\mathrm{d}v \quad .$$

Um diese Verteilung mit einem experimentellen Histogramm vergleichen zu können, muss man die Konstanten kennen. Die mittlere kinetische Energie eines Teilchens ist $\overline{\frac{m}{2}v^2} = kT$ (zweidimensional) mit $\overline{v^2} = 2kT/m$. Der Wert $2kT/m$ lässt sich also aus dem Mittelwert für v^2 berechnen:

$$\frac{2kT}{m} = \frac{\sum_{i=1}^{q} n_i v_i^2}{\sum_{i=1}^{q} n_i} \quad ;$$

n_i ist jeweils die Anzahl der in den gewählten q Geschwindigkeits-Intervallen vorkommenden Teilchen, Bild 15.5.

Rutherford-Streuung

α-Teilchen ($_2^4$He) mit hoher kinetischer Energie (MeV) werden von einem Atomkern abgelenkt, da beide positiv geladen sind. Es wirkt die abstoßende Coulombkraft. Dies führt zu Hyperbelbahnen der α-Teilchen. Um diesen Streuvorgang zu untersuchen, wurden von Rutherford Folien mit α-Teilchen bestrahlt, die so dünn waren, dass die α-Teilchen jeweils maximal eine einzige Kernwechselwirkung in der Folie erfuhren. Aus den Experiment konnte auf den Kernradius geschlossen werden: $R < 6 \cdot 10^{-15}$ m, auch ließ sich die Kernladungszahl Z bestimmen.

15.1 Translation auf der schiefen Ebene (1/2)

Kennenlernen der experimentellen Möglichkeiten eines Luftkissentisches. Vertiefung der Kenntnisse über die Beziehung zwischen Ort und Zeit bei der translatorischen Bewegung im Schwerefeld.

Reibungsfreier Tisch, Wasserwaage zur horizontalen Ausrichtung des Tisches, Pucks verschiedener Größe und Masse, Unterlegklötzchen, Schnur, Gummiband, Stoppuhr oder Haltemagnet mit Netzgerät, elektrische Stoppuhr und Lichtschranke.

Bild 15.6. Reibungsfreier Tisch

Um die Möglichkeit zu bieten, einen Puck auf der schiefen Ebene mit der Anfangsgeschwindigkeit Null ablaufen zu lassen, wird ein Haltemagnet mit einem Netzgerät benutzt. An dieses Netzgerät können ferner eine elektrische Stoppuhr und eine Lichtschranke angeschlossen werden. Bläst man Luft in den reibungsfreien Tisch, Bild 15.6, ist die aus den Löchern strömende Luft in der Lage, flache Plastikscheiben (Pucks) zu tragen. Zwischen den Pucks und der Tischfläche bildet sich eine dünne Luftschicht, die eine nahezu reibungsfreie Fläche darstellt. Die noch bleibende sehr geringe Dämpfung der Bewegung entsteht nicht mehr durch äußere Gleitreibung, sondern lediglich durch die innere Reibung (Zähigkeit) der Luft, die bei den folgenden Versuchen jedoch vernachlässigt werden kann.

Um die Bewegung eines Körpers auf einer **schiefen Ebene** zu beobachten, wird der Luftkissentisch leicht schräg aufgestellt. Zu messen ist der Ort eines Körpers als Funktion der Zeit. Diese Abhängigkeit lässt sich z. B. bestimmen, indem man den Tisch mit Seilen in gleiche Abschnitte einteilt und die Zeiten misst, die der Puck benötigt, um die einzelnen Markierungsseile zu erreichen. Alternativ kann die Messung auch mit einer elektrischen Stoppuhr, einem Elektromagneten und einer Lichtschranke durchgeführt werden. Nach Bild 15.7 ergibt sich für die Beschleunigung a:

Bild 15.7. Bewegung eines Körpers auf einer schiefen Ebene

$$a = g \sin \alpha \quad . \quad \text{Weiter gilt:} \quad \sin \alpha = \frac{h}{s} \quad ,$$

wobei s der vom Körper zurückgelegte Weg ist.

Man vergleiche die Fallzeiten verschieden schwerer Pucks.

Man lasse 2 Pucks gleichzeitig los, stoße aber dabei einen senkrecht zur Fallrichtung.

Man schieße die Pucks mit einem Gummiband (Katapult) in Richtung der Steigung ab und untersuche diese Wurf-Versuche bei verschiedenen Abwurfwinkeln.

Die Messungen sollen grafisch (mm-Papier) analysiert, Bild 15.9, und daraus der Zusammenhang der Größen Ort, Zeit, Geschwindigkeit und Beschleunigung gefunden werden. Man erarbeite die beschreibenden physikalischen Gleichungen nur aus den Messungen und den verschiedenen möglichen grafischen Darstellungen.

Man bestimme die Erdbeschleunigung g, indem man zunächst a bestimmt. Mit einer doppelt-logarithmischen Grafik, entsprechend Bild 15.8, zeige man die quadratische Abhängigkeit des Weges von der Zeit: $s = \frac{1}{2} a t^2$, woraus folgt: $\log s = \log \frac{1}{2} a + 2 \log t$.

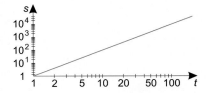

Bild 15.8. Zur grafischen Bestimmung der Erdbeschleunigung g aus einer doppelt-logarithmischen Auftragung

Bild 15.9. Grafische Bestimmung der Zusammenhänge zwischen Ort, Geschwindigkeit und Zeit

15.2 Barometrische Höhenformel (1/2)

Bild 15.10. Stoßende Teilchen im Schwerefeld: Luftkissentisch von oben gesehen

Bild 15.11. Darstellung der ermittelten Häufigkeitsverteilung

Bild 15.12. Logarithmische Darstellung der Häufigkeitsverteilung

 Es soll die Verteilung von Teilchen in einem Schwerefeld mit Hilfe eines zweidimensionalen Modellgases ermittelt werden. Durch geeignete grafische Darstellungen soll die Gültigkeit der barometrischen Höhenformel überprüft werden.

 Luftkissentisch mit Zubehör, beweglicher Rüttelrahmen mit Elektromotor, Unterlegklötzchen.

Das Modellgas besteht aus einer Anzahl von etwa 20 kleinen Pucks, die sich auf dem zur Herstellung eines Schwerefeldes etwas geneigten Luftkissentisch frei bewegen können, Bild 15.10.

In einem idealen Gas tauschen die Moleküle ihre Geschwindigkeit durch Stöße aus. Dabei bleiben Energie und Impuls des Gases erhalten, sofern das Gas ohne Kontakt mit der Umgebung ist. Auf dem Luftkissentisch geht jedoch bei jedem Stoß ein kleiner Energiebetrag verloren, so dass man eine Vorrichtung benötigt, die eine konstante „Temperatur" aufrecht erhält, wenn man das „Gas" längere Zeit beobachten möchte. Dafür wird ein Rüttelrahmen verwendet, der von einem Elektromotor angetrieben wird. Man teilt den Tisch mit Markierungsseilen in etwa 10 horizontale, gleich breite Streifen.

Einige Zeit nach Beginn des Versuchs werden zunächst die Rüttelvorrichtungen, und gleich danach der Luftstrom abgeschaltet. Die momentane Verteilung der Pucks über der Höhe wird dadurch sozusagen „eingefroren".

Man trägt die gefundene Häufigkeitsverteilung in Form eines *Histogramms* (Säulendarstellung), entsprechend Bild 15.11 auf. Wenn das Histogramm noch keinen eindeutigen Kurvenverlauf zeigt, lässt es sich durch die Histogramme weiterer Versuche ergänzen. Die Überlagerung der Teilhistogramme zeigt dann, dass erst eine große Zahl von Versuchen die Häufigkeitsverteilung richtig wiedergibt und die sehr zufällige Verteilung weniger Teilchen überdeckt. Die Ergebnisse sollen auch halblogarithmisch dargestellt werden, Bild 15.12. Man vergleiche die grafischen Ergebnisse mit den theoretisch zu erwartenden Kurven und diskutiere die Grenzen des Modells.

Hinweis: Die im Versuch wirksame Komponente von g ist aus dem Neigungswinkel des Tisches bestimmbar, so dass sich die „Temperatur" des Modellgases bestimmen lässt.

15.3 Geschwindigkeitsverteilung in einem Modellgas (1/2)

 Demonstration der Maxwellschen Geschwindigkeitsverteilung an einem zweidimensionalen Modellgas.

 Luftkissentisch mit Zubehör, beweglicher Rüttelrahmen mit Elektromotor, Digitalkamera und *Stroboskop*.

 Die Maxwellverteilung lässt sich an einem zweidimensionalen Modellgas, bestehend aus einer Anzahl (> 10) Pucks demonstrieren. Die „Temperatur" des Gases wird durch einen beweglichen Aufsatzrahmen erzeugt. Die Geschwindigkeitsverteilung lässt sich dann aus stroboskopischen Aufnahmen (Blitzfolge etwa 10 Hz, Belichtungszeit z. B. 1 s) der sich bewegenden Pucks ermitteln, indem man die jeweils zwischen zwei oder mehreren Blitzen zurückgelegten Strecken misst, Bild 15.13.

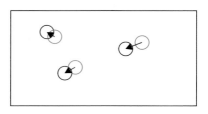

Bild 15.13. Doppelbelichtungsaufnahme zur Bestimmung der Momentangeschwindigkeit v_i der Teilchen

Bild 15.14. Darstellung der Geschwindigkeitsverteilung

Der Versuch wird mit einer Pucksorte mit anderer Masse wiederholt, z. B. $m_2 = 2m_1$.

 Die den Geschwindigkeiten entsprechenden Strecken werden in einem Histogramm dargestellt, Bild 15.14.

Die Gleichverteilung der Energie (die mittlere kinetische Energie $\overline{mv^2/2}$ ist für jeden Freiheitsgrad gleich $kT/2$) lässt sich dadurch zeigen, dass man die Maxwellverteilungen eines Gemisches aus zwei Pucksorten (mit z. B. $m_2 = 2m_1$) misst und daraus jeweils die mittlere kinetische Energie bestimmt und vergleicht.

15.4 Rutherford-Streuung (1/2)

 Quantitatives Experiment zur Streuung von α-Teilchen am Atomkern

 Luftkissentisch mit großen Magnetpuck (festgemacht) in der Mitte des Tisches, Magnetpucks, Digitalkamera, Stroboskop.

 Die Magnetpucks werden einzeln mit der Hand in Richtung des großen Magnetpucks geschoben. Die Ablenkung von der eigentlichen Bahn durch den „Atomkern" kann durch stroboskopische Aufnahmen (Blitzfolge etwas 10 Hz Blitzlichtzeit > 1 s) dokumentiert werden. Je nach Anstoßgeschwindigkeiten und Richtungen erhält man unterschiedliche Bahnkurven (Hyperbeln).

 Beispielbilder können ausgedruckt werden.

16. Luftdichte, Dampfdruck, Luftfeuchte

 Untersuchung der Eigenschaften von Gasen an den Beispielen Luft und Wasserdampf: Luftdichte und Luftfeuchte, Partial- und Sättigungsdampfdruck von Wasser.

 Standardlehrbücher (Stichworte: Zustandsgleichung idealer Gase, Zustandsdiagramm von Wasser, Dampfdruckkurven, Luftfeuchte, Taupunkt),
Kose/Wagner: Kohlrausch Praktische Physik: Tabellenwerte,
Klose/Klose: Meteorologie.

Zusammensetzung von Luft

Die **Dichte**, also auch die Luft-Dichte, ist definiert als Quotient aus der Masse m und dem dazugehörigen Volumen V:

Dichte $\qquad \rho = \dfrac{m}{V} \quad .$

Die Dichte von Gasen wie Luft hängt wegen der hohen Kompressibilität stark vom Druck ab, ferner von der Temperatur und der Feuchtigkeit. Angaben für den Wert der Luftdichte sind daher nur dann vergleichbar, wenn sie sich auf die sog. *Normbedingungen* beziehen: $t_0 = 0\,°C \mathrel{\hat{=}} T = 273{,}15\,K$ und $p_0 = 1013{,}25\,hPa$. Die zugehörige Normdichte von trockener Luft beträgt $\rho_0 = 0{,}001293\,g/cm^3$. Atmosphärische Luft besteht im Wesentlichen aus einem Gemisch von Stickstoff N_2, Sauerstoff O_2, ein wenig Kohlendioxid CO_2 sowie einer Reihe von Spurengasen (Argon, Helium u. a.). Dazu kommt eine variable Menge Wasserdampf, d. h. die Luft ist „feucht". Den Gehalt der Luft an Wasserdampf bezeichnet man als **Luftfeuchte**. Dem Wasserdampfanteil in der Luft entspricht ein *Wasserdampfpartialdruck* p_W. Das ist der Druck, den der Wasserdampf auf die Wände eines Gefäßes ausüben würde, wenn er allein in einem Behälter wäre. Die obere Grenze für p_W bildet der *Sättigungsdampfdruck*, der für die jeweilige Temperatur dem Zustandsdiagramm $p = p(T)$ für Wasser entnommen werden kann.

Im Bild 16.1 ist das (p, T)-Diagramm für Wasser aufgezeichnet. Die drei möglichen Phasen (Eis, Wasser und Wasserdampf) erscheinen als Flächen, wobei zwei Phasen jeweils durch eine *Phasengrenzkurve* voneinander getrennt sind, auf der sie miteinander im sog. thermischen Gleichgewicht stehen. Die Phasengrenzkurven heißen *Dampfdruckkurve* (1) zwischen der flüssigen und der gasförmigen Phase, *Sublimationskurve* (2) zwischen der festen und der gasförmigen Phase und *Schmelzdruckkurve* (3) zwischen der festen und der flüssigen Phase. Der Schnittpunkt aller drei Phasengrenzkurven ist der sog. **Tripelpunkt**. Nur in diesem einen Punkt stehen alle drei Phasen miteinander im thermischen Gleichgewicht. Er liegt für Wasser bei $0{,}0075\,°C$ und $613\,Pa$.

Bei der Phasenkurve (1) handelt es sich um einen Teil der Sättigungsdampfdruckkurve des Wassers, die näherungsweise der Gleichung $p_S = A\mathrm{e}^{-B/T}$ gehorcht, wie unten beschrieben ist.

Die *absolute Luftfeuchte* f_abs ist gegeben durch die in einer Luftmenge mit dem Volumen V enthaltene Masse m_W an Wasserdampf:

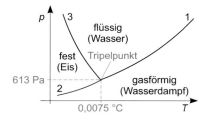

Bild 16.1. Zustandsdiagramm von Wasser

absolute Luftfeuchte $f_{\mathrm{abs}} = \dfrac{m_{\mathrm{W}}}{V}$.

Die absolute Luftfeuchte erreicht dann ihren maximalen Wert, wenn der Wasserdampfpartialdruck gleich dem Sättigungsdampfdruck für die jeweilige Temperatur ist,

$$p_{\mathrm{W}} = p_{\mathrm{S}} \qquad \Leftrightarrow \qquad f_{\mathrm{abs}} = f_{\max} \quad ,$$

und man spricht dann von feuchtigkeitsgesättigter Luft. Überschreitet die Luftfeuchte kurzzeitig den Wert $f_{\max}$, so kondensiert der überschüssige Wasserdampf, indem sich Nebeltröpfchen oder ein Niederschlag an der kältesten Stelle in der Umgebung (z. B. kalte Fensterscheibe im Auto) bilden. Die Luftfeuchte sinkt dadurch wieder auf den Wert $f_{\max}$ ab.

Die *relative Luftfeuchte* f_{rel} ist definiert als:

relative Luftfeuchte $f_{\mathrm{rel}} = \dfrac{f_{\mathrm{abs}}}{f_{\max}}$.

f_{rel} sinkt, wenn man ungesättigte Luft erwärmt, und steigt, wenn man die Luft abkühlt. Mit **Taupunkt** bezeichnet man dabei die Temperatur, bei der der Wasserdampf in der Luft gesättigt ist und zu kondensieren beginnt:

$$f_{\mathrm{abs}} = f_{\max} \qquad \text{bzw.} \qquad f_{\mathrm{rel}} = 100\% \quad .$$

 ## Reduktion der Dichte auf Normalbedingungen

Die Angabe der Luftnormdichte ρ_0 verlangt die Kenntnis der Abhängigkeit der Luftdichte von der Lufttemperatur t_{L}, dem Luftdruck p_{L} und der Feuchtigkeit, d. h. dem Partialdruck des Wasserdampfes p_{W}. Näherungsweise kann Luft als ideales Gas angesehen werden, das der Zustandsgleichung der idealen Gase genügt. Dann gilt die:

Reduktionsformel $\rho_0 \approx \rho_{\mathrm{L}} \dfrac{p_0}{p_{\mathrm{L}}} \dfrac{T_{\mathrm{L}}}{T_0} \left(1 + \dfrac{3}{8} \dfrac{p_{\mathrm{W}}}{p_{\mathrm{L}}} \right)$.

Tabelle 16.1. Messgrößen zur Bestimmung der Luftnormdichte ρ_0

ρ_{L}	gemessene Luftdichte bei t_{L}, p_{W} und p_{L}
t_{L}	Lufttemperatur in °C
p_0	Luftnormdruck p_0 = 1013,25 hPa
T_0	Luftnormtemperatur T_0 = 273 K
p_{L}	Luftdruck
T_{L}	Lufttemperatur in K $T_{\mathrm{L}} = T_0 + t_{\mathrm{L}}$
p_{W}	Partialdruck des Wasserdampfes

Die auftretenden Größen sind in Tabelle 16.1 erklärt.

Die Herleitung dieser Reduktionsformel geschieht mit Hilfe der allgemeinen Zustandsgleichung idealer Gase in drei Schritten:
- Berücksichtigung des Wasserdampfpartialdruckes p_{W}

Da die feuchte Luft ein Gemisch aus trockener Luft und Wasserdampf ist, gilt für ihre Dichte (m_{L} Masse der trockenen Luft, m_{W} Masse des Wasserdampfes):

$$\rho_{\mathrm{L}} = \rho_\ell + \rho_{\mathrm{W}} \quad .$$

Aus der Zustandsgleichung idealer Gase folgt für die Dichte ρ_ℓ der trockenen Luft (p_ℓ Partialdruck, M_ℓ Molmasse, V_{M} Molvolumen und T_ℓ absolute Temperatur der trockenen Luft):

$$\rho_\ell = \frac{M_\ell}{V_{\mathrm{M}}} = \frac{M_\ell p_\ell}{R T_\ell} \quad .$$

Analog gilt für die Dichte ρ_{W} des Wasserdampfes (p_{W} Partialdruck, M_{W} molare Masse und T_{W} absolute Temperatur des Wasserdampfes):

$$\rho_{\mathrm{W}} = \frac{M_{\mathrm{W}} p_{\mathrm{W}}}{R T_{\mathrm{W}}} \quad .$$

Trockene Luft besteht in guter Näherung aus 80 % N_2 (molare Masse $2 \cdot 14\ \mathrm{g\,mol^{-1}}$) und 20 % O_2 (molare Masse: $2 \cdot 16\ \mathrm{g\,mol^{-1}}$). Die molare Masse des Gemisches wird also:

$$M_\ell = (0{,}8 \cdot 28 + 0{,}2 \cdot 32)\,\mathrm{g\,mol}^{-1} = 28{,}8\,\mathrm{g\,mol}^{-1} \quad .$$

Die molare Masse des Wasserdampfes H_2O ist

$$M_\mathrm{W} = (2 + 16)\,\mathrm{g\,mol}^{-1} = 18\,\mathrm{g\,mol}^{-1} \quad .$$

Durch Division der beiden vorstehenden Gleichungen für ρ_W und ρ_ℓ und Einsetzen von M_ℓ und M_W ergibt sich, da $T_\ell = T_\mathrm{W}$:

$$\rho_\mathrm{W} \approx 0{,}625\,\rho_\ell \frac{p_\mathrm{W}}{p_\ell} = \rho_\ell \frac{5}{8} \frac{p_\mathrm{W}}{p_\ell} \quad .$$

Wird dieser Ausdruck in die Gleichung $\rho_\mathrm{L} = \rho_\ell + \rho_\mathrm{W}$ eingesetzt, folgt für die Dichte der trockenen Luft:

$$\rho_\ell = \frac{\rho_\mathrm{L}}{(1 + 5p_\mathrm{W}/8p_\ell)} \quad .$$

Man beachte, dass sich diese Dichte auf den gemessenen Druck p_L und die Temperatur t_L bezieht.

- Berücksichtigung der Lufttemperatur

   t_L und des Luftdrucks p_L

   Zwischen ρ_ℓ und ρ_0 besteht folgender Zusammenhang ($m_\ell = \mathrm{const.}$):

   $$\rho_\ell V_\ell = \rho_0 V_0 \quad .$$

   Aus der Zustandsgleichung idealer Gase folgt das Luftvolumen V_0 unter Normbedingungen:

   $$p_\ell V_\ell = p_0 V_0 \frac{T_\mathrm{L}}{T_0} \quad .$$

   Die Kombination der letzten beiden Gleichungen ergibt:

   $$\rho_0 = \rho_\ell \frac{p_0}{p_\ell} \frac{T_\mathrm{L}}{T_0} \quad .$$

- Damit folgt für die Luftnormdichte in Abhängigkeit von der Lufttemperatur t_L und dem Wasserdampfpartialdruck p_W

   $$\rho_0 = \rho_\mathrm{L} p_0 \frac{T_\mathrm{L}}{T_0} \frac{1}{p_\ell + \frac{5}{8} p_\mathrm{W}} \quad .$$

   Der Luftdruck p_L setzt sich aus den Partialdrucken p_ℓ und p_W zusammen:

   $$p_\mathrm{L} = p_\ell + p_\mathrm{W} \qquad \text{bzw.} \qquad p_\ell = p_\mathrm{L} - p_\mathrm{W} \quad .$$

Für $p_\mathrm{W}/p_\mathrm{L} \ll 1$ folgt die o. a. Reduktionsformel.

Dampfdruck von Flüssigkeiten

Aus dem 1. und *2. Hauptsatz der Wärmelehre* lässt sich ein Zusammenhang zwischen der molaren Verdampfungswärme Λ_mol und der Änderung des Dampfdruckes mit der Temperatur $\mathrm{d}p_\mathrm{S}/\mathrm{d}T$ ableiten:

Gleichung von Clausius-Clapeyron $\qquad \Lambda_\mathrm{mol} = T \dfrac{\mathrm{d}p_\mathrm{S}}{\mathrm{d}T} (V_\mathrm{d} - V_\mathrm{fl}) \quad .$

V_d und V_fl sind dabei die Molvolumina des Dampfes bzw. der Flüssigkeit. Bei einer Integration dieser Gleichung ist jedoch zu beachten, dass die Verdampfungswärme nicht konstant ist, sondern mit steigender Temperatur abnimmt, vor allem im Bereich höherer Drucke und Temperaturen. Am kritischen Punkt schließlich wird $\Lambda_\mathrm{mol} = 0$, und es verschwindet der Unterschied der Dichten von Flüssigkeit und Dampf ($\rho_\mathrm{d} = \rho_\mathrm{fl}$). Oberhalb der kritischen Temperatur kann nur noch die Dampf- oder Gasphase existieren.

Im Falle niedriger Dampfdrucke kann man in der Clausius-Clapeyron-Gleichung $V_{fl} \ll V_d$ vernachlässigen und innerhalb kleinerer Temperaturbereiche die Verdampfungswärme näherungsweise als konstant ansehen. Ferner verhält sich in diesem Bereich der Dampf angenähert wie ein ideales Gas, d. h. es ist

$$V_d \approx \frac{RT}{p_S}$$

Es gilt also:

$$\frac{\Lambda_{mol}}{R} \frac{dT}{T^2} = \frac{dp_S}{p_S}$$

Die letzte Gleichung lässt sich auf beiden Seiten getrennt integrieren:

$$\ln p_S = \ln p_0 - \frac{\Lambda_{mol}}{R} \left(\frac{1}{T} - \frac{1}{T_0} \right) \quad .$$

Nach Einführung neuer Konstanten folgt die

Temperaturabhängigkeit des Sättigungdampfdruckes

$$p_S = A e^{-B/T} \qquad A, B \approx \text{const.}$$

16.1 Luftnormdichte (1/1)

 Bestimmung der Luftnormdichte aus Luftdichte ρ_L, Lufttemperatur t_L, Luftdruck p_L und Wasserdampfpartialdruck p_W.

 Evakuierbares Gefäß: sog. Pyknometer, Vakuumpumpe mit Anschlussschlauch (*Vorsicht beim Evakuieren der Glasapparatur*), Balkenwaage und / oder Analysenwaage mit elektronischer Anzeige, Thermometer, Barometer, Hygrometer: Taupunkthygrometer, Psychrometer, mechanisches oder elektrisches Hygrometer.

 Luftdichte

Mit einem Hg-Barometer wird der Luftdruck gemessen. Die Länge der Hg-Säule ist jedoch temperaturabhängig wegen der unterschiedlichen Dichte des Hg bei verschiedenen Temperaturen; deshalb ist der Luftdruck noch zu korrigieren (s. *Kose/Wagner*: Kohlrausch Praktische Physik):

$$p_L = p_{Barometer}(1 - K t_L) \quad .$$

Der Korrekturfaktor $K = 0{,}00018/°\text{C}^{-1}$ entspricht dem thermischen Ausdehnungskoeffizienten von Hg. Nach der Korrektur muss der Druck in Pascal umgerechnet werden, s. Tabelle 16.2.

Zur Dichtebestimmung muss man die Masse m_L eines bekannten Luftvolumens V_L messen. Dazu wägt man ein evakuierbares Gefäß, ein sog. *Pyknometer* (Volumen V_L, Masse m_{Pyk}) einmal mit und einmal ohne Luftfüllung mit einer hinreichend empfindlichen Waage. Dann ergibt sich die Luftmasse m_L im Volumen V_L als Differenz $m_L = m_{Pyk+Luft} - m_{Pyk,evakuiert}$.

Die Messungen müssen sorgfältig vorgenommen werden, weil der mögliche Messfehler Δm_L der kleinen Differenzgröße sich als Summe der zwei Einzelmessungen ergibt $\Delta m_L = \Delta m_{Pyk+Luft} + \Delta m_{Pyk,evakuiert}$.

Zur Volumenbestimmung V_L wägt man das Pyknometer einmal mit und einmal ohne Wasser. Aus der Masse des Wassers m_W, ermittelt z. B. mit einer Balkenwaage, und der temperaturabhängigen Dichte des Wassers ρ_W, s. Tabelle 16.3, folgt dann das Volumen V_L:

$$V_L = \frac{m_W}{\rho_W} = \frac{1}{\rho_W} \left(m_{Pyk+Wasser} - m_{Pyk,evakuiert} \right) \quad .$$

Tabelle 16.2. Druck-Einheiten

Druck-Einheiten (SI-Einheit Pascal seit 1978 verbindlich)	
1 Pascal	1 Pa = 1 Nm^{-2}
1 Hekto-Pascal	1 hPa = 10^2 Pa
1 Bar	10^5 Pa
1 Millibar	1 mbar = 1 hPa
1 physikalische Atmosphäre	1 atm = 760 Torr = 1013 hPa
1 mm Hg-Säule	1 Torr
1 technische Atmosphäre = 10 m Wassersäule	1 at = 1 kp / cm^2 = 736 Torr = 981 hPa
1 pound per square inch	1 psi = 68,95 hPa

Tabelle 16.3. Temperaturabhängige Dichte des Wassers

t / °C	ρ / g cm^{-3}
10	0,999700
11	0,999605
12	0,999498
13	0,999378
14	0,999245
15	0,999101
16	0,998944
17	0,998776
18	0,998597
19	0,998407
20	0,998206
21	0,997994
22	0,997772
23	0,997540
24	0,997299
25	0,997047
26	0,996786
27	0,996516
28	0,996236
29	0,995948
30	0,995650

Damit gilt für die Dichte der (feuchten) Luft:

$$\rho_{\mathrm{L}} = \frac{m_{\mathrm{L}}}{V_{\mathrm{L}}} = \rho_{\mathrm{W}} \frac{m_{\mathrm{L}}}{m_{\mathrm{W}}} \quad .$$

Fragen: Welche Rolle spielt der Auftrieb bei einer Wägung generell und speziell bei der vorliegenden Messung? Wie groß ist er hier, und wie wäre er zu berücksichtigen?

Zur Berechnung der Luftnormdichte ρ_0 muss nun noch der Wasserdampfpartialdruck in der feuchten Luft bestimmt werden. Das soll mit verschiedenen Methoden geschehen. Auch soll die Luftfeuchte sowohl im Freien als auch im Labor gemessen werden.

Taupunkthygrometer

Bei diesem Verfahren wird der Wasserdampfpartialdruck aus dem Taupunkt bestimmt. Dazu benutzt man ein *Taupunkthygrometer*, Bild 16.2, bei dem eine Metalloberfläche mittels eines *Peltierelements* gekühlt wird. Bei fortschreitender Abkühlung ist der Taupunkt dann erreicht, wenn das in der Luft enthaltene Wasser kondensiert und der Metallspiegel beschlägt (man misst dabei eine Temperatur t_1) bzw. wenn bei nachfolgender Erwärmung der Beschlag wieder verschwindet (t_2). Aus der Mittelung der beiden Temperaturen erhält man den Taupunkt t_{Tau}. Aus der Kenntnis von t_{Tau} und dem Verlauf der Dampfdruckkurve, Bild 16.3, erhält man dann den gesuchten Wasserdampfpartialdruck $p_{\mathrm{W}}(t) = p_{\mathrm{S}}(t_{\mathrm{Tau}})$ bei der Umgebungstemperatur t.

Bild 16.2. Aufbau eines Taupunkthygrometers

Bild 16.3. Bestimmung des Dampfdrucks von Wasser aus der Taupunkttemperatur

Psychrometer

Das Psychrometer zur Bestimmung von p_{W} besteht aus zwei gleichartigen Thermometern, von denen eines über einen Gazestreifen mit Wasser aus einem Vorratsgefäß benetzt wird, Bild 16.4. Man lässt nun mittels eines Ventilators Luft vorbeistreichen, so dass das „trockene" Thermometer die Lufttemperatur t misst. Ist die Luft zu 100 % mit Wasserdampf gesättigt, wird auch das feuchte Thermometer die gleiche Temperatur anzeigen ($t = t_{\mathrm{f}}$). Ist die relative Feuchte der Luft jedoch geringer (man spricht auch von einem sog. Sättigungsmangel), wird sie am feuchten Thermometer weiteres Wasser als Dampf aufnehmen, wobei die Verdampfungswärme dem Thermometer und der angrenzenden Luft entzogen wird. Die „feuchte" Temperatur t_{f} wird also niedriger als t sein. Der Temperaturunterschied $(t - t_{\mathrm{f}})$ ist umso größer, je stärker sich die tatsächliche Feuchte der Luft (Wasserpartialdampfdruck p_{W}) von der Sättigungsfeuchte (Sättigungsdampfdruck p_{S}) bei der Temperatur t unterscheidet. Es ist also der Unterschied $(t - t_{\mathrm{f}})$ ein Maß für $(p_{\mathrm{W}} - p_{\mathrm{S}})$. Es gilt näherungsweise

$$p_{\mathrm{W},t} = p_{\mathrm{S}} - \mathrm{const}\, p_{\mathrm{B}}(t - t_{\mathrm{f}}) \quad .$$

Die Konstante beträgt $0{,}00066\,^{\circ}\mathrm{C}^{-1}$, p_{B} ist der Barometerdruck.

Die Temperaturerniedrigung von t auf t_{f} kann natürlich nur dann voll eintreten, wenn laufend Wasser verdunstet und abgeführt wird. t_{f} sollte also von der Anströmgeschwindigkeit v abhängen. Dabei hat sich gezeigt, dass bei $v > 2\,\mathrm{m/s}$ die Gleichgewichtseinstellung (also t_{f}) nicht mehr verändert wird. Wenn die Temperatur t_{f} von der Geschwindigkeit unabhängig geworden ist, dann darf man schließen, dass jetzt alles neu verdampfende Wasser vollständig abgeführt wird, so dass nunmehr die Rate, mit der aus dem Flüssigkeitsfilm die Wasser-Moleküle verdampfen, die Temperatur t_{f} bestimmt.

Bild 16.4. Psychrometer

Kommerzielle Hygrometer

Die Luftfeuchte kann auch mit mechanisch arbeitenden Geräten bestimmt werden, bei denen die feuchtebedingte Längenänderung eines Fadens auf einen drehbaren Zeiger übertragen wird, oder auch mit elektronisch anzeigenden Geräten, bei denen feuchtigkeitsabhängige Änderungen von elektrischen Widerständen oder anderer elektrischer Eigenschaften zur Messung eingesetzt werden.

Die Ergebnisse der verschiedenen Luftfeuchtemessungen sollen verglichen und diskutiert werden. Ändert sich die Luftfeuchte in einem Raum, in dem sich mehrere Personen aufhalten?

Aus der Dichte ρ_L der feuchten Luft, dem Luftdruck p_L, der Temperatur t_L sowie dem Wasserdampfpartialdruck p_W, gemessen in dem gleichen Raum, wird nun mit Hilfe der Reduktionsformel die Luftnormdichte ρ_0 bestimmt. Die Messfehler sind abzuschätzen und das Ergebnis mit dem Literaturwert zu vergleichen.

16.2 Dampfdruck von Wasser (Niederdruckbereich) (1/2)

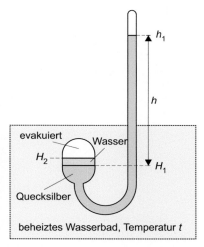

Bild 16.5. Dampfdruckmessung von Wasser, Niederdruckbereich

 Messung des Sättigungsdampfdruckes von Wasser bei Temperaturen bis etwa 100 °C. Vergleich mit einer theoretischen Dampfdruckkurve. Berechnung der Verdampfungswärme nach Clausius-Clapeyron.

Apparatur zur Dampfdruckmessung, Thermometer, Heizung und Magnetrührer.

Die Apparatur besteht aus einem mit Quecksilber und etwas Wasser gefüllten, U-förmigen Manometer. Dessen kurzer Schenkel kann in einem beheizbaren Wasserbad auf verschiedene Temperaturen gebracht werden, Bild 16.5.

> Achtung! Vorsicht beim Füllen und Leeren des Wasserbades wegen Bruchgefahr für das Hg-gefüllte Manometer!
> Wegen der „Trägheit" des Wärmeausgleichs Wasserbad/Quecksilber darf nur langsam aufgeheizt werden, wenn man die Temperatur zuverlässig messen will.
> Im Wasserbad: nur destilliertes Wasser – Korrosionsgefahr.

In dem ansonsten evakuierten Raum über dem Wasser in dem kurzen Manometerschenkel herrscht stets der Sättigungsdampfdruck p_S des Wassers. Er lässt sich ermitteln aus der Höhendifferenz h der Hg-Spiegel in den beiden Schenkeln. Der Wert von h muss allerdings noch wegen des hydrostatischen Druckes der Wassersäule der Höhe $H = H_2 - H_1$ korrigiert werden:

$$h' = h - H \frac{\rho_{H_2O}}{\rho_{Hg}}$$

mit $\rho_{Hg} = 13{,}6 \, \text{g/cm}^3$ und $\rho_{H_2O} = 1 \, \text{g/cm}^3$.

Der kurze Manometerschenkel muss immer vollständig in das Wasserbad eintauchen. Ein Deckel auf dem Wasserbad verhindert Verdampfungsverluste; notfalls destilliertes Wasser nachfüllen. Bei der Manometerablesung sollte die Parallaxe möglichst ausgeschaltet werden. Die Höhe des Wasserspiegels H_2 lässt sich am besten durch Visieren unter der Wasseroberfläche entlang feststellen.

(Als Alternative kann der Dampfdruck in einem dickwandigen Glasgefäß, z.B. Exsikkator, gemessen werden. Dieses wird teilweise mit Wasser befüllt und auf etwa 100 °C erhitzt. Beim Abkühlen wird der Wasserdampf abgepumpt und das Wasser mehrfach zum Sieden gebracht. Die dabei auftretenden Temperaturen und Drucke werden mit einem elektronischen Thermometer und Barometer gemessen. Die entstandene Dampfdruckkurve wird mit der Gleichung nach Clausius-Clapeyron verglichen.)

Zunächst wird bei Zimmertemperatur gemessen: Die Höhe des Hg-Meniskus im kurzen Schenkel (H_1) und die des Wassermeniskus (H_2), die Wasserbad-Temperatur t_Z sowie die Höhe h_1 des Hg-Meniskus im langen Schenkel.

Bei den anderen Temperaturen werden nur h und t abgelesen, z.B. in Abständen von 5 °C. Bei siedendem Wasserbad wird schließlich noch einmal die Höhe H_1 des Hg-Meniskus im kurzen Schenkel abgelesen. Für die Zwischentemperaturen kann die Höhe H_1 genügend genau zwischen den zwei Messwerten linear interpoliert werden (z.B. grafisch). Die Höhe der Wassersäule H kann dagegen als konstant angenommen werden. Vorschläge für unterschiedlich ausführliche Messungen sind weiter unten ausgeführt.

Tabelle 16.4. Sättigungsdampfdruck von Wasser, Niederdruckbereich

t / °C	p_S / Torr	p_S / hPa
0	4,6	6,1
10	9,2	12,3
15	12,8	17,1
20	17,5	23,3
25	23,8	31,7
30	31,8	42,4
40	55,3	73,7
50	92,5	123
60	149	199
80	355	473
90	526	701
95	634	845
99	733	977
100	760	1013
101	788	1051

Ferner muss noch der Barometerdruck p_B abgelesen und die zugehörige Siedetemperatur des Wassers aus einer Tabelle entnommen werden.

✍ Man berechne aus den temperaturabhängigen Messungen von h bzw. den korrigierten Werten h' den Dampfdruck p_S und zeichne das Diagramm $p_S = f(t)$. In dieses Diagramm zeichne man die Tabellenwerte (s. Tabelle 16.4) ein und diskutiere die Ursachen für eventuelle Abweichungen.

✍ Man zeichne ferner das Diagramm $\lg p_S = f(1/T)$ und prüfe, ob sich eine Gerade ergibt. Achtung: T ist die absolute Temperatur!

✍ *Ergänzung:* Man ermittle aus dem Anstieg der Dampfdruckkurve $\mathrm{d}p_S/\mathrm{d}t$ nach der Clausius-Clapeyron-Gleichung die Verdampfungswärme von Wasser für $t = 100\,°\mathrm{C}$ ($V_{\mathrm{fl}} = 18 \cdot 10^{-6}\,\mathrm{m^3/mol}$, $V_{\mathrm{d}} = 30 \cdot 10^{-3}\,\mathrm{m^3/mol}$) und vergleiche das Ergebnis mit dem Literaturwert.

✍ Man vergleiche den bei siedendem Wasserbad gemessenen Dampfdruck mit dem Barometerdruck p_B, sowie die gemessene Siedetemperatur mit dem aus dem Barometerdruck ermittelten Sollwert.

Vorschlag für eine ausführliche Messung

Nach den Ablesungen bei Zimmertemperatur wird etwa die halbe maximale Heizleistung eingeschaltet und z. B. h und t alle 5 °C abgelesen. Oberhalb von 60 °C auf maximale (z. B. 500 W) Heizleistung schalten, da die Wärmeabgabe bei höheren Temperaturen größer wird. Nach den Messungen am Siedepunkt wird die Heizung abgeschaltet, das Wasserbad wird jedoch weiter gerührt und während der Abkühlung bei den gleichen Temperaturen wieder das Manometer abgelesen (bis ca. 60 °C, dann wird die Abkühlung zu langsam). Abweichungen der Messungen bei Erwärmung und Abkühlung diskutieren.

Vorschlag für eine abgekürzte Messung

Ablesungen bei Zimmertemperatur. Dann mit voller Leistung von 500 W das Wasserbad bis zum Sieden aufheizen, ohne zu messen (ca. 1/2 Stunde). Messungen am Siedepunkt ausführen. Dann Messung von h und t während der Abkühlung bis ca. 50 °C (z. B. alle 5 °C).

✍ Für die Aufzeichnung der logarithmischen Abhängigkeit $\lg p_S = f(1/T)$ braucht man nur etwa 6 − 8 Messpunkte z. B. alle 10 °C. Anstatt einfach-logarithmisches Papier zu benutzen, kann man auch $\lg p_S$ mit einem Rechner bestimmen, in die Messtabelle eintragen und dann $\lg p_S$ als Funktion von $1/T$ auf normalem mm-Papier auftragen.

16.3 Dampfdruck von Wasser (Hochdruckbereich) (1/2)

 Messung des Sättigungsdampfdrucks von Wasser für Temperaturen oberhalb 100 °C.

Hochdruckapparatur, Bild 16.6, bestehend aus Druckgefäß mit horizontalem Gasbrenner, Thermometer 0 °C − 250 °C, Schraubenschlüssel, Bleischeiben zur Dichtung, Spritze zum Füllen mit destilliertem Wasser.

In einem dickwandigen Hochdruckgefäß aus Al wird Wasser auf Temperaturen t bis zu 250 °C aufgeheizt und der Dampfdruck p_S mit einem Dosenmanometer (0 − 60 at) gemessen. Bei der Manometerablesung Parallaxe möglichst vermeiden.

Füllung der Apparatur (nur destilliertes Wasser verwenden): Überwurfmutter am Ende des Druckkessels abschrauben. Im Inneren liegt ein dünnes Kupferrohr, das bis zum Manometer durchgeführt ist und dort frei endet. Destilliertes Wasser wird in die Spritze eingezogen und durch das Kupferrohr eingespritzt. Auf diese Weise kann die ganze Apparatur luftfrei mit Wasser gefüllt werden. Die Überwurfmutter wird wieder fest angezogen (notfalls vorher die Bleischeibe erneuern). Während des Aufheizens muss die Dichtung gegebenenfalls

Bild 16.6. Dampfdruckmessung von Wasser, Hochdruckbereich

Achtung!
Beim Ablesen von Manometer und Thermometer einen Sicherheitsabstand
von mindestens 30 cm einhalten. Bei fehlerhafter Dichtung kann möglicherweise plötzlich ein feiner Dampfstrahl austreten.

Um einen Wärmeausgleich und damit eine zuverlässige Messung zu ermöglichen,
darf der Druckkessel nur langsam aufgeheizt werden, z. B. mit einem Druckanstieg
von etwa 2 at/min. Bei den Messungen erweist es sich als sinnvoll, die Temperaturmessung jeweils bei festen Druckdifferenzen (z. B. 2 at) vorzunehmen.

Achtung!
Der Druck im Druckkessel darf 50 at nicht überschreiten!

Messungen während des Abkühlungsvorganges wiederholen und die Werte mitteln (sehr kleine Flamme zunächst brennen lassen).

 Man zeichne das Diagramm $p = f(t)$, trage auch die Literaturwerte ein
(Tabelle 16.5) und diskutiere eventuelle Abweichungen.

Man zeichne das Diagramm $\lg p_S = f(1/T)$ und prüfe, ob sich entsprechend
der Clausius-Clapeyronschen Gleichung eine Gerade ergibt. *Hinweis:* T ist die absolute Temperatur.

Tabelle 16.5. Sättigungsdampfdruck
von Wasser, Hochdruckbereich

t / °C	p_S / at	p_S / hPa
0	0,0062	6,1
40	0,075	73,7
80	0,48	471
100	1,033	1013
120	2,025	1987
140	3,685	3615
160	6,302	6182
180	10,225	10031
200	15,86	15559
220	23,66	23211
240	34,14	33491
260	47,87	46961
280	65,46	64216

17. Ideale und reale Gase

 Vertiefung der Grundkenntnisse in der Thermodynamik durch die Untersuchung von Zustandsänderungen idealer und realer Gase.

Standardlehrbücher (Stichworte: Ideale und reale Gase, Adiabatenexponent und Adiabaten-Gleichungen, Joule-Thomson-Effekt),
Themenkreis 14: Thermische Grundversuche,
Kose/Wagner: Kohlrausch Praktische Physik – Band 3: Tabellenwerte.

 Ideale Gase

Die Untersuchung von Gasen hat bei der Entwicklung sowohl der klassischen Thermodynamik als auch der Vorstellungen vom atomistischen Aufbau der Materie eine wichtige Rolle gespielt. Für Experimente mit Gasen benutzt man in der Regel eine abgeschlossene Gasmenge, deren Eigenschaften man durch die drei **Zustandsgrößen** Volumen V, Druck p und (absolute) Temperatur T beschreibt. Der Zusammenhang dieser Größen ist im einfachsten Fall gegeben durch die

> **Ideale Gasgleichung** $\quad pV = \nu RT \quad$,

in der ν die Mol-Anzahl des Gases angibt und $R = 8{,}314\,\mathrm{J/(mol\,K)}$ die **universelle Gaskonstante** bedeutet. Gase, die dieser Gleichung genügen, heißen **ideale Gase**. Bei den in der Natur vorkommenden, den realen Gasen, ist dieses nur dann näherungsweise erreichbar, wenn die Gastemperatur hoch genug über der Siedetemperatur des Stoffes liegt und der Gasdruck gering ist.

Beim Experimentieren mit einem Gas können sich seine Zustandsgrößen ändern. Aus Gründen der einfacheren Beschreibung werden die Versuche häufig so geführt, dass eine dieser Größen konstant bleibt. Im pV-Diagramm in Bild 17.1 sind einige Beispiele dargestellt. Für die bei solchen Zustandsänderungen auftretenden Energiebilanzen gilt der Energiesatz, der in der Thermodynamik als **1. Hauptsatz der Wärmelehre** bezeichnet wird und der in Differenzen-Schreibweise lautet:

> **1. Hauptsatz** $\quad \Delta Q = \Delta U + p\Delta V \quad$.

Darin bezeichnet ein positives Q eine dem Gas von außen zugeführte Wärmeenergie, die je nach Prozessführung zu einer Erhöhung der inneren Energie um ΔU und/oder zu einer Volumenarbeit des Gases ($p\Delta V$) führt.

Eine weitere wichtige thermische Beschreibungsgröße für Gase ist deren *spezifische Wärmekapazität c*. Diese wird bekanntlich definiert durch die

> **Kalorische Grundgleichung:** $\quad Q = cm\Delta T \quad$,

in der m die Masse der untersuchten Gasmenge bedeutet. Häufig rechnet man jedoch besser mit der **molaren Wärmekapazität** C:

$$C = cM \quad,$$

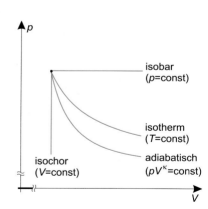

Bild 17.1. Beispiele für Zustandsänderungen idealer Gase, dargestellt im pV-Diagramm

mit M = Molmasse des Gases. Allerdings ist die Wärmekapazität von Gasen – anders als bei flüssigen oder festen Stoffen – lediglich bei isochoren Zustandsänderungen (V = const) eine reine Stoffkonstante. Andere Arten der Versuchsführung liefern wegen des Beitrags der Volumen- oder Ausdehnungsarbeit zur Energiebilanz andere Werte von C:

$$0 = C_{\text{adiabatisch}} < C_{\text{isochor}} \equiv C_V < C_{\text{isobar}} \equiv C_p < C_{\text{isotherm}} = \infty \ .$$

Für die besonders wichtigen Wärmekapazitäten C_p und C_V erhält man für ideale Gase den einfachen Zusammenhang:

$$C_p - C_V = R \quad .$$

Den Quotienten dieser beiden Wärmekapazitäten nennt man

Adiabatenexponent $\qquad \kappa = \dfrac{C_p}{C_V} = \dfrac{c_p}{c_V} \quad .$

Der *Adiabatenexponent* spielt eine wichtige Rolle bei **adiabatischen Zustandsänderungen**, d. h. solchen, die so rasch vor sich gehen, dass dabei kein merklicher Austausch von Wärmeenergie Q mit der Umgebung erfolgt. Für solche Vorgänge lassen sich mit Hilfe des 1. Hauptsatzes und der idealen Gasgleichung, die ja noch die *drei* Variablen p, V und T enthält, einfachere Beziehungen mit jeweils nur zwei Variablen herleiten:

Adiabaten-Gleichungen $\qquad \begin{cases} pV^{\kappa} &= p_0 V_0^{\kappa} \\ Tp^{\frac{1-\kappa}{\kappa}} &= T_0 p_0^{\frac{1-\kappa}{\kappa}} \quad . \end{cases}$

 ## Adiabatenexponent nach kinetischer Gastheorie

Die **kinetische Gastheorie** versucht, die makroskopisch beobachtbaren Eigenschaften von Gasen aus einer atomistischen Modellvorstellung zu begründen. In diesem Modell wird u. a. angenommen, die der absoluten Temperatur T proportionale mittlere kinetische Energie $\overline{E}_{\text{kin}}$ der Gasmoleküle sei gleichmäßig auf deren **Bewegungsfreiheitsgrade** verteilt (*Gleichverteilungssatz*). Auf jeden Freiheitsgrad entfällt die Energie $\frac{1}{2}kT$. Wenn die Bewegung der Gasteilchen nur aus Translation und Rotation besteht (keine Schwingung), gilt:

$$\overline{E}_{\text{kin}} = \overline{E}_{\text{translation}} + \overline{E}_{\text{rotation}} = f\frac{1}{2}kT \quad .$$

Hierin bedeuten $k = 1{,}38 \cdot 10^{-23}\,\text{JK}^{-1}$ die *Boltzmannkonstante* und f die Anzahl der Freiheitsgrade der Gasteilchen. Diese hängt von der Zahl der Atome im Molekül ab, Bild 17.2. Einige Beispiele für den Zusammenhang von f mit der Gasart sind in Tabelle 17.1 wiedergegeben.

Eine experimentelle Bestätigung für die Richtigkeit der oben gemachten Annahmen der kinetischen Gastheorie zeigt die Untersuchung der molaren Wärmekapazitäten C verschiedener Gasarten. Für C_V erhält man nämlich aus der kinetischen Gastheorie den Zusammenhang:

$$C_V = \left(\frac{\text{d}Q}{\text{d}T}\right)_{V=\text{const}} = N_A \left(\frac{\text{d}\overline{E}_{\text{kin}}}{\text{d}T}\right)_{V=\text{const}} = N_A \frac{f}{2}k = \frac{f}{2}R \quad .$$

$N_A = 6{,}02 \cdot 10^{23}\,\text{mol}^{-1}$ ist dabei die Zahl der Gasteilchen pro Mol (*Avogadrokonstante*), und es gilt: $N_A k = R$. Mit der oben eingeführten Beziehung $(C_p - C_V) = R$ folgt hieraus für C_p:

$$C_p = C_V + R = \frac{f+2}{2}R$$

3 Translations-
achsen für jedes
Gasteilchen

2 Rotationsachsen
bei einem zweiato-
migen Molekül

Bild 17.2. Beispiele der Bewegungsfreiheitsgrade von Gasteilchen

Tabelle 17.1. Anzahl f der Bewegungsfreiheitsgrade für verschiedene Gasarten

Gasteilchen	1-atomig	2-atomig	3-atomig
$f_{\text{translation}}$	3	3	3
f_{rotation}	0	2	3
f_{gesamt}	3	5	6

Tabelle 17.2. Vergleich gemessener (25 °C) und mit der kinetischen Gastheorie berechneter Werte für die molaren Wärmekapazitäten C_V und C_p (in $\mathrm{J\,mol^{-1}\,K^{-1}}$) sowie für den Adiabatenexponenten κ

Gas	Experiment			Kinetische Gastheorie		
	C_V	C_p	κ	C_V	C_p	κ
He	12,5	20,8	1,66			
Ar	12,4	20,8	1,68	12,47	20,79	1,67
H_2	20,3	28,8	1,41			
N_2	20,4	28,6	1,41	20,79	29,10	1,40
CO_2	28,9	37,4	1,29			
N_2O	30,4	38,9	1,28	24,94	33,26	1,33

und daraus für den Adiabatenexponenten:

$$\kappa = \frac{C_p}{C_V} = \frac{f+2}{f} \quad .$$

Tabelle 17.2 zeigt, dass die nach den Modellannahmen der kinetischen Gastheorie berechneten Werte für C_V, C_p und κ für die aufgeführten Beispielgase mit den experimentell bestimmten Werten gut bis sehr gut übereinstimmen.

📖 Reale Gase

Die in der Natur vorkommenden **realen Gase** zeigen – je nach den Versuchsbedingungen – mehr oder weniger große Abweichungen vom Verhalten der idealen Gase. Das auffälligste Merkmal realer Gase ist die Möglichkeit ihrer *Verflüssigung*, sofern man den sog. **kritischen Punkt** unterschreitet. Das pV-Diagramm eines solchen Gases im Bild 17.3 zeigt, dass die Isothermen sich erst deutlich oberhalb der kritischen Temperatur dem für ideale Gase gültigen Hyperbelverlauf annähern. Das abweichende Verhalten realer Gase lässt sich im Wesentlichen auf zwei Eigenschaften der Gasmoleküle bzw. -atome zurückführen:

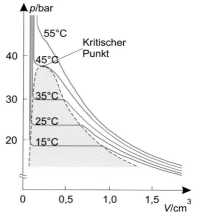

Bild 17.3. Gemessene Isothermen für eine feste Menge eines realen Gases (Schwefelhexafluorid SF_6)

- Das Eigenvolumen dieser Gasteilchen ist nicht vernachlässigbar, so dass für deren Bewegung nicht mehr das gesamte Gasvolumen V zur Verfügung steht (Van der Waalsches Kovolumen);

- die Gasteilchen üben anziehende Kräfte aufeinander aus; der außen mit einem Druckmesser gemessene Druck p fällt daher geringer aus als ohne diese nach innen gerichteten Kräfte (Binnendruck).

Berücksichtigt man diese beiden Einflüsse, so lässt sich die allgemeine Zustandsgleichung der Gase erweitern auf die

Van der Waalssche Zustandsgleichung $\quad \left(p + \dfrac{a}{V^2}\right)(V - b) = RT \quad ,$

Tabelle 17.3. Experimentelle Werte der Van-der-Waals-Konstanten a und b, der kritischen Temperatur T_k und der Inversionstemperatur T_i einiger Gase

Gas	a $\mathrm{Nm^4 mol^{-2}}$	b $10^{-6}\mathrm{m^3 mol^{-1}}$	T_k K	T_i K
N_2	0,137	38,9	126	621
H_2	0,025	26,7	33,2	193
He	0,0035	23,8	5,2	16
SF_6	0,786	88,0	318	

die das Verhalten realer Gase im gasförmigen Bereich von Bild 17.3 mit guter Näherung beschreibt. Die Gleichung ist für die Stoffmenge 1 Mol aufgeschrieben. In der Tabelle 17.3 sind die experimentell bestimmten Werte der *Van-der-Waals-Konstanten* a und b einiger Gase zusammengestellt. Die ebenfalls aufgeführten Messwerte für die kritische Temperatur T_k gehorchen sehr gut der formelmäßigen Beziehung, die man aus der Van-der-Waals-Gleichung herleiten kann:

$$T_\mathrm{k} = \frac{8a}{27Rb} \quad .$$

Bild 17.4. Joule-Thomson-Entspannung eines Gases durch eine poröse Wand

Ein weiteres Phänomen, das reale Gase von idealen unterscheidet, ist der **Joule-Thomson-Effekt**. Hierbei wird eine feste Gasmenge im Zustand 1 (p_1, V_1, T_1, Bild 17.4 links) durch eine poröse Wand hindurch in den Zustand 2 entspannt (p_2, V_2, T_2 mit $p_2 < p_1$ und $V_2 > V_1$). Der Vorgang erfolgt adiabatisch, d. h. es gibt keinen Wärmenergie-Austausch mit der Umgebung: $Q = 0$. Bei einem idealen Gas wäre die links in das Gas hineingesteckte Volumenarbeit $p_1 V_1$ genauso groß wie die auf der rechten Seite vom Gas gegen den Außendruck p_2 verrichtete Ausdehnungsarbeit $p_2 V_2$, die Temperatur des idealen Gases bliebe daher gleich: $(T_2)_{\text{ideal}} = (T_1)_{\text{ideal}}$. Bei einem realen Gas dagegen beobachtet man eine Temperaturänderung, deren Vorzeichen und Betrag von der Ausgangstemperatur T_1 abhängt. Ursache hierfür sind zwei gegenläufige Beiträge:

- eine *Erwärmung*, weil aufgrund des merklichen Eigenvolumens der Gasmoleküle die Volumenzunahme ($V_1 \rightarrow V_2 > V_1$) kleiner ausfällt als bei einem idealen Gas und damit die hineingesteckte Volumenarbeit $p_1 V_1$ größer ist als die Ausdehnungsarbeit $p_2 V_2$,

- sowie zugleich eine *Abkühlung*, weil für eine Volumenzunahme die gegenseitige Anziehung der Moleküle überwunden werden muss; die hierfür benötige Energie nimmt das Gas wegen der adiabatischen Isolierung aus seiner inneren Energie.

Für die quantitative Beschreibung verknüpft der

Joule-Thomson-Koeffizient $\quad \mu = \left(\dfrac{\mathrm{d}T}{\mathrm{d}p}\right)_{\text{J.T.}} \quad ,$

Druck- und Temperaturänderung bei diesem Prozess. Für ein reales Gas erhält man hierfür aus der Van-der-Waals-Gleichung den Zusammenhang

$$\mu = \left(\frac{\mathrm{d}T}{\mathrm{d}p}\right)_{\text{J.T.}} \approx \frac{1}{C_p}\left(\frac{2a}{RT} - b\right) \quad .$$

Der Klammerausdruck rechts führt auf den Begriff der

Inversionstemperatur $\quad T_{\mathrm{i}} = \dfrac{2a}{Rb} \quad .$

Für Ausgangstemperaturen $T_1 > T_{\mathrm{i}}$ überwiegt der Erwärmungseffekt bei der Joule-Thomson-Entspannung, für $T_1 < T_{\mathrm{i}}$ die Abkühlung, wie die folgenden Ungleichungen deutlich machen:

$$\left.\begin{array}{ccccc}
T_1 > T_{\mathrm{i}} & \Rightarrow & \mu < 0 & \Rightarrow & \mathrm{d}T > 0 \\
T_1 = T_{\mathrm{i}} & \Rightarrow & \mu = 0 & \Rightarrow & \mathrm{d}T = 0 \\
T_1 < T_{\mathrm{i}} & \Rightarrow & \mu > 0 & \Rightarrow & \mathrm{d}T < 0
\end{array}\right\} \text{ bei } \mathrm{d}p < 0 \quad .$$

Die experimentellen Werte für T_{i} in der Tabelle 17.3 zeigen, dass bei einigen Gasen eine Vorkühlung unter die Zimmertemperatur nötig ist, wenn man sie zum Zwecke der Verflüssigung durch eine gedrosselte Entspannung abkühlen will.

Berechnet man die Inversionstemperatur T_{i} mit Hilfe der angegebenen Formel aus den Van-der-Waals-Konstanten, so sieht man allerdings deutliche Abweichungen von den Messwerten – ein Zeichen dafür, dass diese Formel nur eine grobe Näherung für das reale Verhalten der Gase darstellt.

17.1 Adiabatenexponent aus Expansionsversuch (1/2)

 Aus Druckmessungen vor und nach einer adiabatischen Expansion soll der Adiabatenexponent κ von Luft bestimmt werden.

 Gasbehälter mit Manometer, Belüftungsmöglichkeit und Gummiball, Stoppuhr.

 In einem Gasbehälter mit dem Volumen V_0, Bild 17.5, wird mit einem Gummiball oder Blasebalg zunächst ein geringer Überdruck erzeugt. Nach dem thermischen Ausgleich auf T_0, bei dem die Kompressionswärme an die Umgebung abgeführt wird, bestimmt man den verbleibenden Überdruck Δp, der mit einem U-Rohr Manometer gemessen wird:

$$p_{\text{gas}} = p_0 + \Delta p \quad .$$

Bild 17.5. Aufbau nach *Clement-Désormes*

Wird nun der Hahn kurzzeitig geöffnet, entspannt sich die komprimierte Luft adiabatisch auf den Außendruck p_0, und die Temperatur sinkt auf $T_0 - \Delta T$. Bevor ein Wärmeaustausch mit der Umgebung stattfinden kann, wird der Hahn wieder geschlossen. Durch isochore Wärmeaufnahme aus der Umgebung nimmt das Gas dann wieder die Außentemperatur T_0 an, wodurch der Druck wieder ansteigt, und zwar um $\Delta p' < \Delta p$.

Die Berechnung der adiabatischen Temperaturabnahme ΔT im zweiten Teilschritt erfolgt mit der Adiabatengleichung

$$T p^{\frac{1-\kappa}{\kappa}} = T_0 p_0^{\frac{1-\kappa}{\kappa}} \quad .$$

Der Differentialquotient $\frac{\mathrm{d}T}{\mathrm{d}p} \approx \frac{\Delta T}{\Delta p}$ liefert mit den Näherungen $\Delta T \ll T_0$ und $\Delta p \ll p_0$

$$\frac{\Delta T}{T_0} \approx \frac{\kappa - 1}{\kappa} \frac{\Delta p}{p_0} \quad .$$

Der Druckanstieg $\Delta p'$ aus dem letzten Versuchsteil lässt sich mit Hilfe der idealen Gasgleichung $pV = \nu RT$ wegen $V = \mathrm{const.}$ schreiben als

$$\frac{\Delta p'}{p_0} = \frac{\Delta T}{T_0} \quad .$$

Einsetzen in die obere Gleichung für $\Delta T / T_0$ liefert wegen $\Delta p' \ll p_0$ das

Druckverhältnis bei Clement-Désormes $\Delta p' \approx \dfrac{\kappa - 1}{\kappa} \Delta p \quad .$

Aus der Messung von Δp und $\Delta p'$ lässt sich mit Hilfe dieser Beziehung der Adiabatenexponent κ bestimmen.

Da die Messung empfindlich gegen Schwankungen der Umgebungstemperatur ist, muss vor jeder Ablesung des Manometers der thermische Ausgleich abgewartet werden (ca. 1-2 min). Auch muss eine Wärmezufuhr durch Berühren des Behälters mit der Hand ebenso vermieden werden wie unnötiger Luftzug.

Die Qualität des Messergebnisses hängt ferner von der richtigen Wahl der Öffnungszeit des Hahnes für die adiabatische Expansion ab: Ist diese Zeit zu lang, findet bereits ein Wärmeaustausch mit der Umgebung statt, und $\Delta p'$ fällt zu klein aus. Wird der Hahn dagegen schon geschlossen, bevor der Druckausgleich beendet ist, erhält man einen zu großen Wert für $\Delta p'$. Die Druckdifferenzen werden aus der Steighöhe h der Flüssigkeitssäule in einem U-Rohr-Manometer bestimmt.

In einem Vorversuch wird für einen Anfangsüberdruck Δp von ca. 10 mbar $\approx 10\,\mathrm{cm}$ Wassersäule die Ausströmzeit bei Öffnen des Hahnes bestimmt.

Im Hauptversuch werden für einen Anfangsüberdruck von $\Delta p = 10\,\mathrm{mbar}$ die beiden Druckdifferenzen Δp und $\Delta p'$ bestimmt. Der Versuch wird für mindestens 5 andere Werte von Δp zwischen 2 und etwa 15 mbar wiederholt.

Die Auswertung soll grafisch erfolgen. Hierzu wird $\Delta p'$ über Δp aufgetragen und κ aus der Steigung der mittelnden Geraden bestimmt:

$$\Delta p' = \frac{\kappa - 1}{\kappa} \Delta p \quad .$$

Eine Fehlerrechnung ist erforderlich.

Die Ergebnisse sollen mit den Vorhersagen aus der kinetischen Gastheorie verglichen werden.

17.2 Adiabatenexponent aus Schwingungsversuch (1/2)

 Aus der Schwingungsdauer einer auf einem Gaspolster schwingenden Kugel sollen die Adiabatenexponenten κ für verschiedene Gase bestimmt werden.

 Gasbehälter, z. B. bestehend aus 2 Flaschen, die mit unterschiedlichen Gasen gefüllt werden können; Präzisionsglasrohr mit Verbindungsstücken, Hähnen und Metallkugel, Gasflaschen mit Reduzierventilen, Stoppuhr, Magnet.

 Ein Gasbehälter mit dem Volumen V_0 ist mit einem senkrecht stehenden zylindrischen Präzisionsglasrohr mit dem Querschnitt A_0 verbunden, Bild 17.6. Lässt man in dem Glasrohr eine genau eingepasste Stahlkugel der Masse m fallen, dann führt diese auf dem Gaspolster Schwingungen aus, wobei das Gas periodisch komprimiert wird und wieder expandiert. Der Vorgang verläuft adiabatisch, weil die Periodendauer zu kurz ist, um einen Wärmeaustauch des Gases mit der Umgebung zu ermöglichen. Den quantitativen Zusammenhang zwischen dem Adiabatenexponenten und der Schwingungsdauer zeigt die folgende Betrachtung.

Für die Schwingungsdauer T gilt wie für jede elastische Federschwingung:

$$T = 2\pi \sqrt{\frac{m}{D}} \quad ,$$

Bild 17.6. Aufbau nach *Rüchardt* (H_{1-5}: Hähne)

mit D = Federkonstante des Gaspolsters. Zur Berechnung von D betrachten wir eine Verschiebung der Kugel um eine Strecke Δx im Rohr, die zu einer Änderung des Gasvolumens $\Delta V = A_0 \Delta x$ und zu einer Druckänderung Δp führt. Für diesen adiabatisch ablaufenden Vorgang gelten die Adiabaten-Gleichungen, so dass man schreiben kann:

$$p_0 V_0^\kappa = (p_0 + \Delta p)(V_0 - \Delta V)^\kappa \quad .$$

Hieraus folgt bei den kleinen Volumenänderungen $\Delta V \ll V_0$:

$$\Delta p \approx -\kappa p_0 \frac{\Delta V}{V_0} \quad ,$$

wobei von der Näherung

$$(V_0 - \Delta V)^\kappa = V_0^\kappa \left(1 - \frac{\Delta V}{V_0}\right)^\kappa \approx V_0^\kappa \left(1 - \kappa \frac{\Delta V}{V_0}\right)$$

Gebrauch gemacht und ein Term mit $\Delta V \Delta p \approx 0$ gesetzt wurde. Aus Δp ergibt sich für die rücktreibende Kraft F des Gaspolsters:

$$F = \Delta p A_0 \approx -\kappa p_0 \frac{A_0^2 \Delta x}{V_0} = -D\Delta x \quad \text{mit} \quad D = \kappa A_0^2 \frac{p_0}{V_0} \quad .$$

Für die Schwingungsdauer folgt daraus:

$$T = 2\pi \sqrt{\frac{mV_0}{\kappa p_0 A_0^2}} \quad .$$

Die Auflösung nach κ liefert die gesuchte Bestimmungsgleichung:

Adiabatenexponent $\qquad \kappa = \frac{4\pi^2}{T^2} \frac{mV_0}{p_0 A_0^2} \quad .$

Das Präzisionsglasrohr wird jeweils nur mit einem der beiden Gasbehälter verbunden. Um eine Korrosion der Kugel zu vermeiden, wird diese nicht aus dem Rohr entfernt. Zum Starten des Schwingungsvorgangs wird sie mit Hilfe eines Magneten im Rohr angehoben. Dabei entsteht zunächst ein Unterdruck im Gasbehälter, der durch kurzzeitiges Öffnen des Hahnes H_5 ausgeglichen wird, Bild 17.6. Nach dem Loslassen der Kugel schwingt diese dann gedämpft um eine Ruhelage. Nach dem

Ausschwingen sinkt sie infolge des endlichen Luftspalts zwischen Kugel und Rohr allmählich an das untere Rohrende. Damit die Kugel frei schwingt und nicht an der Rohrwand reibt, muss das Glasrohr vertikal ausgerichtet sein.

Beim Wechsel einer Gasfüllung die Flaschen vor der Messung jeweils mit dem Füllgas spülen, damit keine undefinierte Gasmischung vermessen wird. Sofern Gase aus Druckgasflaschen benutzt werden, sind besondere Sicherheitsmaßnahmen zu beachten, Bild 17.7.

> *Sicherheitshinweise zu Druckgasflaschen:*
> - Flaschen niemals ohne die Schutzkappe transportieren!
> - Flaschen niemals mit angeschlossenem Druckminderer transportieren!
> - Flaschen gegen Wegrollen oder Umkippen sichern!
> - Druckminderereinstellungen erst nach Betreuereinweisung vornehmen!

Zur Messung der Schwingungsdauer muss eine möglichst große Zahl von Schwingungen ausgewertet werden. Die Messung mehrmals wiederholen, um den Streufehler hinreichend klein zu halten, da T quadratisch eingeht. Außenluftdruck p_0 messen (Barometer) sowie V_0 und A_0 notieren.

Messung für andere Gasarten wiederholen.

Werte für den Adiabatenexponenten für die verschiedenen Gasarten mit Fehlerabschätzung bestimmen und mit den Voraussagen aus der kinetischen Gastheorie vergleichen.

Bild 17.7. Sicherheitsmaßnahmen beachten!

17.3 Präzisionsmessung des Adiabatenkoeffizienten (1/2)

Bestimmung des Adiabatenexponenten verschiedener Gase mit besonders kleinem Messfehler aus der entdämpften Schwingung eines Körpers auf einem Gaspolster.

Glasgefäß mit Gaseinlaßstutzen und aufgesetztem Präzisionsrohr mit eingepasstem Kunststoffzylinder, Stoppuhr bzw. elektronische Zeitmessung mit Gabellichtschranke und elektronischem Zeitmesser, Waage, Messschraube, Druckgasflaschen mit Reduzierventilen.

Bei diesem Experiment handelt es sich um eine interessante Variante des Rüchardt-Versuchs aus Teilaufgabe 17.2, bei der die dort störende Dämpfung der Kugelschwingung vermieden wird. Als Schwingkörper wird hier anstelle der Kugel ein Kunststoffzylinder verwendet.

In dem Präzisionsrohr, das auf das Glasgefäß aufgesetzt ist, Bild 17.8, befindet sich der genau eingepasste Kunststoffzylinder (Radius r, Masse m) im Gleichgewicht, wenn für den Druck im Glasgefäß gilt:

$$p = p_0 + \frac{mg}{\pi r^2} \quad .$$

Bringt man den Zylinder kurzzeitig aus der Gleichgewichtslage, so beginnt er zu schwingen, wobei sich das Gas im Gefäß wie eine Feder mit der Richtgröße D verhält. Wegen der Kürze der Schwingungsdauer läuft der Vorgang adiabatisch ab, so dass die Adiabaten-Gleichung $pV^\kappa = $ const gilt. Für die Herleitung der Beziehung zwischen dem Adiabatenexponenten $\kappa = C_p/C_V$ und der Schwingungsdauer T gelten die gleichen Beziehungen wie in der Teilaufgabe 17.2 mit der schwingenden Kugel:

$$\kappa = \frac{4\pi^2}{T^2} \frac{mV_0}{p_0 A_0^2} \quad .$$

Die Schwingung des Zylinders ist zunächst gedämpft. Um zur Verringerung des Messfehlers große Messzeiten zu ermöglichen, wird der Zylinder mit Hilfe eines kontinuierlichen Gasstromes und einer Ausströmöffnung im Präzisionsrohr zu einer resonanten Schwingung angeregt. Zur Anregung dieser Schwingung genügt ein sehr geringer Gasstrom.

Bild 17.8. Aufbau nach *Flammersfeld*

Achtung! Den Schwingkörper erst in das Glasrohr einführen, wenn das Gas schon strömt, um ein Herausfliegen des Schwingkörper zu vermeiden.

Nach Abschluss des Versuchs die Ventile der benutzten Gasflasche wieder sorgfältig schließen.

> *Hinweise:*
> - Sicherheitshinweise zu Druckgasflaschen wie Teilaufgabe 17.2 beachten.
> - Oberfläche des Schwingkörpers nicht beschädigen!

 Schwingungsdauer für 100 Schwingungen des Schwingkörpers für eine Gasart, z. B. Stickstoff, bestimmen. Wiederholungsmessungen zur Kontrolle.

Für die Bestimmung von Masse m und Querschnitt A_0 des Schwingkörpers wird ein zweites identisches Bauteil benutzt, um Beschädigungen der Oberfläche des eigentlichen Schwingkörpers zu vermeiden.

 Wiederholung der Messung mit anderen Gasarten. Wünschenswert sind insgesamt Ergebnisse für ein-, zwei- und dreiatomige Gase. Beim Wechsel der Gase vor der neuen Messung das Glasgefäß mit dem neuen Gas zunächst spülen, um undefinierte Gasgemische zu vermeiden.

 Adiabatenexponenten aus den Messwerten berechnen und mit den Werten der kinetischen Gastheorie vergleichen. Eine Fehlerrechnung ist erforderlich.

 Aus den Messergebnissen sollen $C_V = R/(1 - \kappa)$ sowie $C_p = C_V + R$ berechnet und mit den Werten der kinetischen Gastheorie verglichen werden.

17.4 Messung des Joule-Thomson-Koeffizienten (1/2)

 Mit Hilfe einer Joule-Thomson-Apparatur soll der Joule-Thomson-Koeffizient für zwei verschiedene Gase bestimmt werden.

Joule-Thomson-Apparatur mit Manometer, Thermometer zur Bestimmung der Temperaturdifferenz, Gasflaschen mit Reduzierventilen.

 Die Joule-Thomson-Apparatur besteht aus einem druckfesten Glasrohr mit Berstschutz, z. B. einem Kunststoffmantel. Es enthält in der Rohrmitte einen porösen Stopfen („Fritte" /) als Drosselstelle, Bild 17.9. Man lässt nun Gas unter dem Druck p_1 einströmen. Es verlässt die Drosselstelle unter dem kleineren Druck $p_2 = p_0$ (Außendruck). Die durch die Drosselung verursachte Temperaturdifferenz ΔT wird mit Hilfe zweier Thermometer bestimmt. Da ΔT wegen der kleinen Druckdifferenzen $\Delta p \leq 1$ bar nur wenige Zehntel Grad beträgt, muss das aus einer Gasflasche mit Reduzierventil abgekühlt zuströmende Gas vor Eintritt in das Glasrohr zunächst wieder auf die Umgebungstemperatur T_0 gebracht werden. Hierzu dient eine Wendel aus Kupferkapillarrohr als Wärmetauscher, die im Bild 17.9 nicht eingezeichnet ist, aber vor dem Gaseinlass zu denken ist.

Bild 17.9. Joule-Thomson-Apparatur, schematisch

 Zunächst muss die elektrisch gemessene Temperaturdifferenz der zwei Thermofühler auf Null gesetzt werden. Dann wird für ein Gas, z. B. CO_2, mit Hilfe des Reduzierventils ein Einströmdruck von $p_1 = p_0 + 1$ bar eingestellt. Nach einer Einstellzeit von ca. 1 min oder weniger, je nach Apparatur, wird die Temperaturdifferenz ΔT zwischen beiden Seiten der Drosselstelle abgelesen. Der Versuch wird bei kleineren Werten für den Einströmdruck p_1 wiederholt, z. B. durch Reduzierung des Drucks um jeweils 0,1 bar bis $p_1 = p_0$. Nach jeder Druckeinstellung muss gewartet werden, bis sich die Temperaturdifferenz eingestellt hat (ca. 1 min).

 Die Versuchsreihe soll für eine andere Gasart, z. B. N_2, wiederholt werden.

Den Zusammenhang zwischen Δp und ΔT grafisch auftragen. Aus dem zu erwartenden linearen Graphen den Joule-Thomson-Koeffizienten bestimmen. Eine Fehlerabschätzung ist sinnvoll. Vergleich mit dem Wert, der sich aus der **Van-der-Waalschen-Zustandsgleichung** ergibt:

$$\mu = \frac{dT}{dp} \approx \frac{1}{C_p}\left(\frac{2a}{RT} - b\right) \quad .$$

18. Thermodynamische Prozesse in einem Heißluftmotor

 Vertiefung der Kenntnisse über thermodynamische Kreisprozesse und deren technische Anwendung. Beschäftigung mit der Frage von Wirkungsgraden.

 Standardlehrbücher (Stichworte: Zustandsänderungen, Kreisprozesse, Wärmekraftmaschinen, Kältemaschine, Wärmepumpe, Wirkungsgrad).

 ## Stirlingscher Kreisprozess

Thermodynamische Kreisprozesse beschreiben die physikalischen Vorgänge periodisch arbeitender Maschinen, in denen Wärme in mechanische Arbeit umgewandelt wird. In vielen Fällen besteht dabei der Arbeitsstoff aus einem Gas oder Gasgemisch. **Kreisprozess** bedeutet dabei, dass das Arbeitsgas nach einer Reihe von Zustandsänderungen am Ende eines Arbeitszyklus wieder in seinen Anfangszustand zurückgeführt wird. Man unterscheidet dabei:

- Prozesse, bei denen der Arbeitsstoff bzw. ein Teil davon verbraucht wird und daher regelmäßig von außen ergänzt werden muss wie z. B. das Benzin-Luft-Gemisch in einem Automotor bzw.

- Prozesse, bei denen der Arbeitsstoff abgeschlossen ist und daher immer derselbe bleibt wie z. B. das Heliumgas bei einer Stirling-Gaskältemaschine zur Luftverflüssigung.

In dieser Aufgabe soll der zweite Typ von Kreisprozessen untersucht werden. Dabei wird ein Gerät aus dem Lehrmittelhandel benutzt, das unter dem Namen *Stirlingmaschine* oder auch **Heißluftmotor** vertrieben wird. Als Arbeitsstoff dient Luft, die man bei den Betriebsbedingungen ohne Einschränkungen als *ideales Gas* betrachten kann. Für die quantitative Beschreibung der beim Betrieb auftretenden Zustandsänderungen benötigt man zum einen die

> **Ideale Gasgleichung** $\qquad pV = \nu RT$,

worin p, V und T die Zustandsgrößen Druck, Volumen und Temperatur des Gases sind und ν die Gasmenge in Mol sowie $R = 8{,}314\,\mathrm{J/(mol\,K)}$ die *universelle Gaskonstante* bedeuten. Die zweite wichtige Gleichung ist der **1. Hauptsatz der Wärmelehre**, hier in differentieller Schreibweise:

> **1. Hauptsatz der Wärmelehre** $\qquad \mathrm{d}Q = \mathrm{d}U + p\,\mathrm{d}V$

wobei $\mathrm{d}Q$ die Änderung der Wärmeenergie, $\mathrm{d}U$ die Änderung der inneren Energie des Gases und $p\,\mathrm{d}V$ dessen Volumenarbeit darstellen. Für ein ideales Gas hängt die *innere Energie U* nur von der Temperatur ab, und es gilt:

$$\mathrm{d}U = \nu C_V\,\mathrm{d}T \quad ,$$

wobei C_V die molare Wärmekapazität bei konstantem Volumen bezeichnet.

Die beim Betrieb eines Heißluftmotors auftretenden Zustandsänderungen bilden den **Stirlingschen Kreisprozess**, der in zwei Phasen anders abläuft als der bekannte *Carnotsche Kreisprozess*: Statt der adiabatischen Prozesse erfolgen die *Zustandsänderungen* hier *isochor*. Sein Ablauf ist im *pV-Diagramm* in Bild 18.1 dargestellt. Die

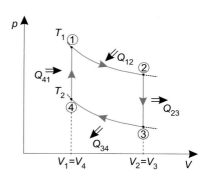

Bild 18.1. Darstellung des Stirlingschen Kreisprozesses im pV-Diagramm

abgeschlossene Gasmenge befinde sich zunächst im Zustand 1 mit den Zustandsgrößen p_1, V_1 und T_1 und werde *isotherm* ($T_1 = $ const) auf den Zustand 2 expandiert.
Die für die Ausdehnungsarbeit notwendige Wärmeenergie Q_{12} wird aus einem umgebenden Wärmereservoir entnommen. Anschließend wird das Gas *isochor*, d. h. bei
konstantem Volumen ($V_2 = $ const) auf $T_2 < T_1$ abgekühlt. Dabei wird ihm die Wärmemenge Q_{23} entzogen. Bei der tieferen Temperatur wird das Gas *isotherm* wieder
komprimiert. Die dabei am Gas verrichtete Arbeit wird als Wärmeenergie Q_{34} an
ein weiteres Wärmereservoir mit der Temperatur T_2 abgeführt. Für die abschließende
isochore Erwärmung auf die Ausgangstemperatur T_1 muss dem Gas die Wärmeenergie Q_{41} zugeführt werden. Die Berechnung dieser Wärmeenergien erfolgt mit dem
1. Hauptsatz für die vier Teilprozesse:

$$1 \to 2: \quad \mathrm{d}T = 0, \quad \text{also} \quad \mathrm{d}U = 0$$
$$\Rightarrow Q_{12} \quad = \int_{V_1}^{V_2} p\,\mathrm{d}V = \int_{V_1}^{V_2} (\nu R T_1) \frac{1}{V}\,\mathrm{d}V$$
$$= \nu R T_1 \ln(V_2/V_1) > 0$$

$$2 \to 3: \quad \mathrm{d}V = 0$$
$$\Rightarrow Q_{23} \quad = \int_{T_1}^{T_2} \nu C_V\,\mathrm{d}T$$
$$= \nu C_V (T_2 - T_1) < 0$$

$$3 \to 4: \quad \mathrm{d}T = 0$$
$$\Rightarrow Q_{34} \quad = \int_{V_3}^{V_4} p\,\mathrm{d}V = \int_{V_3}^{V_4} (\nu R T_2) \frac{1}{V}\,\mathrm{d}V$$
$$= \nu R T_2 \ln(V_4/V_3) < 0$$

$$4 \to 1: \quad \mathrm{d}V = 0$$
$$\Rightarrow Q_{41} \quad = \int_{T_2}^{T_1} \nu C_V\,\mathrm{d}T$$
$$= \nu C_V (T_1 - T_2) > 0 \quad .$$

Offenkundig ist $Q_{23} = -Q_{41}$. Wenn es also gelingt, die vom Gas auf dem Weg von
$2 \to 3$ abgegebene Wärmeenergie zwischenzuspeichern und für den Erwärmungs-
prozess $4 \to 1$ zu nutzen, spielten diese Energien bei der Gesamtbilanz keine Rolle.
Für den gesamten Kreisprozess erhielte man dann als Differenz zwischen zugeführ-
ter und abgeführter Wärmeenergie, wobei die Gleichheiten $V_4 = V_1$ und $V_3 = V_2$
benutzt werden:

$$\oint \mathrm{d}Q = Q_{12} + Q_{34} = \nu R \ln \frac{V_2}{V_1} (T_1 - T_2) \quad .$$

Diese Energie ist gleich der Differenz zwischen der bei der höheren Temperatur T_1
gewonnenen Expansions- und der bei der tieferen Temperatur T_2 hineingesteckten
Kompressionsarbeit und damit *die bei einem Umlauf in mechanische Arbeit umgesetzte Energie* ($\oint p\,\mathrm{d}V$). Im pV-Diagramm entspricht diese Größe der von der durchlaufenen Kurve eingeschlossenen Fläche (s. Tönung in Bild 18.2).

Bei dem **thermodynamischen Wirkungsgrad** η wird die so gewonnene Arbeit
bezogen auf die gesamte *zugeführte* Wärmeenergie, hier also Q_{12}. So erhält man:

$$\eta_{\mathrm{th}} = \frac{\oint p\,\mathrm{d}V}{Q_{12}} = \frac{\nu R \ln(V_2/V_1)(T_1 - T_2)}{\nu R \ln(V_2/V_1)T_1} = \frac{T_1 - T_2}{T_1} = 1 - \frac{T_2}{T_1} \quad .$$

Hinweis: Die hier dargestellten Zusammenhänge setzen voraus, dass die thermodynamischen Prozesse *reversibel* ablaufen. Das bedeutet, dass sie jederzeit durch
Umkehr des Prozessweges vollständig rückgängig gemacht werden können und dass
dann bei der Wiederherstellung des Anfangszustandes insgesamt keine Energiezufuhr aufgetreten ist. Alle in der Natur ablaufenden Prozesse sind jedoch - mindestens
teilweise - *irreversibel*. Diese Erfahrungstatsache wird durch den **2. Hauptsatz der**

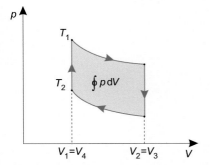

Bild 18.2. Die in mechanische Arbeit umgesetzte Energie beim Stirling-
Kreisprozess

Wärmelehre beschrieben, mit dem zugleich die physikalische Größe **Entropie** als Maß für den Grad der Irreversibilität definiert wird. Beim Stirlingschen Kreisprozess ist insbesondere die Wärmeabgabe an den Zwischenspeicher (Prozessschritt $2 \rightarrow 3$) ein irreversibler Prozess, so dass der thermodynamische Wirkungsgrad merklich kleiner ist als der o. a. theoretische Maximalwert von $(T_1 - T_2)/T_1$.

📖 Stirlingmaschine als Heißluftmotor

Eine Maschine, die auf der Basis des Stirlingschen Kreisprozesses arbeitet, ist der sog. **Heißluftmotor**. Seinen Aufbau und die Wirkungsweise stellt Bild 18.3 schematisch dar. Durch einen *Arbeitskolben*, der mit einer Exzenterscheibe verbunden ist, wird eingeschlossene Luft als Arbeitsgas periodisch expandiert und wieder komprimiert. Der *Verdrängerkolben* dagegen verschiebt dieses Gas lediglich zwischen zwei Bereichen mit den unterschiedlichen Temperaturen T_1 und T_2, den sog. Wärmereservoiren. In seinem Durchströmkanal befindet sich in der Regel ein Wärmespeicher, z. B. Kupferwolle. Durch die winkelversetzte Befestigung an der Exzenterscheibe ist die Bewegung des Verdrängerkolbens um eine Viertelperiode phasenverschoben gegenüber der des Arbeitskolbens.

Die vier im pV-Diagramm in Bild 18.1 dargestellten Teilprozesse lassen sich bei einer laufenden Maschine anhand des Bildes 18.3 wie folgt beschreiben:

$1 \rightarrow 2$ Arbeits- und Verdrängerkolben bewegen sich beide nach unten, die auf T_1 erwärmte Luft expandiert (und verrichtet dabei Ausdehnungsarbeit).

$2 \rightarrow 3$ Der Arbeitskolben bewegt sich vergleichsweise wenig (unterer Umkehrpunkt): $V_2 \approx$ const.; der Verdrängerkolben dagegen bewegt sich nach oben und lässt dadurch die heiße Luft von oben in das kältere Wärmereservoir unten strömen. Dabei nimmt die Kupferwolle die Wärmeenergie Q_{23} auf und speichert sie.

$3 \rightarrow 4$ Der Verdrängerkolben befindet sich im Bereich des oberen Umkehrpunktes, der Arbeitskolben dagegen bewegt sich nach oben und komprimiert die auf T_2 abgekühlte Luft.

$4 \rightarrow 1$ Wenn der Arbeitskolben den oberen Umkehrpunkt erreicht hat ($V_4 \approx$ const.), transportiert der Verdrängerkolben die komprimierte kalte Luft wieder in das obere Wärmereservoir. Beim Durchströmen des Wärmespeichers nimmt sie dort die vorher zwischengespeicherte Wärmeenergie wieder auf.

Die Temperatur des oberen Wärmereservoirs kann durch eine beliebige Wärmequelle erzeugt werden. Es gibt Geräte, bei denen eine elektrisch geheizte Glühwendel die Luft erwärmt, dann ist die Heizleistung durch Strom und Spannung bestimmt: $P_\mathrm{heiz} = UI$. In anderen Fällen besteht die Heizung aus einer Flamme, in der Spiritus verbrannt wird. Dabei wird die Heizleistung aus der Masse Δm des im Zeitintervall Δt verbrannten Spiritus und dessen Heizwert h (Literaturwert für Spiritus: $h = 25$ kJ/g) ermittelt: $P_\mathrm{heiz} = (\Delta m/\Delta t)h$. Die tiefere Temperatur T_2 ist in beiden Fällen die Umgebungstemperatur, deren Konstanz z. B. durch eine Wasserkühlung sichergestellt werden kann.

📖 Wirkungsgrad beim Heißluftmotor

Für den Betrieb eines jeden Motors sind die Fragen nach der mechanischen Leistung sowie nach dem *Wirkungsgrad* der Maschine von besonderem Interesse. Beim Gesamtwirkungsgrad η_ges wird die an der Motorwelle abnehmbare mechanische Leistung P_mech zu der eingesetzten Heizleistung P_heiz in Beziehung gesetzt:

$$\eta_\mathrm{ges} = \frac{P_\mathrm{mech}}{P_\mathrm{heiz}} \quad .$$

Diese Größe bleibt bei Praktikumsgeräten deutlich unter dem oben berechneten Wert für den thermodynamischen Wirkungsgrad η_th. Zum einen gibt es Wärmeverluste an

kalte Wand: T_2
Heizer: T_1
heiße Luft
Wärmespeicher
Verdrängerkolben
Arbeitskolben

isother-   isochore   isother-   isochore
me Ex-   Abküh-   me Kom-   Erwär-
pansion   lung   pression   mung

Bild 18.3. Zur Wirkungsweise des Heißluftmotors nach Stirling. Im Bild unten ist die Exzenterscheibe mit zwei phasenversetzt bewegten Kolbenstangen zu sehen (Arbeitskolbenstange: rot, Verdrängerkolbenstange: schwarz) die Umgebung durch Wärmeabstrahlung des Heizsystems und durch Wärmeleitung. Hierzu zählen auch die Verluste durch unvollständige Speicherung von Wärmeenergie im Wärmespeicher. Zum anderen treten mechanische Reibungsverluste auf durch die Kolbenbewegungen und die Drehung der Motorachse. Der gesamte Prozess der Umwandlung primärer Heizleistung in mechanisch verfügbare Leistung am Stirlingmotor lässt sich durch die folgende Übersicht über die einzelnen Prozessschritte mit den jeweiligen Teilwirkungsgraden darstellen:

$P_{\text{heiz}} = UI$ oder $\frac{\Delta m}{\Delta t} h$	Heizleistung (elektrische oder chemische Energie)
$P_{\text{auf}} = \eta_{\text{heiz}} P_{\text{heiz}} = f Q_{12}$	Vom Arbeitsgas aufgenommene Wärmeleistung (Drehfrequenz f des Motors)
η_{heiz}	Teilwirkungsgrad, bestimmt durch *Wärmestrahlungs-* und *Konvektionsverluste* an die Umgebung
$P_{\text{ab}} = \eta_{\text{th}} P_{\text{auf}} = f \oint p\,\mathrm{d}V$	Vom Arbeitsgas abgegebene mechanische Leistung
η_{th}	thermodynamischer Wirkungsgrad, bestimmt durch die *Abgabe von Wärmeleistung* $f Q_{34}$ an das Kühlwasser
$P_{\text{mech}} = \eta_{\text{mech}} P_{\text{ab}}$	An der Welle des Motors abnehmbare Leistung.
η_{mech}	Mechanischer Teilwirkungsgrad, bestimmt durch *Reibungsverluste*

Insgesamt gilt der Zusammenhang:

$$P_{\text{mech}} = \eta_{\text{mech}} \eta_{\text{th}} \eta_{\text{heiz}} P_{\text{heiz}} \quad .$$

Für die experimentelle Ermittlung der Teilwirkungsgrade muss neben der Heizleistung P_{heiz}, der Drehfrequenz f und der mechanischen Leistung P_{mech} des Motors auch das pV-Diagramm gemessen werden, um die vom Arbeitsgas abgegebene Leistung P_{ab} zu bestimmen. Bild 18.4 zeigt eine typische Messkurve für ein Praktikumsgerät. Dass die einzelnen Kurvenstücke nicht den oben diskutierten idealisierten Verlauf der Darstellung in Bild 18.1 zeigen, liegt vor allem an der einfachen technischen Realisierung der Kolbenbewegungen. Will man nun hieraus die Werte für Q_{12} sowie für $\oint p\,\mathrm{d}V$ bestimmen, muss man die entsprechenden Flächeninhalte unter bzw. zwischen den Kurvenzügen ermitteln.

Das Experiment zeigt, dass die Teilwirkungsgrade wie auch der Gesamtwirkungsgrad sowohl von der Heizleistung als auch von der mechanischen Belastung des Motors beeinflusst werden.

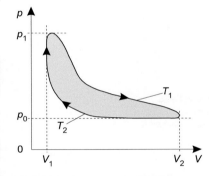

Bild 18.4. Gemessenes pV-Diagramm eines Heißluftmotors mit elektrischer Heizung im Praktikumsversuch (die isochore Abkühlung bei V_2 ist nur sehr eingeschränkt zu erkennen)

Stirlingmotor als Kältemaschine und Wärmepumpe

Bisher wurde der Stirlingmotor als Wärmekraftmaschine dargestellt: Durch den Fluss von Wärmeenergie von einem warmen zu einem kalten Wärmereservoir wurde mechanische Arbeit erzeugt. Steckt man dagegen umgekehrt mechanische Arbeit hinein, indem man die Maschine von außen antreibt, so wird dadurch umgekehrt ein Wärmestrom vom kälteren zum wärmeren Reservoir erzeugt. Wird nun der wärmere Behälter auf Zimmertemperatur gehalten, lässt sich das andere Reservoir dadurch abkühlen: Man erhält eine **Kältemaschine**. Befindet sich dagegen der kältere Behälter auf Zimmertertemperatur, wird das andere Reservoir geheizt: Es liegt eine sog. **Wärmepumpe** vor. Beide Varianten haben in den vergangenen Jahrzehnten große technische Bedeutung erlangt. Mit Hilfe sog. Gaskältemaschinen z. B. lässt sich auf einfache Weise Luft verflüssigen. Wärmepumpen werden in vielen Häusern zur energiesparenden Wärmeerzeugung eingesetzt.

In beiden Fällen wird das pV-Diagramm – anders als im Fall der Arbeitsmaschine – entgegen dem Uhrzeigersinn durchlaufen, Bild 18.5. D. h. die isotherme Expansion erfolgt bei der tieferen Temperatur T_2. Die dafür nötige Wärmeenergie

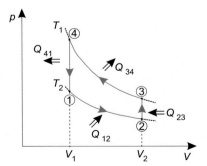

Bild 18.5. pV-Diagramm für die Stirling-Maschine als Wärmepumpe oder als Kältemaschine

wird dem kälteren Wärmereservoir entnommen, bei der Kompression bei der höheren Temperatur T_1 wird entsprechend Energie freigesetzt. Im Fall der *Kältemaschine* wird dabei das Wärmereservoir mit der höheren Temperatur T_1 auf Umgebungstemperatur $(T_1 = T_0)$ gehalten, dadurch kühlt sich das untere Wärmereservoir ab. Bei der *Wärmepumpe* wird dagegen $T_2 = T_0$ gewählt, das führt zu einer Erwärmung des oberen Wärmereservoirs.

Auch für diese Betriebsarten der Maschine lassen sich thermodynamische Wirkungsgrade definieren. In beiden Fällen vergleicht man die Nutzenergie mit der in den Prozess hineingesteckten mechanischen Arbeit, d. h. mit $\oint p\,\mathrm{d}V$. So erhält man für die Kältemaschine einen Wirkungsgrad

$$\eta_\mathrm{K} = \frac{Q'_{12}}{\oint p\,\mathrm{d}V} = \frac{T_2}{T_1 - T_2} \gtrless 1$$

und für die Wärmepumpe einen Wirkungsgrad

$$\eta_\mathrm{W} = \frac{Q'_{34}}{\oint p\,\mathrm{d}V} = \frac{T_1}{T_1 - T_2} > 1 \quad .$$

Die Tatsache, dass diese Wirkungsgrade größer als 1 sein können, lohnt eine Diskussion.

Mit den in Praktika benutzten Maschinen mit einer Glühwendel als Heizer lässt sich bei Betrieb als Kältemaschine z. B. eine Wasserprobe auf $0\,°\mathrm{C}$ abkühlen und zu Eis gefrieren. Beim Einsatz als Wärmepumpe lässt sich Wasser zum Sieden bringen.

18.1 Heißluftmotor bei elektrischer Heizung (2/3)

Eine Stirlingmaschine mit elektrischer Heizung soll als Heißluftmotor betrieben werden. Aus der Messung des pV-Diagramms sowie der elektrischen Eingangs- und der mechanischen Ausgangsgrößen sollen der Gesamtwirkungsgrad sowie die Teilwirkungsgrade dieser Wärmekraftmaschine bestimmt werden.

Stirlingmaschine mit Heizwendel und Wasserkühlung, Stromversorgung mit Strom- und Spannungsmesser, Einrichtung zur Messung von p und V, Federkraftmesser und Drehzahlmesser zur Bestimmung der mechanischen Leistung an der Motorwelle.

Zur Messung von Druck und Volumen des Arbeitsgases dient der sog. *pV-Indikator*. Wesentliches Element ist ein Spiegel auf einem Halter, der um zwei senkrecht zueinander stehende Achsen drehbar ist, Bild 18.6. Die Drehung um die vertikale Achse ist durch das Volumen des Gases bestimmt und wird durch einen am Arbeitskolben befestigten Faden bewirkt. Die Drehung um die horizontale Achse entspricht der Gasdruckänderung und wird durch die Bewegung der Membran einer Druckdose hervorgerufen, die mit dem Arbeitsgas durch einen dünnen Schlauch verbunden ist. Die periodische Bewegung des Spiegels wird mittels eines Lichtzeigers (z. B. He-Ne-Laser) auf einen Papierschirm übertragen, der zur besseren Auswertung der pV-Kurve mit Millimeterpapier bespannt wird. Die Lichtzeigerkurve lässt sich bei umlaufendem Lichtzeiger von Hand nachzeichnen.

Vor Beginn der eigentlichen Messung müssen die Koordinatenachsen des pV-Diagramms kalibriert werden. Hierzu wird der Heißluftmotor von Hand gedreht, und es werden für beide Achsen die jeweiligen Umkehrpunkte der Lichtmarke auf dem Projektionsschirm markiert. Die Umkehrpunkte auf der V-Achse entsprechen den Werten V_1 und V_2, deren Differenz gleich dem im Datenblatt angegebenen Hubvolumen des Motors ist. Für die Kalibrierung der p-Achse muss der Druck sowohl mit dem pV-Indikator als auch mit einem parallel dazu angeordneten kalibrierten Manometer gemessen werden. Dabei muss beachtet werden, dass die p-Achse im Diagramm bei $p = 0$ beginnt (wichtig für die Flächenbestimmung), das Manometer aber üblicherweise nur den Differenzdruck Δp gegen den Umgebungsdruck p_0 anzeigt. Bei $\Delta p = 0$ hat das Arbeitsgas den Druck p_0.

Zur Übertragung einer mechanischen Leistung P_mech wird die Motorwelle (Durchmesser D) mit einer *Reibungskrause* belastet. Die Größe von P_mech lässt

Drehwinkel~ΔV

Drehwinkel~Δp

Faden vom Arbeitskolben

Lichtzeigerbündel

Bild 18.6. Zur Messung von Druck und Volumen mittels eines pV-Indikators sich dann aus der Drehfrequenz f des Motors und der an der Motorwelle angreifenden Bremskraft F_{br} bestimmen. Hierzu wird ein Kupferband in einer Schlaufe so um die Welle gelegt, dass man an den beiden freien Enden mit je einem Federkraftmesser ziehen kann, Bild 18.7. Die Differenz der angezeigten Zugkräfte F_2 und F_1 ist gerade die Bremskraft F_{br}, die der Antriebskraft des Motors das Gleichgewicht hält. Die Messung kann alternativ auch mit einem sog. Bremszaum vorgenommen werden. Der Motor gibt während eines Umlaufs die Arbeit

Bremskraft $\times$ Umfang der Welle

ab, woraus sich folgende mechanische Leistung ergibt:

$$P_{\mathrm{mech}} = F_{\mathrm{br}} \pi D f \quad .$$

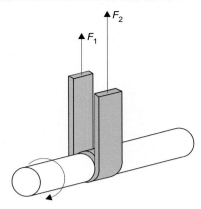

Bild 18.7. Zur Funktion einer Reibungskrause. Das Band reibt als Schlaufe oder nur auf dem halben Umfang der Motorwelle

Zunächst wird die Kühlung eingeschaltet, dann die Stromversorgung der Heizwendel. Der Motor läuft jedoch nicht von alleine an. Er muss daher am Schwungrad – u. U. mehrmals – mit der Hand angeworfen werden, sobald die Heizwendel Rotglut erreicht hat.

> ⚠ *Vorsicht!* **Wird bei Rotglut der Heizwendel der Motor nicht gedreht, wird die Wendel innerhalb kürzester Zeit zerstört, da die entstehende Joulesche Wärme nicht abgeführt wird.**

Für eine feste Heizleistung P_{el} wird der Motor zunächst im *Leerlauf* untersucht, bei dem die abgenommene mechanische Leistung $P_{\mathrm{mech}} = 0$ ist. Es werden das pV-Diagramm aufgenommen und die Drehfrequenz bestimmt.

Die Messung wird bei gleicher Heizleistung zweimal wiederholt: einmal bei mäßiger und einmal bei hoher mechanischer Belastung des Motors. Hierzu wird auf die Motorachse mit Hilfe des Kupferbandes ein entsprechendes Bremsmoment ausgeübt und die dabei auftretende Bremskraft F_{br} gemessen. Es werden jeweils das pV-Diagramm aufgenommen und die zugehörige Drehfrequenz bestimmt. Dabei auf Konstanz der Bremskraft und der Drehzahl achten!

Nach jeder Neueinstellung der Messbedingungen bedarf es einer gewissen Einlaufzeit des Motors, bis der Motorlauf wieder stationär ist.

Man untersuche, ob sich das pV-Diagramm mit der Belastung wesentlich ändert. Aus dem pV-Diagramm werden die vom Arbeitsgas aufgenommene Wärmemenge Q_{12} und die vom Gas abgegebene mechanische Arbeit $\oint p\mathrm{d}V$ bestimmt. Die dazu notwendige Ermittlung von Flächeninhalten kann entweder durch Auszählen von Kästchen auf dem Millimeterpapier oder auch durch Ausschneiden und Wägen mit einer hinreichend empfindlichen Waage erfolgen.

Aus den Werten für P_{el}, Q_{12}, $\oint p\mathrm{d}V$ und P_{mech} werden für jede Belastung der Gesamtwirkungsgrad η_{ges} sowie die Teilwirkungsgrade η_{el}, η_{th} und η_{mech} ermittelt und ihre Absolutwerte sowie ihre Veränderung mit der Belastung diskutiert.

Aus η_{th} soll die Temperatur T_1 des oberen Wärmereservoirs (heißes Gas) abgeschätzt werden ($T_2 = $ Kühlwassertemperatur). Aus der Farbe der glühenden Heizwendel soll deren Temperatur geschätzt und mit T_1 verglichen werden. Diskutieren Sie den Unterschied.

18.2 Heißluftmotor mit Spiritusbrenner (2/3)

Eine Stirlingmaschine mit Flammenheizung soll als Heißluftmotor betrieben werden. Aus der Messung des pV-Diagramms sowie der thermischen Eingangs- und der mechanischen Ausgangsgrößen sollen der Gesamtwirkungsgrad sowie die Teilwirkungsgrade dieser Wärmekraftmaschine bestimmt werden.

Stirlingmaschine mit Spiritusbrenner und Sensoreinheit zur Messung von Duck und Volumen, siehe Bild 18.8, Messbox, 2 Temperatursensoren, Bremszaum, Kalibrierzubehör, Multimeter, Messrechner.

Bild 18.8. Stirlingmaschine mit Spiritusbrenner als Heizquelle, schematisch

Bei dieser Stirlingmaschine wird das Gasvolumen V mit Hilfe eines Winkel-schrittgebers aus der Winkelstellung der Drehachse der Maschine ermittelt und steht am Ausgang der Messbox als digitalisiertes Spannungssignal zur Verfügung. Zur Kalibrierung muss der Nullpunkt der Volumenmessung bei der Stellung des Arbeitskolbens mit dem geringsten Gasvolumen gekennzeichnet werden.

Der Gasdruck p wird mit einem eingebauten Drucksensor gemessen, dessen Messwerte ebenfalls als digitalisierte Spannungssignale zu Verfügung stehen. Zunächst muss die Spannung für den Luftdruck p_0 bestimmt werden. Die Kalibrierung der Druckdifferenzanzeige erfolgt dann mit Hilfe einer anschließbaren Gasspritze, deren messbare Kolbenverschiebung in Druckänderungen umgerechnet wird.

Zur Messung der mechanischen Leistung des Motors wird ein *Bremszaum* benutzt (sog. Prony'scher Zaum mit geeigneter Neigungsmasse, Bild 18.9). Bei der Rotation der Motorwelle wird der Bremszaum so weit aus der vertikalen Ruhelage ausgelenkt, bis das Bremsmoment $M_{br} = Fd\sin\alpha$ dem Drehmoment an der Motorwelle das Gleichgewicht hält. Dann gilt für die vom Motor abgegebene mechanische Energie W_{mech} bzw. die mechanische Leistung P_{mech}:

$$W_{mech} = 2\pi M_{br} \quad \text{bzw.} \quad P_{mech} = fW_{mech} \quad .$$

Diese Stirlingmaschine bietet die Möglichkeit, die Temperaturen T_1 und T_2 der beiden Wärmereservoire mit Hilfe von Thermoelementen abzuschätzen. Vor Beginn der Messung müssen deren geringfügig unterschiedliche Messwerte festgestellt werden. Diese sind bei der Auswertung zu berücksichtigen.

Nach Einschalten des Gerätes erfolgen zunächst die Kalibrierungen. Dann wird der Spiritusbrenner gezündet und unter den Stirlingmotor gestellt. Für eine bessere Wärmekopplung sollte der Kamin benutzt werden. Sobald eine Lufttemperatur von ca. 60 °C erreicht ist, kann der Motor durch Drehen des Schwungrades im Uhrzeigersinn angeworfen werden.

Bild 18.9. Bremszaum (Prony'scher Zaum) zur Leistungsmessung an einer Motorwelle, schematisch

> ⚠ *Vorsicht! Glasapparatur!* **Keine unnötigen mechanischen und thermischen Belastungen!**

Zunächst soll der Motor im Leerlauf untersucht werden ($P_{mech} = 0$. Es werden das pV-Diagramm, die Drehfrequenz und die Temperaturen T_1 und T_2 bestimmt. Anschließend wird die Messung zweimal wiederholt: einmal bei mäßiger und einmal bei höherer mechanischer Belastung des Motors. Dazu wird der Bremszaum auf die Motorwelle gesteckt. Mit einer Stellschraube kann die Reibung zwischen dem Zaum und der Welle eingestellt werden.

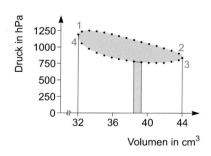

Die in den Rechner eingelesenen Daten werden mit einem geeigneten Programm ausgewertet, z. B. mit *Open Office Calc*. Zur Berechnung der vom Arbeitsgas aufgenommenen Wärmemenge Q_{12} bzw. der vom Gas abgegebenen mechanischen Arbeit $W_{ab} = Q_{12} - Q_{34} = \oint p\,dV$ müssen im pV-Diagramm die Flächeninhalte unter bzw. zwischen den Teilkurven 1-2 und 3-4 bestimmt werden. Dieses geschieht durch elektronisches Aufsummieren der durch benachbarte Messpunkte definierten Teilflächeninhalte, siehe Bild 18.10.

Bild 18.10. Zur elektronischen Auswertung des pV-Diagramms. Für den unteren Kurvenast ist eine durch zwei benachbarte Messpunkte definierte Teilfläche gekennzeichnet

Aus den Werten für P_{heiz}, Q_{12}, P_{ab} und P_{mech} werden für jede Belastung der Gesamtwirkungsgrad sowie die Teilwirkungsgrade ermittelt und ihre Absolutwerte sowie ihre Veränderung mit der Belastung diskutiert.

Der thermodynamische Wirkungsgrad des Stirlingschen Kreisprozesses soll sowohl aus dem pV-Diagramm als auch aus den Temperaturen T_1 und T_2 bestimmt werden. Der Unterschied ist zu diskutieren.

18.3 Belastung und Gesamtwirkungsgrad (1/3)

 Bei konstanter Eingangsleistung P_{heiz} eines Heißluftmotors soll die Abhängigkeit der abgenommenen mechanischen Leistung P_{mech} von der Drehzahl untersucht werden.

Geräte wie in Aufgabe 18.1 (ohne pV-Indikator) oder wie in 18.2, Elektromotor/Generator als Zubehörteil zu 18.2.

Es werden nacheinander unterschiedliche Bremsmomente an der Motorwelle eingestellt und die zugehörige Drehfrequenz f bestimmt.

Man stelle die vom Motor abgegebene mechanische Leistung bzw. den Gesamtwirkungsgrad $\eta_{\text{ges}} = P_{\text{mech}}/P_{\text{heiz}}$ als Funktion der Drehfrequenz in einem Diagramm dar und diskutiere, weshalb es eine optimale Drehfrequenz gibt.

Der Elektromotor/Generator wird so aufgebaut, dass er mittels einer Pese vom Heißluftmotor angetrieben und so als Generator genutzt werden kann. Der Generator wird mit einem veränderbaren Widerstand R belastet, Bild 18.11. Es werden nacheinander verschiedene Belastungen (R) eingestellt und die zugehörige Drehfrequenz f des Heißluftmotors bestimmt.

Die vom Generator abgegebene elektrische Leistung bzw. der Gesamtwirkungsgrad $\eta_{\text{ges}} = P_{\text{el}}/P_{\text{heiz}}$ werden als Funktion der Drehfrequenz dargestellt. Der Kurvenverlauf ist zu diskutieren.

18.4 Kältemaschine und Wärmepumpe (1/3)

Diese beiden Betriebsarten einer Stirlingmaschine sollen qualitativ untersucht werden.

Stirlingmaschine nach Aufgabe 18.1 oder 18.2, pV-Sensoreinheit, Thermometer $-20\,^{\circ}\text{C}$ bis $+100\,^{\circ}\text{C}$, Antriebsmotor.

Bild 18.11. Schaltung zur Belastung des Generators G durch einen veränderbaren Widerstand R

Für den Betrieb als *Kältemaschine* wird die Stirlingmaschine mit Hilfe des Antriebsmotors im gleichen Drehsinn gedreht, wie sie als Heißluftmotor von allein lief. Dabei kühlt sich der obere Luftraum ab; denn die für die isotherme Expansion des Arbeitsgases benötigte Ausdehnungsarbeit wird jetzt nicht wie beim Heißluftmotor durch eine externe Wärmequelle geliefert, sondern der zunächst auf Umgebungstemperatur befindlichen Luft entzogen: Die Temperatur des im Gegensatz zum Heißluftmotor nicht beheizten Luftraums sinkt unter die Umgebungstemperatur. So liegt die Isotherme für den nicht beheizten Luftraum im pV-Diagramm unten und die für den unteren, durch die Wasserkühlung auf Umgebungstemperatur gehaltenen Luftraum oben, wie in Bild 18.5 dargestellt.

Für die Messung sollte das Thermometer eingebaut werden. Nach dem Einschalten des Antriebsmotors sollen die Temperatur und die Form des pV-Diagramms als Funktion der Zeit qualitativ beobachtet werden.

Für den Betrieb als *Wärmepumpe* muss die Stirlingmaschine durch den Antriebsmotor in die Gegenrichtung gedreht werden. Dann erfolgt die isotherme Expansion in entgegengesetzten Lufträumen. Die benötigte Expansionsenergie wird daher dem auf Umgebungstemperatur befindlichen Kühlwasser entzogen und – vermehrt um die mechanische Arbeit $\oint p\,\mathrm{d}V$ – im nicht beheizten Luftraum wieder abgegeben, dessen Temperatur dadurch steigt.

Gemessen werden soll wieder der Verlauf von Temperatur und Form des pV-Diagramms als Funktion der Zeit nach dem Einschalten des Antriebsmotors.

Für beide Betriebsarten des Stirlingmotors sollen die beobachteten zeitlichen Änderungen der Form des pV-Diagramms mit Hilfe der Theorie des *Stirling-Kreisprozesses* diskutiert werden.

Kapitel V
Gleich- und Wechselstromkreise

19. Widerstände, Ohmsches Gesetz

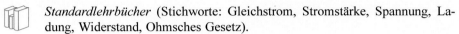

Messung elektrischer Grundgrößen: Strom, Spannung, Widerstand. Elementare Grundgesetze der Elektrizitätslehre und deren Anwendung. Umgang mit einfachen elektrischen Bauelementen und Messgeräten. Erwerb von Grundkenntnissen im Löten.

Standardlehrbücher (Stichworte: Gleichstrom, Stromstärke, Spannung, Ladung, Widerstand, Ohmsches Gesetz).

Elektrische Grundgrößen

Die elektrische **Ladung** Q ist eine Grundgröße, die für die Elektrizität eine ähnliche Bedeutung besitzt wie die Masse für die Mechanik. Es gibt allerdings im Gegensatz zur Masse bei der Ladung positive und negative Werte; das Vorzeichen wurde willkürlich gewählt. Das kleinste Quantum an Ladung ist gleich dem Betrag e der Ladung des Elektrons, der **Elementarladung**: $e = 1,602 \cdot 10^{19}\,\mathrm{C}$ mit $1\,\mathrm{Coulomb} = 1\,\mathrm{C} = 1\,\mathrm{Ampere} \cdot \mathrm{Sekunde} = 1\,\mathrm{As}$.

Wird ein Ladungsträger der Ladung Q in einem elektrischen Feld von einem Punkt zu einem anderen gegen die Feldrichtung transportiert, so muss eine **elektrische Arbeit** W verrichtet werden. Es gilt

$$W = QU \quad ,$$

wobei U die **Spannung** oder **Potentialdifferenz** zwischen den betrachteten Punkten bedeutet. Die Einheit der Spannung ist $1\,\mathrm{Volt} = 1\,\mathrm{V}$.

Tritt durch den Querschnitt eines Leiters in der Zeit t die elektrische Ladung Q, so fließt ein elektrischer Strom mit der

Stromstärke	$I = \dfrac{Q}{t}$	.

Ihre Einheit ist $1\,\mathrm{Ampere} = 1\,\mathrm{A}$. Als Stromrichtung ist die Bewegungsrichtung einer positiven Ladung definiert, die vom positiven zum negativen Pol fließt. (Man beachte: Die Elektronen bewegen sich vom negativen zum positiven Pol!)

Wirkungen des elektrischen Stromes sind z. B. die Wärmewirkung, die magnetische Wirkung oder die chemische Wirkung.

Fließt ein Strom I durch einen Verbraucher mit einem elektrischen Widerstand, so fällt eine Spannung U ab. An den Verbraucher wird dann die

elektrische Leistung	$P = IU$	bzw. die
elektrische Arbeit	$W = IU\,t$	

abgegeben. Die Einheit der Leistung ist $1\,\mathrm{A\,V} = 1\,\mathrm{Watt} = 1\,\mathrm{W} = 1\,\mathrm{J/s} = 1\,\mathrm{N\,m/s}$. Die Einheit der elektrischen Arbeit $W = IUt$ ist $1\,\mathrm{Ws}$, in der Technik auch $1\,\mathrm{kWh} = 3,6 \cdot 10^{6}\,\mathrm{Ws}$ (Stromzähler im Haushalt).

Elektrischer Widerstand

Ist U die Spannung zwischen den Enden eines Leiters, durch den ein Strom I fließt, wird ihr Verhältnis definitionsgemäß bezeichnet als

elektrischer Widerstand　　$R = \dfrac{U}{I}$

mit der Einheit: $1\,\text{Ohm} = 1\,\Omega = 1\,\text{V/A}$. Für eine große Zahl von Leitern ist der Widerstand konstant und hängt bei gegebener Temperatur nicht von Spannung oder Stromstärke ab. Diesen Sachverhalt nennt man

Ohmsches Gesetz　　$R = \text{const.}$

Als Kehrwert des Widerstandes ergibt sich der

Leitwert　　$G = \dfrac{I}{U} = \dfrac{1}{R}$

mit der Einheit $1\,\text{Ohm}^{-1} = 1\,\Omega^{-1} = 1\,\text{A/V}$.

In einem Leiter mit dem Widerstand R, der vom Strom I durchflossen wird, wird die elektrische Leistung P in Wärme umgesetzt:

Stromwärme　　$P = IU = I^2 R = \dfrac{U^2}{R}$.

Für einen stabförmigen Leiter hängt der Widerstand außer vom Material nur vom Querschnitt A und von der Länge ℓ ab:

Widerstand eines stabförmigen Leiters　　$R = \rho\dfrac{\ell}{A}$.

ρ heißt der **spezifische Widerstand** und $1/\rho = \sigma$ die **elektrische Leitfähigkeit** des Materials.

Längs eines stromdurchflossenen Leiters mit konstantem Querschnitt fällt die Spannung linear ab. Hierauf beruht das Prinzip der Spannungsteiler- oder **Potentiometerschaltung**, Bild 19.1:

$$U = U_0 \frac{x}{\ell} \quad .$$

Dieser lineare Zusammenhang zwischen U und der Schleiferstellung x gilt allerdings nur, wenn der Spannungsteiler durch einen Widerstand R_L, in Bild 19.1 gestrichelt eingezeichnet, nicht merklich belastet wird, d. h. solange $R_\mathrm{L}/R \gg 1$.

Bild 19.1. Potentiometerschaltung, belastbar durch einen Widerstand R_L

📖 Temperaturabhängigkeit des Widerstandes

Mit wachsender Temperatur T nimmt der Widerstand von Metallen, z. B. der Glühfaden einer Lampe, zu. Diese Erscheinung wird verständlich, wenn man sich ein atomares Bild des elektrischen Stromes macht. Im elektrischen Leiter wird der Strom hervorgerufen durch eine Bewegung von Ladungsträgern – in den Metallen in der Regel Elektronen – infolge der angelegten Spannung. Die Behinderung dieser Bewegung durch Störungen des Metallgitters oder durch Gitterschwingungen wirkt wie eine Reibungskraft auf die Ladungsträger und erzeugt so den elektrischen Widerstand. Bei wachsender Temperatur werden die Gitterschwingungen heftiger, und der Widerstand nimmt zu.

Für Metalle gilt innerhalb eines gewissen Bereiches in der Umgebung der Zimmertemperatur, oft bis zu einigen hundert °C in guter Näherung:

$$\frac{\rho_T}{\rho_0} = \frac{R_T}{R_0} = 1 + \beta(T - T_0) \quad ,$$

wobei ρ_T, R_T bzw. ρ_0, R_0 die Widerstände bei den Temperaturen T bzw. T_0 kennzeichnen und β als Temperaturkoeffizient bezeichnet wird. Für einige Legierungen (Konstantan, Manganin) ist im Bereich der Zimmertemperatur angenähert $\beta = 0$ (Anwendung: Präzisionswiderstände).

Der Widerstand von *Halbleitern* und *Elektrolyten* nimmt im Gegensatz zu Metallen mit wachsender Temperatur ab (siehe auch *Themenkreis 29*).

 ## Strom- und Spannungsmessung

Für elektrische Messaufgaben setzt man elektronisch arbeitende Messinstrumente mit Ziffernanzeige, sog. *Digitalmultimeter*, ein. In diesen wird die Messspannung, ggf. nach Verstärkung oder Abschwächung, mit einer intern erzeugten Vergleichsspannung bekannter Größe verglichen und das Ergebnis als Zahlenwert angezeigt. Bei Spannungsmessungen dient der Spannungsabfall an einem kalibrierten Widerstand im Messgerät als Messsignal.

Um den Widerstand R eines stromdurchflossenen Leiters zu bestimmen, können die Schaltungen nach Bild 19.2 verwendet werden. Hierbei ist jedoch zu beachten, dass das Verhältnis der von Amperemeter und Voltmeter angezeigten Werte I_A und U_V noch nicht den genau richtigen Wert für den gesuchten Widerstand $R = U/I$ ergibt. Zwar ist z. B. nach der Schaltung Bild 19.2 a der durch den Widerstand fließende Strom I gleich dem gemessenen Strom I_A, doch ist in der angezeigten Spannung des Voltmeters $U_V = U + U_A$ noch der Spannungsbetrag $U_A = IR_{iA}$ enthalten, welcher am inneren Widerstand R_{iA} des Amperemeters abfällt.

Verwendet man die etwas geänderte Schaltung Bild 19.2 b, dann misst man zwar den richtigen Spannungsabfall $U_V = U$ am Widerstand, doch ist im gemessenen Strom $I_A = I + I_V$ noch der Strom $I_V = U/R_{iV}$ des Voltmeters enthalten, welcher über den inneren Widerstand R_{iV} des Voltmeters fließt.

Diese Korrekturen sind bei Digitalmultimetern vernachlässigbar, da dort der Innenwiderstand R_{iA} des Amperemeters sehr klein ($\to 0$) und der Innenwiderstand R_{iV} des Voltmeters sehr groß ($\to \infty$) im Vergleich zum Widerstand R sind.

 ## Weichlöten

Will man einzelne elektronische Bauelemente dauerhaft zu einer kleinen Schaltung verbinden, kann man sie verlöten. Die Kontakte der Bauelemente werden dabei mit Hilfe eines geschmolzenen Zusatzmetalls (Lot oder **Lötzinn**) mechanisch fest und elektrisch leitend verbunden. Dazu werden mit einem Lötkolben die zu verbindenden Kontakte erhitzt sowie Lötzinn verflüssigt, das sich dann über die Kontaktstelle legt. Das Entsprechende gilt, wenn die zweite Kontaktstelle eine Leiterbahn auf einer vorgefertigten **Platine** ist, Bild 19.3.

Das heutige Elektronik-Lötzinn besteht aus einer Legierung aus Zinn, Kupfer und Silber sowie einem geeigneten Flussmittel. Diese Lote schmelzen üblicherweise bei Temperaturen zwischen 185 und 235°C. Das **Flussmittel** ist in der Regel ein Reduktionsmittel, welches das Oxid von den zu verlötenden Bauteilen entfernt und diese dadurch für die Adhäsion des Lotes vorbereitet. Es ist als „Seele" in der Mitte des Lötdrahtes enthalten. Ohne Flussmittel wird das Lot die Bauteile nicht benetzen, es entsteht eine sogenannte „kalte Lötstelle", die elektrisch nicht leitend und mechanisch nicht haltbar ist, Bild 19.3 links.

Bild 19.3. Beispiel für Lötstellen auf einer Platine.

Bild 19.2a-b. Schaltungen von Strom- und Spannungsmessung zur Widerstandsbestimmung.

(a) und (b): Lötstellen, die keine elektrische Kontaktierung aufweisen: Bei (a) ist der Bauteilfuß, bei (b) die Lötfläche nicht benetzt.

(c) und (d): Lötstellen, die eine leitende Kontaktierung aufweisen, aber durch zu wenig bzw. zu viel Lötzinn keine Langlebigkeit garantieren.

(e) Eine optimale Lötstelle

19.1 Kennlinien von Widerständen (2/3)

 Messung der Strom-Spannungskennlinien von verschiedenartigen Widerständen

 Verschiedene Widerstände wie Ohmscher Widerstand, Glühlampe, VDR (voltage dependent resistor) u. a., Digitalmultimeter für Strom, Spannung und Widerstand, Spannungsquelle (max. 12 V).

 Um die Spannung variieren zu können, wird in der Schaltung Bild 19.2 a eine Potentiometerschaltung verwendet, Bild 19.1. Dabei kann entweder die Verbindung 1 oder 2, Bild 19.4, geschaltet werden. Messbereiche sowie Güteklasse bzw. Genauigkeit der Instrumente sind zu notieren.

Ohmscher Widerstand: Es werden die Strom- und Spannungswerte in Abständen von etwa 0,5 V aufgenommen und in eine Tabelle eingetragen.

Widerstand einer Glühlampe: Im unteren Teil der Kennlinie steigt der Strom sehr schnell an. Zweckmäßigerweise werden hier die Messpunkte zuerst im Abstand von z. B. 10 mA, später wieder in Abständen von ca. 0,5 V aufgenommen und in eine Tabelle eingetragen. Sinnvollerweise wählt man also die Dichte der Messpunkte so, dass sie längs der Messkurve in etwa äquidistanten Abständen liegen.

VDR-Widerstand: Dieser spezielle Widerstand besteht aus Halbleitermaterial. Die Kennlinie lässt sich beschreiben durch

$$I = \text{const.} \, U^{\gamma} \quad \text{mit} \quad \gamma > 1 \quad ,$$

d. h. mit zunehmender Spannung wird der Widerstand geringer. Auch hier werden die Messpunkte wieder in Abständen von ca. 0,5 V aufgenommen.

Bild 19.4. Schaltung zur Widerstandsmessung mit Potentiometerschaltung (Si = Gerätesicherung)

In einem gemeinsamen Diagramm wird für die drei Messreihen der Strom über der Spannung aufgezeichnet. Jeweils für einen Messpunkt, etwa in der Mitte der drei Kurven, sind die Fehlerbalken entsprechend der Messunsicherheit exemplarisch einzutragen. Man diskutiere die Ursachen für die Krümmung der Kennlinien.

In den drei Messtabellen berechne man für alle Strom-Spannungswerte den Widerstand R. In einem Diagramm wird $R_{\text{Glüh}}$ als Funktion des Stromes und in einem weiteren Diagramm R_{VDR} als Funktion der Spannung aufgezeichnet.

Ferner sind anzugeben: Der Wert des Ohmschen Widerstandes, der Widerstand der Glühlampe bei der Nennspannung, z. B. 12 V, und die dabei umgesetzte elektrische Leistung $P = UI$ in Watt.

Die Fehler dieser Messungen sind aus den Güteklassen bzw. den Genauigkeiten der Instrumente abzuschätzen.

19.2 Lineare und logarithmische Potentiometer (1/3)

 Untersuchung von linearen und logarithmischen Potentiometern als Spannungsteiler, die durch Verbraucherwiderstände belastet werden bzw. ohne Belastung. Arbeiten mit halblogarithmischem bzw. logarithmischem Papier.

 Lineares Potentiometer, z. B. 200 Ω, logarithmisches Potentiometer, Digitalmultimeter, Spannungsquelle (max. 12 V).

Bild 19.5. Schaltung zur Messung der Belastungsabhängigkeit eines Potentiometers (Si = Gerätesicherung)

Die Schaltung nach Bild 19.5 wird mit einem linearen Potentiometer aufgebaut. Es wird ein Potentiometer mit in Stufen linear geteilter Skala verwendet. Man messe die Spannung U mit dem Digitalvoltmeter für ca. 10 Potentiometereinstellungen, jeweils mit verschiedenen Belastungswiderständen z. B. $R_{\text{L}} = \infty$, 1000 Ω und 100 Ω. Der Wert des Innenwiderstandes des Digital-Voltmeters kann dabei als ∞ betrachtet werden.

Man stelle die Spannung U in Abhängigkeit von der Potentiometereinstellung für die verschiedenen Lastwiderstände grafisch dar. Für $R_{\text{L}} = 100\,\Omega$ berechne man die Spannung U für die Potentiometereinstellungen $1/6, 2/6 \ldots 6/6$ und zeichne diese in das Diagramm ein.

Hinweis: Zur Berechnung der Spannung U für das belastete Potentiometer betrachte man das Ersatzschaltbild, Bild 19.6.

Die Schaltung nach Bild 19.5 wird mit einem logarithmischen Potentiometer aufgebaut. Die Kennlinie dieses Potentiometers ohne Belastung (d. h. $R_L = \infty$) bestimmen. Die Widerstandsmessung soll dabei mit einem Digitalinstrument als Ohmmeter durchgeführt werden.

Grafische Darstellung des Widerstandes als Funktion des Einstellwinkels am Potentiometer auf halb-logarithmischem Papier. Eventuelle Abweichungen sollen diskutiert werden.

Bild 19.6. Ersatzschaltbild für das belastete Potentiometer ($R_{\mathrm{Pot}} = R' + R''$)

19.3 Temperaturabhängigkeit von Widerständen (2/3)

Messung der Temperaturabhängigkeit des Widerstandes von verschiedenen elektrischen Bauteilen.

Gefäß mit Wasser (z. B. 4 ℓ), Thermostat oder Tauchsieder, Thermometer $0\,^\circ$C – $100\,^\circ$C, diverse Widerstände: Metall- (Cu und CuNi) und Kohleschicht-Widerstände, PTC- und NTC-Widerstände (positiver/negativer Temperaturkoeffizient), Z-Dioden, Si- und Ge-Dioden, Digitalinstrument (Ohmmeter), Spannungsquelle.

Die verschiedenen Widerstände werden in hitzebeständigen Kunststoffbeuteln in ein Temperaturbad gebracht, da sie nicht feucht werden dürfen. Mit dem Regler des Thermostaten oder mit dem Tauchsieder sollen nun verschiedene Wasserbadtemperaturen eingestellt werden, wobei die Einstellgenauigkeit typisch $\Delta T \approx 0,5\,^\circ$C – $2\,^\circ$C beträgt. Die Temperaturen werden mit dem Thermometer bestimmt. Man beginnt die Messung bei tiefstmöglichen Temperaturen und erhöht sie dann in Schritten von z. B. $10\,^\circ$C, bis etwa $85\,^\circ$C – $90\,^\circ$C erreicht sind. Bei der jeweiligen Temperatur messe man mit dem Digitalinstrument die Widerstände der verschiedenen Bauteile.

In einem Diagramm werden die Widerstandswerte in Abhängigkeit von der Temperatur t (in $^\circ$C) aufgetragen. Bei linearen Temperaturabhängigkeiten ergeben sich Geraden, deren Steigungen den jeweiligen Temperaturkoeffizienten β angeben. Man vergleiche diese mit dem theoretischen Wert für reine Metalle: $\beta = 1/(273\,^\circ$C$)$. Für die Fehlerbetrachtung soll etwa in der Mitte jeder Kurve exemplarisch ein zugehöriger Fehlerbalken eingetragen werden.

Man schalte eine Diode in Durchlassrichtung und stelle eine Spannung im Bereich der Schwellenspannung ein (d. h. etwa 0,4 V für Ge, 0,6 V für Si und 0,7 V für eine Z-Diode), so dass der Strom etwa $10 - 20$ mA beträgt. Man messe die Spannung U_{Diode} an der Diode in Abhängigkeit von der Temperatur, wobei allerdings die Stromstärke I durch Nachregeln auf einem konstanten Wert gehalten werden muss.

In einem Diagramm stelle man U_{Diode} in Abhängigkeit von der absoluten Temperatur T dar. Die Temperaturabhängigkeit ist erwartungsgemäß nahezu linear; denn für den Zusammenhang zwischen I und U_{Diode} gilt:

$$I = I_0 \left(\exp\left(\frac{eU_{\mathrm{Diode}}}{kT} \right) - 1 \right) \quad .$$

Allerdings hängt auch der Wert von I_0 von der Temperatur ab! Man diskutiere das Ergebnis.

Mit den Z-Dioden kann die entsprechende Messung auch in Sperrrichtung versuchsweise durchgeführt werden. Eine Ge-Diode hat i. Allg. einen durchaus messbaren Sperrstrom. Führt man die Messung in Sperrrichtung bei konstanter Sperrspannung, z. B. 2 V, durch, so lässt sich die exponentielle Abhängigkeit des Sperrstromes von der Temperatur zeigen.

In geeigneten Diagrammen stelle man die Ergebnisse dar und diskutiere sie.

19.4 Löten (2/3)

 Erwerb von Grundkenntnissen des Lötens. Löten von Drähten und einfachen elektrischen Schaltungen.

 Lötkolben, Lötzinn, brandfeste Unterlage, Schwamm, Zange, Abisolierzange, elektronische Bauteile, Platine (kleiner Bausatz), kleine Metallbleche; eine Anzahl gleicher ohmscher Widerstände (ca. 20).

Arbeitsprozess

Schritte für ein erfolgreiches Löten:

- Zu verlötende Kontakte so zueinander bringen, dass sie beim Löten nicht verrutschen und in einem Arbeitsgang verlötet werden können
- Mit der sauberen Lötkolbenspitze (vorher am feuchten Schwamm abstreifen) Kontakte gleichmäßig erwärmen; dabei benötigen Bauteile mit höherer Wärmekapazität oder höherer Wärmeleitfähigkeit mehr Kontaktfläche zum Lötkolben
- Lötzinn an die Lötstelle zuführen, so dass das Flussmittel die Bauteiloberflächen möglichst überall erreicht und damit entoxidieren kann und gleichzeitig genügend Lötzinn die Lötstelle benetzt; dabei rasch arbeiten, damit das Flussmittel nicht verbrennt und die Bauteile nicht Schaden nehmen (Schmelzen von Kunststoffisolierungen, Austrocknen von Elektrolytkondensatoren, Halbleiterbauelemente)
- Zufuhr des Lötzinns abbrechen
- Lötkolben von der Lötstelle entfernen; das Lötzinn erkaltet innerhalb weniger Sekunden: die Kontakte so lange nicht bewegen.

Sicherheitshinweise:
- Lötkolbenspitze nicht berühren: 300 °C!
- Kontaktdrähte nicht mit der bloßen Hand festhalten: Verbrennungen!
- Dämpfe des Flussmittels im geschmolzenen Lötzinn nicht unnötig einatmen!

 Lötübungen
Es werden zwei Kabelenden abisoliert. Beide Enden können verdrillt werden. Nun erhitzt man die Kontaktstelle mit dem Lötkolben. Schließlich wird das Lötzinn auf diese Stelle gehalten, und das Lötzinn verteilt sich in den Drähten der Kabel.

Es können auch beide Kabelenden zunächst einzeln verzinnt und dann zusammengelötet werden – dies hat aber den Nachteil, dass die bei einer Verdrillung entstandene mechanische Verbindung der Drähte fehlt.

Man prüfe durch Ziehen, ob die Verbindung stabil ist.

 Man beschreibe kurz die Erfahrungen beim Lötvorgang.

 Zwei kleine Metallbleche werden senkrecht zueinander positioniert. Man verlöte die Bleche. Eine vorsichtige Abknickprüfung gibt Aufschluss über die Festigkeit der Lötstelle. Ggf. ist ein nochmaliges Löten erforderlich.

 Man beschreibe kurz die Erfahrungen beim Lötvorgang und der Abknickprüfung.

 Ein Bausatz (gedruckte Schaltung) ist aufzubauen. Die elektronischen Bauteile werden einzeln eingesetzt, dann von hinten leicht geknickt, damit sie ihre Position beim Lötvorgang nicht ändern. Das Bauteil wird verlötet. Danach erfolgt das Verlöten der weiteren Bauteile. Abschließend eine Funktionsprüfung durchführen. Schlägt die fehl, wird nach einer kalten Lötstelle gesucht: Wackeltest. Nachlöten. Funktioniert die Schaltung immer noch nicht, sollten die Halbleiterbauelemente ausgelötet und überprüft werden.

 Die Erfahrungen beim Lötvorgang und bei der Funktionsprüfung kurz beschreiben.

Würfel aus Widerständen

12 identische Widerstände (z. B. $R = 12\,\text{k}\Omega$) sollen zu einem Würfel zusammen gelötet werden (siehe Bild 19.7). Dabei ist es sinnvoll, zunächst zwei Vierecke zu erstellen und diese in einem Schaumstoffbett zu fixieren, um die Verbindungswiderstände anzubringen. Der Widerstand R_{W} des Würfels bei einer Diagonalkontaktierung (A und B in Bild 19.7) wird mit einem Multimeter gemessen.

Der gemessene Gesamtwiderstand I_{Ges} soll mit dem aus dem Netzwerk berechneten Wert verglichen werden. Eine Fehlerrechnung ist erforderlich.

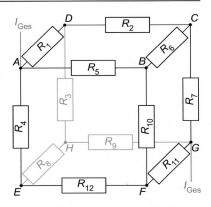

Bild 19.7. Würfel aus 12 Widerständen, wobei die Diagonale kontaktiert wurde

Hinweis zur Berechnung

Zur Berechnung des Widerstandes wird die Symmetrie der Anordnung berücksichtigt. Es fließen vom Punkt A aus drei gleich große Ströme durch die Widerstände R_1, R_4 und R_5:

$$\frac{1}{3} I_{\text{Ges}} = I_{AD} = I_{AB} = I_{AE} \qquad .$$

Analog berechnet sich der Strom, der in Punkt G abgegriffen wird, da entsprechend der Kirchhoffschen Regel die Summe der ein- und ausgehenden Ströme gleich groß sein muss. Die anderen 6 Ströme können analog berechnet werden. Der Widerstand kann nun unter Berücksichtigung der zuvor bestimmten Ströme wie folgt berechnet werden:

$$R_{\text{W}} = \frac{U_{AG}}{I_{\text{Ges}}} \qquad .$$

Aufgrund der Symmetrie ist der Spannungsabfall zwischen Punkt A und G unabhängig vom gewählten Weg des Stromes. Es gilt demnach beispielsweise:

$$U_{AG} = U_{AE} + U_{EF} + U_{FG} \qquad .$$

Mit dem ohmschen Gesetz werden nun die Spannungen in Abhängigkeit vom Gesamtstrom ausgedrückt. Da alle Widerstände gleich groß sind ($R_i = R$), erhält man:

$$U_{AG} = \frac{5}{6} I_{\text{Ges}} \cdot R \qquad \text{und damit} \qquad R_{\text{W}} = \frac{5}{6} R \qquad .$$

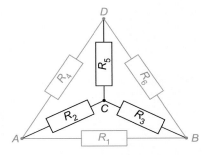

Bild 19.8. Tetraeder aus 6 Widerständen

Tetraeder aus Widerständen

6 identische Widerstände sollen zu einem Tetraeder zusammengelötet werden. Aus 3 Widerständen wird zunächst die Grundfläche des Tetraeders hergestellt. Mit Hilfe einer Zange o. ä. können die restlichen Widerstände zusammengehalten werden, um die Spitze löten (Bild 19.8). Zwischen zwei beliebigen Punkten soll nun der Gesamtwiderstand gemessen werden.

Der gemessene Widerstand wird mit dem für das Netzwerk berechneten Wert verglichen. Eine Fehlerrechnung ist erforderlich.

Hinweis zur Berechnung

Zur Berechnung des Widerstandes kann ein Ersatzschaltbild entsprechend Bild 19.9 betrachtet werden. Misst man zwischen den Punkten A und B, liegt aufgrund der Symmetrie der Widerstände zwischen den Punkten C und D kein Potentialunterschied vor, so dass über den Widerstand R_5 kein Strom fließt.

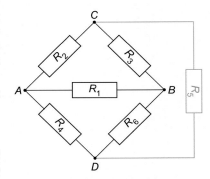

Bild 19.9. Ersatzschaltbild für das Tetraeder aus Widerständen

20. Gleichspannungsschaltungen, Kirchhoffsche Regeln

Aufbau von einfachen elektrischen Gleichspannungsschaltungen. Anwendung der Kirchhoffschen Regeln. Kompensationsmessmethode mit Nullanzeige.

Standardlehrbücher (Stichworte: Widerstand, Kirchhoffsche Regeln, Parallelschaltung, Reihenschaltung).

Kirchhoffsche Regeln

In einem *Knotenpunkt* einer elektrischen Schaltung (Netzwerk) ist die Summe der zufließenden Ströme gleich der Summe der abfließenden Ströme, Bild 20.1:

$$I_1 + I_2 = I_3 + I_4 + I_5 \quad ,$$

d. h. in keinem Punkt eines Stromnetzes kann Strom verschwinden oder entstehen, also allgemein:

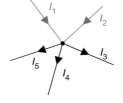

Bild 20.1. Veranschaulichung der 1. Kirchhoffschen Regel

> **1. Kirchhoffsche Regel** $\quad \sum I_n = 0$

Längs einer beliebigen *geschlossenen Schleife* eines Netzwerkes ist die Summe der Spannungsabfälle $I_K R_K$ an den Widerständen R_K gleich Null. Als Beispiel gilt für eine geschlossene Schleife nach Bild 20.2:

$$U_1 + U_2 = U_3 + U_4$$

und mit dem Ohmschen Gesetz $U = RI$

$$R_1 I_1 + R_2 I_2 = R_3 I_3 + R_4 I_4 \quad ,$$

also allgemein:

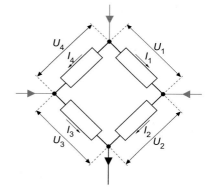

Bild 20.2. Veranschaulichung der 2. Kirchhoffschen Regel

> **2. Kirchhoffsche Regel** $\quad \sum U_n = 0$

Bei einer **Reihenschaltung** von Widerständen, Bild 20.3, misst man in jedem Punkt der Strombahn den gleichen Strom I, und es gilt:

$$U = U_1 + U_2 + U_3 = IR_1 + IR_2 + IR_3 = (R_1 + R_2 + R_3)I \quad .$$

Damit erhält man einen Gesamtwiderstand $R = R_1 + R_2 + R_3$, allgemein:

Bild 20.3. Reihenschaltung von Widerständen

> **Gesamtwiderstand in Reihenschaltung** $\quad R_{\text{Reihe}} = \sum_i R_i \quad .$

Bei der **Parallelschaltung**, Bild 20.4, ist die Spannung U für alle Widerstände gleich, der Strom I dagegen teilt sich entsprechend der 1. Kirchhoffschen Regel in drei Teilströme auf: $I = I_1 + I_2 + I_3$. Aus der 2. Kirchhoffschen Regel folgt: $U = I_1 R_1 = I_2 R_2 = I_3 R_3$. Man erhält

$$I = U \left(\frac{1}{R_1} + \frac{1}{R_2} + \frac{1}{R_3} \right) = \frac{U}{R} \quad .$$

Für den Gesamtwiderstand R ergibt sich allgemein:

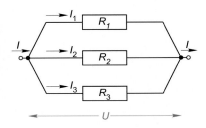

Bild 20.4. Parallelschaltung von Widerständen

Gesamtwiderstand in Parallelschaltung	$\dfrac{1}{R_{\mathrm{Parallel}}} = \sum_i \dfrac{1}{R_i}$,

d. h. bei Parallelschaltung addieren sich die *Leitwerte* $G_i = 1/R_i$.

 ## Wheatstone-Brücke

Bei der Brückenschaltung nach **Wheatstone** werden vier Widerstände wie in Bild 20.5 zusammengeschaltet, an die Eckpunkte A und B wird eine Spannung angelegt und die Punkte C, D diagonal durch eine Brücke mit einem empfindlichen Strommesser verbunden. Nur wenn die vier Widerstände in einem bestimmten Verhältnis zueinander stehen, ist die Brücke stromlos: $I' = 0$, d. h. an den Punkten C und D liegt die gleiche Spannung. Es kann dann die 2. Kirchhoffsche Regel zweimal angewendet werden: $I_{\mathrm{I}} R_2 = I_{\mathrm{II}} R_3$ und $I_{\mathrm{I}} R_1 = I_{\mathrm{II}} R_4$, also $R_4 = R_1 R_3 / R_2$.

Praktisch benutzt man anstelle der Widerstände R_1, R_2 einen Draht mit einem Schleifkontakt, siehe dazu Bild 20.9. Das Widerstandsverhältnis R_1/R_2 lässt sich dann aus der Stellung des Abgriffs ermitteln: $R_1/R_2 = x/(\ell - x)$. An die Stelle von R_3 und R_4 treten ein kalibrierter Vergleichswiderstand R_0 und der unbekannte Widerstand R_x. Bei stromloser Brücke gilt dann

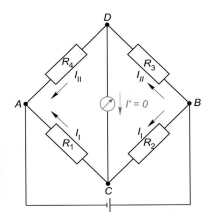

Bild 20.5. Brückenschaltung nach Wheatstone

$$R_x = R_3 \frac{R_1}{R_2} = R_0 \frac{x}{\ell - x} \quad .$$

Diese Messmethode ist ein charakteristisches Beispiel für einen Größenvergleich nach einer *Kompensationsmethode* mit einer Nullanzeige mittels eines empfindlichen (unkalibrierten!) Messinstrumentes.

 ## Batterie als Spannungsquelle

Umgangssprachlich wird jedes galvanische Element, ob einzeln (z. B. Mono- oder Babyzelle) oder in Reihe geschaltet (z. B. Akku oder 9 V-Flachbatterie) als *Batterie* bezeichnet. Aufgrund des chemischen Zustandes in einer solchen Batterie besteht zwischen beiden Polen im unbelasteten Zustand ($I = 0$) die **Leerlaufspannung** U_0, auch *Ur-Spannung* genannt. Wird ein Verbraucher angeschlossen, d. h. ein Außenwiderstand R_{a}, so sinkt die Ausgangs- oder **Klemmenspannung** U zwischen beiden Polen, da der Laststrom I auch durch die Batterie fließt und an deren Innenwiderstand R_{i} ein Teil der Spannung abfällt. Diese Beobachtung gilt für alle (nicht geregelten) Spannungsquellen, also auch für Wechselstromquellen, siehe *Themenkreis 22*. Im Ersatzschaltbild, Bild 20.6, wird die Batterie dargestellt durch eine idealisierte Spannungsquelle mit der stromunabhängigen Leerlaufspannung U_0 und einem in Reihe geschalteten Innenwiderstand R_{i}. Nach der 2. Kirchhoffschen Regel gilt nun:

$$U - I R_{\mathrm{a}} = 0 \qquad \text{oder} \qquad U_0 - I R_{\mathrm{i}} - I R_{\mathrm{a}} = 0$$

mit $U = U_0 - I R_{\mathrm{i}}$. Die Klemmenspannung U ist also um den Spannungsabfall $I R_{\mathrm{i}}$ am Innenwiderstand R_{i} vermindert und ändert sich linear mit der Stromstärke, solange R_{i} konstant ist. Allerdings ist R_{i} bei Batterien im allgemeinen von der Stromstärke abhängig.

Die größte Stromstärke, die man einer Spannungsquelle entnehmen kann, erhält man im *Kurzschlussfall*, d. h. wenn $R_{\mathrm{a}} = 0$ ist. Dann gilt $I_{\mathrm{K}} = U_0 / R_{\mathrm{i}}$. Die Messung der Leerlaufspannung U_0 kann nur erfolgen, wenn dabei die Batterie nicht belastet wird, d. h. bei $I = 0$. Dies kann z. B. mit einem hochohmigen Voltmeter geschehen ($R_{\mathrm{V}} \gg R_{\mathrm{i}}$) oder mit einer Kompensationsschaltung. U_0 hängt allerdings wegen der chemischen Prozesse an den Elektroden auch von der vorangegangenen Belastung

Bild 20.6. Ersatzschaltbild einer Batterie als Spannungsquelle

ab. So erholt sich die Batterie nach kurzzeitigem Kurzschluss erst in einigen Stunden – ein längerer Kurzschluss macht sie dagegen unbrauchbar.

Verschiedene Batterietypen unterscheiden sich außer in der Leerlaufspannung durch ihren Innenwiderstand ($< 0,5$ bis $20\,\Omega$), insbesondere aber auch durch ihr Entladeverhalten und ihre Leerlaufspannungskonstanz.

Kondensatoren im Gleichstromkreis

Bild 20.7. Elektrische Schaltung zur Untersuchung am Kondensator bei Gleichstrom

Wird ein **Kondensator** entsprechend Bild 20.7 in einen Gleichstromkreis geschaltet, so beobachtet man beim Anschließen der Spannungsquelle durch das Schließen des Tasters T eine sehr rasche Aufladung des Kondensators auf die Spannung $U_C = U_0$. Öffnet man den Taster T wieder, so entlädt sich der Kondensator über den Widerstand R, und die Spannung U_C am Kondensator nimmt exponentiell ab, Bild 20.8. Das Experiment zeigt, dass die Entladung umso langsamer verläuft, je größer der Widerstand R ist bzw. je größer die Kapazität C des Kondensators ist.

Für die theoretische Beschreibung des Entladevorganges wird die 2. Kirchhoffsche Regel benutzt, nach der für jeden Zeitpunkt gilt:

$$U_C + U_R = 0 \quad .$$

Mit den Verknüpfungen $U_R = IR$, $U_c = Q/C$ und $I = \mathrm{d}Q/\mathrm{d}t = C\mathrm{d}U_C/\mathrm{d}t$ erhält man durch Einsetzen:

$$U_C + RC\frac{\mathrm{d}U_C}{\mathrm{d}t} = 0 \quad \text{bzw.} \quad \frac{\mathrm{d}U_C}{U_C} = -\frac{1}{RC}\mathrm{d}t \quad .$$

Hieraus folgt durch Integration:

$$U_C(t) = U_0 \exp(-t/RC) \quad .$$

Dabei wurde die Integrationskonstante durch die Anfangsbedingung $U_C(t = 0) = U_0$ festgelegt. Die Darstellung dieser Funktion in Bild 20.8 enthält neben der *Halbwertszeit* $T_{1/2}$ auch die

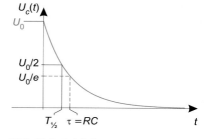

Bild 20.8. Zeitlicher Verlauf der Entladespannung am Kondensator

Zeitkonstante	$\tau = RC$	,

welche die Zeit angibt, nach der die Kondensatorspannung auf $1/e \approx 37\,\%$ ihres Anfangswertes U_0 abgefallen ist: $U_C = U_0/e$. Für die Halbwertszeit gilt: $T_{1/2} = \tau \ln 2 \approx 0{,}693\,RC$.

Für die Parallel-, bzw. Reihenschaltung von n Kondensatoren mit den Kapazitäten C_i ($i = 1, \ldots, n$) gelten die Formeln:

Parallelschaltung von Kondensatoren	$C_{\mathrm{Parallel}} = \sum\limits_i C_i$ und

Reihenschaltung von Kondensatoren	$\dfrac{1}{C_{\mathrm{Reihe}}} = \sum\limits_i \dfrac{1}{C_i}$.

20.1 Widerstandsmessung mit Wheatstone-Brücke (1/2)

Präzisionsbestimmung der Widerstandswerte für einzelne Widerstände sowie für Kombinationen dieser Widerstände mit Hilfe der Wheatstone-Brückenschaltung.

Lineares Potentiometer (z. B. 1 kΩ - 10 Gang - Wendelpotentiometer), Nullinstrument (Amperemeter), diverse Widerstände, Kalibrierwiderstände (z. B. 100 Ω, 500 Ω, 1000 Ω), Stromquelle.

Anstelle des Messdrahtes in Bild 20.9 verwende man z. B. ein Wendelpotentiometer mit einem Schleifer, der in einer Schraubenlinie den Messdraht abtastet. Als Maß für die Drahtlänge werden die Zahl von Umdrehungen und deren Bruchteile gezählt und angezeigt. Die Anzeige am rechten Anschlag $x = \ell$ ist ein Maß für den Gesamtwiderstand (Nullpunkt notieren!).

Als *Nullinstrument* verwende man einen sehr empfindlichen Strommesser, möglichst mit einem eingebauten Schutzwiderstand R_S, der durch einen Taster T' überbrückt werden kann. Vor Beginn der Messung wird der Abgriff des Potentiometers in den mittleren Bereich $x \approx \ell/2$ eingestellt. Nach dem Einschalten wird der Schleifer so lange verschoben, bis der Zeiger des Messinstrumentes auf Null steht. Durch Drücken des Tasters T' wird der Widerstand R_S überbrückt, und man kann so die Feineinstellung der Brücke vornehmen.

 Zunächst werden z. B. drei unbekannte Widerstände mit Hilfe von bekannten Vergleichswiderständen ausgemessen. Der Vergleichswiderstand wird jeweils so gewählt, dass bei abgeglichener Brücke der Schleifer im mittleren Bereich steht. Jede Einstellung sollte mehrmals wiederholt werden, um die Reproduzierbarkeit zu prüfen.

 Für einen der Widerstände wiederhole man die Messung, nachdem in der Schaltung die Widerstände R und R_0 vertauscht wurden, um die Symmetrie der Anordnung zu prüfen.

Zur Nachprüfung der Kirchhoffschen Regeln werden unbekannte Widerstände zu verschiedenen Kombinationen zusammengeschaltet und ausgemessen. Die Schaltungen sollen skizziert werden.

Die Werte der unbekannten Widerstände sollen bestimmt werden. Der Fehler wird entsprechend der folgenden Beziehung abgeschätzt:

$$\frac{\Delta R}{R} = \frac{\Delta x}{x} + \frac{\Delta x}{\ell - x} + \frac{\Delta R_0}{R_0} \quad .$$

Die Symmetrie der Anordnung soll diskutiert werden.

Die Messergebnisse der Kombination von Widerständen mit Fehlerabschätzung und der nach den Kirchhoffschen Regeln aus den Einzelwiderständen berechneten Werte werden in einer Tabelle gegenübergestellt und diskutiert.

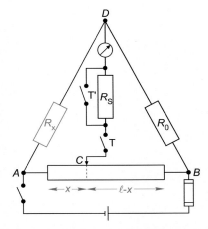

Bild 20.9. Elektrische Schaltung nach Wheatstone

20.2 Instrumenten-Innenwiderstände (1/2)

Kennenlernen einfacher elektrischer Messgeräte für Strom und Spannung. Änderung der Messbereiche durch Widerstände.

Drehspulinstrument mit Spiegelskala, digitale Volt- und Amperemeter, Stromquelle, elektrische Widerstände.

Schaltet man nach Bild 20.10 a parallel zu einem Strommesser mit dem Innenwiderstand R_{iA} noch einen *Nebenwiderstand* oder *Shunt* R_N, so fließt von dem Gesamtstrom I nur ein Teil durch das Instrument (I_A), der Rest über den Nebenwiderstand (I_N). Nach der 1. Kirchhoffschen Regel gilt $I_0 = I_A + I_N$; nach der 2. Kirchhoffschen Regel ist $R_{iA} I_A = R_N I_N$. Daraus folgt

$$I_A = \frac{I_0}{1 + \frac{R_{iA}}{R_N}} \quad .$$

Ist z. B. $R_N = (1/9) R_{iA}$, dann sinkt die Empfindlichkeit des Strommessers genau um den Faktor 10.

Schaltet man jedoch nach Bild 20.10 b vor einen Spannungsmesser (Innenwiderstand R_{iV}) noch einen Vorwiderstand R_V, dann fällt von der Gesamtspannung U am Voltmeter nur der Anteil

$$U_V = \frac{U}{1 + \frac{R_V}{R_{iV}}}$$

ab. Ist z. B. $R_V = 9 R_{iV}$, dann sinkt die Empfindlichkeit des Spannungsmessers um den Faktor 10. Auf diesem Prinzip beruhen umschaltbare *Vielfachmessinstrumente*.

a)

b)

Bild 20.10. Erweiterung der Messbereiche eines Drehspulinstrumentes (a) zur Strommessung durch Nebenwiderstand, (b) zur Spannungsmessung durch Vorwiderstand

Kalibrierung und Innenwiderstandsmessung

Mit einem unkalibrierten empfindlichen Drehspulmessinstrument M, z. B. mit Spiegelskala zur parallaxenfreien Ablesung, kann eine Schaltung nach Bild 20.11 a aufgebaut werden, zunächst noch ohne den gestrichelt gezeichneten Widerstand R_N. Zuerst wird eine Kalibrierung des Drehspulinstrumentes M als Amperemeter durchgeführt. Mit Hilfe der Schaltung nach Bild 20.11 b (ohne R_V) erfolgt eine Kalibrierung als Voltmeter. Aus beiden Messungen lässt sich auch der Innenwiderstand von M bestimmen.

Achtung: Zum Schutz des Instrumentes M den Widerstand R_S (typisch einige kΩ) nicht vergessen! Als Amperemeter A und als Voltmeter V verwende man jeweils das Digitalinstrument.

Messungen zwecks Kalibrierung: Nach Bild 20.11 a wird für mehrere Potentiometerstellungen der Ausschlag φ_M des Instrumentes M über den ganzen Skalenbereich variiert und φ_M (in Skalenteilen) und der Strom I_A gemessen. Für die gleichen Ausschläge φ_M messe man nach Bild 20.11 b die Spannung U_V.

In drei Diagrammen werden I_A und U_V als Funktion von φ_M und $\varphi_\mathrm{M}/I_\mathrm{A}$ als Funktion von I_A aufgetragen. Aus den mittelnden Geraden für die ersten beiden Diagramme bestimme man die Kalibrierfaktoren $\varphi_\mathrm{M}/I_\mathrm{A}$ in Skt/mA und $\varphi_\mathrm{M}/U_\mathrm{V}$ in Skt/V. Ergeben sich Abweichungen von der Linearität? Man diskutiere, wodurch im vorliegenden Fall die Kalibrierfehler vermutlich überwiegend bedingt sind.

Schließlich wird $U_\mathrm{V}(\varphi_\mathrm{M})$ als Funktion von $I_\mathrm{A}(\varphi_\mathrm{M})$ grafisch aufgetragen und aus der mittelnden Geraden der Innenwiderstand R_iM bestimmt.

Messbereichsänderung als Amperemeter

In Schaltung 20.11 a wird parallel zu M ein Nebenwiderstand (typisch einige hundert Ω) eingesetzt. Die Stromanzeige I_M des Instrumentes M ist jetzt geringer. Allerdings verändert sich auch der Gesamtstrom I_A; warum?

Für mehrere Potentiometerstellungen werden wieder φ_M (in Skalenteilen) und I_A (in mA) gemessen.

Die Messpunkte werden in ein Diagramm $I_\mathrm{A} = f(\varphi_\mathrm{M})$ eingetragen und die ausgleichende Gerade durchgezeichnet. Das Verhältnis der beiden Geradenanstiege liefert den Änderungsfaktor der Stromempfindlichkeit des Instrumentes M durch den Nebenwiderstand R_N. Zur Kontrolle berechne man aus dem ermittelten Innenwiderstand R_iM diesen Faktor: $I_1/I_2 = R_\mathrm{iM}/(R_\mathrm{N} + R_\mathrm{iM})$.

Messbereichsänderung als Voltmeter

Die Spannungsempfindlichkeit des Instrumentes M wird durch einen Vorwiderstand R_V geändert. Man setzt in der Schaltung Bild 20.11 b einen Vorwiderstand (z. B. $R_\mathrm{V} = 1000\ \Omega$) ein.

Für mehrere Potentiometerstellungen werden φ_M (in Skalenteilen) und U_V (in Volt) gemessen.

Es erfolgt wieder eine grafische Auswertung. Man gebe die Änderung der Spannungsempfindlichkeit an als U_1/U_2 und berechne diesen Faktor aus R_iM und R: $U_1/U_2 = R_\mathrm{iM}/(R_\mathrm{V} + R_\mathrm{iM})$.

Vergleichsmessung von R_iM

Mit einem Digitalinstrument messe man zur Kontrolle den Innenwiderstand von M.

Man vergleiche die Widerstandswerte und diskutiere die Ergebnisse.

Bild 20.11a-b. Elektrische Schaltungen zur Erweiterung der Messbereiche eines Drehspulinstrumentes M

20.3 Ausgangsspannung und Innenwiderstand einer Batterie (1/2)

 Untersuchung der Eigenschaften von Spannungsquellen: Parallel- und Reihenschaltung, Leerlaufspannung, Kurzschlussstrom, Ausgangsspannung bei Belastung, Innenwiderstand.

 Verschiedene Typen von galvanischen Elementen bzw. Batterien, Drehspulamperemeter, Digitalmultimeter, diverse Widerstände.

Man messe die Klemmenspannung U mehrerer Batterien mit einem hochohmigen Digitalvoltmeter jeweils einzeln, sowie in Reihen- und Parallelschaltung. Die Güteklasse und der Innenwiderstand des Voltmeters werden notiert.

Man baue die Schaltung Bild 20.12 auf und messe den Strom I, z. B. mit einem Drehspulinstrument, sowie die Spannung U, z. B. mit einem Digitalvoltmeter, für verschiedene Lastwiderstände R_a. Dabei könnte eine Messreihe z. B. folgendermaßen gestaltet werden: $1{,}5\,\text{k}\Omega$, $1\,\text{k}\Omega$, $(500+100)\,\Omega$ in Reihe, $2\text{x}500\,\Omega$ parallel, $(100+100)\,\Omega$ in Reihe, $100\,\Omega$, $2\text{x}100\,\Omega$ parallel. Jede Messung wird ca. dreimal durchgeführt. Dabei wird der Taster T jeweils nur für die Dauer der Ablesung (einige Sekunden) geschlossen, um die Spannungsquelle möglichst nur kurzzeitig zu belasten. Zwischen den einzelnen Messungen notiere man stets den Wert U_0.

Bild 20.12. Elektrische Schaltung zur Untersuchung von Klemmenspannung und Innenwiderstand eines galvanischen Elementes bzw. einer Batterie

Durch Kurzschließen der Batterie über das Amperemeter (mit dem unempfindlichsten Bereich beginnen), kann man durch (kurzzeitige!) Messung den Kurzschlussstrom I_K abschätzen. Der Innenwiderstand des Amperemeter ist zu notieren. Diese Messung führe man auch z. B. für zwei parallel- und in Reihe geschaltete Batterien durch. Messzeit nicht größer als 1 Sekunde!

 In einem Diagramm wird die Klemmenspannung U über dem Strom I aufgetragen. Für die einzelnen Messpunkte trage man Fehlerbalken ein, die aus der Streuung der Wiederholungsmessungen abgeschätzt werden.

Aus dem gemittelten Wert für U_0 und dem gemessenen Kurzschlussstrom I_K berechne man den mittleren Innenwiderstand $R_i = U_0/I_K$ für die Batterien einzeln sowie für die Parallel- und die Reihenschaltung. Im Diagramm zeichne man eine Gerade durch U_0 mit der Steigung R_i der Einzelbatterie ein.

Mit Hilfe der Beziehung $U = U_0 - IR_i$ berechne man für jede Messung jeweils den Innenwiderstand R_i und trage in einem zweiten Diagramm R_i über dem Strom I auf. Man diskutiere die erhaltenen Daten.

Es ist zu berechnen, bei welchem Lastwiderstand R_a eine Spannungsquelle (mit festem U_0 und R_i) die maximale Leistung P abgibt.

20.4 Kondensator im Gleichstromkreis (1/2)

 Untersuchung der Entladevorgänge am Kondensator. Bestimmung verschiedener Kapazitäten durch Messung der Entladezeit. Parallel- und Reihenschaltung von Kondensatoren.

 Spannungsquelle, diverse Kondensatoren, Widerstände, Messinstrumente.

Die Schaltung wird nach Bild 20.7 aufgebaut. *Achtung:* Elektrolytkondensatoren werden zerstört, wenn man sie falsch polt! Mit Elektrolytkondensatoren können sehr große Kapazitäten bei kleinen Abmessungen realisiert werden. Sie bestehen im Prinzip aus zwei Metallelektroden, z. B. Al oder Ta, in einem Elektrolyten. Bei falscher Polung wird die sehr dünne elektrisch isolierende Oxidschicht auf der einen Elektrode chemisch abgetragen, der Kondensator wird zu einem Leiter, erwärmt sich und kann durch das Verdampfen des Elektrolyten explodieren.

Durch Drücken des Tasters T, Bild 20.7, lädt man den Kondensator C auf, so dass an diesem die Spannung $U_C = U_0$ anliegt. Nach dem Loslassen des Tasters misst man die Halbwertszeit $T_{1/2}$, nach der sich der Kondensator über R auf den Wert $U_C(t_0)/2$ entladen hat. Aus der Kenntnis von R lässt sich C ermitteln. Man führe die Messung von $T_{1/2}$ mehrmals für verschiedene Kapazitäten und drei Kombinationen (Parallel- und Reihenschaltung) durch.

Der zeitliche Verlauf der Entladung soll durch Aufnahme von U_C in Abhängigkeit von der Zeit bestimmt und tabellarisch protokolliert werden.

Setzt man R als bekannt voraus, so lässt sich aus den Messwerten $T_{1/2}(C)$ jeweils C bestimmen. Man vergleiche die experimentellen Werte von C mit den Angaben auf den Bauelementen. Die vom Hersteller angegebenen Kapazitätswerte besitzen in der Regel weite Toleranzen (z. B. 30 %). Die Ergebnisse der durchgeführten Messung ist jedoch wesentlich genauer. Für die Parallel- und Hintereinanderschaltung von Kondensatoren überprüfe man die Formeln. In einem Diagramm stelle man $T_{1/2}$ in Abhängigkeit von den berechneten Werten C dar.

Der zeitliche Verlauf der Spannung U_C an einem Kondensator wird in einem Diagramm $U_C(t)$, bzw. $\ln U_C$ über t dargestellt. Es soll geprüft werden, ob es sich um eine Exponentialfunktion handelt, Bild 20.8.

21. Messung zeitabhängiger Spannungen, Kathodenstrahloszilloskop

Physikalische Grundlagen und Anwendungen des Oszilloskops. Messung von Zeiten, Frequenzen und zeitabhängigen Spannungen. Darstellung des zeitlichen Verlaufs von Spannungen oder Darstellung einer Spannung als Funktion einer anderen Spannung. Beobachtung von Lissajous-Figuren.

Standardlehrbücher (Stichworte: Kathodenstrahlröhre, Braunsche Röhre, Oszilloskop, Lissajous-Figuren),
Bedienungsanleitung des verwendeten Oszilloskops.

Funktionsweise eines Kathodenstrahloszilloskops

Ein **Oszilloskop** ist ein universelles elektrisches Messinstrument. Es dient zur Darstellung von elektrischen Spannungen, die sich zeitlich schnell verändern. Entsprechend lassen sich auch andere physikalische Größen y, die in Spannungen umgewandelt werden können, wie Stromstärken, Lichtleistungen, Temperaturänderungen usw. als Funktion der Zeit darstellen: $y(t)$. Besonders geeignet ist das Oszilloskop zur Darstellung zeitlich periodischer Funktionen. Mit einem *Speicheroszilloskop* können aber auch einmalige Vorgänge aufgezeichnet werden. Statt der Zeit sind auch andere physikalische Größen x als unabhängige Variablen möglich, so dass sich auf dem Oszilloskopschirm die verschiedensten physikalischen Zusammenhänge $y = f(x)$ darstellen lassen. Bei modernen Oszilloskopen erfolgt die Darstellung auf Flüssigkristallbildschirmen (LCDs - liquid crystal display). Diese haben die klassischen Kathodenstrahlröhren verdrängt, ähnlich wie bei Fernsehgeräten.

Im Folgenden werden klassische Oszilloskope dargestellt, weil sie in Praktika teilweise noch eingesetzt werden. Die modernen Geräte mit LC-Bildschirm arbeiten ähnlich, nur werden die Leuchtpunkte auf dem Bildschirm nicht mit einem Elektronenstrahl, sondern durch direkte elektrische Ansteuerung erzeugt (*Themenkreis 23*).

Aufgebaut ist ein klassisches Oszilloskop aus einer **Kathodenstrahlröhre**, Bild 21.1 (siehe auch *Themenkreis 26*) sowie mehreren elektronischen Baugruppen, Bild 21.2, zur Erzeugung der Versorgungsspannungen für die Röhre, Spannungsteilern und Verstärkern, Zeitablenkgenerator mit Triggereinheit und einer Frontplatte, auf der sich die Bedienungselemente befinden, Bild 21.3.

Bild 21.1. Aufbau einer Kathodenstrahlröhre:
K: Kathode,
W: Wehneltzylinder,
L: elektromagnetische Linsen,
A: Anode,
S: Leuchtschirm,
X, **Y**: Ablenkplatten

Bild 21.2. Blockschaltbild eines Oszilloskops

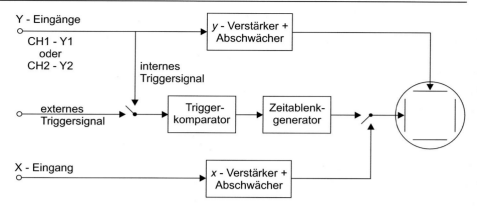

Die durch Glühemission aus der indirekt geheizten Kathode K, Bild 21.1, austretenden Elektronen werden durch die Anodenspannung der Anode A von etwa 1 bis 10 kV in Richtung auf den Leuchtschirm S hin beschleunigt, auf dem sie beim Auftreffen einen Leuchtfleck erzeugen. Der *Wehnelt-Zylinder* W hat ein negativeres Potential als die Kathode. Durch Änderung dieses Potentials und damit der Spannung zwischen Wehnelt-Zylinder und Kathode kann die Intensität des Strahlstromes und damit die Helligkeit des leuchtenden Punktes auf dem Schirm gesteuert bzw. eingestellt werden (Intensity-Bedienungsknopf in Bild 21.3). Der von dem Wehnelt-Zylinder kommende Elektronenstrahl wird durch ein elektrostatisches elektronenoptisches Abbildungssystem L gebündelt, so dass bei geeigneter Potentialregulierung der einzelnen Elektroden des Systems (Focus-Regler) ein scharfbegrenzter Leuchtfleck auf dem Leuchtschirm entsteht.

Elektronenstrahlablenkung

Der Elektronenstrahl, und damit der Leuchtfleck, werden mit Hilfe von zwei zueinander senkrecht angeordneten Plattenkondensatoren abgelenkt. Legt man an die Platten des Kondensators, dessen Feldstärkevektor in die vertikale Richtung (y-Richtung) weist, eine Spannung U_y an, so wird der Elektronenstrahl aus der Strahlachse in y-Richtung um eine zu U_y proportionale Strecke y abgelenkt. Dadurch ist es möglich, nach einer Kalibrierung aus der Messung von y (Abstandsmessung auf dem Bildschirm) die ablenkende Spannung U_y wie mit einem Voltmeter zu messen. Entsprechendes gilt für die x-Ablenkung.

Empfindlichkeitsregelung, Eingangsbuchsen

Praktisch werden die zu messenden Spannungen nicht direkt an die Platten gelegt, vielmehr wird ein kalibrierter Verstärker oder Abschwächer vorgeschaltet. Man kann dann wie bei einem Vielfachinstrument die Spannungsempfindlichkeit mit den Drehschaltern VOLTS/DIV in Stufen verändern. Die Stellung 0,2 VOLTS/DIV bedeutet z. B. dass ein Teilabstand (engl. <u>division</u>) auf dem Schirm der Frontplatte nach Bild 21.3 einer Spannung von 0,2 V = 200 mV entspricht.

Die zu messenden Spannungen werden an die Buchsen CH1(X) bzw. CH2(Y) angelegt, ein externes Triggersignal an die Buchse Ext Trig. Die zu messenden Spannungen werden dann je nach Stellung der Schiebeschalter entweder über einen Koppelkondensator (AC-gekoppelt) oder direkt (DC-gekoppelt) an die Vorverstärker gelegt. Die Stellung Gnd (engl. ground) der Schiebeschalter bedeutet, dass die zugehörige Spannungsbuchse geerdet ist. Über den Empfindlichkeitsreglern VOLTS/DIV bzw. TIME/DIV befinden sich zwei Regler Var zur stufenlosen Variation der Empfindlichkeit sowie zwei weitere Regler $\updownarrow$ zur vertikalen bzw. horizontalen Positionseinstellung des Elektronenstrahls auf dem Bildschirm. Mit dem Mode-Regler wird die Betriebsart eingestellt: y-t-Betrieb bei Regler auf CH1 (Channel 1) oder CH2 (Channel 2), entsprechend x-y-Betrieb und Zweikanalbetrieb (Dual).

Bild 21.3. Frontplatte eines Oszilloskops, schematisch:
Power: Hauptschalter,
Intensity: Regelt Leuchtfleckintensität,
Focus: Regelt Leuchtfleckschärfe,
CH1(X): Anschluss für X-Spannung bzw. Kanal 1 im Zweikanalbetrieb,
CH2(Y): Anschluss für Y-Spannung bzw. Kanal 2 im Zweikanalbetrieb,
Ext Trig: Anschluss für externes Triggersignal

y-t-Betrieb, Zeitablenkung

Wenn eine **zeitabhängige Spannung** an den y-Platten liegt, dann bewegt sich der Leuchtpunkt auf dem Bildschirm in vertikaler Richtung, entsprechend dem jeweiligen Momentanwert der Ablenkspannung U_y. Bei schnell veränderlichen Wechselspannungen sähe man wegen der Trägheit des Auges allerdings nur einen senkrechten Strich auf dem Schirm. Um diesen Vorgang zeitlich aufzulösen, also den zeitlichen Verlauf der Spannung $U_y(t)$ darzustellen, wird intern eine zusätzliche Ablenkspannung, die sog. *Sägezahnspannung* oder *Kippspannung* an die x-Platten gelegt, Bild 21.4. Dies wird als y-t-Betrieb bezeichnet. Bei $t = 0$ und $U_x = -U_{x,\max}$ möge sich der Leuchtfleck am linken Ende des Leuchtschirmes befinden. Er wird dann mit ansteigender Spannung U_x in horizontaler Richtung nach rechts abgelenkt. Nach der Zeit τ bei Erreichen des größten Spannungswertes $U_{x,\max}$ befindet sich der Leuchtfleck am rechten Rand des Schirms. Die Ablenkspannung geht jetzt wieder auf den Wert $-U_{x,\max}$, der Strahl kehrt an seinen Ausgangspunkt zurück, und der nächste Ablenkvorgang kann beginnen. Die dazugehörige Rücklaufzeit, in der die Spannung auf $-U_{x,\max}$ abfällt, ist wesentlich kleiner als die Anstiegszeit. Damit der Leuchtfleck während dieser Zeit unsichtbar bleibt, wird während des Rücklaufes an den Wehnelt-Zylinder ein genügend großes negatives Potential gelegt, das den Strahlstrom unterdrückt und damit den Rücklauf unsichtbar macht. In der Zeit τ bewegt sich also der Leuchtpunkt horizontal einmal über die gesamte Schirmbreite, so dass man nach einer Kalibrierung die Zeit, die während des Durchlaufens einer Längeneinheit ($1\,\mathrm{div} \approx 1\,\mathrm{cm}$) vergeht, als Zeitablenkfaktor (TIME/DIV) angeben kann (z. B. $1\,\mathrm{ms/cm}$). Dieser kann stufenweise (TIME/DIV), zwischen zwei Stufen auch kontinuierlich (VarSweep), verändert werden.

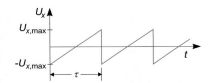

Bild 21.4. Sägezahnspannung als Zeitablenkspannung in einem Oszilloskop. Die Zeit τ entspricht einem Durchlauf auf dem Bildschirm

Bei bekanntem Zeitablenkfaktor kann durch eine Längenmessung auf dem Schirm eine Zeit bestimmt werden. So ist es z. B. möglich, die Periodendauer T der untersuchten Spannung U_y durch Messen des Abstandes der Maxima zu ermitteln.

Triggerung

Soll durch wiederholtes Schreiben des Elektronenstrahls auf dem Schirm ein stehendes Bild einer periodischen Wechselspannung, Bild 21.5 a, erscheinen, dann muss die Zeitablenkung so erfolgen, dass der Leuchtfleck nach dem Rücklauf zum linken Bildschirmrand den erneuten Schreibvorgang bei der gleichen Phasenlage der Spannung U_y beginnt, bei der er auch beim ersten Durchlauf startete. Das erreicht man durch einen *Trigger* (Auslöser) in der Zeitablenkung, d. h. die Kippspannung und damit die x-Ablenkung beginnt immmer erst, wenn die Spannung U_y eine vorgewählte Höhe (*Trigger-Level*) erreicht.

Das Triggersignal muss nicht identisch mit dem darzustellenden Spannungsverlauf, sondern kann auch eine dazu synchrone, d. h. die gleiche Periode besitzende Spannung, sein. Eine solche Triggerspannung kann von außen über die Buchse

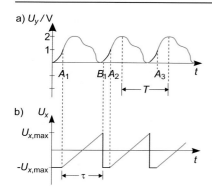

Bild 21.5. (a) Beispiel für den Zeitverlauf einer Spannung, (b) Verlauf der Zeitablenkspannung bei getriggertem Betrieb. Auf dem Bildschirm werden nur die Kurvenstücke $A_i - B_i$ dargestellt, d. h. phasenrichtig übereinander geschrieben

Ext Trig oder intern über die Stellung der Schalter **Trigger** (in Bild 21.3 rechts oben) angelegt bzw. ausgewählt werden.

Soll bei einer periodischen Wechselspannung wie in Bild 21.5 die Darstellung im Zeitpunkt A_1 bei der Spannung $U_y = 1$ V auf der ansteigenden (positiven) Flanke (engl. slope) beginnen, dann muss der Bedienungsknopf **TrigLevel** so eingestellt werden, dass die Kippspannung einsetzt, wenn die Spannung U_y einen Wert (Level) von 1 Volt erreicht hat. Der Kathodenstrahl beginnt dann den Kurvenzug im Punkt A_1 zu zeichnen und hat nach der Zeit τ (der Kippspannungsanstiegszeit) den Punkt B_1 am rechten Rand des Schirmes erreicht. Die Kippspannung springt auf $-U_{x,\mathrm{max}}$ zurück und steigt erst wieder an, wenn das Signal auf der positiven Flanke das vorgewählte Trigger-Niveau bei der nächsten Periode im Punkt A_2 erreicht hat: Der Kurvenzug wird, im gezeigten Beispiel, auf dem Schirm wieder am selben Ort beginnen, usw. So entsteht auf dem Oszilloskopschirm nun ein scheinbar stehendes Bild.

Durch Änderung der Anstiegszeit der Kippspannung (der Ablenkzeit) können also verschiedene Teile oder Vielfache der Spannungsperioden auf dem Oszilloskopschirm als Kurvenzug sichtbar gemacht werden (hier also vom Punkt A_i bis zum Punkt B_i). Ist die Ablenkzeit τ kleiner als die Periodendauer T, so sieht man auf dem Schirm nur einen Teil des periodischen Vorganges. Ist τ größer als T, so erscheint mehr als eine Periode. Durch geeignete Wahl des Einsatzpunktes und der Ablenkzeit kann man also beliebige Ausschnitte der periodischen Wechselspannung sichtbar machen.

Zwei- oder Mehrkanalbetrieb

Um zwei verschiedene Spannungen gleichzeitig darzustellen, haben einige Oszilloskope zwei Elektronenstrahlsysteme, die zwei getrennte Spuren auf dem Leuchtschirm erzeugen. Man erreicht einen derartigen 2-Kanalbetrieb allerdings auch durch schnelle elektrische Umschaltung eines Elektronenstrahls zwischen zwei Spuren, die als Kanal (engl. channel) CH1 und Kanal CH2 bezeichnet werden, Bild 21.3. Dazu ist der Stellknopf **MODE** auf Dual zu schalten. In Stellung CH1 oder CH2 wird entweder der Eingang 1 oder der Eingang 2 auf dem Schirm dargestellt.

Durch Kombination mehrerer Umschalter oder Elektronenstrahlsysteme ist es auch möglich, z. B. vier zeitlich unterschiedliche Spannungsverläufe gleichzeitig darzustellen (4-Strahloszilloskop, Mehrkanalbetrieb).

📖 Überlagerungsellipsen zweier Wechselspannungen

An den X-Eingang kann statt einer zeitlinearen Sägezahnspannung auch eine andere zeitveränderliche Spannung U_x gelegt werden. Der Stellknopf **MODE** wird dazu auf X–Y gestellt. Wird gleichzeitig an den Y-Eingang eine Spannung U_y gelegt, die von U_x abhängt, so entsteht auf dem Oszilloskopschirm die Funktion $U_y = f(U_x)$. Dies kann z. B. zur Darstellung von Kennlinien von elektronischen Bauelementen, z. B. einer Diode, verwendet werden. Dazu wird die variable Spannung an der Diode als U_x an den X-Eingang gelegt und mit einem Widerstand eine Spannung U_y erzeugt, die dem Strom proportional ist.

Der X–Y-Betrieb kann auch zur Bestimmung der Phasendifferenz φ zwischen zwei Sinusspannungen gleicher Frequenz f verwendet werden. Die beiden Spannungen werden an den X- bzw. Y-Eingang gelegt, Bild 21.6:

$$x = a\sin(2\pi f t) \quad \text{und} \quad y = b\sin(2\pi f t + \varphi) \quad .$$

Es ergeben sich je nach Phasendifferenz φ unterschiedliche Bilder auf dem Oszilloskop. Aus der Mathematik ist bekannt, dass diese beiden Gleichungen die Parameterdarstellung einer Ellipse darstellen. Für $\varphi = 0°$, Bild 21.7 a,d, ergibt sich eine Gerade mit dem Anstieg b/a. Für $\varphi = 90°$, Bild 21.7 c, erscheint eine Ellipse mit den Halbachsen a und b parallel zur x- bzw. y-Achse. Für eine beliebige Phasendifferenz φ ergeben sich ebenfalls Ellipsen, deren Halbachsen jedoch von a und b verschieden sind und nicht zu den Koordinatenachsen parallel liegen, Bild 21.7 b,e.

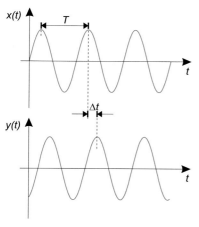

Bild 21.6. Sinusspannungen gleicher Frequenz mit Phasenverschiebung $\varphi = -2\pi f \Delta t$

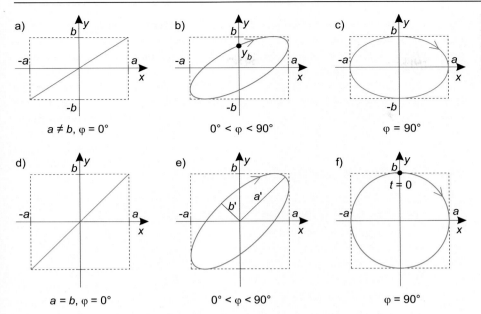

Bild 21.7. (a)-(c) Oszilloskop-Bilder für unterschiedliche und (d)-(f) für gleiche Amplituden a und b bei verschiedenen, aber zeitlich konstanten Phasenverschiebungen

Sind a und b gleich, so erhält man bei einer Phasenverschiebung von $\varphi = 90°$ einen Kreis, Bild 21.7 f. Man erhält dies auch rechnerisch indem man die beiden oben angegebenen Gleichungen quadriert und addiert:

$$x^2 + y^2 = a^2 \sin^2(2\pi f) + a^2 \cos^2(2\pi f) = a^2 \quad \text{für } a = b, \; \varphi = 90°.$$

Dies ist die Darstellung eines Kreises in kartesischen Koordinaten. Die in Bild 21.7 dargestellten Überlagerungsbilder können im übrigen auch aus der in Bild 21.8 dargestellten geometrischen Konstruktion gewonnen werden.

Gleichzeitiges Anlegen zweier Sinusspannungen gleicher Frequenz aber unterschiedlicher Amplitude und Phase an den X- und Y-Eingang ergibt also Geraden oder Ellipsen als Bilder auf dem Oszilloskopschirm.

Hinweis: In analoger Weise setzen sich zwei senkrecht zueinander linear polarisierte Lichtwellen gleicher Frequenz zu linear, zirkular oder elliptisch polarisiertem Licht zusammen.

Zeitlich stabile Oszilloskopbilder entstehen allerdings nur, wenn die Phasendifferenz zwischen $y(t)$ und $x(t)$ zeitlich konstant ist; sonst beobachtet man eine scheinbare „Drehung" der Figur auf dem Bildschirm. Wodurch wird die „Drehgeschwindigkeit" und die „Drehrichtung" der Figur bestimmt?

Die Überlagerungsfiguren von zwei zueinander senkrecht stehenden Schwingungen, die auch unterschiedliche Frequenz besitzen können, werden als **Lissajous-Figuren** bezeichnet (nach J. A. Lissajous).

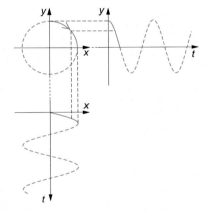

Bild 21.8. Die Überlagerung zweier Sinusspannungen gleicher Amplitude und Frequenz, die um $90°$ phasenverschoben an den X- bzw. Y-Eingang eines Oszilloskops gelegt werden, ergibt einen Kreis

📖 Messung von Phasendifferenzen

Betrachtet man zwei sinusförmige Signale gleicher Frequenz, so ist eine Möglichkeit zur Bestimmung einer Phasendifferenz φ zwischen ihnen die gleichzeitige Darstellung ihrer Zeitverläufe, siehe auch Bild 21.6, auf dem Schirm eines Zweikanal-Oszilloskops. Aus der Messung der Zeitverschiebung Δt zwischen gleichartigen Phasenlagen der beiden Kurven wie z. B. Nulldurchgang oder Maximalwert und der Periodendauer $T = 1/f$ lässt sich die Phasenverschiebung dann berechnen aus:

$$\varphi = -2\pi \Delta t / T \quad .$$

Eine Methode, die ohne Zweikanaloszilloskop auskommt, ist die Erzeugung einer *Lissajous-Figur*. Hierzu legt man das eine Signal an die Horizontal-, das andere an die Vertikal-Ablenkplatten (X und Y) eines Oszilloskops und zwingt damit dem Elektronenstrahl zwei senkrecht aufeinander stehende Schwingungen gleicher

Frequenz, aber unterschiedlicher Phase auf. Das Ergebnis als Leuchtspur auf dem Oszilloskopschirm ist im allgemeinen Fall eine Ellipse, deren Exzentrizität und Lage im Koordinatensystem vom Amplitudenverhältnis a/b und vom Phasenwinkel φ bestimmt werden, Bild 21.7.

Für die experimentelle Bestimmung des Phasenwinkels benötigt man lediglich die Werte für b sowie den Schnittpunkt y_b der Ellipse mit der y-Achse. Denn auf der positiven y-Achse ist $x(t) = 0$ für $\omega t = 0$, 2π usw. Daraus folgt $y_b = b \sin \varphi$ bzw.

$$\sin \varphi = \frac{y_b}{b} \quad .$$

21.1 Grundfunktionen des Oszilloskops (1/3)

 Einarbeitung in die grundlegende Benutzung eines Oszilloskops. Darstellung von periodischen Zeitfunktionen und Triggerung.

Funktionsgenerator, der sinus-, rechteck- und dreieckförmige Ausgangsspannungen (Wellenformen) mit einstellbarer Frequenz und Amplitude abgibt. Zusätzlich soll ein Rechtecksignal gleicher Frequenz zur Triggerung eines Oszilloskops abgenommen werden können; Zweikanal-Oszilloskop.

Man stelle die verschiedenen Funktionen, die vom Generator erzeugt werden, nämlich Sinusspannung, Rechteck- und Dreieckspannung bei mehreren Frequenzen als stehende Bilder auf dem Oszilloskop-Schirm dar und erprobe dabei die interne und externe Triggerung.

 Man skizziere den zeitlichen Spannungsverlauf einer Sinusfunktion bei unterschiedlicher Einstellung des Trigger-Level.

21.2 Zeit- und Frequenzmessung (1/3)

Bei bekanntem Zeitablenkungsfaktor eines Oszilloskops kann eine Zeitmessung durch eine Längenmessung auf dem Oszilloskopschirm erfolgen. Mit diesem Verfahren soll die Frequenzskala eines Wechselspannungsgenerators, der auch als Frequenzgenerator bezeichnet wird, kalibriert werden.

Oszilloskop, Frequenzgenerator (unkalibriert) oder andere Signalquelle.

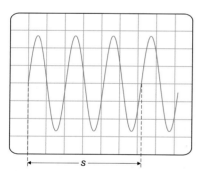

Bild 21.9. Frequenzmessung am Oszilloskop

Für eine zunächst beliebige Einstellung der Frequenzskala des Generators wird die Frequenz mit Hilfe des Oszilloskops bestimmt. Hierzu wird die Zeitablenkung am Oszilloskop so eingestellt, dass mehrere Schwingungen der sinusförmigen Wechselspannung auf dem Bildschirm sichtbar sind, Bild 21.9. Die Wechselspannungsamplitude aus dem Generator und der Ablenkungsfaktor des y-Kanals werden so aufeinander abgestimmt, dass das Signal mindestens 2/3 des Bildschirmhöhe einnimmt. Die richtige Triggereinstellung sorgt für ein stehendes Bild. Nun wird die Strecke s einer möglichst großen Zahl n von Schwingungsperioden auf dem Bildschirm bestimmt.

 Aus dem Zeitablenkfaktor α, z. B. 1 ms/cm der Zeitbasis, und der Strecke s, über die sich n Schwingungsperioden erstrecken, wird die Dauer einer Schwingung $T = \alpha s/n$ bzw. die Frequenz $f = 1/T$ der Wechselspannung berechnet.

Die Messung wird für weitere Frequenzen wiederholt, die sinnvoll über den gesamten Verstellbereich ϕ (Drehknopfeinstellung) des Generators verteilt sind.

Für die grafische Auswertung $f(\phi)$ wird wegen des über mehrere Dekaden reichenden Frequenzbereichs doppelt-logarithmisches Papier verwendet. Die Streuung der Messpunkte der Kurve (z. B. etwa eine Gerade) wird durch Fehlerbalken gekennzeichnet. Zur Berechnung der Messunsicherheit für die Frequenzskala muss zusätzlich noch der mögliche systematische Fehler des Zeitablenkfaktors α berücksichtigt werden (in der Regel $\pm$ 3 %).

21.3 Phasenunterschiede bei gleichen Frequenzen (1/3)

 Der Phasenunterschied zwischen zwei periodischen Signalen gleicher Frequenz soll nach zwei unterschiedlichen Verfahren bestimmt werden.

 Frequenzgenerator oder vergleichbare Signalquelle, Zweikanal-Oszilloskop, Widerstände und Kondensatoren zum Aufbau eines Tiefpasses (s. Themenkreis 22).

 Es wird ein Tiefpass entsprechend Bild 21.10 aufgebaut. Für einen ersten Versuch werden folgende Werte vorgeschlagen: $R = 10\,\mathrm{k\Omega}$, $C = 10\,\mathrm{nF}$ und $f = 1\,\mathrm{kHz}$. Die Phasendifferenz zwischen der Gesamtspannung U_ges und dem Strom I (proportional und phasengleich mit der Teilspannung U_R über dem Widerstand R) wird dadurch bestimmt, dass die Signale im dualen Y-t-Modus dargestellt werden.

 In einem weiteren Versuch wird die Phasendifferenz durch die Darstellung im XY-Modus bestimmt (Lissajous-Figur).

 Die Ergebnisse aus beiden Messungen werden miteinander und mit dem aus den Bauelementabmessungen berechneten Werten verglichen. Es gilt:

$$\cos\varphi = \frac{U_\mathrm{R}}{U_\mathrm{ges}} = \frac{R}{\sqrt{R^2 + \left(\frac{1}{2\pi f C}\right)^2}} \quad \text{bzw.} \quad \tan\varphi = \frac{1}{2\pi f C R} \quad .$$

 Die beiden vorherigen Messungen werden mit anderen Frequenzen wiederholt, z. B. mit $f = 10\,\mathrm{kHz}$ und $f = 100\,\mathrm{Hz}$.

 Beschreiben Sie die Änderungen der Amplituden und der Phasendifferenzen und vergleichen Sie diese mit den Werten aus der Theorie.

21.4 Lissajous-Figuren bei ungleichen Frequenzen (2/3)

 Die Überlagerungsfiguren zweier Wechselspannungen unterschiedlicher Frequenz, die an den X- und Y-Eingang eines Oszilloskops gelegt werden, sind darzustellen und zu diskutieren. Anwendung der Lissajous-Figuren zur Frequenzmessung.

Zwei Frequenzgeneratoren oder zwei andere geeignete Signalquellen, Zweikanal-Oszilloskop.

Legt man an die Eingänge Y und X des Oszilloskops sinusförmige Wechselspannungen mit unterschiedlichen Frequenzen f und f_0, entstehen auf dem Bildschirm ebenfalls Lissajous-Figuren. Ein stehendes Bild erhält man allerdings nur dann, wenn diese beiden Frequenzen in einem rationalen Verhältnis $f/f_0 = m/n$ zueinander stehen. Das Entstehen der Lissajous-Figur für das Verhältnis $m/n = 2/1$ ist im Bild 21.11 verdeutlicht. Die Zahl m charakterisiert die Wechselspannung am Y-Eingang des Oszilloskops. Man bestimmt sie, indem man die Zahl der Umkehrpunkte am oberen oder am unteren Rand der Lissajous-Figur abzählt, hier also $m = 2$. Ebenso ermittelt man die Zahl n – charakteristisch für die Wechselspannung am X-Eingang – durch Abzählen der Umkehrpunkte am rechten oder linken Rand der Figur; in Bild 21.11 ist $n = 1$. Ein anderes Beispiel zeigt Bild 21.12 a. Hier ist das Frequenzverhältnis $f/f_0 = m/n = 3/2$. Benutzt man f_0 als Vergleichsfrequenz mit z.B. 1000 Hz, dann erhält man für die andere Frequenz $f = f_0 \cdot \frac{m}{n} = 1500\,\mathrm{Hz}$.

Ein rationales Frequenzverhältnis m/n lässt sich jedoch wegen der begrenzten Frequenzstabilität der voneinander unabhängigen Generatoren im Allgemeinen nur für sehr kurze Zeit erreichen. Sobald die Frequenzen sich ein wenig unterscheiden, entstehen auf dem Bildschirm beim Hin- und Rücklauf seitlich verschobene Bilder, s. Bild 21.12 b. Bei mehrmaligem Durchlauf scheint sich die Lissajous-Figur um eine Achse zu drehen. Wovon hängt die „Drehrichtung" ab und welche quantitativen Schlüsse kann man aus der „Drehgeschwindigkeit" auf die unbekannte Frequenz f ziehen?

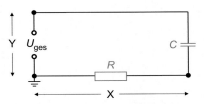

Bild 21.10. Schaltbild eines Tiefpasses zur Messung von Phasendifferenzen

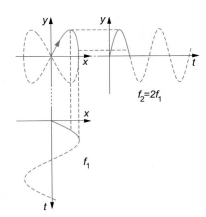

Bild 21.11. Konstruktion einer Lissajous-Figur mit $m/n = 2/1$

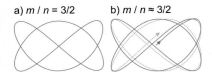

Bild 21.12. Lissajous-Figuren. Bei exakt rationalem Verhältnis der Frequenzen ergeben sich stabile Figuren wie in (a). Bei Verwendung zweier unabhängiger Spannungsgeneratoren für die X- und Y-Ablenkung ergeben sich instabile Figuren, d. h. Vor- und Rücklauf (heller gezeichnet) sind auf dem Bildschirm gegeneinander versetzt, es entsteht eine Doppelspur wie in (b).

Bild 21.13. Lissajous-Figuren aus zwei Sinusspannungen mit gleicher Frequenz und gleicher Amplitude bei verschiedenen Phasendifferenzen

0      $< \pi/2$ $\pi/2$ $> \pi/2$ π $> \pi$ $3\pi/2$ $< 2\pi$

Erzeugen Sie mit Hilfe der Frequenzgeneratoren bzw. Signalquellen zeitlich möglichst konstante Lissajous-Figuren für verschiedene Frequenzverhältnisse m/n auf dem Oszilloskop-Bildschirm und prüfen Sie durch Abzählen der jeweiligen Umkehrpunkte die Richtigkeit der Beziehung m/n.

Wählen Sie zwei eng benachbarte Frequenzen ($f \approx f_0$), die zu einer langsamen „Rotation" Ihrer Lissajous-Figur führen. Weil sich dabei die Phasendifferenz der beiden Signale als Funktion der Zeit kontinuierlich ändert, ergibt sich so eine Abfolge von Lissajous-Figuren von Bild 21.13. Die *Umlauffrequenz* ist dabei die Differenz $f - f_0$ der beiden Eingangssignale. Messen Sie diese Differenz mit Hilfe einer Stoppuhr und bestimmen Sie daraus die Frequenz f (f_0 sei bekannt).

Bestimmen Sie den kleinen Frequenzunterschied zwischen f und f_0 aus der oszilloskopischen Darstellung der Summe der beiden Signale. Viele Oszilloskope ermöglichen dies direkt mit Einstellungen wie CH1 + CH2 oder mit der Funktion SUM. Die resultierende Kurve auf dem Bildschirm zeigt eine Schwebung, d. h. eine Amplitudenmodulation mit der Frequenz $f - f_0$.

Vergleichen Sie die beiden Messverfahren zur Bestimmung kleiner Frequenzdifferenzen. Welche Anwendung findet das zuletzt untersuchte *Schwebungsverfahren* beim Stimmen von Streichinstrumenten, z. B. einer Geige oder einer Gitarre?

22. Wechselspannungen

Experimentelle Erarbeitung der Grundbegriffe der Wechselspannungstechnik, einfache Wechselspannungsschaltungen, Tiefpass, Hochpass, Schwingkreis, Gleichrichterschaltungen, Arbeiten mit dem Oszilloskop.

Standardlehrbücher (Stichworte: Wechselspannung, Wechselstrom, Wechselstromkreis, Ohmscher Widerstand, Selbstinduktivität, Kapazität, Ohmsches Gesetz für Wechselspannungen).

Zeitverläufe, Scheitel- und Effektivwerte

Als **Wechselspannungen** U und **Wechselströme** I bezeichnet man elektrische Spannungen und Ströme, die zeitlich nicht konstant sind, sondern sich, meistens periodisch, ändern. Einige Beispiele sind in Bild 22.1 dargestellt. Bei technisch verwendeten Wechselspannungen wird die zeitliche Änderung durch eine Sinus- oder Kosinusfunktion beschrieben, z.B.:

$$I = I_0 \sin \omega t \qquad \text{und} \qquad U = U_0 \sin(\omega t + \varphi) \quad ,$$

dabei sind $\omega = 2\pi f$ die Kreisfrequenz und I_0 bzw. U_0 die Scheitelwerte von Strom bzw. Spannung. φ gibt eine mögliche Phasenverschiebung an.

Der **Scheitelwert** ist der höchste während einer Periode auftretende Momentanwert der Spannung bzw. des Stromes. Unter **Effektivwert** einer Wechselspannung versteht man eine fiktive Gleichspannung, die an einem Ohmschen Widerstand anliegen müsste, so dass an diesem die gleiche Leistung (Wärme) erzeugt wird wie im zeitlichen Mittel bei der Wechselspannung. Bei sinusförmigen Wechselspannungen gilt:

$$U_{\text{eff}} = \frac{1}{\sqrt{2}} U_0 \qquad I_{\text{eff}} = \frac{1}{\sqrt{2}} I_0 \quad .$$

So entspricht die Effektivspannung des Wechselstromnetzes von 230 V (Haushaltssteckdose!) einer Scheitelspannung von 325 V. Bei nicht-sinusförmigen Wechselspannungsverläufen ergeben sich andere Verhältnisse U_{eff}/U_0, z.B. $1/\sqrt{3}$ bei Dreieck- und 1/1 bei Rechtecksignalen. Die üblichen Messgeräte für Wechselspannungen und -ströme zeigen den Effektivwert an, d.h. einen quadratisch zeitgemittelten Wert. Will man den Zeitverlauf solcher Größen untersuchen, benutzt man ein Oszilloskop.

Ohmscher, kapazitiver, induktiver Widerstand

Ein **Ohmscher Widerstand** in einem Wechselstrom-Kreis entspricht einem Ohmschen Widerstand R in einem Gleichstromkreis. Der Betrag des Widerstandes ist auch hier der Quotient aus Spannung und Strom: $U = RI$. Eine Phasenverschiebung zwischen Strom und Spannung tritt nicht auf.

Ein **kapazitiver Widerstand** wird verursacht durch einen Kondensator oder andere elektrische Bauelemente, bei denen die am Bauelement anliegende Spannung proportional zur Ladung Q bzw. zu dem zeitlichen Integral des durch das Bauelement fließenden Stromes ist:

$$U_{\text{C}} = \frac{Q}{C} = \frac{1}{C} \int I \mathrm{d}t \quad .$$

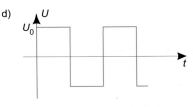

Bild 22.1a-d. Beispiele für zeitliche Verläufe von Wechselströmen und Wechselspannungen

Den Proportionalitätsfaktor C nennt man dabei **Kapazität** des Bauelementes. Die Maßeinheit der Kapazität ist $1\,\text{Farad} = 1\,\text{F} = 1\,\text{As/V}$.

Als Betrag des kapazitiven Widerstandes bezeichnet man den Quotienten aus den Scheitelwerten von anliegender Spannung und fließendem Strom. Für einen sinusförmigen Strom

$$I = I_0 \sin \omega t$$

ergibt sich nach

$$U_{\text{C}} = \frac{1}{C} \int I \, \mathrm{d}t = -\frac{I_0}{\omega C} \cos \omega t = -U_0 \cos \omega t = U_0 \sin \left(\omega t - \frac{\pi}{2} \right)$$

für den kapazitiven Widerstand ein Betrag von

$$\left| \frac{U_0}{I_0} \right| = \frac{1}{\omega C} \quad .$$

Zwischen Strom und Spannung besteht eine Phasenverschiebung $\varphi = -\pi/2$, d.h. der Zeitverlauf der Spannung eilt dem Stromverlauf um $1/4$ Periodendauer nach.

Bei einer Spule oder einem **induktiven Widerstand** ist die anliegende Spannung proportional zur zeitlichen Änderung des Stromes:

$$U_{\text{L}} = L \frac{\mathrm{d}}{\mathrm{d}t} I \quad .$$

Die Proportionalitätskonstante L bezeichnet man als Selbstinduktivität oder **Induktivität**. Die Maßeinheit der Induktivität ist $1\,\text{Henry} = 1\,\text{H} = 1\,\text{Vs/1A}$. Der Betrag des induktiven Widerstandes ωL ist auch hier wieder der Quotient aus den Scheitelwerten von Spannung und Strom. Dabei kann man zugleich zeigen, dass der Spannungsverlauf dem Strom um $\varphi = \pi/2$ vorauseilt.

Komplexe Darstellung von Wechselspannungen und Wechselstromwiderständen

Bei der quantitativen Beschreibung von Wechselstromkreisen ist wegen der notwendigen Berücksichtigung von Betrag und Phase eine komplexe Schreibweise sehr hilfreich. Bekanntlich können Sinus- und Kosinusfunktionen durch komplexe Exponentialfunktionen ausgedrückt werden:

$$\sin \omega t = \frac{1}{2i} \left(e^{i\omega t} - e^{-i\omega t} \right) = \frac{1}{2i} e^{i\omega t} - \text{c.c.}$$

$$\cos \omega t = \frac{1}{2} \left(e^{i\omega t} + e^{-i\omega t} \right) = \frac{1}{2} e^{i\omega t} + \text{c.c.} \quad .$$

Dabei bedeutet „c.c." den konjugiert komplexen Wert des jeweils vorangegangenen Ausdrucks. In komplexer Schreibweise gilt für den Zusammenhang zwischen Strom und Spannung an einem *Ohmschen Widerstand R*:

$$U = RI = R \frac{I_0}{2i} e^{i\omega t} - \text{c.c.} = \frac{U_0}{2i} e^{i\omega t} - \text{c.c.}$$

Für einen Kondensator gilt:

$$U = \frac{1}{C} \int I \, \mathrm{d}t = \frac{1}{C} \int \frac{I_0 e^{i\omega t}}{2i} \, \mathrm{d}t - \text{c.c.} = \frac{1}{i\omega C} \frac{I_0}{2i} e^{i\omega t} - \text{c.c.} \quad .$$

Die Größe

$$Z_{\text{C}} = \frac{1}{i\omega C}$$

wird als *komplexer kapazitiver Widerstand* bezeichnet. Mit dem komplexen Widerstand kann aus der komplexen Stromamplitude mit Hilfe des Ohmschen Gesetzes die komplexe Spannungsamplitude berechnet werden.

Bei einer Induktivität ist

$$U = L\frac{\mathrm{d}I}{\mathrm{d}t} = L\frac{\mathrm{d}}{\mathrm{d}t}\left(\frac{I_0}{2i}e^{i\omega t} - c.c.\right) = i\omega L\frac{I_0}{2i}e^{i\omega t} - c.c. \quad .$$

Die Größe $i\omega L$ wird als *komplexer induktiver Widerstand* Z_{L} bezeichnet

$$Z_{\mathrm{L}} = i\omega L \quad .$$

Mit komplexen Widerständen gelten das Ohmsche Gesetz und die Kirchhoffschen Regeln für Wechselspannungen und -ströme wie in Gleichstromkreisen. Man muss dabei beachten, dass sich bei derartigen Rechnungen auch komplexe Strom- und Spannungsamplituden ergeben können. Die messbaren Ströme und Spannungen entsprechen dann jeweils den Beträgen der komplexen Größen.

 ## Innenwiderstand einer Wechselstromquelle

Ähnlich wie im Gleichstromfall lassen sich auch Wechselstromquellen durch einen Innenwiderstand R_{i} charakterisieren, Bild 22.2. Entsprechend gilt für die außen verfügbare Klemmspannung U_{kl}:

$$U_{\mathrm{kl}} = U_0 - IR_{\mathrm{i}}$$

U_0 ist die *Leerlaufspannung*, d. h. die Klemmenspannung bei $R_{\mathrm{a}} = \infty$ ($I = 0$). R_{i} erhält man entweder aus der (negativen) Steigung der Kennlinie $U_{\mathrm{kl}} = f(I)$ bzw. aus den extrapolierten Werten für U_0 und I_{k} (*Kurzschlussstrom*).

Die von der Stromquelle an den Lastwiderstand R_{a} abgegebene Leistung durchläuft eine Kurve mit einem Maximum bei $R_{\mathrm{a}} = R_{\mathrm{i}}$ (Fall der **Anpassung**), Bild 22.3. Die Richtigkeit dieser Aussage soll durch Lösen der mathematischen Extremwertaufgabe $\mathrm{d}P_{\mathrm{a}}/\mathrm{d}R_{\mathrm{a}} = 0$ nachgewiesen werden.

Bei einfachen Netzstromtransformatoren als Wechselstromquelle kann der Innenwiderstand auch komplex sein, weil magnetische Streufelder zum Auftreten einer Verlustinduktivität ωL_{i} führen. Dann ist die Kennlinie $U_{\mathrm{kl}} = f(I)$ keine Gerade, sondern stellt den Ausschnitt aus einer Ellipsenkurve dar. Der Betrag Z_{i} des komplexen Innenwiderstandes (im Ersatzschaltbild: Reihenschaltung aus R_{i} und L_{i}) ergibt sich dann aus

$$Z_{\mathrm{i}} = \sqrt{R_{\mathrm{i}}^2 + (\omega L_{\mathrm{i}})^2} \quad .$$

Stromquelle

Bild 22.2. Ersatzschaltbild für eine mit R_{a} belastete Wechselstromquelle mit Ohmschem Innenwiderstand

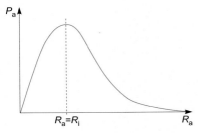

Bild 22.3. Wirkleistung P_{a}, die von einer Wechselstromquelle im äußeren Belastungswiderstand R_{a} umgesetzt wird

Tiefpass

Ein *Tiefpass* ist eine elektrische Schaltung, die eine Wechselspannung am Eingang bei tiefen Frequenzen ungehindert zum Ausgang überträgt und bei hohen Frequenzen nicht zum Ausgang durchlässt. Eine einfache Schaltung, die dieses Verhalten zeigt, ist ein Spannungsteiler mit einem Kondensator als frequenzabhängigem Widerstand, Bild 22.4.

Bei kleinen Frequenzen f der Eingangsspannung U_{E} stellt die Kapazität C einen großen Widerstand dar, d. h. die Ausgangsspannung U wird etwa gleich U_{E} sein. Bei hohen Frequenzen wirkt C als Kurzschluss, so dass die Ausgangsspannung klein wird.

Unter Verwendung des komplexen Widerstandes Z_C ergibt sich das Verhältnis vom Scheitelwert der Ausgangsspannung U_0 zum Scheitelwert der Eingangsspannung U_{E_0} wie bei einem Spannungsteiler aus Ohmschen Widerständen zu

$$\left|\frac{U_0}{U_{\mathrm{E}_0}}\right| = \left|\frac{Z_C}{R + Z_C}\right| = \frac{|1/i\omega C|}{|R + 1/i\omega C|} = \frac{1}{\sqrt{(\omega RC)^2 + 1}} \quad ,$$

also

$$\frac{U_0}{U_{\mathrm{E}_0}} = \frac{1}{\sqrt{(\omega RC)^2 + 1}} = \frac{1}{\sqrt{(f/f_{\mathrm{G}})^2 + 1}} \quad .$$

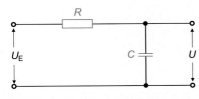

Bild 22.4. Schaltung eines Tiefpasses

Bild 22.5. Übertragungskennlinie eines Tiefpasses

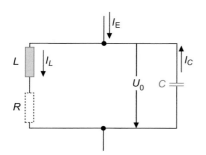

Bild 22.6. Anregung eines Parallelschwingkreises zu erzwungenen Schwingungen durch Einspeisung eines Stromes I_E

Bild 22.7. Resonanzkurve eines Parallel-Schwingkreises, der nach Bild 22.6 angeregt wird. Der Dämpfungswiderstand der roten Kurve ist zu $2R = \sqrt{L/C}$ angenommen

Bild 22.8. Schaltungssymbol und Kennlinie einer Diode

Diese Schaltung ist kein idealer Tiefpass, da das Verhältnis von Ausgangs- zu Eingangsspannung U_0/U_{E_0} beim Überschreiten einer Grenzfrequenz nicht abrupt Null wird, sondern langsam abfällt und zwar näherungsweise umgekehrt proportional zur Frequenz, Bild 22.5. Als Grenzfrequenz wird bei dieser Schaltung die Frequenz

$$f_G = \frac{1}{2\pi RC}$$

angegeben. Bei dieser Frequenz tritt nach Bild 22.5 der Knick in der Übertragungskennlinie auf.

Folgende Sonderfälle sind für das Verhältnis der Scheitelwerte von Ausgangsspannung U_0 zur Eingangsspannung U_{E_0} charakteristisch:

$f \ll f_G$	$f = f_G$	$f \gg f_G$
$\dfrac{U_0}{U_{E_0}} = 1$	$\dfrac{U_0}{U_{E_0}} = \dfrac{1}{\sqrt{2}}$	$\dfrac{U_0}{U_{E_0}} \approx \left(\dfrac{f}{f_G}\right)^{-1}$.

Schwingkreis, erzwungene Schwingungen

Ein elektrischer **elektrischer Schwingkreis** besteht aus einer Spule und einem Kondensator, zwei Bauelemente, die beide elektrische Energie speichern können. Bei Einspeisung von Wechselstrom I_E mit konstanter Amplitude wird z. B. der Kondensator zunächst aufgeladen und speichert Energie im elektrischen Feld. Wird der Ladestrom $I_E = 0$, so entlädt sich der Kondensator über die Spule, wobei ein Magnetfeld in der Spule aufgebaut wird. Die darin gespeicherte Energie wandert danach wieder in den Kondensator zurück, so dass eine periodische Schwingung auftritt, ähnlich wie bei einem Pendel, bei dem ständig ein Austausch von kinetischer und potentieller Energie stattfindet. Bei einer bestimmten Frequenz des anregendes Stromes tritt Resonanz auf, d. h. die Spannung am Schwingkreis wird maximal.

Die Spannungsamplitude am Schwingkreis kann mit den komplexen Widerständen von Spule und Kapazität berechnet werden. Zusätzlich zu Bild 22.6 soll in der Schaltung ein Verlustwiderstand R in Reihe zur Spule L berücksichtigt werden. Ein derartiger Dämpfungswiderstand ist wegen des ohmschen Widerstandes des Spulendrahtes und Ummagnetisierungsverlusten des Spulenkernes immer vorhanden, auch wenn er nicht als separates Bauelement eingebaut ist. Der komplexe Widerstand einer realen Spule beträgt also $i\omega L + R$. Ein Kondensator hat zwar wegen nicht idealer Isolation auch einen ohmschen Widerstand, jedoch ist dieser hier weniger bedeutend.

Der komplexe Gesamtwiderstand dieses Parallelschwingkreises ergibt sich durch Addition der reziproken Einzelwiderstände der Bauelemente:

$$\frac{1}{Z_{ges}} = i\omega C + \frac{1}{i\omega L + R} = \frac{1 - \omega^2 LC + i\omega RC}{i\omega L + R} \quad .$$

Die Spannungsamplitude am Schwingkreis ist:

$$|U_0| = |Z_{ges} I_{E_0}| = \frac{\sqrt{\omega^2 L^2 + R^2}\,|I_{E_0}|}{\sqrt{(\omega RC)^2 + (\omega^2 LC - 1)^2}} \quad .$$

Für vernachlässigbare Dämpfung, d. h. $R \to 0$, wäre bei der Resonanzfrequenz $\omega_R = 1/\sqrt{LC}$ die Amplitude der Stromschwingung unendlich, Bild 22.7. Berücksichtigt man jedoch zusätzlich die stets vorhandene Dämpfung, so ergibt sich auch im Resonanzfall ein endlicher Wert.

Gleichrichter und Verstärker

Als **Gleichrichter** kann man alle elektrischen Bauelemente benutzen, die beim Anlegen einer Spannung in *einer* Polungsrichtung Strom durchlassen, in der anderen Polungsrichtung dagegen nicht, z. B. Halbleiterdioden aus Germanium oder Silizium (vgl. *Themenkreis 29*: Halbleiterdioden), Bild 22.8. Man kann solche Gleichrichter in Einweg- oder Zweiweg-(Brücken-) Schaltungen einsetzen, je nachdem, ob man eine oder beide Halbwellen der Eingangsspannung ausnutzen will.

Zur Verstärkung kleiner Spannungen und Ströme werden oft Differenz- oder Operationsverstärker eingesetzt, die in *Themenkreis 31* ausführlicher dargestellt sind, Bild 22.9.

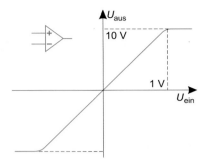

Bild 22.9. Schaltungssymbol und Kennlinie eines Differenzverstärkers (z. B. 10-fach verstärkend bis zu einer maximalen Ausgangsspannung von 10 Volt)

22.1 Effektiv- und Scheitelwert (1/3)

 Messung von Scheitel- und Effektivwerten von Wechselspannungen verschiedener Wellenformen.

Funktionsgenerator, der sinus-, rechteck- und dreieckförmige Ausgangsspannungen (Wellenformen) mit einstellbarer Frequenz und Amplitude abgibt und ein zusätzliches Rechtecksignal gleicher Frequenz zur Triggerung eines Oszilloskops; Vielfachmessinstrumente (Volt-, Ampere- und Ohmmeter) für Gleich- und Wechselspannung, das Effektivwerte für Wechselspannung und Wechselstrom anzeigt (analog oder digital); Zweikanal-Oszilloskop.

Der Effektiv- und Scheitelwert von Sinus-Wechselspannungen soll gleichzeitig mit Vielfachinstrument und Oszilloskop gemessen werden. Diese Messung wird bei verschiedenen Wellenformen, Spannungen und Frequenzen wiederholt. Die Frequenzen sollten zwischen $f = 50\,\mathrm{Hz}$ und einer Maximalfrequenz liegen, bei der die Spannungsempfindlichkeit der Vielfachinstrumente deutlich reduziert ist.

Der Vergleich der gemessenen Verhältnisse von Effektiv- und Scheitelwert soll zeigen, ob die Ergebnisse innerhalb der Fehlergrenzen mit den berechneten Werten für verschiedene Wellenformen (Sinus, Rechteck, Dreieck) übereinstimmen. *Hinweis:* Im allgemeinen sind die Vielfachmessinstrumente nur für sinusförmige Spannungsverläufe kalibriert, so dass bei anderen Kurvenverläufen systematische Abweichungen des angezeigten vom tatsächlichen Effektivwert auftreten. Es gibt jedoch auch Messinstrumente, bei denen bei allen Wechselspannungsformen der tatsächliche Effektivwert angezeigt wird.

22.2 Innenwiderstand einer Wechselstromquelle (1/3)

 Aus Strom-Spannungsmessungen soll der Innenwiderstand einer Wechselstromquelle bestimmt werden.

 Messgeräte für Strom und Spannung, Belastungswiderstände, Netztrafo oder kurzschlussfester Funktionsgenerator.

Die Strom-Spannungskennlinie $U_{\mathrm{kl}} = f(I)$ soll gemessen werden. Dabei wird die Stromquelle mit Ohmschen Widerständen so belastet, dass ein möglichst großer Teil der Kennlinie vermessen werden kann. Hierbei die Messzeit bei hohen Strömen nur kurz wählen, um eine unnötige Erwärmung der Quelle zu vermeiden.

Messwerte grafisch auftragen und aus der Grafik die Leerlaufspannung U_0, den Kurzschlussstrom I_{k} sowie den Betrag des Innenwiderstandes R_{i} bzw. Z_{i} bestimmen. Eine Fehlerrechnung ist erforderlich.

Die im Außenwiderstand R_{a} umgesetzte Leistung $P_{\mathrm{a}} = U_{\mathrm{kl}}I$ als Funktion des Belastungswiderstandes $R_{\mathrm{a}} = U_{\mathrm{kl}}/I$ auftragen und aus der Lage des Leistungsmaximums noch einmal den Innenwiderstand bestimmen (mit Fehlerrechnung).

Bild 22.10. Vorschlag zur Dimensionierung eines Tiefpasses

Bild 22.11. Vorschlag zur Dimensionierung eines Parallelschwingkreises. Es sollten auch alternative Werte für Vorwiderstand, Kondensator und Induktivität (Spule) erprobt werden

Bild 22.12. Halbwellengleichrichter

Bild 22.13. Halbwellengleichrichter mit Glättungskondensator

22.3 Tiefpass (1/3)

 Messung des Übertragungsverhältnisses eines Tiefpasses.

 Funktionsgenerator und Zweikanal-Oszilloskop (wie in Aufgabe 22.1), Vielfachmessinstrumente, Bauelemente: Widerstände, Kondensatoren.

 Tiefpassschaltung entsprechend Bild 22.10 oder mit anderen R, C-Werten aufbauen und mit einem Oszilloskop das Verhältnis von Ausgangsspannung U zur Eingangsspannung U_E als Funktion der Frequenz der Eingangsspannung messen. Die Phasenverschiebung zwischen Ausgangs- und Eingangsspannung beachten.

In einem Diagramm wird aus Gründen einer übersichtlicheren Darstellung zweckmäßigerweise der Logarithmus des Amplitudenverhältnisses über dem Logarithmus der Frequenz aufgetragen:

$$\log(U/U_E) = \mathrm{fkt}[\log(f/\mathrm{Hz})]   .$$

Die gemessene Kurve soll mit der theoretischen Abhängigkeit verglichen werden. Weiter soll die aus den verwendeten Widerstands- und Kapazitätswerten berechnete Grenzfrequenz mit dem gemessenen Wert verglichen werden.

22.4 Schwingkreis (1/3)

 Bestimmung der Resonanzfrequenz eines Schwingkreises.

 Funktionsgenerator und Zweikanal-Oszilloskop wie in Aufgabe 22.1, Bauelemente: Widerstände, Kondensatoren, Spulen.

 Einen Schwingkreis aufbauen (z. B. nach Bild 22.11) und mit einem Oszilloskop die Ausgangsspannung U als Funktion der Frequenz messen. Der Vorwiderstand von z. B. $10\,\mathrm{k\Omega}$ in der angegebenen Schaltung sorgt dafür, dass der Schwingkreis mit etwa konstanter Stromamplitude I_{E_0} angeregt wird, auch wenn die Frequenz sich ändert.

 Die Resonanzfrequenz soll grafisch bestimmt und mit dem berechneten Wert verglichen werden. Der Einfluss des ohmschen Widerstandes R der Spule ist zu diskutieren.

22.5 Gleichrichterschaltungen (1/3)

 Kennenlernen der Eigenschaften verschiedener Gleichrichterschaltungen.

 Funktionsgenerator und Zweikanal-Oszilloskop wie in Aufgabe 22.1, zusätzlich Widerstände, Si-Dioden und Differenzverstärker.

 Es soll die Schaltung eines Halbwellengleichrichters, Bild 22.12, aufgebaut werden. Die Eingangsspannung wird mit dem Funktionsgenerator erzeugt. Die Eingangs- und Ausgangsspannung werden mit dem Oszilloskop gemessen. Dabei muss die Nulllinie für die Ausgangsspannung festgestellt werden.

 In einem Diagramm sollen Eingangs- und Ausgangsspannung als Funktion der Zeit skizziert und deren Verlauf diskutiert werden.

 Die Schaltung eines Halbleitergleichrichters mit Glättungskondensator soll aufgebaut werden (Bild 22.13). Wieder werden die Eingangs- und die Ausgangsspannung mit dem Oszilloskop gemessen. Der Einfluss verschiedener Kapazitäten bei dieser Schaltung soll untersucht werden.

Die Eingangs- und Ausgangsspannungen sollen als Funktion der Zeit in Diagrammen skizziert und der Einfluss der verschiedenen Kapazitäten diskutiert werden.

Die Schaltung einer Doppelweggleichrichterbrücke, Bild 22.14, wird aufgebaut. Der Differenzverstärker dient dazu, dass die Messung erdfrei durchgeführt werden kann. Da bei Oszilloskopen je ein Pol der beiden Eingänge mit der gemeinsamen Erde verbunden ist, würde man ohne Differenzverstärker einen Zweig der Doppelweggleichrichterbrücke über die Erde kurzschließen. Die Eingänge des Differenzverstärkers dagegen sind erdfrei.

Bild 22.14. Doppelweggleichrichterbrücke. Der Differenzverstärker dient zur erdfreien Messung

Der Zeitverlauf der Ausgangsspannung soll skizziert und diskutiert werden.

22.6 Strom-Spannungs-Kennlinie einer Diode (1/3)

 Nutzung des x-y-Betriebs eines Oszilloskops zur Darstellung von Strom - Spannungs-Kennlinien.

 Funktionsgenerator und digitales Zweikanal-Oszilloskop wie in Aufgabe 22.1, Widerstände, Dioden, Differenzverstärker.

Zur Ermittelung der Kennlinie einer Diode kann ein Schaltungsaufbau wie in Bild 22.12 verwendet werden. Die an der Diode liegende Spannung U wird an die x-Platten des Oszilloskops gelegt. Der Strom I ruft einen Spannungsabfall U_I am Widerstand hervor, der diesem Strom I proportional ist. Diese Spannung U_I wird auf den y-Eingang des Oszilloskops gegeben. Wie bei der Doppelweggleichrichterschaltung, Bild 22.14, muss die Ausgangsspannung auch hier über einen Differenzverstärker an das Oszilloskop gelegt werden, da es sonst Erdungsprobleme geben kann.

Die Diodenkennlinie soll bei Verwendung eines digitalen Speicheroszilloskops ausgedruckt werden. Falls ein solches nicht zur Verfügung steht, kann die Kennlinie mit transparentem Papier abgezeichnet oder mit einer Digitalkamera fotografiert werden. Diese Diodenkennlinie kann mit den Angaben im Datenblatt oder mit einer entsprechend *Themenkreis 29* quasistatisch aufgenommenen Kennlinie verglichen werden.

23. Nichtperiodische Spannungen, digitales Oszilloskop

Verständnis für Funktionsweise und Benutzung eines Speicheroszilloskops. Messung nichtperiodischer Signale als Anwendung, z. B. Kondensatorentladung, gedämpfte Schwingungen, Nachweis von Leitfähigkeitsquanten in Nanodrähten, Laufzeitmessung von Schallimpulsen, Herzschlagmonitor.

Standardlehrbücher (Stichworte: Oszilloskop, Kondensatorentladung, gedämpfte Schwingungen),
Bedienungsanleitung des verwendeten Oszilloskops
Garcia/Costa-Krämer: Quantum-Level Phenomena in nanowires.

Digitales Speicheroszilloskop

Ein **Speicheroszilloskop** kann einmalige oder auch periodisch wiederkehrende Signale speichern und als stehendes Bild, z. B. auf dem Schirm einer Elektronenstrahlröhre oder auf einem Flüssigkristall-Display darstellen. Ebenso wie ein gewöhnliches Oszilloskop dient auch ein Digital-Speicheroszilloskop zur Erfassung und Darstellung analoger Signale, d. h. zeitveränderlicher Spannungen. Allerdings erfolgt die Speicherung der analogen Signale digital. Gibt man dieses gespeicherte Signal dauerhaft oder öfter als 25 mal pro Sekunde auf dem Schirm des Oszilloskops aus, so entsteht ein stationäres und flimmerfreies Bild.

Funktionsweise eines digitalen Speicheroszilloskop

Ähnlich wie bei Fernsehgeräten werden bei modernen Oszilloskopen Flüssigkristallbildschirme (auch LC-Displays genannt) eingesetzt, um zeitabhängige Signale bildhaft darzustellen. Die LC-Displays erfordern eine digitale Signalvorbereitung mit Zwischenspeicherung. Das Blockschaltbild eines Speicheroszilloskops ist in Bild 23.1 dargestellt. Die analogen Signale Y_1 und Y_2, die an den Kanälen CH1 bzw. CH2 anliegen, werden durch Eingangsverstärker verstärkt und mit Analog-Digital-Wandlern (A/D-Wandler) in digitale Signale umgewandelt. Diese werden dann in einem *Halbleiterspeicher* zusammen mit den zugehörigen Zeiten abgespeichert.

Wichtig für den Speichervorgang ist die Angabe des Startzeitpunktes (Trigger-Signal) und des Speicherzeitraumes (Zeitbasis). Nach dem Triggersignal wird das Eingangssignal innerhalb des Speicherzeitraums in n gleichen Zeitabschnitten abgetastet und in die n zur Verfügung stehenden Speicherplätze geschrieben. Bei dem zur Verfügung stehenden Gerätetyp ist $n = 1024$. Die Betriebsarten der Triggerung sind bereits in *Themenkreis 21* dargestellt.

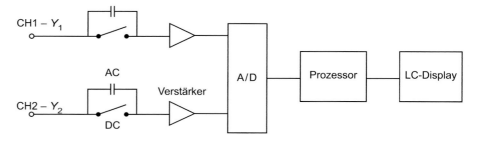

Bild 23.1. Blockschaltbild eines digitalen Speicheroszilloskops mit LC-Display als Bildschirm
(Beispiel: Tektronix Digital Storage Oscilloscope TSD 1002)

Beim Auslesevorgang entspricht ein Strahldurchlauf von links nach rechts auf dem LC-Displays dem Auslesen und Darstellen der 1024 gespeicherten Spannungswerte.

Nicht periodische, zeitabhängige Signale beim Ein- und Ausschalten von Spannungen und Strömen

Nicht periodische Spannungen treten z. B. beim Aufladen und Entladen von Kondensatoren sowie beim Ein- und Ausschalten von elektrischen Schwingkreisen auf. Diese Vorgänge sind bereits in den *Themenkreisen 20* und *22* beschrieben, und es wurden auch Experimente zur Überprüfung mit einem klassischen Oszilloskop angegeben. Dazu musste aber ein periodisches Signal generiert werden, mit dem z. B. das Aufladen eines Kondensators mit hinreichend großem zeitlichen Abstand periodisch wiederholt wird. Mit einem Speicheroszilloskop kann das einmalige Aufladen oder Entladen eines Kondensators nach Betätigung eines mechanischen Schalters beobachtet werden. Bei derartigen Schaltern können aber beim Schließen des Kontaktes sogenannte Prellungen auftreten, d. h. der Schalter schließt und öffnet mehrfach, ehe der Kontakt vollständig geschlossen ist.

Ein quantenmechanischer Effekt tritt bei der Trennung zweier sich ursprünglich berührenden Drähte auf. Dabei bildet sich ein sogenannter Nanodraht aus, dessen Leitfähigkeit in Sprüngen zeitlich abnimmt.

Nanodrähte mit quantisierter Leitfähigkeit

Sehr dünne Drähte, sog. **Nanodrähte**, können auf einfache Weise kurzzeitig erzeugt werden, Bild 23.2, so dass mit einem Speicheroszilloskop die mit dem geringen Durchmesser verbundenen *Quanteneffekte* der elektrischen Leitfähigkeit beobachtet werden können.

Die Entstehung dieser Nanodrähte beim Lösen eines Metallkontaktes (z. B. zwischen zwei Golddrähten) ist mit dem *Rasterelektronenmikroskop* nachgewiesen worden. Vergleichbar mit dem Fädenziehen z. B. von geschmolzenem Käse nimmt der Querschnitt mit zunehmendem Abstand der Oberflächen ab. Die Nanodrähte haben einen Durchmesser von nur wenigen 1/10 nm und eine Länge von bis zu 4 nm, bis es zur völligen Kontaktunterbrechung kommt.

Bild 23.2. Schematische Abbildung eines Nanodrahtes mit einem Durchmesser von weniger als 0,5 nm beim Trennen zweier Golddrähte, die ursprünglich gekreuzt übereinander lagen

Zum Verständnis der quantisierten Leitfähigkeit stellt man sich den Nanodraht als enge Verbindung zwischen zwei Elektronenreservoirs, den Metallkontakten vor. Durch Anlegen einer Spannung entsteht ein Strom, bei dem sich die Elektronen ballistisch, d. h. ohne Stöße bewegen. Quantenmechanisch werden die Elektronen durch Wellenfunktionen beschrieben, die sich in dem durch die Oberfläche gebildeten transversalen Kastenpotential ausbreiten, ähnlich wie Lichtwellen in einer Glasfaser. In einem Nanodraht mit dem Durchmesser W ergeben sich näherungsweise eine Zahl von $(2W/\lambda)^2$ Ausbreitungsmoden, wobei λ die **de Broglie-Wellenlänge**

$$\lambda = \frac{h}{p} = \frac{h}{mv}$$

der Elektronen ist. Mit der Abnahme des Durchmessers W nimmt auch die Zahl der Moden und damit die Leitfähigkeit ab. Mit dem Wegfall jeder Ausbreitungsmode tritt ein Leitfähigkeitssprung auf:

Leitfähigkeitssprung $\qquad 2e^2/h$.

23.1 Kondensatorentladung und -aufladung (2/3)

 Die Benutzung des Speicheroszilloskops wird an einfachen elektrischen Schaltungen geübt.

 Speicheroszilloskop, Steckbrett, verschiedene Widerstände, Kondensator, Spule (Induktivität), verschiedene Schalter und Taster.

Kondensatorentladung

Durch Anlegen einer Spannung U_0 wird in einem Kondensator der Kapazität C eine Ladungsmenge $Q = CU_0$ gespeichert, Bild 23.3. Nach Abschalten des Ladestromes fließt über den nachgeschalteten Widerstand R ein Strom

$$I = \frac{U_0}{R} e^{-t/RC} \quad ,$$

Bild 23.3. Schaltplan zur Kondensatorentladung

der den Kondensator mit der Zeitkonstante $\tau = RC$ entlädt. Dieser Entladevorgang kann als Sonderfall der unten dargestellten Oszillation eines Schwingkreises angesehen werden, indem man die Induktion $L = 0$ ansetzt.

Mit dem Speicheroszilloskop wird dieser Entladevorgang durch Messung von $U(t) = RI(t)$ für verschiedene Widerstände R aufgenommen, z. B. mit einer Kapazität von $C = 100\,\mu\text{F}$ und Widerständen R zwischen $500\,\Omega$ und $20\,\text{k}\Omega$.

 Es soll gezeigt werden, dass der gemessene Zeitverlauf der Kondensatorspannung einem Exponentialgesetzt folgt. Die berechnete Zeitkonstante $\tau = RC$ soll mit dem gemessenen Wert verglichen werden.

Kondensatoraufladung

In der Schaltung nach Bild 23.3 kann auch die Aufladung eines Kondensators untersucht werden. Welche mathematische Funktion und welche Zeitkonstante ergibt sich dafür?

Bild 23.4. Ersatzschaltbild eines Parallel-Schwingkreises mit variabler Dämpfung

Gedämpfte Oszillationen von Schwingkreisen

Die grundlegende Schaltung eines *Schwingkreises* ist in Bild 23.4 dargestellt. Dabei bezeichnet C die Kapazität des Kondensators, L die Induktivität der Spule, R_{Li} den Ohmschen Innenwiderstand der Spule, R_{var} den regelbaren Ohmschen Lastwiderstand für die variable Dämpfung des Schwingkreises und R_{P} den parallelen Eingangswiderstand des Oszilloskops.

Entsprechend der Herleitung im *Themenkreis 24* ist dabei die Spannung am Eingang des Oszilloskops nach Öffnen des Schalters gegeben durch:

$$U = U_0 e^{-i\beta t} \cos \omega_{\text{eig}} t \quad .$$

Mit dem Speicheroszilloskop soll diese Spannung in Abhängigkeit von der Zeit t untersucht werden. Daraus können der Einfluss des Lastwiderstandes auf die Dämpfung, bzw. die Abklingkonstante β, sowie die Abhängigkeit der Eigenkreisfrequenz des Schwingkreises ω_{eig} von der Kapazität C sowie der Induktivität L bestimmt werden.

Man wähle z. B. $C = 100\,\mu\text{F}$ und berechne L so, dass sich eine Eigenfrequenz f_{eig} von einigen Kilohertz ergibt.

 Man vergleiche, ob die gemessene Frequenz ω_{eig} mit den berechneten Werten übereinstimmt. Man stelle den Einfluss des Lastwiderstandes auf den Zeitverlauf der gedämpften Schwingung qualitativ dar.

23.2 Schalterprellung (1/3)

 Einmalig auftretende Signale, wie sie z. B. beim Schließen eines Kontaktes entstehen, sollen aufgezeichnet werden.

Bild 23.5. Schaltplan zum Versuch Schalterprellung

 Verschiedene Schalter und Taster, Batterie und Speicheroszilloskop, Steckbrett.

In der Digital-Elektronik werden häufig Schaltungen benutzt, die Signale bis ca. 60 MHz, d. h. Schaltzeiten von ca. 16 ns, verarbeiten können (TTL- und CMOS-Technik). Bei der Daten- und Befehlseingabe werden aber vom Benutzer oft Schalter und Taster betätigt, die den Nachteil haben, dass nach Betätigung mehrere Impulse ausgelöst werden. Diese können nun bei der schnellen Auswerteelektronik zu Fehlern führen. Dies wird als *Prellen* bezeichnet.

Es wird eine Schaltung entsprechend Bild 23.5 aufgebaut, das Triggersignal durch mehrmaliges Schalten eingestellt und jeweils ein Einschaltvorgang abgespeichert.

Es soll nun für jeden Schalter oder Taster untersucht werden, wieviele Schaltvorgänge durch die Taster ausgelöst werden können und wieviel Zeit vergeht, bis das Signal störungsfrei anliegt.

Die Ergebnisse sollen dokumentiert und diskutiert werden. Welche Bedingungen müsste eine Entprellschaltung erfüllen? *Hinweis:* Um dem Prellen entgegen zu wirken, kann ein *RC*-Glied als Tiefpassfilter und/oder ein sog. Schmitt-Trigger zur Signalformung verwendet werden.

23.3 Quantisierte Leitfähigkeit von Nanodrähten (1/1)

In kurzzeitig erzeugten *Nanodrähten* soll die Quantelung des Widerstands nachgewiesen werden. Die bei der Trennung von 2 Golddrähten auftretende, zeitliche Widerstandsänderung wird mit einem Speicheroszilloskop als Spannungsverlauf gemessen.

Speicheroszilloskop, Batterie 1,5 V, Nanodrahtaufbau nach Bild 23.6. mit zwei gekreuzten ca. 50 μm dünnem Golddrähten und Mikrometerschraube sowie Vorwiderstand 10 kW, Platindrähte (50 μm, 100 μm), Multimeter.

Auf einer Kunststoffplatte sind die dünnen Golddrähte auf Aluminiumblöcken eingespannt. Einer der beiden Blöcke kann über einen elastischen Hebelarm und eine daran drückende Mikrometerschraube bis auf wenige Mikrometer genau verschoben werden. So kann der Kontakt über die Golddrähte langsam geschlossen und wieder geöffnet werden. Bei einer Umdrehung der Mikrometerschraube werden die Drähte etwa um 50 μm angenähert. Es empfiehlt sich eine Drehgeschwindigkeit von etwa 1/4 Umdrehung pro Sekunde. Die Golddrähte sind über einen Vorwiderstand an eine Spannungsquelle (1,5 V-Batterie) angeschlossen, Bild 23.6. Die Spannung, die am Vorwiderstand abfällt, wird auf einem Speicheroszilloskop dargestellt, Bild 23.7. Die Drähte sollten eine möglichst geringe Kontaktfläche bilden, um die gleichzeitige Entstehung mehrerer Nanodrähte und eine damit verbundene Verschiebung der Spannungsstufen zu verhindern. Dies wird durch geeignetes Spannen und Verschieben der Golddrähte erreicht. Dazu wird das Kreuz,

Bild 23.6. Schaltplan zum Nachweis der quantisierten Leitfähigkeit in einem Nanodraht, der sich bei der Trennung von zwei Golddrähten bildet, die ursprünglich einen Kontakt hatten

Bild 23.7. Spannungs- und Stromverlauf beim Lösen eines Goldkontaktes für $R_V = 10\,k\Omega$ und $U_0 = 1,5\,V$. Es treten Leitfähigkeitssprünge auf

in dem die Drähte eingespannt sind, vorsichtig auseinander geschert bzw. auf dem Block leicht verdreht. *Es ist stets mit großer Vorsicht zu arbeiten, da die Drähte leicht reißen können.* Beim Messen ist die Kohäsion der Golddrähte beim Lösen des Kontaktes zu berücksichtigen. So muss die Schraube zum Trennen des Kontaktes über den Punkt, bei dem der Schließvorgang erfolgt war, hinaus zurückgedreht werden (Hysterese).

Die Nanodrähte aus Gold existieren für eine Zeitdauer von etwa 1 ms und werden ab einem Durchmesser d von 0,5 nm, der der Elektronen-Wellenlänge λ in Gold entspricht, elektrisch leitend. Der Leitwert des Nanodrahtes $S_N(n) = \frac{1}{R_N(n)}$ nimmt ganzzahlige Vielfache n von $2e^2/h \approx 1/12906\,\Omega$ an. Der Vorwiderstand wird mit $R_V = 10\,\text{k}\Omega$ günstigerweise etwa in der Größe des größten Widerstands $R_N(1) \approx 12906\,\Omega$ gewählt um die Stufen deutlich sichtbar zu machen. Die am Oszilloskop anliegende Spannung genügt dann folgender Gleichung:

$$U = \frac{R_V}{R_V + R_N(n)}U_0 \quad \text{mit} \quad R_N(n) = \frac{1}{S_N(n)} = \frac{h}{2e^2} \cdot \frac{1}{n} \quad .$$

Bei dieser Anordnung nimmt der Strom in größer werdenden Stufen ab, bis er bei $d < \lambda$ abbricht und der Nanodraht schließlich vollends reißt. Ebenso kann auch eine stufenweise Zunahme des Stroms beobachtet werden, wenn der Kontakt anschließend wieder geschlossen wird. Bei der Messung ist zu beachten, dass nicht jeder Schließ- oder Trennvorgang erfolgreich verläuft. So leidet die Reproduzierbarkeit des Versuchs unter der rauen (gebirgsartigen) Oberflächenstruktur der Golddrähte, die bei deren Annäherung oder Entfernung eine nicht-synchrone Existenz mehrerer Nanofäden zur Folge hat. Damit kommt es zu einer Überlagerung der spezifischen Stufenstrukturen im Oszilloskopbild. Ferner kann aufgrund der kurzen Zeitskalen des Schließvorgangs auch der Effekt der *Schalterprellung* auftreten (siehe Versuch 23.2). Der erwartete Spannungsverlauf muss daher vielmehr aus einer ganzen Reihe von Messungen gewonnen werden. Die Messung kann alternativ auch mit Platindrähten durchgeführt werden. Die für den Versuch vorteilhafte Eigenschaft schon bei geringen Zugspannungen plastisch zu fließen ist bei Platin jedoch schwächer ausgeprägt als bei Gold.

Bei der Messung mit dem Speicheroszilloskop ist folgendermaßen zu verfahren: Nach Kontaktierung der Drähte mittels Mikrometerschraube ist das `Triggerlevel` in etwa auf die Höhe der ersten Stufe (ca. 700 mV) einzustellen. Dann wird die Flanke auf `Negativ` gestellt, ehe die Schraube langsam bis zu dem Punkt zurück gedreht wird, bei der die Speicherung des Oszilloskopbildes erfolgt. Will man die Kontaktierung der Drähte messen, muss die Flanke des Triggers auf `Positiv` gestellt werden.

Man überprüfe zunächst die Größe der Batteriespannung mittels Multimeter und errechne daraus die theoretischen absoluten Spannungsstufen. Nehme bis zu fünf Oszilloskopbilder auf, bei denen der Spannungsverlauf in etwa der erwarteten Kurve entspricht. Die Oszilloskopbilder können - sofern möglich - auch ausgelesen werden. Aus den abgelesenen Spannungen soll dann das Leitfähigkeitsquant $S_N(1)$ ermittelt werden. Dieses ist bis auf den Faktor 2 der reziproke Wert der *von-Klitzing-Konstante* h/e^2, die beim Quanten-Hall-Effekt (Quantisierung des Hall-Widerstandes bei sehr niedrigen Temperaturen) eine wichtige Rolle spielt.

23.4 Schallgeschwindigkeit aus Laufzeitmessung (1/3)

 Die *Schallgeschwindigkeit* in verschiedenen Materialien soll bestimmt werden.

 Speicheroszilloskops, zwei Mikrofone, Maßstab. Das Oszilloskops wird benutzt, um die zeitverzögerten Signale der beiden Mikrofone zu messen.

 Die Mikrofone werden mit den jeweiligen Materialien (Luft, Holz einer Tischplatte, Beton des Fußbodens, Stäbe aus verschiedenen Materialien wie Stahl oder Kunststoff) in akustischen Kontakt gebracht (z. B. durch Auflegen des

Mikrofons auf das Material) und der Abstand zwischen beiden ausgemessen. Die Mikrofone werden mit den Eingängen CH1 und CH2 verbunden und am Oszilloskop folgende Einstellungen vorgenommen: Die beiden Elektronenstrahlspuren sollten mit der Vertikalverstellung ungefähr in der Mitte der oberen bzw. der unteren Hälfte des Bildschirms liegen. Die Eingänge beider Kanäle werden auf Gleichstrom (DC) und die Spannungsteiler auf 5 mV/DIV gestellt. Die Zeitablenkung sollte 1 ms/DIV betragen. Für die Triggereinstellung muss derjenige Kanal gewählt werden, dessen Mikrofon der Schallquelle am nächsten ist. Dann wird Zeitverzögerung nach dem ersten Triggersignal (Schallwelle erreicht das erste Mikrofon) gewählt (Ausprobieren!). Mit einem lauten Geräusch (Klatschen in der Luft, Klopfen auf den Tisch oder Aufschlag einer Metallkugel o. ä. auf dem Fußboden) wird nun der Speichervorgang gestartet. Man sieht nun, dass das Signal an dem Kanal mit dem entfernteren Mikrofon später ankommt.

 Aus dem gemessenen Zeitversatz kann man bei bekanntem Abstand der Mikrofone die Schallgeschwindigkeit bestimmen. Es soll diskutiert werden, wodurch die unterschiedlichen Schallgeschwindigkeiten in den unterschiedlichen Materialien bedingt sind (Stichworte: Dichte, Hooke'sches Gesetz, Elastizitätsmodul).

23.5 Spannungsverläufe bei unsicherer Triggerung (1/3)

 Untersuchung von periodischen Spannungsverläufen, die am Oszilloskop schwierig zu triggern sind, mit einem Speicheroszilloskop.

 Gleichrichterschaltung mit unterschiedlichen Gleichrichterdioden (z.B. aus Ge und Si) mit Spannungsversorgung, Speicheroszilloskop.

 Eine Schaltung entsprechend Bild 23.8 wird aufgebaut. Die Ausgangsspannung dieser Schaltung zeigt Bild 23.9 Mit einem einfachen Oszilloskop ist ein stehendes Bild auf dem Bildschirm nur bei hinreichend hohem Triggerpegel zu erreichen. Daher ist die Messung mit einem Speicheroszilloskop vorzuziehen.

 Skizzieren Sie den gemessenen Spannungsverlauf. Warum liefert diese Schaltung den unsymmetrischen Kurvenverlauf?

23.6 Herzschlagmonitor (1/3)

 Mittels eines Blutdruckmessgerätes soll der Herzschlag einer Versuchsperson auf dem Oszilloskop dargestellt überprüft werden. Geeignete Betriebsarten des Speicheroszilloskops sollen untersucht werden. Der Vorteil des Speicheroszilloskops bei der Darstellung von sich langsam wiederholenden Signalen soll deutlich gemacht werden.

 Speicheroszilloskop, Blutdruckmessgerät mit Manschette und Mikrofon.

 Bei der Bestimmung des *Blutdruckes* werden zwei Werte gemessen. Der höhere Wert wird als systolisch (Kontraktion des Herzmuskels) und der niedrigere Wert als diastolisch (Entspannung des Herzmuskels) bezeichnet. Zur Messung dieser beiden Werte wird eine Manschette um den linken Oberarm gelegt und aufgepumpt.

> Achtung: Hauptschlagader des Armes nur kurz abschnüren.

Der Druck der Manschette auf den Arm wird in mm Hg angezeigt (1 mm Hg = 133,3 Pa). In der Manschette befindet sich ein Mikrofon, das an der Hauptschlagader des Armes die Druckwelle des Herzens aufnimmt. Das Signal dieses Mikrofons wird auf die Y1-Ablenkung des Speicheroszilloskops geschaltet.

Die Manschette wird so weit aufgepumpt, bis auf der Anzeige des Blutdruckmessgerätes `Wait` erscheint. Auf dem Speicheroszilloskop ist kein Impuls zu sehen, da jetzt die Manschette die Arterie abklemmt, und kein Blut mehr durchfließt. Durch

Bild 23.8. Gleichrichterschaltung mit unterschiedlichen Dioden zur Erzeugung einer Wechselspannung nach Bild 23.9

Bild 23.9. Ausgangsspannung U der Gleichrichterschaltung nach Bild 23.8. Bei niedriger Triggerschwelle U_T ist diese Funktion nicht eindeutig triggerbar

Bild 23.10. Zeitliche Abfolge der pulsartigen Abstrahlung eines Handys beim GSM-Standard

ein kleines Ventil kann nun langsam (!) Luft aus der Manschette entweichen (vergleiche dabei die Druckanzeige des Blutdrukmessgerätes). Ist der Blutdruck (z. B. der systolische Wert) größer als der Druck in der Manschette, kann das Blut wieder durch die Ader fließen. Durch die Abschnürung ist die Strömung nun allerdings turbulent und als Schallsignal messbar. Auf dem Speicheroszilloskop ist dieses Signal (Herzschlag) darstellbar. Der Druck in der Manschette sinkt nun weiter, wobei jetzt das Signal am Mikrofon immer schwächer wird. Wenn kein Impuls mehr erkennbar ist, ist die Strömung laminar. Der Blutdruck nähert sich dem diastolischen Wert.

Diese Arbeitsweise des Blutdruckmessgerätes soll mit dem Speicheroszilloskop kontrolliert werden. Geeignete Betriebsarten sind zu erproben.

 Man skizziere und diskutiere die beobachteten Schallsignale.

23.7 Mobilfunksignalstruktur (1/3)

 Untersuchung der GSM-Signalstruktur mit einem Digitaloszilloskop

 Handy, Speicheroszilloskop, Dioden mit Zuführung als Antenne montiert in einem BNC-Stecker

Kommuniziert ein Handy mit einer Basisstation, benutzt es bestimmte Frequenzbänder („Kanäle"), z. B. 902,8 bis 903,0 MHz beim Senden und 947,8 bis 948,0 MHz beim Empfang. Beim *Mobilfunkstandard GSM* (global system for mobile communication) ist der Sende- bzw. Empfangsvorgang mit einer Frequenz von 217 Hz in 8 aufeinander folgende Zeitintervalle aufgeteilt. Das Handy nutzt ein einzelnes dieser Zeitintervalle pulsartig z. B. zum Senden, in den sieben anderen können andere Handys denselben Kanal benutzen. Die Pulse wiederholen sich alle 1/217 ms = 4,615 ms. Bei dem hier beschriebenen Mobilfunkstandard wird außerdem nach einer Anzahl von 25 Pulsen ein einzelner Puls ausgelassen. In dieser Pause wird die Signalstärke der benachbarten Basisstation gemessen, um das eventuell notwendige Ummelden in eine andere Funkzelle zu überprüfen. So ergibt sich eine Periodizität nach jeweils 26 × 4,615 ms = 120 ms, Bild 23.10.

Die von Handys mit GSM-Standard abgestrahlten Funkwellen haben Frequenzen im GHz Bereich. Diese Frequenzen sind zu hoch, um sie mit einfachen Oszilloskopen zeitaufgelöst darzustellen. Mit einer Hochfrequenzdiode und einer einfachen Dipolantenne lassen sich diese Wellen allerdings empfangen und gleichrichten, so dass die Einhüllende der elektrischen Feldstärke dargestellt wird. Damit kann man die Zeit, in der ein Signal gesendet wird, von derjenigen in der kein Signal auftritt, unterscheiden.

Bild 23.11. Eine Hochfrequenzdiode die im Strahlungsfeld eines Handys als Messantenne wirkt.

Neben einem Handy wird eine HF-Diode mit Antenne platziert (Bild 23.11) und an ein Speicheroszilloskop angeschlossen. Durch geeignete Wahl der Zeitbasis, der Empfindlichkeit und des Triggerlevels lassen sich die Einhüllenden der abgestrahlten Mikrowellenpulse darstellen, die bei ein- und ausgehenden Telefonaten auftreten.

 Man stelle den zeitlich Verlauf der Einhüllenden der abgestrahlten Mikrowellenpulse grafisch dar und bestimme den Abstand der Zeitschlitze. Nach welcher Zeit wiederholt sich die Lücke zum Empfang von Nachbarstationen?

24. Elektrische Schwingungen

 Untersuchung von freien und erzwungenen Schwingungen in einem Reihenschwingkreis. Phasenbeziehungen zwischen elektrischen Größen.

 Standardlehrbücher (Stichworte: gedämpfte / erzwungene Schwingungen, Wechselstromwiderstände, Schwingkreise),
Themenkreis 7: Gedämpfte und erzwungene Schwingungen.

Freie gedämpfte Schwingungen

In elektrischen Schwingkreisen, d. h. Stromkreisen mit einer Kapazität C und einer Induktivität L lassen sich **elektrische Schwingungen** erzeugen. Diese sind durch Ohmsche Verlustwiderstände gedämpft. Bild 24.1 zeigt eine entsprechende Schaltung, bei der ein Kondensator zunächst mit Hilfe einer Gleichspannungsquelle aufgeladen wird. Bei der anschließenden Entladung über den geschlossenen Stromkreis beobachtet man gedämpfte Oszillationen des fließenden Stromes, Bild 24.2. Dabei werden die **Eigenfrequenz** durch das Produkt LC und die Stärke der **Dämpfung** durch das Verhältnis R/L bestimmt.

Der Schwingungsvorgang lässt sich durch eine Energiebetrachtung beschreiben, wie sie durch das Bild 24.3 veranschaulicht wird. Im anfangs geladenen Kondensator ist *elektrische Feldenergie* gespeichert. Durch das Fließen des Stromes wird das Feld in einer Viertelperiode abgebaut und zugleich ein magnetisches Feld in der Spule aufgebaut, das dann *magnetische Feldenergie* enthält. In der zweiten Viertelperiode wird bei gleichbleibender Stromrichtung dieses Feld wieder abgebaut und der Kondensator mit umgekehrter Polung aufgeladen. Der ganze Vorgang wiederholt sich dann mit umgekehrter Stromrichtung: Es entsteht eine elektrische Schwingung. Diese ist gedämpft, weil ein Teil der vom Strom transportierten Energie im ohmschen Widerstand in Wärmeenergie umgewandelt wird.

Zur analytischen Beschreibung des Vorgangs wird davon ausgegangen, dass sich nach Umlegen des Schalters in Bild 24.1 die Spannung U_C am Kondensator aufteilt in die beiden Teilspannungen am ohmschen und am induktiven Widerstand (2. Kirchhoffsche Regel). Das Minuszeichen berücksichtigt die unterschiedliche Stromrichtung in diesen beiden Bauelementen im Vergleich zum Kondensator. Für die Schaltung in Bild 24.1 gilt:

$$U_C(t) = U_R(t) + U_L(t) = -\left(IR + L\frac{\mathrm{d}I}{\mathrm{d}t}\right) \quad .$$

Unter Zuhilfenahme der Beziehung $U_C = Q/C = (1/C)\int I\,\mathrm{d}t$ lässt sich diese Gleichung für die Stromstärke $I(t)$ umschreiben:

Bild 24.1. Schaltung zur Erzeugung gedämpfter elektrischer Schwingungen

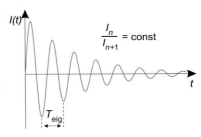

Bild 24.2. Gedämpfte Stromoszillationen in einem Stromkreis entsprechend Bild 24.1

Bild 24.3. Elektrische und magnetische Feldenergie bei einer elektrischen Schwingung ohne ohmschen Verlustwiderstand

$$L\frac{\mathrm{d}I}{\mathrm{d}t} + RI + \frac{1}{C}\int I\mathrm{d}t = 0 \quad .$$

Einmalige Ableitung nach der Zeit und Division durch L liefert die *Differentialgleichung der gedämpften elektrischen Schwingung*:

Schwingungsgleichung	$\dfrac{\mathrm{d}^2 I}{\mathrm{d}t^2} + \dfrac{R}{L}\dfrac{\mathrm{d}I}{\mathrm{d}t} + \dfrac{1}{LC}I = 0 \quad .$

Die Lösung einer solchen homogenen Differentialgleichung 2. Ordnung mit konstanten Koeffizienten wird für mechanische Schwingungen in den *Themenkreisen 5 und 7* ausführlich behandelt. Die dort ermittelten Ergebnisse lassen sich direkt auf elektrische Schwingkreise übertragen. So findet man auch hier – abhängig von der Stärke der Dämpfung – die drei Fälle:

- Schwingfall
- Kriechfall
- aperiodischer Grenzfall.

Für den **Schwingfall**, der hier hauptsächlich interessiert, ergibt sich dabei der folgende zeitliche Stromverlauf:

$$I(t) = I_0 e^{-\beta t}\sin(\omega_{\mathrm{eig}}t - \varphi_0) \quad \text{mit} \quad \beta \ll \omega_{\mathrm{eig}} \quad .$$

Hierin bedeuten:

$$\begin{aligned}
\beta &= R/(2L) \quad \text{die Dämpfungskonstante,} \\
\omega_{\mathrm{eig}} = 2\pi/T_{\mathrm{eig}} &= \sqrt{\omega_0^2 - \beta^2} \quad \text{die Eigenkreisfrequenz des ge-} \\
& \qquad\qquad\quad \text{dämpft schwingenden Systems,} \\
\omega_0 = 2\pi/T_0 &= 1/\sqrt{LC} \quad \text{die Eigenkreisfrequenz} \\
& \qquad\qquad\quad \text{des ungedämpften Systems.}
\end{aligned}$$

Die Anfangsamplitude des Stromes I_0 und die Phasenkonstante φ_0 sind durch die Anfangsbedingungen festgelegt, in unserem Beispiel: $I(0) = 0$ und $U_C(0) = U_0$. Für den Fall kleiner Dämpfung, also für $1/\beta = 2L/R \ll T_{\mathrm{eig}}$ ist $I_0/U_0 = \sqrt{C/L}$ und $\varphi_0 = 0$.

Die Dämpfungskonstante β lässt sich experimentell aus dem (konstanten) Verhältnis aufeinanderfolgender Stromamplituden I_n/I_{n+1} und der Schwingungsdauer T_{eig} ermitteln; denn aus der obigen Gleichung für den zeitlichen Stromverlauf erhält man:

$$\ln\frac{I_n}{I_{n+1}} = \Lambda = \beta\,T_{\mathrm{eig}} \quad .$$

Λ ist das *logarithmische Dekrement* der gedämpften Schwingung. Ist zusätzlich auch die Induktivität L bekannt, kann man dann aus $\beta = R/2L$ den ohmschen Widerstand des Kreises berechnen. Dieser wird häufig nicht nur durch das zugeschaltete Widerstandsbauelement bestimmt; Effekte wie die periodische Ummagnetisierung eines Eisenkerns in der Spule, Wirbelströme in einem solchen Eisenkern sowie eine nicht verschwindende Leitfähigkeit des Dielektrikums im Kondensator führen auch zu *ohmschen Verlusten* und liefern dadurch Beiträge zu R. Leitungswiderstände spielen dagegen meistens eine vernachlässigbare Rolle.

Erzwungene Schwingungen

Wird eine Reihenschaltung aus Spule, Kondensator und ohmschem Widerstand durch eine Wechselspannung

$$U_{\mathrm{err}}(t) = U_{\mathrm{err}_0} \sin(\omega_{\mathrm{err}} t)$$

entsprechend der Schaltung in Bild 24.4 erregt, entsteht eine **erzwungene elektrische Schwingung**. Nach dem Einschalten der Erregerspannung beobachtet man zunächst einen *Einschwingvorgang*, bei dem der Kurvenverlauf des Stromes sowohl von der Erregerfrequenz $f_{\mathrm{err}} = \frac{1}{2\pi}\omega_{\mathrm{err}}$ als auch von der Eigenfrequenz des Systems $f_{\mathrm{eig}} = \frac{1}{2\pi}\omega_{\mathrm{eig}}$ bestimmt wird. Der letzte Anteil klingt jedoch mit einer dämpfungsabhängigen Einschwingzeit ab, so dass im *stationären Fall* der Strom die gleiche Frequenz wie die erregende Wechselspannung hat. In diesem Stadium lässt sich $I(t)$ wie folgt beschreiben:

$$I(t) = I_0 \sin(\omega_{\mathrm{err}} t - \varphi_0) \quad .$$

Bild 24.4. Elektrischer Reihenschwingkreis mit Strommesser

Misst man die stationären Werte für die Stromamplitude I_0 und die Phasenverschiebung φ_0 zwischen Strom und erregender Wechselspannung bei unterschiedlichen Erregerfrequenzen $f_{\mathrm{err}} = \frac{1}{2\pi}\omega_{\mathrm{err}}$, so findet man die in Bild 24.5 dargestellten Zusammenhänge, die man auch als **Resonanzkurven** bezeichnet. Besonders bemerkenswert ist das Verhalten des Kreises bei der Resonanzfrequenz, die gleich der Eigenfrequenz $f_0 = \frac{1}{2\pi}\omega_0$ des ungedämpften Schwingkreises ist. Dort ist die stationäre Stromamplitude I_0 am größten und damit der Gesamtwiderstand des Kreises am kleinsten. Dieser wird dabei nur durch den ohmschen (Dämpfungs-)Widerstand R bestimmt:

$$I_{\mathrm{max}} = \frac{U_{\mathrm{err}_0}}{R} \quad .$$

Für die Phasenverschiebung φ_0 zwischen Strom und Erregerspannung zeigt die Darstellung in Bild 24.5:

- $\omega_{\mathrm{err}} < \omega_0 : \varphi_0 < 0$, d.h. der Strom eilt der Spannung voraus: der Stromkreis zeigt *kapazitives Verhalten*

- $\omega_{\mathrm{err}} = \omega_0 : \varphi_0 = 0$, d.h. Strom und Spannung sind in Phase: der Stromkreis zeigt *ohmsches Verhalten*

- $\omega_{\mathrm{err}} > \omega_0 : \varphi_0 > 0$, d.h. die Spannung eilt dem Strom voraus: der Stromkreis zeigt *induktives Verhalten*.

Phasenverschiebungen $\varphi_0 \neq 0$ bedeuten, dass ein Teil des Stromes als *Blindstrom* fließt, d.h. keine Wirkleistung im Stromkreis umsetzt. Die stationäre Stromamplitude stellt sich dabei stets so ein, dass die von der Stromquelle gelieferte *Wirkleistung* $P_{\mathrm{wirk}} = U_{\mathrm{err}} I \cos\varphi_0$ gerade die ohmschen Verluste im Kreis deckt.

Bei der Anwendung von Schwingkreisen z.B. als frequenzabhängige Spannungsteiler (Bandpass) ist nicht der Strom, sondern die Spannung $U_C(t)$ am Kondensator wichtig. Diese ist bekanntlich gegen den Strom um $-\pi/2$ phasenverschoben, so dass sich gegenüber der Erregerspannung $U_{\mathrm{err}}(t)$ eine Phasenverschiebung $\alpha = \varphi_0 + \pi/2$ ergibt.

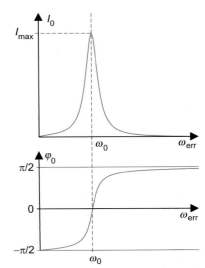

Bild 24.5. Stromresonanzkurve und Phasenverschiebung in einem Reihenschwingkreis

Analytische Beschreibung der erzwungenen Schwingung

Eine analytische Beschreibung für den Reihenschwingkreis ergibt sich aus der Forderung, dass die Summe der Teilspannungen an den Bauelementen in jedem Augenblick gleich der angelegten Erregerspannung $U_{\mathrm{err}}(t)$ ist, Bild 24.4:

$$U_R(t) + U_L(t) + U_C(t) = U_{\mathrm{err}}(t) \quad .$$

Unter Zuhilfenahme der Beziehungen $I = \mathrm{d}Q/\mathrm{d}t$ und $Q = CU_C$ ($Q =$ Ladung des Kondensators) kann man alle Teilspannungen durch U_C ausdrücken:

$$U_R = RI = R\frac{\mathrm{d}Q}{\mathrm{d}t} = RC\frac{\mathrm{d}U_C}{\mathrm{d}t}$$

$$U_L = L\frac{\mathrm{d}I}{\mathrm{d}t} = L\frac{\mathrm{d}^2Q}{\mathrm{d}t^2} = LC\frac{\mathrm{d}^2U_C}{\mathrm{d}t^2} \quad .$$

Einsetzen und Division durch LC liefert die *Differentialgleichung für die erzwungene Schwingung der Kondensatorspannung*, eine Größe, die der Messung besonders leicht zugänglich ist:

$$\frac{\mathrm{d}^2U_\mathrm{C}}{\mathrm{d}t^2} + 2\beta\frac{\mathrm{d}U_\mathrm{C}}{\mathrm{d}t} + \omega_0^2 U_\mathrm{C} = \omega_0^2 U_{\mathrm{err}_0}\sin\omega_{\mathrm{err}}t \quad ,$$

worin $\beta = R/(2L)$ die Dämpfungskonstante und $\omega_0 = 1/\sqrt{LC}$ die Eigenfrequenz des ungedämpften Schwingkreises bedeuten.

Diese Gleichung ist von der gleichen Form wie die Differentialgleichung der *erzwungenen mechanischen Schwingung*, wie sie im *Themenkreis 7* ausführlich behandelt wurde. Wir wollen daher hier nicht auf den mathematischen Lösungsweg, sondern gleich auf die Lösungen eingehen. Die allgemeine Lösung einer solchen inhomogenen Differentialgleichung 2. Ordnung mit konstanten Koeffizienten besteht bekanntlich aus zwei Anteilen: der allgemeinen Lösung für die homogene sowie einer partikulären Lösung für die inhomogene Gleichung:

$$U_C(t) = U_{C,\mathrm{hom}}(t) + U_{C,\mathrm{inhom}}(t) \quad .$$

Die Lösung der homogenen Gleichung beschreibt eine freie gedämpfte Schwingung und entspricht in der Form der gedämpften Stromschwingung, die im ersten Grundlagenabschnitt dieses Themenkreises behandelt ist:

$$U_{C,\mathrm{hom}}(t) = U_{C,\mathrm{hom}_0}e^{-\beta t}\sin(\omega_{\mathrm{eig}}t - \alpha) \quad .$$

Je nach Größe des Dämpfungsfaktors $\beta = R/(2L)$ liegt ein *Schwingfall*, *Kriechfall* oder *aperiodischer Grenzfall* vor. In jedem dieser Fälle klingt die Funktion $U_{C,\mathrm{hom}}(t)$ mit einer dämpfungsabhängigen Zeitkonstanten $\tau = 1/\beta$ ab und spielt daher nur für das *Einschwingverhalten des Schwingkreises* eine Rolle. Danach, d. h. im *stationären Fall der erzwungenen Schwingung*, bleibt nur noch die Funktion $U_{C,\mathrm{inhom}}(t)$ übrig, für die man mathematisch die folgende Beziehung findet:

$$U_{C,\mathrm{inhom}}(t) = U_{C_0}\sin(\omega_{\mathrm{err}}t - \alpha) \quad \text{mit}$$

$$U_{C_0} = U_{\mathrm{err}_0}\frac{\omega_0^2}{\sqrt{(\omega_0^2 - \omega_{\mathrm{err}}^2)^2 + 4\beta^2\omega_{\mathrm{err}}^2}} \quad \text{und}$$

$$\tan\alpha = \frac{2\beta\omega_{\mathrm{err}}}{(\omega_0^2 - \omega_{\mathrm{err}}^2)} \quad .$$

In Bild 24.6 sind die zugehörigen Resonanzkurven für verschiedene Dämpfungen dargestellt. Die Amplituden-Resonanzkurve $U_{C_0}(\omega_{\mathrm{err}})$ zeigt einen etwas anderen Verlauf als die Stromresonanzkurve. U_{C_0} strebt bei kleinen Frequenzen nicht gegen Null wie die Stromresonanzkurve, sondern gegen den konstanten Wert U_{err_0}, die Amplitude der Erregerspannung: Dann liegt die gesamte Erregerspannung am Kondensator. Ferner sieht man, dass die Frequenz, bei der U_{C_0} maximal wird, d. h. die

Bild 24.6. Amplituden- und Phasenresonanzkurve für die Kondensatorspannung im Reihenschwingkreis

Resonanzfrequenz $\qquad \omega_{\mathrm{res}} = \sqrt{\omega_0^2 - 2\beta^2} \quad ,$

dämpfungsabhängig ist und noch unterhalb der Eigenfrequenz des gedämpften Systems $\omega_{\mathrm{eig}} = \sqrt{\omega_0^2 - \beta^2}$ liegt. Bei hinreichend großen Dämpfungen ($\beta^2 \geq \omega_0^2/2$) durchläuft U_{C_0} gar kein Maximum mehr, sondern nimmt mit wachsendem ω_{err} monoton ab.

Das Verhältnis $U_{C_0} : U_{\mathrm{err}_0}$ im Resonanzfall bezeichnet man als

$$\textbf{Resonanzüberhöhung} \qquad \sigma = \frac{U_{C,\mathrm{max}}}{U_{\mathrm{err}_0}} = \frac{\omega_0}{2\beta\sqrt{1 - \left(\frac{\beta}{\omega_0}\right)^2}} \quad .$$

σ wächst mit abnehmender Dämpfung. Für den häufigen Fall kleiner Dämpfung ($\beta^2 \ll \omega_0^2$) erhält man hieraus die Näherung:

$$\sigma \approx \frac{\omega_0}{2\beta} \quad ,$$

aus der man wegen $\omega_0 \approx \omega_{\mathrm{eig}}$ einen besonders einfachen Zusammenhang mit dem *logarithmischen Dekrement Λ* des gedämpften Schwingkreises findet:

$$\sigma \approx \frac{\omega_0}{2\beta} = \frac{2\pi}{2\beta T_{\mathrm{eig}}} = \frac{\pi}{\Lambda} \quad \text{bzw.} \quad \sigma\Lambda \approx \pi \quad .$$

Abnehmende Dämpfung beeinflusst aber nicht nur die Amplitude sondern auch die Form der Resonanzkurve, die man durch ihre **Bandbreite** $\Delta\omega$ charakterisiert. Diese bezeichnet die Frequenzdifferenz zwischen denjenigen Punkten auf der Resonanzkurve, für die U_{C_0} auf $1/\sqrt{2}$ des Maximalwertes $U_{C_{\mathrm{max}}}$ gefallen ist. Bei kleinen Dämpfungen, für die $\beta^2 \ll \omega_0^2$ und damit $\omega_{\mathrm{res}} \approx \omega_0$ ist, findet man hierfür die

$$\textbf{Bandbreite} \qquad \Delta\omega \approx 2\beta \quad .$$

Diese Beziehung erlaubt eine einfache Bestimmung der Dämpfungskonstanten direkt aus der Resonanzkurve, Bild 24.6 oben. Das Verhältnis $Q = \omega_{\mathrm{res}} : \Delta\omega_{\mathrm{err}}$ bezeichnet man als

$$\textbf{Güte des Schwingkreises} \qquad Q = \frac{\omega_{\mathrm{res}}}{\Delta\omega} \approx \frac{\omega_0}{2\beta} \quad .$$

Bei kleinen Dämpfungen ist die Güte Q gleich der oben definierten Resonanzüberhöhung σ.

24.1 Freie gedämpfte Schwingungen (1/3)

 Durch die zeitaufgelöste Messung der Kondensatorspannung in einem Reihenschwingkreis werden gedämpfte elektrische Schwingungen untersucht.

 Reihenschwingkreis mit verschiedenen L-C-Kombinationen und Widerstandsdekade (R_0), NF-Generator für Rechteckspannungen, Oszilloskop.

 Für den Aufbau wird die Schaltung nach Bild 24.7 vorgeschlagen, in der der Kondensator des Reihenschwingkreises aus einem Rechteck-Generator über einen Koppelkondensator C_K periodisch aufgeladen wird. Die Zeit zwischen den Aufladungen wird so groß gewählt, dass die jeweils angeregte Schwingkreisschwingung in dieser Zeit vollständig abklingen kann. Durch entsprechende Triggerung des Oszilloskops lässt sich die periodisch angestoßene Schwingung auf dem Oszilloskopschirm als stehendes Bild beobachten und quantitativ ausmessen.

Anstelle des Koppelkondensators wird ein hochohmiger Widerstand gewählt. Wie ändert sich dann das Bild auf dem Oszilloskopschirm?

Untersuchung der gedämpften Schwingung für ein erstes Wertetripel von L, C und R_0, z. B. $C = 100\,\mathrm{nF}$, $L = 10\,\mathrm{mH}$ und $R_0 = 10\,\Omega$, C_K einige nF, Frequenz der

Bild 24.7. Schaltung zur oszilloskopischen Untersuchung freier gedämpfter elektrischer Schwingungen

Rechteckwechselspannung ca. 50 Hz. Bestimmung der Eigenfrequenz $f_{\text{eig}} = 1/T_{\text{eig}}$ aus dem Abstand von Nulldurchgängen oder Maxima von $U_C(t)$.

Bestimmung des Dämpfungsfaktors β. Hierzu sollen – soweit möglich – bis zu 10 aufeinanderfolgende Spannungsamplituden U_{C_0} abgelesen werden.

Die Bestimmung von β soll grafisch erfolgen, wozu die Werte U_{C_0} logarithmisch aufgetragen werden. Aus der Geradensteigung wird zunächst das *logarithmische Dekrement* Λ ermittelt:

$$\Lambda = \frac{1}{m}\left(\ln\frac{U_n}{U_{n+m}}\right) \quad .$$

Aus Λ und T_{eig} folgt $\beta = \Lambda/T_{\text{eig}}$. Aus der Dämpfungskonstante β und der Induktivität L soll der ohmsche Verlustwiderstand R des Kreises bestimmt und mit dem Wert für das dem Kreis zugeschaltete Widerstandsbauelement R_0 verglichen werden. Fehlerrechnung.

Hinweis: Für die Dämpfung ist der gesamte Verlustwiderstand des Schwingkreises verantwortlich, nicht nur R_0. Kontrollieren Sie daher die ohmschen Widerstände der anderen Bauteile.

Messung für mindestens einen anderen Dämpfungswiderstand wiederholen. Messung für andere LC-Kombinationen wiederholen. Bei anderen Werten für die Kapazität C darauf achten, dass der Eingangswiderstand des Oszilloskops bzw. einer davor geschalteten Messbox groß ist gegen den Kondensatorwiderstand $\frac{1}{\omega_{eig}\cdot C}$.

Die gemessenen Eigenfrequenzen $f_{\text{eig}} = 1/T_{\text{eig}}$ mit den aus L und C berechneten Werten unter Berücksichtigung der Fehler vergleichen.

24.2 Erzwungene Schwingung eines Reihenschwingkreises (2/3)

Die Resonanzkurven für Amplitude und Phase der Spannung U_{C_0} des Kondensators in einem Reihenschwingkreis sollen oszilloskopisch mit Hilfe von Lissajous-Figuren gemessen werden.

Reihenschwingkreis, Generator verstellbarer Frequenz für die Erregerwechselspannung, Frequenzmessgerät, Oszilloskop mit XY-Betrieb. Der Versuchsaufbau ist in Bild 24.9 skizziert.

Für die Messungen werden die sinusförmige Erregerspannung $U_{\text{err}}(t) = U_{\text{err}_0}\sin(\omega t)$ an die X- und die Kondensatorspannung $U_C(t) = U_{C_0}\sin(\omega t - \alpha)$ an die Y-Ablenkplatten des Oszilloskops gelegt. Die Kurve auf dem Bildschirm ist dann im allgemeinen eine Ellipse, Bild 24.8, deren Exzentrizität und Achsenneigung im Koordinatensystem vom Amplitudenverhältnis $U_{C_0}/U_{\text{err}_0}(\omega)$ und vom Phasenwinkel $\alpha(\omega)$ bestimmt werden. Für die experimentelle Bestimmung dieser beiden Funktionen muss die Ellipse für jede eingestellte Frequenz ω entsprechend Bild 24.8

Bild 24.8. Lissajous-Figur: Abhängigkeit der Spannung U_C am Kondensator C in Bild 24.9 von der zeitabhängigen Erregerspannung $U_{\text{err}}(t)$. Während einer Periodendauer $T = 2\pi/\omega$ wird die Ellipse einmal durchlaufen

Bild 24.9. Aufbau zur Untersuchung der Resonanzkurve eines Reihenschwingkreises mittels Lissajous-Figuren

ausgemessen werden. Für die Achsenabschnitte auf der Ordinate (y-Achse), auf der $\omega t = n\pi$ beträgt, gilt:

$$\left|\frac{2U_{C_a}}{2U_{C_0}}\right| = |\sin(-\alpha)| \quad .$$

Voraussetzung für diese Messung ist die Gleichheit der Verstärkungsfaktoren V_x und V_y des X- und des Y-Eingangsverstärkers: Hierzu wird vor Beginn der eigentlichen Messungen an beide Eingänge des Oszilloskops die gleiche Wechselspannung gelegt. Auf dem Bildschirm entsteht das Bild einer Ursprungsgeraden. Die Y-Eingangsverstärkung V_y wird dann so eingestellt, dass diese Gerade einen Winkel von $45°$ gegen die Achsen zeigt.

In einem Vorversuch wird die Resonanzfrequenz des Schwingkreises gesucht und durch Wahl des Dämpfungswiderstandes eine Resonanzüberhöhung von etwa 5 eingestellt. Dann werden die Amplituden- und Phasenresonanzkurve für diese C-L-R-Kombination punktweise aufgenommen. Die Frequenzen sollen ein Intervall $0{,}1 f_{\text{res}} \leq f \leq 5 f_{\text{res}}$ überstreichen, wobei die Frequenzintervalle stets um den gleichen Faktor wachsen sollen; denn die Messwerte sollen später logarithmisch aufgetragen werden. Die Messpunkte in der Umgebung der Resonanzstelle werden dabei dichter gewählt als außerhalb!

Zur Verringerung des Messfehlers beim Ablesen von $2U_{C_0}$, $2U_{C_a}$ und $2U_{\text{err}_0}$ sollte die Ellipse auf dem Bildschirm stets möglichst groß sein. Um die Kalibrierung $V_y = V_x$ nicht zu verfälschen, werden hierzu nicht die Verstärkungsfaktoren umgeschaltet, sondern die Erregerspannung U_{err} am Frequenzgenerator nachgeregelt. Die Ablesung von $2U_{C_0}$ bzw. $2U_{\text{err}_0}$ kann durch Ausschalten der jeweils anderen Koordinate erleichtert werden: Entfernt man den x-Anschluss, so wird die Ellipse zu einem senkrechten Strich, dessen Länge direkt dem Wert von $2U_{C_0}$ entspricht. Entsprechend verfährt man bei der Messung von $2U_{\text{err}_0}$.

Das Amplitudenverhältnis U_{C_0}/U_{err_0} sowie die Phasenverschiebung α zwischen diesen beiden Spannungen werden über einer logarithmischen Frequenzachse aufgetragen. Aus der Phasenresonanzkurve soll die ungedämpfte Eigenfrequenz $\omega_0 = 2\pi f_0$ bestimmt und mit dem aus L und C errechneten Wert verglichen werden. Ferner soll aus der Amplitudenresonanzkurve die Resonanzfrequenz $\omega_{\text{res}} = 2\pi f_{\text{res}}$ bestimmt und mit der zuvor ermittelten Frequenz ω_0 verglichen werden.

Die Dämpfungskonstante β soll einmal aus der Bandbreite $\Delta\omega$ der Amplitudenresonanzkurve und einmal aus der Resonanzüberhöhung σ bestimmt werden. Aus β und L soll dann der Dämpfungswiderstand berechnet und mit dem Nennwert des zugeschalteten Widerstandsbauelementes verglichen werden. Eine Fehlerabschätzung dabei ist sinnvoll.

Die Güte des Schwingkreises soll angegeben werden.

Bei ausreichender Zeit sollen die Resonanzkurven für einen weiteren Wert der Dämpfung (β z. B. zwei- bis dreimal größer) aufgenommen werden.

Grafische Auftragung im gleichen Diagramm wie die erste Messung. Erneute Bestimmung insbesondere von ω_{res} und β.

24.3 Resonanzkurvenmessung mit dem Oszilloskop (1/3)

Die Amplitudenresonanzkurve eines Reihenschwingkreises soll durch Verwendung eines geeigneten Frequenzgenerators oszilloskopisch aufgezeichnet werden.

Reihenschwingkreis, Oszilloskop mit langsamer Zeitablenkung, wobbelbarer Frequenzgenerator, Sägezahnspannungsquelle, z. B. Oszilloskop mit einem Ausgang für die sägezahnförmige X-Ablenkspannung, Digitalkamera.

In dem benutzten Generator wird die Freqenz f durch eine von aussen zugeführte bzw. intern erzeugte Spannung U_{wob} entsprechend der Beziehung $\log f \sim U_{\text{wob}}$ festgelegt. Wählt man für U_{wob} nun eine Sägezahnspannung, lässt sich der interessierende Frequenzbereich periodisch durchfahren: *wobbeln*. Dabei soll die Wobbelfrequenz f_{wob} so niedrig gewählt werden (z. B. 0,1 Hz), dass die jeweilige Einschwingzeit des Schwingkreises noch keine Rolle spielt und man den Ablauf des Vorgangs auf dem Oszilloskop mit bloßem Auge verfolgen kann. Wird die Sägezahnspannung aus einem Oszilloskop verwendet, kann die Kurve ohne zusätzliche Triggereinstellungen als stehendes Bild auf dessen Schirm beobachtet werden. Für die Messung wird eine Schaltung nach Bild 24.10 vorgeschlagen. Die X-Ablenkung des Elektronenstrahls erfolgt durch die Wobbelspannung U_{wob} und ist damit proportional zum Logarithmus der Frequenz; auf den Y-Eingang wird die Kondensatorspannung gegeben. Es entsteht ein in der Y-Koordinate symmetrisches Bild.

Hinweis: Anders als bei der punktweisen Aufnahme der Kurve mit Hilfe einer Lissajousfigur wird hier kein Spannungs*verhältnis*, sondern die Kondensatorspannung allein bestimmt. Für eine quantitative Auswertung der Kurve muss dabei sichergestellt sein, dass sich die Amplitude der Erregerspannung während der Messung nicht ändert. Eine solche Änderung kann jedoch im Bereich der Resonanz dann auftreten, wenn eine Erregerspannungsquelle mit zu hochohmigem Ausgang gewählt wird, der durch den geringen Widerstand des Reihenschwingkreises im Resonanzfall merklich belastet wird!

Für ein Wertepaar C und L und eine im Vorversuch ermittelte Resonanzüberhöhung von $\sigma \approx 10$ wird die Amplitudenresonanzkurve gemessen. Kurvenverlauf in geeigneter Weise registrieren (z.B. Fotografieren des Bildschirms). Durch Einschalten entsprechender Dämpfungswiderstände werden 2 bis 3 weitere Kurven mit größerer Dämpfung untersucht. Eine davon sollte der Bedingung $\beta^2 \geq \omega_0^2/2$ genügen.

Die Kurvenverläufe und insbesondere der Dämpfungseinfluss sollen qualitativ diskutiert werden. Hierbei sollte insbesondere auch auf die dämpfungsabhängige Verschiebung der Resonanzfrequenz sowie auf die Änderung der Güte des Schwingkreises eingegangen werden.

Bild 24.10. Versuchsaufbau zur Aufzeichnung der Amplitudenresonanzkurve eines Reihenschwingkreises mittels Wobbelgenerator und Oszilloskop

Kapitel VI
Elektrische und magnetische Felder

25. Elektrische Felder

 Experimentelle Erarbeitung des Feldbegriffs am Beispiel des elektrischen Feldes. Zusammenhang zwischen Feld und Potential. Messung der Potentialverteilung und Berechnung der Feldverteilung für unterschiedlich geformte Elektrodenanordnungen. Kräfte zwischen Ladungen. Beobachtung von Influenzerscheinungen und Hochspannungsentladungen. Messung hoher Spannungen.

 Standardlehrbücher (Stichworte: Elektrische Ladung, Feldstärke, Potential, Feldlinien, Potentialflächen, Influenz, Funkenüberschlag).

Feldbegriff und Felddarstellung

Unter einem Feld wird in der Physik die räumliche Verteilung einer physikalischen Größe verstanden. Ein Beispiel sind *elektrische Felder*, die sowohl den Aufbau von Atomen und Molekülen prägen als auch in der Elektrotechnik bedeutsam sind. Die **elektrische Feldstärke E** wird in Richtung und Betrag durch Vektoren gekennzeichnet und ist i. Allg. ortsabhängig. Zwei Beispiele sind in Bild 25.1 dargestellt.

Es gibt verschiedene Möglichkeiten, ein elektrisches Feld direkt auszumessen. So lässt sich durch dielektrische Staubteilchen der Verlauf der elektrischen **Feldlinien** andeuten, ähnlich wie man den Verlauf eines Magnetfeldes durch Einbringen von Eisenfeilspänen sichtbar machen kann.

Modellhaft lassen sich elektrische Felder in einem sog. **elektrolytischen Trog** ausmessen. Dabei wird davon ausgegangen, dass der von einem System geladener Elektroden erzeugte elektrische Feldverlauf der gleiche ist, unabhängig davon, ob sich die Elektroden im Vakuum, in Luft oder in einem Elektrolyten befinden, z. B. in Wasser mit Zusatz von Kochsalz zur Erhöhung der Leitfähigkeit. Dies gilt jedoch nur so lange, wie in den betreffenden Medien keine feldverzerrenden Raumladungen auftreten. Es sollen also in jedem Raumgebiet positive und negative Ladungen in gleicher Anzahl vorhanden sein.

Im elektrolytischen Trog werden nicht unmittelbar die elektrischen Feldlinien gemessen, sondern – z. B. in einer Brücken- oder Kompensationsschaltung – Linien gleichen *Potentials*, aus denen sich die elektrischen Feldlinien bestimmen lassen.

Die genaue Kenntnis des Verlaufs von elektrischen Feldlinien ist z. B. in der Elektronenoptik für den Aufbau von Elektronenmikroskopen, von Braunschen Röhren, von Massenspektrometern, von Atom- oder Ionenfallen oder auch beim Aufbau von Halbleiterkomponenten von großer Bedeutung. Sollen also elektrisch geladene Teilchen, z. B. Elektronen oder Ionen, in elektrischen Feldern definiert bewegt oder gefangen werden, so setzt das die genaue Kenntnis der Feldverteilung voraus.

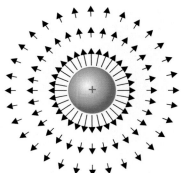

Bild 25.1. Homogenes elektrisches Feld: Richtung und Betrag von **E** sind konstant (oben), radiales elektrisches Feld: *einer Punktladung*, z. B. einer geladenen Kugel (unten)

Elektrische Ladung

Die Elementarteilchen und die daraus zusammengesetzte Materie können neben der Masse als zusätzliche Eigenschaft eine *elektrische Ladung q* besitzen. Im Gegensatz zur Masse sind bei der elektrischen Ladung positive und negative Werte und auch die Ladung Null möglich. Die Einheit der Ladung ist 1 Coulomb, abgekürzt C. Die

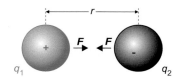

Bild 25.2. Gleichnamige Ladungen stoßen sich ab; ungleichnamige Ladungen ziehen sich an. Bei punktförmigen Ladungen ist $F = F_{\text{Coul}}$

elektrische Ladung ist durch Kraftwirkungen zwischen geladenen Teilchen charakterisiert, Bild 25.2. Zwischen zwei punktförmigen Ladungen q_1 und q_2 im Abstand r wirkt die sog.

$$\text{Coulombkraft} \qquad F_{\text{Coul}} = \frac{1}{4\pi\varepsilon_0}\frac{q_1 q_2}{r^2} \quad.$$

ε_0 heißt **Dielektrizitätskonstante**, *Influenzkonstante* oder *elektrische Feldkonstante*.

📖 Elektrische Feldstärke

Jede elektrische Ladung erzeugt um sich herum ein elektrisches Feld, Bild 25.1, unten. Für die elektrische Feldstärke $\boldsymbol{E}$ gilt folgende Definitionsgleichung, die gleichzeitig eine Messvorschrift darstellt:

$$\text{Elektrische Feldstärke} \qquad \boldsymbol{E} = \lim_{q \to 0} \frac{\boldsymbol{F}}{q} \quad.$$

$\boldsymbol{F}$ ist die Kraft, die in einem elektrischen Feld auf eine sehr kleine Probeladung q ausgeübt wird. Da die Probeladung selbst auch von einem Feld umgeben ist, wird das zu untersuchende Feld grundsätzlich durch die Probeladung gestört. Man kann aber die Störung beliebig klein machen, wenn man die Probeladung im Grenzfall gegen Null gehen lässt.

Nach der Definition ist die elektrische Feldstärke ein Vektor. Das elektrische Feld ist demnach erst bestimmt, wenn an jedem Punkt des Raumes die Feldstärke nach Betrag und Richtung bekannt ist. Die Einheit der elektrischen Feldstärke ist Volt/Meter $\equiv$ V/m.

Wird ein Feld durch mehrere (z. B. n) Punktladungen erzeugt, so addieren sich deren Kraftwirkungen auf eine Probeladung q, d. h. es addieren sich die einzelnen elektrischen Feldstärken vektoriell.

$$\boldsymbol{E} = \boldsymbol{E_1} + \boldsymbol{E_2} + \ldots + \boldsymbol{E_n} \quad.$$

Konstruiert man im elektrischen Feld Kurven, deren Tangenten in jedem Punkt mit der Richtung der dort herrschenden Feldstärke übereinstimmen, so geben diese elektrischen *Feldlinien* ein anschauliches Bild von der Struktur des Feldes, das die Ladung oder Elektrode umgibt. Der Betrag, d. h. die Größe der Feldstärke, wird durch die relative Dichte der Feldlinien dargestellt, Bild 25.3.

Aus den abgebildeten Beispielfeldern lassen sich wichtige Regeln für die Felddarstellung durch elektrische Feldlinien erkennen:

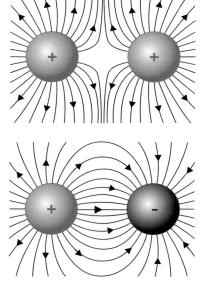

Bild 25.3. Elektrischer Feldverlauf zwischen zwei gleichnamig, z. B. positiv geladenen Körpern und zwei ungleichnamig geladenen Körpern

- Die Feldlinien beginnen und enden auf Ladungen entgegengesetzten Vorzeichens.
- Als Feldrichtung bezeichnet man definitionsgemäß die Richtung von der positiven zur negativen Ladung.
- Feldlinien schneiden sich nicht.
- Die Feldlinien stehen auf Leiteroberflächen senkrecht.
- Die Dichte der Feldlinien wird so gezeichnet, dass diese jeweils proportional zum Betrag der Feldstärke E ist.

📖 Potential

Um in einem elektrischen Feld eine Probeladung q um eine sehr kleine Strecke $\mathrm{d}\boldsymbol{s}$ zu verschieben, muss gegen die an der Ladung angreifende Kraft $\boldsymbol{F}$ die Arbeit

$$\mathrm{d}W = -\boldsymbol{F} \cdot \mathrm{d}\boldsymbol{s} = -q\,\boldsymbol{E} \cdot \mathrm{d}\boldsymbol{s}$$

aufgewendet werden, wobei die rechte Seite der Gleichung ein Skalarprodukt darstellt. Auf dem Wege von Punkt 1 nach Punkt 2, Bild 25.4, wird die Arbeit W_{12} aufgewendet:

$$W_{12} = -\int_{P_1}^{P_2} \boldsymbol{F} \cdot \mathrm{d}\boldsymbol{s} = -q \int_{P_1}^{P_2} \boldsymbol{E} \cdot \mathrm{d}\boldsymbol{s} \quad .$$

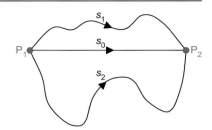

Bild 25.4. Die Potentialdifferenz U_{21} ist unabhängig vom Weg s_i

Dieses Integral heißt *Linienintegral*, weil die Integration entlang der gewählten Weglinie ($s_0, s_1, s_2 \ldots$) erfolgt. Die aufgewendete Arbeit wird in *potentielle Energie* der Probeladung umgewandelt. Die Verhältnisse sind damit ähnlich wie beim Anheben von Körpern im Schwerefeld der Erde.

Im Falle von statischen elektrischen Feldern, sog. Potentialfeldern, zeigt sich, dass die aufgewendete Arbeit und damit die Änderung der potentiellen Energie W_{12} nur von den Werten am Anfang sowie am Ende des Weges und nicht vom Verlauf des Weges abhängig ist:

$$W_{12} = W(\mathrm{P}_2) - W(\mathrm{P}_1) = W_2 - W_1 \quad .$$

Diese Beziehung zeigt auch, dass es nicht auf die Absolutbeträge der potentiellen Energien W_i ankommt. Auch bei einer für beide Punkte gleichen Verschiebung des Nullpunkts der potentiellen Energie bliebe die Differenz W_{12} die gleiche.

Den nur vom elektrischen Feld und nicht von der Ladung q abhängigen Ausdruck

$$\frac{W_{12}}{q} = -\int_{P_1}^{P_2} \boldsymbol{E} \cdot \mathrm{d}\boldsymbol{s} = \frac{W_2}{q} - \frac{W_1}{q} = \phi_2 - \phi_1 = U_{21}$$

nennt man die *Potentialdifferenz* oder die *elektrische Spannung* zwischen den Punkten P_1 und P_2, Bild 25.4. Hierin bedeutet ϕ_i das **Potential** des Punktes P_i. Der Wert des Potentials ist – entsprechend der potentiellen Energie – stets abhängig von der (willkürlichen) Wahl des Bezugspunktes B mit $\phi_B \equiv 0$. Die Potentialdifferenz dagegen bleibt von einer Nullpunktsverschiebung unbeeinflusst.

Das Potential ist eine skalare Größe der Dimension Arbeit/Ladung. Die Einheit des Potentials bzw. der Spannung wird mit Volt bezeichnet:

$$1 \, \mathrm{Volt} = 1 \, \frac{\mathrm{Nm}}{\mathrm{C}} = 1 \, \frac{\mathrm{Joule}}{\mathrm{Coulomb}} .$$

Kennt man das Potential in jedem Punkt eines elektrostatischen Feldes, so lässt sich die Feldverteilung aus der Potentialverteilung berechnen.

Im eindimensionalen Fall hängen sowohl das Potential ϕ als auch die elektrische Feldstärke E nur von einer Raumkoordinate ab, z. B. x. Dann gilt $\mathrm{d}\phi = -E_x \, \mathrm{d}x$ und damit:

$$E_x = -\frac{\mathrm{d}\phi}{\mathrm{d}x} \quad .$$

Die elektrische Feldstärke ist also gleich der negativen Ableitung des Potentials nach dem Ort. In der Praxis sind elektrische Felder jedoch dreidimensional; für deren mathematische Behandlung wird auf Lehrbücher der theoretischen Physik verwiesen.

Das Potential ist wie die Feldstärke geeignet, das elektrische Feld zu beschreiben. Der Vorteil, das Feld durch das Potential darzustellen, besteht darin, dass dieses eine skalare Größe ist, während der Feldstärkevektor in jedem Punkt drei Komponenten besitzt und daher allgemein durch eine Ortsfunktion $E_x(x, y, z)$, $E_y(x, y, z)$ und $E_z(x, y, z)$ beschrieben werden muss. Ist dagegen die Potentialfunktion $\phi = \phi(x, y, z)$ bekannt, so lassen sich durch partielles Differenzieren die drei Komponenten der elektrischen Feldstärke sofort angeben.

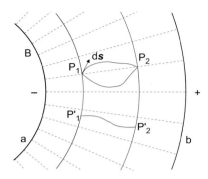

Bild 25.5. Feldlinien (rot gestrichelt) und Potentiallinien (dazu senkrecht, schwarz) zwischen zwei Metallelektroden a bzw. b mit negativer bzw. positiver Ladung. Die Elektrodenoberflächen sind Flächen bzw. Linien konstanten Potentials

Potentiallinien

Verbindet man in einem räumlichen elektrischen Feld die Punkte gleichen Potentials miteinander, so erhält man eine *Äquipotentialfläche* (bzw. *Äquipotentiallinie* im zweidimensionalen Fall).

Für die Arbeit beim Verschieben einer Ladung q von einem beliebigen Punkt P_1 zu einem Punkt P_1' der gleichen Äquipotentiallinie, Bild 25.5, gilt definitionsgemäß $W_{11'} = 0$. Daher muss wegen

$$\mathrm{d}W_{11'} = -q\boldsymbol{E} \cdot \mathrm{d}\boldsymbol{s} = -q|\boldsymbol{E}||\mathrm{d}\boldsymbol{s}|\cos\alpha$$

$\cos\alpha = 0$ sein, d. h. der Winkel zwischen Feldstärke und Ladungsverschiebung muss 90° betragen. Die elektrischen Feldlinien verlaufen also senkrecht zu den Äquipotentiallinien. Daraus ergibt sich eine einfache Konstruktion der Feldstärke aus einem Potentiallinienbild. Man greife sich einen Punkt auf einer Potentiallinie heraus: Die Feldstärke in diesem Punkt steht senkrecht zur Potentiallinie und ihr Betrag ist gleich der Potentialdifferenz zu einer benachbarten Potentiallinie, dividiert durch den Abstand: $E = \Delta\phi/\Delta s$.

In Metallen sind die elektrischen Felder nur relativ schwach, die Potentiale können daher oft als konstant angesehen werden.

Potentialgleichung

Für ein dreidimensionales elektrisches Feld gilt allgemein:

$$E_x = -\frac{\partial\phi}{\partial x} \qquad E_y = -\frac{\partial\phi}{\partial y} \qquad E_z = -\frac{\partial\phi}{\partial z}$$

$$\boldsymbol{E} = (E_x, E_y, E_z) = -\left(\frac{\partial\phi}{\partial x}, \frac{\partial\phi}{\partial y}, \frac{\partial\phi}{\partial z}\right).$$

Die räumliche Differentiation kann man durch das Symbol *grad* (gesprochen Gradient) abkürzen, das eine Rechenvorschrift oder einen Operator darstellt:

$$\left(\frac{\partial\phi}{\partial x}, \frac{\partial\phi}{\partial y}, \frac{\partial\phi}{\partial z}\right) = \mathrm{grad}$$

Mit dieser abgekürzten Schreibweise gilt:

$$\boldsymbol{E} = -\mathrm{grad}\,\phi \quad.$$

Die elektrische Feldstärke ist gleich dem negativen Gradienten oder dem „Gefälle" des Potentials.

Die Potentialverteilung zwischen leitenden Elektroden kann mit Hilfe der Potentialgleichung, die im ladungsfreien Raum gilt, berechnet werden:

$$\mathrm{div}\,\mathrm{grad}\,\phi = \Delta\phi = 0 \quad.$$

Dabei bedeutet Δ den sog. *Laplace-Operator*:

$$\Delta = \frac{\partial^2}{\partial x^2} + \frac{\partial^2}{\partial y^2} + \frac{\partial^2}{\partial z^2} \quad.$$

Man kann durch Differenzieren zeigen, dass folgende Potentialverteilungen Lösungen der Potentialgleichung darstellen:

1. Plattenkondensator:

$$\phi = \phi_\mathrm{a} + U\frac{x}{d} \quad.$$

Dabei bedeutet ϕ_a das Potential der Platte a, U die Potentialdifferenz, d den Plattenabstand und x eine Koordinate senkrecht zur Plattenoberfläche mit $x = 0$ auf der Platte a. Die Potentialflächen (bzw. Potentiallinien im Schnittbild 25.6) sind Ebenen parallel zu den Elektrodenflächen.

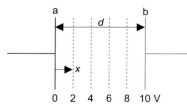

Bild 25.6. Plattenkondensator mit Potentiallinien im Abstand von 2 V und einer angelegten Spannung von 10 V

2. Koaxialkondensator:

$$\phi = \phi_\mathrm{a} + U \frac{\ln(r/R_\mathrm{a})}{\ln(R_\mathrm{b}/R_\mathrm{a})} \quad .$$

Dabei bedeutet ϕ_a das Potential der Elektrode a, U die Potentialdifferenz zwischen den Elektroden und $r = \sqrt{x^2 + y^2}$ den Abstand vom Mittelpunkt. Die Potentiallinien sind Kreise. Zeichnet man äquidistante Potentiallinien, so ist deren Potentialdifferenz nicht konstant (Bild 25.7).

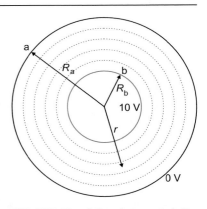

Bild 25.7. Koaxialkondensator mit Potentiallinien (schwarz gestrichelt). Die Potentialdifferenzen sind nicht konstant

Influenz

Influenz bedeutet die Verschiebung von Ladungen in Leitern, die sich in elektrischen Feldern befinden. Wenn sich z. B. ein Leiter im Feld einer positiven Punktladung befindet, so zieht diese Elektronen an. Es entsteht dadurch in dem ursprünglich nicht geladenen Leiter eine Raumladung, die das ursprünglich vorhandene Feld so verändert, dass die resultierende Feldstärke senkrecht zur Leiteroberfläche gerichtet ist.

Im Beispiel einer Punktladung vor einer ebenen Leiteroberfläche ist das resultierende Feld so aufgebaut, als ob sich spiegelbildlich zur Leiteroberfläche eine Ladung, *Bildladung* genannt, mit entgegengesetztem Vorzeichen befindet, Bild 25.8. Das resultierende Feld hat dann an der Oberfläche nur eine Normalkomponente, aber keine Tangentialkomponente.

Solche durch Influenz entstehenden Raumladungen führen zu einer Anziehungskraft zwischen geladenen Körpern und Metallstücken. Bei einer Punktladung vor einer ebenen Metalloberfläche ist die Anziehungskraft durch das Coulomb-Gesetz gegeben, wobei die Raumladung im Metall aus der Bildladung besteht.

Die *Influenzmaschine*, auch als „Wimshurst Machine" oder „Elektrisiermaschine" bezeichnet, ist ein historisches Gerät zur Erzeugung hoher Gleichspannungen. Zwei gleichgroße isolierende Scheiben, z. B. aus Acrylharz A und B von etwa 30 cm Durchmesser, befinden sich in geringem Abstand parallel zueinander auf einer horizontalen Achse. Die Scheiben rotieren bei Betätigung einer Handkurbel gegenläufig. Die Außenflächen der beiden Scheiben sind ringsherum mit Aluminiumstreifen A_1, A_2, A_3, ... A_{24} und B_1, B_2, B_3, ... B_{24} belegt. In Bild 25.9 sind die Einzelheiten, die die hintere Scheibe B betreffen, rot gestrichelt gezeichnet. Vor jeder Scheibe befindet sich ein um die Achse verdrehbarer Querleiter (C und D), dessen Metallpinsel C_1 und C_2 bzw. D_1 und D_2 über die Aluminiumbeläge schleifen. An den Enden einer Isolierleiste befinden sich die Bürsten E_1 und E_2 zur Stromabnahme. Die Elektroden E_1 und E_2 können mit Kondensatoren verbunden werden.

Eine anfänglich stets vorhandene minimale Aufladung der Metallbeläge wird während des Betriebs durch Ausnutzung von Influenzvorgängen verstärkt, bis die durch Isolationsfehler, Stromentnahme und Funkenüberschläge begrenzte Betriebsspannung erreicht ist. Zum besseren Verständnis der Funktionsweise wird der Vorgang im folgenden in einzelne Teilschritte untergliedert.

Ist beispielsweise der mittlere obere Metallbelag A_1 positiv aufgeladen, so wird auf dem gegenüberliegenden Metallbelag B_1 eine negative Ladung influenziert. Nunmehr werde die Scheibe B um zwei Metallbeläge weiter bewegt, so dass der negativ aufgeladene Belag B_1 gegenüber dem Pinsel C_1 zu liegen kommt. Auf dem dort befindlichen Belag A_{22} wird nun eine positive Ladung influenziert, während die entsprechende negative Ladung über die Pinsel C_1 und C_2 zur diametral gegenüberliegenden Belegung A_{10} abgeleitet wird. Diese erzeugt auf dem gegenüberliegenden Belag B_{13} eine positive Ladung.

Nach diesem Schritt wird die entsprechende Bewegung der Scheibe A betrachtet, die den unter dem Pinsel C_1 befindlichen positiv aufgeladenen Belag A_{22} in die Stellung dem Pinsel D_1 gegenüber befördert. Tatsächlich erfolgen die beiden, hier nacheinander beschriebenen Bewegungsvorgänge, gleichzeitig. Auf der Platte A werden, unter dem Einfluss der Ladungen auf der Platte B, unter dem Pinsel C_1 bzw. C_2 positive bzw. negative Ladungen influenziert. Diese Ladungen werden,

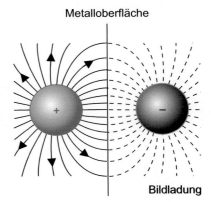

Bild 25.8. Influenzwirkung eines geladenen Körpers vor einer Metalloberfläche. Entstehung einer Bildladung

Bild 25.9. Prinzip der Influenzmaschine. Von den etwa 24 Metallbelägen A_i der vorderen Scheibe A sind nur 3 gezeichnet, gleiches gilt für die hinteren Metallstreifen B_i

Bild 25.10. Elektrische Schaltung zur Messung der Potentialverteilung zwischen zwei ebenen Elektroden in einer Wasserschale. Das Potential an der Spitze S der Sonde wird mit einem einstellbaren Potential verglichen, das von einer Kette von z. B. 10 Widerständen abgegriffen wird (Gesamtwiderstand R)

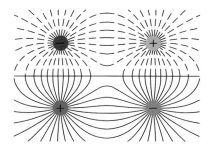

Bild 25.11. Verzerrung des Felderverlaufs zwischen zwei punktförmigen Elektroden (Punktladungen), an den Wänden eines Troges mit leitenden Wänden. Die oberen gestrichelt gekennzeichneten Bildladungen und Feldlinien dienen zur Konstruktion des verzerrten Feldes, sind aber nicht real vorhanden

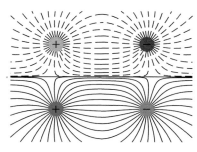

Bild 25.12. Verzerrung des Feldverlaufs zweier Punktladungen an den isolierenden Wänden eines mit leitendem Wasser gefüllten Trog

nachdem sie die gegenüberliegenden Pinsel D_1 bzw. D_2 passierten und dort auf den entsprechenden Belegungen der Platte B negative bzw. positive Ladungen influenzieren konnten, weitergeführt, bis sie an den Bürsten E ihre Ladungen abgeben können. Entsprechendes geschieht gleichzeitig auf der Platte B.

Die Polung der Influenzmaschine kann ermittelt werden, indem ein Elektroskop über eine Elektrode aufgeladen wird. Lässt sich das Elektroskop durch Berühren mit einem geriebenen Kunststoffstab entladen, so ist die benutzte Elektrode positiv – der Kunststoffstab erhält durch die Reibung mit Wolle eine negative Ladung. Erfolgt weitere Aufladung, so ist die Elektrode negativ. Ein Wechsel der Pole tritt während des Betriebs der Maschine nicht ein. Nur nach längeren Pausen können sich die Pole ändern.

25.1 Potential und Feldlinien (1/1)

Messung von Äquipotentiallinien für verschiedene Elektrodenanordnungen. Grafische Bestimmung der dazugehörigen Feldverteilungen.

Flacher, mit Leitungswasser gefüllter Trog, z. B. fotografische Entwicklerschale (23 cm × 33 cm), auf deren Boden eine Mattglasscheibe mit mm-Netz zur Markierung der Punkte im Potentialfeld liegt. Elektroden verschiedener Form, Kompensationsschaltung mit Potentiometer, Tonfrequenzgenerator, Kopfhörer mit Sonde (Drahtspitze mit isoliertem Griff).

Die Messung der Äquipotentiallinien erfolgt in einem großen, nichtleitenden Trog (flache Schale), der mit Leitungswasser gefüllt ist, das elektrisch schwach leitend ist. Die verschiedenen felderzeugenden Elektroden werden nacheinander in den Trog gestellt.

Die Äquipotentiallinien werden mit Hilfe einer *Kompensationsschaltung* ermittelt, Bild 25.10. Bei Benutzung von Wechselspannung im Tonfrequenzbereich kann ein Kopfhörer als Nulldetektor benutzt werden. Wenn durch den Kopfhörer kein Strom fließt, bedeutet dies, dass zwischen Sonde und Potentiometerabgriff keine Potentialdifferenz, d. h. keine Spannung, besteht. Dieser Koordinatenpunkt im *elektrolytischen Trog* besitzt dann das gleiche Potential wie der Abgriff. Im Kopfhörer macht sich dieser Koordinatenpunkt durch ein Lautstärkeminimum bemerkbar.

Mit Hilfe der Sonde S wird nun eine Folge solcher Punkte im Trog aufgesucht, die mit dem Abgriff am Spannungsteiler auf gleichem Potential liegen. Diese Folge von Punkten gleichen Potentials im Elektrolyten bildet dann eine Äquipotentiallinie.

Als Spannungsquelle wird ein Tonfrequenzgenerator mit einer Frequenz von z. B. 1000 Hz eingesetzt. Die Benutzung von Wechselstrom ruft in der Potentialverteilung, auf die es hier allein ankommt, keine Unterschiede gegenüber Gleichstrom hervor, da sich alle Punkte des Systems in jedem Augenblick in gleicher Spannungsphase befinden. Es ergeben sich zwei Vorteile gegenüber der Benutzung von Gleichspannung:

- Es erfolgen keine elektrolytischen Abscheidungen an den Elektroden.
- Als Messgerät zur Bestimmung der Potentialgleichheit zwischen Sonde und Abgriff kann man statt eines Zeigerinstrumentes einen Kopfhörer benutzen und so die hohe Empfindlichkeit des Ohres ausnutzen.

Es entsteht jedoch ein Fehler durch die endliche Größe des Troges. Mit dem vorliegenden Versuchsaufbau können nur ebene Probleme behandelt werden. Das setzt streng genommen voraus, dass der Elektrolyt und die Elektroden senkrecht zur Trogfläche unendlich ausgedehnt sind. Die unendliche Ausdehnung der Anordnung in vertikaler Richtung lässt sich natürlich nicht realisieren. Dabei ist jedoch zu berücksichtigen, dass das Feld in einem Elektrolyten erzeugt wird, der einen wesentlich geringeren Widerstand als die umgebende Luft besitzt. Die zweidimensionale Feldverteilung im Trog ist daher näherungsweise unabhängig von der Ausdehnung in vertikaler Richtung.

An den Trogwänden entstehen Störungen im Feldverlauf gegenüber dem Fall unendlich seitlicher Ausdehnung des Systems. Benutzt man z. B. leitende Trogwände, Bild 25.11, so bilden diese selbst Äquipotentialflächen. Die Feldlinien müssen dann senkrecht zu den Trogwänden verlaufen. Man erhält einen Feldverlauf, als ob die Elektroden mit entgegengesetzter Polarität an den Trogwänden gespiegelt wären (siehe folgenden Abschnitt).

Sind die Trogwände dagegen isolierend, Bild 25.12, dann verlaufen die elektrischen Feldlinien an den Begrenzungen parallel zu denselben, d.h. die Äquipotentialflächen stehen senkrecht auf den Begrenzungsflächen des Troges. Die Ursache dafür ist, dass die Feldlinien im Leiter bleiben. Bei genügendem Abstand von den Begrenzungsflächen des Troges zeigt sich jedoch der unverzerrte Feldverlauf.

 Man bestimme die Potentialverteilung zwischen zwei ebenen Elektroden entsprechend Bild 25.6.

 Man konstruiere aus den Potentiallinien einige Feldlinien und prüfe, ob die Feldstärke konstant ist.

 Man bestimme ebenso den Potentialverlauf zwischen einer gewinkelten Kante und einer ebenen Elektrode, Bild 25.13.

 Man berechne durch grafische Differentiation einige Feldstärkewerte und zeige, dass die Feldstärke in Spitzennähe die größten Werte hat.

 Man bestimme den Potentialverlauf zwischen zwei koaxialen zylindrischen Elektroden entsprechend Bild 25.7, das unter Annahme konstanter Potential-und Spannungsdifferenzen zwischen den Potentiallinien neu zu zeichnen ist.

 Man zeige durch Zeichnen auf Einfach-log-Papier, dass für das Potential gilt: $\phi = A + B \log r$.

 Man bestimme den Potentialverlauf in einem Dreielektrodensystem mit einer Spaltblende, Bild 25.14. Die linke Elektrode wird z.B. auf 10 V und der Spalt auf 0 V gesetzt. Je nach Potential der rechten Elektrode kann ein unterschiedliches Feldlinienbild beobachtet werden. Bei einem Potential von z.B. 4 V auf Elektrode c enden alle von Elektrode a und c ausgehenden Feldlinien auf Elektrode b. Bei einem Potential von 2 V gibt es Feldlinien, die direkt zwischen Elektrode a und c verlaufen.

 Durch grafisches Differenzieren wird die Feldstärke E entlang charakteristischer Richtungen bestimmt und in Diagrammen dargestellt.

25.2 Kräfte zwischen Ladungen, Influenz (1/3)

Betrieb und Anwendung einer **Influenzmaschine**, eines historischen Gerätes zur Erzeugung hoher Spannungen. Durchführung qualitativer Versuche zur Elektrostatik. Anziehung und Abstoßung elektrisch geladener Körper. Entstehung von Ladungen durch Influenz. Funkenüberschlag. Messung von Hochspannungen.

Influenzmaschine, zwei isolierte Stative, zwei Leitungsketten, Papierbüschel, Glocken und Pendel, Kunstglasbehälter mit Metallspitze als Elektrode, Räucherkerzen, zwei Metallkugeln, weiteres Zubehör.

Abstoßung gleichnamiger Ladungen

Für die Versuche wird ein Stativ durch eine Leitungskette mit einer Elektrode der Influenzmaschine verbunden. Die zweite Elektrode wird bei den Versuchen entweder geerdet oder mit einem anderen Experimentteil verbunden.

Das Papierbüschel wird auf dem mit der Influenzmaschine verbundenen Stativ befestigt. Bei Betätigung der Influenzmaschine werden die Papierstreifen gleichnamig, d.h. entweder beide positiv oder beide negativ, aufgeladen, sie stoßen sich gegenseitig ab, und das Papierbüschel fächert sich auf.

Influenz, Anziehung positiver und negativer Ladungen

Zwei (oder mehrere) Glocken werden auf isolierten Stativen befestigt, Bild 25.15. Dazwischen wird eine Metallkugel als Pendel so angeordnet, dass sie zwischen den Glocken hin und her schwingen kann. Die an einem isolierenden Faden aufgehängte Pendelkugel ist zunächst elektrisch neutral. Die beiden Glocken werden mit den Polen der Influenzmaschine verbunden. Bei Betätigung der Influenzmaschine werden durch das von den Glocken ausgehende elektrische Feld auf der Kugel Influenzladungen induziert, die dann zu einer Anziehung der Pendelkugel

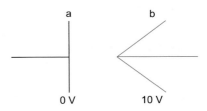

Bild 25.13. Ebene Elektrode und Kante

Bild 25.14. Dreielektrodensystem mit zwei Dimensionierungsvorschlägen. Die Zwischenelektrode führt bei geeigneter Wahl des Potentials zu einer Konzentration der Feldlinien im Elektrodenspalt. Ähnlich wirkt ein Wehnelt-Zylinder in einer Elektronenstrahlröhre

Bild 25.15. Anziehung gleichnamiger Ladungen: Die Pendelkugel wird einmalig durch Influenz aufgeladen und von der Glocke mit dem kleineren Abstand angezogen. Bei Kontakt mit der Glocke wird die Pendelkugel umgeladen und schwingt in die andere Richtung

Bild 25.16. Reinigung der Luft von Schwebteilchen, z. B. Rauchpartikeln. Die Partikel werden durch die Hochspannung an der Spitze bzw. an der Bodenplatte abgeschieden

Bild 25.17. Bestimmung von Hochspannungen durch Messung der Funkenschlagweite

durch die näherstehende Glocke führt. Dort wird die Kugel umgeladen und dann abgestoßen. Das Pendel schwingt dann zur anderen Glocke, an die die Ladung der Pendelkugel abgegeben wird.

Dieser Schwingungsvorgang wiederholt sich fortlaufend, so dass das Pendel zwischen den Glocken hin und her schwingt und diese anschlägt, solange die Glocken geladen sind.

Luftreinigung

Zur Demonstration der Luftreinigung wird ein Glasbehälter verwendet, dessen leitende Bodenplatte mit der einen Elektrode der Influenzmaschine verbunden wird. Gegenüber der Bodenplatte befindet sich eine Metallspitze, die mit der anderen Elektrode der Influenzmaschine verbunden wird, Bild 25.16. Um die Kammer mit Rauch zu füllen, wird ein Räucherkerzchen angezündet und auf die Bodenplatte gestellt. Es kann stattdessen auch Zigarettenrauch verwendet werden. Bei Betätigung der Influenzmaschine setzt sich der Rauch an den Elektroden ab, da die Rauchpartikel durch das sehr starke elektrische Feld in der Nähe der Metallspitze elektrisch aufgeladen werden und sich zu den entgegengesetzt geladenen Elektroden bewegen. Dieses Verfahren wird auch technisch zur Luftreinigung eingesetzt.

Funkenschlagweite

Zwei Kugeln werden auf einem Stativ isoliert befestigt und mit den Leitungsketten an die Influenzmaschine angeschlossen, Bild 25.17. Die Funkenschlagweite wird für verschiedene Umdrehungsgeschwindigkeiten und andere einstellbare Parameter der Maschine gemessen. Mit einwandfrei arbeitenden Influenzmaschinen können Funkenschlagweiten von 10 cm und mehr erreicht werden. Die entsprechenden Hochspannungen sind jedoch relativ ungefährlich, da nur geringe Ströme fließen und die in einem Funken entladene Energie klein ist.

Aus der Funkendurchschlagstrecke kann die erzeugte Spannung abgeschätzt werden, siehe *Kose/Wagner*: Kohlrausch Praktische Physik. Für zwei Kugeln mit je 1 cm Radius und einem Abstand von beispielsweise $s = 3$ mm beträgt die Überschlagsspannung 11,4 kV bei trockener Luft von 18 °C und einem Druck von 1013 hPa.

Man diskutiere den nach Funkenüberschlag durch Ozonbildung entstehenden scharfen Geruch.

26. Elektronenbewegung in elektrischen und magnetischen Feldern

 Bewegung von Elektronen in elektrischen und magnetischen Feldern. Prinzip und mögliche Anwendungen eines einfachen Elektronenstrahl-Oszilloskops.

 Standardlehrbücher (Stichworte: elektrostatische Felder, magnetische Felder, Lorentz-Kraft, Oszilloskop).

Elektronen im elektrischen Feld

Auf ein Elektron mit der negativen Ladung $q = -e$ und der Masse m_e wirkt eine

> **Kraft im elektrischen Feld** $\qquad F = -eE$,

die bei einem freien Elektron eine Beschleunigung a in negativer Feldrichtung zur Folge hat, wobei das Newtonsche Grundgesetz $F = m_e a$ gilt.

Nach dem Durchlaufen einer Spannung U hat das Elektron die

> **elektrische Energie** $\qquad E_{\mathrm{el}} = eU$

aus dem Feld aufgenommen und trägt sie als *kinetische Energie* E_{kin} mit sich. Solange das Elektron nicht relativistisch ist, gilt $E_{\mathrm{kin}} = \frac{1}{2} m_e v^2$ mit $v = $ Geschwindigkeit des Elektrons. Mit $eU = \frac{1}{2} m_e v^2$ ergibt sich die Geschwindigkeit des Elektrons nach Durchlaufen der Potentialdifferenz bzw. Spannung U:

$$v = \sqrt{\frac{2e}{m_e} U} \quad .$$

Das Elektron bewege sich im elektrischen Feld eines **Plattenkondensators** mit einer Plattenfläche A und einem Plattenabstand d, wie es in Bild 26.1 skizziert ist. Im idealen Fall wird im Plattenkondensator ein homogenes Feld angenommen, Bild 26.1 a; der reale Feldverlauf zeigt, dass dies streng genommen nur in der Mitte des Kondensators gilt, Bild 26.1 b. Im homogenen Fall ist die

> **elektrische Feldstärke im Plattenkondensator** $\qquad E = U_{\mathrm{P}}/d$,

wobei U_{P} die Spannung zwischen den Kondensatorplatten und d den Plattenabstand bezeichnen. Die Einheit von E ist 1 V/m.

Tritt ein Elektron mit der Geschwindigkeit v_0 senkrecht in dieses **homogene Feld** ein, so wird es zur positiven Platte hin beschleunigt, Bild 26.2. Für die Kraftkomponente F_y gilt:

$$F_y = -eE = -e\frac{U_{\mathrm{P}}}{d} \qquad \text{und} \qquad F_y = m_e a_y \quad .$$

Die Flugzeit t durch den Kondensator beträgt $t = \ell/v_0$. In dieser Zeit beträgt die Beschleunigung $a_y = -eU_{\mathrm{P}}/m_e d$ und liefert am Ende eine y-Komponente der Geschwindigkeit $v_y = a_y t$, während die x-Komponente $v_x = v_0$ unverändert bleibt, denn *die Bewegungen in x-Richtung und y-Richtung überlagern sich unabhängig!* Die Richtung der Flugbahn des Elektrons ändert sich also um einen Winkel α, wobei $\tan\alpha = v_y/v_x$ ist. Daraus folgt:

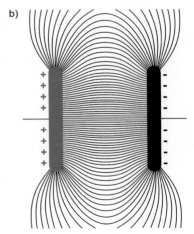

Bild 26.1. Feldlinienverlauf im elektrischen Feld eines Plattenkondensators; (a) idealisiert, (b) real

Bild 26.2. Bewegung eines Elektrons im elektrischen Feld eines Plattenkondensators. Ablenkwinkel α zur Verdeutlichung sehr groß gewählt

$$\tan\alpha = \frac{a_y t}{v_0} = -\frac{e}{m_e}\frac{U_\mathrm{P}}{d}\frac{\ell}{v_0^2} \quad.$$

Da die Elektronengeschwindigkeit v_0 durch die zuvor durchlaufene Beschleunigungsspannung U ausgedrückt werden kann, ergibt sich

$$\tan\alpha = -\frac{1}{2}\frac{\ell}{d}\frac{U_\mathrm{P}}{U} \quad.$$

In der Praxis gilt für kleine

Ablenkwinkel im Plattenkondensator: $\quad \alpha \approx \tan\alpha \sim U_\mathrm{P} \quad.$

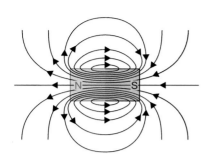

Bild 26.3. Magnetfeld eines Stabmagneten

Elektronen in magnetischen Feldern

Magnetische Felder werden am einfachsten mit *Permanentmagneten*, z. B. einem Stabmagneten mit einem Nord- und einem Südpol (N, S) erzeugt, dessen Feld in Bild 26.3 skizziert ist. Dabei ist die Richtung der magnetischen Feldlinien so definiert, dass sie im Außenraum vom Nord- zum Südpol verlaufen.

Neben Permanentmagneten erzeugen auch elektrische Ströme in ihrer Umgebung magnetische Felder. Wird ein langer Draht zu einer **Spule** mit n Windungen und der Länge ℓ gewickelt und fließt in dem Draht ein Strom I, so erhält man das in Bild 26.4 dargestellte Magnetfeld. Für das im Inneren der Spule weitgehend homogene Magnetfeld gilt für die magnetische Feldstärke:

$$H = \frac{nI}{\ell} \quad \text{mit der Einheit} \quad [H] = 1\,\frac{\mathrm{A}}{\mathrm{m}} \quad.$$

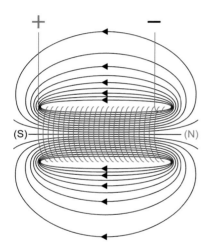

Bild 26.4. Magnetfeld in einer Spule

Im Außenraum dagegen entspricht das Spulenfeld im Wesentlichen dem Dipolfeld eines Stabmagneten, Bild 26.3.

Bringt man nun einen Ladungsträger der Ladung q in ein magnetisches Feld, so erfährt er keine Kraftwirkung, wenn er im Feld ruht. Auch wenn er sich parallel zu den Magnetfeldlinien bewegt, ergibt sich keine Kraftwirkung. Wenn seine Geschwindigkeit $\boldsymbol{v}$ dagegen eine Komponente $v_\perp$ senkrecht zur Richtung der Feldstärke H besitzt, dann entsteht eine Kraft F_L, die senkrecht zu $v_\perp$ und H gerichtet ist, Bild 26.5:

Lorentzkraft $\quad F_\mathrm{L} = \mu_0 q v_\perp H \quad.$

Hierbei ist μ_0 die **Induktions-** oder *magnetische Feldkonstante* .

Bilden die Vektoren $\boldsymbol{v}$ und $\boldsymbol{H}$ einen beliebigen Winkel α, so steht $\boldsymbol{F}_\mathrm{L}$ wieder auf der durch $\boldsymbol{v}$ und $\boldsymbol{H}$ aufgespannten Ebene senkrecht und besitzt die Größe

$$|\boldsymbol{F}_\mathrm{L}| = \mu_0 q |\boldsymbol{v}||\boldsymbol{H}|\sin\alpha,$$

was als **Vektorprodukt** geschrieben werden kann:

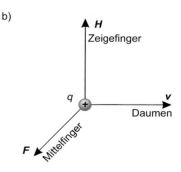

Bild 26.5. (a) Ein Ladungsträger mit positiver Ladung q und der Geschwindigkeit v im Magnetfeld der Stärke H erfährt eine Kraft F; (b) dem entspricht die sog. *Rechte-Hand-Regel*

$$F_L = \mu_0 q(\boldsymbol{v} \times \boldsymbol{H}) \quad .$$

(Merkhilfe: **Rechte-Hand-Regel**, siehe Bild 26.5 b – Achtung: Vorzeichen bei negativen Ladungen (Elektronen) beachten.)

Bewegt sich ein Elektron mit der Geschwindigkeit v in einem homogenen Magnetfeld der Feldstärke H, erfährt die es *Lorentzkraft* F_L (Bild 26.6). Diese wirkt senkrecht zu v und zwingt das Elektron auf eine gekrümmte Bahn, wobei der Betrag der Geschwindigkeit konstant bleibt, weil die Kraft stets senkrecht zur Bahntangente wirkt. Auf einer solchen gekrümmten Bahn wirkt auf das Elektron die nach außen gerichtete *Zentrifugalkraft*

$$F_Z = m_e \frac{v^2}{r} \quad ,$$

wobei r der Krümmungsradius der Bahn und m_e die Elektronenmasse ist. Da $F_Z = -F_L$ sein muss, ergibt sich für die Beträge der Vektoren

$$m_e \frac{v^2}{r} = \mu_0 evH \quad ,$$

d. h. das Elektron bewegt sich auf einer Kreisbahn mit dem Radiusvektor r. Der Geschwindigkeitsvektor v bleibt dabei stets senkrecht zum Magnetfeld H und senkrecht zu r.

Durchfliegt das Elektron ein homogenes Magnetfeld räumlich begrenzter Ausdehnung, Bild 26.7, so wird es nur einen Kreisbogen der Länge ℓ durchlaufen. Der Ablenkwinkel der Bahn ist dann:

$$\alpha = \ell/r = \frac{\ell \mu_0 e}{m_e v} H \quad .$$

 ## Elektronenstrahlröhre

Versuche zur Ablenkung von Elektronen durch elektrische und magnetische Felder können mit einer Elektronenstrahlröhre durchgeführt werden, die in ähnlicher Form auch in technischen Elektronenstrahl-Oszilloskopen eingesetzt wird – siehe dazu *Themenkreis 21*.

In einem evakuierten Glaskolben, Bild 26.8, befindet sich eine auf negativem Potential liegende indirekt geheizte **Kathode** K, die in einem kleinen Bariumoxidfleck Elektronen emittieren kann (U_{Hz}: Heizspannung). Diese Elektronen werden nun zur positiv gepolten **Anode** A hin beschleunigt. Die Anode besteht aus einer Lochscheibe, durch die die beschleunigten Elektronen bis zum **Leuchtschirm** S gelangen. Der Schirm besitzt eine fluoreszierende Schicht, z. B. Zinksilikat, die aufleuchtet, wenn sie von Elektronen getroffen wird. Der zusätzlich vorhandene **Wehnelt-Zylinder**

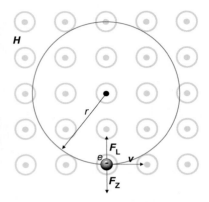

Bild 26.6. Elektron im homogenen Magnetfeld. Das Feld steht senkrecht auf der Papierebene und zeigt nach oben. Man beachte, dass die Ladung des Elektrons negativ ist

Bild 26.7. Ablenkung eines Elektrons durch ein homogenes Magnetfeld der Ausdehnung ℓ

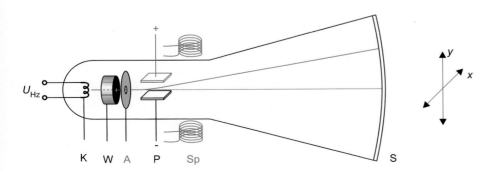

Bild 26.8. Elektronenstrahl-Röhre zur Demonstration der Ablenkung durch ein elektrisches Feld (erzeugt durch Spannung am Plattenpaar P) sowie ein magnetisches Feld (erzeugt durch stromdurchflossenes Spulenpaar Sp), Aufsicht von oben (schematisch)

W wirkt als Linse für Elektronen (**Elektronenlinse**). Durch Verändern der negativen Wehnelt-Spannung lässt sich die Brennweite der Elektronenlinse verändern; der Elektronenstrahl kann dadurch fokussiert werden. Allerdings ändert sich dabei zugleich auch die Elektronenstrahlstärke. Bei zu stark negativer Wehnelt-Spannung kann der Fall auftreten, dass die Elektronen den Kathodenraum überhaupt nicht mehr verlassen können.

Auf dem Weg zum Leuchtschirm S durchläuft der Elektronenstrahl noch das homogene elektrische Feld zwischen den Ablenkplatten P sowie das Magnetfeld der Ablenkspulen Sp. Die Winkelablenkung des Elektronenstrahls durch das E-Feld ist wie in Bild 26.2 proportional zur Plattenspannung U_P. Durch das gleichgerichtete Magnetfeld der beiden Spulen, die in gleicher Richtung vom Strom I durchflossen werden, wird dagegen der Elektronenstrahl aus der Zeichenebene herausgelenkt, wobei der Ablenkwinkel proportional zur magnetischen Feldstärke H und damit zum Spulenstrom I_{Sp} ist, vergleiche Bild 26.7. Die x- und die y-Auslenkung sind unabhängig voneinander, da sich die auf das Elektron wirkenden Ablenkkräfte unabhängig addieren.

Legt man zeitlich sich ändernde Spannungen an die Platten oder schickt man zeitlich sich ändernde Ströme durch die Spulen, so folgt der Elektronenstrahl fast trägheitslos, da die Elektronen eine hohe Geschwindigkeit und eine sehr kleine Masse besitzen. Zur Demonstration eines Oszilloskops mit Zeitablenkung wird an die Horizontal-Ablenkplatten eine Sägezahn- oder **Kippspannung** U_x gelegt, so dass in jeder Periode eine linear mit der Zeit wachsende Ablenkung in x-Richtung erfolgt, gefolgt von einem schnellen Rücklauf, Bild 26.9. Legt man nun gleichzeitig eine sinusförmige Wechselspannung U_y an das Spulenpaar, so ergibt die Überlagerung der beiden Ablenkungen auf dem Leuchtschirm eine sinusförmige Leuchtspur. In Bild 26.9 ist die Entstehung dieses Leuchtspurbildes für 14 Zeitpunkte t_1 bis t_{14} grafisch erläutert. Die gerade Rücklaufspur ist dagegen wegen der hier vorhandenen hohen Schreibgeschwindigkeit des Elektronenstrahles kaum sichtbar. In technischen Oszilloskopen wird der Elektronenstrahl in diesem kurzen Zeitintervall durch einen hinreichend hohen negativen Wehneltspannungs-Impuls ausgeschaltet.

Bei gleicher Frequenz der Sinus- und Sägezahnablenkung erhält man auf dem Leuchtschirm ein stehendes Bild, da alle aufeinander folgenden Ablenkungsbilder

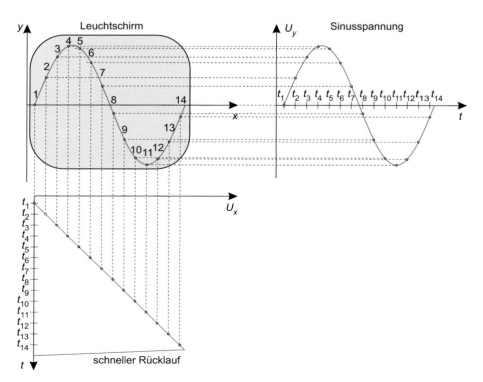

Bild 26.9. Darstellung einer sinusförmigen Spannung U_y auf dem Leuchtschirm mittels einer Sägezahnspannung U_x an den Horizontalablenkplatten

identisch sind. Bei kleinen Frequenzabweichungen beobachtet man dagegen eine mehr oder weniger schnell wandernde Kurve. Ein stehendes Bild erhält man übrigens auch dann, wenn die Sinusfrequenz ein ganzzahliges (oder auch nur rationales) Vielfaches der Kippfrequenz ist.

In *technischen Kathodenstrahloszilloskopen* wird anstelle der Ablenkspulen auch zur Ablenkung in x-Richtung gewöhnlich ein zweiter, um 90° gedrehter Ablenkkondensator verwendet. Solche Geräte enthalten im übrigen auch Abschirmbleche, um eine Ablenkung des Elektronenstrahls durch äußere Störfelder, z. B. das Erdmagnetfeld zu vermeiden.

Ältere *Fernsehgeräte* enthalten eine Elektronenstrahlröhre zur Bilddarstellung ähnlich wie ein Kathodenstrahloszilloskop. Der Bildschirm enthält drei verschiedenfarbig fluoreszierende Pigmente. Sie arbeiten typischerweise mit Anodenspannungen von 25 kV und bilden aus drei Farbsystemen das farbige Fernsehbild, wobei z. B. die Bildhelligkeit mit der Anodenspannung geregelt wird und die Farbsättigung durch unterschiedliche Anodenspannungen in den drei Farbsystemen realisiert werden kann. Solche Fernsehröhren sind heute nicht mehr Stand der Technik. Sie wurden durch Geräte ersetzt, bei denen der Bildschirm aus einzelnen elektronisch direkt angesteuerten Leuchtpunkten („Pixel") gebildet wird. Diese können aus einzelnen Leuchtdioden, aus Plasmaelementen oder aus Flüssigkristallzellen (LC: liquid crystal) bestehen, siehe *Themenkreis 41*. Mit dieser Technik wurde es überhaupt erst möglich, Laptos, Tablet-PCs oder Smartphones herzustellen.

26.1 Eigenschaften eines Kathodenstrahl-Oszilloskops (2/3)

In einer einfachen Oszilloskop-Anordnung mit freistehender Kathodenstrahlröhre werden die Grundgesetze der Elektronenbewegung in elektrischen und magnetischen Feldern veranschaulicht. Die Funktion eines Kathodenstrahloszilloskops wird verdeutlicht.

Kathodenstrahlröhre (Braunsche Röhre) einfacher Bauform mit Sägezahngenerator, Spulen (z. B. 2×300 Windungen, $R_{\mathrm{Sp}} = 4\,\Omega$) und Kondensatorplatten (z. B. $\ell = 20\,\mathrm{mm}$, $d = 12\,\mathrm{mm}$), Kompass, Stabmagnet, Drehspiegel, Eisenjoche für die Spulen, Vielfach-Messinstrument, Plexiglas-Maßstab.

Wirkung der Wehnelt-Spannung U_W

Die maximale Anodenspannung wird eingestellt. Die Wehneltspannung U_W wird über ihren vollen Spannungsbereich z. B. von $-50\,\mathrm{V}$ bis $0\,\mathrm{V}$ variiert und der Wert bei schärfster Fokussierung notiert. Bei welcher Wehneltspannung U_W verschwindet der Leuchtfleck?

Die Anodenspannung U_A wird über ihren vollen Spannungsbereich, z. B. von $120\,\mathrm{V}$ bis $300\,\mathrm{V}$ variiert. Dabei wird die Wehneltspannung so nachgeregelt, dass sich jeweils eine gute Fokussierung ergibt. Die Messung wird für ca. 10 Wertepaare durchgeführt.

Die gemessenen Wertepaare werden grafisch aufgetragen. Für die maximal erreichte Anodenspannung die Geschwindigkeit der Elektronen berechnen.

Ablenkung im magnetischen Feld

Zur Prüfung der Richtung der Lorentzkraft auf den Elektronenstrahl wird ein Stabmagnet der Kathodenstrahlröhre so genähert, dass das Magnetfeld den Elektronenstrahl etwa senkrecht durchsetzt. Die Ablenkrichtung wird verglichen mit der *Rechte-Hand-Regel* in Bild 26.5.

Das Experiment wird mit anderen Magnetfeldrichtungen wiederholt, hierbei den Stabmagneten u.a. auch parallel zum Elektronenstrahl halten.

Mit Hilfe der zwei Ablenkspulen wird die Ablenkung des Elektronenstrahls durch ein Magnetfeld weiter untersucht. Zunächst werden die Spulen mit dem maximal zugelassenen Gleichstrom betrieben; die Magnetfeldrichtung lässt sich dabei mit dem Kompass bestimmen. Was ändert sich beim Einsatz der Eisenjoche?

Der Versuch wird mit Netzwechselstrom (50 Hz) aus einem Niederspannungstransformator wiederholt. Der entstehende Leuchtstrich wird über einen Drehspiegel beobachtet (es kann auch ein Taschenspiegel zwischen zwei Fingern gehalten und schnell hin und her bewegt werden). Wie kann man die Beobachtung deuten?

Ablenkung im elektrischen Feld

Die Auslenkung y des Leuchtflecks wird in Abhängigkeit von der Gleichspannung am Plattenkondensator gemessen und grafisch aufgetragen: $y = f(U_P)$. Die Richtung der Elektronenstrahlablenkung soll diskutiert werden.

Bei Anlegen einer Wechselspannung (z. B. 50 Hz) an die Ablenkplatten entsteht wieder ein Leuchtstrich, der wie bei der Magnet-Ablenkung mit einem Drehspiegel beobachtet werden kann.

Es wird eine gleichzeitige Ablenkung durch ein elektrisches Gleichfeld und ein magnetisches Gleichfeld realisiert. Das Ergebnis zeigt eine unabhängige Überlagerung der beiden Ablenkungen. Ursache: Die beiden an den Elektronen angreifenden Kräfte addieren sich vektoriell.

Überlagerung zueinander senkrecht stehender Schwingungen

An beide Ablenkspulen wird die gleiche Wechselspannung (50 Hz) gelegt. Eine der beiden Spulen wird um 90° um die Röhrenachse geschwenkt. Die Bewegung des Leuchtflecks entspricht dann der Überlagerung zweier zueinander senkrechter Sinusschwingungen mit gleicher Frequenz und Phase.

Wiederholung der Messung beim Schwenken der Spule nur um 45°.

Darstellung einer Wechselspannung mittels einer Sägezahnablenkung

An den Ablenkkondensator des Kathodenstrahlrohres wird die Spannung eines Sägezahngenerators, also eine x-Ablenkung entsprechend Bild 26.8, angelegt. Die Frequenz des Sägezahngenerators wird variiert. Durch die Ablenkspulen, also die y-Ablenkung entsprechend Bild 26.8, wird nun ein z. B. sinusförmiger Wechselstrom (z. B. 50 Hz) geschickt. Der Leuchtfleck vollführt dann auf dem Bildschirm genau eine einzige Sinusschwingung, wenn die Frequenz des Sägezahngenerators ebenfalls 50 Hz beträgt.

Es werden weitere Verhältnisse zwischen beiden Frequenzen $f_{\text{Säge}}$ / f_{Wechsel} eingestellt und die Ergebnisse skizziert.

Die jeweiligen Ergebnisse beschreiben und diskutieren.

26.2 Messung der Elektronenstrahlablenkung (1/3)

In einer einfachen Oszilloskop-Anordnung mit freistehender Kathodenstrahlröhre sollen die durch elektrische und magnetische Felder verursachten Elektronenstrahlablenkungen quantitativ bestimmt werden.

Kathodenstrahlröhre einfacher Bauform mit Zubehör wie in Aufgabe 26.1.

Messung der Elektronenstrahlablenkung

Die maximale Anodenspannung U_A und die bestmögliche Fokussierung mit der Wehnelt-Spannung U_W werden eingestellt, wobei der Leuchtfleck ohne Ablenkung etwa in der Mitte des Bildschirmes liegen sollte. Ggf. mit kleinem Magnetring am Stativ nachjustieren (U_A und U_W notieren).

Infolge Ausbildung störender Wandladungen auf der Glaskolben-Innenfläche, die einen Teil der Ablenkung im Plattenkondensator kompensieren, kann der Leuchtfleck 2 – 3 Sekunden nach dem Einschalten der Plattenspannung in Richtung Null-Lage wandern. Man sollte daher die Auslenkung sofort nach dem Einschalten messen. Praktisch lässt sich das realisieren, indem man zunächst die gewünschte Gleichspannung $U_{\overline{P}}$ einstellt, dann auf $U_{\widetilde{P}}$ umschaltet und erst zur Messung wieder auf $U_{\overline{P}}$ zurückschaltet und den maximalen Ausschlag möglichst schnell abliest.

Zunächst wird die Ablenkung im *magnetischen Gleichfeld* gemessen. Hierzu werden für z. B. 6 - 8 Spulenstromstärken $I_{\overline{\text{Sp}}}$ (Gleichstrom) die Längen der Strahlauslenkungen $\overline{y}$ auf dem Bildschirm bestimmt.

Ist die Ablenk-Kalibrierkurve $\overline{y} = f(I_{\overline{\text{Sp}}})$ innerhalb der Fehlergrenzen linear?

Zur Bestimmung der Ablenkung eines Elektronenstrahles im *magnetischen Wechselfeld* werden die Längen des Leuchtstriches $2\widetilde{y}$ wieder für z. B. 6 – 8 Werte $I_{\widetilde{Sp}}$ (Wechselstrom) bestimmt.

Bei der Ablenkung des Elektronenstrahls im *elektrischen Gleichfeld* wird die Auslenkung $\overline{x}$ des Leuchtpunktes für z. B. 6 – 8 Ablenkgleichspannungen $U_{\overline{P}}$ gemessen.

Für die Ablenkung im *elektrischen Wechselfeld* wird die Länge $2\widetilde{x}$ des horizontalen Leuchtstriches für z. B. 6 – 8 Ablenkspannungen $U_{\widetilde{P}}$ bestimmt.

Die Ergebnisse $\overline{y} = f(I_{\overline{Sp}})$, $\widetilde{y} = f(I_{\widetilde{Sp}})$, $\overline{x} = f(U_{\overline{P}})$, $\widetilde{x} = f(U_{\widetilde{P}})$ werden in Diagrammen aufgetragen. Die Steigungen der sich ergebenden Geraden werden diskutiert und aus den Parametern der Anordnung abgeschätzt.

26.3 Nachweis des erdmagnetischen Feldes (1/3)

Der Einfluss des Erdmagnetfeldes soll durch Ablenkung eines Elektronenstrahls qualitativ beobachtet werden.

Kathodenstrahlröhre einfacher Bauform mit Zubehör, Lineal, Kompass.

Mit einem Kompass wird zunächst die Richtung der Horizontalkomponente des *erdmagnetischen Feldes* H_E am Messplatz bestimmt. Das Oszilloskop wird nun so gedreht, dass der Kathodenstrahl parallel zu dieser Horizontalkomponente liegt, die Lage des Leuchtflecks wird markiert. Die Anordnung wird um 90° um die vertikale Achse gedreht und die Verschiebung des Leuchtflecks registriert.

Stimmt die Richtung der Verschiebung mit der bekannten Richtung des erdmagnetischen Feldes überein? Welchen Einfluss hat die Vertikalkomponente des Erdmagnetfeldes auf das Experiment? Wie wirkt sich die Abschirmung durch die Eisenträger im Gebäude aus?

27. Erdmagnetisches Feld

🏁 Messung statischer Magnetfelder, insbesondere des erdmagnetischen Feldes. Magnetfelderzeugung durch elektrischen Strom. Untersuchung des Drehmomentes auf einen permanentmagnetischen Dipol im magnetischen Feld. Messung vektorieller Größen. Anwendung des Kompensationsverfahrens am Beispiel der Feldmessung.

📖 *Standardlehrbücher* (Stichworte: Magnetfeld, magnetischer Dipol, Erdmagnetfeld, Inklination, Deklination),
Bloxham/Gubbins: Die Entwicklung des Erdmagnetfeldes,
Powell: Innenansicht der Erde,
Campbell: Introduction to Geomagnetic Fields.

📖 Ursachen von Magnetfeldern

Magnetische Felder entstehen durch bewegte elektrische Ladungen. Dabei kann es sich um Ströme in elektrischen Leitungen oder auch im Erdinneren handeln.

Magnetfelder sind im Gegensatz zu elektrostatischen Feldern Wirbelfelder, deren Feldlinien stets geschlossen sind. Es gibt – anders als im elektrischen Fall – keine magnetischen Ladungen oder Monopole, sondern nur **Dipole**. Beispiele für solche Dipole sind ein stabförmiger Permanentmagnet oder auch eine Kompassnadel.

Betrag und Richtung von Magnetfeldern werden durch die magnetische Feldstärke H beschrieben, die sich für einfache Geometrien stromdurchflossener Leiter aus dem Durchflutungsgesetz, das einer der Maxwellschen Gleichungen entspricht, berechnen lässt.

Für die Mitte einer von einem Strom I durchflossenen Spule mit einer Zahl von N Windungen, der Länge ℓ und dem Durchmesser d, Bild 27.1, erhält man daraus für den Betrag der **magnetischen Feldstärke**

$$H = \frac{NI}{\sqrt{d^2 + \ell^2}} \quad .$$

Das Feld variiert in axialer und radialer Richtung. Bei sehr langen Spulen mit $\ell \gg d$ wird das Feld homogen:

> **Magnetische Feldstärke in einer langen Spule:** $\quad H \approx \dfrac{N}{\ell} I \quad .$

Eine weitere Magnetfeldquelle können magnetische Dipolmomente beispielsweise in Permanentmagneten sein, die aus ferromagnetischen Materialien bestehen (z.B. Fe, Co, Ni). In solchen Materialien kann man durch ein äußeres Magnetfeld die Ausrichtung permanent vorhandener, elementarer magnetischer Dipole erreichen. Diese Ausrichtung bleibt unterhalb einer bestimmten Temperatur nach Abschalten des äußeren Feldes erhalten, s. *Themenkreis 28* . Die Magnetfelder der elementaren Dipole entstehen durch die kreisförmigen Elektronenströme in den Atomen, Bild 27.2.

In einer größeren Entfernung von einem Permanentmagneten beobachtet man unabhängig von seiner Form ein Dipolfeld, was aus der Überlagerung der elementaren Dipolfelder verständlich ist.

Bild 27.1. Magnetfeld einer langen Spule, die von einem elektrischen Strom I durchflossen wird. Ein möglicher Weg $\overline{ABCD}$ für die Anwendung des Durchflutungsgesetzes zur Feldberechnung für theoretisch interessierte Studenten ist skizziert

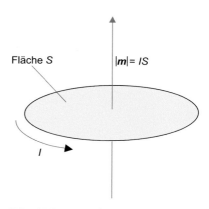

Bild 27.2. Magnetisches Dipolmoment $\boldsymbol{m}$ eines Kreisstromes I

Messung von Magnetfeldern

Die Größe und Richtung des magnetischen Feldstärkevektors H lässt sich nicht in derselben Weise feststellen wie beim elektrischen Feld, bei dem man im Prinzip eine Probeladung in das Feld einbringen und die ausgeübte Kraft messen kann. Dies liegt daran, dass es keine magnetischen Einzelladungen oder Monopole gibt.

Zur Messung betrachtet man daher die Wirkung dieses äußeren Magnetfeldes auf einen magnetischen Dipol mit dem Dipolmoment m. Im elektrischen Fall besteht ein Dipol aus einer positiven und einer gleichgroßen negativen Ladung in einem kleinen Abstand. Magnetische Dipole werden durch Kreisströme, z. B. bewegte Elektronen in Atomen erzeugt, Bild 27.3. Dies ist beispielsweise ein stabförmiger Permanentmagnet. Ein solcher magnetischer Dipol verhält sich in einem Magnetfeld analog zu einem elektrischen Dipol im elektrischen Feld. In einem homogenen (räumlich konstanten) Feld wirkt auf den Dipol nur ein Drehmoment, aber keine resultierende Kraft, Bild 27.4:

$$M = \mu_0 m \times H \quad .$$

Man veranschauliche sich diesen Zusammenhang mittels der *Lorentzkraft*, die auf einen Ringstrom gemäß Bild 27.3 einwirkt, wenn dieser sich in einem homogenen Feld befindet! Aus der Größe des ausgeübten Drehmomentes kann man auf die Stärke des Magnetfeldes schließen.

Da das magnetische Dipolmoment m des im folgenden Versuch verwendeten ferromagnetischen Stabmagneten in Bezug auf die Drehachse nicht bekannt ist, überlagert man das zu messende Feld H_h mit einem bekannten Spulenfeld H_s zu einem Gesamtfeld H_i mit dem Betrag

$$H_i = H_h + H_s = H_h + \frac{N}{l} I \quad .$$

Es wird dabei vorausgesetzt, dass die Spulenachse parallel zu dem zu messenden Magnetfeld ausgerichtet ist, dessen Richtung mit einem Kompass festgestellt werden kann.

Mit dem angreifenden Drehmoment (das Torsionsmoment des Aufhängefadens wird vernachlässigt) ergibt sich die Schwingungsgleichung für den Auslenkwinkel ζ des Stabmagneten aus der Gleichgewichtslage:

$$J\ddot{\zeta} + \mu_0 m H_i \sin \zeta = 0 \quad .$$

Dabei ist J das Trägheitsmoment des Stabmagneten.

Für kleine Auslenkwinkel $\zeta \ll 1$ lässt sich $\sin \zeta \approx \zeta$ nähern und die Differentialgleichung elementar lösen: *Schwingungsgleichung*. Die Schwingungsdauer ergibt sich dann zu:

$$T^2 = \frac{4\pi^2 J}{\mu_0 m |H_h + \frac{N}{l} I|} \quad .$$

Um den Wert von H_h zu bestimmen, wird die Schwingungsdauer T in Abhängigkeit vom Spulenstrom gemessen und festgestellt, wann $H_h = -H_s$ oder $T^2 \to \infty$.

Nach Abklingen von Schwingungen richtet der Dipol sich parallel zum Magnetfeld aus, so dass $\zeta = 0$ wird. Dieses Prinzip wird auch bei der Kompassnadel ausgenutzt, die sich in Nord-Süd-Richtung einstellt.

In der Praxis werden Magnetfelder heute häufig mit kalibrierten *Hallsonden* gemessen (siehe auch *Themenkreis 28*).

 Erdmagnetfeld

Das Magnetfeld der Erde, Bild 27.5, entsteht ebenfalls durch eine Bewegung von Ladungen, die im Erdinneren zu großen elektrischen Strömen führen. Es ist in Näherung gleich dem Feld H eines magnetischen Dipols mit dem Dipolmoment m_E im Erdmittelpunkt, dessen Nordpol in der Südhalbkugel liegt und dessen Achse im Jahr 2015 knapp $10°$ gegen die Rotationsachse der Erde (Radius R) geneigt ist. Die

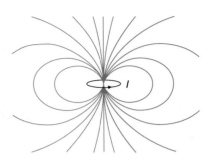

Bild 27.3. Feld eines magnetischen Dipols, z. B. erzeugt durch Kreisstrom I

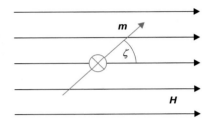

Bild 27.4. Magnetischer Dipol m in einem homogenen Magnetfeld der Feldstärke H. Das auf den Dipol wirkende Drehmoment steht senkrecht auf der Bildebene, zeigt in die Zeichenebene hinein und bewirkt eine Drehung des Dipols im Uhrzeigersinn

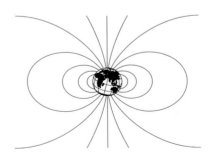

Bild 27.5. Magnetfeld (Feldlinien) der Erde

Abweichungen der realen magnetischen Feldstärke an der Erdoberfläche von diesem einfachen Dipolbild liegen bei etwa 10 % und können durch die Hinzunahme höherer Multipole erfasst werden. Der Feldstärkevektor $\boldsymbol{H}$ und die Erdoberfläche (Horizontale) schließen einen sog. **Inklinationswinkel** β ein, Bild 27.6. $\boldsymbol{H}$ hat eine Horizontalkomponente in magnetischer Nord–Süd–Richtung (Einheitsvektor $\boldsymbol{e}_{\mathrm{h}}$) und eine Radialkomponente senkrecht zur Erdoberfläche (Einheitsvektor $\boldsymbol{e}_{\mathrm{r}}$):

$$\boldsymbol{H} = \frac{m_{\mathrm{E}}}{4\pi R^3}(\boldsymbol{e}_{\mathrm{h}}\cos\phi + \boldsymbol{e}_{\mathrm{r}}2\sin\phi) \quad .$$

Daraus kann die Inklination für den Versuchsstandort mit der geomagnetischen Breite ϕ, die nur näherungsweise gleich der geographischen Breite ist, abgeschätzt werden: $\tan\beta = 2\tan\phi$.

Die Abweichung der Horizontalkomponente von der geographischen N–S–Richtung wird als **Deklination** (auch magnetische Missweisung) bezeichnet. Die Deklination ist in Seekarten verzeichnet. Heute wird allerdings das Erdmagnetfeld als Navigationshilfsmittel durch das *GPS* (*Global Positioning System*) mittels Satellitendistanzmessungen ersetzt.

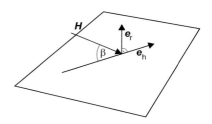

Bild 27.6. Die magnetische Feldstärke ist gegenüber der Erdoberfläche um einen Inklinationswinkel β geneigt

Aufbau der Erde, Ursachen des Erdmagnetfeldes

Mit Experimenten und Simulationen zur Ausbreitung von seismischen Wellen (Erdbeben oder unterirdische Atombombentests) wurde der Schalenaufbau der Erde, Bild 27.7, erforscht. Unter der kaum 60 km mächtigen, festen Gesteinskruste, in der sich die Gebirgsbildung, Vulkanausbrüche und die Drift der Kontinentalplatten abspielt, befindet sich ein 2900 km tiefer Gesteinsmantel. Dieser Erdmantel, der vorwiegend aus silikatischem Gestein besteht, ist zähplastisch.

Der noch tiefer gelegene Erdkern besteht aus einem festen inneren und einem äußeren, flüssigen Bereich. Die in diesem äußeren Kern vorherrschenden Drücke betragen etwa eine Million Bar. Durch die gleichzeitig hohen Temperaturen von 5800 K (fast die Temperatur der Sonnenoberfläche!) wird der vermutlich aus einer Eisen-Nickellegierung mit Sauerstoff und Schwefel bestehende flüssige äußere Kern etwa so viskos wie Wasser. Die elektrische Leitfähigkeit beträgt etwa $1,4 \cdot 10^6 \frac{1}{\Omega\mathrm{m}}$ und ist damit nur etwa fünfzig mal kleiner als die von Kupfer.

Das im Inneren heiße Material strömt nach außen. Kälteres Material sinkt durch die Schwerkraft nach innen. Es entstehen so walzenförmige Konvektionsströmungen, wobei benachbarte Walzen gegenläufig sind. Zusätzlich wirkt die Erdrotation, so dass sich insgesamt schraubenförmige Wirbel parallel zur Erdachse einstellen.

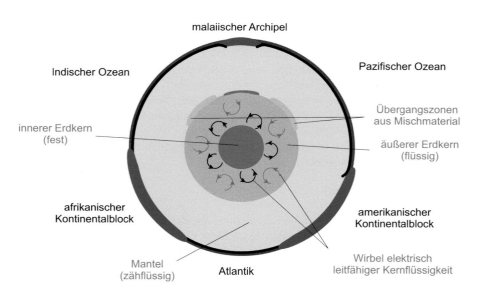

Bild 27.7. Schnitt durch die Erde am Äquator und elektrische Stromverteilungen, die das Magnetfeld erzeugen

Dieser äußere, flüssige Erdkern gilt als eigentlicher Entstehungsort des Erdmagnetfeldes. Die Ursache für das Magnetfeld ist der sog. *Geodynamo*: Die mit der leitfähigen Schmelze strömenden, elektrischen Ladungen unterliegen über die *Lorentzkraft* einer Ablenkung durch das Erdmagnetfeld, so dass elektrische Ströme erzeugt werden. Diese Ströme induzieren wiederum das Magnetfeld. Strom und Magnetfeld treiben sich also wie in einer selbsterregten elektrischen Dynamomaschine gegenseitig an, wobei die Energiezufuhr durch die Massenströme erfolgt, die einem mechanischen Antrieb entsprechen.

Das Magnetfeld der Erde unterliegt in geologischen Zeiträumen starken Schwankungen. Durch Untersuchungen von magnetisiertem Gestein ist die Geschichte des Erdmagnetfeldes in groben Zügen über mehr als 2 Milliarden Jahre bekannt. Das Feld polt sich in unregelmäßigen Zeitintervallen von 10^5 bis 10^7 Jahren um. Diese Erscheinungen werden mit einer Wanderung und Veränderung der Strömungen im äußeren Erdkern begründet.

Auch in der Ionosphäre werden Ströme durch das magnetische Erdfeld erzeugt, die aber wegen schwankender Ladungsträgerkonzentration in der Ionosphäre und Konvektion infolge der Tageserwärmung vom Stand der Sonne abhängig sind. Damit lassen sich beispielsweise die Tagesschwankungen des Magnetfeldes erklären.

In diesem Zusammenhang sei auch die für irdisches Leben schützende Funktion des Erdmagnetfeldes erwähnt. Schnelle, geladene Teilchen aus dem Weltraum werden im sog. Strahlungsgürtel, dem *Van-Allen-Gürtel* durch die *Lorentzkraft* abgelenkt. Der Gürtel ist zu den Polen hin offen, wo schnelle Elektronen in die Hochatmosphäre eindringen können und durch Stoßanregung u. a. das Polarlicht erzeugen.

27.1 Horizontalkomponente des Erdfeldes (2/3)

Die Horizontalkomponente H des Erdmagnetfeldes soll durch Ausnutzung des Drehmoments auf einen magnetischen Dipol gemessen werden, dessen Schwingungsdauer vom Feld abhängt. Anwendung eines Kompensationsverfahrens zur Messung einer physikalischen Größe.

Magnetometer, Kompass, Stoppuhr.

Bild 27.8. Spulenmagnetometer

Das Spulenmagnetometer besteht aus einer langen Spule, in deren Mitte sich ein um eine vertikale Achse frei drehbarer Stabmagnet befindet, Bild 27.8. Der Stabmagnet kann durch die Sichtfenster, die gegen Luftzug schützen, an den Spulenenden beobachtet werden.

Der an einem Torsionsfaden befestigte Stabmagnet schwingt um seine Gleichgewichtslage, die der Spulenachse entspricht. Die Periodendauer T hängt von dem zusätzlichen homogenen Spulenfeld H_s ab, das sich aus dem fließenden Spulenstrom und der Windungszahl berechnen lässt. Durch die Polung und Variation des Spulenstromes kann man das Magnetfeld in der Spule gegenüber dem *Erdmagnetfeld* stärken, schwächen oder ganz umpolen. Besitzt das Spulenfeld genau die Größe der Horizontalkomponente des Erdfeldes und die entgegengesetzte Richtung, so verschwindet das auf den Stabmagneten einwirkende Drehmoment. Die Schwingungsdauer geht dann gegen unendlich. Im Experiment wird die Bewegung dann im wesentlichen durch das Torsionsmoment des Fadens und durch Feldinhomogenitäten (Länge des Stabmagneten nicht vernachlässigbar gegen den Spulendurchmesser) bestimmt, die bei großen Auslenkungen auftreten.

Das dargestellte Messverfahren ist ein Beispiel für in der Physik häufig verwendete Kompensationsmessungen. Bei diesem Messverfahren wird der zu messenden Größe (Erdfeld) eine bekannte, einstellbare Vergleichsgröße (Spulenfeld) gegenübergestellt. Die Differenz zwischen beiden wird auf Null geregelt, d. h. die Messgröße wird *kompensiert*. Durch den fein einstellbaren Differenzabgleich lässt sich oft eine hohe Messgenauigkeit erzielen. Man verdeutliche sich diese Methode durch den Vergleich einer Balken- mit einer Federwaage sowie der Messungen eines elektrischen Widerstandes einmal mit *Wheatstonscher Messbrücke* und einmal in einer einfachen Schaltung mit Ampere- und Voltmeter!

Bild 27.9. Reziprokes Quadrat der Schwingungsdauer als Funktion des Spulenstromes. Im roten Bereich werden die Werte für $1/T^2$ negativ in das Diagramm eingetragen. Der Schnittpunkt der Ausgleichsgeraden mit der I-Achse ergibt die Horizontalkomponente des Erdfeldes

Zu Versuchsbeginn wird die Spulenachse mit einem Kompass parallel zur Horizontalkomponente des Erdfeldes ausgerichtet. Es ist darauf zu achten, dass der an einem dünnen Faden hängende Stabmagnet tatsächlich frei schwingen kann.

Zur quantitativen Bestimmung des Erdmagnetfeldes misst man mit dem Magnetometer die Abhängigkeit der Schwingungsdauer des kleinen Stabmagneten vom Spulenstrom I, über den das Spulenfeld H_s eingestellt wird. Der Strom ist in den beiden möglichen Richtungen einzustellen.

Zur grafischen Auswertung trägt man $1/T^2$ über dem Spulenstrom I auf, um einen linearen Zusammenhang herzustellen. Die Wertepaare lassen sich dann durch eine Ausgleichsgerade verbinden, deren Nullstelle den zur Kompensation des erdmagnetischen Feldes notwendigen Spulenstrom angibt, Bild 27.9. Die Feldstärke H_h kann daraus berechnet werden. Man verwende dabei die einleitend dargestellten Zusammenhänge zwischen Feldstärke und Spulenstrom.

Statt einer geschätzten Ausgleichsgerade kann auch eine lineare Regression (Minimierung des Abstandsquadrates der Messpunkte von der Ausgleichsgeraden) vorgenommen werden. In jedem Fall ist eine Fehlerrechnung durchzuführen. Dabei sind der Fehler bei der Ermittlung des Spulenfeldes und der Schwingungsdauer abzuschätzen. Im Diagramm sind für einige Wertepaare Fehlerkreuze einzutragen und entsprechende extreme Ausgleichsgeraden visuell zu bestimmen. Man vergleiche die so ermittelte obere und untere Grenze von H mit dem relativen Fehler, der sich aus der Geradengleichung abschätzen lässt.

Magnetische Dipolmomente: Aus der Steigung der Geraden in Bild 27.9 lässt sich das Dipolmoment m des Messmagneten bestimmen, sofern dessen Trägheitsmoment bekannt ist. Dieses lässt sich aus seinen Abmessungen und seiner Dichte (z. B. Eisen : $\rho_{Fe} = 7874\,\mathrm{kg/m^3}$) berechnen. Aus der gemessenen Tangentialkomponente des Erdmagnetfeldes lässt sich nach der o. a. Gleichung das Dipolmoment m_E der Erde berechnen.

27.2 Inklination, Gesamtfeldstärke (1/3)

Messung des Inklinationswinkels, Berechnung der Gesamtfeldstärke.

Inklinatorium, d. h. ein Kompass mit Teilkreis, dessen Drehachse in die Horizontale geschwenkt werden kann.

Um die *Inklination* zu ermitteln, muss zunächst die Richtung des magnetischen Meridians (magnetische N–S–Richtung) bestimmt werden. Hierzu muss die Nadelachse vertikal eingestellt und das Gerät solange gedreht werden, bis die Magnetnadel auf $0°$ des Teilkreises zeigt. Dann bringt man die Nadelachse in die horizontale Lage, so dass die Nadel in der N-S-Ebene schwingen kann. Die Neigung der Nadel gegen die Horizontale gibt den Inklinationswinkel β an.

Die Gesamtfeldstärke des erdmagnetischen Feldes ist dann aus der Horizontalkomponente und dem Inklinationswinkel entsprechend Bild 27.6 zu berechnen (mit Fehlerabschätzung!). Ein Vergleich der Messergebnisse zeigt i. Allg. eine deutliche Abweichung von den kartierten Werten nach unten, die von $0{,}6\,\mathrm{Gauss} = 60\,\mathrm{\mu T} \,\widehat{\approx}\, 48\,\mathrm{A/m}$ am Nordpol bis auf etwa die Hälfte dieses Wertes am Äquator abnehmen. Die Ursache für die Abweichungen sind Abschirmungen durch Eisenmassen, die in Baukonstruktionen oder Apparaturen in der Umgebung enthalten sind. Man diskutiere die Messwerte kritisch in bezug auf diese und andere Störgrößen aus der realen Umgebung des Experimentes. Dazu sollten die Größe und die Richtung des Feldes an verschiedenen Standpunkten im Gebäude gemessen und verglichen werden.

28. Magnetische Kreise und Ferromagnetismus

 Verhalten von Stoffen, insbesondere von Ferromagneten im Magnetfeld. Atomare Ursachen für die magnetischen Eigenschaften von Stoffen. Aufbau und Funktion eines Transformators. Wirkung eines Luftspalts in einem Eisenkreis. Verschiedene Verfahren zur Bestimmung der magnetischen Flussdichte.

Standardlehrbücher (Stichworte: Dia-, Para- und Ferromagnetismus, Hysteresekurve, elektromagnetische Induktion, Halleffekt).

Magnetisches Feld

Magnetfelder werden durch *stromdurchflossene Leiter* oder auch durch *Permanentmagnete* erzeugt, Bild 28.1. Sie äußern sich durch Kraftwirkungen auf magnetische Dipole wie z. B. eine Magnetnadel oder auf stromdurchflossene Leiter (*Lorentzkraft*). Die zuletzt genannte Erscheinung lässt sich zurückführen auf die Kraftwirkung, die bewegte Ladungsträger in einem Magnetfeld erfahren. Solche physikalischen Phänomene können genutzt werden, um magnetische Feldgrößen zu definieren und sie zu messen.

Magnetische Felder sind **Wirbelfelder**, d. h. ihre *Feldlinien* sind stets geschlossen, haben also weder Anfang noch Ende. Wie auch bei anderen Feldern (elektrisches Feld, Gravitationsfeld) unterscheidet man *homogene* und *inhomogene* Felder. In homogenen Feldern, wie z. B. im Innern einer langen Spule, sind Betrag und Richtung der Kraftwirkung an jedem Punkt des Feldes gleich, die Feldlinien verlaufen geradlinig und parallel.

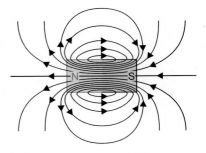

Bild 28.1. Magnetfeld eines Permanentmagneten

Magnetische Feldgrößen

Zur quantitativen Beschreibung von Magnetfeldern dient die **magnetische Feldstärke H**. Für den Betrag der Feldstärke im Innern einer vom Strom I durchflossenen langen Spule (Länge ℓ, Windungszahl N) gilt:

$$H = \frac{NI}{\ell} \quad ; \qquad \text{Einheit: } [H] = 1\,\frac{\text{A}}{\text{m}} \quad .$$

Hierbei bedeutet „lange" Spule, dass die Länge ℓ groß ist gegen den Durchmesser der Spule. Die Messung für den Betrag von H erfolgt am einfachsten durch die Messung der felderregenden Stromstärke.

Eine andere Beschreibungsgröße, die **magnetische Flussdichte B** (in manchen Lehrbüchern ungeschickterweise als *magnetische Feldstärke* bezeichnet), berücksichtigt den Einfluss von Materie im Magnetfeld. Im Vakuum gilt der einfache Zusammenhang:

$$\boldsymbol{B}_{\text{Vakuum}} = \mu_0 \boldsymbol{H} \quad ; \qquad \text{Einheit: } [B] = 1\,\frac{\text{Vs}}{\text{m}^2} = 1\,\text{T} = 1\,\text{Tesla} \quad .$$

Hierbei ist $\mu_0 = 4\pi \cdot 10^{-7}\,\text{Vs/Am}$ die *magnetische Feldkonstante*. Für die Messung von B werden in diesem Themenkreis mehrere Verfahren behandelt, die auf unterschiedlichen physikalischen Erscheinungen beruhen: Elektromagnetische Induktion, Halleffekt sowie magnetische Widerstandsänderung.

Der **magnetische Fluss** Φ stellt das Flächenintegral über die magnetische Flussdichte dar; im homogenen Feld gilt die einfache Beziehung:

$$\Phi = \boldsymbol{BA} \quad ; \qquad \text{Einheit:} \ [\Phi] = 1\,\text{Vs} = 1\,\text{Wb} = 1\,\text{Weber} \quad .$$

Elektromagnetische Induktion

Eine Spule der Windungszahl N_i (i $\widehat{=}$ Induktion) werde von einem Magnetfeld durchsetzt. Ändert sich die magnetische Flussdichte B bzw. der magnetische Fluss $\Phi = BA$ durch die Spule der Fläche A, z. B. durch rasches Herausziehen der Spule aus dem Feld, entsteht zwischen den Enden der Spule eine *Induktionsspannung* $U_i(t)$, Bild 28.2. Für diese gilt das *Faraday'sche*

$$\text{\textbf{Induktionsgesetz}} \qquad U_i = -N_i \frac{\mathrm{d}\Phi}{\mathrm{d}t} \quad .$$

Durch Integration von t_a (a $\widehat{=}$ Anfang) bis t_e (e $\widehat{=}$ Ende) erhält man daraus

$$\int_{t_a}^{t_e} U_i \mathrm{d}t = -N_i A \int_{B_a}^{B_e} \mathrm{d}B = -N_i A (B_e - B_a) = -N_i A \Delta B \quad .$$

Durch Messung dieses *Induktionsspannungsstoßes* lassen sich daher Änderungen der magnetischen Flussdichte, bzw. bei $B_e = 0$ die magnetische Flussdichte B_a selbst, bestimmen.

📖 Dia-, Para- und Ferromagnetismus

Bringt man Materie in ein Magnetfeld, so wird dieses in dem Stoff entweder geringfügig abgeschwächt (**Diamagnet**) oder geringfügig bzw. erheblich verstärkt (**Paramagnet** bzw. **Ferromagnet**). Allgemein gilt für die magnetische Flussdichte in einem Stoff:

$$\boldsymbol{B} = \mu_0 \, \mu_r \boldsymbol{H}$$

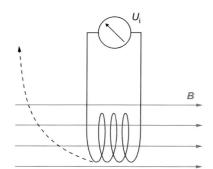

Bild 28.2. Beispiel zur elektromagnetischen Induktion: Durch Ausschwenken der Spule aus dem Magnetfeld der Flussdichte $\boldsymbol{B}$ entsteht eine Induktionsspannung, da sich der magnetische Fluss in der Spule ändert

mit μ_r: (stoffabhängige) **Permeabilitätszahl**. Für die verschiedenen Stoffgruppen gilt:

Diamagnete $:\mu_r$ geringfügig kleiner als 1
Paramagnete $:\mu_r$ geringfügig größer als 1
Ferromagnete $:\mu_r$ sehr viel größer als 1   .

Para- und Diamagnetismus

Die geringfügig magnetflussverstärkende Wirkung der *Paramagnete* beschreibt man durch die Annahme, dass in dem Stoff infolge des äußeren Feldes ein zusätzliches inneres Feld entsteht, das man durch die **Magnetisierung** M beschreibt. M erweist sich bei nicht zu großen Feldern zur magnetischen Feldstärke proportional, Bild 28.3, so dass man schreiben kann:

$$\boldsymbol{M} = \chi_m \boldsymbol{H} \quad .$$

Die Proportionalitätskonstante χ_m heißt **magnetische Suszeptibilität**. Sie ist eine stoffspezifische dimensionslose Zahl, die bei Paramagneten positiv ist, wie im oberen Teil von Tabelle 28.1 aufgeführt. Damit ergibt sich für die Flussdichte in der Materie:

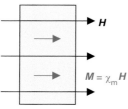

Bild 28.3. Magnetisierung eines Paramagneten durch ein äußeres Magnetfeld der magnetischen Feldstärke $\boldsymbol{H}$

$$\boldsymbol{B} = \mu_0(\boldsymbol{H} + \boldsymbol{M}) = \mu_0(1 + \chi_m)\boldsymbol{H} = \mu_0\mu_r\boldsymbol{H} \quad \text{mit } \mu_r = 1 + \chi_m \ .$$

Die Magnetisierung wird durch *atomare magnetische Dipole* verursacht. Ohne äußeres Magnetfeld wird deren gegenseitige Ausrichtung durch die Temperaturbewegung gestört, so dass eine statistische Verteilung der Dipolrichtungen vorliegt und der Körper nach außen unmagnetisch erscheint, Bild 28.4 links. Durch ein äußeres Magnetfeld erfolgt dann eine teilweise Ausrichtung der atomaren Dipole, so dass ein **makroskopisches Dipolmoment** entsteht. Dieses Dipolmoment, bezogen auf die Volumeneinheit des Stoffes, ist die oben eingeführte *Magnetisierung M*. Im Einklang mit der Modellvorstellung der temperaturbewegten magnetischen Dipole findet man für die Temperaturabhängigkeit von χ_m das

Curiesche Gesetz $\quad \chi_m = \dfrac{C}{T}$.

Hierbei ist C eine stoffspezifische Konstante (Curiekonstante).

Das magnetische Moment der Atome wird im Wesentlichen durch das magnetische Dipolmoment der Hüllenelektronen hervorgerufen (*magnetische Bahnmomente* und *magnetische Spinmomente*). Elektronen aus abgeschlossenen Schalen oder Teilschalen tragen nicht zum atomaren magnetischen Moment bei, weil die Einzelmomente nach quantenmechanischen Regeln so zueinander orientiert sind, dass sie sich zu Null kompensieren. Atome mit abgeschlossenen Elektronen(teil)schalen stellen also keine permanenten magnetischen Dipole dar. Diese Atome liefern **diamagnetisches Verhalten**. Die analytische Beschreibung erfolgt wie bei den Paramagneten, nur ist die Magnetisierung M antiparallel zur magnetischen Feldstärke H, die magnetische Suszeptibilität χ_m daher negativ, s. unterer Teil von Tabelle 28.1.

Das Entstehen eines solchen Gegenfeldes lässt sich klassisch anschaulich so beschreiben, dass beim Einschalten eines äußeren Feldes die magnetischen Momente der einzelnen Elektronen zu Präzessionsbewegungen um das äußere Feld angeregt werden, die eine zum Feld antiparallele Magnetisierung erzeugen (*Lenzsche Regel*). Dieses Verhalten trifft natürlich auch bei Atomen zu, deren magnetische Momente sich nicht kompensieren, d. h. bei den paramagnetischen Stoffen. In der Tat ist der Diamagnetismus eine *jeder* Materie anhaftende Eigenschaft; wegen der Kleinheit des Effektes wird er bei vielen Stoffen aber von den paramagnetischen und erst recht von den ferromagnetischen Erscheinungen überdeckt.

Ferromagnetismus

Bringt man Stoffe wie z. B. Eisen in ein Magnetfeld, so beobachtet man eine ganz erhebliche Erhöhung der Flussdichte. Der Zusammenhang zwischen der z. B. durch eine Spule erzeugten Feldstärke H und der magnetischen Flussdichte B im Eisen ist jedoch nichtlinear und zeigt darüber hinaus Nachlauf-Erscheinungen: Bringt man das Eisen in ein magnetisches Wechselfeld, so tritt eine typische **Hysteresekurve** auf. Das Bild 28.5 zeigt

- die *Neukurve*: das ist die Magnetisierungskurve des zunächst unmagnetischen Eisenstücks;

- die *Sättigung*: die Bereiche, in denen der Feldzuwachs nur noch mit dem Verstärkungsfaktor μ_0 erfolgt;

- die *Remanenz* B_r: die remanente Flussdichte im Eisen beim Abschalten des äußeren Feldes;

- die *Koerzitivfeldstärke* H_c; die (Gegen)Feldstärke, die man braucht, um die remanente Flussdichte zu kompensieren.

Der Flächeninhalt unter der Hysteresekurve stellt die zur Ummagnetisierung des Eisenstücks während einer Feldperiode benötigte Energie W, dividiert durch dessen Volumen V dar:

Ummagnetisierungsenergie $\quad \oint B \, dH = \dfrac{W}{V}$.

Tabelle 28.1. Suszeptibilität einiger Stoffe

	Stoff	χ_m	
Paramagnete	Aluminium	+	$21 \cdot 10^{-6}$
Paramagnete	Neodym	+	$3100 \cdot 10^{-6}$
Paramagnete	Luft	+	$0{,}4 \cdot 10^{-6}$
Diamagnete	Kupfer	−	$10 \cdot 10^{-6}$
Diamagnete	Wismut	−	$160 \cdot 10^{-6}$
Diamagnete	Wasser	−	$9 \cdot 10^{-6}$

 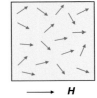

Bild 28.4. Verteilung der atomaren Dipole in einem Paramagneten ohne bzw. mit äußerem Magnetfeld (Momentaufnahme, schematisch). Die nicht vollständige Ausrichtung der Dipole (rechts) soll den störenden Einfluss der Temperaturbewegung verdeutlichen

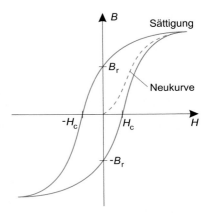

Bild 28.5. Hysteresekurve einer ferromagnetischen Probe. B_r: Remanenz, H_c: Koerzitivfeldstärke

Tabelle 28.2. Anfangspermeabilitätszahl einiger ferromagnetischer Stoffe

Stoff	$\mu_r \, (H \to 0)$	
Gusseisen	ca.	50
Dynamoblech IV	ca.	500
Mumetall	ca.	20 000
Supermalloy	ca.	100 000

Die stoffcharakterisierende Angabe einer Suszeptibilität $\chi_\mathrm{m} = \mu_\mathrm{r} - 1$ bzw. einer Permeabilitätszahl $\mu_\mathrm{r} = B/\mu_0 H$ hat bei einem ferromagnetischen Stoff wegen der Nichtlinearität nur für den Beginn oder den Wendepunkt der Neukurve einen Sinn. Sie ergibt sich aus der Steigung der an der entsprechenden Stelle an diese Kurve gelegten Tangente. Tabelle 28.2 zeigt Werte der Anfangspermeabilität verschiedener Stoffe. Legierungen mit besonders großen Werten für μ_r (Mumetall, Supermalloy) werden für magnetische Abschirmungen verwendet.

Alle *Charakteristika der Hysteresekurve* erweisen sich als temperaturabhängig. Insbesondere nimmt die Sättigungsmagnetisierung mit wachsender Temperatur ab. Oberhalb der stoffabhängigen *Curie-Temperatur* verschwindet der Ferromagnetismus, der Stoff wird paramagnetisch (bei Eisen: $769\,^\circ\mathrm{C} = 1042\,\mathrm{K}$). Diese Tatsache sowie die Beobachtung, dass der Ferromagnetismus an den festen Aggregatzustand gebunden ist (Eisendampfatome sind paramagnetisch), zeigen, dass es sich dabei nicht um eine Eigenschaft der Einzelatome handelt, sondern um ein *Kollektivphänomen* in Festkörpern.

Bei Raumtemperatur sind außer dem Eisen auch die chemisch verwandten Elemente Nickel und Kobalt sowie einige Legierungen ferromagnetisch, ebenso Elemente der Seltenen Erden wie z. B. Samarium oder Gadolinium. Ähnlich verhalten sich auch die Ferrite wie das Magnetit (Fe_3O_4).

Deutung des Ferromagnetismus

Die atomare Deutung des Ferromagnetismus geht davon aus, dass diese Stoffe aus paramagnetischen Atomen bestehen, dass aber im Gegensatz zu den Paramagneten jeder Kristallit eines ferromagnetischen Stoffes innerhalb kleiner Bereiche eine vollständige Parallelausrichtung der atomaren magnetischen Momente besitzt, eine Erscheinung, die nur quantenmechanisch erklärbar ist (Austauschwechselwirkung). Diese Bereiche heißen **Weißsche Bezirke**, Bild 28.6. Die Trennwand zwischen zwei solchen Bereichen ist einige hundert Atomlagen dick und heißt *Bloch-Wand*.

In diesem mikroskopischen Bild lässt sich die Entstehung der Hysteresekurve folgendermaßen verstehen. Ohne äußeres Feld sind die Magnetisierungsrichtungen der Weißschen Bezirke zunächst statistisch verteilt: Das ferromagnetische Material erscheint makroskopisch unmagnetisch. Wird ein Magnetfeld angelegt, dann wachsen zunächst die Bezirke, welche in dem äußeren Feld die geringere potentielle Energie haben. Das geschieht auf Kosten der anderen Bezirke durch Verschieben der Blochwände zwischen ihnen. Diese Verschiebung erfolgt nicht mit konstanter Geschwindigkeit, sondern sprunghaft, meist von einem Kristallbaufehler zum nächsten (*Barkhausen-Sprünge*). Diese Wandverschiebungsprozesse verbrauchen nur wenig Energie, deshalb wächst die Magnetisierung bereits bei kleinen äußeren Magnetfeldern stark an. Eine Drehung der Magnetisierungsvektoren von den Würfelkanten der Kristallite weg in die äußere Feldrichtung erfolgt erst bei größeren Feldstärken. Diese *Drehprozesse* erfordern im allgemeinen mehr Energie und laufen daher im Wesentlichen nach den Wandverschiebungen ab. Sind diese Prozesse beendet, so tritt Sättigung ein, die Magnetisierung kann durch Zunahme der Feldstärke praktisch nicht mehr erhöht werden. Diese Prozesse sind schematisch in Bild 28.7 dargestellt.

Wenn die magnetische Erregung bei einem bereits vollständig oder teilweise magnetisierten Stoff wieder abnimmt, dann kehren sich die genannten Vorgänge um, aber nicht vollständig. Auch wenn die magnetische Erregung verschwunden ist, bleibt ein mehr oder minder großer Rest von andauernder Magnetisierung übrig, die sog. *Remanenz*. Die remanente Magnetisierung verschwindet erst, wenn man durch

Bild 28.6. Ungeordnete Weißsche Bezirke im Ferromagneten (schematisch)

   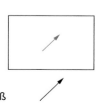

Bild 28.7. Ferromagnetikum im äußeren Magnetfeld **H** (zweidimensionales Modell)

H = 0   ↗ **H** klein   ↗ **H** groß

ein äußeres Gegenfeld der Feldstärke H_c weitere Wandverschiebungen veranlasst hat.

Technische Anwendungen

Die Form der Hysteresekurve mit den kennzeichnenden Größen B_r und H_c spielt eine große Rolle bei technischen Anwendungen. Gezogener Schmiedestahl hat einen großen Wert für B_r und einen kleinen für H_c; bei gehärtetem Werkzeugstahl ist es umgekehrt. Für *Permanentmagnete* braucht man Ferromagnete mit einem großen Wert für das Produkt $B_r H_c$, für die *Kerne von Elektromagneten* dagegen Material von kleiner Remanenz und schmaler Hysteresekurve (Weicheisen), damit sie beim Ausschalten des Stromes möglichst vollständig entmagnetisiert sind. Eine schmale Hysteresekurve sorgt im übrigen dafür, dass beim periodischen Ummagnetisieren des Weicheisens (z. B. in den Eisenkernen von Transformatoren) die Ummagnetisierungsverluste ($\oint B \, \mathrm{d}H$) gering bleiben.

Magnetische Kreise

Die Erhöhung der Flussdichte des magnetischen Feldes einer stromdurchflossenen Spule durch Einbringen eines ferromagnetischen Stoffes, z. B. Eisen, ist besonders groß, wenn der Eisenkern ringförmig geschlossen ist. Dann wird das Magnetfeld vollständig innerhalb des Eisenkerns geführt. Die Flussdichte im Kern zeigt dann das anhand von Bild 28.5 diskutierte Verhalten.

Der Transformator

Eine wichtige Anwendung eines solchen geschlossenen magnetischen Kreises ist der **Transformator**. Er dient zur Änderung der Amplitude einer Wechselspannung ohne Frequenzveränderung. Er besteht aus zwei Spulen, der Primärspule mit der Windungszahl N_P und der Sekundärspule (N_S), Bild 28.8. Es wird ein *idealer Transformator* betrachtet, bei dem die Kupferverluste (durch Ohmschen Widerstand der Spulen) und die *Eisenverluste* (erzeugt durch Wirbelströme im Eisenkern sowie durch dessen periodische Ummagnetisierung) gegenüber dem induktiven Widerstand vernachlässigbar sind. Außerdem soll kein Streufluss auftreten, d. h. der von dem Strom der Primärspule erzeugte Magnetfluss Φ soll die Sekundärspule vollständig durchsetzen. Legt man an die Primärspule eine Wechselspannung $U_1(t)$, entsteht infolge des rein induktiven Widerstandes eine entgegengesetzt gleiche Selbstinduktionsspannung, für die gilt:

$$U_P = N_P \frac{\mathrm{d}\Phi}{\mathrm{d}t} \quad .$$

Bild 28.8. Transformator mit geschlossenem Eisenkern

Zwischen den Enden der Sekundärspule induziert dieselbe Flussänderung die Spannung

$$U_S = -N_S \frac{\mathrm{d}\Phi}{\mathrm{d}t} \quad .$$

Es ergibt sich daher für die

Spannungsübersetzung des Transformators	$\dfrac{U_S}{U_P} = -\dfrac{N_S}{N_P} \quad .$

Das negative Vorzeichen drückt eine Phasenverschiebung der beiden Spannungen um $180\,°$ aus. Diese einfache Gleichung gilt exakt allerdings nur im Leerlauf des idealen Transformators. Bei merklichen Strömen $I_P(t)$ und $I_S(t)$ sowie bei realen Transformatoreigenschaften kann das Übersetzungsverhältnis deutlich abweichen.

Magnetischer Kreis mit Luftspalt

Bei einer Reihe von Anwendungen enthält der Eisenkreis jedoch einen mehr oder weniger breiten Luftspalt. Ein Beispiel hierfür zeigt das Bild 28.9. Ein solcher Luftspalt ändert das magnetische Verhalten des magnetischen Kreises erheblich, man

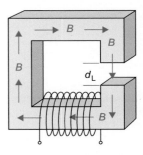

Bild 28.9. Magnetischer Fluss durch einen Eisenkern der Länge ℓ_{Fe}

Bild 28.10. Magnetische Flussdichte B_L im Luftspalt der Breite d_L eines ringförmigen Eisenkerns

spricht von einer **Scherung** der Hysteresekurve, Bild 28.10. Anschaulich verständlich wird das Phänomen, wenn man bedenkt, dass eine Verstärkung der durch eine Spule erzeugten Flussdichte nur im Eisen, nicht jedoch im Luftspalt stattfindet. Die quantitative Beschreibung dieses Phänomens nutzt zum einen die Tatsache, dass bei nicht zu großen Luftspalten die Flussdichte B_{Fe} im Eisen den gleichen Wert hat wie im Luftspalt B_L:

$$B_{Fe} = \mu_{r,Fe}\mu_0 H_{Fe} = B_L = \mu_0 H_L \quad .$$

Zum anderen gilt nach dem **Durchflutungsgesetz**

$$\oint \boldsymbol{H}\mathrm{d}\boldsymbol{\ell} = H_{Fe}\ell_{Fe} + H_L d_L = NI \quad ,$$

wobei N und I Windungszahl und Spulenstromstärke bedeuten. Aus beiden Gleichungen erhält man für die Flussdichte im Luftspalt:

$$B_L = \mu_0 H_L = \mu_0 \frac{NI}{d_L + \frac{\ell_{Fe}}{\mu_{r,Fe}}} \quad .$$

Die Luftspaltbreite d_L beeinflusst also wesentlich das Magnetfeld im Luftspalt. Ein Beispiel möge dieses verdeutlichen: nimmt man bei einer Eisenweglänge von 50 cm eine Luftspaltbreite von 5 mm an und rechnet mit einer mittleren Permeabilitätszahl von $\mu_{rFe} = 1000$, dann sinkt die Flussdichte B_L trotz der geringen Luftspaltbreite auf nur 10% des Wertes ohne Luftspalt. Für einen solchen Fall lässt sich B_L wegen $\ell_{Fe}/\mu_{r,Fe} << d_L$ näherungsweise berechnen:

$$B_L \approx \mu_0 \frac{NI}{d_L} \quad .$$

📖 Messverfahren für magnetische Feldgrößen

Zur Messung der magnetischen Flussdichte lassen sich verschiedene physikalische Phänomene nutzen. Das historisch älteste mit Hilfe des Induktionsgesetzes ist bereits weiter oben besprochen worden, siehe Bild 28.2.

Halleffekt

Die sog. *galvanomagnetischen Effekte* beruhen auf dem Einfluss des Magnetfeldes auf die Ladungsträgerbewegung in Festkörpern. Der **Halleffekt** ist dabei der messtechnisch wichtigste. Bringt man einen stromdurchflossenen Leiter in ein Magnetfeld, so beobachtet man senkrecht zur Stromrichtung und zu B eine Spannung U_H, die man nach ihrem Entdecker *Hallspannung* nennt. Das zugehörige elektrische Feld heißt *Hallfeld*. Bei nicht zu großen magnetischen Feldern ist U_H proportional zu B und kann daher zur Bestimmung von B benutzt werden.

Für die theoretische Herleitung des Zusammenhanges zwischen U_H und B geht man am einfachsten vom Teilchenmodell des elektrischen Stromes aus, wie es als Elektronengasmodell im *Themenkreis 29* behandelt ist. Fliesst durch die Leiterplatte des Bildes 28.11 ein Strom I, so entspricht dies einer Driftbewegung von Elektronen mit der Driftgeschwindigkeit $\boldsymbol{u}$. Auf bewegte Elektronen (Ladung e_0) wirkt im Magnetfeld die

Bild 28.11. Halleffekt: Auf die bewegten Elektronen mit der Driftgeschwindigkeit u wirkt die Lorentzkraft F_L, die zu einer Aufladung der Seitenflächen und damit zur Hallspannung U_H führt

> **Lorentzkraft** $\boldsymbol{F}_L = e_0 \boldsymbol{u} \times \boldsymbol{B}$,

die zu einer Elektronenanreicherung am oberen Rand der Platte und zu einer entsprechenden Verarmung unten führt. Die dadurch entstehende elektrische Feldstärke E_H führt zu einer entgegengerichteten Kraft F_{el} auf die Elektronen und damit zu einem Gleichgewicht, bei dem gilt:

$$F_L = e_0 u B = F_{el} = e_0 E_H = e_0 \frac{U_H}{b} \quad .$$

Hierin ist b die Breite des Leiters in Richtung der Hallfeldstärke. Zwischen der Drift-geschwindigkeit u der Ladungsträger und der Stromstärke I gilt der Zusammenhang:

$$I = ne_0 uA \quad ,$$

mit $A = bd$ = Querschnitt des Leiters und n = Konzentration der Ladungsträger. Damit ergibt sich für die Hallspannung ein linearer Zusammenhang mit der magne-tischen Flussdichte:

Hallspannung $\qquad U_\mathrm{H} = \dfrac{1}{ne_0}\dfrac{I}{d}B = R_\mathrm{H}\dfrac{I}{d}B \quad .$

$R_\mathrm{H} = 1/ne_0$ heißt *Hallkonstante*. Sie bestimmt wesentlich die *Hallempfindlich-keit* (U_H/B) eines Leiters: Eine hohe Ladungsträgerkonzentration liefert eine kleine Hallspannung und umgekehrt. Daher sind Metalle als Hallelemente i. Allg. schlecht geeignet (Größenordnung µV/T), Ausnahme ist das schlecht leitende Wismut. Nied-rig dotierte Halbleiter eignen sich dagegen gut (U_H/B bis zu V/T).

Bei der Messung mit kommerziellen Hallsonden ist folgendes zu beachten: Auch ohne Magnetfeld tritt in der Regel eine (Pseudo-)Hallspannung auf. Diese rührt da-her, dass die beiden Kontakte für den Abgriff von U_H in Bild 28.11 nicht genau einander gegenüber angebracht sind und daher nicht auf der gleichen Äquipotenti-alfläche des elektrischen Längsfeldes liegen. Diese sog. *Offsetspannung* U_0 ist der eigentlichen Hallspannung überlagert und muss daher von allen Messwerten vorzei-chenrichtig subtrahiert werden.

Will man mit einer Hallsonde magnetische Flussdichten messen, muss man deren Hallempfindlichkeit $U_\mathrm{H}/B = (R_\mathrm{H}I)1/d$ kennen. Genügen einem die Herstelleran-gaben oder der Vergleich mit einer Sonde bekannter Empfindlichkeit nicht, so muss man die Sonde selbst kalibrieren. Hierzu eignet sich eine Induktionsspannungsmes-sung mit einer Induktionsspule bekannter Abmessungen.

Magnetische Widerstandsänderung

Der elektrische Widerstand eines Leiters wird durch ein transversales Magnetfeld erhöht. Man findet häufig einen quadratischen Zusammenhang:

$$R(B) = R_0 + cB^2 \quad .$$

Der geradzahlige Exponent von B zeigt dabei, dass der Effekt unabhängig von der Magnetfeldrichtung ist. Dieser galvanomagnetische Effekt erreicht jedoch nur bei Halbleitern messbare Werte. Das liegt wie beim Halleffekt an der im Vergleich zu Metallen geringeren Ladungsträgerkonzentration. In den sog. **Feldplatten** ist der Effekt durch geeignete Strukturierung von Halbleitern zu einem messtechnisch ver-wertbaren Effekt gesteigert worden.

Für eine Deutung dieser Erscheinung auf atomarer Ebene wird auf die Herlei-tung der Gleichung für die Hallspannung im vorigen Abschnitt zurückgegriffen. Dort wurde mit dem Gleichgewichtsfall gerechnet, bei dem die Lorentzkraft F_L auf die driftenden Ladungsträger und die Kraft F_el infolge des elektrischen Hallfeldes ent-gegengesetzt gleich groß sind. Diese Bedingung ist jedoch aus mehreren Gründen nicht uneingeschränkt erfüllt:

- Es wurde mit einer mittleren Driftgeschwindigkeit u gerechnet, mit der sich die Ladungsträger im elektrischen Längsfeld bewegen. Deren Geschwindigkeiten zei-gen jedoch eine statistische Verteilung. Jede Abweichung vom mittleren Wert führt zu einer resultierenden Kraft vom Betrage $|F_\mathrm{L} - F_\mathrm{el}|$ und damit zu einer „Verbiegung" / der Ladungsträgerbahnen. Dadurch verlängert sich deren effek-tive Wegstrecke zwischen den Elektroden, was durch eine Widerstandserhöhung messbar wird.

- Das Hallfeld ist erst in einigem Abstand von den seitlichen Endflächen aufgebaut, weil die elektrische Aufladung der Querflächen durch die gut leitenden metalli-schen Elektroden links und rechts im Bild 28.11 kurzgeschlossen wird. In diesem Bereich ist daher F_L größer als F_el und führt ebenfalls zu einer „Verbiegung" /

Bild 28.12. Innere Strukturierung einer Feldplatte, schematisch. Die schwarzen Pfeile deuten die Stromrichtung zwischen den Kurzschlussnadeln an

und damit Verlängerung der Ladungsträgerbahnen. In den Feldplatten wird dieser Effekt ausgenutzt. Dazu werden gut leitende nadelförmige Kristalle parallel zu den Elektroden in den Halbleiterkristall eingebaut, so dass sich der eben beschriebene Kurzschlusseffekt im Kristall vielfach wiederholt und über die Bahnverlängerung der Ladungsträger zu einer deutlich messbaren Widerstandserhöhung führt, Bild 28.12.

28.1 Grundversuche zum Transformator (1/3)

Kennenlernen der Funktion eines Transformators zur Spannungsumsetzung, Phasenbeziehung zwischen Primär- und Sekundärspannung.

Regelbare Wechselstromquelle, 2 Spulen mit Abgriffen für unterschiedliche Windungszahlen, Eisenkern (geschlossen), Lastwiderstand, Spannungsmesser, Zweikanal-Oszilloskop.

Eine Spule des Spulenpaares wird an die Wechselstromquelle angeschlossen, die andere Spule mit einem Lastwiderstand abgeschlossen. Die effektiven Spannungen an den beiden Spulen sind mit jeweils einem Spannungsmesser zu bestimmen. Die Primärspannung U_P wird variiert und die sich jeweils ergebende Sekundärspannung U_S gemessen.

U_S wird als Funktion von U_P in einem Diagramm aufgetragen. Das Übersetzungsverhältnis wird grafisch bestimmt und mit dem Verhältnis der Windungszahlen verglichen.

Bei fester Primärspannung U_P wird die Sekundärspannung U_S als Funktion der Sekundärwindungszahl N_S gemessen.

$U_\mathrm{S}/U_\mathrm{P}$ wird grafisch bestimmt und mit dem Verhältnis der Windungszahl verglichen. Diskutieren Sie gegebenenfalls Gründe für Abweichungen von der einfachen Transformatorgleichung.

Primär- und Sekundärspannung werden mit einem Zweikanal-Oszilloskop als Funktion der Zeit dargestellt. Die Phasenverschiebung zwischen beiden Kurven soll bestimmt werden.

Die Phasenverschiebung wird mit dem theoretisch zu erwartenden Wert verglichen.

28.2 Messung der Hysteresekurve ohne Luftspalt (2/3)

An einer periodisch durchlaufenen Hysteresekurve sollen die folgenden magnetischen Eigenschaften von technischem Dynamoblech bestimmt werden: die Sättigungsflussdichte B_max, die remanente Flussdichte B_r, die Koerzitivfeldstärke H_c, die Ummagnetisierungs-Verlustleistung P_V.

Bild 28.13. Versuchsaufbau zur oszilloskopischen Messung der Hysteresekurve eines Eisenkerns

Regelbare Wechselstromquelle, Strommesser, Spulenpaar mit Eisenkern (geschlossen), Oszilloskop, RC-Glied zur Integration, Digitalkamera.

Für die Messung wird die Schaltung, Bild 28.13, vorgeschlagen. Untersuchungsgegenstand ist der geschlossene Eisenkern des Elektromagneten mit der Querschnittsfläche A. Dieser wird primärseitig (N_P) mit einem Netzwechselstrom I erregt. Ein in Phase und Amplitude stromproportionales Signal wird an die X-Ablenkplatten des Oszilloskops gelegt und liefert so eine zu H proportionale Achsenteilung. Zwischen den Enden der Sekundärspule (N_S) entsteht durch *elektromagnetische Induktion* eine Induktionsspannung U_S. Diese lässt sich mittels der angeschlossenen Reihenschaltung aus Widerstand und Kondensator integrieren. Bei geeigneter Wahl von R und C ist die Spannung U_c am Kondensator proportional zur magnetischen Flussdichte B im Eisenkern. Legt man daher U_c an die Y-Ablenkplatten des Oszilloskops, so entsteht eine Darstellung der Hysteresekurve $B = f(H)$ auf dem Bildschirm.

Die Wirkungsweise der Integrationsschaltung lässt sich wie folgt schreiben. Die Induktionsspannung U_S an der Sekundärspule mit der Windungszahl N_s folgt dem *Induktionsgesetz*, hier in integraler Schreibweise:

$$\int U_{\mathrm{S}}\,\mathrm{d}t = -N_{\mathrm{S}}AB + \mathrm{const} \quad .$$

Die Integrationskonstante spielt keine Rolle, da hier nur Wechselspannungen gemessen werden. Voraussetzung ist allerdings, dass die *Integrationszeitkonstante RC* groß ist gegenüber der Periodendauer dieser Wechselspannung. Dann gilt für den resultierenden (Induktions-)Strom $I = U_{\mathrm{S}}/R$. Dieser führt zu einer Änderung der Kondensatorspannung, für die sich schreiben lässt:

$$U_{\mathrm{c}} = \frac{\int I\,\mathrm{d}t}{C} = \frac{\int U_{\mathrm{S}}\,\mathrm{d}t}{RC} = -\frac{N_{\mathrm{S}}A}{RC}B \quad .$$

Elektrische Schaltung aufbauen. Da in diesem Versuchsteil primärseitig hohe Spannungen auftreten, wird eine festverdrahtete Schaltung von Netzteil, Primärspule und Messgerät benutzt. Für die sekundärseitige Integrationsschaltung R und C so wählen, dass RC groß ist gegen die Periodendauer der Wechselspannung. Im Falle der Netzfrequenz mit einer Periodendauer von $1/50\,\mathrm{s}$ reicht $RC \approx 1\,\mathrm{s}$. Vorschlag: $R = 10\,\mathrm{M\Omega}$ und $C \geq 100\,\mathrm{nF}$. Hysteresekurve seitenrichtig auf den Oszilloskopschirm bringen: Die Sättigung muss im 1. und 3., nicht im 2. und 4. Quadranten liegen! Sonst Abgriffe entweder am Kondensator oder an der Sekundärspule tauschen. Die Messung von Sättigungsflussdichte B_{max}, remanenter Flussdichte B_{r} und Koerzitivfeldstärke H_{c} kann direkt am Bildschirm vorgenommen werden. Wegen der Wärmeentwicklung am Lastwiderstand R_1 dürfen die großen Ströme jeweils nur kurzzeitig fließen.

Für die Messung der Ummagnetisierungs-Verlustleistung P_{V} muss die Fläche unter der Hysteresekurve bestimmt werden. Hierzu eignet sich Abzeichnen auf transparentes Millimeterpapier oder Abfotografieren des Bildschirmes mit einer Digitalkamera.

Für die quantitative Auswertung müssen die Koordinaten-Achsen kalibriert werden. Für die Abszisse gilt: $H_{\mathrm{max}} = N_{\mathrm{p}}I_{\mathrm{max}}/\ell_{\mathrm{Fe}}$ mit N_{p}: Windungszahl der Primärspule, $I_{\mathrm{max}} = I_{\mathrm{eff}}\sqrt{2}$ und ℓ_{Fe}: mittlere Länge des Eisenweges. Für die Ordinate gilt: $B_{\mathrm{max}} = U_{\mathrm{c}}RC/N_{\mathrm{s}}A$. Hierin ist A die Querschnittsfläche des Eisenkerns.

Die Verlustleistung P_{V} errechnet sich aus der Fläche $\oint B\,\mathrm{d}H$, die die Energie pro Volumeneinheit und pro Umlauf darstellt. Bei $50\,\mathrm{Hz}$ entspricht 1 Umlauf $\Delta t = 20\,\mathrm{ms}$.

Besteht der untersuchte Eisenkern aus einem U-Kern mit trennbarem Joch (z. B. Experimentiertransformator von Lehrmittelfirmen), so lässt sich die „scherende" / Wirkung eines Luftspaltes entsprechend Bild 28.10 demonstrieren. Hierzu wird zwischen U-Kern und Joch ein nicht-ferromagnetischer Stoff (Papierstreifen, Distanzbleche) eingebracht und die Hysteresekurve erneut aufgenommen. Bereits ein Blatt Papier, das eine Luftspaltbreite d_{L} von zweimal ca. $0{,}1\,\mathrm{mm}$ erzeugt, führt zu einer deutlichen Scherung der Hysteresekurve. *Hinweis:* Ein Luftspalt verringert den induktiven Widerstand des Elektromagneten und führt daher primärseitig bei gleicher Spannung zu einem größeren Spulenstrom!

Der Unterschied der Hysteresekurven mit und ohne Luftspalt soll zunächst qualitativ diskutiert werden. Aus den Werten für gleichen Primärstrom (gleiches Erregerfeld) bei unterschiedlichen Spaltbreiten soll die Abhängigkeit der Flussdichte B_{L} von der Spaltbreite überprüft werden: $B_{\mathrm{L}} \approx \mu_0 NI\frac{1}{d_{\mathrm{L}}}$.

28.3 Hall-Messung der Hysteresekurve mit Luftspalt (2/3)

An einem Eisenkern mit Luftspalt soll die magnetische Flussdichte mit einer Hallsonde vermessen werden. Dabei sollen die Neukurve sowie anschließend die Hysteresekurve des Eisenkerns punktweise aufgenommen werden. Die Messung erfolgt mit einem Hallelement bekannter Hallempfindlichkeit U_{H}/B.

Hallsonde mit Stromversorgung, Elektromagnet mit geteilten Polschuhen, Gleichstrom-Netzgerät mit regelbarer Spannung, Strom- und Spannungsmesser, Bild 28.14.

Vor Beginn der eigentlichen Messung muss zunächst die *Offsetspannung* der Hallsonde bestimmt werden. Hierzu wird der Strom I_{H} durch die Hallsonde auf den Nennwert eingestellt und außerhalb des Magnetfeldes die Offsetspannung an der Sonde gemessen. Diese muss von allen späteren Messwerten vorzeichenrichtig subtrahiert werden. Ferner muss der Eisenkern zunächst *entmagnetisiert* werden. Hierzu durchfährt man die Hysteresekurve mehrmals mit auf Null abnehmender Stromamplitude. Sofern für die Aufgabe nur eine Gleichspannungsquelle zur Verfügung steht, muss dieser Vorgang durch Regelung von Hand und mit entsprechendem mehrmaligen Umpolen am Magneten erfolgen. Die anschließende Überprüfung von $B = 0$ erfolgt mit Hilfe der Hallsonde.

Für einen festen Wert der Luftspaltbreite d_{L} wird die *Neukurve* mit Hilfe der Hallsonde für insgesamt etwa 15 Werte des Magnetisierungsstromes I aufgenommen ($U_{\mathrm{Hall}} = f(I)$). Dabei darf der Magnetisierungsstrom stets nur monoton gesteigert werden. Nach einer Reduktion oder gar Abschaltung des Stromes muss die ganze Messung einschließlich der Entmagnetisierung wiederholt werden! Bei der Messung im Magnetfeld muss der Strom I_{H} durch die Hallsonde u. U. nachgeregelt werden, sofern keine Konstantstromversorgung möglich ist.

Anschließend wird die *Hysteresekurve* aufgenommen. Auch für diese Messung gilt der Hinweis, dass der Magnetisierungsstrom nur monoton geändert und keinesfalls ausgeschaltet werden darf, sonst ist die ganze Messreihe unbrauchbar.

Die Messwerte für Neukurve und Hysteresekurve werden in einem gemeinsamen Diagramm $U_{\mathrm{Hall}} = f(I)$ aufgetragen. Aus der Graphik sollen die remanente Flussdichte B_{r} und der für die Koerzitivfeldstärke notwendige Strom I_{c} ermittelt werden. Der Kurvenverlauf soll diskutiert werden.

Bild 28.14. Zu den Messungen mit der Hallsonde (Prinzipskizze)

28.4 Einfluss eines Luftspaltes (1/3)

Der Einfluss eines Luftspaltes im Eisenkern des Elektromagneten auf die Flussdichte soll in diesem magnetischen Kreis mit der Hallsonde quantitativ untersucht werden. Aus dem Messergebnis kann auf den Wert der Flussdichte im geschlossenen Eisenkern ($d_{\mathrm{L}} = 0$) geschlossen werden.

Hallsonde mit Stromversorgung, Elektromagnet mit geteilten Polschuhen, Gleichstrom-Netzgerät mit regelbarer Spannung, Spannungsmesser, Abstandsstücke aus nichtmagnetischem Material.

Für einen festen Spulenstrom wird bei verschiedenen Luftspaltbreiten d_{L} jeweils die Hallspannung gemessen und daraus die Flussdichte B_{L} bestimmt. Sinnvoll erscheinen z. B. mindestens 6 Werte für d_{L} zwischen ca. 2 und 10 mm. Die Messreihe kann für einen weiteren Wert des Spulenstromes wiederholt werden. *Hinweise*: Um die Polschuhe verschieben zu können, muss der Spulenstrom ausgeschaltet sein. Die Abstandstücke während der Messung zwischen den Polschuhen belassen, um deren Verrutschen zu vermeiden.

Für die Flussdichte in einem nicht zu breiten Luftspalt ist bereits folgende Beziehung hergeleitet:

$$B_{\mathrm{L}} = \mu_0 N I \left(\frac{\ell_{\mathrm{Fe}}}{\mu_{\mathrm{r,Fe}}} + d_{\mathrm{L}} \right)^{-1} \approx \mu_0 \frac{N I}{d_{\mathrm{L}}} \quad .$$

Durch Kehrwertbildung erhält man hieraus:

$$\frac{1}{B_{\mathrm{L}}} \approx \frac{1}{\mu_0}\frac{1}{NI}d_{\mathrm{L}} \quad .$$

 Mit Hilfe einer Grafik $1/B_{\mathrm{L}} = f(d_{\mathrm{L}})$ soll geprüft werden, ob der erwartete lineare Zusammenhang gegeben ist. Durch Extrapolation auf $d_{\mathrm{L}} = 0$ kann dann die Flussdichte in einem geschlossenen Eisenkern abgeschätzt werden.

28.5 Kalibrieren einer Feldplatte (1/3)

 Kennenlernen eines weiteren Messverfahrens für magnetische Flussdichten. In Kombination mit der Aufgabe 28.3 soll die Kenngröße einer Feldplatte bestimmt werden.

 Feldplatte und Widerstandsmessgerät, Elektromagnet mit geteilten Polschuhen, Netzgerät mit regelbarer Spannung.

 Parallel zur Messung mit der Hallsonde in Aufgabe 28.3 wird die Neukurve des Elektromagneten auch mit Hilfe einer Feldplatte ausgemessen. Dazu wird für jeden Messpunkt mit der Hallsonde der elektrische Widerstand der Feldplatte bestimmt: $R(B)$.

 Aus einem Diagramm $R = f(B^2)$ sollen R_0 sowie der Koeffizient c aus der Gleichung $R = R_0 + cB^2$ bestimmt werden.

Kapitel VII
Halbleiterelektronik

29. Halbleiterdioden

 Elektrische Leitungsprozesse in Halbleitern, Vorgänge an pn-Übergängen und deren Anwendung für verschiedenartige Halbleiterdioden.

 Standardlehrbücher (Stichworte: Halbleiterdioden, Eigenleitung, Dotierung und Störstellenleitung, pn-Übergang, Bändermodell),
Thuselt: Physik der Halbleiterbauelemente.

Zur Elektrizitätsleitung in Festkörpern

Halbleiterdioden sind Bauelemente mit einer charakteristischen nichtlinearen Strom-Spannungs-Kennlinie, Bild 29.1. Für das Verständnis der dabei wirksamen physikalischen Prozesse soll im Folgenden zunächst der **Leitungsmechanismus** in homogenen Festkörpern, vor allem in Halbleitern behandelt werden. Dabei wird die Betrachtung sowohl im (halb)klassischen Teilchenbild als auch im quantenmechanisch begründeten Bändermodell durchgeführt. Auch das Verhalten eines pn-Übergangs wird in beiden Modellen dargestellt.

Metallische Leitung

Für einen homogenen Leiter (Länge l, Querschnitt A und Widerstand R) lässt sich das Ohmsches Gesetz $U = RI$ umschreiben in die Form:

Ohmsches Gesetz $\qquad j = \sigma E$

mit $j = I/A =$ Stromdichte, $E = U/\ell =$ elektrische Feldstärke und $\sigma =$ elektrische Leitfähigkeit. Nach der Teilchenvorstellung für den elektrischen Strom in Metallen, dem **Elektronengasmodell**, wird der Strom getragen durch (quasi)freie Elektronen, die sich im elektrischen Feld der Feldstärke E mit konstanter Driftgeschwindigkeit u_{dr} bewegen, Bild 29.2. Aus dieser Betrachtung findet man den folgenden Zusammenhang für die

Leitfähigkeit $\qquad \sigma = ne\mu_{\mathrm{n}}$

mit $n =$ Ladungsträgerkonzentration, $e =$ Elementarladung und $\mu_{\mathrm{n}} =$ Beweglichkeit der Elektronen. Dabei ist die **Beweglichkeit** der Proportionalitätsfaktor zwischen der Driftgeschwindigkeit der Ladungsträger und der sie verursachenden elektrischen Feldstärke:

$$\boldsymbol{u}_{\mathrm{dr}} = \mu_{\mathrm{n}} \boldsymbol{E} \quad .$$

Die Einheit von μ_{n} ist $\frac{m}{s} / \frac{V}{m} = m^2/Vs$. Will man μ_{n} aus der Gleichung für die Leitfähigkeit bestimmen, muss man neben σ auch n messen. Das gelingt z.B. mit Hilfe des Hall-Effekts, s. *Themenkreis 28*.

Ein wesentliches Unterscheidungskriterium zwischen Metallen und Halbleitern sind die sehr unterschiedlichen *Temperaturabhängigkeiten* ihrer *Leitungseigenschaften*. Die Darstellung in Bild 29.3 verdeutlicht die prinzipiellen Abhängigkeiten.

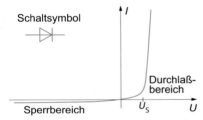

Bild 29.1. Kennlinie einer Diode mit Angabe der Schwellenspannung U_{S}

Bild 29.2. Modellvorstellung zur Elektrizitätsleitung in einem Elektronenleiter

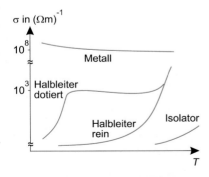

Bild 29.3. Die Temperaturabhängigkeit der elektrischen Leitfähigkeit, schematisch. Die Absolutwerte für Metalle, Halbleiter und Isolatoren liegen um viele Größenordnungen auseinander

Tabelle 29.1. Ausschnitt aus dem Periodensystem der Elemente

Hauptquantenzahl n	Hauptgruppe		
	III	IV	V
2	B	C	N
3	Al	Si	P
4	Ga	Ge	As
5	In	(Sn)	Sb

Bild 29.4. Eigenleitung im Kristallgitter-Bindungs-Modell. Schematische zweidimensionale Darstellung

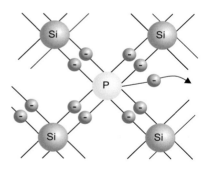

Bild 29.5. Zur Entstehung von n-Leitung in Silizium durch Dotierung mit Phosphor, das ein überschüssiges Elektron besitzt. Schematische zweidimensionale Darstellung

Tabelle 29.2. Anregungsenergie (Bandabstand) sowie Eigenleitungskonzentration für einige Halbleiter

Stoff	ΔE_g in eV	$n_i = p_i$ bei 300 K in cm^{-3}
Ge	0.67	ca. 10^{13}
Si	1.1	ca. 10^{10}
GaAs	1.43	ca. 10^{6}

Halbleiter

In Metallen hängt die hohe Ladungsträgerkonzentration n nicht von der Temperatur ab: $n \neq f(T)$. Als *Halbleiter* bezeichnet man dagegen Festkörper, die bei hinreichend tiefen Temperaturen und großer Reinheit Isolatoren sind, deren Leitfähigkeit mit wachsender Temperatur jedoch steil ansteigt, Bild 29.3. Typische Vertreter solcher Stoffe sind die Elemente der IV. Hauptgruppe des Periodischen Systems wie Si und Ge sowie Verbindungen von Elementen der III. und V. Hauptgruppe, sog. III-V-Verbindungen wie z.B. GaN oder GaAs, InP usw., Tabelle 29.1. Auch sogenannte ternäre Verbindungen wie $Ga_{1-x}Al_xAs$ oder $GaAs_{1-y}P_y$ sind von besonderem Interesse.

Die Untersuchung der *Leitungseigenschaften von Halbleitern zeigt*:

- die starke Zunahme der Leitfähigkeit $\sigma(T)$ mit der Temperatur wird hervorgerufen durch eine entsprechende *Zunahme der Ladungsträgerkonzentration*; die bei Halbleitern wie bei Metallen auftretende geringfügige Abnahme der Beweglichkeit mit wachsender Temperatur wird dadurch verdeckt;

- der Ladungstransport erfolgt bei reinen Halbleitern (*Eigenleitung*) durch zwei Ladungsträgerarten: durch **n**egative **Elektronen** und **p**ositive **Löcher** oder *Defektelektronen* in gleicher Konzentration ($n(T) = p(T)$) und nicht nur durch eine einzige Ladungsträgerart wie bei Metallen;

- gezielte oder auch nur ungewollte Verunreinigungen (*Dotierung*) der Halbleiter führen zu einer drastischen Zunahme der Leitfähigkeit infolge der sog. *Störstellenleitung*.

Dieses Verhalten wird oft veranschaulicht in einem ebenen **Kristallgitter-Bindungs-Modell**, Bild 29.4. Bei einem Element der IV. Hauptgruppe wie Si werden alle 4 Valenzelektronen für die Bindung mit den Nachbarn benötigt und sind daher ortsgebunden. Nur durch Energiezufuhr – z.B. durch die Wärmebewegung des Gitters – können sie abgelöst werden und dann in einem elektrischen Feld driften: Elektronen- oder **n-Leitung**. Auch der bei der Ablösung eines Elektrons verbleibende freie Platz kann durch Nachrücken von Elektronen der Nachbaratome zur Leitfähigkeit beitragen. Dieses Loch driftet dabei entgegen der Bewegungsrichtung der Elektronen, verhält sich daher im elektrischen Feld wie ein positiver Ladungsträger: Löcher- oder **p-Leitung**. In einem störungsfreien Halbleiter entstehen freie Elektronen und Löcher also stets paarweise. Man spricht dann von **Eigenleitung**. Die zur Freisetzung dieser Elektronen-Loch-Paare nötige Energie wird dabei der thermischen Energie des Kristalls entnommen, die Konzentration der Ladungsträger wächst daher mit der Temperatur.

Die Ladungsträger haben jedoch nur eine *begrenzte Lebensdauer*. Beim Zusammentreffen von solchen (quasi)freien Elektronen und Löchern gibt es eine **Rekombination**: Ein Ladungsträger*paar* verschwindet wieder. Die dabei freiwerdende Energie wird als elektromagnetische Strahlung abgestrahlt oder in Form von Wärme an das Kristallgitter abgegeben. Bei jeder Temperatur stellt sich nun ein Gleichgewicht ein, bei dem die *Erzeugungsrate* von Ladungsträgerpaaren gleich ihrer Rekombinationsrate ist. Es gilt die Gleichgewichtsbedingung:

$$np \sim T^3 \exp(-\Delta E_g / kT)$$

mit ΔE_g = Anregungsenergie und k = Boltzmann-Konstante. Das Produkt kT bezeichnet man als *thermische Energie*; sie hat bei Zimmertemperatur, d.h. $T_0 \approx$ 300 K, den Wert $kT_0 \approx 0{,}026$ eV = 26 meV. Einige Werte für ΔE_g sowie die zugehörige Eigenleitungskonzentration der Ladungsträger bei Raumtemperatur finden sich in Tabelle 29.2.

Dotierung und Störstellenleitung

Die Ladungsträgerkonzentration $n_i = p_i$ bei Eigenleitung (intrinsic) für Raumtemperatur im Vergleich zu Metallen (Cu: n ca. 10^{23} cm^{-3}) ist sehr gering, Tabelle 29.2.

Entsprechend groß ist der Einfluss von Störungen. Der Einbau von *Fremdatomen* mit abweichender Zahl von Valenzelektronen bewirkt daher eine erhebliche materialspezifische Leitfähigkeitsänderung, die sog. **Störstellenleitung**. Dies ist in Bild 29.5

wieder im Kristallgitter-Bindungs-Modell erläutert. Wird ein Si-Atom durch eines aus der V. Gruppe des periodischen Systems ersetzt, also eines mit 5 Valenzelektronen wie P oder As, so werden davon nur 4 Elektronen für die Kristallbindung benötigt. Das 5. Elektron bleibt zwar durch die positive Kernladung des P-Atoms gebunden, aber seine Bindungsenergie ist viel geringer als die für ein Elektron eines Si-Atoms: Sie beträgt nur einige 10 meV. Das Elektron kann daher bereits bei vergleichsweise tiefen Temperaturen thermisch freigesetzt werden und für die Elektrizitätsleitung zur Verfügung stehen. Diese Störstellen nennt man **Donatoren** (Elektronenspender), den entstehenden Stoff einen *n-Halbleiter*.

In diesem Fall entsteht jedoch – anders als bei der Eigenleitung – nur *eine* Ladungsträgersorte, hier Elektronen. Die für die elektrische Neutralität nötige positive Gegenladung sitzt am zurückbleibenden Störion, ist also ortsfest. Bei Zimmertemperatur sind praktisch alle Störatome ionisiert, d. h. sie haben ihre Elektronen abgegeben und damit die geringe Elektronenkonzentration n_i aus der Eigenleitung um mehrere Größenordnungen (bei Si typisch: 10^5 bis 10^9) erhöht.

Bei Störstellenleitung gilt die gleiche Gleichgewichtsbedingung wie bei Eigenleitung: $np = \text{const}(T)$. Die Erhöhung von n führt daher zu einer entsprechenden Erniedrigung der Konzentration p der Löcher, die aus der Eigenleitungs-Erzeugungsrate stammen. Der Ladungstransport wird also im Fall der Störstellenleitung praktisch nur durch die sog. **Majoritätsladungsträger** (hier n) bestimmt. Trotz ihrer z. T. erheblich geringeren Konzentration bleiben auch die **Minoritätsladungsträger** (hier p) wichtig, insbesondere für die Funktionsweise von *pn*-Übergängen.

Bei Si-Kristallen liefert der Einbau von Atomen mit nur drei Valenzelektronen, wie z. B. Al, In oder B schon bei tiefen Temperaturen freie Löcher. Man erhält dadurch *p-Halbleiter*, hier speziell p-Si. Bild 29.6 zeigt diesen Zusammenhang im Modellbild. Die zugehörigen Störstellen heißen **Akzeptoren** (Elektronenfänger).

Bild 29.6. Zur Entstehung von *p*-Leitung in Silizium durch Dotierung mit Bor. Schematische zweidimensionale Darstellung

📖 *pn*-Übergang

Ein *pn-Übergang* entsteht, wenn ein n- und ein p-dotierter Halbleiterbereich auf atomarem Abstand aneinandergrenzen. Der hierfür nötige Dotierungssprung an der Grenzschicht erstreckt sich in der Regel über mehrere Atomlagen. Der *pn*-Übergang zeigt das elektrisch nichtlineare Verhalten von Bild 29.1. Dieses Phänomen soll zunächst im Teilchenbild erläutert werden.

pn-Übergang im Teilchenbild

Im Bild 29.7 ist oben das Schema eines *pn*-Übergangs in einem Halbleiterkristall dargestellt. Darin symbolisieren die großen Kugeln die ortsfesten Störionen – positiv geladene Donatorionen im n-Teil und negativ geladene Akzeptorionen im p-Teil. Die kleineren Kugeln stellen die jeweiligen Majoritätsladungsträger dar. Am Übergang werden nun infolge des *Konzentrationsunterschiedes* Elektronen aus dem n-Gebiet ins p-Gebiet und Löcher aus dem p-Gebiet in das n-Gebiet diffundieren und verstärkt rekombinieren. Der *pn*-Übergangsbereich ist durch diese Rekombination an Ladungsträgern verarmt, was sich im Ortsverlauf der Ladungsträgerkonzentration n bzw. p widerspiegelt, Bild 29.7 a. Die für die Leitfähigkeit verantwortliche Gesamtkonzentration von Ladungsträgern $(n + p)$ zeigt in diesem Bereich daher einen erheblich kleineren, Bild 29.7 b, der elektrische Widerstand R, Bild 29.7 c, einen entsprechend größeren Wert als in den links und rechts angrenzenden Volumenbereichen: der *pn*-Übergang ist *hochohmig*. Bei der Diffusion der freien Ladungsträger bleiben die ortsfesten ionisierten Störatome zurück, dadurch entsteht auf der n-Seite des Übergangs eine positive und auf der p-Seite eine negative *Raumladung*, in Bild 29.7 d dargestellt als Ladungsdichte ρ. Diese als *Raumladungszone* bezeichnete Dipolschicht ist Ursache für ein elektrisches Feld der Feldstärke E_D, Bild 29.7 e, das zu einer Änderung des Potentials V der Elektronen am Übergang führt, Bild 29.7 f. Die so entstehende Potentialdifferenz U_D heißt **Diffusionsspannung** und wirkt der durch das Konzentrationsgefälle ausgelösten Diffusion der Ladungsträger entgegen,

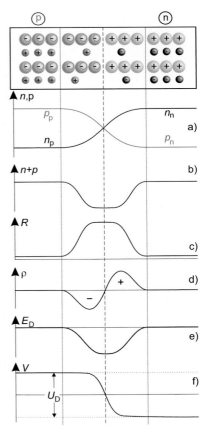

Bild 29.7. Der stromlose *pn*-Übergang im Teilchenbild. Verschiedene elektrische Größen im Kristall sind als Funktion des Ortes (horizontale Achse) aufgetragen

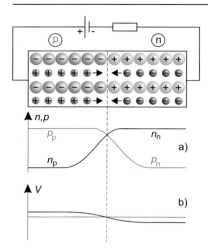

Bild 29.8. Der pn-Übergang, in Durchlassrichtung gepolt, mit Verlauf (a) der Ladungsträgerkonzentrationen n und p und (b) des Potentials V als Funktion des Ortes im Kristall (horizontale Achse)

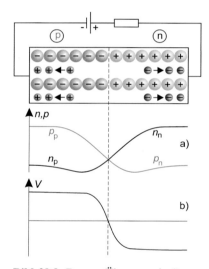

Bild 29.9. Der pn-Übergang, in Sperrrichtung gepolt, mit Verlauf (a) der Ladungsträgerkonzentrationen n und p und (b) des Potentials V als Funktion des Ortes im Kristall (horizontale Achse)

Bild 29.10. Zur Aufspaltung von Energieniveaus, schematisch

so dass sich ein stromloses Gleichgewicht einstellt, bei dem an jedem Ort die Beziehung $np = \text{const.} = n_i^2$ gilt.

Legt man an den pn-Übergang eine äußere Spannung an, Bild 29.8, welche dem Potentialsprung entgegengesetzt ist (n-Seite negativ, p-Seite positiv gepolt), so strömen von beiden Seiten die Majoritätsträger zum Übergang und erhöhen dort die Ladungsträgerkonzentration: Die Leitfähigkeit steigt, und es fließt ein Strom – der Durchlassstrom, siehe auch Bild 29.1. Die Diode ist in **Durchlassrichtung** gepolt. Die Bedingung $np = \text{const}$ gilt allerdings nicht mehr, weil durch die angelegte Spannung das thermodynamische Gleichgewicht aufgehoben ist.

Bei umgekehrter Polung, Bild 29.9, bewirkt die äußere Spannung eine weitere Abnahme der Ladungsträgerkonzentration im Gebiet des Übergangs gegenüber dem stromlosen Fall und damit eine weitere Abnahme der Leitfähigkeit; ein nur sehr geringer Strom von Minoritätsträgern fließt über den pn-Übergang – der Sperrstrom. Die Diode ist also in **Sperrrichtung** gepolt.

Aus theoretischen Überlegungen findet man für den Zusammenhang zwischen Strom I und Spannung U die allgemeine Gleichung der

Diodenkennlinie $I(U) = I_0(e^{eU/kT} - 1)$,

die die experimentellen Kennlinien näherungsweise beschreibt. Wie man dem Bild 29.1 entnehmen kann, beginnt der Durchlassstrom erst bei höheren Durchlassspannungen merklich zu fließen. Als Kenngröße hierfür dient die sog. *Schwellenspannung* U_s, die man durch Extrapolation der steil ansteigenden Stromkurve auf die Achse $I = 0$ erhält. Diese Spannung ist materialabhängig und wächst mit der Anregungsenergie ΔE_g, siehe hierzu auch Bild 29.19.

📖 Bändermodell

Das bisher benutzte Teilchen-Orts-Modell ist nur für einen anschaulichen Einstieg brauchbar. Da die meisten Festkörpereigenschaften jedoch wesentlich durch das kollektive Zusammenwirken der vielen sehr dicht benachbarten Atome bestimmt werden, reicht dieses Modell für quantitative Betrachtungen nicht aus. Sehr viel hilfreicher ist das sog. **Bändermodell**, das die erlaubten *Energiezustände der Elektronen* in einem Festkörper beschreibt. Es entsteht aus der Anwendung der Quantenmechanik auf den Festkörper – allerdings auch nur in einer Näherung. Seine Eigenschaften sollen im folgenden kurz dargestellt (nicht abgeleitet) werden.

Bei *freien Einzelatomen*, z. B. freien Si-Atomen, besetzen Elektronen scharfe Energieniveaus. Bei einem zweiatomigen Molekül Si$_2$ spalten diese scharfen Einzelniveaus in jeweils 2 oder mehr Unterniveaus auf. In einem *Festkörper* entstehen aus den Einzelniveaus (quasi)kontinuierliche **Energiebänder**, welche größenordnungsmäßig so viele Unterniveaus enthalten, wie der betrachtete Kristall Atome enthält. Diese Bänder sind durch **Energielücken** getrennt, Bild 29.10.

So gibt es in jedem Festkörper (voll) besetzte und nicht voll besetzte bzw. leere Energiebänder. Ein volles Band kann zur elektrischen Leitung nicht beitragen; denn wenn ein Ladungsträger Energie aus einem elektrischen Feld aufnehmen will, muss es freie Energieniveaus im Band hierfür geben, und solche sind in einem vollen Band nicht verfügbar. Man nennt daher das unterste Band, das bei tiefer Temperatur nicht (voll) besetzt ist, das **Leitungsband** (LB). Das nächst tiefere Band heißt **Valenzband** (VB). Es ist bei tiefen Temperaturen voll besetzt.

Leitungseigenschaften im Bändermodell

Das unterschiedliche elektrische Verhalten von Festkörpern lässt sich nun im Bändermodell sehr einfach beschreiben. Bei Metallen ist das Leitungsband auch bei tiefen Temperaturen bereits teilweise mit Elektronen gefüllt, z. B. durch Überlappen mit dem Valenzband, so dass ein Stromtransport möglich ist.

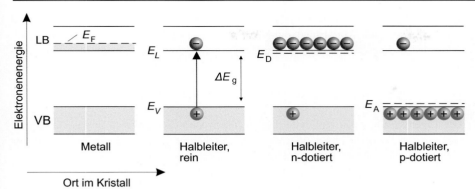

Bild 29.11. Besetzung des Leitungsbandes LB bzw. des Valenzbandes VB mit Elektronen bzw. Löchern zur Erklärung der Leitungseigenschaften von Metallen und Halbleitern, schematisch. E_L = Unterkante des Leitungsbandes, E_V = Oberkante des Valenzbandes. E_D bzw. E_A = Energieniveaus der Donatoren bzw. Akzptoren. E_F bezeichnet die Fermienergie

Für reine Halbleiter dagegen ist bei $T = 0\,\mathrm{K}$ das Valenzband voll und das Leitungsband leer. Beide Bänder sind durch eine **Energielücke** der Breite ΔE_g, den sog. *Bandabstand* (Lücke, engl. gap) getrennt: Die Leitfähigkeit ist Null. Bei wachsender Temperatur werden durch thermische Anregung Elektronen aus dem Valenz- ins Leitungsband gehoben. Dadurch wird Elektronenleitung im Leitungsband möglich, durch die entstehenden freien Plätze aber zugleich auch Löcherleitung im Valenzband: Es liegt Eigenleitung vor mit $n_i = p_i = f(T)$. Das Bild 29.11 zeigt die Eigenschaften von Metallen und Halbleitern im Bänderschema, in dem die Energie der Elektronen über dem Ort im Kristall aufgetragen ist.

Durch den Einbau von *Donatoren* wie z.B. P in Si entstehen ortsfeste Energieniveaus E_D dicht unter der Leitungsbandunterkante E_L (Abstand ΔE_D), aus denen Elektronen schon mit sehr viel geringerer thermischer Energie ins Leitungsband befreit werden können: Es entsteht n-Leitung. Die positive Gegenladung bleibt ortsfest. Ganz entsprechend führt der Einbau von *Akzeptoren* – wie z.B. Bor in Si – zu diskreten Energieniveaus E_A über der Valenzbandoberkante E_V (Abstand ΔE_A), in die schon bei tiefen Temperaturen Elektronen aus dem Valenzband gehoben werden können: Es entstehen freie Plätze im Valenzband, d.h. es gibt p-Leitung.

Typische Werte für $\Delta E_D = E_L - E_D$ und $\Delta E_A = E_A - E_V$ liegen zwischen einigen 10 und $100\,\mathrm{m\,eV}$, d.h. in der Größenordnung der thermischen Energie bei Raumtemperatur $kT \approx 26\,\mathrm{m\,eV}$.

Eine wichtige Größe in Festkörpern ist die **Fermienergie** E_F. Sie gibt den Energiewert an, für den die Besetzungswahrscheinlichkeit für Elektronen 1/2 ist. Bei Eigenleitung liegt E_F etwa in der Mitte der verbotenen Zone, bei dotierten Halbleitern liegt E_F in der Nähe der die Majoritätsladungsträger liefernden Störniveaus, siehe dazu auch Bild 29.12 oben.

Der pn-Übergang im Bändermodell

Anhand von Bild 29.7 wurde der *Ortsverlauf* von Konzentrationen (n, p) und einiger elektrischer Größen diskutiert. Im Bändermodell betrachtet man die *Energie der Elektronen* als Funktion des Ortes im Kristall. Da sich im *thermodynamischen Gleichgewicht* (keine äußere Spannung am pn-Übergang) das System so einstellt, dass die Fermienergie im p- und im n-Teil auf gleicher Höhe liegt, entsteht ein Verlauf von Valenz- und Leitungsband, wie er in Bild 29.12 oben skizziert ist. Dabei sind – wie in solchen Abbildungen üblich – vom Leitungsband nur die Unterkante (E_L) und vom Valenzband nur die Oberkante (E_V) gezeichnet. Die *Bandverbiegung* entspricht dem schon diskutierten Potentialsprung am pn-Übergang und hat ihre Ursache in den durch Diffusion entstandenen Raumladungen: positiv im n-Teil, negativ im p-Teil. Die Abbildung enthält zusätzlich die Angaben für die Fermienergie E_F sowie die Donator- bzw. die Akzeptorniveaus (E_D, E_A).

Eine Spannung in *Durchlassrichtung* erniedrigt die Energiebarriere; ein merklicher Durchlassstrom fließt jedoch erst, wenn diese weitgehend abgebaut ist. Daher ist die Schwellenspannung U_s aus der Diodenkennlinie etwa gleich der Diffusionsspannung U_D. Das Bild 29.12 Mitte zeigt, dass dann die Fermienergie einen gekrümmten Verlauf hat: Es herrscht kein Gleichgewicht. Letzteres gilt auch für den *Sperrfall* in

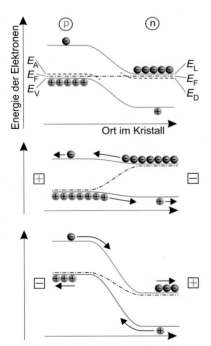

Bild 29.12. Der pn-Übergang im Bändermodell, vereinfacht. Oben: stromlos; Mitte: Durchlasspolung; Unten: Sperrpolung

Bild 29.12 unten, bei dem die Bänder umgekehrt und noch steiler aufgebogen sind – die Sperrung für Majoritätsladungsträger ist noch größer als im stromlosen Fall. *Hinweis*: Im Sperrfall ist der *pn*-Übergang nur für Minoritätsladungsträger durchlässig.

📖 Eigenschaften und Arten von Halbleiterdioden

Die Eigenschaften von Halbleiterdioden lassen sich durch Variation des Halbleitergrundmaterials sowie der Dotierungsstoffe und ihrer Konzentration in sehr weiten Grenzen einstellen und den geplanten Verwendungszwecken anpassen. Dementsprechend kann man ganz verschiedene Diodentypen unterscheiden.

Gleichrichterdioden

Hierbei wird die Nichtlinearität der Diodenkennlinie, Bild 29.1, zur *Gleichrichtung von Wechselspannungen* ausgenutzt. Solche **Gleichrichtung** ist in zwei Bereichen wichtig, die jeweils unterschiedliche Anforderungen stellen:

- Bei der *Signalübertragung* benötigt man Gleichrichterdioden mit hohen Übertragungsfrequenzen. Die obere Grenzfrequenz reicht heute bis zum Terahertzbereich ($THz = 10^{12}$ Hz).

- Für die Gleichrichtung bei *Leistungsübertragungen* erstrebt man hohe Sperrspannungen und geringe Sperrströme, außerdem geringe Leitungswiderstände im Durchlassbereich. Diese Forderungen lassen sich mit einem einfachen *pn*-Übergang nicht alle gleichzeitig realisieren, wie Tabelle 29.3 zeigt. Eine Lösung des Problems ist möglich durch Verwendung sog. *pin-Dioden* (*p*-Halbleiter / *I*solator / *n*-Halbleiter). Die Isolierschicht erhöht dabei die maximal mögliche Sperrspannung erheblich. Ihre Dicke muss geringer sein als die mittlere Driftstrecke der Ladungsträger von typisch einigen Zehntel Millimetern, damit sie von diesen Ladungsträgern ohne merkliche Rekombination durchlaufen werden kann. Heutige Leistungsdioden erreichen Sperrspannungen bis zu einigen 10 kV und Durchlassströme von mehreren kA.

Z-Dioden

Alle Halbleiterdioden zeigen bei hinreichend hohen Sperrspannungen einen sog. **Durchbruch**, Bild 29.13. Die Z-förmige Kennlinie (Bild um 90° drehen!) hat der Diode ihren Namen gegeben. Der Betrag der Durchbruchspannung U_z ist hoch bei geringer Dotierung (Si-Dioden: U_z bis über 1000 V) und nimmt mit wachsender Dotierung ab. Dioden mit Werten von wenigen Volt für U_z benutzt man häufig für Spannungsbegrenzungsschaltungen. Grund für den Durchbruch ist die hohe Feldstärke im *pn*-Übergang. Bei geringer Dotierung ist der *pn*-Übergangsbereich sehr breit, weil sich die zur Kompensation der Diffusion aufzubauende Raumladung wegen der geringen Dotierung auf ein großes Volumen verteilt. Hohe Dotierung dagegen führt zu einem schmalen *pn*-Übergangsbereich von wenigen 100 nm, so dass schon einer vergleichsweise geringen Sperrspannung eine große Feldstärke von 10^5 bis 10^6 V/cm entspricht. Hierdurch können einerseits *Stoßionisationsprozesse* der Minoritätsträger im *pn*-Übergang hervorgerufen werden, die durch *Lawinenbildung* zu einer Ladungsträgervermehrung führen, andererseits können Ladungsträger durch die verbotene Zone tunneln (*Zener-Effekt*). Bei besonders hohen Dotierungen und damit niedrigen Durchbruchsspannungen ($|U_z| < 5$ V) dominiert der *Tunneleffekt*, im umgekehrten Fall ($|U_z| >$ etwa 7 V) ist der Prozess der Stoßionisation vorherrschend.

Tunneldioden

Bei extrem hoher Dotierung (z. B. Si-Tunneldiode: $n = 7 \cdot 10^{19}$ cm^{-3}) beobachtet man eine völlig andere Form der Diodenkennlinie, Bild 29.14. Der Strom wächst für beide Polungen sofort steil an. Ursache ist der **Tunneleffekt**, der schon bei kleinen Spannungen auftritt und im Bändermodell erläutert werden soll, Bild 29.15. Die extrem hohe Dotierung führt dazu, dass die Fermienergie E_F nicht mehr in der verbotenen Zone, sondern innerhalb der Bänder verläuft. Das bedeutet, dass z. B. bei Sperrpolung Elektronen unterhalb von E_F im Valenzband des *p*-Gebietes freien

Tabelle 29.3. Kenngrößen von Gleichrichterdioden im Vergleich

Kenngröße	zusammengehörige Wertekombination	
Dotierung	hoch	gering
Bahnwiderstand	gering	hoch
Sperrstrom	gering	hoch
Sperrspannung	gering	hoch

Bild 29.13. Kennlinie einer Z-Diode

Bild 29.14. Kennlinie einer Tunneldiode

Bild 29.15. Verlauf der Fermienergie E_F bei extrem hoher Dotierung im stromlosen *pn*-Übergang

Plätzen im Leitungsband des n-Gebietes räumlich sehr dicht benachbart sind. Die Tunnelwahrscheinlichkeit ist dann sehr hoch. Das entsprechende gilt zunächst auch bei Durchlasspolung.

Bei steigender Durchlassspannung aber hört der Tunneleffekt dann auf, wenn die Leitungsbandunterkante im n-Gebiet energetisch höher liegt als die Valenzbandoberkante im p-Gebiet. Der Strom sinkt ab und geht in die normale Gleichrichterkennlinie über. Eine solche Diode heißt *Tunneldiode* oder – nach ihrem Erfinder – *Esakidiode*. Eine Tunneldiode wird in Durchlassrichtung betrieben. Wegen des Kurvenstücks, in welchem bei steigender Durchlassspannung der Durchlassstrom sinkt (negativer Widerstand) kann eine solche Diode zur Schwingungserzeugung benutzt werden. Wegen der kleinen Kapazität solcher Dioden sind hohe Grenzfrequenzen möglich. Anwendung: Oszillatoren, schnelle Schalter.

Fotodioden, Solarzellen

Bei Fotodioden wird der Sperrstrom durch Lichteinstrahlung in den pn-Übergang erhöht. Durch Licht hoher Quantenenergie $hf > \Delta E_g$ werden dabei Ladungsträgerpaare im Raumladungsgebiet des pn-Überganges erzeugt. Die den Sperrstrom tragende Minoritätsträger-Konzentration wird dadurch deutlich erhöht. Fotodioden sind meistens so hergestellt, dass der pn-Übergang großflächig direkt unter der bestrahlten Bauelementoberfläche liegt. Bei der Vermessung des einfallenden Lichts ist zu beachten, dass der Kurzschlussstrom $I_K = I(U = 0)$ proportional zur einfallenden Strahlungsleistung P_{opt} ist, während die Leerlaufspannung $U_L = U(I = 0)$ nur mit dem Logarithmus von P_{opt} wächst, siehe Kennlinienschar in Bild 29.16.

Ein technisch wichtiger Sonderfall eines Fotoelements ist die **Solarzelle**, eine für optoelektrische Energieumwandlung von Sonnenlicht optimierte Fotodiode. Benutzt man die Solarzelle zur Energiegewinnung, arbeitet man im 4. Quadranten der Kennlinienschar und wählt den Arbeitspunkt so, dass die abgegebene elektrische Leistung maximal wird: $P_{max} = (U \cdot I)_{max}$, Bild 29.17. Das Verhältnis von P_{max} zur eingestrahlten optischen Leistung P_{opt} definiert den Wirkungsgrad der Solarzelle. Dieser erreicht heute bei den besten Zellen Werte von über 40%. An einer weiteren Erhöhung dieses Wertes wird gearbeitet.

Leuchtdioden

Eine **Leuchtdiode**, auch als LED (light emitting diode) bezeichnet, ist eine hochdotierte Diode, die in Durchlassrichtung betrieben wird und bei der die durch *Rekombination der Ladungsträgerpaare* im pn-Übergangsgebiet frei werdende Energie in Form von Lichtquanten emittiert wird. Bild 29.18 zeigt die Zusammenhänge im Bändermodell. Dabei erreicht die Photonenenergie hf in einfachen Fällen etwa den Wert des Bandabstandes $hf = \Delta E_g$. Daher lässt sich z. B. GaAs nur für die Infrarot-Leuchtdioden verwenden, für sichtbares Licht kann man dagegen mit N dotiertes GaP bzw. den Mischkristall GaAs$_{1-x}$P$_x$ benutzen. Bei diesem ternären, d. h. aus drei Komponenten bestehenden Mischkristall lässt sich durch die Wahl des Phosphoranteils x der Bandabstand ΔE_g und damit die Wellenlänge des emittierten Lichtes verändern, wie Tabelle 29.4 zeigt. Strom-Spannungs-Kennlinien für verschiedene Materialien sieht man in Bild 29.19. Die klassischen Halbleiter Ge oder Si eignen sich nicht für die Herstellung von Leuchtdioden, weil die Rekombination der Ladungsträgerpaare nicht strahlend erfolgt. Helle blaue Leuchtdioden sind auf der Basis von GaN entwickelt worden (Physik-Nobelpreis 2014). Das ternäre Material In$_{0,15}$Ga$_{0,85}$N emittiert Licht z. B. der Wellenlänge 450 nm (die Indizes 0,15 bzw. 0,85 geben das jeweilige Mischungsverhältnis an). Eine weißes Licht emittierende LED kann man entweder durch das Einbringen von geeigneten Leuchtstoffen in die Plastikumhüllung des Bauelementes herstellen; das monochromatische Licht der LED regt dann diesen Leuchtstoff zum Leuchten an wie bei einer Leuchtstoffröhre. Oder man betreibt drei geeignet verschiedenfarbige LED's in einem Bauelement, die durch additive Farbmischung weißes Licht erzeugen.

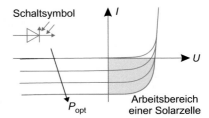

Bild 29.16. Kennlinien einer Fotodiode bei verschiedenen Werten der eingestrahlten optischen Lichtleistung P_{opt}

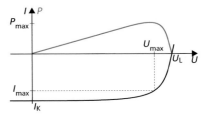

Bild 29.17. Zur Ermittlung der maximalen Leistungsabgabe einer Solarzelle

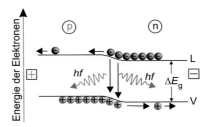

Bild 29.18. Bänderschema einer Leuchtdiode, Durchlassrichtung

Tabelle 29.4. Bandabstand ΔE_g und Emissionswellenlänge λ_{em} für verschiedene LED-Materialien

Stoff	E_g	λ_{em}
GaAs	1,43 eV	870 nm
GaAs$_{0,6}$P$_{0,4}$	1,92 eV	650 nm
GaP	2,26 eV	560 nm
GaN	3,37 eV	375 nm

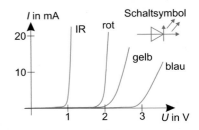

Bild 29.19. Kennlinien von Leuchtdioden unterschiedlicher Emissionswellenlängen

Laserdioden

Einen wichtigen Sonderfall der Leuchtdioden stellen die **Laserdioden** dar. Bei extrem hoher Dotierung kann bei Durchlasspolung erreicht werden, dass sich an der Valenzbandoberkante mehr Löcher als Elektronen, am gleichen Ort an der Leitungsbandunterkante mehr Elektronen als freie Plätze befinden. Eine solche *Besetzungsinversion* – energetisch höher liegende Zustände sind stärker besetzt als energetisch tiefer liegende – ist stets die notwendige Voraussetzung dafür, dass ein Lasereffekt eintritt. Besonders geeignetes Material für Laserdioden sind GaAs (infrarote Laserdioden) und $Ga_{1-x}Al_xAs$. Laserdioden gewinnen immer breitere Verwendung in vielen Lebensbereichen. Beispiele aus dem Alltag sind die Infrarotlaser in CD-, DVD- und Blu-ray-Disc-Abspielgeräten oder die roten Laserscanner an Kaufhauskassen.

29.1 Statische Diodenkennlinien (1/3)

Für verschiedene Arten von Dioden sollen die Kennlinien $I = f(U)$ punktweise bzw. mit Hilfe eines Messrechners aufgenommen werden. Der Verlauf der Kennlinien soll qualitativ diskutiert werden, charakteristische Größen wie die Schwellenspannung U_s und die Durchbruchsspannung U_z sollen quantitativ bestimmt werden.

Regelbares Gleichspannungsnetzgerät, Halbleiterdioden, Vorwiderstand, Messrechner mit erdfreien Eingängen (ansonsten muss die Schaltung leicht geändert werden), Strom- und Spannungsmesser.

> *Besondere Hinweise*: Halbleiterdioden werden durch lokale Überhitzung des *pn*-Übergangs leicht zerstört. Solche Bauelemente daher stets mit einem Vorwiderstand zur Strombegrenzung betreiben. Auch müssen Spannungsspitzen im Stromkreis vermieden werden. Daher Spannungsversorgung vor dem Ein- oder Ausschalten stets auf Null regeln.

Zunächst soll die Kennlinie einer Diode (z. B. Tunneldiode oder Z-Diode) punktweise aufgenommen werden. Hierbei darf die maximal zugelassene Stromstärke bzw. Verlustleistung nicht überschritten werden. Bei der Tunneldiode ist wegen der Anwendungsgesichtspunkte nur der Durchlassbereich von Interesse.

Die Messwerte für die Sperrpolung müssen gegebenfalls korrigiert werden, wenn im Sperrfall der Strom durch den Spannungsmesser (Innenwiderstand R_i) einen merklichen Teil des Gesamtstromes ausmacht. Die korrigierten Werte sollen graphisch dargestellt werden; den Kurvenverlauf im Sperrbereich u. U. durch geänderte Achseneinteilung deutlich machen.

In weiteren Messungen sollen die Kennlinien verschiedener Diodentypen aufgezeichnet werden. Hierzu wird eine Schaltung nach Bild 29.20 verwendet, bei der der Spannungsabfall am Ohmschen Widerstand $(R_V + R_i)$ als stromproportionales Y-Signal benutzt wird. Dabei sollen die Kennlinien von zu vergleichenden Dioden wie Ge-, Si- und Leuchtdioden oder auch Z-Dioden mit unterschiedlichen Durchbruchsspannungen sinnvollerweise mit gleichen Achsenteilungen aufgezeichnet werden.

Die Achsenteilung der Stromachse muss mit Hilfe von $(R_V + R_i)$ berechnet werden. Aus den graphischen Darstellungen sollen die jeweiligen Schwellenspannungen U_s sowie gegebenenfalls die Durchbruchsspannungen U_z ermittelt werden.

Die gemessenen Kurvenverläufe sollen vergleichend diskutiert werden.

Bild 29.20. Versuchsaufbau zur Messung der Diodenkennlinien

29.2 Dynamische Messungen (1/3)

Die Strom-Spannungs-Kennlinien einiger Dioden sollen in einer dynamischen Messung auf dem Bildschirm dargestellt werden. Der Bildschirm kann abfotografiert werden.

Frequenzgenerator, Halbleiterdioden, Vorwiderstand, Messrechner mit XY-Darstellung, Digitalkamera.

Zur Messung dient die nebenstehende Schaltung, Bild 29.21. Die stromproportionale Spannung am regelbaren Vorwiderstand wird zur Messung des Stromes benutzt. Der Operationsverstärker dient dazu, den üblicherweise gegen Masse messenden Messrechnereingang galvanisch von der eigentlichen Schaltung zu trennen, sonst würde die Schaltung an zwei unterschiedlichen Stellen geerdet und damit partiell kurzgeschlossen werden.

Aufbau der Schaltung. Vor dem Wechseln der jeweiligen Diode Spannung des Frequenzgenerators auf Null regeln. Um eine Überlastung der Diode zu vermeiden, Spannung stets nur so hoch regeln, dass die maximale Verlustleistung der Diode nicht überschritten wird. In der Regel reicht eine Darstellung, bei der die charakteristischen Merkmale der Kennlinie auf dem Bildschirm gerade gut zu sehen sind (z. B. Maximum und Minimum bei der Tunneldiode, Durchbruch bei der Z-Diode).

Die Kennlinien sollen qualitativ diskutiert werden.

Bild 29.21. Aufbau zur Messung dynamischer Kennlinien

29.3 Untersuchungen von Leuchtdioden (1/3)

Für verschiedenfarbige Leuchtdioden sollen aus den Strom-Spannungs-Kennlinien die unterschiedlichen Schwellenspannungen bestimmt werden. Durch zusätzliche spektroskopische Messung der Emissionswellenlänge soll der Wert der Planckschen Konstanten h abgeschätzt werden.

Bauteile wie in Versuch 29.1, dazu Leuchtdioden sowie Handspektroskop mit Wellenlängenskala.

Die statischen Kennlinien von mindestens drei verschiedenfarbigen Leuchtdioden werden mit Hilfe eines Messrechners aufgenommen. Aus den Kurven werden die Schwellenspannungen U_S ermittelt. Die Lichtemission der Leuchtdioden wird mittels eines wellenlängen-kalibrierten Handspektroskops betrachtet und die mittlere Wellenlänge λ der Emission bestimmt. Zur Kalibrierungskontrolle benutzt man am einfachsten die Quecksilberlinien einer Leuchtstoff-Deckenlampe.

Die Schwellenspannungen werden über der zugehörigen Emissionsfrequenz $f = c_0/\lambda$ (c_0: Lichtgeschwindigkeit) aufgetragen. Für die Steigung des erwarteten linearen Zusammenhangs gilt:

$$\frac{\Delta U_S}{\Delta f} = \frac{h}{e}$$

mit h: Plancksches Wirkungsquantum und e: Elementarladung. Die Begründung für diesen Zusammenhang liefert die Betrachtung des Bändermodells, Bild 29.12. Für den Bandabstand ΔE_g gelten näherungsweise die Beziehungen:

$$\left.\begin{array}{l} \Delta E_g \approx e U_S \\ \Delta E_g \approx h f \end{array}\right\} \quad U_S \approx \frac{h}{e} f \quad .$$

29.4 Untersuchungen an einer Solarzelle (1/3)

 Mit Strom-Spannungs-Messungen sollen die fotoelektrischen Eigenschaften einer Solarzelle bestimmt werden.

Solarzelle mit Halter, regelbare Gleichspannungsquelle (0 bis ca. 5 V), Vorwiderstand, Strom-Spannungsmesser oder Messrechner, Experimentierleuchte (mind. 50 W). Die Messanordnung sollte abgeschirmt gegen Streulicht sein.

In einer Anordnung entsprechend Bild 29.20 wird zunächst die Dunkelkennlinie der Solarzelle aufgenommen. Die Messung wird mit hell beleuchteter Solarzelle wiederholt. Beide Kurven auf das gleiche Blatt aufzeichnen.

Die Kurven sollen vergleichend diskutiert werden. Aus der Kurve bei Bestrahlung sollen bestimmt werden: Kurzschlussstrom I_K, Leerlaufspannung U_L sowie die maximale elektrische Leistung P_{max}.

Bei unterschiedlichen Bestrahlungsstärken E sollen jeweils Kurzschlussstrom I_K und Leerlaufspannung U_L der Solarzelle bestimmt werden. Die unterschiedlichen Bestrahlungsstärken E sollen durch Änderung des Abstandes r der Lichtquelle von der Solarzelle messbar eingestellt werden. Bei einer punktförmigen Lichtquelle gilt ein quadratisches Abstandsgesetz: $E/E_0 = r_0^2/r^2$.

I_K über E/E_0 und $\ln(U_L/U_0)$ über E/E_0 auftragen und auf Linearität prüfen. Abweichungen diskutieren.

29.5 Spannungsstabilisierung mit Z-Dioden (1/3)

Anwendung von Z-Dioden zur Spannungsstabilisierung: Spannungsschwankungen auf der Eingangsseite; Stromschwankungen auf der Ausgangsseite.

Bauteile wie Versuch 29.1, zusätzlich weitere Widerstände sowie Z-Dioden. Vorgeschlagene Werte: Z-Diode ZD 6,8 ($U_Z = 6{,}8$ V), U_0 regelbar zwischen 15 und 20 V, $R_1 \approx R_2 \approx 200\,\Omega$, R_L regelbar von 0 bis 1 kΩ.

Schaltung entsprechend Bild 29.22 aufbauen. Lastwiderstand R_L zunächst groß wählen, so dass der Ausgangsstrom gering ist. Eingangsspannung U_0 so einstellen, dass beim Umschalten des Schalters T zwischen Z-Diode und R_2 an beiden etwa die gleiche Spannung $U_A \geq U_Z$ liegt.

Bei der Benutzung des Spannungsteilers (R_1, R_2) führt eine Verringerung des Lastwiderstandes R_L und damit eine Erhöhung des Ausgangsstromes zur Abnahme der Ausgangsspannung U_A. Mit $U_0 \geq 2 \cdot U_Z$ beginnen und den Zusammenhang $I = f(U_A)$ aufnehmen.

Nach dem Umschalten auf den Spannungsteiler (R_1, ZD) wird die Messung wiederholt. Der Strom I_{ZD} durch die Z-Diode wird zur Vorsicht kontrolliert, damit die maximal zulässige Belastung $P_{V,max}$ durch die Z-Diode nicht überschritten wird: $P_V = U_Z I_{ZD}$.

Beide Abhängigkeiten $U_A(I)$ werden in das gleiche Diagramm eingetragen und vergleichend diskutiert.

Für den Spannungsteiler (R_1, R_2) soll geprüft werden, ob die aus dem Teilschaltbild herleitbare Beziehung für U_A

$$U_A = U_0 \frac{1}{R_1 \cdot \left(\frac{1}{R_1} + \frac{1}{R_2} + \frac{1}{R_3} \right)}$$

mit den gemessenen Werten übereinstimmt.

Lastwiderstand wieder groß wählen, so dass ein geringer Ausgangsstrom fließt. Spannungsteiler (R_1, ZD). Eingangsspannung U_0 variieren, z. B. zwischen 15 und 20 V. Veränderungen von U_A messen.

Messung mit dem anderen Spannungsteiler (R_1, R_2) wiederholen.

Zusammenhang $U_A(U_0)$ grafisch auftragen: Unterschied beider Messungen anhand der o. g. Gleichung sowie der Z-Dioden-Kennlinie diskutieren.

Bild 29.22. Schaltbild zur Untersuchung der Spannungsstabilisierung mit Hilfe von Z-Dioden

30. Transistoren

Eigenschaften verschiedenartiger Transistoren; elektronische Prozesse in Transistoren.

Standardlehrbücher (Stichworte: pn-Übergänge, bipolare Transistoren, Feldeffekttransistoren),
Thuselt: Physik der Halbleiterbauelemente,
Tietze/Schenk/Gamm: Halbleiter-Schaltungstechnik.

Transistoren

Transistoren sind Halbleiterbauelemente, bei denen der Strom zwischen zwei Elektroden mit Hilfe einer weiteren Elektrode leistungsarm bzw. leistungslos gesteuert wird. Hierbei spielen *pn*-**Übergänge** die entscheidende Rolle. Die Entdeckung des Transistoreffekts durch die Physiker Bardeen, Brattain und Shockley im Dezember 1947 war der Ausgangspunkt einer rasanten Entwicklung, die unter dem Namen *Mikroelektronik* zusammengefasst werden kann und die eine wesentliche Grundlage für die heutige Informations- und Kommunikationstechnik darstellt. Als wichtige Entwicklungsschritte auf diesem Wege sind zu nennen: der *Spitzentransistor*, der *bipolare* (Flächen-)*Transistor*, der *FET* (*F*eld*e*ffek*t*ransistor) und die *integrierte Schaltung* (IC: *i*ntegrated *c*ircuit).

Transistoren werden in elektronischen Schaltungen in zweierlei Funktion verwendet. In der *Analogtechnik* werden sie als - meist lineare - **Verstärker** eingesetzt, wobei zwischen reiner Signalverstärkung und reiner Leistungsverstärkung alle Zwischenstufen vorkommen. In der *Digitalelektronik* dagegen übernehmen Transistoren die Aufgabe von **Schaltern**, die ein Signal elektronisch ein- oder ausschalten. In dieser Funktion sind sie die wesentlichen Bauelemente von Rechenbausteinen, z. B. in Digitalrechnern.

Bipolare Transistoren

Ein **bipolarer Transistor** besteht im einfachsten Fall aus drei Halbleiterschichten, die jeweils abwechselnd dotiert sind (n-p-n oder p-n-p): dem **Emitterschaltung** (E), der sehr dünnen **Basisschicht** (B) und dem **Kollektor** (C: *C*ollector), Bild 30.1. So entstehen zwei pn-Übergänge in räumlich dichter Nachbarschaft. Für den Betrieb wird nun der Kollektor-Basis-Übergang in Sperrrichtung gepolt, so dass zunächst ein nur geringer Sperrstrom fließt. Dieser *Sperrstrom* ist immer ein Strom von *Minoritätsladungsträgern*, bei einem *pnp*-Transistor also von Elektronen aus dem p-Gebiet des Kollektors und von Löchern aus dem n-Gebiet der Basis. Für die Minoritätsladungsträger ist der pn-Übergang bei Sperrpolung im Gegensatz zu den Majoritätsladungsträgern ja durchlässig (siehe *Themenkreis 29*).

Der andere pn-Übergang, also die Grenzschicht zwischen Emitter und Basis, wird in Durchlassrichtung gepolt, der durch sie fließende *Durchlassstrom* wird durch die jeweiligen *Majoritätsladungsträger* getragen. Wegen der geringen Dicke der Basisschicht ($< 1\,\mu$m) jedoch gelangen die meisten Majoritätsladungsträger des Emitters, im Beispiel von Bild 30.1 also die Löcher, noch vor ihrer Rekombination in der Basiszone in den Einflussbereich des gesperrten pn-Überganges zwischen Basis und Kollektor. Dort aber sind die Löcher Minoritätsladungsträger und können die-

Bild 30.1. Links: Bipolarer *pnp*-Transistor in Emitterschaltung mit schematischer Darstellung der Stromverteilung. Rechts: Schaltzeichen eines *pnp*-Transistors

sen pn-Übergang ungehindert passieren und auf diese Weise den dortigen geringen Sperrstrom um Größenordnungen verstärken.

Der Emitterstrom I_E fließt also ganz überwiegend zum Kollektor. Nur der geringe Anteil der in der n-leitenden Basis rekombinierenden Löcher ergibt den *Basisstrom*. Typische Werte für die Stromverteilung sind: Emitterstrom 100%, Kollektorstrom 99%, Basisstrom 1%. Durch Regelung dieses relativ gering bleibenden Basisstromes I_B bzw. der zugehörigen Basis-Emitter-Spannung U_{BE} kann daher der sehr viel größere Kollektorstrom I_C gesteuert werden.

Diese Prozesse lassen sich auch im **Bändermodell** verdeutlichen (siehe *Themenkreis 29*). Dabei wird die Energie der Elektronen über einer Ortskoordinate im Halbleiterkristall aufgetragen. Das Bild 30.2 zeigt in der linken Bildhälfte den Verlauf von *Leitungsband* (Unterkante) und *Valenzband* (Oberkante) im durchlassgepolten Emitter-Basis-Übergang, rechts im Bild den entsprechenden Verlauf für den gesperrten Basis-Kollektor-Übergang. Die Darstellung macht anschaulich, wie der Löcherstrom aus dem Emitter den gesperrten Basis-Kollektor-Übergang „überflutet".

Bild 30.2. Bipolarer Transistor im Bändermodell, schematisch

Die Emitterschaltung

In der Schaltung in Bild 30.1 ist der Emitter die Bezugselektrode für alle angelegten Spannungen, man nennt sie daher **Emitterschaltung**. Wichtige Eigenschaften dieser in der Praxis häufig verwendeten Schaltung sind in Tabelle 30.1 aufgeführt.

Die **Eingangskennlinie** – der Basisstrom I_B als Funktion der Basis-Emitter-Spannung U_{BE} – ist eine typische Diodenkennlinie, Bild 30.3 links. Auf der Kennlinie ist auch ein geeignet gewählter Arbeitspunkt A für den Betrieb des Transistors markiert. Aus der Darstellung wird zugleich das grafische Verfahren zur Bestimmung des statischen Eingangswiderstandes $R_{BE} = U_{BE}/I_B$ bzw. des dynamischen Eingangswiderstandes $r_e = \Delta U_{BE}/\Delta I_B$ am Arbeitspunkt des Transistors deutlich.

Die **Ausgangskennlinien** $I_C = f(U_{CE})$ bei $I_B =$ const. sind eigentlich Sperrstromkennlinien, die bei einfachen Dioden im 3. Quadranten eines Strom-Spannungs-Diagramms dargestellt werden. Aus praktischen Gründen werden sie beim Transistor jedoch üblicherweise in den 1. Quadranten gespiegelt. Bild 30.3 Mitte zeigt solche Kennlinien für mehrere Werte des Basisstromes: Nach einem anfänglich steilen Verlauf steigt I_C nur noch geringfügig mit der Kollektor-Emitter-Spannung U_{CE}, ein Hinweis auf einen großen dynamischen Ausgangswiderstand des Transistors $r_a = \Delta U_{CE}/\Delta I_C$ ($\widehat{=}$ Steigung der Kennlinie). Dieser Widerstand sinkt allerdings mit wachsendem Basisstrom I_B.

Aus diesen beiden Graphen lässt sich die Kennlinie der Stromverstärkung $I_C = f(I_B)$ bestimmen. Bild 30.3 rechts zeigt eine solche Kennlinie für $U_{CE} = 22$ V. Der Quotient $B = I_C/I_B$ heißt **Stromverstärkungsfaktor**. B ändert sich in der Regel mit der Größe des Basisstroms. Für Wechselspannungsverstärkungen benutzt man sinnvoller den *dynamischen Stromverstärkungsfaktor* $\beta = \Delta I_C/\Delta I_B$, der am Arbeitspunkt des gezeichneten Beispiels $\beta \approx 280$ beträgt.

Tabelle 30.1. Eigenschaften der Emitterschaltung mit einem bipolaren Transistor

Kenngröße	Wert
Eingangswiderstand	klein
Ausgangswiderstand	groß
Stromverstärkung	groß
Spannungsverstärkung	groß
Leistungsverstärkung	sehr groß

Bild 30.3. Kennlinien eines bipolaren Transistors in Emitterschaltung. Links: Eingangskennlinie. Mitte: Ausgangskennlinien mit Widerstandgerade für $R_C = 300\,\Omega$. Rechts: Stromverstärkung B. A kennzeichnet den Arbeitspunkt

Widerstandsgerade

Eine für Spannungsverstärkungen übliche Schaltung wie in Bild 30.4 enthält im Ausgangskreis einen Kollektor- oder Lastwiderstand R_C. An diesem Bauelement fällt der Teil $I_C R_C$ der Versorgungsspannung U_0 ab. Spannung U_{CE} und Strom I_C des Transistors können dann nur noch Werte annehmen, wie sie sich aus den Schnittpunkten der statischen Ausgangskennlinien mit der sog. **Widerstandsgeraden** ergeben. In Bild 30.3 Mitte ist eine solche Gerade für die Werte $R_C = 300\,\Omega$ und $U_0 = 30\,V$ eingezeichnet. Für die verbleibende Spannung zwischen Kollektor und Emitter gilt dann: $U_{CE} = U_0 - I_C R_C$. Da sich U_{CE} mit I_C ändert, ist auch die zugehörige reale Stromverstärkungskennlinie stärker gekrümmt und verläuft flacher als im gezeigten Beispiel in Bild 30.3 rechts, bei dem ja U_{CE} konstant gehalten war! Für die reale *dynamische Stromverstärkung* gilt dann die Beziehung:

$$\beta_r = \frac{\beta}{1 + R_C/r_a} \quad .$$

Bild 30.4. Prinzipbeschaltung eines bipolaren *npn*-Transistors zur Spannungsverstärkung

Anhand der Darstellung in Bild 30.3 Mitte lassen sich im übrigen auch die zwei unterschiedlichen Anwendungsarten von Transistoren verdeutlichen:

- der Transistor als **analoger Verstärker**: Es erfolgt eine kontinuierliche Aussteuerung um einen Arbeitspunkt herum; dieser muss so gewählt werden, dass die Verstärkung möglichst linear erfolgt;

- der Transistor als **digitaler Schalter**: Durch entsprechendes Verändern der Basisströme kommen nur die beiden Endzustände X (leitend) und Y (gesperrt) vor, die man als *EIN* und *AUS* definieren kann.

Spannungsverstärkung

Anhand von Bild 30.4 soll nun die Verstärkung von Wechselspannungen diskutiert werden. Die zu verstärkende Spannung mit der Amplitude $\pm\Delta U_{BE}$ wird über einen Koppelkondensator an die Basis gelegt, so dass dort die Spannung $U_{BE} \pm \Delta U_{BE}$ herrscht. Für die Berechnung der Spannungsverstärkung $\Delta U_{CE}/\Delta U_{BE}$ betrachten wir zunächst die Eingangskennlinie (Bild 30.3 links), aus der folgt: $\Delta U_{BE} = \Delta I_B r_e$. Für den Kollektorkreis gilt: $U_{CE} = U_0 - I_C R_C$. Eine Basisstromänderung ΔI_B bewirkt eine Änderung des Kollektorstromes ΔI_C, was wiederum eine Änderung der Kollektor-Emitter-Spannung zur Folge hat ($U_0 = \text{const.}$): $\Delta U_{CE} = -\Delta I_C R_C$. So erhält man für die Spannungsverstärkung:

$$\left| \frac{\Delta U_{CE}}{\Delta U_{BE}} \right| = \frac{\Delta I_C R_C}{\Delta I_B r_e} = \beta \frac{R_C}{r_e} \quad .$$

In diese Formel gehen die dynamische Stromverstärkung β und der differentielle Eingangswiderstand r_e ein. Beide Größen sind beim Entwurf einer Schaltung schlecht zu bestimmen: Von Exemplar zu Exemplar eines Transistortyps kann β stark schwanken, und r_e hängt von der jeweiligen Eingangskennlinie eines Transistors sowie vom Eingangsstrom I_B ab. Aus diesen Gründen wird für praktische Schaltungen zur Spannungsverstärkung meist eine etwas geänderte Schaltung verwendet, Bild 30.5. Diese unterscheidet sich von der in Bild 30.4 nur durch den zusätzlichen Widerstand R_E.

Vergrößert man den Eingangsstrom I_B (durch Vergrößerung von U_e), so vergrößert sich der Kollektorstrom I_C. Da $I_C \gg I_B$ ist, ist auch der durch den Widerstand R_E fließende Emitterstrom ungefähr I_C. Bei Vergrößerung von I_C vergrößert sich demnach der Spannungsabfall $U_E = I_C R_E$. Daraus folgt, dass $U_{BE} = U_e - U_E$ sich weniger ändert als im Fall $R_E = 0$, $U_E = 0$. Eine geringe Änderung von U_{BE} bewirkt dadurch eine geringere Änderung von I_C. Insgesamt wirkt also der Spannungsabfall, der durch den Emitterstrom an dem zusätzlichen Widerstand R_E hervorgerufen wird, der Verstärkung entgegen: Man spricht von **Gegenkopplung** durch den Emitterstrom.

Bild 30.5. Spannungsverstärkerschaltung mit Stromgegenkopplung

Die nun zu berechnende Spannungsverstärkung ist $\Delta U_a/\Delta U_e$. Vernachlässigt man sogar in grober Näherung die kleine Änderung von U_{BE}, so gilt:

$$\Delta U_e \approx \Delta U_E \Rightarrow \frac{\Delta U_a}{\Delta U_e} \approx \frac{\Delta U_a}{\Delta U_E} = \frac{\Delta U_a}{R_E \Delta I_C} \quad .$$

Für den Kollektorkreis folgt daraus wegen $\Delta U_a = -R_C \Delta I_C$:

$$\frac{\Delta U_a}{\Delta U_e} \approx -\frac{R_C \Delta I_C}{R_E \Delta I_C} = -\frac{R_C}{R_E} \quad .$$

Hier geht kein Transistorparameter mehr ein. Die Spannungsverstärkung ist demnach nur noch durch die äußere Beschaltung bestimmt, solange die Verstärkung nicht zu hoch wird.

Frequenzverhalten von bipolaren Transistoren

Transistoren sind als Verstärker nur innerhalb eines nach oben begrenzten Frequenzbereiches geeignet. Gründe hierfür sind:

- Bei gleichbleibender Spannung nimmt der Kollektorstrom deutlich ab, wenn die Laufzeit der Ladungsträger in der Basis in die Größenordnung der Dauer einer Halbperiode kommt. Hohe Grenzfrequenzen erfordern daher besonders dünne Basisschichten.

- Die stets vorhandene Kollektorkapazität führt zu einem mit wachsender Frequenz abnehmenden Transistor-Ausgangswiderstand. Für hohe Grenzfrequenzen braucht man daher besonders kleine Kontaktflächen.

Feldeffekttransistoren

Auch bei den **Feldeffekttransistoren** (FET: field effect transistors) spielen pn-Übergänge die stromsteuernde Rolle, aber anders als bei den bipolaren Transistoren ist nur eine einzige Trägerart (p oder n) maßgeblich am Stromtransport beteiligt. Der Strompfad zwischen zwei Elektroden: **Source** (deutsch: Quelle) und **Drain** (deutsch: Senke) wird durch die Spannung an der Steuerelektrode **Gate** (deutsch: Tor) mehr oder weniger eingeschnürt. Bild 30.6 zeigt die Verhältnisse für einen n-Kanal-FET, der aus einem n-leitenden Grundmaterial besteht und bei dem der Gate-Anschluss von zwei Seiten über einen p-leitenden Bereich erfolgt. Die Spannung U_{DS} führt zu einem Elektronenstromfluss von Source nach Drain. Der pn-Übergang zwischen den Elektroden Source und Gate ist spannungslos und damit bereits sperrend. Zwischen Gate und Drain dagegen liegt Sperrpolung vor, was zu einer räumlich noch weiter ausgedehnten Sperrschicht führt (graue Bereiche im Bild 30.6). Die dadurch bewirkte Einschnürung des Stromkanals erhöht dessen Widerstand gerade so viel, dass der Drainstrom I_D trotz zunehmender Spannung U_{DS} zwischen Source und Drain nach anfänglichem Anwachsen praktisch konstant bleibt, Bild 30.7. Legt man zwischen Gate und Source eine Spannung $U_{GS} < 0$ (in Bild 30.6 nicht eingezeichnet) an, so führt das zu einem geringeren Sättigungs-Drainstrom. Der Ausgang eines solchen Bauelements $r_a = \Delta U_{DS}/\Delta I_D$ ist hochohmig. Der dynamische Eingangswiderstand ist wegen der gesperrten pn-Übergänge nur durch den geringen Sperrstrom bestimmt und dadurch auch sehr hoch. Wegen der steuernden Wirkung der

Bild 30.6. Schnitt durch einen Sperrschicht-Feldeffekttransistor mit elektrischer Beschaltung, schematisch

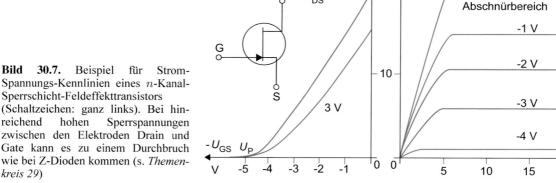

Bild 30.7. Beispiel für Strom-Spannungs-Kennlinien eines n-Kanal-Sperrschicht-Feldeffekttransistors (Schaltzeichen: ganz links). Bei hinreichend hohen Sperrspannungen zwischen den Elektroden Drain und Gate kann es zu einem Durchbruch wie bei Z-Dioden kommen (s. *Themenkreis 29*)

Sperrschichten spricht man bei dieser Art von Bauelementen auch von *Sperrschicht-Feldeffekttransistoren* (JFET: junction field-effect transistor).

MOS-Feldeffekttransistoren

Bild 30.8. Beschalteter MOSFET im Schnitt, schematisch

Noch höhere Eingangswiderstände im Bereich von Teraohm ($\hat{=} 10^{12}\,\Omega$) erzielt der *MOSFET* (metal oxide semiconductor field-effect transistor). Hier wird der Strom zwischen Source und Drain über die Steuerelektrode Gate elektrostatisch, d. h. praktisch stromlos gesteuert. Diese Steuerelektrode ist dabei durch eine sehr dünne hochisolierende Schicht vom Halbleiter getrennt. Bei Siliziumtransistoren wird diese Isolierschicht durch einfache Oxidation erzeugt (SiO_2), so dass eine Schichtenfolge Metall-Oxid-Halbleiter entsteht, Bild 30.8. Das Grundmaterial (Substrat) ist p-leitend, Quelle und Senke sind n-dotiert. Ohne Steuerspannung kann zwischen ihnen kein Strom fließen, weil einerseits zwischen Source (n) und Substrat (p) ein stromloser, zwischen dem Substrat und Drain (n) andererseits ein in Sperrichtung gepolter pn-Übergang vorliegen. Zur Erinnerung: Die Sperrung bezieht sich stets auf die Majoritätsladungsträger, im hier gewählten Substrat also auf die Löcher.

Bei positiver Steuerspannung U_{GS} werden nun durch Influenz Löcher von der Oberfläche des p-Gebiets verdrängt und Elektronen angezogen. Beginnend bei einer materialspezifischen Schwellenspannung bildet sich so ein n-leitender Kanal aus, der mit wachsender Steuerspannung breiter wird; im Bild 30.8 rot gezeichnet. Die Elektronen sind aber Minoritätsladungsträger im Substrat und finden durchlässig wirkende pn-Übergänge vor: Ein Stromfluss zwischen Quelle und Senke ist möglich. Weil die Steuerspannung U_{GS} am Gate zu einer Ansammlung von Ladungsträgern im sog. Kanal führt, spricht man von einem MOSFET des *Anreicherungstyps*.

Bei dem beschriebenen n-Kanal-MOSFET lässt sich der Strom nur durch eine positive Spannung U_{GS} steuern, bei einem p-Kanal-MOSFET entsprechend nur durch eine negative. Um Steuerspannungen symmetrisch zu Null verwenden zu können, kann man bei der Herstellung des Transistors ortsfeste Ladungen geeigneten Vorzeichens in die Isolierschicht aus SiO_2 einbauen. Beim n-Kanal-MOSFET sind es positive Ladungen. Dadurch ist der Transistor schon ohne Steuerspannung, d. h. bei $U_{GS} = 0$ leitend. Er kann durch Anlegen einer Steuerspannung $U_{GS}(t)$ symmetrisch zu diesem Zustand ausgesteuert werden. Im Gegensatz zum oben besprochenen Anreicherungstyp heißen solche Bauelemente MOSFETs vom *Verarmungstyp*. Die Schaltsymbole für diese beiden Bauelementetypen zeigt das Bild 30.9. Für Hochfrequenzanwendungen erreicht man mit heutigen MOSFETs Grenzfrequenzen um 1 GHz. Mit neuartigen *HBT* (Hetero-Bipolar-Transisoren) erreicht man sogar Grenzfrequenzen von 10 GHz und mehr.

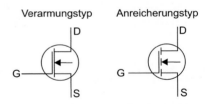

Bild 30.9. n-Kanal-MOSFET, Schaltzeichen

> Der extrem hohe Eingangswiderstand von MOSFETs führt zu einer hohen Empfindlichkeit des Einganges gegen elektrostatische Aufladungen. Dadurch kann es leicht zu einer Zerstörung des Gate-Source-Überganges kommen. Die Eingänge müssen daher im unbenutzten Zustand kurzgeschlossen bzw. ein eingebauter MOSFET muss geerdet sein.

Die heutige digitale Schaltungstechnik arbeitet fast ausschließlich mit MOS-Feldeffekttransistoren, weil sie in integrierten Schaltungen einen vergleichsweise geringen Platzbedarf und sehr geringe Verlustleistungen haben. Mit ihnen lassen sich nicht nur Schalter realisieren, sondern auch ohmsche Widerstände und Kapazitäten. Man arbeitet mit einem *CMOS* (complementary metal oxide semiconductor), einem komplementären Bauelementen, bei dem ein n-Kanal-MOSFET mit einem p-Kanal-MOSFET zusammengeschaltet wurde.

Bild 30.10. Astabile Kippstufe, Schaltbild

Anwendungsbeispiel: Astabile Kippstufe

Kippstufen sind elektronische Schalter, deren Ausgänge zwei verschiedene Zustände („low", „high") annehmen können. Es gibt dabei monostabile, bistabile und astabile Kippstufen. Die *monostabile Kippstufe* (Monoflop) hält seinen Schaltzustand zeitbegrenzt und fällt anschließend wieder in den Ruhezustand. Diese Eigenschaft wird beispielsweise für Lichtschalter verwendet, die selbständig wieder ausgehen. Anders verhält sich die bistabile Kippstufe (Flip-Flop), Anders verhält sich die bistabile Kippstufe (Flip-Flop), welche ihren Schaltzustand auf unbegrenzte Zeit hält, der aber durch ein äußeres Signal geändert werden kann. Die bistabile Kippstufe ist Grundbaustein der Digitaltechnik, in der er als Binärspeicher verwendet wird.

Eine **astabile Kippstufe** (*Multivibrator*) hält keinen stabilen Schaltzustand auf Dauer aufrecht. Hier findet eine Zustandsänderung ohne ein zusätzliches äußeres Signal in festen zeitlichen Abständen statt. Dies bildet die Grundlage für einfache Rechteckgeneratoren, die in der Digitaltechnik z.B. als Taktsignal genutzt werden. Sie besteht aus zwei miteinander gekoppelten Transistoren, die sich gegenseitig im Wechsel vom leitenden in den gesperrten Zustand schalten (Bild 30.10).

Nach Einschalten der Versorgungsspannung U_0 wird die Basis-Emitter-Spannung U_{BE} für einen der beiden Transistoren den Wert der Schwellenspannung des p-n-Übergangs (0,7 V bei Si-Transistoren) als erste erreichen. Dieser Transistor wird dann leitend und sperrt zugleich den anderen. Welcher der Transistoren T_1 oder T_2 zuerst leitet, ist auch bei gleichen Bauelementen nicht vorhersagbar, da sich sowohl die beiden Transistoren als auch die Basiswiderstände R_1 und R_2 innerhalb von Produktionstoleranzen voneinander unterscheiden.

Angenommen Transistor T_1 leitet und Transistor T_2 sperrt zu Beginn. Dann liegt das Potential bei Q auf einem niedrigen Wert (≈ 0 V $\hat{=}$ „low") und das Potential am Ausgang $\overline{Q}$ des Transistors T_2 auf einem hohen Wert ($\approx U_0 \hat{=}$ „high"). In diesem Zustand lädt sich der Kondensator C_2 über den Widerstand R_2 so lange auf, bis die Basis-Emitter-Spannung $U_{BE}^{T_2}$ den Wert der Schwellenspannung ($\approx +0,7$ V) erreicht und damit den Transistor T_2 schaltet. Dadurch fällt das Potential von $\overline{Q}$ auf einen niedrigen Wert von ≈ 0 V. Da der Kondensator C_1 aber zu Beginn aufgeladen war – die Basis des Transistors T_1 lag bei etwa +0,7 V und die Ausgangsspannung $\overline{Q}$ etwa bei U_0 – liegt die Basis des Transistors T_1 nun auf einem negativen Potential von $U_{BE}^{T_1}$ = (+0,7 V - U_0), und der Transistor T_1 sperrt. Dieser Zustand bleibt erhalten, bis der Kondensator C_1 über den Widerstand R_1 wieder so weit auf- bzw. umgeladen wurde, dass der Transistor T_1 leitet und dadurch der Transistor T_2 sperrt. Die Dauer, für die die beiden Zustände jeweils erhalten bleiben, ergibt sich aus den Ladekurven der Kondensatoren. Im Anfangszustand beträgt die Spannung am jeweiligen Kondensator $U_C = (-U_0 + 0,7$ V$)$. Er wird über den Basiswiderstand auf etwa $+U_0$ umgeladen. Der Zeitpunkt des Umschaltens liegt bei $U_C \approx +0,7$ V, also etwa in der Mitte der Ladekurve, und ist nach der Halbwertszeit $\tau_i = R_i C_i \ln 2$ erreicht. Der Sachverhalt ist in Bild 30.11 veranschaulicht.

Weitere Anwendungsmöglichkeiten für diese Schaltung sind ein Blinker bei niedrigen Frequenzen oder ein Tongenerator im Bereich hörbarer Frequenzen. Ändert man bei einem Blinker, dessen Blinken mit dem Auge zeitlich nicht mehr aufgelöst wird, das Tastverhältnis, wird das Licht scheinbar gedimmt. Diese Methode kommt auch in kommerziellen LED-Lampen zum Einsatz. Alle drei Anwendungen können während des Versuchs ausprobiert werden.

Bild 30.11. Spannungsverlauf an den beiden Transistoren T_1 und T_2 einer astabilen Kippstufe nach Bild 30.10

30.1 Quasistatische Messungen am bipolaren Transistor (1/3)

 Durch Widerstands- sowie Strom-Spannungs-Messungen sollen die Eigenschaften bipolarer Transistoren ermittelt werden.

Bild 30.12. Schaltung zur Aufnahme statischer Kennlinien von bipolaren Transistoren, hier: pnp-Transistor

Bipolare Transistoren, Basis-Vorwiderstand, Widerstandsmessgerät, Strommesser, Spannungsmesser, Gleichspannungsnetzgeräte für den Eingangs- sowie für den Ausgangskreis, Messrechner.

Mit Hilfe von Widerstandsmessungen an drei unterschiedlichen Transistoren soll jeweils der Basisanschluss identifiziert sowie ermittelt werden, ob es sich um npn- oder pnp-Transistoren handelt.

Für einen der Transistoren soll in Emitterschaltung die Kennlinienschar $I_C = f(U_{CE})$ bei $I_B = $ const. mit einem Messrechner aufgenommen werden. Dazu eignet sich die Schaltung in Bild 30.12. Der Vorwiderstand R_V im Basiskreis hat die Aufgabe, den Basisstrom trotz der unterschiedlichen Belastung des Ausgangskreises konstant zu halten. Er muss daher entsprechend groß gewählt werden. Sonst müsste der Basisstrom belastungsabhängig nachgeregelt werden. Der Strommesser kann durch einen kleinen, aber bekannten ohmschen Widerstand R_I ersetzt werden, an dem die strompropotionale Spannung $U_I = R_I \cdot I_C$ abfällt.

Die Messung soll für z.B. 6 verschiedene Werte des Basisstromes durchgeführt werden. Dabei darf aber die maximale Verlustleistung des Transistors $(P_V)_{max} = (U_{CE}I_C)_{max}$ nicht überschritten werden.

 Aus der gemessenen Kennlinienschar sollen die Kurven der Stromverstärkung $I_C = f(I_B)$ bei $U_{CE} = $ const. für mindestens 2 Werte der Kollektor-Emitter-Spannung konstruiert werden. Für geeignet gewählte Arbeitspunkte soll ferner der Wert der dynamischen Stromverstärkung $\beta = \Delta I_C / \Delta I_B$ angegeben werden.

30.2 Dynamische Messungen am bipolaren Transistor (1/3)

 Durch oszilloskopische Messungen soll die Frequenzabhängigkeit der Verstärkung in einer einfachen Transistorschaltung untersucht werden.

Bild 30.13. Schaltung für dynamische Messungen an einem bipolaren pnp-Transistor

Bipolarer Transistor, Zweikanal-Oszilloskop, Funktionsgenerator für den Eingangskreis mit verstellbarem Gleichspannungspegel (Offset-Regler) für die Arbeitspunkteinstellung, Basis-Vorwiderstand, Kollektorwiderstand, Gleichspannungsnetzgerät für den Kollektorkreis.

Schaltung entsprechend Bild 30.13 aufbauen. Der Widerstand R_V im Basiskreis soll den Basisstrom unabhängig vom Kollektorstrom machen. Zunächst wird mit Hilfe des Gleichspannungsreglers am Funktionsgenerator der Arbeitspunkt des Transistors so eingestellt, dass der Transistor symmetrisch ausgesteuert wird. Hierzu wird bei einer Frequenz von z.B. 1 kHz die „Sinusförmigkeit" / der Ausgangsspannung U_{CE} des Transistors auf dem Bildschirm kontrolliert. Nun wird die Spannungsverstärkung als Funktion der Frequenz untersucht. Dabei soll insbesondere die Grenzfrequenz f_{gr} der Schaltung ermittelt werden, die durch die Abnahme der Spannungsverstärkung um 3 dB, also auf 50%, definiert ist.

 Angabe der Spannungsverstärkung bei kleinen Frequenzen sowie bei der Grenzfrequenz. Vergleich des Ergebnisses mit der Angabe im Datenblatt des Transistors. Wie beeinflusst die Beschaltung des Transistors bzw. des Messkreises (Oszilloskop) das Messergebnis?

 Die Grenzfrequenz soll in einem weiteren Teilversuch aus der Verformung von Rechteckimpulsen bestimmt werden. Hierzu wird eine periodische Rechteckspannung auf den Transistoreingang gegeben. Dabei muss die Polung der Rechteckspannung natürlich so gewählt werden, dass der Transistor dadurch leitend wird. Am Oszilloskopschirm wird für die Ausgangsspannung das Zeitintervall Δt für den Anstieg von 10% auf 90% des Endwertes bestimmt, Bild 30.14. Dazu muss die Zeitablenkung ggf. entsprechend gespreizt werden.

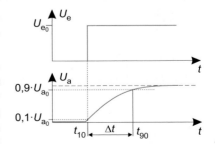

Bild 30.14. Zur Bestimmung der Grenzfrequenz einer Transistorschaltung. U_e: Eingangsspannung, U_a: Ausgangsspannung

 Die Grenzfrequenz ergibt sich aus: $f_{gr} = \frac{\ln 9}{2\pi(t_{90} - t_{10})}$. Angabe der Grenzfrequenz und Vergleich mit der vorhergehenden Messung.

30.3 Aufbau einer Verstärkerschaltung (1/3)

Bild 30.15. Schaltung mit Stromgegenkopplung (R_E) zur Verstärkung von Wechselspannungen (*npn*-Transistor)

 Mit Hilfe eines bipolaren Transistors soll eine Schaltung zur Wechselspannungsverstärkung aufgebaut und ausgemessen werden.

 Bipolarer Transistor, Widerstände, Strommesser, Gleichspannungsquelle für U_BE und U_CE, Frequenzgenerator, Zweikanaloszilloskop.

 Für die Schaltung zur Verstärkung von Wechselspannungen wird ein Aufbau entsprechend Bild 30.15 vorgeschlagen. Der Arbeitspunkt des Eingangskreises wird hier nicht wie in Bild 30.5 durch eine getrennte Spannungsquelle, sondern durch einen von einer Gesamtspannung U_0 versorgten Spannungsteiler (R, R_V) eingestellt. Die zu verstärkende Wechselspannung mit der Amplitude ΔU_e ca. 20 mV wird dem Frequenzgenerator entnommen und über einen Koppelkondensator (Kapazität C_K z. B. 1 µF) an die Basis B gelegt. Der Kondensator dient dazu, die zur Einstellung des Arbeitspunktes notwendige Gleichspannung an der Basis des Transistors vom Ausgang des Frequenzgenerators galvanisch zu trennen. Die Eingangswechselspannung ΔU_e an der Basis B (Y_1) sowie das verstärkte Ausgangssignal ΔU_a am Kollektor C (Y_2) werden mit Hilfe eines Zweikanalozilloskops gleichzeitig aufgezeichnet. Um die Signale ohne die jeweils überlagerten Gleichspannungen zu messen, benutzt man ebenfalls Kondensatoren. Bei Verwendung eines üblichen Oszilloskops lässt sich das durch Umschaltung der entsprechenden Eingangsschalter von „DC" / auf „AC" / realisieren, da solche Kondensatoren im Oszilloskop bereits eingebaut sind.

Für die Durchführung der Messung werden folgende Werte vorgeschlagen: U_0 ca. 20 V; $R_\mathrm{V,max} = 1\,\mathrm{k\Omega}$, $R = 1\,\mathrm{k\Omega}$, $R_\mathrm{E} = 100\,\Omega$ und $R_\mathrm{C} = 1\,\mathrm{k\Omega}$. Der Arbeitspunkt im Eingangskreis wird so eingestellt, dass die Verstärkung maximal wird und keine Verzerrung der Kurvenform auftritt.

 Bei der eingestellten Widerstandsbeschaltung wird der Spannungs-Verstärkungsfaktor $\Delta U_\mathrm{a}/\Delta U_\mathrm{e}$ gemessen. Die Messung kann für eine andere Wertekombination R_E, R_C wiederholt werden.

Der gemessene Verstärkungsfaktor wird mit dem aus dem Verhältnis $R_\mathrm{C}/R_\mathrm{E}$ berechneten verglichen. Eine Fehlerrechnung ist nicht notwendig.

30.4 Verstärkung von Sprachschwingungen (1/3)

 Unter Nutzung einer Verstärkerschaltung mit bipolarem Transistor sollen über ein Mikrofon aufgenommene Sprachsignale so verstärkt werden, dass sie in einem Kopfhörer wieder hörbar gemacht werden können.

 Mikrofon, Kopfhörer oder hochohmiger Lautsprecher, bipolarer Transistor, Widerstände, Kondensatoren, Strommesser.

Bild 30.16. Schaltung mit Stromgegenkopplung (R_E) zur Verstärkung von Sprachschwingungen (*npn*-Transistor). Die Hilfsspannung U_m und der Widerstand R_m werden nur bei einem passiven Mikrofon benötigt (z.B. Kohlemikrofon)

Für die Schaltung wird ein Aufbau entsprechend Bild 30.16 empfohlen. Der Arbeitspunkt des Eingangskreises wird durch eine Spannungsteilerschaltung (R, R_V) wie in Bild 30.15 eingestellt. Die am Punkt A auftretende Wechselspannung ΔU_e wird wieder über einen Koppelkondensator auf die Basis des Transistors gegeben. Die verstärkte Ausgangswechselspannung ΔU_a gelangt über einen weiteren Koppelkondensator an den Kopfhörer, der hier als Mess- bzw. Nachweisinstrument dient. Durch die Koppelkondensatoren (C_K) werden Mikrofon und Kopfhörer von den Versorgungsgleichspannungen des Transistors galvanisch getrennt.

Für den Aufbau der Schaltung werden folgende Werte vorgeschlagen: U_0 ca. 20 V, U_{e_0} ca. 2 V, U_m ca. 10 V; C_K ca. 1 µF; R_m ca. 500 Ω, $R = 1\,\mathrm{k\Omega}$, $R_\mathrm{V,max} = 1\,\mathrm{k\Omega}$, $R_\mathrm{C} = 1\,\mathrm{k\Omega}$, $R_\mathrm{E} = 100\,\Omega$.

Hinweis: Das verstärkte Signal ist nur mit einem hochohmigen Empfänger nachweisbar, da sonst der Ausgang der Transistorschaltung kurzgeschlossen wird!

 Zum Vergleich teste man die Sprachübertragung ohne Verstärker, indem man die beiden Punkte A und C direkt verbindet.

Die Auswertung besteht hier aus einem subjektiven Vergleich der beiden Hörergebnisse.

30.5 Transistor als Schalter (1/3)

 In einer einfachen Schaltung soll die Funktion eines bipolaren Transistors als elektronischer Schalter demonstriert werden.

 Bipolarer Transistor, Festwiderstand (R z. B. 1 kΩ), Vorwiderstand ($R_{V,max}$ z. B. 1 kΩ), lichtempfindlicher Widerstand (LDR), Glühlampe (z. B. für 6 V).

 Für die Schaltung wird ein Aufbau entsprechend Bild 30.17 empfohlen. Mit Hilfe des Vorwiderstandes wird die Vorspannung U_{BE0} des Transistors so eingestellt, dass bei abgedunkeltem LDR die Basis-Emitterspannung U_{BE} kleiner als die Schwellenspannung ist, der Transistor daher nicht leitet: Die Lampe leuchtet nicht. Bei Beleuchtung des LDR ändert sich die Spannungsteilung, U_{BE} wird größer, der Transistor wird leitend, und die Lampe leuchtet.

Bild 30.17. Einstufige Lichtschranke mit *npn*-Transistor

 Der Vorgang soll physikalisch erläutert werden.

Wie kann die Schaltung verändert werden, damit sie als Dämmerungsschalter arbeitet, d.h. die Glühlampe leuchtet, wenn der LDR nicht beleuchtet ist. Schaltung entsprechend verändern.

30.6 Messungen an einem Feldeffekttransistor (1/3)

 Es soll die Kennlinienschar eines n-Kanal-Sperrschicht-Feldeffekttransistors aufgenommen werden.

 Feldeffekttransistor, regelbare Gleichspannungsquelle für die Gate-Spannung, regelbare Gleichspannungsquelle für die Spannung zwischen Drain und Source, Strom- und Spannungsmesser, Messrechner.

 Schaltung entsprechend Bild 30.18 aufbauen. Ebenso wie beim bipolaren Transistor (Aufgabe 30.1) können auch hier die Ausgangskennlinien $I_D = f(U_{DS})$ für verschiedene Steuerspannungen U_{GS} gemessen werden. Wie bei der Schaltung entsprechend Bild 30.12 kann der Strommesser für I_D durch einen kleinen bekannten Widerstand R_I ersetzt werden, an dem die stromproportionale Spannung $U_I = R_I \cdot I_D$ abfällt

Bild 30.18. Aufbau zu den Messungen mit einem Sperrschicht-FET, hier für die Messung $I_D = f(U_{GS})$

 Die Kennlinien sollen diskutiert werden.

In einer weiteren Messung werden die Steuerkennlinien aufgenommen: Drainstrom I_D als Funktion der Steuerspannung U_{GS} für verschiedene Spannungen im Ausgangskreis U_{DS} (z. B. 0 ... 2,5 V in 0,5 V-Schritten). Bei Verwendung der Schaltung nach Bild 30.18 muss der Messrechner mindestens einen erdfreien Eingang haben; Alternative: Operationsverstärker vorschalten.

Aus dem Kennlinienfeld $I_D = f(U_{GS})$ soll die Gate-Source-Abschnürspannung U_p (p: pinchoff) bestimmt werden, bei der kein messbarer Drainstrom I_D mehr fließt.

30.7 Astabile Kippstufe (1/3 bis 2/3)

Ziel dieses Versuches ist es, die astabile Kippstufe als einfache Schaltung zur Erzeugung von Rechteckpulsen kennenzulernen und zu verstehen. Dabei wird vor allem der Einfluss der einzelnen Widerstände und Kondensatoren auf das erzeugte Signal untersucht.

Zwei npn-Transistoren, zwei Kondensatoren ($C \approx 100\,\text{nF}$), diverse Widerstände ($R_1 = R_2 \approx 10\,\text{k}\Omega$; $R_3 = R_4$: $100\,\Omega$ bis $1000\,\Omega$), Gleichspannungsquelle (5 V), Zweikanal-Oszilloskop.

Die Schaltung wird mit den oben angegebenen Bauteilen aufgebaut und die beiden Ausgangssignale Q und $\overline{Q}$ auf einem Oszilloskop dargestellt. Anschließend wird durch Variation der Bauelementkenngrößen deren Einfluss auf die erzeugte Rechteckschwingung untersucht. (*Tipp:* Verwenden Sie für das Experiment ein Stereopotentiometer.)

Erläutern Sie, welche Auswirkung eine Änderung der Kapazitäten C_1, C_2 und der Widerstände R_1, R_2 zur Folge hat und wofür die Widerstände R_3 und R_4 verantwortlich sind. Klären Sie ebenfalls, welche RC-Kombination relevant für die Halbwertszeiten $\tau_{Q,\text{high}}$, $\tau_{Q,\text{low}}$ ist und wie sich das Tastverhältnis τ_{high} / τ_{low} und die Periodendauer T ergeben. Überlegen Sie sich, wie Sie einen Regler realisieren, der bei gleichbleibender Frequenz das Tastverhältnis ändern, und einen Regler, der bei variabler Frequenz das Tastverhältnis beibehält.

Bild 30.19. Erweiterung der Schaltung entsprechend Bild 30.10 um eine Leuchtdiode

Blinklicht mit T = 1,3 s
Aufbau der Schaltung entsprechend Bild 30.19. Für ein wahrnehmbar langsames Blinken können folgende Bauteile verwendet werden: $C_1 = C_2 = 100\,\mu\text{F}$, $R_1 = R_2 = 10\,\text{k}\Omega$, $R_3 = R_5 = 1\,\text{k}\Omega$, $R_4 = 100\,\Omega$. *Achtung:* Bei Elektrolytkondensatoren muss unbedingt die Polarität beachtet werden!

Tongenerator für 150 Hz bis 1500 Hz
Aufbau der Schaltung entsprechend Bild 30.20. Hier werden folgende Bauteile empfohlen: $R_1 = 100\,\text{k}\Omega$ - Potentiometer, $R_2 = 10\,\text{k}\Omega$, $R_3 = R_4 = 100\,\Omega$, $C_1 = C_2 = 0{,}1\,\mu\text{F}$, C_3: $0{,}1\,\mu\text{F}$ bis $1{,}0\,\mu\text{F}$. Die Impedanz des Lautsprechers sollte möglichst hoch sein ($\geq 800\,\Omega$), ein Widerstand in Reihe könnte das ausgleichen.

Bild 30.20. Anschließen eines Lautsprechers in der Schaltung in Bild 30.10

31. Operationsverstärker

Kennenlernen der Wirkungsweise von Operationsverstärkern. Ihre Anwendung für verschiedene mathematisch-physikalische Operationen.

Mathematik-Lehrbücher (Stichwort: Differentialgleichungen)
Tietze/Schenk/Gamm: Halbleiter-Schaltungstechnik.

Aufbau von Operationsverstärkern

Bei der elektrischen Signalverarbeitung oder -übertragung tritt häufig die Notwendigkeit einer Signalverstärkung auf. Ein *idealer Verstärker* sollte dabei die folgenden Forderungen erfüllen, Bild 31.1:

- möglichst hohe Verstärkung ($V = U_A/U_E \rightarrow \infty$);
- möglichst hoher *Eingangswiderstand* ($R_E \rightarrow \infty$), damit eine Spannungsquelle, die an die Eingangsklemmen des Verstärkers angeschlossen wird, nicht belastet wird;
- möglichst kleiner *Ausgangswiderstand* ($R_A \rightarrow 0$), damit die Ausgangsspannung unabhängig vom Ausgangsstrom ist, also von der Belastung durch einen angeschlossenen Verbraucher;
- möglichst kleine *Einstellzeit* ($\tau \rightarrow 0$): Das bedeutet, dass das Ausgangssignal dem Eingangssignal möglichst verzögerungsfrei folgt, so dass hohe Frequenzen übertragen und verstärkt werden können; das entspricht der Forderung: Grenzfrequenz $f_{gr} \rightarrow \infty$;
- die Ausgangsspannung soll Null sein, wenn am Eingang keine Spannung liegt.

Mit **Operationsverstärkern** ist es gelungen, Verstärker zu entwickeln, die diesen idealen Eigenschaften sehr nahe kommen. In der folgenden Tabelle 31.1 sind einige der wichtigsten Eigenschaften von Operationsverstärkern zusammengestellt: in Spalte 2 die Forderungen an den idealen Verstärker und in Spalte 3 die Werte eines typischen Operationsverstärkers (CA 3140).

Bei diesen Verstärkern nutzt man nun nicht die sehr große *Leerlaufverstärkung* ($V_0 = 10^5$ bis 10^6) aus, sondern legt die Eigenschaften durch eine Rückkopplungsschaltung fest. Durch geeignete Wahl dieser Beschaltung (ohmscher Widerstand, Kondensator o. ä.) kann man den Verstärker nicht nur zum Verstärken mit von außen einstellbaren Verstärkungsfaktoren, sondern auch zu Operationen wie Summieren, Integrieren, Differenzieren, Logarithmieren usw. von Eingangsspannungen benutzen. Daraus leitet sich auch der Name *Operationsverstärker* (opamp: <u>op</u>erational <u>amp</u>lifier) ab.

Die aus einer Vielzahl von Einzelbauelementen wie Dioden, Transistoren, ohmschen Widerständen und Kondensatoren aufgebauten Operationsverstärker werden heute ausschließlich in Form von **integrierten Schaltungen** (IC: <u>i</u>ntegrated <u>c</u>ircuit) auf einem winzigen, gekapselten Siliziumkristall untergebracht. Nur die Anschlüsse für Eingang, Ausgang und Spannungsversorgung sind herausgeführt. Im folgenden wird auf die wesentlichen Baugruppen von einfachen Operationsverstärkern eingegangen.

Ein schematischen Aufbau eines Verstärkers zeigt Bild 31.2. Er besteht zunächst aus einem hochohmigen **Differenzverstärker** (6) mit zwei Eingängen (1: invertierender Eingang, 2: nichtinvertierender Eingang), durch den eine hohe Verstärkung des Eingangssignals erreicht wird. Meist folgt noch ein hier nicht gezeichneter Zwi-

Bild 31.1. Elektrischer Verstärker, schematisch

Tabelle 31.1. Eigenschaften von Operationsverstärkern

		ideal	CA 3140
Verstärkung	V	∞	10^5
Eingangswiderstand	R_E / Ω	∞	$1{,}5 \cdot 10^{12}$
Ausgangswiderstand	R_A / Ω	0	60
obere Grenzfrequenz	f / Hz	∞	$4{,}5 \cdot 10^6$

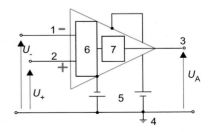

Bild 31.2. Aufbau eines Operationsverstärkers, schematisch

schenverstärker, bevor ein **Impedanzwandler** (7) für eine Transformation des hohen Eingangswiderstandes auf einen niedrigen Wert des Ausgangswiderstandes sorgt. Da es meist um die Verstärkung von Wechselstromgrößen geht, sind diese Widerstände im allgemeinen Scheinwiderstände oder *Impedanzen*. Die für den Betrieb nötige Spannungsversorgung (5), z. B. $+15$ V und -15 V mit gemeinsamem Bezugspunkt (4), ist hier mit eingezeichnet, wird jedoch sonst in Schaltskizzen fortgelassen und deshalb im folgenden auch hier.

Differenzverstärker sind so gebaut, dass die zu verstärkende Eingangsspannung U_E gleich der Differenz der an den beiden Eingängen liegenden Spannungen U_- und U_+ ist. Der mit „$-$" / bezeichnete Eingang heißt *invertierend*: Wenn er positiv gegen den nichtinvertierenden Eingang ist, erscheint am Ausgang eine negative Spannung. Mit dem Leerlaufverstärkungsfaktor V_0 gilt:

$$U_A = -V_0(U_- - U_+) = -V_0 U_E \quad .$$

Differenzverstärker haben den Vorteil, dass Spannungen oder Störungen, die beide Eingänge in gleicher Weise beeinflussen, (praktisch) nicht verstärkt werden. Ein wichtiges Anwendungsbeispiel ist die Unterdrückung einer Temperaturdrift bei den Transistoren der beiden Eingangskanäle: So wird eine Temperaturabhängigkeit der Basis-Emitter-Spannung $\mathrm{d}U_{BE}/\mathrm{d}T$ ($I_B = \mathrm{const.}$), die bei einem Einzeltransistor einige mV/K beträgt, in einer Differenzschaltung etwa um den Faktor 1000 auf wenige µV/K reduziert. Voraussetzung ist dabei gleiche Temperatur der beiden Eingangstransistoren, wie sie jedoch bei der heute üblichen Technik der integrierten Schaltung mit den extrem kleinen Abständen der Bauteile von wenigen µm auf dem gleichen Si-Kristallstück sehr gut erfüllt ist.

Der hier angedeutete innere Aufbau sorgt für die benötigte hohe Leerlaufverstärkung V_0 des Operationsverstärkers. Seine Eigenschaften in einer Schaltung werden jedoch nicht durch V_0, sondern durch die Wahl einer geeigneten äußeren Beschaltung bestimmt.

Grundschaltungen

Im Folgenden werden einige Operationsverstärkerschaltungen betrachtet, mit denen mathematische Operationen in Simulationsschaltungen oder in Schaltungen der Mess- und Regeltechnik ausgeführt werden können. Die Beispiele verdeutlichen zugleich die grundsätzliche Wirkungsweise von Operationsverstärkern.

Invertierender Verstärker

Der nicht invertierende Eingang ist bei der in Bild 31.3 dargestellten Schaltung auf Masse gelegt; der Ausgang ist über einen Widerstand R_G auf den invertierenden Eingang rückgekoppelt. Da der invertierende Eingang und der Ausgang entgegengesetzte Polarität haben, spricht man von einer *Gegenkopplung*.

Bei der Berechnung von Netzwerken werden üblicherweise die Pfeilrichtungen für Ströme und Spannungen zu Beginn willkürlich festgelegt. Die Spannungen werden auf ein gemeinsames Bezugspotential, z. B. Masse bezogen. Die Gleichungsansätze müssen diesen Festlegungen entsprechen. Die tatsächlichen Richtungen ergeben sich dann aus den Vorzeichen der Rechenergebnisse.

Nun zur Berechnung der Verknüpfung der Ausgangsspannung U_A mit der Signalspannung U_1: Mit den im Bild 31.3 angegebenen Pfeilrichtungen und den Kirchhoffschen Regeln für den Punkt S folgt:

$$I_1 + I_G - I_E = 0 \quad .$$

Aus dem Ohmschen Gesetz folgt für die drei Ströme:

$$I_1 = (U_1 - U_E)/R_1$$
$$I_G = (U_A - U_E)/R_G$$
$$I_E = \quad U_E/R_E \quad .$$

Bild 31.3. Invertierender Verstärker. Die Indizes E und A stehen für den invertierenden Eingang bzw. Ausgang des Operationsverstärkers, G für Gegenkopplung

Für den Verstärker gilt die Beziehung:

$$U_A = -V_0 U_E \quad \text{bzw.} \quad U_E = -\frac{U_A}{V_0} .$$

Einsetzen dieser Gleichungen in die 1. Kirchhoffsche Regel liefert:

$$\frac{U_1 + \frac{U_A}{V_0}}{R_1} + \frac{U_A + \frac{U_A}{V_0}}{R_G} + \frac{U_A}{V_0 R_E} = 0 .$$

Da die Leerlaufverstärkung V_0 sehr groß ist, können alle Summanden mit V_0 im Nenner vernachlässigt werden. Es bleibt:

$$\frac{U_1}{R_1} + \frac{U_A}{R_G} = 0 ,$$

woraus sich für den invertierenden Verstärker ergibt:

$$U_A = -\frac{R_G}{R_1} U_1 .$$

Wie diese Rechnung zeigt, tritt bei dieser Schaltung am Ausgang die mit einem Faktor $V = -R_G/R_1$ multiplizierte Signalspannung U_1 auf. Dieser Faktor V ist die Verstärkung des Netzwerkes. Sie hängt – wie man sieht – nur von der äußeren Beschaltung, aber nicht von der „inneren" / Verstärkung V_0 des Verstärkers selbst ab. Vorraussetzung ist dabei lediglich, dass diese Leerlaufverstärkung groß genug ist: $V_0 >> V$. Ferner fällt auf, dass die eigentliche Eingangsspannung U_E, das ist die Spannung zwischen den Differenzeingängen „$-$" / und „$+$" /, nicht explizit auftritt. Der Grund ist ihre Kleinheit, es gilt nämlich:

$$U_E = -\frac{U_A}{V_0} = \frac{R_G}{R_1} \frac{U_1}{V_0} \approx 0 .$$

Durch die Gegenkopplung wird also der Punkt S – unabhängig von Signal- und Ausgangsspannungen – immer ziemlich genau auf dem Potential des nichtinvertierenden Eingangs, in diesem Beispiel auf Massepotential gehalten. Dadurch sind Ein- und Ausgang völlig voneinander getrennt. Insbesondere wird die Spannungsquelle U_1 nur mit dem Widerstand R_1 belastet.

Diese und alle weiteren Schaltungen lassen sich daher leicht verstehen, wenn man immer beachtet, dass aufgrund der Gegenkopplung praktisch keine Spannung zwischen den beiden Eingängen auftritt, und damit auch der Strom I_E verschwindet. Bei allen weiteren Betrachtungen wird daher stets $U_E = 0$ und $I_E = 0$ gesetzt. Ferner soll, wie allgemein üblich, die Signalspannung (hier: U_1) als Eingangsspannung bezeichnet werden.

Der *Impedanzwandler* im Operationsverstärker sorgt dafür, dass der Ausgang niederohmig ist. Die Ausgangsspannung U_A ist daher in weiten Grenzen von der Belastung unabhängig. Die dafür benötigte Leistung wird von der im Bild 31.3 nicht mehr eingezeichneten Spannungsversorgung geliefert.

Summationsschaltung

Bei der Schaltung entsprechend Bild 31.4 werden 2 Spannungsquellen mit den Signalspannungen U_1 und U_2 über entsprechende Vorwiderstände an den invertierenden Eingang (Punkt S) angeschlossen. Im Rückkopplungszweig befindet sich ein ohmscher Widerstand (R_G). Zur Berechnung der Ausgangsspannung U_A wird wieder die 1. Kirchhoffsche Regel benutzt. Mit der Annahme $I_E = 0$ gilt dann:

$$I_1 + I_2 + I_G = 0 .$$

Drückt man die Ströme durch Spannungen und Widerstände aus ($I_1 = U_1/R_1$, $I_2 = U_2/R_2$ und $I_G = U_A/R_G$), erhält man:

$$U_A = -\left(\frac{R_G}{R_1} U_1 + \frac{R_G}{R_2} U_2 \right) .$$

Bild 31.4. Summationsschaltung

Wählt man $R_1 = R_2 = R_G$ ergibt sich die Ausgangsspannung als negative Summe der zwei Eingangsspannungen:

$$U_A = -(U_1 + U_2)$$

Dieser Zusammenhang gibt der Schaltung ihren Namen. Aus dem gleichen Grunde nennt man den Punkt S auch den *Summationspunkt*.

Integrationsschaltung

Durch Austauschen des Widerstandes R_G im Rückkopplungszweig gegen einen Kondensator der Kapazität C_G erhält man eine Integrationsschaltung, Bild 31.5.

Für die Berechnung der Ausgangsspannung wird auch hier wieder die 1. Kirchhoffsche Regel auf den Summationspunkt S angewendet:

$$I_1 + I_C = 0 \quad .$$

Für I_C, den Strom durch den Kondensator, gilt:

$$I_C = \dot{Q}_C = C_G \dot{U}_A \quad .$$

Mit $I_1 = U_1/R_1$ erhält man $U_1/R_1 = -C_G \dot{U}_A$ und damit:

$$U_A = -\frac{1}{R_1 C_G} \int_{t_0}^{t} U_1 \, dt \quad .$$

Bild 31.5. Integrationsschaltung

Die Ausgangsspannung ergibt sich in dieser Schaltung also durch zeitliche Integration der Eingangsspannung. Beispiele:

- Ist U_1 kosinusförmig, erhält man für U_A eine negative Sinusfunktion.
- Bei konstanter negativer Eingangsspannung U_1 steigt U_A linear mit der Zeit an.
- Ist U_1 dagegen eine linear steigende Funktion, erhält man für U_A eine quadratische Parabelfunktion.

Die Ausgangsspannung kann jedoch nicht unbegrenzt wachsen, sie ist durch die Höhe der Versorgungsspannungen (z. B. $+15\,\mathrm{V}$ und $-15\,\mathrm{V}$) begrenzt: Der Operationsverstärker gerät dann in die Sättigung.

Differentiationsschaltung

Durch Vertauschen von R und C in der Integrationsschaltung lässt sich eine Differentiationsschaltung aufbauen, Bild 31.6. Es gilt wieder:

$$I_C + I_G = 0, \quad \text{und es ist} \quad I_C = C\dot{U}_1 \quad \text{sowie} \quad I_G = U_A/R_G \quad .$$

Daraus folgt:

$$U_A = -R_G C \dot{U}_1 \quad .$$

Bild 31.6. Differentiationsschaltung

Subtraktionsschaltung

Sollen zwei Signalspannungen U_1 und U_2 voneinander subtrahiert werden, gibt es zwei verschiedene Realisierungsmöglichkeiten. In dem einen Fall wird zunächst das Vorzeichen von U_2 invertiert. Dazu dient ein einfacher invertierender Verstärker mit dem Verstärkungsfaktor $V = -1$. Dann wird $-U_2$ in einer Summationsschaltung zu U_1 addiert. Die zweite Möglichkeit arbeitet mit nur einem Operationsverstärker, bei dem jedoch im Unterschied zu den bisherigen Schaltungen der nichtinvertierende Eingang nicht auf Massepotential liegt, Bild 31.7.

Für die Berechnung dieser Schaltung werden die Kirchhoffschen Regeln auf das Netzwerk angewendet, wobei wieder von den Folgen des großen Wertes der Leerlaufverstärkung V_0 Gebrauch gemacht wird: $I_E \approx 0$ und $U_- \approx U_+$:

$$I_1 \approx -I_G = -(U_A - U_1)\frac{1}{R_1 + R_G}$$
$$U_- = U_A - I_G R_G = U_A - (U_A - U_1)\frac{R_G}{R_1 + R_G}$$
$$U_+ = U_2 \frac{R_3}{R_2 + R_3} \quad .$$

Da $U_- \approx U_+$, lässt sich daraus für U_A herleiten:

$$U_A = -\left(U_1 \frac{R_G}{R_1 + R_G} - U_2 \frac{R_3}{R_2 + R_3}\right)\frac{R_1 + R_G}{R_1} \quad .$$

Bild 31.7. Subtraktionsschaltung

Für den einfachen Fall $R_1 = R_G$ und $R_2 = R_3$ ergibt sich die Ausgangsspannung als Differenz der beiden Eingangsspannungen U_1 und U_2:

$$U_A = -(U_1 - U_2) \quad .$$

Für $R_1 = R_G$ und $R_2 \neq R_3$ erhält man:

$$U_A = -(U_1 - \alpha U_2) \quad \text{mit} \quad \alpha = \frac{2R_3}{R_2 + R_3} \quad .$$

Messtechnische Anwendungen

Wegen des hohen Eingangswiderstandes kann ein Operationsverstärker als hochohmiger Spannungsmesser verwendet werden (*Elektrometerverstärker*). In dieser Schaltung wird die Signalspannung U_1 direkt an den nichtinvertierenden Eingang des Operationsverstärkers gelegt und der Rückkopplungszweig kurzgeschlossen, Bild 31.8. Für die Berechnung der Ausgangsspannung greifen wir zurück auf die grundlegende Beziehung:

$$U_A = -V_0(U_- - U_+) \quad .$$

Bild 31.8. Elektrometerverstärker

Wegen der kurzgeschlossenen Rückkopplung gilt: $U_- = U_A$. Mit $U_+ = U_1$ erhält man daher $U_A = -V_0(U_A - U_1)$ und daraus die Beziehung

$$U_1 = U_A\left(1 + \frac{1}{V_0}\right) \approx U_A \quad \text{wegen} \quad \frac{1}{V_0} \ll 1 \quad .$$

Die Ausgangsspannung ist also praktisch gleich der Eingangsspannung; es tritt weder eine Spannungsverstärkung noch eine Vorzeichenänderung auf. Allerdings hat es durch den Operationsverstärker eine Impedanzwandlung gegeben: Der Eingang ist bei Verwendung geeigneter Feldeffekt-Transistoren wie z. B. MOSFET hochohmig (Bereich TΩ), der Ausgang ist um viele Größenordnungen niederohmiger (Bereich kΩ), der Ausgangsstrom erreicht Werte bis zu einigen mA. Dadurch lassen sich sehr hochohmige Spannungsgeber wie z. B. Piezoelemente mit relativ niederohmigen Messgeräten vermessen – eine für die Messtechnik außerordentlich wichtige Aufgabe.

Soll der Verstärkungsfaktor der Schaltung größer als 1 gemacht werden, wird wie in Bild 31.9 nur ein Bruchteil r/R der Ausgangsspannung U_A auf den invertierenden Eingang rückgekoppelt. Dann erhält man:

$$U_A = \frac{R}{r}U_1 \quad .$$

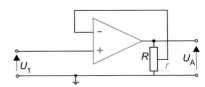

Bild 31.9. Elektrometerverstärker mit regelbarer Verstärkung

Ein *ideales Amperemeter* für kleine Ströme und mit verschwindendem Innenwiderstand kann durch eine Schaltung entsprechend Bild 31.10 hergestellt werden. Der zu messende Strom I wird dem Gegenkopplungszweig eingeprägt und lässt sich durch die hierbei entstehende Spannung $U_A = -IR_G$ messen. Der Spannungsabfall zwischen den Klemmen 1 und 2 dieses Strommessers ist nahezu Null. Wählt man R_G hinreichend groß, lassen sich hiermit Ströme bis herab in die Größenordnung nA ($10^{-9}A$) messen!

Jede Schaltung mit einem Operationsverstärker kann als *Konstantspannungsquelle* mit sehr kleinem Innenwiderstand aufgefasst werden, da die Ausgangsspannung

Bild 31.10. Ideales Amperemeter

U_A von der Belastung in weiten Grenzen unabhängig ist. Mit Operationsverstärkern können aber auch *Konstantstromquellen* aufgebaut werden. Eine Konstantstromquelle prägt einem Lastwiderstand, der veränderlich sein kann, einen konstanten Strom ein – z. B. den Längsstrom einer Hall-Sonde.

Frequenzverhalten von Operationsverstärkern

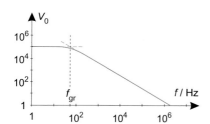

Bild 31.11. Typischer Frequenzverlauf der Differenzverstärkung eines Operationsverstärkers

Bei der Verstärkung von Wechselspannungen ist die Frequenzabhängigkeit der Leerlaufverstärkung V_0 eines Operationsverstärkers zu beachten. In Bild 31.11 ist ein typischer Frequenzverlauf dargestellt: V_0 ist nur für ein vergleichsweise schmales Frequenzintervall konstant, um dann mit wachsender Frequenz annähernd linear abzunehmen. Dieser Bereich wird begrenzt zum einen durch die Frequenz f_gr, bei der $V_0(f)$ auf $1/\sqrt{2} \approx 70\,\%$ seines Anfangswertes $V_0(0)$ abgenommen hat, zum anderen durch die **Transitfrequenz** f_T, bei der V_0 auf den Wert 1 abgenommen hat, die Differenzeingangsspannung $(U_- - U_+)$ also gerade keine Verstärkung mehr erfährt. Aus der Graphik lässt sich ablesen, welches maximale Frequenzintervall (= Bandbreite) sich mit einem vorgegebenen Mindestwert von V_0 verstärken lässt. Das *Verstärkungs-Bandbreite-Produkt* $V_0(f)f$ ist in dem linearen Teil der Kurve konstant und gleich der Transitfrequenz f_T:

$$V_0(f)f = V_0(0)f_\mathrm{gr} = f_\mathrm{T}\ .$$

31.1 Lineare Verstärkung (1/3)

Der Operationsverstärker soll in seiner Grundschaltung, d. h. als invertierender Verstärker aufgebaut und untersucht werden.

Operationsverstärker mit Spannungsversorgung (z. B. $+15\,\mathrm{V}$, $0\,\mathrm{V}$ und $-15\,\mathrm{V}$), Gleichspannungsquelle für die Eingangsspannungen (z. B. $1\,\mathrm{V}$), Präzisionspotentiometer zum Einstellen von Bruchteilen der Eingangsspannungen (z. B. Mehrgangwendelpotentiometer), Bauelemente zum Beschalten des Operationsverstärkers (alle Bauelemente mit Fehlertoleranzen möglichst $\leq 1\%$), Spannungsmesser, Messrechner.

Operationsverstärker sind empfindliche Bauelemente. Um Störungen oder gar Beschädigungen durch Kontaktprobleme zu vermeiden, sollte für die Aufbauten ein Steckbrett mit gut verlöteten Verbindungsleitungen benutzt werden.

Vor jedem Ein- bzw. Umstecken sollen außerdem die Versorgungsspannungen stets abgeschaltet werden.

Messfehler durch Potentiometernutzung

Bild 31.12. Einstellung der Signalspannung mit Hilfe eines Potentiometers

Wird zur Einstellung der Signalspannung U_1 ein Potentiometer benutzt wie in Bild 31.12, so gilt die lineare Beziehung

$$U_1 = U_0 \frac{r}{R}$$

nur, wenn der Belastungswiderstand R_1 hinreichend groß gegen den Potentiometerwiderstand R ist. Bei abnehmendem Wert von R_1 wächst der Fehler. Darauf muss insbesondere bei messtechnischen Anwendungen sowie bei quantitativen Rechenoperationen geachtet werden. Eine Berechnung mit Hilfe der *2. Kirchhoffschen Regel* zeigt, dass der Wert des Belastungswiderstandes $R_1 \geq 100R$ sein muss, wenn der Fehler $\Delta U_1/U_1$ für alle Schleifenstellungen $<1\%$ sein soll. Beispiel: $R = 30\,\mathrm{k\Omega}$ (Zehngangwendelpotentiometer), $R_1 \geq 3\,\mathrm{M\Omega}$.

Invertierender Verstärker

Der Operationsverstärker soll für eine 10-fache Verstärkung beschaltet werden. Die Ausgangsspannung U_A als Funktion der Eingangsspannung U_1 messen. U_1 mit Hilfe eines Potentiometers einstellen ($R_1 = 1\,\text{M}\Omega$).

Die gleiche Messung für eine 100-fache Netzverstärkung durchführen.

Aus den Diagrammen $U_A = f(U_1)$ sollen die Netzwerkverstärkungsfaktoren graphisch bestimmt werden und – unter Einbeziehung des ermittelten Messfehlers – mit dem eingestellten Wert verglichen werden.

Durch einen regelbaren Widerstand R_G soll eine regelbare Netzwerkverstärkung realisiert werden. Werte z. B.: $U_1 = 1\,\text{V}$; $R_1 = 3\,\text{k}\Omega$, R_G regelbar bis $30\,\text{k}\Omega$.

Graphische Darstellung U_A über R_G und Prüfung der Linearität.

Belastungsabhängigkeit der Ausgangsspannung

Durch eine geeignete Beschaltung des Operationsverstärkers wird eine feste Ausgangsspannung erzeugt, z. B. $U_A = 1\,\text{V}$, die gemessen wird. Durch einen regelbaren Lastwiderstand R_A im Ausgangskreis (max. $1\,\text{k}\Omega$) des Operationsverstärkers wird dieser unterschiedlich stark belastet. Es ist darauf zu achten, dass der benutzte Lastwiderstand den maximalen Ausgangsstrom (meist einige mA) auch verträgt!

Auftragen von U_A über R_A. Hieraus Bestimmung des maximal möglichen Ausgangsstromes.

31.2 Mathematische Operationen (2/3)

Durch geeignete Beschaltungen eines Operationsverstärkers sollen verschiedene mathematische Operationen wie Summieren, Integrieren und Subtrahieren simuliert werden.

Es werden die gleichen Geräte benötigt wie in Aufgabe 31.1. Der Hinweis zum Messfehler durch die Benutzung eines Potentiometers zur Einstellung der Eingangsspannung gilt auch hier.

Summation von Spannungen

Es soll eine Summationsschaltung mit zwei durch Potentiometer einstellbaren Eingangsspannungen U_1 und U_2 aufgebaut werden. $R_1 = R_2 = R_G = 1\,\text{M}\Omega$. Verschiedene Wertepaare für U_1 und U_2 einstellen und U_A messen.

Das Messergebnis für U_A mit der Summe der Eingangsspannungen vergleichen. Fehlerrechnung für 2 bis 3 Beispiele.

Integration von Spannungen

Integrationsschaltung entsprechend Bild 31.5 aufbauen. Sinnvolle Werte sind $R_1 = 10\,\text{M}\Omega$ und C_G ca. $1\,\mu\text{F}$. Damit bis zum Beginn der Integration $U_A = 0$ bleibt, muss der Kondensator bis zum Start der Messung über einen kleinen Widerstand (Größenordnung $10\,\Omega$) kurzgeschlossen werden (Schalter oder besser Drucktaster).

Zum Zeitpunkt t_0 wird dieser Kurzschluss aufgehoben und zugleich die Eingangsspannung U_1 (z. B. $1\,\text{V}$) eingeschaltet. Nun wird der Zeitverlauf von U_A gemessen, z. B. mit einem Messrechner. Bei Erreichen der Sättigung wird U_1 wieder abgeschaltet. Vor Beginn jeder neuen Messung muss zunächst der Kondensator über den Kurzschlusswiderstand entladen werden.

Aus der Grafik $U_A(t)$ soll die Integrations-Zeitkonstante $\tau = R_1 C_G$ und hieraus der Wert der Kapazität bestimmt werden. Fehlerabschätzung.

Die oben beschriebene Messung mit anderen Eingangsspannungen (Betrag und Polarität) und anderen Werten des Widerstandes R_1 wiederholen.

Als Eingangsspannung können auch Wechselspannungen (Dreieck-, Sinus- oder Rechteckspannungen, auch unterschiedliche Frequenzen) verwendet werden. Die Messung von U_A erfolgt dabei am besten mit einem Oszilloskop; bei einem Zweikanaloszilloskop lassen sich $U_1(t)$ und $U_A(t)$ direkt miteinander vergleichen.

Die Ergebnisse dokumentieren.

Subtraktionsschaltung

Schaltung nach Bild 31.7 aufbauen und zunächst $R_1 = R_G$ und $R_2 = R_3$ wählen. Für verschiedene Wertepaare der Eingangsspannungen U_1 und U_2 die Beziehung $U_A = -(U_1 - U_2)$ überprüfen.

 Die Werte für R_2 und R_3 unterschiedlich wählen. Für verschiedene Werte von $\alpha = 2R_3/(R_2 + R_3)$ die Richtigkeit der Beziehung $U_A = -(U_1 - \alpha U_2)$ überprüfen.

 Die Ergebnisse dokumentieren.

31.3 Anwendung als Elektrometer (1/3)

 Von den verschiedenen messtechnischen Anwendungen soll hier die Elektrometerschaltung untersucht und auf ein physikalisches Messbeispiel angewendet werden.

 Die gleichen Geräte wie in Aufgabe 31.1, dazu eine hochohmige Spannungsquelle wie z. B. ein Kristallmikrofon oder ein Piezoelement.

 Die Schaltung nach Bild 31.8 aufbauen. Für verschiedene Werte von U_1 nachweisen, dass innerhalb der Fehlergrenzen $U_A = U_1$ ist.

 Ergebnisse auf der Basis einer Fehlerabschätzung diskutieren.

32. Simulationsschaltungen mit Operationsverstärkern

 Anwendungen von Operationsverstärkern zur Lösung von Differentialgleichungen. Prinzipielle Wirkungsweise von Simulationsschaltungen.

Mathematiklehrbücher (Stichwort: Differentialgleichungen),
Tietze/Schenk/Gamm: Halbleiter-Schaltungstechnik (Stichwort: Operationsverstärker).

Operationsverstärker

Mathematische Operationen lassen sich nicht nur mathematisch ausführen, sondern auch in einer geeigneten elektrischen Schaltung mit **Operationsverstärkern** physikalisch simulieren. In dieser Aufgabe sollen als ein Beispiel Differentialgleichungen untersucht werden. Wie im *Themenkreis 31* beschrieben, wird das Verhalten eines Operationsverstärkers nicht nur durch seine hohe Leerlaufverstärkung $V_0 = -U_A/U_E$ beziehungsweise seinen extrem hohen Eingangswiderstand R_E bestimmt; entscheidend ist vielmehr die Beschaltung des *Gegenkopplungszweiges* (daher der Index G) zwischen Ausgang und invertierendem Eingang des Verstärkers, Bild 32.1. Erfolgt diese Rückkopplung über einen ohmschen Widerstand, so arbeitet die Schaltung als linearer invertierender Verstärker mit dem Verstärkungsfaktor

$$V = -\frac{U_A}{U_1} = \frac{R_G}{R_1} \quad .$$

Benutzt man dagegen einen Kondensator, ergibt sich die Ausgangsspannung als das negative zeitliche Integral der eingangsseitigen Signalspannung U_1:

$$U_A = -\frac{1}{R_1 C_G} \int U_1 \mathrm{d}t \quad .$$

Diese Form der Beschaltung ist daher zur physikalischen Behandlung von Differentialgleichungen geeignet. Zusätzlich benötigt man noch Baugruppen zur Addition und zur Subtraktion.

Bild 32.1. Operationsverstärker mit Beschaltungsmöglichkeiten des Rückkopplungszweiges

Differentialgleichung 1. Ordnung

Als Beispiel für einen physikalischen Vorgang, der sich mathematisch durch eine Differentialgleichung 1. Ordnung beschreiben lässt, wird die radioaktive Kernumwandlung betrachtet, meist als **radioaktiver Zerfall** bezeichnet, Bild 32.2. Für die Zahl $\mathrm{d}N$ der im Zeitintervall $\mathrm{d}t$ zerfallenden Atome gilt das

Zerfallsgesetz	$\dfrac{\mathrm{d}N}{\mathrm{d}t} = -\lambda N(t) \quad ,$

wobei N die Zahl der zur Zeit t noch nicht zerfallenen Atome und λ die *Zerfallskonstante* bedeuten; λ hängt mit der *Halbwertszeit* über $t_{1/2} = \ln 2/\lambda$ zusammen.

Die Differentialgleichung lässt sich mathematisch einfach integrieren. Für die vollständige Beschreibung bleibt dann nur noch die Festlegung der einen Integrationskonstante, die durch die Anfangsbedingung $N(t = 0) = N_0$ festgelegt wird. Das Ergebnis der Integration lautet:

$$N(t) = N_0 e^{-\lambda t} \quad .$$

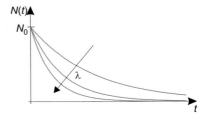

Bild 32.2. Zerfallskurven mit unterschiedlichen Zerfallskonstanten λ

Bild 32.3. Simulationsschaltung für eine Zerfallsgleichung

Will man nun eine „physikalische" / Integration mit Hilfe eines Operationsverstärkers durchführen, benötigt man einen Schaltkreis, dessen Ausgangsspannung U_A einer dem Zerfallsgesetz entsprechenden Gleichung genügt:

$$\frac{\mathrm{d}U_A}{\mathrm{d}t} = -kU_A \quad .$$

Eine solche Schaltung zeigt Bild 32.3, bei der der Bruchteil r/R der Ausgangsspannung U_A als Signalspannung U_1 über R_1 an den invertierenden Eingang des Operationsverstärkers gelegt wird. Für die Ausgangsspannung ergibt sich dann:

$$U_A = -\frac{1}{R_1 C_G} \int U_1 \mathrm{d}t = -\frac{1}{R_1 C_G} \int \frac{r}{R} U_A \mathrm{d}t \quad .$$

Die zeitliche Ableitung dieser Gleichung liefert mit

$$\dot{U}_A = -\frac{1}{R_1 C_G} \frac{r}{R} U_A = -kU_A$$

die gesuchte Beziehung. Die Konstante k ist dabei durch die Größen R_1, C_G und das Verhältnis r/R bestimmt. Überlässt man diese Schaltung nach der Einstellung eines Anfangswertes $U_A(t=0) = U_{A_0}$ sich selbst, so ergibt sich ein Zeitverlauf der Ausgangsspannung der Form:

$$U_A(t) = U_{A_0} e^{-kt} \quad .$$

Durch den Verlauf der Funktion $U_A(t)$ wird der physikalische Vorgang des radioaktiven Zerfalls simuliert. Eine Veränderung der Beschaltung ermöglicht eine einfache Einstellung verschiedener Zerfallskonstanten bzw. Halbwertszeiten.

Für die Festlegung der Anfangsbedingung U_{A_0} wird die Verbindung des Ausgangs mit dem Eingang gelöst und über R_1 eine konstante Spannung an den invertierenden Eingang des Verstärkers gelegt. Dann ist das Netzwerk eine *Integrationsschaltung* und die Spannung U_A nimmt linear mit der Zeit zu. Sobald der gewünschte Wert U_{A_0} erreicht ist, wird die Spannungsquelle abgetrennt und die Verbindung zum Ausgang wieder hergestellt: Dieser Augenblick definiert zugleich den Zeitpunkt $t=0$.

Diese Schaltung stellt bereits einen einfachen Analogrechner dar. Mit ihrer Hilfe lässt sich der Zeitverlauf aller Größen simulieren, die der gleichen Form der Differentialgleichung wie $U_A(t)$ genügen. Man braucht nur die zueinander analogen Größen einander zuzuordnen. Beim radioaktiven Zerfall entspricht die Teilchenzahl N der Ausgangsspannung U_A, die Zerfallskonstante λ der durch Widerstände und eine Kapazität festgelegten Konstante k.

Differentialgleichung 2. Ordnung

Ein häufig verwendetes Beispiel für eine gewöhnliche Differentialgleichung 2. Ordnung ist die Gleichung einer gedämpften Schwingung, siehe z. B *Themenkreise 5, 6, 7* oder *24*:

Schwingungsgleichung $\ddot{x}(t) + 2\beta \dot{x}(t) + \omega_0^2 x(t) = 0 \quad .$

Hierbei bedeuten β die Dämpfungskonstante und $\omega_0 = 2\pi f_0$ die Eigen(kreis)frequenz des ungedämpften Systems. Die *mathematische Lösung* dieser Gleichung erfordert eine zweimalige Integration und führt zu einem analytischen Ausdruck für die Funktion $x(t)$. Abhängig von der Stärke der Dämpfung erhält man bekanntlich drei unterschiedliche Fälle: (gedämpfter) *Schwingfall*, *Kriechfall* und *aperiodischer Grenzfall* , Bild 32.4. Die zwei Integrationskonstanten werden durch zwei Anfangsbedingungen festgelegt: $x(0)$ und $\dot{x}(0)$.

Die *physikalische Simulation* des Problems gelingt durch eine geeignete Kopplung mehrerer Operationsverstärkerbaugruppen. Zunächst soll ein übersichtlicher Koppelplan für diese Schaltung aufgestellt werden. Dazu löst man die Differentialgleichung nach dem Glied mit der höchsten Ableitung auf:

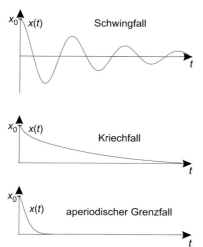

Bild 32.4. Dämpfungsabhängige Lösungen der Schwingungsgleichung

$$\ddot{x}(t) = -2\beta\dot{x}(t) - \omega_0^2 x(t) \quad .$$

Die beiden Summanden auf der rechten Seite werden nun aus einer Integrationskette gewonnen, die sukzessiv die Ordnung der Ableitung herabsetzt, Bild 32.5. Dabei müssen die jeweiligen Anfangsbedingungen $\dot{x}(0)$ und $x(0)$ einstellbar sein. Nun werden diese beiden Glieder der Bestimmungsgleichung zur Summation an den Eingang des ersten Integrators zurückgeführt, an dem $\ddot{x}(t)$ liegen soll, das gleich der Summe dieser beiden Glieder ist, Bild 32.6. Der Invertierer $(x(t) \to -x(t))$ ist notwendig, damit die Summanden vorzeichenrichtig addiert werden. Die Konstanten 2β und ω_0^2 werden durch die Beschaltung der Operationsverstärker festgelegt.

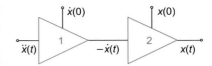

Bild 32.5. Integrationskette, schematisch

Der besseren Übersichtlichkeit wegen kann man die Rechenoperationen „Summieren" / und „1. Integration" / auch in zwei Schritte trennen. Der Vorteil davon ist, dass dann alle Größen ($x(t)$, $\dot{x}(t)$ und $\ddot{x}(t)$) explizit erzeugt werden und einzeln zugänglich sind. Der Nachteil: Man benötigt einen Operationsverstärker mehr.

Ein Beispiel für die Ausführung einer solchen Schaltung zeigt Bild 32.7. Darin stellen die Operationsverstärker 1 und 2 die beiden Integratoren dar, so dass die folgenden analogen Zuordnungen zu den Funktionen in der Schwingungsgleichung bestehen:

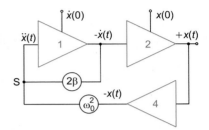

Bild 32.6. Koppelplan für die Lösung einer Differentialgleichung 2. Ordnung

$$\ddot{x}(t) \sim U_1(t), \quad \dot{x}(t) \sim U_2(t), \quad x(t) \sim U_3(t) \quad .$$

$U_3(t)$ ist daher die gesuchte Funktion, deren Zeitverlauf es zu untersuchen gilt. Die Summation erfolgt durch den Operationsverstärker 3, das Ergebnis wird an den ersten Integrator zurückgeführt. Damit die Summanden vorzeichenrichtig addiert werden, muss das Vorzeichen von $U_2(t)$ vorher invertiert werden (Verstärker 4). Die Werte für die Dämpfungskonstante β und die Eigenfrequenz ω_0 werden durch die Widerstände und Kapazitäten der Schaltung festgelegt. Die folgende Berechnung der Schaltung liefert die quantitativen Zusammenhänge:

Integrator 1: $\quad U_2 = -\dfrac{1}{R_1 C_1} \displaystyle\int U_1 \mathrm{d}t$

Integrator 2: $\quad U_3 = -\dfrac{1}{R_2 C_2} \displaystyle\int U_2 \mathrm{d}t = \dfrac{1}{R_1 C_1 R_2 C_2} \iint U_1 \mathrm{d}^2 t \quad .$

Hieraus erhält man durch Differenzieren:

$$\dot{U}_3 = \frac{1}{R_1 C_1 R_2 C_2} \int U_1 \mathrm{d}t \quad \text{und} \quad \ddot{U}_3 = \frac{1}{R_1 C_1 R_2 C_2} U_1$$

Invertierer: $\quad U_4 = -\dfrac{r}{R}\dfrac{R_4'}{R_4} U_2 = \dfrac{r}{R}\dfrac{R_4'}{R_4} R_2 C_2 \dot{U}_3$

Bild 32.7. Schaltung zur Lösung einer Differentialgleichung 2. Ordnung

Summation: $U_1 = -(U_3 + U_4)$ (Rückverbindung)

$$R_1 R_2 C_1 C_2 \ddot{U}_3 = -U_3 - \frac{r}{R}\frac{R_4'}{R_4} R_2 C_2 \dot{U}_3$$
$$\ddot{U}_3 = -\frac{r}{R}\frac{R_4'}{R_4}\frac{1}{R_1 C_1}\dot{U}_3 - \frac{1}{R_1 C_1 R_2 C_2}U_3 \quad .$$

Hieraus folgt für Dämpfungskonstante und Eigenfrequenz:

$$\beta = \frac{1}{2}\frac{r}{R}\frac{R_4'}{R_4}\frac{1}{R_1 C_1} \quad \text{und} \quad \omega_0 = \frac{1}{\sqrt{R_1 C_1 R_2 C_2}} \quad .$$

Um das schwingungsfähige System anzustoßen, muss ihm zunächst eine Anfangsauslenkung erteilt werden. Diese Anfangsbedingung $U_3(0)$ wird eingestellt, indem über den Widerstand R_0 eine konstante Gleichspannung U_0 an den invertierenden Eingang des Verstärkers 2 gelegt und die Integration bei dem gewünschten Anfangswert U_{3_0} unterbrochen wird. Diese Anfangs*auslenkung* würde über den Verstärker 1 jedoch zu einem Anwachsen von $U_2(t)$ führen und damit eine Anfangs*geschwindigkeit* simulieren. Um dieses zu verhindern, muss der Kondensator C_1 zunächst kurzgeschlossen werden, dann ist die Verstärkung der Recheneinheit 1 gleich Null und U_2 bleibt Null. Sobald der Kurzschluss aufgehoben wird, beginnt die Schwingung.

📖 Erzwungene Schwingungen

Die oben beschriebene Untersuchung der Schwingungseigenschaften eines gedämpften Systems lässt sich leicht erweitern auf den Fall **erzwungener Schwingungen** (siehe hierzu auch *Themenkreis 7*). Dabei soll der Einfachheit halber eine sinusförmige Erregung angenommen werden. Ein solches System lässt sich durch die folgende *inhomogene Differentialgleichung* beschreiben:

$$\ddot{x}(t) + 2\beta \dot{x}(t) + \omega_0^2 x(t) = A \sin \omega_{\text{err}} t \quad .$$

Die vollständige mathematische Lösung besteht bekanntlich aus zwei Teilen, der vollständigen Lösung der homogenen Differentialgleichung und einer speziellen Lösung der inhomogenen Gleichung. Es gilt:

$$x(t) = x_{\text{hom}}(t) + x_{\text{inhom}}(t) \quad .$$

Hierbei beschreibt $x_{\text{inhom}}(t)$ den stationären Schwingungsvorgang, denn der Beitrag von $x_{\text{hom}}(t)$ klingt nach dem Einschalten der Erregung entsprechend der Dämpfung (β) ab und hat daher nur während des *Einschwingvorganges* einen Einfluss auf die Schwingung, Bild 32.8.

Bild 32.8. Beispiel eines Einschwingvorganges einer erzwungenen Schwingung

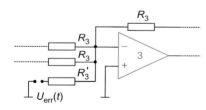

Bild 32.9. Schaltungsergänzung für die Simulation einer erzwungenen Schwingung

Für die physikalische Simulation einer solchen erzwungenen Schwingung kann die Schaltung im Bild 32.7 mit einer kleinen Erweiterung benutzt werden: Dem Summationspunkt des Verstärkers 3 wird über den Widerstand R_3' eine Wechselspannung $U_{\text{err}}(t) = -U_{\text{err}_0}\sin\omega_{\text{err}}t$ zugeführt, Bild 32.9. $U_3(t)$ ist wieder die gesuchte, zu $x(t)$ analoge Funktion.

📖 Gekoppelte Differentialgleichungen

Werden zwei schwingungsfähige Gebilde gleicher Frequenz untereinander gekoppelt, so kommt es zu sog. **Koppelschwingungen** (siehe hierzu auch *Themenkreis 6*). Im Falle ungedämpfter Systeme gelten die folgenden **gekoppelten Differentialgleichungen**:

$$\ddot{x}_1(t) = -D x_1 - K(x_1(t) - x_2(t)) \quad \text{und}$$
$$\ddot{x}_2(t) = -D x_2 - K(x_2(t) - x_1(t)) \quad .$$

Hierin bedeuten D die Richtgröße der Einzelschwinger und K die Kopplungskonstante. Die mathematische Integration dieser Gleichungen liefert die von den Anfangsbedingungen abhängigen Zeitverläufe der beiden Schwingungen $x_1(t)$ und $x_2(t)$. Besonders interessant ist dabei der Fall der Schwebung, Bild 32.10.

Auch solche Systeme lassen sich durch Operationsverstärkerschaltungen simulieren. Dazu müssen zwei identische Schwingungsgleichungs-Schaltungen geeignet gekoppelt werden.

Da hierbei kein Dämpfungsglied auftritt, kann der Verstärker 4 im Bild 32.7 für eine Subtraktionsschaltung zur Erzeugung des Differenzterms $-k(x_1(t) - x_2(t))$ genutzt werden.

Analoge Simulationen

Das Prinzip einer analogen Simulation, das an den beschriebenen Beispielen bereits zu erkennen ist, soll hier noch einmal allgemeiner erläutert werden: Zahlreiche physikalische oder technische Vorgänge werden durch Gleichungen zwischen Größen beschrieben, die von der Zeit oder einer anderen unabhängigen Variablen abhängen. Bei einer elektrischen Simulation wird jede dieser Beschreibungsgrößen durch eine ihrem Zahlenwert proportionale Spannung dargestellt. Die zwischen solchen Größen (oder den ihnen analogen Spannungen) geltenden Beziehungen werden durch Netzwerke simuliert, in denen die nötigen Rechenoperationen (z. B. Addition, Multiplikation, Integration, usw.) von Operationsverstärkerschaltungen ausgeführt werden. Die Rechenvorgänge führen dazu, dass sich die Spannungen im Netzwerk zeitlich so ändern, wie es die ihnen analogen Beschreibungsgrößen des physikalischen Problems tun würden.

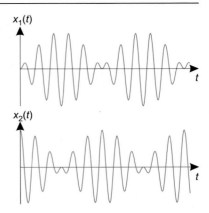

Bild 32.10. Beispiel für den Schwingungsverlauf bei gekoppelten Schwingungen

Probleme, bei denen die abhängigen Variablen nicht von der Zeit, sondern von *einer* anderen unabhängigen Variablen abhängen, können dadurch behandelt werden, dass diese unabhängige Variable der Zeit proportional (analog) gesetzt wird. Probleme, in denen *mehrere* unabhängige Variablen auftreten, können mit solchen Schaltungen jedoch nicht gelöst werden. Partielle Differentialgleichungen lassen sich daher mit diesem Verfahren nur dann untersuchen, wenn sie auf gewöhnliche Differentialgleichungen zurückführbar sind.

Die Genauigkeit dieser Methode ist durch die Genauigkeit gegeben, mit der die elektrischen Größen wie Spannungen, Widerstände, Kondensatoren vorgegeben bzw. gemessen werden können. Sie liegt praktisch bei 1 bis 10%.

Simulationen mit *Digitalrechnern* dagegen arbeiten mit erheblich größerer Genauigkeit. Die Rechengrößen werden als Zahlen im binären Zahlensystem dargestellt und die zwischen ihnen geltenden Beziehungen durch numerische Operationen berücksichtigt (die Integration z. B. durch Summation genügend vieler Einzelwerte der benutzten Funktionen).

32.1 Zerfallsgleichung (1/3)

Durch geeignete Beschaltung eines Operationsverstärkers soll der Vorgang des radioaktiven Zerfalls simuliert werden.

Operationsverstärker mit Netzgerät zur Spannungsversorgung (2 x 15 V), Präzisionswiderstände und -kondensatoren zur Beschaltung, Gleichspannungsquelle zum Einstellen der Anfangsbedingung, Spannungsmessgerät bzw. Messrechner. Schaltung nach Bild 32.3.

Schaltung aufbauen: Sinnvolle Werte für die Bauelemente: $R_1 = 1\,\text{M}\Omega$, $C_G = 1\,\mu\text{F}$, $R = 30\,\text{k}\Omega$ (10-Gang-Potentiometer). Anfangsbedingungen einstellen, danach $U_A(t)$ messen. Die Messung soll für mehrere Zerfallskonstanten und einen weiteren Anfangswert U_{A_0} wiederholt werden.

Werte für die Kondensatoren und Widerstände angeben. Kurvenverläufe diskutieren, Halbwertszeiten bestimmen. Zerfallskonstanten aus den Bauelementedaten berechnen und mit den gemessenen Werten vergleichen. Fehlerbetrachtung für ein Messbeispiel.

32.2 Schwingungsgleichung (2/3)

Durch geeignete Kopplung von 4 Operationsverstärkern soll der Verlauf gedämpfter Schwingungen entsprechend der Differentialgleichung $\ddot{x}(t) = -2\beta\dot{x}(t) - \omega_0^2 x(t)$ simuliert werden. Durch Veränderung der Beschaltung sollen die drei möglichen Fälle – Schwingfall, Kriechfall und aperiodischer Grenzfall – eingestellt und untersucht werden.

Mehrere Operationsverstärker sowie ein Netzgerät zu ihrer Spannungsversorgung, Präzisionswiderstände und -kondensatoren zur Beschaltung, Gleichspannungsquelle zur Einstellung der Anfangsbedingungen, Spannungsmessgerät bzw. Messrechner.

Es wird vorgeschlagen, eine Schaltung gemäß Bild 32.7 zu verwenden. Sinnvolle Werte für die Bauelemente: R_0 bis R_4 je $1\,\text{M}\Omega$, $R_4' \leq 10\,\text{M}\Omega$, $R = 30\,\text{k}\Omega$ und C_1, C_2 je $1\,\mu\text{F}$. Der Anfangswert $U_3(0)$ muss so gewählt werden, dass keiner der Verstärker in die Sättigung gerät, auch nicht der Verstärker 4, bei dem für die stark gedämpften Systeme möglicherweise eine Verstärkung bis zu 10 gewählt wird. Für die Untersuchung der Schwingfälle ist jedoch eine nur 2-fache Verstärkung beim Verstärker 4 günstiger. Die Dämpfung lässt sich durch das Widerstandsverhältnis r/R am Ausgang des Verstärkers 4 verändern. So können nacheinander Schwingfall, Kriechfall und aperiodischer Grenzfall eingestellt werden. Für $r/R = 0$ tritt allerdings noch immer eine geringe Dämpfung auf, die im Wesentlichen durch die Isolationswiderstände der Kondensatoren bedingt ist. Diese Restdämpfung ließe sich nur durch eine Einstellung $\beta < 0$ kompensieren.

Die Schaltung aufbauen und die Werte für Eigenfrequenz (ω_0) und Dämpfung (β) berechnen. Anfangsbedingungen $U_3(0) = U_{3_0}$ und $U_2(0) = 0$ einstellen. Dann den Zeitverlauf von U_3 für verschiedene Dämpfungen messen.

Wiederholung der Messung im Schwingfall mit anderen Eigenfrequenzen.
Hinweis: Eine kontinuierliche Regelung der Frequenz ist durch kontinuierliche Änderung des von U_3 stammenden Beitrags am Summierer 3 möglich (weiteres Potentiometer einbauen, Bild 32.11).

Bild 32.11. Schaltungsänderung zur kontinuierlichen Frequenzregelung

Die gemessenen Kurven sollen zunächst qualitativ diskutiert werden. Für die Eigenfrequenz $\omega_0 = 2\pi f_0$ und die Dämpfungskonstante β sollen die aus den Bauelementedaten berechneten Werte mit den gemessenen verglichen werden. Eine Fehlerrechnung sollte für ein Beispiel durchgeführt werden.

32.3 Erzwungene Schwingung (1/3)

Durch Ergänzen der Schaltung in Aufgabe 32.2 soll das Verhalten eines erzwungen schwingenden Systems untersucht werden. Dabei soll besonders auf das Einschwingverhalten geachtet werden.

Aufbau entsprechend Aufgabe 32.2 um eine Wechselspannungsquelle erweitern, Bild 32.9. Die Amplitude U_{err_0} der Erregerwechselspannung muss bei den Versuchen so gering eingestellt werden, dass keiner der Verstärker infolge der Resonanzüberhöhung in die Sättigung gerät.

Die Eigenfrequenz $f_0 = \frac{\omega_0}{2\pi}$ viel größer als $1\,\text{Hz}$ wählen. Zunächst benachbarte Werte für Erregerfrequenz ω_{err} und Eigenfrequenz ω_0 des „Schwingers" / wählen ($\Delta\omega/\omega_{\text{err}} \sim 20\%$). Dämpfung nicht zu groß. Anfangsbedingungen $U_2(0) = U_3(0) = 0$. Den Einschwingvorgang $U_3(t)$ aufzeichnen. Die Zeitachse dabei so wählen, dass der Verlauf bis zum stationären Zustand aufgezeichnet wird.

Messung für größere Dämpfung sowie andere Erregerfrequenzen wiederholen.
Hinweis: Die Schwingungsamplitude von U_3 hängt wegen der Resonanzkurve von der Erregerfrequenz sowie von der Dämpfung ab.

Gemessene Kurvenverläufe qualitativ diskutieren. Die Abklingzeit des Einschwingvorgangs mit der eingestellten Dämpfungskonstante in Beziehung bringen.

32.4 Gekoppelte Pendel (2/3)

 Durch geeignete Kopplung von 2 Aufbauten der Aufgabe 32.2 soll der Verlauf einer ungedämpften gekoppelten Schwingung simuliert werden.

 Zwei Aufbauten aus Aufgabe 32.2. Die beiden Aufbauten sollen möglichst gleiche Eigenfrequenzen haben und ungedämpft schwingen, sonst gelten die angegebenen Differentialgleichungen nicht.

Die Koppelschwingung kann durch Vorgabe einer „Anfangsbedingung" / wie in Aufgabe 32.2 angestoßen werden. Die Spannungen $U_3(t)$ sollen dann in beiden Aufbauten zeitgleich aufgezeichnet werden.

Die Kurvenverläufe sollen vergleichend diskutiert werden. Dabei soll u. a. auch das Phasenverhalten im Minimum der Schwebung beachtet werden.

Kapitel VIII
Linsen und optische Instrumente

33. Linsen

Wiederholung, Vertiefung und Anwendung elementarer Kenntnisse der geometrischen Optik bzw. Strahlenoptik. Gültigkeitsprüfung der Linsenformeln durch Bestimmung der Brennweiten von Sammel- und Zerstreuungslinsen mittels zweier Messverfahren. Qualitative Beobachtung und quantitative Untersuchung von Linsenfehlern.

Standardlehrbücher (Stichworte: geometrische Optik, Brechung, Linsen, optische Abbildung, Dispersion, Linsenfehler),
Naumann/Schröder: Bauelemente der Optik.

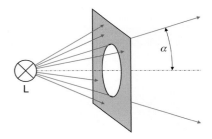

Bild 33.1. Ausblenden eines Lichtbündels mit dem Öffnungswinkel α

Ausbreitung von Licht

Die einfachste Vorstellung über die Lichtausbreitung besteht darin, dass von einer Lampe oder einer anderen Lichtquelle das Licht in Form von geradlinigen „Strahlen" / ausgesandt wird. Mit Hilfe einer Blende lässt sich aus der von einer kleinen (im Idealfall punktförmigen) Lichtquelle L ausgehenden **Strahlung** ein scharf begrenztes Lichtbündel ausblenden, Bild 33.1. Verschiebt man die Lichtquelle nach ∞, so ergibt sich als Grenzfall ein Parallellichtbündel.

Solche Lichtbündel mit einem Öffnungswinkel $\alpha \to 0$ und verschwindendem Querschnitt kann man als Realisation des Modellbegriffs der **Lichtstrahlen** betrachten. Diese werden zur vereinfachten Darstellung von Strahlengängen benutzt und bezeichnen allgemein die Achse eines Lichtbündels.

An glatten Oberflächen werden Lichtstrahlen reflektiert, wobei gilt:

Bild 33.2. Zum Reflexionsgesetz

> **Reflexionsgesetz**   Einfallswinkel α_e = Reflexionswinkel α_a .

Einfallender und reflektierter Strahl liegen mit der Normalen der Spiegelfläche in einer Ebene, der **Einfallsebene**, Bild 33.2.

Bei einem **ebenen Spiegel**, Bild 33.3, werden die vom Objekt ausgehenden Bündel so reflektiert, als ob sie von einem **virtuellen Bild** hinter dem Spiegel herkommen. Bild und Objekt sind spiegelsymmetrisch, d. h. seitenverkehrt - so sieht man sich selbst in einem Spiegel seitenverkehrt.

Bild 33.3. Reflexion am ebenen Spiegel: Das virtuelle Bild ist seitenverkehrt

Brechung

Lichtstrahlen werden beim Übergang von einem durchsichtigen Material in ein anderes gebrochen. Es gilt das

> **Snelliussche Brechungsgesetz** $n \sin \alpha = n' \sin \alpha'$

mit dem Einfallswinkel α und dem **Brechungswinkel** α' sowie den entsprechenden **Brechzahlen** (häufig auch bezeichnet als *Brechungsindizes*) n und n', Bild 33.4. Ein Teil des Lichtes wird allerdings nach dem Reflexionsgesetz reflektiert (punktiert gezeichnet). Das Medium mit der kleineren Brechzahl heißt *optisch dünner*, das mit der größeren *optisch dichter*.

Für Vakuum und näherungsweise auch für Luft ist $n = 1$. Bei Lichteinfall auf eine Grenzfläche von einem optisch dichteren in ein optisch dünneres Medium,

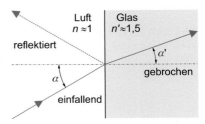

Bild 33.4. Brechung des Lichtes beim Übergang vom optisch dünneren Medium in ein optisch dichteres Medium: Der Lichtstrahl wird zum Einfallslot gebrochen

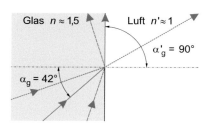

Bild 33.5. Brechung des Lichtes beim Übergang vom optisch dichteren Medium in ein optisch dünneres Medium; bei genügend großem Einfallswinkel $\alpha > \alpha_g$ tritt Totalreflexion ein

Bild 33.6. Dispersionskurve der Glassorte BK 7 (Bor-Kronglas)

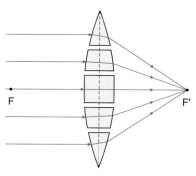

Bild 33.7. Modell einer dünnen Linse, zusammengesetzt aus mehreren Prismen

Bild 33.5, tritt für Einfallswinkel $\alpha > \alpha_g$ **Totalreflexion** ein, d. h. oberhalb des Grenzwinkels α_g der Totalreflexion tritt das Licht nicht mehr in das dünnere Medium ein, sondern wird nach dem Reflexionsgesetz total reflektiert. Mit $\alpha'_g = 90°$, d.h. $\sin \alpha'_g = 1$ ergibt sich aus dem Brechungsgesetz für den

Grenzwinkel der Totalreflexion $\sin \alpha_g = n'/n$.

Die Brechzahl hängt sehr stark vom Material ab (z. B. Glas, Kunststoff, Kristall). Sie ändert sich außerdem mit der Wellenlänge λ des Lichtes. Diese Abhängigkeit nennt man **Dispersion**. Als ein Beispiel ist in Bild 33.6 die Dispersionskurve eines der am häufigsten verwendeten Gläser, BK 7, gezeigt. Man erkennt, dass die Brechzahl dieses Glases im Bereich des sichtbaren Lichtes (rot unterlegtes Gebiet) von ca. 1,53 auf 1,51 abfällt. Andere Gläser, wie z. B. Flintglas, haben eine größere Brechzahl und eine stärkere Dispersion (siehe *Themenkreis 37*).

Drei Anwendungen der Brechung sind in Bild 33.8 gezeigt: die Strahlversetzung an einer *planparallelen Glasplatte*, die zweimalige Brechung an einem *Prisma* mit dem brechenden Winkel γ und die Strahlumkehr oder Retroreflexion durch die zweimalige Totalreflexion in einem 90°-Glasprisma, „Katzenauge".

📖 Linsen

Linsen sind durchsichtige Körper, die im einfachsten Fall von zwei Kugelflächen begrenzt werden: **sphärische Linsen**. Zur Verminderung von Linsenfehlern werden häufig auch anders gekrümmte Grenzflächen eingesetzt: **asphärische Linsen**. Die Linsenwirkung lässt sich qualitativ verstehen, wenn man sich die Linse aus vielen Prismen zusammengesetzt denkt, Bild 33.7.

Die wichtigsten Kenngrößen einer Linse sind in Bild 33.9 dargestellt. Die **Brennweiten** f und f' sind die Entfernungen der Brennpunkte F und F' von den **Hauptpunkten** H und H' der Linse. Dabei ist der Brennpunkt dadurch definiert, dass parallel zur Linsenachse einfallende Strahlen sich dort hinter der Linse treffen. Bei einer dünnen Linse fallen die Hauptpunkte H und H' in der Linsenmitte zusammen. Wenn sich vor und hinter der Linse das gleiche Medium befindet, typischerweise Luft, gilt $f = f'$, allgemein ($n_1 \neq n_2$) gilt jedoch $f \neq f'$. Beispiele für den letzten Fall sind das menschliche Auge oder die Unterwasserfotografie. Die Entfernungen zum Gegenstand O mit der Höhe y bzw. zum Bild O' mit der Höhe y' kann man entweder von den Hauptpunkten H und H' aus rechnen und mit a (*Gegenstands-* oder *Objektweite*) und a' (*Bildweite*) bezeichnen oder von den Brennpunkten aus und diese Strecken mit z und z' benennen. Beide Darstellungen, die *hauptpunktbezogene Form* und die *brennpunktbezogene Form*, sind gleichwertig, da sie sich nur durch die konstanten Brennweiten der Linse f und f' unterscheiden.

Die reziproke Brennweite f einer Linse bestimmt die

Brechkraft einer Linse $D = \dfrac{1}{f}$.

  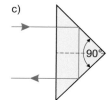

Bild 33.8. (a) Brechung an einer planparallelen Glasplatte, (b) Brechung an einem Prisma, (c) Prinzip eines Retroreflektors („Katzenauge ")

Bild 33.9. Wichtigste Kenngrößen einer Linse. Die Medien links und rechts der Linse haben unterschiedliche Brechzahlen: $n_1 \neq n_2$

D wird angegeben in der Einheit 1 Dioptrie $= 1\mathrm{dpt} = 1\mathrm{m}^{-1}$. Brillengläser haben üblicherweise Brechkräfte von 1 bis 5 Dioptrien.

Bei der Kombination zweier dicht hintereinander stehender dünner Linsen addieren sich die Brechkräfte:

$$D = D_1 + D_2 \quad \text{bzw.} \quad \frac{1}{f} = \frac{1}{f_1} + \frac{1}{f_2} \quad .$$

Kennt man die Brechzahl n des Linsenmaterials, die Linsendicke d und die Radien der beiden Linsenflächen r_1 und r_2, so erhält man die

Brennweite einer dicken Linse in Luft

$$f = \left(\frac{1}{n-1} \right) \frac{n r_1 r_2}{n(r_2 - r_1) + d(n-1)} \quad .$$

Für kleines d fallen die Hauptpunkte H und H$'$ zusammen, und es folgt die:

Brennweite einer dünnen Linse in Luft

$$f = \left(\frac{1}{n-1} \right) \frac{r_1 r_2}{r_2 - r_1} = \frac{1}{n-1} \left(\frac{1}{r_1} - \frac{1}{r_2} \right)^{-1} \quad .$$

Linsenformen von Sammel- und Zerstreuungslinsen sind in Bild 33.10 dargestellt. Als Brillengläser werden meist Meniskuslinsen verwendet. Bei Berechnungen von Planlinsen gilt $r_2 = \infty$.

Ein von der Objektseite auf eine **Sammellinse** einfallendes Parallelbündel, d. h. der Gegenstand liegt im ∞, wird im bildseitigen Brennpunkt F$'$ gesammelt, Bild 33.11 a: Prinzip eines *Brennglases*. Ein vom objektseitigen Brennpunkt F ausgehendes Bündel verlässt die Linse als achsenparalleles Bündel, Bild 33.11 b. Das entspricht der allgemeineren Aussage:

In der geometrischen Optik sind Strahlengänge umkehrbar.

Ein von einem außeraxialen Punkt der Brennebene ausgehendes Bündel verlässt die Linse als schiefes Parallelbündel, Bild 33.11 c.

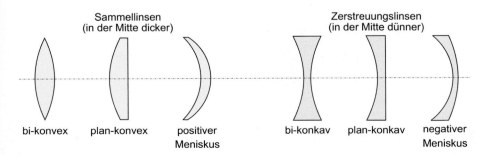

Bild 33.10. Linsenformen von Sammel- und Zerstreuungslinsen

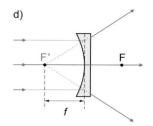

Bild 33.11. Abbildungen mit dünnen Sammel- und Zerstreuungslinsen. Die Lichtbündel kommen bei (a) und (d) aus dem Unendlichen, bei (b) aus dem Brennpunkt, bei (c) aus der Brennebene.

Bei einer **Zerstreuungslinse** liegt der bildseitige Brennpunkt F′ vor der Linse (!), nämlich in der rückwärtigen Verlängerung der gebrochenen Strahlen eines parallel einfallenden Bündels, Bild 33.11 d.

Optische Abbildungen mit dünnen Linsen

Mit Linsen lassen sich selbstleuchtende (z.B. Lampen) oder beleuchtete (z.B. Dia in einem Projektor) Objekte vergrößert abbilden. Will man bei einem vorgegebenen Standort des abzubildenden Objektes O und einer Linse mit der Brennweite f wissen, an welchem Ort das Bild O′ entsteht, so kann man eine Bildkonstruktion durchführen, für die man den Verlauf von mindestens 2 Strahlen, die von einem Objektpunkt kommen, kennen muss. Man benutzt dafür im allgemeinen *drei* spezielle von einem Objektpunkt O zu dem Bildpunkt O′ verlaufende Strahlen entsprechend Bild 33.12: Den *Parallelstrahl* (1), der vor der Linse parallel zur optischen Achse verläuft und hinter der Linse durch den *Brennpunkt* F′ geht, den *Mittelpunktsstrahl* (2), der ungebrochen durch den Mittelpunkt der Linse verläuft und den *Brennpunktsstrahl* (3), der durch den Brennpunkt F geht und hinter der Linse parallel zur optischen Achse verläuft. Im Schnittpunkt aller drei Strahlen befindet sich das Bild des durch den Pfeil gegebenen Objektpunktes. Dieses Verfahren wird als **Listingsche Bildkonstruktion** bezeichnet.

Typische Lagen von Bild und Objekt für eine Sammellinse zeigt Bild 33.13. Bewegt man das Objekt parallel zur optischen Achse auf die Linse zu, so bewegt sich das Bild immer in der gleichen Richtung wie das Objekt, also von der Linse weg. Für $a \gg f$ liegt das Bild im Brennpunkt F′ (Objektlage 1 und Bildlage 1′). Für $a > 2f$ ergibt sich ein verkleinertes **reelles Bild** mit der Lage $f < a' < 2f$ (Bildlage 2′). Für $a = 2f$ wird auch $a' = 2f$, d.h. der Abbildungsmaßstab beträgt $\beta = a'/a = 1$ (Bildlage 3). In diesem Fall erreicht der Abstand $s = a + a'$ zwischen Objekt und Bild seinen kleinstmöglichen Wert $s_{\min} = 4f$.

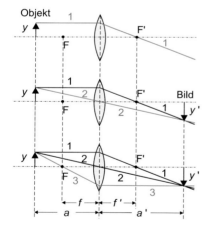

Bild 33.12. Bildkonstruktion nach Listing mit (1) Parallelstrahl, (2) Mittelpunktsstrahl und (3) Brennpunktsstrahl.

> Will man also im Experiment überhaupt eine Abbildung erzielen, so muss die Messstrecke Objekt – Schirm mindestens das 4-fache der Brennweite betragen!

Für $2f > a > f$ ergibt sich ein reelles vergrößertes Bild mit der Lage $a' > 2f$ (Bildlage 4′). Liegt das Objekt schließlich im Brennpunkt F, so wird das Bild nach

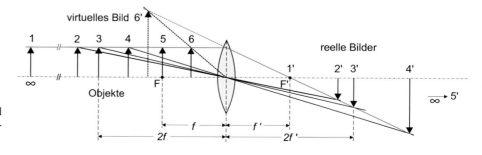

Bild 33.13. Lagen von Objekt und Bild bei Abbildungen durch eine Sammellinse

∞ abgebildet (Bildlage 5′). Für $f > a > 0$ ergibt sich ein **virtuelles Bild** (Bildlage 6′). Die Linse wirkt als *Lupe*.

Eine wichtige Größe bei einer Abbildung ist der **Abbildungsmaßstab** β, der definiert ist durch das Verhältnis von Bildgröße y' und Objektgröße y. Es gilt:

Abbildungsmaßstab $\qquad \beta = \dfrac{y'}{y} = \dfrac{a'}{a}$,

wie Bild 33.14 zeigt. Da $f = f'$, erhält man aus diesem Bild:

$$\frac{f}{a} = \frac{y'}{y' + y} \quad ; \quad \frac{f'}{a'} = \frac{f}{a'} = \frac{y}{y' + y} \quad .$$

Durch Addition ergibt sich die

Abbildungsgleichung $\qquad \dfrac{1}{a} + \dfrac{1}{a'} = \dfrac{1}{f}$.

Bild 33.14. Zur Herleitung der Abbildungsgleichungen

Diese wird hauptpunktbezogene Abbildungsgleichung genannt, da Gegenstands- und Bildweite von den Hauptpunkten, bzw. bei dünnen Linsen von der Linsenmitte aus gerechnet werden, Bild 33.9.

Man kann aber die jeweiligen Abstände z und z' zwischen dem Gegenstand bzw. Bild von den zugehörigen Brennpunkten zur Berechnung der Brennweite benutzen, und man erhält als brennpunktbezogene Abbildungsgleichung die

Newtonsche Abbildungsgleichung $\qquad z z' = f^2$.

Der Beweis folgt wieder aus dem Strahlensatz nach Bild 33.14:

$$\frac{z}{f} = \frac{y}{y'} \quad ; \quad \frac{z'}{f'} = \frac{z'}{f} = \frac{y'}{y} \quad .$$

Die Abbildungsgleichungen gelten auch für Zerstreuungslinsen, wenn für diese Linsen negative Brennweiten angesetzt werden.

📖 Paraxialgebiet

Bei Berechnungen in der geometrischen Optik treten oft Winkelfunktionen auf, Beispiel: Snelliussches Brechungsgesetz. Bei Abbildungen mit Linsen ist es häufig ausreichend, sich zunächst nur auf den achsennahen Bereich, das sog. **Paraxialgebiet**, zu beschränken. Dabei sind die zur optischen Achse auftretenden Winkel $\varepsilon \ll 1$, und es gilt in guter Näherung:

$$\sin \varepsilon \approx \tan \varepsilon \approx \varepsilon \quad , \quad \cos \varepsilon \approx 1 \quad .$$

Beispielsweise ergibt sich dann aus dem Snelliusschen Brechungsgesetz $n \sin \alpha = n' \sin \alpha'$ das vereinfachte

Brechungsgesetz für das Paraxialgebiet $\qquad n \alpha = n' \alpha'$.

📖 Linsenfehler

Eine sphärische Linse bildet einen Gegenstandspunkt P nur dann in guter Näherung in einen Bildpunkt P′ ab, wenn man die Bedingungen des *Paraxialgebietes* einhält, also nur achsennahe Strahlen bei der Abbildung mitwirken. Ferner darf nur

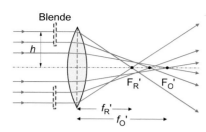

Bild 33.15. Öffnungsfehler oder sphärische Aberration

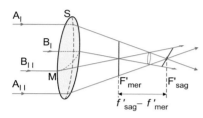

Bild 33.16. Astigmatismus bei Fokussierung eines Parallelbündels durch eine schräg gestellte Linse

Bild 33.17. Bildfeldwölbung

Bild 33.18. Tonnenförmige und kissenförmige Verzeichnung

Bild 33.19. Koma

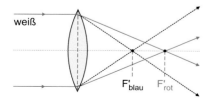

Bild 33.20. Farbfehler oder chromatische Aberration

monochromatisches Licht verwendet werden, um unabhängig von der *Dispersion* zu werden.

Meistens sind diese Bedingungen nicht erfüllt. Dies hat zur Folge, dass sich nicht alle von einem Gegenstandspunkt ausgehenden Strahlen – nach zweimaliger Brechung an den Linsenflächen – in einem Bildpunkt schneiden. Die dadurch verursachten Bildstörungen bezeichnet man als **Abbildungsfehler (Linsenfehler)**. Abbildungsfehler treten also auch bei ideal sphärisch geschliffenen Linsen auf und sind nicht etwa eine Folge von Oberflächenfehlern, Schlieren im Glas oder ähnlichen Störungen.

- **Öffnungsfehler** oder **sphärische Aberration**
  Aus einem achsenparallel einfallenden (monochromatischen) Strahlenbündel werden durch eine sphärische Sammellinse nur die achsennahen Strahlen in dem Brennpunkt F'_O, die *Randstrahlen* in einer Höhe h jedoch in einem näher an der Linse liegenden Brennpunkt F'_R gesammelt, Bild 33.15. Den verschiedenen Brennweiten f'_O und f'_R entsprechend, wird ein auf der Achse liegender Gegenstandspunkt mit der Gegenstandsweite a von der Mittelzone und von der Randzone der Linse in unterschiedliche Bildweiten a_O' und a_R' abgebildet. Bei voller Linsenöffnung entsteht daher ein unscharfes Bild. Für die Längsabweichung gilt:

  $$a_O' - a_R' \sim h^2 \quad .$$

- **Astigmatismus**
  schräger Bündel Ein Parallelbündel, das schräg zur Linsenachse einfällt, wird nicht mehr in einem Punkt, sondern in zwei zueinander senkrechten Brennlinien, dem *Meridionalschnitt* und dem *Sagittalschnitt*, vereinigt, die einen axialen Abstand ($f'_{sag} - f'_{mer}$) besitzen, Bild 33.16. Der unsymmetrische Bündelverlauf bewirkt unterschiedliche Brennpunkte F'_{sag} und F'_{mer}, d. h. es tritt **Astigmatismus** (= Punktlosigkeit) auf; zum Objektpunkt P existiert kein einheitlicher Bildpunkt P' mehr.
  Bewegt man den Objektpunkt, so bewegen sich die Bildpunkte auf zwei gekrümmten Bildschalen, sagittal und meridional. Der Astigmatismus schiefer Bündel wird daher auch als *Zweischalenfehler* bezeichnet.

- **Bildfeldwölbung**
  Ein Punkt P_0 auf der Achse wird in den Achsenpunkt P'_0 abgebildet; ein außeraxialer Punkt P_1 in der gleichen Gegenstandsebene, z. B. die Pfeilspitze in Bild 33.17, liegt weiter von der Linsenmitte entfernt ($a_1 > a_0$) und wird mit einer kürzeren Bildweite $a'_1 < a'_0$ abgebildet. Ein ebener Gegenstand P_0P_1 wird daher von einer Einzellinse in eine gekrümmte Bildfläche $P'_0P'_1$ abgebildet. Durch Verschieben des ebenen Schirmes S kann man also entweder die Bildmitte (P'_0) oder den Bildrand (P'_1) scharf stellen.

- **Verzeichnung**
  Bei der Abbildung eines Rasters beobachtet man häufig Verzerrungen im Bild, Bild 33.18. Eine tonnenförmige Verzeichnung entsteht, wenn eine strahlenbegrenzende Blende zwischen Gegenstand und Linse liegt. Eine kissenförmige Verzeichnung findet man dagegen, wenn eine Blende zwischen Linse und Bild steht.

- **Koma**
  Bei der Abbildung eines Punktes außerhalb der Achse einer Linse, die sphärische Aberration besitzt, überschneiden sich die Strahlen z. T. schon vor der Bildebene S, Bild 33.19. Anstelle eines scharfen Punktbildes entsteht daher ein Bild mit einem einseitig radial gerichteten kometenhaften Schwanz: Koma. Die Störung ist um so größer, je schiefer der Einfall und je größer die Linsenöffnung ist.

- **Farbfehler** oder **chromatische Aberration**
  Farbfehler treten auch im Paraxialgebiet auf, da sie durch die *Dispersion* bedingt sind. Dabei werden die blauen Lichtstrahlen stärker gebrochen als die roten. Für eine Sammellinse ist daher $f'_{rot} > f'_{blau}$, Bild 33.20. Bei Abbildungen mit weißem Licht entstehen deshalb Bilder mit unscharfen, farbigen Rändern.

Durch Kombination mehrerer geeignet ausgewählter Konvex- und Konkavlinsen aus verschiedenen Glasarten zu einem Linsensystem lassen sich die Abbildungsfehler erheblich reduzieren. So kann eine Kombination aus einer Kronglas-Sammellinse und einer Flintglas-Zerstreuungslinse Farbfehler weitgehend vermeiden; dieses System bezeichnet man als **Achromaten**, Bild 33.21.

Andererseits treten Abbildungsfehler nicht unabhängig voneinander auf, d. h. bei der Korrektur eines Fehlers ändern sich auch die anderen. Eine vollständige Korrektur aller Linsenfehler gleichzeitig ist nicht möglich. Entsprechend der Aufgabe eines optischen Systems, z. B. als Foto-, Mikroskop- oder Fernrohr-Objektiv, wird man daher jeweils einen günstigen Kompromiss anstreben. Ferner lassen sich Linsenfehler auch z. T. durch Verwendung *asphärisch* geschliffener Linsen deutlich verringern.

Kronglas   Flintglas

Bild 33.21. Achromatische Zerstreuungslinse, Prinzipaufbau

33.1 Einfache Bestimmung von Linsenbrennweiten (1/3)

 Bestimmung der Brennweite einer dünnen Sammellinse und einer Zerstreuungslinse. Nachprüfung der Abbildungsgleichung.

Sammel- und Zerstreuungslinsen mit verschiedenen Brennweiten, optische Bank, optische Reiter, Linsenklemmhalter, weißer Schirm, abzubildende Objekte; Lichtquelle, z. B. eine Niedervolt-Glühlampe mit Lampengehäuse, Aufsteckkondensor und Netzgerät, Taschenlampe zum Arbeiten im abgedunkelten Raum.

 Justierung des Strahlenganges

Die optischen Elemente Lichtquelle, Objekthalter, Linse, Schirm werden zunächst sorgfältig auf gleiche Mittenhöhe justiert, um systematische Fehler zu vermeiden. Danach sollen die Höhen aller auf diese Weise zentrierten optischen Elemente während der Versuche unverändert bleiben.

 Abschätzung der Brennweite

Für die richtige Auswahl einer zur Messung geeigneten Sammel- bzw. Zerstreuungslinse genügt eine grobe Bestimmung der Brennweite, die für Sammellinsen einfach durch Abbildung der Deckenlampe (näherungsweise $a \approx \infty$) in die *hohle Hand* erfolgt, damit ist $a' \approx f$. Zerstreuungslinsen werden mit einer so untersuchten Sammellinse kombiniert und die Brennweiten dieser Systeme auf die gleiche Weise abgeschätzt. Dabei sollen nur solche Linsen bzw. Linsensysteme ausgewählt werden, mit denen sich reelle Abbildungen auf der benutzten optischen Bank begrenzter Länge l realisieren lassen. $4f$ muss daher deutlich kleiner als l sein!

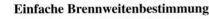 Die geschätzten Brennweiten werden notiert und später mit den Werten der exakten Methoden verglichen.

 Einfache Brennweitenbestimmung

Man stelle eine feste Entfernung s zwischen Objekt O und Schirm O′ ein und bilde das Objekt durch Verschieben der Linse L scharf ab, Bild 33.22. Die Werte für z_O, z_L und $z_{O'}$ werden ermittelt. Die Messung wird für mehrere Abstände s (z. B. fünf) wiederholt.

Zur Prüfung der Reproduzierbarkeit und zur Abschätzung des Messfehlers soll die Einstellung des Bildes (Scharfstellung) für einen der Werte von s mehrmals wiederholt werden.

Aus den gemessenen z-Werten berechne man a, a' und f. Mit $a = z_L - z_O$ und $a' = z_{O'} - z_L$ gilt für die Linsenbrennweite nach der *Abbildungsgleichung*:

$$\frac{1}{f} = \frac{1}{a} + \frac{1}{a'} \Rightarrow f = \frac{aa'}{a + a'} \quad .$$

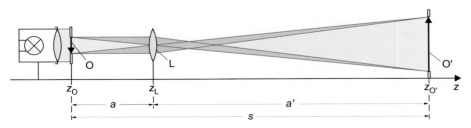

Bild 33.22. Aufbau zur einfachen Bestimmung einer Linsenbrennweite

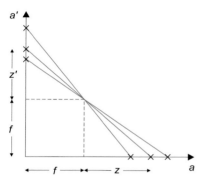

Bild 33.23. Grafische Auswertung zur Bestimmung der Linsenbrennweite f mit den hauptpunktsbezogenen Größen a und a'

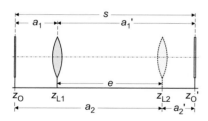

Bild 33.24. Grafische Auswertung zur Bestimmung der Linsenbrennweite f mit den brennpunktsbezogenen Größen z und z'

Bild 33.25. Aufbau zur Bestimmung einer Linsenbrennweite nach dem Besselverfahren

Das Ergebnis für die Brennweite soll zunächst als rechnerischer Mittelwert bestimmt werden. Ferner soll eine grafische Auswertung erfolgen. Dazu stelle man die Ergebnisse der Messungen $1/a'$ über $1/a$ grafisch dar, siehe Skizze Bild 33.23. Die Achsenschnittpunkte ergeben jeweils $1/f$.

Schließlich werden die einzelnen Wertepaare a' und a gegeneinander aufgetragen und jeweils durch eine Gerade verbunden, Bild 33.24. Alle Geraden schneiden sich in dem Punkt mit den Koordinaten (f, f). Der Beweis folgt aus der Newtonschen-Formel $zz' = f^2$. Die Reproduzierbarkeit soll diskutiert und der Messfehler abgeschätzt werden.

Die auf verschiedene Weise gewonnenen Werte für die Brennweite sind vergleichend zu diskutieren.

33.2 Bestimmung von Brennweiten nach Bessel (1/3)

Nachprüfung der Newtonschen Abbildungsgleichung. Bestimmung der Brennweite einer dünnen Sammellinse und einer dünnen Zerstreuungslinse nach dem Besselverfahren.

Sammel- und Zerstreuungslinsen mit verschiedenen Brennweiten, optische Bank, optische Reiter, Linsenklemmhalter, weisser Schirm, abzubildende Objekte; Lichtquelle, z. B. eine Niedervolt-Glühlampe mit Lampengehäuse, Aufsteckkondensor und Netzgerät, Taschenlampe zum Arbeiten im abgedunkelten Raum.

Besselverfahren

Für einen festen Abstand $s > 4f$ zwischen Bild und Gegenstand, Bild 33.25, gibt es zwei symmetrische Linsenstellungen, in denen ein scharfes vergrößertes bzw. verkleinertes Bild erscheint; denn: *Strahlengänge sind umkehrbar!*

Es gilt: $a'_2 = a_1 = a$ und $a_2 = a'_1 = a'$. Aus der Verschiebung e der Linse und der Entfernung s lässt sich f bestimmen. Aus Symmetriegründen ist nach der Linsengleichung $e = a' - a = z_{L2} - z_{L1}$ und $s = a + a' = z_{O'} - z_O$ und somit die Brennweite

$$f = \frac{aa'}{a + a'} = \frac{s^2 - e^2}{4s} \quad .$$

Die Messung soll für eine Sammellinse und für ein Linsensystem, bestehend aus Sammel- und Zerstreuungslinse mit insgesamt positiver Brechkraft durchgeführt werden. Die Messung soll für unterschiedliche Einstellungen von s wiederholt werden.

Aus den Messergebnissen wird die Brennweite der Sammellinse und aus der Brennweite des Linsensystems die Brennweite der Zerstreuungslinse berechnet. Die Genauigkeiten der Ergebnisse sind abzuschätzen.

33.3 Qualitative Beobachtung von Linsenfehlern (1/3)

Kennenlernen der wichtigsten Linsen- und Abbildungsfehler von optischen Systemen.

Sammel- und Zerstreuungslinsen mit verschiedenen Brennweiten aus Kron- und Flintglas, Farbgläser (rot, blau), optische Bank, optische Reiter, Linsenklemmhalter, weisser Schirm, Abbildungsobjekte, Lochblendenblech, Blendenscheiben, Lichtquelle, z. B. eine Niedervolt-Lampe mit Lampengehäuse, Aufsteckkondensor und Netzgerät, Taschenlampe.

Öffnungsfehler, sphärische Aberration

Ein Objekt soll mit einer Sammellinse abgebildet werden. Zunächst wird eine runde Blende (z. B. 15 mm Lochdurchmesser) vor die Linse gestellt und die Bildmitte durch Verschieben des Schirmes scharfgestellt. Dann wird die Lochblende durch eine Ringblende ersetzt und der Schirm verschoben, bis die Bildmitte wieder scharf ist. Der Unterschied in den Bildweiten wird wiederholt ausgemessen.

Das Objekt wird schließlich mit voller Linsenöffnung in der Mitte möglichst scharf abgebildet und die Bildqualitität mit der Abbildung bei abgeblendeter Linse verglichen.

 Astigmatismus schräger Bündel

Ein kleines Einzelloch als Objekt wird auf dem Schirm abgebildet. Nun dreht man die Linse um die Stielachse etwa um $20° - 30°$, so dass bei der Abbildung des Punktes die Lichtbündel die Linse schräg durchsetzen. Beim Verschieben des Schirmes beobachtet man anstelle des Punktbildes, wie erwartet, zwei Bildlinien in sagittaler und meridionaler Richtung. Man notiere, welche Bildlinie näher an der Linse liegt.

Nun setzt man eine Schlitzblende vor die Linse, einmal mit horizontaler, dann mit vertikaler Spaltrichtung. Man bestimme die dadurch bedingte Form der Bilder und die astigmatische Bildweitendifferenz.

Bild 33.26. mm-Raster mit Zonen zum Nachweis der Bildfeldwölbung

 Bildfeldwölbung

Ein mm-Raster mit Zonen, Bild 33.26, wird als Objekt verwendet. Zuerst wird das Raster in der zentralen Zone durch Verschieben der Linse scharf abgebildet. Dann verschiebt man den Schirm, bis nacheinander die Raster in der zweiten, dritten und vierten Zone scharf erscheinen. Man messe die jeweiligen Schirmstellungen aus. Hat das Bildfeld, von der Linse aus gesehen, eine konvexe oder konkave Wölbung?

 Verzeichnung

Als Objekt kann z. B. ein 5 mm-Raster verwendet werden. Der Schirm wird wieder etwa 1 m entfernt aufgestellt und das Objekt möglichst scharf abgebildet. Man bringt nun ein Blendenblech (ca. 10 mm Loch), zur Achse zentriert, in den Strahlengang und beobachtet die Verzeichnung im Bild, wenn sich die Blende zwischen Linse und Objekt (in der Nähe des Objektes) bzw. zwischen Linse und Bild (ca. 20 − 30 cm hinter der Linse) befindet. Für beide Fälle die Verzeichnungen skizzieren.

Bild 33.27. Löcherkranz

 Koma

Als Objekt wird ein Löcherkranz benutzt, Bild 33.27. Der Bildschirm wird so nahe aufgestellt, dass man das ganze Objekt abbilden kann. Durch Verschieben der Linse bilde man dann die mittlere Lochblende scharf ab und beobachte die Bilder der weiter nach außen liegenden Löcher. Man sieht die Koma-Schwänze. Man beschreibe die Richtung der Koma-Schwänze, deren Länge in Abhängigkeit vom Mittenabstand und auftretende Dispersionseffekte.

 Abbildung eines Speichenrades

Die Linse wird wieder senkrecht zur optischen Achse gestellt. Zunächst bilde man mit rotem Licht (Farbfilter) die Mitte des Speichenrades, Bild 33.28, scharf ab und verschiebe dann den Schirm, bis die Randbereiche scharf werden. Hierbei lassen sich der äußerste Reifen und die Speichen nicht gleichzeitig scharf stellen. Diese Erscheinung soll als Folge des *Astigmatismus* diskutiert werden.

Bild 33.28. Speichenrad

 Bildveränderungen bei unscharfer Abbildung

Man bilde einen *Teststern*, Bild 33.29, mit rotem Licht möglichst groß, d. h. auf einen weit entfernten Schirm, ab. Die Auflösung reicht aus, die Objekteinzelheiten aufzulösen. Verschiebt man nun den Schirm in Richtung Linse um etwa 20-40 cm, so wird das Bild dabei nicht gleichmäßig unscharf, sondern es zeigt sich in der Nähe des Teststernzentrums eine Umkehr des Kontrastes, d. h. dort, wo im Objekt ein schwarzer Streifen liegt, erscheint im defokussierten Bild ein heller Bereich und umgekehrt. In radialer Richtung, d. h. bei wachsenden Streifenabständen, kann man unter Umständen eine mehrfache Kontrastumkehr beobachten.

Bei unscharfen Abbildungen können also Bilder entstehen, die dem Objekt völlig unähnlich sind.

Der Teststern wird auch zur Untersuchung des Auflösungsvermögens eines optischen Systems eingesetzt.

 Die Ergebnisse sollen qualitativ diskutiert werden.

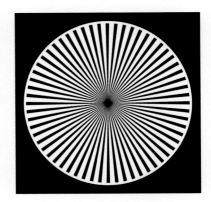

Bild 33.29. Teststern zur Demonstration von Bildveränderungen

Bild 33.30. Versuchsaufbau zur Bestimmung von Linsenfehlern, z. B. des Farbfehlers

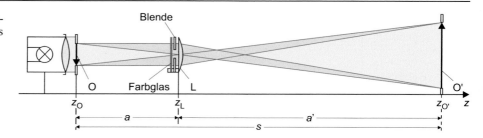

33.4 Messung der chromatischen Aberration (1/3)

Quantitative Bestimmung des Farbfehlers, der chromatischen Aberration, aufgrund der Dispersion von Glas.

Sammellinsen mit verschiedenen Brennweiten (aus Flintglas), Farbgläser rot und blau, optische Bank, optische Reiter, Linsenklemmhalter, weisser Schirm, Abbildungsobjekte, Lochblendenblech, Blendenscheiben, Lichtquelle, z. B. eine Niedervolt-Lampe mit Lampengehäuse, Aufsteckkondensor und Netzgerät, Taschenlampe.

Quantitative Bestimmung des Farbfehlers

Das Objekt O besteht z. B. aus einem mm-Raster, dessen Mitte zunächst bei eingeschaltetem Rotfilter R durch Verschieben der Flintglaslinse auf den etwa 1 m entfernten Schirm abgebildet wird, Bild 33.30. Man lese z_O, z_L und $z_{O',rot}$ ab. Dann ersetze man das Rotfilter durch ein Blaufilter, verschiebe jetzt den Schirm, bis die Bildmitte wieder scharf ist und lese $z_{O',blau}$ ab. Die Messungen werden mehrmals durchgeführt. Für rotes Licht gilt:

$$\frac{1}{f_1} = \frac{1}{a} + \frac{1}{a'_1} \quad \text{mit} \quad a'_1 = z_{O',rot} - z_L$$

und für blaues Licht:

$$\frac{1}{f_2} = \frac{1}{a} + \frac{1}{a'_2} \quad \text{mit} \quad a'_2 = z_{O',blau} - z_L \quad .$$

Da die Lage des Gegenstandes und der Linse nicht genau mit der Lage der Ablesemarke übereinstimmen, treten systematische Fehler auf. Diese Fehler, insbesondere bei der Bestimmung von a, gehen jedoch bei beiden Messungen in gleicher Weise ein und fallen wegen der großen Abstände nicht sonderlich ins Gewicht.

$$\frac{1}{f_2} - \frac{1}{f_1} = \frac{1}{a'_2} - \frac{1}{a'_1} \quad \Longleftrightarrow \quad \frac{f_1 - f_2}{f_1 f_2} = \frac{a'_1 - a'_2}{a'_1 a'_2} \quad .$$

Da die Unterschiede in den Brennweiten nur klein sind, gilt $f_1 f_2 \approx f^2$. Für die benutzte Linse beträgt also der Farbfehler von rot bis blau, d. h. von etwa $\lambda = 600$ nm bis 480 nm:

$$f_1 - f_2 = \frac{a'_1 - a'_2}{a'_1 a'_2} f^2 \quad .$$

Die Brennweitendifferenzen werden berechnet. Nach der Gleichung für dünne Linsen

$$f = \left(\frac{1}{n-1}\right) \frac{r_1 r_2}{r_2 - r_1} \quad \text{gilt}:$$

$$\frac{f_1}{f_2} = \frac{n_{blau} - 1}{n_{rot} - 1} \quad , \quad \text{also}:$$

$$\frac{f_1 - f_2}{f_2} = \frac{(n_{blau} - 1) - (n_{rot} - 1)}{n_{rot} - 1} \quad ; \quad f_1 - f_2 \approx \frac{n_{blau} - n_{rot}}{n_{rot} - 1} f \quad .$$

Nach Tabellenangaben gilt für Flintglas etwa $n_{rot} = 1{,}616$ im Roten und $n_{blau} = 1{,}630$ im Blauen. Man prüfe, ob der gemessene Wert im Rahmen der Fehlergrenzen mit der aus den Tabellenwerten berechneten Brennweitendifferenz übereinstimmt.

33.5 Messung der sphärischen Aberration (1/3)

 Quantitative Bestimmung des geometrischen Abbildungsfehlers (sphärische Aberration).

Sammel- und Zerstreuungslinsen mit verschiedenen Brennweiten aus Kron- und Flintglas, Farbgläser (rot, blau), optische Bank, optische Reiter, Linsenklemmhalter, weisser Schirm, Abbildungsobjekte, Lochblendenblech, Blendenscheiben, Lichtquelle, z. B. eine Niedervolt-Lampe mit Lampengehäuse, Aufsteckkondensor und Netzgerät, Taschenlampe.

 Messung der Brennweitenunterschiede für Randstrahlen und achsennahe Strahlen

Ein Objekt, z. B. ein mm-Raster, wird bei eingesetzter Blende (Durchmesser z. B. 15 mm, Bild 33.15) auf einen etwa 100 cm entfernten Schirm scharf abgebildet. Mit einem Rotfilter verhindert man zusätzliche Farbfehler. Es werden z_L und $z_{O',1}$ abgelesen. Dann wird eine Ringblende eingesetzt und der Schirm verschoben, bis die Abbildung wieder scharf ist, $z_{O',2}$ wird abgelesen. Die Messungen werden zur Verringerung des Streufehlers mehrmals wiederholt.

 Die Auswertung und Bestimmung von $f_1 - f_2$ erfolgt wie im Fall der chromatischen Aberration mit

$$a_1' = z_{O',1} - z_L \quad , \quad a_2' = z_{O',2} - z_L \quad \text{und}$$

$$f_1 - f_2 = \frac{a_1' - a_2'}{a_1' a_2'} f^2 \quad .$$

 Messung der Größe der sphärischen Aberration bei Lichteinfall auf die plane oder konvexe Seite der Linse

Die eben beschriebenen Messungen werden nach Drehung der Linse um 180° wiederholt, Bild 33.31. Andere Linsenformen können in gleicher Weise untersucht werden.

Bild 33.31. Stellungen einer Plankonvexlinse im parallelen Strahlengang. Oben: Brechung mit großer Winkeländerung an nur einer Grenzfläche. Unten: Brechung verteilt sich auf zwei Grenzflächen. (Kleinere sphärische Aberration)

 Die Brennweitendifferenzen werden bestimmt und können für die verschiedenen Formen verglichen werden. Man überprüfe die Richtigkeit des folgenden allgemeinen Merksatzes:

> Um die sphärische Aberration zu minimieren, stelle man Linsen so in den Strahlengang, dass auf beiden Seiten der Linse etwa gleich große Brechungswinkel auftreten.

34. Optische Geräte

Kennenlernen von Eigenschaften optischer Instrumente wie Auge, Lupe, Fernrohr, Dia-Projektor, Beamer, Digitalkamera. Aufbau elementarer optischer Geräte aus Einzelelementen.

Standardlehrbücher (Stichworte: Auge, Lupe, Okular, Fernrohr, Vergrößerung, Auflösungsvermögen, Pupille),
Themenkreis 33: Linsen,
Naumann/Schröder: Bauelemente der Optik.

Vergrößerung und Auge

Der **Sehwinkel** ε ist der Winkel, unter dem ein Objekt dem Beobachter erscheint, Bild 34.1. Die Vergrößerung eines optischen Instrumentes ist definiert durch die

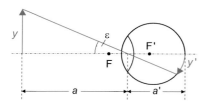

Bild 34.1. Sehwinkel bei Betrachtung eines Gegenstandes mit dem Auge

$$\textbf{Winkelvergrößerung} \qquad \Gamma = \frac{\varepsilon'}{\varepsilon} \quad,$$

wobei ε *der Sehwinkel ohne Instrument* und ε' *der Sehwinkel mit Instrument* sind. Bei kleinen Winkeln gilt näherungsweise $\Gamma \approx \frac{\tan\varepsilon'}{\tan\varepsilon}$.

Die Vergrößerung darf nicht mit dem

$$\textbf{Abbildungsmaßstab} \qquad \beta = \frac{y'}{y}$$

für ebene Bilder verwechselt werden (s. a. Bild 33.14 auf Seite 281).

Das optische Instrument **Auge,** das nahezu eine Kugel mit r ca. $12\,\text{mm}$ ist, Bild 34.2, besteht im Wesentlichen aus der lichtempfindlichen **Netzhaut** sowie aus einem Linsensystem, das aus der Hornhaut, der vorderen Augenkammer und der **Linse** gebildet wird. Die Brechkraft dieser Linse wird durch Muskeln geregelt. Dieses Linsensystem besitzt stets zwei unterschiedliche Brennweiten, da sich vor und hinter der *Augenlinse* verschiedene Medien mit unterschiedlichen Brechzahlen befinden. Bei **Akkomodation** (automatische Scharfstellung des Auges) auf ∞ ergibt sich vor dem Auge $f_\infty = 17\,\text{mm}$ und im Auge $f'_\infty = 23\,\text{mm}$; beim Nahsehen ergeben sich Brennweiten von z. B. $f_{\text{Nah}} = 14\,\text{mm}$ und $f'_{\text{Nah}} = 19\,\text{mm}$. Die Hornhaut wirkt durch ihre starke Krümmung als Sammellinse von ca. 40 Dioptrien und liefert den größten Beitrag zur Gesamtbrechkraft des Auges. Die Linse mit einem Durchmesser von $10\,\text{mm}$ beim Erwachsenen ist durch Zonulafasern in der hinteren Augenkammer aufgehängt. Die Regenbogenhaut bildet eine lichtdurchlässige Öffnung, die Pupille, die wie eine Blende beim Fotoapparat den gesamten Lichtfluss in das Auge regelt.

Der Durchmesser der **Pupille** d kann je nach Helligkeit zwischen ca. $2\,\text{mm}$ (Tagessehen) und $7,5\,\text{mm}$ (Nachtsehen) variieren. Die *Sehschärfe* des Auges ist bei $d = 3\,\text{mm}$ am größten, da bei größeren Werten bereits Farbfehler und die sphärische Aberration eine Rolle spielen. Bei kleineren Werten von d wächst der Einfluss der Beugung und verringert das **örtliche Auflösungsvermögen**, d. h. die Fähigkeit, zwei eng benachbarte Objektpunkte noch getrennt zu erkennen. Beim Pupillendurchmesser $d = 3\,\text{mm}$ ist dieses Auflösungsvermögen maximal, der noch auflösbare Win-

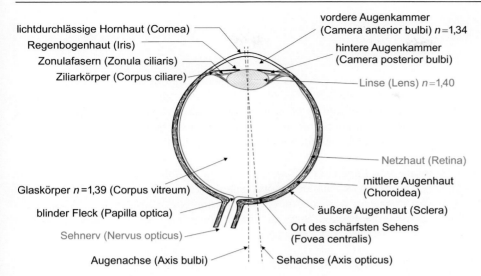

kelabstand beträgt $\varepsilon = 1\,\mathrm{Bogenminute} \approx 3 \cdot 10^{-4}\,\mathrm{rad}$. Die optische Abbildung im Auge erfolgt auf die *Netzhaut*, die mit speziellen Lichtempfängern, den *Stäbchen* für das Nachtsehen und den *Zapfen* für das Farbsehen, ausgestattet ist.

Optische Instrumente wie Lupe (Okular), Mikroskop und Fernrohr dienen der Vergrößerung des Sehwinkels, unter dem das Auge sehr kleine, bzw. weit entfernte Objekte sieht. Für die Berechnung der Vergrößerung hat man eine **Bezugssehweite** bzw. *deutliche Sehweite* definiert, Bild 34.3:

Bezugssehweite	$s_0 = 250\,\mathrm{mm}$.

Bild 34.3. Bezugssehweite bzw. deutliche Sehweite s_0

📖 Lupe und Okular

Eine **Lupe** kurzer Brennweite, die dicht vor das Auge gehalten wird, ermöglicht die Betrachtung kleiner Gegenstände y aus Entfernungen s, die wesentlich kleiner als die *Bezugssehweite* des Auges s_0 sind, Bild 34.4 a. Man beobachtet ein virtuelles Bild y'. Bringt man den Gegenstand genau in die Brennebene der Lupe, so beobachtet man das virtuelle Bild y' im ∞, Bild 34.4 b. Als Winkelvergrößerung der Lupe Γ_{L} erhält man in diesem speziellen Fall die

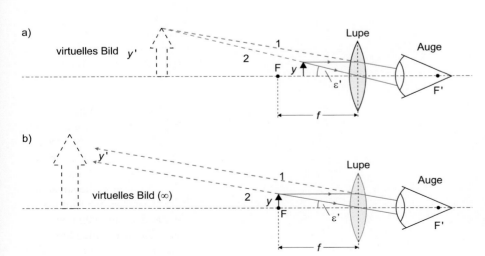

Bild 34.4. Beobachtung eines Objekts der Höhe y durch eine Lupe. Das Auge sieht dabei ein virtuelles Bild. Eingezeichnet sind der Parallelstrahl (1) und der Mittelpunktsstrahl (2); (a) Objekt ist innerhalb der einfachen Brennweite, (b) Objekt ist im Brennpunkt F, das virtuelle Bild liegt dann sehr weit ("in unendlicher Entfernung") von der Lupe

Lupenvergrößerung $\Gamma_\mathrm{L} = \dfrac{\varepsilon'}{\varepsilon} \approx \dfrac{y/f}{y/s_0} = \dfrac{s_0}{f}$.

Dabei ist angenommen, dass das Objekt y ohne Lupe in der deutlichen Sehweite s_0 betrachtet wird. Wird die Brennweite der Lupe f klein gewählt, so erhält man, da f im Nenner steht und s_0 konstant ist, einen großen Wert für die Vergrößerung Γ_L. Eine kleine Brennweite erfordert allerdings kleine Krümmungsradien der Linsenoberfläche, was letztlich die Vergrößerung einer Lupe auf Werte kleiner als 100:1 begrenzt.

Okulare sind Lupen, die aus zwei oder mehr Linsen zusammengesetzt sind und mit denen reelle Zwischenbilder in optischen Geräten (z. B. Fernrohre, Mikroskope) vergrößert betrachtet werden. Als optische Kenngröße wird auch bei Okularen die Lupenvergrößerung benutzt. Steht auf einem Okular z. B. *8x*, d. h. $\Gamma_\mathrm{L} = 8$, so ergibt sich mit $s_0 = 250\,\mathrm{mm}$ eine Brennweite des Okulars von $f_\mathrm{Ok} = 31{,}25\,\mathrm{mm}$.

Fernrohre nach Kepler und Galilei

Ein **astronomisches Fernrohr** oder **Keplersches Fernrohr** ist in Bild 34.5 a gezeigt. Das **Objektiv**, Linse L_1, entwirft von dem sehr weit (∞) entfernten Gegenstand y ein umgekehrtes reelles Bild der Größe y'_1 in seiner Brennebene. Dieses Zwischenbild wird durch ein *Okular*, Linse L_2, als virtuelles Bild im ∞ betrachtet, wenn $\mathrm{F}'_1 = \mathrm{F}_2$ gilt. Es ergibt sich in diesem Spezialfall die

Winkelvergrößerung eines Kepler (astronomischen) Fernrohres

$$\Gamma_\mathrm{Kep} = \frac{\varepsilon'}{\varepsilon} \approx \frac{y'_1/f_2}{y'_1/f_1} = \frac{f_1}{f_2} = \frac{f_{Objektiv}}{f_{Okular}} \quad .$$

Das heißt, die Fernrohrvergrößerung wird groß, wenn f_1 groß, f_2 hingegen klein ist. Die Baulänge ℓ des Kepler-Fernrohres ist einfach die Summe der beiden Brennweiten:

Baulänge des Kepler-Fernrohres $\ell = f_1 + f_2$.

a) Kepler Fernrohr

b) Galilei Fernrohr

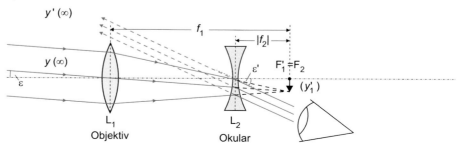

Bild 34.5. (a) Astronomisches oder Kepler-Fernrohr und (b) Galilei-Fernrohr

Das Prinzip des **Galilei-Fernrohres** zeigt Bild 34.5 b. Das *Objektiv*, Linse L_1 würde vom weit entfernten (∞) Gegenstand in der Brennebene ein reelles Bild der Größe y'_1, wie beim Kepler-Fernrohr, entwerfen. Man bringt jedoch vor diese Ebene eine Zerstreuungslinse L_2 mit der negativen Brennweite f_2 gerade so an, dass die Brennpunkte F'_1 und F_2 zusammenfallen. Das Auge beobachtet dann, ebenfalls wie beim Kepler-Fernrohr, ein virtuelles Bild im ∞, dieses ist hier jedoch aufrecht. Die

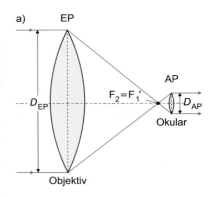

| **Winkelvergrößerung eines Galilei-Fernrohrs** | $\Gamma_{\mathrm{Gal}} = \dfrac{f_1}{\lvert f_2 \rvert}$, |

ist gleich der eines Keplerfernrohrs, wenn die Absolutwerte der Brennweiten gleich sind. Für eine möglichst hohe Vergrößerung sind f_1 möglichst groß und f_2 klein zu wählen. Das Galilei-Fernrohr findet eine praktische Anwendung im **Opernglas**, da die Baulänge hier gegenüber dem Kepler-Fernrohr entscheidend verkürzt ist und man ohne eine dritte Zusatzlinse (beim Kepler-Fernrohr ist noch eine sog. Umkehrlinse nötig) ein aufrechtes Bild erhält:

| **Baulänge des Galilei-Fernrohres** | $\ell = f'_1 - \lvert f_2 \rvert$. |

Bei **Ferngläsern** werden als Kenngrößen die Winkelvergrößerung Γ und der Durchmesser D_{EP} der Eintrittspupille (im einfachsten Fall der Durchmesser der Objektivlinse) angegeben: *8 x 30* bedeutet, dass $\Gamma = 8$ und $D_{\mathrm{EP}} = 30\,\mathrm{mm}$ sind. Ferner ist oft noch das **Sehfeld** angegeben, z. B. als Felddurchmesser in 1000 m Abstand: *Objektfeld 120 m auf 1000 m*.

Fernrohre werden, neben der Beobachtung entfernter Objekte, z. B. auch zur Veränderung von parallelen Strahldurchmessern eingesetzt. Bild 34.6 a zeigt eine **Strahleinengung** und Bild 34.6 b eine **Strahlaufweitung**. So können z. B. parallele Laserstrahlen mit dem Verhältnis der Durchmesser von **Eintrittspupille** D_{EP} (im einfachsten Fall der Linsendurchmesser des Objektives) und **Austrittspupille** D_{AP} aufgeweitet werden, Bild 34.6 b. Aus Bild 34.6 folgt für die

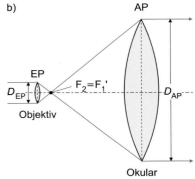

Bild 34.6. Fernrohr zur Laserstrahlaufweitung in den Strahlengang gestellt: (a) Strahleinengung, (b) Strahlaufweitung. In beiden Fällen ist der Durchmesser der Okularlinse dem Durchmesser der Austrittspupille $D_{\mathrm{AP}} = D_{\mathrm{EP}} f_2 / f_1$ genau angepasst worden

| **Strahlaufweitung bzw. -einengung** | $\dfrac{D_{\mathrm{EP}}}{D_{\mathrm{AP}}} = \dfrac{f_1}{f_2}$. |

Dia-Projektor, Beamer

Bei einem **Dia-Projektor** oder **Beamer** wird durch ein (Projektions-Objektiv) das transparente Objekt (Diapositiv bzw. eine in drei Farben erzeugte digitale Bilddatei) stark vergrößert auf einen Projektionsschirm (Leinwand) abgebildet, Bild 34.7. Um das von der Lichtquelle ausgehende Licht möglichst gut auszunutzen und gleichzeitig das Dia gleichmäßig auszuleuchten, wird die Lampe mit einer weiteren Linse, dem **Kondensor**, in das Projektions-Objektiv abgebildet und das Dia dicht hinter dem Kondensor angeordnet. Man erhält dadurch zwei verkettete Strahlengänge, den *Beleuchtungsstrahlengang* und den *Abbildungsstrahlengang*; diese Art der Beleuchtung und Abbildung wird als **Köhlerscher Strahlengang** bezeichnet. Zusätzlich wird oft

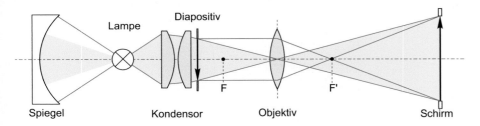

Bild 34.7. Dia-Projektor mit Abbildungs- und Beleuchtungsstrahlengang

noch mit einem Hohlspiegel ein Bild der Lampenwendel neben der Originalwendel erzeugt und so das rückwärts abgestrahlte Licht zur Erhöhung der Bildhelligkeit ebenfalls ausgenutzt.

Ein Diaprojektor erzeugt ein reelles, aber umgekehrtes Bild. Da man das Bild des Dias natürlich aufrecht sehen will, muss man es umgekehrt in den Dia-Projektor stecken; die Pfeilspitze des Dias zeigt deshalb in Bild 34.7 nach unten.

Bei einem Beamer wird eine in digitaler Form eingespeiste Bilddatei in ein Bild umgeformt und durch ein Projektionsobjektiv vergrößert wiedergegeben.

📖 Digitalkamera

Eine **Digitalkamera** besteht aus dem *Objektiv*, einer in ihrem Durchmesser veränderlichen *Blende* und der Abbildungsebene, in der sich ein Farb- *CCD-Bildwandler* (früher der Film) mit derzeit typisch 10 und mehr Megapixeln befindet. Als Objektive kommen *Zoomobjektive* mit veränderlichen Brennweiten, z. B. 34-102 mm, je nach Kamera, zur Anwendung. Verschiedene Einstellungsmodi sind programmgesteuert möglich wie: automatische Belichtung, Blendenpriorität, Verschlusszeitpriorität, manuelle Belichtung, kleine Videos o. ä. Für eine physikalische Beschreibung sind die Größen der Blendenöffnungen festgelegt durch die

---

Blendenzahl

$$k = \frac{f}{D_{\mathrm{EP}}} \quad \text{mit} \quad k = 1 \quad 1{,}4 \quad 2 \quad 2{,}8 \quad 4 \quad 5{,}6 \quad 8 \quad 11 \quad 16 \quad \dots$$

---

mit der *Objektivbrennweite* f und dem Durchmesser der *Eintrittspupille* D_{EP}, die in der Regel durch den Durchmesser der Blende bestimmt ist. Aus der gegebenen Formel für die Blendenzahl $k = f/D_{\mathrm{EP}}$ ergibt sich, dass der Durchmesser der verstellbaren Blende, z. B. einer *Irisblende*, um so kleiner ist, je größer die Blendenzahl ist.

Da die **Bildhelligkeit** H proportional zu dem durch die Linse tretenden Lichtstrom Φ ist, also proportional zur Flächengröße der Blende:

$$H \sim \Phi \sim \frac{\pi D_{\mathrm{EP}}^2}{4} \quad ,$$

ist sie umgekehrt proportional zum Quadrat der Blendenzahl k:

$$H \sim \frac{1}{k^2} = \left(\frac{D_{\mathrm{EP}}}{f} \right)^2 \quad .$$

Auch eine ideale Linse kann nur von *einer* Gegenstandsebene ein vollständig scharfes Bild liefern; gewöhnlich will man mit einer Kamera jedoch Objekte abbilden, die eine gewisse *räumliche Tiefe* aufweisen. Liegt bei der Abbildung des Objektpunktes O die Abbildungsebene ein kleines Stück t' hinter oder auch vor dem Bildpunkt O', so wird anstelle eines Punktes ein kleiner *Zerstreuungskreis* mit dem Durchmesser δ registriert, Bild 34.8. Da $t'/a' = \delta/D_{\mathrm{EP}}$ gilt, erhält man

$$t' = \frac{\delta f}{D_{\mathrm{EP}}} = \delta k \quad , \quad \text{wenn} \quad a' \approx f \quad .$$

Bild 34.8. Abbildung in einer Kamera. Unter Berücksichtigung der Schärfentiefe darf ein Bildpunkt O' um bis zu $\pm t'$ außerhalb der Abbildungsebene liegen

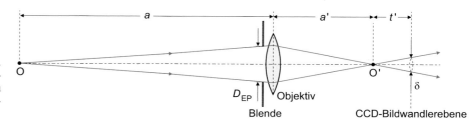

Auch bei absolut scharfer Abbildung ist die Auflösung der Bilder durch die Pixeldichte des CCD-Bildwandlers begrenzt. Es genügt daher, dass der Durchmesser δ des Unschärfekreis unterhalb des Pixelabstands bleibt (einige µm).

Nach der Formel wird die **Schärfentiefe** $\pm t'$ um so größer, je kleiner der Blendendurchmesser D_{EP} bzw. je größer die Blendenzahl k ist. Entsprechend einer Bildweite $a' \pm t'$ im Bildraum lassen sich Objekte mit einer gewissen Tiefenausdehnung von $a_1 < a < a_2$ gleichzeitig hinreichend scharf abbilden. Nach der Abbildungsgleichung gilt:

$$\frac{1}{a_1} = \frac{1}{f} - \frac{1}{a' + t'} \qquad \text{und} \qquad \frac{1}{a_2} = \frac{1}{f} - \frac{1}{a' - t'} \quad .$$

34.1 Kepler- oder Astronomisches Fernrohr (1/3)

 Aufbau eines Kepler-Fernrohres als astronomisches Fernrohr und mit Umkehrlinse. Beobachtung weit entfernter Objekte.

 Sammellinsen mit verschiedenen Brennweiten, optische Bank oder Schiene auf einem Stativ, optische Reiter oder Kreuzmuffen, Linsenklemmhalter oder Linsenhalter mit Schraubfassung und Zwischenringen, Lineal, Taschenlampe zur Orientierung im abgedunkelten Raum.

Kepler-Fernrohr

Es soll ein **Keplersches Fernrohr** oder *astronomisches Fernrohr* aus Einzellinsen aufgebaut und die Funktion dadurch geprüft werden, dass weit entfernte Objekte beobachtet werden. Die ungefähre Lage der optischen Teile ist auszumessen und zu skizzieren.

Eine Umkehrlinse wird eingebaut, um ein aufrechtes Bild eines weit entfernten Objektes zu erzielen. Man skizziere die Lage der optischen Bauteile.

Die Kenngrößen der Geräte wie Winkelvergrößerung Γ_{Kep} und Baulänge ℓ sind zu bestimmen. Wie unterscheiden sich die Bauformen mit und ohne Umkehrlinse?

34.2 Galilei-Fernrohr (Opernglas) (1/3)

 Aufbau eines Galilei-Fernrohres und Verwendung als astronomisches Fernrohr (Beobachtung weit entfernter Objekte) und als Opernglas.

Sammel- und Zerstreuungslinsen mit verschiedenen Brennweiten, optische Bank oder Schiene auf einem Stativ, optische Reiter oder Kreuzmuffen, Linsenklemmhalter oder Linsenhalter mit Schraubfassung und Zwischenringen, Taschenlampe.

Galilei-Fernrohr

Es wird ein *Galilei-Fernrohr* mit den vorhandenen Linsen aufgebaut und die Funktion dadurch geprüft, dass weit entfernte Objekte beobachtet werden. Die ungefähre Lage der optischen Teile ist auszumessen und zu skizzieren.

Die Kenngrößen der Geräte wie Winkelvergrößerung Γ_{Gal} und Baulänge ℓ sind zu bestimmen.

Das Galilei-Fernrohr soll als *Opernglas* ausprobiert werden, wobei sich die Entfernung zur Bühne ändern soll. Für Entfernungen z. B. von 1 bis 100 m sollen einige Linsenstellungen bestimmt werden.

Die Ergebnisse sind quantitativ zu diskutieren.

34.3 Dia-Projektor, Beamer (1/3)

 Aufbau und Erprobung eines einfachen Modells für einen Dia-Projektor oder Beamer. Verketteter Beleuchtungs– und Abbildungsstrahlengang.

Sammellinsen mit verschiedenen Brennweiten, optische Bank, optische Reiter, Linsenklemmhalter, weisser Schirm, Objektdias, Taschenlampe, Lichtquelle, z. B. eine Niedervolt-Lampe mit Lampengehäuse, Aufsteckkondensor und Netzgerät.

Es soll ein Modell eines *Dia-Projektors* auf der optischen Bank aufgebaut und die Funktion geprüft werden. Die ungefähre Lage der optischen Teile ist auszumessen und zu skizzieren.

Man halte den *Köhlerschen Strahlengang* ein, indem man die Lampenwendel am Ort des Objektives scharf abbildet.

Auf einer weit entfernten möglichst weissen Wand soll das Dia größtmöglichst abgebildet werden. Die ungefähre Lage der optischen Teile ist auszumessen.

34.4 Digitalkamera (1/3)

 Kennenlernen optischer Eigenschaften einer Digitalkamera. Austesten der Funktionen der Digitalkamera.

 Digitalkamera, PC mit Bildbearbeitungsprogramm (z. B. *Photoprint*), Drucker

 Die Eigenschaften der verwendeten Digitalkamera sind zu untersuchen: Verschlusszeit, Blende, Brennweite, Bildauflösung, ISO (Empfindlichkeit), Bildsensor, Farbe, Farbmodi etc. Dazu ist die jeweilige Menüsteuerung zu verwenden.

 Die Daten für die verwendete Digitalkamera werden notiert.

 Von einem mittel bis weit entfernten Objekt sind Weitwinkelaufnahmen in den verschiedenen Bildauflösungsstufen zu machen (z. B. $f/2{,}7$-$f/5{,}2$), das gleiche gilt für eine Messreihe im Telebereich (z. B. $f/4{,}6$-$f/8{,}7$).

 Die Digitalbilder sind in einen Computer einzulesen und mit einem Bildbearbeitungsprogramm (z. B. Photoprint) hinsichtlich ihrer Pixelgröße auszuwerten.

 Die Reichweite des Blitzes ist zu ermitteln.

 Die Abnahme der Helligkeit eines Objekts ist grafisch aufzutragen. Stimmt das Abstandsgesetz?

 Es sind interessierende Aufnahmen bei Spezialmodi der Digitalkamera aufzunehmen, z. B. beim Sport, in der Nacht etc.

 Die Ergebnisse sind als Ausdrucke zu dokumentieren.

 Spezialfunktionen der Digitalkamera können erprobt werden, z. B. Videoclips.

 Der Speicherbedarf für Fotos im Vergleich zu Videos ist zu diskutieren.

35. Mikroskop: Vergrößerung

Aufbau und Funktion des Mikroskops. Gesamtvergrößerung des Mikroskops. Abbildungsmaßstab und Brennweite von Objektiven. Winkelvergrößerung von Okularen. Einfluss einer Gesichtsfeldlinse. Messen kleiner Längen. Anwendung eines Mikroskops zur vergrößerten Betrachtung kleiner Objekte, z. B. in der Biologie.

Standardlehrbücher (Stichworte: Mikroskop, Vergrößerung, Abbildungsmaßstab, Apertur, Pupille, Blende, Ortsauflösung),
Haus: Optische Mikroskopie.

Geometrische Optik des Mikroskops

Ein **Mikroskop** dient zur vergrößerten Betrachtung kleiner Objekte, indem es den *Sehwinkel* vergrößert, unter dem ein vor dem Objektiv befindlicher Gegenstand dem Betrachter erscheint. Es besteht aus zwei Linsensystemen, die das Objekt in zwei Schritten abbilden. Zunächst wird mit dem **Objektiv** ein vergrößertes, reelles Zwischenbild erzeugt, das dann mit dem **Okular** noch einmal vergrößert betrachtet wird. Der Betrachter sieht schließlich ein vergrößertes virtuelles Bild wie mit einer Lupe (s. *Themenkreis 34*).

Der Gegenstand der Größe y befindet sich geringfügig außerhalb der einfachen Brennweite des Objektives (Brennpunkt F_{Obj}). Somit wird ein reelles (Zwischen-)Bild y' erzeugt, das erheblich größer als der Gegenstand ist. Das Okular ist so angeordnet, dass dieses Zwischenbild in der Nähe des Brennpunktes F_{Ok}, aber innerhalb der einfachen Brennweite entsteht. Das Okular wirkt also wie eine Lupe, mit der das Zwischenbild als noch einmal vergrößertes virtuelles Bild betrachtet wird. Dieses Bild erscheint dem Auge – je nach Einstellung des Mikroskops – in der Bezugssehweite $s_0 = 250$ mm oder im Unendlichen (entspannte Beobachtung). Bild 35.1 verdeutlicht den Strahlengang in einem Mikroskop.

Berechnung der Mikroskopvergrößerung

Die Gesamtvergrößerung des Mikroskops ist eine **Winkelvergrößerung**:

$$\Gamma_{Mi} = \frac{\text{Sehwinkel } \varepsilon \text{ mit Instrument}}{\text{Sehwinkel } \varepsilon_0 \text{ ohne Instrument}} \approx \frac{\tan\varepsilon}{\tan\varepsilon_0} \quad .$$

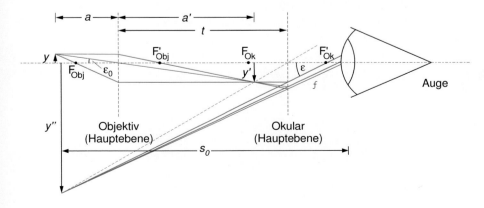

Bild 35.1. Abbildungsstrahlengang in einem Mikroskop. Bei einem realen Mikroskop ist die Tubuslänge t im Verhältnis zu den Abmessungen des Auges viel größer. Die gestrichelte, schräg zur optischen Achse verlaufende Linie durch die Hauptebene des Okulars entspricht keinem realen Lichtstrahl sondern dient zur Konstruktion der Lage der Pfeilspitze des Bildes y''

Für den Sehwinkel wird dabei wieder die Bezugssehweite s_0 für Objekt bzw. Bild festgelegt. Für die Gesamtvergrößerung des Mikroskops gilt damit:

$$\Gamma_{\mathrm{Mi}} = \frac{y''}{s_0} \frac{s_0}{y} = \frac{y''}{y} \quad .$$

Diese Gesamtvergrößerung Γ_{Mi} entsteht aus dem Produkt der Einzelvergrößerungen der beiden Linsensysteme, dem Abbildungsmaßstab β_{Obj} des Objektivs und der Winkelvergrößerung Γ_{Ok} des Okulars:

> **Gesamtvergrößerung des Mikroskops** $\Gamma_{\mathrm{Mi}} = \dfrac{y''}{y} = \beta_{\mathrm{Obj}} \cdot \Gamma_{\mathrm{Ok}}$.

Durch diese Produktbildung als Folge der zweistufigen Abbildung im Mikroskop lassen sich im Vergleich zu einer einstufigen Lupe viel höhere Vergrößerungen erreichen. Dabei ist der

> **Abbildungsmaßstab des Objektivs** $\beta_{\mathrm{Obj}} = \dfrac{y'}{y} = \dfrac{a'}{a} \approx \dfrac{t}{f_{\mathrm{Obj}}}$,

wobei t die Tubuslänge des Mikroskops bezeichnet, Bild 35.1. Ähnlich gilt für die

> **Winkelvergrößerung des Okulars** $\Gamma_{\mathrm{Ok}} = \dfrac{y''}{y'} \approx \dfrac{s_0}{f_{\mathrm{Ok}}}$.

Damit folgt für die Vergrößerung des Mikroskops näherungsweise:

$$\Gamma_{\mathrm{Mi}} \approx \frac{t}{f_{\mathrm{Obj}}} \frac{s_0}{f_{\mathrm{Ok}}} \quad .$$

Wie aus dieser Gleichung erkennbar ist, müssen Objektiv und Okular sehr kleine Brennweiten aufweisen, wenn eine hohe Gesamtvergrößerung erzielt werden soll. Dies lässt sich technisch mit Linsensystemen aus teilweise über zehn Einzellinsen erreichen, mit denen sich einerseits sehr kurze Brennweiten erzielen lassen und andererseits Abbildungsfehler verringert werden können, die ggf. das Auflösungsvermögen des Mikroskops herabsetzen könnten (siehe auch *Themenkreis 33*).

Dicke Linsen

Optische Abbildungen werden in den *Themenkreisen 33* und *34* besprochen. Dort sind *dünne Linsen* angenommen, deren Dicken vernachlässigt werden, so dass die Brechung der einfallenden Lichtstrahlen nur an einer Hauptebene betrachtet wird. Beim Mikroskop werden jedoch stets *dicke Linsen* verwendet, d. h. Linsen, deren Dicken nicht mehr klein gegen die Krümmungsradien der Linsenoberflächen sind. Solche Linsen werden nicht mehr durch nur eine, sondern durch zwei Hauptebenen (in Bild 35.2 H und H′) charakterisiert. Die Brennweite f ist dann der Abstand zwischen Brennpunkt und zugeordneter Hauptebene. Die Hauptebenen sind nicht an ausgezeichnete Punkte der realen Linse gebunden, in vielen Fällen liegen sie sogar außerhalb der Linse.

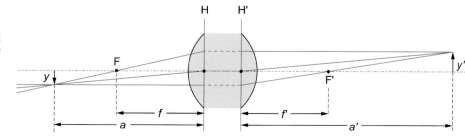

Bild 35.2. Strahlenverlauf bei der Abbildung durch eine dicke Linse mit den Hauptebenen H und H′ sowie der Brennweite f. Die beiden Brennpunkte F und F′ sind gleich weit von den zugeordneten Hauptebenen entfernt. y ist die Gegenstandsgröße, a die Gegenstandsweite, y' die Bildgröße und a' die Bildweite

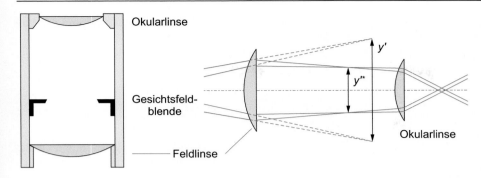

Okularlinse

Gesichtsfeld-
blende

Feldlinse

Okularlinse

y'

y'^*

Bild 35.3. Huygens-Okular: Bei einem ausgedehnten Objekt treten am Rande Lichtstrahlen (gestrichelt) auf, die unter großen Winkeln zur optischen Achse verlaufen, und daher nicht mehr von der Okularlinse und dem dahinterliegenden Auge erfasst werden. Durch die Feldlinse werden diese Lichtstrahlen in die Okularlinse gebrochen. Dabei tritt eine geringfügige Verkleinerung des Zwischenbildes y' auf y'^* auf (übertrieben gezeichnet). Am Ort des Zwischenbildes y'^* (Gesichtsfeldblende im linken Teilbild) lässt sich ein Okularmaßstab anbringen, der mit dem Mikroskopbild zugleich scharf gesehen wird

Die Bildkonstruktion bei einer dicken Linse unterscheidet sich von der bei einer dünnen Linse dadurch, dass die drei charakteristischen Strahlen zwischen den Hauptebenen parallel zur optischen Achse gezeichnet werden, wie in Bild 35.2 dargestellt. Es wird empfohlen, eine Bildkonstruktion zeichnerisch für verschiedene Gegenstandsweiten im Bereich $2f \geq a \geq f$ durchzuführen. Für ein grundsätzliches Verständnis des Mikroskops reicht es aus, die Linsen als dünn anzusehen. Die beiden Hauptebenen H und H′ fallen dann zusammen.

Okular mit Feldlinse

Von einem ausgeleuchteten Objekt ist im allgemeinen nur ein Ausschnitt, das sog. *Gesichtsfeld*, im Mikroskop sichtbar. Ein Mikroskop, das nur aus Objektiv und einer einfachen Okularlinse besteht, liefert nur ein relativ kleines Gesichtsfeld, da nur das direkt durch Objektiv, Okular und Augenpupille fallende Licht auf die Netzhaut gelangt. Der wirksame Durchmesser einfacher Okulare entspricht damit etwa dem Pupillendurchmesser des menschlichen Auges, also wenige Millimeter. Um das nutzbare Gesichtsfeld zu vergrößern, kann man eine zusätzliche Sammellinse, die **Feldlinse**, in die Ebene des Zwischenbildes y', Bild 35.1, einsetzen und ihre Brennweite so wählen, dass auch die schräg verlaufenden Lichtbündel, die ohne Feldlinse nicht mehr in die Okularlinse gelangen, in diese hineingelenkt werden. Eine derartige Feldlinse ändert die Lage des virtuellen Bildes und die Gesamtvergrößerung nicht.

Bei dem in der Praxis weit verbreiteten *Huygens-Okular*, Bild 35.3, wird die Feldlinse kurz vor der Ebene des Zwischenbildes angebracht.

- Vorteil: Die Zwischenbildebene kann zum Einbringen eines Maßstabes genutzt werden, und die Feldlinse kann Abbildungsfehler der Okularlinse korrigieren.

- Nachteil: Man verliert etwas an Vergrößerung.

35.1 Gesamtvergrößerung, Objektiv, Okular (2/3)

 Einführung in die Funktion eines Mikroskops. Messung der Gesamtvergrößerung und des Abbildungsmaßstabs des Objektivs. Funktion des Okulars.

 Kommerzielles Mikroskop mit mehreren Objektiven (z. B. $\beta_{\mathrm{Obj}} = 10, 40, 100$, im folgenden mit 10× usw. bezeichnet) und Okularen (Γ_{Ok} z. B. 6 und 10). Objektmaßstab mit feiner Teilung (1/100 mm), Maßstab mit Millimetereinteilung, Mattscheibe auf Rohrstück, das in den Mikroskoptubus geschoben werden kann.

> ⚠ **Um das Präparat nicht zu zerdrücken, Tubus während der Einstellung nur heben; vorher wird der Tubus mit dem Objektiv bis dicht über den Glasträger gesenkt, während man von der Seite beobachtet.**

Gesamtvergrößerung

⏱ 03:42 Die Gesamtvergrößerung Γ_{Mi} wird gemessen, indem man mit einem Auge durch das Mikroskop einen Gegenstand bekannter Größe (Objektmaßstab) betrachtet, mit dem anderen Auge an dem Tubus vorbei einen in der Objektebene gehaltenen Vergleichsmaßstab. Das gleichzeitige Beobachten zweier verschiedener Objekte erfordert ein wenig Übung. Auf jeden Fall sicherstellen, dass das Bild und der Vergleichsmaßstab in der gleichen Ebene liegen.

Ein Größenvergleich des virtuellen Bildes y'' des Objektmaßstabes und des Vergleichsmaßstabes in dieser Ebene liefert die Gesamtvergrößerung:

$$\Gamma_{\mathrm{Mi}} = \frac{y''}{y} \quad .$$

 Vergleichen der für verschiedene Kombinationen von Objektiven und Okularen gemessenen Werte mit der Gesamtvergrößerung, die man aus den angegebenen Daten für Objektive und Okulare berechnet.

Die in Bild 35.1 dargestellte Bildkonstruktion legt nahe, dass das virtuelle Bild y'' unabhängig von seiner Entfernung zum Auge (zwischen s_0 und ∞) immer unter einem fast gleichen Sehwinkel betrachtet wird. Kontrollieren Sie diese Aussage experimentell am untersuchten Mikroskop.

Objektiv: Abbildungsmaßstab und Brennweite

Zur Bestimmung des Abbildungsmaßstabes des Objektivs bildet man das Zwischenbild y' auf einer anstelle des Okulars in den Mikroskoptubus eingeführten Mattscheibe ab und vergleicht die Größe des Objektmaßstabes mit dem Bild.

 Die gemessenen Abbildungsmaßstäbe werden mit den angegebenen Werten verglichen. Die Objektivbrennweite wird aus $f_{\mathrm{Obj}} \approx t/\beta_{\mathrm{Obj}}$ berechnet. Wie kann hieraus die Brennweite f_{Obj} genau bestimmt werden, bzw. welche Schwierigkeiten treten dabei auf? (Eine genauere Methode ist in 35.2 erläutert.)

Okular: Funktion der Feldlinse

Um den Einfluss der Feldlinse zu zeigen, lässt sich bei den verwendeten Mikroskopen die am Okular angebrachte Feldlinse abnehmen.

 Beschreiben Sie die Unterschiede, die sich mit bzw. ohne Feldlinse ergeben, und begründen Sie daraus die Funktion der Feldlinse.

35.2 Exakte Messung der Objektivbrennweite (1/3)

 Brennweitenbestimmung eines Linsensystems, das als *dicke Linse* aufgefasst werden kann.

 Geräte wie bei Teilaufgabe 35.1

 Die in Teilaufgabe 35.1 vorgeschlagene Bestimmung der Objektivbrennweite aus dem Abbildungsmaßstab des Objektivs β_{Obj} und der Tubuslänge als ungefähres Maß für die Bildweite a' ist ungenau, da die Hauptebenen des Objektivs nicht bekannt sind und a' nicht genau bestimmt werden kann. Im folgenden wird nun gezeigt, dass trotz Unkenntnis der Hauptebenen des Objektivs eine exakte Bestimmung der Brennweite durchgeführt werden kann.

Von einer Mikrometerskala als Objekt wird das vergrößerte Zwischenbild auf einer Mattscheibe mit mm-Skala aufgefangen, die an einem Rohr sitzt, das in den Mikroskoptubus eingeführt wird, Bild 35.4. Die Entfernung ℓ der Mattscheibe vom Tubusende kann an einer Skala abgelesen werden. Der Abstand a' des Zwischenbildes ist damit bis auf eine unbekannte, aber apparativ konstante Länge x bestimmt. Verändert man nun ℓ und damit die Bildentfernung $a' = x + \ell$ und stellt das Bild jeweils wieder scharf, dann ändert sich zugleich der Abbildungsmaßstab β_{Obj}. Um einen großen Messbereich abzudecken, sollte ℓ auch negative Werte annehmen, d.h. die Mattscheibe in den Tubus ragen.

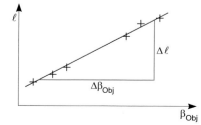

Bild 35.4. Messanordnung zur Bestimmung des Abbildungsmaßstabes des Objektivs β_{Obj}

Bild 35.5. Genaue Brennweitenbestimmung für ein Mikroskopobjektiv

 Aus $f = a'/(1 + \beta_{\mathrm{Obj}})$ folgt $f(1 + \beta_{\mathrm{Obj}}) = a' = x + \ell$. Trägt man für eine Reihe von Messungen die Werte $\ell_1, \ell_2, \ell_3, \ldots$ über $\beta_1, \beta_2, \beta_3 \ldots$ auf, Bild 35.5, so hat die entstehende Gerade den Anstieg f. Der Fehler für f ist aus der Unsicherheit der Geradengleichung abzuschätzen.

35.3 Messung kleiner Längen (1/3)

 Anwendung des Mikroskops, z. B. zur Messung des Durchmessers kleiner Bohrungen und der Abmessung von biologischen Zellstrukturen.

 Geräte wie in Teilaufgabe 35.1, Metallstreifen mit Bohrungen verschiedener Durchmesser, Okular mit Maßstab in der Zwischenbildebene. Alternativ können auch die mikroskopischen Abmessungen von Zellen und anderen Strukturen biologischer Präparate bestimmt werden.

 Der Okularmaßstab (in Glas geritzte Skala) wird durch Vergleich mit einem Objektmaßstab bekannter Größe kalibriert. Diese Kalibrierung lässt sich nur dann exakt ausführen, wenn sich die Skala am Ort des Zwischenbildes befindet, d. h. wenn Skala und Zwischenbild gleichzeitig scharf und parallaxenfrei gesehen werden. Mit der kalibrierten Skala ist die Größe mikroskopischer Objekte messbar. Die Durchmesser der Bohrungen in den Metallstreifen werden ausgemessen.

Bestimmung des mittleren Durchmessers der Bohrungen sowie der Abweichungen von der Rundheit und Vergleichen mit den angegebenen Werten.

35.4 Brechzahlmessung mit dem Mikroskop (1/3)

Anwendung des Mikroskops zur Messung der Brechzahl von Glasplatten.

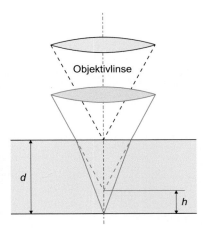

Mikroskop mit veränderlicher Feineinstellung des Tubus mit einem sog. Tubusmikrometer, das z. B. in 50 Teile geteilt ist. Eine volle Umdrehung dieser Stellschraube entspricht einer Hebung des Tubus z. B. um 0,2 mm, der Teilstrichabstand entspricht daher 4 μm.

Zur Brechzahlbestimmung stehen Glasplatten unterschiedlicher Dicke aus unterschiedlichem Material zur Verfügung.

Das Mikroskop wird zur Messung von Brechzahlen verwendet, indem eine dünne Platte des zu untersuchenden Materials der Dicke d, z. B. ein Objektträger, unter das Objektiv auf den Mikroskoptisch gelegt wird, Bild 35.6. Das Mikroskop wird zuerst auf die Oberseite der Platte scharf gestellt, indem Staubteilchen oder Kratzer beobachtet werden, anschließend auf die Unterseite. Zur Scharfstellung auf die Unterseite muss der Mikroskoptubus mit Objektiv und Okular um eine Strecke $d - h$ nach unten verschoben werden.

Anschließend wird die Platte entfernt und das Mikroskop auf die Oberseite des Mikroskoptisches scharf gestellt. Dazu muss der Mikroskoptubus insgesamt um die Plattendicke d nach unten verschoben werden, bezogen auf die Scharfstellung auf die Oberseite der Platte.

Einführen einer planparallelen Platte von der Dicke d bewirkt also eine Bildhebung vom Betrage h. Die Plattendicke kann zur Kontrolle auch mit einer Mikrometerschraube gemessen werden.

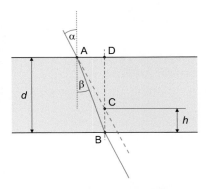

Aus der gemessenen Plattendicke und der Bildhebung h folgt für kleine Beobachtungswinkel α ($\approx$ Apertur) wegen $n = \frac{\sin\alpha}{\sin\beta} \approx \frac{\tan\alpha}{\tan\beta}$ für die Brechzahl n die folgende Beziehung:

$$n \approx \frac{d}{d - h} \quad .$$

Aus den Messunsicherheiten von d und h soll die Genauigkeit dieser Methode der Brechzahlbestimmung abgeschätzt werden.

Bild 35.6. Bildhebung $h = \overline{\text{BC}}$ durch eine Platte mit der Dicke d. Aus dem Brechungsgesetz folgt $n\,\overline{\text{DC}} \approx d$, und daraus ergibt sich die Brechzahl n, wie im Text angegeben

36. Mikroskop: Beleuchtung und Auflösung

Vertieftes Verständnis der Funktion von Mikroskopen. Abbildung beleuchteter Objekte. Optimierung der Beleuchtung: Köhlerscher Strahlengang. Untersuchung des Auflösungsvermögens.

Standardlehrbücher (Stichworte: Mikroskopapertur, Köhlerscher Strahlengang, Dunkelfeldbeleuchtung, Auflösungsvermögen),
Themenkreis 35: Mikroskop,
Haus: Optische Mikroskopie.

Beleuchtungsanordnung, Aperturen, Blenden

Im allgemeinen werden mit dem Mikroskop Objekte untersucht, die nicht selbstleuchtend sind, sondern beleuchtet werden müssen. Die Beleuchtungsanordnung dient nun dazu, ein einerseits möglichst helles Bild mit andererseits optimalen Kontrasten und maximaler Ortsauflösung zu erreichen. Das Objekt soll möglichst gleichmäßig ausgeleuchtet werden und Strukturen der verwendeten Lichtquelle (z.B. Glühwendel einer Halogenlampe) das Mikroskopbild nicht stören. Das erreicht man am besten mit einem verketteten, dem sogenannten **Köhlerschen Strahlengang**: Abbildung der Lichtquelle in die Ebene des Objektivs, welches wiederum das Objekt in die (Zwischen-)Bildebene abbildet.

Von einem selbstleuchtenden oder beleuchteten, punktförmigen Objekt nimmt das Objektiv maximal ein kegelförmiges Strahlenbündel mit dem Öffnungswinkel $2\alpha_{\text{Obj}}$ auf, Bild 36.1. Ist n_0 die Brechzahl des Mediums zwischen Objekt und Objektiv, so definiert man für das Objekt die

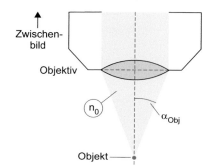

Bild 36.1. Zur Definition der numerischen Apertur eines Objektives. Zwischen dem punktförmigen Objekt und der Objektivlinse befindet sich ein Medium mit der Brechzahl n_0, meist Luft mit $n_0 \approx 1$ oder eine Immersionsflüssigkeit (z.B. Öl mit $n = 1,4$ bis $1,6$) für hohe Auflösung

> **numerische Apertur** $A_{\text{N}} = n_0 \sin \alpha_{\text{Obj}}$.

Diese Größe spielt für das Auflösungsvermögen des Mikroskops eine entscheidende Rolle.

Wird ein nicht selbstleuchtendes Objekt mit einer (etwas) ausgedehnten Lichtquelle, z.B. der Wendel einer Glühlampe beleuchtet, dann ergibt sich ein kegelförmiges Beleuchtungsbündel mit einer sog. **Beleuchtungsapertur**, Bild 36.2:

$$A_{\text{Bel}} = n_0 \sin \alpha_{\text{Bel}} \quad .$$

Nur die Strahlen, die das kleine Objekt durchsetzen, wirken bei der Bildentstehung mit. Die anderen Strahlen werden durch Blenden im Mikroskop entfernt, z.B. der schwarz punktierte Strahl in Bild 36.2. Falls $A_{\text{Bel}} < A_{\text{N}}$, wie im Beispiel von Bild 36.2, wird die Objektivapertur nicht voll ausgenutzt und die höchstmögliche Auflösung nicht erreicht. Die beste Auflösung ergibt sich, wenn $A_{\text{Bel}} \geq A_{\text{N}}$ ist. Andererseits ergibt sich für wachsendes A_{Bel}, insbesondere für $A_{\text{Bel}} > A_{\text{N}}$, eine Überstrahlung und Verminderung der Kontraste, wie im Versuch gezeigt wird. Es ist daher erwünscht, die Beleuchtungsapertur während des Mikroskopierens von kleinen bis zu großen Werten regeln zu können. Das wird erreicht mit Hilfe des **Kondensors**, dessen Aufbau und Funktion in Bild 36.3 dargestellt ist.

Mit einer kurzbrennweitigen Sammellinse wird das Lichtbündel von der relativ weit entfernten Lichtquelle auf das Objekt fokussiert, Bild 36.3. Ferner ist eine fest mit der Kondensorlinse verbundene Blende, die **Kondensoriris**, so angeordnet,

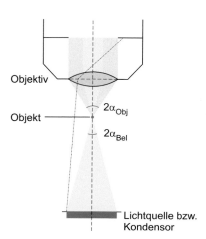

Bild 36.2. Zur Definition der Beleuchtungsapertur (rot schraffiert)

dass ihr reelles Bild in die Objektivöffnung fällt. Durch Schließen dieser Irisblende, das ist eine Blende mit variabler Öffnung, kann man die Beleuchtungsapertur A_{Bel} regeln und so z. B. $A_{\text{Bel}} = A_{\text{N}}$ einstellen. Im Gesichtsfeld des Mikroskops ist die Kondensoriris natürlich nicht sichtbar, denn es wird ja die Objektebene und nicht die Objektivebene abgebildet; aber wenn man das Okular entfernt und in den Mikroskoptubus hineinschaut, kann man die zugezogene Irisblende als Bild in der Objektivebene sehen.

Von einem ausgedehnten Objekt sieht man im Mikroskop nur einen begrenzten Ausschnitt, das sog. **Gesichtsfeld**. Es ist deshalb nur notwendig, dieses kleine Gesichtsfeld im Objekt auszuleuchten. Wird mehr beleuchtet, so hat das auf die Helligkeit der Abbildung keinen Einfluss. Da aber zum Mikroskopieren hohe Leuchtdichten verwendet werden, ergibt sich durch Absorption eine stärkere Erwärmung des Präparates, als unbedingt notwendig ist, was häufig, besonders bei organischen Präparaten schadet. Es ist also günstig, das beleuchtete Objektfeld (Leuchtfeld) etwa annähernd gleich dem Gesichtsfeld zu machen. Dies erreicht man durch entsprechende Einstellungen der **Leuchtfeldblende**, die sich zwischen Lichtquelle und Objekt befindet, Bild 36.4.

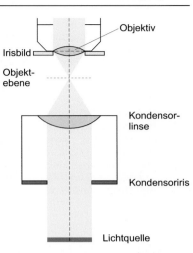

Bild 36.3. Aufbau eines Kondensors, schematisch

 ## Gesamtstrahlengang

Die gesamte Mikroskopanordnung mit einer einfachen Beleuchtungsanordnung nach Köhler zeigt Bild 36.4. Die Lichtquelle ist eine mattierte Glühlampe; dicht davor liegt die Leuchtfeldblende. Es folgen Kondensor, Objekt, Mikroskoptubus mit Objektiv und Okular. Ein oft vorhandener Umlenkspiegel im Beleuchtungsteil knickt nur den Strahlengang für eine seitliche Beleuchtung um und wird hier nicht berücksichtigt.

Die Leuchtfeldblende wird durch die Kondensorlinse in das Objekt abgebildet, das Objekt durch das Objektiv in das Zwischenbild, wo sich die Sehfeldblende befindet. Das Zwischenbild wird durch Okular und Augenlinse auf die Netzhaut abgebildet. Andererseits wird nach Bild 36.4 die Kondensoriris durch die Kondensorlinse in die Objektivöffnung abgebildet und diese wieder durch das Okular (stark verkleinert) in die *Austrittspupille* des Mikroskops (auch Augenkreis genannt), in welche man die Augenlinse bringt.

Die erste Blendengruppe liegt in Ebenen, die der *Objektebene* optisch konjugiert sind, d. h. diese Ebenen werden durch Linsen oder Objektive aufeinander abgebildet. Die „kleinste" dieser Blenden begrenzt das Gesichtsfeld des Geräts. Sie wird Gesichtsfeldblende oder auch *Luke* genannt.

Die zweite Blendengruppe liegt in Ebenen, die der Ebene der *Objektivfassung* optisch konjugiert sind. Die „kleinste" von diesen wirkt als Öffnungsblende (auch *Pupille* genannt) und bestimmt den Öffnungswinkel (d. h. die *Apertur*) des ganzen Systems, was einerseits für die Bildhelligkeit und andererseits für das Auflösungsvermögen wichtig ist. Die Pupille ist natürlich nicht im Gesichtsfeld sichtbar.

Die optimale Justierung liegt dann vor, wenn die Blenden jeweils einer Gruppe eine einander entsprechende Größe haben, d. h. dass das Verhältnis der Blendendurchmesser gleich dem jeweiligen Abbildungsmaßstab der dazwischen liegenden Linse (bzw. des Objektivs) ist. Eine solche optimale Hellfeldbeleuchtung soll in der Aufgabe praktisch einjustiert werden: Beleuchtungsanordnung nach Köhler.

- Eine professionelle Mikroskopbeleuchtung (nach Köhler) benutzt statt der mattierten Glühlampe als gleichmäßig leuchtende Fläche eine Linse (sog. Kollektorlinse), mit der eine Lichtquelle mit kleiner Leuchtfläche (Wendel) auf die Kondensoriris vergrößert abgebildet wird. Hierdurch wird die Lichtausnutzung und Bildhelligkeit auf ein Vielfaches erhöht. Bei den Praktikumsexperimenten ist das aber nicht notwendig, da nicht bis zur höchsten Vergrößerung gegangen und auch keine Mikroprojektion ausgeführt wird.

- Ungeübte Mikroskopbenutzer versuchen häufig fälschlich, die Änderung der Helligkeit durch Verstellen der Höhe des Kondensors zu erreichen. Dabei wird jedoch die gesamte Köhlersche Beleuchtungsanordnung dejustiert. Zur Helligkeitsregelung benutzt man Graugläser oder Mattscheiben im Strahlengang.

Bild 36.4. Mikroskop mit Hellfeldbeleuchtung (rechts), nicht maßstäblich. Bei der Dunkelfeldbeleuchtung (links) wird durch die Dunkelfeldblende der zentrale Bereich des zur Beleuchtung verwendeten Strahlenbündels ausgeblendet. Das zur Beleuchtung verwendete Strahlenbündel (grau gezeichnet) fällt so schräg auf das Objekt, dass es nicht das Objektiv passiert. In das Objektiv gelangt nur Licht von kleinen (auch submikroskopisch kleinen) Partikeln im Objekt, an denen Licht des Beleuchtungsstrahlenbündels seitlich gestreut wurde

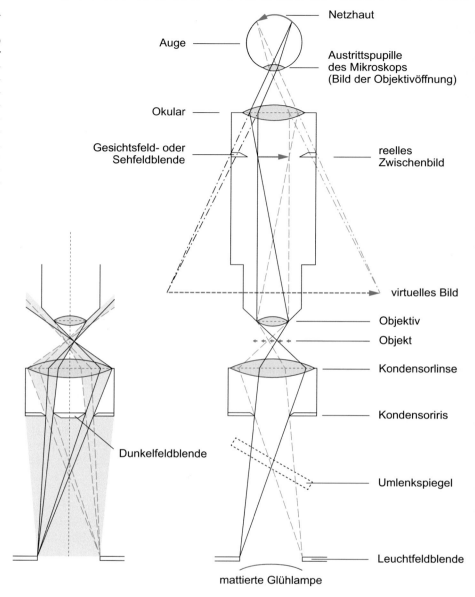

Netzhaut

Auge

Austrittspupille des Mikroskops (Bild der Objektivöffnung)

Okular

Gesichtsfeld- oder Sehfeldblende

reelles Zwischenbild

virtuelles Bild

Objektiv

Objekt

Kondensorlinse

Kondensoriris

Dunkelfeldblende

Umlenkspiegel

Leuchtfeldblende

mattierte Glühlampe

Dunkelfeldbeleuchtung

Mit Hilfe der Dunkelfeldbeleuchtung gelingt es, geeignete Objekte im Mikroskop zu sehen, die wegen ihrer Kleinheit im Hellfeld-Mikroskop nicht zu sehen sind. Fällt z. B. paralleles Licht auf kleine Objektteilchen, so wird immer ein gewisser Anteil des Lichtes durch Beugung oder auch durch Brechung gestreut und aus der ursprünglichen Richtung abgelenkt. Wählt man nun eine Beleuchtung (wie in Bild 36.4 links gezeichnet), bei der das direkt auf das Objektiv zielende Licht durch eine Zentralblende abgedeckt ist, so muss das Gesichtsfeld im allgemeinen dunkel erscheinen. Sind aber streuende Teilchen im Objekt vorhanden, so gelangt Licht, von diesen ausgehend, in das Objektiv, und die Teilchen erscheinen hell auf dunklem Grund (Dunkelfeld). Zum Übergang von der Hell- zur Dunkelfeldbeleuchtung ist es also nur nötig, eine passende Zentralblende in die Ebene der Kondensoriris einzufügen, die gerade so groß ist, dass ihr Bild die Objektivöffnung überdeckt, und die Kondensoriris genügend weit zu öffnen.

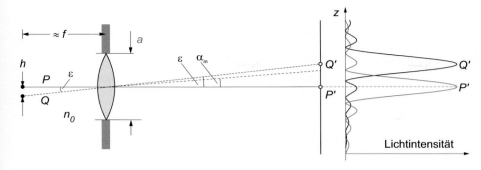

Bild 36.5. Zur Berechnung des Auflösungsvermögens eines Mikroskops: Damit die beiden Bildpunkte P' und Q' vom Auge getrennt wahrgenommen werden, muss $\varepsilon \geq \alpha_m$ gelten

📖 Auflösungsvermögen des Mikroskops

Das *örtliche Auflösungsvermögen* kennzeichnet den kleinsten (Winkel-) Abstand zweier Punkte, die bei Betrachtung durch das Mikroskop noch als getrennt wahrgenommen werden. Die Auflösung ist durch Beugung begrenzt.

Bei jeder Lichtbündelbegrenzung tritt eine Beugung auf, die von der Größe der begrenzenden Öffnung abhängig ist. Auch hier beim Mikroskop tritt eine derartige Beugung auf, und zwar an der das Objektiv begrenzenden Öffnung bzw. an der Aperturblende oder Eintrittspupille, die sich auch einige cm hinter der Objektivebene befinden kann. Von einem punktförmigen Objekt P entsteht dann also nicht nur das reguläre Bild P', sondern noch eine Reihe von ringförmigen Interferenzmaxima in höheren Ordnungen, siehe Bild 36.5. Der erste dunkle Ring hat einen Winkelabstand α_m von P', gegeben durch

$$\sin \alpha_m = 1,22 \frac{\lambda_0}{a} \approx \frac{\lambda_0}{a} \quad .$$

Dabei sind λ_0 die Wellenlänge und a der Objektivdurchmesser.

Ein dem Punkt P benachbarter Punkt Q wird entsprechend dem **Rayleighschen Auflösungskriterium** dann als von P getrennt betrachtet, wenn sein Bildpunkt Q' mindestens in das erste Minimum der zu P' gehörenden Beugungsfigur fällt, d. h. wenn sein Winkelabstand ε von P größer oder mindestens gleich α_m ist, also wenn gilt:

$$\sin \varepsilon \geq \frac{\lambda_0}{a} \quad .$$

Es ist nun zweckmäßig, die experimentell schlecht zugängliche Größe ε durch den kleinstmöglichen noch trennbaren Abstand h zu ersetzen:

$$\sin \varepsilon \approx \tan \varepsilon = \frac{h}{f} \geq \frac{\lambda_0}{a} \quad .$$

Da bei starken Vergrößerungen beim Mikroskop auf der Objektseite häufig eine Immersionsflüssigkeit benutzt wird, müssen die Brechzahlen auf der Objekt- (n_0) und auf der Bildseite ($n \approx 1$) unterschieden werden. Damit ist $\lambda_0 = \lambda/n_0$. Der Durchmesser a des Objektivs lässt sich durch die weiter vorn definierte numerische Apertur $A_N = n_0 \sin \alpha_{Obj}$ ausdrücken

$$a \approx 2f \tan \alpha_{Obj} \approx 2f \sin \alpha_{Obj} = \frac{2f A_N}{n_0} \quad .$$

Aus den beiden vorstehenden Gleichungen ergibt sich

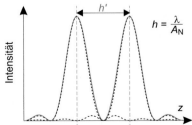

der kleinstmögliche auflösbare Abstand	$h \geq \dfrac{\lambda}{2n_0 \sin \alpha_{Obj}} = \dfrac{\lambda}{2A_N} \quad .$

Bild 36.6. Zum Auflösungsvermögen: Intensitätsverteilung von zwei Bildpunkten P' und Q' in der Zwischenbildebene (Koordinate z). Der Abstand der zugehörigen Gegenstandspunkte ist h

Bild 36.6 oben verdeutlicht den Sachverhalt noch einmal. Eine deutlich bessere Trennung der beiden Bildpunkte ergibt sich, wenn das nullte Beugungsmaximum des einen Punktes in das zweite Minimum des anderen fällt. In diesem Fall bildet sich zwischen den beiden Maxima ein absolutes Minimum aus, und daher können die Punkte ganz sicher getrennt werden (Bild 36.6 unten). Für diesen Fall ergibt sich als kleinste auflösbare Strecke h gerade der doppelte Wert.

Es gibt also keine scharfe Grenze des Auflösungsvermögens, sondern nur einen gewissen kritischen Bereich der Auflösung, der etwa gegeben ist durch:

$$\frac{\lambda}{2A_N} < h < \frac{\lambda}{A_N} \quad .$$

A_N kann nie wesentlich über den Wert 1 hinausgehen, so dass die kleinstmöglichen, von einem Mikroskop auflösbaren Distanzen etwa halb so groß wie die verwendete Wellenlänge sind. Hohes Auflösungsvermögen erfordert daher die Verwendung kurzer Wellenlängen. Mit grün-blauem Licht einer Wellenlänge von etwa 500 nm lassen sich z. B. Abstände von 200 bis 300 nm auflösen. In der Halbleitertechnologie wird heute zur Herstellung der immer kleineren Strukturen auf Halbleiterchips mit Wellenlängen bis hinab zu ca. 10 nm gearbeitet (sehr kurzwelliges ultraviolettes bzw. langwelliges Röntgenlicht). In Elektronenmikroskopen erfolgt eine Abbildung mit Hilfe von Elektronen, deren de Broglie-Wellenlänge je nach der Elektronenenergie sehr kleine Werte annimmt, s. Tabelle 46.3 S. 397).

Will man Ortsauflösungen im atomaren Bereich (ca. 1 Å= 0,1 nm) erreichen, verwendet man entweder Rastertunnelverfahren (STM: scanning tunneling microscopy) oder die super-auflösende Fluoreszenzmikroskopie (STED: stimulated emission depletion; Chemie-Nobelpreis 2014).

36.1 Beleuchtung (1/2)

Vertieftes Verständnis für die Eigenschaften eines Mikroskops sowie die numerische Apertur des Objektivs. Mikroskopbeleuchtung, Köhlerscher Strahlengang. Dunkelfeld-Verfahren.

Mikroskop mit 2 Objektiven, 2 Okulare. Tubus mit Mattscheibe, 2 Objektmikrometer, Diatomeenpräparat, Messingblech mit Steinbohrung, Dunkelfeldblende, Grauglas, Objektivzwischenstück mit Blenden und einer Fassung, Glühlampe, Papiermaßstab, Leuchtfeldblenden.

Justierung einer Hellfeldbeleuchtung

Es kommt bei dieser Aufgabe weniger darauf an, exakte Messungen zu machen, als vielmehr die Funktionen des Mikroskops in ihren Einzelheiten und Anwendungen kennenzulernen.

Lichtquelle (stark mattierte Glühlampe) mit Leuchtfeldblendenhalter (ohne Blende) und Mikroskop - z. B. versehen mit Objektiv 10x und Okular 10x - zentrieren und aneinander grenzend aufstellen. Zur der entspannten Beobachtung kann der Mikroskoptubus um 30° bis 45° gekippt werden. Den Kondensor so einsetzen, dass der Irishebel zwischen vorn und rechts verstellt werden kann.

> ⚠ **Vorsicht bei Schwenken des Mikroskops in die Horizontale! Nur am Stativbügel anfassen und nicht am Tubus; Feintrieb sonst gefährdet. Die Irisblendenbleche dürfen nicht berührt werden.**

Präparat (Objektmikrometer, Teilung 1/20 mm) einlegen und zentrieren; Planspiegel so einstellen, dass das Licht in das Objektiv fällt; Mikroskop auf die Objektskala scharf stellen, mit offener Leuchtfeldblende und offener Kondensoriris.

Kleinste Leuchtfeldblende einsetzen; Höheneinstellung des Kondensors verändern, bis ein scharfes Bild der kreisförmigen Leuchtfeldblende im Gesichtsfeld erscheint; genaues Zentrieren durch Nachstellen des Planspiegels.

Bewegen der Leuchtfeldblende zeigt, dass es sich tatsächlich um ein reelles Bild dieser Blende handelt. Ein schwaches Doppelbild kann durch Reflexion des zur Beleuchtung verwendeten Lichtes an der Glasvorderseite des rückseitig versilberten Umlenkspiegel bedingt sein; farbige Ränder durch Linsenfehler des Kondensors.

⊕ Austauschen der kleinen Leuchtfeldblende gegen größere, bis etwa gerade das gesamte Gesichtsfeld des Mikroskops ausgeleuchtet ist.

⊕ Kondensoriris schließen und nach Herausnehmen des Okulars deren Bild in der Objektivöffnung beobachten. Öffnen der Iris, bis deren Rand mit dem Objektivrand zusammenzufallen scheint: Dann ist gerade $A_{Bel} = A_N$.

⊕ Okular wieder einsetzen. Hellfeldbeleuchtung ist damit bezüglich Helligkeit und Auflösung optimal justiert. Sollte das Bild zu hell erscheinen, so kann man ein Grauglas zwischen Leuchtfeldblende und Blendenhalter in den Strahlengang einschieben. Die Bildhelligkeit nicht durch Veränderung der Kondensorhöheneinstellung vermindern, da hierdurch die Beleuchtungsapertur A_{Bel} verändert wird.

Versuche im Hellfeld

⏱ Man bringe dicht über das Okular eine Mattscheibe; Lage und Größe der Austrittspupille lassen sich nachweisen. Verschiedene Okulare, z. B. 10×, 6× und 6× ohne Feldlinse anwenden. Im letzten Fall bringe man das Auge vor, in und hinter die Austrittspupille und beobachte die Größe und Veränderung des Gesichtsfeldes. Beobachtungen notieren.

⊕ Austauschen des Objektmikrometers gegen das Diatomeenpräparat und eventuell erneut scharf stellen. Weiteres Öffnen der Kondensoriris, während man z. B. durch das Okular 10× sieht, also $A_{Bel} > A_N$, ergibt wachsende Überstrahlung und Verminderung der Kontraste.

Schließen der Blende, also $A_{Bel} < A_N$: Kontraste werden besser, aber die Auflösung wird etwas geringer, was allerdings bei den verwendeten Objekten nur bei genauer Betrachtung bei kleinster A_{Bel} nachweisbar ist.

⊕ Diatomeen betrachten; von Objektiv 10× auf Objektiv 40× umschalten. Die Halterung ist so gut justiert, dass dann das gleiche Objekt in verschiedener Vergrößerung in der Mitte des Gesichtsfeldes abgebildet wird. Man beachte die Erhöhung des Auflösungsvermögens.

Justierung einer Dunkelfeldbeleuchtung

⏱ Objektiv, z. B. 10×, wählen; Okular herausnehmen und wieder mit der Kondensoriris $A_{Bel} = A_N$ einstellen. Horizontallegen des Mikroskops; Durchmesser der Kondensoriris in dieser Einstellung grob, d. h. auf ± 1 mm ausmessen. So groß muss die Dunkelfeldblende mindestens sein, die das direkt in das Objektiv einfallende Licht abblenden soll.

Mikroskop wieder aufrichten und nachjustieren. Durchmesser der vorhandenen Dunkelfeldblende ausmessen (zum Vergleich mit Kondensoriris). Einlegen der Blende in den Blendenhalter und diesen in den Strahlengang schwenken, während man in den Tubus ohne Okular sieht; Kondensoriris weiter öffnen. Okular einsetzen: Mikroskop zeigt Dunkelfeldbild.

Vergleichen von Hell- und Dunkelfeldbildern durch Aus- und Einschwenken des Blendenhalters und eventuell entsprechendes Öffnen und Schließen der Kondensoriris, ohne das Auge vom Okular zu nehmen. Man beachte im Dunkelfeld das schwach blaue Leuchten bei bestimmten Diatomeenarten.

✍ Angabe des Durchmessers der Kondensoriris bei Hellfeldbeleuchtung mit $A_{Bel} = A_N$ für Objektiv 10×.
Durchmesser der gegebenen Dunkelfeldblende diskutieren: Warum ist sie größer als der Durchmesser der Kondensoriris für $A_{Bel} = A_N$?

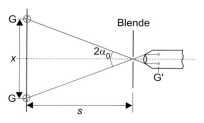

Bild 36.7. Anordnung zur Messung der Apertur

36.2 Apertur der Objektive (1/2)

 Messung der Apertur von Mikroskopobjektiven zur Berechnung des kleinsten auflösbaren Abstandes.

 Mikroskop mit Objektiven, z. B. 10× und 40×. Dünnes Blech mit Bohrung als Blende. Glühlampe, auf Skala verschiebbar.

Es ist $A_N = n_0 \sin \alpha_0$. Für Objektive ohne Immersionsflüssigkeit ist $n_0 = 1$ (Luft). Es ist also nur α_0 zu bestimmen. Dies geschieht folgendermaßen, Bild 36.7: Man stellt das Mikroskop mit irgendeinem Okular auf ein kreisförmiges Loch in einem dünnen Blech scharf ein. Diese Blende stellt also den Ort eines bei normaler Benutzung beobachteten Objektpunktes dar. Dann entfernt man vorsichtig das Okular und die normale Beleuchtungsanordnung, ohne an der Stellung der Lochblende und des Objektivs etwas zu ändern, und stellt das Mikroskop horizontal.

Das Licht einer auf einer Skala verschiebbaren Glühlampe G lässt man durch die Blende in das Objektiv fallen und liest die Stellungen der Lampe ab, bei denen sie in den Bereich des Öffnungswinkels $2\alpha_0$ tritt. Dies ist daran zu erkennen, dass beim Einblick in den okularlosen Tubus hinter dem Objektiv das stark verkleinerte Bild G' der Lampe gerade erscheint bzw. verschwindet. Aus dem Abstand x der beiden Grenzstellungen der Lampe folgt für den Aperturwinkel α_0:

$$\sin \alpha_0 = \frac{x}{2s\sqrt{1 + \frac{x^2}{4s^2}}} \quad .$$

 Gemessene Aperturen z. B. der Objektive 10× und 40× angeben. Hieraus werden die kleinsten auflösbaren Abstände h berechnet.

Aus der zusätzlicher Messung des wirksamen Objektivdurchmessers a (Vorsicht: empfindliches Objektiv!) lässt sich die Brennweite des Objektives abschätzen.

36.3 Auflösungsvermögen und Objektivapertur (1/2)

 Messung des kleinsten auflösbaren Abstandes, z. B. von zwei Teilstrichen einer feinen Skala auf Glas (Objektmikrometer), Prüfung des Rayleigh-Kriteriums.

Mikroskop mit verschiedenen Objektiven und Okularen und Beleuchtungsanordnungen. Blenden zur Verkleinerung der Objektivapertur. Objektmikrometer z. B. mit Teilstrichen im Abstand von $h = 0,01$ mm. Diatomeen-Präparat zur qualitativen Beobachtung der Grenze zwischen förderlicher und leerer Vergrößerung.

Zur Messung wird die Objektivapertur A_N durch Einschieben von Lochblenden sukzessiv verkleinert und so derjenige Blendendurchmesser d_x (wirksamer Objektivdurchmesser) bestimmt, bei dem zwei Objekte im Abstand h (Objektmikrometerskala) gerade noch aufgelöst werden (Bild 36.6). Aus d_x lässt sich $A_{N_x} = (A_N/a) \cdot d_x$ bestimmen. Für die Wellenlänge rechnen wir mit einem mittleren Wert $\lambda = 0,6$ μm.

Hinweis: Okular 10×; Kondensor so einsetzen, dass Kondensoriris genügend verstellt werden kann; Umlenkspiegel einsetzen. Die Beleuchtungsanordnung ist nicht kritisch (Hellfeld). Kondensoriris nicht zu stark schließen.

Durch Heben und Senken des Tubus ist keine Schärfenverbesserung zu erreichen. Die Schärfentiefe nimmt mit dem Abblenden wesentlich zu.

Förderliche und leere Vergrößerung Die Vergrößerung eines mit dem Auge betrachteten virtuellen mikroskopischen Bildes sollte so weit getrieben werden, dass die kleinsten, vom Mikroskop aufgelösten Strecken im Bild gerade so stark vergrößert sind, dass sie etwas über dem Auflösungsvermögen des Auges liegen. In diesem Fall wird also das Bild auch bei höherer Vergrößerung (bei gleicher Objektivapertur durch Verwendung eines stärker vergrößernden Okulars erreichbar) dem Auge keine weiteren Einzelheiten mehr zeigen. Diesen Fall nennt man *leere Vergrößerung*. Üblicherweise sind die Objektivaperturen schon entsprechend abgestimmt.

Zur qualitativen Beobachtung stelle man ein Diatomeenpräparat scharf; Objektivapertur mit Hilfe der Lochblenden verkleinern und die schwindende Auflösung beobachten: Bei welcher Blende stellt man erstmalig eine Verschlechterung des Bildes in den feinsten, noch gerade erkennbaren Einzelheiten fest? Bei dieser Blende (und damit der entsprechenden Objektivapertur) hätte es also keinen Sinn mehr, die jetzt vorhandene Vergrößerung (z. B. $\beta_{\mathrm{Obj}} = 100\mathrm{x}$) noch zu erhöhen. Eine erhöhte Vergrößerung wäre dann eine sog. leere Vergrößerung.

Die experimentell bestimmte Apertur angeben Liegt h in dem o. a. Bereich? Bei welchem A_{N} liegt die Grenze zwischen förderlicher und leerer Vergrößerung bei $\Gamma_{\mathrm{Mi}} = 100$?

37. Dispersion und Prismenspektrometer

 Untersuchung der Wellenlängenabhängigkeit der Lichtbrechung an einem Prisma; Verwendung eines Prismas für spektroskopische Messungen.

 Standardlehrbücher (Stichworte: Brechung, Dispersion, Prisma, Spektrometer, spektrales Auflösungsvermögen),
Schmidt: Optische Spektroskopie.

Lichtbrechung und Dispersion

Bild 37.1. Brechung und Reflexion eines Lichtstrahls an einer optischen Grenzfläche

Die Ablenkung eines Lichtbündels beim Durchgang durch die Grenzfläche eines Materials gegen Vakuum bzw. Luft bezeichnet man als *Brechung*, Bild 37.1. Sie wird quantitativ beschrieben durch das

Snelliussches Brechungsgesetz:	$\dfrac{\sin \alpha}{\sin \beta} = \text{const.} = n$.

Die Konstante n heißt die **Brechzahl** des Materials; sie wird auch als Brechungsindex bezeichnet. Ursache für die Brechung ist die Materialabhängigkeit der *Phasengeschwindigkeit* c des Lichts. Es gilt:

$$c = \frac{c_0}{n} \quad (c_0 : \text{Lichtgeschwindigkeit im Vakuum}).$$

Hieraus folgt wegen $c = \lambda f$ für die Wellenlänge λ im Material die Beziehung $\lambda = \lambda_0/n$. Hierbei ist f die Frequenz der Lichtwelle.

Man findet im Experiment, dass die Brechzahl wellenlängenabhängig ist, das heißt zugleich, dass sich die Phasengeschwindigkeit des Lichts in Materie mit der Wellenlänge ändert. Diese Erscheinung wird als **Dispersion** bezeichnet:

$$n = n(\lambda) \quad .$$

Bild 37.2 zeigt *Dispersionskurven* für verschiedene optische Materialien. In den dargestellten Beispielen nimmt die Brechzahl mit wachsender Wellenlänge ab, man spricht von *normaler Dispersion*: $\mathrm{d}n/\mathrm{d}\lambda < 0$.

Will man optische Materialien charakterisieren, so benutzt man als Kennzahl für die Brechung die *Hauptbrechzahl* n_e, das ist die Brechzahl für die Wellenlänge $\lambda = 546{,}1\,\mathrm{nm}$ (grüne Hg-Spektrallinie). Als Kennzahl für die Dispersion definiert man die

Abbesche Zahl	$\nu_\mathrm{e} = \dfrac{n_\mathrm{e} - 1}{n_\mathrm{F'} - n_\mathrm{C'}}$,

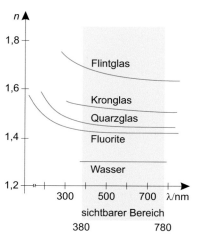

Bild 37.2. Dispersionskurven für verschiedene Stoffe im Bereich der normalen Dispersion

worin die Brechzahldifferenz zwischen $\lambda_\mathrm{F'} = 480{,}0\,\mathrm{nm}$: blau und $\lambda_\mathrm{C'} = 643{,}8\,\mathrm{nm}$: rot eingeht. Diese wird auch als *Hauptdispersion* bezeichnet.

Das Phänomen der Dispersion lässt sich für die spektrale Analyse von Stoffen nutzen, eine Aufgabe, die z. B. in der Umweltanalytik eine wichtige Bedeutung hat. Für quantitative Messungen kann man dabei z. B. ein Prismenspektrometer einsetzen.

Prismenspektrometer

Wichtigstes Bauelement eines **Prismenspektrometers** ist ein Glasprisma mit drei-eckigerGrundfläche. Bild 37.3 zeigt die Ebene eines Hauptschnitts eines solchen Prismas mit dem brechenden Winkel γ. Eingezeichnet ist ferner die Achse eines von links unter dem Einfallswinkel α_1 einfallenden Parallel-Lichtbündels. Dieses erfährt durch die zweimalige Brechung eine Gesamtablenkung δ gegenüber der Einfallsrichtung. Für δ gilt:

$$\delta = \alpha_1 - \beta_1 + \alpha_2 - \beta_2 = \alpha_1 + \alpha_2 - \gamma, \quad \text{da } \beta_1 + \beta_2 = \gamma \quad .$$

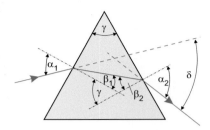

Bild 37.3. Strahlengang beim Durchgang durch ein Prisma

Verändert man nun im Experiment den Einfallswinkel, so beobachtet man, dass es eine Einstellung gibt, für die δ minimal wird. In Übereinstimmung mit der hier nicht gezeigten theoretischen Herleitung tritt dieses **Minimum der Ablenkung** bei symmetrischem Durchgang des Lichtes auf. Dabei verläuft das Lichtbündel innerhalb des Prismas parallel zur Basis des Prismas (präziser: senkrecht zur Winkelhalbierenden des brechenden Winkels γ), Bild 37.4. Für diesen Fall gilt:

$$\delta_{\min}=2\alpha - \gamma$$
$$\Rightarrow \alpha=\tfrac{1}{2}(\delta_{\min} + \gamma),$$

so dass sich das Brechungsgesetz $n = \sin\alpha/\sin\beta$ in der folgenden Form schreiben lässt:

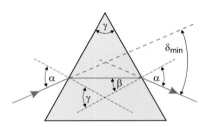

Bild 37.4. Prismenstrahlengang beim Minimum der Ablenkung

Fraunhofer Formel: $\quad n = \dfrac{\sin\frac{1}{2}(\delta_{\min} + \gamma)}{\sin\frac{1}{2}\gamma} \quad .$

Bei Kenntnis des brechenden Winkels γ lässt sich so aus der Messung der Gesamtablenkung $\delta_{\min}$ die Brechzahl n des Prismenmaterials mit hoher Genauigkeit bestimmen.

Wegen der Dispersion des Prismenmaterials hängen die Brechzahl n und damit auch der Ablenkungswinkel $\delta_{\min}$ von der Wellenlänge der Strahlung ab. Benutzt man weisses Licht, so beobachtet man nach dem Durchgang durch das Prisma die **spektrale Zerlegung** des Lichtes. Dabei wird im Bereich normaler Dispersion blaues, d. h. kurzwelliges Licht stärker abgelenkt als rotes:

$$\delta_{\min}(\text{blau}) > \delta_{\min}(\text{rot}) \quad .$$

Der Strahlengang eines **Prismenspektrometers** ist im Bild 37.5 dargestellt. Als Lichtquelle dient ein mit dem zu untersuchenden Licht beleuchteter *Eintrittsspalt*, der im Brennpunkt einer Kollimatorlinse L_1 liegt, so dass das Licht als Parallelbündel auf die eine brechende Fläche des Prismas fällt. Das Lichtbündel wird zweimal gebrochen und dann in der Brennebene der Linse L_2 wieder fokussiert: So entsteht auf dem Schirm eine optische Abbildung des Eintrittsspaltes.

Ist das Licht nicht monochromatisch, sondern enthält mehrere Emissionswellenlängen, gibt es wegen der *Dispersion* je nach Wellenlänge einen anderen Ablenkwinkel z. B. δ_{rot} oder δ_{blau} und damit auch eine örtlich versetzte Abbildung. In

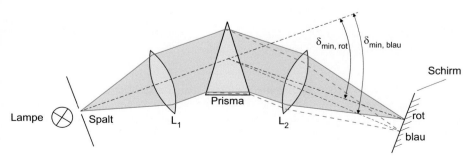

Bild 37.5. Strahlengang in einem Prismenspektrometer mit einem $30°$ Prisma

der Brennebene der Linse L$_2$ entsteht so nebeneinander eine Abfolge von Spaltbildern in unterschiedlichen Farben. Im Bild 37.5 sind zwei Emissionswellenlängen angenommen, eine im roten und eine im blauen Spektralbereich. Eine Lichtquelle mit einem kontinuierlichen Spektrum liefert entsprechend ein spektrales Band, das nichts anderes ist als eine kontinuierlich dichte Folge solcher Spaltbilder.

Aus der Messung des minimalen Ablenkwinkels δ_{min} für jedes Spaltbild kann man mit Hilfe der Fraunhofer-Formel die jeweils zugehörige Brechzahl berechnen und so die Dispersionskurve $n(\lambda)$ aufnehmen, wenn man die Wellenlängen kennt.

In der messtechnischen Praxis allerdings werden (Prismen-)Spektrometer meistens umgekehrt dazu eingesetzt, Spektren von Lichtquellen, d. h. die Wellenlängenverteilung der emittierten Strahlungsleistung zu vermessen. Hierzu muss man die Dispersionskurve des Prismenmaterials bereits genau kennen und kann dann aus der präzisen Messung des Ablenkwinkels die zugehörige Wellenlänge bestimmen.

Für die Messungen in diesem Themenkreis wird eine Anordnung mit einem **Goniometer** entsprechend Bild 37.6 benutzt. Der *Kollimator* sorgt für die oben beschriebene Erzeugung eines Parallel-Lichtbündels. Zur Beobachtung des abgelenkten Lichtbündels hinter dem Prisma dient ein (Keplersches) Ablesefernrohr. Dessen Objektiv entwirft in seiner Brennebene Bilder des Kollimator-Eintrittsspaltes, die mit dem als Lupe wirkenden Okular betrachtet werden.

Bild 37.6. Goniometeranordnung für ein Prismenspektrometer

📖 Spektrales Auflösungsvermögen

Bei der Verwendung eines Spektrometers zur spektralen Analyse von Lichtquellen mit eng benachbarten Emissionsbereichen stellt man fest, dass es auch bei Vermeidung von Linsenfehlern eine untere Grenze für die *spektrale Auflösung* gibt. Ursache dafür ist die Beugung. Aufgrund der seitlichen Begrenzung des Lichtbündels durch die optischen Bauteile im Strahlengang (Breite d der Aperturblende) entsteht in der Bildebene auch bei monochromatischer Strahlung kein beliebig scharf begrenztes Spaltbild, sondern eine Beugungsfigur mit Nebenmaxima und -minima, wie sie für die Beugung an einer Öffnung typisch ist. Um die Spaltbilder für zwei benachbarte Wellenlängen λ_1 und λ_2 in der Bildebene räumlich noch trennen zu können, muss ihr Wellenlängenabstand $\Delta\lambda = |\lambda_1 - \lambda_2|$ so groß sein, dass in der Bildebene das Maximum nullter Ordnung von λ_2 mindestens in das erste Nebenminimum von λ_1 fällt (*Rayleigh-Kriterium*), Bild 37.7. Aus der Theorie für die Beugung am Spalt (s. *Themenkreis 40*) folgt als Bedingung für die dafür nötige Winkeldifferenz $\Delta\delta$:

$$\Delta\delta \geq \frac{\lambda}{d} \quad .$$

$\Delta\delta$ lässt sich auch durch die *Winkeldispersion des Prismas* $\mathrm{d}\delta/\mathrm{d}\lambda$ ausdrücken:

$$\Delta\delta \approx \frac{\mathrm{d}\delta}{\mathrm{d}\lambda}\Delta\lambda \quad .$$

Hieraus erhält man für das spektrale Auflösungsvermögen $\lambda/\Delta\lambda$:

$$\frac{\lambda}{\Delta\lambda} \approx d\frac{\mathrm{d}\delta}{\mathrm{d}\lambda} \quad .$$

Umrechnen von d auf die wirksame *Basislänge* b sowie von $\mathrm{d}\delta/\mathrm{d}\lambda$ auf $\mathrm{d}n/\mathrm{d}\lambda$ mit Hilfe der Fraunhoferformel liefert für kleine Winkel $\delta \ll \gamma$ die Beziehung:

Spektrales Auflösungsvermögen	$\dfrac{\lambda}{\Delta\lambda} \approx -b\dfrac{\mathrm{d}n}{\mathrm{d}\lambda}$.

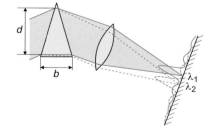

Bild 37.7. Zum spektralen Auflösungsvermögen eines Prismenspektrometers. Der Intensitätsverlauf auf dem Schirm ist übertrieben breit gezeichnet

Für eine möglichst große Auflösung benötigt man daher Prismen mit möglichst großer Dispersion $\mathrm{d}n/\mathrm{d}\lambda$ und großer Basisbreite b. Mit Prismenspektrometern erreicht man für das Auflösungsvermögen im sichtbaren Spektralbereich Werte von 10^3 bis 10^4. Benötigt man höhere Auflösungen, muss man entweder *Gitterspektrometer* oder noch höher auflösende *Interferometer* einsetzen.

37.1 Messung des brechenden Prismenwinkels (1/3)

 Unter Verwendung eines Goniometers soll der brechende Winkel eines Glasprismas bestimmt werden.

 Goniometertisch mit Kollimator und Ablesefernrohr, Lichtquelle mit Stromversorgung, Glasprisma.

Bild 37.8. Zur Messung des brechenden Winkels γ eines Prismas auf einem Goniometertisch. Das Prisma ist in dieser Darstellung nicht symmetrisch zum einfallenden Lichtbündel ausgerichtet

Bei dieser Teilaufgabe wird nicht das durch das Prisma hindurchtretende Licht, sondern es werden die von den brechenden Flächen reflektierten – und daher spektral nicht zerlegten – Lichtbündel benutzt. Hierzu wird das Prisma so auf den Goniometertisch gestellt, dass die brechende Kante zum Kollimator hinweist, Bild 37.8. Das Prisma wird dann nach Augenmaß symmetrisch ausgerichtet. Für die Winkel gelten die folgenden Beziehungen:

$$\left.\begin{array}{l} \varphi = \psi_2 - \psi_1 = 2\beta_1 + 2\beta_2 \\ \gamma = \beta_1 + \beta_2 \end{array}\right\} \gamma = \frac{\varphi}{2} \quad .$$

Die Reflexionsrichtungen der Lichtbündel 1 und 2, d.h. die Winkel ψ_1 und ψ_2 sind zu bestimmen. Hierbei sollte der Eintrittsspalt möglichst klein eingestellt werden, um den Messfehler klein zu halten. Für eine präzise Winkelmessung den Nonius benutzen.

Wird ein gleichseitiges Prisma benutzt, so soll die Messung auch für die beiden anderen brechenden Winkel erfolgen.

 Berechnung der brechenden Winkel mit Fehlerangabe. Bei einem 60°-Prisma: Kontrolle der Winkelsumme von 180°.

37.2 Dispersion von Glas (2/3)

Aus der Ablenkung des Lichts mit einem Prisma sollen die Brechzahlen für mindestens vier sichtbare Emissionslinien einer Quecksilber-(Hg)-Spektrallampe bestimmt und daraus die Dispersionskurve des Prismenmaterials gezeichnet werden.

Bild 37.9. Zur Messung im Minimum der Ablenkung

Hg-Spektrallampe mit Netzgerät, Goniometertisch mit Kollimator und Ablesefernrohr, Glasprisma mit bekanntem brechenden Winkel γ. Aufbau entsprechend der Skizze in Bild 37.6. Für eine möglichst große Ablesegenauigkeit den Eintrittsspalt des Kollimators möglichst schmal wählen und auf eine scharfe Abbildung in der Zwischenbildebene des Fernrohrs achten.

Für jede Emissionslinie wird durch langsames Drehen des Prismentisches oder auch des Prismas selbst das Minimum der Ablenkung eingestellt und der zugehörige Gesamtablenkungswinkel $\delta_{\min}$ möglichst genau abgelesen. Will man dabei die Bestimmung der Richtung des einfallenden Lichtbündels vermeiden, wird jede Messung sowohl in der Prismenstellung BAC als auch in der dazu symmetrischen Stellung B′A′C′ durchgeführt. Die Gesamtablenkung ergibt sich dann entsprechend Bild 37.9 als $\delta_{\min} = 1/2(\psi_r - \psi_l)$.

Berechnung der Brechzahlen mit Hilfe der Fraunhoferschen Formel und grafische Darstellung der Dispersionskurve $n(\lambda)$. Die zu den einzelnen Emissionslinien der Hg-Spektrallampe gehörenden Wellenlängen sind in der Tabelle 37.1 aufgeführt.

Aus der Dispersionskurve und der Basisbreite des Prismas soll das spektrale Auflösungsvermögen $A = \lambda/\Delta\lambda \approx -b\,\mathrm{d}n/\mathrm{d}\lambda$ des Prismas im Bereich der grünen Hg-Linie abgeschätzt werden.

Nach Extrapolation der Dispersionskurve in den roten Spektralbereich sollen sowohl die Hauptdispersion ($n_{F'} - n_{C'}$) als auch die Abbesche Zahl bestimmt werden.

Tabelle 37.1. Wellenlängen λ intensiver Spektrallinien für leuchtendes Wasserstoffgas bzw. Quecksilberdampf im sichtbaren Spektralbereich; Angaben in nm

Stoff / Farbe	Wasserstoff	Quecksilber
rot	656	-
gelb	-	577 und 579
grün	-	546
blau-grün	486	-
blau	434	436
violett	410	405 und 408

37.3 Prismenspektrometer (1/3)

 Verwendung der Anordnung von Versuch 37.2 als Spektralapparat, Bestimmung der Wellenlänge der grünen Emissionslinie von leuchtendem Thalliumdampf.

 Geräte und Aufbau wie in Versuch 37.2, nur wird die Hg-Lichtquelle durch eine Tl-Spektrallampe ersetzt.

Für die grüne Tl-Emissionslinie wird der Minimalablenkwinkel $\delta_{\min}$ bestimmt.

Die Berechnung der Brechzahl erfolgt wieder nach der Fraunhofer-Formel. Aus der Grafik der im Versuch 37.2 gemessenen Dispersionskurve wird nun die Wellenlänge λ_{Tl} ermittelt. Fehlerabschätzung und Vergleich des Ergebnisses mit dem Literaturwert von $\lambda_{Tl} = 535{,}0\,\mathrm{nm}$.

Der Versuch kann für andere Lichtquellen (H, Ne, Cd, He, ...) wiederholt werden.

37.4 Brechzahl von Flüssigkeiten (1/3)

 Aus der Ablenkung des Lichts durch ein flüssigkeitsgefülltes Hohlprisma soll die Brechzahl der Flüssigkeit für mindestens eine Wellenlänge der Strahlung eines leuchtenden Gases bestimmt werden.

Hg- oder Na-Spektrallampe mit Netzgerät, Goniometertisch mit Kollimator und Ablesefernrohr, Hohlprisma mit eingefüllter Flüssigkeit (z. B. H_2O). Aufbau und Versuchsdurchführung erfolgen, wie in Teilaufgabe 37.2 beschrieben.

Bestimmung des Gesamtablenkungswinkels $\delta_{\min}$ wie in Teilaufgabe 37.2. Bei einem gleichseitigen Hohlprisma ($3 \times 60°$) kann die Bestimmung des brechenden Winkels entsprechend Aufgabe 37.1 entfallen, wenn man $\delta_{\min}$ für alle drei brechenden Kanten des Prismas bestimmt und die Ergebnisse mittelt, denn die Gesamtwinkelsumme $\gamma_1 + \gamma_2 + \gamma_3$ beträgt genau $180°$.

Berechnung der Brechzahl mit Hilfe der Fraunhofer Formel sowie Vergleich mit dem Literaturwert. Für H_2O gilt: n_{rot}=1,33 und n_{blau}=1,34.

Kapitel IX
Licht- und Mikrowellen

38. Wellenoptik – Beugungsversuche mit Laserlicht

Kennenlernen der Grundlagen der Wellenoptik. Durchführung einer großen Zahl vorwiegend qualitativer Beugungsversuche unter Verwendung von Laserlicht. Anstelle der Aufnahme und Auswertung von Messdaten soll hier das systematische Beobachten im Vordergrund stehen.

Standardlehrbücher (Stichworte: Licht, Interferenz, Beugung, Gitter, Doppelspalt, Lichtgeschwindigkeit),
Hecht: Optik.

Licht als elektromagnetische Welle

Licht ist eine *elektromagnetische Strahlung* und lässt sich als transversale Welle beschreiben. Dabei schwingen der elektrische Feldvektor $\boldsymbol{E}$ und der magnetische Feldvektor $\boldsymbol{H}$ senkrecht zur Ausbreitungsrichtung. Meist reicht es aus, die elektrische Feldstärke zu betrachten.

Die Farbe des Lichtes ist durch die

$$\textbf{Frequenz} \qquad f = \frac{1}{T}$$

bestimmt, wobei T die Schwingungsdauer ist. Die *Frequenz* f und die *Wellenlänge* λ sind verknüpft durch die

$$\textbf{Lichtgeschwindigkeit} \qquad c = \lambda f \quad .$$

Die Wellenlängen für **sichtbares Licht** liegen zwischen $\lambda = 380$ nm (blau-violett) und 780 nm (tiefrot). Der Bereich zwischen 100 nm und 1 mm wird nach DIN 5031 als *optische Strahlung* definiert. Der kurzwellige Teil (100 nm bis 380 nm) ist der *UV-Bereich* (**ultraviolette Strahlung**), der langwellige Teil (780 nm bis 1 mm) heißt *IR-Bereich* (**infrarote Strahlung** oder Wärmestrahlung). In Bild 38.1 ist der Gesamtbereich des **elektromagnetischen Spektrums** gezeigt. Von den langwelligen technischen Wechselströmen über die *Sendefrequenzen* von *Radio*, Funk und *Fernsehen* sowie über die Bereiche der *sichtbaren Strahlung* reicht das Spektrum bis hin zur kurzwelligen *Röntgen-*, γ- und Höhenstrahlung. Ein Bereich von über 25 Zehnerpotenzen in Wellenlänge und Frequenz wird überdeckt! Das sichtbare Licht (VIS: visible) nimmt nur einen sehr kleinen Teil des elektromagnetischen Gesamtspektrums ein. Für Überschlagsrechnungen wählt man hierfür häufig $\lambda_{\text{VIS}} \approx 600$ nm. Da die

$$\textbf{Lichtgeschwindigkeit im Vakuum} \qquad c \approx 3 \cdot 10^8 \, \frac{\text{m}}{\text{s}}$$

beträgt, liegt die Frequenz des sichtbaren Lichtes f in der Größenordnung

$$\frac{3 \cdot 10^8 \, \text{m/s}}{600 \cdot 10^{-9} \, \text{m}} = 5 \cdot 10^{14} \, \text{Hz} \quad ,$$

wie auch in Bild 38.1 abzulesen ist.

Bild 38.1. Gesamtbereich der elektromagnetischen Strahlung

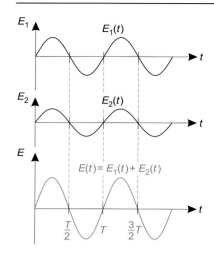

Bild 38.2. Konstruktive Interferenz: Überlagerung zweier Sinuswellen gleicher Frequenz und gleicher Phase aber unterschiedlicher Amplitude

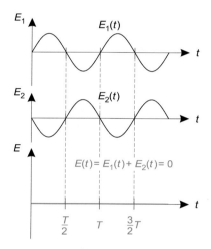

Bild 38.3. Destruktive Interferenz: Überlagerung zweier Sinuswellen gleicher Frequenz und gleicher Amplitude aber mit einer Phasenverschiebung von $\delta = 1/2$

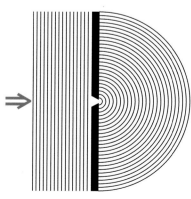

Bild 38.4. Eine ebene Welle (z. B. eine Lichtwelle) trifft auf einen Spalt, es entsteht eine Elementarwelle: Huygens-Fresnelsches Prinzip

Eine ebene, monochromatische, in z-Richtung fortschreitende Lichtwelle lässt sich durch eine Wellenfunktion $E(z, t)$ beschreiben:

$$E = E_0 \sin 2\pi \left(\frac{t}{T} - \frac{z}{\lambda} + \delta \right) \quad .$$

Hierbei ist E der am Ort z zur Zeit t gerade vorhandene Wert der elektrischen Feldstärke. E_0 ist der maximale Wert, d. h. die *Amplitude*. Die Größe δ kennzeichnet die *Phasenlage* der Welle.

Die **Intensität** I der Lichtstrahlung ist proportional zum Quadrat der Amplitude der elektrischen Feldstärke:

$$\textbf{Intensität des Lichtes} \quad I = \frac{1}{2Z} E_0^2 \quad .$$

Dabei ist Z der *Wellenwiderstand*, der im Vakuum $377\,\Omega$ beträgt.

📖 Interferenz und Beugung

Die Überlagerung von zwei oder mehr Wellen gleicher Frequenz führt je nach ihrer Phasendifferenz zu Verstärkung oder Schwächung und eventuell sogar zur Auslöschung. Dieser Vorgang wird als **Interferenz** bezeichnet. Überlagern sich z. B. an einem Raumpunkt zwei Wellen gleicher Phase $\delta_1 - \delta_2 = \delta = 0$ und gleicher Frequenz, so verstärken sie sich maximal, **konstruktive Interferenz**. Ihre Amplituden addieren sich, wie in Bild 38.2 dargestellt. Die Wellenfunktionen E der beiden interferierenden Wellen sind als Funktion der Zeit t an einem festen Ort z dargestellt.

Überlagern sich zwei Wellen mit entgegengesetzter Phase, d. h. $\delta = 1/2$, und gleicher Amplitude, so ergibt sich eine vollständige Auslöschung $I = 0$, **destruktive Interferenz**, Bild 38.3. Liegt die Phasendifferenz $\delta = \delta_1 - \delta_2$ der interferierenden Wellen zwischen 0 und 1/2 oder 1/2 und 1, so ergibt sich wieder eine resultierende Schwingung gleicher Frequenz mit einer Amplitude zwischen denen der beiden Extremfälle.

Fällt eine ebene Welle auf einen Schirm mit einem Loch, das näherungsweise klein gegen die Wellenlänge ist, so beobachtet man hinter dem Schirm eine Kugelwelle, Bild 38.4. Licht gelangt also auch in den Schattenraum: *Von der in der Strahlenoptik angenommenen geradlinigen Ausbreitung des Lichtes wird abgewichen.* Dies bezeichnet man als **Beugung**.

Demnach überlagern sich hinter einem Schirm mit zwei kleinen Löchern (Spalte) zwei Kugelwellen, und man erhält ein räumliches **Interferenzbild**, in dem sich in bestimmten Bereichen die Wellen auslöschen und in anderen maximal verstärken (rot markiert), Bild 38.5.

Nach dem **Huygens-Fresnelschen Prinzip** ist jeder Punkt einer Wellenfläche ein Ausgangszentrum einer neuen **Elementarwelle**, näherungsweise einer *Kugelwelle*.

Hinter einem Schirm mit einer gegen die Wellenlänge großen Öffnung überlagern sich die von jedem Punkt der Wellenfläche ausgehenden *gleichphasigen Elementarwellen*, Bild 38.6. Die Einhüllende aller dieser Elementarwellen bildet die neue **Wellenfront**. An den Rändern der Blende erfolgt ein Übergreifen der Elementarwellen in den strahlenoptischen Schattenbereich. Es ergeben sich in der Nähe der Schattengrenze komplizierte Interferenzerscheinungen, da hier die Beiträge der Elementarwellen aus den benachbarten abgeschatteten Bereichen zum Aufbau der ungestörten Wellenfront fehlen. Diese Interferenzfiguren sind in Bild 38.6 nicht eingezeichnet.

Fraunhofer- und Fresnel-Beugung

Man unterscheidet zwei verschiedene Arten von Beugungserscheinungen, die **Fraunhofer-Beugung** und die **Fresnel-Beugung**. Es sei jedoch ausdrücklich betont, dass es sich hierbei um zwei Arten der Beobachtung handelt, nicht aber um zwei Arten der Beugungsursachen.

Beobachtet man die Beugungserscheinungen hinter einem z. B. monochromatisch beleuchteten Objekt in einer endlichen Entfernung b, die nicht sehr groß gegen die verwendete Wellenlänge λ ist, so handelt es sich um *Fresnel-Beugung*, Bild 38.7 a. Die beobachtete Lichtverteilung hängt dann außer von der Form und den Abmessungen des Objektes auch wesentlich vom Abstand b zwischen Objekt O und Beobachtungsschirm S ab und ist im allgemeinen kompliziert zu berechnen.

Wenn jedoch der Abstand b sehr groß wird ($b \longrightarrow \infty$), dann werden die Beugungsbilder einfacher und leichter berechenbar; man erhält *Fraunhofer-Beugung*. Statt auf einem Beobachtungsschirm S im Unendlichen kann man die gleiche Beugungserscheinung auch in der Brennebene einer hinter dem Beugungsobjekt stehenden Linse L beobachten, denn alle vom Objekt ausgehenden parallelen Strahlen, die sich ohne Linse erst im Unendlichen schneiden würden, schneiden sich hier bereits in der Brennebene, Bild 38.7 b. Die Brennweite f der Linse bestimmt dabei die Größe des Fraunhofer-Beugungsbildes.

Wenn man also in Bild 38.7 a die Entfernung b zwischen Objekt und Beobachtungsschirm immer größer macht, so gehen die Fresnel-Beugungsbilder kontinuierlich in den Grenzfall des Fraunhofer-Beugungsbildes über. Den gleichen Effekt kann man beobachten, wenn man bei konstantem b die Objektausdehnung g maßstäblich verkleinert, wenn man also z. B. einen großen Spalt langsam schließt. Der Grenzübergang tritt ein, wenn die dimensionslose Zahl N_F etwa den Wert 1 durchläuft:

Fresnel-Zahl $\qquad N_F = \dfrac{g^2}{4b\lambda}$.

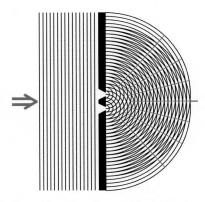

Bild 38.5. Eine ebene Welle (z. B. eine Lichtwelle) trifft auf zwei Spalte

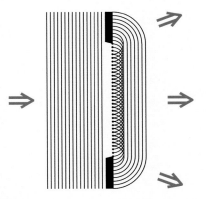

Bild 38.6. Eine ebene Welle trifft auf eine breite Öffnung. Die Entstehung der neuen Wellenfront lässt sich mit dem Huygens-Fresnelschen Prinzip beschreiben

Fraunhofer-Beugung am Doppelspalt

Ein **Doppelspalt** besteht aus zwei parallelen Spalten der Breite d im Abstand g. Wenn die Spaltöffnungen sehr schmal sind, dann beobachtet man als Fraunhofer-Beugung bei nicht zu großen x eine einfache, sinusförmige Beugungsverteilung, Bild 38.8 a. Aus Intensitätsgründen wählt man jedoch die Spaltbreite d nicht sehr viel kleiner als den Spaltabstand g. Dann ergeben sich zwar wieder äquidistante Interferenzmaxima, deren Intensitäten jedoch sehr unterschiedlich sind, Bild 38.8 b. Der Abstand der eng benachbarten Maxima ergibt sich aus der Berechnung nach Bild 38.9 a:

a) Fresnel-Beugung

b) Fraunhofer-Beugung

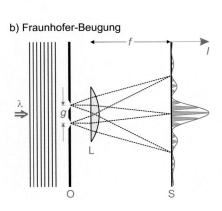

Bild 38.7. Beobachtung der Fresnel-Beugung (a) und der Fraunhofer-Beugung (b)

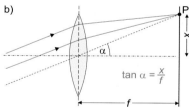

Bild 38.8. Fraunhofer-Beugungsfiguren mit Doppelspalt: (a) $d \ll g$, (b) $g = 3d$

Bild 38.9. (a) Beugung am Doppelspalt, (b) Einsatz einer Linse zur Erzeugung der Fraunhofer-Beugung

$$\Delta x = \frac{\lambda f}{g} \quad .$$

Für $\alpha = 0$ ist der **Gangunterschied** der beiden Wellenzüge $\Delta = 0$, das erklärt, dass sich in der Mitte auf dem Schirm ein Interferenzmaximum ergibt. Aber auch für andere Winkel α sind beide Wellenzüge wieder in Phase, nämlich dann, wenn der Gangunterschied $\Delta = \lambda$ oder ein Vielfaches der Wellenlänge beträgt, wie bereits in Bild 38.2 schematisch dargestellt. Andererseits gibt es jeweils zwischen zwei Winkeln mit maximaler Abstrahlung einen Winkel, unter dem sich die beiden Sinuswellenzüge auslöschen, da der Gangunterschied bei der Überlagerung auf dem Schirm ein ungerades Vielfaches von $\lambda/2$ beträgt und daher Wellenberge auf Täler fallen, wie in Bild 38.3 skizziert.

Allgemein folgt aus Bild 38.9 a: $\sin \alpha = \Delta/g$, also für den Gangunterschied $\Delta = g \sin \alpha$, wenn g der Spaltabstand ist. Verstärkung erfolgt für $\Delta = m\lambda$, wobei m *Interferenz-Ordnungszahl* heißt. Als Interferenzbedingung für die Doppelspalt-Beugung folgt daher für die

---

Beugungsmaxima hinter einem Doppelspalt

$$\sin \alpha_m = \frac{m\lambda}{g} \qquad \text{mit} \qquad m = \pm 0, 1, 2, 3, \ldots$$

α_m sind die Winkel, unter denen die Maxima auftreten. Dazwischen liegen mit gleichen Abständen die Minima (m halbzahlig).

Setzt man hinter den Doppelspalt eine Linse der Brennweite f, Bild 38.9 b, dann werden die unter dem Winkel α einfallenden Parallelstrahlen in einem Punkt P der Brennebene zum Schnitt und zur Interferenz gebracht. Die Entfernung x des Punktes P von der optischen Achse ist $x = f \tan \alpha$. Für kleine Beugungswinkel ($\alpha < 5°$) gilt $\tan \alpha \approx \sin \alpha$. Es folgt für die Lage der Interferenz-Maxima

$$x_m = \frac{m\lambda f}{g} \qquad \text{mit} \qquad m = \pm 0, 1, 2, 3, \ldots \quad .$$

Daraus ergibt sich die oben angegebene Gleichung für den Abstand Δx benachbarter Maxima.

📖 Fraunhofer-Beugung am Gitter

Sehr viele parallele Spalte, die alle den gleichen Abstand g besitzen, bilden ein **Gitter**. Im Beugungsbild eines Gitters erscheinen äquidistante Hauptmaxima, die viel schmaler und heller sind als beim Doppelspalt. Zwischen den Hauptmaxima liegen breite Bereiche, in denen das Licht durch Interferenz nahezu ausgelöscht wird, Bild 38.10 a. Ist die Zahl der Spalte N klein, in Bild 38.10 b ist $N = 6$, dann beobachtet man zwischen den Hauptmaxima ($N - 2$) schwache Nebenmaxima. Der Abstand Δx der Hauptmaxima in der Brennebene einer Linse (f) ist auch bei der Gitterbeugung mit Gitterkonstante g gegeben durch

$$\Delta x = \frac{\lambda f}{g} \quad .$$

Im Fall des Gitters gilt die gleiche Betrachtung wie für den Doppelspalt. Für bestimmte Winkel α ergibt sich auf einem weit entfernten Schirm oder in der Brennebene einer nachgeschalteten Linse wieder maximale Verstärkung. Daher gilt die gleiche Formel wie beim Doppelspalt entsprechend Bild 38.9 für die

Bild 38.10. Fraunhofer-Beugungsfiguren mit Gitter: (a) $N = 20$, (b) $N = 6$

Beugungsmaxima hinter einem Gitter

$$\sin \alpha_m = \frac{m\lambda}{g} \qquad \text{mit} \qquad m = \pm 0, 1, 2, 3, \ldots \quad .$$

Im Falle der Verstärkung addieren sich bei N Spaltöffnungen des Gitters die Amplituden E_0 aller N Wellenzüge und liefern wegen des quadratischen Zusammenhangs zwischen E_0 und I_0 für die

Intensität eines Beugungsmaximums $I_{\max} = N^2 I_0$.

Die Intensität in den Interferenzmaxima wächst also nicht nur mit N, sondern mit N^2 an.

Beugungsgitter sind für praktische Anwendungen sehr wichtig, z. B. in Gitterspektrometer, als frequenzselektive Elemente in Lasern, bei der Bilderzeugung in der Holographie sowie für die Röntgenwellen-Interferenzen bei der Durchstrahlung von Kristallgittern.

📖 Fresnel-Beugung an einer Kante

Stellt man in das einfallende Parallellichtbündel einen Schirm mit einer geraden Kante, so beobachtet man anstelle einer scharfen Schattengrenze einen kontinuierlichen Übergang vom dunklen zum hellen Bereich, an den sich eine Reihe **Interferenzstreifen** anschließt: Beugung an einer Halbebene, Bild 38.11. Eine Rechnung führt allerdings auf die elementar nicht lösbaren **Fresnel-Integrale**.

Bei der **Fresnel-Beugung** an Spalten, Lochblenden, Drähten usw. ergeben sich noch kompliziertere Beugungserscheinungen, deren Ausdehnung und Strukturen von der Objektgröße und dem Abstand des Beobachtungsschirmes wesentlich abhängen.

Bild 38.11. Fresnel-Beugung an einer Kante

38.1 Fresnel- und Fraunhoferbeugung (2/3)

🏁 Die *Beugung* im Fresnel- und im Fraunhoferfall soll in einer Art experimentellem Selbstunterrichtungskurs durch einfache qualitative Grundversuche veranschaulicht werden. Hier steht das systematische Beobachten und nicht die quantitative Messung im Vordergrund.

⚒ He-Ne-Gaslaser, Glasfaserkoppler, verschiedene Beugungsobjekte, Polarisationsfolien, Linsen, optische Bank, optische Reiter, glänzender und geschwärzter Metallstab, Linsenklemmhalter, Schiebelehre, Lupe, Taschenlampe, weiß mattierter Beobachtungsschirm (drehbare Mattscheibe).

☀ Gefahr! Nie in den direkten Laserstrahl sehen!

Aufbau der Versuchsanordnung

Als Lichtquelle wird ein He-Ne-Gaslaser verwendet, der ein extrem intensives, monochromatisches, nahezu paralleles Lichtbündel liefert. Das aus dem Laser austretende Parallelstrahlenbündel von etwa 2 mm Durchmesser wird in einem Glasfaserkoppler geleitet, der das Licht auf mehrere Glasfasern verteilt, so dass alle Arbeitsplätze mit He-Ne-Laserlicht versorgt werden.

Das Beugungsobjekt kann z. B. auf einem Tisch liegen und mit dem Parallelstrahlenbündel beleuchtet werden. Die *Fresnel-Beugungsfigur* wird auf einer etwa 5 m entfernt aufgestellten Mattscheibe beobachtet. Die Planspiegel im Strahlengang dienen nur dazu, den langen Lichtweg geeignet zu falten, Bild 38.12.

Achtung! Optische Flächen (Spiegel, Linsen usw.) bitte nicht berühren, da die Oberflächen beschichtet sind!

Dicht vor das Beugungsobjekt kann eine Linse mit etwa $f = 5\,\mathrm{m}$ Brennweite eingeschwenkt werden. Man beobachtet dann auf dem Mattglas das *Fraunhofer-Beugungsbild* des Objektes. Entfernt man das Beugungsobjekt, dann beobachtet man das auf den Brennpunkt der 5 m-Linse fokussierte Laserlicht.

Bild 38.12. Gesamtaufbau für die Beugungsexperimente mit Laserstrahlung. Anstelle der Aufweitungsoptik (links im Bild) kann auch ein Glasfaserkoppler benutzt werden

Es ist günstig, wenn sich die Mattscheibe drehen lässt, um die störende *Granulation* des Laserlichtes zu verschmieren und damit auszuschalten. Auf diese Weise lassen sich auch feine Einzelheiten in der Beugungsfigur beobachten, wobei man zweckmäßigerweise eine Lupe verwendet.

Beobachtung der Fresnel-Beugung

Verschiedene makroskopische Objekte werden in den Strahlengang gebracht; denn Beugungserscheinungen beobachtet man nicht nur für sehr kleine Objekte, sondern auch für makroskopische, wenn der Abstand zwischen Beugungsobjekt und Beobachtungsebene genügend groß ist. (Daher der große Abstand von 5 m im Versuchsaufbau!)

Fresnel-Beugung an der Kante: Eine undurchsichtige Blende (z. B. ein schwarzer Pappstreifen) mit einer geraden Kante wird etwa 0,4 m vom Beobachtungsschirm entfernt in den Strahlengang gestellt. Man sieht eine recht scharfe Schattengrenze.

Bringt man dagegen die gleiche Blende auf den Objekttisch, d. h. ca. 5 m vor der Beobachtungsebene in den Strahlengang ohne Linse, so sieht man anstelle einer scharfen Schattengrenze einen kontinuierlichen Übergang vom dunklen zum hellen Bereich mit einer Reihe von parallelen Interferenzstreifen.

✎ Man skizziere den beobachteten Intensitätsverlauf der Fresnel-Beugung an einer Kante und vergleiche die Skizze mit Bild 38.11.

Fresnel-Beugung an einem Streifen: Verwendet man als Beugungsobjekt einen breiten Streifen (z. B. einen 4,5 mm breiten Blech-Streifen), so entsteht nur noch in grober Näherung ein Schattenbild; außerhalb und innerhalb des Schattenbereiches sieht man Interferenzstreifen.

Fresnel-Beugung am Doppelspalt: Bei einem Doppelspalt als Beugungsobjekt ist die beobachtete Beugungsfigur dem geometrischen Schatten des Objektes völlig unähnlich.

Fresnel-Beugung an zwei Schrauben: Man beobachte den Schattenwurf zweier verschiedener Schrauben. Es ergeben sich außerordentlich komplizierte Beugungsfiguren, die sich schon dann stark unterscheiden, wenn die Schraubendurchmesser nur um 0,5 mm differieren. Eine Berechnung dieser Beugungsfiguren dürfte sehr kompliziert werden.

Fresnel-Beugung an weiteren Gegenständen: Man beobachte die Fresnel-Beugungsbilder anderer Gegenstände (z. B. Finger, Bleistiftspitze, Papierecken usw.)

✎ Man skizziere als ein Beispiel eine selbst gewählte Fresnel-Beugungsfigur.

Fresnel-Beugung an verschiedenartigen Kanten

Es soll gezeigt werden, dass Beugung nicht nur an *scharfen* Kanten oder Schneiden entsteht und dass die Beugungserscheinungen unabhängig vom Kantenradius sowie von Materialeigenschaften sind.

Man verwende als Beugungsobjekte z. B. eine Blende mit einer Rasierklingenschneide, eine Blende mit einem glänzenden Metallstab (z. B. 10 mm Durchmesser) und eine Blende mit einem geschwärzten Stab gleichen Durchmessers als beugende Kante.

In allen Fällen ergibt sich die gleiche Beugungsfigur. Dies soll erklärt werden.

Übergang von Fresnel- zu Fraunhofer-Beugung

Ein Beugungsspalt mit variabler Breite d, der mit parallelem Laserlicht beleuchtet ist, wird verwendet. Die Spaltbreite wird mit einer Schiebelehre bestimmt.

Bei großer Breite des Spaltes sieht man in erster Näherung eine Art Schattenwurf, allerdings durchzogen von Interferenzstreifen infolge *Fresnel-Beugung*. Wird der Spalt langsam geschlossen, so ändern sich Zahl und Abstand der Interferenzstreifen in komplizierter Weise. Unterhalb einer Grenze bleibt jedoch das Beugungsbild in seiner Struktur gleich und vergrößert sich nur maßstäblich mit abnehmender Spaltbreite: Der Bereich der *Fraunhofer-Beugung* ist erreicht.

Es wird die Spaltbreite d bestimmt, bei der der Übergang von der Fresnel- zur Fraunhofer-Beugung stattfindet. Als Kriterium benutze man z. B. die Einstellung auf kleinste Ausdehnung des zentralen Lichtfleckes (Beugungs-Hauptmaximum bzw. Schattenwurf der Spaltöffnung).

 Das Ergebnis soll mit der Bedingung für die Fresnel-Zahl verglichen werden:

$$N_\mathrm{F} = \frac{d^2}{4b\lambda} \approx 1 \quad ,$$

wobei $\lambda \approx 633\,\mathrm{nm}$ und $b = 5\,\mathrm{m}$ sind.

Bild 38.13. Fraunhofer-Beugungsverteilung für einen Einfachspalt

In der Brennebene einer in der Nähe des Objektes angeordneten Linse erscheint auch für größere Objekte das Fraunhofer-Beugungsbild. Man stelle einen Spalt mittlerer Breite ein, der noch deutlich ein Fresnel-Beugungsbild liefert, und bringe dann die Linse mit $f = 5\,\mathrm{m}$ in den Strahlengang. Wie erwartet, sieht man die typische Fraunhofer-Beugungsverteilung für einen Einfachspalt, Bild 38.13, die in diesem Fall allerdings nur eindimensional in x-Richtung variiert. Entfernt man das Beugungsobjekt, dann sieht man das punktförmige Laser-Lichtquellenbild, welches in unserem Versuch senkrecht zu den beugenden Kanten das Spaltes aufgefächert wurde.

Der Beugungsspalt wird in der Ebene senkrecht zum einfallenden Lichtbündel parallel verschoben. Verschieben sich dann auch die Fresnel- bzw. Fraunhofer-Beugungsbilder?

Das Beugungsobjekt wird um die Lichtbündelachse gedreht. Drehen sich auch die Beugungsbilder?

Ein Satz von kreisförmigen Lochblenden (Drehscheibe) wird verwendet, und die Beugungsbilder in parallelem Licht (ohne die Linse $f = 5\,\mathrm{m}$) werden beobachtet. Auch hier erkennt man den Übergang von der Fresnel- zur Fraunhofer-Beugung.

Man beobachte die Beugungsfigur einer Irisblende, die langsam geschlossen wird. Erfolgt der Übergang von der Fresnel- zur Fraunhofer-Beugung etwa bei der gleichen Objektgröße wie im Spaltversuch?

 Die Versuchsergebnisse sollen jeweils kurz zusammengefasst und gedeutet werden.

Fraunhofer-Beugung am Doppelspalt

Man setze einen Doppelspalt in den Strahlengang und beobachte das Fraunhofer-Beugungsbild. Man skizziere die Lage der Maxima auf einem Papierstreifen sowie die ungefähre Intensitätsverteilung $I = f(x)$.

 Sind die Intensitätsmaxima äquidistant? Geht die Intensität in den Minima auf Null?

 Mit einer Pappe wird einer der beiden Spalte des Doppelspaltes abgedeckt. Man beobachtet jetzt das Beugungsbild des verbleibenden Einfachspaltes. Die Intensitätsverteilung soll etwa im gleichen Maßstab wie die Intensitätsverteilung des Doppelspaltes skizziert werden.

 Worin besteht die Verwandtschaft zwischen den beiden Verteilungen?

Fraunhofer-Beugung am Gitter

Man setze ein Gitter in den Strahlengang und beobachte das Fraunhofer-Beugungsbild. Man skizziere die ungefähre Intensitätsverteilung $I = f(x)$.

 Mit zwei Streifen schwarzen Papieres wird das Gitter so abgedeckt, dass das Licht nacheinander nur durch einen, zwei, drei oder vier (oder allgemein N) Spalte hindurchtreten kann, und es wird das Beugungsbild mit der Lupe beobachtet. Sind die zu erwartenden $N - 2$ Nebenmaxima zwischen je zwei Hauptmaxima zu sehen? (Die Abdeckung muss genau parallel zu den Spalten erfolgen.)

 Man bringe einen Taschenkamm in den Strahlengang. Wie ändert sich die Beugungsfigur in Abhängigkeit von den unterschiedlichen Gitterkonstanten?

 Ein Kreuzgitter (Drahtnetz) wird in den Strahlengang gesetzt. Das zweidimensionale Beugungsbild soll skizziert werden.

 Man bringe ein Stück Gewebe (z. B. ein Taschentuch) in den Strahlengang. Wie ändert sich das Beugungsbild, wenn man das Gewebe schräg verzerrt?

Die Teilversuche sollen gedeutet werden. Dabei soll vor allem die Ein- bzw. die Zweidimensionalität der Beugungsbilder interpretiert werden.

38.2 Wellenlängenmessung aus Doppelspaltbeugung (1/3)

Die Beugung an einem Doppelspalt soll quantitativ dazu ausgenutzt werden, um die Wellenlänge des Lasers (z. B. He-Ne-Laser) zu bestimmen.

He-Ne-Gaslaser mit dem in Teilaufgabe 38.1 beschriebener Messaufbau, Doppelspalte, Schiebelehre.

 Für den Doppelspalt ist der Abstand zweier benachbarter Minima oder Maxima im Fraunhofer-Beugungsbild, wie oben gezeigt, gegeben durch $\Delta x = \lambda f/g$. Wenn man also den Abstand Δx misst und den Spaltabstand g sowie die Linsenbrennweite f kennt, kann man die Wellenlänge λ berechnen.

Die Abstände der Beugungsminima auf der rotierenden Mattscheibe können im abgedunkelten Raum mit der Schiebelehre gemessen werden, die an die Plexiglas-Frontplatte angelegt wird, während man, zur Verringerung der Parallaxe, mit nur einem Auge beobachtet. Um grobe Fehler zu vermeiden, wiederhole man jede Einstellung 2- bis 3-mal und notiere die an der Schiebelehre abgelesenen Werte. Es sollen mehrere Doppelspalte vermessen werden.

Für das Ausmessen von Beugungsfiguren nutzt man am besten deren Symmetrie aus und misst die Abstände jeweils zwischen dem linken und dem rechten Beugungs-Minimum 1., 2., 3., 4. und eventuell auch höherer Ordnung m, wobei man die Zahl M der eingeschlossenen Maxima ebenfalls notiert.

Dividiert man die gemessenen Abstände x durch M, so sollte man immer den gleichen Wert Δx erhalten. Aus dem Mittelwert von Δx ist die Wellenlänge λ des Lasers zu berechnen. Die Auswertung kann auch grafisch erfolgen (x über M auftragen).

Der Fehler $\Delta\lambda/\lambda$ lässt sich mit der Fehlerfortpflanzungsformel bestimmen. Die Ablese-Genauigkeit $\Delta(\Delta x)/\Delta x$ wird abgeschätzt.

38.3 Wellenlängenmessung aus Gitterbeugung (1/3)

 Die Beugung an einem Gitter soll quantitativ dazu ausgenutzt werden, um die Wellenlänge des Lasers zu bestimmen.

He-Ne-Gaslaser mit dem in Teilaufgabe 38.1 beschriebener Messaufbau, Gitter, Schiebelehre.

 Für das Gitter ist der Abstand zweier benachbarter Maxima im Fraunhofer-Beugungsbild, wie oben gezeigt, gegeben durch $\Delta x = \lambda f/g$. Wenn man also den Abstand Δx misst und die Gitterkonstante g sowie die Linsenbrennweite f kennt, kann man die Wellenlänge λ berechnen.

Die Experimente werden entsprechend denen am Doppelspalt durchgeführt, wobei mehrere unterschiedliche Gitter vermessen werden sollen.

Dividiert man die gemessenen Abstände x durch M, so sollte man immer den gleichen Wert Δx erhalten. Aus dem Mittelwert von Δx ist die Wellenlänge λ des Lasers zu berechnen. Die Auswertung kann grafisch erfolgen (x über M auftragen).

Der Fehler $\Delta \lambda / \lambda$ lässt sich mit der Fehlerfortpflanzungsformel bestimmen. Die Ablese-Genauigkeit $\Delta(\Delta x)/\Delta x$ wird abgeschätzt.

39. Interferenz an dünnen Schichten

Beobachten von Interferenzerscheinungen an dünnen Schichten als Anwendung des Wellenmodells des Lichtes. Bestimmung des Krümmungsradius einer plankonvexen Linse. Wellenlängenmessung mit Newtonschen Ringen. Herstellung und Charakterisierung einer Entspiegelungsschicht und eines dielektrischen Spiegels. Transmissionsmessungen mit einem Spektralphotometer.

Standardlehrbücher (Stichworte: Reflexion, Reflexiongrad, Interferenz, opt. Weglänge, Newtonsche Ringe, Entspiegelung, dielektrische Spiegel),
Hecht: Optik.

Grundbegriffe der Interferenz

Zum Verständnis der Funktion von Linsen und damit aufgebauten optischen Instrumenten genügt es meistens, nur von Lichtstrahlen zu sprechen, ohne nähere Aussagen über die Natur der Strahlen zu machen. Geht man über die geometrische Optik hinaus, stellt sich die Frage, ob das Licht aus Wellen oder Teilchen besteht. Je nach Versuch verhält sich das Licht einmal als Welle und ein andermal als Teilchen: **Dualismus**.

In diesem Themenkreis wird der Wellencharakter des Lichtes und das dafür entscheidende Phänomen, die **Interferenz**, behandelt. Im Gegensatz dazu können jedoch z. B. der äußere Fotoeffekt oder der Comptoneffekt nur erklärt werden, wenn man dem Licht Teilchencharakter zuschreibt.

Interferenz

Interferenz bedeutet die Überlagerung zweier (oder auch mehrerer) Wellen in einem Raumpunkt. Hierbei können sich die Wellen je nach ihrem Gang- bzw. Phasenunterschied verstärken oder abschwächen. Folgende Sonderfälle sind charakteristisch (mit $m \in \{0, 1, \ldots\}$ und Wellenlänge λ):

- *Konstruktive Interferenz* bei einem Gangunterschied $\Delta_{\mathrm{max}} = m\lambda$:
  Die resultierende Welle hat die doppelte Amplitude, falls die Intensitäten der beiden Teilwellen gleich sind.

- *Destruktive Interferenz* bei Gangunterschied $\Delta_{\mathrm{min}} = (2m + 1)\frac{\lambda}{2}$:
  Die resultierende Welle hat die Amplitude Null.

Kohärenz

Zwei Wellenzüge ergeben nur dann beobachtbare Interferenzerscheinungen, wenn sie gleiche Frequenz und eine feste Phasenbeziehung besitzen. Solche Wellen werden als **kohärent** bezeichnet.

Newtonsche Ringe

Newtonsche Ringe sieht man z. B., wenn eine plankonvexe Linse von sehr großem Krümmungsradius auf eine plane Platte gelegt und im reflektierten Licht beobachtet wird, Bild 39.1. Die Dicke $(d + \varepsilon)$ der dünnen Luftschicht zwischen Linse und Platte liegt in der Größenordnung der Wellenlänge. Der minimale Abstand ε wird verursacht durch Fremdpartikel, die meist eine ganz enge Berührung der Gläser verhindern.

Trifft ein Strahl senkrecht im Punkt B auf die Linse, so wird ein Intensitätsanteil gleich reflektiert, der im folgenden unberücksichtigt bleibt. Im Punkt A kommt es zu einer weiteren Aufspaltung: Ein Teil der Strahlung wird in das Innere der Linse reflektiert, während der andere Teil die Strecke $d + \varepsilon$ durchläuft und erst an der planen Platte reflektiert wird. In A treffen beide Anteile wieder zusammen und interferieren. Sie sind zueinander kohärent, weil ihr Gangunterschied Δ sehr klein ist. Dieser beträgt:

$$\Delta = 2(d + \varepsilon) + \frac{\lambda}{2} \quad .$$

Das additive Glied $\lambda/2$ entsteht dadurch, dass bei der Reflexion am optisch dichteren Medium (planen Platte) ein Phasensprung von π auftritt, welcher als Gangunterschied $\lambda/2$ zu berücksichtigen ist.

Mit den vorstehenden Gleichungen ergeben sich für die *hellen Ringe*:

$$m\lambda = 2(d_{\text{max}} + \varepsilon) + \frac{\lambda}{2} \quad \text{bzw.} \quad 2(d_{\text{max}} + \varepsilon) = \frac{2m - 1}{2}\lambda$$

und für die *dunklen Ringe*:

$$2(d_{\text{min}} + \varepsilon) = m\lambda \quad .$$

Nun kann man die abgeleitete Gleichung für die dunklen Ringe mathematisch den geometrischen Konstanten der Apparatur anpassen. Aus Bild 39.1 folgt für das Dreieck MAC:

$$\rho^2 = r^2 - (r - d)^2 = 2dr - d^2 \quad .$$

Da $d \ll r$, ist näherungsweise

$$\rho^2 = 2rd \quad \text{bzw.} \quad d = \frac{\rho^2}{2r} \quad .$$

Damit ist eine einfache Beziehung zwischen dem messbaren Radius ρ und den unzugänglichen Größen d und r gefunden. Durch Kombination der oben abgeleiteten Interferenzbedingung für das Auftreten eines dunklen Ringes folgt für den Radius der dunklen Ringe:

$$\rho^2 = m\lambda r - 2r\varepsilon \quad .$$

Ein Beispiel Newtonscher Ringe im reflektierten monochromatischen Licht ist in Bild 39.2 gezeigt. Bild 39.3 zeigt den Vergleich zwischen Newtonschen Ringen, die einmal mit rotem Licht und einmal mit blauem Licht erzeugt wurden.
Frage: Wie ist ein dunkles Zentrum im reflektierten Licht zu deuten?

📖 Dünne Schichten zur Verminderung oder Erhöhung der Reflexion

Durch das Bedampfen von Glas oder anderen optischen Materialien mit durchsichtigen Schichten, die man auch als **dielektrische Schichten** bezeichnet und deren Dicke $d = \lambda/4n$ ist, kann man die Reflexion für eine Wellenlänge λ vermindern bzw. bei geeigneter Brechzahl n auch ganz unterdrücken, Bild 39.4. Dabei ist es nötig, dass die Brechzahl n der dielektrischen Schicht zwischen der der Luft n_1 und dem des Glases n_2 liegt. Bei senkrechtem Einfall gilt für den **Reflexiongrad**

$$R = \left(\frac{n_1 n_2 - n^2}{n_1 n_2 + n^2}\right)^2 \quad .$$

Für den Fall $n = \sqrt{n_1 n_2}$ wird R gleich Null. Ein gebräuchliches Material für gute Einschichtenentspiegelungen für den sichtbaren Spektralbereich ist MgF_2 mit einer Brechzahl von $n = 1{,}38$. Durch die Reflexionsminderung werden z. B. Reflexe von Glasoberflächen geschwächt und die Lichtdurchlässigkeit von Linsensystemen

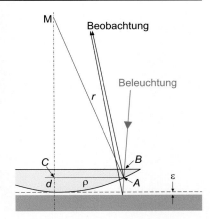

Bild 39.1. Anordnung zur Beobachtung Newtonscher Ringe

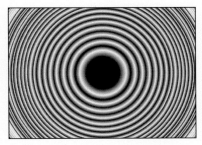

Bild 39.2. Newtonsche Ringe in reflektiertem polychromatischen Licht

Bild 39.3. Newtonsche Ringe in monochromatischem rotem (oben) und blauem (unten) Licht

Bild 39.4. $\lambda/4$-Schicht zur Reflexionsverminderung. Die beiden reflektierten Teilwellen löschen sich durch Interferenz ganz oder teilweise aus

Bild 39.5. Schichtstapel oder dielektrischer Spiegel. Die an den $\lambda/4$-Schichten reflektierten Teilwellen interferieren konstruktiv, da bei der Reflexion am optisch dichteren Medium ein Phasensprung auftritt. Ta_2O_5 $n = 2{,}174$ und SiO_2 $n = 1{,}461$ im grünen Wellenlängenbereich

Bild 39.6. Anordnung zur Erzeugung und Beobachtung Newtonscher Ringe. Die Beobachtungsstrahlen stehen näherungsweise senkrecht auf der gekrümmten Linsenoberfläche und der darunterliegenden, planen Glasplatte. Die an der Linsenoberfläche und der Glasplatte reflektierten Teilstrahlen (besser Teilwellen) haben etwa gleiche Intensität, so dass es zu einer vollständigen Auslöschung kommen kann und die Ringe kontrastreich erscheinen.

erhöht. Anwendungsbeispiele: Entspiegelung von Brillengläsern oder Fotoobjektiven.

Für $n = n_1$ ergibt sich $R_0 = (n_2 - n_1)^2/(n_2 + n_1)^2$, d. h. der gleiche Wert wie bei der unbeschichteten Oberfläche. Für die Grenzfläche von Luft mit $n_1 \approx 1$ und Glas mit $n_2 \approx 1{,}5$ ergibt sich $R_0 = 4\,\%$. Für $n^2 > n_1 n_2$ erhält man umgekehrt eine Reflexionserhöhung, z. B. auf $20\,\%$ bei $n_1 = 1$, $n_2 = 1{,}5$ und $n = 2$.

Es gibt in der Optik eine Vielzahl von Anwendungen, bei denen man nicht reflexionsmindernde, sondern reflexionserhöhende Schichten benötigt. Die einfachste Form eines solchen Spiegels sind Glasträger, die z. B. durch Bedampfen mit einer metallischen Oberfläche versehen werden. Als Material dienen z. B. Silber, Aluminium oder Gold. Die Reflexionsgrade dieser **Metallspiegel** liegen je nach Material und Wellenlänge jedoch nur zwischen $50\,\%$ und $98\,\%$. Entsprechend hoch ist dann die Absorption.

Eine Möglichkeit, hochreflektierende Spiegel herzustellen, ist das Aufdampfen von transparenten Schichten. Durch einen Schichtstapel, der aus abwechselnd hochbrechenden und niedrigbrechenden $\lambda/4$-Schichten besteht, kommt es zu einer Folge von Grenzflächen, die zu einem hohen Reflexionsgrad führen: **dielektrische Spiegel**, Bild 39.5. Diese Vielschichtenspiegel haben besonders in der Lasertechnik eine große Bedeutung, da sie fast keine Absorption besitzen. Mit dieser Methode und geeigneten Materialien ist es möglich, für beliebige Wellenlängen und Einfallswinkel, auch unter Berücksichtigung der Polarisation, jeden gewünschten Reflexionsgrad bis nahe an $100\,\%$ herzustellen.

39.1 Krümmungsradius plankonvexer Linsen (1/2)

Messung des Krümmungsradius r plankonvexer Linsen durch Beobachtung und Auswertung Newtonscher Ringe als Beispiel für eine interferometrische Abstandsmessung.

Verschiedene Linsen auf Planplatten nach Bild 39.1. Als Lichtquelle dient z. B. eine Na-Spektrallampe, die monochromatisches Licht der Wellenlänge $\lambda = 589$ nm liefert. Maßstab mit Millimetereinteilung. Spiegel mit Beobachtungsloch und Abschattung.

Der Durchmesser 2ρ der dunklen Newtonschen Ringe, die in einer Versuchsanordnung nach Bild 39.6 entstehen, wird als Funktion der Ordnungszahl, die den Gangunterschied Δ angibt, gemessen.

Die Bedingung, dass sowohl das einfallende als auch das reflektierte Licht etwa senkrecht zur Linsen- und Plattenoberfläche laufen, wie in Bild 39.1 vorausgesetzt wurde, wird annähernd erfüllt, wenn $\sin \Psi \ll 1$ (Abstand Auge-Linse = *deutliche Sehweite* $s_0 = 250$ mm).

Das Quadrat des Ringradius ρ^2 ist linear sowohl von m und r als auch von λ abhängig und ist daher durch die Gleichung einer Geraden $y = at + b$ gegeben, wobei $y = \rho^2$ und $a = r\lambda$, $b = 2r\varepsilon$. Mit der Kenntnis der Wellenlänge λ der monochromatischen Lichtquelle (z. B. der Na-Spektrallampe) und der Messung von ρ in Abhängigkeit von der Ordnungszahl m lässt sich so der Krümmungsradius r leicht bestimmen. Darum zeichnet man das Diagramm $\rho^2 = f(m)$ und erhält aus der Steigung:

$$r = \frac{a}{\lambda} = \frac{1}{\lambda}\frac{\mathrm{d}\rho^2}{\mathrm{d}m} \quad .$$

Die Kenntnis von ε ist also gar nicht nötig!

Man berechne den Krümmungsradius r verschiedener Linsen mit Fehlerabschätzung.

Diskutiere: Welche Ursache hat ein von der idealen Geraden abweichender Kurvenverlauf $\rho^2 = f(m)$?

39.2 Wellenlängenmessung mit Newtonschen Ringen (1/2)

 Auswertung Newtonscher Ringe zur Wellenlängenmessung als Beispiel für einen interferometrischen Spektralapparat.

Anordnung wie unter Teilaufgabe 39.1. Als Lichtquelle wird eine Spektrallampe benutzt. Geeignet ist z. B. eine Hg-Spektrallampe, deren gelbe, grüne und blaue Linien sich gut vermessen lassen; Farbfilter für die Spektrallinien.

Zur Beobachtung der einzelnen Linien werden Farbfilter in die Beobachtungsblende eingesetzt, die die nicht gewünschten Linien absorbieren. Gemessen werden die Durchmesser der Newtonschen Ringe, z. B. für Hg drei Linien.

Zur Bestimmung der Wellenlängen kann man nun mit dem in der Aufgabe 39.1 gemessenen Krümmungsradius r aus den Steigungen $a = r\lambda$ der drei Kurven den Wert für $r\lambda$ bestimmen und daraus λ berechnen.

Man findet jedoch gelegentlich, wie im nebenstehenden Bild 39.7 gezeigt, dass die Abhängigkeit $\rho^2 = f(m)$ in Wirklichkeit keine Gerade darstellt. Der Grund dafür ist, dass die konvexe Linsenoberfläche nicht ideal kugelförmig ($r = \text{const.}$) ist. Da also im allgemeinen jedem ρ ein unterschiedliches r zuzuordnen ist, muss man dies gegebenenfalls bei der Wellenlängenberechnung berücksichtigen.

Die Wellenlängen der vermessenen Spektrallinien mit Fehler angeben.

39.3 Entspiegelungsschicht (1/1)

Bild 39.7. a) Theoretischer Durchmesser ρ der dunklen Newtonschen Ringe, die durch Interferenz am Luftspalt zwischen einer Linsenoberfläche und einer Planplatte entstehen. m ist die Ordnung der Ringe, wobei vom innersten Ring beginnend gezählt wird. b) Experimenteller Durchmesser der dunklen Newtonschen Ringe bei einer nicht kugelförmigen Linsenoberfläche

 Herstellung und Charakterisierung einer Entspiegelungsschicht, z. B. auf Glas. Besuch eines Aufdampflabors, in dem die dafür notwendigen Apparaturen mit technischer Betreuung zur Verfügung stehen. Die Reflexminderung einer einfachen $\lambda/4$-Schicht soll als Funktion der Wellenlänge gemessen werden. Bei betriebsbereiter Aufdampfanlage soll die Schicht hierzu jeweils neu hergestellt werden.

Aufdampfanlage, Glasträger mit bzw. ohne $\lambda/4$-Schicht, Spektralphotometer

Die Entspiegelungsschicht wird durch Aufbringen einer $\lambda/4$-Schicht auf einen Glaskörper in einer Aufdampfanlage hergestellt. Die Bedienung einer Aufdampfanlage erfordert spezielle Fachkenntnisse und kann nur unter Aufsicht einer Fachkraft durchgeführt werden.

Der verringerte Reflexionsgrad R des Glasträgers mit der $\lambda/4$-Schicht wird über den erhöhten Transmissiongrad $T = 1 - R$ bestimmt. Hierzu wird die transmittierte Strahlungsleistung mit dem Spektralphotometer wellenlängenabhängig gemessen.

Die Wellenlänge der minimalen Reflexion bestimmen und diskutieren. Aus dem Maximum der gemessenen Transmissionskurve die Restreflexion abschätzen. Warum wird keine vollständige Reflexionsunterdrückung erreicht?

39.4 Dielektrischer Spiegel (1/1)

 Herstellung und Charakterisierung eines dielektrischen Spiegels mit hohem Reflexionsgrad, $R > 98\,\%$. Zusammenarbeit mit einer Technikerin bzw. einem Techniker in einem entsprechend ausgerüstetem Aufdampflabor. Vertiefte Beschäftigung mit dielektrischen Schichtsystemen.

Geräte wie in Teilaufgabe 39.3.

Es wird eine periodische Folge von $\lambda/4$-Schichten aus zwei verschiedenen Materialien mit unterschiedlichen Brechzahlen n aufgedampft, z. B. SiO_2 mit $n = 1{,}457$ und Ta_2O_5 mit $n = 2{,}152$ bei $\lambda = 633\,\text{nm}$. Man überlege, woraus die oberste und die unterste Schicht dieses Paketes am günstigsten bestehen sollten. Man vermesse die Transmissionskurve des hergestellten Spiegels.

Überprüfung, ob das Maximum bei der erwarteten Wellenlänge auftritt. Abweichungen sind gegebenenfalls zu begründen. Aus der minimalen Transmission schätzt man die maximale Reflexion ab. Wodurch ist diese bestimmt?

40. Beugung am Einfachspalt

 Vertiefung der Kenntnisse über Wellenoptik durch Untersuchung der Lichtinterferenzen hinter beugenden Einzelöffnungen wie Spalt und Lochblende. Bedeutung der Kohärenzbedingung.

 Standardlehrbücher (Stichworte: Beugung, Interferenz, Kohärenzbedingung, Auflösungsvermögen optischer Instrumente).

Beugung am Einfachspalt

Eine für die Ausbreitung von *Wellen* typische Erscheinung ist die **Beugung**, d. h. die Abweichung von der Geradlinigkeit der Ausbreitung. Sie wird hervorgerufen durch eine seitliche Begrenzung eines Wellenfeldes, z. B. durch Öffnungen oder Hindernisse, s. a. *Themenkreis 38*. Beugung tritt bei allen Arten von Wellen auf – bei Schallwellen, elektromagnetischen Wellen (u. a. Mikrowellen, sichtbares Licht), aber auch bei Materiewellen wie z. B. Elektronenwellen oder sogar Atomwellen. Beugungserscheinungen bei Licht sind praktisch immer mit *Interferenzen* verbunden. Voraussetzung für das Auftreten von Interferenzerscheinungen ist dabei jedoch die **Kohärenz**. Kohärenz bedeutet, dass je zwei Punkte des Wellenfeldes eine zeitlich feste Phasenbeziehung zueinander haben müssen.

Das Auftreten der Beugung lässt sich qualitativ mit Hilfe des **Huygens-Fresnelschen Prinzips** der Elementarwellen beschreiben: Jeder Punkt einer Wellenfront kann als Ausgangspunkt einer neuen Elementarwelle betrachtet werden. Die Überlagerung all dieser Elementarwellen ergibt dann die neue Gesamtwellenfront, Bild 38.6. In diesem Beschreibungsmodell führt jede seitliche Begrenzung einer Wellenfront, z. B. durch einen Spalt, zu einer Wellenausbreitung auch in den Schattenraum hinein. A. Fresnel lieferte 1815 als erster ein mathematisches Kalkül, mit dem die durch Beugung hervorgerufenen Interferenzerscheinungen auch quantitativ berechnet werden können. Hier sollen solche Betrachtungen auf die Beugung am Spalt angewendet werden, wobei kohärentes Licht vorausgesetzt ist.

Phänomenologische Betrachtung

Es wird ein Strahlengang betrachtet, bei dem ein schmaler monochromatisch beleuchteter Spalt mit Hilfe eines Systems aus 2 Linsen auf einen Schirm scharf abgebildet wird, Bild 40.1. Bringt man nun in den Strahlengang eine bündelbegrenzende Öffnung, z. B. einen **Beugungsspalt**, so entsteht auf dem Schirm ein charakteristisches Muster von Interferenzstreifen. Der überwiegende Teil der hindurchtretenden

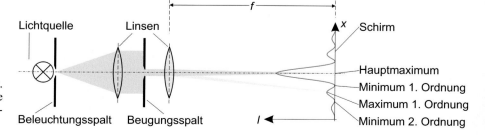

Bild 40.1. Beugung am Einfachspalt. Intensitätsverteilung in der Bildebene (Schirm) lateral stark vergrößert gezeichnet

Strahlungsleistung erscheint im *Hauptmaximum*. Beiderseits schließen sich *Nebenmaxima* an, deren Intensitäten jedoch viel geringer sind und nach außen abnehmen und deren Breite nur halb so groß ist wie die des Hauptmaximums. Verringert man die Breite d des Beugungsspaltes, so wird die Beugungsfigur breiter, vergrößert man d, rücken die Interferenzstreifen zusammen, werden also schmaler.

Im gezeigten Beispiel liegt **Fraunhofersche Beugung** vor, weil sich auf dem Schirm in der Brennebene der 2. Linse jeweils solche Teilbündel überlagern, die den Spalt als Parallelbündel verlassen.

Eine anschauliche Erklärung für die Interenzfigur findet man, wenn man gedanklich das Lichtbündel rechts vom Beugungsspalt in Teilbündel jeweils so aufteilt, dass jedes gegen das benachbarte einen um $\lambda/2$ unterschiedlichen Weg (*Gangunterschied*) zum Überlagerungspunkt auf dem Schirm zurücklegt. Bild 40.2, links zeigt die Situation für einen Winkel α gegen die ursprüngliche Ausbreitungsrichtung, bei dem sich das Gesamtlichtbündel sinnvoll in genau zwei solche Teilbündel aufspalten lässt. Deren Überlagerung an einem Punkt des Schirms ergibt dann Dunkelheit: *Minimum 1. Ordnung*. Im rechten Teil von Bild 40.2 ist entsprechend die Situation verdeutlicht, die zum *Maximum 1. Ordnung* führt. Jedes der drei Teilbündel hat gegen das benachbarte einen Gangunterschied von $\lambda/2$; so löschen sich zwei Teilbündel bei der Überlagerung aus.

Rechnet man die zugehörigen Winkel aus, so findet man in Übereinstimmung mit dem experimentellen Befund die folgenden Beziehungen:

Hauptmaximum bei:	$\alpha = 0$
Minima bei:	$\sin\alpha_{\text{min},m} = 2m\frac{\lambda/2}{d}$, $m = 1, 2, 3, \ldots$
Nebenmaxima bei:	$\sin\alpha_{\text{max},m} = (2m+1)\frac{\lambda/2}{d}$, $m = 1, 2, 3, \ldots$

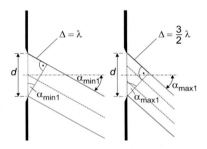

Bild 40.2. Schema der Bündelaufteilung für das Minimum 1. Ordnung (links) sowie für das Maximum 1. Ordnung (rechter Bildteil)

Diese einfache Betrachtung liefert zwar die richtigen Werte für die Lage von Maxima und Minima im Beugungsbild, Aussagen über die Intensitätsverhältnisse der Maxima dagegen bedürfen einer genaueren Betrachtung, die im folgenden Abschnitt gegeben wird.

Intensität des Spaltbeugungsbildes

Die Intensität I an einem Ort des Schirms bezeichnet die dort pro Flächeneinheit auftreffende Strahlungsleistung. Sie ist proportional zum zeitlichen Mittelwert des Quadrats der elektrischen Feldstärke $E(t)$ der Lichtwelle an diesem Ort:

$$I \sim \overline{E^2(t)} \quad .$$

Um diese Feldstärke zu ermitteln, die ja aus der Überlagerung vieler Teilwellen entsteht, teilt man in Anlehnung an das Huygens-Fresnelsche Prinzip das vom Beugungsspalt ausgehende Lichtbündel in eine große Zahl p von entsprechend schmalen Teilbündeln auf, Bild 40.3. Diese legen vom Beugungsspalt bis zum gemeinsamen Überlagerungsort auf dem Schirm unterschiedliche Wege zurück. Dieser *Gangunterschied* beträgt für zwei benachbarte Teilbündel

$$\Delta = \frac{d}{p}\sin\alpha$$

und führt damit zu einem Phasenunterschied φ zwischen den entsprechenden Feldstärken von

$$\varphi = 2\pi\frac{\Delta}{\lambda} \quad .$$

Die Gesamtfeldstärke $E(t)$ am Überlagerungsort ergibt sich dann aus der phasenrichtigen Summation über die p Einzelfeldstärken E_i:

$$E(t) = \sum_{i=1}^{p} E_i(t) \quad .$$

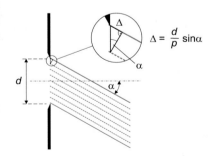

Bild 40.3. Zur exakten Berechnung der Intensitätsverteilung bei der Fraunhoferschen Beugung am Einfachspalt. Das Lichtbündel wird in p Teilbündel aufgeteilt

Tabelle 40.1. Lage der Maxima und Intensitäten im Beugungsbild des Einzelspaltes

Ordnung	0.	1.	2.	3.	4.
$\sin \alpha_{max}$	0	$\dfrac{2{,}86}{2}\dfrac{\lambda}{d} \approx \dfrac{3}{2}\dfrac{\lambda}{d}$	$\dfrac{4{,}92}{2}\dfrac{\lambda}{d} \approx \dfrac{5}{2}\dfrac{\lambda}{d}$	$\dfrac{6{,}94}{2}\dfrac{\lambda}{d} \approx \dfrac{7}{2}\dfrac{\lambda}{d}$	…
Intensität	I_0	$I_0/(\tfrac{3}{2}\pi)^2$	$I_0/(\tfrac{5}{2}\pi)^2$	$I_0/(\tfrac{7}{2}\pi)^2$	…

Führt man diese Summation durch und lässt die Zahl p der Teilbündel dann gegen ∞ gehen, was einer unendlich dichten Folge von Elementarwellenzentren im Beugungsspalt entspricht, findet man für den Intensitätsverlauf $I(\alpha)$ auf dem Schirm die Beziehung:

$$I(\alpha) \sim d^2\, \frac{\sin^2\!\left(\frac{\pi d \sin \alpha}{\lambda}\right)}{(\pi \frac{d}{\lambda} \sin \alpha)^2} = d^2 \left(\frac{\sin x}{x}\right)^2 \ .$$

Die mathematische Diskussion dieser Funktion, Bild 40.4, führt zu folgenden Ergebnissen: Das *Hauptmaximum* liegt bei $\alpha = 0$, wie oben angegeben. Auch die *Minima* liegen bei den bereits angegebenen Winkeln. Die Lage der Nebenmaxima dagegen weicht geringfügig von den Werten der einfachen Theorie ab, Tabelle 40.1.

Bild 40.4. Die Intensitätsverteilung $I(\alpha)$ im Beugungsbild eines Spaltes

Fraunhofer-Beugung an einer Lochblende

Ersetzt man in dem Aufbau entsprechend Bild 40.1 den Objektspalt durch eine kreisförmige Öffnung und den Beugungsspalt durch eine *Lochblende*, so entsteht auf dem Schirm eine rotationssymmetrische Beugungsfigur: Das Hauptmaximum ist konzentrisch umgeben von einer Folge dunkler und heller Interferenzringe, Bild 40.5.

Die Berechnung der Intensitätsverteilung erfolgt ähnlich, wie für den Spalt beschrieben. Allerdings muss zusätzlich die Rotationssymmetrie der beugenden Öffnung berücksichtigt werden, was auf die sog. *Besselfunktion* führt. Deren Nullstellen beschreiben die Lage der Minima:

Bild 40.5. Interferenzfigur bei der Fraunhofer-Beugung an einer Lochblende, schematisch

Hauptmaximum
Minimum 1. Ordnung
Nebenmaxima 1. und 2. Ordnung

$$\sin \alpha_{\min,m} = z_m \frac{\lambda}{d} \quad \text{mit} \quad z_1 = 1{,}22; \quad z_2 = 2{,}23; \quad z_3 = 3{,}24; \quad \dots$$

Die geringfügig größeren Abstände im Vergleich zum Beugungsbild des Spaltes lassen sich experimentell überprüfen.

Die Beugung an einer Lochblende spielt eine wichtige Rolle bei optischen Instrumenten wie z. B. Fernrohr und Mikroskop: Sie begrenzt das **örtliche Auflösungsvermögen** dieser Geräte. Die Begrenzung des Lichtbündels, z. B. durch die Linseneinfassung des Objektivs wirkt als beugende Öffnung und führt dazu, dass jeder Objektpunkt nicht als Punkt, sondern als Beugungsscheibchen entsprechend Bild 40.5 abgebildet wird. Ein dicht benachbarter zweiter Objektpunkt kann nur dann getrennt vom ersten wahrgenommen werden, wenn beide so weit voneinander entfernt sind, dass auf dem Schirm das Hauptmaximum des einen mindestens in das erste Minimum des anderen Bildpunktes fällt, Bild 40.6 (*Rayleigh-Kriterium*).

Bild 40.6. Zur Ortsauflösung zweier benachbarter Objektpunkte: Rayleigh-Kriterium

Kohärenzbedingung

Interferenzen lassen sich nur beobachten, wenn die dabei sich überlagernden Teilwellen *kohärent* sind, d. h. gleiche Frequenz und eine zeitlich konstante Phasenbeziehung zueinander haben. Diese Bedingung lässt sich streng allerdings nur für Wellen realisieren, die von einer exakt punktförmigen Lichtquelle ausgehen.

Aber auch mit ausgedehnten Lichtquellen lassen sich Interferenzen erzeugen, sofern die sog. **Kohärenzbedingung** eingehalten wird. In Bild 40.7 ist eine Anordnung gezeigt, in der eine Lichtquelle, z. B. ein einfach beleuchteter Objektspalt der Breite $2s$ auf einen Schirm abgebildet wird, wo die Bildbreite $2s' = 2s\frac{a'}{a}$ beträgt. Der Beugungsspalt mit der Breite d sorgt für eine Bündelbegrenzung (Apertur) und damit für eine Beugung des Lichts. Eine strukturierte Interferenzfigur auf dem Schirm erhält

Bild 40.7. Zur Kohärenzbedingung für ausgedehnte Lichtquellen. Die durch Interferenz hervorgerufene Intensitätsverteilung $I(x)$ auf dem Schirm ist der Deutlichkeit wegen extrem breit gezeichnet

man jedoch nur dann, wenn die Interferenzfiguren der einzelnen Punkte des Objektspaltes (z. B. P und Q) auf dem Schirm praktisch zusammenfallen. Dazu muss die halbe Bildbreite s' klein sein im Vergleich zum Abstand zwischen Hauptmaximum und 1. Minimum eines Bildpunktes:

$$\frac{s'}{a'} \ll \sin\alpha_{\min 1} \quad \text{mit} \quad \sin\alpha_{\min 1} = \frac{\lambda}{d} \quad .$$

Ersetzen von s' durch $s\frac{a'}{a}$ sowie von d/a durch $2\tan(\varepsilon/2) \approx 2(\varepsilon/2)$ führt zu der

> **Kohärenzbedingung:** $\quad s\dfrac{\varepsilon}{2} \ll \dfrac{\lambda}{2}\quad .$

Ist diese Bedingung nicht eingehalten, dann führt die Überlagerung der von den verschiedenen Objektpunkten herrührenden Teilwellen zu einem völligen „Verschmieren" / der Minima und Nebenmaxima. Interferenzerscheinungen sind dann nicht beobachtbar.

Die Kohärenzbedingung zeigt, wie man Interferenzfähigkeit erzeugen kann: Man muss entweder die Lichtquelle klein genug wählen oder die beugende Öffnung.

40.1 Wellenlängenmessung mit einem Einfachspalt (2/3)

 Die Wellenlänge λ der grünen Hg-Linie einer Quecksilber-Spektrallampe soll gemessen und das Ergebnis mit dem Literaturwert verglichen werden.

Hg-Hochdrucklampe mit Netzgerät, Grünfilter, Objektspalt und Beugungsspalt (beide verstellbar), optische Bank mit Reitern, Kondensorlinse (z. B. $f_K = 80\,\text{mm}$) und Linse zur Abbildung des Objektspaltes (z. B. $f_L = 400\,\text{mm}$), Okularmikrometer (Messskala) und Ableselupe.

 Der Aufbau soll mit dem im Bild 40.8 dargestellten *verketteten Strahlengang* erfolgen, bei dem der Hg-Lichtbogen in die abbildende Linse fokussiert wird, die wiederum den Objektspalt auf den Schirm abbildet: *Köhlerscher Strahlengang*. Man erreicht dadurch eine optimale Bildqualität, d. h. gleichmäßige Ausleuchtung sowie geringsten Einfluss von Linsenfehlern. Als Schirm dient eine Glasplatte mit Stricheinteilung (Messskala). Die darauf entstehenden Interferenzfiguren werden mittels einer Lupe visuell betrachtet und ausgemessen.

In dem vorgeschlagenen Aufbau erfolgt die Spaltabbildung mit Hilfe nur *einer* Linse statt der in Bild 40.1 diskutierten zwei. Dadurch wird der Beugungsspalt nicht durch ein paralleles, sondern durch ein leicht konvergentes Lichtbündel durchsetzt. Bei dem großen Bildabstand a' jedoch ist die dadurch bedingte Änderung der charakteristischen Winkel in der Interferenzfigur nicht merklich, die Abweichung liegt in der Größenordnung $1 : d^2/a'^2$ und ist daher vernachlässigbar.

Auf der optischen Bank werden zunächst alle benötigten Elemente visuell auf die gleiche Höhe eingestellt. Dazu schiebt man am einfachsten alle Bauelemente wie den Kondensor, den Objektspalt, die Abbildungslinse, den Beugungsspalt und die Lupe zunächst dicht aneinander vor die Hg-Lampe. Nach den Höhenkorrekturen entfernt man bis auf die Hg-Lampe und den Kondensor alle anderen Bauteile von der optischen Bank und schaltet die Lichtquelle mit vorgeschwenktem Grünfilter ein. Anschließend wird folgendes Verfahren empfohlen:

Bild 40.8. Messaufbau zur Untersuchung der Fraunhofer-Beugung am Einfachspalt

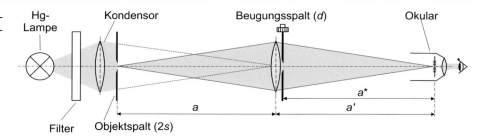

- Durch Verschieben des Kondensors wird die Lichtquelle in die vorgesehene Ebene der Abbildungslinse der Brennweite f_{L} vergrößert abgebildet. Entfernung Kondensor – Linsenebene etwas größer als $2f_{\mathrm{L}}$ wählen.

- Dicht hinter den Kondensor wird der Objektspalt gesetzt.

- An der Stelle, wo das Bild der Lichtquelle entstand, wird die Abbildungslinse aufgestellt.

- Mit Hilfe des Schirms sucht man das Bild des Objektspaltes. Durch Verschieben der abbildenden Linse wird nun diese Bildebene so gewählt, dass dort die Okularlupe gut zugänglich aufgestellt werden kann.

- Die Linse des Okulars so einstellen, dass sie auf die Stricheinteilung der Messskala scharf gestellt ist (Einstellung auf Unendlich).

- Verschieben des Okulars, bis auch das Bild des Objektspaltes scharf zu sehen ist.

- Als Letztes setzt man den verstellbaren Beugungsspalt dicht hinter die Abbildungslinse und kann jetzt die Beugungserscheinung beobachten.

Man mache sich klar, dass für die Abstände der Maxima und Minima nicht die Bildweite a', sondern der Abstand Beugungsspalt-Bildebene a^* ausschlaggebend ist, da die Beugung vom Beugungsspalt und nicht von der Linsenöffnung verursacht wird. Dies lässt sich leicht nachprüfen, indem man den Beugungsspalt in Richtung Okular verschiebt und dabei die Interferenzstreifen beobachtet. Diese rücken dichter zusammen.

 Die Messung wird für mindestens eine weitere Beugungsspaltbreite wiederholt. Für jede Beugungsspaltbreite d notiere man sich die Art des Interferenzmusters, markiere die Extrema und lese die Lagen der zusammengehörigen Maxima bzw. Minima rechts x_{r} und links x_{ℓ} des Hauptmaximums ab. Man errechne sich daraus $x = \frac{x_{\ell}+x_{\mathrm{r}}}{2}$.

Gemäß dem Grundlagenteil ist: $\lambda = (2d\sin\alpha)/m$. Für die kleinen Winkel α gilt $\sin\alpha \approx \tan\alpha$:

$$\lambda \approx \frac{2d}{m}\frac{x}{a^*} \equiv \frac{d}{a^*}\frac{2x}{m} \quad .$$

Die Auswertung soll grafisch erfolgen: Für jede Messreihe wird $2x$ über m aufgetragen. Aus der Steigung der mittelnden Geraden wird λ bestimmt. Bei der Mittelung sollten die Wertepaare für großes m mit größerem Gewicht berücksichtigt werden. In die Fehlerrechnung geht dann außer den Fehlern für die Beugungsspaltbreite d und den Abstand a^* die Unsicherheit bei der Geradensteigung ein. Bei sorgfältigem Arbeiten erreicht man Abweichungen vom Literaturwert der grünen Quecksilberlinie ($\lambda = 546{,}1\,\mathrm{nm}$) von nur wenigen Prozent.

Für eine Messreihe soll zum Vergleich eine rechnerische Auswertung mit einem gewichteten Mittelwert ($\sum 2x / \sum m$) statt des sonst üblichen arithmetischen Mittelwerts erfolgen.

40.2 Prüfung der Kohärenzbedingung (1/3)

 Durch Vergrößerung der Objektspaltbreite soll die Gültigkeit der Kohärenzbedingung qualitativ geprüft werden.

 Versuchsaufbau wie bei Teilaufgabe 40.1.

 Ausgehend von einer Beugungsspaltbreite d, bei der die Interferenzstreifen in der Okularmikrometerebene gut ausgeprägt sind, wird die Objektspaltbreite $2s$ so lange vergrößert, bis die Interferenzstreifen verschwinden. Der zugehörige Wert von $2s$ wird bestimmt.

 Durch Einsetzen der Messwerte wird die Gültigkeit der Kohärenzbedingung qualitativ geprüft.

 Beim langsamen weiteren Öffnen des Objektspaltes treten noch einmal Interferenzstreifen auf. Ursache ist eine partielle Kohärenz von Teilen des gesamten Lichtbündels. Bei weiter wachsendem $2s$ wird der Kontrast jedoch immer geringer, bis er schließlich nicht mehr messbar ist.

 Die Beobachtung soll notiert und diskutiert werden.

40.3 Prüfung der Ortsauflösungsgrenze (1/3)

 In einer Anordnung entsprechend Bild 40.8 soll die Begrenzung der Ortsauflösung bei der Abbildung zweier dicht benachbarter Objektspalte untersucht werden.

 Wie in Teilaufgabe 40.1, nur wird der Objektspalt ersetzt durch ein Objekt mit zwei schmalen zueinander parallelen Einzelspalten ($d_1 = d_2$) in kleinem Abstand g. Beispiel: $d_1 = 0{,}3\,\mathrm{mm}$, $g = 0{,}8\,\mathrm{mm}$.

 Für einen zunächst weit geöffneten Beugungsspalt beobachtet man zwei scharfe Spaltbilder. Wird der Beugungsspalt allmählich zugezogen, werden Interferenzstreifen sichtbar, und die beiden Hauptmaxima werden breiter, bis sie einander überlagern und visuell nicht mehr trennbar sind. Man bestimme diejenige Breite d des Beugungsspaltes, bei der die Grenze der Auflösung erreicht ist.

 Das Ergebnis soll mit den theoretischen Betrachtungen verglichen werden. Eine Fehlerrechnung ist nicht erforderlich.

40.4 Spaltbeugungsbild mit einer Digitalkamera ausmessen (1/3)

 Das Beugungsbild eines Spalts soll mit Hilfe einer Digitalkamera anstelle des Auges registriert werden. Aus einer geeigneten Auswertung der Intensitätsverteilung wird die Wellenlänge der verwendeten Strahlung bestimmt.

 Versuchsaufbau wie bei Teilaufgabe 40.1. Digitalkamera, Software zur grafischen Auswertung des Kamerabildes (z. B. *MatLab*, *ImageJ* o. ä.)

 Der Aufbau der Anordnung erfolgt, wie in Teilaufgabe 40.1 beschrieben, nur wird die Kamera an diejenige Position hinter dem Okular gebracht, an der sich das Auge des Experimentators befindet. Die Kamera wird auf die Messskala scharf gestellt, bei korrekter Justierung der Beugungsanordnung sollte der Fokus der Kamera dabei auf Unendlich eingestellt sein. Vor der Bildaufnahme darauf achten, dass die Skalenstriche und die Beugungsstreifen parallel zueinander sind.

 Mit einer geeigneten Software wird das Bild der Digitalkamera in ein Diagramm umgerechnet, so dass die horizontalen Pixel den x-Werten (Ort) und die Helligkeit den y-Werten (Intensität) entsprechen. Ferner muss eine Zuordnung der x-Werte zu den Teilstrichen der Messskala hergestellt werden.

Die Auswertung für die Wellenlänge erfolgt wie bei Teilaufgabe 40.1 über mehrere Maxima bzw. Minima hinweg. Dabei kann es hilfreich sein, die Lage der Maxima mit Hilfe eines geeigneten Programms und unter Verwendung einer Gaußschen Kurvenanpassung genauer zu bestimmen.

Bild 40.9. Anordnung für die Fotomultipliermessung, schematisch. Der Fotomultiplier mit dem Abtastspalt ist senkrecht zur optischen Achse verschiebbar

40.5 Ausmessen des Beugungsbildes mit dem Fotomultiplier (1/3)

In einem Aufbau entsprechend Bild 40.9 soll das Beugungsbild eines Spaltes fotoelektrisch vermessen werden. Aus der aufgezeichneten Intensitätsverteilung soll die Wellenlänge λ der verwendeten monochromatischen Strahlung, z. B. der grünen Hg-Linie bestimmt werden.

Versuchsgeräte wie in Teilaufgabe 40.1, statt Okularmikrometer und Ableselupe jedoch Fotomultiplier mit Netzgerät und Abtastspalt, dazu Verstärker für den Fotostrom; Messrechner zur Aufzeichnung der Intensitätsverteilung. Schrittmotor mit Getriebe zur zeitproportionalen seitlichen Verschiebung des Fotomultipliers.

Der Vorteil einer Messung mit einem extrem lichtempfindlichen fotoelektrischen Sensor, dem **Fotomultiplier**, ist die Beobachtbarkeit einer sehr großen Zahl von Interferenzstreifen, die wegen der großen Intensitätsunterschiede visuell nicht wahrnehmbar sind. Zur Wirkungsweise eines Fotomultipliers, s. Themenkreis 48.

Wegen der hohen Lichtempfindlichkeit muss die gesamte Anordnung mit einer vollständig abdunkelbaren Abdeckung versehen werden.

> ⚠ **Fotomultiplier, auch ohne Spannungsversorgung, vor Streulichteinfall schützen, sonst Schädigung der Fotokathode!**

Die Justierung des Strahlenganges erfolgt, wie in Teilaufgabe 40.1 beschrieben. Dabei wird der Objektspalt O auf den Abtastspalt vor dem Fotomultiplier scharf abgebildet; hierbei befindet sich der Beugungsspalt noch nicht im Strahlengang oder ist weit geöffnet. Der spannunglose Fotomultiplier bleibt dabei lichtdicht abgedeckt. Nach dieser Justierung wird der Beugungsspalt eingesetzt und auf eine kleine Spaltbreite von wenigen zehntel Millimetern eingestellt. Danach wird die seitliche Verschiebung des Fotomultipliers über die motorgetriebene Transportspindel erprobt.

In einem Vorversuch mit abgedunkelter Versuchsanordnung und eingeschaltetem Fotomultiplier werden schließlich die Lagen der Intensitätsmaxima und deren Intensitätsverhältnis grob bestimmt. Hierbei muss der Verstärkungsfaktor des Fotostromverstärkers in der Nähe des Hauptmaximums um bis zum Faktor 100 heruntergeschaltet werden, damit das Messgerät nicht in die Sättigung gerät.

Bei der eigentlichen Messung wird die Intensitätsverteilung mit möglichst vielen Nebenmaxima symmetrisch zum Hauptmaximum aufgenommen. Die Beugungsspaltbreite d sowie die Bildweite a^* müssen gemessen werden. Um die Lage der Maxima auswerten zu können, muss die Zeitachse der Messkurve in Längen der seitlichen Multiplierverschiebung skaliert werden.

Die Messung für eine weitere Spaltbreite d des Beugungsspaltes wiederholen.

Die Auswertung soll grafisch erfolgen. Dabei wird für jede Messreihe der Abstand $2x$ zweier zusammengehöriger Minima links und rechts des Hauptmaximums über deren Laufzahl k grafisch aufgetragen. Aus der Steigung der mittelnden Geraden wird wie in Teilaufgabe 40.1 die Wellenlänge λ bestimmt. Eine Fehlerrechnung ist erforderlich, um das Ergebnis mit dem Literaturwert quantitativ vergleichen zu können.

Aus der Messkurve sollen die Intensitätsverhältnisse berechnet und mit der theoretischen Vorhersage verglichen werden. Hierbei muss der *Dunkelstrom* des Fotomultipliers berücksichtigt werden, d. h. der Strom, der bei vollständig abgedunkeltem Fotomultiplier fließt.

41. Polarisation, Doppelbrechung, Flüssigkristalle

 Vertiefung der Kenntnisse über die Polarisationseigenschaften des Lichts, optische Aktivität, Umgang mit einem Polarimeter, Elektrooptik von Flüssigkristallen.

 Standardlehrbücher (Stichworte: Optische Aktivität, Polarisation, Doppelbrechung, Lichtstreuung, Tyndall-Effekt, Polarimeter, Flüssigkristalle),
Demtröder: Experimentalphysik – Band 3,
Hecht: Optik.

Polarisiertes Licht

Zur Beschreibung der Lichtausbreitung werden unterschiedliche Modelle benutzt, z. B. das Modell der *Lichtstrahlen*, das *Wellenmodell* oder das *Teilchenmodell*. Für Erscheinungen wie Beugung und Interferenz ist das Wellenmodell des Lichts ein angemessenes Beschreibungskonzept:

> Licht ist eine transversale elektromagnetische Welle   ,

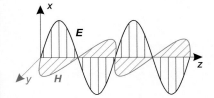

Bild 41.1. Zur Ausbreitung einer elektromagnetischen Welle. z ist die Ausbreitungsrichtung der Welle

bei der ein elektrisches und ein damit gekoppeltes magnetisches Feld mit gleicher Frequenz schwingen. Die Vektoren der elektrischen bzw. magnetischen Feldstärke, E bzw. H, stehen dabei stets senkrecht aufeinander und beide senkrecht zur der Ausbreitungsrichtung, wie in Bild 41.1 gezeigt. Im weiteren wollen wir davon nur die elektrische Feldstärke betrachten, für die Mehrzahl der optischen Erscheinungen ist das ausreichend.

Der Zeitverlauf der *elektrischen Feldstärke E* ist wegen der hohen Frequenzen einer Lichtwelle von einigen 10^{14} Hz allerdings nicht direkt messbar. Durch Messgeräte wie z. B. ein Fotoelement oder das menschliche Auge lässt sich stets nur eine zeitgemittelte Größe wie die *Intensität I* der Welle bestimmen, die durch den zeitlichen Mittelwert des Feldstärkequadrats gegeben ist:

$$I \sim \overline{E^2}   .$$

Die Intensität ist dabei definiert als die auf eine Empfängerfläche A auftreffende Lichtleistung P, dividiert durch diese Fläche: $I = P/A$. Sie heißt auch **Bestrahlungsstärke**, ihre Einheit ist $1\,\mathrm{W/m^2}$. Im Teilchen- bzw. *Photonenbild* ausgedrückt, ist I die auf diese Fläche in einem Zeitintervall Δt auftreffende Photonenzahl ΔN, dividiert durch das Zeitintervall und die Fläche sowie multipliziert mit der Energie hf eines Photons:

$$I = \frac{\Delta N}{A \Delta t} hf   .$$

Bei $1\,\mathrm{W/m^2}$ und sichtbarem Licht sind das einige 10^{18} (!) Photonen.

Hier soll Licht jedoch weiter als Transversalwelle betrachtet werden. Die experimentelle Bestätigung für die Transversalität einer Welle folgt aus ihrer *Polaristation*. Für Licht wurde über diese Beobachtung erstmals 1808 von E. L. Malus berichtet. Man unterscheidet verschiedene wichtige Grenzfälle der Polarisation.

Linear polarisiertes Licht

Im Beispiel des Bildes 41.1 hat die elektrische Feldstärke an jedem Ort z die gleiche Schwingungsrichtung x. Eine solche Welle wird als **linear polarisiert** bezeichnet.

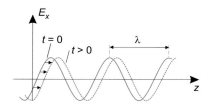

Bild 41.2. Momentaufnahmen einer in z-Richtung fortschreitenden linear polarisierten Welle

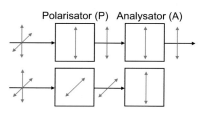

Bild 41.3. Wirkung von Polarisator und Analysator

Bild 41.4. Zur Berechnung der durch den Analysator hindurchtretenden Intensität I_{aus}

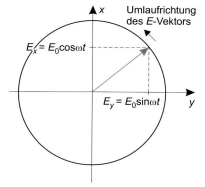

Bild 41.5. Momentaufnahme des Feldvektors einer linkszirkular polarisierten Welle in der Ebene $z = 0$; die Welle läuft (entgegen der positiven z-Richtung) auf den Betrachter zu

Die Richtung von $\boldsymbol{E}$ wird *Polarisationsrichtung* genannt, die von dieser Richtung und der Ausbreitungsrichtung aufgespannte Ebene heißt *Polarisationsebene*. Für die linear polarisierte ebene Welle in Bild 41.2 lässt sich analytisch schreiben:

$$E_x(z,t) = E_0 \sin(2\pi f t - 2\pi z/\lambda) \quad .$$

λ ist die Wellenlänge der Lichtwelle, die mit der Frequenz f über die Lichtgeschwindigkeit c zusammenhängt: $c = \lambda f$. Misst man die Intensität einer solchen Welle z. B. mit einem Fotoelement am Ort $z = z_0$, so gilt folgender Zusammenhang:

$$I \sim \overline{E_x^2(z_0, t)} = \frac{1}{T} \int_0^T E_0^2 \sin^2(2\pi f t - \text{const}) \, \mathrm{d}t = \dots = \frac{1}{2} E_0^2 \quad .$$

T ist die Schwingungsdauer von $\boldsymbol{E}$, also der Kehrwert der Frequenz f.

Die meisten Lichtquellen liefern unpolarisiertes Licht. Mit einem **Polarisator** lässt sich daraus linear polarisiertes Licht erzeugen. *Unpolarisiertes Licht* kann als ein statistisches Gemisch von Lichtwellenzügen mit allen möglichen Schwingungsrichtungen aufgefasst werden. An einem festen Ort z_0 gibt es daher zu jedem Zeitpunkt (Momentaufnahme) einen resultierenden elektrischen Feldvektor. Durch den Polarisator (P) wird hiervon nur eine Komponente durchgelassen, die dazu senkrechte Komponente dagegen nicht, Bild 41.3 links. Das Licht ist dann linear polarisiert. Durch Drehen des Polarisators kann jede beliebige Schwingungsrichtung senkrecht zur Ausbreitungsrichtung ausgewählt werden.

Will man nun umgekehrt die Schwingungsrichtung einer linear polarisierten Welle feststellen, verwendet man einen völlig gleichartigen Polarisator, der dann jedoch **Analysator** (A) genannt wird. Stehen die Durchlassrichtungen von A und P parallel zueinander, wird hinter A maximale Helligkeit beobachtet, stehen sie um 90° gegeneinander verdreht – man sagt „gekreuzt" / –, dann herrscht hinter A Dunkelheit, Bild 41.3 unten. Sind A und P um einen Winkel γ verdreht, Bild 41.4, kann die Feldstärke E_{ein} der auf A einfallenden linear polarisierten Welle in eine Komponente $E_0 \cos\gamma$ in Durchlassrichtung von A und die dazu senkrechte Komponente zerlegt werden. Für die hinter A austretende Intensität I_{aus} gilt dann wegen $I \sim \overline{E^2}$:

$$I_{\text{aus}} = I_{\text{ein}} \cos^2\gamma \quad .$$

Die Messung der Winkelabhängigkeit von I_{aus} erlaubt daher die Bestimmung der Schwingungsrichtung einer linear polarisierten Welle.

Zirkular und elliptisch polarisiertes Licht

Blickt man einem linear polarisierten Lichtbündel entgegen und betrachtet den elektrischen Feldvektor an einem beliebigen Beobachtungsort $z = z_0$, so vollführt die Spitze des Feldvektors eine lineare Schwingung. Bei **zirkular polarisiertem** Licht dagegen läuft die Spitze des elektrischen Feldvektors auf einem Kreis um. Die Angaben *rechts* bzw. *links zirkular polarisiertes* Licht beziehen sich dabei auf den Umlaufsinn des E-Vektors, wenn man dem Lichtbündel entgegen blickt.

Zirkular polarisiertes Licht entsteht, wenn man zwei senkrecht zueinander linear polarisierte Wellen gleicher Frequenz und Amplitude überlagert, die eine Phasenverschiebung von $+\pi/2$ oder $-\pi/2$ gegeneinander aufweisen:

$$\begin{aligned} E_x &= E_0 \sin(2\pi f t - 2\pi z/\lambda) \\ E_y &= E_0 \sin(2\pi f t - 2\pi z/\lambda \pm \pi/2) \\ &= \pm E_0 \cos(2\pi f t - 2\pi z/\lambda) \quad . \end{aligned}$$

Die Verhältnisse für den einen Drehsinn sind in Bild 41.5 grafisch veranschaulicht. Untersucht man zirkular polarisiertes Licht mit dem oben beschriebenen Analysator A, erhält man für jeden Analysatorwinkel γ hinter A die gleiche Intensität: I ist unabhängig von der Winkelstellung von A konstant.

Sind die Amplituden der beiden überlagerten Teilwellen E_x und E_y ungleich oder die Phasenverschiebung zwischen ihnen $\neq \pm\pi/2$, entsteht eine **elliptisch polarisierte** Welle: Die Spitze des elektrischen Feldvektors läuft nicht auf einem Kreis, sondern auf einer Ellipse um.

Aufbau und Funktion von Polarisatoren

Es gibt verschiedene physikalische Prozesse, die zur Erzeugung von polarisiertem Licht führen, von denen hier die Polarisation durch *Reflexion*, durch *Doppelbrechung* und durch *Streuung* behandelt werden sollen.

Polarisation durch Reflexion

Fällt ein Lichtbündel auf eine Glasfläche, wird ein Teil des Bündels reflektiert, der andere Teil tritt unter Brechung in das Glas ein. Eine Untersuchung des reflektierten Bündels mit einem Analysator zeigt, dass es teilweise polarisiert ist. Der Grad der Polarisation hängt dabei vom Einfallswinkel α ab. Vollständige lineare Polarisation liegt bei einem Winkel α_B vor, bei dem das reflektierte Bündel auf dem gebrochenen senkrecht steht, Bild 41.6. Für diesen nach Brewster benannten Einfallswinkel α_B gilt nach dem *Snelliusschen Brechungsgesetz* das:

Brewstersche Gesetz $\tan \alpha_B = n$,

wobei n die Brechzahl des Glases ist.

Will man dieses Phänomen im atomaren Bild deuten, betrachtet man die atomare Wechselwirkung der Lichtwelle mit dem reflektierenden Medium, hier dem Glas. Die Atome in der Glasoberfläche werden durch das elektrische Wechselfeld der einfallenden Lichtwelle zu erzwungenen elektrischen Schwingungen (Elektronenhülle gegen Atomkern) angeregt. Jeder dieser schwingenden **elektrischen Dipole** strahlt dann wieder einen Lichtwellenzug der gleichen Frequenz ab. Die Überlagerung der Wellen aller betroffenen Atome ergibt zum einen das gebrochene Lichtbündel im Glas, zum anderen das reflektierte Bündel. Der beobachtete Polarisationseffekt beruht nun auf der *Abstrahlcharakteristik eines schwingenden Dipols*, die keine Emission in Richtung der Schwingungsachse erlaubt (s. a. Abschnitt über Streuung, Bild 41.11). Um diese Aussage zu erläutern, ist in Bild 41.6 die elektrische Feldstärke im einfallenden unpolarisierten Bündel in zwei Schwingungskomponenten zerlegt, einmal in der Zeichenebene und einmal senkrecht dazu. Nun ist leicht einzusehen, dass bei einer Reflexionsrichtung, die mit einer Dipol-Schwingungsrichtung im Glas zusammenfällt, kein Licht dieser Schwingungsrichtung reflektiert werden kann: Das unter diesem Winkel reflektierte Licht ist daher linear polarisiert mit dem E-Vektor senkrecht zur Zeichenebene. Im gebrochenen Lichtbündel ist diese Schwingungsrichtung entsprechend geschwächt, die andere dagegen nicht.

Lässt man nun umgekehrt linear polarisiertes Licht auf eine Glasplatte treffen, so wird die Intensität des reflektierten Lichts nicht nur vom Einfallswinkel α und der Brechzahl des Glases, sondern in starkem Maße auch von der Polarisationsrichtung des einfallenden Lichts abhängen. Mit Hilfe der Gesetze der Elektrodynamik (*Maxwellsche Gleichungen*) lassen sich die Zusammenhänge für die reflektierte Lichtintensität quantitativ herleiten:

Fresnelsche Formeln:

$$I_{\parallel}^{\mathrm{refl}} = I_{\mathrm{ein}} \left(\frac{n\cos\alpha - \cos\beta}{n\cos\alpha + \cos\beta} \right)^2$$

$$I_{\perp}^{\mathrm{refl}} = I_{\mathrm{ein}} \left(\frac{\cos\alpha - n\cos\beta}{\cos\alpha + n\cos\beta} \right)^2 \ .$$

Bild 41.6. Reflexion einer Lichtwelle an einer Glasoberfläche unter dem Brewsterwinkel α_B. Die roten Doppelpfeile bzw. Punkte deuten die Schwingungsrichtungen der elektrischen Feldstärke an

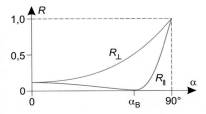

Bild 41.7. Reflexionsgrad für unterschiedlich polarisiertes Licht. Kurven berechnet für $n = 2$

Den Verlauf des *Reflexionsgrades* $R = I^{\mathrm{refl}}/I_{\mathrm{ein}}$ als Funktion des Einfallswinkels α für die zwei zueinander senkrechten Polarisationsrichtungen zeigt Bild 41.7. Für den Winkel $\alpha = 0$ und damit auch $\beta = 0$ nehmen beide den gleichen Wert an:

$$R_{\parallel}(0) = R_{\perp}(0) = \frac{(n-1)^2}{(n+1)^2} \ ,$$

der bei Glas mit $n = 1{,}5$ das bekannte Ergebnis $R = 0{,}04 = 4\,\%$ liefert.

Misst man den Winkelverlauf von $R_\parallel$, so lässt sich aus der Nullstelle der Brewsterwinkel α_B bestimmen.

Polarisation durch Doppelbrechung und Dichroismus

Es gibt Materialien, die für Lichtwellen unterschiedlicher Schwingungsrichtung unterschiedliche Brechzahlen aufweisen. Grund ist die Abhängigkeit der *Phasengeschwindigkeit* der Lichtwelle von der Schwingungsrichtung. Beispiele für solche *anisotrop* genannten Stoffe sind praktisch alle nicht kubischen Kristalle, aber auch amorphe Stoffe wie Glas und Plexiglas, wenn sie mechanisch verspannt werden.

Ein für Polarisatoren häufig verwendeter Kristall ist der Kalkspat, an dem schon vor über 300 Jahren diese Eigenschaft der **Doppelbrechung** das erste Mal beobachtet wurde. Unpolarisiertes Licht wird beim Durchgang durch diesen Kristall in zwei Teilbündel aufgespalten. Das eine Bündel, der sog. *ordentliche (o) Strahl*, gehorcht dem Brechungsgesetz, das andere, der *außerordentliche (ao) Strahl*, dagegen nicht. Beide Bündel sind linear polarisiert, und ihre Schwingungsebenen stehen senkrecht aufeinander. Will man nun linear polarisiertes Licht außerhalb des Kristalls erhalten, muss eines der beiden Bündel aus dem Strahlengang entfernt werden. Dies kann z. B. mit dem **Nicolschen Prisma** erreicht werden. Der Kalkspatkristall wird in einer Diagonalen aufgeschnitten und mit Kanadabalsam wieder zusammengekittet, wie im Bild 41.8 skizziert. Der o- und der ao-Strahl erfahren beim Eintritt in den Kristall unterschiedliche Brechungen ($n_{ao} = 1{,}486$, $n_o = 1{,}658$). Die Kittschicht mit $n = 1{,}55$ bildet für den ao-Strahl ein optisch dichteres, für den o-Strahl ein optisch dünneres Medium. Bei geeigneten Schnittwinkeln der Kristalle überschreitet der Einfallswinkel des o-Strahls an der Kittschicht den Grenzwinkel der Totalreflexion, so dass dieser Strahl zur Seite abgelenkt wird. Dort wird er durch eine geeignete Beschichtung absorbiert. In Richtung des einfallenden Lichtes – nur etwas parallel verschoben – tritt nur der ao-Strahl als linear polarisiertes Lichtbündel aus dem Nicolschen Prisma aus. Seine Schwingungsrichtung liegt in der Zeichenebene.

Eine sehr handliche Form von Polarisatoren sind die **Polarisationsfolien**. Sie bestehen ebenfalls aus optisch anisotropem Material, in dem jedoch der ordentliche und der außerordentliche Strahl unterschiedlich stark absorbiert werden, Bild 41.9. Diese Erscheinung heißt auch **Dichroismus**. Ein preiswertes Beispiel sind Zellulosehydratfolien, die durch mechanische Streckung beim Herstellungsprozess optisch anisotrop gemacht und zusätzlich mit Farbstoffen eingefärbt worden sind. Sie zeigen typisch eine Transmission von 25 % für die durchgelassene Schwingungsrichtung und lediglich 0,01 % für die dazu senkrechte Richtung.

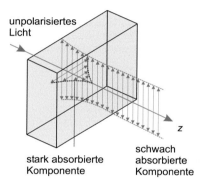

Bild 41.8. Erzeugung von linear polarisiertem Licht mit einem Nicolschen Prisma

Bild 41.9. Wirkung dichroitischer Polarisationsfolien, schematisch

Flüssigkristalle (LC: liquid crystal)

Ein anderes Beispiel für doppelbrechendes Material sind die sog. **Flüssigkristalle**. Sie bestehen im einfachsten Fall aus stabförmigen Molekülen, z. B. Cyanobiphenyl (5CB). Wie in Bild 41.10 links zu sehen, ordnen sich diese in einer Zelle mit

Bild 41.10. Ein *nematischer Flüssigkristall* besteht aus stäbchenförmigen Molekülen, die z. B. parallel zu den Fenstern einer Zelle angeordnet sind. Der Flüssigkristall ist doppelbrechend. Durch ein von außen angelegtes elektrisches Feld $E_{el} > 0$ orientieren sich die Moleküle in Feldrichtung. Steht das Feld senkrecht zu den Fensterflächen wie im rechten Bildteil, wird der Flüssigkristall scheinbar optisch isotrop

geeignet präparierten Wänden annähernd parallel zu den Wänden an. Licht mit einer Schwingungsrichtung des elektrischen Feldvektors E_{opt} parallel zu den Molekülachsen besitzt eine größere Brechzahl als senkrecht dazu polarisiertes Licht. Der Flüssigkristall ist also doppelbrechend. Durch Anlegen eines elektrischen Feldes E_{el} werden die Moleküle in Feldrichtung gedreht und damit die Doppelbrechung verändert, Bild 41.10 rechts. Flüssigkristalle finden inzwischen vielfach Anwendung in Anzeigetafeln (*LC-Displays*) oder für Bildschirme.

Polarisation durch Streuung

Befinden sich im Strahlengang eines Lichtbündels kleine Partikel, durchsichtige oder undurchsichtige, so wird ein Teil des Lichts seitlich gestreut. Die Winkelverteilung der Streuintensität, die *Streucharakteristik*, hängt dabei wesentlich von der Größe d der Streuteilchen im Vergleich zur Lichtwellenlänge λ ab. Hier wollen wir uns auf die Betrachtung des Falls der **Rayleigh-Streuung**, d. h. $d \ll \lambda$ beschränken, wie er zum Beispiel beim **Tyndall-Effekt** oder auch bei der Streuung des Sonnenlichts in der Atmosphäre auftritt. Das gestreute Licht erweist sich dann als (teil-) polarisiert.

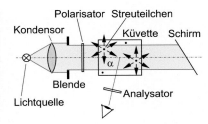

Bild 41.11. Anordnung zur Untersuchung des Tyndall-Effekts

Bei diesem nach J. Tyndall benannten Effekt wird ein Glasrohr oder eine längliche Küvette mit einer verdünnten Kolloidlösung von einem weissen Lichtbündel durchstrahlt, Bild 41.11. Infolge der Streuung an den sehr kleinen Kolloidteilchen ist der Lichtweg von der Seite aus sichtbar. Die Untersuchung dieses Streulichts zeigt:

- Das Streulicht ist linear polarisiert, wenn man es im rechten Winkel zur Richtung des Lichtbündels betrachtet (d. h. $\alpha = 90°$), sonst ist es teilweise polarisiert.

- Das Streulicht ist nicht mehr weiß, sondern bläulich gefärbt. Wenn die Küvette lang genug ist, nimmt das durchgehende Lichtbündel dagegen eine rötlich-orange Farbe an.

Zur Deutung dieser Erscheinungen wird die Wechselwirkung des elektrischen Wechselfeldes der Lichtwelle mit den atomaren positiven und negativen Ladungen im Molekül des Kolloids betrachtet. Diese werden durch das elektrische Feld zu erzwungenen Dipolschwingungen angeregt und strahlen als sogenannte **Hertzsche Dipole** Lichtwellen der gleichen Frequenz wieder ab, allerdings mit einer für solch einen Dipol gültigen *Abstrahlcharakteristik*, Bild 41.12. Da in Schwingungsrichtung keine Abstrahlung erfolgt, ist das Licht, das im rechten Winkel zur Ausbreitungsrichtung des anregenden unpolarisierten Lichtbündels abgestrahlt wird, linear polarisiert.

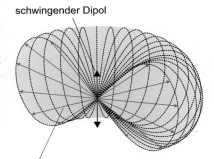

Bild 41.12. Zur Abstrahlcharakteristik eines schwingenden elektrischen Dipols

Die Intensität der gestreuten Strahlung hängt ferner von der Lichtwellenlänge ab. Aus den Eigenschaften des o. g. Hertzschen Dipols lässt sich zeigen, dass bei den hier benutzten kleinen Streuteilchen für die gestreute Intensität gilt:

$$I_{\mathrm{Streu}} \sim 1/\lambda^4 \quad (\text{Rayleigh} - \text{Streuung}) \quad .$$

Das bedeutet, dass blaues Licht mit der kleineren Wellenlänge erheblich stärker gestreut wird als das langwellige rote Licht. Das erklärt auch die farbigen Erscheinungen bei der Tyndall-Streuung.

Die Erläuterungen dieses Abschnitts gelten entsprechend für das an den Luftmolekülen der oberen Atmosphäre gestreute Sonnenlicht (Himmelsblau, Abendrot).

Erzeugung von zirkular polarisiertem Licht

Zur Herstellung von zirkular polarisiertem Licht benötigt man zwei gleich intensive linear polarisierte Wellen mit einer gegenseitigen Phasenverschiebung von $+\pi/2$ oder $-\pi/2$. Diese lassen sich mit Hilfe der Doppelbrechung erzeugen, indem man die unterschiedlichen Phasengeschwindigkeiten von ordentlichem und außerordentlichem Strahl ausnutzt. Lässt man das Lichtbündel so einfallen, dass es den doppelbrechenden Stoff der Dicke d senkrecht zur optischen Achse durchläuft, Bild 41.13, dann gibt es den größtmöglichen Brechzahlunterschied $|\Delta n|_{\max} = |n_{\mathrm{o}} - n_{\mathrm{ao,\,max}}|$ und damit eine maximale Differenz des *optischen Weges* d_{opt} zwischen den beiden Teilbündeln von

$$|\Delta d_{\mathrm{opt}}|_{\max} = d |\Delta n|_{\max} \quad .$$

Bild 41.13. Zur Erzeugung von zirkular polarisiertem Licht mit einer $\lambda/4$-Platte

Wenn dieser Weglängen- oder Gangunterschied gerade $\lambda/4$ bzw. $\lambda/4 + k\lambda$ ($k = 0, 1, 2, \ldots$) beträgt, das entspricht einem Phasenunterschied von $\Delta\varphi = 2\pi\Delta d_{\text{opt}}/\lambda = \pi/2$ bzw. $\pi/2 + k2\pi$, dann haben die beiden linear polisierten Teilbündel beim Austritt aus dem doppelbrechenden Stoff den gewünschten Phasenunterschied und ergeben eine zirkular polarisierte Welle. Diese Bedingung lässt sich durch Wahl der richtigen Dicke d einstellen. Ein solches Bauelement nennt man **λ/4-Platte** . Eine $\lambda/4$-Platte hat diese Eigenschaft der Phasenschiebung um genau ($\pi/2 + k2\pi$) streng nur für eine definierte Wellenlänge.

📖 Optische Aktivität, Flüssigkristall-TN-Zellen

Bild 41.14. Zur Drehung der Polarisationsebene in einem optisch aktiven Stoff

Beim Durchgang von linear polarisiertem Licht durch einige Stoffe wie z.B. Quarz oder Rohrzucker wird die Schwingungsrichtung des elektrischen Feldvektors gedreht, wie in Bild 41.14 schematisch angedeutet. Solche Stoffe heißen **optisch aktiv**. Bei *rechtsdrehenden* Substanzen wird die Schwingungsebene im Uhrzeigersinn gedreht, wenn man dem Licht entgegenblickt, bei *linksdrehenden* ist es umgekehrt. Der Drehwinkel α wächst in jedem Falle linear mit der durchstrahlten Schichtdicke d:

> **optische Drehung:** $\qquad \alpha = (\alpha)_\lambda^\vartheta d$.

$(\alpha)_\lambda^\vartheta$ ist eine stoffspezifische Konstante und wird *spezifisches Drehvermögen* genannt. Eigentlich ist sie gar keine Konstante, denn ihr Wert hängt sowohl von der Temperatur ϑ als auch in besonders starkem Maße von der Wellenlänge λ ab. Die Tabellenwerte beziehen sich meistens auf die Temperatur $\vartheta = 20\,°\text{C}$ und die Wellenlänge der aus historischen Gründen mit dem Buchstaben D bezeichneten gelben Natriumlinie $\lambda_\text{D} = 589\,\text{nm}$. So findet man z. B. für Quarzkristalle (SiO$_2$) den Wert $(\alpha)_\text{D}^{20} = 21{,}7\,\text{Grad/mm}$. Quarzkristalle können, abhängig von der Anordnung der SiO$_2$-Moleküle, sowohl rechts- als auch linksdrehend sein. Die Abhängigkeit des spezifischen Drehvermögens von der Wellenlänge bezeichnet man als **Rotationsdispersion**.

Ursache für die optische Drehung ist eine Unsymmetrie im Kristallbau wie z.B. beim Quarzkristall oder auch in einem Molekül wie Zucker. Im letzteren Fall wird die Drehung dann auch bei Lösungen dieser Substanz beobachtet. Dabei ist das spezifische Drehvermögen proportional zur Konzentration c dieser Substanz in der Lösung:

> $\alpha = [\alpha]_\lambda^\vartheta cd$.

In Tabellenwerken werden aus historischen Gründen die Konzentration in der sonst nicht üblichen Einheit: Gramm Substanz pro Kubikzentimeter Lösungsmittel angegeben, die Küvettenlänge in Dezimetern. Für Lösungen von Rohrzucker ergibt sich für das spezifische Drehvermögen der Wert $[\alpha]_\lambda^{20} = 66{,}5\,\text{Grad}\,\text{dm}^{-1}\,\text{g}^{-1}\,\text{cm}^3$. Bei Kenntnis dieses Wertes kann man aus der Messung des Drehwinkels die Konzentration des Zuckers in einer Lösung bestimmen, ein Verfahren, das z. B. bei medizinischen Blut- oder Harnuntersuchungen verwendet wird.

Auch Flüssigkristallmoleküle können optische Aktivität zeigen. So verwendet man z. B. sog. *TN-Zellen* (twisted nematic) zum Bau von Anzeigenelementen und Bildschirmen (engl. displays). Bild 41.15 zeigt eine solche Zelle. Sie ist mit stäbchenförmigen Molekülen gefüllt, deren Orientierung an den Zellfenstern um $90°$ gegeneinander verdreht ist, siehe Bild 41.15 links. Dadurch entsteht in der Zelle eine schraubenartige Orientierung der Moleküle. Eine polarisiert einfallende Lichtwelle dreht ihre Schwingungsebene beim Durchlaufen der Zelle ebenfalls um $90°$ und passiert einen gekreuzten Analysator. Durch eine äußere Spannung U_0 von etwa 3 V wird ein elektrisches Feld senkrecht zu den Fenstern der Zelle erzeugt, so dass sich auch die Moleküle in diese Richtung einstellen, siehe Bild 41.15 rechts. Der Flüssigkristall ist nun nicht mehr optisch aktiv, sondern scheinbar optisch isotrop.

hell

Analysator

dunkel

E_{el}

Flüssig-
kristall-
moleküle

4 bis 6 μm

Flüssig-
kristall-
moleküle

U_0

Polarisator

unpolarisiertes Licht

Bild 41.15. Eine TN-Flüssigkristallzelle (twisted nematic) mit stäbchenförmigen Molekülen zwischen gekreuzten Polarisatoren. Die optische Aktivität des Flüssigkristalls wird durch ein äußeres elektrisches Feld aufgehoben.

Eine Drehung der Polarisationsebene des durchtretenden Lichts tritt nicht mehr auf, so dass dieses den gekreuzten Analysator nicht mehr passieren kann.

LC-Displays bestehen aus rechteckförmigen Anordnungen von TN-Zellen (Abmessung etwa $10 \times 10\,\mu m^2$), die einzeln mit Spannungen von einigen Volt angesteuert werden, um zweidimensionale Bilder darzustellen. Je nach Größe der Displays werden LC-Pixel-Arrays mit etwa 100 bis 1000 Zeilen und Spalten hergestellt.

Isomerie und optische Aktivität

Besonders im Bereich der organischen Chemie begegnet man oft dem Phänomen, dass zwei verschiedene chemische Verbindungen zwar die gleiche Summenformel aufweisen, aber die Anordnung der Atome unterschiedlich ist – man spricht dann generell von **Isomerie**.

Ein besonderer Fall wird durch die Händigkeit oder *Chiralität* (griech. cheire = Hand) zweier isomerer Moleküle beschrieben, die sich wie Bild und Spiegelbild zueinander verhalten – wie unsere beiden Hände. Die beiden spiegelbildlichen Formen nennt man *Enantiomere*, während der Begriff *Razemat* ein Gemisch aus beiden Enantiomeren bezeichnet.

Der Hauptunterschied zwischen den Enantiomeren besteht in ihrem Verhalten gegenüber anderen chiralen Verbindungen und im Verhalten gegenüber polarisiertem Licht. Die Polarisationsebene des polarisierten Lichts wird beim Durchgang durch Lösungen spiegelbildlicher Enantiomere in entgegengesetzte Richtungen gedreht. So lassen sich die beiden Enantiomere unterscheiden und benennen: Dreht eine der Formen das polarisierte Licht nach links (ist also linksdrehend), so ist die spiegelbildliche Form rechtsdrehend. Sie werden als L- und D-Form bezeichnet, von lat. lever (links) und dexter (rechts). Man spricht auch von *optischer Isomerie*.

In der Natur kommt bei vielen Verbindungen nur eines der beiden Enantiomere vor. Bei den Aminosäuren, den Bausteinen der Proteine, ist das stets die L-Form (nur in einigen Bakterien kommen auch D-Aminosäuren vor).

Der menschliche Stoffwechsel verarbeitet nur linksdrehende Milchsäure, so dass deren Anteil in Yoghurt und anderen Nahrungsmitteln gekennzeichnet ist.

41.1 Polarisation durch Reflexion (2/3)

 Durch Reflexion eines Lichtbündels an einer Glasplatte soll die Winkelabhängigkeit des Reflexionsgrades für linear polarisiertes Licht gemessen werden. Aus dem Brewster-Winkel soll die Brechzahl des Glases bestimmt werden.

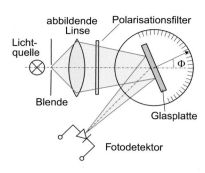

Bild 41.16. Zur Untersuchung der Polarisation durch Reflexion

Drehtisch mit Glasplatte und Winkelmessskala, Polarisationsfilter, Experimentierleuchte, Lochblende, Linse, alternativ Diodenlaser unterschiedlicher Wellenlänge (z.B. blau, grün, rot), Fotoelement mit Strommesser (μA).

Das Fotoelement wird so aufgebaut, dass es um die Achse der drehbar aufgestellten Glasplatte schwenkbar ist. Die beleuchtete Lochblende wird auf das Fotoelement abgebildet, so dass dieses höchstens voll ausgeleuchtet ist. Der Strahlengang ist durch die Reflexion an der Glasplatte „geknickt", Bild 41.16. Bei der optischen Justierung muss darauf geachtet werden, dass das Lichtbündel für den gesamten zu untersuchenden Winkelbereich ohne Abschattungsverluste auf die Glasplatte trifft.

Zur Bestimmung der Bestrahlungsstärke mit dem Fotoelement wird der Kurzschlussstrom, nicht die Leerlaufspannung des Fotoelements gemessen; denn nur dafür gilt die lineare Beziehung:

Fotostrom ～ Bestrahlungsstärke .

Für eine ausgewählte Polarisationsrichtung (z.B. $\boldsymbol{E}$ parallel zur Einfallsebene) wird die reflektierte Strahlungsleistung für einen möglichst großen Winkelbereich gemessen. Zur genauen Bestimmung des *Brewsterwinkels* sind die Winkelabstände in diesem Bereich kleiner zu wählen. Streulicht vermeiden. Zur Bestimmung der einfallenden Strahlungsleistung I_{ein} wird die Glasplatte aus dem Strahlengang genommen und das Fotoelement direkt bestrahlt.

Die Messung wird für die dazu senkrechte Polarisationsrichtung ($\boldsymbol{E}$ senkrecht zur Einfallsebene) wiederholt.

Der Reflexionsgrad $R = I_{\text{refl}}/I_{\text{ein}}$ wird für die beiden Polarisationsrichtungen über dem Einfallswinkel α grafisch aufgetragen.

Für die Bestimmung des Brewsterwinkels aus der Kurve $R_{\parallel}(\alpha)$ empfiehlt sich eine getrennte Grafik mit gespreiztem Maßstab in der Umgebung von α_{B}. Zur Angabe von α_{B} gehört eine Fehlerabschätzung.

Der Reflexionsgrad bei $\alpha \to 0$ (Extrapolation!) soll mit dem aus einer Glas-Brechzahl $n = 1{,}5$ berechneten Wert verglichen werden. Dabei ist zu beachten, dass eine zweimalige Reflexion vorliegt, einmal an der Vorder- und einmal an der Rückseite der Glasplatte.

41.2 Halbschattenpolarimeter (2/3)

Die prinzipielle Wirkungsweise eines Halbschattenpolarimeters soll durch die Messung charakteristischer Winkeleinstellungen untersucht werden.

Halbschattenpolarimeter, Na-Spektrallampe.

Ein Halbschattenpolarimeter wird zur präzisen Messung der Drehung der Polarisationsebene von linear polarisiertem Licht durch eine optisch aktive Substanz benutzt. Prinzipieller Aufbau und Strahlengang sind in Bild 41.17 skizziert. Als gleichmäßig ausgeleuchtete Lichtquelle dient eine mit monochromatischem Licht einer Na-Spektrallampe bestrahlte Lochblende mit Mattscheibe. Das durch einen Kondensor leicht konvergent gemachte Lichtbündel wird im Polarisator linear polarisiert und nach dem annähernd parallelen Durchtritt durch den Probenraum und den drehbaren Analysator mit einem Messokular betrachtet. In der Zwischenbildebene

Bild 41.17. Bauelemente eines Halbschattenpolarimeters

des Okulars entsteht dabei das Bild der Lochblende, das mit Hilfe der Augenlinse des Okulars betrachtet wird. Bringt man nun eine optisch aktive Substanz in den Probenraum, so kann durch Nachdrehen des Analysators die Drehung der Polarisationsebene durch die Substanz gemessen werden.

Zur Erhöhung der Messgenauigkeit dient das *Halbschattenplättchen* aus einem optischen aktiven Material, das in der Zwischenbildebene nur in die eine Hälfte des Strahlenganges eingeschoben ist und in diesem Teil die Polarisationsrichtung um einen kleinen Winkel δ, den sog. Halbschattenwinkel dreht. Bei einem beliebigen Analysatorwinkel β sind daher die Intensitäten in den beiden Teilen des Strahlenganges verschieden. Bei Änderung von β erhält man zwei $\cos^2$-Funktionen, die gegeneinander um den Winkel δ verschoben sind. Es ergeben sich dabei für eine Umdrehung $\Delta\beta = 360°$ insgesamt zwei Einstellungen mit gleicher Intensität I_a und großer Gesamthelligkeit (β_{e_1} und β_{e_2}) sowie zwei mit gleicher Intensität I_a aber geringer Gesamthelligkeit (β_{a_1} und β_{a_2}), Bild 41.18. Diese Einstellungen können mit größerer Genauigkeit aufgefunden und reproduziert werden als die Einstellungen für maximale bzw. minimale Intensität in den einzelnen Gesichtsfeldern. Ursache ist die Eigenschaft des Auges, (kleine) Intensitäts*unterschiede* ΔI besser zu erkennen als absolute Intensitäten, wobei die Erkennbarkeit mit abnehmender Absolutintensität steigt: **Weber-Fechnersches Gesetz**.

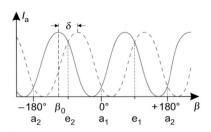

Bild 41.18. Drehwinkelabhängige Intensitätszerlegung in der Okularebene eines Halbschattenpolarimeters

Zunächst werden ohne Probensubstanz die beiden sog. Nullstellen des Polarimeters β_{a_1} und β_{a_2} bestimmt, das sind die Einstellungen für gleich helle Gesichtsfeldhälften bei geringer Gesamthelligkeit. Zur Mittelung über Einstell- und Ablesefehler soll die Messung mehrmals wiederholt werden, z. B. je viermal.

Zu messen sind auch die beiden anderen Winkel β_{e_1} und β_{e_2} für gleiche, große Helligkeit. Wiederholungsmessungen.

Prüfen, ob für beide Messungen $\beta_{i_1} - \beta_{i_2}$ innerhalb der Fehlergrenzen 180° ergibt.

Es sollen die beiden Winkel $\beta_{a_1} \pm \delta/2$ eingestellt werden, bei denen die eine bzw. die andere Gesichtsfeldhälfte minimale Intensität aufweist.

Aus dem Vergleich der Standardabweichungen für β_{a_i} und $\beta_{a_1} \pm \delta/2$ wird eine Aussage über die Messgenauigkeiten der drei Bestimmungen gemacht.

Aus den Messwerten sollen der Halbschattenwinkel δ und der Winkel β_0 zwischen der Durchlassrichtung des Analysators und dem Nullpunkt des Ableseteilkreises berechnet werden.

Schließlich soll eine Skizze der zwei $\cos^2$-Funktionen, die die Intensitäten in den zwei Teilen des Polarimeter-Strahlenganges beschreiben, mit den gemessenen Winkelangaben gezeichnet werden.

41.3 Spezifische Drehung von Quarz (1/3)

Mit Hilfe des Halbschattenpolarimeters soll das spezifische Drehvermögen von Quarz für die Wellenlänge der gelben Natriumlinie bestimmt werden.

Halbschattenpolarimeter, Na-Spektrallampe, Quarzplättchen der Dicke d.

Der Analysator wird in eine der Minimumstellen β_{a_i} gebracht. Das Quarzplättchen wird in den Probenraum des Halbschattenpolarimeters gegeben. Dadurch wird die Polarisationsebene in den beiden Gesichtsfeldhälften um einen Winkel α gedreht. Die Intensität beider Gesichtsfeldhälften stimmt dann nicht mehr überein. Der Winkel α wird dadurch ermittelt, dass man den Analysator nachdreht, bis beide Gesichtshälften wieder auf die gleiche, geringe Gesamtintensität abgeglichen sind. Hierbei muss auf die Drehrichtung geachtet werden: Es gibt rechts- und linksdrehende Stoffe.

Das spezifische Drehvermögen berechnen, Fehlerrechnung. Ergebnis mit dem Literaturwert vergleichen; den Drehsinn angeben.

41.4 Saccharimetrie (1/3)

Aus der Drehung der Polarisationsebene für verschieden konzentrierte Zuckerlösungen soll das spezifische Drehvermögen von Zucker für das Licht der Na-D-Linie bestimmt werden.

Halbschattenpolarimeter, Na-Spektrallampe mit Netzgerät, unterschiedlich konzentrierte Zuckerlösungen.

Hinweis: Bei wässrigen Lösungen von Rohrzucker ($C_{12}H_{22}O_{11}$) findet durch bakterielle Umwandlung (Metabolismus) eine Abnahme der Zuckerkonzentration schon innerhalb weniger Tage statt. Für die Messung sollte daher eine frisch angesetzte Lösung verwendet werden.

Zunächst mit einer leeren Küvette den Winkel β_{a_i} für eine der Minimumstellen bestimmen. Dann die Drehwinkel für die verschiedenen Lösungen messen, Drehsinn notieren.

Drehwinkel grafisch über der Konzentration auftragen. Aus der Geradensteigung den Wert für $[\alpha]_D^\vartheta$ berechnen; Fehlerrechnung.

41.5 Rotationsdispersion (1/3)

Mit Hilfe eines Polarimeters soll die Wellenlängenabhängigkeit des spezifischen Drehvermögens von Quarz bestimmt werden.

Halbschattenpolarimeter, Hg-Spektrallampe (Quecksilber), Farbfilter für die Hg-Linien, Quarzplättchen der Dicke d.

Für jede der sichtbaren Hg-Spektrallinien wird der Drehwinkel bestimmt, s. a. Tabelle 41.1.

Für jede vermessene Wellenlänge wird das spezifische Drehvermögen berechnet. Die Dispersionskurve wird grafisch aufgetragen.

Tabelle 41.1. Wellenlängen im sichtbaren Teil des Hg-Spektrums

Farbe	violett	blau	grün	gelb
Wellenlänge in nm	408	436	546	576/8

41.6 Tyndall-Effekt (1/3)

Mit Hilfe des Tyndall-Effekts in einer geeignet getrübten Lösung soll die Erscheinung der Polarisation durch Streuung qualitativ untersucht werden.

Längliche Küvette, gelöstes Kolophonium (Baumharz), Lichtquelle, Kondensor, Blende, Polarisator, Analysator, Schirm.

Lichtquelle mit Hilfe des Kondensors auf den Schirm abbilden, so dass das Lichtbündel die Küvette schwach konvergent durchsetzt, Bild 41.11. Die trübe Lösung sorgt dafür, dass das Licht auch seitlich gestreut wird.

Polarisator herausnehmen. Das gestreute Licht unter verschiedenen Winkeln gegen die optische Achse – sowohl von der Seite als auch von oben – durch den Analysator hindurch betrachten. Analysator drehen.

Polarisator wieder in den Strahlengang bringen und so einstellen, dass das in die Küvette eintretende Licht zunächst entweder horizontal oder vertikal linear polarisiert ist. Das gestreute Licht dieses Mal mit bloßem Auge, d. h. ohne Analysator von der Seite und von oben betrachten. Beobachtung bei der anderen Polarisationsrichtung wiederholen.

Beobachtungen notieren und im Bild des Hertzschen Dipols erläutern.

Küvette ohne Polarisator einmal quer und einmal längs durchstrahlen. Die Farben des seitlich gestreuten und des durchgehenden Lichtes vergleichen.

Beobachtungen notieren und mit Hilfe der Wellenlängenabhängigkeit der Rayleigh-Streuung deuten.

41.7 Leistungsmessung hinter Polarisatoren (1/3)

 Die durchtretende Lichtintensität hinter einem Paar Polarisationsfilter soll in Abhängigkeit vom Winkel zwischen Polarisator und Analysator mit einem Fotoelement bestimmt werden.

 Zwei drehbare Polarisationsfilter mit Gradeinteilung, Fotoelement mit Strommesser, Na-Spektrallampe.

Die Geräte können auf einer optischen Bank justiert werden. Das Fotoelement dient zur Messung des Fotostromes, der zur auftreffenden Lichtintensität proportional ist. Auf eine hinreichend gute Abschirmung der Raumbeleuchtung achten, ggf. ein schmalbandiges Gelbfilter vor dem Fotoelement verwenden.

 Fotoströme für mehrere Winkeleinstellungen (z. B. 20) in dem maximal möglichen Winkelbereich messen.

 Messwerte in einem Diagramm darstellen und den gemessenen Intensitätsverlauf mit der theoretisch zu erwartenden $\cos^2$-Kurve vergleichen.

41.8 Elektrooptik von Flüssigkristallen (2/3)

 Die Doppelbrechung und optische Aktivität von Zellen, welche mit Flüssigkristallen gefüllt sind, sollen untersucht werden.

 Verschiedene Flüssigkristallzellen (doppelbrechend oder optisch aktiv), Lichtquelle, Polarisationsfolien.

 Die Doppelbrechung einer Flüssigkristallzelle mit planarer Orientierung der Moleküle nach Bild 41.10 soll nachgewiesen werden, indem die Zelle mit polarisiertem Licht bestrahlt wird. Die Polarisation des durchtretenden Lichts wird mit einer Polarisationsfolie analysiert. Ist das einfallende Licht parallel oder senkrecht zur Molekülrichtung polarisiert, so ist die Polarisation des durchtretenden gleich der Polarisationsrichtung des einfallenden Lichts. Ist die Polarisation des einfallenden Lichts nicht parallel oder senkrecht zur Molekülachse, so ist das durchtretende Licht elliptisch polarisiert. Man bestimme für einige Polarisationsrichtungen des einfallenden Lichts durch Drehung der Analysatorfolien die jeweiligen Hauptachsenrichtungen des durchtretenden Lichts.

Man lege eine Spannung an die Zelle und untersuche, bei welcher Spannung die Zelle scheinbar isotrop wird, d. h. sich die Moleküle senkrecht zu den Zellfenstern ausrichten.

 Man gebe die Spannung an, bei der der Flüssigkristall vom doppelbrechenden in den optisch isotropen Zustand umgeschaltet wird.

 Man bestimme den Polarisationswinkel der Zelle mit schraubenförmig orientierten Molekülen als Funktion einer angelegten Spannung.

 Die Spannungsabhängigkeit des Drehwinkels wird in einem Diagramm dargestellt und soll diskutiert werden.

41.9 Zirkular und elliptisch polarisiertes Licht (1/3)

 Die Polarisation eines Halbleiterlasers und die Polarisationsänderung durch Polarisatoren und eine $\lambda/4$-Platte sollen quantitativ untersucht werden.

 Polarisationsfilter, $\lambda/4$-Platte, Halbleiterlaser, Photozelle, Multimeter

Zunächst ist es sinnvoll, die Polarisatoren zu kalibrieren. Der Polarisator wird in den Laserstrahl gestellt und durch Drehen des äußeren Ringes auf 90° eingestellt. Nun wird der innere Ring so weit gedreht, bis die transmittierte Intensität minimal wird. In Halbleiterlasern entstehen fast nur Lichtwellen, die parallel zur aktiven Zone polarisiert sind. Bestimmen Sie die Polarisationsrichtung und den Polarisationsgrad des Lasers. Hierzu messen Sie die durch einen Polarisator transmittierte Intensität für etwa 10 Polarisatorstellungen. Der Polarisationsgrad ergibt sich aus dem Verhältnis von polarisierter Intensität zur Gesamtintensität.

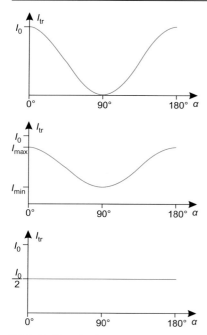

Bild 41.19. Die durch einen Polarisator tretende Intensität als Funktion des Drehwinkels bei unterschiedlich polarisiertem, einfallendem Licht I_0. Oben: lineare Polarisation; Mitte: teilweise polarisiertes Licht; Unten: unpolarisiertes oder zirkular polarisiertes Licht

Bild 41.20. Polardiagramm der durch einen Analysator tretenden Intensität als Funktion des Analysator-Drehwinkels bei zirkular und elliptisch polarisiertem Licht. A ist die Hauptpolarisationsachse bei dem elliptisch polarisierten Licht

Bild 41.21. Trennung des ordentlichen vom außerordentlichen Strahl durch einen Flüssigkristallkeil, schematisch

Die optischen Eigenschaften des Polarisationsfilters können mittels eines zweiten identischen Filter als Analysator bestimmt werden. Stellen Sie zunächst den Analysator so ein, dass seine optische Achse mit der des Polarisators optimal übereinstimmt. Dann messen Sie die Intensität vor dem Analysator und sowohl die maximal als auch die minimal transmittierte Intensität hinter dem Analysator. Für alle Messungen ist es notwendig, die Untergrundintensität bei ausgeschaltetem Laser zu messen, um den Einfluss von Streulicht zu bestimmen.

Die transmittierte Intensität des Diodenlasers durch den Polarisator wird über dem eingestellten Winkel α des Polarisators graphisch aufgetragen. Aus den Extrema ergibt sich der Polarisationsgrad der Laserdiode $P = I_{\max}/(I_{\max} + I_{\min})$.

Bestimmen Sie die minimale und maximale Transmission des Polarisationsfilters. Als Transmission versteht man das Verhältnis von transmittierter Intensität I_{tr} zu einfallender Intensität $T = I_{\mathrm{tr}}/I_0$.

Machen Sie sich klar, dass eine $\lambda/4$-Platte ohne Einfluss auf die Polarisation bleibt, wenn ihre optische Achse parallel oder senkrecht zur Polarisationsrichtung des Lichtes steht. Nutzen Sie dies, um die Lage der optischen Achse der $\lambda/4$-Platte zu bestimmen. Drehen Sie diese anschließend um $45°$, um zirkular polarisiertes Licht zu erzeugen.

Ist die verwendete $\lambda/4$-Platte für $\lambda = 633$ nm gemacht, während die Laserdiode eine Wellenlänge von ca. 640 nm hat, so entsteht elliptisch polarisiertes Licht. Bestimmen Sie das Verhältnis von großer zu kleiner Halbachse für mehrere Einstellungen der $\lambda/4$-Platte.

Stellen Sie die Änderung des Verhältnisses von großer zu kleiner Halbachse graphisch dar, indem Sie die durch einen Polarisator tretende Intensität als Funktion des Drehwinkels auftragen. Die Bilder 41.19 und 41.20 zeigen zwei unterschiedliche grafische Darstellungsmöglichkeiten. Diskutieren Sie das Ergebnis.

41.10 Doppelbrechung von Flüssigkristallen (1/3)

Die ordentliche und die außerordentliche Brechzahl eines Flüssigkristalls (MBBA) soll bestimmt werden.

Polarisationsfilter, $\lambda/4$-Platte, Halbleiterlaser, flüssigkristallgefüllter Glaskeil, Flüssigkristallzelle mit paralleler Orientierung, Schirm.

Trennung der Strahlen o. und ao.

Zwei planparallele Glassubstrate sind mit einer Orientierungsschicht präpariert und in einem Winkel von $10°$ verklebt, Bild 41.21. Der entstehende Keil ist mit dem Flüssigkristall MBBA gefüllt. Durch die Orientierungsschicht richten sich die Flüssigkristallmoleküle gemäß Bild 41.10 entlang der Orientierungsschicht aus. Mit Hilfe eines solchen Keils, lassen sich die beiden unterschiedlichen Brechzahlen des Flüssigkristalls bestimmen.

Zunächst wird gemäß Aufgabe 41.9 elliptisch polarisiertes Licht erzeugt. Auf einem Schirm wird die Position des Lichtpunktes ohne Keil markiert (Millimeterpapier). Anschließend wird der Glaskeil mit Flüssigkristall hinter die $\lambda/4$-Platte gestellt und so justiert, dass der Strahl senkrecht durch das Fenster einfällt. Dies erkennt man daran, dass der Rückreflex mit dem Strahl übereinstimmt. Beim Eintritt des Strahls in den Keil findet keine Brechung statt. Das Austrittsfenster des Keils ist um $10°$ gegenüber dem Eintrittsfenster verkippt. Da der Flüssigkristall für den ordentlichen und außerordentlichen Strahl unterschiedliche Brechungsindizes hat, unterscheiden sich auch die Winkel unter denen die Strahlen beim Wiederaustritt aus dem Keil gebrochen werden. Dadurch werden zwei Lichtpunkte auf dem Schirm sichtbar. Vergewissern Sie sich mittels eines Polarisationsfilters, dass die beiden Strahlen senkrecht zueinander polarisiert sind.

Aus dem Schirmabstand, den Auftreffpunkten der beiden Strahlen relativ zum ursprünglichen Strahl und dem Senelliusschen Brechungsgesetz ergeben sich die beiden Brechzahlen n_{ao} und n_{o}. Wie groß ist der Messfehler?

Wird der Flüssigkristall auf ca. 40° erwärmt findet der Phasenübergang von der nematischen zur isotropen Phase statt. Das Phänomen der Doppelbrechung verschwindet. Da es mitunter länger dauert, bis sich der Kristall nach dem Abkühlen wieder orientiert hat, sollte dies erst nach Bestimmung der Brechzahlen ausprobiert werden.

41.11 Elektrooptik von Flüssigkristallen, LC-TN-Zellen (1/3)

Die optischen Eigenschaften einer Zelle mit schraubenförmig orientierten Molekülen (TN) soll in Abhängigkeit der angelegten Spannung untersucht werden.

TN-Flüssigkristallzellen, Polarisationsfolien, Photozelle, Lichtquelle (Halbleiterlaser), Funktionsgenerator, Oszilloskop, Multimeter.

Zunächst wird eine Flüssigkristallzelle mit linear polarisiertem Licht bestrahlt, ohne Spannung anzulegen. Dazu wird ein Polarisator vor die Zelle gestellt und in Polarisationsrichtung ausgerichtet. Die Flüssigkristallzelle sollte mit der beschrifteten Seite zum Laser zeigen. Auf dieser Seite sind die Flüssigkristallmoleküle durch die Orientierungsschicht senkrecht zur Tischebene ausgerichtet. Die Ausrichtung der Orientierungsschicht auf der anderen Seite ist je nach Zelle unterschiedlich. Mittels eines Photodetektors und eines Analysators wird die transmittierte Intensität für verschiedene Polarisationsrichtungen des Analysators bestimmt. Der Versuch soll mit verschiedenen Flüssigkristallzellen wiederholt werden. Bitte nicht vergessen, die Zellennummer zu notieren!

Der Photostrom proportional zur transmittierten Lichtleistung wird über dem Winkel zwischen Analysator und Polarisator graphisch aufgetragen. Aus dem Diagramm wird der Drehwinkel der jeweiligen Flüssigkristallzelle bestimmt.

Alle LCDs werden stets mit Wechselspannung betrieben. Hierdurch wird die Abwanderung der Moleküle zu einer Elektrode, sowie die Zersetzung durch Elektrolyse verhindert. Die Funktionen „DC", „DC-Offset", sowie „Pulse"des Funktionsgenerators dürfen daher auf keinen Fall benutzt werden!

Polarisator und Analysator werden auf das bestimmte Intensitätsmaximum eingestellt. Anschließend wird der Transmissionskoeffizient der LC-Zelle bei fester Frequenz (einige kHz) und verschiedenen Spannungen (Angabe in $V_{pp} \hat{=}$ Spannung zwischen Maximum und Minimum: peak to peak) bestimmt. Es sollte bei der kleinstmöglichen Amplitude begonnen werden und die Spannung in kleinen Schritten (ca. 0,5 V) erhöht werden, bis die maximale Absorption erreicht ist.

Die spannungsabhängige Transmission wird graphisch aufgetragen. Warum sinkt die Transmission mit steigender Spannung?

Die Abhängigkeit der Transmission von der Wellenform der Modulationsspannung soll gemessen werden. Dazu wird die ausgegebene Wellenform am Frequenzgenerator von Sinus auf Rechteck umgestellt. Die Transmission wird für einige Amplituden im linearen Bereich der Kurve bestimmt.

Berechnen Sie das Verhältnis der beiden Transmissionskoeffizienten. Diskutieren Sie die Ergebnisse.

41.12 Schaltzeit und Frequenzabhängigkeit, LC-TN-Zelle (1/3)

An einer Zelle mit schraubenförmig orientierten Molekülen (TN) sollen die Frequenzabhängigkeit der Transmission sowie die Schaltzeit einer solchen Zelle untersucht werden.

TN-Flüssigkeitszelle, Lichtquelle (Halbleiterlaser), Polarisationsfilter, Photozelle, Oszilloskop, Frequenzgenerator.

Bei kleinen Frequenzen ($< 100\,\mathrm{Hz}$) richten sich die Molekülachsen im Spannungsmaximum in Feldrichtung aus, um beim Spannungsnulldurchgang wieder die Helixstruktur einzunehmen. Bei höheren Frequenzen (ab $100\,\mathrm{Hz}$) bleiben die Moleküle mit der Achse ihrer größten Polarisierbarkeit in Feldrichtung und nur die Hüllenelektronen schwingen im E-Feld. Die Helixstruktur ist dauerhaft aufgelöst.

Bei fester Amplitude (z.B. $6\,V_{\mathrm{pp}}$) wird die Transmission einer Zelle mit gekreuzten Polarisatoren für verschiedene Frequenzen im Bereich von $1\,\mathrm{Hz}$ bis zu einigen $100\,\mathrm{kHz}$ mit dem Oszilloskop gemessen. Hierfür wird sowohl das Transmissionsminimum, als auch das Maximum bestimmt.

Die frequenzabhängigen Transmissionswerte werden mit logarithmischer Frequenzachse aufgetragen. Ab welcher Grenzfrequenz stimmen Minimal- und Maximalwert überein? Diskutieren Sie am Ersatzschaltbild eines LCDs, warum die Transmission ab ca. $100\,\mathrm{kHz}$ wieder zunimmt.

Die Schaltzeit eines LCDs ist die Summe aus Ein- und Ausschaltzeit. Diese Zeiten sind definiert über die Änderung der Transmission von 10% auf 90% bzw. umgedreht. Um die Einschaltzeit zu bestimmen, wird eine TN-Zelle mit gekreuzten Polarisatoren elektrisch so angesteuert, dass sich die maximale Absorption ergibt. Zusätzlich wird das Signal des Funktionsgenerators periodisch an und ausgeschaltet. Hierfür wird der Funktionsgenerator in den „Gated"-Modus mit Gatezeiten von etwa $1\,\mathrm{s}$ gebracht. Untersuchen Sie mit dem Oszilloskop zunächst die Funktionsweise dieses Modus. Betrachten Sie anschließend zusätzlich das Transmissionsverhalten der Flüssigkristallzelle und bestimmen Sie die Schaltzeiten. Welche Faktoren (Frequenz, Amplitude, Wellenform) haben auf die Schaltzeit Einfluss? Optimieren Sie die Schaltzeit!

Wie groß ist die optimale Schaltzeit der verwendeten TN-Zelle? Vergleichen Sie das Ergebnis mit der Schaltzeit handelsüblicher Monitore. Vergleichen Sie auch die inverse Schaltzeit mit der im ersten Aufgabenteil bestimmten Grenzfrequenz.

42. Ausbreitung von Laserstrahlung

Beschreibung der Ausbreitung von Laserstrahlung durch das Modell des Gaußstrahls. Untersuchung der Divergenz von Laserstrahlung. Transformation von Gaußstrahlen durch Linsen. Vergleich mit der geometrischen Optik. Fokussierung und Aufweitung von Laserstrahlung.

Standardlehrbücher (Stichworte: Laser, He-Ne-Laser, Diodenlaser, Halbleiterlaser, transversale Moden, Gaußstrahl),
Eichler/Eichler: Laser.

Laserstrahlung mit Gaußscher Intensitätsverteilung

Laser (light amplification by stimulted emission of radiation) sind Lichtquellen, deren Strahlung sich von der gewöhnlicher Lichtquellen wie Glühlampen, Gasentladungslampen oder Leuchtdioden stark unterscheidet, weil es extrem einfarbig ist, d. h. eine geringe Linienbreite im Spektrum besitzt, weil es einen geringen *Öffnungswinkel* des emittierten Lichtbündels aufweist und sich durch große *Kohärenz*, d. h. sehr gute Interferenzfähigkeit auszeichnet. Ursache ist der unterschiedliche atomare Entstehungsmechanismus der Strahlung, der bei gewöhnlichen Lichtquellen durch *spontane Emissionsakte* hervorgerufen wird, was zu einer statistischen Verteilung von Emissionsrichtungen und Phasenlagen der Wellenpakete bzw. Photonen führt. Laserstrahlung dagegen entsteht durch **stimulierte Emission**, bei der durch Wechselwirkung eines Strahlungsfeldes mit stark besetzten angeregten atomaren Niveaus eine phasengekoppelte *Lichtverstärkung* entsteht. Bild 42.1 zeigt die Vorgänge schematisch. Das Bild zeigt links die *Absorption* eines Photons der passenden Energie $hf_{12} = E_2 - E_1$, bei dem ein Elektron aus dem tieferen Energieniveau E_1 in das höhere Niveau E_2 angeregt wird. Das Photon verschwindet dabei. In der Mitte sieht man *spontane Emission*, bei der Elektronen aus dem angeregten Zustand E_2 spontan in das tiefere Niveau E_1 übergehen, wobei die Photonen in beliebige Richtungen emittiert werden. Bild 42.1 zeigt rechts *induzierte Emission*, bei der ein Photon ein angeregtes Elektron (E_2) veranlasst, in ein tieferes Energieniveau E_1 überzugehen. Das einfallende Licht wird dadurch verstärkt.

Bringt man das laseraktive Medium in einen *optischen Resonator*, z. B. zwischen zwei Spiegel, Bild 42.2, bewirkt das Hin- und Herreflektieren des Lichts eine Verstärkung und zugleich eine räumliche Bündelung der Strahlung. Voraussetzung für die hohe Besetzung der oberen Energieniveaus (E_2) ist eine geeignete Energiezufuhr von außen. Da diese zugeführte Energie begrenzt ist, stellt sich eine stationäre Photonenzahl im Lasermaterial zwischen den Spiegeln ein. Ein Teil dieser Photonen

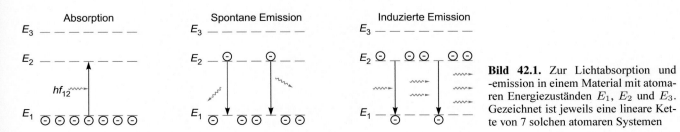

Bild 42.1. Zur Lichtabsorption und -emission in einem Material mit atomaren Energiezuständen E_1, E_2 und E_3. Gezeichnet ist jeweils eine lineare Kette von 7 solchen atomaren Systemen

Bild 42.2. Prinzipaufbau eines Lasers, bestehend aus dem laseraktiven Material zwischen zwei Spiegeln R_1, R_2 (Resonator) und einer externen Energiequelle. Die eingezeichneten Wellenzüge sollen schematisch den Verstärkungsprozess veranschaulichen

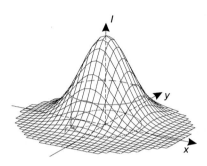

Bild 42.3. Intensitätsprofil eines Gaußstrahls, d. h. einer Lichtwelle mit einer Intensitätsverteilung I, die in Richtungen x,y oder r senkrecht zur Ausbreitungsrichtung z durch ein Gaußprofil beschrieben wird

wird durch den teildurchlässigen Spiegel mit den Reflexionsgrad R_1 ausgekoppelt und steht dann als sog. **Laserstrahl** zur Verfügung.

Gaußstrahl

Ein Laserbündel hat zwar einen kleinen Öffnungswinkel, die Ausbreitung dieser Strahlung lässt sich jedoch wegen auftretender Beugung nicht einfach durch einen mathematischen Strahl beschreiben, wie dies in der geometrischen Optik üblich ist. Vielmehr besitzt ein Laserstrahl transversal zur Strahlrichtung eine Ausdehnung und Intensitätsstruktur. Allgemein lässt sich Strahlung, also auch Laserstrahlung, wegen der Beugung nicht beliebig scharf fokussieren.

Das transversale *Intensitätsprofil* von Laserstrahlung, Bild 42.3, wird im einfachsten Fall, im sog. **Grundmode**, an jedem Ort beschrieben durch eine

Gauß-Verteilung $\qquad I(r, z) = I_0 e^{-2r^2/w^2(z)}$.

Dabei ist $\pm w(z)$ der **Strahlradius**, d. h. der Abstand von der Achse, in dem die Lichtintensität auf den Betrag $1/e^2 (= 13,5\,\%)$ der Intensität I_0 im Zentrum $r = 0$ gefallen ist.

Die Gaußsche Intensitätsverteilung bleibt bei Fortpflanzung im freien Raum und auch nach dem Durchgang durch Linsen näherungsweise erhalten.

Wegen der Beugung ändert sich der Strahlradius w in Ausbreitungsrichtung z:

$$w(z) = w_0 \sqrt{1 + (\lambda z/\pi w_0^2)^2} \quad .$$

Dabei ist w_0 der minimale Strahlradius, d. h. am Ort der **Strahltaille** bei $z = 0$.

Der Gaußstrahl, Bild 42.4, lässt sich also durch ein Hyperboloid

$$(w/w_0)^2 - (z/s)^2 = 1$$

darstellen, das um die Ausbreitungsrichtung (hier die z-Achse) rotationssymmetrisch ist. Dieses kann man als Axialschnitt durch einen Laserstrahl auffassen.

Der Abstand z, für den $w = \sqrt{2}w_0$ wird, bezeichnet man als **Rayleighlänge** s. Innerhalb dieses Bereichs weicht der Strahlengang eines divergenten Strahlbündels der geometrischen Optik (gestrichelt) deutlich vom Verlauf des Gaußstrahls (rot durchgezogen) ab.

Die Rayleighlänge ist mit dem Strahltaillenradius w_0 über

$$w_0 = \sqrt{\lambda s/\pi} \quad \text{bzw.} \quad s = \pi w_0^2/\lambda$$

verknüpft. (Man beweise dies selbst).

Für $z \gg s$ weitet sich der Strahl kegelförmig auf, Bild 42.4; dort gilt $w(z) \to w_0 z/s$ und damit für den *Divergenzwinkel*

$$\Theta = \lim_{z \to \infty} \frac{w}{z} = \frac{w_0}{s} = \frac{\lambda}{\pi w_0} \quad .$$

Je schmaler der Strahl an der Strahl-Taille, z. B. am Laser-Ausgang ist, d. h. je kleiner w_0 ist, um so größer ist die Divergenz.

Bild 42.4. Links: Änderung des Strahlradius $w(z)$ in Ausbreitungsrichtung z eines Laserstrahls. Die z-Koordinate ist im Verhältnis zur r-Koordinate stark verkleinert dargestellt. Typische Werte für He-Ne-Laser: $2w_0 = 1\,$mm, $s = 1,2\,$m, $2\Theta = 0,05°$. Rechts: Intensitätsverteilung $I(r)$ über die Strahlquerschnittsrichtung (Gaußfunktion mit $1/e^2$-Breite $2w$)

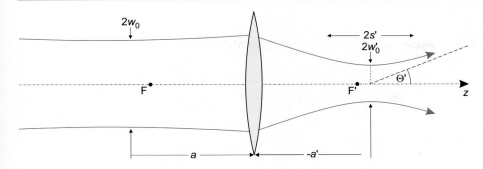

Bild 42.5. Transformation (hier Fokussierung) eines Gaußstrahls durch eine Linse

📖 Umformung von Laserstrahlung durch Linsen

Für Gaußstrahlen gelten besondere **Abbildungsgesetze**, die als Grenzfall $s \to 0$ bzw. $w_0 \to 0$ in die Abbildungsgesetze der geometrischen Optik übergehen. Ein Gaußstrahl mit dem minimalen Strahlradius w_0, der sich in einem Abstand a vor einer Linse befindet, wird durch die Linse wiederum in einen Gaußstrahl transformiert, der eine Strahltaille w_0' im Abstand a' hinter der Linse besitzt.

In Bild 42.5 ist der Axialschnitt eines Laserstrahles vor und hinter einer Sammellinse stark vergrößert skizziert. Der Radius w_0' hängt dabei nach

$$w_0' = w_0 \frac{f}{\sqrt{(a-f)^2 + s^2}}$$

vom Abstand der Strahltaille a, der Linsenbrennweite f sowie dem Taillenradius w_0 und der Rayleighlänge s des einfallenden Strahls ab. Für die Lage der neuen Strahltaille erhält man

$$a' = -f + \frac{f^2(f-a)}{(f-a)^2 + s^2} \quad .$$

Man beachte dabei, dass Abstände von einer Strahltaille in Ausbreitungsrichtung als positiv angesetzt werden. Abstände, gegen die Ausbreitungsrichtung gemessen, sind negativ.

Im folgenden wird ein Spezialfall betrachtet, bei dem der Brennpunkt der Linse in der vorderen Strahltaille liegt ($a = f$). Damit ist $a' = -f$ und die Strahltaille des durchtretenden Strahls fällt in den hinteren Brennpunkt. Der neue Strahltaillenradius

$$w_0' = w_0 \frac{f}{s} = \frac{\lambda f}{\pi w_0}$$

ist proportional zur Linsenbrennweite f, zur Lichtwellenlänge λ sowie umgekehrt proportional zum Strahlradius w_0. Die Taillen-Länge

$$s' = s \left(\frac{f}{s} \right)^2$$

wird quadratisch im Verhältnis f/s verkürzt, während der Divergenzwinkel im Fernfeld dagegen um den Faktor s/f vergrößert wird:

$$\Theta' = \frac{w_0'}{s'} = \Theta \frac{s}{f} \quad .$$

Im Versuch wird die Linsen-Brennebene jedoch nicht genau mit der Strahltaille zusammenfallen. Man kann zeigen, dass w_0' jedoch wenig von $a - f$ abhängt (Fehlerrechnung).

Vergleich mit dem klassischen Abbildungsgesetz

Die Gesetze der geometrischen Optik lassen sich als Grenzfall $s \to 0$ der Linsen-Transformationsgesetze für Gaußstrahlen ableiten. Der Abstand a' der Strahltaille hinter der Linse ergibt sich:

Bild 42.6. Aufbau eines He-Ne-Lasers: zwischen Anode und Kathode brennt durch Anlegen einer Spannung (kV-Bereich) eine Gasentladung, die Neon-Atome anregt. Die spontane und indu-zierte Emission führt zur Ausbildung eines Laserstrahls mit einigen Milliwatt Leistung. Eine Glasplatte im Strahl un-ter dem Brewster-Winkel kann die La-serstrahlung polarisieren

$$a' = -f + \lim_{s \to 0} \frac{f^2(f-a)}{(f-a)^2 + s^2} \quad = \quad -f + \frac{f^2}{f-a} \quad .$$

Diese Näherung realisiert man experimentell, wenn die *Objektebene* genügend weit vom Brennpunkt F der abbildenden Linse entfernt liegt. Befindet man sich also mit den abbildenden Elementen außerhalb des Bereichs $|f-a| \gg s$, kann s in der oberen Formel vernachlässigt werden, und es gilt näherungsweise das Abbildungsgesetz der geometrischen Optik, siehe auch *Themenkreis 33*:

$$\frac{1}{a} - \frac{1}{a'} = \frac{1}{f} \quad .$$

Nach Umformung ergibt sich ebenfalls:

$$\frac{w_0'}{w_0} = \frac{a'}{a} \quad .$$

Die Entfernungen a, a' der Strahltaille von der Linse entsprechen somit der Gegenstands- und Bildweite der geometrischen Optik und die Taillen-Durchmesser w_0, w_0' der Gegenstands- und Bildgröße y bzw. y'.

📖 Kollimierung von Laserdiodenstrahlung

Die eben besprochenen radialsymmetrischen Gaußstrahlen werden z. B. typisch von *Helium-Neon-Gas-Lasern* (Bild 42.6) emittiert. Zunehmend werden diese Laser durch **Halbleiterlaserdioden** ersetzt, die lediglich ca. $0,5$ mm lang sind. Bei die-sen wird die Strahlung durch Elektronenübergänge vom Leitungs- ins Valenzband erzeugt, ähnlich wie in einer lichtemittierenden Diode (LED), siehe *Themenkreis 29*. Dabei werden Elektronen aus dem n-dotierten und Löcher aus dem p-dotierten Ma-terial in den pn-Übergang injiziert, wo sie unter Lichtemission rekombinieren. Diese Laserdioden emittieren z. B. rotes Licht mit Wellenlängen von 635 nm oder 780 nm. Anwendung finden diese Laser in großem Umfang in Lesegeräten für CD- oder DVD-Speicherplatten.

Die Emission von Laserdioden, Bild 42.7, besitzt aufgrund des sehr kleinen Querschnitts der aktiven Zone von etwa 1 µm × 4 µm und der daraus resultierenden Beugung eine relativ große, stark asymmetrische Divergenz. Senkrecht zur Richtung der aktiven Schicht beträgt diese ca. $40°$, während der Divergenzwinkel in Schicht-richtung bei etwa $10°$ liegt. Das aktive Volumen eines He-Ne-Laserbündels dagegen hat einen Durchmesser von 1–2 mm und eine viel kleinere Divergenz.

Bild 42.7. Aufbau einer Halbleiterlaser-diode und Ausbreitung der emittierten Strahlung

Zur Parallelisierung bzw. *Kollimation* werden Linsen bzw. Linsensysteme mit einem relativ großen Durchmesser in Bezug auf die Brennweite, d. h. mit großer numerischer Apertur ($\approx 0,5$) verwendet. Mit Brennweiten von etwa $f = 5$ bis 10 mm lassen sich dann Reduktionen der Strahldivergenz Θ' um den Faktor $f/s \approx 50$ erreichen. Die unterschiedlichen Divergenzwinkel in den beiden o. a. Richtungen können durch eine Zylinderlinsenoptik ausgeglichen werden, die zwei unterschiedli-che Brennweiten für Strahlung parallel und senkrecht zur Schichtebene besitzt. Mit einer solchen Linsenkombination lässt sich ein nahezu kreisförmiger Strahl erzeugen.

Halbleiterlaser mit derartigen Optiken werden als z. B. *Laser-Pointer*, d. h. als optische Zeigestöcke oder z. B. auch an den Kassen von Supermärkten verwendet, um Strichcodes zu lesen.

Laserstrahl-Aufweitung mit einem Fernrohr

Das oben angegebene Verfahren zur Reduktion der Strahldivergenz mit einer Linse ist für He-Ne-Laser mit Rayleigh-Längen s von einigen Metern wenig praktikabel, da dann Linsen mit Brennweiten $f \gg s$ verwendet werden müssen, die gleichzeitig im Abstand f von der Strahltaille stehen sollten. Eine kompaktere Anordnung ergibt sich, wenn man den Strahl zunächst durch eine kurzbrennweitige Linse fokussiert und anschließend mit einer weiteren längerbrennweitigen Linse wieder sammelt, wobei die Brennpunkte ineinanderfallen. Dieses umgekehrte **Kepler-Fernrohr** (Bild 42.8) liefert einen Strahlradius

$$w_0'' = \frac{\lambda f_2}{\pi w_0'} = w_0 \frac{f_2}{f_1} \quad ,$$

der um den Vergrößerungsfaktor $V = f_2/f_1$ verändert ist. Dieser Zusammenhang ergibt sich im übrigen auch in der geometrischen Optik für die Aufweitung normaler Parallelstrahlenbündel. Durch das Teleskop lässt sich sowohl eine Vergrößerung ($V > 1$) als auch eine Verkleinerung ($V < 1$) der Strahltaille w_0'' erreichen.

Bei der Strahlaufweitung vergrößert sich die Taillen-Länge s'' quadratisch mit der Fernrohr-Vergrößerung $V = f_2/f_1$:

$$s'' = \frac{\pi w_0''^2}{\lambda} = s \left(\frac{f_2}{f_1}\right)^2 \quad .$$

Die Divergenz verringert sich dagegen umgekehrt proportional zu V:

$$\Theta'' = \frac{\Theta}{f_2/f_1} \quad .$$

Der aufgeweitete Strahl besitzt also eine wesentlich bessere Parallelität d. h. größere Rayleighlänge s'' und kleinere Divergenz Θ''.

Anstelle eines Kepler-Fernrohres kann auch ein umgekehrtes **Galilei-Fernrohr** ohne einen reellen Brennpunkt verwendet werden. Bei Hochleistungspuls-Lasern hat das den Vorteil, dass die hohen Intensitäten mit extrem großen elektrischen Feldstärken im reellen Brennpunktbereich vermieden werden, die dort in Luft zu Ionisation und zu Plasma-Anregung führen können.

 Bei allen Versuchen mit Laserstrahlung ist zu beachten: Nie in den direkten Laserstrahl schauen! Nie reflektierende Gegenstände (Stativstangen etc.) in den Laserstrahl stellen!

Bild 42.9. Schaltung zur Messung der Leistung mit einer Fotodiode

Bild 42.10. Messung des Strahlprofils mit einer Lochblende

Bild 42.11. Messung des Strahlprofils mit einer verschiebbaren Schneide. Eine Verschiebung von rechts $(-\infty)$ nach links $+\infty$ ist vorzuziehen

42.1 Messung des Strahldurchmessers und -profils (1/3)

Die qualitative Bestimmung des Strahldurchmessers soll mit zwei einfachen Messverfahren durchgeführt werden, die eine schnelle Abschätzung des Strahldurchmessers erlauben. Eine genauere Messung ist durch Abtastung mit einer Lochblende oder Schneide möglich. Der Strahldurchmesser soll sowohl qualitativ als auch quantitativ untersucht werden. Ein weiteres Ziel ist Aufbau und Justierung von Strahlengängen auf einer optischen Bank. Dies erfordert die Justierung der verwendeten Laser parallel zu einer optischen Bank sowie Zentrierung der verwendeten Linsen und der Lochblende.

He-Ne-Laser ($\approx 1\,$mW) oder Diodenlaser ($\approx 1\,$mW), Mattscheibe, Filter oder schwarzes Farbdia, Linsen, Schirm, Lineal, Schneide, Lochblende und Irisblende zur Justierung, x-y-Verschiebeeinheit, optische Bank mit Reitern, Fotodiode mit Batterie (z. B. $U = 18$ V), Widerstand (z. B. $R = 1\,$kΩ) und Multimeter, Bild 42.9.

Direkte Messung des Lichtflecks auf einer Mattscheibe

Trifft der Laserstrahl auf eine weisse Mattscheibe, so lässt sich der Durchmesser direkt auf einem Lineal ablesen. Bei großen Laserlichtleistungen ist eine Lichtschwächung zweckmäßig.

Die $1/e^2$-Breite ($2w$) lässt sich mit dem o. a. Verfahren relativ gut bestimmen, da die Flanke der Gaußkurve relativ steil ist. Das Auge beurteilt als Durchmesser $2w$ eines nicht zu hellen Lichtflecks mit gaußförmigem Intensitätsabfall etwa die $1/10$- oder $1/e^2$-Breite.

Abbildung des Streulichtflecks auf einen Schirm

Zur Messung kleiner Strahldurchmesser ($d <$ 2-3 mm) wird eine Mattscheibe an die zu messende Position gestellt. Der Streulichtfleck wird mit einer Linse (z. B. $f = 100\,$mm) auf einen weit entfernten Schirm (Abstand $a' \gg f$) stark vergrößert abgebildet. Der Fleckdurchmesser $2w$ ergibt sich über die Abbildungsgleichung der geometrischen Optik. Werden Mattglas und Linse im Abstand fixiert, so können sie zusammen axial auf der optischen Bank verschoben werden, ohne dass die Abbildung des Streulichtflecks unscharf wird.

Die bisher dargestellten Messverfahren zur Bestimmung des Strahldurchmessers eignen sich nur zur groben Orientierung. Für eine genauere Messung ist eine Abtastung des Intensitätsprofils mit einer Lochblende oder einer Schneide und die Detektion der transmittierten Leistung mit einer Fotodiode geeigneter.

Abtastung der Intensitätsverteilung mit einer Lochblende

Eine Lochblende, Bild 42.10, wird radial durch den Laserstrahl geschoben und das gaußförmige Intensitätsprofil bestimmt. Dieses Messverfahren zur Bestimmung des Strahlradius ist relativ unkritisch, da die Lochblende nicht unbedingt durch die Strahlachse geschoben werden muss. Denn für eine Verschiebung in x-Richtung erhält man auch beim Abstand y von der Strahlachse eine gaußförmige Intensitätsverteilung der Form

$$I(x,y) = I_0 e^{-2(x^2+y^2)/w^2} = I_0(y)e^{-2x^2/w^2}$$

$$\text{mit}\quad I_0(y) = I_0 e^{-2y^2/w^2}\quad,$$

so dass man immer den gleichen Strahlradius w, aber eine um den Faktor e^{-2y^2/w^2} verminderte Maximalintensität $I_0(y)$ misst. Trotzdem ist es ratsam, zunächst das Maximum in x- und y-Richtung zu suchen, um die Fehler möglichst klein zu halten. Anschließend kann die Intensität als Funktion des Achsenabstands für beide Achsen aufgenommen werden. Die Position der Lochblende wird an den Messschrauben direkt abgelesen.

Alternative Messung des Strahldurchmessers mit einer Schneide

Eine Schneide, die in den Strahl geschoben wird, Bild 42.11, lässt nur die Intensität der offenen Halbebene passieren. Die auf der Fotodiode gemessene Leistung

$P(x)$ ist das Flächenintegral der Intensität über den nicht abgeschatteten Bereich. Es gilt:

$$P(x_v) = \int\limits_{-\infty}^{x_v} \int\limits_{-\infty}^{\infty} I_0 \exp\left(-\frac{2(x^2 + y^2)}{w^2}\right) \mathrm{d}y\mathrm{d}x = I_0 w \sqrt{\pi} \int\limits_{-\infty}^{x_v} \exp\left(-\frac{2x}{w^2}\right) \mathrm{d}x$$

Das Integral auf der rechten Seite lässt sich nicht auf elementare Funktionen zurückführen. Es wird als *Gaußsche Fehlerfunktion* bezeichnet. Nach nummerischer Berechnung Da $P(w/2) - P(-w/2) = 0{,}68 P(\infty)$ ergibt sich der Strahlradius aus den x-Koordinaten, an denen 84 % und 16 % der Gesamtleistung gemessen werden (Bild 42.11).

 Die mit der Lochblende bzw. Schneide in horizontaler (oder vertikaler) Richtung bestimmte Intensitäts- bzw. Leistungsverteilung wird in einem Diagramm aufgetragen. Welche Form hat das Strahlprofil und erhält man mit der Schneide das Integral der Intensitätsverteilung? Stimmen die mit Lochblende und Schneide ermittelten Strahlradien überein?

42.2 Messung von Divergenz und Rayleigh-Länge (1/3)

 Die Ausbreitung eines Laserstrahls soll charakterisiert und seine *Divergenz*, die *Rayleighlänge* und der *Taillenradius* experimentell bestimmt werden.

 He-Ne-Laser ($\approx 1\,\mathrm{mW}$) oder Diodenlaser ($\approx 1\,\mathrm{mW}$), Fotodiode mit Batterie, Multimeter, Schneide, x-y-Verschiebeeinheit, optische Bank mit Reitern, Sammellinse.

 Zunächst wird mit einer Sammellinse eine Strahltaille erzeugt. Der Strahlradius in x- und y-Richtung wird nun an 10 verschiedenen Positionen, möglichst vor und hinter der Strahltaille, gemessen und daraus Rayleigh-Länge und Divergenz bestimmt.

 Gilt der Zusammenhang $\Theta w = \lambda/\pi$? Mögliche Abweichungen werden in der Praxis durch die Einführung eines Parameters $M > 1$ berücksichtigt:

$$w(z) = w_0 M^2 \sqrt{1 + (z/s)^2} \quad.$$

Welche Ursachen könnten die Abweichungen haben?

42.3 Strahltransformation durch eine Linse (1/3)

 Untersuchung des Durchgangs von Laserstrahlen durch Linsen und der dabei auftretenden Änderungen der Strahleigenschaften.

 He-Ne-Laser ($\approx 1\,\mathrm{mW}$) oder Diodenlaser ($\approx 1\,\mathrm{mW}$), Fotodiode mit Batterie, Multimeter, Schneide, x-y-Verschiebeeinheit, optische Bank mit Reitern, Linse $f_1 \geq 150\,\mathrm{mm}$.

 Hinter einer Sammellinse zieht sich der Strahl zunächst zusammen, um sich in einiger Entfernung von der Strahltaille $z > 2s'$ deutlich aufzuweiten, wobei die Aufweitung mit der Brechkraft der Linse zunimmt. Hinter einer Zerstreuungslinse divergiert der Strahl ohne reelle Strahltaille.

Zur quantitativen Analyse wird der Strahldurchmesser w' für je 10 verschiedene Positionen vor und hinter der neuen Strahltaille ausgemessen. Damit werden der minimale Strahlradius w'_0 sowie die Rayleigh-Länge s' bestimmt. Zur Ermittlung der Divergenz sollte der Strahlradius auch im Fernfeld gemessen werden.

 Die Rayleighlänge s', der Strahltaillenradius w'_0 und die Taillenposition a' werden mit den Werten aus den Transformationsformeln verglichen.

Bild 42.12. Vergleich der Abbildung von Gaußschen Strahlen mit der geometrischen Optik ($f = 50\,\text{mm}, s = 10\,\text{mm}$)

42.4 Abbildungsgesetze der geometrischen Optik (1/3)

 Vergleich der Abbildung Gaußscher Strahlen mit der geometrischen Optik.

 He-Ne-Laser ($\approx 1\,\text{mW}$) oder Diodenlaser ($\approx 1\,\text{mW}$), Mattscheibe, Filter oder schwarzes Farbdia, optische Bank mit Reitern, Linsen $f_1 \geq 150\,\text{mm}$ und $f_2 \leq 75\,\text{mm}$.

 Zunächst wird mit einer Sammellinse L_1, Bild 42.5, eine Strahltaille erzeugt und die Rayleigh-Länge bestimmt (Aufgabe 42.2). Diese Taille wird mit einer weiteren Linse L_2 abgebildet und die Entfernung a' der neuen Taille zur Linse L_2 für verschiedene Objektabstände a ausgemessen.

 Durch Auftragen der reziproken Bildweite $1/a'$ über der reziproken Gegenstandsweite $1/a$ erhält man durch Vergleich mit der durch das klassische Abbildungsgesetz definierten Gerade $1/a' = 1/a - 1/f$ die Abweichung für reale Gaußstrahlen.

Für welche gemessenen Werte a treten deutliche Abweichungen auf, und wo lässt sich die Abbildung von Gaußstrahlen durch die Gesetze der geometrischen Optik nähern? Die theoretischen Kurven können aus der bei Bild 42.5 angegebenen Formel berechnet werden und sind in Bild 42.12 dargestellt.

42.5 Aufweitung mit einem Fernrohr (1/3)

 Vergrößerung des Durchmessers eines Laserstrahls bei gleichzeitiger Verminderung der Divergenz mit einer fernrohrartigen Linsenkombination.

 He-Ne-Laser ($\approx 1\,\text{mW}$) oder Diodenlaser ($\approx 1\,\text{mW}$), Mattscheibe, Filter oder schwarzes Farbdia, Fotodiode mit Batterie, Multimeter, Schneide, x-y-Verschiebeeinheit, optische Bank mit Reitern, Linsen mit $f = 50\,\text{mm}$, $f = 100\,\text{mm}$ und $f = 200\,\text{mm}$.

Die Linse L_1 wird dann zentral und senkrecht durchstrahlt, wenn die gespiegelten Reflexe etwa in den Laser-Ausgang zurückfallen; L_2 wird in der Mitte durchstrahlt, wenn der Lichtfleck auf einem entfernten Schirm etwa an der gleichen Stelle erscheint wie der des direkten Laserbündels. Die Linse L_2 wird so positioniert, dass der Lichtfleck auf einem Schirm in einer Entfernung $z < s$ gegenüber dem auf der Linse nur unwesentlich aufgeweitet erscheint (Parallelbündel).

 Mit zwei Fernrohren aus Linsen mit $f_1 = 50\,\text{mm}$ und $f_2 = 100\,\text{mm}$ bzw. $f_2 = 200\,\text{mm}$ wird der Strahl des Lasers aufgeweitet und der Strahlverlauf vermessen. Im zweiten Fall wächst die Rayleighlänge stark an, so dass eine merkliche Aufweitung erst nach einigen Metern erfolgt. Zur Messung der Divergenz muss daher der Strahl eventuell über einen Spiegel umgelenkt werden.

 Die Divergenz Θ'', der Taillenradius w_0'' und die Rayleighlänge s'' werden bestimmt und mit den theoretischen Werten verglichen.

43. Mikrowellen

Kennenlernen der Eigenschaften von Mikrowellen: Erzeugung, Ausbreitung und Nachweis. Die Verwendung elektromagnetischer Wellen mit einer makroskopischen Wellenlänge von etwa 3 cm soll das Verständnis der aus der Optik schon bekannten Ausbreitungseigenschaften von Lichtwellen vertiefen.

Standardlehrbücher (Stichworte: Mikrowellen, Reflexion, Brechung, Polarisation, Beugung, Interferometer),
Themenkreis 41: Polarisation, Doppelbrechung, Flüssigkristalle,
Nimtz: Mikrowellen.

Erzeugung und Nachweis

Mikrowellen sind ein Teil des *elektromagnetischen Spektrums*. Die Frequenzen liegen mit einigen Gigahertz zwischen den Bereichen der Ultrahochfrequenz, z. B. der UHF-Fernsehkanäle, und dem fernen Infrarot, Bild 38.1. Die zugehörigen Wellenlängen betragen Zentimeter bis Millimeter. In Physik-Praktika werden üblicherweise Geräte mit Frequenzen um 10 GHz entsprechend Wellenlängen um 3 cm eingesetzt.

Mikrowellen werden in verschiedenen Lebensbereichen für ganz unterschiedliche Aufgabenarten angewendet. Beispiele für die *Leistungsübertragung* sind der *Mikrowellenherd* und die medizinische *Bestrahlungstherapie*. In beiden Fällen wird die abgestrahlte Mikrowellenenergie im Empfängermedium absorbiert und in Wärmeenergie umgesetzt. Beim *Mobilfunk* und beim *Radar* (Entfernungs- und Geschwindigkeitsmessung) dagegen dienen Mikrowellen als Trägerwellen für eine *Informationsübertragung*. Hierzu muss ihnen im Sender das zu übertragende Signal aufmoduliert werden, Bild 43.1. Auf der Empfangsseite wird das Modulationssignal wieder vom Trägersignal getrennt und dann nachgewiesen.

Für die Erzeugung von Mikrowellen benötigt man – wie allgemein bei der Erzeugung elektrischer Wellen – rückgekoppelte schwingungsfähige Systeme. Im Praktikum werden dabei entweder ein *Klystron* oder ein *Gunn-Oszillator* verwendet. Ein **Klystron** ist eine spezielle Elektronenröhre, in der ein anfänglich konstanter Elektronenstrom aus einer beheizten Kathode durch geeignet beschaltete Elektroden periodisch dichtemoduliert wird. Die dadurch hervorgerufene elektrische Schwingung in dem internen *Hohlraumresonator* wird über eine Auskopplungseinheit abgenommen und über einen elektrischen Dipol in einem *Abstrahlhorn* abgegeben, Bild 43.2. Ein **Gunn-Oszillator** nutzt die 1963 von dem amerikanischen Physiker J. B. Gunn entdeckte Erscheinung, dass in speziellen Halbleitern bei hohen elektrischen Feldstärken hochfrequente Stromfluktuationen auftreten, deren Frequenz von der Länge

Bild 43.1. Schema einer Signalübertragung mit Hilfe einer elektromagnetischen Trägerwelle, die hier amplitudenmoduliert wird

Reflexklystron

Abstrahlhorn

Spannungsversorgung

Bild 43.2. Mikrowellensender mit einem Reflexklystron

des Halbleiterkristalls abhängt. Als Halbleitermaterial eignen sich z. B. n-dotiertes Galliumarsenid (n-GaAs), Galliumnitrid (n-GaN) oder Indiumphosphid (n-InP). Die Abstrahlung der Mikrowelle erfolgt auch hier über einen Dipol in einem Abstrahlhorn, das der abgestrahlten Welle eine Vorzugsausbreitungsrichtung gibt. Das abgestrahlte Signal ist dabei (weitgehend) *linear polarisiert*. Für die Signalübertragung werden bei den Praktikumsgeräten die Mikrowellen im Sender mit einer niederfrequenten Wechselspannung *amplitudenmoduliert*.

Als Empfänger dient ein Dipol mit einer Hochfrequenzdiode, die die empfangenen Mikrowellen gleichrichtet. Hinter dem nachfolgenden Verstärker mit Tiefpass kann die niederfrequente Signalspannung nachgewiesen werden. Die Empfängerdiode ist häufig in einem Empfangshorn untergebracht.

Für die Ausbreitung von Mikrowellen gelten im Prinzip die gleichen Gesetzmäßigkeiten wie für sichtbares Licht, denn in beiden Fällen handelt es sich um elektromagnetische Wellen. Wegen der sehr viel größeren Wellenlängen der Mikrowellen (Faktor etwa 10^5!) lassen sich Phänomene der Lichtoptik in einem quasi makroskopischen Modellexperiment besonders anschaulich untersuchen.

Reflexion und Absorption von Mikrowellen

Für die Reflexion von Mikrowellen gilt wie in der Lichtoptik das *Reflexiongesetz* (Einfallswinkel = Reflexionswinkel). Als Reflektoren benutzt man – anders als bei sichtbarem Licht – elektrisch leitende Flächen wie z. B. Metallplatten, die sich durch einen hohen **Reflexiongrad** $R \approx 1$ auszeichnen. Hierbei ist R der Quotient aus reflektierter Strahlungsleistung und einfallender Strahlungsleistung. Der hohe Wert für R ist eine Folge der hohen Werte einerseits der *Brechzahl* n, vor allem aber des *Absorptionsindexes* κ. Quantitativ gilt für R bei senkrechtem Einfall

$$R = \frac{(n-1)^2 + (n\kappa)^2}{(n+1)^2 + (n\kappa)^2} \quad ,$$

wobei im diskutierten Beispiel $n\kappa \gg (n-1)$ ist.

Treten Mikrowellen in Materie ein, so erfahren sie wie jede Art elektromagnetischer Strahlung eine Absorption. Für die Abnahme der Strahlungsleistung Φ in einem Medium der Brechzahl n und des Absorptionsindexes κ gilt nach Lambert folgendes

Absorptionsgesetz $\Phi = \Phi_0 e^{-k\ell} \quad ,$

wobei ℓ die Weglänge der elektromagnetischen Strahlung im Medium und $k = 4\pi n\kappa/\lambda$ der **Absorptionskoeffizient** sind.

Um Mikrowellen wirksam zu absorbieren, darf man jedoch nicht einfach ein Medium mit geringer Transparenz wie z. B. eine Metallplatte verwenden, auch wenn diese schon bei geringer Dicke (bei Aluminium: ca. 30 nm) für Mikrowellen praktisch undurchlässig ist. Denn aufgrund des großen Wertes von $n\kappa$ wird ein großer Teil der auftreffenden Strahlungsleistung nicht absorbiert, sondern reflektiert. Man benutzt vielmehr elektrisch schlecht leitende Materialien mit großer Dielektrizitätszahl und großem Absorptionskoeffizienten, z. B. silikonhaltige Polymere.

Polarisation durch Reflexion

Elektromagnetische Wellen sind transversale Wellen und daher polarisierbar. Ein geeignetes Verfahren, um zunächst unpolarisierte Mikrowellen linear zu polarisieren, ist die Reflexion an der Oberfläche eines elektrisch nichtleitenden Stoffes. In diesem Themenkreis werden Bauteile aus Paraffin benutzt.

Der *Reflexionsgrad R* einer solchen Oberfläche, definiert als das Verhältnis von reflektierter zu einfallender Strahlungsleistung, hängt vom Einfallswinkel α der

Strahlung und von dem Polarisationszustand ab. Wie in *Themenkreis 41* erläutert, steigt $R_\perp(\alpha)$ – Schwingungsrichtung des elektrischen Feldvektors senkrecht zur Einfallsebene – mit wachsendem α monoton an, Bild 41.7. Für die zur Einfallsebene parallele Komponente wird $R_\parallel(\alpha)$ dagegen 0 beim

Brewsterwinkel	$\alpha_B = \arctan n$,

bei dem reflektierter und gebrochener Strahl einen rechten Winkel einschließen. n bedeutet die Brechzahl des reflektierenden Mediums. Ursache ist die Abstrahlcharakteristik der für die Reflexion verantwortlichen atomaren Dipole im Medium.

📖 Zirkulare Polarisation ($\lambda/4$-Plattensystem)

Zirkular polarisierte Mikrowellen lassen sich aus linear polarisierten Wellen mit Hilfe eines sog. *Metallplattenregals* erzeugen. Zur Begründung diene die folgende Betrachtung. Mit Hilfe der Maxwellschen Gleichungen kann man die Fortpflanzungsgeschwindigkeit von elektromagnetischen Wellen zwischen parallelen elektrisch leitenden Platten berechnen. Ist der elektrische Vektor senkrecht zu den Platten gerichtet, so haben die Platten keinen Einfluss auf die Wellenausbreitung. Steht der elektrische Vektor aber parallel zu den Platten mit dem Abstand d, so ergibt sich zwischen den Platten eine geänderte Phasengeschwindigkeit v_{Ph} der Wellen:

$$v_{Ph} = \frac{c_0}{\sqrt{1 - (\lambda/2d)^2}} = \frac{c_0}{n} \quad .$$

Hier ist n die Brechzahl des Systems, sie ist kleiner als 1! In einem Plattensystem nach Bild 43.3 ist also die Phasengeschwindigkeit einer Welle, deren $\boldsymbol{E}$-Vektor parallel zu den Platten schwingt, größer als im Vakuum; die Phasengeschwindigkeit der Welle mit dem $\boldsymbol{E}$-Vektor senkrecht zu den Platten bleibt dagegen unverändert (c_0).

Für ein solches Plattensystem wie in Bild 43.3 lässt sich nun leicht eine Tiefe a angeben, nach deren Durchlaufen zwischen den Wellen I und II ein Gangunterschied von $\lambda/4$ entsteht. Zum Durchlaufen von a brauche die Welle II (genauer: ein bestimmter Phasenzustand der Welle II), die Zeit τ, also gilt $a = \frac{c_0}{n}\tau$. Wir wählen τ und damit a so, dass für die Welle I gilt:

$$a = c_0\tau + \frac{\lambda}{4} \quad , \quad \text{dann folgt} \quad a = na + \frac{\lambda}{4} \quad \text{und damit}$$

$$a = \frac{\lambda}{4(1-n)} \quad .$$

Bild 43.3. Metallplattenregal als Phasenschieber

Um diese Eigenschaft zu nutzen, lässt man eine linear polarisierte Welle unter einem Winkel von 45° auf das Plattenregal fallen, so dass es gleiche Schwingungskomponenten parallel und senkrecht zur Plattenfläche ergibt. Die durchtretende Welle ist dann zirkular polarisiert.

📖 Totalreflexion

Eine elektromagnetische Welle, die aus einem optisch dichteren Medium 1 in ein optisch dünneres Medium 2 übertritt, wird an der Grenzfläche vollständig reflektiert, wenn der Einfallswinkel einen Grenzwinkel α_{gr} überschreitet, der sich aus der Beziehung $\sin\alpha_{gr} = n_{12}$ ergibt. Aus der *Maxwellschen Theorie* lässt sich allerdings herleiten, dass bei einer solchen **Totalreflexion** auch im optisch dünneren Medium eine Welle vorhanden sein muss, die quergedämpfte oder *evaneszente Welle*. Dabei handelt es sich um eine inhomogene Welle. Ihre Fortpflanzung erfolgt entlang der Grenzschicht, und ihre Amplitude E_i ist abhängig vom Einfallswinkel, sie fällt exponentiell mit der Entfernung z von der Grenzschicht ab:

$$E_i = E_{i0}e^{-z/\delta} \quad .$$

Bild 43.4. Quergedämpfte oder evaneszente Welle bei der Totalreflexion einer Mikrowelle an der Hypothenusenfläche eines 90°-Prismas aus Paraffin

Hierbei bedeutet $\delta = \delta(\alpha, \lambda)$ die vom Einfallswinkel α und der Wellenlänge λ abhängige Eindringtiefe. δ liegt in der Größenordnung der Wellenlänge λ. In Bild 43.4 ist der Verlauf der Wellenfronten bei einer solchen Totalreflexion schematisch angedeutet.

Die Existenz der parallel zur Grenzfläche laufenden evaneszenten Welle wird plausibel, wenn man daran denkt, dass genau beim Grenzwinkel der Totalreflexion auch im einfachen strahlenoptischen Modellbild der ins dünnere Medium eintretende Strahl streifend zur Grenzfläche verlaufen muss, wobei dann offenbar nur in „unmittelbarer Nähe" der Grenzfläche eine Erregung auftritt.

43.1 Grundversuche mit Mikrowellen (2/3)

In einfachen Handversuchen sollen zum einen grundlegende Ausbreitungseigenschaften der Mikrowellen, zum anderen die Wirkungsweise benutzter Bauelemente qualitativ untersucht werden.

Mikrowellensender mit Modulator, Mikrowellenempfänger mit Verstärker, Lautsprecher, Oszilloskop, Metallspiegel, Absorberplatten, Metalldrahtgitter als Strahlteiler, Prismen und Linsen aus Paraffin oder Quarzsand, $\lambda/4$-Plattensystem, Tisch mit Winkeleinteilung.

Hinweis: Reflektierende Oberflächen von Geräten, aber auch menschliche Körper, können das auszumessende Mikrowellenfeld stören. Daher stets hinreichend großflächige Absorberplatten geeignet einsetzen.

Polarisation

Zunächst werden Sender S und Empfänger E einander gegenüber aufgestellt und die Signalamplitude auf dem Oszilloskop gemessen, Stellung P in Bild 43.5. Dreht man nun entweder Sender oder Empfänger um die Längsachse (Drehwinkel φ), so stellt man bei Parallelstellung maximale, bei Senkrechtstellung keine bzw. eine minimale Intensität fest. Ursache: Der Sender emittiert weitgehend linear polarisierte Strahlung. Für die Signalamplitude am Empfänger gilt dabei im Idealfall die Beziehung:

$$U(\varphi) = U_0 \cos^2 \varphi \quad .$$

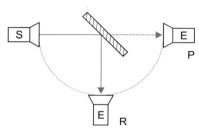

Bild 43.5. Polarisationsmessung (P) ohne sowie Reflexionsmessung (R) mit einem schräg in das Strahlungsfeld gestellten Metallspiegel

Geben Sie das Verhältnis zwischen parallel und senkrecht zur Polarisationsrichtung detektierter Strahlung an und prüfen Sie die Gültigkeit dieser Beziehung.

Hinweis: Es gibt Detektoren, die das Empfangssignal verfälschen.

Reflexion am Metallspiegel

Man stelle Sender S und Empfänger E entlang eines Kreisbogens auf, in dessen Mittelpunkt sich ein Metallspiegel befindet (Bild 43.5). Für verschiedene Winkel zwischen Spiegel und Sender kann man durch Aufsuchen des jeweiligen Intensitätsmaximums mit dem Empfänger die Gültigkeit des aus der Lichtoptik bekannten Reflexionsgesetzes zeigen.

Bei diesen und den folgenden Messungen kann man im übrigen Störungen durch Beugungserscheinungen feststellen. Eine merkliche Beugung tritt hier an allen verwendeten Geräten auf, da deren Abmessungen nicht wesentlich größer als die Wellenlänge sind. Für sichtbares Licht betragen die entsprechenden Abmessungen etwa $10^4 \lambda$; Beugungserscheinungen sind dann viel schwerer zu beobachten.

Stellt man den Spiegel so, dass er die Strahlung in sich selbst zurückwirft, so kann man vor dem Spiegel *stehende Wellen* nachweisen, Bild 43.6; denn zwei Wellen mit gleicher Frequenz und gleicher Amplitude, die einander entgegenlaufen, bilden bei der Überlagerung *immer* eine stehende Welle aus. Dabei liegt am Metallspiegel ein Schwingungsknoten (Phasensprung von π bei der Reflexion!). Die Abstände zwischen benachbarten Minima (bzw. Maxima) beträgt jeweils $\lambda/2$. So lässt sich bereits eine erste Bestimmung der Wellenlänge vornehmen. Bei dieser Messung benutzt man als Empfänger am besten eine HF-Diode ohne Empfangshorn, um das Stehwellenfeld möglichst wenig zu stören.

Bild 43.6. Stehwellenfeld bei senkrechtem Einfall auf einen Metallspiegel

Aus der Lage der Intensitätsminima über dem Ort wird die Wellenlänge der Mikrowellen grafisch ermittelt. Denkbar ist auch die Verwendung der Punktpaar-Methode (s. Themenkreis 1)

Teildurchlässige Spiegel

In diesem Experiment wird der eben beschriebene Reflexionsversuch mit einem engmaschigen Metallgitter statt einer Metallplatte wiederholt. Dabei soll die Richtung der Gitterstäbe einmal parallel und einmal senkrecht zur elektrischen Feldstärke E der Mikrowelle gewählt werden, Bild 43.7.

Man beobachtet eine große Reflexion, wenn E parallel zu den Drähten steht. Steht der Feldvektor senkrecht dazu, so ist der Spiegel praktisch durchsichtig, denn dann sind die elektrisch leitenden Abschnitte in Richtung des elektrischen Vektors zu klein, um als mitschwingende Dipole und somit für die Reflexion wirksam zu sein.

Ein Gitter aus Metalldrähten im Abstand von etwa 1 cm ist für Wellen von ca. 3 cm ungefähr halbdurchlässig und halbreflektierend, wieder unter der soeben genannten Voraussetzung, dass der elektrische Vektor parallel zu den Drähten ist. Durch einen Aufbau, in dem der Empfänger wahlweise an den Ort P oder R wie im Bild 43.5 gebracht und die Richtung der Spiegel-Drähte um 90° geändert werden, kann man diese Beobachtung bestätigen.

Bild 43.7. Reflexion am Metallgitter

Zirkulare Polarisation

Mit einem *Metallplattenregal* lassen sich nun mit Mikrowellen ganz analoge Versuche durchführen wie in der Lichtoptik mit einer $\lambda/4$-*Platte*.

Zunächst wird der Sender so eingestellt, dass der elektrische Feldvektor der einfallenden Welle unter 45° zur Richtung der Platten geneigt ist. Ergebnis: Der Empfänger hinter dem Plattenregal misst bei jeder Winkeleinstellung etwa die gleiche Intensität, die Strahlung ist zirkular polarisiert. Begründung: Zerlegt man den Feldvektor der einfallenden Strahlung in die zwei Komponenten senkrecht und parallel zu den Platten, so werden beide hinter dem Plattenregal eine Phasenverschiebung von $\pi/2$ (entspricht dem Gangunterschied $\lambda/4$) haben und sich zur zirkular polarisierten Welle zusammensetzen. Bei einer Abweichung des Einfallwinkels von 45° ergibt sich elliptische Polarisation.

 Tragen Sie die Intensität der Mikrowellenstrahlung hinter dem Plattenregal als Polardiagramm auf.

Stellt man hinter das $\lambda/4$-System ein weiteres gleiches, so erhält man wieder eine linear polarisierte Welle, bei der jedoch der elektrische Feldvektor im Vergleich zur einfallenden Welle um den Winkel π verdreht ist. Das entspricht einer $\lambda/2$-*Platte* in der Lichtoptik.

Reflekivitäten

Sender S, Reflektor und Empfänger E werden auf den Schienen so aufgestellt, dass sie ein lang gestrecktes „Y" bilden und die Strahlung vom Sender über den Reflektor zum Empfänger gelangt, Bild 43.8. Die Winkel müssen optimiert werden, um maximale Signalstärke zu erreichen. Zunächst soll ein Metallspiegel als Reflektor verwendet werden. Die Signalstärke wird gemessen. Danach wird der Metallspiegel durch eine Absorberplatte ersetzt.

 Welcher Dämpfungsgrad wird erreicht?

Es wird ein teildurchlässiger Spiegel benutzt und die Signalstärke gemessen. Ohne die Position des teildurchlässigen Spiegels zu verändern, wird nun dahinter ein zweiter teildurchlässiger Spiegel eingebracht. Je nach Abstand zwischen den beiden Spiegeln lässt sich eine höhere Intensität der reflektierten Strahlung beobachten oder eine stark verminderte Intensität. Ursache ist die konstruktive, bzw. destruktive Interferenz der reflektierten Strahlung.

Bild 43.8. Versuchsaufbau zur Bestimmung der Reflektivität für Mikrowellen

 Man bestimme aus diesen Positionen wieder die Wellenlänge. Es sind Fehler deutlich unter 10% erreichbar, der Öffnungswinkel des „Y" spielt dabei eine Rolle und sollte möglichst klein gehalten oder numerisch berücksichtigt werden.

Diskutieren Sie die Bedeutung dieses Effekts in der technischen Optik (Stichworte: dielektrischer Spiegel, Antireflexbeschichtung auf Objektiven bzw. Brillengläsern).

Totalreflexion

Im Versuch werden Linsen und Prismen aus Paraffin verwendet. Paraffin hat für 3 cm-Wellen die Brechzahl $n = 1{,}47$; dies entspricht also etwa der Brechzahl von Glas bei sichtbarem Licht. Für den Grenzwinkel α_{gr} der Totalreflexion gilt wie in der Lichtoptik die Beziehung $\sin\alpha_{\mathrm{gr}} = n$. Daraus folgt für Paraffin $\alpha_{\mathrm{gr}} = 43°$.

Das Paraffinprisma P_1 wird entsprechend Bild 43.9 mit einem Mikrowellenbündel bestrahlt, das zuvor durch eine Paraffinlinse parallel gemacht worden ist. Das Prisma P_2 sei zunächst noch entfernt. An der Position I lässt sich die totalreflektierte Strahlung nachweisen, während in der ursprünglichen Richtung (Position II) praktisch keine Strahlung ankommt. Um Störungen durch Streu- und Beugungseffekte zu vermeiden, sollten die jeweils nicht benutzten Seiten des Aufbaus durch Absorberplatten A_1, A_2 abgeschirmt werden.

Nähert man nun das Prisma P_2 entsprechend Bild 43.9, so zeigt sich von einem hinreichend kleinen Abstand z an eine stark anwachsende Intensität im durchgehenden Strahl, also im Empfänger E an der Position II. Die Totalreflexion wird dabei teilweise aufgehoben, weil die Oberfläche des Prismas P_2 in den Ausläufer der *evaneszenten Welle* eintaucht, Bild 43.4. Dadurch wird ein Teil der Strahlungsenergie in das Prisma II eingekoppelt: Die gemessene Strahlintensität am Ort II nimmt zu, während sie zugleich am Ort I abnimmt.

Zur qualitativen Untersuchung des Effekts werden die Strahlintensitäten für beide Positionen als Funktion von z grafisch aufgetragen. Hierbei sollten zur besseren Vergleichbarkeit die Intensität am Ort I für $z = 10$ cm und am Ort II für $z = 0$ auf jeweils gleiche Werte normiert werden.

Anwendungen dieses Effekts sind etwa die Verwendung für optische Filter im Ultrarot-Bereich und für die Amplitudenmodulation des Lichtes. Die erstere beruht auf der Wellenlängenabhängigkeit der Eindringtiefe $\delta = \delta(\lambda)$. Da δ die Größenordnung λ hat, kann man bei einer geeigneten Einstellung von Prismen erreichen, dass längere Wellen durchgelassen werden, kürzere dagegen nicht. Weiteres Beispiel: Wird die Basisfläche des Prismas P_2 etwa als Membran ausgebildet, dann schwankt die Intensität des reflektierten Strahls im Rhythmus der Membranschwingungen (*Lichttelefonie*). Eine solche Anordnung findet im übrigen auch als variabler Strahlteiler in Laseroszillator-Verstärkeranordnungen Anwendung.

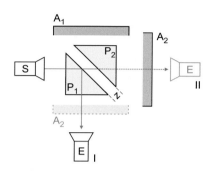

Bild 43.9. Versuchsaufbau zur Totalreflexion zur Demonstration von evaneszenten Wellen

43.2 Michelson-Interferometer (1/3)

Wirkungsweise und Eigenschaften eines Michelson-Interferometers werden mit elektromagnetischen Wellen im Zentimeterwellenbereich untersucht.

Mikrowellensender, Mikrowellenempfänger mit Verstärker, Lautsprecher, Oszilloskop, Metallspiegel, Absorber, Strahlteiler.

Die Arbeitsweise eines **Michelson-Interferometers** (Zweistrahlinterferometer), das in der Lichtoptik zur Messung von optischen Wegdifferenzen verwendet wird, ist in Bild 43.10 dargestellt. Die vom Sender S ausgehende Mikrowelle wird durch den halbdurchlässigen Spiegel (Strahlteiler T) in zwei möglichst gleiche Anteile I und II aufgeteilt. Nach Reflexion an den Metallspiegeln M_1 und M_2 und nochmaligem Passieren des Strahlteilers T kommt es auf der Strecke $\overline{\mathrm{TE}}$ zur Interferenz. Es läuft jeweils ein Teil der Wellen I und II in Richtung S zurück und interferieren dort, zur Messung werden jedoch nur die in Richtung E laufenden Anteile benutzt.

Für das entstehende Interferenzbild ist die jeweils durchlaufene *optische Weglänge* maßgebend. Sie kann für jede der Teilwellen durch Verschieben des zugehörigen Metallspiegels geändert werden. Meist lässt man einen Spiegel fest (M_2) und bewegt nur den anderen, M_1 in Bild 43.10. War zu Anfang in E ein Intensitätsmaximum, so wird durch Verschieben des Spiegels M_1 um $\lambda/4$ ($\widehat{=}$ Wegänderung um $\lambda/2$) ein Minimum erreicht. Die Interferenzminima sind besonders deutlich, wenn die Amplituden von I und II etwa gleich sind.

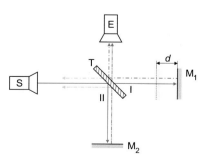

Bild 43.10. Michelson-Interferometer

Zunächst soll die Wellenlänge des Senders bestimmt werden. Dazu stellt man auf ein Intensitätsminimum ein und verschiebt dann den Spiegel M_1, wobei man die folgenden Minima zählt und die gesamte Verschiebungsstrecke d misst. Es gilt dann:

$$d = m\frac{\lambda}{2} \quad \text{und} \quad \lambda = \frac{2d}{m} \quad \text{für } m \text{ Maxima.}$$

Hat man die Positionen aller Minima notiert, kann man λ auf grafischen Wege oder auch mit der Punktepaarmethode bestimmen. Wählt man m nicht zu klein (10...20), kann man λ mit einer einzigen Messung auf etwa 1% genau bestimmen. Eine Fehlerabschätzung ist hier sinnvoll.

Mit Hilfe des Michelson-Interferometers kann die Wirkung eines $\lambda/4$-Plattensystems quantitativ untersucht werden, Bild 43.3. Bringt man dieses in der geeigneten Orientierung (Platten parallel zum $\boldsymbol{E}$-Vektor!) bei vorher maximaler Intensität am Empfänger in den Strahlengang, etwa zwischen T und M_2, so stellt man fest, dass erst durch Verschieben von M_1 wieder maximale Intensität erreicht wird. Dabei muss der Abstand $\overline{TM_1}$ vergrößert (bzw. $\overline{TM_2}$ verkleinert) werden, um den vorherigen Zustand zu erreichen. Denn im Plattenregal ist die Phasengeschwindigkeit der Mikrowellen und damit auch ihre Wellenlänge größer, die zurückgelegte „optische" Weglänge daher kleiner als ohne Plattenregal.

Den genauen Betrag der Phasenverschiebung durch das Plattensystem ermittele man auf folgende Weise: Vor Einschieben des Plattensystems stelle man die Stellungen d_1, d_2, d_3, ... des Spiegels M_1 fest, bei denen minimale Intensität am Empfänger herrscht. Nach Einfügung des Plattensystems zwischen T und M_2 ermittele man wiederum die verschobenen Stellungen d_1', d_2', d_3', ... minimaler Intensität.

Der absolute Gangunterschied Δ ergibt sich bei m Einstellungen aus:

$$\Delta = \frac{1}{m}\sum_{i=1}^{m}(d_i' - d_i) \quad .$$

Für den relativen Gangunterschied $x = \Delta/\lambda$ erhält man dann einen Wert nicht weit von 1/2. Die Auswertung kann auch grafisch vorgenommen werden. Dabei ergibt sich der Wert für Δ aus dem Abstand der beiden Geraden.

Die bei der optischen Ausführung des Michelson-Interferometers einfach mögliche Bestimmung von (niedrigen) Brechzahlen durchsichtiger Medien stößt allerdings bei dem Zentimeterwellen-Aufbau wegen der Reflexion an den Grenzflächen der eingebrachten Medien auf Schwierigkeiten. Zusätzlich stören Interferenzeffekte, da hier die Dicke der eingebrachten Medien nicht mehr groß gegen die Wellenlänge ist.

43.3 Doppelspaltinterferenzen (1/3)

Beugung und Interferenz am *Doppelspalt* sollen mit Mikrowellen quantitativ untersucht werden.

Mikrowellensender, Mikrowellenempfänger mit Verstärker, Lautsprecher, Oszilloskop, Metallspiegel, Absorber, Paraffinlinse, Absorberplatte mit Öffnungen: Doppelspalt bzw. Gitter.

In einer Anordnung nach Bild 43.11, in der zwei gleich schmale Spaltöffnungen mit dem Mittenabstand g von einer annähernd ebenen Wellenfront, also gleichphasig erregt werden, sollen Beugung und Interferenz am Doppelspalt quantitativ untersucht werden. Die Spaltbreiten sind dabei kleiner als die Wellenlänge.

Die an den Öffnungen auftretende Beugung führt dazu, dass die Wellenausbreitung hinter der Öffnung nicht nur achsenparallel, sondern auch in andere Richtungen erfolgt, *Huygens-Fresnelsches Prinzip*. Es kommt zu Interferenzen, für die gemäß Bild 43.12 gilt:

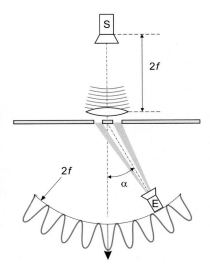

Bild 43.11. Interferenzen am Doppelspalt mit Mikrowellen

Bild 43.12. Zur Bedingung für Intensitätsmaxima bei der Überlagerung paralleler Bündel (Fraunhofer-Beugung)

$$\sin\alpha_m = m\lambda/g \quad \text{Maxima für: } m = 0,\ 1,\ 2,\ \ldots$$
$$\text{Minima für: } m = 1/2,\ 3/2,\ 5/2,\ \ldots \quad .$$

Die Beziehung für die *Maxima*, Bild 43.12, bleibt auch gültig, wenn man weitere Spalte mit jeweils gleichem Abstand g einfügt, d. h. den Doppelspalt zu einem *Gitter* erweitert. Mit größerer Spaltzahl wird die Schärfe der Maxima erhöht, was zu einer Reduzierung der Halbwertsbreite führt. Zwischen diesen sog. Hauptmaxima treten intensitätsschwache Nebenmaxima auf, deren Zahl zwar mit der Spaltenzahl wächst, deren Intensität jedoch abnimmt (siehe *Themenkreis 38*).

Bei der Durchführung von Messungen setzt man den Sender zweckmäßig in die doppelte (statt in die einfache) Brennweite der Linse, Bild 43.11. Die Wellenfront in der Spaltebene ist dann zwar nicht mehr völlig eben, sondern leicht konvergent; dies ändert aber an der Bedingung für das Auftreten von Maxima praktisch nichts und hat den Vorteil, die Amplitudensummation bzw. Auslöschung der verschiedenen Spaltbeiträge bereits ebenfalls in der doppelten Brennweite ($\sim$80 cm) – einem Bildpunkt des Senders – statt erst im Unendlichen beobachten zu können. Um Spaltabstände ändern zu können, sollte man eine Spaltplatte mit mehreren äquidistanten Spalten verwenden, so dass durch wahlweises Abdecken verschiedene Werte von g gewählt werden können. Die Breite der einzelnen Spalte sollte jeweils kleiner als die Wellenlänge λ der Mikrowelle sein.

Zunächst soll die Wellenlänge λ der Strahlung für einen festen Doppelspaltabstand g (möglichst großen Wert wählen) aus der Lage der Interferenzfiguren bestimmt werden. Hierzu umfahre man mit dem Empfänger den Doppelspalt im konstanten Abstand $2f$ (Schwenkarm verwenden!) und ermittle die Lagen der Maxima und Minima. Wegen der relativ schmalen Spalte ist die zur Messung gelangende Leistung bei diesem Versuch besonders gering. Man vermeide deshalb Reflexionen, und dadurch bedingt, im Raum vagabundierende, störende Wellen. Hierzu sollten beim Aufbau der Anordnung die Spaltplatte und auch ihre Umgebung sowohl zum Sender als auch zum Empfänger hin weitmöglichst mit Absorberplatten abgedeckt werden. Schon kleinste Öffnungen lassen eine noch nachweisbare Strahlung hindurch.

Die grafische Darstellung von $\sin\alpha_m$ über m für Maxima und/oder Minima sollte eine Gerade ergeben, aus deren Steigung die Wellenlänge λ bestimmt werden kann.

In einer weiteren Messung soll der Zusammenhang zwischen dem Doppelspaltabstand g und der Lage einer Interferenzfigur untersucht werden. Hierzu werden für möglichst viele verschiedene Werte von g die Winkel α_1 für das Maximum erster Ordnung gemessen.

Die grafische Darstellung von $\sin\alpha_1$ über $1/g$ für das Maximum sollte wiederum eine Gerade ergeben.

Für einen Doppel- und einen Vierfachspalt mit gleichen (und möglichst geringen) Spaltabständen soll der Intensitätsverlauf des Hauptmaximums ($m = 0$) als Funktion des Winkels α ermittelt werden. Aus dem Ergebnis soll in beiden Fällen die Halbwertsbreite, Bild 43.13 bestimmt werden.

Die Halbwertsbreiten werden aus der grafischen Darstellung von $I(\alpha)$ entnommen und im Winkelmaß $\Delta\alpha_{\mathrm{H}}$ angegeben. Die Ergebnisse sollen mit den theoretischen Werten verglichen werden. Für zwei Spalte liefert die Theorie unter der Vorraussetzung einer ebenen Wellenfront und kleiner Spaltbreiten:

$$\Delta\alpha_{\mathrm{H}} = 2\arcsin\left(0{,}25\,\frac{\lambda}{g}\right) \quad .$$

Für vier Spalte ergibt eine kompliziertere Berechnung:

$$\Delta\alpha_{\mathrm{H}} = 2\arcsin\left(0{,}115\,\frac{\lambda}{g}\right) \quad .$$

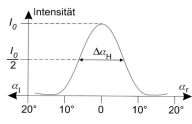

Bild 43.13. Zur Halbwertsbreite in einem Interferenzbild

43.4 Beugung am Einzelspalt (1/3)

Mit Hilfe von Mikrowellen lassen sich auch die Interferenzfiguren beobachten, die durch die Beugung an einem Einzelspalt entstehen. Sie sollen benutzt werden, um die Wellenlänge der Mikrowellen zu bestimmen.

Mikrowellensender, Mikrowellenempfänger mit Verstärker, Lautsprecher, Oszilloskop, Metallspiegel, Absorber, Paraffinlinse, Absorberplatte mit einer Öffnung: *Beugungsspalt.*

Vom Sender S ausgehend, fällt das Wellenbündel durch die Paraffinlinse L auf einen Spalt (empfohlene Breite $d \approx 5\lambda$), der von zwei Metallplatten gebildet wird, Bild 43.14. Zur Vermeidung von Reflexionen, die wiederum Anlass zu vagabundierenden, die Messung störenden Wellen im Raum sein können, sind die Spaltplatten (und möglichst auch die Umgebung der Linse, sowohl zum Sender als auch zum Empfänger hin) mit Absorberschichten abgeschirmt. Die Abstände $\overline{SL}$ und $\overline{LE}$ sollten je $2f$ betragen.

In festem Abstand, zweckmäßig mittels eines Schwenkarmes, fährt man mit dem Empfänger E mit Horn um den Beugungsspalt herum und misst die Winkel mehrerer Intensitätsminima und -maxima links (α_l) und rechts (α_r) von der optischen Achse. Da der Winkel hier nicht mehr klein ist, gilt auch die in der Lichtoptik häufig angewandte Näherung $\sin\alpha \approx \alpha$ nicht mehr. Für die Extremwerte der Intensität folgt aus der Theorie:

$$\sin\alpha_m = m\lambda/2d \quad \text{für Maxima:} m = 0,\ 3,\ 5,\ \dots$$
$$\text{für Minima:} m = 2,\ 4,\ 6,\ \dots\ .$$

Die Mittelwerte der Ablenkungen links und rechts werden grafisch aufgetragen. Aus der Steigung der mittelnden Geraden wird dann λ bestimmt. Trotz der relativ groben Messanordnung ist eine Genauigkeit von wenigen Prozent erreichbar.

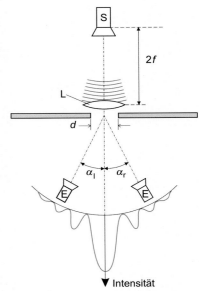

Bild 43.14. Aufbau für die Messung der Einzelspaltbeugung mit Mikrowellen

43.5 Polarisation durch Reflexion (1/3)

Aus der Optik ist bekannt, dass das an der Oberfläche durchsichtiger Medien reflektierte Licht mehr oder weniger polarisiert ist. In dieser Aufgabe soll diese Erscheinung für Mikrowellen untersucht werden. Aus dem *Brewsterwinkel* soll dann die Brechzahl des reflektierenden Materials bestimmt werden.

Mikrowellensender, Mikrowellenempfänger mit Verstärker, Lautsprecher, Oszilloskop, dielektrische Reflektorplatte, $\lambda/4$-Platten-System, Absorber.

In einer Anordnung entsprechend Bild 43.15 sollen die reflektierten Intensitäten $I_\parallel$ und $I_\perp$ als Funktion des Einfallswinkels α gemessen werden. Als dielektrisches Reflexionsmaterial kann z. B. eine feste Kunststoffplatte (Pertinax o. ä.) benutzt werden. Statt einer technisch umständlich herzustellenden unpolarisierten Welle wird hier eine zirkular polarisierte verwendet, indem der Sender mit dem vorher beschriebenen $\lambda/4$-Platten-System versehen und seine Schwingungsrichtung um 45° gegen die Plattenrichtung verdreht wird. Dies bedeutet keinen grundsätzlichen Unterschied: Anstelle vieler statistisch verteilter Schwingungsrichtungen bei einer unpolarisierten Welle hat man dann ein zeitlich-periodisches Nacheinander aller möglichen Schwingungsrichtungen. Die Folge ist, dass die partielle Polarisation im reflektierten Strahl dann keine statistische, sondern eine *elliptische Polarisation* ist.

Zur Durchführung der Messung: Sender S und Empfänger E befinden sich beide auf Schwenkarmen, die jeweils auf gleiche Winkel α zur Flächennormalen des zu untersuchenden Materials eingestellt werden. Durch Drehen des Empfängers um die Strahlachse werden zu jeder Winkeleinstellung nacheinander die Intensitäten $I_\parallel$ und $I_\perp$ festgestellt. Die Messung sollte im Winkelbereich $20° < \alpha < 70°$ durchgeführt werden.

Für die genaue Bestimmung des Brewster-Winkels α_B stelle man in einem Vorversuch zunächst seine ungefähre Lage fest und variiere, von $\alpha_B + 20°$ ausgehend, α in Schritten von etwa 5°, in der Nähe von α_B in noch kleineren

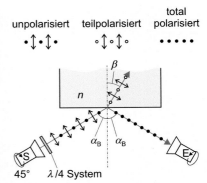

Bild 43.15. Bestimmung des Brewsterwinkels α_B bei der Reflexion von Mikrowellen. Gebrochener und reflektierter Strahl stehen hierbei senkrecht aufeinander

Schritten. In einem kleinen Bereich ($\pm 2°$) um α_B herum kann man die Intensität $I_\perp$ als konstant betrachten und $I_\parallel$ allein beobachten; durch Umschalten auf höhere Empfindlichkeit des Oszilloskops lässt sich dann das Minimum von $I_\parallel$ sehr leicht auf 0,5 bis 1° einengen und die Brechzahl somit auf etwa 2 % genau bestimmen. Bei diesem Abgleich muss ganz besonders auf das Vermeiden störender Reflexe und Beugungssignale geachtet werden, da diese die Messungen erheblich verfälschen können.

Bei der grafischen Auswertung der Messungen sollen die beiden Intensitätsverläufe $I_\parallel(\alpha)$ und $I_\perp(\alpha)$ in ein gemeinsames Diagramm eingezeichnet werden.

Die Bestimmung des Brewster-Winkels α_B erfolgt aus einer getrennten ausschnittsvergrößerten Darstellung $I_\parallel(\alpha)$. Hieraus wird die Brechzahl berechnet. Eine Fehlerabschätzung ist hier sinnvoll.

Kapitel X
Photonen, Elektronen und Atome

44. Spektren und Aufbau der Atome

 Aufbau der Atome und Entstehung der Spektren. Beugung an einem optischen Gitter und Anwendung zur Spektralanalyse von Wasserstoff und anderen Atomen sowie von Molekülen und Festkörpern.

Standardlehrbücher (Stichworte: Atommodelle, Bohrsche Postulate, Wasserstoffatom, Beugungsgitter, Spektroskopie),
Haken/Wolf: Atom- und Quantenphysik.

Licht und Spektren

Zur Charakterisierung von Lichtstrahlung benutzt man die Größen **Wellenlänge** λ bzw. **Frequenz** f. Diese sind über die

Lichtgeschwindigkeit	$c = \lambda f$

verknüpft. Enthält das Licht nur Strahlung einer Wellenlänge, so besitzt es eine charakteristische Farbe, die sog. Spektralfarbe: Das Licht ist **monochromatisch**. Mit Hilfe von Spektralapparaten lässt sich Licht, das aus Strahlung mehrerer Wellenlängen zusammengesetzt ist, nach den verschiedenen **Spektralfarben** zerlegen. Das **Spektrum des Lichtes**, das von einer bestimmten Sorte von Atomen ausgesendet wird, ist für diese charakteristisch und ermöglicht Rückschlüsse auf den Aufbau der Atome.

> Durch die Untersuchung der Spektren wurden die Quantennatur des Lichtes und die Energiezustände in den *Atomen* und *Molekülen* aufgedeckt.

Vorstellungen vom Atomaufbau

Nach den Hypothesen der älteren Chemie und Physik bis zum 19. Jahrhundert sind die Atome (von griechisch *atomos = nicht teilbar*) die kleinsten unteilbaren Bausteine der Stoffe. Verschiedene Experimente ergaben für die **Atomdurchmesser** Werte in der Größenordnung von 10^{-8} cm.

Aus den Untersuchungen von Gasentladungen und elektrolytischen Lösungen zeigte sich jedoch, dass die Atome *doch* teilbar sind. So werden z.B. in einer **Gasentladung** neutrale Atome in positive **Ionen** und negative **Elektronen** zerlegt.

Um 1900 fand P. Lenard bei der Untersuchung der Fähigkeit von Elektronen, Materie zu durchdringen, dass zwar für langsame Elektronen Atome so wirken, als ob sie einen Durchmesser von 10^{-8} cm hätten, für sehr schnelle Elektronen ergab sich dagegen ein wirksamer Durchmesser von nur 10^{-13} cm. Deutung: Die Atome besitzen einen sehr kleinen dichten **Atomkern**,

Durchmesser des Atomkernes	$\approx 10^{-13}$ cm ,

während der übrige Raum nur elektrische Ladungen und Kraftfelder enthält. Dies ist die **Atomhülle**,

| **Durchmesser der Atomhülle** | $\approx 10^{-8}\,\mathrm{cm}$, |

die von den schnellen Elektronen, aber nicht von den langsamen durchdrungen werden kann.

Aufgrund seiner Experimente über die **Streuung von α-Teilchen** (d. h. $^{4}_{2}$He-Kernen hoher Geschwindigkeit) an Atomen entwickelte E. Rutherford 1912 das **Planetenmodell der Atome**. Danach ist die Masse eines Atoms fast vollständig in einem positiv geladenen Kern konzentriert. Um diesen Kern kreisen, ähnlich wie die Planeten um unsere Sonne, negativ geladene Elektronen. Da das Atom nach außen neutral erscheint, muss die positive Kernladung genau so groß sein wie die Summe der negativen Ladungen der Elektronen. In Bild 44.1 ist das einfachste Atom, das **Wasserstoffatom**, schematisch dargestellt: Ein Elektron kreist um den Atomkern. Es halten sich die *Zentrifugalkraft F_Z* und die *elektrostatische Anziehungskraft F_C*, die *Coulombkraft*, gerade das Gleichgewicht. Mit der Masse des Elektrons m_e und seiner Ladung e gilt:

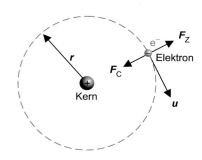

Bild 44.1. Planetenmodell des Atoms nach Rutherford

$$\boldsymbol{F_Z} = -\boldsymbol{F_C} \quad , \quad F_Z = m_e \omega^2 r = m_e \frac{u^2}{r} \quad , \quad F_C = \frac{-e^2}{4\pi\varepsilon_0 r^2} \quad .$$

Hierbei ist r der Radius der Elektronenbahn und u die Geschwindigkeit des Elektrons; ε_0 ist die *Dielektrizitätskonstante*.

Die Gesamtenergie des im Kernfeld kreisenden Elektrons lässt sich folgendermaßen ausrechnen. Zunächst ergibt sich aus $F_Z = -F_C$ für seine kinetische Energie

$$E_{\mathrm{kin}} = \frac{m_e}{2} u^2 = \frac{e^2}{8\pi\varepsilon_0 r} \quad .$$

Die potentielle Energie einer Ladung e^- im Abstand r_0 von der Kernladung e^+ errechnet sich aus der Arbeit, die gewonnen wird, wenn das Elektron aus dem Unendlichen bis in den Abstand r_0 gebracht wird:

$$E_{\mathrm{pot}} = \int_\infty^{r_0} -F_C \, \mathrm{d}r = \int_\infty^{r_0} \frac{e^2}{4\pi\varepsilon_0} \frac{\mathrm{d}r}{r^2} = \frac{e^2}{4\pi\varepsilon_0} \left(\frac{-1}{r_0} \right) \quad .$$

Daraus folgt: $2E_{\mathrm{kin}} = -E_{\mathrm{pot}}$ und damit für die Gesamtenergie des Elektrons

$$E_{\mathrm{ges}} = E_{\mathrm{kin}} + E_{\mathrm{pot}} = \frac{1}{2} E_{\mathrm{pot}} = -\frac{e^2}{8\pi\varepsilon_0 r} \quad .$$

Dieses einfache Atommodell führt jedoch zu Widersprüchen: Das kreisende Elektron müsste, da es eine bewegte Ladung ist, ganz ähnlich wie ein in einer Dipolantenne hin- und herschwingendes Elektron, elektromagnetische Wellen der Umlaufkreisfrequenz ω abstrahlen. Dabei würde das Elektron natürlich ständig Energie verlieren, sich damit dem Kern nähern, mit abnehmendem r die Kreisfrequenz ω erhöhen und schließlich in den Kern stürzen! Das Atom müsste demnach instabil sein und während seiner Existenz ein kontinuierliches Spektrum abstrahlen. Tatsächlich sind jedoch Atome stabil. Sie strahlen nur, wenn sie vorher angeregt worden sind, dann aber in scharfen **Spektrallinien** mit diskreten Wellenlängen; entsprechend Frequenzen.

Atommodell von Bohr

Um das Planetenmodell mit den spektroskopischen Beobachtungen in Einklang zu bringen, stellte N. Bohr 1913 (Nobelpreis 1922) zwei Postulate auf.

1. Im Atom gibt es nur bestimmte Bahnen, auf denen die Elektronen strahlungsfrei kreisen können. Diese Bahnen sind durch eine Quantelungs-Vorschrift für den Drehimpuls $L = m_e r u$ des kreisenden Elektrons festgelegt:

1. Bohrsches Postulat: Bahnbedingung $\quad L = n\dfrac{h}{2\pi}$,

mit $n = 1, 2, 3, \ldots$, der **Hauptquantenzahl** oder Nummer der Bohrschen Bahn. Der Bahndrehimpuls L ist also ein ganzzahliges Vielfaches von $h/2\pi$. Hierin ist h das

Plancksche Wirkungsquantum $\quad h = 6{,}626 \cdot 10^{-34}\,\mathrm{J\,s}$.

(Max Planck hat diese Konstante, die er für die Beschreibung der Strahlung eines „Schwarzen körpers"benötigte, 1900 der *Berliner Physikalischen Gesellschaft* vorgestellt.)

Mit dem 1. Bohrschen Postulat können die Bahnradien r_n und daraus die Bahnenergien E_n des Wasserstoffatoms berechnet werden. Für Atome mit mehreren Elektronen liefert das Bohrsche Atommodell allerdings nur in wenigen Sonderfällen richtige Ergebnisse. Genauere Berechnungen müssen auf der Grundlage der Quantenmechanik erfolgen unter Berücksichtigung der Wechselwirkung der Elektronen untereinander. Nur für das Wasserstoffatom liefert die Quantenmechanik die gleichen Energiezustände wie die Bohrsche Theorie.

*2. Das Elektron kann von einer Bahn mit der Energie E_m in eine andere mit der geringeren Energie E_n übergehen. Die dabei frei werdende Energie ΔE wird im allgemeinen in Form eines **Lichtquants** oder **Photons** abgestrahlt, dem im Wellenbild eine Frequenz f zugeordnet werden kann:*

2. Bohrsches Postulat: Übergangsfrequenz

$\Delta E_{mn} = E_m - E_n = h f_{mn}$.

Das 2. Bohrsche Postulat gilt nicht nur für das Wasserstoffatom, sondern auch für beliebige andere Atome, Moleküle und andere Systeme mit charakteristischen Energien.

Aufgrund des 2. Bohrschen Postulats kann ein Atom nur Licht ganz bestimmter Frequenzen bzw. Wellenlängen aussenden, **Emission**, d. h. es entsteht ein atomspezifisches Linienspektrum, in Bild 44.2 mit den Frequenzen f_{21}, f_{31}, f_{41} und f_{51} schematisch dargestellt.

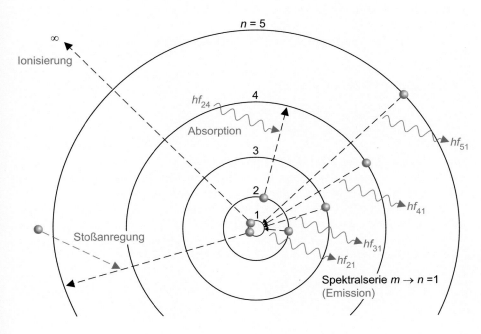

Bild 44.2. Elektronenbahnen und Übergänge in einem Atom mit mehreren Elektronen (schematisch). Die durch die Hauptquantenzahlen n bezeichneten Elektronenbahnen können jeweils $2n^2$ Elektronen aufnehmen

Auch für die **Absorption** gilt das 2. Bohrsche Postulat, d. h. ein Atom kann z. B. bei Bestrahlung mit Licht mit kontinuierlichem Spektrum nur Licht ganz bestimmter stoffspezifischer Frequenzen absorbieren, z. B. beim Übergang des Elektrons von der 2. in die 4. Bahn mit der Frequenz f_{24} in Bild 44.2. Die Absorption tritt bei den gleichen Frequenzen $f_{mn} = f_{nm}$ auf, bei der auch eine Emission möglich ist, z. B. $f_{24} = f_{42}$.

Auf Atome kann aber auch beim Zusammenstoß mit Elektronen bzw. Atomen oder Ionen Energie übertragen werden, wie das z. B. in Gasentladungen der Fall ist. Die Energieaufnahme ist dabei allerdings ebenfalls nur in den *diskreten Beträgen* möglich, die den Übergängen zwischen den diskreten Energiestufen des Atoms entsprechen: **Stoßanregung**. Dabei wird z. B. ein Elektron im Bild 44.2 von der 1. Bahn auf die 5. Bahn gehoben und damit das Atom aus dem Grundzustand in einen angeregten Zustand gebracht. Die so angeregten Atome kehren gewöhnlich innerhalb sehr kurzer Zeit unter Lichtemission spontan wieder in den Grundzustand zurück, typisch in einigen Nanosekunden ($1\,\text{ns} = 10^{-9}\,\text{s}$). Im Rahmen dieser Praktikumsaufgabe sollen solche Lichtemissionen bei Gasentladungen spektral untersucht werden.

Wird einem im Grundzustand befindlichen Atom, Energie E_1, durch *Elektronenstoß* oder durch *Absorption* eines hinreichend energiereichen Photons ein Energiebetrag $E > E_\infty - E_1$ zugeführt, so kann das Elektron vom Atom vollständig abgetrennt werden: **Ionisierung**. Den Restbetrag der Energie $E - E_\infty$ nimmt das fortfliegende Elektron als kinetische Energie mit: $E_\text{kin} = \frac{1}{2}m_\text{e}v^2$.

📖 Energien und Spektren des H-Atoms

Die zu den erlaubten Energieniveaus E_n gehörenden Bahnradien r_n des H-Atoms lassen sich aus dem Kräftegleichgewicht (siehe Bild 44.1)

$$m_\text{e}\frac{u_n^2}{r_n} = \frac{e^2}{4\pi\varepsilon_0 r_n^2}$$

und dem ersten Bohrschen Postulat

$$m_\text{e}r_n u_n = n\frac{h}{2\pi} = L$$

durch Eliminieren von u_n berechnen:

$$r_n = \frac{h^2\varepsilon_0}{e^2 m_\text{e}\pi}n^2 \quad .$$

Im nicht angeregten Wasserstoffatom befindet sich das eine Elektron in seinem **Grundzustand**, d. h. im Bohrschen Modell auf der Bahn $n = 1$ mit dem Radius $r_1 = 0{,}53 \cdot 10^{-8}$ cm.

Einsetzen der Bahnradien r_n in die o. a. Gesamtenergie E_{ges} ergibt die gequantelten

> ### Energien im Wasserstoffatom
>
> $$E_n = -\frac{e^2}{8\pi\varepsilon_0 r_n} = -\frac{e^4 m_\text{e}}{8\varepsilon_0^2 h^2}\frac{1}{n^2} = -hR_y\frac{1}{n^2} \quad = -(13{,}6eV)\frac{1}{n^2} \quad .$$

Die Konstante R_y, die **Rydberg-Frequenz**, hängt nur von Naturkonstanten ab: e, m_e, h und ε_0. Für deren möglichst genaue Kenntnis bemüht man sich bis heute um eine immer präzisere experimentelle Bestimmung der Rydberg-Frequenz.

Beim Übergang des Elektrons vom Energieniveau E_m in das tiefer liegende Energieniveau E_n wird nach dem 2. Bohrschen Postulat ein Lichtquant hf_{mn} ausgesandt:

> ### Photonenemissionsenergien des Wasserstoffs
>
> $$hf_{mn} = E_m - E_n = hR_y\left(\frac{1}{n^2} - \frac{1}{m^2}\right) \quad , \quad R_y = 3{,}29 \cdot 10^{15}\text{s}^{-1}$$

mit $n = 1, 2, 3, \ldots$ und $m = 2, 3, 4, \ldots$. Diese aus theoretischen Überlegungen hergeleitete Formel, die für alle **Wasserstoff-Spektrallinien** gilt, wird durch das Experiment bestätigt.

In Bild 44.3 ist das **Energie-Termschema** des Wasserstoffatoms dargestellt. Die Energien werden in Elektronen-Volt (eV) angegeben, dem Grundzustand $n = 1$ wird hier die Energie 0 zugeordnet. Einge der möglichen Übergänge sind durch Pfeile gekennzeichnet, deren Längen ΔE proportional zu den Frequenzen der ausgesandten Spektrallinien sind.

Spektrallinien, deren Übergänge auf dem gleichen Energiezustand enden, werden zu **Serien** zusammengefasst, Bild 44.3, die nach ihren Entdeckern benannt wurden. Die Serie mit dem Endzustand $n = 2$ heißt **Balmer-Serie**. Für deren Wellenlängen λ_{m2} gilt wegen $\lambda_{m2} = c_0/f_{m2}$

$$\lambda_{m2} = \frac{c_0}{R_y}\left(\frac{1}{2^2} - \frac{1}{m^2}\right)^{-1} = \frac{c_0}{R_y}\left(\frac{1}{4} - \frac{1}{m^2}\right)^{-1} ; \; m = 3, 4, 5 \ldots .$$

Die ersten und zugleich intensivsten Linien dieser Serie ($m = 3, 4, \ldots$) werden mit H_α, H_β, H_γ und H_δ bezeichnet und liegen im sichtbaren Spektralbereich. Je größer m ist, um so dichter liegen die Linien im Spektrum; für $m \to \infty$ ergibt sich die **Seriengrenze** für die Balmerserie bei $\lambda = 364{,}5$ nm.

In der spektroskopischen Forschung wird oft die Größe $1/\lambda$ benutzt, die **Wellenzahl**, mit der Einheit cm^{-1}. In diesem Zusammenhang wird dann statt der Rydberg-Frequenz R_y die **Rydbergkonstante** $R = R_y/c_0 \approx 1{,}0974 \cdot 10^7\,\text{m}^{-1}$ verwendet. Der experimentelle Bestwert 2010 mit $R = 10973731{,}568539(55)\,\text{m}^{-1}$ zeigt, mit welcher hohen Genauigkeit physikalische Größen heutzutage gemessen werden können.

Die Bohrsche Atomtheorie beschreibt das experimentell gemessene Spektrum des Wasserstoffatoms in guter Annäherung. Für kompliziertere Atome ist jedoch die Modell-Vorstellung kreisender und springender Elektronen zu einfach. So kann man schon wegen der *Heisenberg-Unschärferelation* für Ort x und Impuls p

$$\Delta x \Delta p \geq \frac{h}{2\pi}$$

ein Elektron im H-Atom nicht auf diskreten Bahnen lokalisieren. Eine Neuformulierung der Theorie der Atome wurde von L. de Broglie, E. Schrödinger und W. Heisenberg (1923–1926) in der sog. *Wellen- und Quantenmechanik* vorgenommen. Danach lassen sich nur Aussagen über mittlere *Elektronen-Dichteverteilungen*, sog. **Orbitale**, in den verschiedenen Anregungszuständen des Atoms machen. Die zugehörigen erlaubten Energiezustände der Atome können mit Hilfe der Quantenmechanik meist nur angenähert berechnet werden. Nur im Falle des Wasserstoffatoms führt diese Rechnung zu den gleichen Energiezuständen wie das Bohrsche Modell.

Bild 44.3. Vereinfachtes Energieschema des Wasserstoffatoms mit den ersten drei Serien. Es sind jeweils nur einige Übergänge pro Serie eingezeichnet

 ## Elektronen als Materiewellen

Teilchen wie Elektronen, Neutronen oder Atome haben auch Welleneigenschaften. So lassen sich z. B. Elektronen an einem Kristallgitter beugen. Die Wellenlänge λ ist dabei nach de Broglie gegeben durch die Masse m und die Geschwindigkeit u des Teilchens:

de Broglie-Wellenlänge $\lambda = \dfrac{h}{mu}$.

Ähnlich einer stehenden Welle auf einer schwingenden Gitarrensaite, Bild 44.4 a, stellt man sich die nach dem Bohrschen Atommodell auf diskreten Bahnen straha)

b)

c)

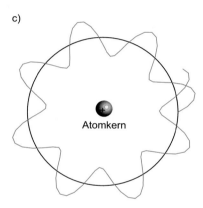

Bild 44.4. (a) Schwingende Saite. (b) Stehende Elektronenwelle. (c) Falsche Wellenlänge führt zu destruktiver Interferenz

lungsfrei umlaufenden Elektronen als entsprechende vor, Bild 44.4 b. Die Länge eines solchen geschlossenen **stehende Materiewellen** Wellenzuges $2\pi r_n$ (Kreisumfang!) muss dabei gerade ein ganzes Vielfaches der Wellenlänge betragen: $n\lambda$. Ist der Kreisumfang kein ganzes Vielfaches der Wellenlänge, so erhält man Selbstauslöschung durch Interferenz, d. h. keine stehende Welle und damit keine stabile Bahn, Bild 44.4 c.

Somit wird verständlich, dass nur in ganz bestimmten Elektronen-Bahnen stehende Materiewellen auftreten können. Aus $2\pi r_n = n\lambda$ folgt mit $\lambda = h/m_e u$ direkt das *1. Bohrsche Postulat*:

$$L = m_e u_n r_n = n\frac{h}{2\pi} \quad .$$

Das *2. Bohrsche Postulat* entspricht dem *Energieerhaltungssatz*. Änderungen der erlaubten Energien in Atomen können durch *Absorption* oder *Emission* passender elektromagnetischer Energiequanten (Photonen) erfolgen.

📖 Beugungsgitter zur spektralen Zerlegung

Die Wellenlänge von Licht kann z. B. mit einem Prisma (Brechung) oder Gitter (Beugung) bestimmt werden. Die Benutzung eines Prismas hat jedoch den Nachteil, dass der Ablenkwinkel wegen der Dispersion nicht linear von der Wellenlänge abhängt, so dass stets eine umfangreiche Kalibrierung des Spektralapparates notwendig ist (vgl. *Themenkreis 37*). Deshalb benutzt man in der Forschung überwiegend optische Gitter zur Messung der Wellenlänge. Diese haben den Vorteil, dass Ablenkwinkel und Wellenlänge linear zusammenhängen. Außerdem können *Gitterspektrometer* höhere Auflösungsvermögen besitzen, je nachdem, für welche Gitterordnung sie hergestellt (blazed) sind. Je höher die Ordnung desto größer die Auflösung.

Ein Beugungsgitter besteht aus einer großen Zahl von parallelen, äquidistanten Spalten im Abstand g, Bild 44.5. Wird das Gitter mit kohärentem Licht, z. B. aus einer Wasserstoff-Gasentladungslampe beleuchtet, so treten *Interferenz*erscheinungen auf. Diese lassen sich quantitativ leicht auswerten, wenn man sie in der Brennebene einer Sammellinse wie in Bild 44.5 beobachtet. Die Entstehung der Interferenzen lässt sich mit Hilfe des Modells der *Huyghensschen Elementarwellen* beschreiben (s. a. *Themenkreis 38*).

Je zwei benachbarte, unter dem Winkel φ vom Gitter ausgehende Parallelbündel besitzen den Gangunterschied $\Delta = g \sin\varphi$, Bild 44.5. Es ergibt sich nur für diejenigen Richtungen φ_k eine maximale Verstärkung, für die $\Delta = \pm\lambda, \pm 2\lambda, \ldots \pm k\lambda$ ist:

Gitterbeugung $g \sin\varphi_k = \pm k\lambda$,

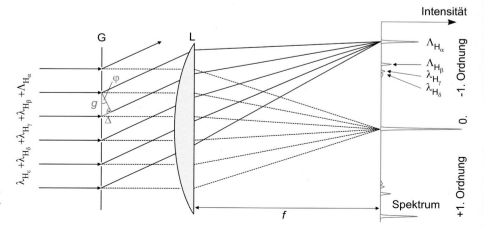

Bild 44.5. Erzeugung eines Gitterspektrums bei Einstrahlung von Licht einer Wasserstoffspektrallampe

wobei $k = 0, 1, 2, \ldots$ die Ordnung der Interferenz ist.

Durch die Sammellinse hinter dem Gitter schneiden sich die verschiedenen zueinander parallelen Strahlbündel jeweils in einem Punkt der Brennebene, Bild 44.5. Man beobachtet daher dort scharfe Interferenzmaxima der verschiedenen Ordnungen $\pm k$. Stammt das einfallende Licht z. B. aus einer H-*Geißlerröhre*, so beobachtet man im Spektrum erster Ordnung unter den entsprechenden Winkeln die Interferenzmaxima der Wasserstoffspektrallinien der *Balmerserie*.

Das *Auflösungsvermögen* eines Gitterspektrometers in der k-ten Beugungsordnung ist gegeben durch

$$\frac{\lambda}{\Delta\lambda} = kN \quad ,$$

wobei k die Beugungsordnung, N die Zahl der beleuchteten Gitterstriche und $\Delta\lambda$ den Wellenlängenunterschied zweier gerade noch trennbarer Spektrallinien bedeuten. Wird z. B. bei einem Gitter mit 1000 Linien pro mm ein Bereich von 1 cm ausgeleuchtet, so ist das Auflösungsvermögen in der 1. Beugungsordnung $\lambda/\Delta\lambda = 10^4$. Durch Vergrößerung des ausgeleuchteten Bereichs und Verwendung von Gittern mit noch höherer Linienzahl lässt sich das Auflösungsvermögen auf $\geq 10^5$ steigern.

44.1 Wellenlängenmessungen mit dem Beugungsgitter (2/3)

Bestimmung der Gitterkonstanten g eines Beugungsgitters mittels eines Kalibrierspektrums, z. B. des Heliums. Mit dem kalibrierten Gitter werden die Wellenlängen der stärksten Linien der Balmer-Serie des Wasserstoff-Spektrums gemessen und daraus die Rydberg-Konstante R berechnet.

Gasentladungslampen (Geißlerröhren) mit Wasserstoff-, Helium- und anderen Gasfüllungen, Spannungsversorgung, Transmissionsgitter, Maßstab.

Bestimmung der Gitterkonstanten

Das Beugungsgitter G wird in der Entfernung a von der Maßstabsskala SS′ so aufgestellt, dass die Gitterspalte parallel zum Entladungsrohr stehen, Bild 44.6. Das durch das Gitter blickende Auge A stellt die Linse aus Bild 44.5 dar und sieht unter dem Winkel $\varphi = 0$ im ungebeugten Licht die leuchtende Kapillare der *Geißlerröhre* Q, das *Beugungsmaximum* 0-ter Ordnung. Links und rechts beobachtet man die beiden ersten Ordnungen. Die Bilder der Beugungsordnungen entstehen auf der Netzhaut des Auges. Sendet die Quelle Q, z. B. eine He-Geißlerröhre, Licht verschiedener, diskreter Wellenlängen aus, so sieht man in jeder Ordnung mehrere verschiedenfarbige, scheinbar in der Ebene SS′ liegende Interferenzmaxima. Der Abstand x von der Quelle Q entspricht dabei einem Beugungswinkel φ, für den aufgrund der Geometrie $\sin\varphi = x/\sqrt{a^2 + x^2}$ gilt. Damit ergeben sich aus dem Spektrum erster Ordnung die Wellenlängen zu:

$$\lambda = \frac{gx}{\sqrt{a^2 + x^2}} \quad .$$

Praktisch liest man auf einem Maßstab SS′ die Lage x jeder untersuchten Spektrallinie im linken x_ℓ und rechten x_r Spektrum 1. Ordnung ab; es ist dann $x_\ell - x_r = 2x$. Ferner wird der Abstand a zwischen Q und G mit einem Metermaß gemessen. Der Fehler Δa wird abgeschätzt.

Zur Messung der Gitterkonstanten g wird z. B. eine He-Geißlerröhre als Lichtquelle verwendet. Man misst jeweils den Abstand x für alle sichtbaren Spektrallinien, deren Wellenlängen in Tabelle 44.1 angegeben sind. Jede Messung sollte mehrmals ausgeführt werden.

Man berechne für jede Spektrallinie den Wert g und bilde den Mittelwert. Alternativ kann eine graphische Auswertung durchgeführt werden. Zum Fehler des Mittelwertes der Gitterkonstanten g liefern einerseits die Messunsicherheiten bei den Messungen von x einen Beitrag, Δg_x, der sich in der üblichen Weise aus den Schwankungen der g-Werte für die verschiedenen Linien errechnet. Andererseits

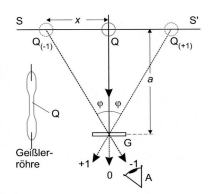

Bild 44.6. Aufbau zur Beobachtung von Spektren

Tabelle 44.1. He-Spektrallinien im sichtbaren Spektralbereich

Wellenlänge (nm)	706,52	667,81	587,56	501,57	492,19	471,31	447,15
Farbe	rot	rot	gelb	grün	grün	blaugrün	blau
Intensität	schwach	stark	stark	stark	schwach	mittel	stark

addiert sich noch der Fehlerbeitrag Δg_a, der durch die Ungenauigkeit der Abstandsmessung Δa bedingt ist (Δa wird geschätzt):

$$\Delta g = \Delta g_x + \Delta g_a \quad .$$

Aus

$$g = \left(\frac{\lambda}{x}\right)\sqrt{a^2 + x^2} \quad \text{folgt:}$$

$$\frac{\Delta g_a}{g} = \frac{1}{g}\frac{\partial g}{\partial a}\Delta a = \frac{1}{2}\frac{2a\Delta a}{(a^2 + x^2)} = \frac{a^2}{(a^2 + x^2)}\frac{\Delta a}{a} \quad .$$

Vermessung der Balmer-Serie des Wasserstoff-Spektrums

Die He-Geißlerröhre wird durch eine wasserstoffgefüllte Röhre ersetzt. Dann werden für die rote H_α-, die blau-grüne H_β- und die blaue H_γ-Linie des Wasserstoffes die Abstände x gemessen. Die Messungen sollen mehrmals wiederholt werden.

Nach $\lambda = gx/\sqrt{a^2 + x^2}$ werden mit dem ermittelten Wert von g die Wellenlängen der H-Linien ausgerechnet. Daraus wird die Rydberg-Konstante R bestimmt.

Für den Fehler der Wellenlänge folgt:

$$\Delta\lambda \approx \left|\frac{\partial\lambda}{\partial g}\right|\Delta g + \left|\frac{\partial\lambda}{\partial x}\right|\Delta x + \left|\frac{\partial\lambda}{\partial a}\right|\Delta a \quad ,$$

$$\frac{\Delta\lambda}{\lambda} = \frac{\Delta g}{g} + \frac{a^2}{(a^2 + x^2)}\left(\frac{\Delta x}{x} + \frac{\Delta a}{a}\right) \quad .$$

Man schätze Δx ab und übernehme den im vorherigen Versuch bestimmten Wert für Δg. Für die Rydberg-Konstante gilt: $\Delta R/R \approx \Delta\lambda/\lambda$.

Der experimentell bestimmte Wert für R soll mit dem angegebenen Literaturwert verglichen werden. Liegt dieser Wert im berechneten Fehlerbereich? Der relative Fehler ist mit dem für den heutigen Bestwert zu vergleichen.

44.2 Gitterspektrometer (2/3)

Alternative Wellenlängenmessung mit einem Gitterspektrometeraufbau.

Entladungslampe, z. B. sog. Balmerlampe (Wasserstoffspektrum), Beugungsgitter mit bekannter Gitterkonstante von z. B. 500 Linien pro mm, Goniometertisch nach Bild 44.7 zur Messung des Beugungswinkels.

Der von der Entladungslampe beleuchtete Spalt befindet sich in der Brennebene der Kollimatorlinse, die daher ein paralleles Lichtbündel erzeugt. Das Gitter wird in der Mitte des Goniometertisches senkrecht dazu aufgestellt. Mit dem schwenkbaren Ablesefernrohr werden dann die Beugungsmaxima der von der Lampe emittierten Spektrallinien (z. B. 3 bis 4 sichtbare Wasserstofflinien) gesucht. In der Brennebene des Fernrohrobjektivs entstehen die verschiedenfarbigen Bilder des Kollimatorspaltes als Beugungsmaxima nebeneinander. Durch Schwenken des Fernrohres werden die Maxima der gleichen Beugungsordnung k nacheinander in die Bildmitte gebracht und der zugehörige Schwenkwinkel φ_k bestimmt. Es empfiehlt sich, den Ablenkwinkel für die gleiche Spektrallinie einmal rechts und einmal links abzulesen und daraus den Beugungswinkel φ_k zu ermitteln.

Bild 44.7. Goniometertisch mit Beugungsgitter – typischer Strahlengang eines einfachen Spektralapparates

Aus den Beugungswinkeln und der Gitterkonstante werden die Wellenlängen λ_i nach der o. a. Formel berechnet. Die Fehler $\Delta\lambda_i$ werden aus $\Delta\varphi_k$ (aus der Messung) und Δg (nach Angabe) bestimmt. Die ermittelten Werte sind mit den angegebenen Literaturwerten, Bild 44.3, zu vergleichen.

44.3 Spektroskopische Handversuche (1/3)

Eine Reihe qualitativer Versuche soll weitere Arten von Spektren und Verfahren der Spektroskopie veranschaulichen.

Anordnung zur Beobachtung der Gitterbeugung. Replikagitter (beim Tutor erhältlich). Weitere Geißlerröhren (außer H und He), z.B. Ne-, Hg- und N_2-Röhren und andere Spektrallampen. Glasprismen auf Prismentisch. Verschiedene Farbfilter (Farbfolien). Neodymglas. Glühlampe. Handspektroskop.

Beobachtung verschiedener Typen von Emissionsspektren

Die Spektren sind für die lichtaussendenden Atome, Moleküle und Festkörper charakteristisch und geben Aufschluss über ihren inneren Aufbau.

Spektren mit wenigen starken Linien – He (Helium), Hg (Quecksilber): Die spektrale Zerlegung zeigt, dass das von diesen Atomen ausgesandte Licht im Wesentlichen aus wenigen, nahezu *monochromatischen Spektrallinien* besteht.

Herstellung von monochromatischem Licht: Die Herstellung von *monochromatischem Licht* erfolgt durch Isolation einer Spektrallinie mit einem Filter. Hg-Spektrum beobachten und ein Grünfilter in den Strahlengang einschalten (z.B. vor das Auge halten).

Gasentladungsspektrum mit vielen Linien – Ne (Neon): Atome mit vielen Elektronen zeigen Spektren mit vielen Linien.

Molekülspektren mit Emissionsbanden – N_2 (Stickstoff): Die Spektrallinien liegen hier z.T. so dicht, dass sie mit dem Gitter nicht mehr aufgelöst werden können und daher als *Banden* im Spektrum erscheinen, die einseitig scharf begrenzt (Bandenköpfe) sind. Die verschiedenen Linien- und Banden-Serien überlagern und überlappen sich. Der Linienreichtum der *Molekülspektren* rührt daher, dass außer den Elektronenübergängen in den Atomhüllen zusätzlich Rotations- und Schwingungszustände der Atome im Molekül auftreten.

Kontinuierliches Spektrum eines glühenden Körpers: Bei einer Glühlampe beobachtet man ein kontinuierliches Spektrum.

Spektrum einer LED: Bei einer LED beobachtet man keine scharfen Linien, sondern breite Emissionsbanden.

Spektrum des Lichtes einer Leuchtstofflampe: Betrachte das Licht einer Leuchtstofflampe (Deckenleuchte) und vergleiche es mit dem Licht einer Hg-Lampe.

 Die Einzelbeobachtungen sollen stichwortartig notiert und diskutiert werden.

Vergleich der von Gitter und Prisma erzeugten Spektren

Durch das Gitter wird das Linienspektrum einer He-Röhre in verschiedenen Ordnungen beobachtet. Wie oft ist links und rechts von der 0. Ordnung z.B. die gelbe Linie zu beobachten? (Spektren $\pm$ 1. und höherer Beugungsordnung).

Gitterspektrum (Glühlampe): Mit dem Gitter wird das kontinuierliche Spektrum einer Glühlampe beobachtet. Man notiere die Farbenfolge im Spektrum der 1. Ordnung, von kleinen zu größeren Beugungswinkeln fortschreitend. Wie oft sind hier die Spektren zu sehen?

Prismenspektrum (Glühlampe): Mit dem Glasprisma wird das Spektrum einer Glühlampe beobachtet. Man beachte die Strahlablenkung um etwa $45°$ infolge der Brechung. Während man das Spektrum beobachtet, drehe man das Prisma auf dem Tisch um die vertikale Achse nacheinander in beide Drehrichtungen; es verschiebt sich dann das Spektrum, wobei der Ablenkwinkel ein *Minimum* durchläuft. Am günstigsten erfolgen die weiteren Beobachtungen im Bereich minimaler Ablenkung, siehe *Themenkreis 37*. Wieviele Spektren sind durch das Prisma zu sehen? Man notiere die Reihenfolge der Spektralfarben, wieder von kleinen zu großen Ablenkwinkeln fortschreitend. *Hinweis:* Man bewege das Auge in Richtung wachsender Ablenkwinkel, so dass durch die Prismenkante die Spektralbereiche nacheinander abgedeckt werden.

Man vergleiche das Gitterspektrum (1. Ordnung) und das Prismenspektrum. Ist die Reihenfolge der Farben die gleiche wie beim Gitter? Welches Spektrum ist länger? Welches Spektrum ist heller? Man überlege die Deutungen für diese Erscheinungen.

Prismenspektrum (He): Durch das Prisma wird das Linienspektrum der He-Röhre beobachtet. Im abgedunkelten Raum sieht man deutlich verschieden farbige Bilder der ganzen Spektralröhre. Warum?

Spektrale Verteilung der Durchlässigkeit verschiedener Filter: Die gefilterten und die ungefilterten Spektren einer Glühlampe werden betrachtet. Es können z.B. Blau-, Rot-, Grünfilter benutzt werden.

Neodymglas: Es zeigen sich relativ scharfe Absorptionslinien, die auf der linienhaften Absorption der in das Glas eingelagerten Nd^{3+}-Ionen beruhen. Diese Eigenschaft ist für die Anwendung dieses Materials für *Laser* von entscheidender Bedeutung.

44.4 „Take Home" - Spektroskopie (1/3)

Mit dem einfachen Replikagitter (beim Tutor erhältlich) können mit frei zugänglichen Lichtquellen eindrucksvolle Versuche zu Hause bzw. auf der Straße durchgeführt werden. Hier wird eine Reihe von Anregungen gegeben; viele weitere Versuche können ausgedacht und durchgeführt werden. Die zugrunde liegenden physikalischen Effekte sollen diskutiert werden.

Replikagitter mit 905,5 Linien pro mm (Achtung: Nicht auf das Gitter fassen, da sich sonst die Gitterfurchen zusetzen können). Lichtquellen aus dem täglichen Leben, die zur Beleuchtung oder als Anzeigeelemente dienen.

Subjektiv-visuelle Beobachtung kontinuierlicher Spektren

Grundversuch: Man blicke auf eine sehr kleine oder auch auf eine linienförmig ausgedehnte helle Lichtquelle und halte das Beugungsgitter dicht vor das Auge (Brillenträger vor die Brille). Man sieht dann neben dem direkten Bild der Lichtquelle links und rechts je ein Beugungsspektrum 1. Ordnung; diese werden direkt im Auge auf der Netzhaut erzeugt. Damit steht ein einfaches **Spektroskop** zur Verfügung!

Als fast punktförmige Glühlichtquelle eignet sich sehr gut eine kleine Taschenlampenglühlampe, möglichst ohne eine in den Glaskolben eingeschmolzene Linse. Der Taschenlampenkopf mit dem Reflektor wird entfernt, so dass man die Glühwendel direkt sieht; ggf. eine Linsenglühlampe von der Seite betrachten.

Im teilweise abgedunkelten Zimmer wird die Glühlampe aus 0,5 bis 1 m Entfernung durch das Beugungsgitter betrachtet. Der Beobachter sieht links und rechts neben dem weissen, punktförmigen Lampenbild je ein helles, schmales, streifenförmiges kontinuierliches Spektrum mit allen Spektralfarben und noch weiter außen die deutlich lichtschwächeren Beugungsspektren der 2. Ordnung.

Dreht man das Gitter vor dem Auge um die Blickachse, so dreht sich das Spektrum mit. Die Beugung erfolgt also immer in die Richtung senkrecht zu den Gitterstrichen.

Man kann auch auf die Glühwendel einer Klarglas-Glühlampe (15 bis 40 W, 230 V) durch das Gitter blicken. Wenn man die Gitterstriche etwa parallel zu den Glühfäden hält, beobachtet man ein sehr helles, breites farbenreines Spektrum; evtl. markieren sich die Haltedrähte der Glühwendel als Schattenlinien im Spektrum.

Wenn man mattierte Glühlampen aus der Nähe ($\approx 0,5$ m) betrachtet oder eine größere Lampe mit einer diffus streuenden Lampenglocke aus 1 bis 2 m Entfernung, so beobachtet man durch das Gitter wieder ein breites kontinuierliches Spektrum, das aber nicht mehr ganz spektral reine Farben zeigt. Die einzelnen Teilbereiche der ausgedehnten Lichtquelle liefern nämlich jeweils etwas verschobene Spektren, die sich überlappen und überlagern; dadurch entstehen Mischungen benachbarter Farben.

Eine Kerzenflamme liefert ebenfalls ein kontinuierliches Glühlichtspektrum. Das Licht wird vor allem durch glühende Kohleteilchen (Ruß) ausgesandt, nicht dagegen von den heißen Gasen, diese würden nämlich Linienspektren liefern.

Die Gelbfärbung der Kerzenflamme beruht auf der relativ geringen Temperatur in der Flamme von etwa 1800 K. Zum Vergleich: Wolfram-Glühlampe 2300 K, Sonne 6000 K mit Emissionsmaximum im Grünen (deshalb hat das menschliche Auge dort seine größte spektrale Empfindlichkeit!). Der Blauanteil im Spektrum des Kerzenlichtes ist deutlich geringer als im Glühlampenlicht.

Wiensches Verschiebungsgesetz: $T\lambda_{\mathrm{max}} = \mathrm{const.}$

Projektion des Sonnenspektrums: Mit einer Lupe wird ein Bild der Sonne auf weißes Papier entworfen, wobei die an der Linse vorbeilaufende Strahlung abgedeckt wird. (Linsenachse in Richtung Sonne und den Schirm senkrecht dazu freihand einstellen.) Setzt man nun das Beugungsgitter direkt vor oder hinter die Linse, so erscheinen im Schattenbereich auf dem Schirm die beiden Beugungsspektren ± 1. Ordnung. Die Entstehung der Spektren erfolgt hier ganz ähnlich wie innerhalb des Auges, s. Bild 44.5.

**Achtung, nicht direkt in die Sonne blicken.
Starke Blendungsgefahr!**

Spektroskopie an Leuchtstoff- und Straßenleuchten

Leuchtstoffröhren enthalten geringe Mengen Quecksilberdampf, der bei elektrischem Stromdurchgang zum Leuchten angeregt wird. Von den Hg-Gasatomen wird Licht nur mit bestimmten Farben, d. h. bestimmten Wellenlängen im Gelben, Grünen und Blauen abgestrahlt; einige starke Hg-Spektrallinien liegen auch im Violetten und vor allem im Ultravioletten, vgl. *Themenkreis 46*.

Die Leuchtstoffröhren tragen auf der Innenwand eine Schicht aus fluoreszierendem Material. Dieses absorbiert das violette und ultraviolette Licht und sendet sichtbares Licht aus. Wenn man nachts durch das Gitter aus 20 bis 100 m Entfernung auf die Leuchtstoffröhren einer isoliert stehenden Straßenlaterne blickt, wobei die Gitterstriche parallel zur Lichtquelle gehalten werden, so sieht man das kontinuierliche Fluoreszenzspektrum des Leuchtstoffes überlagert durch die grüne und blaue Spektrallinie des Quecksilbers. Die gelbe Hg-Linie ist schwächer und auf dem Untergrund meist nur schwer zu erkennen.

Es gibt auch Straßenleuchten mit einer birnenförmigen Hg-Lampe von der Größe einer normalen Glühlampe und einer fluoreszierenden Schicht auf dem Kolben. Die Spektren sind ähnlich wie bei den Leuchtstoffröhren.

Andere moderne birnenförmige Straßenlampen enthalten eine Hochdruck-Entladungslampe, die außer Quecksilber- noch andere Metalldämpfe enthält; der Glaskolben ist mattiert und trägt keine Fluoreszenzschicht. Bei Betrachtung einer solchen Quecksilber-Metalldampfleuchte durch das Gitter aus einiger Entfernung (20 bis 100 m) sieht man außer der blauen, grünen und gelben Hg-Spektrallinie eine starke rote und eine schwache orange Linie.

Bei der Beobachtung sollte man die Gitterstriche wieder möglichst parallel zur größeren Längsausdehnung der Quelle halten, die auch durch den Leuchtschirm bestimmt sein kann.

Die auffallend gelben Straßenleuchten sind Natrium-Dampflampen. Die Natrium-Atome senden sehr intensiv die beiden gelben Spektrallinien (Natrium-D-

Linien bei 589 nm) aus, die spektral eng beieinanderliegen und mit dem Gitter nicht getrennt werden können. Im Spektrum sieht man daher ein gelbes scharfes Bild der Lampe.

Xenon-Hochdrucklampen, die häufig zur Denkmalbeleuchtung benutzt werden, liefern ein bläulich-weißes Licht und zeigen mit dem Gitter ein scheinbar kontinuierliches Spektrum mit einer etwas stärkeren grünen Linie. Es handelt sich jedoch um sehr viele, dicht benachbarte Einzellinien.

Fahrrad-, Auto- und Verkehrsleuchten

Normale Glühlampen, auch Halogenlampen oder Leuchtdioden (LED) werden für Beleuchtungen verwendet.

Die Bremsleuchten liefern ein durch ein Rotglas oder roten Kunststoff gefiltertes Glühlicht oder es handelt sich um LED's. Bei beiden Beleuchtungsarten handelt es sich, im Gegensatz zu den von Gasen ausgesandten Spektrallinien, um relativ breite Spektralbereiche im Roten, die bis ins Gelbe oder sogar ins Blaue hineinreichen.

Man betrachte die Lichter einer Verkehrsampel aus etwa 10 bis 50 m Entfernung. Worin unterscheiden sich die Spektren der älteren Verkehrsampeln mit *Glühlampen* hinter einer farbigen Glasabdeckung von den neueren mit grünen, gelben und roten *Leuchtdioden*?

Die meisten Reklame-Beleuchtungen mit bunten Leuchtröhren bestehen aus Hg-Leuchtstofflampen mit kontinuierlichen Fluoreszenz-Spektren. Das Maximum der Abstrahlung und damit der Farbeindruck hängt vom Leuchtstoff ab. Nur die roten Leuchtschriftröhren enthalten Neon. Die allgemeine Bezeichnung *Neon-Leuchten* für Leuchtstoffröhren ist also falsch. Blickt man übrigens durch das Gitter auf eine grüne Hg-Lampen-Leuchtschrift, so erkennt man den Schriftzug auch im grünen Teil des Spektrums; was ist die Ursache?

Flammenfärbung

Verschiedene chemische Elemente, die in die Flamme eines Bunsenbrenners gebracht werden, färben diese charakteristisch. Dies wird in der Chemie zu einem einfachen Elementnachweis ausgenutzt. An einer Gaskochstelle kann man leicht eine Flammenfärbung durch Natrium erreichen. Auf einem Draht mit einer kleinen Schlinge (1 bis 2 mm Durchmesser) wird eine mit einem Tropfen Wasser hergestellte Kochsalzperle (NaCl) in die Flamme gebracht, die sich alsbald intensiv gelb färbt. Durch das Replikagitter sieht man im Spektrum ein scharfes Bild der gelben Flamme; das Spektrum der Natrium-D-Linien.

Bengalische Feuerwerk-Stäbchen enthalten Erdalkalimetalle Strontium (mit mehreren Spektrallinien im Roten und Gelben) und Barium (mit Spektrallinien vor allem im Grünen). Wenn man das Licht einer solchen Fackel aus 10 bis 30 m Entfernung durch das Gitter beobachtet, so sieht man wenigstens andeutungsweise die entsprechenden Linienspektren.

Wegen der Rauchentwicklung empfiehlt es sich, den Versuch bei Dunkelheit im Freien durchzuführen.

Es ist auch recht eindrucksvoll, Spektren bei einem Feuerwerk zu betrachten. Die Flammenfärbung wird auch hier durch entsprechende Zusätze von Metallsalzen erreicht.

Glimmlampen und Leuchtdioden

Zur Anzeige der Netzspannung wurden früher kleine Glimmlampen verwendet. Diese sind mit dem Edelgas Neon gefüllte Gasentladungslampen. Betrachtet man im dunklen Raum das Licht einer schmalen, relativ hellen Glimmlampe durch das Gitter, so lässt sich das Neon-Spektrum erkennen. Die Gitterstriche wieder parallel zur Längsausrichtung der Quelle halten bei einer Entfernung von nur 0,3 bis 1 m. Das Neon-Spektrum enthält sehr viele Linien, vor allem im Roten und Gelben, die allerdings in der einfachen Anordnung mit dem Replikagitter nicht voll aufgelöst werden.

Leuchtdioden sind Halbleiter-Bauelemente, die in einem schmalen Spektralbereich ein kontinuierliches Spektrum aussenden.

Je nach Farbe erscheint im Spektrum z. B. eine grüne oder rote Emissionsbande, die deutlich breiter ist als die einer Spektrallinie leuchtender Gasatome.

    Die Einzelbeobachtungen sollen individuell dargestellt und physikalisch interpretiert werden.

45. Röntgenstrahlung

 Eigenschaften von Röntgenstrahlung, Verständnis für die Prozesse, die zu ihrer Emission und Absorption führen.

📖 *Standardlehrbücher* (Stichworte: Röntgenstrahlung, charakteristische Strahlung, Bremskontinuum, Bragg-Reflexion, Absorptionskoeffizient),
Haken/Wolf: Atom- und Quantenphysik,
Röntgenverordnung..

📖 Röntgenquellen

Röntgenstrahlung ist ein Teil des *elektromagnetischen Spektrums*. Die Wellenlängen liegen zwischen den Bereichen der UV- und der γ-Strahlung und erstrecken sich damit von einigen Nanometern bis in die Größenordnung von Pikometern. Für die dazugehörigen Photonenenergien $E = hf = h\frac{c}{\lambda}$ erhält man dementsprechend Werte im keV-Bereich.

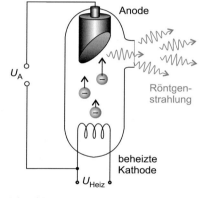

Bild 45.1. Röntgenröhre, schematisch

Röntgenstrahlung entsteht entweder beim Übergang angeregter Atome in tiefere Energiezustände (*charakteristische Strahlung*) oder bei hinreichend starker Beschleunigung bzw. Abbremsung elektrisch geladener Teilchen (*Bremsstrahlung*). Natürliche Röntgenstrahlquellen gibt es praktisch nur im Weltraum: die sog. *Röntgensterne*, deren kurzwellige Strahlung jedoch durch die Erdatmosphäre vollständig absorbiert wird und sich daher nur von Satelliten aus untersuchen lässt. Zur irdischen Erzeugung von Röntgenstrahlung verwendet man in der Regel eine evakuierte **Röntgenröhre**, Bild 45.1, für wissenschaftliche Zwecke auch ein Elektronen-**Synchrotron**.

Die aus der beheizten Kathode durch Glühemission austretenden Elektronen werden im elektrischen Feld beschleunigt und treffen mit der kinetischen Energie $E_{\text{kin}} = \frac{1}{2}mv^2 = eU_A$ auf die meist angeschrägte Anode. Bei der Wechselwirkung dieser Elektronen mit dem Anodenmaterial wird nun ein Teil ihrer Energie in Röntgenstrahlung umgewandelt, die sich wegen der Anschrägung der Anode in einer seitlichen Vorzugsrichtung beobachten lässt. Der Wirkungsgrad ist dabei jedoch sehr gering: Mehr als 99% der durch den Elektronenstrom übertragenen Leistung wird in der Anode in Form von Wärme frei und muss durch Kühlung abgeführt werden.

Die Röntgenstrahlung (im angelsächsischen Sprachgebrauch: **X-rays**) wurde 1895 von W. C. Röntgen bei Untersuchungen an Gasentladungsröhren entdeckt. Die Bedeutung dieser Entdeckung sowohl für den Erkenntnisfortschritt in der Atomphysik als auch für die Anwendung wurde bereits früh erkannt. Von den heute vielfältigen Anwendungsgebieten seien die Medizin (Diagnostik und Therapie), die Werkstoffanalyse und die naturwissenschaftliche Forschung erwähnt.

📖 Röntgenspektren

Untersucht man den spektralen Verlauf einer mit einer Röntgenröhre erzeugten Röntgenstrahlung sowie den Einfluss von Anodenspannung U_A und Anodenmaterial, so findet man die in Bild 45.2 dargestellten Zusammenhänge. Das Bild zeigt deutlich zwei unterschiedliche Anteile des Spektrums:

- Spektrallinien, deren Wellenlängen für das Anodenmaterial charakteristisch sind, *charakteristische Strahlung*,

- einen kontinuierlichen Untergrund, *Bremskontinuum*, der durch eine kurzwellige Grenze λ_{gr} gekennzeichnet ist; diese ist unabhängig vom Anodenmaterial, sie wird nur durch die Anodenspannung bestimmt.

Das **Bremskontinuum** entsteht durch die Abbremsung der in die Anode eintretenden Elektronen im Coulombfeld zwischen Kern und Hülle der Anodenatome. Als radial beschleunigtes geladenes Teilchen strahlt das Elektron elektromagnetische Energie ab, die dadurch seiner kinetischen Energie verloren geht. Bei jedem solchen Abbremsvorgang wird ein Wellenzug der Frequenz f (Beschreibung im Wellenbild) bzw. ein Photon der Energie hf (Beschreibung im Teilchenbild) emittiert, Bild 45.3. Durch die Vielzahl solcher Wechselwirkungen kommen alle Frequenzen bzw. Wellenlängen vor (Kontinuum) bis zu einer kurzwelligen Grenze λ_{gr}, bei der ein Elektron seine gesamte kinetische Energie $E_1 = eU_{\mathrm{A}}$ in einem einzigen Elementarakt in Strahlungsenergie umsetzt, so dass gilt:

Bild 45.2. Röntgenspektren, Beispiele

Gesetz von Duane und Hunt	$eU_{\mathrm{A}} = hf_{\mathrm{gr}} = h\dfrac{c}{\lambda_{\mathrm{gr}}}$.

Die experimentelle Bestimmung dieser Grenzwellenlänge gibt die Möglichkeit, über das **Duane-Hunt-Gesetz** die *Plancksche Konstante* h zu ermitteln.

Die **charakteristische Röntgenstrahlung** entsteht, wenn ein Elektron nach seinem Eindringen in die Anode ein fest gebundenes Elektron von seinem Anodenatom trennt, also eine *Ionisation* erzeugt. Der so entstandene freie Platz auf dem meist tief liegenden Energieniveau (im Beispiel des nebenstehenden Bildes 45.4: K-Niveau $\widehat{=}$ Hauptquantenzahl $n = 1$) wird sehr rasch durch einen Elektronenübergang aus einem höheren Energieniveau aufgefüllt. Dabei ist die Übergangswahrscheinlichkeit aus dem nächst benachbarten Niveau am größten. Die bei einem solchen Übergang freiwerdende Energie wird in der Regel als elektromagnetische Strahlung emittiert, im genannten Beispiel als Röntgen-K_α-Strahlung. Wegen der starken Abhängigkeit der Lage der Energieniveaus von der Ordnungszahl sind die entsprechenden Wellenlängen (λ_{K_α}, λ_{K_β}, ...) anodenmaterialspezifisch und können daher auch zu Analysezwecken verwendet werden (*Röntgenfluoreszenzanalyse*). Eine genaue Betrachtung zeigt, dass die Energieniveaus in Unterniveaus aufgespalten sind, was zu geringfügig unterschiedlichen Übergangsenergien (K_{α_1}, K_{α_2} usw.) führt.

Bild 45.3. Zur Entstehung der Bremsstrahlung

Im Gefolge einer K-Strahlung treten immer auch Röntgen-Linien der L-, M- usw. Serie auf, die von dem kaskadenartigen Wiederauffüllen der entsprechenden Energieniveaus herrühren. Deren Wellenlängen (λ_{L_α} usw.) sind jedoch in der Regel so groß, dass sie im Glas der Röntgenröhre absorbiert werden und zum Experimentieren im Praktikum daher nicht zur Verfügung stehen.

Moseley-Gesetz

Die Quantenenergie bzw. die Wellenlänge der K_α-Strahlung lässt sich mit nur geringen Kenntnissen aus der Atomphysik in guter Näherung berechnen. Der Weg dazu soll hier kurz skizziert werden, siehe auch *Themenkreis 44*. Atome bzw. Ionen mit nur einem Elektron in der Hülle nennt man **wasserstoffähnlich**. Für deren Energieniveaus erhält man durch Verknüpfung der *Coulomb-Wechselwirkung* zwischen Elektron und Atomkern mit der *Bohrschen Quantisierungsbedingung* diskrete erlaubte Werte, die von der Hauptquantenzahl n abhängen:

Bild 45.4. Vereinfachtes Energietermschema für ein Molybdänatom. Einige mögliche Übergänge sind eingezeichnet. Die Bezeichnung ∞ markiert die Ionisierungsgrenze

Energieniveaus beim wasserstoffähnlichen Atom mit der Kernladungszahl Z	$E_n = -hR_{\mathrm{y}}\dfrac{Z^2}{n^2}$

mit dem Planckschen Wirkungsquantum h und der Rydbergfrequenz R_{y}. Für Übergänge zwischen zwei solchen Energieniveaus E_n und E_m gilt dann

$$E_m - E_n = hR_\text{y}Z^2\left(\frac{1}{n^2} - \frac{1}{m^2}\right) \quad .$$

Dieses Ergebnis für wasserstoffähnliche Atome lässt sich modifiziert auch für Atome mit mehreren Elektronen anwenden. Für Elektronen auf äußeren Bahnen erscheint die positive Kernladung durch die Elektronen auf kernnäheren Bahnen teilweise abgeschirmt. Die Kernladungszahl Z wird daher nur mit einem um eine *Abschirmkonstante* σ_n verringerten Betrag wirksam, so dass man erhält:

Energieniveaus von Mehrelektronen-Atomen

$$E_n = -hR_\text{y}\frac{(Z - \sigma_n)^2}{n^2} \quad .$$

Die Abschirmkonstante σ_n hängt in starkem Maße von der Hauptquantenzahl n des betrachteten Niveaus ab.

Für den Übergang aus einem L- in das K-Niveau (K_α-Strahlung) gilt $\sigma \approx 1$, weil die Kernladung „aus der Sicht" eines Elektrons in der L-Schale nur durch das eine auf dem K-Niveau verbliebene Elektron abgeschirmt wird. Hiermit erhält man

$$\Delta E_{21} = E_2 - E_1 \approx hR_\text{y}(Z - 1)^2\left(\frac{1}{1^2} - \frac{1}{2^2}\right) \quad .$$

Diese Beziehung nennt man das

Moseley-Gesetz $\qquad \Delta E_{21} = \frac{3}{4}hR_\text{y}(Z - 1)^2 = hf_{K_\alpha} \quad .$

Dieser auf H. Moseley (1913) zurückführbare Zusammenhang zwischen Frequenz bzw. Quantenenergie der K_α-Strahlung einerseits und der Ordnungszahl des emittierenden Elements andererseits kann zur näherungsweisen Bestimmung von Frequenz bzw. Wellenlänge der K_α-Strahlung des Anodenmaterials dienen. Dieses Gestzt hat in der Entwicklung der Atommodelle eine wichtige Rolle gespielt.

📖 Schwächung der Röntgenstrahlung

Für die Schwächung von monochromatischer Röntgenstrahlung in Materie gilt – wie für alle Bereiche elektromagnetischer Strahlung – ein exponentielles Schwächungsgesetz, das auch als

Lambertsches Absorptionsgesetz $\qquad P(x) = P_0\mathrm{e}^{-\mu x}$

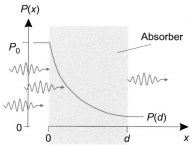

Bild 45.5. Schwächung elektromagnetischer Strahlungsleistung in Materie

bezeichnet wird. Hierin sind P_0 bzw. $P(x)$ die Strahlungsleistungen vor bzw. nach Durchstrahlung von Materie der Dicke x, μ ist der Schwächungskoeffizient, Bild 45.5. Die zur Schwächung führenden Elementarprozesse sind zum einen die **Streuung**, d. h. die Änderung der ursprünglichen Ausbreitungsrichtung der Strahlung (hier: *Rayleigh-Streuung* und *Compton-Streuung*, zum anderen die **Absorption**, d. h. die vollständige Umwandlung der Strahlungsenergie in andere Energieformen. Die Größe μ setzt sich daher additiv aus Streu- und Absorptionskoeffizient zusammen:

$$\mu = \mu_\text{Str} + \mu_\text{Abs} \quad .$$

Beide hängen in unterschiedlicher Weise vom Absorbermaterial und der Röntgenwellenlänge ab. Bei den unten besprochenen Experimenten überwiegt die Absorption, die hier deshalb ausschließlich betrachtet werden soll.

Für den spektralen Verlauf des *Absorptionskoeffizienten* findet man generell eine starke Zunahme mit zunehmender Wellenlänge, d. h. abnehmender Quantenenergie der Strahlung:

$$\mu_{\mathrm{Abs}} \sim \lambda^3 \quad .$$

Dazwischen gibt es aber bei diskreten Wellenlängen eine sprunghafte Änderung der Absorption, Bild 45.6, die man als *Absorptionskante* bezeichnet. Ein solcher Sprung tritt stets auf, wenn die Quantenenergie hf der Strahlung gerade ausreicht, um ein Elektron im Absorberatom aus einem besetzten Energieniveau, z. B. dem K-Niveau, von dem Atom zu trennen: *Fotoionisation* bzw. **innerer Fotoeffekt**. Im Absorberatom wird dadurch in der Regel eine Sekundärstrahlung ausgelöst, die sogenannte *Röntgenfluoreszenzstrahlung*. Die den Fotoionisationsprozess auslösende Röntgenstrahlung ist dabei stets etwas kurzwelliger als die der zugehörigen Emissionslinien des Absorbers, hier dessen K_α- und K_β-Linien. Die Absorptionskanten sind wie die charakteristischen Emissionslinien anodenmaterialspezifisch und können ebenfalls zur Stoffanalyse herangezogen werden.

Bild 45.6. Wellenlängenabhängigkeit der Röntgenstrahlabsorption in Kupfer; unten zum Vergleich: die Lage der Emissionslinien von Kupfer $K_{\alpha 1}$, $K_{\alpha 2}$, $K_{\beta 1}$ und $K_{\beta 2}$

📖 Bragg-Reflexion

Zur Messung der Wellenlänge von Röntgenstrahlung eignen sich die in der Lichtoptik verwendeten Strichgitter nicht, weil deren Gitterabstände für die kleinen Röntgenwellenlängen viel zu groß sind. Stattdessen benutzt man einkristalline Stoffe wie z. B. NaCl, LiF o. ä., deren Atome bzw. Moleküle ein sog. **Raumgitter** mit hinreichend kleiner Gitterkonstante darstellen. Dabei macht man sich die Beobachtung zunutze, dass beim Auftreffen von monochromatischer Röntgenstrahlung auf die Kristalloberfläche – völlig anders als bei sichtbarem Licht – eine Reflexion nur bei einzelnen (diskreten), von der Wellenlänge abhängigen Einfallswinkeln auftritt. Die Deutung dieser Erscheinung als *Interferenzeffekt* gelang als ersten Vater und Sohn Bragg (1914) mit einem einfachen Modell, Bild 45.7. In diesem Bild sind die einzelnen Atomlagen des Kristalls zu sog. **Netzebenen** zusammengefasst. Man betrachtet nun die potentiellen Reflexionen an diesem Vielschichtsystem. Ein reflektiertes Röntgenbündel tritt nur für diejenigen Einfallswinkel auf, bei denen die an den verschiedenen Netzebenen reflektierten Teilbündel konstruktiv interferieren. Ein solcher Fall ist im Bild 45.7 für ein ebenes Röntgenbündel skizziert. Konstruktive Interferenz bedeutet, dass die Strecke $(\overline{EF} + \overline{FG})$ ein ganzzahliges Vielfaches der Wellenlänge sein muss ($A - D$ und $C - H$ sind ebene Wellenfronten). Daraus folgt die

| **Bragg-Bedingung** | $z\lambda = 2d \sin \vartheta_z$ | $(z = 1, 2, \ldots)$ | . |

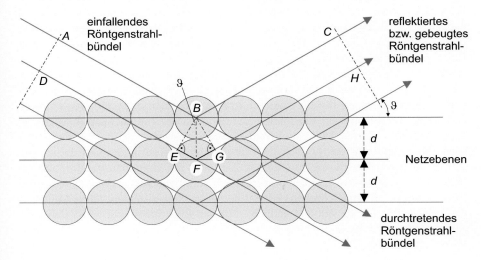

Bild 45.7. Modellvorstellung zur Bragg-Reflexion von Röntgenstrahlung an den Netzebenen eines Kristalls

Bild 45.8. Anordnung zur Aufnahme eines Röntgenspektrums, schematisch

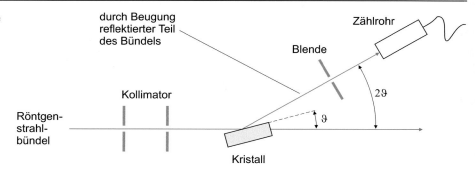

Tabelle 45.1. Netzebenenabstand d verschiedener Kristalle

Kristall	d
NaCl	281,97 pm
LiF	201,38 pm

Man nennt die zugehörigen Reflexionen *Beugungsreflexe* erster ($z = 1$) bzw. zweiter ($z = 2$) usw. Ordnung. Für alle anderen Winkel, für die diese Gleichung nicht erfüllt ist, ergibt sich bei monochromatischer Strahlung infolge der Beteiligung sehr vieler Netzebenen Auslöschung durch Vielstrahlinterferenz (wie bei einem Strichgitter in der Optik). Die Bragg-Bedingung beschreibt im übrigen auch die Beugung von sichtbarem Licht an dicken Gittern, z. B. stehenden Ultraschallwellenfeldern in Flüssigkeiten.

Die Bragg-Bedingung kann nun benutzt werden, um das *polychromatische Spektrum* einer Röntgenquelle aufzunehmen. Dabei muss lediglich sichergestellt sein, dass man für den untersuchten Wellenlängenbereich innerhalb ein und derselben Beugungsordnung bleibt, sinnvollerweise in der 1. Beugungsordnung. Man bedient sich eines Aufbaus nach Bild 45.8. Durch ein Blendensystem (*Kollimator*) wird ein Röntgen-Parallelstrahlenbündel erzeugt. Ist die Schar von Netzebenen des Analysatorkristalls im Winkel ϑ zur Strahlrichtung eingestellt, so kann man unter dem Winkel 2ϑ diejenige Strahlung registrieren, deren Wellenlänge der Bragg-Bedingung genügt. Verändert man nun den Winkel ϑ, beginnend von kleinen Werten, erhält man nacheinander eine Reflexion der verschiedenen Wellenlängen des „weissen" Röntgenspektrums. Für die Umrechnung der Winkel in eine Wellenlängenskala mit Hilfe der Bragg-Bedingung benötigt man noch den Wert für den wirksamen Netzebenenabstand, Tabelle 45.1. *Hinweis*: Dieser Abstand d darf bei diesen Kristallen nicht verwechselt werden mit der Gitterkonstanten, d. h. dem Abstand zweier gleichartiger Atome im Kristall, also z. B. zwischen zwei benachbarten Li-Atomen in einem LiF-Kristall. Diese Gitterkonstante ist in unseren Beispielen gerade $2d$.

 Röntgengeräte

Bei den bauartzugelassenen Röntgengeräten für Physikpraktika werden in der Regel Kupfer- oder Molybdänanoden benutzt. Die verwendete Anodenspannung ist entweder eine Gleichspannung (max. 25 oder 35 kV) oder eine Wechselspannung (max. $42\,\mathrm{kV_p} = 30\,\mathrm{kV_{eff}}$). Der Anodenstrom ist auf Werte um 1 mA begrenzt. Bei dem Wechselstromgerät steht dem Vorteil der höheren Quantenenergien der Nachteil des *Halbwellenbetriebs* gegenüber: Röntgenstrahlung wird stets nur in einer Halbperiode emittiert, und da bevorzugt nahe der Scheitelspannung, Bild 45.9. Das hat Konsequenzen für die maximal erlaubte Zählrate, denn für den Nachweis der Röntgenstrahlung wird in Praktika aus Gründen der Handlichkeit meistens ein *Geiger-Müller-Zählrohr* benutzt, obwohl es wegen seiner nur gering absorbierenden Gasfüllung nicht sehr empfindlich für Röntgenstrahlung ist. Nun muss dessen Totzeit beachtet werden (ca. 10^{-4} s), die die Zählraten auf einige tausend Impulse pro Sekunde begrenzt, wenn man keine Korrekturen anbringen will. Beim Halbwellenbetrieb ist wegen der ungleichmäßigen Pulsfolge diese Grenze der zeitlichen Auflösung der Pulse schon bei ca. $400\,\mathrm{s}^{-1}$ erreicht! Für das Experimentieren muss daher der Röntgenstrom so eingestellt werden, dass dieser Wert bei einer Messreihe nirgends überschritten wird.

Bild 45.9. Röntgenstrahlung beim Halbwellenbetrieb

Strahlenschutzhinweise

Beim Umgang mit ionisierenden Strahlenquellen (Röntgengeräte, radioaktive Präparate) ist besondere Vorsicht geboten, weil ionisierende Strahlung gesundheitsschädlich sein kann. Bild 45.10 zeigt das Warnschild für ionisierende Strahlung. Die Absorption solcher Strahlung im menschlichen Gewebe kann Schädigungen in den Zellen hervorrufen, dort insbesondere an den DNS-Ketten der Zellkerne. Der menschliche Organismus verfügt zwar über sehr effiziente Zellreparatursysteme (sonst hätte die Menschheit die stets vorhandene natürliche ionisierende Strahlenexposition nicht unbeschadet überstanden), aber jede zusätzliche Dosis soll möglichst gering gehalten werden.

Bild 45.10. Warnschild für ionisierende Strahlung, also auch für eine Röntgenanlage (Farben: schwarz auf gelbem Grund)

Aus diesem Grunde hat der Gesetzgeber Vorschriften über maximal zulässige Strahlendosen erlassen: die **Strahlenschutzverordnung** für radioaktive Präparate, Teilchenbeschleuniger u. a., sowie die **Röntgenverordnung** für Röntgenstrahlung erzeugende Quellen wie Röntgengeräte und Störstrahler, z. B. Teilchenbeschleuniger. Die für Praktikumsexperimente hergestellten Röntgengeräte sind daher werksseitig mit Strahlenschutzvorrichtungen versehen, die eine unzulässige Bestrahlung der Benutzer ausschließen. Bitte achten Sie darauf, dass diese Schutzvorrichtungen nicht verändert oder beschädigt werden.

> **Vor Beginn der eigentlichen Experimente machen Sie sich bitte mit dem Gerät und seinen verschiedenen Bauteilen vertraut. (Gerätebeschreibung bzw. Einweisung durch Betreuer)**

45.1 Vermessen eines Röntgenspektrums (1/3)

 Mit Hilfe der Braggschen Drehkristallmethode soll das Spektrum einer Röntgenröhre in der 1. Beugungsordnung aufgenommen werden. Bestimmung von Wellenlänge bzw. Quantenenergie der K_α- und der K_β-Strahlung sowie der Planckschen Konstante h aus der kurzwelligen Grenze des Bremskontinuums.

Röntgengerät mit Kristallhalter auf Goniometertisch, LiF-Kristall, Zählrohr mit Spannungsversorgung und Impulsverarbeitung (Verstärker, Pulsformer und Zählgerät). Bei Verwendung eines Messrechners mit zugehöriger Software übernimmt dieser – nach entsprechender Programmierung – die elektrische Versorgung des Geräts, die Winkelverstellung und –messung von Kristallhalter und Zählrohr sowie die Verarbeitung der Zählrohrimpulse und die Anzeige der Zählrate.

Bei der Messung werden die Zählraten als Funktion des Braggwinkels ϑ aufgenommen (U_A z.B. 35 kV). Für die 2 ϑ-Kopplung muss hierzu der Kristall richtig ausgerichtet sein, u.U. muss auch der Nullpunkt kontrolliert werden.

> Achtung: die im Praktikum verwendeten Kristalle sind hygroskopisch! Daher beim Ein- oder Umbau Handschuhe tragen.

Vor Beginn der eigentlichen Messung den minimalen Endwinkel für die Aufnahme des Spektrums sinnvoll festlegen. Die Stromstärke so einstellen, dass bei der höchsten Röntgenstrahlintensität (K_α-Peak!) die Totzeit des Zählrohres noch keine wesentliche Rolle spielt (max. 1000/s bei Gleichspannungs-, max. 400/s bei Wechselspannungsgeräten). Die Zählzeit pro Messpunkt sollte wegen der statistischen Schwankungen mindestens 3 s betragen. *Hinweis*: Da es bei kleinen Beugungswinkeln zu einer Überlagerung der Bragg-Reflexion mit dem direkten Röntgenbündel (wegen dessen endlichem Öffnungswinkel) kommen kann, auf einen ausreichend großen Startwinkel achten.

Messung für eine weitere Anodenspannung wiederholen, z. B. $U_A = 25$ kV.

 Die Messwerte sollen grafisch dargestellt werden. An zwei bis drei Stellen der Kurve soll die Unsicherheit der Einzelmesswerte für die Zählrate N durch

Tabelle 45.2. Linien der charakteristischen Strahlung von Kupfer und Molybdän

		Kupfer	Molybdän
$\lambda_{K\alpha}$	in pm	154	71,0
$hf_{K\alpha}$	in keV	8,0	17,5
$\lambda_{K\beta}$	in pm	139	63,1
$hf_{K\beta}$	in keV	8,9	19,6

einen Fehlerbalken gekennzeichnet werden. Da die statistischen Zählrohrimpulse einer Poisson-Verteilung genügen, gilt: $\Delta N = \sqrt{N}$.

Aus der Lage der Maxima sollen mit Hilfe der Bragg-Bedingung die Wellenlängen $\lambda_{K\alpha}$ und $\lambda_{K\beta}$ sowie die zugehörigen Quantenenergien der *charakteristischen Röntgenstrahlung* berechnet werden. Diese experimentell ermittelten Werte sollen mit den Literaturwerten, Tabelle 45.2, für die K_α-Strahlung auch mit dem aus dem *Moseley-Gesetz* berechneten Wert verglichen werden.

 Zur Berechnung der Planckschen Konstante muss die kurzwellige Grenze des *Bremskontinuums* bestimmt werden. Liegt diese bei zu kleinen Winkeln, muss wegen der Überlagerung mit dem direkten Röntgenbündel die Bremskontinuumskurve extrapoliert werden.

45.2 Bestimmung der K-Absorptionskante (1/3)

Einsatz von Monochromatisierungsfiltern für die Röntgenstrahlung, Bestimmung der Lage einer K-Absorptionskante.

Geräte wie in Aufgabe 45.1, Absorberfolie (Zirkon- bzw. Nickelfolie).

Zur Monochromatisierung von Röntgenstrahlung benutzt man Absorber, deren K-Absorptionskante zwischen der K_α- und der K_β-Linie der verwendeten Röntgenquelle liegt (bei Molybdänanode: Zirkonfolie, bei Kupferanode: Nickelfolie). Dadurch werden die K_β-Linie und der kurzwellige Teil der Bremsstrahlung stark absorbiert, und in der durchtretenden Strahlung dominiert die K_α-Linie.

Durch Vergleich der Röntgenspektren ohne und mit einem solchen Absorber soll die Lage der K-Absorptionskante eines solchen Filters bestimmt werden.

Aufnahme des Röntgenspektrums wie in Aufgabe 45.1, nur mit dem entsprechenden Absorber der Dicke d im Strahlengang.

Die Messwerte werden am besten mit den entsprechenden Werten aus der Aufgabe 45.1 gemeinsam grafisch aufgetragen. Aus den Messwerten wird zunächst der

> **Transmissionsgrad** $T(\lambda) = \dfrac{I_d}{I_0}$

oder der

> **Absorptionskoeffizient** $\mu_{\mathrm{Abs}}(\lambda) = \dfrac{1}{d} \ln \dfrac{I_0}{I_d}$

aufgetragen. Hieraus die Lage der K-Kante bestimmen und mit den Literaturwerten, Tabelle 45.3, vergleichen.

45.3 Schwächungskoeffizient für Röntgenstrahlung (1/3)

 Durch Messung der Transmission für verschiedene Absorberdicken soll die Gültigkeit des *Lambertschen Gesetzes* überprüft und der Wert des Schwächungskoeffizienten μ bestimmt werden.

Geräte wie in Aufgabe 45.1, Röntgengerät mit geeigneter Monochromatisierung, Absorber unterschiedlicher Dicke d (z. B. Aluminium).

 Da μ stark von der Wellenlänge abhängt, muss mit möglichst monochromatischer Röntgenstrahlung gearbeitet werden. Eine solche *Monochromatisierung* kann entweder durch ein geeignetes Absorberfilter, Tabelle 45.3, oder auch durch Bragg-Reflexion an einem Einkristall entsprechend Bild 45.8 erzeugt werden. Bei einem Gerät mit Molybdän-Anode ist die Filterwirkung der Zirkonfolie besonders erfolgreich, wenn mit einer so niedrigen Anodenspannung gearbeitet wird, dass das Bremskontinuum nur wenig über die charakteristischen Linien hinausreicht.

Tabelle 45.3. Lage der K-Kanten von Monochromatisierungsfiltern

Filtermaterial	K-Kante
Zirkon	68,7 pm ≙ 18,0 keV
Nickel	148,5 pm ≙ 8,3 keV

Die Röntgenstrahlleistung wird nach dem Durchtritt durch Absorberschichten verschiedener Dicken d gemessen. Den Röhrenstrom dabei so einstellen, dass die Zählrate bei $d = 0$ nicht zu hoch ist, damit eine Totzeitkorrektur für das Zählrohr unterbleiben kann.

 Werte entsprechend dem Absorptionsgesetz logarithmisch auftragen, wobei sich eine Gerade ergeben sollte. Bestimmung des Absorptionskoeffizienten μ aus der Geradensteigung. Fehlerrechnung und Vergleich mit dem Literaturwert, Tabelle 45.4.

Tabelle 45.4. Schwächungskoeffizient μ für Aluminium

hf in keV	μ in cm^{-1}
17,5 (Mo K$_\alpha$)	14
8,0 (Cu K$_\alpha$)	ca. 100

45.4 Bestimmung von h aus der Grenzwellenlänge (1/3)

 Die Plancksche Konstante h soll aus den Grenzwellenlängen mehrerer Röntgenspektren ermittelt werden.

 Geräte wie in Aufgabe 45.1, LiF-Kristall.

Für eine präzise Bestimmung der Konstante h werden für mehrere, z.B. 5 Beschleunigungsspannungen die kurzwelligen Enden der Röntgenspektren aufgenommen.

 Die Grenzwellenlängen λ_{grenz} werden durch Extrapolation der Spektren ermittelt. Deren Werte und die zugehörigen Spannungen sollen sinnvoll grafisch dargestellt werden. Aus dieser Darstellung wird mit Hilfe des Duane-Hunt-Gesetzes die Größe h bestimmt. Die Genauigkeit der Messung lässt eine Fehlerrechnung sinnvoll erscheinen.

45.5 Bestimmung von h nach Kulenkampff (1/3)

 Die *Plancksche Konstante* soll bei einem festen Bragg-Winkel ϑ aus der Zählraten-Spannungs-Kennlinie ermittelt werden.

 Röntgengerät, Kristall (z. B. LiF), Messrechner mit passender Software. Aufbau und Justierung wie in Aufgabe 45.1 beschrieben.

Röntgenbremsstrahlung wird bei einer festen Wellenlänge λ_0 bzw. Frequenz $f_0 = c/\lambda_0$ nur erzeugt, wenn die Anodenspannung U_A groß genug ist, Bild 45.11:

$$U_A \geq \frac{hf_0}{e} = U_E \quad .$$

Oberhalb von U_E steigt die Röntgenstrahlintensität dann zunächst annähernd linear mit der Anodenspannung an (Theorie von Kulenkampff). Wegen der Störeinflüsse in der Umgebung der Einsatzspannung muss U_E aus einer linearen Extrapolation gewonnen werden (mittelnde Gerade in Bild 45.11).

Für einen fest eingestellten Winkel ϑ_0 und damit einer festen Wellenlänge λ_0 wird daher die Zählrate in Abhängigkeit von der Anodenspannung U_A gemessen.

 Messwerte grafisch auftragen. Einsatzspannung U_E für die eingestellte Grenzwellenlänge λ_0 durch Extrapolation bestimmen, Bild 45.11. Aus U_E und λ_0 kann die Plancksche Konstante h berechnet werden.

Für eine präzisere Bestimmung von h wird der Versuch für vier weitere Wellenlängen λ_0 wiederholt.

 Die fünf grafisch bestimmten Werte für U_E werden über $f_0 = c/\lambda_0$ aufgetragen. Aus der Steigung ergibt sich h/e und daraus h. Die Genauigkeit der Methode lässt eine Fehlerrechnung sinnvoll erscheinen.

45.6 Bragg-Beugung als Interferenzeffekt (1/3)

 Durch Aufnahme des Spektrums einer Röntgenröhre in mehreren Beugungsordnungen soll das Prinzip der Braggschen Drehkristallmethode deutlich werden. Aus den Ergebnissen sollen die Wellenlängen bzw. die Quantenenergien der K$_\alpha$- sowie der K$_\beta$-Linie bestimmt werden.

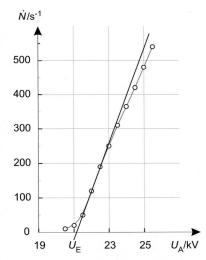

Bild 45.11. Zählrate für eine feste Wellenlänge in Abhängigkeit von der Anodenspannung. Beispielmessung für $\lambda_0 = 63.2$ pm. Störungen in der Nähe der Einsatzspannung U_E machen eine Extrapolation notwendig

Wie in Aufgabe 45.1, Kristall: NaCl.

 Sorgfältige Justierung des Kristalls, u.U. Nullpunktskontrolle. Minimalen Endwinkel für die Messung bis zur 3. Beugungsordnung vorher abschätzen. Die geeignete Stromstärke wie in Aufgabe 45.1 bestimmen. Das Spektrum wird für mehrere (möglichst 3) Beugungsordnungen aufgenommen. Die Anodenspannung soll zwischen 25 und 35 kV liegen.

 Die Auswertung soll grafisch erfolgen ($\sin \vartheta_z \sim z$). Hieraus sollen Wellenlängen und Quantenenrgien für die K_α und die K_β-Strahlung ermittelt sowie mit den Literaturwerten, für die K_α-Strahlung auch mit dem aus dem Moseley-Gesetz ermittelten Wert verglichen werden. Eine Fehlerrechnung ist hierbei sinnvoll.

45.7 Röntgenfluoreszenzanalyse (1/3)

 Aus der Röntgenstreustrahlung verschiedener Objekte soll deren Materialzusammensetzung bestimmt werden.

 Röntgengerät ohne Kristallhalter und Kristall, Messrechner mit zugehöriger Software, Energiedetektor mit Si-PIN-Diode und Vielkanalanalysator, Targettisch und Kalibriertarget aus verzinktem Stahl, verschiedene Testobjekte (u.a. die Monochromatisierungsfilter aus Zirkon oder Nickel).

> **Achtung:** Einbau des Detektors sowie der Anschluss des Zubehörs wird vom Betreuer vorgenommen!

 Die Röntgenröhre wird mit den maximalen Werten von Spannung und Stromstärke betrieben. Die zu vermessenden Objekte werden mit der „weißen", d.h. der ungefilterten Röntgenstrahlung bestrahlt. Der Energiedetektor steht rechtwinkelig zu deren Strahlrichtung, der Targethalter im Winkel von 45°. Nun wird mit Hilfe des Kalibriertargets ein Kalibrierspektrum aufgenommen, das die markanten K_α-Peaks von Eisen und Zink enthält, s. Tabelle 45.5. Hinreichend große Messzeit wählen, z.B. 300 s. Es ist zu beachten, dass die Energieauflösung bei der Messung durch die gewählte Zahl von Kanälen (z.B. 256) und der Messbereich durch die Wahl der Verstärkung bestimmt werden.

 Mit der gleichen Verstärkereinstellung werden nun die Röntgenfluoreszenzspektren von mindestens 3 Testobjekten aufgenommen. Hierbei auf gute Positionierung der Testobjekte auf dem Targettisch achten. Auch hier hinreichend große Messzeit wählen, z.B. 200 s. Beispielmessungen für mehrere Testobjekte zeigt Bild 45.12. Soll der Messbereich geändert werden, so muss für die geänderte Verstärkung eine erneute Kalibrierung der Energieachse vorgenommen werden.

 Aus der Lage der Peaks soll anhand der Tabelle 45.5 auf die Zusammensetzung der Testobjekte geschlossen werden.

Bild 45.12. Materialbestimmung aus der Röntgenfloureszenzstrahlung mittels Energiedetektor.

Tabelle 45.5. Energiewerte für die K_α-Linien häufig genutzter Elemente
Quelle: Kohlrausch, F; Praktische Physik Bd. 3

Z	Element	K-Kante/keV	K_{α_1}/keV	Anwendungsbeispiel
20	Ca (Kalzium)	4,04	3,69	Milch
22	Ti (Titan)	4,97	4,51	Werkzeuge, Brillen
23	V (Vanadium)	5,46	4,95	Werkzeuge
24	Cr (Chrom)	5,99	5,42	Werkzeuge
25	Mn (Mangan)	6,54	5,90	Batterien
26	Fe (Eisen)	7,12	6,40	Werkzeuge, Stahl
28	Ni (Nickel)	8,33	7,48	Schmuck
29	Cu (Kupfer)	8,98	8,05	Wasserrohre
30	Zn (Zink)	9,66	8,65	Korrosionsschutz
40	Zr (Zirkonium)	18,00	15,78	Filter für Mo-K_{α_1}-Strahlung
47	Ag (Silber)	25,51	22,16	Schmuck
48	Cd (Cadmium)	26,71	23,17	Batterien
50	Sn (Zinn)	29,20	25,27	Becher, Lötzinn

45.8 Durchstrahlungsexperiment (1/3)

Die Material- und Dickenabhängigkeit der Absorption von Röntgenstrahlung soll in einem qualitativen Experiment demonstriert werden. Hierzu sollen mehrere geeignete Objekte dem direkten Röntgenstrahl ausgesetzt und ihre absorbierende Wirkung auf einem dahinter angebrachten Leuchtschirm beobachtet werden.

Röntgengerät ohne Kristallhalter und Zählrohr. Durchstrahlungsobjekte: z. B. eine Federtasche mit Bleistiften und Kugelschreibern, eine Platine mit elektronischen Bauteilen, eine mechanische Stoppuhr mit Plastikgehäuse o. ä.

Hochspannung und Röhrenstrom auf die maximal möglichen Werte einstellen. Für eine Beobachtung der durchstrahlten Objekte auf dem geräteeigenen Leuchtschirm, Bild 45.13, muss der Raum hinreichend abdunkelbar sein.

Die Bilder auf dem Leuchtschirm können mit einer hinreichend lichtempfindlichen Kamera abfotografiert werden. Die Ergebnisse sollen qualitativ diskutiert werden.

Bild 45.13. Schema einer Durchstrahlungsmessung

46. Elektronen als Teilchen und als Welle

Beschäftigung mit Quanteneffekten bei der Wechselwirkung von Lichtstrahlung und Teilchen mit Materie sowie mit diskreten Anregungsstufen von Atomen bei Stößen mit Elektronen (Franck-Hertz-Versuch). Elektronenwellen, Elektronenemission aus Metallen bei der Bestrahlung mit Licht (lichtelektrischer Effekt).

Standardlehrbücher (Stichworte: Elektronenstoßversuche, Franck-Hertz-Versuch, Elektronenbeugung, licht- oder fotoelektrischer Effekt),
Haken/Wolf: Atom- und Quantenphysik,
Robson/Hildebrandt/White: Ein Grundstein der Atomphysik.

Elektronenstoßversuche mit Atomen

Die Entwicklung der Vorstellungen vom inneren Aufbau der Atome ist eng mit dem Namen von Nils Bohr verbunden. Sein zunächst nur für atomaren Wasserstoff aufgestelltes **Atommodell**, siehe auch *Themenkreis 44*, enthält die noch heute gültigen Aussagen (*1. und 2. Bohrsche Postulat*)

1. Atome besitzen nur diskrete Energieniveaus E_i, deren Berechnung mit Hilfe der Quantenmechanik möglich ist;
2. Übergänge eines Atoms zwischen zwei Energieniveaus E_n und E_m sind mit Aufnahme bzw. Abgabe der Quantenenergie ΔE_{mn} verbunden:
   $E_m - E_n = \Delta E_{mn} = h f_{mn}$,
   wobei f_{nm} die Frequenz der emittierten bzw. absorbierten Strahlung und h das *Plancksche Wirkungsquantum* bedeuten, Bild 46.1.

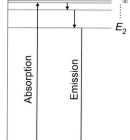

Bild 46.1. Energietermschema eines freien Atoms, schematisch

Die Idee, dass Atome nur diskrete Energiewerte annehmen können, gilt auch im heutigen quantenmechanischen Atommodell. Allerdings musste die damalige anschauliche Vorstellung von den Planetenbahnen der Elektronen einer Beschreibung durch **Orbitale** bzw. durch **Aufenthaltswahrscheinlichkeiten** für die Elektronen weichen. Auch sind bei Atomen mit mehreren Elektronen deren Wechselwirkungen untereinander zu berücksichtigen. Das führt zum einen dazu, dass die Energieniveaus nicht mehr so einfach wie für das Wasserstoffatom berechnet werden können. Zum anderen sind Strahlungsübergänge nicht zwischen allen Energieniveaus des Atoms „erlaubt": es gibt sog. **Auswahlregeln**. Beispiele für solche komplizierteren Energietermschemata zeigen die späteren Darstellungen für Quecksilber und Neon, Bild 46.8.

Die Bohrsche Modellvorstellung erfuhr schon bald nach ihrer Formulierung (1913) eine experimentelle Bestätigung durch **Elektronenstoßversuche** von J. Franck und G. Hertz (1914). Ihre Messungen zeigten, dass solche Atome auch bei Stößen mit freien Elektronen nur dann Energie aufnehmen, wenn deren kinetische Energie genau ausreicht, die Atome aus ihrem energetischen Grundzustand in einen erlaubten höheren Energiezustand zu bringen. Die auf diese Weise angeregten Atome kehren nach kurzer Zeit – etwa 10^{-8} s $= 10$ ns – wieder in den Grundzustand zurück und geben die Energiedifferenz ΔE als experimentell nachweisbare elektromagnetische Strahlung mit einer Quantenenergie $hf = \Delta E$ wieder ab. Franck und Hertz wurden für diese Entdeckung, die die damals noch sehr junge Quantentheorie eindrucksvoll bestätigte, 1925 mit dem Nobelpreis geehrt.

Franck-Hertz-Röhre mit reiner Hg-Füllung

Eine evakuierte Dreielektrodenröhre mit einer geheizten Kathode K, einer netzförmig ausgebildeten Anode A sowie einer Gegen- oder Auffangelektrode G enthält einen Tropfen Quecksilber und bildet die **Franck-Hertz-Röhre**. Bild 46.2 zeigt die Elektrodenanordnung schematisch, ebenso die zugehörige Schaltung. Gemessen werden die veränderbare Anodenspannung U_A sowie der Strom I_G über die Auffangelektrode, die geringfügig negativ gegenüber der Anode gepolt ist.

Ist die Franck-Hertz-Röhre kalt, steigt der Strom I_G monoton mit der Anodenspannung, Bild 46.3, Kurve a. Dieses Verhalten lässt sich wie folgt verstehen. Aufgrund des *glühelektrischen Effektes* treten aus der geheizten Kathode Elektronen aus und bilden eine Raumladungswolke vor der Kathode. Bei kleinen Anodenspannungen nimmt zunächst nur ein Teil dieser Elektronen am Stromtransport teil. Infolge der Energieaufnahme aus dem elektrischen Feld erreichen diese Elektronen bis zur Anodenebene die kinetische Energie $E_{kin} = eU_A$. Die meisten Elektronen passieren die netzförmige und damit sehr „durchsichtige" Anodenebene und laufen gegen das geringfügige Gegenfeld zur Gegenelektrode G an. Mit wachsender Anodenspannung U_A werden immer mehr Elektronen aus der Raumladungszone vor der Kathode „abgesaugt" und erreichen die Gegenelektrode: Der Strom nimmt monoton zu. Das Quecksilber stört diesen Prozess nicht, weil bei Zimmertemperatur der Hg-Dampfdruck sehr gering ist ($p_{Hg} \approx 2\,\mu bar$) und die freie Weglänge der Elektronen zwischen zwei Stößen mit den wenigen gasförmigen Hg-Atomen dadurch viel größer ist als der Abstand Kathode-Anode.

Wird die Franck-Hertz-Röhre nun aber auf eine geeignete Temperatur geheizt, wobei ein Teil des Quecksilbers verdampft, sieht die Kurve $I_G = f(U_A)$ völlig anders aus: Es entstehen charakteristische **Stromoszillationen**, Bild 46.3, Kurve b, mit einer Periode von $\Delta U_A = 4{,}9\,V$. Deren Entstehung lässt sich in einem vereinfachenden Bild wie folgt deuten (für eine vertiefende Beschreibung: s. *Robson/Hildebrandt/White*: Ein Grundstein der Atomphysik). Durch die Heizung der Röhre steigt der Hg-Dampfdruck auf mehr als den zehntausendfachen Wert ($p_{Hg} \approx 23\,mbar$ bei $\vartheta = 200\,°C$), und es kommt nun zu einer merklichen Zahl von Zusammenstößen zwischen Elektronen und Hg-Atomen. Bei kleinen Elektronenenergien sind diese Stöße zunächst noch elastisch, und wie beim Stoß einer kleinen gegen eine sehr viel größere Kugel (Massenverhältnis etwa 1 : 400 000) wird das Elektron dabei nur seine Richtung ändern, seine kinetische Energie aber weitgehend behalten. Der Beginn der Strom-Spannungskennlinie hat daher die gleiche Form wie bei Zimmertemperatur.

Ursache für die bei größeren Spannungen auftretenden Stromoszillationen sind **inelastische Stöße** der Elektronen mit Quecksilberatomen. Ist die Elektronenenergie beim Erreichen der Anodenebene (A in Bild 46.2) gerade groß genug, um bei einem Zusammenstoß mit einem Hg-Atom dieses aus seinem Grundzustand in einen angeregten Zustand zu heben, so verliert das Elektron dabei seine gesamte kinetische Energie und ist nicht mehr in der Lage, gegen das Gegenfeld zur Auffangelektrode anzulaufen. Es wird daher über den Anodendraht abfließen und für die Messung verloren gehen. Die für einen solchen inelastischen Stoß nötige Energie beträgt gerade $E_{kin} = 4{,}9\,eV$. Steigert man die Spannung weiter, so werden solche inelastischen Stöße räumlich bereits vor Erreichen der Anodenebene stattfinden, die dadurch abgebremsten Elektronen können auf ihrem restlichen Weg zur Anode wieder Energie aus dem elektrischen Feld aufnehmen und „erfolgreicher" gegen das Gegenfeld anlaufen: Der Strom I_G über die Gegenelektrode steigt wieder an. Der zweite Abfall in der Stromkurve beginnt bei einer solchen Anodenspannung, bei der Elektronen auf ihrem Weg von der Kathode zur Anode zweimal Quecksilberatome anregen können: einmal auf halbem Wege, das zweite Mal praktisch in der Anodenebene. Bild 46.4 soll die Situation für eine Anodenspannung darstellen, die etwas größer ist als beim 2. Minimum der Stromkurve.

Einen kleinen Ausschnitt aus dem Energietermschema des Quecksilberatoms zeigt Bild 46.5. Dargestellt ist der wichtigste durch die Elektronenstöße hervor-

Bild 46.2. Elektrodenanordnung und Schaltung für eine Franck-Hertz-Röhre

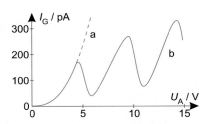

Bild 46.3. Stromoszillationen bei einer Franck-Hertz-Röhre mit Hg: (a) Röhre ungeheizt, (b) Röhre bei etwa 200 °C (Kathode und Anode aus gleichem Material)

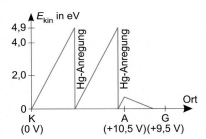

Bild 46.4. Kinetische Energie der Elektronen als Funktion des Ortes in einer geheizten Franck-Hertz-Röhre, vereinfachende Darstellung

Bild 46.5. Ausschnitt aus dem Energietermschema freier Quecksilberatome, schematisch

Bild 46.6. Franck-Hertz-Röhre, schematisch

Tabelle 46.1. Quecksilberdampfdruck bei verschiedenen Temperaturen

$\vartheta/°C$	20	30	160	180	200
$p_{Hg}/mbar$	0,002	0,004	5,6	11,5	22,8

gerufene Übergang, der zu einem Energieniveau E_2 führt, das 4,9 eV über dem Grundniveau E_1 liegt. Bei der Rückkehr des angeregten Quecksilberatoms in den Grundzustand wird die für dieses Atom charakteristische ultraviolette Strahlung mit der Wellenlänge $\lambda = 253{,}7$ nm emittiert, was einer Quantenenergie $hf = 4{,}9$ eV entspricht. Bei den im Praktikum benutzten Röhren lässt sich diese UV-Strahlung allerdings nicht nachweisen, da die Glaswand der Röhre dieses UV-Licht absorbiert. *Bemerkung*: Diese UV-Spektrallinie des Quecksilbers regt übrigens in Leuchtstoffröhren die Leuchtstoffschicht an!

Ist die Anodenspannung sehr hoch, kann es zu Gasentladungserscheinungen infolge von **Stoßionisation** der Quecksilberatome kommen. Im Zuge der Rekombination werden dann auch höhere Energieniveaus dieser Atome angeregt, so dass man die charakteristischen Hg-Emissionslinien im Sichtbaren mit Hilfe eines Spektroskops beobachten kann.

Aufbau einer Franck-Hertz-Röhre

Der schematische Aufbau einer **Franck-Hertz-Röhre** wird in Bild 46.6 gezeigt. Die Kathode ist indirekt beheizt. Die Emission von Elektronen erfolgt von einem kleinen *Bariumoxid*fleck aus, einem Material mit besonders geringer Austrittsarbeit für Elektronen. So reicht schon eine geringe Glühtemperatur der Kathode für eine ausreichende Elektronenemission. Der Wehneltzylinder mit der Lochblende sorgt für eine Elektronenstrahl-Bündelbegrenzung sowie für eine Homogenisierung des elektrischen Feldes zwischen Kathode und Anode.

Der Abstand zwischen Kathode und Anode ist so groß gewählt, dass es eine genügend große Wahrscheinlichkeit für Stöße der Elektronen mit den elektrisch neutralen Hg-Atomen gibt, d. h. er ist groß gegen die mittlere freie Weglänge der Elektronen. Der Abstand zwischen Anode und Gegenelektrode hingegen ist klein, damit die Elektronen nach dem Passieren der Anode keine Energie mehr durch inelastische Stöße verlieren können. Dampfdruck und Konzentration der Quecksilberatome für den verwendeten Heiztemperaturbereich sind in der Tabelle 46.1 aufgeführt.

Der über die Gegenelektrode abfließende Strom I_G ist sehr gering, er liegt in der Größenordnung von $100\,\text{pA} = 10^{-10}\,\text{A}$ und muss daher vorverstärkt werden. Damit Leckströme über die heiße Glaswand, die bei der Betriebstemperatur von etwa $200°\text{C}$ eine merkliche Ionenleitfähigkeit zeigt, die Messung nicht verfälschen, ist die Zuleitung zur Gegenelektrode hochisoliert durch die Röhrenwand hindurchgeführt.

Zum Erwärmen der gesamten Röhre ist diese in einem Gehäuse untergebracht, das durch Heizdrähte auf die Betriebstemperatur gebracht wird.

Elektronenstoßröhre mit Hg-Ne-Füllung

Diese Elektronenstoßröhre ist ebenso aufgebaut wie die klassische Franck-Hertz-Röhre. Sie besitzt eine direkt beheizte Kathode, eine netzförmigen Anode und eine Auffängerelektrode dahinter, Bild 46.6. Die Glasröhre enthält jedoch zusätzlich zum Quecksilberdampf das Edelgas Neon mit einem Druck von etwa 1 mbar. Auch mit dieser Röhre lässt sich die quantenhafte Energieübertragung auf Atome experimentell zeigen. Vorteile gegenüber der Franck-Hertz-Röhre sind:

- der Betrieb erfordert keine Heizung: die Messung erfolgt bei Zimmertemperatur;

- das Erreichen der verschiedenen Anregungsstufen im Atom lässt sich nicht nur durch die Stromoszillationen über ein Messgerät, sondern gleichzeitig auch visuell beobachten, da die entsprechenden Strahlungsemissionen im sichtbaren Spektralbereich liegen;

- der Strom durch die Röhre lässt sich so groß einstellen, dass für seine Messung keine besondere Verstärkung nötig ist (Bereich: 100 µA).

Der Nachteil dieses Systems ist, dass sich nur maximal 2 Oszillationen beobachten lassen.

Misst man den Auffängerstrom I_G in Abhängigkeit von der Anodenspannung U_A, so erhält man eine Strom-Spannungs-Kennlinie entsprechend Bild 46.7. Für die quantitative Diskussion ist zusätzlich eine korrigierte Spannungsachse eingezeichnet. Sie berücksichtigt die sog. *Kontaktspannung* U_0, die stets zwischen zwei Elektroden aus unterschiedlichem Material, hier zwischen der Eisenanode und der Bariumoxidkathode auftritt. Die elektrisch gemessenen und visuell beobachteten Phänomene lassen sich wie folgt beschreiben:

- Bei kleinen Spannungen ($U_A - U_0 = 7$ V) ist der Auffängerstrom deutlich kleiner als 1 µA. Die entsprechend Bild 46.3 bei ca. 5 V zu erwartenden Stromoszillationen fallen hier nicht ins Gewicht; denn die Strommessung erfolgt hier mit etwa tausendmal geringerer Empfindlichkeit als bei der Franck-Hertz-Röhre.

- Bei Spannungen über ca. 10 V wird in Kathodennähe ein fahlblaues Leuchten erkennbar. Mit einem Spektroskop erkennt man die bekannten blauen Quecksilberlinien (vor allem $\lambda = 404{,}7$ nm und $\lambda = 436{,}8$ nm) Die Deutung hierfür liefert das ausführlichere Energietermschema des Hg-Atoms in Bild 46.8, das außer der schon bekannten ersten Anregungsstufe bei 4,9 eV $\widehat{=} 253{,}7$ nm weitere Energieniveaus enthält. Geht das Atom von einem höheren in ein tiefer liegendes Niveau über, wird die Energiedifferenz ΔE in Form von Strahlung mit der Quantenenergie $hf = \Delta E$ frei; die zugehörigen Wellenlängen $\lambda = hc/\Delta E$ dieser Strahlung sind jeweils angeschrieben.
  Für das Auftreten dieses **Quecksilberleuchtens** ist die Anwesenheit der Neonatome unabdingbar; denn bei der niedrigen Betriebstemperatur von ca. 300 K ist der Hg-Dampfdruck sehr gering und damit auch die Wahrscheinlichkeit für Stöße von Elektronen mit den wenigen Quecksilberatomen im Gasraum. Das Neon mit seiner tausendmal höheren Konzentration dient hier als *Stoßgas*. Da die erste Anregungsstufe des Neonatoms etwa 17 eV $\widehat{=} 74.3$ nm über dem Grundzustand liegt, Bild 46.8, erfolgen die Stöße mit den Elektronen zunächst elastisch. Wegen des großen Massenunterschiedes ($m_{Ne} : m_e \approx 40\,000 : 1$) gibt das Elektron bei einem solchen Stoß praktisch keine Energie ab, es ändert nur seine Richtung. Infolge der vielen Stöße mit den relativ zahlreichen Neonatomen verlängert sich aber der Weg der Elektronen von der Kathode zur Anode erheblich, und damit steigt die Wahrscheinlichkeit, unterwegs doch auf eines der seltenen Quecksilberatome zu treffen.

- Bei $U_A - U_0 = 17$ V beginnt ein deutlicher Abfall des Auffängerstroms. Ursache sind die nunmehr einsetzenden *inelastischen Stöße der Elektronen mit den Neonatomen*, die dadurch in den tiefsten der angeregten Zustände gehoben werden. Die Rückkehr dieser angeregten Atome in den Grundzustand ist verbunden mit einer weit im Ultravioletten liegenden, d. h. nicht sichtbaren Strahlung mit der Quantenenergie hf von etwa 17 eV, was den beiden bekannten Neon-Emissonslinien 73,5 nm und 74,3 nm entspricht, Bild 46.8.

- Bei weiterer Steigerung der Spannung beobachtet man eine Farbänderung in der Gasentladung; denn zusätzlich zu den intensitätsschwachen blauen Hg-Linien treten jetzt die sehr intensiven roten Ne-Linien bei 640,2 und bei 671,7 nm auf.
  Der Farbumschlag von Dunkelrot nach Gelblichrot bei ca. 19 V zeigt das Auftreten der gelborangen Ne-Linie mit $\lambda = 585{,}2$ nm an. Das blaue Hg-Leuchten nimmt jetzt ab, denn das Neon gibt seine Funktion als sog. Stoßgas auf, weil eine wachsende Zahl von Stößen inelastisch ist.

- Übersteigt die Spannung $U_A - U_0$ den Wert der Ionisierungsspannung von Neon (21,5 V), gibt es noch einmal ein geringfügiges Absinken des Stromes.
  Weitere Stromoszillationen wie bei der Franck-Hertz-Röhre sind allerdings nicht beobachtbar. Ursache dafür ist die vergleichsweise hohe Gaskonzentration, die bei großen Spannungen durch Ladungsträgervervielfachung zur Entstehung von Raumladungen in der Röhre führt. Diese behindern eine Ausbildung der Stromoszillationen.

Bild 46.7. Auffängerstrom bei wachsender Anodenspannung in einer Hg-Ne-Röhre

Bild 46.8. Vereinfachte Energietermschemata von Quecksilber und Neon. Es sind nur Energieniveaus eingezeichnet, die mit Übergängen verknüpft sind, die in der Aufgabe Anwendung finden. Wellenlängenangaben in nm

Äußerer lichtelektrischer Effekt

Neben den Quantenprozessen in freien Atomen, wurde schon früh ein anderer Quanteneffekt bei der Wechselwirkung von Licht mit *festen Körpern* beobachtet: der **äußere lichtelektrische Effekt**. Bestrahlt man eine Metalloberfläche mit Licht hinreichend kurzer Wellenlänge, so treten Elektronen aus der Oberfläche aus. Dieses Phänomen wird durch die folgenden zwei experimentellen Befunde gekennzeichnet:

Bild 46.9. Maximale kinetische Energie der Elektronen, die durch Lichtstrahlung der Frequenz f aus einer Metalloberfläche ausgelöst werden

Bild 46.10. Zur Austrittsarbeit von Elektronen aus Metallen. Der eingezeichnete Wert für die kinetische Energie im Metall entspricht der sog. Fermienergie (*Themenkreis 29*)

Tabelle 46.2. Fotoelektrisch gemessene Austrittsarbeiten reiner Metalle sowie zugehörige Lichtgrenzwellenlängen $\lambda_{\max}$

Metall	ΔE_A/eV	$\lambda_{\max}$/nm
Caesium	1,94	639
Kalium	2,25	551
Wolfram	4,57	271
Platin	5,66	219

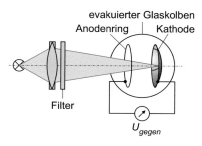

Bild 46.11. Messung der spektralen Abhängigkeit der in einer Fotozelle entstehenden Gegenspannung im Leerlaufbetrieb

- Das eingestrahlte Licht muss eine Mindestfrequenz $f_{\min}$ aufweisen.
- Die maximale kinetische Energie der ausgelösten **Fotoelektronen** steigt linear mit der Frequenz des eingestrahlten Lichts, Bild 46.9:

$$E_{\mathrm{kin}} \sim (f - f_{\min}) \quad .$$

Eine Deutung dieser Erscheinung gelang A. Einstein 1905, der dafür 1919 mit dem Physik-Nobelpreis ausgezeichnet wurde. Einstein benutzte die von Planck im Jahr 1900 formulierte **Quantenhypothese**:

> Monochromatisches Licht der Frequenz f wird bei Absorptions- und Emissionsvorgängen nur in Energiequanten vom Betrage hf wirksam (h = Plancksches Wirkungsquantum).

Nach diesem durch viele Messungen bestätigten Modell von Einstein muss den Elektronen des Metalls mindestens ein Energiebetrag ΔE_A zugeführt werden, damit sie den Metallverband verlassen können. Diese Bindungsenergie heißt **Austrittsarbeit**. Bild 46.10 veranschaulicht diesen Sachverhalt in einem Energie-Orts-Diagramm. Damit die Austrittsarbeit durch das eingestrahlte Licht aufgebracht werden kann, muss es mindestens eine Frequenz $f_{\min}$ haben, so dass gilt:

$$\Delta E_A = h f_{\min} = h \frac{c}{\lambda_{\max}} \quad .$$

Die Austrittsarbeiten der meisten Metalle liegen bei einigen Elektronenvolt. Beispiele experimentell bestimmter Werte sind in Tabelle 46.2 aufgelistet, dazu die zugehörige Grenzwellenlänge für Licht, mit dessen Hilfe diese Austrittsarbeit gerade aufgebracht werden kann.

Ist die Energie des Lichtquants größer als ΔE_A, nimmt das Elektron diese Energie als kinetische Energie E_{kin} mit. Für E_{kin} gilt daher der Zusammenhang:

$$E_{\mathrm{kin}} = hf - \Delta E_A = h(f - f_{\min}) \quad .$$

Durch Messungen der kinetischen Elektronenenergie E_{kin} und der zugehörigen Strahlungsfrequenz f lässt sich so das **Plancksche Wirkungsquantum** h experimentell bestimmen.

Für ein solches Experiment wird eine **Fotozelle** benutzt. Diese besteht aus einem evakuierten Glasgefäß, in dem einer großflächigen Kathode ein Anodenring gegenüberliegt, Bild 46.11. Die Kathode ist mit einem Metall geringer *Austrittsarbeit* beschichtet (z. B. Kalium: $\Delta E_A = 2{,}25\,\mathrm{eV}$) und wird durch den Anodenring aus Platin hindurch belichtet. Die verschiedenen Frequenzen des Lichts lassen sich durch entsprechend schmalbandige Lichtfilter (z. B. **Interferenzfilter**) aus dem Spektrum der Lichtquelle herausfiltern.

Die maximale kinetische Energie der lichtelektrisch aus der Kathode ausgelösten Elektronen lässt sich auf zwei verschiedene Arten bestimmen. Zum einen kann man zwischen Kathode und Anode ein *Gegenfeld* erzeugen (Anode negativ gegen die Kathode polen), das man so hoch regelt, dass die Elektronen mit der zu bestimmenden Energie E_{kin} die Anode gerade nicht mehr erreichen: Dann wird der im Anodenkreis fließende (Gegen-)Strom gerade Null.

Eine andere Möglichkeit besteht darin, die aus der Kathode austretenden Elektronen ohne äußeres Gegenfeld auf die Anode auftreffen zu lassen. Dadurch lädt sich die Anode von selbst so weit negativ auf, dass weitere Elektronen gegen diese Gegenspannung nicht mehr anlaufen können und die Anode nicht mehr erreichen. Für die Spannung zwischen Anode und Kathode gilt dann gerade:

$$U_{\mathrm{gegen}} = \frac{E_{\mathrm{kin}}}{e} \quad .$$

Diese Spannung muss allerdings sehr hochohmig gemessen werden; denn die Fotozelle, die bei dieser Betriebsart sozusagen als Gleichspannungsgenerator wirkt, hat wegen der relativ kleinen Zahl aus der Fotokathode nachgelieferter Elektronen einen sehr hohen Innenwiderstand. Zur Spannungsmessung kann z. B. ein aus einem Operationsverstärker aufgebauter Elektrometerverstärker eingesetzt werden, siehe auch *Themenkreis 31*. Die zugehörige Schaltung ist in Bild 46.12 dargestellt.

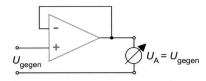

Bild 46.12. Elektrometerschaltung zur Messung von U_gegen an einer Fotozelle

Elektronenwellen

Erscheinungen wie Beugung und Interferenz beobachtet man nicht nur bei typischen Wellen wie Wasserwellen, Mikrowellen oder Licht. Sie lassen sich auch mit klassischen Teilchen wie Elektronen, Neutronen oder Atomen erzeugen. So zeigt das Bild 46.13 Interferenzstreifen, die durch *Fresnelsche Beugung* von Elektronen an einer Kante entstanden sind. **Elektronenbeugung** wurde erstmals 1927 durch die Physiker Davisson und Germer bei der Reflexion von Elektronen an Kristallen beobachtet (Nobelpreis 1937). Sie bestätigen damit die Vorhersage von Louis de Broglie (1924), dass Teilchen wie z.B. Elektronen neben klassischen Teilcheneigenschaften wie Energie E und Impuls p auch Welleneigenschaften (Frequenz f, Wellenlänge λ) aufweisen. De Broglie erweiterte damit das Bild, das Einstein in einer seiner drei berühmt gewordenen Arbeiten von 1905 entworfen hatte, als er mit dem Photonenbild etwas Entsprechendes für die Lichtstrahlung formulierte. Für Energie E und Impuls p der Photonen gilt danach:

$$E = hf = h\frac{c}{\lambda} = m_\mathrm{Ph}c^2 \quad \text{und} \quad p = m_\mathrm{Ph}c = \frac{h}{\lambda} \quad.$$

Hierin sind $c = \lambda f$ die Lichtgeschwindigkeit und m_Ph die Impulsmasse des Photons.

Nach de Broglie erhält man bei einem Strahl von Teilchen der Masse m und der Geschwindigkeit u für die

Bild 46.13. Fotografische Aufnahme von Interferenzstreifen durch Beugung eines Elektronenstrahls an einer MgO-Kristallkante (1940, Messung von H. Boersch, später TU Berlin)

> **Wellenlänge der Materiewelle** $\quad \lambda = \dfrac{h}{p} = \dfrac{h}{mu} \quad$,

die **de Broglie-Wellenlänge**. Dieses „zweifache" Verhalten von klassischen Wellen bzw. Teilchen wird auch als **Welle-Teilchen-Dualismus** bezeichnet.

Eine wichtige Voraussetzung für die Erzeugung von Elektroneninterferenzen ist – wie im Falle der Lichtwellen – die **Kohärenz** der Elektronenwellen, was u. a. gleiche Energien und damit Geschwindigkeiten u voraussetzt. Die Energie E erhalten solche Elektronen (Masse m_e, Ladung e) in der Regel durch die Beschleunigung in einem elektrischen Feld mit der Potentialdifferenz U. Dabei gilt (im nicht-relativistischen Fall):

$$E = eU = \frac{1}{2}m_\mathrm{e}u^2 \quad.$$

Für die zugehörige Materiewellenlänge erhält man damit:

$$\lambda = \frac{h}{p} = \frac{h}{mu} = \frac{h}{\sqrt{2em_\mathrm{e}U}} \quad.$$

Je größer die durchlaufene Spannung, desto kleiner die Wellenlänge. Tabelle 46.3 zeigt einige zusammengehörige Wertepaare für U und λ. Aus den Tabellenwerten erkennt man, dass schon bei sehr kleinen Elektronenenergien Materiewellenlängen vorliegen, die deutlich kleiner sind als optische Wellenlängen im sichtbaren Spektralbereich. Durch die Verwendung solcher Materiewellen lässt sich daher z.B. ein örtliches Auflösungsvermögen erreichen, das erheblich über dem der Lichtoptik liegt

Durchlaufene Spannung U	1 V	10 V	10^3 V	10^4 V	10^6 V
Energie E der Elektronen	1 eV	10 eV	1 kV	10 keV	1 MeV
Wellenlänge λ der Materiewelle	1,23 nm	0,39 nm	38,8 pm	12,2 pm	0,87 pm

Tabelle 46.3. Zusammenhang zwischen Energie von Elektronen und der Wellenlänge der zugehörigen Elektronenwelle. Bei Energien ab 10 keV relativistisch gerechnet.

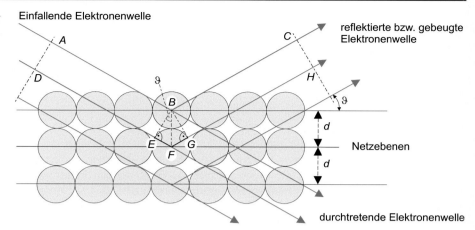

Bild 46.14. Modellvorstellung zur Bragg-Reflexion von Elektronenwellen an den Netzebenen eines Kristalls. $A - D$ und $C - H$: ebene Wellenfronten. Für konstruktive Interferenz muss der Gangunterschied $(\overline{EF} + \overline{FG}) = z\lambda$ sein

und bis zu atomaren Abmessungen (ca. 10^{-8} cm) hinabreicht: *Elektronenmikroskopie*. Um messbare Beugungs- und Interferenzerscheinungen zu erzeugen, braucht man allerdings auch Objekte, die deutlich kleiner sind als die in der Lichtoptik üblichen Beugungsobjekte wie z. B. optische Gitter. Besonders gut lassen sich einkristalline Festkörper mit ihren geringen Atomabständen von einigen 100 pm als Beugungsobjekte für Elektronenwellen benutzen.

📖 Elektronenbeugung an Kristallen

Lässt man einen parallelen Elektronenstrahl (im Wellenbild: eine ebene Elektronenwelle) auf einen Einkristall fallen, so tritt wie bei der Verwendung von Röntgenstrahlen eine Reflexion nur bei einzelnen diskreten Einfallswinkeln auf. Die Beschreibung dieser Erscheinung gelingt durch die Deutung als Interferenzeffekt (siehe auch *Themenkreis 45*). Dabei denkt man sich die einzelnen Atome bzw. Moleküle des Kristalls in sogenannten Netzebenen mit dem Abstand d angeordnet, siehe Bild 46.14. Diese Netzebenen wirken wie teildurchlässige Spiegel für die Elektronenwelle. Die reflektierten Teilwellen verstärken sich jedoch nur dann, wenn ihr Gangunterschied ein ganzzahliges Vielfaches der Wellenlänge λ beträgt. Für das Auftreten dieser Interferenzmaxima gilt dann die

> **Bragg-Bedingung:** $z\lambda = 2d \sin \vartheta_z$,

wobei $z = 1, 2, \ldots$ die Beugungsordnung ist. Die Winkel ϑ_z, für die die Bragg-Bedingung erfüllt ist, nennt man Glanzwinkel.

Untersucht man statt eines Einkristalls einen Polykristall, enthält diese Probe sehr viele kleine Einkristalle, sog. Kristallite, die räumlich statistisch verteilt sind. Diejenigen Kristallite, die so zur Einfallsrichtung des Elektronenstrahls orientiert sind, dass die Bragg-Bedingung erfüllt ist, liefern einen Reflex, siehe Bild 46.15. Die Richtungen all dieser Reflexe der gleichen Beugungsordnung liegen wegen der Rotationssymmetrie auf einem Kegelmantel mit dem halben Öffnungswinkel 2ϑ, der auf dem Leuchtschirm eine ringförmige Spur mit dem Radius R ergibt.

Für die gleiche Beugungsordnung beobachtet man in der Regel jedoch nicht nur einen, sondern mehrere unterschiedliche Beugungsringe. Ursache dafür ist die Existenz mehrerer Netzebenen in den Kristallen mit entsprechend unterschiedlichen Abständen. Dabei erzeugen wie bei der Lichtbeugung große Netzebenenabstände kleine Ringradien und umgekehrt.

Bild 46.15. Beugung eines Elektronenstrahls an einem Kristalliten eines Polykristalls

46.1 Elektronenstöße in reinem Hg-Dampf (2/3)

An einer Elektronenstoßröhre mit reiner Hg-Füllung sollen die typischen Stromoszillationen des Franck-Hertz-Experiments gemessen werden. Aus der Oszillationsperiode soll die Energiedifferenz ΔE_{Hg} zwischen den beteiligten Hg-Energieniveaus bestimmt werden.

Franck-Hertz-Röhre mit reiner Hg-Füllung, Heizofen, Thermometer, Netzgerät zur Versorgung der Röhre (regelbare Spannungsquelle bis ca. 40 V, Stromquelle für Kathodenheizung) mit zugehörigem Stromverstärker, Strom- und Spannungsmesser, Oszilloskop. Alternativ: Messrechner.

Nach Aufbau der Schaltung entsprechend der schematischen Darstellung in Bild 46.2 wird die Röhre zunächst auf etwa 180 °C bis 200 °C geheizt. Danach wird der Auffängerstrom I_G bei wachsender Anodenspannung U_A zunächst punktweise gemessen bzw. mit Hilfe eines Messrechners elektronisch registriert.

Das Kurvenbild der Oszillationen hängt von der Kathodenheizung und dem Hg-Dampfdruck, d. h. der Röhrentemperatur ab. Beide Parameter sollen so variiert werden, dass möglichst viele Stromoszillationen auftreten.

Liegt die Anodenspannung auch als periodische Sägezahnspannung vor, kann das Experiment in einem weiteren Versuch auf einem Oszilloskopschirm verfolgt werden. Bei einer Frequenz von 50 Hz entsteht ein scheinbar stehendes Bild der Oszillationen auf dem Bildschirm.

Die Oszillationskurven sollen graphisch aufgetragen werden (sofern sie nicht schon als Messkurven vorliegen). Mit Hilfe einer weiteren Graphik $U_{max} = f(U_A)$ soll der Spannungsabstand zwischen den Maxima (ΔU_{max}) durch graphische Interpolation bestimmt werden. Die gleiche Auswertung wird auch für die Minima durchgeführt. Aus dem Mittelwert erhält man die gesuchte Energiedifferenz:

$$\Delta E_{Hg} = e\frac{1}{2}\left(\overline{\Delta U}_{max} + \overline{\Delta U}_{min}\right) \quad .$$

In die Fehlerabschätzung gehen nur der mögliche Instrumentenfehler des Spannungsmessers sowie die Streufehler bei der Bestimmung von $\overline{\Delta U}_{max}$ und $\overline{\Delta U}_{min}$ ein.

46.2 Elektronenstöße in einer Hg/Ne-Röhre (2/3)

An einer Elektronenstoßröhre mit einer Füllung von Quecksilber und Neon sollen die durch Elektronenstoßanregung hervorgerufenen Leuchterscheinungen visuell und spektroskopisch beobachtet werden. Die zugehörigen atomaren Energieniveaus sollen aus den Einsatzspannungen der jeweiligen Emissionen bestimmt werden. Aus der Messung der Strom-Spannungskennlinie wird die Ionisierungsenergie der Neonatome ermittelt.

Franck-Hertz-Röhre mit Hg-Ne-Füllung, Netzgerät zur Versorgung der Röhre (regelbare Gleichspannungsquelle bis 25 V, Stromquelle für Kathodenheizung), Strom- und Spannungsmesser (alternativ: Messrechner), Spektroskop mit Wellenlängenskala.

Aufbau der Schaltung entsprechend Bild 46.2 in einem abdunkelbaren Raum. Bei langsamer Steigerung der Anodenspannung sollen die Veränderungen des Emissionsspektrums zunächst visuell, bei einem erneuten Durchgang spektroskopisch beobachtet werden. Die entsprechenden Werte der Anodenspannung notieren.

Es soll die Strom-Spannungskennlinie aufgenommen werden.

Die spektroskopischen Beobachtungen sollen verbal beschrieben sowie die zugehörigen Spannungswerte angegeben werden.

Aus den Stromoszillationen soll der Wert für die Ionisationsspannung des Neons ermittelt werden.

46.3 Plancksches Wirkungsquantum (1/3)

Mit Hilfe des lichtelektrischen Effekts soll durch Verwendung einer Fotozelle der Wert der Planckschen Konstanten h ermittelt werden.

Fotozelle zur h-Bestimmung, regelbare Stromquelle und Strommesser zum Ausheizen des Anodenrings, Elektrometerverstärker mit Spannungsmesser, Quecksilberhochdrucklampe mit Netzgerät, Interferenzfilter für die wichtigsten Hg-Linien (z. B. 365 nm, 404 nm, 436 nm, 546 nm, 578 nm).

Der Strahlengang wird entsprechend Bild 46.11 aufgebaut, dabei muss Streulichteinfall auf die Kathode durch eine geeignete Abschirmung vermieden werden. Die Strahlführung muss außerdem sicherstellen, dass kein Licht auf den Anodenring trifft, um das Auslösen von Fotoelektronen aus der Anode zu verhindern (Blende). Vor der Messung eventuell den Anodenring entsprechend den Firmenangaben ausheizen (*nur durch den Betreuer!*), um eventuell adsorbierte Kalium-Atome von der Anode abzudampfen.

Die Bestimmung der maximalen kinetischen Energie der Fotoelektronen soll durch direkte Messung der Gegenspannung in einer Elektrometerschaltung erfolgen. Bild 46.12 zeigt die entsprechende Beschaltung eines Operationsverstärkes (siehe auch *Themenkreis 31*). Um Kriechströme zu vermeiden, sollte der hochisolierte Anodenkontakt vor der Messung mit Alkohol gesäubert werden.

Für jede Wellenlänge bzw. Frequenz wird die sich einstellende Spannung an der Anode U_{gegen} bestimmt.

Die Wertepaare (U_{gegen}, f) werden graphisch aufgetragen. Aus der Steigung der Geraden werden der Wert h/e und daraus h ermittelt. Aus dem extrapolierten Abszissenabschnitt kann die Austrittsarbeit der Kathodenbeschichtung bestimmt werden.

Das Ergebnis für h soll – nach einer Fehlerabschätzung – mit dem Literaturwert verglichen werden.

46.4 Elektronenbeugung (1/3)

Durch Elektronenbeugung an einer Graphitfolie soll die Abhängigkeit der de Broglie-Wellenlänge der Elektronen von ihrer kinetischen Energie quantitativ untersucht werden.

Elektronenbeugungsröhre mit Elektronenkanone, Graphitfolie und Leuchtschirm, Hochspannungsnetzgerät und Messgerät, Schiebelehre.

Den Versuchsaufbau zeigt schematisch Bild 46.16. Das Elektrodensystem in dem evakuierten Glaskolben besteht aus vier hintereinander angeordneten Metallzylindern. Die Glühkathode ist indirekt beheizt. K_2, A_1, A_2 wirken als elektrostatisch fokussierende Linse. Die Elektroden liegen dazu paarweise auf Kathodenpotential (K_1, K_2) bzw. an der Anodenhochspannung (A_1, A_2). An der Anode A_2 ist auf ei-

Hochspannungsquelle (0...6 kV)

Elektronenbeugungsringe (R₁, R₂)

Graphitfolie

Heizstromquelle

I_heiz

K₁ A₁ K₂ A₂

Leuchtschirm

ungebeugter Elektronenstrahlfleck

Bild 46.16. Aufbau der Elektronenbeugungsröhre, schematisch

nem feinen Trägernetz eine dünne polykristalline Graphitfolie als Beugungsgitter so angebracht, dass der fokussierte Elektronenstrahl senkrecht auftrifft.

⚠️ **Achtung, HOCHSPANNUNG!**

Vorsicht! Beugende Graphitfolie kann durch zu hohe Elektronenströme leicht zerstört werden!

 Vor dem Beginn der Messung sicherstellen, dass die Hochspannung wirklich Null ist. Zuerst wird dann der Heizstrom für die Glühkathode auf ca. 250 mA eingestellt, bevor die Hochspannung zunächst auf einen niedrigen Wert von ca. 2 kV hochgeregelt wird. Erst wenn der Leuchtfleck auf dem Leuchtschirm seine Helligkeit nicht mehr merkbar ändert (typisch nach einigen Minuten), darf die Hochspannung höher geregelt werden (3 bis max. 5 kV). Dabei wird der Heizstrom jeweils nur so hoch gewählt, dass die Beugungsringe gerade sichtbar und messbar sind. Mit Hilfe eines kleinen Magneten am Schaft der Elektronenröhre muss die Richtung des Elektronenstrahls u. U. etwas korrigiert werden, damit dieser auf ein unbeschädigtes Stück der Graphitfolie trifft.

⌚ Die Ringdurchmesser $2R_1$ und $2R_2$ für die inneren zwei zur Beugungsordnung $z = 1$ gehörigen Ringe werden für 6 unterschiedliche Werte der Beschleunigungsspannung U bestimmt.

 Aus den Ringradien R_1 und R_2 sowie den bekannten Netzebenenabständen d_1 und d_2 werden mit Hilfe der Bragg-Bedingung zunächst die jeweiligen Wellenlängen der Elektronenwellen berechnet. Bei der Auswertung der Messungen kann wegen der Kleinheit der Winkel gesetzt werden:

$$2\sin\vartheta \approx \sin(2\vartheta) \approx \tan(2\vartheta) = R/L \quad .$$

Die Netzebenenabstände d_1 und d_2 können der nebenstehenden Tabelle 46.4 entnommen werden. Damit soll dann die Richtigkeit des Zusammenhangs $\lambda \sim 1/\sqrt{U}$ durch eine geeignete graphische Auftragung qualitativ überprüft werden.

 Ferner soll aus der Geradensteigung die Plancksche Konstante h bestimmt werden. Zur h-Bestimmung gehört eine Fehlerrechnung.

Tabelle 46.4. Netzebenenabstände für die zwei Beugungsringe bei einer Graphitfolie

Ring	innen	außen
Netzebenenabstand	0,213 nm	0,123 nm

47. Radioaktive Strahlung

🏁 Kennenlernen des Aufbaus der Atomkerne, der Gesetze der Radioaktivität und kernphysikalischer Messmethoden. Dosimetrie und biologische Wirkung radioaktiver Strahlung. Messungen mit dem Geiger-Müller-Zählrohr.

📖 *Standardlehrbücher*(Stichworte: Atomkern, Radioaktivität, Zerfallsgesetz, Aktivität, Zählrohr, Dosimetrie),
Bethge: Kernphysik
Strahlenschutzverordnung.

📖 Aufbau der Atomkerne

Ein **Atom** besteht aus einem sehr kleinen positiv geladenen **Atomkern**, der fast die gesamte Atommasse enthält, und einer Anzahl von Elektronen, die man sich in einem einfachen Modellbild als den Kern auf Bahnen umkreisend vorstellen kann, Bild 47.1 a. Jedes **Elektronen** besitzt die gleiche Ladung, die negative Elementarladung $-e \approx -1,6 \cdot 10^{-19}$ As. Der Atomdurchmesser von ca. 10^{-8} cm ist durch die **Atomhülle** oder **Elektronenhülle** bestimmt. Der Kern besitzt dagegen nur einen Durchmesser von ca. 10^{-13} cm.

Die Atomkerne setzen sich aus **Protonen** p und **Neutronen** n zusammen (den sog. **Nukleonen**), die durch die extrem starke, aber nur über sehr kurze Entfernungen wirksame **Kernkraft** zusammengehalten werden, Bild 47.1 b.

Protonen tragen die Ladung $+e$, Neutronen dagegen sind elektrisch neutral. Die Masse von Protonen m_p ist etwa gleich der von Neutronen m_n und um einen Faktor 1836 größer als die von Elektronen m_e:

$$m_n \approx m_p = 1,67 \cdot 10^{-27} \, \text{kg} \approx 1836 \cdot m_e \quad .$$

Ein Atom, das im **Periodischen System** der Elemente die **Ordnungszahl** Z besitzt, hat Z Protonen im Kern und auch Z Hüllenelektronen. Die Kernladung Ze^+ wird also durch die Ladung aller Elektronen gerade kompensiert, d. h. das Atom ist nach außen hin elektrisch neutral. Zusammen mit den N Neutronen erhält man die Gesamtzahl der Nukleonen, die sogenannte

Massenzahl $\quad A = Z + N \quad .$

Alle Atome mit gleicher Ordnungszahl Z und gleicher Neutronenzahl N gehören zu einem **Nuklid**. Zur Kennzeichnung eines bestimmten Nuklids wird an das Symbol des chemischen Elementes links oben die *Massenzahl A* und links unten die *Ordnungszahl Z* angeschrieben, z. B. $^{23}_{11}$Na (Natrium) oder $^{238}_{92}$U (Uran).

Die meisten natürlichen Elemente bestehen allerdings nicht nur aus einem Nuklid, sondern aus einem Gemisch verschiedener Nuklide, den **Isotopen**. Isotope eines Elementes besitzen immer die gleiche Anzahl von Protonen und damit stets die gleiche Kernladungszahl Z, jedoch eine unterschiedliche Anzahl an Neutronen und damit auch unterschiedliche Massen - Beispiele sind in Tabelle 47.1 zusammengestellt. So existiert z. B. das leichteste Element des Periodensystems in drei verschiedenen Isotopen: $^1_1$H **Wasserstoff**, $^2_1$H **Deuterium** oder schwerer Wasserstoff und $^3_1$H **Triti-**

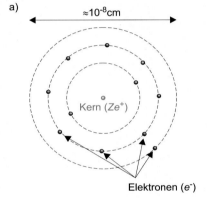

a) ≈10⁻⁸cm

Kern (Ze⁺)

Elektronen (e⁻)

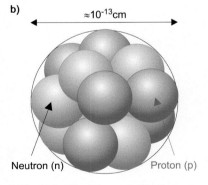

b) ≈10⁻¹³cm

Neutron (n) Proton (p)

Bild 47.1. (a) Schematische Darstellung eines Atoms; (b) Schematische Darstellung eines Atomkerns, bestehend aus Neutronen und Protonen

Tabelle 47.1. Häufigkeiten h einiger stabiler Isotope und mittlere Molmassen M der Isotopengemische

Element	Isotop	h (%)	M in g
Wasserstoff	^1_1H	99,985	1,0079
	^2_1H	0,015	
Helium	^3_2He	0,000138	4,0026
	^4_2He	99,999862	
Kohlenstoff	$^{12}_6\text{C}$	98,93	12,011
	$^{13}_6\text{C}$	1,07	
Schwefel	$^{32}_{16}\text{S}$	95,02	32,065
	$^{33}_{16}\text{S}$	0,75	
	$^{34}_{16}\text{S}$	4,21	
	$^{36}_{16}\text{S}$	0,02	
Kobalt	$^{59}_{27}\text{Co}$	100	58,933
Blei	$^{204}_{82}\text{Pb}$	1,4	207,2
	$^{206}_{82}\text{Pb}$	24,1	
	$^{207}_{82}\text{Pb}$	22,1	
	$^{208}_{82}\text{Pb}$	52,4	

um. Das Tritium ist radioaktiv und kommt nicht natürlich auf unserer Erde vor - es ist daher nicht in Tabelle 47.1 aufgeführt. Tritium kann jedoch aus Kernreaktionen gewonnen werden. In dem natürlichen Vorkommen der Elemente auf unserer Erde ist das Verhältnis der relativen Häufigkeiten h der Isotope im Wesentlichen immer das Gleiche.

Die mittlere Molmasse M des natürlichen Isotopengemischs ist ebenfalls in Tabelle 47.1 angegeben. Dies ist die Masse von jeweils $N_A = 6,022 \cdot 10^{23}$ Atomen des natürlichen Isotopengemischs. Die mittlere Masse eines einzelnen Atoms ist M/N_A. Als atomare Bezugsgröße wird häufig auch die *atomare Masseneinheit* $u = 1,66 \cdot 10^{-27}$ kg benutzt. u ist $1/12$ der Masse eines Atoms des Kohlenstoffisotops $^{12}_6\text{C}$.

Die chemischen Eigenschaften aller Isotope eines Elementes sind gleich, da sie nur durch die (Valenz-)Elektronen des Elementes bestimmt sind. Deren Bindungsenergie im Atom oder Molekül betragen in der Regel nur einige Elektronenvolt (eV).

Die **Bindungsenergien** E_B der Nukleonen im Kern dagegen sind um mehrere Größenordnungen höher (Bereich MeV $= 10^6$ eV). In erster Näherung sind sie für die Protonen und Neutronen in den unterschiedlichen Kernen etwa gleich groß: ca. 8 MeV. Eine genauere Betrachtung zeigt allerdings, dass die Kerne mit mittlerer Molmasse die größte Bindungsenergie pro Nukleon besitzen und deshalb am stabilsten sind, wie aus Bild 47.2 ersichtlich. Bei den sehr schweren Kernen nimmt die Bindungsenergie und damit die Stabilität mit wachsender Ordnungszahl ab. Ursache ist die elektrostatische Abstoßung zwischen den zahlreichen Protonen. Unter den leichten Kernen ist die Kombination von 2 Protonen und 2 Neutronen, d. h. der He-Kern, bei weitem am stabilsten. Daher werden z.B. von schweren instabilen, d. h. radioaktiven Kernen, aus energetischen Gründen nicht Protonen, sondern ^4_2He-Kerne, die sog. α-*Strahlung*, ausgesandt.

Durch Verschmelzung leichter Kerne, die **Kernfusion**, gewinnt man ebenso Energie wie durch die Spaltung von schweren Kernen zu mittelschweren Kernen, die **Kernspaltung**.

Radioaktive Strahlung

Die schwersten Kerne im periodischen System der Elemente, wie z. B. Radium, Thorium und Uran, sind nicht mehr stabil. Sie wandeln sich unter Aussendung von Strahlung in andere Kerne um: **radioaktiver Zerfall**. Die neuen Kerne sind im allgemeinen ebenfalls instabil und zerfallen weiter. Es entstehen ganze Zerfallsreihen (s. *Themenkreis 49*). Jede solche Zerfallsreihe endet schließlich bei einem stabilen Nuklid.

Der radioaktive Zerfall ist ein statistischer Prozess, so dass für ein einzelnes Atom nicht voraus gesagt werden kann, wann es zerfällt. Der radioaktive Zerfall lässt sich durch äußere physikalische Bedingungen wie hohe Temperaturen, magnetische oder elektrische Felder etc. nicht beeinflussen. Für die Zahl $N(t)$ der zur Zeit t noch nicht zerfallenen Kerne gilt das

Zerfallsgesetz $\quad N(t) = N(0)\, e^{-t/\tau}$

mit der für jedes Radionuklid charakteristischen mittleren Lebensdauer τ. Nach der **Halbwertszeit** $T_{1/2} = \frac{\ln 2}{\tau}$ ist die Hälfte der zum Zeitpunkt $t = 0$ vorhandenen Kerne $N(0)$ zerfallen. Die Halbwertszeiten $T_{1/2}$ für die verschiedenen radioaktiven Substanzen sind extrem unterschiedlich und liegen zwischen weniger als 10^{-8} s und mehr als 10^{10} Jahren! Die Halbwertszeit von $^{60}_{27}\text{Co}$ z.B. beträgt 5,2 Jahre. Weitere Beispiele zeigt die Tabelle 47.2.

Die **Aktivität** A einer radioaktiven Substanzmenge ist gleich der Anzahl der Zerfälle ΔN pro Zeitintervall Δt

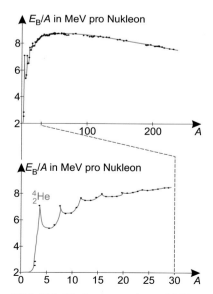

Bild 47.2. Bindungsenergie pro Nukleon in Abhängigkeit von der Massenzahl der Elemente

$$A = -\frac{dN}{dt} = \frac{N(0)}{\tau}; \quad [A] = 1\,\text{Bequerel} = 1\,\text{Bq} = \frac{1\,\text{Zerfall}}{1\,\text{Sekunde}} = \frac{1}{s} \quad.$$

Alte Einheit: $1\,\text{Curie} = 1\,\text{Ci} = 3{,}7 \cdot 10^{10}\,\text{Bq}$. Die Aktivität ist proportional zur Menge des Radionuklids und umgekehrt proportional zur Lebensdauer τ.

Die wichtigsten Arten radioaktiver Strahlung sind die α-**Strahlung** ($^4_2$He-Kerne), die β^--**Strahlung** (Elektronen) und die γ-**Strahlung**, eine sehr kurzwellige elektromagnetische Strahlung (Photonen), Bild 47.3.

Bei der Aussendung eines α-Teilchens, $^4_2$He-*Kern*, Bild 47.3 a, verliert der Atomkern zwei positive Ladungen und vier Masseneinheiten. Es entsteht daher ein *Tochterkern*, der zu dem Element gehört, das im Periodensystem zwei Stellen links vom Ursprungs-Element steht. Ein Beispiel: $^{226}_{88}$Ra $\xrightarrow{\alpha}$ $^{222}_{86}$Rn.

Bei Aussendung von β^--*Strahlung*, Bild 47.3 b, entsteht dagegen ein Tochterkern, der im Periodensystem um eine Stelle nach rechts gerückt zu finden ist, da sich im Kern ein Neutron n in ein Proton p^+, ein Elektron e^- und ein Anti-Neutrino $\overline{\nu}$ umwandelt:

β^--Zerfall $\quad n \longrightarrow p^+ + e^- + \overline{\nu} \quad.$

Ein β^+-Zerfall (Positronenemission) ist im übrigen ebenfalls möglich:

β^+-Zerfall $\quad p^+ \longrightarrow n + e^+ + \nu \quad.$

Beispiel für den β-Zerfall: β^-: $^{137}_{55}$Cs $\xrightarrow{\beta^-,\gamma}$ $^{137}_{56}$Ba; β^+: $^{22}_{11}$Na $\xrightarrow{\beta^+}$ $^{22}_{10}$Ne.
Diese Verschiebungen im Periodensystem durch α- bzw. β-Zerfall werden allgemein beschrieben durch die

Fajans-Soddyschen Verschiebungsgesetze

$$^A_Z X \xrightarrow{\alpha} {}^{A-4}_{Z-2} X' \quad, \quad ^A_Z Y \xrightarrow{\beta^-} {}^{A}_{Z+1} Y' \quad, \quad ^A_Z Y \xrightarrow{\beta^+} {}^{A}_{Z-1} Y' \quad.$$

Eine Identifizierung und Untersuchung von α- und β-Strahlung ist durch ihre *Ablenkung* in transversalen elektrischen oder magnetischen Feldern möglich, da sie aus schnell fliegenden, geladenen Teilchen bestehen. Die Ablenkung erfolgt in entgegengesetzten Richtungen und ist proportional zum Verhältnis Ladung / Masse der Teilchen, wie in Bild 47.4 für den magnetischen Fall schematisch dargestellt. Die γ-Strahlung, d. h. ein Photonenstrom, wird nicht abgelenkt.

Alle von einem bestimmten Radionuklid ausgesandten α-Teilchen besitzen die gleiche Energie E_{kin}, Bild 47.5 a. Die β^--Teilchen besitzen dagegen eine kontinuierliche Häufigkeitsverteilung der kinetischen Energien E_{kin}, die sich von Null bis zu einem für den Zerfall charakteristischen Maximalwert E_{max} erstreckt, Bild 47.5 b. Da die Gesamtenergie des β^--Zerfalls E_{max} konstant ist, besitzt die jeweilige verbleibende Energie das Anti-Neutrino $\overline{\nu}$. Entsprechendes gilt für den β^+-Zerfall.

γ-Strahlung tritt stets nur zusammen mit α- oder β-Strahlung auf. Die Photonen der γ-Strahlung besitzen eine für den betrachteten Zerfall charakteristische diskrete Energie hf, d. h. eine Spektrallinie im kurzwelligen Bereich elektromagnetischer Strahlung: monochromatische Strahlung. Es können allerdings auch zwei oder mehr diskrete γ-Spektrallinien gleichzeitig auftreten. Betrachtet man z. B. das in den nachfolgenden Experimenten verwendete künstlich hergestellte radioaktive Isotop ^{60}Co (Kobalt), das sich unter gleichzeitiger Aussendung von β- und γ-Strahlung in das stabile Isotop ^{60}Ni (Nickel) umwandelt:

$$^{60}_{27}\text{Co} \xrightarrow{\beta,\gamma} {}^{60}_{28}\text{Ni} \quad,$$

so treten eine maximale β-Energie von $0{,}31\,\text{MeV}$ und zwei γ-Quanten mit Energien von $1{,}17\,\text{MeV}$ und $1{,}33\,\text{MeV}$ auf. Die β-Strahlung ist dabei eine relativ weiche

a) α-Strahlung

b) β^--Strahlung

c) γ-Strahlung

Bild 47.3. Schematische Darstellung der radioaktiven Zerfallsarten: (a) α-, (b) β^-- und (c) γ-Strahlung

Bild 47.4. α-, β^-- und γ-Strahlung im homogenen Magnetfeld, schematisch

Bild 47.5 a,b. Häufigkeitsverteilung der kinetischen Energien der α- und der β-Strahlung, die beim Zerfall verschiedener Radionuklide entsteht

Strahlung und wird in der in unseren Experimenten benutzten Quelle schon von der metallischen Umhüllung des Präparates absorbiert, so dass nur die γ-Strahlung aus dem Präparat austritt.

Radioaktive Strahlung kann durch ihre **ionisierende Wirkung** nachgewiesen werden, z. B. durch Ionisation von Gasatomen (*Ionisationskammer, Geiger-Müller-Zählrohr, Wilson-Nebelkammer*) oder durch Schwärzung fotografischer Schichten (*Kernspurplatten, Radiografie, Dosimetrie*), durch Anregung von Leuchtstoffen zu Lichtblitzen (*Zählung mit Fotomultiplier, Szintillatoren*) und durch Erzeugung von freien Elektron-Lochpaaren in Halbleiter-Kristallen (*Halbleiter-Strahlungsdetektor*).

Dabei unterscheidet sich die ionisierende Wirkung der drei radioaktiven Strahlungsarten sehr stark. Während ein α-Teilchen z. B. in atmosphärischer Luft pro Zentimeter Weglänge einige hundert Ionen erzeugt, werden vom β-Teilchen nur einige wenige Ionen pro Zentimeter erzeugt. Dies ist z. B. ein wichtiges Unterscheidungsmerkmal bei den Spuren in einer Nebelkammer. Die γ-Strahlung besitzt nur eine sehr geringe ionisierende Wirkung. In jedem Fall gilt: Je stärker die Strahlung ionisiert, um so geringer ist ihre Eindringtiefe in Materie.

Das unterschiedliche Ionisierungsvermögen hat auch Folgen für die Abschirmbarkeit: α-Strahlung wird schon in einer äußerst dünnen Aluminium-Folie ($d < 0,01$ mm) oder einer Postkarte fast vollständig absorbiert, β-Strahlung wird dagegen erst von Al-Blech ($d \geq 1$ mm) abgeschirmt, während ein Teil der γ-Strahlung auch noch 100 mm dicke Aluminium-Blöcke durchdringt. Die Absorption radioaktiver Strahlung wächst ferner mit der Materialdichte, deshalb werden häufig Blei-Abschirmungen verwendet.

Außer bei den radioaktiven schweren Kernen gibt es auch unter den mittelschweren und leichten Elementen radioaktive Isotope. Mit der Ausnahme von K-40 kommen diese jedoch nicht in der Natur vor, sondern werden durch Atomumwandlungen, z. B. durch Bestrahlung natürlicher stabiler Elemente mit Neutronen im Atomreaktor künstlich erzeugt, **künstliche Radioaktivität**.

📖 Absorption von γ-Strahlung

Das Durchdringungsvermögen radioaktiver Strahlung durch Materie hängt außer von der Art der Strahlung, auch von deren Energie sowie von Atomart und Dichte der Atome im Absorber ab. Dabei erfolgt die Schwächung von α- und β- Strahlung durch Absorption von deren kinetischer Energie: Die geladenen Teilchen erzeugen längs ihrer Flugbahn eine große Zahl von Ionen und Elektronen und verlieren so stufenweise ihre Energie, bis sie schließlich zur Ruhe kommen. Die Absorption bzw. Reichweite von α-Strahlung wird im *Themenkreis 49* ausführlicher behandelt.

Trifft $\gamma-$Strahlung auf Materie, verläuft der Schwächungsprozess nach statistischen Gesetzmäßigkeiten und lässt sich, wie folgt, beschreiben (s. a. *Themenkreis 48*). Nach einer vereinfachenden Modellvorstellung besitzt jedes Atom einen **Wirkungsquerschnitt** σ, d. h. vom Atom werden alle γ-Quanten absorbiert, die innerhalb einer Fläche σ einfallen. Sind n Atome pro cm^3 im Absorber vorhanden, so sind in einer Schicht der Dicke dx je cm^2 Querschnittsfläche $n dx$ Atome enthalten, und die abschattende Fläche beträgt $\sigma n dx$, Bild 47.6. Von den pro cm^2 und Sekunde einfallenden N γ-Quanten werden also absorbiert

$$dN = -N\sigma n dx = -N\mu dx \qquad \text{mit} \qquad \mu = n\sigma \quad ,$$

wobei μ der **Schwächungskoeffizient** ist. Für eine Platte endlicher Dicke d ergibt sich die Zahl der durchtretenden γ-Quanten $N(d)$ durch Integration, und man erhält das

> **Absorptionsgesetz** $\qquad N(d) = N_0 e^{-\mu d}$.

Nach der **Halbwertsdicke** $\delta = \frac{\ln 2}{\mu}$ mit $\ln 2 = 0,693$ ist die $\gamma-$Strahlungsleistung auf die Hälfte gesunken. Entsprechend gilt für die Zehntelwertsdicke $\delta' = \frac{\ln 10}{\mu}$.

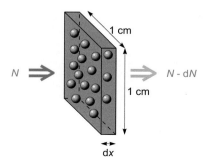

Bild 47.6. Absorption radioaktiver Strahlung

Abstandsgesetz

Die radioaktive Strahlung wird von den radioaktiven Atomen in der Regel in alle Raumrichtungen ausgesendet und breitet sich geradlinig aus. Alle Teilchen, die von einer annähernd punktförmigen Quelle Q durch eine Blendenöffnung in einen Raumwinkel ω ausgesandt werden, durchsetzen die im Abstand R_1 und R_2 im gleichen Raumwinkel liegenden Flächen A_1 und A_2, wie in Bild 47.7 dargestellt. Stellt man nun einen Strahlungsempfänger, z. B. ein Zählrohr mit der kleinen Fläche A_Z im Abstand R_1 bzw. R_2 von der Quelle auf, so wird nur ein Bruchteil A_Z/A_1 bzw. A_Z/A_2 des betrachteten Teilchenstromes gemessen. Da $A_1 = \omega R_1^2$ und $A_2 = \omega R_2^2$ ist der jeweils gemessene Teilchenstrom I umgekehrt proportional zum Quadrat der Entfernung Punktquelle-Empfänger. Damit erhält man das

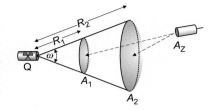

Bild 47.7. Zur Herleitung des Abstandsgesetzes

Abstandsgesetz	$I = \mathrm{const.}/R^2$.

Der Teilchenstrom I ist die Zahl N der durch eine Fläche A pro Zeiteinheit hindurchtretenden Teilchen. Der Quotient I/A wird als Teilchenstromdichte bezeichnet.

Biologische Wirkungen radioaktiver Strahlung

Radioaktive Strahlung kann bei Absorption im tierischen und menschlichen Körper **Strahlenschäden** bewirken. Durch die in den lebenden Zellen erzeugten Ionen und freien Elektronen werden in den organischen, sehr komplizierten Molekülen chemische Reaktionen eingeleitet, die zu schwerwiegenden Folgen für den Organismus führen können, z. B. zur Krebserzeugung, insbesondere Blutkrebs (Leukämie), zu genetischen Schäden (Schädigung des Erbgutes) oder bei hohen Strahlungsdosen zu akuten Vergiftungserscheinungen, in Extremfällen mit tödlichem Ausgang wie bei den Reaktorunglücken in Tschernobyl, Ukraine (1986), Fukushima, Japan (2011). Die Schäden machen sich oft nicht sofort nach der Bestrahlung, sondern erst nach längerer oder sehr langer Zeit bemerkbar, Tage bis Jahre; die Erbschäden erst in der nächsten oder in den folgenden Generationen.

Beim Umgang mit ionisierenden Strahlungsquellen wie radioaktiven Substanzen oder auch mit Röntgen-Strahlung ist daher *äußerste Vorsicht* geboten. Besonders gefährlich ist die Aufnahme radioaktiver Substanzen mit der Nahrung, **Ingestion**, oder mit der Atemluft, **Inhalation**, bei anschließendem Einbau der Radionuklide in den Körper. Hierdurch erfährt der Körper eine Dauerstrahlungsbelastung, die während der ganzen Lebensdauer des Radionuklids anhält bzw. bis dieses nach einiger Zeit biologisch ausgeschieden wird. D.h. neben der physikalischen Halbwertszeit eines Radioisotops ist für die Wirkung auf den menschlichen Organismus auch die **biologische Halbwertszeit** von großer Bedeutung. Nach dieser Zeit hat der Körper die Hälfte der Nuklide wieder ausgeschieden, siehe Tabelle 47.2. Wie man sieht, kann die Verweildauer einiger Radionuklide sogar ein Menschenleben überdauern.

Der menschliche Körper ist ständig der einfallenden Höhenstrahlung, einer schwachen Strahlung natürlicher radioaktiver Elemente der Umgebung, z. B. aus Baustoffen, sowie einer Eigenstrahlung seines Gewebes ausgesetzt. Solange eine

Tabelle 47.2. Physikalische und biologische Halbwertszeiten wichtiger Radioisotope

Radioisotop		Strahlenart	physikalische Halbwertszeit	Ablagerung in	biologische Halbwertszeit
Jod	$^{131}_{53}$J	β^-	8 Tage	Schilddrüse	120 Tage
Cäsium	$^{137}_{55}$Cs	β^-	30 Jahre	Muskelgewebe	100 Tage
Strontium	$^{90}_{8}$Sr	β^-	28 Jahre	Knochen	50 Jahre
Radium	$^{226}_{88}$Ra	α	1600 Jahre	Knochen	50 Jahre
Plutonium	$^{239}_{94}$Pu	α	$2{,}4 \cdot 10^4$ Jahre	Knochen, Leber	100 Jahre

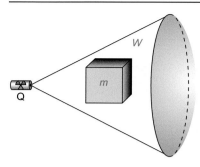

Bild 47.8. Veranschaulichung der Energiedosis

Tabelle 47.3. Wichtungsfaktoren w_R für die Strahlungsdosis

Strahlenart	w_R
α - Strahlung	20
β - Strahlung	1
γ - Strahlung	1
Neutronen	5 bis 10

Bild 47.9. (a) Aufbau und Schaltung zur Registrierung der Zählrate beim radioaktiven Zerfall mit dem Geiger-Müller-Zählrohr, (b) Ionisierung von Gasatomen, (c) Lawineneffekt

zusätzliche Strahlenbelastung im Rahmen der Schwankungsbreite der natürlichen Strahlenbelastung bleibt, sollten keine merklichen Schäden auftreten. Es wird deshalb eine gewisse **Toleranzdosis** für zulässig erklärt. Jede zusätzliche Strahlungsbelastung sollte jedoch so gering wie möglich bleiben, da sich die Wahrscheinlichkeiten für das Auftreten von Strahlenschäden über lange Zeiten aufsummieren!

Bei der medizinischen Anwendung ionisierender Strahlung zur Diagnose oder zur Therapie muss der Arzt stets den medizinischen Nutzen der Maßnahme gegen die potentielle Gesundheitsgefährdung durch die Strahlung abwägen. In jedem Fall muss auch dabei die gewählte Dosis so gering wie möglich bleiben.

Zur quantitativen Erfassung der Strahlungsmenge und ihrer Wirkung verwendet man sog. Dosisbegriffe. Die **Energiedosis** ist der Quotient aus der im Gewebe absorbierten Strahlungsenergie und der Masse des Gewebes, Bild 47.8.

$$\textbf{Energiedosis} \quad D = \frac{\mathrm{d}W}{\mathrm{d}m} \quad .$$

Einheit: $1\,\mathrm{Gray} = 1\,\mathrm{Gy} = 1\,\mathrm{J/kg}$ (früher $1\,\mathrm{Rad} = 1\,\mathrm{rd} = 0{,}01\,\mathrm{Gy}$).

Wichtiger für den Strahlenschutz ist jedoch der Begriff der **Organdosis** H_R, da er die biologische Wirkung der unterschiedlichen Strahlenarten berücksichtigt. H_R ist das Produkt aus der Energiedosis D und einem dimensionslosen Wichtungsfaktor w_R (R: radiation), der die Schädlichkeit der jeweiligen Strahlung charakterisiert.

$$\textbf{Organdosis} \quad H_R = w_R D \quad .$$

Einheit: $1\,\mathrm{Sievert} = 1\,\mathrm{Sv} = 1\,\mathrm{J/kg}$ (früher $1\,\mathrm{rem} = 0{,}01\,\mathrm{Sv}$). In Tabelle 47.3 sind die Strahlungs-Wichtungsfaktoren für einige ionisierende Strahlenarten aufgeführt.

Geiger-Müller-Zählrohr

Das **Geiger-Müller-Zählrohr** nutzt die ionisierende Wirkung radioaktiver Strahlung aus und ermöglicht so, einzelne α- und β-Teilchen oder auch γ-Quanten nachzuweisen. Das Zählrohr nach H. Geiger und E. W. Müller besteht aus einem gasgefüllten zylindrischen Rohr, in dem axial ein dünner Draht (ca. 0,1 mm Durchmesser) isoliert aufgespannt ist, wie in Bild 47.9 a dargestellt. An den Draht wird über einen hochohmigen Widerstand R die positive Spannung U_0 (z. B. 500 V) angelegt. Ein α- bzw. β-Teilchen oder ein γ-Quant, das in das Zählrohr eindringt, erzeugt im Füllgas eine Anzahl von Ionen und freien Elektronen, Bild 47.9 b, die im elektrischen Feld zur Kathode bzw. Anode beschleunigt werden. In der Nähe des dünnen Drahtes ist die elektrische Feldstärke erheblich größer als im restlichen Volumen, d. h. die dorthin beschleunigten Elektronen, Bild 47.9 c, können zwischen zwei Zusammenstößen mit Gasatomen durch Beschleunigung im elektrischen Feld soviel Energie aufnehmen, dass sie beim nächsten Stoß das neutrale Gasatom ionisieren. Auch die neu entstandenen geladenen Teilchen werden weitere Gasatome ionisieren, so dass sich in einer Kettenreaktion eine *Lawine von Ladungsträgern* ausbildet. Der entsprechend ansteigende Strom I fließt über den Widerstand R, an dem nun der Spannungsabfall $U_R = IR$ schnell die Größenordnung der Batteriespannung U_0 erreicht, Bild 47.9 a. Entsprechend sinkt die Spannung am Zählrohr

$$U = U_0 - U_R \quad ,$$

und die Gasentladung bricht zusammen.

Sobald ein weiteres ionisierendes Teilchen einfällt, wiederholt sich der Vorgang. Die Spannungsimpulse werden elektronisch verstärkt und mit einem Zähler gezählt. Folgt allerdings das nächste Teilchen bereits, bevor die Gasentladung erloschen ist, so wird es keinen weiteren Impuls auslösen. Das Zählrohr besitzt also eine gewisse **Totzeit** (typisch t_{tot} einige $10^{-4}\,s$).

Misst man bei konstanter Bestrahlung die Zählrate N für verschiedene Spannungen U, so erhält man die **Zählrohrkennlinie**, Bild 47.10. Unterhalb eines gewissen Schwellwertes U_S tritt keine Verstärkung durch Stoßionisation im Zählrohrgas ein, und man

Bild 47.10. Kennlinie eines Geiger-Müller-Zählrohres

beobachtet keine Impulse. Oberhalb von U_S steigt dann die Zählrate zunächst steil an, erreicht aber bald eine gewisse Sättigung bei U_1, weil dann fast jedes in das Zählrohr eindringende ionisierende Teilchen einen zählbaren Impuls auslöst: *Plateaubereich*. Oberhalb der Spannung U_2 wird die Impulsrate durch Nachentladungen erhöht und bei noch höheren Spannungen U_Z setzt schließlich eine Dauergasentladung ein, die zur Zerstörung des Zählrohres führen kann. Als Arbeitsspannung U_A wählt man einen Wert, der etwa in der Mitte des Plateaubereiches liegt.

Auch wenn man alle radioaktiven Quellen aus der Umgebung des Zählrohres entfernt, misst man dennoch eine geringe Zählrate N_0, die **Nullrate**. Diese wird durch die *kosmische Strahlung*, die *Höhenstrahlung*, sowie durch geringe Spuren radioaktiver Substanzen im Zählrohrmaterial und in der Umgebung, z.B. in den Baustoffen der Wände, verursacht. Die Nullrate N_0 überlagert sich natürlich auch einer vom Präparat herrührenden Zählrate N_P, d.h. es wird stets die Summe N gemessen:

$$N = N_P + N_0 \quad .$$

📖 Statistische Schwankungen bei Zählungen

Der Zerfall radioaktiver Substanzen unterliegt statistischen Schwankungen. Zählt man bei konstanter mittlerer Strahlungsintensität während einer Zeit T die Zählrohrimpulse, so erhält man bei n-facher Wiederholung der Messung die um einen Mittelwert $\overline{N}$ schwankenden Ergebnisse $N_1, N_2, N_3, \ldots N_n$. Als Maß für die Schwankungen wird die Standardabweichung ΔN, d.h. der mittlere quadratische Fehler der Einzelmessung, benutzt. Nach den Formeln der Fehlerstatistik kann ΔN aus den Abweichungen der Einzelbeobachtungen N_i vom Mittelwert $\overline{N}$ ausgerechnet werden (s. *Themenkreis 2*):

$$\Delta N = \sqrt{\frac{1}{n-1} \sum_{i=1}^{n} (N_i - \overline{N})^2} \quad \text{mit} \quad \overline{N} = \frac{1}{n} \sum_{i=1}^{n} N_i \quad .$$

Andererseits ergibt die statistische Theorie der Zählprozesse:

$$\Delta N = \sqrt{\overline{N}} \quad \text{oder} \quad \frac{\Delta N}{\overline{N}} = \frac{\sqrt{\overline{N}}}{\overline{N}} = \frac{1}{\sqrt{\overline{N}}} \quad .$$

Der relative Fehler $\Delta N / \overline{N}$ wird also um so kleiner, je mehr Impulse gezählt werden, d.h. je länger die Messzeit T gewählt wird.

> **Bei Experimenten mit radioaktiven Stoffen sind besondere Sicherheitshinweise zu beachten:**
> - Nur mit Blei abgeschirmte radioaktive Quellen verwenden!
> - Experimentierdauer kurz halten!
> - Vermeiden, sich der radioaktiven Strahlung direkt auszusetzen!
> - Schwangere dürfen radioaktive Experimente nicht durchführen!

47.1 Zählrohrkennlinie und statistische Schwankungen (1/3)

Messung der Kennlinie eines Geiger-Müller-Zählrohres. Ermittlung der statistischen Schwankungen beim radioaktiven Zerfall und Überprüfung von Näherungsformeln.

Radioaktives Präparat: γ-Strahler (z. B. $^{60}_{27}$Co mit Aktivität $A \approx 10^6$ Bq) in Bleiabschirmung, Geiger-Müller-Zählrohr (Spannung variabel, z. B. $U_0 = 300$ bis 600 V), elektronisches Zählgerät oder Stoppuhr.

Sinnvolle Zählrate

Das Schema der Zählrohr-Anordnung ist in Bild 47.9 a dargestellt. Mit einem elektronischen Zeitschalter oder einer Stoppuhr können verschiedene Zählzeiten eingestellt werden, in denen die Zahl der Impulse N gemessen wird.

Zunächst wird eine sinnvolle Zählrate eingestellt. Dazu wählt man eine Zählrohrspannung im Plateau-Bereich (typisch $U_0 = 400$ V $- 600$ V) und eine Zählzeit T von z. B. 30 s. Die Entfernung zwischen Quelle und Zählrohr wird nun so eingestellt, dass man etwa $N = 1000$ Impulse in der Zeit T misst und damit eine hinreichende Genauigkeit erreicht.

Der ermittelte Abstand R wird notiert.

Zählrohrkennlinie

Zur Messung der Zählrohrkennlinie $N = f(U)$ wird die Spannung U_0 in Schritten von z. B. 30 V, beginnend bei ca. 300 V bis zum Erreichen der Maximalspannung erhöht und jeweils die Impulszahl N gemessen.

Zur Auswertung wird die Kennlinie $N = f(U)$ als Diagramm aufgezeichnet. Um den Fehlerbereich zu veranschaulichen, trägt man an jeden Messpunkt den mittleren Fehler $\pm\sqrt{N}$ als vertikale Strecke ein: *Fehlerbalken*.

Die Arbeitsspannung U_A wählt man für alle folgenden Messungen etwa in der Mitte des Plateau-Bereiches.

Zählstatistik

Zum experimentellen Vergleich der o. a. Formeln für die Standardabweichung ΔN bei Zählstatistiken stellt man eine relativ kurze Zählzeit, z. B. $T = 20$ s, ein und wählt die Entfernung R zwischen Zählrohr und Quelle so, dass N zwischen 100 und 200 Impulsen liegt. Die Zählung wird mehrfach, z. B. 15- bis 20-mal, unter gleichen Bedingungen wiederholt.

Der Mittelwert $\overline{N}$ wird gebildet und die Abweichungen $v_i = N_i - \overline{N}$, sowie v_i^2 berechnet. Nach obiger Gleichung wird ΔN ermittelt und der Wert mit $\Delta N = \sqrt{\overline{N}}$ verglichen.

47.2 Prüfung des Abstandsgesetzes (1/3)

Prüfung des Abstandsgesetzes für radioaktive Strahlung. Umgang mit doppeltlogarithmischen grafischen Darstellungen.

Radioaktives Präparat: γ-Strahler (z. B. $^{60}_{27}$Co mit $A \approx 10^6$ Bq) in Bleiabschirmung, Geiger-Müller-Zählrohr, elektronisches Zählgerät oder Stoppuhr, dicker Blei- oder Stahlblock.

Abstandsgesetz

Eine nicht zu kurze Zählzeit, z. B. $T = 30$ s, wird gewählt und für etwa 10 verschiedene Abstände R zwischen Zählrohr und Quelle die Impulszahl N gemessen.

Wegen des quadratischen Abstandsgesetzes sind äquidistante Schritte nicht sinnvoll. Vielmehr sollte R jeweils um den gleichen Faktor geändert werden, z. B. 1,2 bis 1,3. Für zu kleine Entfernungen wird die Zählrate groß, so dass sich die *Totzeit* des Zählrohres bereits störend bemerkbar macht; Messungen für $R \leq 10\,\mathrm{cm}$ oder Zählraten ≥ 250 Impulse pro Sekunde sind typischerweise nicht mehr sinnvoll.

Bestimmung des Nulleffektes

Zur Bestimmung des *Nulleffektes* wird die radioaktive Quelle möglichst weit vom Zählrohr weggeschoben, $R \geq 1\,\mathrm{m}$ und mit ihrer Bleimantelöffnung zur Wand gedreht. Vor die Quelle wird zusätzlich ein dicker Blei- oder Stahlblock gestellt, so dass der Weg für die γ-Strahlung zum Zählrohr weitgehend abgeschirmt ist. Um N_0 mit einiger Sicherheit bestimmen zu können, wird die Messung mehrfach wiederholt.

Durch Mittelung bestimme man zunächst N_0. Unter Berücksichtigung dieses Nulleffektes lautet das Abstandsgesetz

$$I \sim N_\mathrm{P} = N - N_0 = \frac{\text{const}}{R^2} \quad , \quad \text{also} \quad \lg N_\mathrm{P} = \text{const} - 2\lg R \quad .$$

Man errechne aus den Messwerten N_P und $\sqrt{N_\mathrm{P}} \approx \Delta N_\mathrm{P}$. Zur Nachprüfung des quadratischen Abstandsgesetzes werden die Werte von N_P und R in *doppelt-logarithmischem Maßstab* aufgetragen, Bild 47.11, und die Fehlerbalken eingezeichnet, die in einer solchen nichtlinearen Grafik sehr unterschiedliche Längen besitzen!

Um Theorie und Experiment zu vergleichen, zeichnet man im lg-lg-Diagramm eine Gerade mit dem Anstieg $n = -2$ durch die Messpunkte. Eine mögliche Abweichung bei kleinen Abständen soll diskutiert werden.

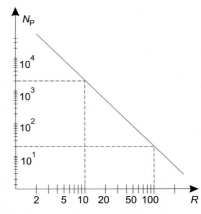
Bild 47.11. Die Funktion $N_P \sim 1/R^n$ in doppelt-logarithmischer Darstellung ergibt eine fallende Gerade, aus deren Steigung der Exponent n berechnet werden kann

47.3 Prüfung des Absorptionsgesetzes (1/3)

Das Absorptionsgesetz für γ-Strahlung soll überprüft werden. Umgang mit einfach-logarithmischen grafischen Darstellungen.

Radioaktives Präparat: γ-Strahler (z. B. $^{60}_{27}\mathrm{Co}$ mit $A \approx 10^6\,\mathrm{Bq}$) in Bleiabschirmung, Geiger-Müller-Zählrohr, elektronisches Zählgerät oder Stoppuhr, Absorberplatten aus unterschiedlichen Materialien (z. B. Al, Fe, Cu, Pb, Kunststoff).

Absorptionsgesetz

Zwischen Quelle und Zählrohr werden Absorberplatten eingesetzt, Bild 47.12, und die Impulszahl N als Funktion der Plattenzahl, d. h. der Gesamtdicke d mehrfach gemessen, z. B. je 10 Messungen. Die Dicke der Platten wird mit einer Schiebelehre bestimmt. Die durch den Nulleffekt bedingte Impulszahl N_0 muss auch hier wieder berücksichtigt werden.

Der Abstand a zwischen Quelle und Zählrohr wird möglichst klein gewählt, um bei kurzen Messzeiten hinreichend hohe Impulszahlen und damit eine ausreichende Genauigkeit zu bekommen. Die Zählzeit T wird so eingestellt, dass man ohne Absorber, also $d = 0$, etwa 800 bis 1000 Impulse misst. Die Absorberplatten werden möglichst dicht vor die Quelle gesetzt, um nicht zu viel von der im Absorber entstehenden Streustrahlung mitzumessen.

Bild 47.12. Schematischer Versuchsaufbau zum Absorptionsgesetz

Unter Berücksichtigung des Nulleffektes lautet das Absorptionsgesetz

$$N(d) = N - N_0 = N(0)\mathrm{e}^{-\mu d}$$

mit der Halbwertsdicke $\delta = \ln 2/\mu$. Dabei ist $N(0)$ der Wert von $N(d)$ bei $d = 0$. Durch Logarithmieren (dekadischer Logarithmus) der Zahlenwerte von N ergibt sich

$$\lg N(d) = \lg N(0) - \mu d \lg \mathrm{e} \quad .$$

Aus den Messergebnissen wird $N(d)$ und $\sqrt{N(d)} \approx \Delta N(d)$ ausgerechnet und ebenfalls in die Tabelle eingetragen. Zwecks grafischer Auswertung wird $N(d)$ als Funktion von d in halb-logarithmischer Darstellung aufgetragen und linear interpoliert, Bild 47.13. Zu jedem Messpunkt wird der Fehlerbalken $\Delta N(d) \approx \sqrt{N(d)}$ eingezeichnet (Achtung: logarithmische Skala!).

Die Halbwertsdicke δ lässt sich aus dem Diagramm direkt ablesen: Für $d = \delta$ ist $N(d) = N(0)/2$. Der Absorptionskoeffizient errechnet sich aus $\mu = \ln 2/\delta$.

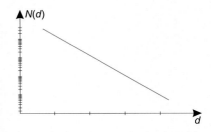
Bild 47.13. Die Exponentialfunktion $N(d) = N(0)\mathrm{e}^{-\mu d}$ in halb-logarithmischer Darstellung ergibt eine fallende Gerade

47.4 Absorptionskoeffizient und Wirkungsquerschnitt verschiedener Substanzen für γ-Strahlung (2/3)

Für verschiedene Materialien mit unterschiedlicher Dichte ρ sollen die Absorptionskoeffizienten μ für γ-Strahlung gemessen und die atomaren Wirkungsquerschnitte berechnet werden. Die Beziehung $\mu/\rho \approx$ const soll überprüft werden. Aus der Größe μ/ρ soll der Elektronenradius abgeschätzt werden.

Zählrohr-Messanordnung mit radioaktiver Quelle: γ-Strahler (z. B. $^{60}_{27}$Co mit $A \approx 10^6$ Bq) in Bleiabschirmung, Abschirm-Stahlblock, z. B. $10 \times 4 \times 8$ cm^3, Halter für Substanzproben, Absorberplatten aus unterschiedlichen Materialien (z. B. Al, Fe, Cu, Pb, Kunststoff).

Setzt man zwischen radioaktiver Quelle und Zählrohr verschiedene Materialien ein, so kann man aus der Schwächung der Strahlung bei bekannter Materialdicke d aus dem *Absorptionsgesetz* die *Absorptionskoeffizienten* bzw. Schwächungskoeffizienten μ bestimmen. Dazu werden die Impulszahlen N einmal ohne und einmal mit den ausgewählten Absorberkörpern zwischen Quelle und Zählrohr gemessen. Die Messung wird für verschiedene Probendicken d wiederholt.

Die statistischen Schwankungen bei Zählungen bedingen einen relativen Fehler. Um große Impulszahlen und damit eine angemessene Genauigkeit zu erreichen, wird eine relativ lange Messzeit (z. B. $T = 2$ min) und ein möglichst kleiner Abstand ($a \approx 20$ cm) zwischen Quelle und Zählrohr gewählt; jede Messung wird mindestens dreimal wiederholt. Der Nulleffekt ist wieder zu berücksichtigen.

Nach der Formel für den Absorptionskoeffizienten wird μ berechnet. Von den Mittelwerten der Messergebnisse $\overline{N}$ wird dabei die Nullrate abgezogen $N_\mathrm{P} = \overline{N} - N_0$. Es folgt durch Logarithmieren

$$\ln \frac{N_\mathrm{P}}{N_{\mathrm{P}_0}} = -\mu d \quad \text{oder} \quad \mu = \frac{1}{d} \ln \frac{N_{\mathrm{P}_0}}{N_\mathrm{P}} \quad .$$

Die gemessenen Werte für μ werden mit den in Tabelle 47.4 aufgeführten Literaturwerten verglichen. Dabei beachten, dass beim β-Zerfall von ^{60}Co zwei γ-Quanten entstehen. Deren mittlere Energie wird verwendet.

Bei der im Experiment verwendeten γ-Strahlung (Quantenenergie ≥ 1 MeV) ist das Verhältnis μ/ρ, also der *Massenabsorptionskoeffizient*, in erster Näherung konstant, d. h. unabhängig vom Material des Absorbers. Hierbei ist ρ die Dichte des Materials. Der *Wirkungsquerschnitt* σ eines einzelnen Atomes für die vorliegende γ-Strahlung lässt sich aus

$$\mu = n\sigma$$

berechnen, wenn außer μ auch die Zahl n der Atome pro Volumen für die untersuchte Substanz bekannt ist. Ist M die Molmasse und N_A die Zahl der Atome pro Mol, so gilt

$$n = \frac{N_\mathrm{A}\rho}{M}$$

mit der Avogadro-Konstante: $N_\mathrm{A} = 6{,}022 \cdot 10^{23}$ mol^{-1}.

Die Werte von ρ und M sind für verschiedene Materialien in Tabelle 47.4 angegeben, so dass sich

$$\mu/\rho \quad \text{und} \quad \sigma = \frac{\mu}{n} = \frac{\mu}{\rho}\frac{M}{N_\mathrm{A}}$$

für einige der untersuchten Proben ausrechnen lassen.

Für eines der untersuchten Metalle wird die Querschnittsfläche $Q_\mathrm{A} = n^{-2/3}$ eines Atoms berechnet und mit dem Wirkungsquerschnitt σ_A vergleichen. Wieviele Atome werden vom γ-Quant im Mittel durchquert?

Fehlerbetrachtung: Der Fehler von d kann vernachlässigt werden. Für den Fehler von μ ergibt sich dann

Tabelle 47.4. Dichte ρ, Molmasse M und Absorptionskoeffizient μ für eine γ-Energie von etwa 1,25 MeV für verschiedene Materialien

Material	Dichte ρ g/cm^3	M g	μ cm^{-1}
Pb	11,35	207,2	0,7
Messing	8,50	64,3	--
Fe	7,86	55,8	0,4
Al	2,80	27,0	0,15
Kunststoff	1,33	--	--
Holz	0,57	--	--
Strahlen-schutz-gläser	2,53	--	--
	3,60	--	--
	5,20	--	--

$$\frac{\Delta\mu}{\mu} = \frac{1}{\mu d}\left(\frac{\Delta N_{P_0}}{N_{P_0}} + \frac{\Delta N_P}{N_P}\right) = \frac{1}{\mu d}\left(\frac{1}{\sqrt{N_{P_0}}} + \frac{1}{\sqrt{N_P}}\right)$$

Der Fehler des Wirkungsquerschnitts σ ist

$$\frac{\Delta\sigma}{\sigma} = \frac{\Delta\mu}{\mu} \quad .$$

 Abschätzung der Größe des Elektrons

Bei den durchgeführten Versuchen beruht die Schwächung der γ- Strahlung beim Durchtritt durch Materie überwiegend auf der *Compton-Streuung*, also auf Stoßprozessen zwischen Lichtquanten und Elektronen. Man nehme in einem stark vereinfachten Modell das Elektron als kleine Kugel mit dem Radius r_E und das Photon als punktförmig an. Der Wirkungsquerschnitt pro Elektron ist dann $\sigma_E = \pi r_E^2$. Andererseits ist der aus dem Schwächungskoeffizienten μ experimentell ermittelte Wirkungsquerschnitt für ein einzelnes Absorberatom $\sigma = \mu M/\rho N_A$, wie bereits angegeben. Da jedes Absorberatom Z Hüllenelektronen besitzt, ist der Wirkungsquerschnitt für jedes einzelne Elektron $\sigma_E = \sigma/Z$.

Mit dieser Hypothese wird aus dem experimentell bestimmten Wert für σ der *Elektronenradius* r_E berechnet und mit dem Literaturwert von $2,8 \cdot 10^{-15}$ m verglichen.

47.5 Messung der Totzeit eines Zählrohres (2/3)

 Es soll die **Totzeit** t_{tot} bzw. das zeitliche *Auflösungsvermögen* der verwendeten Zählrohranordnung experimentell bestimmt werden.

Zählrohr-Messanordnung, 2 radioaktive Quellen: γ-Strahler (z. B. $_{27}^{60}$Co mit $A \approx 10^6$ Bq) in Bleiabschirmung.

Bestimmung von t_{tot} mit zwei γ-Quellen

Jeder Zählvorgang erfordert eine gewisse endliche Zeit t_{tot}. Trifft der nächste Impuls innerhalb der Zeit t_{tot} nach dem vorhergehenden Impuls ein, so wird er nicht mitgezählt. Die Zeit t_{tot} bezeichnet man als *Totzeit* und $1/t_{tot}$ als zeitliches *Auflösungsvermögen* der Zählanordnung. Bei einer statistischen Impulsfolge werden grundsätzlich zu wenige Impulse gezählt, da gelegentlich zwei oder mehr Impulse innerhalb der Zeit t_{tot} zufällig eintreffen werden. Der Fehler der Zählungen wird um so größer, je größer die mittlere Zählrate ist. Es sei n die wahre Zählrate in 1/s, n' die gemessene Zählrate in 1/s und t_{tot} die Totzeit in s, innerhalb der kein einfallender Impuls registriert wird. Die Zählanordnung ist also pro Sekunde n'-mal für die Zeitdauer t_{tot} für die Anzeige weiterer Impulse gesperrt. Innerhalb der Zeit t_{tot} treffen im Mittel nt_{tot} Impulse ein. Pro Sekunde werden daher $n'nt_{tot}$ Impulse nicht gezählt; man zählt also nur $n' = n - n'nt_{tot}$ Impulse/s. Daraus folgt durch Auflösen nach n

$$n = \frac{n'}{1 - n't_{tot}} \quad .$$

Aus Messungen mit zwei etwa gleich starken radioaktiven Quellen 1 und 2 kann man die Totzeit folgendermaßen ermitteln: Man stelle die Quelle 1 in einem festen Abstand a links von dem *Zählrohr* auf und messe die Zählrate n_1'. Dann entferne man die Quelle 1, stelle die Quelle 2 im gleichen Abstand a rechts vom *Zählrohr* auf und messe die Zählrate n_2'. Schließlich messe man die Zählrate n_{1+2}' mit den beiden Quellen 1 und 2, jeweils im Abstand a. Die wahren Zählraten müssten sich dabei eigentlich addieren: $n_1 + n_2 = n_{1+2}$. Für die gemessenen Zählraten wird dagegen $n_1' + n_2' > n_{1+2}'$ sein. Aus obiger Gleichung für n und $n_1 + n_2 = n_{1+2}$ folgt

$$\frac{n_1'}{1 - n_1't_{tot}} + \frac{n_2'}{1 - n_2't_{tot}} = \frac{n_{1+2}'}{1 - n_{1+2}'t_{tot}} \quad .$$

Solange die Totzeit klein gegen die mittlere Impulszeit $1/n$ ist, d. h. wenn $nt_{tot} \ll 1$ ist, gilt näherungsweise

$$n'_1(1 + n'_1 t_{tot}) + n'_2(1 + n'_2 t_{tot}) \approx n'_{1+2}\left(1 + n'_{1+2} t_{tot}\right) \quad .$$

Daraus folgt für die Totzeit

$$t_{tot} \approx \frac{n'_1 + n'_2 - n'_{1+2}}{{n'_{1+2}}^2 - {n'_1}^2 - {n'_2}^2} \quad .$$

Es werden die Impulse N_1, N_2 und N_{1+2} über eine längere Zeit T (z. B. 60 s) gezählt, wenn die Quellen 1 bzw. 2 im Abstand R aufgestellt sind und die entsprechenden Raten $n' = N/T$ berechnet. Es empfiehlt sich, jede Messung 3- bis 4-mal zu wiederholen. Der Wert von t_{tot} wird aus diesen Mittelwerten berechnet.

Um die Gültigkeit der Näherungsformel für t_{tot} und damit die der Ableitung zugrunde liegenden Annahmen nachzuprüfen, wird der Versuch für verschiedene Zählraten, d. h. für verschiedene Abstände R wiederholt, z. B. für $R = 6$, 8, 10 und 12 cm.

Wie gut stimmen die t_{tot}-Werte überein?

Bei Beurteilung der Ergebnisse muss man allerdings die statistischen Fehler der Zählungen berücksichtigen: Nimmt man vereinfachend an, dass die Quellen genau gleich stark sind und setzt abkürzend $n'_1 = n'_2 = n$ und $n'_{1+2} = \tilde{n}$, dann gilt

$$t_{tot} = (2n - \tilde{n})/(\tilde{n}^2 - 2n^2) \quad .$$

Der Fehler der Zählrate Δn ergibt sich aus dem statistischen Fehler $\Delta N = \sqrt{N}$ der in der Zeit T gemessenen Anzahl N von Impulsen $n = N/T$; $\Delta n = \Delta N/T$. (Die Zeitmessung wird als fehlerfrei angenommen.)

Wird N mehrfach gemessen, z. B. z-mal, dann ist der Fehler des Mittelwertes bekanntlich um den Faktor $1/\sqrt{z}$ kleiner:

$$\Delta n = \sqrt{N}/(T\sqrt{z}) \quad .$$

Die Zählrate $\tilde{n}$ ist nun etwa doppelt so groß wie n, und daher ist der Fehler etwa $\Delta \tilde{n} = \sqrt{2}\Delta n$. Der Fehler von t_{tot} ergibt sich zu

$$\Delta t_{tot} = \left|\frac{\partial t_{tot}}{\partial n}\right| \Delta n + \left|\frac{\partial t_{tot}}{\partial \tilde{n}}\right| \Delta \tilde{n} \quad .$$

Nach Ausführung der partiellen Ableitungen folgt:

$$\Delta t_{tot} = \frac{1}{n^2}\Delta n + \frac{1}{2n^2}\Delta \tilde{n} = \frac{\Delta n}{n^2}\left(1 + \frac{\sqrt{2}}{2}\right) = \frac{1{,}7\Delta n}{n^2} \quad .$$

47.6 Untersuchung von Zählstatistiken (2/3)

Bei niedrigen Zählraten sollen über kurze Zählzeiten T die Impulszahlen N wiederholt bestimmt werden, um die Häufigkeit der Impulszahlen mit der Poisson- und der Gauß-Verteilung vergleichen zu können.

Zählrohr-Messanordnung, radioaktive Quelle, Substanzproben, Abschirmstahlblock, elektronischer Zeitschalter oder Stoppuhr.

Poisson- und Gauß-Verteilungen

Bei Zählungen diskreter Ereignisse, die statistischen Schwankungen unterliegen, gilt genau genommen nicht die **Gauß-Verteilung**, die wir normalerweise unseren Fehlerbetrachtungen zugrunde legen. Unter gewissen Voraussetzungen werden Zählstatistiken vielmehr durch die **Poisson-Verteilung** beschrieben.

Angenommen, man hätte eine sehr große Anzahl m von wiederholten Zählungen, z. B. von radioaktiven Zerfallsprozessen, unter gleichen Bedingungen ausgeführt. Bei sehr kleinen Zählraten tritt dabei öfter der Fall ein, dass $N = 0$ Impulse innerhalb der Zählzeit T beobachtet werden. Alle Messergebnisse N_i ($i = 1, 2, \ldots, m$) kann man nun in Klassen einteilen, wobei m_0-mal der Wert $N = 0$, m_1-mal der Wert $N = 1$ usw., also m_j-mal der Wert $N = j$ auftritt. Die Häufigkeit h_j, mit der gerade $N = j$ Impulse gezählt werden, ist dann definiert durch

$$h_j = m_j/m \quad .$$

Der Mittelwert $\overline{N}$ aller Messergebnisse ist

$$\overline{N} = \frac{1}{m} \sum_{i=1}^{m} N_i \quad \text{oder} \quad \overline{N} = \sum_{j=0}^{k} h_j j \quad .$$

Hierbei ist über alle Klassen $j = 0$ bis $k = N_{\mathrm{max}}$ zu summieren, wobei N_{max} die größte Impulszahl ist, die bei der Messung beobachtet wurde.

Die statistische Theorie der Zählprozesse liefert die folgende Formel für die Häufigkeitsverteilung der einzelnen Impulszahlen $N = j$

Poisson-Verteilung $\qquad h_j = \dfrac{\overline{N}^j}{j!} \mathrm{e}^{-\overline{N}} \qquad (j = 0, 1, 2, \ldots) \quad .$

Bild 47.14. Poisson-Verteilung

Eine Verteilung für $\overline{N} = 2$ zeigt Bild 47.14. Die Funktion ist nur für ganzzahlige Werte $j \geq 0$ definiert, da negative Impulszahlen physikalisch sinnlos sind. Die Verteilung ist daher asymmetrisch.

Bei der Ableitung der Poisson-Verteilung wird vorausgesetzt, dass während der Messzeit T nur ein sehr kleiner Bruchteil der Atome zerfällt und dass der Zerfall der Atome unabhängig voneinander und unabhängig von ihrer Vorgeschichte stattfindet.

Ist die mittlere Zählrate $\overline{N} \gg 1$, dann kann die Poisson-Verteilung durch die

Gauß-Verteilung $\qquad h_j \approx \dfrac{1}{\sqrt{2\pi}\sqrt{\overline{N}}} \mathrm{e}^{-(j - \overline{N})^2/(2\overline{N})}$

angenähert werden. Der Mittelwert ist auch hier $\overline{N}$ und die Standardabweichung $\Delta N = \sqrt{\overline{N}}$.

Die Unterschiede zwischen Poisson- und Gauß-Verteilung werden sich experimentell nur für kleine Zählraten nachweisen lassen, für die die Impulszahl $N = 0$ des Öfteren auftritt. Das ist der Fall, wenn Zählzeit T und Impulsrate so klein sind, dass die mittlere Impulszahl etwa $\overline{N} < 2$ ist.

Man wähle eine Zählrohrspannung U_0 im Plateaubereich und stelle die radioaktive Quelle möglichst weit entfernt vom Zählrohr auf, z.B. $a \approx 1\,\mathrm{m}$, drehe die Öffnung des Abschirmmantels zur Wand und setze den Stahlblock zwecks zusätzlicher Abschirmung zwischen Quelle und Zählrohr. Man erhält dann eine Zählrate von etwa 2 Impulsen/s. Nun wähle man eine Zählzeit von z.B. $T = 1\,\mathrm{s}$ und wiederhole die Messungen mindestens 100-mal, wobei N_i-Werte zu notieren sind.

Die Messung soll z.B. für $T = 0{,}5\,\mathrm{s}$ oder $T = 3\,\mathrm{s}$ wiederholt werden. Um den Übergang zur Gauß-Verteilung zu beobachten, kann man die Zählrate erhöhen, indem man den Abschirm-Stahlblock entfernt und die Messungen z.B. mit $T = 1\,\mathrm{s}$ ebenfalls wiederholt.

Die $m \geq 100$ Messwerte werden in die Klassen $N = j = 0, 1, 2, \ldots$ eingeteilt, die Besetzungszahlen m_j ausgezählt und die Häufigkeiten $h_j = m_j/n$ als Funktion von j ausgerechnet und aufgezeichnet. Nach $\overline{N} = \sum_{j=0}^{k} h_j j$ berechne man den Mittelwert $\overline{N}$. Nach der Formel der Poisson-Verteilung werden diejenigen Werte h_j ausgerechnet, die für $j = 0, 1, 2, \ldots$ zu erwarten wären und in ein Diagramm eingezeichnet. Zum Vergleich sollen die Werte h_j für $j = 0, 1, 2, \ldots$ berechnet werden, die zu erwarten wären, wenn die Gauß-Verteilung für die Zählstatistik gelten würde.

48. γ-Spektroskopie

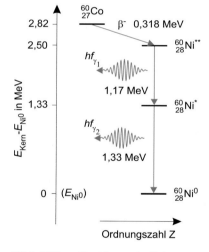

Bild 48.1. γ-Strahlung als Folge von Übergängen zwischen Kernzuständen beim Zerfall von $^{60}_{27}$Co zu $^{60}_{28}$Ni

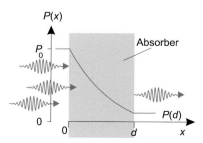

Bild 48.2. Zum Schwächungsgesetz für γ-Strahlung

🏁 Vertiefung der Kenntnisse über γ-Strahlung sowie Verständnis für die Prozesse, die bei ihrer Absorption bzw. Streuung in Materie auftreten. Kennenlernen eines kernspektroskopischen Messverfahrens unter Nutzung von elektronischer Datenverarbeitung.

📖 *Standardlehrbücher* (Stichworte: Radioaktiver Zerfall, γ-Strahlung, Szintillationszähler, Compton-Effekt),
Themenkreis 47: Radioaktive Strahlung,
Bethge: Kernphysik,
Strahlenschutzverordnung.

📖 γ-Strahlung

Als *γ-Strahlung* bezeichnet man die kurzwellige *elektromagnetische Strahlung*, die aus dem Atomkern kommt. Für Atomkerne gibt es - ähnlich wie für die Elektronenhülle eines Atoms - verschiedene *erlaubte Energiezustände*: einen stabilen Grundzustand und eine diskrete Folge von kurzlebigen Anregungsniveaus. Man nennt die Kerne in den verschiedenen Zuständen **isomer**: Sie unterscheiden sich in der Anordnung der Nukleonen, nicht jedoch in Ordnungs- und Massenzahl. Beim Übergang von einem angeregten in den Grundzustand, der - je nach Kernart - in einem einzigen Elementarakt oder auch in einer Folge von Teilübergängen erfolgen kann, wird die freiwerdende Energie ΔE in Form von γ-Strahlung mit der Quantenenergie $\Delta E = h f_\gamma$ bzw. $\sum_i h f_{\gamma_i}$ emittiert, Bild 48.1. Das entstehende *γ-Linienspektrum* ist für die emittierende Kernsorte, d. h. das **Radionuklid** charakteristisch. Aus der Analyse von γ-Spektren lassen sich daher die am Zerfall beteiligten Nuklide identifizieren. Die in der Natur auftretenden Quantenenergien liegen dabei zwischen mehreren keV und einigen MeV.

Angeregte Atomkerne entstehen im Verlauf von natürlichen oder auch künstlich erzeugten *Kernumwandlungen*, d. h. in der Regel zusammen mit α- oder β-Strahlung. Die γ-Strahlung lässt sich messtechnisch von diesen Strahlarten durch ihre Nichtablenkbarkeit in elektrischen und magnetischen Feldern sowie durch die erheblich größere Durchdringungsfähigkeit bei gleicher Energie unterscheiden. Ursache hierfür ist die unterschiedliche Art der Energieabgabe an die durchstrahlte Materie. Geladene Teilchen wie α- und β-Strahlung ionisieren auf ihrer ganzen Bahn und geben so nach und nach ihre gesamte kinetische Energie ab, bis sie am Ende der Bahnen steckenbleiben (*Reichweite*). Bei elektromagnetischer Strahlung dagegen gibt es nur eine (energieabhängige) Wahrscheinlichkeit für die Abgabe von Energie an die durchstrahlte Materie. Es gilt das nach Lambert benannte

> **Schwächungsgesetz** $\qquad P(d) = P_0 e^{-\mu d}$,

wobei P die Strahlungleistung, d die durchstrahlte Materiedicke und μ der *Schwächungskoeffizient* sind, Bild 48.2. Da μ von der Quantenenergie $h f$ abhängt, gilt das Gesetz in dieser Form stets nur für monochromatische Strahlung ($\Delta f / f \ll 1$). Die Elementarprozesse, die zu diesem makroskopischen Gesetz führen, werden im folgenden genauer beschrieben.

Wechselwirkung von γ-Strahlung mit Materie

Beim Durchgang von γ-Strahlung durch Materie sind im Wesentlichen drei Prozesse möglich, die zu Umwandlung oder Energieverlust der γ-Quanten führen:

- (Innerer) Fotoeffekt
- Compton-Streuung
- Paarbildung.

Der **Schwächungskoeffizient** μ setzt sich daher aus drei Anteilen zusammen:

$$\mu = \mu_{\text{Foto}} + \mu_{\text{Compton}} + \mu_{\text{Paar}} \; .$$

Je nach Energie der Strahlung sind die Wahrscheinlichkeiten für die einzelnen Wechselwirkungsprozesse verschieden. Bild 48.3 zeigt die Abhängigkeit des Schwächungskoeffizienten von der Energie hf_γ für Natriumjodid als Absorber.

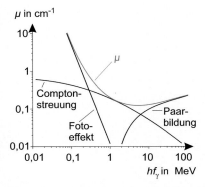

Bild 48.3. Abhängigkeit des Schwächungskoeffizienten von der Photonenenergie für NaJ (Kurven geglättet)

Fotoeffekt

Die üblichen γ-Quantenenergien reichen praktisch immer aus, um ein Atom zu ionisieren. Dabei wird das γ-Quant in einem einzigen Elementarakt absorbiert, und die Strahlungsenergie geht in Ionisierungsenergie des Atoms sowie kinetische Energie des herausgelösten Elektrons über, wie in Bild 48.4 schematisch dargestellt. Das angeregte Atom relaxiert dann entweder mittels Emission elektromagnetischer Strahlung (z. B. *Röntgenstrahlung*) oder auch strahlungslos (**Auger-Prozess**). Die Wahrscheinlichkeit für den Fotoeffekt wird durch den *Absorptionskoeffizienten* μ_{Foto} gekennzeichnet, der mit steigender γ-Energie stark abnimmt, wie Bild 48.3 zeigt.

Das entstandene *Fotoelektron* (entsprechendes gilt auch für die unter Umständen auftretenden *Auger-Elektronen*) gibt seine kinetische Energie in einer dichten Folge von Ionisierungsprozessen ab und hinterlässt so eine ionisierte Bahn im Absorber. Ist dieser Absorber ein Halbleiter oder Isolator, entspricht diese Ionisierung einer Erzeugung von Paaren von Elektronen im Leitungs- und Löchern im Valenzband. Dabei ist die Zahl z_0 solcher Elektron-Loch-Paare proportional zur Energie hf_γ des primären γ-Quants. Wenn es also gelingt, eine zu z_0 proportionale Größe zu messen, kann daraus auf die Energie des primären γ-Quants geschlossen werden. Nach einiger Zeit werden Elektronen und Löcher im übrigen wieder miteinander rekombinieren.

Bild 48.4. Zum Fotoeffekt bei Absorption von γ-Strahlung, schematisch

Compton-Streuung

Durch den Fotoeffekt nimmt beim Durchgang von γ-Strahlung durch Materie die Zahl der Photonen ab, die Energie der nicht absorbierten Quanten ändert sich jedoch nicht. Im Wellenbild: Die Amplitude der elektromagnetischen Welle nimmt ab, die Wellenlänge bleibt jedoch gleich.

Im Jahre 1922 beobachtete A. H. Compton bei der Streuung von γ-Strahlung in Materie jedoch auch eine vom Streuwinkel abhängige Wellenlängen*zunahme*: (**Compton-Effekt**). Diese Erscheinung kann im Rahmen einer klassischen Wellentheorie der γ-Strahlung nicht erklärt werden. Im Teilchenbild dagegen wird der Streuvorgang als *elastischer Stoß* eines γ-Quants mit einem freien bzw. nur locker gebundenen Elektron betrachtet, Bild 48.5. Das Photon gibt – anders als beim Fotoeffekt – nur einen Teil seiner Energie an das Elektron ab, das mit dieser Energie als kinetischer Energie fortfliegt. Zugleich entsteht ein neues, energieärmeres Photon (im Wellenbild: ein Wellenzug mit größerer Wellenlänge), das sich entsprechend den Stoßgesetzen der Mechanik unter einem Winkel ϑ gegen die ursprüngliche Flugrichtung fortbewegt, Bild 48.5. Die Wellenlängenänderung wächst mit dem Streuwinkel ϑ und ist maximal bei *Rückwärtsstreuung* $\vartheta = \pi$.

Im folgenden soll nun der Zusammenhang zwischen Streuwinkel ϑ und zugehöriger Wellenlängenänderung quantitativ berechnet werden. In Analogie zur Mechanik wird dieser Stoß durch *Energie- und Impulsatz* beschrieben, wobei das Elektron als ruhend vor dem Stoß betrachtet und der Photonenimpuls $p = h/\lambda = hk/2\pi = \hbar k$

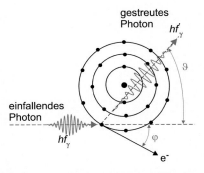

Bild 48.5. Schematische Darstellung des Compton-Effektes

gesetzt wird ($k = 2\pi/\lambda$: Betrag des Wellenvektors, $\hbar = h/2\pi$). Zu beachten ist ferner, dass die nach dem Stoß auftretende Elektronengeschwindigkeit häufig relativistisch ist, so dass die kinetische Energie nicht mehr durch $\frac{1}{2}mv^2$, sondern durch $(mc^2 - m_0c^2)$ gegeben ist, hierbei ist $m_0c^2 = 511\,\text{keV}$ die Ruheenergie des Elektrons. Die beiden Erhaltungssätze für den „Stoß" / lauten dann:

Energiesatz: $\qquad hf = hf' + mc^2 - m_0c^2 \qquad$,

Impulssatz: $\qquad \hbar\boldsymbol{k} = \hbar\boldsymbol{k}' + m\boldsymbol{v} \qquad$.

Mit $\Delta f = f - f'$ und $m = m_0/\sqrt{1 - v^2/c^2}$ folgt aus dem *Energiesatz*:

$$h\Delta f + m_0c^2 = m_0c^2 \frac{c}{\sqrt{c^2 - v^2}} \qquad.$$

Quadrieren dieser Gleichung ergibt:

$$h^2(\Delta f)^2 + 2h\Delta f m_0 c^2 = m_0^2 c^4 v^2/(c^2 - v^2) \qquad.$$

Der *Impulssatz* in Komponentendarstellung führt zu:

$$hf - hf'\cos\vartheta = mvc\cos\varphi \quad \text{sowie}$$

$$hf'\sin\vartheta = mvc\sin\varphi \qquad.$$

Dies ergibt durch Quadrieren wegen $(\sin^2 + \cos^2) = 1$:

$$h^2(f^2 - 2ff'\cos\vartheta + f'^2) = (mvc)^2 \qquad.$$

Dieser Ausdruck lässt sich mit $f' = f - \Delta f$ umschreiben zu:

$$h^2((\Delta f)^2 + 2f(f - \Delta f)(1 - \cos\vartheta)) = m_0^2 c^4 v^2/(c^2 - v^2) \qquad.$$

Gleichsetzen der Ergebnisse aus Energie- und Impulssatz liefert:

$$2m_0c^2 h\Delta f = h^2 2f(f - \Delta f)(1 - \cos\vartheta) \qquad.$$

Für die Wellenlängendifferenz zwischen primärer und gestreuter Strahlung gilt

$$\lambda' - \lambda = \Delta\lambda = \frac{c}{f - \Delta f} - \frac{c}{f} = \frac{c\Delta f}{(f - \Delta f)f} \qquad,$$

woraus folgt:

$$\Delta\lambda = \lambda_c(1 - \cos\vartheta) = 2\lambda_c \sin^2\frac{\vartheta}{2} \qquad.$$

Hierin ist $\lambda_c = h/m_0c = 2{,}4\,\text{pm}$ die **Compton-Wellenlänge** des Elektrons. Bei einer γ-Strahlung mit dieser Wellenlänge besitzt ein γ-Quant gerade die Ruheenergie m_0c^2 eines Elektrons:

$$hf_c = \frac{hc}{\lambda_c} = m_0c^2 = 511\,\text{keV} \qquad.$$

Die Zunahme $\Delta\lambda$ der Wellenlänge bzw. die Abnahme der Quantenenergie der (Compton-)gestreuten γ-Strahlung mit wachsendem Streuwinkel ϑ hängt nur von diesem Winkel und nicht von der Wellenlänge der einfallenden Strahlung ab, Bild 48.6. Die größte Änderung tritt im übrigen bei Rückstreuung auf ($\vartheta = \pi$, im Teilchenbild: zentraler Stoß) und beträgt:

$$\Delta\lambda_{\max} = 2\lambda_c = 2\frac{h}{m_0c} = 4{,}8\,\text{pm} \qquad.$$

Für die Energie der (Compton-)gestreuten γ-Strahlung findet man die Beziehung

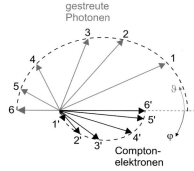

Bild 48.6. Energieverteilung gestreuter Photonen bzw. zugehöriger Compton-Elektronen in Abhängigkeit vom Streuwinkel. Die Pfeillängen entsprechen den Energien der Stoßpartner

$$hf_c = hf \frac{1}{1 + \frac{hf}{m_0 c^2} \cdot 2 \sin^2 \frac{\vartheta}{2}} \quad .$$

Die Energieabnahme $h\Delta f$ der γ- Quanten findet sich als kinetische Energie der Elektronen nach dem Stoß wieder, siehe auch Bild 48.6:

$$h\Delta f = E_{\text{kin}} = hf \left(1 - \frac{1}{1 + \frac{hf}{m_0 c^2} \cdot 2 \sin^2 \frac{\vartheta}{2}} \right) \quad .$$

Der Maximalwert der kinetischen Energie wird als

Compton-Kante $\quad E_{\text{max}} = hf \left[1 - \frac{1}{1 + 2 \frac{hf}{m_0 c^2}} \right] \quad .$

bezeichnet, Bild 48.7. E_{max} liegt also stets um den Bruchteil $1/(1 + 2hf/m_0 c^2)$ unterhalb der Energie hf des auslösenden γ-Quants. Der Primärstrahlungspeak im Spektrum entsteht durch einen Fotoeffekt der primären γ-Quanten.

Häufig beobachtet man im gemessenen γ-Spektrum im Bereich des Compton-Kontinuums einen unscharfen Peak, den sogenannten **Rückstreupeak**. Das radioaktive Präparat strahlt ja auch in die dem Detektor abgewandte Richtung, wo in der Präparate-Halterung u.a. Compton-Streuung auftritt. Die dort in Rückwärtsrichtung gestreute γ-Strahlung kann wie die Primärstrahlung den Detektor erreichen und einen entsprechend energieärmeren Impuls auslösen.

Bild 48.7. Energiespektrum der bei der γ-Spektroskopie nachgewiesenen Elektronen, schematisch, mit Kennzeichnung der Energie der Primärstrahlung $E_\gamma = hf_\gamma$ (Fotoelektronen), der Comptonkante E_{max} und des Rückstreupeaks

Paarbildung

Schließlich findet man noch eine dritte Art der Wechselwirkung zwischen γ-Strahlung und Materie: die **Paarbildung**. Hierbei wird ein γ-Quant „materialisiert", und es entsteht ein Elektron-Positron-Paar, Bild 48.8. Für die Energiebilanz dieses Vorgangs gilt nach der **Masse-Energie-Äquivalenzbeziehung** $E = mc^2$:

$$hf_\gamma = 2m_0 c^2 + E_{\text{kin}} \quad ,$$

worin E_{kin} die kinetische Gesamtenergie von Elektron und Positron darstellt. Wegen der Energieerhaltung ist der Paarbildungsvorgang erst für γ-Quantenenergien möglich, die größer sind als die doppelte Ruheenergie des Elektrons, d.h. für $hf \geq 1{,}022\,\text{MeV}$. Wegen der Gültigkeit auch des Impulssatzes kann eine solche Umwandlung nicht im Vakuum stattfinden; denn ist z.B. $hf = 2m_0 c^2$, so entsteht ein praktisch ruhendes Elektron-Positron-Paar, das heißt: Sein Impuls ist gleich Null. Das ursprüngliche γ-Quant besaß aber einen Impuls hf/c. Folglich muss aus Erhaltungsgründen ein weiteres Teilchen beteiligt sein, welches den Impuls aufnimmt, z.B. ein Elektron oder ein Atomkern. Die Paarbildungswahrscheinlichkeit μ_{paar} nimmt mit steigender Energie zu, ist aber erst oberhalb von ca. 10 MeV der dominierende Prozess, Bild 48.3, und spielt daher bei unseren Praktikumsversuchen keine Rolle.

Der inverse Prozess, die *Paarvernichtung*, findet statt, sobald ein Positron bei geringer Geschwindigkeit mit einem Elektron zusammentrifft. Dabei entstehen zwei γ-Quanten mit je 511 keV, die entgegengesetzte „Flugrichtungen" / haben, so dass ihr Gesamtimpuls Null ist:

$$e^- + e^+ \longrightarrow 2\gamma \quad .$$

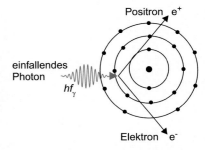

Bild 48.8. Schematische Darstellung der Paarbildung

📖 Detektion von γ-Strahlung

Bei der Detektion von γ-Strahlung wird wie auch beim Nachweis von α- und β-Strahlung deren Ionisierungsvermögen ausgenutzt. Da die γ-Ionisierungswahrscheinlichkeit im Vergleich zu den geladenen Teilchenstrahlen sehr gering ist, bevorzugt man möglichst Geräte mit großer Dichte des Absorbermaterials: Halbleiterdetektor (statt Ionisationskammer), Blasenkammer (statt Nebelkammer), Fotoplatten (Höhenstrahlung) und Szintillationszähler. In diesem Experiment soll ein **Szintillationszähler** benutzt werden. Er erlaubt neben der reinen Detektion der γ-Strahlung auch eine Energiebestimmung und eignet sich daher zur Aufnahme von γ-Spektren.

Szintillationszähler

Bild 48.9. Szintillationszähler, schematisch, bestehend aus Szintillator, Sekundärelektronenvervielfacher (SEV) und elektronischem Verstärker

Dieses Nachweisgerät besteht prinzipiell aus dem Szintillator, einem Fotomultiplier (auch: Sekundärelektronenvervielfacher: SEV) und einem Verstärker, Bild 48.9.

Viele Zähler enthalten als **Szintillator** einen Natriumjodid-Einkristall (NaJ), der mit Thallium (Tl) dotiert ist. Die zeitliche Auflösung eines solchen Zählers liegt im Bereich von 10^{-7} s. Bei Verwendung von gelösten organischen Substanzen als Szintillatoren sind noch kürzere Zeiten erreichbar (bei p-Terphenyl z. B. 10^{-10} s). Szintillationszähler sind damit wesentlich schneller als gasgefüllte Zählrohre, deren *Totzeiten* zwischen 10^{-4} s und 10^{-6} s betragen, und auch deutlich empfindlicher. Die Energieauflösung von NaJ:Tl-Szintillationszählern ist jedoch gering, sie liegt z. B. für die γ-Strahlung von $^{137}_{55}$Cs ($E = 662$ keV) bei $\Delta E \approx 50$ keV. Diese Auflösung wird von Halbleiterdetektoren um 1 bis 2 Zehnerpotenzen übertroffen.

Der eigentliche Szintillationsprozess findet in dem Szintillatorkristall statt. Wenn ein eindringendes γ-Quant einen **Fotoeffekt** auslöst, gibt das dabei entstehende Fotoelektron seine kinetische Energie durch eine Kaskade von Ionisierungen an den Kristall ab. In dem Isolatorkristall NaJ entstehen dabei Elektronen und Löcher im Leitungs- bzw. Valenzband, deren Zahl z_0 proportional zur Energie hf_γ des auslösenden γ-Quants ist. Die meisten Elektron-Loch-Paare rekombinieren danach strahlungslos und geben die dabei freiwerdende Energie in Form von Wärme an den Kristall ab (im klassischen Kontinuumsbild: Anregung von *Gitterschwingungen*; im Teilchenbild: Erzeugung von *Phononen*). Ein Bruchteil x der so erzeugten Ladungsträgerpaare wird jedoch über die in einer Konzentration von etwa 1% zusätzlich eingebauten Tl-Störstellen rekombinieren. Diese Rekombination erfolgt unter Emission von sichtbarer Strahlung, Bild 48.9. So entsteht aus dem primären γ-Quant eine Zahl $z_1 = xz_0$ von „sichtbaren Photonen" /, die der Primärenergie hf_γ proportional ist: $z_1 \sim hf_\gamma$.

Neben dem Fotoeffekt treten im Szintillatorkristall jedoch auch immer **Compton-Streuprozesse** auf, bei denen das primäre γ-Quant nur einen Teil seiner Energie hf_γ an das Compton-Elektron abgibt. Dieses verursacht entsprechend auch nur eine geringere Zahl von „sichtbaren Photonen": $z_1' \sim (hf_\gamma - hf_\gamma')$. Das gestreute Compton-Photon mit $hf' < hf$ verlässt den Kristall in der Regel ohne weitere Wechselwirkung (sog. Einfachstreuung), die Wahrscheinlichkeit für eine Mehrfachstreuung ist bei den verwendeten relativ kleinen Szintillatorkristallen gering.

Sekundärelektronenvervielfachung

Bild 48.10. Fotomultiplier, schematisch

Das im Szintillator erzeugte sichtbare Licht ist im allgemeinen von so geringer Intensität, dass es sich nicht zur direkten Analyse eignet. Aus diesem Grunde werden in der Szintillationsspektroskopie **Fotomultiplier** eingesetzt. Diese bestehen aus einer Fotokathode, den Dynoden und der Anode, Bild 48.10. Alle Bauteile sind in einer evakuierten Röhre untergebracht.

Der Szintillationszähler ist so gebaut, dass ein möglichst großer Anteil y des Szintillationslichtes aus dem Szintillator auf die *Fotokathode* fällt. Die zugehörige Photonenzahl beträgt dann: $z_2 = yz_1$. An der Fotokathode findet ein äußerer fotoelektrischer Effekt statt, d. h. ein Photon, das – aus dem Szintillator kommend – von hinten auf die sehr dünne Fotokathode fällt, löst ein Elektron aus ihr heraus. Ein solches austretendes Elektron wird infolge der angelegten Spannung auf die erste

Dynode hin beschleunigt und setzt dort **Sekundärelektronen** frei. Diese Elektronen werden nun ihrerseits auf die nächste Dynode hin beschleunigt, um dann dort ebenfalls Sekundärelektronen herauszuschlagen. Auf diese Weise wächst die Elektronenzahl bis zum Erreichen der Anode lawinenartig an, wobei die Gesamtverstärkung G von dem *Sekundäremissionsfaktor* δ der Dynoden und deren Anzahl n abhängt:

$$G = \delta^n \quad .$$

Für einen typischen Wert $\delta = 5$ ergibt sich somit bei 10 Dynoden eine Verstärkung von $5^{10} \approx 10^7$. δ hängt jedoch sehr stark von der Spannung zwischen den einzelnen Dynoden ab. Günstige Werte für diese Spannungen liegen zwischen 50 und 100 V. Über die Anode schließlich, die aus einem Material mit geringem Sekundäremissionsvermögen besteht, fließt die in den Dynoden erzeugte Ladung ab. Den Stromimpuls am Ausgang misst man als Spannungsimpuls U_A an einem Messwiderstand. U_A ist proportional zur Zahl der aus der Fotokathode ausgelösten Fotoelektronen und damit proportional zur Zahl der im Szintillatorkristall erzeugten „sichtbaren Photonen" l. So ist die Größe des Ausgangssignals schließlich proportional zur Energie des auslösenden γ-Quants:

$$U_A \sim h f_\gamma \quad .$$

Impulshöhenanalyse

Die zeitaufgelöste Messung des Ausgangssignals eines Fotomultipliers ist in Bild 48.11 oben schematisch dargestellt. Man erkennt deutlich, dass während dieser Messzeit einige Spannungswerte häufiger auftreten als andere. Zur quantitativen Beurteilung wird die Impulshöhenachse in gleich große Intervalle ΔU eingeteilt. Da die Spannungen mit den γ-Quantenenergien korrelieren, ist die Breite dieser Intervalle maßgeblich für die Energieauflösung. Der untere Teil der Grafik enhält nun ein Histogramm der Ereignisse der Messung. Jedem Spannungsintervall im oberen Bildteil wird hier ein Spannungskanal mit der Kanalnummer k zugeordnet. Die Ordinate zählt die Häufigkeit $N(k)$ des Auftretens von Spannungspulsen in dem jeweiligen Intervall. Ein großer Ordinatenwert in diesem Impulshöhen- bzw. Energiespektrum bedeutet, dass die zu der Kanalnummer gehörige Elektronenenergie im Szintillatorkristall häufig auftrat.

Bei der **Einkanalanalyse** wird ein konstantes Spannungsfenster ΔU so über den gesamten Messbereich geschoben, dass jeweils für eine definierte Messzeit die Zahl derjenigen Pulse gezählt wird, deren Spannungen in dem Intervall zwischen U und $(U + \Delta U)$ liegen. In der folgenden Messzeit werden dann die Pulse aus dem Intervall $(U + \Delta U)$ bis $(U + 2\Delta U)$ gezählt usw., bis der gesamte Messbereich in Schritten von ΔU abgedeckt worden ist. Benutzt man einen Digitalrechner, werden die Spannungsimpulshöhen dabei auf elektronischem Wege der als Kanalnummer k bezeichneten Zahl zugeordnet. Zentrales Element ist dabei ein **Analog-Digital-Wandler** (A/D-Wandler), der die jeweilige Spannung in eine Zahl umwandelt.

Bei der **Vielkanalanalyse** werden während der Messzeit die unterschiedlichen Pulshöhen gleichzeitig registriert und den verschiedenen Kanälene zugeordnet (Parallel-Verarbeitung). Im Vergleich zur Einkanalanalyse fällt bei der Vielkanalanalyse bei gleicher Gesamtmesszeit die Zählzeit pro Kanal deutlich länger aus: Für jeden Kanal steht die Gesamtmesszeit zur Verfügung, was sich positiv auf die Zählstatistik auswirkt.

Ein auf diese Weise gewonnenes Spektrum ist eine Menge von Zahlenpaaren $(k, N(k))$, wobei k die spannungs- und damit energieproportionale Kanalnummer repräsentiert. Bild 48.12 zeigt ein Messbeispiel.

Bild 48.11. Messungen zur Impulshöhenanalyse. Beispielhaft sind dabei die zu einem willkürlich ausgewählten Kanal, hier $k = 14$, gehörigen Spannungsimpulse rot markiert

Bild 48.12. Beispiel für ein γ-Spektrum, aufgenommen mit einem Vielkanalanalysator. Zur Erläuterung des Spektrums siehe Bild 48.7

48.1 Spektren von γ-Quellen (1/2)

 Aufnahme und Auswertung von γ-Spektren mit Diskussion der unterschiedlichen Wechselwirkungen von γ-Strahlung mit Materie.

 Gammastrahler (z. B. ^{60}Co, ^{22}Na, ^{137}Cs), Szintillationszähler und Fotomultiplier, Ein- oder Mehrkanalanalysator, Zählgerät (alternativ: Messrechner, der die Impulshöhenanalyse und Zählerauswertung übernimmt).

 Radioaktive Proben auch geringer Aktivität sind entsprechend den Schutzvorschriften zu verwenden.
Nach Beendigung der Messung werden die Proben in einem Bleitresor verwahrt (siehe Strahlenschutzverordnung).

Bei den Messungen muss auf eine hinreichende Messzeit geachtet werden, damit trotz der aus Strahlenschutzgründen geringen Aktivität der in Praktika üblicherweise benutzten Präparate der statistische Fehler nicht zu groß ist.

Untergrundspektren

Bei jeder verwendeten Hochspannung muss ein Untergrundspektrum aufgenommen und von den vorher oder hinterher aufgenommenen Messkurven abgezogen werden. Dabei müssen die Präparate in ausreichender Entfernung zum Detektor lagern, das gilt ganz besonders für γ-Strahler großer Aktivität. Die Messzeit muss dabei gleich groß gewählt werden wie die für die zugehörige Aufnahme der γ-Spektren.

Linearität der Messanordnung

In einer ersten Messung soll die Linearität der Messanordnung untersucht werden. Hierzu werden die γ-Spektren aller verfügbaren Präparate (Am-241, Na-22, Cs-137 und Co-60) mit der gleichen Hochspannung aufgenommen und gemeinsam über der Kanalzahl aufgetragen. Die Hochspannung muss dabei so eingestellt werden, dass der Fotopeak mit der höchsten Energie (Co-60 mit $E = 1333$ keV) noch registriert wird.

Für die Auswertung werden die Peak-Energien, s. Tabelle 48.1, über den zugehörigen Kanalnummern aufgetragen und die Abweichungen von der Linearität überprüft. Bei der Verwendung von Cs-137 kann es im Spektrum außer dem Fotopeak bei 662 keV auch niederenergetische Peaks infolge eines **Konversions**prozesses im Tochteratom Barium geben. Bei einer Konversion wird kein $\gamma-$Quant emittiert, vielmehr übernimmt ein Elektron der K-Schale die im Kern freiwerdende Energie in einer Art Resonanzprozess und verlässt so das Bariumatom. Die Folge ist Ba-137-Röntgenstrahlung: K$_\alpha$(32.0 keV) bzw. K$_\beta$(36.4 keV).

Comptonkante und Rückstreupeak

Bei einer weiteren Messung wird das γ-Spektrum nur eines Präparates aufgenommen (empfohlen Cs-137). Um den gesamten Kanalbereich auszunutzen, muss dafür u. U. die Hochspannung geändert werden.

Die Kanalnummer des Fotopeaks wird mit Hilfe eines geeigneten Fitprogramms bestimmt. Anschließend werden die Energien der Comptonkante sowie des Rückstreupeaks aus der Grafik bestimmt. Hierbei wird die Energieskala als hinreichend linear betrachtet. Die Werte werden mit den aus dem Fotopeak berechneten Werten verglichen.

Tabelle 48.1. γ-Quantenenergien einiger radioaktiver Quellen

γ - Quelle	hf_γ / keV
Am-241	59,6
Cs-137	662
Co-60	1173 und 1333
Na-22	511 und 1275

48.2 Compton-Streuung (1/2)

 Der Compton-Effekt soll mit einem geeigneten Streukörper quantitativ vermessen werden. Dabei kann auch die Abhängigkeit der Intensität der Streustrahlung vom Material des Streukörpers qualitativ untersucht werden.

Gammastrahler (z. B. Am-241, Cs-137), Streukörper (z.B. Plexiglas, Kohlenstoff, Aluminium), Szintillationszähler und Fotomultiplier, Ein- oder Mehrkanalanalysator, Tisch mit Winkeleinteilung, Zählgerät (alternativ: Messrechner, der die Impulshöhenanalyse und Zählerauswertung übernimmt).

 Der Aufbau erfolgt entsprechend Bild 48.13. Strahler und Detektor sollen aus Intensitätsgründen möglichst dicht beieinander stehen. Bei einem Präparat mit hoher Aktivität muss u. U. eine weitere Bleiblende zur Abschirmung benutzt werden. Wird Am-241 (geringe Quantenenergie) als γ-Strahler gewählt, lässt sich der Detektor leichter gegen die direkte Bestrahlung durch das Präparat abschirmen. Bei diesem Versuchsteil müssen andere Werte für die Hochspannung sowie für die Verstärkung als im Versuchsteil 48.1 gesucht werden, damit die Verschiebung des Streupeaks zu kleineren Winkeln auch bei größeren Streuwinkeln gut beobachtbar ist. Da außerdem die Zählraten geringer sind als in der Teilaufgabe 48.1, müssen die Messzeiten entsprechend länger gewählt werden. Aus dem gleichen Grund empfiehlt es sich bei der Verwendung des Messrechners nur 512 Kanäle für die Messung zu nutzen, da sich die geringe Zahl von Zählereignissen unnötig aufspalten würde.

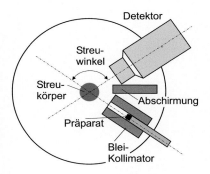

Bild 48.13. Versuchsaufbau zur Messung des Compton-Effektes, schematisch

 Aufnahme des γ-Spektrums eines Präparates bei direkter Einstrahlung auf den Detektor. Abzug des zugehörigen Untergrundspektrums.

 Aufnahme der Spektren bei Compton-Streuung unter Streuwinkeln von 90° und 120° , u. U. auch noch für 60°. Für jede der Anordnungen muss das Untergrundspektrum (unveränderte Anordnung der Bauteile sowie gleiche Messzeiten) gemessen und von der eigentlichen Messkurve subtrahiert werden.

Die Positionen der verschobenen Fotopeaks sollen mit einem geeigneten Fit-Programm grafisch bestimmt werden. Die Energien der gestreuten γ-Quanten werden über dem Streuwinkel aufgetragen und ihre Position mit theoretisch berechneten Werten verglichen.

49. α-Strahlung und Nachweismethoden

 Natürliche Radioaktivität, zeitliches Zerfallsgesetz, Eigenschaften radioaktiver Strahlen, Reichweite von α-Strahlen, Nachweismethoden für Kernstrahlung: Ionisationskammer, Nebelkammer, Halbleiterzähler.

Standardlehrbücher (Stichworte: α-Strahlung, radioaktive Zerfallsreihen, Halbwertszeit),
Themenkreis 47,
Strahlenschutzverordnung.

α-Strahlung

Alle instabilen Atomkerne bzw. **Radionuklide** erfahren eine Kernumwandlung, allgemein als *radioaktiver Zerfall* bezeichnet. Dabei wandelt sich ein Mutterkern in einen Tochterkern um und sendet zugleich entweder α-Teilchen (das sind Heliumkerne: He^{++}) oder β-Teilchen aus (das sind Elektronen bei β^- bzw. Positronen bei β^+). Diese Teilchenstrahlung aus dem Mutterkern wird häufig begleitet von einer kurzwelligen elektromagnetischen Strahlung, der γ-Strahlung, die beim Übergang des Tochterkerns aus einem angeregten in den Grundzustand frei wird. Der radioaktive Zerfall ist ein statistischer Prozess, der von außen in keiner Weise beeinflussbar ist. Für die zur Zeit t noch vorhandenen Mutterkerne $N(t)$ gilt das

Zerfallsgesetz: $\quad N(t) = N(0)e^{-t/\tau}$

mit $N(0)$ = Zahl der Mutterkerne zum Zeitpunkt $t = 0$ und τ = Zerfallskonstante. Nach der **Halbwertszeit** $T_{1/2}$ ist die Hälfte der anfangs vorhandenen Mutterkerne zerfallen. Es gilt: $T_{1/2} = \ln 2 = 0{,}693$. Die Halbwertszeiten sind radionuklidspezifisch und umfassen einen riesigen Wertebereich: von mehr als 10^{10} Jahren bis zum Submikrosekundenbereich.

Als Beispiel für einen α-Strahler betrachten wir das Thoriumisotop Th-232. Die Ordnungszahl von Thorium, d.h. die Zahl der Protonen im Kern, ist $Z = 90$, die Neutronenzahl bei diesem Isotop $N = 142$. Th-232 wandelt sich mit einer Halbwertszeit von $1{,}4 \cdot 10^{10}$ Jahren unter Emission eines α-Teilchens in das ebenfalls instabile Radiumisotop Ra-228 um, das danach weiter zerfällt:

$$^{232}_{90}\text{Th} \xrightarrow{\alpha} {}^{228}_{88}\text{Ra} + {}^4_2\text{He} \quad .$$

Die bei der α-Emission frei werdende Energie nimmt fast vollständig das α-Teilchen mit, da der zurückbleibende Tochterkern (Ra) wegen seiner großen Masse nur den Bruchteil m$_{\text{He}}$/m$_{\text{Ra}}$, also etwa 2 % dieser Energie aufnimmt. Es treten im Übrigen zwei etwas unterschiedliche α-Energien auf (4,01 und 3,95 MeV), weil ein Teil der Kernumwandlungen (genau: 23 %) in einen angeregten Zustand des Tochterkerns Radium erfolgt, der dann nach sehr kurzer Zeit unter Emission von γ-Strahlung mit der Energie von 0,06 MeV in den Grundzustand übergeht, s. Bild 49.1.

Bild 49.1. Potentielle Energien der Kerne, die am Zerfallsprozess von Th-232 beteiligt sind. Die Energieachse ist nicht linear

Zerfallsreihen

Die natürlichen radioaktiven Nuklide gehören fast alle einer **Zerfallsreihe** an. Es existieren vier *radioaktive Zerfallsreihen*, radioaktive Familien, die nach dem jeweils langlebigsten (größte Halbwertszeit) Isotop benannt sind: *Thoriumreihe* (nach

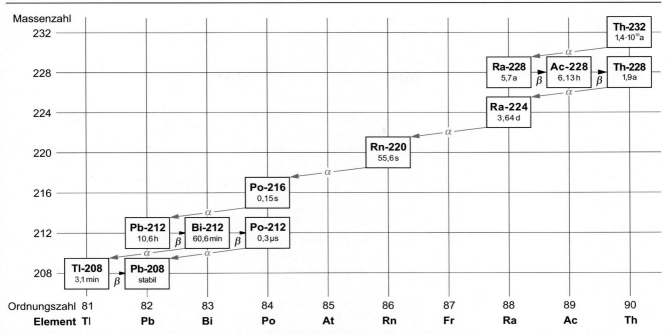

Bild 49.2. Thoriumzerfallsreihe (4n-Reihe) mit Angabe der Halbwertszeiten. Die Grafik nimmt Bezug auf das Experiment 49.3

$^{232}_{90}$Th), *Neptuniumreihe* (nach $^{237}_{93}$Np), *Uranreihe* (nach $^{238}_{92}$U) und *Actiniumreihe* (nach $^{237}_{89}$Ac). Die Massenzahlen A der Isotope der einzelnen radioaktiven Familien lassen sich durch $A = 4n + a$ ausdrücken; n ist eine ganze Zahl. Es gilt $a = 0$ in der Thoriumreihe, $a = 1$ in der Neptuniumreihe, $a = 2$ in der Uranreihe und $a = 3$ in der Actiniumreihe. In der Natur kommen nur drei dieser Reihen vor, da die $(4n + 1)$-Reihe kein Isotop hat, das eine Halbwertszeit in der Größenordnung des Alters des Universums (ca. 10^{10} a) besitzt – daher ist diese Reihe heute bereits abgebaut. Allerdings lässt sich $^{237}_{93}$Np künstlich erzeugen und somit auch diese Zerfallsreihe experimentell nachweisen. Die Isotope einer Zerfallsreihe gehen unter α- und β-Zerfall ineinander über bis zu den stabilen Endprodukten: $^{208}_{82}$Pb, $^{207}_{82}$Pb, $^{209}_{83}$Bi und $^{206}_{82}$Pb. Die Abfolge dieser Zerfallsprozess lässt sich gut studieren anhand einer **Nuklidkarte**, in der alle stabilen und instabilen (natürlichen wie künstlichen) Isotope der Elemente mit ihren Zerfallsformen und Halbwertszeiten aufgeführt sind. Ein Ausschnitt für die Thoriumreihe zeigt Bild 49.2.

Wechselwirkung von α-Teilchen mit Materie

Radioaktive Strahlung ionisiert beim Durchgang durch Materie, z.B. durch ein Gas, die Atome bzw. Moleküle. Das gilt vor allem auch für Teilchenstrahlung (α und β), die bei jedem einzelnen Ionisationsprozess einen Teil ihrer kinetischen Energie verliert. Die Teilchen werden dadurch abgebremst und bleiben schließlich stecken. α-Teilchen legen dabei eine weitgehend geradlinige Bahn in der durchstrahlten Materie zurück, für sie lässt sich eine **Reichweite** R bestimmen, Bild 49.3. Die Reichweite nimmt mit wachsender α-Energie zu und mit wachsender Massendichte ρ des Absorbers ab. Für einen gewissen Energiebereich ist das Produkt $R \cdot \rho$ stoffunabhängig konstant, Bild 49.4. Die Reichweite von β-Strahlung ist in der Regel schwieriger zu bestimmen, weil die Bahnlinien der β-Teilchen nicht geradlinig sind, sondern bei den Stößen mit den Absorberatomen wegen ihrer geringen Masse häufig abgelenkt werden.

Zur quantitativen Beschreibung der ionisierenden Wirkung der Strahlung hat man die Ionendosis J eingeführt: das ist der Quotient aus dem Betrag der elektrischen Ladung der gebildeten Ionen eines Vorzeichens dQ in Luft der Masse dm_L in einem Volumenelement dV:

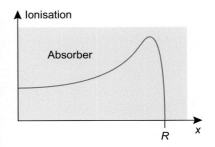

Bild 49.3. Ionisierung von Materie durch α-Strahlung, schematisch. Die Zunahme der Ionisation kurz vor Erreichen der Reichweite R rührt vom größeren Wirkungsquerschnitt bei kleinerer α-Energie her

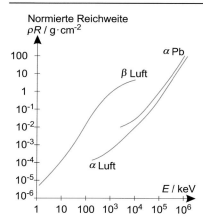

Normierte Reichweite
ρR / g·cm^{-2}

Bild 49.4. Normierte Reichweite ρR von α- und β-Strahlung als Funktion der Energie, schematisch nach *Vogel*: Gerthsen Physik. Zur Bestimmung der Reichweite R muss die *normierte Reichweite* durch die Massendichte ρ dividiert werden, z. B. $\rho_{\mathrm{Luft}} \approx 0,0013\,\mathrm{g/cm}^3$

Bild 49.5. Ionisationskammer, schematisch

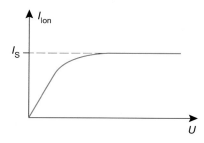

Bild 49.6. Strom-Spannungskennlinie einer Ionisationskammer

$$\textbf{Ionendosis} \qquad J = \frac{\mathrm{d}Q}{\mathrm{d}m_L} = \frac{1}{\rho_L} \cdot \frac{\mathrm{d}Q}{\mathrm{d}V}$$

mit der Luftdichte $\rho_{\mathrm{L}} = \frac{\mathrm{d}m_{\mathrm{L}}}{\mathrm{d}V}$. Die Einheit der Ionendosis ist: As/kg$_{\mathrm{Luft}}$ (früher 1 Röntgen = $1R = 2.58 \cdot 10^{-4} \frac{\mathrm{As}}{\mathrm{kg}}$).

Alle Messverfahren zur Untersuchung radioaktiver Strahlung beruhen auf deren ionisierender Wirkung. Beispiele für Messungen von α-Strahlung sind die Ionisationskammer, der Halbleiterzähler und die Nebelkammer; der Geiger-Müller-Zähler ist bereits im *Themenkreis 47* behandelt worden. Im Folgenden sollen einige dieser Verfahren beschrieben werden, die in den Experimenten Verwendung finden.

📖 Ionisationskammer

Die Ionisation durch radioaktive Strahlen lässt sich mit der **Ionisationskammer** nachweisen und messtechnisch z. B. zur Bestimmung der Lebensdauer und Reichweite von α-Strahlen ausnutzen. Bestrahlt man ein Gasvolumen zwischen zwei Elektroden E$_1$ und E$_2$ mit radioaktiver Strahlung, Bild 49.5, dann fließt beim Anlegen einer Spannung U ein Ionisationsstrom I_{Ion}, der durch die Wanderung der gebildeten Gasionen im elektrischen Feld hervorgerufen wird.

Bei kleinen Spannungen wächst der Strom zunächst an, weil ein wachsender Teil der erzeugten Ionen an die Elektroden gelangt und nicht schon im Gasraum rekombiniert, bevor er an die Elektroden gelangt und damit zum Strom beiträgt. Wenn schließlich alle Ionen bis an die Elektroden gelangen, erreicht der Ionisationsstrom seinen Sättigungswert I_{S} (Bild 49.6), der nur von der Stärke des Präparates und der Kammergröße abhängt. In diesem Bereich wird die Kammer für die Messung betrieben.

Die Ionisationsströme sind sehr klein und liegen im Bereich von 10^{-12} A = 1 pA. Sie lassen sich heute mit empfindlichen Messgeräten (Picoamperemeter) direkt messen. Im folgenden wird aber auch noch eine historische Anordnung zur Messung kleiner Ionisationsströme vorgestellt.

Wulffsches Elektroskop

Kleine Ionisationsströme lassen sich mit einem **Wulffschen Elektroskop** nach der Tropfenmethode ermitteln, Bild 49.7. Dieses besitzt ein bewegliches Metallblättchen B, das bei Aufladung (wie etwa durch Zuführen positiver Ladungen in Form von Ionen) von der auf Gehäusepotential liegenden Elektrodenplatte P gegen die elastische Spannung eines feinen Quarzfadens Q angezogen wird. Erreicht durch weitere Ladungszufuhr die aufgebrachte Ladung q_{E} einen bestimmten Wert, berührt das Blättchen B die Platte P. Die positive Ladung „fließt zur Erde ab", das Elektrometer ist entladen, und die mit dem Blättchen B verbundene innere Tellerelektrode E$_1$ hat jetzt ebenfalls Gehäusepotential (Erdpotential). Damit verschwindet die Anziehung zwischen dem Blättchen B und P, das Blättchen fällt von P ab (bzw. wird vom Quarzbügel zurückgezogen). Die Tellerelektrode „schaltet" sich also selbsttätig vom Gehäuse ab, womit der Ausgangszustand wiederhergestellt ist. In dem Gesamtaufbau stellen die Tellerelektrode E$_1$ und die obere Elektrode E$_2$ einen Kondensator dar. Ionisationskammer und Elektrometer kann man also auch als zwei hintereinander geschaltete Kondensatoren mit gemeinsamer mittlerer Elektrode E$_1$ auffassen. Diese ist nicht mit einer Spannungsquelle verbunden; sie nimmt daher ein (von der Geometrie abhängiges) Potential zwischen Erde und der an E$_2$ anliegenden Spannung $+U$ (einige kV) an. Durch Influenz werden dabei oben (am Teller) die negativen und unten (am Blättchen B) die positiven Ladungsträger konzentriert sein. Von den im Raum zwischen E$_2$ und E$_1$ (Ionisationskammer) gebildeten Ionen werden die negativen zu E$_2$ gehen, und ihre Ladung fließt über die Spannungsquelle ab.

Die positiven Ionen hingegen gehen zur Tellerelektrode E$_1$ (die ja gegenüber E$_2$ negativ ist), wodurch deren Potential erhöht wird. Das heißt, die Spannung (Potentialdifferenz) zwischen E$_2$ und E$_1$ wird geringer, zwischen E$_1$ und Gehäuse jedoch größer. Dadurch spreizt das Blättchen B wie beschrieben ab, berührt P, und die Ladung $q_E = I_S \mathrm{d}t$ wird abgeführt und E_1 auf Gehäusepotential gelegt. B schaltet dann den Stromfluss wieder ab. Zwischen E_2 und E_1 wird das Potential wieder erhöht, usw. Der Vorgang der Ladungsabführung wiederholt sich dann, bis die Gesamtladung auf E_1 in Form mehrerer *Ladungstropfen* abgebaut ist. Bei konstantem Ionisationsstrom ergibt sich eine fast konstante Ladung auf E_1 und eine periodische *Tropfenfolge*.

 ## Nebelkammer

Nebelkammern dienen zum Sichtbarmachen von Bahnen von α- und β- sowie anderer ionisierender Teilchen. In einer solchen Kammer befindet sich im einfachsten Fall ein Gemisch aus Luft und einem übersättigtem Dampf, z. B. ein Alkohol-Wasserdampf-Gemisch. Die energiereichen Teilchen ionisieren die Luftmoleküle. Die entstehenden Gasionen wirken als Kondensationskeime für den übersättigten Dampf, der um die Ionen submikroskopisch kleine Tröpfchen bildet, ähnlich wie Wasserdampf an Staubteilchen zu Nebeltröpfchen kondensiert (s.a. Kondensstreifen hinter Flugzeugen). Die Tröpfchen markieren somit die Bahn der radioaktiven Teilchen.

Um die sehr kleinen Tröpfchen und damit die Teilchenbahnen sichtbar zu machen, werden sie seitlich mit Licht bestrahlt, das an den Tröpfchen gestreut wird, so dass man diese bei Betrachtung senkrecht zum Lichteinfall als helle Streifen sehen kann (Bild 49.8).

Die wichtigste Aufgabe für den Betrieb einer Nebelkammer ist die Erzeugung der Übersättigung des Dampfgemisches. Hierfür gibt es zwei grundsätzlich unterschiedliche Verfahren. In einer luftdicht verschlossenen **Expansionskammer** (nach seinem Erfinder auch: *Wilsonkammer*) wird zunächst ein Überdruck erzeugt. Nach der Einstellung des Temperaturgleichgewichts wird das Kammervolumen adiabatisch expandiert, wodurch dessen Temperatur sinkt (s.a. *Themenkreis 17*) und damit eine vorübergehende Dampfübersättigung eintritt: In dieser kurzen Zeit ist die Kammer für die Messung von Teilchenstrahlung nutzbar.

Eine **kontinuierliche Nebelkammer** (auch: *Diffusionsnebelkammer*) ist im Gegensatz dazu über längere Zeit empfindlich. Zwischen einem geeignet gekühlten Kammerboden (Kühlaggregat oder flüssiger Stickstoff) und dem auf Zimmertemperatur befindlichen Kammerdeckel besteht ein Temperaturgefälle, Bild 49.9. Wird am Deckel ein Alkohol-Wasser-Gemisch verdampft, sinkt der Dampf nach unten und kondensiert am Kammerboden wieder. Dicht über dem Boden entsteht dann ein zeitlich stationärer Bereich übersättigten Dampfgemisches. Wird dieser Bereich seitlich beleuchtet, dann sind bei Einblick in die Kammer von oben die Spuren der ionisierenden Strahlung sichtbar. Um die in der Kammer gebildeten Ionen wieder zu entfernen, kann man eine elektrische Spannung zwischen Boden und einer Ringelektrode am Deckel anlegen.

 ## Halbleiterzähler

Auch ein **Halbleiterzähler** nutzt die ionisierende Wirkung von schnellen geladenen Teilchen zu ihrem Nachweis. Bild 49.10 zeigt als Beispiel dafür eine in Sperrrichtung gepolte Halbleiterdiode (s. *Themenkreis 29*). Bei dieser Diode ist der p-dotierte Bereich extrem niedrig dotiert, was zu einer sehr breiten Raumladungszone von einigen 100 μm führt.

Ein einfallendes α-Teilchen erzeugt auf seiner Bahn durch den pn-Übergang eine Vielzahl von Elektronen-Loch-Paaren. Diese Ladungsträger werden im elektrischen Feld des pn-Übergangs rasch getrennt, fließen über die Elektroden ab und erzeugen so am Widerstand R_a einen Spannungspuls. Die Pulshöhe ist dabei proportional zur Zahl der ursprünglich erzeugten Ladungsträgerpaare und damit zur Energie der auslösenden Teilchenstrahlung. Mit einem Halbleiterzähler ist daher – anders als bei einem Geiger-Müller-Zähler – eine Energiebestimmung möglich. Voraussetzung ist, dass jeweils nur ein einzelnes Teilchen gemessen wird, die Strahlendosis also

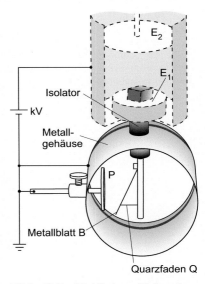

Bild 49.7. Wulffsches Elektroskop, zum Einsatz als Amperemeter in der Schaltung nach Bild 49.5

Bild 49.8. Nebelkammerspuren (Expansionskammer) von α-Strahlung einheitlicher Energie aus einem Radionuklid, schematisch

Bild 49.9. Beispiel einer kontinuierlichen Nebelkammer. Die Lichtquelle und der Spalt erzeugen ein Lichtband zur seitlichen Beleuchtung

Bild 49.10. Aufbau eines Halbleiterzählers mit pn-Übergang, schematisch. Durch entsprechend niedrige Dotierung ist die Raumladungszone im p-Teil sehr breit (typisch einige 100 μm), während diese im n-Teil nur 0,1 bis 1 μm beträgt

nicht zu hoch ist, und dass das ionisierende Teilchen seine gesamte Energie innerhalb des pn-Übergangs abgibt, dass also seine Reichweite kleiner ist als die Dicke der Sperrschicht. Das ist bei den üblichen α-Energien der Fall. β-Strahlung dagegen hat in der Regel eine sehr viel größere Eindringtiefe, seine Energie kann mit einem solchen Halbleiterzähler daher nicht direkt gemessen werden. Für die Messung der Energie benötigt man außer dem Halbleiterzähler noch einen Vorverstärker und einen *Impulshöhenanalysator* (VKA: Vielkanal-Analysator; oder auch englisch MCA: multi channel analyser), s.a. *Themenkreis 48*. Zur Kalibrierung wird in der Regel die α–Energie eines geeigneten Radionuklids als bekannt vorausgesetzt, z.B. die von Am-241 ($E_\alpha = 5{,}48$ MeV).

49.1 Ionisationskammer (1/3)

 Untersuchung der Wirkungsweise einer Ionisationskammer zum Nachweis von α-Strahlung

 Ionisationskammer mit *Picoamperemeter* nach Bild 49.5 oder Wulffschem Elektroskop nach Bild 49.7, Spannungsquelle, Spannungsmesser, radioaktives Präparat.

 Es wird der Ionisationsstrom I_{Ion}, bzw. die Tropfenhäufigkeit n/t ($n =$ Zahl der Entladungen bzw. „Tropfen") gemessen und in Abhängigkeit von der Kammerspannung U dargestellt.

 Die Arbeitsspannung wird im Sättigungsbereich der I_{Ion}-U-Kennlinie festgelegt.

 Es kann vorkommen, dass der Metallfaden des Elektrometers an der Gegenelektrode klebt. Dieser darf dann nur unter äußerster Vorsicht zurückgezogen werden, weil sonst Gefahr besteht, dass der Faden reißt.

49.2 Reichweite der α-Strahlen in Luft (1/3)

 Bestimmung der Reichweite von α-*Strahlung* mit einer Ionisationskammer.

 Ionisationskammer nach Aufgabe 49.1 mit Wulffschem Elektroskop oder empfindlichem Amperemeter. Radioaktives Präparat, das α-Strahlung mit einer Reichweite in Luft von einigen cm aussendet, so dass der maximale Abstand h zwischen den Elektroden E_1 und E_2 der Ionisationskammer groß genug ist, z.B. Radium $^{226}_{88}$Ra, ein Isotop aus der Uranreihe.

Radioaktive Proben auch geringer Aktivität sind entsprechend den Schutzvorschriften zu verwenden. Die Proben werden mit einer Pinzette eingesetzt. Nach Beendigung der Messung werden die Proben in einem Bleitresor verwahrt.

Die radioaktive Probe wird in die Ionisationskammer gelegt und der Ionisationsstrom mit einem Amperemeter oder Elektroskop gemessen. Verringert man den Abstand h zwischen den Elektroden, wird sich an dem Ionisationsstrom oder der Tropfenhäufigkeit n/t solange nichts ändern, bis der Abstand h gleich der Reichweite der α-Strahlen ist, Bild 49.11. Verringert man h noch weiter, dann vermögen die α-Strahlen nicht mehr so viele Gasionen auf ihrem Weg von Elektrode E_1 zu E_2 zu erzeugen, wie sie auf Grund ihrer kinetischen Energie eigentlich in der Lage wären.

 Aus der grafischen Darstellung des Ionisationsstroms in Abhängigkeit von der Kammerhöhe h ist die Reichweite zu ermitteln.

Bild 49.11. Bestimmung der Reichweite der α-Strahlen durch Messung des Ionisationsstroms I als Funktion des Elektrodenabstandes h. Bei α-Strahlung, die aus 2 Komponenten mit unterschiedlicher Energie besteht, tritt ein zweifacher Knick in der $I(h)$-Funktion auf. Die Knickpunkte h_1 und und h_2 entsprechen den beiden Reichweiten

Bei einem $^{226}_{88}$Ra-Präparat ist der Anstieg der Kurve zweimal geknickt. Daraus folgt, dass es zwei Gruppen von α-Strahlen mit verschiedenen Energien – und damit Reichweiten – geben muss (Bild 49.11). Bei den Folgeprodukten des Radiums existieren einmal eine Gruppe von α-Strahlern, deren Strahlen eine Energie zwischen 4,7 und 6,0 MeV haben. Das entspricht einer Reichweite in Luft von 2,8 bis 4 cm. Ein anderes Folgeprodukt, ^{214}Po, hat jedoch eine Energie von 7,7 MeV, und damit eine Reichweite von 5,7 cm in Luft (s. a. Nuklidkarte). Dass tatsächlich jedoch kleinere Reichweiten gemessen werden, liegt an der dünnen Palladium-Folie, mit der das Präparat zum Schutz gegen Substanzverlust und damit radioaktiver Verseuchung der Umgebung abgedeckt ist. In der Folie verlieren die α-Teilchen bereits einen Teil ihrer Energie.

Man diskutiere das unterschiedliche Absorptionsverhalten von α- und γ-Strahlung (vgl. *Themenkreis 47*).

49.3 Halbwertszeit von Radon-220 (1/3)

 Bestimmung der *Halbwertszeit* eines Radionuklids mit einer Ionisationskammer.

Ionisationskammer nach Aufgabe 49.1, Flasche aus elastischem Kunststoff und Anschlussrohr zum Ausblasen von Radongas. Das Radongas kann durch Drücken der Kunststoffflasche über das Rohr in die Ionisationskammer geblasen werden.

Bei der Bestimmung der Halbwertszeit eines derartigen Nuklids durch Messen des zeitlichen Abklingens der ionisierenden Wirkung, hier zeitliches Abklingen des Ionisationsstromes bzw. der Tropfenfolge, muss darauf geachtet werden, dass die Strahlung der Muttersubstanz und der Folgekerne das Ergebnis nicht verfälschen. Diese Bedingung lässt sich gut bei $^{220}_{86}$Rn Bild 49.2, einem Isotop der *4n-Reihe*, der *Thoriumzerfallsreihe* erfüllen. Radon ist ein Edelgas, das sich über dem Thoriumpräparat ($^{228}_{90}$Th) ansammelt und leicht von der Muttersubstanz durch Ausblasen getrennt werden kann. Aus dem Radonisotop entsteht nach der zu bestimmenden Halbwertszeit $^{216}_{84}$Po (siehe Bild 49.2).

Sobald ein Ionisationsstrom fließt, wird die Gaszufuhr sofort mit einer Klemme unterbrochen und die Strom- und Zeitmessung begonnen.

 Falls der Strom durch die Ionisationskammer elektronisch gemessen wurde, wird I_{Ion} logarithmisch über t aufgetragen. Durch die Messwerte wird eine Ausgleichsgerade gelegt, aus deren Steigung die Halbwertszeit folgt.

Bei der Anwendung des Elektroskops und der Tropfenmethode wird der Logarithmus der Differenzzeit Δt zwischen je zwei Tropfen, die einer Ladung ΔQ entsprechen, über t aufgetragen. Es gilt:

$$\frac{\Delta Q}{\Delta t} = \frac{dN}{dt} \sim e^{-\lambda t} \quad .$$

Da $\Delta Q = $ const., folgt:

$$\frac{1}{\Delta t} \sim e^{-\lambda t} \quad \text{oder} \quad \ln(\Delta t) = \lambda t + \cdots \quad .$$

Deshalb kann aus einer Ausgleichsgeraden durch die Messwerte wiederum die Zeitkonstante τ bzw. die Halbwertszeit $T_{1/2} = \tau \cdot \ln 2$ bestimmt werden. Man vergleiche mit dem Literaturwert, Bild 49.2.

49.4 Kontinuierliche Nebelkammer (1/3)

 Beobachtung von Bahnen radioaktiver Strahlung, z.B. α-Strahlen.

 Nebelkammer mit Kühlmittel bzw. -aggregat, radioaktives Präparat, z. B. das natürliche Radionuklid $^{210}_{84}$Po aus der Uranreihe, Ethanol-Wasser-Gemisch (4:1), Beleuchtung und Netzgerät für die Absaugspannung.

Die Nebelkammer wird entsprechend der Gerätebeschreibung zusammengebaut. Das Kammervolumen muss gegen die Außenluft gut abgedichtet sein. Das Alkohol-Wasser-Gemisch im Deckelbereich einfüllen; Kühlung in Betrieb nehmen; radioaktives Präparat auf den Probenhalter stecken, aber noch nicht in den späteren Übersättigungsbereich absenken; Beleuchtung einschalten.

 Wenn der Kammerboden genügend abgekühlt ist, so dass das Dampfgemisch kondensiert, beobachtet man über dem Kammerboden Teilchenspuren, die von der stets vorhandenen natürlichen radioaktiven Strahlung aus der Umgebung (z.B. Höhenstrahlung) herrührt: Die längeren dünnen, häufig mehrfach abgeknickten Bahnen stammen von den schwach ionisierenden β-Teilchen, die kurzen dicken Bahnen von α-Teilchen aus dem Zerfall von Radon in der Luft. In Zählrohren werden derartige α- und β-Strahlen als *Nulleffekt* bezeichnet. Durch Anlegen eines elektrischen Feldes zwischen Deckel und Kammerboden werden die Ionen aus der empfindlichen Schicht abgesaugt, so dass neue Spuren nachweisbar sind.

 Beobachtungen notieren und interpretieren.

 Präparat vorsichtig bis in die übersättigte Zone absenken, Absaugfeld eingeschaltet lassen. Nach Abkühlung der Probe sind die Nebelspuren gut zu sehen. Da beim Po-210 alle α–Teilchen die gleiche Energie haben, sind deren Teilchenspuren alle gleich lang. Die Bahnlänge wird bestimmt.

 Aus der Spurlänge wird die Reichweite der α-Teilchen in Luft bestimmt und mit dem Literaturwert verglichen. Warum ist der gemessene Wert geringer?

 Der α-Zerfall von $^{220}_{86}$Rn und die Laufstrecke der α-Teilchen sind auch in der kontinuierlichen Nebelkammer gut zu beobachten. Dazu wird wie in Teilaufgabe 49.3 Radon $^{220}_{86}$Rn enthaltende Luft eingeblasen. Beim α-*Zerfall* von Radon mit der Halbwertszeit von 55 s entsteht $^{216}_{84}$Po nach Bild 49.2. Dieses zerfällt mit einer Halbwertszeit von 0.145 s unter Aussendung eines weiteren α-Teilchens in $^{212}_{82}$Pb.

Bild 49.12. Nebelkammerspuren von α-Teilchen aus dem Zerfall von Radon-Gas in einer kontinuierlichen Nebelkammer

Nach Einblasen radonhaltiger Luft in die kontinuierliche Nebelkammer zerfallen gewöhnlich so viele Rn-Atome, dass man nur mit dem elektrischen Feld die vielen sich durchkreuzenden Bahnen sieht, Bild 49.12. Nach einiger Zeit wird das Bild wegen der Halbwertszeit von 55 s übersichtlicher. Man sieht dann gelegentlich zwei Bahnen unter beliebigen Winkeln von einem Punkt ausgehen. Sie stammen aus den unmittelbar aufeinanderfolgenden α-Zerfällen von ^{220}Rn und ^{216}Po.

49.5 Energiebestimmung mit einem Halbleiterzähler (1/3)

 Kennenlernen eines Verfahrens zur Energiebestimmung von α–Teilchen und damit zur Identifizierung von Radionukliden.

 Radioaktive Präparate: Am-241 und Ra-226; Halbleiterzähler, Vorverstärker und Vielkanalanalysator (u.U. in einem Netzgerät vereint), Messrechner.

Das Präparat Am-241 dient zur Energiekalibrierung. Es wird direkt gegenüber dem Halbleiterzähler innerhalb einer Bleiabschirmung angebracht. Der gegenseitige Abstand wird bestimmt, das Energiespektrum wird aufgenommen. Der Peak bei $E_\alpha = 5{,}48$ MeV wird zur Kalibrierung verwendet.

Für die Kalibrierung muss der Energieverlust der α–Strahlung in der Abdeckung des Präparats und in dem kurzen Luftzwischenraum zwischen Präparat und Halbleiterzähler von dem Literaturwert von 5,48 MeV abgezogen werden. Die Energieachse wird entsprechend kalibriert.

Die entsprechende Messung wird nun mit dem Präparat Ra-226 durchgeführt. Man beobachtet mehrere Peaks.

 Energiebestimmung für die Peaks unter Berücksichtigung des Energieverlustes in der Abdeckung des Präparats. Klären Sie die Herkunft der verschiedenen α–Energien anhand der Zerfallsreihe von Ra-226 (Nuklidtafel).

49.6 Reichweite in Luft mit dem Halbleiterzähler (1/3)

 Bestimmung der Reichweite von α–Strahlung in Luft mit einem modernen Verfahren.

 Radioaktives Präparat; Halbleiterzähler, Vorverstärker; Glasrohr mit Längenskala, abdunkelbar; Messrechner.

 Präparat an verschiebbarer Stange im Glasrohr gegenüber dem Halbleiterzähler anbringen. Messung bei kleinstmöglichem Abstand zwischen Zähler und Präparat beginnen. Abstand so lange vergrößern, bis die Zählrohranzeige auf den Wert des Nulleffekts abfällt. Daran denken, dass dabei die Zählrate wegen des zunehmenden Abstandes von der punktförmig gedachten Quelle mit dem Quadrat der Entfernung abnimmt!

 Die Reichweiten für die untersuchte α–Strahlung in Luft bestimmen. Warum ist die Werte geringer als der Literatur angegeben?

Kapitel XII

Digitalelektronik und Computer

50. Logische Verknüpfungen

 Kennenlernen der prinzipiellen Funktionsweise von digitalen, logischen Verknüpfungen: AND, OR, NOT, NAND. Arbeiten mit dem Softwarepaket `LabVIEW`.

 Standardlehrbücher zur Datenverarbeitung (Stichworte: Boolesche Algebra, Transistor, Digitalelektronik).
Georgi/Hohl: Einführung in LabVIEW.

Digitalschaltungen

In einem **Digitalrechner** werden alle informationsverarbeitenden Operationen wie Rechnen, Speichern usw. auf eine Abfolge von logischen Verknüpfungen zurückgeführt. Diese basieren im *Dualsystem* auf der Verwendung binärer Zeichen, die nur die Entscheidung zwischen zwei Zuständen zulassen wie: Aussage *Ja* oder *Nein*, Ziffer *1* oder *0*, Schalter *Ein* oder *Aus*, Spannung Hoch (*high*) oder Niedrig (*low*). Ein solches Paar symbolisiert damit zugleich die kleinste Einheit, in die jede Information zerlegt werden kann: 1 **bit** (binary digit). 8 Bit bilden 1 Byte (B), 1 Kilobyte (kB) sind 1024 (= 2^{10}) Byte, 1 Megabyte (MB) sind 1024 kB, d. h. 1048576 Byte, usw.

Logische Verknüpfungen lassen sich im einfachsten Fall durch einfache Kontaktschalter aufbauen. Ein Beispiel dafür war die erste elektronische Rechenmaschine von Konrad Zuse (1941), die mit elektrischen Relais arbeitete. Heute benutzt man jedoch ausschließlich Halbleiter-Schaltungen, die miniaturisiert sind und in denen viele Transistoren, Dioden und Widerstände auf kleinstem Raum zusammengeschaltet sind: *Integrierter Schaltkreis* (IC: I̲ntegrated C̲ircuit).

Alle logischen Verknüpfungen lassen sich auf der Basis der *Booleschen Algebra* aus drei Grundverknüpfungen, der AND-, der OR- und der NOT-Verknüpfung zusammensetzen. Mit Hilfe von Transistor-Schaltungen lässt sich technisch am einfachsten die kombinierte NOT/AND- oder kurz *NAND-Verknüpfung* realisieren. Durch geeignete Kombination dieser einen Sorte von Bausteinen kann man auch die anderen oben genannten Verknüpfungen herstellen. Durch Vernetzung der logischen Grundverknüpfungen lassen sich dann Rechenwerke zur Lösung komplexer Aufgaben aufbauen.

Grundverknüpfungen

Elektronische Datenverarbeitungsanlagen (EDV-Anlagen), wie z. B. auch PCs, arbeiten im Dualsystem mit dem sog. **Binärcode**. Es werden dabei nur zwei Zustände verwendet, die 1 bei Transistor-Schaltungen steht für hohe Spannung (z. B. +5 V) und die 0 für niedrige Spannung (z. B. 0 V). Das Blockschaltbild einer allgemeinen **logischen Verknüpfung** ist in Bild 50.1 dargestellt.

Die Eingangsgrößen E_1, E_2, die nur die Werte 1 oder 0 annehmen können, werden nach einem bestimmten Schema verknüpft. Das Ergebnis dieser Verknüpfung erscheint dann im Binärcode am Ausgang. Das Verknüpfungsschema wird durch eine Funktionswertetabelle oder kurz *Wertetabelle* beschrieben, in der für alle möglichen Kombinationen der Eingangssignale E_1, E_2 das Ausgangssignal A angegeben ist, s. a. Beispiel in Bild 50.4. Es gibt auch Verknüpfungen mit mehr als zwei Eingängen

Bild 50.1. Blockschaltbild einer allgemeinen logischen Verknüpfung mit zwei Eingängen E_1 und E_2 sowie dem Ausgang A

Bild 50.2. (a) AND-, (b) OR- und (c) XOR-Verknüpfung als Symbol und Ersatzschaltbild

und mehr als einem Ausgang. Für die wichtigsten Verknüpfungen werden eigene Schaltsymbole verwendet.

Für einfache logische Verknüpfungen lassen sich Schaltungen angeben, die außer Stromquelle und Anzeigelampe nur Kontaktschalter enthalten. Die Werte für die Eingangsgrößen E_1 und E_2 sind dann durch die Stellung der Schalter gekennzeichnet, in den Bildern 50.2 bis 50.4 durch 1 = Schalter links und 0 = Schalter rechts. Die Werte für die Ausgangsgröße A werden durch eine Lampe angezeigt: 0 = Lampe ist dunkel; 1 = Lampe leuchtet.

Die AND-Verknüpfung besitzt zwei Eingänge E_1 und E_2, die die Werte 0 und 1 annehmen können. Am Ausgang A erscheint nur dann das Signal 1, wenn an E_1 *und* an E_2 das Signal 1 steht, Bild 50.2 a. Das Ersatzschaltbild veranschaulicht die Realisierung einer AND-Verknüpfung.

Die OR-Verknüpfung besitzt ebenfalls zwei Eingänge. Am Ausgang erscheint das Signal 1 immer dann, wenn an E_1 *oder* E_2 *oder* an beiden das Signal 1 steht, Bild 50.2 b.

Außer dieser disjunktiven OR-Verknüpfung gibt es noch eine exklusive OR-Verknüpfung. Beim XOR ist der Ausgang nur dann 1, wenn *entweder* E_1 *oder* E_2, d. h. wenn lediglich einer der beiden Eingänge 1 ist, aber nicht, wenn beide Eingänge 1 sind! Dies verdeutlicht das Ersatzschaltbild in Bild 50.2 c.

Die NOT-Verknüpfung besitzt nur einen Eingang und kehrt das Signal um, Bild 50.3 a. Zur Kennzeichnung der Negation wird im Schaltsymbol ein zusätzlicher Punkt eingefügt.

Die technisch wichtigen Verknüpfungen NAND und NOR ergeben sich jeweils durch Anfügung einer NOT-Verknüpfung; NOT + AND bzw. NOT + OR.

Die NAND-Verknüpfung liefert am Ausgang immer das Signal 1, wenn nicht E_1 und E_2 beide das Signal 1 erhalten, Bild 50.3 b. Die Schaltskizze zeigt zwei parallele Schalter.

Die NOR-Verknüpfung liefert am Ausgang immer das Signal 0, wenn nicht beide Eingänge E_1 und E_2 das Signal 0 erhalten, Bild 50.3 c. Die Kontaktskizze zeigt zwei Schalter in Serie.

Bild 50.3. (a) NOT-, (b) NAND- und (c) NOR-Verknüpfung als Symbol und Ersatzschaltbild

Bild 50.4. Beispiele der Realisierung einer NAND-Verknüpfung mit npn-Transistoren bzw. mechanischen Schaltern

 Realisierung einer NAND-Schaltung

Legt man an die Basis eines npn-Transistors eine positive Spannung gegenüber dem Emitter, so wird die Kollektor-Emitter-Strecke leitend, Bild 50.4. Da in der NAND-Schaltung beide Transistoren in Reihe liegen, wird nur dann ein Strom fließen, wenn beide Transistoren gleichzeitig leiten. Im Schaltermodell sind dann beide Schalter geschlossen. Wenn aber ein Strom fließt, wird die Spannung 5 V am Widerstand R abfallen, das Potential an A geht gegen 0. Die Schaltung arbeitet als NAND-Verknüpfung, wenn man festlegt, dass +5 V = logisch 1 und 0 V = logisch 0 sein soll, Bild 50.4. Es lassen sich alle Grundverknüpfungen und somit auch alle logischen Schaltungen aus jeweils einer Bausteinart, z.B. mit nur NAND- oder mit nur NOR-Bausteinen realisieren. Man spricht dann von FULL-NAND- bzw. FULL-NOR-Schaltungen (s. a. Aufgabe 50.1).

Grafische Programmierumgebung LabVIEW

LabVIEW (Laboratory Virtual Instrument Engineering Workbench) ist eine von der Firma National Instruments entwickelte Software, mit der ein Nutzer Programme zur Messdatenerfassung und zur Steuerung von Geräten selbst erstellen kann. Die dabei benutzte grafische Programmiersprache G erlaubt die Programmerstellung mit Hilfe grafischer Symbole zur Repräsentation von Geräten, Funktionen zur Datenmanipulation und Ein-/Ausgabeelementen (Terminals), die man auf dem Bildschirm durch farbige Linien wie mit Kabeln (Wires) miteinander verbindet. Das Programmschema auf dem Bildschirm sieht dann ähnlich aus wie ein elektrischer Schaltkreis. Ein solches Programm, das **Virtual Instrument** (VI) genannt wird, lässt sich in zwei verschiedenen Bearbeitungsebenen, sog. Oberflächen darstellen. Auf der Benutzeroberfläche, Block Diagram, wird das bei Programmstart auszuführende Programmschema dargestellt. Die andere, Front Panel, dient der Nutzung des Programms und der Anzeige von Messergebnissen oder anderen Programmereignissen, Bild 50.5.

In LabVIEW stehen viele Funktionen zur Verfügung, die zum Gesamtprogramm zusammengeschaltet werden können. Viele dieser Funktionen sind Module (SubVIs), die aus elementaren Bausteinen oder selbst aus anderen SubVIs zusammengesetzt

Front Panel

 — Anschlussfeld (Connector Pane)

Block Diagramm

Tools Palette

Kabelrolle —

Bild 50.5. Oberfläche von LabVIEW mit Front Panel, Block Diagram und Tools Palette sind. Genauso kann ein selbst erstelltes `VI` abgespeichert und als `SubVI` modular in das Programm integriert werden. Verknüpft man die Ein-/Ausgabeelemente auf dem `Front Panel` des `SubVI` mit seinem Anschlussfeld (`Connector Pane`), so werden Datenein- und -ausgänge definiert, über die Daten aus dem Hauptprogramm an das `SubVI` übergegeben werden können und umgekehrt. Beispielsweise kann man so Module zur Ausführung verschiedener logischer Verknüpfungen (z.B. AND, OR, XOR) unter ausschließlicher Verwendung von NAND-Verknüpfungen erstellen, um diese dann in einem Programm zu komplexeren logischen Operationen, wie z.B. einem binären Addierer zusammenzuschalten (s. a. Aufgabe 50.2).

Die einfache Erstellung von Messprogrammen mit komfortabler Benutzeroberfläche sowie ein großer Umfang an existierenden Programmlösungen und Hardware-Ansteuerungen (Hardware-Treiber) machen den Einsatz von `LabVIEW` in vielen wissenschaftlichen Bereichen attraktiv.

Einführung in die Nutzung von LabVIEW

Eingabeelemente (`Controls`) oder Ausgabeelemente (`Indicators`) werden in der Regel im `Front Panel` plaziert. Im `Block Diagram` entsteht dann eine Entsprechung dazu, das `Terminal`. Die `Terminals` werden mit den Ein- und Ausgängen der Funktionsbausteine durch Kabel (`Wires`) verbunden. Dafür muss zunächst in dem Auswahlfenster `Tools Palette` das Symbol der Kabelrolle, siehe Bild 50.5, selektiert werden. Falls nötig, kann jedes `Terminal` auch nachträglich über ein Kontextmenü, welches beim Selektieren des `Terminal` mit der rechten Maustaste erscheint, von einem Eingabe- in ein Ausgabeobjekt umgewandelt werden und umgekehrt (`Control ↔ Indicator`).

Bei der Erstellung von Programmen ist es oft hilfreich, dass man automatisch ein `Terminal` oder eine `Konstante` passend zu einem bestimmten Ein- oder Ausgang eines Funktionsbausteins erzeugen lassen kann. Dazu wählt man im Kontextmenü unter dem Menüpunkt `Create` das zu erzeugende Objekt.

Für die Platzierung einer Funktion, beispielsweise eines NAND-Bausteins im `Block Diagram` öffne man das Auswahlfenster `Function` (rechte Maustaste), in dem man z.B über das Menü `Arithmetic & Comparison` das Programm `Boolean` wählt. In diesem befindet sich der Baustein `NotAnd`, der selektiert und anschließend an entsprechender Stelle auf dem `Block Diagram` positioniert wird. Alternativ lässt sich das Auswahlfenster über den Menüpunkt `Window` und dann `Show Functions Palette` auch dauerhaft anzeigen.

Um das Programmieren zu erleichtern, bietet `LabVIEW` verschiedene Hilfefunktionen, wie z.B. die integrierte Hilfe-Bibliothek, die so etwas wie ein elektronisches Handbuch darstellt. Diese Hilfe lässt sich über das Menü `Help` und das Untermenü `VI, Function, & How-To Help...` öffnen. Selektiert man im `Kontextmenü` einer Funktion im `Block Diagram` den Eintrag `Help`, so erhält man direkt den dieser Funktion zugeordneten Hilfeeintrag.

Eine weitere wichtige Programmierhilfe ist die sog. Kontexthilfe (`ContextHelp`), die sich unter dem gleichnamigen Eintrag im Menü `Help` befindet. Befindet sich der Mauszeiger bei aktivierter Kontexthilfe über einer Struktur oder einer Funktion, so wird in einem Zusatzfenster eine Kurzbeschreibung des Elementes sowie aller seiner Anschlüsse gegeben. Man erhält auch einen Überblick, welche Anschlüsse verbunden sein müssen und welche optional sind.

Sind alle Verbindungen erstellt, so kann das Programm über das Feld `Run` ausgeführt werden. Befinden sich in dem erstellten Programm noch Syntaxfehler oder unbelegte, aber benötigte Anschlüsse, so wird das `Run`-Feld in zwei grauen Teilen angezeigt. Versucht man trotzdem, das Programm zu starten, so zeigt `LabVIEW` eine Liste der zu behebenden Fehler an und liefert, falls möglich, auch Korrekturvorschläge.

Soll ein Programm kontinuierlich ausgeführt werden, so nutzt man das Bedienfeld `Run Continuously`. Dabei wird das Programm nach jeder Ausführung automatisch neu gestartet. Dieser Modus ist z.B. hilfreich, wenn man Eingabefeldern, die pro Ausführungszyklus nur einmal verrechnet werden, verschiedene Werte zuordnen möchte, ohne das Programm jedes Mal neu starten zu müssen.

50.1 Logische Verknüpfungsschaltungen (1/2)

 Logische Grundverknüpfungen kennenlernen und aus NAND-Bausteinen zusammensetzen.

 Logikbausteine NAND, Anzeige-Leuchtdioden, Baustein Transistor-NAND, Spannungsquelle 5 V.

Für die Versuche stehen z. B. Schaltbretter zur Verfügung, die einen IC-Baustein mit vier NAND-Gattern enthalten, Bild 50.6. Die Gleichspannung (5 V) wird polrichtig an das Schaltbrett angeschlossen. Die logischen Zustände an den Eingängen können durch Kabelverbindungen mit den Buchsen hergestellt werden. Der logische Zustand des Ausgangs wird durch Anschluss einer Leuchtdiode geprüft: LED leuchtet = logisch 1, LED aus = logisch 0. Es ist zu beachten, dass ein offener Eingang einer NAND-Verknüpfung des IC als logisch 1 gewertet wird. Je nach Ausstattung können auch zwei oder mehr Logikbausteine hintereinander geschaltet werden.

Ferner steht ein Schaltbrett mit einer einfachen NAND-Schaltung aus zwei Transistoren zur Verfügung.

 NAND-Schaltung

Anhand der NAND-Schaltung aus Einzelbauelementen soll die Richtigkeit der Wertetabelle überprüft werden, Bild 50.4. Dieser Versuch soll zeigen, wie eine logische Schaltung mit wenigen Bauelementen realisiert werden kann.

 In dieser und allen weiteren Teilaufgaben sind die Wertetabellen gemäß der Vorlage in Bild 50.7 anzugeben sowie die Ergebnisse zu interpretieren.

 NAND-Verknüpfung eines Logikbausteins

An einem der Logikbausteine, Bild 50.6, soll experimentell gezeigt werden, dass es sich tatsächlich um einen NAND-Baustein handelt (Wertetabelle). Der Ausgangszustand wird mit einer Leuchtdiode geprüft.

 Logische Grundverknüpfungen

Eine NOT-Verknüpfung soll aus einer NAND-Verknüpfung geschaltet und deren Wertetabelle aufgenommen werden, Bild 50.9 a.

Eine AND-Verknüpfung soll aus NAND-Verknüpfungen geschaltet und die Wertetabelle mit den Zwischenzuständen A' aufgenommen werden, Bild 50.9 b.

Man schalte eine OR-Verknüpfung aus NAND-Verknüpfungen. Dazu soll die Wertetabelle mit den Zwischenzuständen E'_1 und E'_2 aufgenommen werden, Bild 50.9 c.

Man realisiere eine EXCLUSIVE-OR-Verknüpfung durch eine Schaltung nach Bild 50.8. Die Wertetabelle mit den Zwischenzuständen A' , A'_1 , A'_2 wird aufgenommen.

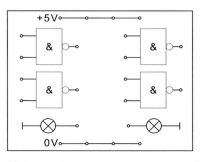

Bild 50.6. Schaltbrett mit vier NAND-Bausteinen, Beispiel

E_1	E_2	E_3	⋯	A'_1	A'_2	⋯	A
0	0	0					
1	0	0					
0	1	0					
1	1	0					
0	0	1					
.	.	.					
.	.	.					

Bild 50.7. Allgemeine Form einer Wertetabelle

E_1	E_2	A'_1	A'_2	A'_3	A
0	0				
1	0				
0	1				
1	1				

Bild 50.8. XOR-Verknüpfung aus NAND-Verknüpfungen

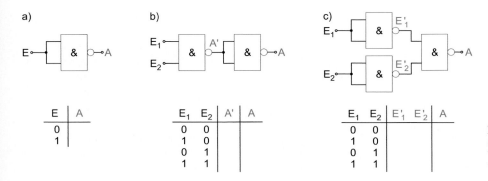

a)

E	A
0	
1	

b)

E_1	E_2	A'	A
0	0		
1	0		
0	1		
1	1		

c)

E_1	E_2	E'_1	E'_2	A
0	0			
1	0			
0	1			
1	1			

Bild 50.9. (a) NOT-, (b) AND- und (c) OR-Verknüpfung aus NAND-Verknüpfungen sowie auszufüllende Wertetabellen

Addierer - Verknüpfung

Bild 50.10. Halb-Addierer-Schaltung

Zusatzaufgabe: Halb-Addierer

Das Addieren von zwei Dualzahlen geschieht nach folgenden Regeln:

$$0 + 0 = 0 \quad 1 + 0 = 1 \quad 0 + 1 = 1 \quad 1 + 1 = 10 \quad .$$

Ein *Halb-Addierer* für zwei Dualzahlen ist eine logische Verknüpfung mit einer Wertetabelle nach Bild 50.10. Der Halb-*Addierer* hat zwei Eingänge E_1, E_2 für je eine einstellige Dualzahl sowie je einen Ausgang für Summe S und Übertrag Ü. Die Schaltung für den Halb-Addierer soll aufgebaut, die Wertetabelle bestimmt und mit der Vorgabe verglichen werden.

50.2 Grafische Programmierung logischer Verknüpfungen (1/2)

Kennenlernen des Programmpakets `LabVIEW` und Erstellen von Programmen zur Simulationen von Schaltungen aus Logikbausteinen. Die in Aufgabe 50.1 mit Logikbausteinen aufgebauten logischen Verknüpfungen sollen mit `LabVIEW` simuliert werden. Durch modulare Programmierung werden komplexere logische Schaltungen unter Verwendung der entwickelten Grundbausteine erzeugt.

PC mit installierter `LabVIEW`-Software, Drucker

Die Schaltungen für die Verknüpfungen NAND, NOT, AND, OR und XOR sollen mit Hilfe von LabVIEW ausschließlich aus NAND-Bausteinen erstellt werden. In den Programmen AND und XOR sollen die beiden Eingabefelder und das Ausgabefeld mit dem Anschlussfeld verbunden werden. Beide Programme werden als VI's abgespeichert.

Es soll ein *Halb-Addierer* mit `LabVIEW` programmiert werden. Die zuvor erstellten VI's (AND und XOR) können verwendet werden. (Um ein `SubVI` in ein Programm einzufügen, wählt man im Menüfenster `Functions` den Eintrag `All Functions` und dann `Select a VI`.) Die Schaltung soll direkt aus NAND-Bausteinen aufgebaut werden, so dass ein Vergleich mit einer unter Verwendung von AND- und XOR-Bausteinen erstellten Schaltung erfolgen kann.

Voll-Addierer: Eine Schaltung, welche eine dritte Binärzahl zu dem Ergebnis eines Halb-Addierers hinzuaddiert, nennt sich Voll-Addierer. Voll-Addierer können in einer Kaskade hintereinander geschaltet werden, um beliebig lange Binärzahlen zu addieren. Es soll selbstständig eine Wertetabelle für die Addition dreier Dualzahlen erstellt werden, die wiedergibt wie der Voll-Addierer funktionieren soll. Anhand dieser Tabelle soll der Voll-Addierer konstruiert werden. Ist diese Schaltung noch effizienter zu bauen, d.h. mit möglichst wenigen NAND-Bausteinen bzw. Transistoren? Die minimale Anzahl benötigter NAND-Bausteine soll bestimmt werden.

Die Schaltungen sollen ausgedruckt und deren Funktionsweise beschrieben werden. Die so erhaltenen Ergebnisse werden mit den entsprechenden Ergebnissen aus Aufgabe 50.1 verglichen.

51. Fourieranalyse, Signalabtastung und Signalfilterung

Analyse periodischer Signale; Simulation und Bearbeitung von physikalischen Messsignalen; Verfahren der digitalen Signalabtastung; Abtasttheorem nach Shannon.

Standardlehrbücher (Stichworte: Fourieranalyse, analoge Signalverarbeitung, Abtastung, Sampling-Verfahren),
Themenkreis 50: Logische Verknüpfungen,
Georgi/Hohl: Einführung in LabVIEW.

Periodische Signale und Fourierreihen

Periodische Signale tauchen in vielen Bereichen der Physik und Technik auf, unter anderem bei schwingungsfähigen Systemen in der Mechanik, Optik, Elektronik oder Atomphysik.

Bild 51.1. Periodisches Signal $F(t) = F(t + T)$

Unter einem **Signal** wird hier eine Funktion verstanden, die eine physikalische Größe in Abhängigkeit von der Zeit, dem Ort oder einer anderen Variablen darstellt. Wir betrachten hier *zeitkontinuierliche* analoge Signale, die z. B. mit einem Oszilloskop dargestellt oder mit einem A/D-Wandler (Analog-Digital-Wandler) diskretisiert werden können. Als Beispiel zeigt Bild 51.1 einen Spannungsverlauf mit einer **Periodendauer** T, so dass gilt: $F(t) = F(t + T)$. Alle Informationen dieses Signals stecken bereits in einer einzigen Periode, d. h. es genügt, die Funktion F während einer Zeitspanne der Dauer T zu messen.

Aus der Mathematik ist bekannt, dass jede beliebige periodische Funktion als

Fourier-Reihe	$\mathcal{F}(t) = \dfrac{a_0}{2} + \displaystyle\sum_{n=1}^{N}[a_n \cos(n\omega t) + b_n \sin(n\omega t)]$

dargestellt werden kann, d. h. durch Sinus- und Kosinus-Funktionen mit unterschiedlichen Perioden $2\pi n$. Dabei ist $\omega = 2\pi/T$ die Kreisfrequenz der Grundschwingung. Im allgemeinen geht N gegen ∞. Bei physikalischen Experimenten genügt jedoch eine endliche Zahl, weil durch die Verarbeitung des Signals die hohen Frequenzen stark gedämpft werden. Die Konstanten $a_0, a_1...$ heißen *gerade Fourierkoeffizienten*, $b_1, b_2, ..$ *ungerade Fourierkoeffizienten*. Diese Bezeichnungen beruhen darauf, dass $\cos(x)$ eine gerade und $\sin(x)$ eine ungerade Funktion ist.

Der Periode 2π des Signals $F(t)$ entspricht eine Frequenz $f_1 = 1/T = \omega/2\pi$. Diese wird als Grundfrequenz bezeichnet. Die Sinus- und Kosinusfunktionen der Fourierreihe besitzen Frequenzen $f_n = nf_1$, d. h. ganzzahlige Vielfache der Grundfrequenz. Die Frequenzdarstellung der Fourierkoeffizienten nennt man **Kosinusspektrum** $(a_0/2, a_1, a_2, \ldots)$ und **Sinusspektrum** $(b_1, b_2, \ldots)$. Führt man die Größen

$$\rho_0 = \frac{a_0}{2}, \qquad \rho_n = \sqrt{a_n^2 + b_n^2}, \qquad \Phi_n = \arctan\left(\frac{a_n}{b_n}\right)$$

ein, so ergibt sich eine Darstellung der Fourier-Reihe nur mit Sinusfunktionen, die aber unterschiedliche Phasen Φ_n besitzen können:

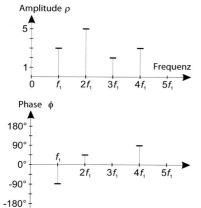

Bild 51.2. Amplituden- und Phasenspektrum des Zeitsignals von Bild 51.1

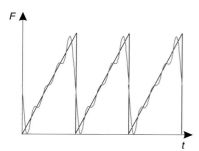

Bild 51.3. Approximation der 2π-periodisch fortgesetzten Funktion $F(t) = t$, $0 < t < T$, durch ein Fourierpolynom vom Grad $N = 4$

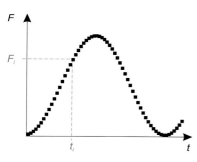

Bild 51.4. Abtastung eines Signals erzeugt eine Punktmenge $F_i = f(t_i)$

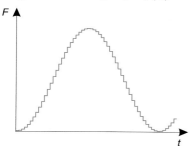

Bild 51.5. Abtastung mittels *sample-and-hold* Schaltung erzeugt eine Stufenfunktion

$$\mathcal{F}(t) = \rho_0 + \sum_{n=1}^{N} \rho_n \sin(n\omega t + \Phi_n).$$

Außer der Darstellung des Signals in der Form $F(t)$, Bild 51.1, besteht die Möglichkeit, ρ_n und Φ_n in Abhängigkeit von f_n darzustellen:

$\{(0, \rho_0), (f_1, \rho_1), (2f_1, \rho_2), \ldots\}$ heißt **Amplitudenspektrum** und
$\{(f_1, \Phi_1), (2f_1, \Phi_2), \ldots\}$ heißt **Phasenspektrum**.

Die periodische Funktion $F(t)$ kann also völlig gleichwertig entweder durch den Zeitverlauf $F(t)$ oder durch die Angabe von Kosinus- plus Sinusspektrum bzw. von Amplituden- plus Phasenspektrum beschrieben werden, Bild 51.2.

ρ_0 heißt Gleichanteil und wäre der konstante Anzeigewert eines sehr trägen Messgeräts. Dem Gleichanteil kann keine Phase Φ_0 zugeordnet werden, weshalb das Phasenspektrum erst mit Φ_1 beginnt. Die Schwingungen mit $n = 2, 3, \ldots$ werden in der Akustik als harmonische Obertöne oder kurz **Harmonische der Grundschwingung** ($n = 1$) bezeichnet, ihre Gesamtheit heißt **Obertonreihe**.

Bandbreite

Um alle Fourierkoeffizienten $a_0, a_1, a_2, \ldots, b_1, b_2, \ldots$ aus der Funktion $F(t)$ berechnen zu können, muss man $F(t)$ *genau* kennen. Die Berechnung ist nur dann möglich, wenn die Fourierreihe *endlich* ist und nach einer Frequenz Nf_1 abbricht, d. h. dass alle $\rho_n = 0$ für $n > N$. Ist dabei $\rho_N \neq 0$, so heißt Nf_1 **Bandbreite** des Signals F. Wenn die Bandbreite endlich ist, können die endlich vielen Koeffizienten für $n \leq N$ ausgerechnet werden, das Signal heißt dann *bandbreitenbegrenzt*. In der physikalischen und messtechnischen Realität kann immer davon ausgegangen werden, dass die Fourierreihe eines periodischen Signals in dieser Weise bandbegrenzt ist; denn eine Signalverarbeitung führt meistens zu einer Verringerung der Bandbreite, z. B. durch Tiefpässe oder durch andere Filter in der elektrischen Schaltung. Dadurch treten zwar Signalverformungen auf, aber das Spektrum von F ist dann *vollständig* bekannt.

Als Beispiel soll ein sägezahnförmiger Spannungsverlauf betrachtet werden. Die zugehörige mathematische Funktion $F(t)$ ist unstetig und benötigt zur korrekten Beschreibung unendlich viele Fourierkomponenten ($N \to \infty$). Begrenzte Bandbreite bei der Signalverarbeitung führt infolge der Endlichkeit der Fourierreihe nur zu einer Approximation, wie in Bild 51.3 dargestellt.

Signal-Abtastung und Spektrenberechnung

Unter der **Abtastung** (*sampling*) eines periodischen Signals $F(t)$ mit der Abtastfrequenz f_s wird die Auswertung $F_i = f(t_i)$ des Signals zu Zeitpunkten t_i verstanden, die gleichmäßig im Abstand $1/f_s$ aufeinanderfolgen, sog. Punktauswertungen, Bild 51.4.

Bei der messtechnischen Realisierung einer Abtastung wird oft eine **sample-and-hold**-Schaltung benutzt, die den Signalwert zwischen zwei Auswertungen (Tastpunkten) konstant auf dem Wert der vergangenen hält, um den zeitkontinuierlichen Charakter des Signals zu erhalten, Bild 51.5.

Man muss mindestens $S = 2N + 1$ Punkte (t_i, F_i) kennen, um ein Fourierpolynom vom Grad N konstruieren zu können: Zur Berechnung der Koeffizienten der linear unabhängigen Basisfunktionen $1, \cos(\omega t), \cos(2\omega t), \ldots, \sin(\omega t), \sin(2\omega t), \ldots$ müssen im Prinzip $2N + 1$ Gleichungen gelöst werden. Dieses Gleichungssystem wäre unterbestimmt und damit nicht eindeutig lösbar, falls $S < 2N + 1$.

Hieraus folgt das **Shannonsche Abtasttheorem**, welches besagt, dass die halbe Abtastfrequenz $f_s/2$ größer sein muss als die höchste im Signal enthaltene Frequenz

$f_N = N f_1$. Umgekehrt ergibt sich bei vorgegebener Abtastfrequenz f_s, dass für ein Ergebnis ohne Informationsverlust die in einem Signalspektrum enthaltenen Frequenzen nicht größer sein dürfen als die sog. **Nyquist-Frequenz** $f_{\text{Nyquist}} = f_s/2$.

Gauß-Rauschen

Messsignalen sind häufig statistische Störsignale überlagert, die man als **Rauschen** bezeichnet. Je nach physikalischer Ursache unterscheidet man unterschiedliche Rauschtypen wie 1/f-Rauschen, thermisches Rauschen oder Schrotrauschen u.a. Von *weissem Rauschen* spricht man, wenn im Rauschspektrum alle Frequenzen vorkommen. Ein Sonderfall ist das sog. **Gauß-Rauschen**, Bild 51.6.

Eine wichtige Aufgabe für Experimentatoren ist es, aus einem verrauschten Signal das eigentliche Messsignal herauszufiltern. Ein dabei häufig eingesetztes experimentelles Verfahren ist die *Lock-in-Technik*, bei der Verstärker benutzt werden, die nur das mit einer festen Frequenz modulierte Messsignal verstärken, den Rauschuntergrund, der sich auf viele Frequenzen verteilt, dagegen nicht.

Entscheidend für die Erkennbarkeit eines (schwachen) Messsignals ist das Verhältnis der Signalamplitude zur Rauschamplitude, ausgedrückt durch das **Signal-Rausch-Verhältnis** (SNR: signal to noise ratio):

$$\text{SNR} = 10 \cdot \log(\text{Signalpegel}/\text{Rauschpegel}) \, \text{dB}.$$

Will man ein Rauschsignal künstlich erzeugen, benutzt man einen Rauschgenerator. An dessen Ausgang steht ein Rauschsignal zur Verfügung, dessen Amplituden durch den einstellbaren *Rauschpegel* bestimmt werden. Zur Erzeugung von Gauß-Rauschen benötigt man eine Schaltung bzw. ein Programm, das dem zu untersuchenden Signal einen zufälligen Funktionswert hinzuaddiert, der einer Normalverteilung entstammt.

Bild 51.6. Zeitlicher Verlauf der Rauschamplitude bei Gauß-Rauschen

Harmonische Analyse und Synthese

Die Fourierkoeffizienten, die ein Signal $F(t)$ darstellen, sind gegeben durch

$$a_n = \frac{1}{\pi} \int_0^{2\pi} F(t) \cos(n\omega t) \mathrm{d}t \quad \text{für} \quad n \in \{0, \dots, N\} \qquad bzw.$$

$$b_n = \frac{1}{\pi} \int_0^{2\pi} F(t) \sin(n\omega t) \mathrm{d}t \quad \text{für} \quad n \in \{0, \dots, N\} \quad .$$

Die Berechnung der Fourierkoeffizienten erfolgt in der Regel numerisch, wobei verschiedene Algorithmen zum Einsatz kommen können. Häufig werden Implementierungen eines *FFT*-Algorithmus (Fast Fourier Transfor) verwendet. Der in dieser Aufgabe verwendete Algorithmus ermöglicht, aus den äquidistant aufgenommenen Tastpunkten während einer Periode eine Darstellung des Spektrums zu berechnen: *harmonische Analyse*. Die Rechnung kann auch umgekehrt ausgeführt werden, d. h. aus vorgegebenen Spektren kann der Zeitverlauf von $F(t)$ berechnet werden: *harmonische Synthese*.

Fourierspektrum von Rechteck- und Sägezahnsignalen

Das Fourierspektrum eines idealen Rechtecksignales der ganzzahligen Frequenz f_1 nimmt nur bei den Frequenzen $f_n = n f_1$ mit $n = 1, 3, 5, \dots$ Werte ungleich Null an. Für das Amplitudenspektrum gilt dann:

$$\rho_n = \frac{4a}{n\pi}.$$

Die Verteilung der Fourier-Koeffizienten auf gerade (Kosinus-Anteile) und ungerade Anteile (Sinus-Anteile) wird durch die Phase des Signals bestimmt: Eine gerade Funktion besitzt nur reelle bzw. gerade Fourierkoeffizienten, eine ungerade Funktion nur imaginäre bzw. ungerade Fourierkoeffizienten.

Durch die Abtastung mit endlichen Zeitabständen haben die Flanken eine beschränkte Steigung: *Diskretisierungsfehler*. Der Diskretisierungsfehler bewirkt, dass auch die im Idealfall verschwindenden Anteile des Fourierspektrums endliche Werte annehmen.

Das Spektrum eines Rechtecksignals ist nicht bandbegrenzt, so dass eine Darstellung durch ein endliches Fourierspektrum zum Abschneiden unendlich vieler Teilfrequenzen führt. Außerdem werden Frequenzanteile abgetastet, die in der Nähe der Abtastfrequenz liegen. Diese Verletzung des Shannon-Theorems bewirkt, dass das Abtastergebnis dieser Frequenzanteile Fourierkoeffizienten zu sehr viel niedrigeren Frequenzen liefert, die im Originalsignal gar nicht vorhanden sind. Diese Erscheinung nennt man *Aliasing*. Die Abtastung eines solchen Signals mit einer endlichen Frequenz kann daher dessen Spektrum verfälschen und gibt deshalb nur bedingt die physikalische Realität wieder.

Die gleichen Einschränkungen treffen auch für die diskrete Fourieranalyse eines sägezahnförmigen Signalverlaufes zu. Im Gegensatz zur Rechteckfunktion kann das Sägezahnsignal durch Verschiebung nicht zu einer symmetrischen Funktion umgewandelt werden. Bei einer Phase $\Phi = 0$ ist die Funktion antisymmetrisch und das Fourierspektrum wird ausschließlich durch die Sinus-Anteile dargestellt. Für diese gilt dann

$$b_n = (-1)^{(n+1)} \frac{2a}{n\pi},$$

mit $f_n = nf_1$ und $n = 1, 2, 3, \ldots$

📖 Erzeugung und Abtastung von Signalen mit LabVIEW

Bei der Beschreibung des Versuches wird auf `LabVIEW`-Begriffe zurückgegriffen, die in *Themenkreis 50* eingeführt werden. Für weitergehende Fragen ist die installierte Hilfefunktion der Software zu benutzen.

Bei der Fourieranalyse der Signale wird im Folgenden von einer Periodendauer von $T = 1s$ ausgegangen. Daraus ergibt sich dann die Grundfrequenz zu $f_1 = 1Hz$, die zugehörige Kreisfrequenz ist dann

$$\omega_1 = 2\pi f_1 = \frac{2\pi}{s} \quad .$$

Bild 51.7. Erzeugung periodischer Signale, `LabVIEW` Express-`VI`

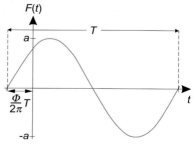

Bild 51.8. Ein Sinus-Signal erzeugt von der Funktion $F(t) = a\sin(n\omega t + \Phi)$

Im Programmpaket `LabVIEW` steht zur Erzeugung der Signale das Express-`VI` *Simulate Signal*, Bild 51.7, zur Verfügung. Dieses simuliert einen Funktionsgenerator mit dahinter geschalteter Sampling-Messkarte. Verschiedene periodische Signalformen, wie z.B. Sinus (Bild 51.8), Rechteck oder Sägezahn, können mit frei einstellbaren Parametern (Amplitude, Frequenz, Phase und Gleichanteil) auf dem Rechnerbildschirm erzeugt und dann punktweise abgetastet werden. Zusätzlich ist ein Rauschgenerator vorhanden, der dem Signal verschiedene Rauschtypen aufmodulieren kann. Das diskrete Signal wird dann als `Dynamic Data Type` ausgegeben. Dieser noch nicht festgelegte Datentyp kann je nach Bedarf in ein Feld von beliebig vielen 64-Bit Fließkommawerten, `double array` oder in eine `Waveform` umgewandelt werden. `Waveform` ist ein zusammengesetzter Datentyp, welcher zusätzlich zu den Datenwerten

$$\{F_0, F_1, F_2 \ldots\}$$

noch die Anfangszeit der Messung t_0 und den zeitlichen Abstand zwischen zwei Messpunkten dt beinhaltet, so dass in einer grafischen Darstellung jedem Messpunkt seine entsprechende Messzeit zugeordnet werden kann.

Mit dem `VI` *SimulateSignal* können der Signaltyp und die Signalparameter eingestellt werden. Zudem lässt sich hier die Samplingfrequenz und optional auch die

Anzahl der Messpunkte vorgeben. Über die Anschlüsse der Funktion können die Signalparameter, nicht aber der Signaltyp oder die Abtastbedingungen verändert werden.

Dafür wird das VI *Signalerzeugung*, Bild 51.9, zur Verfügung gestellt, welches unter anderem Anschlüsse für den Signaltyp, für die Erzeugung von Rauschen, für die Samplingrate und die Anzahl der Samplingpunkte besitzt. Die Samplingrate muss größer als die doppelte Frequenz des abzutastenden Signals sein, sonst erzeugt das VI einen Fehler. Wählt man die Anzahl der Samplingpunkte gleich der Samplingrate, so wird genau eine Sekunde lang abgetastet. Möchte man nur eine Periode des Signals darstellen, so wählt man die Anzahl der Samplingpunkte als ganzzahliges Verhältnis der Samplingrate zur Signalfrequenz. Zusätzlich bietet dieses VI die Möglichkeit, das Signal im *Sample-and-hold-Verfahren* abzutasten. Hierfür muss die Größe des auszugebenden Arrays vorgegeben werden. Das erzeugte Signal wird dann als Waveform ausgegeben.

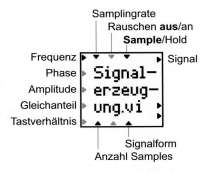

Bild 51.9. Erzeugung periodischer Signale. Signalform sowie Art der Abtastung werden durch die übergebenen Parameter eingestellt, LabVIEW-VI

51.1 Darstellung von Signalen (1/3)

Kennenlernen der grundlegenden Signalerzeugungsroutinen von LabVIEW, mit denen periodische Signale erzeugt und dargestellt werden können. Diese Aufgabe ist obligatorische Voraussetzung für die Bearbeitung der folgenden Aufgaben in diesem Themenkreis.

PC mit installierter LabVIEW Software, Drucker,
LabVIEW VIs: *Signalerzeugung*, *Einfache Simulation periodischer Signale*, *Erweiterte Simulation periodischer Signale*

Erzeugung periodischer Signale: Sinus / Kosinus

Das Sinussignal $F(t) = 2\sin(5\omega_1 t) - 1$ soll mit dem VI *Einfache Simulation periodischer Signale* erzeugt und auf dem Bildschirm dargestellt werden. Alle Bedien- und Anzeigeelemente sowie das VI zur Signalerzeugung, *Simulate Signal*, befinden sich bereits in dem Programm. Es bedarf also nur noch der richtigen Verkabelung, einer entsprechenden Konfiguration von *Simulate Signal* (s. a. Erzeugung und Abtastung von Signalen mit LabVIEW) und der Anpassung der Werte der Kontrollelemente.

Man taste das Signal mit einer Samplingfrequenz von $f_s = 1000\,Hz$ ab. Die Anzahl der Samplingpunkte ist jeweils so anzupassen, dass das Signal über eine Sekunde, bzw. über eine Periode abgetastet wird. Eine unabhängige Einstellung beider Werte ist nur möglich, wenn im Konfigurationsfenster von *Simulate Signal* das Kontrollfeld Automatic deaktiviert wird.

Die Samplingfrequenz soll nun auf $f_s = 20\,Hz$ gesetzt und der Kurvenverlauf über eine Sekunde abgetastet werden. Wie verändert sich das dargestellte Signal? Für welchen Wert von f_s nimmt das Signal einen sinusförmigen Verlauf an?

Durch Anpassung des Wertes *eines* der Kontrollelemente soll nun die Kosinusfunktion $F(t) = -2\cos(5\omega_1 t) - 1$ erzeugt werden.

Man beschreibe die Änderungen, die bei Verwendung unterschiedlicher Abtastfrequenzen auftreten. Welcher Parameter wird verändert, um aus der Sinus- die Kosinus-Funktion zu erhalten?

Man gebe zu allen aufgenommenen und protokollierten Signalverläufen die Samplingfrequenz sowie die Anzahl der Samplingpunkte an.

Erzeugung und Darstellung von Sägezahn- und Rechteck-Signal

Ein **Sägezahn-Signal**, Bild 51.10, soll mit Hilfe des Programms *Einfache Simulation periodischer Signale* erzeugt werden. Der Signaltyp wird im Konfigurationsfenster von *Simulate Signal* definiert. Man stelle mindestens zwei verschiedene Sägezahnsignale auf dem Bildschirm dar.

Das Programm *Erweiterte Simulation periodischer Signale* basiert auf *Signalerzeugung* als Signalgenerator. Die Benutzeroberfläche zur Eingabe der Signalparameter ist in Bild 51.12 dargestellt. Mit diesem Programm soll eines der beiden Sägezahnsignale noch einmal erzeugt werden. Die Anzahl der Samplingpunkte lässt

Bild 51.10. Sägezahn-Signal

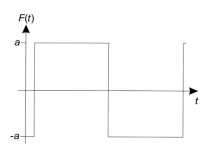

Bild 51.11. Rechteck-Signal mit Tastverhältnis 1:2

Bild 51.12. Eingabebereich vom VI *Erweiterte Simulation periodischer Signale*

sich über ein entsprechendes Kontrollelement vorgeben; die Samplingfrequenz wird dann automatisch so angepasst, dass das Signal über eine Sekunde abgetastet wird.

Man taste einen der vorher dargestellten Sägezahn-Verläufe mit mindestens drei unterschiedlichen Werten der Samplingfrequenz ab.

Ein **Rechteck-Signal** wie in Bild 51.11 wird mit *Erweiterte Simulation periodischer Signale* erzeugt. Das Tastverhältnis $x \in [0; 1]$ gibt den prozentualen Anteil der Zeit einer Periode an, während der das Signal positiv ist. Ein Tastverhältnis von Null erzeugt demnach ein zeitlich konstantes Signal $F(t) \equiv -a$, eines von Eins erzeugt $F(t) \equiv a$.

Ein symmetrisches Rechtecksignal (Tastverhältnis ist 1:2) der Frequenz z. B. $f = 5$ Hz mit der Amplitude $a = 1$ soll erzeugt und mit einer passenden Samplingfrequenz abgetastet werden. Anschließend sollen Rechtecksignale verschiedener Tastverhältnisse dargestellt werden.

Man drucke einen der Signalverläufe aus. Hierfür kann jeweils die gesamte Bildschirmdarstellung von **Front Panel** auf dem Drucker ausgegeben werden. Für die nicht gedruckten Signalverläufe werden die aufgetretenen Änderungen notiert.

Die Abnahme der Amplitude der Sägezahnfunktion bei Verwendung nur weniger Samplingpunkte soll erklärt werden.

Stimmen Darstellung der Sägezahn- und der Rechteckfunktion mit den erwarteten Darstellungen gemäß Bild 51.10 bzw. Bild 51.11 überein? Man erkläre eventuelle Unterschiede.

Gauß-Rauschen

Bei *Erweiterte Simulation periodischer Signale* wird dem Signal ein Rauschen überlagert, wenn das Kontrollfeld **Rauschen**, Bild 51.12, aktiviert ist. Aus der Vielzahl verschiedener Rauschtypen ist hier bereits das weisse Gauß-Rauschen vorselektiert. Der Rauschpegel wird über ein weiteres Kontrollelement vorgegeben.

Es soll das weiße Rauschen ohne Messsignal für verschiedene Pegel auf dem Bildschirm dargestellt werden. Welche Signalform muss hierfür sinnvollerweise unterlegt werden?

Wie hängt der Rauschpegel mit den Amplituden des Rauschsignals zusammen, d.h. mit welchen Wahrscheinlichkeiten befindet sich ein einzelner Rausch-Signalwert in den Intervallen $[-k\,\sigma, k\,\sigma]$, für $k = 1, 2, 3$, wenn σ der Rauschpegel ist?

Schwebungen bei der Messung

Ein Sinus-Signal mit einer Frequenz von 50 Hz wird erzeugt. Das Signal soll mit einer Samplingrate von 100 Hz abgetastet werden. Man erhöhe nun die Samplingrate schrittweise um jeweils 1 Hz und beobachte den Signalverlauf. Man verfahre genau so für Abtastfrequenzen, die verschieden große Vielfache der Signalfrequenz bilden, wie z.B. 200 Hz und 2000 Hz.

Man interpretiere die verschiedenen Formen der Signalverläufe. Wie lässt sich das Auftreten von Schwebungsfrequenzen erklären?

Die Netzfrequenz von 50 Hz wird von allen elektrisch betriebenen Geräten je nach Abschirmung mehr oder weniger stark abgestrahlt und überlagert sich somit immer dem Messvorgang. Wie soll man deshalb günstigerweise im Laborexperiment die Abtastfrequenz wählen, um den Einfluss dieser Störung auf das Messergebnis zu minimieren?

51.2 Fourieranalyse und -synthese (1/3)

Am Beispiel von Sinus- und Kosinusfunktionen sollen Fourieranalyse und -synthese erprobt werden. Durchführung von Manipulationen im Frequenzbereich. Diese Aufgabe ist Grundlage für die Bearbeitung einer der beiden folgenden Aufgaben 51.3 und 51.4.

PC mit installierter LabVIEW Software und Soundkarte, Drucker, Mikrofon, Stimmgabel, Frequenzgenerator mit Lautsprecher,
LabVIEW VIs: *Fourieranalyse, Fouriersynthese, Fourieranalyse-Summe harmonischer Signale, Fouriersynthese aus F.koeffizienten, Klangspektrum.*

Fourier-Synthese

LabVIEW stellt VIs zur numerischen komplexen Fourieranalyse und -synthese zur Verfügung: *Complex* und *Inverse Complex FFT* (Fast Fourier Transform). Da in diesem Themenkreis die Signale aber durch reellwertige Messwerte, nämlich die diskreten Signalamplituden beschrieben werden, können die VIs *Fourieranalyse* und *Fouriersynthese* zur reellen Fouriertransformation verwendet werden, die auf die LabVIEW-internen VIs zugreifen.

Fourieranalyse benötigt das periodische Signal als Kurvenverlauf (Waveform). Das berechnete Fourierspektrum wird als Sinus-Kosinus-Spektrum sowie als Amplituden-Phasen-Spektrum ausgegeben.

Fouriersynthese kann mit einer der beiden Formen des Fourierspektrums initialisiert werden. Das synthetisierte Signal wird wieder als Kurve (Waveform) ausgegeben.

Mit *Fourieranalyse-Summe harmonischer Signale* lassen sich beliebig viele harmonische Signale erzeugen und zu einem Summensignal überlagern. Die Fourier-Koeffizienten des Summensignals werden wahlweise als Sinus-Kosinus- oder als Amplituden-Phasen-Darstellung grafisch ausgegeben, Bild 51.13. Zum genauen Ablesen der Fourier-Koeffizienten ist es sinnvoll, möglichst wenige Samplingpunkte bei der Signalerzeugung zu wählen (Warum?). Möchte man die Kurvenverläufe originalgetreu darstellen, so muss die Anzahl der Samplingpunkte entsprechend erhöht werden.

In dem Programm *Fouriersynthese aus F.koeffizienten* können bis zu 16 Koeffizienten des Sinus- sowie des Kosinus-Spektrums als Zahlenwerte angegeben werden. Das grafisch dargestellte Signal ist durch inverse Fouriertransformation der 32 Koeffizienten synthetisiert.

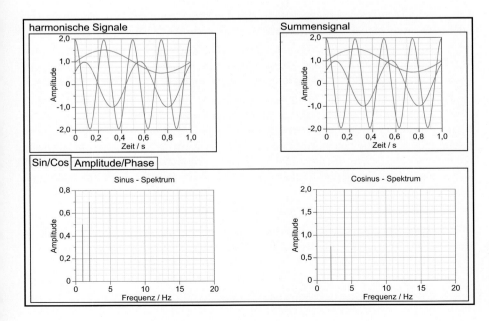

Bild 51.13. Grafische Ausgabe des generierten Summensignals, sowie des Sinus-Kosinus-Spektrums, *Fourieranalyse-Summe harmonischer Signale*

Fourier-Analyse harmonischer Funktionen

Mit *Fourieranalyse-Summe harmonischer Signale* sollen hintereinander die Funktionen

$$F(t) = 2\sin(5\omega_1 t) - 1 \quad \text{und} \quad F(t) = -2\cos(5\omega_1 t) - 1$$

aus Aufgabe 51.1 erzeugt werden. Man berechne das Fourierspektrum in beiden Darstellungen.

Die beiden Funktionen sollen nun addiert werden. Man stelle wiederum beide Formen des Fourierspektrums dar.

Man interpretiere Sinus-Kosinus- und Amplituden-Phasen-Spektrum jeweils für die harmonischen Funktionen sowie für die Summenfunktion. Auf welche Weise finden sich die einstellbaren Funktionsparameter in dem jeweiligen Spektrum wieder. Warum tritt im Amplitudenspektrum des Summensignals neben dem Anteil für den Signaluntergrund nur eine Frequenz auf?

Fourier-Analyse und -Synthese harmonischer Funktionen

Mit *Fourieranalyse-Summe harmonischer Signale* werden fünf harmonische Funktionen unterschiedlicher Frequenzen ($f_{max} = 15$ Hz), Phasen, Amplituden und/oder Gleichanteile überlagert. Die Signalparameter sollen für eine spätere Verwendung auf der Festplatte gespeichert werden.

Man gebe die Funktionsgleichung des erzeugten Signals an. Die Koeffizienten des Sinus-Kosinus-Spektrums sollen aus der grafischen Darstellung abgelesen werden.

Man rekonstruiere das Summensignal mit *Fouriersynthese aus F.koeffizienten* aus den vorher notierten Werten für die Fourierkoeffizienten.

Man drucke das Summensignal, sowie das aus den manuell eingegebenen Fourierkoeffizienten synthetisierte Signal aus. Sind die Signalverläufe identisch?

Analyse von Audiodaten

Mit Hilfe des Programms *Klangspektrum* ist es möglich, ein Audiosignal von der Dauer einer Sekunde über den Mikrofoneingang der Soundkarte des PCs einzulesen. Die Aufnahme des Mono-Signals erfolgt mit einer Auflösung von 16 Bit und einer Samplingfrequenz von 44,1 kHz. Es sollen einige Geräusche oder Klänge, wie z.B. das einer Stimmgabel und ein von einem Frequenzgenerator und Lautsprecher erzeugter Sinus-Ton aufgenommen werden. Die Frequenzen dieser Töne sind aus den dafür am besten geeigneten Spektren abzulesen.

Die gemessenen Frequenzen sollen, sofern möglich, mit den bekannten Signalfrequenzen verglichen werden. Die Datenmenge des vom Computer verarbeiteten Audiosignals soll rechnerisch ermittelt werden: 8 Bit = 1 Byte.

Sprechen oder singen Sie einen der fünf Vokale a, e, i, o oder u ins Mikrofon und bestimmen Sie das Frequenzspektrum mit dem Programm *Klangspektrum*. Wiederholen Sie diese Messung mit einem anderen, z.B. höheren Grundton.

Vergleichen Sie die Ergebnisse miteinander. Vergleichen Sie sie zusätzlich auch mit den entsprechenden Messungen anderer Personen, wobei möglichst Männer- und Frauenstimmen vertreten sein sollten. Bestimmen Sie die jeweiligen Grundfrequenzen und benennen Sie diejenigen Frequenzbereiche (*Formantbereiche*), die verantwortlich für die Identifizierung des entsprechenden Vokals trotz unterschiedlicher Tonhöhe (Grundfrequenz) sind *Bergmann/Schäfer*: Experimentalphysik – Band 1.

Wiederholen Sie die Messung mit anderen Vokalen.

Stellen Sie die gemessenen Formantbereiche für die verschiedenen Vokale in einer Tabelle zusammen und vergleichen Sie Ihre Ergebnisse mit Literaturwerten.

51.3 Rechteck- und Sägezahnsignal, Shannon-Theorem (1/3)

 Die Fourierkoeffizienten von Rechteck- und Sägezahnsignalen sollen untersucht werden. Auswirkung der Diskretisierung des Signals auf das Fourierspektrum. Überprüfung des Abtasttheorems von Shannon.

PC mit installierter LabVIEW Software, Drucker,
LabVIEW VIs: *Fourieranalyse-Rechteck, Saegezahn, Shannon Theorem*.

Das Programm *Fourieranalyse-Rechteck, Saegezahn* dient der Darstellung und Fourieranalyse von Rechteck- oder Sägezahnsignalen. Die Fourierkoeffizienten lassen sich wahlweise als Amplituden-Phasen- oder als Sinus-Kosinus-Spektrum darstellen.

Das Spektrum kann auf verschiedene Arten manipuliert werden. Zum einen lassen sich die reellen oder die imaginären Anteile abschneiden, d.h. auf Null setzen. Zum anderen können alle Frequenzanteile gelöscht werden, die bei einem idealen Rechteck- bzw. Sägezahnspektrum nicht vorhanden sind, bzw. es können umgekehrt dazu genau die Anteile gelöscht werden, welche die Information des idealen Signals tragen. Somit kann z.B. ausschließlich die Form der Störung betrachten werden.

Anschließend wird aus dem veränderten Frequenzspektrum wieder ein Signalverlauf durch inverse Fouriertransformation synthetisiert.

Ein Rechtecksignal (Tastverhältnis 1:2) mit ganzzahligem Frequenzverhältnis $n = \frac{f_n}{f_1}$ und Amplitude a (z.B. $a = 1$ und $n = 2$) soll mit Phase $\Phi = 0$ erzeugt werden. Es sind sehr kleine und sehr große Werte für die Anzahl der Samplingpunkte und damit der Samplingrate einzustellen. Betrachtet wird jeweils das Sinus-Kosinus-Spektrum. Die reellen, bzw. die imaginären Anteile sind auf Null zu setzen. Man verfahre genauso mit den Frequenzanteilen, die das ideale Spektrum tragen und mit denen, die bei einem idealen Spektrum verschwinden sollten.

Ein Rechtecksignal mit $\Phi = \frac{\pi}{4}$ ist zu erzeugen und die gleichen Untersuchungen sind durchzuführen, wie im vorigen Abschnitt beschrieben.

Man erzeuge ein Sägezahnsignal mit gleicher Frequenz und Amplitude wie die des Rechtecksignals. Das Fourierspektrum ist auf die beschriebene Weise zu untersuchen.

Zwei Darstellungen der Spektren sowie des synthetisierten Signals sollen exemplarisch ausgedruckt werden. Für die nicht ausgedruckten Darstellungen beschreibe man die aufgetretenen Veränderungen. Der Signalverlauf der Invers-Fouriertransformierten ist zu interpretieren für den Fall, dass bestimmte Anteile des Fourierspektrums auf Null gesetzt sind. Man ziehe Rückschlüsse auf die Bedeutung dieser Anteile bezüglich der Fehler, die bei endlicher Abtastung eines nicht bandbegrenzten Signals auftreten.

Wie lässt sich das synthetisierte Signal für $\Phi = \frac{\pi}{4}$ deuten, wenn jeweils die Sinus- oder die Kosinus-Anteile auf Null gesetzt werden?

Shannons Abtasttheorem

In diesem Versuchsteil wird von der Möglichkeit Gebrauch gemacht, die Zeitauflösung eines Signalverlaufs durch sog. *zero-padding* zu erhöhen. Dabei werden dem Spektrum vor der Fouriersynthetisierung genau so viele höhere Harmonische mit der Amplitude Null angehängt, wie Zwischenwerte des Signals erzeugt werden sollen. Bei der anschließenden Fouriersynthese bewirkt diese Operation eine Interpolation von Zwischenwerten gemäß dem Fourierspektrum des ursprünglichen Signals. Dabei entsteht zwar keine neue Information im Signal, aber dem Signalverlauf liegt eine scheinbar höhere Samplingrate zugrunde.

Es soll ein sinus-förmiges Signal erzeugt werden, z.B. $F(t) = \sin(7\omega_1 t)$. Man setze die Anzahl der Punkte des zu synthetisierenden Signals möglichst hoch (z.B. $N = 2048$) und bestimme die minimale Samplingfrequenz f_s, die nötig ist, um das Originalsignal fehlerfrei aus dem Spektrum des gesampelten Signals zu synthetisieren. Man bestimme auch die minimale Samplingfrequenz eines kosinusförmigen Signals gleicher Frequenz.

Bild 51.14. Frequenzverlauf des Übertragungsfaktors für Hochpass, Tiefpass und Bandpass

Bild 51.15. Neue Bedienelemente, zusätzlich zu den in Bild 51.12 dargestellten, *Manipulation im Fourierspektrum*

Bild 51.16. Abgetasteter Verlauf F_a eines Sinussignals $\sin(7\omega_1 t)$ mit einer Samplingrate $f_\mathrm{s} = 64\,\mathrm{Hz}$

Das Summensignal aus Aufgabe 51.2 soll von der Festplatte geöffnet werden. Wiederum ist die kleinste Samplingrate zu bestimmen, mit der das ursprüngliche Signal fehlerfrei rekonstruiert werden kann.

Man gebe jeweils die für die Rekonstruktion der Signale notwendigen Samplingraten an und diskutiere die Ergebnisse unter Berücksichtigung von Shannons Abtasttheorem. Man beschreibe auch das Spektrum und das synthetisierte Signal bei Verwendung einer zu kleinen Samplingrate. Ein Signalverlauf ist exemplarisch auszudrucken und zu beschreiben.

Welche Frequenz kann nach der analogen Wandlung des digitalen Signals einer Audio-CD (Samplingfrequenz 44,1 kHz) nach Shannon maximal wiedergegeben werden? Dies ist mit der typischen Hörschwelle des menschlichen Gehörs zu vergleichen.

51.4 Spektrale Filterung durch Bandpässe (1/3)

Einsatz eines Bandpassfilters in der Fourieranalyse und Erprobung von dessen Wirkungsweise.

PC mit installierter `LabVIEW` Software, Drucker, `LabVIEW VIs`: *Bandpass, Manipulation im Fourierspektrum.*

Mit dem VI *Bandpass* steht ein *Bandpass* zur Verfügung, der die Frequenzen von einer unteren bis zu einer oberen Grenzfrequenz unangetastet lässt und alle anderen löscht, Bild 51.14 unten.

Das VI besteht aus einer Kombination von einem *Hoch-* und einem *Tiefpass*. Das Eingangssignal wird zunächst in sein Fourierspektrum zerlegt. Der Bandpass arbeitet als Frequenzfilter und setzt alle Anteile des Fourierspektrums, die außerhalb der Bandgrenzen liegen, auf Null. Dann wird das fouriersynthetisierte Signal mit dem modifizierten Spektrum zum Ausgangssignal. Daher kann ein Zeitverlauf in besagtes VI hineingeschickt werden, und man erhält auch einen Zeitverlauf zurück.

Die Aufgaben in diesem Versuchsteil sollen mit dem Programm *Manipulation im Fourierspektrum* bearbeitet werden. Dieses verwendet *Bandpass* zur Filterung erzeugter Signale. Des Weiteren kann eine Signalabtastung mit dem *Sample-and-Hold*-Verfahren simuliert werden.

Extrahierung von Signalanteilen

Das in Aufgabe 51.2 gewonnene Summensignal soll von der Festplatte geöffnet werden. Der Bandpass ist zu verwenden, um jede der enthaltenen Frequenzen im gefilterten Signal einzeln darzustellen. Danach ist der Filter so anzupassen, dass Überlagerungen von zwei oder mehr Signalen sichtbar werden.

Man notiere jeweils eine obere und eine untere Grenze des Passfilters und vergleiche mit der Frequenz des isolierten Signals.

Sample And Hold

Eine *Sample-and-Hold*-Schaltung wird simuliert. Dafür wird der Schalter `Sample-and-Hold` in *Manipulation im Fourierspektrum* aktiviert, Bild 51.15. Zusätzlich wird die Größe des auszugebenden Arrays über das Feld `Anzahl Werte` angegeben. Dieser Wert bestimmt zugleich die Anzahl der Harmonischen, die bei der Fourieranalyse entstehen.

Man erzeuge ein harmonisches Signal, z.B. $F(t) = \sin(7\omega_1 t)$ und wähle z.B. eine Samplingrate $f_\mathrm{s} = 64\,Hz$, Bild 51.16 und Bild 51.17. Das Array, welches das gesampelte Signal enthält, werde möglichst groß gewählt, z.B. $N = 2048$. Man stelle das Signal zunächst ungefiltert dar. Der Bandpass soll dann als Tiefpass verwendet werden. Die obere Grenze ist so einzustellen, dass nur die Grundfrequenz durchgelassen wird. Anschließend setze man den Pass als Hochpass ein und gebe die untere Grenze so vor, dass gerade die Grundfrequenz des Signals abgeschnitten wird.

Es soll nun ein Rechteck- oder Sägezahnsignal mit der gleichen Frequenz wie vorher erzeugt werden. Diese Signalformen sind nicht bandbegrenzt, das ideale Spektrum besitzt also unendlich viele höhere Harmonische. Der Tiefpass werde zunächst, genau wie vorher, so eingestellt, dass nur die Grundfrequenz des Signals durch-gelassen wird. Man versuche anschließend den Tiefpass so einzustellen, dass das ursprüngliche Signal möglichst gut dargestellt wird.

Man verwende den Hochpass, um genau diese Anteile aus dem Spektrum her-auszufiltern und betrachte das entstehende Signal.

✎ Mindestens ein Signalverlauf ist auszudrucken. Für alle anderen Durchfüh-rungen ist die Wirkung des Filters kurz zu beschreiben und zu interpretieren. Dabei sind auch jeweils obere und untere Grenze des Bandpasses zu notieren. Man interpretiere insbesondere auch die auftretende Phasenverschiebung bei der Filterung des *Sample-and-Hold*-Signals.

Wo liegen die Grenzen der Filterung, und wie hängen diese mit der Signalform zusammen?

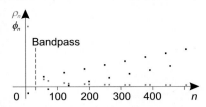

Bild 51.17. Amplituden- und Pha-senspektrum des Signals F_a nach Bild 51.16

Bild 51.18. Rekonstruiertes Signal F_r nach Abtastung, Fouriertransformation und Filterung

Rauschunterdrückung, Signal-Rausch-Verhältnis

Das Amplituden-Phasen-Spektrum des weissen Rauschens, eines verrausch-ten Sinus-Signals und eines verrauschten Rechtecksignals sollen erzeugt werden. Man wähle jeweils zwei verschieden große Rauschpegel.

Das Bild 51.19 zeigt ein solches Amplituden/Phasen-Spektrum für weisses Rau-schen. Man filtere die verrauschten Signale durch einen Tiefpass. Dabei wähle man verschiedene Abschneidefrequenzen und schätze jeweils das Signal-Rausch-Verhältnis (SNR: signal to noise ratio) ab. Es ist sinnvoll, dass bei der Änderung der Abschneidefrequenzen immer ein identisch gleich verrauschtes Signal betrachtet wird. Dazu wird das Feld `kontinuierlich` deaktiviert, Bild 51.15.

✎ Mindestens ein Signalverlauf soll ausgedruckt werden. Man dokumentiere, wie sich starkes Rauschen von einem harmonischen Signal durch digitale Filterung abtrennen lässt, selbst wenn das Signal-Rausch-Verhältnis deutlich kleiner als Eins ist. Dafür vergleiche man die Signal-Rausch-Verhältnisse der ungefilterten Signale mit denen für verschiedene Grenzfrequenzen des Tiefpasses jeweils für beide Signalformen. Für welche Abschneidefrequenzen werden die Signale möglichst gut reproduziert, während das jeweilige SNR gleichzeitig minimal ist?

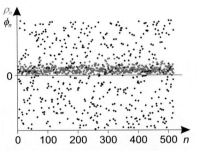

Bild 51.19. Amplituden- und Phasen-spektrum für weißes Rauschen

52. Ein- und Ausgabe von Messwerten und Steuersignalen mit dem PC

 Ein- und Auslesen digitaler und analoger Signale mit dem PC. AD/DA-Wandler. Ein- und Ausgabe von Spannungen. Aufbau eines D/A-Wandlers.

 Georgi/Hohl: Einführung in LabVIEW,
Themenkreis 50: Logische Verknüpfungen.

 Computer am Experiment

Computer sind in der Technik und in den experimentellen Naturwissenschaften ein selbstverständliches und alltäglich verwendetes Werkzeug. Mit ihnen können große Datenmengen schnell und zuverlässig erfasst und verarbeitet werden. Innerhalb der experimentellen Naturwissenschaften nimmt der Computer dem Experimentator viele monotone Arbeiten ab. Darüber hinaus ermöglicht er Experimente, die ohne Rechnerunterstützung zum Teil nicht realisierbar wären, wie z. B. die Experimente der Elementarteilchenphysik, bei denen riesige Datenmengen innerhalb kürzester Zeit anfallen. Beim experimentellen Arbeiten sind die beiden wesentlichen Aufgaben des Computers die *Messdatenerfassung* und *-verarbeitung* sowie die *Experimentsteuerung*. Bei der Messdatenerfassung werden die Daten in eine für den Computer verständliche digitale Form übersetzt und gespeichert, damit sie später für eine Verarbeitung wieder zur Verfügung stehen. Bei der Steuerung des Experiments können Betriebsparameter des Experiments durch den Computer verändert werden, so dass unter geänderten Bedingungen neu gemessen werden kann, ohne dass der Experimentator selbst eingreifen muss.

Für die Kommunikation zwischen Computer und dem restlichen physikalischen Aufbau werden **Schnittstellen** (*interfaces*) benötigt. Eine Schnittstelle ist ein elektronischer Anschluss am Computer, über den Daten eingelesen und ausgegeben werden können. In der Vergangenheit gab es eine Mehrzahl von Schnittstellentypen mit unterschiedlichen Steckverbindungen, u. a. auch als Parallel-Schnittstelle den sog. Druckerport. Heute benutzt man allgemein eine serielle Schnittstelle zur Verbindung des Computers mit externen Geräten: **USB** (<u>U</u>niversal <u>S</u>erial <u>B</u>us). Mit USB ausgestattete Geräte oder Speichermedien können im laufenden Betrieb miteinander verbunden werden. Die angeschlossenen Geräte sowie deren Eigenschaften werden dabei vom Computer automatisch erkannt.

Ein Computer kann nur mit Nullen und Einsen umgehen, d. h. er kann nur digitale Signale verarbeiten. Die Welt, mit der der Computer kommuniziert, ist aber im allgemeinen nicht in lauter diskrete Werte wie Nullen und Einsen unterteilt, vielmehr können auch alle Zwischenwerte auftauchen. So gibt es z. B. bei einem Schwarzweißfoto außer den beiden Farben Schwarz und Weiß noch beliebig viele Grautöne. Informationen, die so vorliegen, werden *analog* genannt. Damit der Computer die analogen Informationen verarbeiten kann, müssen sie digitalisiert, d. h. in binäre Zahlen übersetzt werden. Das Übersetzen solcher analogen Informationen wird vom **Analog-Digital-Wandler** (A/D-Wandler) übernommen. Bild 52.1 zeigt ein digitalisiertes Schwarzweißbild. Bei genügend starker Vergrößerung ist das digitale Raster zu erkennen, d. h. das Bild setzt sich nur aus den beiden Signalen Schwarz und Weiß zusammen; es werden keine Grautöne verwendet.

Sollen umgekehrt Werte vom Computer analog ausgegeben werden, so müssen digitale Zahlen in analoge Größen umgewandelt werden. Diese Aufgabe hat der

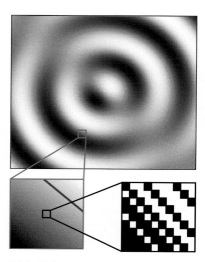

Bild 52.1. Darstellung eines digitalisierten Grautonbildes durch eine Matrix von Nullen (weisse Quadrate) und Einsen (schwarze Quadrate)

Spannungsbereich in V	dezimal	14-Bit Binärzahl
0,0000 - 0,0009	0	00 0000 0000 0000
0,0010 - 0,0019	1	00 0000 0000 0001
⋮	⋮	⋮
10,3000 - 10,3009	10300	10 1000 0011 1100
⋮	⋮	⋮
16,3820 - 16,3829	16382	11 1111 1111 1110
16,3830 - 16,3839	16383	11 1111 1111 1111

Bild 52.2. Der Analog-Digital-Wandler ordnet einer Spannung eine Binärzahl zu. Der Digital-Analog-Wandler setzt eine Binärzahl in eine Spannung um. Einem 14-Bit Wandler stehen 16384 aufeinander folgende Spannungsintervalle zur Verfügung

Digital-Analog-Wandler (D/A-Wandler). Beide Wandler sind oft in einem Schaltungsmodul vereint, das entweder als *AD/DA-Wandlerkarte* im Computer eingebaut ist oder als externes Gerät angeschlossen werden kann.

📖 Analog-Digital-Wandler

Der Analog-Digital-Wandler wandelt eine analoge Spannung in eine digitale Zahl um, die vom Computer in binärer Form entgegengenommen wird. Dazu wird eine kleine elementare Spannung ΔU definiert, und im A/D-Wandler wird gezählt, wie oft diese Spannung „aufeinandergestapelt" werden muss, um die analoge Spannung zu ergeben. Der digitalisierte Wert der Spannung ist somit eine Zahl, deren Größe proportional zur analogen Spannung ist. Der gesamte Spannungsbereich wird dadurch in lauter kleine, aber gleich große Intervalle unterteilt. Aus einem gleichmäßigen Kurvenverlauf der analogen Spannung wird dadurch ein stufenförmiger digitalisierter Spannungsverlauf. Die Elementarspannung ΔU gibt die Größe der Intervalle vor. Je kleiner die Elementarspannung ist, desto kleiner sind diese Intervalle, und das Produkt aus digitaler Zahl und Elementarspannung liegt näher an der realen Spannung, d. h. die Spannungsauflösung ist größer.

Ein 14-Bit A/D-Wandler z. B. teilt den Spannungsbereich in $2^{14} = 16384$ Bereiche $(0 \ldots 16383)$ und gibt mit der 14-Bit Zahl an, in welchem Intervall die zu digitalisierende Spannung liegt, siehe Tabelle in Bild 52.2.

📖 Digital-Analog-Wandler

Wenn eine im Rechner erzeugte digitale Zahl als eine analoge Spannung ausgegeben werden soll, muss diese Zahl vom Digital-Analog-Wandler in eine analoge Spannung umgewandelt werden. Der D/A-Wandler hat somit die Aufgabe, einen Zahlenwert in eine zu diesem proportionale Spannung umzusetzen. Hierzu nimmt er den kleinsten Spannungsschritt, den er erzeugen kann, die Elementarspannung, und gibt das Produkt aus digitaler Zahl und Elementarspannung aus. Er kann nur ein ganzzahliges Vielfaches der Elementarspannung ausgeben, rote Kurve in Bild 52.3, und daher keinen kontinuierlichen Spannungsverlauf produzieren, schwarze Kurve.

Es gibt mehrere Verfahren, einen D/A-Wandler zu realisieren. Das *Summenstromverfahren* ermöglicht einen einfachen Aufbau, wie er in Bild 52.4 für einen 3-Bit-D/A-Wandler dargestellt ist. Bei diesem Verfahren erhält man die analoge Ausgangsspannung indirekt über die Summe gewichteter Teilströme. An einem Messwiderstand fällt proportional zum eingestellten Summenstrom die gewünschte Ausgangsspannung ab. Der Summenstrom wird so erzeugt, dass jedem Bit des digitalen Zahlenwertes ein Teilstrom zugeordnet wird, der nur dann eingeschaltet wird, wenn das entsprechende Bit gesetzt ist. Alle Teilströme fließen über denselben Messwiderstand und werden so addiert. Bei einer binären Zahl trägt jede Ziffer innerhalb der Bitfolge den doppelten Wert im Vergleich zur vorangegangenen Ziffer zum Gesamtwert der Zahl bei (Dualsystem). Der Gesamtwert ist die Summe der Beiträge aller Bits, die gesetzt sind.

Beim Summenstromverfahren wird also jedem Bit ein eigener Strom zugeordnet. Dabei wird jedem Bit-Eingang (in Bild 52.4: D_0 bis D_2) ein Ohmscher Wider-

Bild 52.3. Darstellung eines analogen Spannungsverlaufs durch eine digitale Stufenfunktion

Bild 52.4. Aufbau eines einfachen 3-Bit D/A-Wandlers. Die Tabelle zeigt für den Wert $R_0 = 1,25\,\mathrm{k\Omega}$, wie sich mittels der aufsummierten Ströme aus den drei gleichen Eingangsspannungen (5 V) eine Ausgangsspannung mit acht verschiedenen Werten erzeugen lässt

| Bit - Eingang | | | Strom in mA | | | | Spannung in mV |
D_0	D_1	D_2	I_0	I_1	I_2	I	U
0	0	0	0	0	0	0	0
0	0	1	0	0	1	1	1
0	1	0	0	2	0	2	2
0	1	1	0	2	1	3	3
1	0	0	4	0	0	4	4
1	0	1	4	0	1	5	5
1	1	0	4	2	0	6	6
1	1	1	4	2	1	7	7

stand zugeordnet, dessen Widerstandswert sich jeweils zum nächst höherwertigen Bit-Eingang halbiert. Die Ströme, die über die parallel angeordneten Bit-Eingänge fließen, unterscheiden sich deswegen um den Faktor 2. Werden diese Ströme addiert, so ist der Gesamtstrom proportional zum Zahlenwert der Bitfolge. An dem Messwiderstand fällt dann eine zum Zahlenwert proportionale analoge Spannung ab.

Mit dem 3-Bit-D/A-Wandler im Bild 52.4 lassen sich acht verschiedene Spannungswerte erzeugen. In Bild 52.8 ist ein 8-Bit D/A-Wandler gezeigt. Dort ist vor jeden Widerstand zusätzlich noch eine Diode geschaltet, um zu verhindern, dass Ströme über die auf Masse gesetzten Anschlüsse abfließen.

📖 DA/AD-Wandler-Messkarten

DA/AD-Wandler-Messkarten werden als **DAQ-Karten** (**D**ata **A**cquisition **D**evice) bezeichnet. Eine DAQ-Karte wird direkt mit dem **PCI**-Bus (**P**eripheral **C**omponent **I**nterconnect) des Rechners verbunden und bietet eine Vielzahl von Möglichkeiten zur Experimentsteuerung und Messdatenerfassung.

Für den Themenkreis wird eine über USB verbundene Datenakquisitions-Interfaceplatine mit fünf digitalen Eingangskanälen und acht digitalen Ausgangskanälen genutzt (*USB Experiment Interface Board*). Zusätzlich verfügt die Platine über zwei analoge Eingänge und zwei Analoge Ausgänge mit einer 8-Bit Auflösung, Bild 52.5. Die Kommunikation zwischen der Experimentierplatine und dem PC erfolgt über Kommando-Befehle, die in einer DLL (**D**ynamic **L**ink **L**ibrary) gespeichert sind. Auf diese Weise können individualisierte Windows-Applikationen in vielen gängigen Programmiersprachen (z.B. Delphi, Visual Basic, C++ Builder) maßgeschneidert werden. Für die Durchführung der im Folgenden beschriebenen Aufgaben wird das aus *Themenkreis 50* bekannte grafische Programmiersystem LabVIEW der Firma National Instruments verwendet. Durch Setzen und Löschen der Ausgabebits können also Spannungen an den Ausgangsleitungen ein- und ausgeschaltet werden. Die Leitungen des 5-Bit-Eingangs liegen ohne Beschaltung laut TTL-Norm automatisch auf 5 V. Wird ein Eingang auf Masse gelegt, so hat das entsprechende Bit den Wert Null.

Bild 52.5. *USB Experiment Interface Board*, schematisch

52.1 Digitale Spannungsein- und -ausgabe (1/2)

 Über das *USB Experiment Interface Board* sollen Spannungen ein- und ausgegeben werden. Die Bearbeitung dieses Aufgabenteils ist obligatorisch.

 PC mit installierter LabVIEW-Software, Interfaceplatine (*USB Experiment Interface Board*).

Einlesen in den Digitaleingang

Es soll die Spannung gemessen werden, die an einer Leitung des 5-Bit-Eingangs liegt. Dazu wird ein LabVIEW-Programm geschrieben, das das Byte einliest, welches die 5 Eingangsbits enthält. Die Schaltstellungen (1 oder 0 bzw. +5 V oder 0 V) der einzelnen Eingänge des 5-Bit-Eingangs sollen in dem Programm durch

Lampen angezeigt werden. Es werden verschiedene Kombinationen (mindestens 5) der Eingangsbits ausprobiert und notiert.

Das Blockdiagramm des erstellten Programms als „Screenshot" speichern und die einzelnen Programmteile anhand des Blockdiagramms erklären. Die notierten Beobachtungen erläutern. Ergänzungsfragen: Was folgt aus dem Verbinden eines Eingangskanals mit Masse? Welches ist die maximal darstellbare Dezimalzahl?

Setzen des Digitalausgangs

In einem weiteren Programm soll ein 8-Bit-Wert über den 8-Bit- Digitalausgang der Interfaceplatine ausgegeben werden. Hierbei sollen die einzelnen Ausgänge, welche durch Lampen angezeigt werden, angesteuert werden können (Bild 52.6). Eine Lampe leuchtet, wenn das entsprechende Bit den Wert 1 hat. Die Leuchtmuster, die sich beim Ausgeben von fünf unterschiedlichen dezimalen Zahlenwerten einstellen, werden notiert. Das Programm wird so erweitert, dass das Bitmuster zusätzlich als Dezimalzahl angezeigt wird.

Anschließend soll ein Programm geschrieben werden, das die Lampen wie ein Lauflicht aufleuchten lässt. Mit der Formel 2^n für den dezimalen Ausgabewert kann die n-te Lampe bei gleichzeitigem Ausschalten der übrigen Lampen zum Leuchten gebracht werden. Für den Durchlauf kann beispielsweise eine Schleife mit einem Zähler verwendet werden, der von 0 bis 7 läuft. Bitte beachten, dass die Laufgeschwindigkeit mit Hilfe des Befehls *Time Delay* an die maximale Geschwindigkeit des *USB Experiment Interface Board*s angepasst werden muss. Abschließend den Durchlauf als Endlosschleife ausführen und das Programm so erweitern, dass die Laufrichtung des Lauflichts geändert werden kann.

Die Screenshots der erstellten Blockdiagramme speichern und in der Auswertung die einzelnen Programmteile kommentieren. Hierbei insbesondere auf die Laufwertberechnung beim Programmieren des Lauflichtes eingehen sowie die Sequenzierung im Blockdiagramm erklären (warum ist diese notwendig?). Die fünf beobachteten Leuchtmuster erläutern und damit die Umsetzung von Binär- in Dezimalzahlen erklären.

Bild 52.6. Schaltung zur Veranschaulichung der Ausgabe digitaler Spannungen an einem 8-Bit-Ausgang

52.2 Analoge Spannungsein- und -ausgabe (1/2)

Über das *USB Experiment Interface Board* sollen analoge Spannungen eingelesen und ausgegeben werden. Damit soll die Aufnahme von Kennlinien elektrischer Bauteile ermöglicht werden.

PC mit installierter LabVIEW-Software, Interfaceplatine (*USB Experiment Interface Board*), Spannungsmessgerät, Messwiderstand (ca. $10\,\Omega$), diverse elektrische Bauteile.

Kennlinienaufnahme

Zunächst eine Schaltung entsprechend Bild 52.7 aufbauen. Hierbei darauf achten, dass der analoge Spannungsausgang und der analoge Spannungseingang der Interfaceplatine die gleiche Masse verwenden. Anschließend mit LabVIEW ein Programm zur Aufnahme von Kennlinien elektrischer Bauteile schreiben. Verschieden große Spannungen U_0 werden an die Schaltung gelegt, und zu jeder angelegten Spannung wird über die analogen Eingänge die Spannung U_2 am elektrischen Bauteil und die zum Strom durch dieses Bauteil proportionale Spannung U_1 am Messwiderstand aufgenommen. Start- und Endwert sowie die Schrittgröße der auszugebenden Spannung sollen einstellbar sein. Die Werte für den Strom werden über die Größe des verwendeten Messwiderstandes berechnet. Da die aufgenommenen Spannungswerte Intervallen zugeordnet werden, muss zur richtigen Darstellung der Spannungswerte ein Skalierungsfaktor bestimmt werden. Hierzu werden mehrere Messungen durchlaufen und anschließend die beiden Spannungswerte U_1 und U_2 mit einem Spannungsmessgerät gemessen. Aus den Spannungswerten und den im Programm ausgegebenen Zahlenwerten kann so ein Skalierungsfaktor bestimmt werden. Die Messdaten innerhalb des Programms werden in Form einer Kennlinie graphisch dargestellt. Um die Abfolge der einzelnen Programmteile sicherzustellen, werden diese

Bild 52.7. Schaltung zur Aufnahme der Kennlinie eines unbekannten Bauelementes

in eine geeignete Sequenzstruktur gebracht: Spannung ausgeben, Strom einlesen, Messpunkte darstellen. Zusätzlich soll das Programm die Messdaten in Form einer Textdatei speichern können.

Das Blockdiagramm speichern und die Funktionsweise des Programms erläutern. Messdaten mit einer geeigneten Software graphisch darstellen. Die Kurvenverläufe der Kennlinien mit Bild 52.5 vergleichen und kommentieren. Die Auflösungsbegrenzung der Kurve diskutieren.

52.3 Aufbau eines Digital-Analog-Wandlers (1/2)

Aufbau eines 8-Bit D/A-Wandlers nach dem Summenstromprinzip. Programmierung des D/A-Wandlers. Untersuchung der Eigenschaften des Wandlers.

PC mit installierter LabVIEW-Software, Interfaceplatine (*USB Experiment Interface Board*), Widerstände, Spannungsmessgerät.

Punktweise Aufnahme der Kalibrierkurve

An die Interfaceplatine wird das Widerstandsnetzwerk mit den vorgeschalteten Dioden entsprechend Bild 52.8 angeschlossen. Der kleinste Widerstand des Netzwerkes soll $400\,\Omega$ nicht unterschreiten. Der Messwiderstand soll ca. $10\,\Omega$ betragen. Es wird ein Programm zur Ausgabe von Byte-Werten am *USB Experiment Interface Board* geschrieben, um unterschiedliche Spannungen am Messwiderstand erzeugen zu können. Die verschiedenen Spannungen am Messwiderstand, die sich einstellen, wenn jeweils eine der acht Leitungen eingeschaltet wird, werden gemessen. Ebenso wird die Spannung gemessen, die sich an dem jeweiligen digitalen Ausgang ($O_1 \cdots O_8$) einstellt. Eine Kalibrierkurve (ca. 20 Werte zwischen 0 und 255) des D/A-Wandlers wird aufgenommen und die Auflösung des Wandlers ermittelt. Hierzu wird die auszugebende Spannung des *USB Experiment Interface Board* ermittelt.

Das erstellte Programm darstellen und kommentieren. Die Spannungsdifferenzen der acht aufeinander folgenden Ausgangsspannungen berechnen für den Fall, dass jeweils nur ein digitaler Ausgang eingeschaltet ist. Diese Spannungswerte werden mit den gemessenen verglichen: Verdoppeln sich die Spannungswerte? Wenn nicht, woran kann dies liegen? Die Spannungsauflösung anhand der verwendeten Schaltung berechnen und mit der gemessenen vergleichen. Die Kalibrierkurve graphisch darstellen und diskutieren.

Automatische Aufnahme der Kalibrierkurve (optional)

Das Programm soll um die Option erweitert werden, dass die Spannung am Messwiderstand mit der Messkarte gemessen wird. Die Erweiterung soll dabei so gestaltet sein, dass die Aufnahme der Kalibrierkurve automatisch erfolgt und dass alle Messdaten gespeichert werden. Hierbei soll jeder Wert von 0 bis 255 durchlaufen werden und der jeweilige Spannungswert am Messwiderstand mit der Messkarte gemessen werden. Die Kurve soll während der Messung im Programm selbst graphisch dargestellt werden. Die Programmteile sind in eine geeignete Sequenzstruktur zu bringen. Die manuelle Messdatenerfassung im vorherigen Abschnitt („Punktweise Aufnahme der Kalibrierkurve") entfällt, falls dieser optionale Teilversuch durchgeführt wird. Es sollten dennoch manuelle Spannungsmessungen zur Überprüfung gemacht werden.

Das erstellte Programm darstellen und kommentieren. Zusätzlich zu den im vorherigen Abschnitt aufgeführten Auswertepunkten werden die Daten in eine geeignete Software zur Weiterverarbeitung importiert.

Bild 52.8. Ausgabe analoger Spannungen mit 8-Bit-D/A-Wandler

Literaturverzeichnis

Standardliteratur

Bergmann, L.; Schäfer, C.: **Lehrbuch der Experimentalphysik**, Walter deGruyter, Berlin

Busch, M.; Lüders, K.; Oppen, G. von: **Bergmann/Schaefer kompakt – Lehrbuch der Experimentalphysik**, Walter deGruyter, Berlin

Czichos, H.: **Hütte – Die Grundlagen der Ingenieurwissenschaften**, Springer, Heidelberg

Demtröder, W.: **Experimentalphysik**, Springer, Berlin

Eichler, J.: **Physik – für das Ingenieurstudium**, Springer/Vieweg, Berlin

Kose, V.; Wagner, S. (Hrsg.): **Kohlrausch Praktische Physik – Band 3**: Tabellen und Diagramme, Springer/Vieweg, Wiesbaden

Lüders, K.; Pohl, R. O.: **Pohls Einführung in die Physik**, Springer, Berlin

Meschede, D.: **Gerthsen Physik**, Springer/Spektrum, Berlin

Nolting, W.: **Grundkurs Theoretische Physik**, Springer, Berlin

Walcher, W.: **Praktikum der Physik**, Teubner/Studienbücher, Stuttgart

Kapitel I: Grundbegriffe der Messtechnik

Kreyszig, E.: **Statistische Methoden und ihre Anwendungen**, Vandenhoek-Ruprecht, Göttingen (1998)

Physikalisch Technische Bundesanstalt (PTB): **Das System der Einheiten**, PTB-Mitteilungen **1** (2012)

Kapitel II: Bewegungen und Kräfte

Magnus, K.; Popp, K.; Sextro, W.: **Schwingungen** Physikalische Grundlagen und mathematische Behandlung von Schwingungen, Springer/Fachmedien, Wiesbaden (2013)

Vogel, M.: **Wolkenkratzern einen Dämpfer verpassen**, Physik Journal **14**/9 (2015), S. 78

Kapitel III: Deformierbare Körper und Akustik

Bergmann, L.; Schäfer, C.: **Lehrbuch der Experimentalphysik – Band 1**, Walter deGruyter, Berlin (2015)

Haynes, W. M. (ed.): **Handbook of Chemistry and Physics**, CRC Press, Florida (2015)

Lüders, K.; Pohl, R. O.: **Pohls Einführung in die Physik – Band 1**, Springer, Berlin (2008)

Kapitel IV: Vielteilchensysteme und Thermodynamik

Klose, B.; Klose, H.: **Meteorologie – Eine interdisziplinäre Einführung in die Physik der Atmosphäre**, Springer/Spektrum, Berlin (2015)

Kapitel V: Gleich- und Wechselstromkreise

Eichler, H.J.; Knepper, M.; Findeisen, J.: **Demonstration der Leitfähigkeitsänderung in Nanodrähten**, Praxis der Naturwissenschaften – Physik in der Schule **46** (1997), S. 36

Garcia, N.; Costa-Krämer, J. L.: **Quantum-Level Phenomena in nanowires**, Europhysics News **27** (1996), p. 89

Lüders, K.; Pohl, R. O.: **Pohls Einführung in die Physik – Band 2**, Springer, Berlin (2010)

Kapitel VI: Elektrische und magnetische Felder

Bloxham, J.; Gubbins, D.: **Die Entwicklung des Erdmagnetfeldes**, Spektrum der Wissenschaft **2** (1990), S. 52

Powell, C. S.: **Innenansichten der Erde**, Spektrum der Wissenschaft **8** (1991), S. 72-82

Campbell, W. H.: **Introduction to Geomagnetic Fields**, Cambridge University Press (2003)

Kapitel VII: Halbleiterelektronik

Ibach, H.; Lüth, H.: **Festkörperphysik**, Springer, Berlin (2009)

Thuselt, F.: **Physik der Halbleiterbauelemente**, Springer, Berlin (2011)

Tietze, U.; Schenk, C.; Gamm E.: **Halbleiter-Schaltungstechnik**, Springer, Berlin (2012)

Kapitel VIII: Lichtstrahlen und optische Instrumente

Litfin, G.: **Technische Optik in der Praxis**, Springer, Berlin (2005)

Naumann, H.; Schröder, G.: **Bauelemente der Optik**, Hanser, München (1992)

Schmidt, W.: **Optische Spektroskopie**, Wiley-VCH, Weinheim (2000)

Haus, J.: **Optische Mikroskopie**, Wiley-VCH, Weinheim (2014)

Kapitel IX: Licht- und Mikrowellen

Busch, M.; Lüders, K.; Oppen, G. von: **Bergmann/Schaefer kompakt – Band 3** Walter de-Gruyter, Berlin (2015)

Eichler, J.; Eichler, H. J.: **Laser**, Springer, Berlin (2016)

Hecht, E.: **Optik**, DeGruyter, Berlin (2014)

Nimtz, G.: **Einführung in die Theorie und Anwendung der Mikrowellen**, BI-Wiss., Mannheim (1990)

Kapitel X: Spektroskopie und Atomaufbau

Haken, H.; Wolf, H. C.: **Atom- und Quantenphysik**, Springer, Berlin (2004)

Mayer-Kuckuck, T.: **Atomphysik. Eine Einführung**, Teubner, Stuttgart (1997)

Röntgenverordnung (RöV), Verordnung über den Schutz vor Schäden durch Röntgenstrahlen, Bundesanzeiger (1987), Köln

Robson, R. E.; Hildebrandt M.; White, R. D.: **Ein Grundstein der Atomphysik**, Physik Journal **13**/3 (2014), S. 43-49

Kapitel XI: Radioaktivität und Strahlenschutz

Bethge, K.; Walter, G.; Wiedemann, B.: **Kernphysik**, Springer, Berlin (2008)

Mayer-Kuckuk, T.: **Kernphysik**, Teubner, Stuttgart (2002)

Povh, B.; Rith, K.; Scholz, C.; Zetsche, F.; Rodejohann, W.: **Teilchen und Kerne**, Springer/Spektrum, Berlin (2014)

Strahlenschutzverordnung, Verordnung über den Schutz vor Schäden durch ionisierende Strahlen, Bundesanzeiger (2001), Köln

Kapitel XII: Digitalelektronik und Computer

Georgi, W.; Hohl, P.: **Einführung in LabVIEW**, Carl Hanser, München (2015)

Tietze, U.; Schenk, C.; Gamm E.: **Halbleiter-Schaltungstechnik**, Springer, Berlin (2012)

Sachverzeichnis

Printed in the United States
By Bookmasters